農文協 編

みんなの
有機農業
技術大事典

作物別編

農文協

トキが先導した生物多様性豊かな田んぼ
―― 新潟県佐渡市より

◆写真：服部謙次

佐渡ではトキが安心してたっぷりえさを食べに来られる田んぼにするために，全島あげて農薬や化学肥料を減らした稲作を続けてきた。当初トキとの共生に反対していた農家も，自分の田んぼにトキが降り立つと，感動して賛成派に変わった。――人間中心の稲作から，生きものと一緒の農業へ。（共通技術編235ページ）

トキは1年中田んぼへやってくる

夏の田んぼの上をトキが飛ぶ。美しい朱鷺（トキ）色の羽は，サワガニやザリガニなどの甲殻類をえさにして，カロテノイドを摂取するせいだといわれている

田植え後の田んぼで，えさを探すトキ。繁殖期の春は頭から背中にかけて羽が灰色

イネ刈り後の田んぼに来るときは，白い羽に換わっている。トキは肉食大食漢で，1年中田んぼやアゼに飛来してさまざまな生きものを捕まえて食べる

トキから,「生きものを育む農法」への展開

除草剤をまいたアゼにトキは来ない。佐渡では,平野部の農家も棚田の農家もアゼ草刈りして,アゼを美しく保つ

田んぼ落水時に生きものが干上がってしまうと,トキのえさがなくなる。田の周囲に「江」と呼ばれる溝を掘って,生きもの退避場所を確保する

魚道を設置して,魚や生きものが水路と田んぼを行き来できるようにする

除草剤を使わないイネつくりも広まっている

6月と8月には「佐渡市生きもの調査の日」があり,島内各地の農家が調査する。トキ以外の小さな生きものにも目が向いている

棚田の生きものたち

服部謙次さんは，佐渡の各棚田で生きものの写真を撮り，地区ごとに1枚の図版にまとめている。たとえばある地区では，以下のような生きものが観察された。全部で130種以上いたが，ここでは厳選20種を掲載。

ナガコガネグモ　　アジアイトトンボ　　サムライコマユバチ類　　ヤマトシジミ

ヒメヒラタアブ類　　トゲアシクビボソハムシ　　メダカハネカクシ類　　ヘリジロコモリグモ

トビムシ類　　ヤチスズ　　キアゲハの幼虫　　ハイイロゲンゴロウ

キバラコモリグモ　　モリアオガエル　　ドジョウ　　コシマゲンゴロウ

ゴマフガムシ　　コガシラミズムシ　　ニホンアマガエル　　ツグミ

(3)

田んぼのイトミミズ

◆写真：依田賢吾

トロトロ層をつくり，草のタネを沈めてくれるという田んぼのイトミミズ。糞をする瞬間を写真に撮った。（品目別編153ページ）

秋と春に米ヌカをふり，5月下旬にバイオノ有機も少々施肥した田んぼ。毎年イトミミズが盛んに活躍してくれる田で，トロトロ層も厚い。7月初め，表面の土ごとスコップですくい，水槽に入れて観察してみた

イトミミズ類は頭を土の中につっこんで有機物の混じった土を食べ，栄養を吸収したあと，地上に出した尾の先から脱糞する。逆立ちでヒラヒラ揺れながら，皮膚呼吸で水中酸素を得ているらしい

イトミミズの脱糞の瞬間を，連続写真で

食べた土が，体の中をだんだん上ってきた

どんどん食べて，とうとう尻から排出を開始

ビヨーンと出てきた

途中で切れた

両側にヒダヒダがついていて赤みが強いのはエラミミズ。
体長はユリミミズより少し短いようだ。アップで見ると，
なかなか美しい

まだまだ出てくる

全部出た。なめらかな泥状
の糞がトロトロ層になる

脱糞終了，スッキリ

白いテープ（約2mm幅）は
もともとの土の高さを示す。
イトミミズの密度が高いとこ
ろでは，1日でもこのくらいは
トロトロ層が集積するようだ。
雑草のタネがあれば，確かに
埋没しそうだ。

トロトロ層に伸びるイネの根

米ヌカやイナワラ，ボカシ肥など，水田の表層に集中させた有機物をえさに，微生物やイトミミズが増殖することでできるトロトロ層。そのクリームのようなフワフワの泥の中には，細かく枝分かれした根がビッシリ伸びる。（写真撮影：ことわりのない限り倉持正実）

農家の圃場で，水中のトロトロ層をそっとすくってみた
（写真撮影：松村昭宏）

トロトロ・フワフワの泥を洗い流してみると，細かい上根がびっしり！　微生物が生み出すアミノ酸などの養分を，イネの根が好んで吸っているように見える

ボカシ肥を秋のイネ刈り後と春に施用，表層3cmを耕すだけの半不耕起栽培するイネ（コシヒカリ）の株を掘り出してみた（7月30日，出穂15日前ころ）。トロトロ層は厚さ5cm

左下の写真から約2か月後、収穫直前の根（左）。まだまだ活力の高そうな細根がたくさん。右は慣行栽培の根

| トロトロ層の上根 | 慣行栽培の上根 |

糖化・分解・合成という3段階の発酵を経た発酵肥料でつくる薄上秀男さんのコシヒカリの根。厚いトロトロ層の中では酸素を発生するラン藻類も増殖し、細かく枝分かれした真っ白い「羽毛根」が増えるという

(7)

野菜の自家採種
林重孝さんのタネ採り

◆写真：瀧岡健太郎

千葉県佐倉市の林重孝さんは有機農業44年。栽培する約80品目150品種のうち、自家採種は60品種を超える。（共通技術編680ページ）

カボチャの交配

①

翌朝に花が咲きそうな雌花に果実袋をかける林さん。ウリ科は人工受粉して交雑を防ぐ

翌朝花が咲きそうな雄花を茎で切って家に持ち帰り、コップに水を入れて挿しておく

蕾の先が黄色くなり、翌朝花が咲きそうな雌花

翌日の早朝、咲いた雄花の雄しべを雌花の柱頭にこすりつける（雌花には再び袋をかける）

約1週間後、受精して花が落ち肥大した果実には目印のヒモをつけておく

(8)

トマトのタネ採り

完熟したトマトを手でつぶし、タネをゼリーごとボウルに入れる

2日ほどおいて発酵させる。タネが果肉からはがれやすくなる

ダイコンの母本選抜

母本選抜とはタネを採る株を選ぶこと。秋にいったん掘り出して畑に並べ、目的のダイコン（赤大根）を選び、また埋め戻す。このとき好み以外のダイコンも1割ほど混ぜる。近親交配で発芽や生育が悪くなるのを防げる（写真提供：林重孝、右も）

林さんは皮の内側が赤いもの、丸い形より総太り形を選ぶ。毎年この母本選抜を繰り返すと、形が揃い、皮がより赤くなっていく

採種したタネは唐箕などで細かいほこりを飛ばし、ふるいにかけてゴミを落とす

タネは乾燥剤といっしょに瓶に入れ、口をテープでとめて冷凍保存

魚住道郎さんのタネ採り

◆ 写真：佐藤和恵

茨城県石岡市の魚住道郎さんは年間80～100品目の野菜を周年で栽培。20品目くらいを自家採種している。

タネ採りを続けている魚住キュウリを持つ魚住道郎さん，美智子さん夫婦

キュウリ

❶ タネ採りには肥大して黄色くなった果実がよい。よく熟した果実のほうがいいタネが採れる

❷ 果実からタネを果肉ごと指でかき出す。ヘタに近いほうは未熟なので，下半分を使う

❸ 日陰で半日くらい置く。果肉が発酵するからか，タネが果肉からとれやすくなる

❹ 水を加えて洗い，ザルで濾す。何度か繰り返す

❺ 果肉がとれてタネだけになったら終わり。よく乾燥させて冷蔵庫で保管

岩崎政利さんのタネ採り

◆写真：赤松富仁

長崎県雲仙市の岩崎政利さんは40年以上有機農業。50品種以上の野菜のタネ採りを続けている。

ダイコンの母本選抜。1回の収穫で選抜するダイコンは20〜30本。収穫3〜5回ほどで必要な分100本以上を確保。選抜したダイコンは畑の脇の肥料っ気の少ないところに植え直す

自家採種を始めた最初の野菜がこのニンジン。五寸ニンジン（右）は自家採種を続けるうち、「首が土の中に隠れてお尻が丸く、色が濃いもの」が揃うようになった。左はフランスニンジン

岩崎さんが自家採種して育てた中国チンゲンサイ。すごい株張りのものが揃うようになってきた

(11)

果樹の有機栽培
雑草草生＋植物エキス定期散布で有機リンゴ
◆写真：依田賢吾

青森県五戸町の北上俊博さんは2019年，約4haの園地のうち1.7haで有機JASを取得。雑草草生と植物エキスの利用で樹と有用微生物を元気にし，現在，無肥料で減農薬リンゴを栽培している。（作物別編886ページ）

雑草草生で園地に多様性を生む

有機JAS申請中のリンゴ園（管理は有機JASの園地と同じ）。ハダニやカメムシが樹に登らないように，樹冠下の草は6月上旬と9月上旬に刈る以外は生やしっぱなしにする（7月上旬撮影）

北上俊博さん。有機JASの園地の反収は1t強

イネ科，マメ科，タデ科……と，多様な雑草が園地を覆う。雑草は枯れると土壌微生物や土壌動物のえさになり，分解されたあとは樹の栄養源になる。無肥料栽培の強い味方だ

植物エキスの葉面&土壌散布で有用微生物を元気にする

愛用の植物エキス。エキスに含まれるアミノ酸、ビタミン、ミネラルなどが作物の葉面や根のまわりの有用微生物のえさになる

クサノオウエキス／サンショウエキス／スギナエキス／乾燥トウガラシ入り木酢

植物エキスの材料（一部）

サンショウ

葉も実も爽やかな香りが特徴。散布すると不思議とハダニやハマキムシが減る（クサノオウ、タケニグサも同じ）

クサノオウ

春から初夏にかけてとれる草。昔は皮膚病の薬として使われていた

タケニグサ

耐暑性向上資材の材料としても使われる草。初夏以降にとれるので、クサノオウがとれなくなったら重宝する

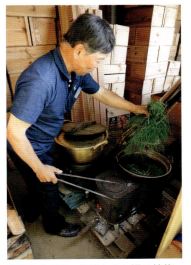

植物エキスは、沸騰したお湯に植物を入れ、成分を煮出してつくる（写真はスギナ）。スギナエキスを散布すると黒星病などが減る

植物エキス希釈液をSS散布。土壌微生物の生活圏にも届くように、SSの下部の噴口は地面に向ける

有機JASなので使える農薬は限られるが、植物エキスのおかげで樹が病害虫に強くなり、落葉もしない

「半分丸坊主剪定」の有機ミカン　　◆写真：依田賢吾

愛媛県八幡浜市の菊池正晴さんの温州ミカンは，樹をおおまかに半分ずつ，着果側と無着果側に分けて，一作ごとに入れ替える半樹交互結実。冬季剪定で前シーズンの着果側を「丸坊主」にしたのち，春に発芽した発育枝を夏芽まで伸ばして翌シーズンの結果母枝にすることで隔年結果を防ぎつつ，病害虫の密度を抑える。（作物別編833ページ）

夏芽利用＆無摘果で高品質のミカンを多収

果皮は多少黒点病の痕（黒いポツポツ）があるものの，「本当に有機栽培？」と疑われるほどきれい

菊池正晴さんと，収穫期に入った温州ミカン（約30年生の日南1号）。ミカンがなっているのは樹の片側半分だけだが，基本的に無摘果なので収量は慣行栽培と同程度。果実のほとんどは結果母枝の夏芽部分にならせる（夏芽母枝型）

夏芽部分に着果した果実は，春芽部分のものよりも扁平で，浮き皮も少ない。じょうのうは，ところどころ破れるほど薄い（興津早生）

「半分丸坊主剪定」と益虫のおかげで防除は年1回

「若い枝には病害虫がつきにくい」ことから，冬季剪定では着果側の結果母枝すべてを3〜5芽残して切り返して「丸坊主」にする。これを毎年樹の半分ずつ繰り返すので，基本的に骨格枝を除いて3年以上の枝はなく，若い枝ばかり

防除は通常ボルドー＋マシン油混用散布1回のみと少ないぶん，あちこちでジョロウグモが見られる。カメムシなどの害虫を食べてくれる

茶の有機栽培

海外での日本茶ブームも追い風となり，茶の有機栽培が拡大中。（品目別編994ページ）

土壌診断と菌液散布で健全茶づくり

◆写真：赤松富仁

静岡市の斉藤勝弥さんは，秋の「稼ぎっ葉」を働かせることで，二煎目以降もおいしいお茶を2.7haで有機無農薬栽培。

秋整枝前の一番上の葉を，近くの無農薬化成肥料使用の茶園の葉と比べた。斉藤さんの茶園の葉は，縁のギザギザが鋭く，葉が内側に向いてキュッとしまっている

秋整枝前の斉藤さんの「稼ぎっ葉」。チッソ施用量は15kg

斉藤勝弥さん。「稼ぎっ葉」を弱らせないために，自作の納豆菌液を夏に散布するほか，自家製発酵肥料を秋に施用し，アミノ酸やミネラルを供給する

葉の厚さを比較すると一目瞭然

茶の有機栽培の研究から
バンカー植物による害虫抑制

埼玉県茶業研究所の小俣良介さんによると，バンカー植物を茶園の周辺に植えると土着天敵が増殖して害虫の発生が抑えられる。（写真提供：小俣良介）

茶園の横にアップルミントの草地帯をつくったところ，クワシロカイガラムシの天敵ヒメアカホシテントウ成虫が増え，クワシロカイガラムシが少なくなった

ナギナタガヤの草地帯ではナナホシテントウ成虫が増え，チャトゲコナジラミの抑制が確認された

(16)

全巻の構成

【共通技術編】

カラー口絵

第1部　有機農業とは何か

有機農業の歴史と概念／世界の有機農業

第2部　有機農業と炭素貯留，生物多様性

炭素循環・炭素貯留・地球温暖化防止／チッソ固定・自然養分供給システム／アミノ酸吸収と収穫物の品質／有機農業と生物多様性

第3部　有機農業の共通技術

不耕起栽培・半不耕起栽培／緑肥・カバークロップ／混植・混作／天敵活用／輪作／有機物マルチ／太陽熱処理・土壌還元消毒／土ごと発酵／土壌診断・微生物診断と減肥／自家採種と育種，品種選び

第4部　農家の有機資材

モミガラ／モミガラくん炭／米ヌカ／ワラ・カヤ／竹パウダー・竹チップ／落ち葉／廃菌床／堆肥／ボカシ肥／土着菌（土着微生物）／木酢液／えひめAI／光合成細菌／タンニン鉄

第5部　無農薬・減農薬の技術

納豆防除／米ヌカ防除／石灰防除／酢防除・酢除草／高温処理・ヒートショック／病害抵抗性誘導／月のリズムに合わせて栽培／RACコード

第6部　話題の有機栽培

付録　天敵等に対する農薬（殺菌剤・殺虫剤・殺ダニ剤）の影響の目安／有機農業の推進に関する法律／JAS法（日本農林規格等に関する法律）／有機JASで使える農薬一覧

【作物別編】

カラー口絵

水稲

農家の技術と経営事例／播種と育苗／有機物施用と減肥／除草剤を使わないイネつくり／除草機の工夫／斑点米カメムシなどの対策

畑作・転作作物

ダイズ・ムギ・子実トウモロコシ・ソバ・雑穀

野菜・花

農家の技術と経営事例／品目別技術（ナス，トマト，ピーマン，キュウリ，カボチャ，ズッキーニ，スイートコーン，オクラ，エダマメ，インゲン，ソラマメ，エンドウ，ネギ，タマネギ，ニンニク，キャベツ，ブロッコリー，ハクサイ，ナバナ，ホウレンソウ，コマツナ，葉物（春の菜っぱ，夏の菜っぱ），レタス類，ダイコン，カブ，ニンジン，ジャガイモ，サツマイモ，サトイモ，ショウガ，花卉）

果樹

農家の技術と経営事例／草生栽培／天敵を利用した防除技術

茶

農家の技術と経営事例／農薬以外の防除技術

畜産

平飼い養鶏／放牧養豚／放牧酪農

終章　有機農業は普通の農業だ──農業論としての有機農業

索引

みんなの有機農業技術大事典　作物別編　目次

カラー口絵
　　トキが先導した生物多様性豊かな田んぼ——新潟県佐渡市より／田んぼのイトミ
　　ミズ／トロトロ層に伸びるイネの根／農家の自家採種／果樹の有機栽培／茶の有
　　機栽培

構成と執筆者 ……………………………………………………………………………… 9

水稲

農家の技術と経営事例
　栃木・舘野廣幸　雑草の緑肥活用，成苗利用，3回代かきによる水稲有機栽培
　　　　………………………………………………………………………………………14
　滋賀・中道唯幸　菌類，モミガラくん炭，酢，糖蜜なども。大規模機械も駆使
　　　　………………………………………………………………………………………22
　福岡・古野隆雄　ホウキングとアイガモで有機乾田直播 ……………………………31
　熊本・村上厚介　手植え・手刈りで多収するイネの無肥料超疎植1本植え栽培
　　　　………………………………………………………………………………………41
　宮城・成澤之男　地力で稔る自然栽培イネの姿 ………………………………………47

播種と育苗
　有機の育苗のポイント ……………………………………………………… 平田啓一 52
　有機・無農薬育苗に関する技術開発 ……………………………………… 稲葉光國 56
　有機育苗培土の病害抑制効果 ……………………………………………… 高橋英樹 63
　もみ枯細菌病抑制効果をもつ有機物含量の高い軽量育苗培土の利用
　　　　……………………………………………………………………………… 三宝元気 67
　事前乾燥を組み合わせた65℃・10分間温湯消毒法 …………………… 村田和優 71
　温湯処理と生物農薬による水稲の種子伝染性病害防除 ………………… 中島宏和 77

有機物施用と減肥
　堆肥稲作
　　堆肥稲作のポイント——出穂45日前のイネの姿を見据える
　　　　…………………………………………………（元宮城教育大・本田強先生に聞く）84
　　肥持ちの悪い田は春散布，肥持ちのよすぎる田は秋散布
　　　　…………………………………………………（山形・渡沢賢一さん，星隆之さん）87
　高チッソ鶏糞を利用した水稲の元肥鶏糞栽培 …………………………… 古川勇一郎 91
　有機物連用田でのチッソ供給の特徴とイネの生育 ……………………… 吉澤比英子 97
　緑肥施用水田の土壌（水）管理が水稲の収量・品質に及ぼす影響 ……… 浅木直美 105
　ヘアリーベッチ稲作成功の3か条 ………………………………………… 米倉賢一 114
　ヘアリーベッチを活用した減化学肥料栽培 ……………………………… 松山稔 119
　冬期湛水・不耕起・有機栽培水田土壌の特徴
　　　　……………… 伊藤豊彰／今智穂美／渡邊肇／鈴木和美／三枝正彦 126
　冬期湛水によるトロトロ層と抑草効果 …………………………………………… 132

除草剤を使わないイネつくり
　農家の米ヌカ除草法 ………………………………………………………………… 136
　　田植え直前の自然塩散布で米ヌカ除草が成功 ………（岡山・兒玉明久さん）136

米ヌカペレット３回まきの赤水維持で10俵どり ………（新潟・山岸真一さん）138
植え代前に米ヌカボカシを散布 ……………………………………………… 那須辰郎 142
米ヌカ除草から発展した抑草体系で，環境創造型稲作へ …………………… 稲葉光國 144
水田のイトミミズを活用した抑草技術 ……………………………………… 古川勇一郎 153
麦わら，有機質肥料の表面施用 ……………………………………………… 河原祐志 161
水田への新鮮有機物施用による二価鉄増加と雑草制御 ……………………… 野副卓人 167
深水栽培 …………………………………………………………………………… 中澤伸夫 173
複数回代かきによる抑草技術 ………………………………………………… 川俣文人 178
雑草よりイネが優占する田んぼの「状態」をつくる ………………………… 三木孝昭 184
冬〜春のウネ立て耕起で水田雑草抑制
　　　　　　──自然農法の農家たちの技術 …………………… 大下穣／田渕浩康 194
ジャンボタニシ除草 …………………………………………………………… 田中幸成 203
合鴨水稲同時作 ………………………………………………………………… 村山壽夫 211
再生紙マルチ水稲栽培 ………………………………………………………… 津野幸人 218

除草機の工夫
チェーン除草 ……………………………………………………………………………… 226
　チェーン除草　バッチリ決めるコツ ……………………………（宮城・長沼太一さん）227
　農家のアイデアチェーン除草器
　　　……（埼玉・長谷川憲史さん／新潟・龍水みなみがた／静岡・水口雅彦さん）229
水田除草機 WEEDMAN（ウィードマン） …………………………………… 鈴木祥一 232
アイガモロボ ……………………………………………………………………… 中村哲也 236

斑点米カメムシなどの対策
斑点米カメムシなどの対策 …………………………………………………………… 240
　アゼの２回草刈りでカメムシを寄せつけない ……………………………… 寺本憲之 240
　高刈りでカメムシを呼ぶ　イネ科雑草を抑える ……………………………… 岩田大介 244
　色彩選別機があれば，カメムシ対策の農薬散布はいらない！
　　　………………………………………（茨城・生駒敏文さん，柴田忠夫さん）247
　色選の導入で脱ネオニコ ………………………………………（新潟・相澤堅さん）250
生きものの多様性と切り札「おとりイネ」で一網打尽 ……………………… 尾崎大作 251
秋の田起こしと冬の湛水によるニカメイガの防除法 ………………………… 小島孝夫 253

畑作・転作作物

畑作・転作作物
北海道・中川農場
　　　　　　休閑緑肥と独自の培土式除草で有機ダイズの安定・低コスト栽培 ……… 258
無農薬・無肥料ダイズの晩播狭畦密植栽培 …………………………………… 佐藤拓郎 265
鶏糞施用で25年間10a300kgのダイズ連作…………………………………… 金田吉弘 267
ダイズ──有機栽培の安定技術 ……………………………………………… 小松﨑将一 275
ヘアリーベッチ植栽による土壌改良とダイズ作への効果 ……………………… 佐藤孝 283
北海道・ノースアグリナカムラ
　　　　　　少量堆肥を柱にした有機秋まきコムギの高品質・安定・省力栽培 ……… 293
ムギ生育初期の牛糞施肥施用 ………………………………………………… 長島泰一 301
寒冷地秋まきコムギの緑肥利用と効果 ……………………………………… 佐々木俊祐 308
子実トウモロコシの有機栽培 ………………………………………………… 荒木和秋 314
ダッタンソバ──赤クローバ混播で有機栽培 ……………………………… 石井弘道 324
ソバ開花前のアゼ草刈りをやめると結実率が３割アップ …………………… 永野裕大 326
モチキビ，モチアワ，タカキビ　次世代につなぐ雑穀栽培 ………………… 冨澤太郎 330

野菜

農家の技術と経営事例

茨城・魚住道郎　有機農業による小規模有畜複合経営
　　　　　　　養鶏500羽と田畑3haで約100世帯の消費者と提携 ……………… 340
神奈川・内田達也　㈱いかす　開墾地でも短期間で土壌改善
　　　　　　　イネ科緑肥の積極利用で多品目安定生産 ……………… 353
茨城・布施大樹　異常気象のなかでも多品目野菜を収穫し続けるコツ ……… 365
福島・小川光　堆肥の深層施用でメロン，トマトを有機栽培 ……………… 370
埼玉・清水誠市　堆肥，緑肥，ボカシ肥の併用で露地野菜の無農薬栽培 …… 385
福岡・古野隆雄　ホウキングによる畑の株間除草 ……………… 393
福島・東山広幸　雑草と害虫対策は「なんでも育苗」とマルチ活用，米ヌカ利用
　　　　　　　……………… 403

品目別技術　果菜類

ナスの有機栽培　基本技術とポイント ………… 自然農法国際研究開発センター 422
農家のナス栽培
　米ヌカと魚粉の追肥で肥切れを防いで長期どり ……………… 東山広幸 432
　ナスは雌しべ，枝の長さで追肥を判断 ……………… 桐島正一 434
前作にブロッコリー植付けでナス半身萎凋病が半減 ……………… 池田健太郎 437

トマトの有機栽培　基本技術とポイント ………… 自然農法国際研究開発センター 440
農家のトマト栽培
　スタミナ切れをどう乗り切るか ……………… 東山広幸 463
　大事なのは連作回避，雨よけ，整枝・剪定 ……………… 桐島正一 466

ピーマンの有機栽培　基本技術とポイント ……… 自然農法国際研究開発センター 469
農家のピーマン栽培
　長期どりするための追肥は花を見て診断 ……………… 桐島正一 477

キュウリの有機栽培　基本技術とポイント ……… 自然農法国際研究開発センター 481
農家のキュウリ栽培
　よい苗，疎植，追肥でとる ……………… 東山広幸 494
　年に3回播種で長くとり続ける ……………… 桐島正一 496

カボチャの有機栽培　基本技術とポイント ……… 自然農法国際研究開発センター 498
農家のカボチャ栽培
　露地「完熟型」果菜類ではもっとも早くとれる ……………… 東山広幸 508
　西洋カボチャと和カボチャのつくり分け ……………… 桐島正一 511
　酢と納豆菌でうどんこ病対策 ……………… 松岡尚孝 514
　有機カボチャ16ha——田畑輪換で雑草と病気をリセット ……… 石田慎二 516

ズッキーニの有機栽培　基本技術とポイント …… 自然農法国際研究開発センター 521
農家のズッキーニ栽培
　端境期の救世主，秋作もおもしろい ……………… 東山広幸 529
　元肥中心で育てる ……………… 桐島正一 531

スイートコーンの有機栽培　基本技術とポイント
　　……………………………………… 自然農法国際開発研究センター 532

農家のスイートコーン栽培
　ずらしまきでラクラク長期収穫 …………………………………… 東山広幸 537
　鶏糞栽培で粒張りのいいトウモロコシ …………………………… 桐島正一 539

農家のオクラ栽培
　播種も定植も地温が上がってから ………………………………… 東山広幸 541
　追肥のサインは葉の刻み具合 ……………………………………… 桐島正一 542

品目別技術　マメ類
農家のエダマメ栽培
　本当においしいのは晩生 …………………………………………… 東山広幸 546
　早植えは育苗，遅植えは直播栽培 ………………………………… 桐島正一 548
　エダマメのダイズシストセンチュウ
　　　──リョクトウすき込みで8割減 ………………………… 谷口勝彦 550

農家のインゲン栽培
　サヤインゲンは涼しい時期がねらいどき ………………………… 東山広幸 552
　つるありインゲンの春植え栽培 …………………………………… 桐島正一 554

農家のソラマメ栽培
　一寸ソラマメの仕立て方 …………………………………………… 桐島正一 556
　ソラマメの摘心栽培 ………………………………………………… 八木直樹 558

農家のエンドウ栽培
　直売するならグリーンピース（実エンドウ） …………………… 東山広幸 560
　スナップエンドウ，実エンドウ，キヌサヤ ……………………… 桐島正一 563

品目別技術　葉菜類
ネギの有機栽培　基本技術とポイント ………… 自然農法国際研究開発センター 568
農家のネギ栽培
　穴あきマルチで大苗づくり ………………………………………… 東山広幸 575
　追肥で香り豊かに，葉ネギづくり ………………………………… 桐島正一 578

タマネギ類の有機栽培　基本技術とポイント …… 自然農法国際研究開発センター 581
農家のタマネギ栽培
　米ヌカ栽培で劇的にうまくなる …………………………………… 東山広幸 590
　甘味強く貯蔵性の高い小ぶりな球をつくる ……………………… 桐島正一 593
　無施肥栽培で貯蔵中に腐らないタマネギ ………………………… 魚住道郎 596

農家のニンニク栽培
　葉ニンニクと球・芽ニンニクのつくり分け ……………………… 桐島正一 600
　自家培養の納豆菌で春腐病を防除，ニンニク5.5haを有機栽培………… 藤岡茂也 603

キャベツの有機栽培　基本技術とポイント ……… 自然農法国際研究開発センター 607
農家のキャベツ・ブロッコリー栽培
　害虫は防風ネットだけでほぼ防げる ……………………………… 東山広幸 616
　キャベツは春植えと秋植えで長期出荷 …………………………… 桐島正一 620
　キャベツとブロッコリーの大苗栽培 ……………………………… 魚住道郎 622

ソバ殻堆肥でキャベツの根こぶ病を抑えた …………………（岩手・三浦正美さん）624
ブロッコリーの根こぶ病をおとりダイコン＋生石灰のウネ施用で抑える
……………………………………………………………………………… 塚本昇市 626

ハクサイの有機栽培　基本技術とポイント ……… 自然農法国際研究開発センター 628
農家のハクサイ栽培
　　ハクサイはつくりやすい秋作に徹する ……………………………… 東山広幸 636
　　サラダにも向くオレンジ品種を小さくつくる ……………………… 桐島正一 638
　　田んぼの土でハクサイ苗の細根を伸ばす ………………………… 魚住道郎 640
　根部エンドファイトによるハクサイ根こぶ病の防除 ……………… 成澤才彦 642

農家のナバナ栽培
　　虫害の心配の少ないアブラナ科野菜 ……………………………… 東山広幸 646
　　春先の肥料の効きを避けて，甘く香り豊かに ……………………… 桐島正一 647

ホウレンソウの有機栽培　基本技術とポイント　自然農法国際研究開発センター
………………………………………………………………………………………… 650
農家のホウレンソウ栽培
　　赤軸品種と寒じめ，味は追肥で決まる ……………………………… 桐島正一 656
　　ケナガコナダニ防除はハウス内にイナワラを積むだけ ……………… 坂本勉 658
　カラシナすき込みと土壌還元化によるホウレンソウ萎凋病の防除 ……… 前川和正 660

コマツナの有機栽培　基本技術とポイント ……… 自然農法国際研究開発センター 670
農家の葉物栽培
　　コマツナ，ミズナ，チンゲンサイなど秋から春の菜っ葉類 ………… 東山広幸 677
　　ルッコラを間引き菜から花芽まで長〜く収穫 ……………………… 桐島正一 681
農家の葉物栽培
　　クウシンサイやモロヘイヤなど盛夏期の菜っ葉 …………………… 東山広幸 683
　　オカヒジキ，ツルムラサキなどは仕立て方で5倍増収 ……………… 桐島正一 686

レタス類の有機栽培　基本技術とポイント ……… 自然農法国際研究開発センター 693
農家のレタス栽培
　　魚粉栽培でダシの出るレタス ……………………………………… 東山広幸 700
　　レタスとサニーレタス――間引き収穫しながら長く出す ………… 桐島正一 702
　　茎レタス――大きく育てて，甘味とシャキシャキ感を出す ………… 桐島正一 704

品目別技術　根菜類
　ダイコンの有機栽培　基本技術とポイント ……… 自然農法国際研究開発センター 709
農家のダイコン栽培
　　もっともつくりやすい根菜類 ……………………………………… 東山広幸 718
　　施肥，間引きで虫に強く，濃い味を出す …………………………… 桐島正一 720
　　キスジノミハムシに緑肥用エンバク ……………………………… 中野智彦 722
　　ダイコンサルハムシはブロワーと網，水田輪作で完璧に防ぐ ……… 古野隆雄 724

農家のカブ栽培
　　乾燥に弱いが雑草に負けない ……………………………………… 東山広幸 726
　　大カブ，小カブ，地元品種の持ち味を出す ………………………… 桐島正一 727

農家のニンジン栽培
　　春作はモミガラ堆肥，秋作は米ヌカのみ ………………… 東山広幸 728
　　鶏糞栽培とF₁品種の自家採種 ………………………………… 桐島正一 730
　　脱ポリマルチ　管理機鎮圧で夏まきニンジンがズラリ発芽 ………… 魚住道郎 733
　　緑肥＆品種選びで肥大よし，給食規格の有機ニンジン ………… 牛久保二三男 736
　秋冬ニンジンのセンチュウと雑草は夏期湛水で抑える ………………… 森清文 738

農家のジャガイモ栽培
　　「個数型」と「個重型」に分けてつくりこなす ……………… 東山広幸 740
　　回数多く植えて，おいしいタイミングで収穫 ………………… 桐島正一 744
　有機物マルチ＆逆さ植えで，手間なく反収2.5ｔ ……………… 松岡尚孝 746
　北海道・折笠農場　さやあかねなどで自然栽培，大規模経営 ………… 森元幸 749
　米ヌカ散布でそうか病を抑えられるしくみ …………………… 池田成志 760
　ジャガイモ有機栽培の施肥と品種選び ………………………… 田村元 764

農家のサツマイモ栽培
　　肥料代もタネ代も無料，黒マルチだけで栽培 ………………… 東山広幸 771
　　土に合った品種できれいな甘いイモをとる …………………… 桐島正一 775
　ダイコンとサツマイモのウネ連続利用有機栽培 ………………… 新美洋 779
　緑肥を活用したサツマイモの高品質生産技術 …………………… 菅谷俊之 781

農家のサトイモ栽培
　　多収がもっとも簡単なイモ …………………………………… 東山広幸 786
　　追肥のタイミングは雑草の顔色で見極める …………………… 桐島正一 789
　サトイモの湛水ウネ立て栽培——収量倍増で乾腐病も抑えられる ……… 池澤和広 794
　サトイモの水田栽培をもっとラクに ……………………………… 安野博健 797

農家のショウガ栽培
　　育苗して収量倍増 ……………………………………………… 東山広幸 800
　　ウネ土の管理と追肥判断で太らせる …………………………… 桐島正一 802
　種子の温湯消毒で根茎腐敗病対策 ………………………………… 805

花

　バラの周年土耕栽培　1回の天敵放飼で何年も定着
　　　　もうハダニは怖くなくなった ……………………… (熊本・村上健次さん) 808
　長野・池田浩久　カーネーションの5〜12月出荷
　　　　元肥ゼロ，土壌消毒ゼロ，農薬は粒剤だけ …………………………… 812
　長野・鈴木義啓　自然栽培の切り花とエディブルフラワー ……………… 819
　海外での花卉の天敵利用 ………………………………………… 和田哲夫 824

果樹

農家の技術と経営事例
　愛媛・菊池正晴　ミカン　半樹別交互結実栽培 …………………………… 823
　和歌山・岩本治　草生で省力高品質ミカンづくり ……………………… 844
　愛知・河合浩樹　ハウスレモンボックス栽培
　　　　各種の土着天敵の活用とボカシ肥料で無農薬栽培 ……………… 857
　広島・道法正徳　レモン　無肥料・無農薬の自然栽培

芽かきで充実の苗を育成，無病体質に仕上げる ………………………… 867
山梨・フルーツグロアー澤登　有機ブドウとキウイフルーツの安定生産 ……… 876
青森・北上俊博　雑草草生＋植物エキス定期散布で有機ＪＡＳリンゴ栽培 ……… 886
岩手・井上美津男　日本ミツバチで受粉，多品種リンゴを直売所で長期販売 …… 892

草生栽培

雑草を活かした草生栽培 …………………………………………………… 横田清 902
果樹園の雑草植生と園地条件 ……………………………………………… 安部充 907
草種とアレロパシー ………………………………………………………… 藤井義晴 914
草生栽培と土壌微生物相 …………………………………………………… 石井孝昭 923
ナギナタガヤの利用 ………………………………………………………… 道法正徳 935
ライムギ・ベッチ混播・雑草の輪作（ブドウ） ………………………… 小川孝郎 939
モモ園の長期的な雑草草生栽培の効果 …………………………………… 加藤治 945

天敵を利用した防除技術

天敵を主体とした果樹のハダニ防除 ……………………………………… 外山晶敏 950
リンゴ ………………………………………………………………………… 舟山健 964
ナシ …………………………………………………………………………… 清水健 968
オウトウ ……………………………………………………………………… 伊藤慎一 972
施設ブドウ …………………………………………………………………… 澤村信生 976
天敵の住処の白クローバを残すリンゴ園の高刈り ………（青森・福士忍顕さん）979
夏場の無除草で土着カブリダニを守ってリンゴのダニ剤ゼロ ………… 田中正博 980
ナシ産地に広がるミヤコカブリダニ導入 ……………………（東京都稲城市）984
イヨカンのヤノネカイガラムシ対策
　　　　　——土着天敵のキムネタマキスイを生かす和泉康平 ………………… 989

茶

土壌診断と菌液散布で健全茶づくり ……………………（静岡・斉藤勝弥さん）994
ドクダミ，ニラ，スギナ液と食酢などで病害虫予防 …………………… 北村誠 1006
自家製忌避剤——ヨモギ・ドクダミ発酵液 …………………………… 北野孝一 1009
無農薬茶栽培の成立条件 …………………………………………………… 小俣良介 1010
病害虫抵抗性品種の利用 …………………………………………………… 吉田克志 1018
有機茶園の病害虫防除 ……………………………………………………… 山田憲吾 1023
茶の耕種的防除技術——光・整剪枝・バンカー植物 …………………… 小俣良介 1029
慣行栽培からの転換モデル ………………………………………………… 小俣良介 1037
米ヌカでカイガラムシ類を発生抑制 ……………………………………… 小俣良介 1048
有機茶園のチャドクガ対策 ………………………………………………… 小俣良介 1054
耕作放棄園の茶樹を枝ごと刈って三年晩茶 ……………………………… 伊川健一 1059

畜産

産卵率80％超えの牧草養鶏 ……………………………………………… 宇治田一俊 1065
地域循環型の放牧養豚 ……………………………………………………… 坂本耕太郎 1072
牛の健康第一の循環型酪農
　　　　　草地の除草剤と化学肥料ゼロ，良質な堆肥で甘い牧草 ……… 鈴木敏文 1079

終章　有機農業は普通の農業だ——農業論としての有機農業　　中島紀一 1093

索引………………………………………………………………………………1104

作物別編の構成と執筆者一覧 （所属は執筆時，敬称略）

◆カラー口絵解説

服部謙治（新潟県佐渡市）

水稲

◆農家の技術と経営事例

舘野廣幸（舘野かえる農場）／古野隆雄（福岡県桂川町）／村上厚介（熊本県菊池市）

◆播種と育苗

平田啓一（山形県川西町）／稲葉光國（NPO法人民間稲作研究所）／高橋英樹（東北大学）／三室元気（富山県農林水産総合技術センター）／村田和優（富山県農林水産総合技術センター農業研究所）／中島宏和（長野県農業試験場）

◆有機物施用と減肥

古川勇一郎（新潟県農業総合研究所作物研究センター）／吉澤比英子（栃木県農業試験場）／浅木直美（茨城大学）／米倉賢一（有機稲作研究所）／松山稔（兵庫県立農林水産技術総合センター）／伊藤豊彰・今智穂美・渡邊肇・鈴木和美・三枝正彦（東北大学大学院）

◆除草剤を使わないイネつくり

那須辰郎（熊本県湯前町）／稲葉光國（NPO法人民間稲作研究所）／古川勇一郎（新潟県農業総合研究所）／河原祐志（岡山県立農業試験場）／野副卓人（（独）農業・食品産業技術総合研究機構北海道農業研究センター）／中澤伸夫（長野県農事試験場）／川俣文人（NPO法人民間稲作研究所・有機農家）／三木孝昭（（公財）自然農法研究開発センター）／大下穣（NPO法人MOA自然農法文化事業団，現・（一社）ＭＯＡ自然農法文化事業団）／田渕浩康（財）微生物応用技術研究所，現・（公財）農業・環境・健康研究所）／田中幸成（福岡県糸島市）／村山壽夫（熊本県農業研究センター）／津野幸人（鳥取大学農学部）

◆除草機の工夫

鈴木祥一（（株）オーレックR&D開発部）／中村哲也（（株）NEWGREEN）

◆斑点米カメムシなどの対策

寺本憲之（滋賀県東近江地域振興局農産普及課）／岩田大介（新潟県農総研作物研究センター）／尾崎大作（愛知県西尾市）／小島孝夫（福井県農業試験場）

畑作・転作作物

加々美竜彦（アグリシステム（株））／佐藤拓郎（（株）アグリーンハート）／金田吉弘（秋田県立大学）／小松﨑将一（茨城大学農学部）／佐藤孝（秋田県立大学）／長島泰一（大分県農林水産研究指導センター）／佐々木俊祐（岩手県農業研究センター）／荒木和秋（酪農学園大学）／石井弘道（（株）神門）／永野裕大（東京大学大学院農学生命科学研究科）／冨澤太郎（山梨県上野原市）

野菜

魚住道郎（茨城県石岡市）／内田達也（（株）いかす）／布施大樹（木の里農園）／小川光（福島県喜多方市）／清水誠市（埼玉県和光市）／古野隆雄（福岡県桂川町）

／東山広幸（福島県いわき市）／自然農法国際研究開発センター／桐島正一（高知県四万十町）／池田健太郎（群馬県農業技術センター）／松岡尚孝（つくば有機農業技術研究所）／石田慎二（長野県佐久市）／谷口勝彦（千葉県松戸市）／八木直樹（千葉県南房総市）／藤岡茂也（兵庫県多可町）／塚本昇市（石川県農業総合研究センター）／成澤才彦（茨城県農業総合センター生物工学研究所）／坂本勉（北海道北斗市）／前川和正（兵庫県立農林水産技術総合センター）／中野智彦（奈良県農業技術センター・高原農業振興センター）／牛久保二三男（長野県松川町）／森清文（鹿児島県農業開発総合センター大隅支場）／森元幸（カルビーポテト（株）馬鈴薯研究所）／池田成志（農研機構北海道農業研究センター）／田村元（地方独立行政法人北海道立総合研究機構十勝農業試験場）／新美洋（九州沖縄農業研究センター）／菅谷俊之（茨城県県西農林事務所結城地域農業改良普及センター）／池澤和広（鹿児島県農業開発総合センター）／安野博健（（公財）自然農法国際研究開発センター）

花　池田浩久（長野県佐久市）／鈴木義啓（長野県佐久市・Suki Flower Farm）／和田哲夫（ジャパンアイピーエムシステム（株））

果樹
◆農家の技術と経営事例
菊池泰志（元愛媛県南予地方局八幡浜支局地域農業育成室）／岩本治（マルヨ農園）／河合浩樹（河合果樹園）／道法正徳（広島県実際家，農業技術コンサルタント）／澤登早苗（フルーツグロアー澤登）／北上俊博（青森県五戸町・北上農園）／井上美津男（岩手県滝沢市）

◆草生栽培
横田清（岩手大学）／安部充（福島県果樹試験場）／藤井義晴（鯉淵学園農業栄養専門学校・東京農工大学）／石井孝昭（(一社)日本菌根菌財団）／道法正徳（広島県実際家）／小川孝郎（東山梨農業改良普及センター）／加藤治（山梨県果樹試験場）

◆天敵を利用した防除技術
外山晶敏（農研機構植物防疫研究部門）／舟山健（秋田県果樹試験場）／清水健（千葉県農林水産部担い手支援課）／伊藤慎一（山形県病害虫防除所）／澤村信生（島根県農業技術センター）／田中正博（秋田県横手市）／和泉康平（愛媛県松山市）

茶　北村誠（長崎県佐々町）／北野孝一（佐賀県嬉野市）／小俣良介（埼玉県茶業研究所）／吉田克志（農研機構果樹茶業研究部門）／山田憲吾（農研機構植物防疫研究部門）／小俣良介（埼玉県茶業研究所）／伊川健一（奈良県大和郡山市）

畜産
宇治田一俊（茨城県石岡市）／坂本耕太郎（広島県三原市）／鈴木敏文（北海道広尾町）

終章
中島紀一（茨城大学）

水　稲

水　稲

農家の技術と
経営事例

水稲

栃木県下都賀郡野木町　舘野廣幸（舘野かえる農場）

雑草の緑肥活用，成苗利用，3回代かきによる水稲有機栽培

雑草の緑肥利用により，育苗以外は完全無施肥での稲作を実現。種モミの浸漬後の低温貯蔵と堆肥を使った床土による健全な成苗の育成。深水での3回代かきで雑草が生えにくい土壌構造づくり

〈雑草という生き物を生かす有機稲作〉

　私が有機農業を始めたのは1992年のこと。以来32年，多くの生き物とともにここまで歩んできた。これまでさまざまな農法を試し，失敗も多かった。その失敗の原因は自然の仕組みを知らず，自分（人間）の都合で判断していたことが最大の原因であった。田畑の自然をよく見て，その働きを活かすことができれば，自然と人の協同作業による有機農業ができると考えている。

　現在に至って，雑草の性格を利用した草取りをしない水田，肥料を入れなくとも微生物が生み出す養分でイネが育つ水田，生き物が害虫を食べてイネが守られる水田が徐々に実現している（第1図）。

　ここでは，私が実践している稲作から，休閑期に生える雑草の肥料源としての利用，成苗育苗や3回代かきなど草取りを不要にする栽培技術，そのための雑草の特性の見極め方について述べる。

〈休閑期に生える雑草を緑肥利用する〉

1. 雑草を「宝」ととらえる

　雑草は農業の最大の敵とされてきた。有機農業においても，除草剤を使わずにいかに雑草を生やさないようにするかという技術開発が行なわれている。農家にとって，作物以外の植物はすべて雑草，すなわち悪者とされ，農業の教科

経営の概要

経営	1992年より無農薬・無化学肥料で栽培
経営面積	有機稲作：15ha，有機コムギ：1ha，有機ダイズ，1ha，有機野菜：0.1ha，有機果樹0.1ha，雑木林：2ha
有機資材	使用する有機資材は，雑草，イナワラ，くず大豆，米ヌカ，モミガラ堆肥，くず小麦，落ち葉堆肥

書にも，「雑草は栄養分を奪う」「日光を遮る」「病害虫の棲みかになる」などと悪いことばかり書いてある。そこですべての草を除草剤で全滅させる農法が生まれた。

　私も最初はいかにして草を生やさないようにするかに頭を悩ませ，草を退治することばかり考えていた。しかし，雑草から見れば「生えやすい環境」だから生えたのであり，農業に敵対する意思も恨みもない。そもそも草が生えるということは，それだけの養分が土壌にあるということであり，養分を吸収する力は作物よりも強い。この力をうまく利用すれば，堆肥や有機物の投入が少なくても有機栽培ができるようになると考えた。

　雑草は田畑を守り，虫を増やし，土着菌を増やしている。土着菌類の多くは雑草の根と共生している。そう考えれば，雑草は有機農業にとっての「宝」である。雑草を抜き取るたびに田畑は栄養分と生物多様性を失う。真の農地の豊

農家の技術と経営事例

第1図　舘野かえる農場の有機稲作
左：圃場の様子，右：圃場に生息するカエル。カエルは害虫を食べ，オタマジャクシのときは雑草も防ぐ

かさを考えれば，田畑に雑草が生えたらまず喜び，次にその活用を考えるべきである。

2. 冬季間になるべく雑草を生やす

冬季間，とくに太平洋側の地域の慣行栽培の水田の多くは，草一本生えないように耕されている。一方，私の田んぼには何も作付けせず，できるだけ草を生やすようにしている（第2図）。私は秋のうちに1回だけ，雑草が生えるように浅く耕す。軽く耕すことでイナワラが適当に土と混ざり，イナワラの分解も進む。そこに冬季でも雑草の種子が芽生えてよく育つ環境ができる。冬の間の太陽の光と養分をできるだけ雑草に蓄えてもらうというわけである。

イネは，雑草が蓄えた養分だけで育つことができる。圃場や年にもよるが，私の農場では，雑草のすき込みによる有機物の投入だけで，おおむね360kg/10aほどの収量を確保している。

第2図　雑草（スズメノテッポウ）を生やした圃場

〈有機稲作に不可欠な成苗育苗〉

1.「成苗植え」の利点

日本では3,000年間以上にわたって稲作が行なわれてきたが，技術的に重要なものは田植えである。基本的には直播が水稲の生育生理に合致しているが，雑草との熾烈な闘いになる。それで，先人はあえて手間のかかる育苗と「田植え」という技術を生み出し，雑草との棲み分け技術を生み出したと考えられる。さらに，苗も雑草に負けない体力をもった成苗（5葉苗）を育て，移植するという稲作を完成させた。

この「成苗植え」は，じつは雑草の発生を抑える優れた技術である。「苗半作」「苗七分作」という言葉があるが，丈夫な苗は生育力が強く，雑草に負けず，雑草に対する抑制力アレロパシーを発揮するとされ，とくに生育の盛んな5葉期から出穂期に，その効果は高まると感じている。そういう事実を先人は経験知として活かし，成苗植えの技術を完成したのではないか。

2. 浸漬後の低温貯蔵で丈夫な苗

育苗で大切なのは，種モミの選定である。種

15

水稲

モミは，基本的に「塩水選」で選別する。以前は温湯処理（60℃, 10分間）を行なっていたが，現在はやっていない。これは，すべて殺菌するという考え方ではなく，1）浸漬前のていねいな水洗い，2）発症環境をなくすこと，3）土着菌（雑菌）との生態的バランスで病原菌の密度を下げることを重視しているためである。

種モミは3月に浸漬する。慣行栽培では，その後は通常は25℃程度の温度で「芽出し」を行なうが，私は行なっていない。浸漬のときにはていねいに水洗いし，「ハト胸」状態にしてから軽く脱水し，薄いポリ袋かシートで包み，5℃の冷蔵庫に貯蔵する。水分を保ちつつ呼吸できるようにするため，袋の口は密封せず軽く閉じる。これを1週間から10日間置き，それを都合のよいときに播種する（2週間以内であれば，問題なく発芽する）。播種するときには，冷蔵庫から取り出していったん常温の水に漬けて外気と同じ温度にし，脱水したうえで行なう。

私が「芽出し」を行なわない理由は，作物にとってのストレスを避けるためである。加温して芽出しした種子を屋外に出すと，種モミは芽が出たときより低い温度にさらされる。作物にとってはいきなり暖かいところから寒いところへもっていかれるわけで，不自然でストレスがかかる。それよりは冷たい状態から暖かくなるほうが自然である。

また，冷蔵した種子は，がっちりした芽となって耐寒性がつき，春の寒さの時期にも無加温で播種ができる。さらに出芽後に板やローラーなどで鎮圧すると，よりがっちりした苗ができる。

3. 床土も生育を左右する

育苗では播種する床土も重要である。私は以前，原木シイタケを栽培しており，林内に古くなったホダ木を積み，落ち葉をかけて堆肥状態にしたものを床土に使っていた。シイタケ菌などの白色腐朽菌は酸性で，それがイネには非常によい。また，山林内の雑木や落ち葉の朽ちた堆肥は，放線菌など多様な雑菌の働きで，育苗中の立枯病などが発生しない。現在は原木シイ

タケの栽培はしていないので，落ち葉堆肥と山土を混ぜて使用している。

種モミは，発芽には肥料を必要としない。葉がおよそ2.5葉に展開するまでは，種モミの胚乳（母乳）で育つ。葉が2枚出てからは，肥料（離乳食）が必要になる。最初は順調に発芽しても途中で枯れる場合は，その切替えがうまくできていないのである。

この母乳から離乳食に切り替わる時期に重要なことが，病原菌への感染である。発芽して自分で養分を取り込み始める時期は，菌を取り込む力がいちばん強いといわれている。これによって，イネは免疫力を獲得する。この時期にどのような菌が周囲に存在するかによって生育に影響すると考えられるので，床土には雑多なよい菌類がいることが重要である。

4. 育苗中は水で保温

育苗方式は，成苗育苗が容易な「ポット式育苗」で行なっている。ポット式育苗では，独立したポット内に2〜3粒の種子をまき，露地の育苗圃場に育苗箱を並べる。

育苗に必要な種モミの栄養分は，あらかじめ散布して育苗圃場の土壌と混和する。育苗用の肥料は，米ヌカや発酵処理して乾燥させたくず大豆である。米ヌカは苗箱100枚当たり20kgを前年秋に，くず大豆は同10kgを播種1か月前に，ともに育苗圃場に施す。

育苗圃場には3月に入水し，2回程度代かきを行なう。イネの出芽には適切な水分と酸素の供給が不可欠であるため，育苗圃場は均平を保ち，種モミの乾燥や多湿に注意する。露地では，灌水できると同時に降雨時の排水もできるような場所を選ぶ。置き床は朝日が射す場所で南北列が望ましい。

播種したあとは，発芽するまでは育苗シートなどをかけて保護するが，発芽したらシートを取り払い，鳥害対策の網だけにする。寒冷日は夜間に地下水を入れて，イネの生長点を水で保温をする。

出芽後1.5葉期からは入水し，プール状態での育苗となるが，露地の圃場のため減水するこ

ともある。入水時間は早朝または日没後，気温より水温が高い時間帯で行なうと生育が均一化する（第3図）。

5. 成苗はさまざまな抑草技術を可能にする

現在の慣行農家の多くは，5月の連休ころに，本葉が2枚の稚苗を植える。本葉2枚で植えるためには，徒長した苗を育苗しなければならない。このため育苗には保温するビニールハウスが必要となる。

一方，私はかつての手植え時代と同様，葉が5枚展開する成苗まで育苗している（第4図）。成苗であれば露地育苗でも5月下旬には十分な苗丈を確保できる。葉齢の進んだ成苗を植えることで，田植えが遅くても生育への影響は少ない。

5葉以上のがっちりと丈夫な成苗を育てるポイントは，出芽時の第1葉，第2葉はできるだけ小さく低い位置につくることである。そのためには温度をかけずに育苗するか，あるいは物理的な刺激として鎮圧（苗踏み）などを行なう。

成苗を植えることによって，さまざまな除草技術が可能となる。たとえば，深水管理やアイガモ除草，機械除草などは，貧弱な苗では対応できない。この面からも，私は先人が生み出した成苗植えというやり方は，非常に重要であると考えている。

〈3回代かきで雑草が生えない土壌構造をつくる〉

1. 田植えは5月下旬以降に

慣行農家の田植えは，5月上旬に一斉に行なわれるが，私は5月の下旬から6月下旬にかけて，1日約1haずつ，1か月間ほどかけて行なう。代かきを5月1日に行なって，最初の田植えはその25日後となる。

昔の田植え時期は旧暦の5月，すなわち新暦の6月であった。この理由は保温資材がない，梅雨の雨を利用したなどいくつか考えられるが，6月に植えたほうが雑草の発生が少ないことを先人は知っており，雑草発生時期を避けたのではないかと思われる。

田んぼには5月上旬に入水する。入水して代かきをすると田んぼの土中に眠っていた水田雑草の種が発芽する。5月上旬の田植えでは，雑草との競合が避けられない。有機稲作では，雑草の発生時期を避けた田植え時期の見極めが必要である。

2. 代かきの役割と雑草の発生

水田には多くの雑草の種子があり，その種子は長い年月の間生存するが，その年に発芽する種子は発芽条件に合った種子のみであり，それ以外の種子は休眠している。したがって，その年に発芽する種子はある程度決まってくる。そ

第3図　自然の気候での育苗

第4図　完成したポット成苗（約5～6葉苗）

の年に生える分が生えてしまえば，埋蔵種子量が多くても発芽には至らない。

私は，代かきという技術は，雑草を生やさないようにするのではなくて，むしろ雑草を生やすために行なうものだと考えている。1回目の代かきをしたあとには浅水をため水温を高め，雑草の発生を促す。この時期には発芽力が強い雑草種子ほど早く生える。ヒエの種子は15℃，コナギの種子は25℃の水温で発芽が開始される。

また，湛水中で溶存酸素量が多い土壌ではヒエの発生が，少ない土壌ではコナギの発生が促進される。水田の湛水中の溶存酸素量は用水や土質によって異なるほか，減水深の程度や水田の土壌微生物の増殖量によっても異なる。

3. 代かきは3回が基本

各回の代かきには，それぞれ目的がある。1回目は休閑期の雑草やイナワラなどを田面の表層にすき込むための代かき（第5図），2回目はすき込んだ有機物の分解促進のための酸素を供給する代かき，3回目は分解した有機物と微細土壌粒子で「トロトロ層」を形成し，埋没させた雑草種子を層状に堆積させるための代かきである。冬から春に雑草を生やしている水田，秋耕ができずに春に耕起してイナワラが分解していない水田，減水深の大きい水田など，基本的には3回代かきを行なう必要がある。

一方，有機物が少ない水田や秋の耕起でイナワラの分解が進み十分に腐熟している水田などは，2回の代かきで雑草の発生を抑制できる。土壌が黒ボク土や粘土質の灰色低地土なども2回代かきでトロトロ層が形成できる。

代かきの間隔は，水温や発生する雑草の種類によって異なるが，5月では10日間程度，6月では5日間程度が目安である。最初の代かきは入水直後に行ない，2回代かきの場合には田植えは入水から15日後，3回代かきの場合には田植えは入水から25日後となる。成苗の準備は，この期間を考慮して行なう。播種日は，5月下旬に田植えの場合は45日前，6月中の田植えの場合は30日前となる。

4. 代かき時は深水で

代かき時の水位は，その後の雑草種子の発芽に大きく影響する重要なポイントである。慣行農法での代かきは浅水（水位1～2cm程度）で行なわれるが，この水位では表層の有機物が深く練り込まれ，吸水した雑草種子や重い土壌粒子なども表層に出てくる。さらに土壌面が露出することで酸素が補給され，ヒエなどの雑草種子が発芽する。また，コナギなどの光発芽性の種子も休眠が解除され，その後の湛水により無酸素条件となれば，発芽を開始する。

有機稲作水田を無除草で行なうためには，代かき時に雑草の発生しない土壌構造をつくらなければならない。この土壌構造をつくる作業が2回目以降の代かきである。2回目以降の代かきは，水深5cm以上の深水代かきが必須である（第6図）。

ドライブハローで攪拌された水田土壌は，水中でゆっくりと沈降してくる。このとき，最初に重い土壌粒子が，次に吸水した雑草種子が沈降し，その上を軽い腐熟有機質や微細な土壌粒子が覆って層状の土壌構造が形成される。この腐植質を多く含む軽い土層が「トロトロ層」と呼ばれる（第7図）。

このトロトロ層が1cm以上になると，埋没した雑草種子を覆って発芽を抑制する。このとき発芽を抑制された雑草種子は死滅しているわけではないため，トロトロ層が破壊されれば発芽

第5図　1回目の代かき（雑草のすき込み）

を開始する。したがって、代かき後はもちろん、田植え後2週間くらいまで、田面土壌を露出させずにトロトロ層を維持する水管理が重要となる。

〈種子雑草抑制のメカニズム〉

1. 多くの雑草は光に反応して発芽

一般的には知られていないが、雑草は発芽の時と場所、環境を敏感に察知して発芽している。むしろ品種改良された作物のほうが発芽に無頓着で、暗闇でも発芽する。

また、多くの雑草の種子は土壌表面にあるものしか発芽しない。これは、種子が発芽するのに必要な水分、酸素、温度という3条件に加えて、発芽に光を必要とする光発芽性をもつためである。

さらに光の波長によっても発芽の程度が変わり、遠赤外光と呼ばれる波長730nm付近の光は、種子の発芽を抑制する作用がある。この遠赤外光の環境があれば、光発芽性の雑草種子の発芽抑制ができる。

2. 混濁水と深水で光を弱めて発芽抑制

雑草の発芽を抑える透過性の高い遠赤外光線を高め、発芽後の光合成に必要とされる青〜赤色光を弱める方法として、代かき後の水を濁らせることが有効である。混濁水の維持期間が長くなれば発芽抑制効果が高い。これには微細な土壌粒子や腐食性有機物の量、さらに水中生物たちが効果的に働く。

また深水によって一定の水深以上になれば赤色光の透過光量が減り、遠赤色効果が高まると想定される。とくに光発芽性が強いコナギには、水深や混濁水による効果が期待できる。圃場によってはアミミドロなどの藻やウキクサが発生することもあり、そうした浮遊性の雑草が水面を覆うことで透過光線の遠赤色化が起こり、水深が浅くとも雑草の発芽抑制効果が見られる。

3. 種子を埋没させるトロトロ層の形成

すでに述べたとおり、水田内の腐食性有機物と土壌粒子が混じった「トロトロ層」と呼ばれる土壌構造をつくることが安定的に雑草の発芽抑制効果を高めることにつながる（第8図）。トロトロ層の土壌はクリーム状の軽くて膨軟な土壌で、黒ボク土壌などでは自然に形成されることもあるが、有機質の補給が行なわれないと減少する。

トロトロ層の生成には有機物が必要だが、とくに緑肥やイネ科雑草が有効だと考えている。5月の入水前に生えた雑草は、約1か月間水を張ることによって分解する。雑草は枯死するとすぐ分解酵素が働き、同時に有機物を分解する土壌菌が増殖する。その分解過程で生成する有機酸なども雑草の発芽を抑え、有機物をえさとする土壌動物が大量に発生して動き回ることも、雑草の発芽を抑えていると考えられる。

雑草自体の分解時に発生する有機酸や有機物

第6図　深水で行なう2回目の代かき
田面の土壌が見えず代かきの耕跡がわかりにくいため、トラクタの運転に熟練が必要

第7図　2回目代かきはたっぷりの水でトロトロ層をつくる

水稲

第8図 トロトロ層(左,写真提供:川俣文人)とトロトロ層による雑草の抑制

の分解時に土壌が還元状態となることで水中の溶存酸素量が減少してヒエの発芽は抑制されるが,コナギの発芽が促進される。2回目の代かき後の田面をよく観察し,すき込んだ雑草の分解に伴うガス沸きが見られたら,3回目の代かきを行なう。

長年水稲を栽培してきた土壌の場合は,堆肥や緑肥,雑草などのすき込み施用がなくてもトラクタのドライブハローで水位5cmにして高速回転すれば機械的にトロトロ層状態をつくることもできる。機械的にトロトロ層を形成する場合においても,有機質が土壌微生物によって分解されてできる腐植の含有は必要である。

なお,表面だけに有機物がある状態にするには,不耕起栽培という選択肢も考えられる。しかし私の経験では,一年生雑草,とくにコナギは確かに減った一方で,宿根草・多年生の雑草が増えたほかに,田植えや水位の維持などに課題があると感じている。

4. ヒエの抑制に有効な深水管理

水田雑草のなかで,ヒエは古来より多くの農業者を悩ませてきた。ヒエは形態的にも生理的にもイネと似ているが,C_4植物であるため盛夏以降にイネを上回る生長をとげる。ヒエの発芽には,イネと同様に酸素が必要である。土壌面が露出しないように水管理ができれば発芽を抑えられるが,実際の水田環境では,灌漑水に含まれる溶存酸素や湛水前の酸素吸収などによってヒエの発芽が起こる。そこで,発芽後のヒエを2葉期まで湛水して水没させることを続けることによって生育を抑えて枯死させる。

ヒエは,種子胚乳の養分で7cm程度の草丈まで伸長するため,水没によって抑草するには10cm程度の深水湛水が必要になる(第9図)。稚苗のイネでは田植え後の深水が困難であるため,田植え前の複数回代かき期間に深水を確保すれば抑草できる。ヒエを抑えるには,田植え前の深水処理の場合も田植え後の深水処理の場合も,たとえ短時間であってもヒエの葉が空気中に露出しないよう,漏水などに注意して管理する。

〈球根性雑草の性質を知る〉

1. やっかいな球根性雑草

もうひとつの水田雑草の問題は,球根性の雑草である。おもな球根性の水田雑草には,クログワイやオモダカ,ヒルムシロなどがあり,こうした雑草の発芽はトロトロ層だけでは防げない。また球根性の雑草は種子雑草より発芽が遅い傾向があり,田植え後しばらく経ってから発生することになる。

もし,湛水期間が長くとれて遅い田植えが可能なら,早期に湛水して水温を上げて球根の発芽を促し,球根内の養分を減少させる。湛水面

農家の技術と経営事例

第9図　田植え後は深水管理を2週間続ける
（栽植密度は40〜45株/坪）

第10図　収穫期をむかえたコシヒカリ

にクログワイの葉が出てから深水代かきを行なえば，球根とともに浮力で浮いてくる。浮遊した球根が大量であれば除去するが，少量であれば放置してもそのまま枯死する。

　球根性の雑草は，種子性の雑草に比べ数が少なく，繁殖場所が限られることが多いため，事前に発生場所を確認しておくことが重要である。

2. 乾燥と寒さとチッソに弱い球根性雑草

　私の観察では，クログワイはチッソ分が多く地力が高い田んぼには生えず，やせた土地に生えるように思われる。詳しい理由は不明だが，マメ科緑肥などを作付けして水田土壌のチッソ量を増やすとクログワイは減少する。ただし，マメ科緑肥を多く作付けしたあとに'コシヒカリ'などを栽培すると倒伏するため，栽培する品種の耐肥性の見極めが必要である（第10図）。

　また，クログワイの球根は乾燥と寒さに弱いため，冬季に水田を乾燥させ，あるいは土壌を凍結させると越冬できない。したがって，暗渠排水や裏作でのムギ栽培なども球根性雑草の抑草に有効である。このほか，球根性雑草の球根はカモ類がえさとしており，こうした鳥類の働きでも発生が減少すると考えている。

〈雑草が土を豊かにする〉

　雑草の多くは吸肥力が強く，土壌内の栄養分を体内に吸収する。このことが作物と雑草の同時発生が嫌われる最大の理由であるが，休閑期の雑草は栄養分を体内に集積して流亡を防ぎ，さらに根圏微生物やチッソ固定菌の作用で栄養分を増す。固定されたチッソやリン酸，岩石内のミネラル成分なども取り込み，CO_2と太陽光で炭素を有機物に転換する。栄養の塊が自然に生えるのだから，この宝を利用しない手はない。草刈りやすき込みで緑肥利用にすることによって，有機質肥料は無尽蔵に生まれる。

　雑草を生やしてすき込むことは有機物を土壌に還元することであり，このことは土壌を肥沃にする基本に通じる。雑草の有効活用によって圃場内の資源循環が可能になり，外部からの資材投入に依存しない，持続可能な有機農業につながると考えている。

　執筆　舘野廣幸（NPO法人民間稲作研究所舘野かえる農場）

2024年記

水 稲

滋賀県野洲市　中道　唯幸

菌類，モミガラくん炭，酢，糖蜜なども。大規模機械も駆使

自然とイネをリスペクトしながらの大規模有機稲作

〈地域の概況と経営〉

「百姓」という言葉がこれほど似合う農家もいない。どんな機械でも自分でつくってしまい，修理だってお手の物。身近な資材や菌類を生かした栽培で，健全なイネを育てあげる。いったん口を開けば立て板に水を流すがごとく，痛快かつ裏表のない語り口調で，周囲の信頼を広く集める。中道唯幸さんという人物は，そんな現代的百姓といえる稲作農家だ（第1図）。

滋賀県野洲市，琵琶湖の存在もあって有機栽培への取組みに積極的な地域で，長年減農薬栽培や有機稲作に取り組んでいる。そんな中道さんも，就農後しばらくは先代である父親の農業を踏襲し，慣行栽培でいわゆる「V字型稲作」を続けていた。しかし，ある時期から父親が農薬中毒気味になり，自身の健康が気になってきたこともあって，徐々に減農薬・有機栽培へと転換した。

「こうしてみると，僕の場合，自分のために有機栽培にしていったような形やね」

当初はノウハウがなかったため，地域で有機栽培に取り組む先輩たち，民間稲作研究所の稲葉光圀さんらと交流を重ね，技術を身に付けていった。技術を「これ」と決めつけず，トライアンドエラーを繰り返しつつ，自身の圃場に合った技術をえりすぐってきた。2022年にはみどりの食料システム戦略にもとづく「みどり認定」を全国に先駆けて取得。また，滋賀県の「グリーンファーマー」にも認定された。地域の環

経営の概要

生年月日	1958年7月10日
就農年次	1976年
経営面積	2024年：水田約40ha（うち自然栽培約8ha，有機栽培約25ha，減農薬栽培約7ha）
従業員	7人（うち常時雇用4人，中道さん夫婦含む）
おもな機械設備	トラクタ4台，田植え機2台（8条），コンバイン2台（6条），ドローン1機，乗用型水田除草機3台，管理機2台，バックホー2台など
年間売上高	約8000万円
直接販売	4000万円，農協卸販売4000万円

第1図　モミガラくん炭を持つ中道さん
（写真撮影：すべて依田賢吾）

以前は購入くん炭を圃場に投入していたが，近年は大型くん炭製造機「スミちゃん」（エスケイ工業）を導入

境保全型農業を引っ張る立場となり，自身のノウハウを若手に伝えることにも余念がない。

そんな今でも新技術は貪欲に取り入れている中道さんにとって，農法の完成形というものはないのかもしれない。ここでは，現在の時点での基本的な考え方を紹介したい。

〈技術の特徴〉

中道さんは大規模な無農薬・無化学肥料の有機栽培で，どの圃場でも360〜480kgの反収を確保している。「イネが健全に生長すること」をなによりも重要視しており，その場その場の「病害対策」「害虫対策」などは二の次としている。作物自身が健全で力をもっていれば，これらの不調も起こりにくいという考えがあるためだ。とくに重視するのが「健苗づくり」と「圃場づくり」だという。

〈栽培技術の実際〉

1. 健苗づくり

①プール育苗，入水は根の発達を目安に

「苗半作」という言葉を強く意識し，手間を惜しまず毎年細やかなアップデートを凝らす。1シーズンに9回播種（各育苗箱1,100枚程度，稚苗用の苗箱で，10a20枚前後を使用）し，合計1万枚ほどの苗を育てるが，それぞれの時期に応じた細かな調整により，時期を通じて健全な中苗に育てあげている。

近年は規模拡大に伴い，苗箱の使用・管理枚数を減らすために播種量を増やしており，2024年は催芽モミで100g。種モミは塩水選・温湯処理した後にハトムネ催芽器にかけ，催芽中は生物資材の「タフブロック」や代替品として「パン酵母」を利用。温湯処理後の無菌状態のモミを，これら微生物によりカバーしている。

最初の播種は3月下旬。温度の低い時期で，場合によっては次の播種苗と生育に逆転が起こってしまうため，この1回のみは育苗器にて出芽させてからハウスに並べる。とはいえ，「育苗器にかけすぎると，どうしても徒長気味になって弱いみたいやから」と，加温期間は20℃

で3〜4日程度と最小限に抑え，土の上に早い芽が出るかどうか程度でハウスプールでの平置き管理へと移行。以後，使用する育苗箱の穴から根が出揃った段階で入水し，いったん落水させた後で本格的なプール管理とする。

その後も1週間ごとに播種は続き，2回目以後のロットでは，播種後はすべて平置き出芽。入水のタイミングは1回目と同等で，育苗箱から根が出るかどうかを基準としている。長年基本的にハウスプールで管理していたが，近年は温暖化で高温が課題となってきていたため，現在は4回目の播種ロット以降を被覆のないハウス敷地での露地プールで管理している。

②糖蜜施用で糖育苗のずんぐり苗

無肥料の育苗培土を使い，溶出のゆっくりした有機資材を加えて調整，さらに追肥で追っていくスタイルをとる。というのも以前，肥料配合の購入培土を使った際，初期の急激なチッソ溶出が害となり，発芽・生育阻害が起こった経験があるためだ。

自家配合する育苗中の元肥として，3月の播種ではボカシ系の肥料（「ボカシ大王」細粒タイプ）を1箱当たり26g混入。以後2回ほどは24gを混ぜ，その後4回目の播種ごろ（最初の播種から3〜4週間後）からは22gに減らす。気温の上昇につれ，初期に一気に溶け出すリスクが大きくなることを見越してのことだ。

ただし，この元肥だけでは35日もの育苗期間中に肥効が切れてしまう。そこで育苗管理後半以降，葉の色や勢いが衰えてくる前に，ボカシ大王を追加投入（育苗箱1,100枚に対し15kg，合計2回ほど）。また，急に色落ちしそうな場合などは，速効性のあるフィッシュソリュブル（通常2〜3回使用）を散布し，細かい調整を利かせている。

そして，2017年から取り入れているのが，苗への糖蜜施用（第2図）。炭水化物の補給により，太くがっしりした茎に育てると同時に，葉の徒長を防ぐのが目的だ。液肥混入器「ドサトロン」を利用し，プールへの入水時に，その水へ精糖蜜を4,000倍程度で必ず混入施用する。1シーズン当たりの施用量が1箱10g程度

水稲

第2図 育苗プールへの入水
糖蜜が混ぜてあるため、甘い匂いが立ち込める

となるよう、調整して与えている。

苗が体内に炭水化物を蓄えるためか、植付け後の発根がよく、葉のしおれや巻きなどが見られなくなった。チッソの消化もよくなったようで、播種量を増やしても徒長することなく育っている。ただ、以前より葉の色が淡く落ちるため、育苗期間中のフィッシュソリュブル追肥が1回ほど増えたという。

③自家培養の乳酸菌で病害対策

病害対策としては、乳酸菌を利用。水1,000lに黒砂糖15kg、成分無調整牛乳1l、ヤクルト65ml×3本を混ぜ、36～38℃で5～6日自家培養したものを使用する。播種時の灌水に混入し、プールへの最初の流し込み灌水時に1%で混入。その後の灌水でも週に1～2回0.5%で混ぜ入れる。効果は「ほぼ完ぺき」と太鼓判。「作物に影響のない乳酸菌に事前に棲みついてもらえれば、病原菌が入りにくくなる」という。それでも病気が出てしまった場合には、30～50倍液で病斑めがけて手灌水することもある。

こうして、苗いもちなどの病気をもたず、ずんぐり仕上がった35日苗は、葉齢4程度の中苗にして苗丈15cm以下と稚苗並み（第3図）。このずんぐり苗を深さ2cm程度で移植する。有機栽培では「深水管理のために、あえて徒長させる」という農家もいるが、中道さんは「それでは分げつも悪くなるし勢いがなくなる」と、この寸胴苗にこだわっている。

それでも水没を気にせず植えられるのは、て

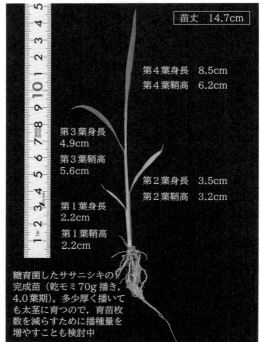

第3図 糖育苗したササニシキの完成苗（乾モミ70g播き、4.0葉期）
多少厚くまいても太茎に育つので、育苗枚数を減らすために播種量を増やすことも検討中

いねいな代かきで圃場の高低差をほぼなくすことができているからだという。

2. 圃場づくり

①モミガラボカシ、モミガラくん炭の大量施用

病気や雑草を抑える条件を整えるには、苗づくりとの両輪で、ベースとなる田んぼづくりが

農家の技術と経営事例

重要となる。なかでも，中道さんはケイ酸分の補給に力を注いでいる。というのも，以前圃場を合筆した際に地力ムラができ，生育がガタガタになった圃場があったが，モミガラくん炭の大量散布で一気に生育が揃った，という経験があるためだ。

また，田んぼの除草に効果を発揮する「トロトロ層」が，モミガラくん炭散布圃場で一気に発達する，という不思議な現象も目の当たりにした。モミガラくん炭の主成分はケイ酸であり，その重要性については勉強会などで耳にタコができるほど聞いていた中道さん，豊かな圃場づくりにはケイ酸が欠かせないと考え毎年大量の資材を投入している（第1表）。

イネツトムシの減少　イネツトムシは，イネの問題害虫の一つである。チッソ過多などで増えやすい害虫で，以前は中道さんの農園でも大量発生したことがあった。しかし，ケイ酸を大量投入するようになり稲体が硬くなったためか，見かけることは現在まったくなくなったという。

紋枯病の減少　とくに地力のない圃場で紋枯病の被害が出ていたが，ケイ酸資材を入れたことでイネの身体が硬く変化。菌糸が入りにくくなったためか，発生が見られなくなった。この圃場では，同時に食味の向上が見られたという（全国的な食味コンクールにて金賞を受賞）。

高温登熟障害の改善　病害虫が減ったこともあってか，以前は6割ほどだった1等米比率が8割ほどまで向上。高品質の米を安定生産できるようになった。白未熟粒も減っており，これはケイ酸により茎が太くなり維管束が増えたこと，葉の気孔開度が高まり蒸散回数が増えたこと，などが影響していると考えている。

「経営者としても健全な圃場づくりは必須やと思うわ。病気やら虫やらがたくさん出る圃場で，スタッフにその対策を任すのはかわいそうや。イネが健康に育つ圃場づくりして，病害虫とか雑草にイネが負けんようになれば，スタッフに難しいことを求めんでもええやろ。ケイ酸はそのベースなんとちゃうかな」

第1表　中道さんの圃場でのケイ酸資材施用

時　期		種　類	目的・副効果	使用量（10a）	資材費（10a）	散布方法	備　考
土つくり	収穫後年内	モミガラボカシ（モミガラ，米ヌカ，竹パウダー，酒粕を納豆菌発酵）	ワラなどの残渣の分解促進も兼ねて	0.5m³	モミガラ，米ヌカはほぼ自前。竹パウダー，酒粕は運賃のみ	マニュアスプレッダで大量散布	農閑期のためラク
	春まで	モミガラくん炭	微生物住処の提供や保肥力の増加も	60kgまたは500ℓ	自前が多いが，購入の場合約4,000円	ブレンドキャスタで散布	
		ケイ酸資材「マグマエース」	ほかのミネラル補充も	60kg	約5,000円	ブロキャスで散布	
育苗（以前）		水溶性ケイ酸「マインマグN」	太い茎で植え傷みのない苗づくり	50g/箱	以前の使用法。資材のpHが高く，床土のpH上昇による苗の病気発生リスクを考慮し今は使っていない		
追肥		水溶性ケイ酸「マインマグN」	倒伏軽減効果出穂35日前散布	20kg	約3,000円	動力散布機だと散布が大変。本年よりドローン散布	

注　秋〜春の土つくりとしては，モミガラボカシ，モミガラくん炭，ケイ酸資材のいずれかを散布する。マグマエースはケイ酸69％の粒状資材（奥村商事（株），TEL.03-3642-1941ほか），マインマグNはケイ酸40％の粒状資材（2024年現在，販売休止中）

水稲

②サブソイラと縦穴暗渠で排水性確保

稲作においては意外なことに聞こえるが、排水対策もイネの健康にとって重要な要素だという。大型のトラクタや作業機での踏圧により、農園内の圃場には厚い不透水層（いわゆる耕盤）が形成されてしまっていた。水がこの下に抜けないため、日減水深が1cm程度の圃場もあり、強還元土壌を形成。硫化水素による根への害などがしばしば発生するなど、イネ単作といえど、その生育に悪影響が出ていた。

対策のため取り入れているのが、サブソイラと「縦穴暗渠」だ。サブソイラは圃場内部でアゼの長辺と垂直になるように入れる（田植え機の植付け条と垂直）。毎年1.5mおきに細かく溝を入れつつ、付属の弾丸で弾丸暗渠を形成している。

サブソイラの入れないアゼ付近や四隅などでは、縦穴暗渠によるピンポイント排水対策を実施（第4図）。トラクタで稼働する果樹園用のオーガ（穴あけ機）を用い、直径15〜30cm、深さ60cmほどの穴をできるだけ多くあけ、耕盤下へ水の浸透を促している。単に穴だけあける場合もあれば、穴を長もちさせるためにモミガラなどを詰める場合もある。

これらはイネの収穫後、圃場に何もなく比較的作業が空く期間中に実施する。土に酸素を送り込むことで、現在はどの圃場でも日減水深2〜3cmを確保できるようになっている。

3. 雑草・病害虫対策

①有機資材と機械除草の組合わせで、田んぼ内部の草を抑える

無農薬栽培で課題となる初期の雑草は、田植えと同時の有機肥料散布と最新式の除草機を利用した初期除草で対応している。

以前は米ヌカペレットなどを自身で配合・製造し、散布してきた中道さんだが、近年は市販品の有機ペレットを使い分けている。とくに雑草で困る場所には「ナタネ油粕ペレット」を利用。それほどでもない圃場では、「若い芽ボカシ（ワカメ資材）」「ごま油粕」などを散布している。これらはどれも元肥としての役割も兼ねており、その肥効成分を加味しつつ施用量を決定。除草効果をねらう場合には、10a当たり30〜40kg以上投入するようにする。

これらの資材を効率的に散布できるよう、中道さんは田植え機の側条施肥機を改造。苗を植え付ける際、その苗の条に沿って投入できるようにした。広い条間に落ちる量は少なくなるが、こちらはその後の除草機で徹底的に処理できるため、問題はないのだという。

田植え後の初期除草には、これまで自作のチ

第4図　トラクタ装着式のオーガによる排水対策
オーガ先端の刃がガンガンすり減るので、節約のため鉄鋼を切り自作している

ェーン除草機や田車式のものなどさまざま工夫してきたが，現在は条間も株間も処理できる乗用除草機の「ウィードマン」（オーレック）を利用。作業時間が短く何度も除草に入ることができるため，雑草が小さいうちに叩いてしまうことで，問題は起こらなくなっている。

②酢散布でいもち予防＆食味向上

圃場づくりと健苗づくりにより，中道農園では圃場での病害発生がかなり少なくなった。それでもいもち病などへの予防として，酢散布は欠かさない。

出穂1週間前と1週間後の2回，酸度5％の醸造酢を500倍にし，展着剤代わりのハチミツ（または糖蜜，どちらも1,000倍）とともに10a100*l*，セット動噴などで散布する。もし，いもち病が広がりつつあるような場合は，カキガラ石灰も10a6kgほど粉剤散布機で散布。石灰のアルカリを打ち消さないよう，この期間中は酸である酢の散布はいったん見合わせる。

酢散布は単なる防除ではなく，イネへのアミノ酸・炭水化物供給という意味合いもある。いもち対策として酢をまいた圃場だけ，食味があきらかによかった年があった。以来「おいしい米つくるには必須のことやね」と，毎年まきつづけている。とくに雨が多い年にも食味がよい米ができると感じている。

③カメムシ対策は2回草刈りのみ

無農薬のため，病害・害虫対策の薬剤散布は実施していない。カメムシ対策といえるものは畦畔除草だけであるが，中道さんは滋賀県の推奨する「2回草刈り」によって，斑点米の発生をほぼ抑えることに成功している。

中道さんの草刈りは，シーズンオフの初春から始まっている。というのも，アゼの形を整えるところから始めるからだ。ウイングモア（アゼ上と脇の二面処理ができる草刈り機）を1回往復させただけでアゼ全面が処理できるよう，ベニヤ板で台形の型を自作，この型に合わせてバックホーでアゼを形成していく。以前は往復しても全面を刈りきれず，残った雑草を刈り直すなどして時間がかかっていたが，この周到な用意を取り入れてからは，往復1回で確実に処

理完了。作業時間が3分の2ほどまで減った。

そのうえで，中道さんはイネの出穂1か月前と，その2〜3週間後の2回の草刈りを徹底している。これにより，イネの出穂前1か月程度は畦畔に雑草の穂がつかない状態となり，カメムシが寄り付きにくくなる。通常は「出穂2〜3週間前と出穂期」がセオリーだが，これよりも余裕をもたせることで，広い有機栽培の面積でもこなせるようにアレンジしている。

2003年にこの対策を取り入れる以前は，中道さんの圃場でも2等米がけっこう多かったそうだ。しかし現在，薬剤によるカメムシ防除は一切していないにもかかわらず，斑点米の発生はほぼゼロ。2回草刈りに，確実な効果を実感しているという。

4. 圃場での肥培管理など

①追肥では有機資材をドローンで効率散布

中道さんの有機栽培では，元肥と呼べるものは圃場づくりの項で前述したモミガラボカシ（毎年10a200kg程度）と，前項で紹介した防草も兼ねて投入する有機資材だけだ。

しかし，近年は極端に暑い夏も多く，これだけでは生育後半にバテてしまう。そこで，追肥として菜種油粕ペレット，そのほか微量要素などの有機資材を追肥としてばらまくことで，夏期〜登熟の生育を補っている。

ここで活躍しているのが，2022年に導入した「ドローン」だ。以前は背負い式の動力散布機や，田植え機を利用した自作機械でまいていたが，背負い式での大面積散布はスタッフにとって大きな負担。田植え機の車輪でイネを踏み荒らすのも本意ではなかった。

有機栽培では資材の散布量が多くなりがちなため，散布量に難があるドローンの利用はまだ事例が少なかったが，中道さんは先進的に導入を決断。30kgの大容量を積載できるタイプが出てきたことも，背中を押した。オペレーターと補助者での2人作業で，20kgの有機肥料を6分程度で散布可能。少なく見積もっても，背負い式動力散布機の2.5倍以上の高率で作業できるようになった。

水　稲

とはいえ，基本は地力と元肥とがイネの生育のベースとなる。穂肥や実肥で化学肥料を大量に打ち込む，いわゆる「V字型稲作」などとは異なり，中期以降にイネの生育が勝ってくる，「への字」型の生育に近い形となる。有効茎歩合が高く，むだのない稲作といえるだろう。

②自然栽培への挑戦

近年，中道さんが力を入れているのが，無農薬に加えて肥料も使用しない「自然栽培」だ。「病気が入らんし，入っても進まへん。ほんま無肥料栽培っておもろいわー」と，ドはまりしている。イネの形が有機栽培以上に，「茎が硬くて葉がショーンと立つ。絶対に病気なんて入らんような姿」になるという。

虫も入りにくく，ある年は畦畔の草対策なしでもカメムシ被害はゼロ。栽培初期には150kg程度まで反収が落ちることもあるが，4年ほど経つと360kg程度まで回復して安定する。有機栽培に比べれば少ないものの，外観品質は抜群によく食味もよくなるという。

中道さんは，この栽培で得た感覚・発見を，主力の有機栽培や減農薬栽培にもフィードバックしている。有機栽培も何年か続けると圃場自体が地力をもつため，元肥は少なくても育つようになってくる。あるとき，無肥料栽培の結果を参考に有機栽培の肥料を半分にしてみたら，クズ米が減り収量自体はそれほど変わらなかった。以後は有機栽培での肥料を毎年少なめにするようになった。

自然栽培の米は，田んぼを無肥料に転換して

からの年数でランク分けして販売。2023年産コシヒカリの玄米（2.5kg）の場合，転換1～2年目は3,000円，3～9年目は3,500円，10年以上だと4,500円，と値段付けしている。ランクの高い米ほど，売れ行きはいい。

〈乾燥・調製〉

中道さんが販売において重視するのが，米の生命力だ。せっかく健全に育てたイネ，その生命力を高く保つことで，購入者の健康需要にこたえたい。そこで取り組んでいるのが，発芽能力を保ったままでの販売だという。

「以前見せてもらったデータでは，発芽率と米の食味とがみごとに比例していた。発芽率がいいお米は，味もいいんです！」

乾燥機の台数を生かしたじっくり乾燥　米の乾燥では，食味にいいとされる「2段乾燥」を採用。それも，35℃以下の低温から始め，途中で3時間以上のテンパリング（温度調節）を設ける「じっくり乾燥」を主体としている。

まず，モミを張り込んだら1時間以上は火を入れずに通風乾燥し，モミの粗熱を飛ばしてしまう。その後，乾燥（2段乾燥中の1段目）に入り温度をかけていくが，通常設定だと「熱をかけすぎてしまって，発芽能力が失われる」。

そこで，中道さんは遠赤外線乾燥機の設定温度を10℃下げ，さらにモミの張り込み量を入力する「穀物量ダイヤル」を少なめ（実際には満杯なのに，半分に設定するなど）に設定。また，通常は次年度の種モミに用いる「種子用」

第2表　中道さんの乾燥機一覧

メーカー	石　数	乾燥方式	台　数	
山本	50	遠赤	2	基本の設定温度を初期設定より10℃下げた。じっくり乾燥でも，熱風乾燥機より1割ほど燃費がいい
山本	43	熱風	2	種子用カードを入れることで，種モミ用の低温乾燥モードにしている
サタケ	35	熱風	1	ダイヤルで種子モードに設定して使用
ヤンマー	30	通風のみ	1	風だけ乾燥の専用機。おもに秋雨前線が去って湿度が下がった後から使用

注　どれも循環式。収穫時期には常時3～4台が稼働する。貯留タンクが1.5ha分あり，乾燥したものからそちらに移す。これで，じっくり乾燥でも1日約2ha収穫できる。このほか，非常時に使う海外製の大型機もある

の設定がある乾燥機では、主食用であってもこれを利用する。

これらの工夫により、温風や遠赤外線の強さが抑えられ、35℃以下からの乾燥が可能となる。途中で水分20%を切るまでは、絶対に40℃以上の温度はかけないという（第2表）。

途中、乾燥効率の落ちる明け方3時ごろから7時ごろまで3〜4時間のテンパリングを設け、どうしても発生する水分のムラを解消する。その後、1段目と同じ設定で2段目の乾燥を開始し、15.5%まで水分を落とす。ここで穀粒水分計を用いた測定を実施し、乾燥機の水分表示との誤差を考慮しつつ14.8%へと仕上げていく。以上が通常の米の「じっくり乾燥」だ。

農園でも最高級の米の場合には、さらに時間をかける「風だけ乾燥」を実施。その名の通り温度をかけず、通風のみで仕上げる方式だ。3日ほど時間がかかるので、1台を専用機として充てている（第5図）。

乾燥機を通常運用した場合と比べると、じっくり乾燥でも1.5倍、風だけ乾燥だと2倍以上の時間がかかる。中道農園では、6台の大型乾燥機を稼働させることで、大面積での滞りない収穫作業を実現している。

「中古なら安い乾燥機もたくさんある。スペースさえあるなら、どんどん乾燥機を導入して、じっくり時間かけて乾燥させたほうがいいと思うね」

〈販売戦略〉

薄皮だけ剥いた「発芽まえちゃん玄米」 じっくり乾燥させた玄米は、発芽能力を保った状態で販売される。そこに一工夫を加えた商品が、中道農園オリジナルの「発芽まえちゃん玄米」だ。名前の通り発芽直前の玄米であり、通常の玄米とは違い薄皮を除去してあるが、胚芽はそのままついている——ようは、玄米と白米の間の米だ。白米と同じように炊くことができ、硬い玄米と違い軟らかくって食べやすい。しかも栄養素を損なっていないのが特徴で、GABAや食物繊維、カルシウムやマグネシウムなどは玄米と同じく豊富に含まれる。

第5図　風だけ乾燥専用で使う30石の乾燥機
中古のものを7万円で購入した

一般の発芽玄米は水と温度を加えて発芽させたあと、熱を加えて乾燥させるが、中道さん曰くこれは「米の旨味成分にとって最悪の条件」。いかにストレスをかけずおいしく仕上げるかを模索した結果、「家庭用ブラシタイプの無洗米機で薄皮処理する」方法にたどり着いた。以来、農園の人気商品として10年以上売れ続けている。

品種にもこだわりをおき、'コシヒカリ'などの定番に加え、米アレルギーの出にくい'ササニシキ'、同じくアレルギーが出にくくアレルギー性鼻炎などに効果があるとされる'朝日'などをラインナップ。それぞれに「白米」「玄米」「発芽まえちゃん玄米」などの選択肢をおき、消費者が自身の必要としている米を選べるよう工夫している。

これらの米は、おもにインターネットの自社ホームページを通じて販売する。新米入荷や販売、農園でのイベント情報などは、スマートフォンのアプリ「LINE」を通じても通知。「中道さんのお米はおいしい」「食べ始めてから身体が軽くなった」など、食味面でも健康面でも評判は上々だ。農園のファンとして多くの顧客がついたことで、現在は安定した販売が実現できている。

水　稲

〈栽培・経営理念〉

　中道農園の中心部には大きな風車が佇立しており、かんがい用の井戸を動かしている。アメリカ・ノースダコタ州の農場をイメージしたもので、農園外の道路からもよく見え、農園のシンボルとなっている。その風車からは、大きなブランコがぶら下がっており、農園を訪れた子どもたちが自由に遊ぶことができる。

　中道さんは近年、イネ刈り体験、サツマイモ掘り体験、ミカン狩り、田んぼでのサッカーなど、体験学習にも力を入れている。こうした農家ならではの体験提供も含め、「百姓」の仕事だと考えているためだ。農場を訪れた人はもれなく、その場で醸成される「有機的な場」の空気を感じることができる。

　中道さんが大事にしている「有機」とは、有機JAS認証のことではない。よく言葉の端に上るのが「なんちゃって有機」というワードだ。これは、有機JAS認証などの枠組みに沿って栽培はしているが、実際にはイネの力や圃場の力を引き出すことができておらず、生育・収穫物に問題が起こってしまうような有機栽培のこと。では、中道さんが大事にするのはどこだろうか——。

　「僕にとっては、作物をリスペクトしているかどうかが一番大事やね。有機とか自然農法といっても、その作物にとっていい環境に植えず、生育を阻害しているような場合、有機の精神とは違うんちゃうかなと思う。反対に、農薬を最小限に留めているけど除草剤は多少使う——って栽培でも、それが作物の生育を守る・助けるためであれば、有機的な考えやと思う」

　有機栽培農家に限らず、誰彼分け隔てなく付き合い、親しまれる。栽培技術についても「僕も皆に教えてもらっとるから」と、出し惜しみせず教えてくれる。中道さんの存在そのものこそが「有機的」であり、「百姓」を体現しているのではないだろうか。

　執筆　編集部

2024年記

農家の技術と経営事例

福岡県嘉穂郡桂川町　古野　隆雄

ホウキングとアイガモで有機乾田直播

乾田期のノビエ株間除草はホウキングで攻略

1. イネの除草技術の変遷

①苦節10年

私は1978年に有機農業を始めました。2haの水田で稲作を1.4ha，残り0.6haは水田輪作で多種多様な野菜をつくりました。

初めの10年間，田んぼの除草に苦労しました。いろいろな除草法を試しました。2回代かき，深水管理，コイの放流，カブトエビ……。なぜかどれも上手にできませんでした。

結局，手押し除草機と動力除草機で中耕除草。残った株間の草を，縁農の消費者と手取り除草しました。しかし雑草は手ごわく，遅れるとコナギ，ウリカワ，ノビエが株間に繁茂。夫

経営の概要

耕作面積	アイガモ水稲同時作：7ha（うち乾田直播：0.35ha），露地野菜：3ha，小麦（チクゴイズミ・ミナミノカオリ）：2ha
水稲品種	ヒノヒカリ：5ha，夢つくし：1ha，元気つくし：1ha
家　畜	養鶏：300羽，アイガモひな：4000羽
労　力	本人と妻，長男夫婦，次男夫婦

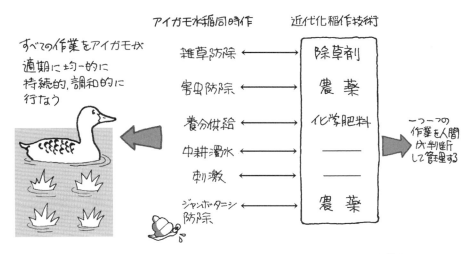

第1図　アイガモ水稲同時作のスーパーシステムと近代化稲作技術

水稲

第2図 ウンカを食べるアイガモ

婦で朝から晩まで取りましたが、雑草に圧倒されました。「株間除草」が私の有機稲作のボトルネックでした。

②スーパシステム、アイガモ水稲同時作

1988年に富山県の置田敏雄さんの書かれた「合鴨除草法」というメモに従い、30aの水田に100羽のアイガモのひなを放しました。ひなは条間も株間も関係なく泳ぎ回り、みごとに除草してくれました。これで一件落着と思いました。

ところが8月に、野犬にアイガモが襲撃されたのです。犬との仁義なき闘いの始まりです。1990年、山間部でイノシシ対策の電気柵を偶然見たことからその利用を思いつき、3年間の闘いに終止符を打つことができました。

これを機に対照区をつくり、アイガモのイネに対する総合的効果を調べ、畜産と稲作の創造的統一、アイガモ水稲同時作として体系化しました。

田んぼに放したアイガモは雑草や害虫をどんどん食べます。それはアイガモの血となり肉となり、最後にイネの養分となります。邪魔者であったはずの雑草や害虫が、アイガモを水田に放すことで資源に変わるのです。

アイガモのイネに対する効果は、「雑草防除」「害虫防除」「養分供給」「フルタイム濁水」「イネに刺激を与える」「ジャンボタニシ防除」とじつに多様です（第1図）。それは人間が一つひとつコントロールするのではなく、田んぼを電気柵で囲ってアイガモを放せば、勝手に発揮されるスーパーシステム。いのちふれあいの技術です。田んぼでご飯とおかずを同時につくる愉快な技術です。単なる「除草技術」ではありません。そしてアイガモの風景を眺めていると人は皆、時の経つのを忘れるといいます。

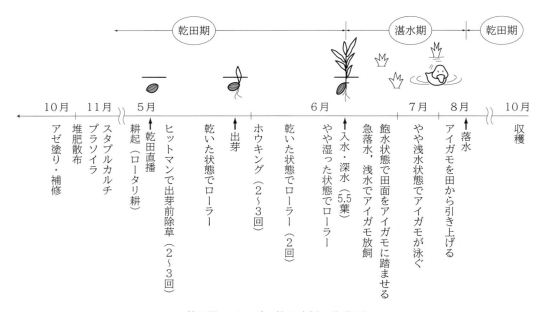

第3図 アイガモ乾田直播の作業暦

③アイガモ乾田直播に挑戦

そんな愉快な「アイガモ水稲同時作」の小力化（本当の省力化）をはかるべく、2003年に、乾田直播と結合したアイガモ乾田直播に挑戦しました。乾田をきれいに耕起し、直接種モミをまき、イネがある程度大きくなったらアイガモを水田に放す。田植え稲作で人手のかかる播種、苗箱設置、育苗、代かき、田植えを省力化できると考えたのです。

しかし、思いどおりにはいきません。乾田期の株間除草がまったくできませんでした。

④乾田の除草も試行錯誤

2007年にNHKの「プロフェッショナル」という番組が、私のアイガモ乾田直播の試行錯誤・七転八倒ぶりを50日間密着取材しました。そのとき、福岡の農機メーカー・オーレックの開発部の人たちが管理機をもって駆けつけてくれました。以来、共同で乾田の除草機開発、試験をわが家の田んぼで繰り返しています。

最初、試作機のスパイラルローターで、きれいに初期中耕除草ができるようになりました。しかし、作物はいためず、株間の雑草だけを取る「選択除草」は原理を着想できず、暗礁に乗り上げていました。

⑤乾田直播から生まれたホウキング

私が最初に考えた方法は、直径6mmの硬い鉄の棒を櫛状に並べて管理機に斜めに取り付け、イネの株元に浅く突き刺しながら、櫛ですくように株間除草していく方法です。試作機ではそれなりに株間除草できましたが、100m進むのに3回、地面深く突き刺さり、イネが抜けるトラブルが発生していました。

2016年2月のある日、私はコムギの除草をするためにその試作機を取りに倉庫に行きました。そのとき1本の松葉ぼうきに目が止まりました。これなら土に刺さったとき、簡単に持ち上げられると思いました。小麦畑で試すと、コムギはいたまず雑草だけが取れました。松葉ぼうきはスプリングスチール（バネ鋼）なので弾力性があり、上下左右に揺動するので、地面に深く突き刺さらないのです。

私は4本の松葉ぼうきを組み合わせて揺動式除草機「ホウキング」（ほうきing）をつくりました。ホウキングは汎用性があり、イネ、ムギ、そして多種多様な野菜の株間除草に卓効を発揮しました。

形態も生態も多種多様な作物でホウキングのテストをすると、いろいろなことがわかりました。あらゆる作物のなかでイネがもっとも丈夫で、ホウキング向きの作物であることもわかりました。

2. 乾田期のノビエの攻略法

①乾田期の雑草

イネの播種後、乾田期に生える雑草はスズメノテッポウ、スズメノカタビラ、レンゲ、カラスノエンドウ、ナズナ、キンポウゲ、コアカザ、ハルタデ、ホトケノザ、タイヌビエ、イヌビエなどいろいろです。しかし、これらがすべて問題になるわけではありません。ほとんど畑の雑

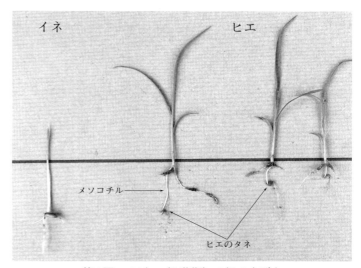

第4図　ノビエ（3葉期）の根の広げ方
深いところで発芽したノビエは、種子からメソコチル（中茎）を伸ばし、土壌表面直下で再び根を広げる

水稲

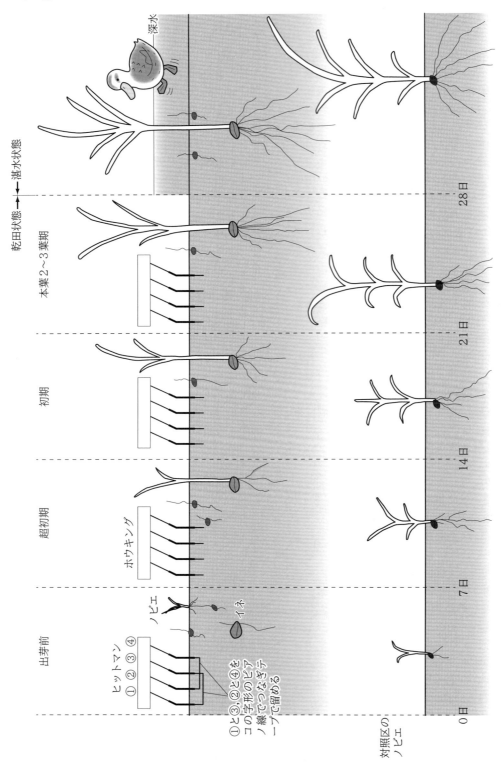

第5図 乾田期のノビエ攻略ホウキング

草です。湛水状態にすれば枯れていきます。結局問題となるのは水陸両用で旺盛に生育するノビエ（タイヌビエ，イヌビエ）です。

②タイヌビエの生長と攻略のポイント

第5図のようにタイヌビエは2葉期まで草丈が低く，根は浅く細く，脆弱です。3葉期以降，茎太で草丈が高く，根が張って見違えるように丈夫になります。だから，タイヌビエなどのノビエは2葉期以前にホウキングや「ヒットマン」（後述）で攻撃します。湛水状態でアイガモを放すときも同じです。

秋，収穫後の田んぼを耕し，秋冬野菜のタネをまくと，イネやノビエが生えてきます。引っ張ってみると，ノビエは簡単に抜けますがイネは比較的抜けにくいです。

ノビエは発生深度が浅く，土壌表面直下から細い根を下ろします。深いところで発芽したノビエは，種子からメソコチル（中茎）を伸ばし，土壌表面直下で再び根を広げます（第4図）。

③乾田を乾かす

乾田状態では一般に，水はけの悪いところにノビエを含めたイネ科の雑草が多発する傾向があります。したがって，まず乾かすことでノビエの発生を少なくします。

2023年，乾田直播の田にプラソイラを4m間隔で浅くかけ，スタブルカルチで深さ25cmくらいまで耕起し，ていねいにロータリ耕を繰り返してから種モミをまきました。

そのせいか降雨後の滞水は比較的少なく土はふかふかでした。ホウキングもスムーズにできて，相乗効果でノビエの発生は僅少でした。

④ロータリ耕を繰り返す

雑草は，一定期間にだらだらと不斉一に発生します。雑草は，タネから発芽，出芽させてからやっつけます。ちなみに発芽は土の中で芽や根が出ること。出芽とは土から芽が出ることです。

土の中には雑草の赤ちゃんがいっぱいです。発芽から出芽までのこの期間は，雑草がもっとも弱い時期です。ここでロータリをかければ，地上と地中の雑草を枯死させることができます。同時にそれは，雑草の発芽と出芽を促します。だから，一定期間後にロータリで耕すと雑草はいちころです。これを繰り返すと，土壌中の雑草の種子の密度が激減します。

当地では，4月ころからノビエが出芽します。そこで播種直前まで1週間おきに3回，浅く細かく，ロータリ耕を繰り返します。

⑤乾田のホウキングの原理

一般的なホウキングの原理は，本書の「ホウキングによる畑の株間除草」に詳しく書いているのでご参照ください。ここでは乾田直播における最強の雑草ノビエに対する選択除草の仕組みについて述べます。

第5図の超初期のようにホウキングを引っ張っていくと，針金は上下左右に揺動しながら進んでいきます。上下には深さ1cm程度を中心に揺動します。

イネの種モミは深さ2.5～3cmに播種しています。ノビエはほとんど土壌表面直下のごく浅いところから，細い根を下ろし，出芽しています。だから2葉までのノビエは，ホウキングの揺動により簡単に根こそぎ抜けます。

さらに，針金先端の揺動で土は細かく砕かれ，針金に沿うように上方向へ動き，左右の揺動で広がり，草丈の低いノビエは埋まります。

栽培作物のイネは一斉出芽ですがノビエは不斉一，一定期間にだらだらと出芽します。土の中には，もやし状のノビエの赤ちゃんがいっぱいです。ホウキングで撹乱すれば枯れていきます。

種モミは深さ2.5～3cmのところから根を広げています。ホウキングの針金はイネの根に届くことはありません。そして，イネは草丈が高いので土で埋まることもありません。原理が大切です。

⑥出芽前除草というアイデア

最初のころ1～2mm芽が出た催芽モミをまき，できるだけ早く出芽させ，イネが少し大きくなってからホウキングを開始していました。確かにイネはいたみませんが，大きくなったノビエも生き残るものがありました。それは次のホウキングでも生き残って大きくなり，イネと競合し圧倒するようになりました。

よく見ると，イネを圧倒しているノビエは，その時点で対照区の一番大きなノビエと同じく

水　稲

らいの大きさでした。つまりイネを圧倒しているノビエの大半は，イネの出芽ごろに出芽した「一番草」なのです。一番草が生え放題になるのが一番問題です。

ホウキングは柔軟，アバウト，そして非力です。大きな草にはかないません。どうすればいいのでしょうか。プロレスラーのように強大な雑草にも必ず弱小な赤ちゃんの時代があります。そこをねらい打ちにすれば勝てます。

2022年，発想転換。イネが出芽する前に，生え放題のノビエの赤ちゃんに先制攻撃を開始。出芽前除草です。

種モミが動いてしまうのではないか，と思われるかもしれません。しかし第5図のように超初期や初期のイネがホウキングで動かないのですから，同じ位置にある種モミが動くはずがありません。イネの根に針金の先端は届かないからです。

播種3日後，地下2.5〜3cmにある種モミから白い根が出始めるころに，出芽前除草を始めます。通常の出芽後のホウキングでは，茎や葉に気を配りますが，出芽前除草ではまだ芽が出ていないのですから，茎や葉をいっさい気にせず，自由自在，連続，集中してすることも可能です。しかも乾田直播では，野菜と違ってウネはなく真っ平らなので，縦横にホウキングをかけることも可能です。

⑦**機械化**

すでに書いたように2007年以来，福岡の農機メーカー・オーレック開発部のスタッフと共同で乾田の除草機の開発を繰り返してきました。

2016年以降は自走式ホウキングの試験・改良を重ねてきました。原理とは違う，実用上の工夫が必要でした。

2020年に，ホウキングの原理を凝縮した自走式ホウキング（第6図）が発売されました。これにより乾田直播の除草が楽になりました。10aを30分で出芽前除草ができます。原理と実用，両方とも大切です。

⑧**百発百中，ヒットマン（試験機）**

オーレックの自走式ホウキングの針金は3連です。3連めの4本の針金を試験的にコの字型の針金でつないでみました。針金①と③をつなぎ，②と④をつなぎます（第5図：出芽前のヒットマン参照）。この針金を「一線」と呼びます。2本ずつに分けた理由は，1本の長い針金

第6図　オーレック社が販売する自走式ホウキング
針金は3連（前後に3列）になっている

状態につないでしまうと土に均等に当たりにくいからです。

この自走式ホウキングを動かすと，前方1連・2連めの8本の針金がノビエの赤ちゃんを抜き，埋め，攪乱して除草。同時に，揺動により土をほぐしフカフカにします。そして後続3連めの一線がすべての雑草を押し倒し，抜いていきます。

一線は，山型に土を盛り上げながら揺動して進んでいくので，抜けた草も抜けなかった草もきれいに埋めていきます。揺動するので抵抗なくスムーズに引っ張ることができ，百発百中でノビエをやっつけることができます。

この状態にしたホウキングを「揺動ヒットマン」と名づけました。揺動ヒットマンは，連続，集中，縦横無尽，自由自在に出芽前除草ができます。

新技術「出芽前除草」から，一線を画する技術「揺動ヒットマン」が生まれました。出芽前除草は乾田直播の技術の肝です。出芽前除草をていねいにすれば，その後の除草が楽になります。「初めよければすべて良し」。好循環が生まれるのです。

⑨出芽後の除草

出芽前除草で一番草を徹底的にやっつけたので，2023年は出芽直後のイネの周りに3葉以上のノビエは見当たらず土はフカフカでした。晴天の日を待って，オーレックの自走式ホウキングを計3回かけました。条間，株間からノビエがほとんど消えました。出芽前除草から始まった好循環です。

⑩ストレートホウキング

ムギ畑でホウキング後の雑草を調査したことがあります。70％の雑草が土に埋まり，30％が抜けていました。面白いのは，土に埋まった草には抜けた草も抜けなかった草もあったことです。ホウキングの除草の本質は埋めることにありそうです。

埋めるためには土がほぐされ，フカフカであり，土が動くことが必要です。私のホウキングを見学した人がよく言われます。「私のところは土が硬いのでホウキングは無理です」。

確かにそうかもしれません。機械除草が行なわれているところはアメリカ，EUなどの降水量の少ないところです。日本では北海道の畑作地帯です。降水量が多い東アジアでは機械除草は少ないようです。

実際，強い雨が降ると，畑の土の表面がパンの皮のように硬くなり，揺動式ホウキングでは土がほぐれにくいことがあります。とりわけウネを立てていないアイガモ乾田直播の田んぼは，強雨や用水路からの漏水で土壌表面が硬くなりやすい傾向があります。

ところが驚いたことに，どこにでもあるフォークで，作物はいためずに株間の硬い土をほぐし，除草することができたのです。これを「ストレートホウキング」と名付けました（第7図）。

フォークの尖り棒は頑強で揺動しません。その鈍感力で，作物をいためずに株間の土をほぐすことができます。東アジアの問題点をフォークで解決できそうです。とりわけアイガモ乾田直播には有効のようです。

ただし，フォークがあればすべて対応できるわけではありません。鈍感力のストレートホウキングと揺動式のホウキングは別々の体系だと思います。

⑪ローラーで転圧

有機乾田直播のむずかしさは，乾田期と湛水期という，相反する条件で除草しなければなら

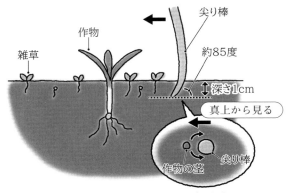

第7図　ストレートホウキングの仕組み
立て気味に使うので，尖り棒が作物に突き刺さらず，すれ違う

水稲

第8図　ストレートホウキングに使うフォーク

ない点にあります。プラソイラやスタブルカルチをかけて田んぼを乾くようにしてホウキングすることは、乾田期の除草対策としてはきわめて合理的ですが、次の湛水期では縦浸透がよすぎて水持ちが悪くなり、ノビエが多発することがあります。

2023年は、6月初めの田んぼに水を入れる直前に、ムギ踏み用のローラーで田面をまんべんなく転圧してみました。ローラーにより播種後1か月弱のイネは倒されますが、ローラーが行きすぎるとピンと立ち上がり、まったく大丈夫でした。転圧により土の粒子が細かくなり、大きめの土塊は土の中に埋め込まれます。土壌表面が均平になりました。

なお、このときは用水路に水が流れてきて、田植えする田んぼの代かきが迫っていたので、雨を待たずに土が乾いた状態でローラーをかけました。水持ちをよくするためには、土が少し湿り、握ると固まりつまむと割れる湿り具合でローラーをかけるほうがよいと思います。ただし、湿りすぎるとローラーに土が附着して均平になりません。また、土が硬いと締まらず、不透水層ができません。

ローラーでイネがいたまないことがわかったので、今後はもっと早い時期に、乾いた状態でローラーをかければ、土が細かくなり、均平になり、次のヒットマンやホウキングがきれいにできるでしょう。そして最後に、十分湿った状態で転圧し不透水層を形成するのがいいでしょ

う。ローラーの回転で形勢一変、回天が始まりそうです。

3. 湛水期のノビエ攻略法

田んぼに水を入れると、乾田が徐々に湛水状態になっていきます。その変化を眺めるのはなかなか面白いです。クモやカエルなどの生き物が環境の激変に大慌てです。

湛水期のノビエはおもに水とアイガモで攻略します。

①いつ湛水を始めるか

ホウキング、ヒットマン、ストレートホウキングで、乾田期の除草はかなりできるようになりました。以前のように、アイガモを可能な限り早く水田放飼する必要はありません。だから、播種後1か月前後の都合のよいときに湛水開始です。

近年は異常気象で、4～5月に雨が多く、肝心の6月に雨が少ないことがあります。アイガモ放飼直後に渇水になると、困ったことが起きます。アイガモが田んぼの取水口付近や水の溜まったところにいつも集合し、そこのイネがいたむのです。だから、水路を流れる水が足りなくなる地域の代かき時期より少し遅らせて、水量が安定しているときに湛水を始めます。

②イネとアイガモとノビエ

湛水時期のイネは5.5葉。乾田の土の中でしっかりと根を張っていた丈夫なイネです。湛水してもアイガモを放してもびくともしません。

田植え方式のアイガモ水稲同時作では、どんな立派な苗を植えても、それが活着するまで1～2週間ほど待ってアイガモを放しています。いきなりアイガモを放すと活着してないイネがいたむからです。この1～2週間にノビエが発芽、出芽、生長を繰り返していますが手をこまねいて見ているしかありませんでした。

アイガモ乾田直播では、水事情が許せば湛水したその日から、アイガモの水田放飼が可能です。アイガモはしっかり水慣らしをした2～3週齢の働き盛りのひなです。湛水した水田で集団で行動し、雑草や害虫を食べ、降っても照っても、昼も夜も働きます。

ノビエは，湛水が刺激となって発芽・出芽したノビエの赤ちゃんです。水が安定的であれば，アイガモ君が楽々防除します。

③初期の水管理

第9図のように，深水，飽水，浅水の水管理をします。

深水管理 一定期間，安定して水が確保できるなら，深さ10cmの水を1週間保ちます。イネは5葉で大きいので水没も倒伏もせず，影響を受けません。

一方，ノビエは2葉以下で小さいので水没し，生育が低下し，徒長し，倒伏し，枯死するものも出てきます。深水の効果は2葉以下のノビエに対して絶大です。深水は物理効果ですから，すべてのノビエに対してまんべんなく効果があります。乾田状態からいきなり深水状態に劇変させることでノビエをやっつけるわけです。

このとき，アイガモ君を放すべきかどうか迷うところですが，放さずに，静かに深水管理を見守るのがいいでしょう。

宮原益次著『水田雑草の生態とその防除』（全国農村教育会）のp147に「深水灌漑はわが国の水田の実態から見て実用的に実施が困難であるが，米国では湛水直播栽培の重要な防除法であった」と書かれています。興味深い指摘です。

飽水管理とペタペタ効果 深水管理を1週間した後，飽水状態（足跡に水が溜まる程度）にします。深水で軟弱徒長になったノビエは第9図のように地面にペタリと倒れます。

そこに10aに20～30羽，2～3週齢の元気なアイガモを1～2日間放します。アイガモ君たちは集団でペタペタ歩いてノビエを踏み，攪乱，枯死させます。さらに面白いことに，アイガモは2葉以下の小さいノビエをどんどん食べていました。イネの苗は大きく直立しているので踏まれることはありません。

飽水状態では浮力がないので，アイガモに踏まれた土壌粒子がすき間を埋め，表面が締まってちょうどパンの皮のようになります。これで

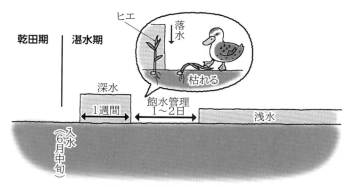

第9図 湛水初期の水管理

初期の深水管理後，アイガモのペタペタ効果を狙って落水。落水と同時に深水管理で軟弱徒長したヒエが倒伏し，アイガモに踏まれて枯れていく

第10図 アイガモが泳ぐ田んぼは水が濁る

減水深が小さくなり水持ちがよくなります。ペタペタ効果です。

浅水管理 その後，浅水にして，アイガモに歩いたり泳いだりしてノビエをやっつけてもらいます。アイガモ君のくちばしや水かきの動きで，深水により根が発達していないノビエは簡単に抜け，浮かび，風下に集まります。

④即座に濁る

アイガモを水田に放すと，くちばしや水かきを盛んに動かし，移動や摂食行動をするので，田面全体が即座に泥色に濁っていきます。水が濁ると，雑草の発生と生育を防げます。フルタイム代かき中耕濁水効果です。

従来のアイガモ乾田直播では，アイガモを水

水　稲

田放飼しても1〜2週間は水が濁らない状態が続くことがありました。代かきをしないので土の粒子が大きいからでしょうか。代かきで土の粒子が細かくなり，柔らかくなっていると，アイガモを放せば即座に水が濁ります。

ところが2022年，2023年は，アイガモ放飼後にすぐに水が濁りました。ホウキングとヒットマン揺動で土がほぐされ細かくなり，ローラーで転圧されさらに細かくなったからでしょうか。

4．直播は世界の稲作体系の一つ

世界の稲作は水稲と陸稲に大別され，水稲は移植（田植え）と直播に二分されます。直播は播種時の田面の状態で乾田直播と湛水直播に分けられます。

田中耕司先生は名著『稲のアジア史』（小学館）で，「アジアの稲作圏は南アジアの直播卓越地帯，東南アジアの移植直播混合地帯，東アジアの移植卓越地帯に区分される」と書かれています。東アジアの日本は，稲作といえば田植えが連想されるように，田植えばかりです。しかし，南アジアのインドやバングラディッシュでは，畜力利用の技術体系として伝統的に乾田直播が広く行なわれてきました。

さらに，アメリカ，EU，南米，オーストラリアの稲作も直播です。つまり丹念に代かきして，田植え，そして周到に栽培管理する稲作が唯一の方法ではなく，「直播稲作」は世界の大きな稲作体系の一つです。

5．技術の自給が面白い

私は45年間，イネ，野菜，ニワトリ，アイガモ，果樹，レンコン……，何でも自給する百姓百作，猥雑な有機農業を続けてきました。それは次々に生えてくる雑草と闘う試行錯誤の日々でした。

アイガモ水稲同時作，アイガモ乾田直播，ホウキング，出芽前除草，ヒットマン，ストレートホウキング……。創意工夫して一つ山を越えると，また新しい山が現われました。その繰り返しです。

情報には人工情報と自然情報の二つがあるそうです。本，テレビ，ラジオ，パソコン，スマホなどが人工情報です。これは一度人間の脳を経由して整理された情報です。ビッグデータがいい例でしょう。一方，自然情報は人間が直接自然に向き合い，五感で感じ考える情報です。

私は日々，田畑で自然情報と向き合い，雑草との闘い方を工夫してきました。農業の醍醐味（本当の面白さ）は，創意工夫して技術を自給することのなかにあるのではないでしょうか。

執筆　古野隆雄（福岡県桂川町）

2024年記

農家の技術と経営事例

熊本県菊池市　村上　厚介

手植え・手刈りで多収するイネの無肥料超疎植1本植え栽培

畑苗代による活着のいい成苗づくり，田植え直後からの深水管理

経営の概要

生年月日	1981年9月4日
就農年次	2017年
経営面積	2024年：水田約25a（品種は'旭1号''ハッピーヒル''穂増'と緑米，2019年は1.6haほどあったが縮小した）
従業員	夫婦2人（作業に応じて知人，お客さんが加わる）
おもな機械設備	トラクタ1台
年間売り上げ高	2023年：約280万円（うちお米は約60万円）

〈就農までの経歴〉

僕は2011年までは熊本市内の街なかで暮らしていましたが，3.11の原発事故をきっかけに食と暮らしを見直し，外食やスーパーの惣菜をやめ，玄米菜食を始めました。すると，以前は病弱だった体が，風邪をまったくひかない健康体になりました。

食は心身の健康にとって大切なのだと実感し，阿蘇北外輪山の麓に位置する菊池市の田舎に引っ越して，「発酵農園ジャー村」という屋号で農園を始めました（第1，2図）。米づくりを中心にダイズ，アズキ，ムギ，ソバ，野菜，和綿を育てながら，こうじ，味噌，醤油，タクアン，梅干しなど，発酵食品を手づくりしています。

〈栽培の特徴〉

無肥料超疎植1本植え　僕が実践する稲作は，無肥料・無農薬の手植え・手取り除草・手刈り・天日干しで，昔ながらの品種を条間45cm×株間45cm（坪16株）に1本植えする「超疎植1本植え栽培」です。本格的に始めたのは2017年。新規就農して1町（1ha）の田んぼを借り，農業者としてのスタートを切った年でした。

きっかけは，熊本県玉名市の篤農家，本田謙二さんと出会ったことです。初めて本田さんの田んぼを見学したとき，1本植えで100本に分げつした見たこともないイネに圧倒されまし

第1図　筆者
（写真撮影：依田健吾，以下Yも）
就農前は音楽関連の仕事をしていた。ニックネームは「ジャー村」。ジャーは黒人解放運動に影響を与えた神様の名前

水稲

第2図 管理する棚田（Y）
機械が入りにくく，手作業のほうがはかどる場合も多い。風光明媚な土地を選んだため，働いていて気持ちがいい

第3図 超疎植1本植えで育てた旭1号（Y）
昔ながらの穂重型品種だが，超疎植でよく収量がとれる

た。本田さんは無肥料の超疎植1本植え栽培で，20年以上反当10俵（600kg）どりを続け，13俵（780kg）収穫したこともあるそうです。僕も2015年にご指導いただき実践したら，初めての挑戦にもかかわらず立派なイネに育ちました。

無肥料での超疎植1本植えなら，コストも手間も大きく減ります。ごく少量の種モミで作付けでき，種まき，苗とり，田植えの時間と労力が，坪50株植えで手植えした場合の約半分。これで安定して多収できれば，田んぼの面積も小さくてすみ，耕うん，草刈り，草取りの手間も少なくてすみます。手植え・手刈りの無農薬栽培ですが，収量の追求は大事です。2018年には，'旭1号'で反当10俵どりできました（第3図）。

〈栽培の実際〉

1. 畑苗代で活着のいい成苗づくり

3月末〜4月上旬に畑苗代へと種まきし，45〜60日育てた成苗を5月20日ころに田植えします。水をかけず乾いた状態の畑苗代は，土の中に酸素が多く，根が水を求めてよく枝分かれして発達します。水で練った土だと空気が入らず，根の形態も違うようです。超疎植1本植えでは，活着がよく分げつ力の強い苗づくりがとても重要です。

苗代づくりは，種まきの2〜3週間前から始めます。田んぼの土を何度か細かく耕し，畑の土のようにさらさらにします。超疎植の場合，塩水選前で反当3合（乾モミ約300g）の種モミを1坪（約3.3m^2）の苗代にまきます。塩水選（水5ℓに塩700〜800gを溶かした塩水で選別）で種モミの量が減るので，実際の播種量は2.5合（乾モミ約250g）程度です。

種モミを均等にまいたら，草抑えのために，雑草の種が入っていない赤土を種モミが隠れる程度に覆土し，コンパネなどの板を敷いて踏み固めます。芽が2cmくらい伸びるまでは，鳥よけに不織布を被せておき，雨水だけで30〜35日育てます（かんかん照りが1週間続くようなときは，水を入れる）。その後，水を入れて草丈を伸ばし，45日苗で田植えします（第4，5図）。

2. 型付けしてから1本ずつ手植え

田植えではまず，植える場所がわかるように，竹の爪と木材の枠でできた型付け器を使い，ロータリで代かきした田んぼに縦横に線を

引いて，格子状の型を付けていきます（第6,7図）。

　一般的に，型付け器は爪が土中で引っ掛からないように，後ろに引いて使います。しかし，僕のものは湾曲した竹の爪が土の上を滑るように進むので，押して使うことができます。田面に引いた線を避けて歩けるため，植える場所に足跡をつけてしまうことがありません。

田植え当日の朝に型を付けますが，溜めた水が濁ると田面に引いた線が見えなくなってしまいます。そのため，水は前日から排水し，田面と同じぐらいにヒタヒタにしておきます。僕が型を付けている間，手伝ってくれる妻や友人たちが，畑苗代で生育のいい苗から順に苗取りをしていきます。そして，型付け器の線が格子状に交わっている位置に，1本ずつ手で移植。型

第5図　5.8葉の45日苗で植える（Y）
第3葉の元から3本目の分げつが出ようとしている（矢印）。畑苗代の苗は蒸散を最小限に防ぐクセがついており，しおれにくく活着がよい

第4図　5月22日，田植え直前の畑苗代（Y）
田植え10～15日前から朝に水を引き入れて底面吸水し，夕方には自然落水。田植えしやすいよう草丈を伸ばす

第7図　型付け器で跡をつける竹部分（Y）
間隔は45cmや38cmなど数種類あり，田んぼの地力などに応じて使い分ける

●型付け器のつくり方
①ナタやノコギリを使い，幅2cm×長さ25cmの竹を7，8本用意
②①をお湯で10～20分煮てから塩ビ管などに押し当てて曲げる
③木材でトンボのようなT字の枠をつくる
④曲げた竹を植える間隔（38cm，45cmなど）に留めていく。いきなりビス留めすると竹が割れるので，ドリルかキリで下穴を開けておく

第6図　田植え時の型付け（Y）
押して前進しながら田面に跡をつける

付けは田んぼ1反当たり2時間もかからず、田植え自体も1反3～4時間で終わります。

手植えのよいところは、機械を使わないため誰でも参加できること、田園の風景を自然の中でゆっくり感じながら作業できることです。

3. 田植え直後から深水管理

田植え後は、毎朝早起きして田んぼに出かけ、水を入れながらイネのようすをうかがいます。僕の田んぼにはジャンボタニシがいるところも多く、そうした場所は田植え後しばらくの間、イネが食べられないようにヒタヒタの浅水で管理します。水を少しずつかけ流し続ければ、いちいち管理しなくても浅水にできますが、イネの初期生育を考えると水温を下げたくない。そのため、朝に水を入れ、ヒタヒタになったら水を止める……毎日その繰り返しです。

ジャンボタニシがいない田んぼでは、草を抑えるために田植え直後から深水にし、7月いっぱいは10cm程度の水深を維持します。水が常に溜まっている田んぼでは、生き物もたくさん増える。微生物やイトミミズが土の有機物を分解することで、イネの生育もよくなるように感じます。8月に入ったら、分げつを増やすため、そしてイネの背を伸ばしすぎないために（昔品種は深水で背が伸びやすい）浅水管理に移ります。日に日に分げつし、大きくなるイネを見ていると、うれしい気持ちでいっぱいになります。

とはいえ、分げつが多ければいいわけではなさそうです。2019年は早い時期に田植えをしたため、地力のある田んぼでは最高分げつ期にイネが1株80本以上に分げつしました。ところが、葉が込みすぎたのか、地力チッソが効きすぎたのか、夏をすぎて大発生したトビイロウンカの被害に遭ってしまいました。

4. アゼの雑草は田んぼに向かって刈り落とす

アゼの雑草を刈って風通しをよくすることは、イネの生育を高めたり、虫害から守ったりすることにつながります。僕の草刈りは、刈り払い機で田んぼに向かって草を切り落としてい

き、最後に草かきや熊手で拾い上げる……という流れです。草かきが面倒だからと、雑草が田んぼに落ちないよう気を付けながら刈ると、かえって時間と燃料とを消費します。

僕はこれまで、耕作放棄地だった田んぼを10枚以上開墾してきました。こうした田んぼでとくに気を付けるのは、つる性のカズラです。カズラの多い場所では刈り払い機の刃を水平にせず、少し斜めにして刈ると、つるが絡むことなくラクに草刈りできます。

5. 手刈りしたイネを束ねてはざ掛け

10月になると、いよいよイネ刈りです。僕にとっては何よりの喜びで、毎年、お米を育てていてよかった、来年も頑張ろうという気持ちになります。収穫はすべて手刈りで、乾燥ははざ掛けでの天日干しです。

イネ刈り鎌はノコギリ鎌ではなく、三日月鎌を使います。よく研いだ三日月鎌なら、力を入れずに1回でざくっと刈ることができます。根元を刈ろうとすると、腰を低く落とさないといけませんが、少し上を刈るようにすれば、ラクな姿勢で作業できます（第8図）。

刈り取ったイネは、4～8株ずつまとめて置いていき、あとでイナワラでくくって稲束にします（第9図）。晴れの日が続く場合、くくった稲束をすぐに掛けずに、1～2日ほど刈り株の上に置いて干しておきます。稲束が乾燥して軽くなり、大きさも縮むので、はざ掛け台が倒れにくくなり、すぐに干した場合と比べて1.5倍ほど多く掛けられるようです（第10, 11図）。

天日干ししたお米は、太陽の光でじっくり乾くだけでなく、干している間、イネに残っている養分と旨味を吸収します。

6. ウンカの害を避けるため、近年は遅植えに

ここまで紹介したのは、僕が『現代農業』に連載する前年、2019年ごろまでのやり方です。超疎植1本植えは、有効分げつ期間を長くとったほうがよいので、晩生品種をできるだけ早く田植えする方法をとっていました。主力の'旭1号'は穂重型の品種ですが、成苗を早く植え

農家の技術と経営事例

第8図　三日月鎌での手刈り（Y）
足や腰をなるべく曲げず，無理のない高さで刈る

第9図　刈ったイネは4〜8束ごとにイナワラでくくり，刈り株にもたれかけさせて乾燥する（Y）

第10図　はざ掛け用の台をつくる（Y）
脚部分は組む際にマイカー線で結びやすい真竹を使い，横に渡す竿部分はイネの重さで折れないよう太い孟宗竹を使う。7mほどの竿を組み合わせ，14mほどにつくる

第11図　稲束を干すときは，ひと束を7対3の割合に割り，この7と3が交互になるように掛ける。7の下に3を入れ込むように干すと，落ちにくくなってたくさん干すことができる（Y）

てゆっくり長く分げつさせれば，多いところでは有効分げつが100本以上にもなります。

しかし，近年はトビイロウンカの害が多く，早い時期に田植えをした田んぼは（肥料を与えなくても）早期の飛来個体にやられてしまうことがわかってきました。そのため無理な早植えはやめ，5月中旬に播種し，7月上旬に約45日苗を30×30cmで1本植えする方法に変えました。水管理など他の管理は以前と変わらず，反収は9俵ほどとれています。挑戦する方は，ウンカ害の有無に応じて調整してみてください。

〈販売の実際〉

1. 米アレルギーの方からの指名買い

ハーベスタで脱穀したら，自宅にあるロール式のモミすり機で玄米にして販売します。米を卸しているのは熊本市内の自然食品店1軒のみ。ほとんどが農園ホームページのネットショップや，イベント出店で直接販売しています。うるち米は1kg800円，もち米は1kg1,200円。経費はネットショップやイベントの手数料だけ

45

水　稲

第12図　手伝いに来てくれた方たちと皆で田植え（Y）
1本1本手作業で植えることで，米づくりの喜びも増す

で，販売価格の9割以上が収入になります。

栽培しているのが昔品種であっさりした（アミロースの多い）米なので，米アレルギーの方から指名買いしてもらうこともあります。手植え手刈りのため全体収量は多くなく，米はすぐに売れてしまいますが，もし残ったとしても米こうじや甘酒や団子にできます。

2. SNSからネットショップへ誘致

2019年1月に開設したネットショップは，僕のフェイスブックやインスタグラムを見てくれていた方がそのままお客さんになってくれています。フェイスブックで「今年のお米ができました」という記事をあげると，普段は1日数十件あるネットショップの閲覧数が，300件くらいに増えます。ネットショップのお客さんの半分以上はリピートで注文をいただきます。発送する際は短い手紙を添えて送っており，お客さんから感想のメールをいただくことも多く，だんだん親戚に米を送るような気持ちになってきます。

3. イベント販売で加工品と一緒に販売

イベント出店は熊本県内を中心に，福岡県のオーガニックマルシェなどにも行きます。飲食の臨時営業許可をとってあるので，自家栽培の材料を使った米こうじ，甘酒，まんじゅう，団子などを販売。自然派志向のイベントに出店することが多いので，自然栽培の米をお土産に買ってくれる方が多く，だいたいは完売します。

4. お客さんが訪れる，手伝ってくれる

ネットショップやイベントで買ってくれたお客さんが，田植えやイネ刈りに来てくれることもあります（第12図）。自分の食べているものがどこでどんなふうにつくられているのか知りたい，自分で体験してみたい，という方が多いようです。これは，手植え，手刈りだからこそできるお客さんとのつながりだと思っています。自分でイベントやワークショップも開催しており，自家栽培の材料で，米こうじや味噌，タクアンづくりなども体験してもらっています。

僕自身，食の大切さを実感して農家になったので，こうしてみなさんに食と農のすばらしさを広める活動ができるようになり，本当にうれしく思っています。

今，僕が思うことは，お金を稼ぐために農業をするのではなく，生きるために自給自足することの大切さです。現代社会はお金があればすぐに食べ物が手に入りますが，昔は自分が1年間生きていくために米をつくっていたと思います。もし，米が育たなかったらお金はあっても1年間の食料がない……そんな思いで米をつくれば，作物のありがたさがわかり，自然を敬う気持ちも自ずと生まれてきます。

僕はこれから，化石燃料に頼らず，馬を飼いたいと思います。馬耕で田畑を耕し，馬搬で木材を搬出し，山や森や畑の草を飼料とし，馬糞を畑や田んぼの肥料に戻す。環境に配慮し，動物や植物と共生できる，循環した暮らしへ向かっていきたいと思います。

執筆　村上厚介（熊本県菊池市）
（『現代農業』2020年1～12月号連載「偉大な先人たちに学ぶ　僕の超疎植1本植え栽培」より）

農家の技術と経営事例

地力で稔る自然栽培イネの姿

宮城県登米市・成澤之男さん

理想は無効分げつの出ないイネ

「収量は毎年平均して7俵くらいですね」

2016年、収穫前の田んぼを背にそう言うのは、宮城県登米市の成澤之男さん。有機栽培を15年ほど続けたのち、2004年からは無肥料の自然栽培に取り組んでおり、現在はほぼすべて自然栽培でつくっている。最初に案内されたこの田んぼは、自宅脇にある'ササニシキ'のタネ採り圃場。自然栽培に切り替えて、8年目だという。

「正直、今年はでき過ぎ。粒数がつき過ぎました。ただ、残暑が長くて助けられた。この圃場だと7俵半から8俵くらいいきそうですね」

収量が上がればバンバンザイ。喜ぶべきことかと思いきや、成澤さんはいたって冷静だ。

「理想としているのは、無効分げつの出ないイネなんです。粒張りのいいモミをとりたいので、茎数も、粒数もとり過ぎたくない。坪50株で、茎数20本。大きな穂でも120粒程度のモミをつけるイネをめざしています」

しかし、そもそも無肥料なのに、茎数や粒数をどうやってコントロールするのか……。

倒伏したイネが立ち上がった

次に案内されたのは、自然栽培5年目の田んぼ。この一画も毎年よくとれるそうだが、よくよく見ると水口側が倒伏している。

「ここは中干しが不十分でした。水尻側は乾いたけど、水口側の田面が軟らかくて倒れてしまいました。あっ、ちょっとこれ見てください」

そう言って指さしたのは、東側に倒れたイネの株元。じつはこれ、1か月以上前の台風で倒れたのだが、最初は反対の西側を向いていた。ところが、2、3日後には倒れた株がむくっと立ち上がってきて――最近の雨で、今度は東側に倒れてしまったそうだ。野菜でもあるまいし。イネが立ち上がるなんて、本当だろうか？

「有機栽培のイネだと1回は立ち上がります。自然栽培になると、別の田んぼで3回立ち上がったのを見ました」

栽植密度と水管理でコントロール

最後に案内されたのは、車で数分走ったところにある、自然栽培12年目の'ひとめぼれ'。

「ここは肥え過ぎているので、3年に1度は

第1図 成澤之男さん（1954年生まれ）。イネ13ha。移行期の有機無農薬栽培田（約1ha）を除き、すべての田んぼで無肥料栽培（記載のない限り、写真撮影：依田賢吾）

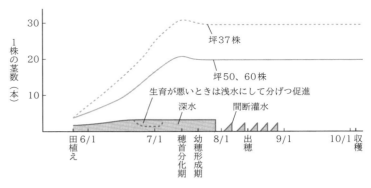

第2図 成澤さんのイネの生育イメージ
最高分げつ期が穂首分化期と重なるような生育。水管理の基本は最高25cmの深水だが、田植え後1か月ごろに茎数が足りない場合、5cmほどに下げて分げつを促進する。中干しが遅いのは、雑草をギリギリまで抑えたいから。坪60株なら、幼穂形成期ごろに分げつ20本程度が目安

47

水稲

◆濁り続ける不思議な田んぼ◆

6月29日 草丈33cm 茎数4.8本

第3図 7葉期のひとめぼれ圃場。この田んぼは自然栽培1年目(移行期の2014年から毎年堆肥を3t、2t、1tと投入。2017年はゼロ)だが、ずっと水が濁ったまま

第6図 水深は20cm。葉耳が隠れる深さまで張ることで、雑草を抑えつつ分げつをコントロールする

7月19日 草丈63cm 茎数12.4本

第4図 出穂約30日前。水は濁り続けている。茎数が少し足りないと判断し、この直後に落水。乾土効果で地力チッソを発現させ、穂数と着粒数を稼いだ

第7図 土はトロットロ。心地よい泥のにおいと、手ざわりだ。無数に生息する土壌微生物の分泌物によるものか……

10月3日 草丈116cm 茎数22.6本

第5図 収穫9日前。目標穂数の18〜20本をクリアし、最終的な反収も8.5俵に到達(中米12kg、クズ米13kg)

第8図 深水田の濁り水がときおりぷくぷくと泡立つので、すくってみるとドジョウだった。泥を掻き回して雑草を抑制してくれているのだろう

ワラを外にもち出しています。さらに坪37株の2、3本植えにしてますが、30本以上茎数がとれる。今年は8俵半いくかもしれませんね」

つまり、田んぼの地力に応じて栽植密度を変えているのだ。栽植密度は坪50株の3、4本植えを標準とするが、とくに地力のある圃場は坪37株の疎植、地力が足りない圃場は坪60株の4、5本植えとする。そのうえで、分げつのとれ方を見ながら深水にしたり、水を落としたりして、茎数や粒数をコントロールしているのだ。

最初に見たタネ採り圃場で「粒数がつき過ぎた」のは、「幼穂形成期に水を落としてチッソが効いてしまったのが原因」と成澤さんは見る。

なるほど、肥料をやらない自然栽培では、微妙な水のかけ引きをしながら、イネの生育に合わせて養分をコントロールするというわけか。

地力あっての自然栽培

無肥料で毎年慣行栽培並みの収量を上げ続けられるのはなぜか？　そのカギはイネの土台となる「地力」にある、と成澤さんは考える。

無肥料で4俵しかとれない地力の田んぼでは、4俵分のワラしか還元できない。だから、天候に恵まれない限り、翌年もそれ以上の収量は見込めない。成澤さんの場合、地力のない田んぼを借りたなら、まずはモミガラ主体で少量の牛糞を混ぜた完熟堆肥を大量に投入するという（反当5、6tが基準）。これを数年続け、養分供給が秋までじわじわと続くだけの「地力」を蓄えたうえで、自然栽培に移行する。

ワラをしっかり腐熟させるのも重要だ。秋は耕うんせず、紫外線に十分当て、もっとも乾燥する翌年3月にテッター（草を拡げて干す機械）で田面のワラをかき混ぜる。その後、できるだけ長く放置しておき、田面が乾いた状態で粗く起こす（深さ12cm）。代かきは浅くして、上はトロトロ、下はゴロゴロの土にすると、ワラの分解がスムーズに進む。

品種と微生物にも相性がある

近年、ワラの周辺に集まる微生物が盛んにチ

第9図　移行期にモミガラ主体で牛糞を少量混ぜた完熟堆肥を入れて、地力を蓄えてから無肥料とする。自然栽培に移行後、有機物補給はワラの還元のみ

ッソ固定をしていることもわかってきたが、それらの微生物には「品種との相性がありそう」と成澤さん。不思議なことに、'ササニシキ'と'ひとめぼれ'の圃場を入れ替えると、ともに減収する。しかも、もとの収量が違ったのに、減収率はどれも8％と同じになったそうだ。

同じ品種での作付けを続けると、その品種の根と相性のよい微生物が殖えるのではないか？

外部からのチッソ補給が極端に少ない無肥料栽培では、この相性も肥効に大きく影響するのかもしれない……。そう考え、同じ圃場には毎年同じ品種を作付けるようにしているという。

イネは親から、ムギは子から

茎数や粒数を抑えて、クズ米が少なく粒張りのよい（つまり、登熟歩合が高く、千粒重の重い）イネつくりをめざす成澤さん。その心は、「天候がよくて7俵でいい。でも、悪くても7俵とれるイネつくり」にあるわけだが、最後にこんな「生き様」も語ってくれた。

「過剰分げつをして栄養失調になると、イネは親（茎）から死ぬんですよ。ムギは逆に弱い子ども（分げつ）から死んでいく。最近世の中おかしいでしょ。親が子を殺したり、子が親を殺したり。でも、本来は自分の命を投げうっても子や孫を守りたい、というのが生き物の姿。イネは健気にそれを守って生きている。だ

水稲

◆肥え過ぎの田んぼは疎植＆ワラもち出し◆

第10図　左の成澤さんの圃場は、肥え過ぎの田んぼ（自然栽培13年目のひとめぼれ）。坪37株の疎植とし、3年に1度はワラをもち出す。この年は反収7.2俵（中米20kg、クズ米27kg）

第11図　第10図の田んぼから平均的なものを1株ずつ抜き、根っこを洗ってみた。仲間のイネは赤茶けた酸化鉄の鎧に覆われた直下根が目立つ。自然栽培イネは細くて白く、しなやかな上根

から、過剰分げつは嫌なんです。せっかく生まれて、がんばっている親茎の命も大事にしたいから……。まぁ、そう言いつつ、雑草は徹底して抜いてますけどね（笑）」

執筆　編集部
（『現代農業』2016年12月号「不作の年でも安定七俵　クズ米少なく粒張りよしの無肥料イネ」、2018年7〜9月号連載「自然栽培のイネを見る」より再編集）

第12図　自然栽培8年目のササニシキの大きな穂。幼穂形成期以降に地力による肥効が高まったためか2次枝梗モミが多い。水分18％とギリギリまで登熟させてから収穫するが、根が水を送り続けるためか胴割れは出ない。粒張りよくクズ米も少ない
（写真撮影：編集部）

水　稲

播種と育苗

水稲

有機の育苗のポイント

執筆　平田啓一（山形県川西町）

第1図　筆者

農薬や化学肥料を「抜く」ことでは成功しない

　安定した有機栽培を可能にするには、それぞれの作物ごとに、おそらく数十項目にもわたる体系だった栽培技術の開発・確立と、その積上げが必要だ、と痛感します。

　私のグループの取組みなどを見ても、どうしても既存の慣行栽培の技術をそのままに、農薬や化学肥料を「抜く」という方法に走りがちです。発想を変えて、根本のところから有機栽培に必要なやり方を積み上げる、という具合には、なかなかいきません。

　たとえば、坪当たり70株も密植して、最高分げつ期に2,000本もの茎数を立てておいて、紋枯病の農薬を「抜く」のは、高温多湿の私の地方ではとても無理です。農薬をかけないで紋枯病を出さないためには、坪当たり50株、1,400本以下くらいに茎数を抑える必要があります。そうしておけば、紋枯病の農薬が必要なくなるわけです。

　有機栽培を安定的に確立するためには何が必要かをあきらかにし、どの点が解決され、何が未解決なのかの課題をハッキリさせる。そしてお互いに情報を公開、交換し合って、一日も早く輸入農産物に負けない、安全で環境を守れる日本型有機農業を確立することが大切ではないでしょうか？

有機の「技術」が未来を拓く

　世界の稲作面積の1.6％しかない日本の稲作の農薬使用量が、世界全体の54％（金額ベース）を占めます。お隣の韓国の5.7倍、中国の78.1倍という驚くべき量（以上、2001年執筆時）。こうした農薬漬け、化学肥料漬けの日本農業を環境保全型の農業に大きく転換しなければ、とてもじゃないが「安全な食糧は日本の大地から」などといえた義理ではありません。

　この転換を可能にする決め手となるのが、有機無農薬栽培の技術なのです。たとえば有機栽培では、農薬を使わずにばか苗病などを予防する種子消毒が「温湯浸法」として確立。すでに機械も開発され、誰でもできる技術になりました。慣行栽培の人も減農薬栽培の人も応用でき、種子消毒の農薬は、水稲についていえば、日本の農業から抹消も可能になったのです。

　とかく有機栽培は、普及率がきわめて低いことから、特殊な栽培方法だと軽視されたり、慣行栽培や特別栽培とは無関係なもの、異質なものと考えられがちですが、決してそうではなく、その一部でも慣行栽培に導入することによって、農薬や化学肥料に頼り切っている日本農業の現状を大きく改善できるのです。環境保全型の農業を推進する機関車の役割を果たすのが、有機栽培だと私は考えます。

　有機栽培には数十項目にも及ぶ栽培技術の積上げが必要だと申しましたが、なかでも重要なポイントは、おもに育苗、本田の除草、そして収量と食味、の3点だと私は考えています。そのうちの育苗についての私たちの取組みを紹介します。

比重選：1.15～1.17だと病気の種子が除去できる

　紋枯病の土壌伝染を除けば、イネのおもな病

第2図　筆者の露地プール育苗の様子
（写真撮影：すべて倉持正実）

気のいもち病やばか苗病、苗立枯病などの病原菌はおもにモミガラに存在し、種子から伝染する種子伝染性病害だといわれます。これらの病原菌に冒された種子を取り除くことが、その後の病気の発生を防ぐうえでのポイントです。

　一般に、病原菌に冒されている種子は比重が軽くなるといわれます。そこで、普通は1.13の比重選のところ、有機栽培では1.15～1.17で行ない、20～50％の種子を除去します。比重を測るのに、しばしば新鮮な卵が用いられますが、ここは正確を期すためボーメ度比重計（1本1,000円くらい）を使用します。多く除去することになる分、種子を多めに準備しなければと心配される方もいるかもしれませんが、薄まきになるため、普通栽培よりも種モミの量は少なくてすみます。

　このような比重選を行なった種子は、その後、温湯処理などしなくても、ばか苗病などはほとんど発生しないことが、私たちのテストでも確認されています。

温湯処理：種子消毒と発芽率向上

　私たちは、比重選された種子を温湯処理します。これは種モミについているばか苗病菌など

露地プール育苗とは

　木枠とハウスの古ビニールなどで水をためられるプールをつくり、その中で育苗するのがプール育苗。本葉1～1.5葉期ごろになったら入水し、以降、水をためっぱなしにする。水の保温力があるので、ハウスで育苗する場合は入水以降はサイドを開けっ放しでいい。毎日の灌水・換気作業から解放されて育苗がうんとラクになるうえ、よい苗ができ、根張りも抜群。苗の病気が出にくいので、無農薬育苗する人には必須の技術となっている。

　ただ、近年では温暖化もあり、ハウス内のプールでは水温を保ちすぎて苗が徒長ぎみになる傾向も出てきた。そこでハウスなしの露地でもプール育苗に取り組む農家が増えてきた。

水稲

の病原菌を殺菌することと、もう一つの重要な効果として、種モミの発芽抑制物質を不活性化させ、発芽率を高めることにあります。

一般的には60℃、5〜7分で処理されるようですが、私たちは57℃7分間で行なっており、効果は変わらないようです。

育苗用肥料

発酵不十分なボカシ肥を育苗用の肥料に使うと、菌が出て、水をはじいたりします。また、そういうボカシ肥だと有機酸が出ます。平置き出芽でも育苗器を使う場合でも、温度が上がるとガスの発生で根がやられます。また、材料によるのかもしれませんが、pHが高くなりすぎて、せっかく発芽がうまくいっても、苗の生育が阻害されることもありました。

仲間を含めて私たちもこうした失敗を繰り返してきましたが、高温で十分に発酵させたボカシ肥を使うことで解決できました。

プール育苗

（1）水中育苗なら病気は来ない

育苗でもっとも怖い苗立枯細菌病などは、30℃前後の高温で湿潤な条件のもとでもっともよく繁殖しますので、ハウス畑苗代育苗などでは、農薬なしではまず育苗は不可能だと思います。

しかし、畑育苗を水中育苗に切り替えると、水中では立枯病菌やカビなどの発生する条件が断たれるため、タチガレンやダコニールなどの農薬を使用しなくても、育苗はラクにできます。

温湯処理とプール育苗。この二つの技術の開発と確立によって、育苗段階での農薬を完全に排除することが可能になりました。

（2）山形でも露地プール育苗

私は昨春、1,700枚ほどの水中露地育苗に挑戦し、成功しました。

私のところでは、4月17日、晩限の降雪があり、団子のような大粒の雪で地面が真っ白になりました。いっぽう一番播種は4月10日ころで、降霜などを考えると、露地育苗はかなり

第3図 左は化成肥料育苗、右は筆者のつくったボカシ肥で育苗
有機の苗は色が淡い

危険を伴います。

しかし、ビニールなどをできるだけ使わず環境保全・コスト低減を目指したいということと、5月下旬〜6月上旬ともなると気温が上昇してハウス育苗では軟弱徒長を避けられないということで、昨年、思い切って露地育苗を導入しました。露地育苗が成功すれば、6月上旬でも育苗ができ、田植え期の幅が広がります。

2年ほど試作はしたものの、昭和30年代の前半くらいに姿を消した水苗代以来の取組みです。一抹の不安もありましたが、東北地方でも露地育苗は十分可能で、おかげで田植えの最後を6月8日まで延ばすことができました（従来は5月末）。また露地栽培では、水中育苗は「保温」にも大きな役割を果たすことも痛感しました。

薄まき成苗が必要な理由

田植え時の苗の大きさは5.0〜5.5葉、18〜20cmの成苗を目標に、1箱60gまきとしています。

有機栽培に薄まきの成苗が必要な理由の一つは、イネミズゾウムシなどの害虫対策。イネミズゾウムシは田植え直後から、幼虫が根を食い荒らし、成虫は葉につきます。こうした厄介な害虫に農薬なしで対抗するには、田植えの当初から多少の害虫の食害にびくともしないよう

第1表　イネ有機栽培と慣行栽培の比較

	No	項　目	有機栽培	慣行栽培	説　明
種　子	1	採種	有機栽培圃場（原則）	採種圃場	
	2	塩水選	1.15〜1.17比重選	1.11〜1.13	不充実種子や病苗に冒された種子を除く
	3	消毒	温湯57〜60℃、5〜7分	薬剤処理	ばか苗病など予防
	4	浸漬	低温水15日くらい	10日くらい	
	5	芽出し	20℃2昼夜	30℃1昼夜	低温催芽で病原菌の増殖を防ぐ
床　土	6	床土消毒	培土	タチガレエース、ダコニール処理	床土を85℃くらいで加熱殺菌
	7	肥料	有機肥料	化学肥料	
	8	農薬	×（不使用）	○（使用）	
育　苗	9	播種量	箱当たり60g以下	150〜180g	（中苗100〜130g）
	10	育苗期間	40日5.0葉齢成苗	20日2.5葉齢稚苗	（中苗30日くらい）
	11	育苗法	水中（プール）育苗	ハウスなど畑育苗が主	プール育苗によりカビの発生を防ぐ
	12	農薬	×	○	
本　田	13	土つくり	堆肥、ボカシなど有機肥料を必ず投入	格別行なわない場合が多い	
	14	耕うん	浅うない	深うない	
	15	代かき	2回代かき	1回	2回代かきで雑草（芽）除去とトロトロ層づくり
	16	栽植密度	坪当たり35〜50株	70株	疎植による紋枯病、いもち病予防
	17	植付け本数	1株当たり2〜3本	6〜7本	無効分げつを出さないイネつくり

な、活着よく生育の旺盛な苗をつくることが求められます。

　もう一つの理由は、除草剤なしの抑草・除草のために、深水管理や米ヌカなどの有機資材の大量投入が必要となります。これらの管理技術を可能にする前提条件が、大苗（成苗）となります。こうした大きい苗をつくるには、100g以上の厚まきではとても無理です。

　（『現代農業』2001年3月号「有機栽培は、技術
　　の積み上げが重要だ①」より）

水　稲

有機・無農薬育苗に関する技術開発

　小資源・環境保全型稲作に取り組むためには，育苗技術は除草技術や病害虫発生問題との関連できわめて重要である。特に，改正JAS法が施行され，育苗も含めて無農薬・無化学肥料による生産基準が法制化されたことによって，この基準をクリアーする育苗技術の確立が緊急の課題となってきた。幸い，NPO法人民間稲作研究所はトヨタ財団の研究助成を受ける機会に恵まれ，JAS法の生産基準を超える育苗技術を確立することができたと考えている。ここでは，その技術内容の概要を報告する。

　開発に際しては，病害虫の発生が少なく，省資源な除草技術に対応できる苗質が得られ，省資源で省力な育苗法を目標とした。検討の結果採用した育苗法は，成苗のプール育苗法である。しかし，この成苗のプール育苗は，化学合成農薬を使わない種子伝染性病害（特にばか苗病）の防除法の開発と，有機酸産生による根の障害を出さない有機質肥料による育苗法の確立が課題であった。

（1）農薬を使わない種子病害対策

①病害が多発する稚苗育苗法と成苗育苗法の改良

　稚苗育苗に代表される現在の育苗技術には，大別すると二つの問題がある。一つは1箱当たりの播種量が多すぎること。もうひとつは温度管理が32℃という高温でスタートし，徐々に低温にしていくという自然の流れに逆行した温度管理になっていることである。こうした厚まきと自然の流れに逆行した温度管理

はイネの生理を乱し，さらには，過保護管理によってイネの環境適応力を弱めているといえる。

　こうした温度管理が一般化した背景には，欠株を防止するために厚まきが行なわれてきたことがある。150g前後の播種量では2.5葉齢までしかイネは生育しない。葉の相互蔽遮で下葉に十分な光が当たらなくなるために箱内の個体の光合成量が極端に減少し，呼吸量が光合成量を上回ってくるために乾物生産はゼロまたはマイナスになり，肥料をどんなに供給しても，デンプン不足で新しい葉身を伸長させるタンパク合成ができなくなってしまう。また，草丈も自然環境下で育苗したのでは6cm程度にしかならないので，田植え後の水没をまぬがれない。これらの理由から，稚苗育苗では，電熱育苗器を使って加温し，徒長させて草丈を12〜15cmに伸ばす必要があった。

　こうした自然環境に逆行した温度管理によって多くの労力が必要になってきた。それと同時に各種の種子病害も多発するようになってきた。これは，第1表に示したように，主な種子伝染病害の生育至適温度は比較的高い温度帯であり，稚苗のハウス育苗法の温度管理が湿度・温度とも病原菌の増殖に最適の環境をつくり出すためである。

　したがって，このように病害が多発する状態

第1表　各種病害の生育至適温度

（『作物病原菌研究技法の基礎』より）

病害名	生育至適温度（℃）	病害発生の概要
褐　条　病	28	育苗期のみに発生，北海道，北陸で多発
籾枯細菌病	28	苗腐敗症状を呈す，本田で籾枯れ症状を呈す
苗立枯細菌病	25〜28	ビニールハウスで発生が多い
葉鞘褐変病	25〜28	寒冷地の北海道で多発
ごま葉枯病	25	罹病種子を播種するとハウス育苗で多発
い　も　ち　病	25〜28	窒素過剰条件で育苗後半に発生
こ　う　じ　病	24〜28	穂ばらみ期の低温・降雨によって多発
褐色葉枯病	24〜27	中山間地で秋雨が続く場合に多発，籾が褐変する
苗立枯病	27〜30	育苗箱に局所的に発生し坪枯れを呈する
ば　か　苗　病	27	播種密度が高く，加温条件で多発する

を根本的に改善するためには，稚苗育苗を改め，自然環境下でも十分な草丈と苗質が確保される成苗育苗に切り換えることが必要不可欠である。

しかし，成苗育苗に切り換えるにあたっては，欠株を出さない精密な播種機の開発が必要であった。これはすでに筆者や2～3の播種機メーカーによって完成されてきた。また，露地のプール育苗を行なうことによって，管理労力も病害発生も大幅に改善されることが明らかであった。特に，病原微生物は紫外線にはきわめて弱いという特徴をもっているので，播種後7日目から保温資材を使わず，水の蓄熱作用を利用したプール育苗は大きな効果を発揮してきた。

②ばか苗病の非農薬防除法─温湯浸法の効果と安定化技術

第1表に掲げた種子伝染性の病害のなかで，種子を1.17の比重選で厳選し，プール育苗を行なってもばか苗病だけは少量であるが発病が見られる。ばか苗病の多発地帯でない限り，1.17の比重選だけで十分であるが，発生が心配される地域では，購入種子に変える必要がある。

種子伝染病の非農薬防除法に温湯浸法がある。従来の研究では，60℃で5～10分間の処理をすれば，ばか苗病以外では薬剤処理と同等かそれ以上の効果が認められるとされている。なお，ばか苗病では60℃・10分間の温度処理でも90％の防除価というのが一般的であった。

しかし，当研究所の試験では60℃・7分間でも60℃・10分間の温湯処理と同じ程度の防除効果が認められた。さらに，発芽抑制物質の不活性化による発芽率の向上も認められた。そこで，栽培指針としては60℃・7分間が適当と判断した。

1999年に，研究協力農家に2000年に製作した温湯処理機「湯芽工房」（タイガーカワシマ製作）の試作機を提供し，使用上の問題点を検討して頂いたが，ばか苗病をはじめとした病害の発生は認められなかった。ただし，使用上の問題点としては次のようなことがあった。

1）温湯処理前に選種作業をした生産者で，発芽障害を起こす事例があった。

2）外気温が5℃以下であった場合に種籾10kg

の投入でも温度の下降がみられた。

この原理を検討した結果，温湯処理の予備昇温のために30℃前後のぬるま湯に浸種し，種籾の温度を上げておくなどの対応を行なうと，発芽歩合を大幅に低下させることがわかった。

以上のことから，有機無農薬栽培の普及や個別農家の経営実態を勘案した場合，200l規模の容器を用い，±0.1℃で温度制御の可能な温湯処理機にする必要があることがわかった。使用にあたっては以下の点に留意する。

1）外気温が15℃を下回る場合は種籾を乾燥室などで予備昇温して，乾燥籾で処理する。

2）処理後はすみやかに冷水で常温に戻す。

3）1回の処理量は8kg以下とし，種籾は4kgを6kg入り以上のゆったりした袋に入れて処理する。

（2）プール育苗に用いる有機質床土の開発

①根のアミノ酸の吸収能を発達させる有機質肥料

イネの育苗に用いる床土には主に化学肥料が使用され，有機質肥料の使用はほとんど行なわれてこなかった。それは有機質肥料を使った場合，分解過程で有機酸が発生し，発根伸長する種子根や冠根に障害をもたらし，正常な生育が確保できないためである。

その解決策として，分解がよく進み有機酸の発生しない完熟堆肥が使われてきたが，含まれている窒素はアンモニア態の窒素が大半を占めるため，イネの根に吸収される窒素形態はアンモニア態の窒素であり，アミノ酸態のものはごく少量しかなかった。つまり，化学肥料の肥効と結果的には同じであり，アミノ酸吸収特有の肥効が発揮できないだけでなく，成苗育苗など育苗期間の長くなる場合は，含有量の絶対量が少なく育苗後半で肥料不足が発現し十分な苗質にならなかった。

幼苗期からアミノ酸で窒素成分を供給した場合と無機態のアンモニアなどで窒素を供給した場合では根の発達に違いがあり，鞘葉節冠根の伸長期からアミノ酸態で窒素を供給すると，ア

水稲

ミノ酸のような大きな分子を吸収する特性が発達すると考えられる。そのため根に放線菌などの根圏微生物が付着したり、取込みの可能な若い細胞を次々とつくって多くの分枝根を発達させ、根端を多く分化させるなどの形態的な変化も現われると考えられてきた。

ちなみに、有機質を発酵させた肥料を苗箱の下に入れ、有機酸による生育阻害を避けながら注意深く育苗した場合、化学肥料で育苗するよりも分枝根が多く発生することが確認されてきた（薄上秀男）。特にイネなどの湿生植物は、有機物の多い還元的な環境で生育する関係でアミノ酸吸収が旺盛であるとの指摘もある（西尾道徳）。

以上のような従来の研究から、アミノ酸を多く含んだ有機質肥料を床土に使用すれば、イネの根はアンモニアを吸収してアミノ酸を合成するエネルギーと原料が不要になり、不順な天候で日射量が少なくなったり、茎葉が繁茂して相互蔽遮を起こして光合成量が少なくなっても、その弊害が現われにくくなることが考えられる。

ちなみに、おからを発酵させた肥料だけを基肥にして育苗した場合、茎葉の繁茂が激しくなってもいっこうに葉色が落ちないという現象が発現する。また、アンモニアやアミドの過剰蓄積がなくなって病害虫発生の原因が少なくなるといった傾向もでてくるのではないかと推測される。さらに、アミノ酸吸収が中心になった場合、アンモニアをアミノ酸まで合成するのに必要な光合成産物のグルコースが余分になり、糖質として玄米に蓄積される割合が高くなって、甘みのあるお米になったり、遊離アミノ酸が増えてうまみを出し、食味を向上させる効果もあると考えられる。

プール育苗を前提にした有機質肥料の床土の開発にあたっては、こうしたアミノ酸吸収能を発達させることを目的とした。

②有機酸を発生させない有機質肥料の選定

育苗に使用する有機質肥料は、有機酸発生の原因となる炭水化物や脂肪が含まれないものが基本条件となる。現在市販されていたり、身近な食品産業廃棄物として利用の可能性のあるも

第1図 ポット育苗による「化成」と「有機」の生育
上：化成による育苗，下：有機質による育苗

のとして次の3点を選定した（第2表）。

乾燥おから タンパク含有率が高く、炭水化物はセルロースおよびヘミセルロースの形態で含まれ、有機酸の発生が少ない。産業廃棄物のリサイクルとしての意義が大きい。

蹄角骨粉 タンパク含有率が高く、アンモニア態への変化速度が早く、有機酸の発生が少ない。

アミノ薬元 スケソウダラの内臓などを酵素分解し、脱脂米ぬかに吸着させたものである。

③施肥量確定の検討

第1回の育苗試験は各試験区とも1箱当たりの

第2表 プール育苗の床土に用いる有機質肥料の成分

種類＼成分	窒素	リン酸	カリ
乾燥おから	7	3	0
蹄角骨粉	10	3	0
アミノ薬元	7	4	2

第3表 有機質肥料による育苗の予備試験結果

(1999年6月10日調査)

試験区名		発芽障害	生育の特徴	肥料不足
播種量	床土			
80g区	蹄角骨粉区	なし	茎葉は固く，徒長しない	なし
	アミノ薬元区	なし	やや徒長	やや過剰
40g区	蹄角骨粉区	なし	茎葉は固く，徒長しない	なし
	アミノ薬元区	なし	やや徒長	なし
無肥料区（播種量45g）		なし	葉色淡い	肥料不足

窒素成分が3.5g，リン酸6gになるようにした。不足するリン酸成分は骨リン（リン酸17％，カルシウム22％）を加えて成分を調節した。検定項目は1）発芽障害の有無，2）育苗後半における生育ムラ，3）肥料切れの3項目に限定し，それぞれ目視による予備調査を行なった（試供品種は‘月の光’）。

第1回の予備調査では，いずれの試験区でも発芽生育障害は発生しなかったが，蹄角骨粉区がやや茎葉の固い生育を示した。またアミノ薬元区ではやや徒長ぎみの生育であった。

第2回目の生育比較試験では最適施肥量を確

定するために，基肥窒素量を2，4，6gの3区とし，それぞれ2連の生育比較試験を行なった。調査は7日間ごとに行ない，第4，5表の結果を得た。

試供した種子はばか苗病に罹病したものを60℃・7分間処理した‘コシヒカリ’である。1箱当たり40g播種して，シルバーラブで保温し7日以降は畑育苗，プール育苗区ともにしだいに温度を高くし，できるだけ4～5月の温度変化に近い環境で育苗した。

播種後21日目の特徴 1）プール育苗区と畑育苗区では濃度障害の差が明確に現われ，プール育苗区のほうが障害発生が少なかった。また，畑育苗では有機質肥料区のすべてに施肥量過剰による生育障害が発生したが，蹄角骨粉区は軽微であった。プール育苗区では蹄角骨粉6g区およびアミノ薬元6g，4g区で施肥量過剰による生育障害が発生した。

2）プール育苗区の草丈は化成肥料区がもっとも高く，次いで蹄角骨粉の2g区，アミノ薬元2g区，おから6g区が同程度の草丈となった。畑

第4表 有機質肥料で育苗したときの生育調査結果

試験区		播種後日数	21目目(11月10日)							30日目(11月20日)						
			葉齢	草丈(cm)	茎葉重	根重	草丈/乾物比	種子根長(cm)	冠根数(本)	葉齢	草丈(cm)	茎葉重*	根重	草丈/乾物比	種子根長(cm)	冠根数(本)
プール育苗区	蹄角骨粉区	N−2	2.9	86.9	16.8	2.1	0.19	66.7	6.1	3.2	105.1	19.7	3.6	0.111	80.4	7.8
		N−4	2.8	73.0	17.6	1.9	0.24	45.5	5.9	3.1	85.8	16.2	2.1	0.095	56.9	6.3
		N−6	2.8	78.5	18.1	2.2	0.23	48.4	6.2	2.9	82.5	16.2	1.5	0.090	54.1	6.2
	アミノ薬元区	N−2	2.7	75.4	17.3	1.5	0.23	58.8	5.0	3.0	94.1	17.7	2.6	0.102	73.2	6.9
		N−4	2.6	59.9	17.9	2.0	0.30	51.6	3.7	3.0	73.9	17.2	1.4	0.104	65.0	7.3
		N−6	2.6	56.8	16.1	1.1	0.28	40.8	3.5	2.9	67.6	16.1	1.0	0.095	43.9	5.4
	おから区	N−2	2.8	82.9	16.0	2.2	0.20	61.9	5.8	3.1	93.0	16.7	4.2	0.100	85.1	7.8
		N−4	2.9	83.8	16.2	2.6	0.19	67.4	6.1	3.1	81.4	15.2	3.7	0.092	88.8	6.6
		N−6	2.8	85.1	17.6	2.0	0.19	31.5	6.0	3.3	96.4	17.6	3.5	0.103	54.4	7.0
	化成肥料 N−2		2.9	90.7	16.4	1.9	0.19	68.7	6.0	3.3	110.6	19.3	3.7	0.111	91.5	7.0
畑育苗区	蹄角骨粉区 N−2		3.0	90.2	17.6	4.1	0.20	68.4	5.7	3.4	99.5	19.7	3.9	0.116	78.4	6.1
	アミノ区 N−2		2.8	76.9	16.8	2.4	0.22	62.8	5.2	2.7	77.5	16.5	1.7	0.117	66.5	4.8
	おから区 N−2		2.8	78.1	16.3	2.7	0.21	63.6	5.5	2.9	85.0	15.8	3.4	0.101	76.0	5.9
	化成肥料 N−2		2.8	73.3	16.4	2.8	0.22	59.2	5.0	3.3	119.0	21.5	4.3	0.115	78.1	6.5

注 1）1999年10月20日播種，播種量40g/1箱，茎葉重，根重は乾物重mg/1本

2）＊は種子を除いた重量である。草丈/茎葉重比数値に反映

59

水　稲

育苗区では化成肥料区がもっとも高く，次いで蹄角骨粉区であった。

3）地下部の発達は畑育苗区がまさり，特に蹄角骨粉2g区がよく発達していた。

4）プール育苗では蹄角骨粉2g区が化学肥料2g区とほぼ同等の生育を示し，畑育苗では蹄角骨粉2g区が地上部地下部ともにもっとも発育が良かった。

5）根圏微生物（放線菌）の付着量はおから＞アミノ＞蹄角＞化成の順であった。ただし，化学肥料区でも蹄角区とほぼ同程度の付着が観察された。

6）生育障害の発生した個体には2種類の病原微生物の付着が観察された。

播種後30日目の特徴　1）プール育苗区と畑育苗区に濃度障害の差が進行し，プール育苗区のほうが障害発生が少なかった。畑育苗では有機質肥料区のすべてに施肥量過剰による生育障害が発生したが，蹄角骨粉区は軽微であった。プール育苗区では蹄角骨粉6g区およびアミノ薬元6g，4g区で施肥量過剰による生育障害が発生した。

2）プール育苗区の草丈は化成肥料区がもっとも高く，次いで蹄角骨粉の2g区おから6g区となった。畑育苗区では化成肥料区がもっとも高く，次いで蹄角骨粉区であった。

3）草丈/乾物比は濃度障害による草丈の伸長が停滞した試験区がみられたので，種子を除いて地上部重を測定し，充実度を計算した。結果は全体的に畑育苗区がまさったが，すべての試験区で濃度障害と寒さによる障害が発生した。プール育苗区では蹄角骨粉区と化学肥料区が優れていた。

4）地下部，特に冠根数の発達は全体的にプール育苗区がまさり，畑育苗では化成区，蹄角骨粉区が優れていた。

5）地上部，地下部ともにプール育苗区が畑育苗区より生育がまさり，濃度障害の発生も少なかった。

6）根圏微生物（放線菌）の付着量はおから＞アミノ＞蹄角＞化成の順であった。ただし，化学肥料区でも蹄角区とほぼ同程度の付着が観

第5表　有機質肥料で育苗したときの障害発生程度

（播種後37日目，11月27日）（1999年）

試験区	化学肥料区	おから区			蹄角骨粉区			アミノ薬元区		
施肥窒素量 （2g/1箱）		2	4	6	2	4	6	2	4	6
プール育苗区	なし	なし	なし	なし	なし	なし	1/2	1/4	1/2	全面
畑育苗区	1/4	1/2	—	—	1/4	—	—	全面	—	—

注　1）畑育苗は窒素2g区のみ試験
　　2）障害の程度は全体の面積に対する発生の比率。これは11月という温度が低くなる条件のなかでの結果であることに留意

察された。

7）生育障害の発生した個体には2種類の病原微生物の付着が観察された。

＊

以上の結果から，プール育苗における有機質肥料の種類および施肥量は，蹄角骨粉2g区またはおから4g区が最適であると結論づけられた。

なお，畑育苗に比べ，プール育苗では有機質肥料の濃度障害が発生しにくい。正常な生育を示した試験区ではいずれも共生微生物が付着し，冠根数が多く発生することが判明した。

葉色は化学肥料区に比べ，有機質肥料区はいずれも淡い緑色を呈し，葉いもちやウンカの加害を避けることができる可能性があると思われた。

（3）有機100％の床土による育苗

平成11年の各種有機資材による比較試験の結果をもとに，平成12年度は乾燥おから，蹄角骨粉，骨リン，ピートモスなどをブレンドし，第6表のように成分を調整をした有機100％の肥料を作製した。それを蒸気殺菌をした粒状培土に混和した床土を試供した。そして，3月10日および4月12日，5月21日の播種で育苗試験を行なったところ第7，8，9表の結果を得た。

その結果，ハウス内の育苗試験では，有機質肥料でも化学肥料でも畑育苗よりプール育苗のほうが乾物重・葉齢で劣るものの，分げつ数や

第6表　有機100％培土1箱当たりの成分（g）

窒素	リン酸	カリ	カルシウム	ケイ酸
4.0	6.0	3.0	3.3	90

播種と育苗

第7表 有機質肥料100%床土で育苗したときの3月播種での生育

区　分		葉齢	草丈 (cm)	茎数 (本)	冠根数 (本)	葉身長（cm)				乾物重 (mg/1本)	茎葉部充実度 (mg/cm)
						第1	第2	第3	第4		
プール 育苗	有機	4.1	10.9	2.0	15.4	1.5	3.6	5.1	6.7	27.1	2.49
	化成	3.8	9.8	1.9	13.7	1.6	4.1	5.1	―	25.1	2.57
畑育苗	有機	4.3	11.6	1.8	14.8	1.4	3.6	5.1	6.9	28.8	2.48
	化成	4.0	10.6	1.5	12.7	1.4	3.8	4.9	7.0	26.4	2.46

　注　1)　播種量40g　3月10日播種，4月16日ハウス内調査　品種：コシヒカリ
　　　2)　化成は1箱あたりN3，P6，K2で，CDUを含む

第8表 有機質肥料100%床土で育苗したときの4月播種での生育

播種後 日　数	試験区	葉齢	草丈 (cm)	茎数 (本)	冠根数 (本)	葉身長（cm)				乾物重（mg/1本)			茎葉部充実度 (mg/cm)
						第1	第2	第3	第4	全重	茎葉重	根重	
40日	有機	4.2	15.6	1.0	21.0	2.1	5.9	7.6	9.2	81.9	56.5	19.7	3.62
	化成	4.2	21.1	1.1	20.5	2.3	7.2	10.1	8.1	97.2	74.6	16.2	3.54

　注　1)　播種量60g，4月12日播種，品種：コシヒカリ，露地プール育苗
　　　2)　化成は1箱当たりN3，P6，K2で，CDUを含む

第9表 有機質肥料100%床土で育苗したときの5月播種での生育

播種後 日　数	試験区	葉齢	草丈 (cm)	茎数 (本)	冠根数 (本)	葉身長（cm)				乾物重（mg/1本)			茎葉部充実度 (mg/cm)
						第1	第2	第3	第4	全重	茎葉重	根重	
36日	有機	4.6	21.9	1.0	22.7	26	84	97	128	95.4	72.9	16.0	3.33
	化成	4.3	25.3	1.0	20.5	26	109	108	148	107.4	85.9	15.3	3.39

　注　1)　播種量60g，5月21日播種，品種：コシヒカリ，露地プール育苗
　　　2)　化成は1箱当たりN3，P6，K2で，CDUを含む

冠根の発達がまさることが明らかとなった。このことは育苗管理の省力化のために採用したプール育苗方式が，苗質の面でも畑育苗にまさるとも劣らない結果をもたらすことを示唆するものである。

　以下，当研究所の開発した有機質100%の床

第10表 有機質100%床土によるばか苗病発生率
の低減効果　　　　　　　　　（相馬，1998）

肥料の種類	発　生　数	指　数
有機質肥料	64本/50箱（114,000本） 1箱当たり1.28本	100
化成肥料	271本/51箱（116,280本） 1箱当たり5.31本	415

　注　1)　2000年5月21日播種，品種：コシヒカリ
　　　2)　播種量：1箱当たり60g，発芽率：95%

土による成苗の苗質の特徴を列挙する。

　1）有機質区には糸状菌の発生が見られたが，発芽および発根障害は観察されなかった。

　2）発芽からの生育スピードを表現する葉齢の展開は，有機質肥料区が終始早くなることが確認された。

　3）草丈は3月播種では化成肥料区より1.1cm高くなる。しかし，4月播種では5.5cm，5月播種では3.4cm逆に化成肥料区よりも低くなった（第8，第9表，第2図）。これは第2葉〜第4葉の葉身長に差が生じたためである。

　4）冠根数は，3月播種では1.7〜2.1本上回っていた。また4月播種で0.5本，5月播種では2.2本有機質区が上まわっていた。また根重も有機質区が化成区を上回っていた。

　5）地上部の充実度は化成区が上回る傾向を

61

水　稲

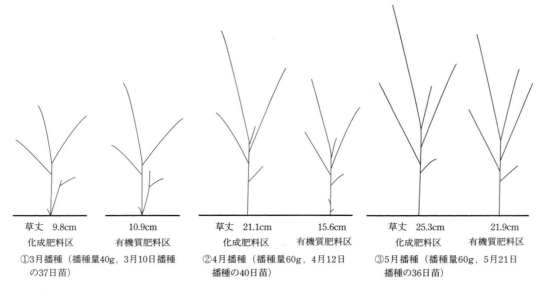

第2図　播種時期による苗の生育の違い

示し，葉色も濃く経過した。

　6）立ち上がり検査では有機質区が上回り，ばか苗病の発症も有機質区が化成区の4分の1であった（第10表）。

　7）本田移植後は深水管理による徒長現象が発現せず，アオミドロなどによる被害はまったくみられなかった。

＊

　1999～2000年にかけて実施した温湯処理機の開発試験と有機質100％の床土の開発によって，JAS法の規定する生産基準をクリアーする育苗技術が確立できた。

　従来，発根障害が発生し，満足な生育が見込めないとして，否定されてきたマット苗方式による育苗であっても，障害発生が認められないだけでなく，冠根数の増加や気温による草丈の変動が化学肥料よりも少なく，ばか苗病の発症抑制にも効果のあることが確認されたことは大きな収穫であった。

　またプール育苗が小力・安定の育苗法として確立されてきたが，有機質肥料においても，安定した苗質を提供する方式であることが判明した。

　最後に，この開発試験に財政的援助を頂いたトヨタ財団，および温湯処理機の開発に御支援を頂いた（株）タイガーカワシマに深謝申し上げたい。

　　執筆　稲葉光國（NPO法人民間稲作研究所）

2001年記

有機育苗培土の病害抑制効果

(1) 培土中の微生物叢と苗病害抑制効果の関係

わが国の農作物の病害防除は農薬による化学的防除が主流となっているが，農薬の施用による環境負荷が問題視されるようになり，環境保全型農業の重要性が高まっている。

有機栽培は，化学肥料や化学農薬を使用しないことを基本とした環境保全型農業の一形態といえる。一般に慣行農業では，化学農薬を使用せずに農作物を栽培すると大きな減収につながるが，有機栽培では安定した収穫が得られていることから，有機栽培には何らかの病害抑制作用が存在すると考えられる。しかしながら，自然農法と一口にいってもその詳細は多様であり，農家の試行錯誤や工夫によって成り立っているケースが多い。

有機栽培における病害防除は，適切な土壌管理や栽培管理による耕種的防除が基本となる。なかでも土つくりの重要性は広く認識されており，土壌微生物の機能を健全化することが重要であることは，多くの一般書籍でも紹介されている。

土壌を科学的視点からみると，物理性，化学性，生物性（物理的要因，化学的要因，生物的要因）に大別することができる。土壌の保水力や排水性，通気性にかかわる団粒構造などは物理性であり，pHや肥料分の含有傾向（電気伝導度）などは化学性である。また，土壌が肥料養分を保つ力（保肥力）には，物理性と化学性の両方がかかわっている。

一方，土壌中の有機物の分解や土壌病害の抑制には，土壌微生物などに起因する生物性が関与している。微生物による有機物の分解は，肥料分を生み出すことにより化学性とかかわっており，植物残渣を微生物が分解することによって有機物が腐敗し，腐植となることで団粒構造がつくられることで物理性とかかわっている。

したがって，有機栽培の土つくりにおいても，この3つの要因が相互に関連し合いながら，作物を生育させる能力（地力）が形成されるといえる。有機栽培がさまざまな要素の相互作用により成立しているのであれば，土つくりひとつをとってみても，その病害抑制効果の仕組みをあきらかにするためには，多面的な視点からの研究が必要であろう。病害抑制にかかわる要因をひとつずつ解明することにより，その全体像があきらかになってくるものと思われる。

ここでは，有機栽培における水稲栽培の育苗培土と細菌性イネ苗病害をモデルケースとして，有機栽培において培土中に含まれる微生物叢の解析と苗病害抑制効果の関係について解説する。

(2) 有機育苗培土の病害抑制に物理性・化学性の関与は低い

有機栽培によるイネ栽培を行なっている農家の自家製育苗培土9サンプルと，慣行育苗培土（市販の育苗培土Lと育苗培土N）2サンプルについて，イネもみ枯細菌（*Burkholderia glumae*）とイネ苗立枯細菌（*Burkholderia plantarii*）による苗病害の抑制活性を評価した。

その結果，慣行育苗培土では発病が認められたが，有機育苗培土では有意に発病が抑制された（第1表）。

これらの有機培土のもつ病害抑制活性と土壌の物理的・化学的性状の関係を解析するため，土壌理化学性（26項目）を分析したところ，慣行培土と比較し，有機育苗培土において，CEC（塩基置換容量）と腐植が共通して高い値を示したが，それら以外の解析項目については，9サンプルの有機培土のあいだで物理的・化学的性状に共通性は認められなかった。

したがって，有機培土の物理性・化学性とイネ苗病害抑制効果とのあいだに明瞭な相関関係は存在せず，有機栽培における育苗培土の物理性・化学性が，イネ苗病害抑制効果に寄与している可能性は低いと推察された。

水　稲

第1表　育苗培土におけるイネもみ枯細菌病およびイネ苗立枯細菌病抑制効果

サンプル名[1]	イネもみ枯細菌病	イネ苗立枯細菌病[2]
有機培土①	抑制	抑制
有機培土②	抑制	抑制
有機培土③	抑制	抑制
有機培土④	抑制	―
有機培土⑤	抑制	―
有機培土⑥	抑制	抑制
有機培土⑦	抑制	―
有機培土⑧	抑制	―
有機培土⑨	抑制	―
慣行培土L（市販品）	効果なし	効果なし
慣行培土N（市販品）	効果なし	効果なし

注　1）サンプルは福島県（①），宮城県（②③），栃木県（④⑤⑨），秋田県（⑥），静岡県（⑦），
　　岩手県（⑧）の9地点の農家から提供された培土サンプル
　　2）「―」は病害抑制試験を行なっていない

（3）有機育苗培土は微生物多様性が高い

　土壌に生息する微生物として，菌類（カビ），細菌，藻類やアメーバや繊毛虫などの土壌動物をあげることができる。かつてこれらの微生物の性状を研究するためには，生育に必要な栄養分を含む培地を用いて実験室内で培養をすることが必要であった（培養法）。

　しかし，環境中に生息する菌類や細菌の多くは難培養性（培地を用いて実験室内で培養をすることができない）あるいは培養可能でも休眠により培養不可能な状態（viable but nonculturable, VNC）に移行しているものも多数含まれていることから，培養法では集団を構成する微生物種を総合的に把握することができなかった。

　一方，現在では，育苗培土中に存在する微生物集団から"まるごと"DNAを単離・解析することにより，培養性状にかかわらず，集団を構成する微生物を解析することが可能になっている（マイクロバイオーム解析）。したがって，有機栽培における育苗培土に由来する微生物DNAを，マイクロバイオーム技術を駆使して比較解析することにより，有機栽培に特徴的な微生物集団を包括的に解析できるようになってきた。

　有機培土⑨サンプルと慣行培土②サンプルからDNAを抽出し，細菌の16S rDNAおよび菌類の18S rDNAの遺伝子増幅断片の塩基配列の比較解析を行なったところ，慣行培土よりも有機培土の微生物種の豊富さと微生物種の均等性があきらかに高い傾向が認められた（第2表）。したがって，有機栽培における育苗培土の共通した特徴として，慣行培土よりも高い微生物多様性を有しているものと考えられた。

（4）有機育苗培土の微生物叢は安定している

　土壌の微生物叢は，栽培される植物種，植物根からの分泌物，土壌の特性，有機資材の投与などにより変動することも報告されている。イネの育苗過程では，催芽処理した種子が，灌水された培土に播種され，育苗がなされる。培土中の微生物叢に対し，灌水や，発芽後の種子から分泌される有機物は，微生物の生存環境に大きな影響を与える要因となると推察し，灌水前の培土，灌水後の培土，灌水・播種後5日目の培土からそれぞれDNAを単離し，16Sおよび18S rDNA遺伝子増幅断片の塩基配列にもとづく微生物叢解析を行なった。細菌，菌類いずれにおいても，慣行培土では灌水や播種により菌叢が大きく変動したが，有機培土では顕著な変

播種と育苗

第2表 16S（細菌）および18S（菌類）リボソーム遺伝子増幅断片の解析にもとづく多様性指数

サンプル名[1]	細　菌[4]			サンプル名	菌　類[4]	
	Richness[2]	Evenness[3]			Richness[2]	Evenness[3]
有機培土①	28	8.803		有機培土①	6	4.521
有機培土②	24	7.751		有機培土②	5	4.453
有機培土③	33	9.814		有機培土③	5	4.394
有機培土④	21	7.201		有機培土④	9	4.661
有機培土⑤	15	5.73		有機培土⑤	6	4.674
有機培土⑥	23	7.816		有機培土⑥	15	6.12
有機培土⑦	15	6.032		有機培土⑦	7	5.134
有機培土⑧	16	6.153		有機培土⑧	6	4.373
有機培土⑨	19	6.772		有機培土⑨	3	4.321
慣行培土L	12	5.358		慣行培土L	9	4.432
慣行培土N	8	6.262		慣行培土N	6	3.927

注　1）第1表に示した地点の農家から提供された培土サンプル
　　2）リッチネス（Richness）は「微生物種の豊富さ」を示す
　　3）イーブンネス（Evenness）は「微生物個体数の均等性」を示す
　　4）グレーは，コントロールである2つの慣行培土（慣行培土Lと慣行培土N）よりも，リッチネスとイーブンネスの値が高いサンプルを示す。アンダーラインは，コントロールである2つの慣行培土のいずれか一方よりも，リッチネスとイーブンネスの値が高いサンプルを示す

動が認められなかった（第1図）。このことは，有機培土では微生物叢が安定しており，ロバストネス（堅牢性）が高い傾向があることを示唆する。

　さらに，灌水後の有機培土と慣行培土に，それぞれイネもみ枯細菌病罹病種子を播種し，栽培5日後の発芽葉鞘におけるもみ枯細菌病菌を検出することにより，有機培土の微生物叢のロバストネスと病害抑制効果の関係を解析したところ，有機培土におけるもみ枯細菌の増殖抑制が認められたことから，有機培土における病害抑制効果の原因のひとつとして，有機栽培で用いられている自家製の育苗培土に共通した微生物叢のロバストネスによる病原細菌の増殖抑制が考えられた。

（5）今後の課題

　有機栽培では，堆肥などの有機資材を活用した豊かな地力と，生物多様性に支えられ，環境への負荷をできる限り低減しながら農業生産が

なされている。なかでもイネの有機栽培は，実現可能な生産システムであり，とりわけ育苗は苗床で行なわれることから，有機栽培が適用しやすい対象であるといえる。

　本研究では，有機栽培における病害抑制効果の科学的解明の第一歩として，有機栽培におけるイネ苗病害の抑制をモデルケースとして取り上げた。その結果，有機栽培による水稲栽培を行なっている農家が作製した育苗培土における微生物叢の高い多様性と構成種の均等性，および微生物叢のロバストネスの高さがあきらかになった。

　しかし，それだけで病害抑制効果をすべて説明できるのであろうか？　これまで，育苗培土から単離された個々の微生物による病害抑制効果も報告されており，培土中の微生物のさまざまな効果が複合的に働いて病害抑制効果をもたらしている可能性も考えられる。また，病害抑制効果に対する微生物群集の特性と個々の微生物のはたらきの寄与度は，育苗土によって異な

水　稲

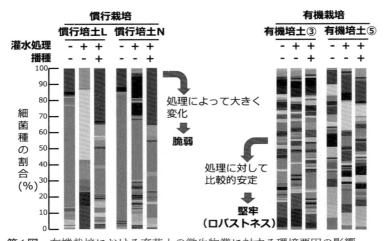

第1図　有機栽培における育苗土の微生物叢に対する環境要因の影響
棒グラフの色は細菌の種類を表わしている
微生物叢の堅牢性が病害抑制効果に関与している可能性が考えられる

る可能性も考えられる。今後，さらに有機栽培における土壌微生物の解析が進むことにより，有機栽培における病害抑制効果が科学的に解明されることを期待したい。
　　執筆　高橋英樹（東北大学）　　　2024年記

もみ枯細菌病抑制効果をもつ有機物含量の高い軽量育苗培土の利用

水稲の種子伝染性病害は，育苗期間に発生すると苗の生産性を低下させるだけでなく，保菌苗が本田に移植されることにより，広い範囲で収量や品質の低下を招くなどの被害をもたらす。このため，水稲の安定生産をはかるうえで，種子伝染性病害の防除対策の徹底はきわめて重要となる。

種子伝染性病害の一つであるもみ枯細菌病は，国内では1955年に北九州で穂枯症の原因菌として報告され（畔上，2009），育苗期の「苗腐敗症」（第1図）や本田での「穂枯症」（第2図）を起こす病害として知られている。本病は，種子生産現場でも対応に非常に苦慮しており，保菌モミの流通防止の観点からも，健全種子生産の大きな課題となっている。また本病は，本田に発生した場合，減収や品質低下といった影響が大きいため，移植栽培では，本田への保菌苗の持込みをいかにして防止するかが重要となり，育苗段階での病害管理の強化が求められている。

こうしたなか，育苗培土の種類により苗腐敗症の発生に差があることが知られている。ここでは，近年市販されている軽量化を目的とした育苗培土が，本病の発生に及ぼす影響とその要因について述べる。

（1）市販育苗培土ともみ枯細菌病の発病との関係

市販育苗培土（5社12銘柄）について，もみ枯細菌病の発病に対する発病抑制効果を比較した。その結果，発病度は培土の種類によって大きく異なった（第3図）。砂壌土・粘土のみの粒状・粉状タイプの育苗培土に比べ，ヤシガラやピートモスなどの粗大有機物を多く含む軽量タイプの培土は，いずれの年次も発病度が低下する傾向が認められた（第4図，培土A1〜5）。

一方で，同じ軽量タイプに属する培土でも，有機物を含まない鉱物繊維で形成されたマット状の培土は，発病度が高く，本病に対する抑制効果は認められなかった（第4図，培土A6）。2018年の試験では苗の保菌程度について調査したが，有機物を含む軽量培土の保菌程度は低く，発病抑制だけではなく感染拡大の抑制にも寄与していることがあきらかになった。

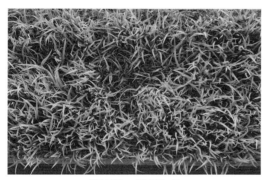

第1図　苗腐敗症

第2図　穂枯症

第3図　培土の種類によって発病度は大きく異なる（接種試験）

水　稲

(2) 各種育苗培土の土壌理化学性が発病に及ぼす影響

培土の土壌理化学性と発病との関連について、発病度の低い育苗培土は、炭素含量（T-C）やC/N比が高い傾向が認められた。これらは、

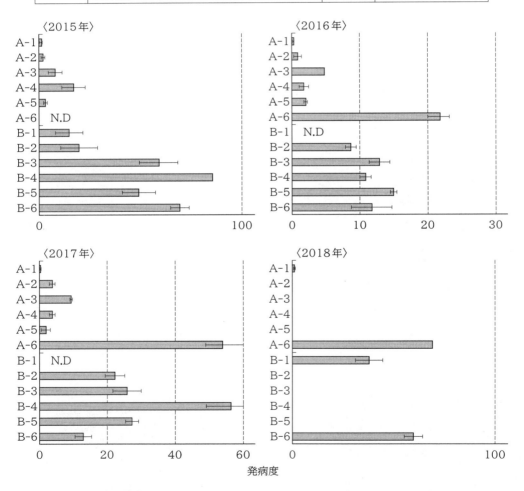

第4図　育苗培土の種類ともみ枯細菌病（苗腐敗症）の発生（接種試験）
1）図中のN.Dは未調査を表わす
2）発病度：個体ごとの発病程度を加味した試験区ごとの発病指数

第1表　各種育苗培土の土壌理化学性と発病の関係

種類	T-C (%)	T-N (%)	C/N比	pH	仮比重 (g/cm^3)	発病度±SE
A-1	5.1	0.20	25.5	5.0	0.8	2.2±0.15
A-2	3.9	0.12	32.5	5.1	0.9	3.3±0.17
A-3	1.2	0.10	12.0	4.7	1.0	10.0±0.00
A-4	8.8	0.45	19.6	5.3	0.5	5.6±0.18
A-5	30.0	0.64	46.9	5.2	0.6	1.1±0.11
A-6	鉱物繊維をマット成形したもののため，土壌分析は未実施					
B-1	0.2	0.10	3.0	4.9	0.9	未試験
B-2	0.2	0.07	2.9	4.9	1.0	7.8±0.15
B-3	0.3	0.08	3.8	4.8	1.1	10.0±0.01
B-4	0.8	0.12	6.7	4.9	0.9	24.4±0.18
B-5	0.1	0.04	2.5	5.4	1.2	8.9±0.11
B-6	0.3	0.08	3.8	4.9	1.1	10.0±0.02

培土に含まれる有機物に由来すると考えられ，有機物含量が本病の発生に影響することが示唆された（第1表）。また，育苗培土に含まれる有機物含量の割合を変えて，発病度を調査したところ，有機物含量が増えるに従って低下し，有機物が発病抑制に大きく関与することがあきらかになった（第5図）。

(3) もみ枯細菌病の発病と育苗培土中の微生物性（細菌相）の特性

育苗培土に添加される有機物は，製造過程において熱消毒されないことが多く，有機物に含まれる微生物がもみ枯細菌病菌の増殖や発病に抑制的に作用している可能性がある。

発病度に差がある各種育苗培土から土壌DNAを抽出し，PCR-DGGE法を用いて培土中の微生物相を評価した。PCR-DGGE法とは，環境中の微生物から抽出したDNAをPCR法によって増幅させ，塩基配列の違いによってDNAのバンドを分離する方法である。分離したバンドの数は微生物種数の目安となり，バンドの輝度は相対的な微生物量の目安となるため，これらのパターンから多様性の違いを推定できる。

その結果，発病度が低い軽量タイプの培土から抽出した細菌由来のDNA量は，発病度の高い粒状・粉状タイプの培土から抽出したDNA量よりも多いことがあきらかになった（第2表）。

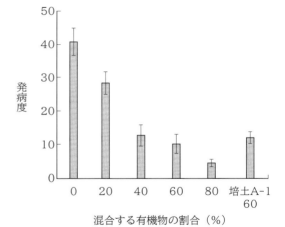

第5図　培土の有機物含量がもみ枯細菌病の発病に及ぼす影響（接種試験）
1) 母材となる赤土などに，原料にも用いられているヤシガラを図中の割合で5段階に配合した
2) 市販品A-1は，ヤシガラを60％含有している

また，PCR-DGGE法による育苗培土中の細菌相を視覚的に捉えると，発病度の低い軽量培土のレーンのバンド数が多く，対照的に発病度の高い粒状・粉状培土のレーンのバンド数は少ない傾向であった。バンドパターンから画像解析によって求めた多様性を表わす指数（Richness）も軽量培土で高い傾向にあり，これらの微生物性がもみ枯細菌病菌の増殖抑制や

水　稲

第2表　各種育苗培土の発病と培土中の細菌相の特性（接種試験）

種　類	タイプ	発病度	±SE	DNA量[1] (ng/μg)	Richness[2]
A-1	軽量	1.7	±0.3	85.95	18
A-3	軽量	0.0	±0.0	61.88	27
A-7[3]	軽量	0.3	±0.3	53.46	19
B-1	粒状	2.0	±1.0	12.24	9
B-5	粉状	4.0	±1.2	12.32	8
B-6	粒状	7.7	±0.3	12.15	7

注　1）培土から抽出したDNAを鋳型としてPCR増幅したあと，ナノドロップで測定
　　2）DGGEによるバンドパターンから解析した各レーンのバンドの数（＝細菌の種数）に相当し，微生物の多様性を表わす一つの指標
　　3）本試験のみで使用した軽量培土

発病の低減に関与していると考えられた。実際に，有機栽培で使用される育苗土からももみ枯細菌病に抑制効果のある細菌が分離されており（Ando et al., 2022），それらを応用した新たな防除技術の開発が待たれるところである。

（4）軽量培土の利点と注意点

市販育苗培土の種類によって，もみ枯細菌病の発生様相が異なり，有機物含量の高い軽量培土を使用することで発病を抑制できることがあきらかになった。

一方，取扱いには注意すべき点もある。軽量培土は元来，保水性は高いものの，一度，乾燥すると培土の撥水性が高まり，保水性が著しく低下するため，育苗期間中の灌水には"慣れ"が必要となる。初めて導入する際は，地域の栽培指針等を参考にするなど，普及組織などの指導を仰ぐことが望ましい。また，ほかの種子伝染性病害，たとえば褐条病やばか苗病の発病に対する影響については，育苗培土の種類によって大きな差は認められないため，これらの病害の発生が予見される場合は化学農薬を用いた種子消毒によって培土の抑制効果を補完する必要がある。

前述したとおり，ヤシガラやピートモスを母材とした軽量培土は，一度乾燥すると撥水性が著しく高まるため，培土の保管や水管理には注意が必要だが（富山県，2014），上手く使いこなすことによって，細菌病抑制や労力軽減な

ど，得られるメリットは大きい。本技術は，慣行栽培に用いている育苗培土を，有機物を含む軽量培土に変更するだけで，その効果を得られるものであるが，一般栽培はもちろんのこと，高度な病害管理が求められる種子生産現場においても活用が期待される。

また，培土中の微生物相が発病抑止に関与することがあきらかとなったことから，今後，新たな機能性育苗培土の開発やその際の微生物性の評価，製品管理への応用が期待できると考えている。

執筆　三宝元気（富山県農林水産総合技術センター）

2024年記

参　考　文　献

Ando, S., M. Kasahara, N. Mitomi, T. A. Schermer, E. Sato, S. Yoshida, S. Tsushima, S. Miyashita and H. Takahashi. 2022. Suppression of rice seedling rot caused by Burkholderia glumae in nursery soils using culturable bacterial communities from organic farming systems. Journal of Plant Pathology. **104**, 605—618.

畔上耕児. 2009. イネもみ枯細菌病菌 Burkholderia glumae とイネ苗立枯細菌病菌 Burkholderia plantarii. 微生物遺伝資源利用マニュアル. 26.

富山県農林水産部. 2014. 育苗労力を軽減する軽量培土の特徴と留意点. 平成25年度農業分野試験研究の成果と普及.

事前乾燥を組み合わせた65℃・10分間温湯消毒法

（1）種籾の温湯消毒法の現状

イネの病害虫は種子伝染性のものが多いことから，種籾の消毒はきわめて重要な工程である。現在，主として行なわれている化学農薬を用いた消毒（薬剤消毒）では，環境への影響やその廃液処理作業およびコストが常に問題となる。さらに，最近では薬剤抵抗性の病害虫が頻繁に発生しているが，ここには温暖化の進行に伴う病害虫の分布域の拡大や生活環（1世代を経過する期間）の短縮化が寄与している。このような薬剤消毒の代替技術として注目されてきたのが「温湯消毒法」である。

温湯消毒法は，温湯に種籾を浸漬するだけの単純な消毒法であるが，1）有害物質を使用しないクリーンな技術であること，2）廃液処理にコストがかからないこと，および3）熱という物理的な要因で消毒を行なうので薬剤耐性菌に対しても防除効果があること，などの利点があり，現在もっとも普及している消毒条件は，「60℃の温湯に10分間浸漬」（以下，慣行法）である。

しかし，慣行法では防除しきれない病害があり，とくに「ばか苗病」の防除には不十分である。「ばか苗病」の完全防除には，63℃以上の高温での処理が必要と報告されており，ゆえに慣行法の温湯消毒が普及している地域では「ばか苗病」の発生が目立ち始めている。一方で，もち米や酒造好適米のなかには，種籾の高温耐性が弱く慣行法の処理条件でさえも発芽率が著しく低下してしまう品種もあることから，「60℃・5分間」や「55℃・10分間」と条件を緩和して温湯消毒を実施している生産者もいる。また燃料コストの抑制や作業体系の簡略化で浸漬時間を短くする生産者もいるが，これでは「ばか苗病」などの発生を抑えきることは，よりいっそうむずかしい。

（2）高温での温湯処理を可能とする「新技術」

このような状況下で防除効果の高い温湯消毒を行なうには，より高い温度域（63℃以上）で種籾を処理し，かつ種籾に高い発芽率を維持させることが必要である。そこで，温湯消毒を行なう際には湿った状態の種籾ではなく「乾籾」の使用が奨励されている状況や，イネに限らず植物の種子は一般に乾燥状態で保存すると発芽能を長く維持できるなどの知見を踏まえ，種籾の水分含有率と温湯消毒時の処理温度および発芽率への影響を精査した。

その結果，われわれは種籾の水分含有率を下げることによって，その高温耐性が著しく強化されることを見出した（金勝ら，2013）。すなわち，通常の種籾の水分含有率は14〜15％であるが，事前に乾燥処理を行なってこれを10％未満まで下げることにより，高温域で温湯消毒を行なっても発芽率が高く維持されることを明らかにした（第1図，第1表）。

そこで，この知見を実用化するために，株式会社サタケ，富山県農林水産総合技術センター，東京農工大学，秋田県立大学，信州大学の産官学連携で「水稲種子温湯消毒コンソーシアム」（代表：東京農工大学・金勝一樹教授）を設立した。本コンソーシアムは，これまでの試験結果や現在全国に広く普及している温湯処理装置の水温設定温度の上限が「65℃」であることなどを踏まえ，事前乾燥処理によって水分含有率を10％未満に下げた種籾に対し「65℃・10分間」の温湯消毒を行なう「新技術」を確立し（金勝，2020），「事前乾燥処理を組み込んだ防除効果の高い水稲種籾の温湯消毒技術－指導者用マニュアル」をとりまとめた（マニュアルは東京農工大学から入手可能）。現在，コンソーシアムの研究成果について，以下のサイトで情報発信を行なっている。https://www.naro.go.jp/laboratory/brain/innovation/inobe_result_2019_kaihatsu_28_28030C.pdf

水　稲

第1図　育苗における種籾水分含有率が温湯消毒時の高温耐性に及ぼす影響
5品種を供試，苗箱左の％数字は種籾の水分含有率を表わす

(3) 高い防除効果

　新技術は65℃で処理することから，「ばか苗病」に対して60℃で処理する慣行法よりも高い防除効果を示す（第2，3図左）。近年，「ばか苗病」の薬剤耐性菌の出現が問題視されているが，新技術はこれら耐性菌に対しても高い防除効果が期待できる。

　薬剤や生物系農薬との体系処理では，「ばか苗病」に対してさらに高い防除効果が認められるが，薬剤が効きにくい「もみ枯細菌病（苗腐敗症）」に対しても体系処理によって高い防除効果を示す。すなわち，「もみ枯細菌病（苗腐敗症）」に罹病した種籾に対し，薬剤（モミガードC）による単独処理では一部で発病が認められるが，新技術で消毒したあとにさらに薬剤による体系処理を行なうと，その発病度を単独処理の10分の1以下に抑制できることが認められた（第3図右）。60℃で処理する慣行法と薬剤の体系処理でも薬剤単独処理より発病度を抑えることができるが，新技術との体系処理による抑制レベルはさらに高いものである。

　伊賀ら（2020）および藤・伊賀（2021）は，「ばか苗病」とともに「いもち病（苗いもち）」，「苗立枯細菌病」および「もみ枯細菌病（苗腐敗症）」に対しても，新技術の適用によって，60℃処理の慣行法および薬剤処理よりも防除効果が向上する傾向が認められたと報告しており，新技術が，慣行法よりも実用的かつ効果のある種子消毒技術であることが示されている。

第1表　さまざまな品種に対する事前乾燥処理の効果（発芽率、単位：％）

		薬剤 乾燥なし	薬剤 事前乾燥	60℃・10分間 乾燥なし	60℃・10分間 事前乾燥	65℃・10分間 乾燥なし	65℃・10分間 事前乾燥
うるち米品種	コシヒカリ	100.0	100.0	100.0	100.0	96.0	95.0
	ひとめぼれ	100.0	100.0	100.0	98.0	99.0	99.0
	ヒノヒカリ	100.0	98.0	95.9	100.0	97.0	99.0
	あきたこまち	98.0	100.0	100.0	98.0	99.0	96.0
	つや姫	100.0	98.0	100.0	98.0	93.9	96.0
	日本晴	96.0	100.0	98.0	100.0	86.0	100.0
もち米品種	ヒメノモチ	98.0	98.0	100.0	100.0	97.1	95.0
	こがねもち	100.0	100.0	100.0	98.0	87.0	95.9
酒造好適米品種	山田錦	100.0	100.0	100.0	96.0	87.6	95.1
	五百万石	100.0	96.0	100.0	100.0	99.0	99.0
新規需要米用品種	ふくひびき	100.0	96.0	93.9	96.0	95.9	99.0
	ミズホチカラ	100.0	96.0	98.0	97.9	79.4	91.1
	あきだわら	100.0	100.0	98.0	100.0	91.8	100.0
	やまだわら	98.0	98.0	96.0	100.0	98.0	100.0
	北陸193号	98.0	97.0	94.1	100.0	72.0	93.0

注　乾燥なしの種籾の水分含量：14～15％
　　事前乾燥処理した種籾の水分含量：9％以下

（4）乾燥させるためには

事前乾燥処理には、穀温を45℃程度で加温できる乾燥機を流用することができる。水分含有率が10％を下回れば、事前乾燥処理の効果が認められるが、乾燥後に吸湿する可能性を踏まえ、乾燥終了時の水分含有率は9.5％前後になるように調整することが望ましい。ただし、収穫時の生籾の水分含有率を急激に10％以下まで下げると発芽率が低下するおそれがあるため、収穫後に従来の乾燥体系で15％程度に下げてから、その後あらためて温湯消毒の事前乾燥として10％以下に調整する。

事前乾燥処理はいつ行なってもよいが、処理後の種籾が保存過程で吸湿し、水分含有率が高くなってしまうとその効果は失われるので、早い時期に行なう場合は水分を維持する必要がある。

水分含有率15％の種子に対して、40～50℃の温風で穀温を45℃以下（穀温が45℃を超え

第2図　「ばか苗病」の抑制効果
ばか苗病菌を感染させた種籾で育苗。無処理では苗が徒長する

る高温状態が4時間以上続くと、品種によっては発芽能が低下するとの報告もあるため、穀温管理には注意する）に保ちながら15時間ほど乾燥させると水分含有率を8％前後まで下げることが可能である（第4図）。種籾の水分含有率は8％ほどまでは比較的速やかに低下するが、そこから急激に低下することはない。現在普及している市販の簡易水分計の測定下限は9％のものが多く、この表示範囲内を目安にして乾燥すればよい。

水　稲

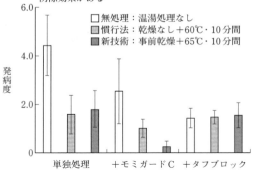

第3図　体系処理による防除効果
左：ばか苗病，右：もみ枯細菌病（苗腐敗症）

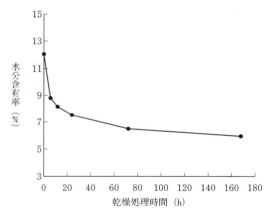

第4図　種籾を40℃の温風で事前乾燥処理したときの水分含有率の変動（品種：コシヒカリ）

(5) 塩水選についての注意点

新技術を組み込んだ作業工程を第5図に例示する。

塩水選が必要な場合は，必ず事前乾燥処理の前に行なう。乾燥後に塩水選を行なうと，温湯消毒によって発芽率が大きく低下することが報告されている。塩水選後は水で軽くすすぎ塩分を除去し，種籾が吸水しないうちに速やかに事前乾燥処理を行なう。なお，塩分の影響のため発芽率がやや低下する事例が報告されていることから，塩水選を行なう場合は，発芽率と出芽率を事前に確認することが重要である。塩水選をした場合は，種籾の水分含量が増えているので，その分だけ事前乾燥処理に時間がかかる。水分計で水分含有率を確認しながら，事前乾燥処理を行なう。

(6) 作業環境には細心の注意を

温湯消毒は薬剤消毒と異なり消毒の残効性は期待できず，この点は新技術においても慣行法と同じである。そのため，「ばか苗病」などの病原菌の再汚染がひとたび起きれば被害が拡大し，甚大となるおそれがある。病原菌の汚染深度は，生産された種子圃場での病害の発生状況に左右されることから，次年度の生産にあたり温湯消毒を前提とする場合には，できる限り病害が発生していない圃場で生産された種籾を利用する必要がある。

また，温湯消毒時には種籾の水分含有率や湯温だけに注意を払うのではなく，作業を行なう環境を清潔に保つことにも注意したい。米の出荷の際には籾すりを行なうが，その際に発生する粉じん，米ぬか，籾がらには，ばか苗病菌の存在が懸念される。したがって，「ばか苗病」を発生させないためには，ばか苗病菌の感染リスクがある，米ぬか，籾がらの除去と作業場の徹底清掃を行なって，クリーンな環境のもとで

第5図　新技術を組み込んだ作業工程

作業を行なう必要がある。

さらに，消毒前に使用した容器，パレットなどにも，消毒前の種籾に存在した病原菌が付着している可能性があることから，温湯消毒後の種籾は別の容器やパレットを使用して管理する必要がある。

(7) 防除効果の検証

新技術による消毒法の実用性は，全国の作付け面積がもっとも大きい'コシヒカリ'を用いて，東北地方から九州地方まで全国で検証されている。「水稲種子温湯消毒コンソーシアム」では，新技術と慣行法を適用して消毒した種籾について，苗づくりから生産者に依頼して比較したところ，育苗段階から収量性まで新技術と慣行法で大差はないことを繰り返し確認している（村田ら，2019）。さらには，'コシヒカリ'の直播栽培に新技術で処理した種籾を用いた事例もあるが，同様に栽培面や収量性で慣行法との差は認められていない。

なお，新技術で処理した種籾では「ばか苗病」はまったく確認できなかったが，慣行法で処理した種籾では育苗中あるいは移植後の圃場で「ばか苗病」が散見されている。試験に協力いただいた生産者のなかには「ばか苗病」に対する優れた防除効果を実感し，地域ぐるみで新技術を導入している方もいる。

(8) 割れ籾には要注意

早生の品種や大粒の酒造好適米などでは，籾

第6図　割れ籾の発生程度（品種：2016年産てんたかく）

の外穎と内穎の鉤合部が外れた「割れ籾」が生じやすい。このような割れ籾では，玄米が露出していなくても処理温度にかかわらず温湯消毒全般で発芽率が低下し，事前乾燥処理を行なっても実用的なレベルまで発芽率を回復させることはできない。実例として，富山県では2016年に，早生品種である'てんたかく'で割れ籾が多発した。

そこで，割れ籾の発生程度を第6図のように目視評価で5段階に分類し，新技術と慣行法の発芽率を比較した。その結果，割れ方が大きい種籾に対して事前乾燥による高温耐性の向上効果は認められたが，実用的な発芽率までは回復しなかった（第7図）。

*

イネ栽培においては，古くから「苗半作」の言葉があるように，苗づくりがその年の米生産を大きく左右することは言うまでもなく，ここで紹介した新技術を育苗過程に導入する際には，それぞれの生産現場に合致した処理条件や作業工程を確立することが何よりも重要であ

水　稲

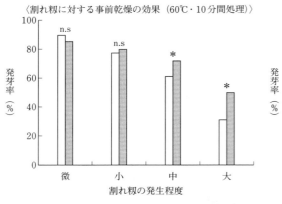 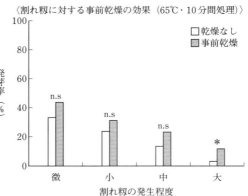

第7図　割れ籾に対する事前乾燥処理の効果（品種：2016年産てんたかく）
左：慣行法，右：新技術
n.s：事前乾燥処理の有無で有意差なし，＊有意差あり
割れ方が大きい籾に対して事前乾燥処理の効果は認められるが，実用的な発芽率までは回復しない

る。これまでに多くの品種について新技術の有効性を確認してきたが，試験を行なっていない品種は多数残っている。

さらに種子の性質は，生産地や栽培年度によって大きく異なり，とくにここでも取り上げたように割れ籾の発生状況には注意を払わねばならない。また，新技術と食酢との体系処理では発芽不良を起こした事例が報告されており，勧奨することはできない状況にある。したがって，新技術の導入にあたっては，育苗過程や防除面でのこの技術の効果を地域の試験研究機関，および普及指導員や営農指導員などの指導の下で事前に確認することを強調しておきたい。

本稿の基となった成果の一部は，「農林水産業・食品産業科学技術研究推進事業（25048B）」および「イノベーション創出強化研究推進事業（28030C）」の支援を受けている。

執筆　村田和優（富山県農林水産総合技術センター農業研究所）

2021年記

参 考 文 献

伊賀優実・戸田武・古屋廣光・金勝一樹・藤晋一. 2020. 事前乾燥を取り入れた水稲温湯種子消毒のイネ種子伝染性病害に対する効果. 日植病報. **86**(1), 1—8.

金勝一樹・三田村芳樹・岡崎直人・佐野直人・山田哲也・村田和優. 2013. 水稲種子の水分含量を低下させることによる温湯消毒時の高温耐性の向上. 日作紀. **82**(4), 397—401.

金勝一樹. 2020. 事前乾燥処理により高温（65℃）で処理できる水稲種子温湯消毒法の開発. 農業（大日本農会）. 1667, 37—46.

「水稲種子温湯消毒」コンソーシアム. 2019. 事前乾燥処理を組み込んだ防除効果の高い水稲種籾の温湯消毒技術. https://www.naro.go.jp/laboratory/brain/innovation/inobe_result_2019_kaihatsu_28_28030C.pdf

藤晋一・伊賀優実. 2021. 事前乾燥を取り入れた温湯種子消毒によるイネ種子伝染性病害の防除効果. 植物防疫. **75**(9), 29—33.

村田和優・尾崎秀宣・藤田健司・中岡清典・金勝一樹. 2019. 事前乾燥して65℃・10分間の条件（新技術）で温湯消毒した様々な品種の生産試験. 日本作物学会第247回講演会要旨集. 224.

温湯処理と生物農薬による水稲の種子伝染性病害防除

（1）ばか苗病と苗腐敗症に対する体系防除の効果を検討

　水稲には複数の種子伝染性病害があり，育苗期に発生が問題となるイネばか苗病やイネもみ枯細菌病による苗腐敗症（以下，苗腐敗症）に対しては，種子消毒による防除が重要となる。これらの種子伝染性病害に対する種子消毒法には，温湯処理，生物農薬，化学合成農薬がある。

　このうち化学合成農薬は，防除効果は高いが，近年，薬剤耐性菌の発生が相次いでいることや廃液処理に費用がかかることなどが問題になっている。一方で，温湯処理と生物農薬は，耐性菌の発生リスクは低く，有機栽培でも使用できるなど利点が多い。

　温湯処理は，水稲種子を温水に浸漬することで主要な種子伝染性病害を防除する技術で，処理条件は60℃・10分間が一般的である。また，生物農薬としては，タフブロック（以下，タフ），エコホープDJ（以下，DJ）があり，浸種前または催芽時に，200倍液に24時間種子浸漬する方法が一般的である。

　温湯処理は熱による表面殺菌がおもな作用機構であるため残効はない。また，生物農薬は有効成分である微生物の拮抗作用により病原菌の増殖を抑制するため，当該微生物の増殖が抑制されるような低温などの環境条件によっては防除効果が低下する場合がある。このため，温湯処理または生物農薬の単独処理では，十分な防除効果が得られない場合がある。

　この問題を解決する方法として，温湯処理と催芽時の生物農薬を組み合わせることで，防除効果が高まることが報告されている（金子，2008；小倉ら，2011）。また近年，新たな温湯処理法として，事前に種子を水分10％以下まで乾燥させて種子の高温耐性を高めたうえで65℃・10分間の温湯処理を行ない，従来と同等の出芽率を確保する技術が開発された（金勝ら，2013）。この技術では，水稲の主要な種子伝染性病害に対する防除効果が，60℃・10分間の処理より高まることが報告されている（伊賀ら，2020）。

　さらに，耕種的な防除法として，有機物含量の多い軽量培土は苗腐敗症などの種子伝染性病害の発病を抑制することが報告されており，有機物含量が多い軽量培土（以下，軽量培土）であれば，製造会社によらず一定の発病抑制効果をもつことが示されている（三室ら，2017）。

　このように，水稲の種子伝染性病害に対する新しい防除技術の開発は進んでいるが，各技術を体系的に組み合わせて防除効果を検討した事例は少ない。ここでは，水稲の種子伝染性病害であるばか苗病と苗腐敗症に対する各技術の単独処理および体系的に組み合わせた場合の防除効果について報告する。

（2）60℃・10分間でも生物農薬体系処理では高い防除効果

　保菌モミを用いて，それぞれの種子消毒法の単独処理，体系処理がばか苗病または苗腐敗症の発病に及ぼす影響を検討した。その組合わせと略称を第1表に，その結果を第1，2図に示した。

　ばか苗病は，体系処理による防除効果向上の程度をあきらかにする目的で，開花期接種モミ50％混和モミ（試験1）という高強度の汚染モミを供試したため，無処理区は甚発生となった（第1図）。苗腐敗症の試験2では，健全モミに開花期接種モミを3％混和し，多発生となった（第2図）。

　65℃・10分間処理は，60℃・10分間処理と比較して，ばか苗病に対する防除効果は高まる傾向であったが，低下する場合も見られた（一部データ省略）。一方，苗腐敗症に対しては，60℃・10分間処理より防除効果が高かった。このことから，温湯処理時の温度の上昇は，ばか苗病よりも，苗腐敗症に対する防除効果の向上が期待できると考えられた。

　催芽時の生物農薬の防除効果は，ばか苗病に対してはタフとDJでほぼ同等で，苗腐敗症に

水 稲

第1表 育苗試験の種子消毒処理の組合わせ

浸種前処理	催芽時処理	略　称
温湯処理60℃・10分間 事前乾燥＋温湯処理65℃・10分間	― ―	60℃・10m 65℃・10m
― ―	タフブロック　200倍24時間浸漬 エコホープDJ　200倍24時間浸漬	タフ DJ
温湯処理60℃・10分間または事前乾燥＋ 温湯処理65℃・10分間	タフブロック　200倍24時間浸漬 エコホープDJ　200倍24時間浸漬	60℃または65℃＋タフ 60℃または65℃＋DJ
テクリードCフロアブル200倍24時間浸漬	―	テクC

注　試験規模：育苗箱の1/25大プラスチックカップ，1処理3反復，種子量：モミ8g/カップ
　　供試品種：「コシヒカリ」いずれも保菌モミを使用，供試培土：しなの培養土1号

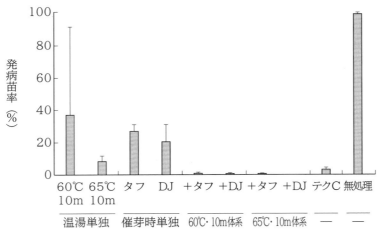

第1図　各種子消毒処理区におけるばか苗病の発病苗率（試験1）
エラーバーは標準偏差を示す

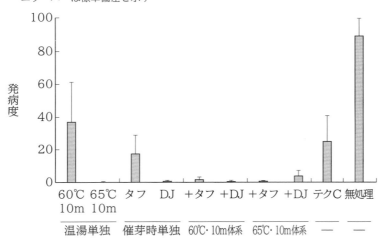

第2図　各種子消毒処理区におけるもみ枯細菌病（苗腐敗症）の発病度（試験2）
エラーバーは標準偏差を示す

対してはDJがタフよりまさった。温湯処理と生物農薬の単独処理の比較では，ばか苗病に対する防除効果は調査事例によって傾向が異なり判然としなかったが，苗腐敗症に対しては65℃・10分間処理またはDJで防除効果が高かった。

温湯処理と催芽時処理（タフ，DJ）の体系処理では，ばか苗病に対する防除効果はテクリードCフロアブル（テクC）と比較して，ほぼ同等の高い防除効果が認められた。この場合の温湯処理は，65℃・10分間処理と60℃・10分間処理のいずれでも，ほぼ同等の高い防除効果が認められた。また，苗腐敗症に対しても，体系処理はいずれも高い防除効果が認められた（第1，2図）。

以上のことから，体系処理を実施する場合は，60℃・10分間処理でも十分高い防除効果が得られると考えられた。

（3）軽量培土＋生物農薬ではばか苗病の発生に注意

すでに紹介したように，軽量培土は苗腐敗症などの種子伝染性病害の発病を抑制することが報告されている（三宝ら，2017）。培土の種類による病害抑制効果の違いを検討したところ，軽量培土は粒状培土と比較して，ばか苗病，苗腐敗症のいずれに対しても抑制的に作用し，とくに苗腐敗症に対しては発病抑制効果が高かった（第3図）。軽量培土では種子消毒処理方法にかかわらず苗腐敗症の発病を大きく抑制した。

また，温湯処理と生物農薬の体系処理の場合は，すべての組合わせにおいて，いずれの培土でもばか苗病に対して高い防除効果が認められた。

ただし，生物農薬を単独で処理した場合は，軽量培土のほうが粒状培土よりばか苗病の発病が多くなった（第4図）。軽量培土では，モミ周辺からの生物農薬に由来する微生物のコロニー発生率が粒状培土よりも低かったことから，生物農薬中の有用微生物がモミ周辺で増殖しにくく，発病が増加したと考えられた。このことから，軽量培土において生物農薬を使用する際は，ばか苗病の発生に注意が必要と考えられた。

（4）古い種モミは出芽率の低下に注意

種子の貯蔵期間と各種子消毒処理が出芽率へ与える影響の関係を調べた。採種後約1年間貯蔵した種子を用いた試験3と，採種後約2年間貯蔵した種子を用いた試験4を比較した。試験4では全体的に推定出芽率が低く，65℃・10分間処理で推定出芽率がより低下した（第5図）。試験3，4ともに苗腐敗症の発生が見られたため，推定出芽率には苗腐敗症による不出芽も影響したと考えられるが，体系処理区では発病がわずかであるため，推定出芽率の低下に対する影響は発病より温湯処理の影響が大きいと考えられる。

一方，試験3ではすべての処理で推定出芽率

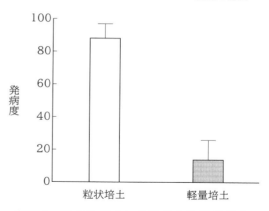

第3図 異なる培土におけるもみ枯細菌病（苗腐敗症）の発病度

エラーバーは標準偏差を示す。種子消毒は無処理
粒状培土：しなの培養土1号，軽量培土：ヰセキ培土ライト

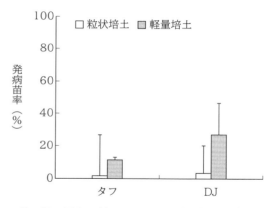

第4図 異なる培土における生物農薬のばか苗病に対する防除効果の差異

エラーバーは標準偏差を示す。処理条件は第1表と同じ
粒状培土：しなの培養土1号，軽量培土：ヰセキ培土ライト

は高く，処理による影響はほぼ認められなかった（第5図）。一般的に貯蔵期間が長いほど種子の発芽率は低下する傾向にあり，また，種子の高温耐性には品種間差があり，栽培環境・貯蔵環境の影響を受けることが示されている（濱田ら，2011；板谷越ら，2013）。

今回の結果から貯蔵期間と温湯処理の影響を一概に整理することはむずかしいが，少なくと

水稲

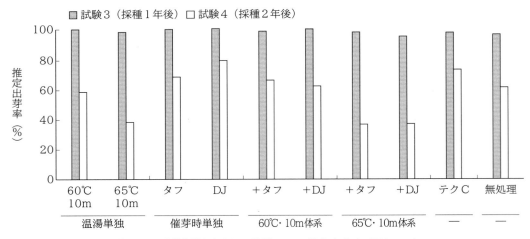

第5図 貯蔵期間が異なる供試モミの推定出芽率（単位：％）
推定出芽率（％）＝カップ当たり出芽数/310（播種粒数の平均値）×100

第2表 本田試験の種子消毒処理の組合わせ

浸種前処理	催芽時処理	略　称
温湯処理60℃・10分間	―	60℃・10m
事前乾燥＋温湯処理65℃・10分間	―	65℃・10m
―	エコホープDJ　200倍24時間浸漬	DJ
温湯処理60℃・10分間	エコホープDJ　200倍24時間浸漬	60℃＋DJ
事前乾燥＋温湯処理65℃・10分間	エコホープDJ　200倍24時間浸漬	65℃＋DJ
テクリードCフロアブル200倍24時間浸漬	―	テクC

注　供試品種：「コシヒカリ」播種量：乾モミ150g/箱（粒状培土を使用）
　　移植：6月3日（徒長苗は除去せずに移植した）
　　試験規模：1区45m²，2反復，栽植密度：22.2株/m²
　　調査方法：各区の全株を移植21日後から穂ばらみ期までおおむね14日ごとに調査した

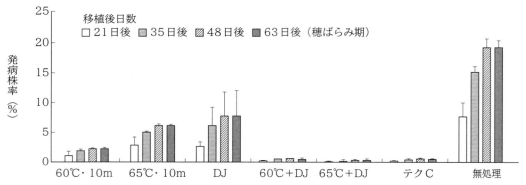

第6図 各種子消毒処理区における本田でのばか苗病の発病株率（単位：％）
エラーバーは標準偏差を示す

播種と育苗

第3表　各種子消毒処理区における調査時期別のばか苗病の防除価

調査時期	調査項目	60℃・10m	65℃・10m	DJ	60℃＋DJ	65℃＋DJ	テクC
育苗期	徒長苗数/箱	98.6	96.1	92.2	98.3	99.7	99.6
穂ばらみ期	発病株率	88.1	68.0	59.5	96.6	98.4	97.1

注　防除価＝100－（各処理区の徒長苗数または発病株率/無処理区の発病苗数または発病株率）×100
　　無処理区の徒長苗数は497本/箱，発病株率は19.1%

も2年以上前の種子を使用する場合は出芽が減少する場合があるため，高温処理による発芽率などへの影響について，事前に小規模な予備調査が必要であると考えられた。

(5) 本田でのばか苗病に対する防除効果の持続期間の検討

ばか苗病に対する各種子消毒剤処理の防除効果について本田における持続期間を検討するため，各処理苗を本田に移植し，経時的に発病株率（徒長株と枯死株）を調査した。試験を行なった種子消毒方法の組合わせと略称は第2表，試験条件は注記に示した。

本田でのばか苗病の発病には，温湯処理またはDJの単独での防除効果は低かったが，温湯処理は60℃，65℃ともDJと体系処理することで，テクリードCフロアブルと同等の効果が得られた（第6図）。

育苗期の箱当たり徒長苗数と穂ばらみ期の発病株率における各処理区の防除価を比較すると，育苗期より本田で温湯処理，DJの単独では顕著に低下したが，体系処理ではテクリードCフロアブルと同等の防除効果が維持された（第3表）。

＊

本研究は農林水産省委託プロジェクト研究「病害虫の効率的防除体制再編委託事業（減農薬栽培に対応した水稲の種子伝染性病害に対す

る防除体系の確立）」により実施した。

　　執筆　中島宏和（長野県農業試験場）

2024年記

参 考 文 献

濱田晃次・三田村芳樹・佐野直人・山田哲也・金勝一樹. 2011. 温湯消毒時における水稲品種「ひとめぼれ」の種子の高温耐性の解析. 日作紀. 80(3), 354—359.

伊賀優実・戸田武・古屋廣光・金勝一樹・藤晋一. 2020. 事前乾燥を取り入れた水稲温湯種子消毒のイネ種子伝染性病害に対する効果. 日植病報. 86(1), 1—8.

板谷越重人・川上修・加藤武司. 2013. 水稲貯蔵種子の発芽率低下要因としての浸種水温の影響. 第235回日本作物学会講演会要旨集. 228—229.

金勝一樹・三田村芳樹・岡崎直人・佐野直人・山田哲也・村田和優. 2013. 水稲種子の水分含量を低下させることによる温湯消毒時の高温耐性の向上. 日作紀. 82(4), 397—401.

金子誠. 2008. 水稲種子消毒における温湯浸漬処理技術の変遷. 関西病虫研報. 50, 29—31.

三宝元気・関川順子・守川俊幸. 2017. 育苗培土の種類が4種のイネ種子伝染性病害の発生に及ぼす影響. 日植病報. 83, 203.

小倉玲奈・美濃健一・白井佳代. 2011. 生物農薬，温湯消毒と催芽時食酢処理を組み合わせた体系処理によるイネ種子伝染性病害の効果的な防除. 北日本病虫研報. 62, 18—25.

水　稲

有機物施用と減肥

水稲

堆肥稲作

堆肥稲作のポイント
──出穂45日前のイネの姿を見据える

元宮城教育大学教授・本田強先生に聞く

　堆肥稲作のポイントは、気温が上がるにつれてジワジワ出てくる肥効を活かすこと。その生育イメージをあきらかにするために、堆肥を使った米づくりを数多く見てきた環境保全米ネットワーク代表・本田強先生（元宮城教育大学教授）に話を聞いた。

堆肥の肥効はイネの生育に合う

　「堆肥の肥料としての役割には大いに期待していいんじゃないかと僕は思います。よく『堆肥は肥効をコントロールするのがたいへんだから』という人もいるけど、そうじゃない。堆肥の肥効は、イネの生育と矛盾する時期に効くわけじゃないんです」と本田先生はいう。
　どういうことだろう。

第1図　出穂約45日前の堆肥稲作コシヒカリ（福島県会津地方）。平均茎数約16本。化成肥料のみで育てた隣のはえぬきと比べると寂しく見えるが、これくらいの生育で十分　　（写真撮影：倉持正実）

　じつは田んぼでは、堆肥を入れようが入れまいが、自然とチッソが出てくる時期がある。乾土効果（土壌が乾いて有機物が分解され、チッソが効きやすくなる現象）が出る春先と、温度上昇効果で土中の有機物の分解が進む6月末以降（暖地ではやや早い）だ。
　このとき出てくるのはいわゆる地力チッソ。その量をあなどるなかれ、イネは、生育に必要なチッソ量の6割以上、つまり施肥チッソより多くを地力チッソから吸収するという。昔から「イネは地力でつくれ」といわれるのはそのためだ。この地力チッソ、とくに温度上昇効果で6月末ころから出てくるチッソ肥効を活かした栽培方法を追求することを、本田先生は以前から主張してきた。
　6月末ころといえば、宮城の'ひとめぼれ'ではだいたい出穂40〜45日前に当たる。このころから幼穂形成期にかけて、イネはまだまだ茎数を増やしつつ、登熟に働く上位5葉（止葉と下4枚の葉）をつくり、さらに穂づくりに向けて着々とデンプンを貯める。一生のうちでもっともチッソが必要な時期なので、イネ自身も一生懸命チッソを吸おうとする。そこに合わせて出てくる地力チッソは、自然とイネの生育にも合っているのだ。
　堆肥の肥効も有機物が分解されて出るから、地力チッソ同様に6月末から出てくる。もちろん堆肥の種類にもよるが、JAの堆肥センターでつくったような完熟堆肥なら、だいたい地力チッソに上積みされる形で肥効が出てくると考えていいという。つまり堆肥の肥効も、イネの生育に矛盾するどころか、ガッチリ合っているというわけだ。

V字稲作では堆肥のよさは引き出せない

　ただし「V字的なつくり方をしている限りは、堆肥のよさを引き出すのは無理」と本田先

有機物施用と減肥

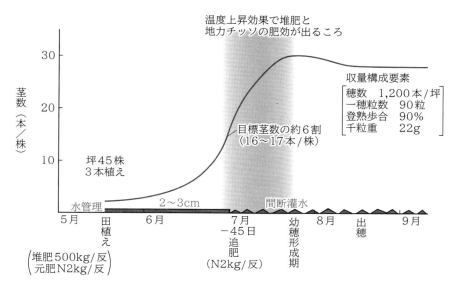

第2図　宮城県における堆肥稲作の生育イメージ（ひとめぼれ）

生は断言する。

　一般的なV字型の稲作では、6月末から7月初めは中干し時期。たっぷり入れた元肥ですでに目標茎数は確保しているから、あとはムダな茎を出さないように中干ししてチッソ吸収を抑え、穂肥を振れるイネ姿にする時期とされている。

　ところが実際には、中干しでチッソを切ることはできない。すでに茎数が多いイネでは、土中にチッソが多い田んぼほど分げつはさらに増え続け、1本1本の茎は太くなれないし、丈もヒョロヒョロと伸びて倒れやすくなる。「堆肥を入れると倒伏する」という人がいるのはそのせいだ。

　でもこの時期にイネが十分チッソを吸えないと上位5葉が充実しないし、デンプン含量も少なくなって穂が小さくなる。仕方なくイネは根に蓄えているタンパク質まで動員するので、根腐れしやすくもなる。そんな衰弱したイネに穂肥をやっても、収量や品質は期待できない。

　結局、イネの生育に矛盾しているのは堆肥の肥効ではなく、V字的な栽培方法のほうというわけだ。

第1表　こんな堆肥を使うとしたら……

原材料	牛糞・豚糞・モミガラ		
性質	豚糞が含まれているので、各種の養分が多く含まれている。また炭素率が低く分解も比較的速いので、有機質肥料の性質ももつ		
成分	チッソ	リン酸	カリ
現物当たり	1.6%	3.1%	2.1%
肥効率	40%	60%	90%

注　表中の肥効率は、はじめて堆肥を入れた年に出てくる肥効の割合の目安。連用するとチッソはもっと出てくるようになる

目指すは出穂45日前に茎数6割、太茎大穂のイネ姿

　ではどんな栽培方法を目指せばいいのだろう。

　じつは本田先生、ご自身もずっと米づくりを続けてきており、堆肥を使った稲作にも10年以上取り組んだ。その経験をもとに、もし成分が第1表のような堆肥を使って宮城でイネをつくるならどうやるか、説明してもらった。

　目指す生育のイメージは、茎数はじっくりと

水　稲

って出穂45日前までは目標茎数の6割。そこから幼穂形成期にかけて地力チッソと堆肥の肥効を活かし、十分な茎数を確保して、太い茎に大きな穂をつけそれをしっかり稔らせる、というものだ。

（1）堆肥500kg＋元肥チッソ1.5～2kg

まずは堆肥の量。いくらイネの生育に合った肥効が出るとはいえ、毎年2～3tも入れ続ければ、おかしくなるのは当たり前。でも堆肥を使うのが初めての田んぼなら、春に反500kgほどは入れてもいい。チッソ1.6％だから、そのまま計算すれば成分で8kg。でも初年度に効くのは約4割の3.2kg程度だから、問題はないはずだ。

でも、このチッソのうちどれくらいが春先に効くかはわからない。そこで先生は、ほかにチッソ成分で反1.5～2kgの元肥を化成肥料でやるという。茎数はじっくりとるとはいえ、気温の低い宮城では、地力チッソと堆肥の肥効だけでは初期生育が遅すぎる。幼穂形成期まで分げつさせても、十分な茎数がとれない心配があるからだ。

（2）坪45～50株3本植え

天候によっては早めに分げつが増えることもあるが、茎数が過剰にならないように、植付けは坪45～50株で1株平均3本の疎植にする。田植えの時期は5月中下旬。

（3）出穂40～45日前にチッソ2kg

そして、ポイントとなる出穂45日前のイネ姿をよく見る。もし茎数が目標の6割（坪45株植えなら16～17本）を下回るようなら化成でチッソ反2kgほど追肥。このころから温度上昇効果で出てくる肥効を追肥で補い、幼穂形成期までに十分茎数をとる。

6割の茎数がとれればやらなくてもいいが、「反当10俵程度の収量を目指すなら、出穂40日前に2kgほどやってもいい」。とにかくこの時期にイネが腹を減らすようではダメなのだ。

（4）中干しなし

水管理は、特別深水にしたり、干し気味にしたりする必要はない。田植え後から出穂45日前までは2～3cmの水深を保つ。そして出穂40～45日前の追肥以降は、水がなくなっては入れる間断灌水にする。

基本的に中干しはしない。ただし、気温が高くてガスわきし、下葉が枯れたりするようなら3日間程度干す。あとはできるだけ水を切らさないようにして根を守り、ジワジワ続く地力チッソと堆肥の肥効で米を稔らせる。最終的に水を落とすのは、早くても出穂3週間後以降がいい。

西南暖地では元肥不要

ちなみに西南暖地で同じ堆肥を使った稲作をやるなら、堆肥の量は同じでも「元肥のチッソ2kgはいらない」という。早くから気温が高くなる西南暖地では、温度上昇効果による肥効が出てくるのも早い。化学肥料の元肥をやってしまうと、出穂40～45日前までに茎数が増えすぎる可能性が高いからだ。

東北だろうと西南暖地だろうと、イネが出穂40～45日前からチッソを大量に必要とすることには変わりがない。だから「そこを基本と考えて、その時期にチッソを効かせられるイネにしたほうがいい」。西南暖地なら元肥ゼロでゆっくり分げつを増やし、出穂45日前の茎数が、やはり目標の6割になるようにするのだ。

そして茎数が足りなければ、出穂45日前に反当2kgのチッソを追肥。足りていれば、早めに出た地力チッソと堆肥の肥効が後半になって落ちてくるのを補うために、出穂20日前ごろにチッソ1.5kgほどを追肥する。

出穂40～45日前のイネ姿をブレさせない

出穂45日前の姿を基本に考える稲作といえば、故・井原豊さんが提唱した「への字」稲作がそうだ。たしかに堆肥稲作はへの字稲作に似ている。しかも本田先生は、への字稲作以上に病気に強くなるという。

堆肥なしで「への字」稲作をやろうとすると、出穂45日前の追肥は、化学肥料のチッソで反

3〜4kgをドカンと入れる必要がある。もちろん、それでも元肥たっぷりで育った細茎ヒョロ葉のイネに比べれば病害虫に強い。でもドカンとやった追肥が一気に効いたあとに日照不足だったりすると、病気が入る心配がある。その点、堆肥のチッソは一気に効かないので、さらに病気にかかりにくいというわけだ。

大事なことは、とにかく出穂40〜45日前のイネ姿が大きくブレないようにすること。それには堆肥を入れすぎない。元肥チッソはやっても控えめに。坪45〜50株の疎植。これらはすべて、出穂40〜45日前のイネ姿を見すえた技術といえる。

 執筆 編集部
（『現代農業』2010年10月号「堆肥稲作は地力チッソ稲作 出穂45日前のイネ姿を見すえて」より）

肥持ちの悪い田は春散布、肥持ちのよすぎる田は秋散布

山形県南陽市・渡沢賢一さん、星隆之さん

山形県南陽市の「おきたま産直センター」。南陽市や隣の川西町などに約300名の組合員を抱える産直組織で、およそ2万俵の減農薬米・有機無農薬米を販売している。

産直センターでは、田んぼに堆肥をまき始めて30年以上。それが、ここ5年間の米価下落を受けて堆肥の使い方が急激に変わったという。堆肥を肥料（元肥）として入れる「堆肥稲作」にして、化成肥料を極力使わないようにする人が増えてきたのだ。

渡沢賢一さん（59歳・組合長）の場合——「肥持ちの悪い田」は春にまく

（1）堆肥を入れても2回の追肥が必要だった

田んぼの土に手を差し込むと最初はトロトロ。だが、深さ10cmくらいからは急にザラッとした感触の砂利になる。そんな「化成肥料でつくると、他人の1.5倍の量の肥料がいる」田んぼと、渡沢さんは40年以上付き合ってきた。

課題は、追肥が足りないと、秋落ちしてどうしても稔りが悪くなってしまうこと。30年以上ものあいだ堆肥を入れ続けてきたが、そう簡

第1図 渡沢賢一さん（右）と星隆之さん。二人とも同じ堆肥（中熟堆肥）を田んぼに入れる（写真撮影：松村昭宏、以下も）

単に土質が変わることはなかった。

「田んぼに地力をつけて、米をとるのが一番ラクでよかんべ。この田んぼもだいぶ肥持ちがよくなってきたけど、ほったらかしても米がとれるような田んぼにしたいんだよな、最終的には」

堆肥を入れたとしても、砂利田で反当たり8俵以上とるには、どうしても2度の追肥（出穂40日前にチッソ成分で2kg、30日前に1.5kg）が必要だった。肥料代がかさむのも気になるが、米と同時に果樹もやっているので労力的にも厳しい。追肥をせめて1回に抑えるため、それはもういろいろと試した。

水　稲

第1表　渡沢さんと星さんの堆肥の使い方

	渡沢賢一さん	星隆之さん
土　質	砂質（肥持ち悪い）	粘土（肥持ちよい）
今までの課題	秋落ち	倒伏
堆肥散布時期（量）	春の耕うん前（反当4t）	秋の耕うん前（反当2t）
堆肥の肥効のピーク	出穂25〜20日前ごろ	出穂45〜40日前ごろ
追肥のタイミング	出穂50〜40日前	出穂40日前[2]
追肥に使う肥料	化成肥料（N 1.5kg）	有機100%（N 1.5kg）
目標収量	反収8〜8.5俵	反収8〜8.5俵

注　1）堆肥（中熟）の水分含量は59%で、チッソ0.96%、リン酸0.7%、カリ1.7%
　　2）星さんの場合、イネの生育によっては追肥しない

（2）緩効性肥料と硫安一発追肥で挑む、が……

　20年前、それまでの化成肥料の代わりに緩効性の肥料（IB化成）で出穂40日前に追肥した。「まるで地力のある田んぼのようにイネが育った！」と、一時はうれしくなったのだが、「あまりにも上等」な肥料なのでコストが高くなり、これではやってけないとやめた。

　今度はコストのかからない「硫安一発追肥（元肥は堆肥だけ、出穂45日前に硫安を15kg追肥すること）」に挑戦。だが、極端な「への字」にすると一時的にチッソ過剰になるのだろうか、イモチが出てしまった……。追肥のやり方を変えるだけではどうもうまくいかない気がした。

（3）春散布と秋散布で肥効が違った！

　ところが5年前。作業の都合が合わなくて、堆肥をまく時期をそれまでの秋うないの前から、春うない前に遅らせたことがあった。

　すると秋散布と春散布では、堆肥の肥効がずいぶん違うことに気づいた。その年に効く堆肥のチッソ分が秋散布より多いような気がするし、肥効が出てくるのも20日ほど遅い。出穂してからも長く効くようで葉色も落ちない。あんなに困っていた砂利田の秋落ち問題が解決したのだ。

　「たまたまこの時期、産直センターで『堆肥をチッソ肥料として見ていこう』という動きが

あった。今までは土つくりと考えてたから気づかなかったけど、堆肥自体の肥効が見えるようになったんだよな」

　春に堆肥を4t入れた場合、肥効のピークは出穂25〜20日前（7月中下旬ごろ）くらいだ。出穂後しばらくしても肥効がジワジワと続くので、出穂50〜40日前ごろ（6月下旬ごろ）に化成肥料（チッソ成分で1.5kg）を一度補いさえすれば、どの品種でも反当8.5俵はとれるようになった。

　「堆肥をチッソとして考えれば、稲作はずっとラクになんだ。粘土の強い田んぼだったら、星さんのように堆肥一発でつくることもできる」。

星隆之さん（57歳・専務）の場合——「肥持ちのよすぎる田」は秋にまく

（1）春散布では倒伏することがあった

　「渡沢さんのところは春まきでしょ？　うちでは春にまいていた堆肥を秋まきに変えたんです」という星さんは、今やすっかり秋散布派。この違いは土質の差に由来するようだ。

　星さんの田んぼの土質は重粘土。以前、春に堆肥を2t、出穂40日前に有機100%の肥料（チッソ成分1.6kg）を追肥していたときも反当8〜9俵はとれていた。しかし渡沢さんとは逆に、肥持ちがよすぎるのが悩み。年によっては、倒伏するのが課題だった。

第2図 8月3日のイネ。コシヒカリは出穂12日前で、ひとめぼれは7日前
カッコ内の数字は7月6日の値。渡沢さんのひとめぼれは、出穂35日前よりも葉色が濃くなった

「春散布では出穂40日前ごろにはまだ効かなくて、出穂25〜20日前ごろになってようやく葉色が出てきます。堆肥がよく効いた年はベッタリ倒伏。ただでさえウチの田んぼはぬかるんで刈取りが大変なのに、堆肥ってやっかいだなーと思ってました」

星さんの田んぼの周りは、'はえぬき'を植える人が多い。「肥持ちのよすぎる田んぼ」には、絶対に倒れない短稈品種を植えるのがふつうなのだ。

(2) 秋散布だと肥効がマイルド、早く効く

秋散布に変えたのは、堆肥の効きをマイルドにしようと考えたから。秋にまくと効き方がおだやかなうえ、肥効が出るのも早くなった。それに、いつも追肥をしている出穂40日前ごろにはもう葉に色が乗るようになったのだ。

しかし、数年たつと、粘土のきつい田んぼのコシヒカリがまた倒れるようになってしまった。さすがにもう手の施しようがない……と、頭を抱えたのが今から5年前。ちょうど「堆肥をチッソとして見ていこう」と産直センターでしきりに話し合っていたころだ。星さんは、倒伏しそうな田んぼの追肥を思い切ってやめてしまうことに決めた。肥持ちのよさを活かして、堆肥一発でやろう、と考えたのだ。

(3) 追肥の判断はあぜ草と葉色を比べて

星さんは、追肥するかどうかを出穂45日前ごろの生育診断で見極める。

その方法は——。

「けっこうアバウトですよ。あぜ草の色よりも濃く（葉色4.5以上）て、そのとき茎数が1株13本以上（坪50株植え）あれば追肥はしない、という感じです」

追肥しない田んぼでも堆肥一発で反収8.5俵はとれる。しかも、今までやっかいだと思っていた肥持ちのいい田んぼから先に追肥いらずの田んぼに変わっていったのだ。

「最近はそれほど粘土の強くない田んぼでも、

水　稲

堆肥一発で米がとれるようになりました。土が変わってきてるんでしょうね」と、星さんは嬉しそうだ。

春散布の渡沢さん、秋散布の星さん。2人の堆肥の散布時期の違いは、土壌条件の違いによるのだ。土質に堆肥をうまく組み合わせることで、秋落ちや倒伏がなくなり、追肥の回数を減らすことができた。

（4）冬期湛水と春の乾燥で堆肥の肥効を早める

また渡沢さんや星さんは、堆肥を肥料として使おうと考えた場合、「堆肥の肥効は水の使い方でコントロールできる」ことが最近わかってきた。

星さんの秋散布の場合、収穫後から冬のあいだ田んぼに水を張っておく「ふゆみずたんぼ」（冬期湛水）が堆肥をうまく使うコツだ。いわく「冬期湛水した田んぼは肥効が安定するし、地力がつくのが早い」。

収穫が終わった11月ごろから水を入れ、4月中旬にいったん落水、6月上旬に代かきするまで乾かす。冬場に用水が来なくなる田んぼでも、収穫後に水尻を閉じておけば、雪解け水を利用してラクに冬期湛水できる。そして、春に短時間でもしっかり乾けば「冬のあいだに貯めたもの」が、乾土効果で出穂45〜40日前ごろに向かってどんどん効いてくる。

一方、渡沢さんは「あぁ、乾土効果なー」とまるで他人事。秋散布に比べて当年に効くチッソ量が多い春散布では、茎数はあまり気にしな

くてもいいようだ。

「分げつは40日前の追肥でとれる。それに春散布だと、出穂25日前ごろから長続きする肥効のために、登熟歩合や千粒重が増して収量構成要素はとれんだ」

中干しが穂肥代わり！？　さらに、2人が口を揃えて言うのは「堆肥を入れた田んぼは、干すとチッソが出てくる」こと。堆肥を肥料分として考え始めてからは、「干すと葉色は上がっべ」「肥料が効いてんだなー」なんて話題が出るようになった。

産直センターでは、もともと田んぼの生きものを守るために、ヤゴが羽化する出穂15日前ごろに遅めの中干しをするようにしていた。もしかすると、この中干しが穂肥をやったのと同じ効果を発揮しているのかもしれない。

ただし、「ヒビ割れるほど乾かしすぎるのは厳禁だ」と星さんは今年の干ばつで気がついた。一気にチッソが出てしまうからか、それからの肥効があまり出なくなるからだ。

渡沢さんはこう話す。

「堆肥を使えば倒れるとかいって、堆肥を使うのをやめる人もいる。どうしてもまだ、化成肥料に頼るのをやめれないんだな。堆肥が主役で化成は脇役。イネが倒伏したら化成肥料から足を洗えるべえ、と喜ぶべきだ」

執筆　編集部

（『現代農業』2011年10月号「『肥持ちの悪い田』は春散布、『肥持ちのよすぎる田』は秋散布」より）

高チッソ鶏糞を利用した水稲の元肥鶏糞栽培

(1) 高チッソ鶏糞の概要

　高窒素鶏糞(以下，高チッソ鶏糞)は定義された名称ではなく，「肥料の品質の確保等に関する法律に基づく表示」における発酵鶏糞のうち，現物当たりのチッソ全量が4％以上のものの仮称である。

　従来の発酵鶏糞(チッソ全量が2％程度)よりもチッソ含量が高いのは，おもに発酵処理設備の違いによる(第1図)。先進的な養鶏場では，発酵工程の短縮や悪臭の集中管理を主目的として，縦型密閉発酵装置を採用する例が増えている。従来法の開放撹拌発酵方式では有効態チッソが揮散していたのに対し，縦型密閉発酵方式では，生鶏糞は定温(60～70℃)，短期間(1週間程度)で発酵されるため，有効態チッソを発酵鶏糞中に留めることができる。その結果，発酵工程前後の水分管理などが適正であれば，チッソ全量が4％以上の発酵鶏糞が得られる(農研機構，2014)。

　原料である生鶏糞の成分組成や発酵工程におけるチッソ損失率などを考えると，発酵鶏糞の現物当たりのチッソ全量は4.0～4.5％に収束すると見込まれる。事例調査においても，現物当たりのチッソ全量が4.5％以上と表示されている製品は見当たらなかった。製品ロットごとの成分誤差などを勘案すると，チッソ全量4.0％と4.5％で製品を区別する意義は小さいため，ここでは一律に現物当たりのチッソ全量が4％以上の発酵鶏糞を「高チッソ鶏糞」と呼称する。

　高チッソ鶏糞の肥料規格としては，普通肥料(加工家禽糞肥料)もあるが，特殊肥料が多い。特殊肥料では，肥料成分の表示値±20％程度が許容範囲として認められており(詳細は農林水産省告示第1163号を参照)，たとえばチッソ全量4.0％と表示されている場合，3.2～4.8％程度が許容される。事例調査の範囲では，表示値よりも実測値のほうが高い傾向にあったが，表示値を大きく下まわる製品も確認された。精密な施肥設計を必要とする場合には注意が必要であり，高チッソ鶏糞に求める精度と使用状況に合わせた対応が求められる(第2図)。

　なお，製品形状の多くはペレット状であるが，細粒状などもある。

(2) 高チッソ鶏糞の肥料特性

　高チッソ鶏糞は，再生有機質資源(有機性廃棄物の再利用)としてはチッソ含量が高いため，安価なチッソ肥料としての利用が期待される。また，副次的効果もあるため，栽培場面での利点も多い。おもな要点は以下のとおりである。

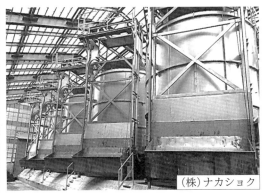

第1図　発酵処理設備
左：開放撹拌発酵方式(従来法)，右：縦型密閉発酵方式(新規法)

水稲

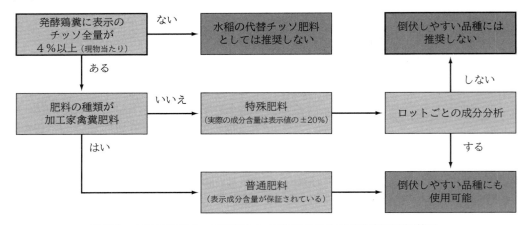

第2図　水稲の代替チッソ肥料として推奨できる発酵鶏糞の選択基準

①チッソ成分が従来の発酵鶏糞の2倍

　高チッソ鶏糞のチッソ全量は従来の発酵鶏糞の約2倍である。したがって，施肥チッソ量が同じであれば，高チッソ鶏糞の施肥量は従来の発酵鶏糞の半量となる。作業労力を大幅に軽減できるだけでなく，肥料経費も半減する（高チッソ鶏糞と従来の発酵鶏糞の単価は同程度）。また，施肥量が半減することに伴って，温室効果ガスの一つであるメタンの発生量も半減できる（農研機構，2014）。

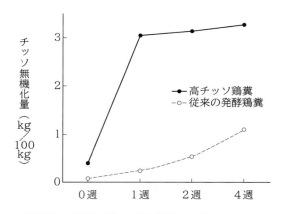

第3図　鶏糞100kgの土壌中におけるチッソ
　　　無機化量　　　　　　　　（新潟県，2014）
　鶏糞を混和した水田土壌を4週間湛水培養
　（30℃，培養瓶）した際のチッソ無機化量
　無機化量は，鶏糞添加土壌の測定値と無添加土壌
　の測定値の差分

②肥効が従来の発酵鶏糞よりも速効的

　高チッソ鶏糞を現物100kg施肥した場合，チッソ全量の75％が無機化し，有効態チッソとして3kgを見込むことができる（第3図）。また，無機化は速効的であるため，作物の生育に合わせた養分供給が可能であり，栽培管理しやすい。ここで無機化しなかった残り25％のチッソ成分は難分解性の有機態チッソと推定され，緩効的な肥効発現や地力向上に資すると期待される。

③肥料成分バランスが良好

　高チッソ鶏糞の肥料三要素の成分バランスは，チッソ：リン酸：カリ＝4：3：2程度であるため，高チッソ鶏糞のみを連用しても，リン酸やカリの過剰蓄積の心配はない（従来の発酵鶏糞や多くの堆肥類はチッソよりリン酸やカリの成分割合が高い）。

　また，高チッソ鶏糞には，石灰，苦土，硫黄などの成分も含まれており，広範な肥料効果を期待できる。従来の発酵鶏糞と同様に石灰含有量は多いものの，高チッソ鶏糞を現物100kg施肥した場合の石灰施用量は15〜20kg程度であり，石灰過剰の懸念は小さい。

④雑草種子や病原菌が少ない

　高チッソ鶏糞は，温度制御された密閉環境下で撹拌発酵されるため，一定期間均一に保温される。従来の開放撹拌発酵方式に比べると温度ムラが少ないため，高チッソ鶏糞中の雑草種子

や病原菌，病害虫は死滅すると期待される。

（3）高チッソ鶏糞の潜在的供給可能量

農林水産省の畜産統計調査（2023）によると，国内の採卵鶏の年間飼養羽数は1.7億羽，生鶏糞発生量は727万tと推計されている。この採卵鶏に由来する生鶏糞発生量が，高チッソ鶏糞の潜在最大供給量になる。これを高チッソ鶏糞として肥料化した場合，国内の耕地面積を400万haとすると，10a当たりの施肥可能量は現物で180kg/年となり，チッソ全量では7kg，有効態チッソ量では5kg程度と試算される。国内で必要とされるチッソ肥料のすべてをまかなうことはできないとしても，高チッソ鶏糞の潜在的供給可能量はかなり多いことがわかる。

しかし現状では，高チッソ鶏糞を製造可能な設備の普及は進んでいるものの，実供給量は潤沢とはいえない。多くの養鶏業者にとっては排泄物の処分を進めることが優先事項であり，肥料生産の品質向上には注力できていないためと推察される。今後，高チッソ鶏糞の供給量を増やすためには，耕種農家が高チッソ鶏糞を優れた肥料であると認識・体感するとともに，肥料に求める品質について養鶏業者に要望していくことが重要になる。

新潟県内でも，複数の養鶏業者が高チッソ鶏糞を生産している。県内最大規模のN社は180万羽を飼養し，その排泄物から2万t/年の高チッソ鶏糞を生産しているが，水稲農家に高チッソ鶏糞の肥料価値が認識されておらず，生産量の10％がおもに土つくり資材として使用され，残りの90％は輸出されているのが現状である。

（4）高チッソ鶏糞による元肥鶏糞栽培

高チッソ鶏糞は優れた肥料特性をもつため，さまざまな場面での利用が期待される。ここでは水稲における育苗や有機栽培，元肥のみを高チッソ鶏糞で全量代替する基肥鶏糞栽培（以下，元肥鶏糞栽培）について述べる。

①水稲の育苗

水稲の有機栽培では，育苗でも有機質100％肥料が使われる。市販の有機水稲用の育苗培土（2.5gN/箱）を用いれば簡便に有機栽培に適合した育苗が可能であるが，チッソ成分が2.5g/育苗箱となるように細粒状の高チッソ鶏糞を自家調合した育苗床土を用いても育苗できる（新潟県，2013）。

'コシヒカリ'の催芽モミ80gを4月中旬に播種した事例では，加温出芽，露地プールの条件下，播種後25日程度で葉齢2.5（不完全葉除く），草丈11cmの稚苗となった（第4図）。さらに，播種後28，38日目に魚粕系液肥を1gN/箱ずつ追肥することで，播種後45日程度で葉齢4.5，草丈18cmの発根力の強い成苗となった（第4図）。

高チッソ鶏糞を利用した育苗技術は，汎用性の高い稚苗育苗から有機栽培に適した成苗育苗まで適用可能である。肥料経費も育苗箱1箱当たり数円程度であるため，安価で実用的な育苗技術として推奨できる。

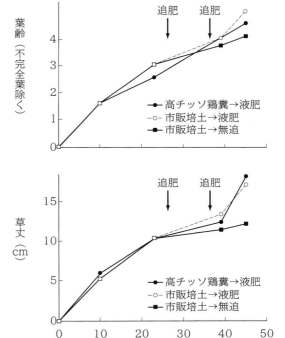

第4図 高チッソ鶏糞を用いた水稲育苗における葉齢進展（上）と草丈推移（下）
（新潟県，2013）

水稲

第1表　施肥体系と肥料種類および施肥量
(古川ら，2023；古川，2024)

施肥体系	肥料種類（表示チッソ全量）		現物施用量 (kg/10a)		化学成分
	基肥	穂肥	元肥	穂肥	削減率（%）
元肥鶏糞	高チッソ鶏糞（4%）	硫安（21%）	100	10	60
有機質100%	高チッソ鶏糞（4%）	同左（4%）	100	66	100
有機質50%	有機質50%入（10%）	同左（12%）	30	17	50
化学肥料	高度化成（14%）	硫安（21%）	21	10	0

注　10a当たり施肥チッソ量は，元肥3kg，穂肥2kg（高チッソ鶏糞の有効化率は75%）

②水稲の有機栽培

高チッソ鶏糞は100%有機質であることから，有機栽培にも使用できる。また，市販の有機質肥料に比べると安価であるが，水稲の生育，収量，品質は同等であることが確認されている（古川，2014）。

ただし，高チッソ鶏糞は化学肥料に比べるとチッソ成分含量が少ないため，施肥労力の負担は大きい。雑草との養分競合がない条件を仮定しても，元肥での10a当たり有効態チッソは3kg程度必要となるため，高チッソ鶏糞の施肥量は現物で100kgとなる（第1表）。これはチッソ成分含量14%の化学肥料と比較すると5倍量に相当する。この施肥労力を軽減するためには乗用機械の利用が有効であり，トラクターに装着できる肥料散布機などが推奨される。

一方，穂肥では，硫安と比較すると7倍量の施肥量となるが（第1表），背負式動力散布機以外の実用的な施肥方法は確立されておらず，労力負担の軽減はむずかしい。付加価値（有機栽培米など）を見込める場合には労を惜しまないとしても，取り組める栽培面積には限界がある。有機栽培の取組みを拡大させるためには，省力的に大量の穂肥を施肥できる機械技術開発や安価で肥料成分濃度の高い有機質肥料の開発が必要である。

③元肥鶏糞栽培と特別栽培

高チッソ鶏糞の利用拡大をはかるためには，高チッソ鶏糞の施肥労力を増加させない施肥体系の構築が不可欠である。元肥の全量を高チッソ鶏糞で代替し，穂肥には化学肥料を使用する元肥鶏糞栽培（古川ら，2023；古川，2024）はその一例であり，この施肥体系によれば，元肥の施肥量増加に伴う労力負担は乗用機械の利用で軽減され，穂肥に化学肥料を用いることで穂肥の労力負担は増加しない（第1表）。過剰な労力負担が発生しないことから，農家が受け入れやすい施肥体系であると期待される。

特別栽培では，100%有機質である高チッソ鶏糞の施肥量には制限がない。一方，化学肥料は，たとえば化学チッソ成分の慣行基準が10a当たり6kgの地域では，3kgまでに制限される。したがって，第1表に示す元肥鶏糞栽培は，特別栽培の肥料要件に準拠する。この施肥体系における穂肥の施肥量は有機質50%入肥料を用いた特別栽培の穂肥量の半量程度となる。

さらに，穂肥に尿素を用いた場合は，3分の1にまで軽減される。特別栽培においても，穂肥の労力負担については課題とされているが，

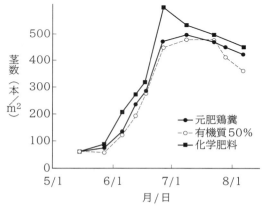

第5図　施肥体系が新之助の茎数に及ぼす影響
(古川ら，2023)

有機物施用と減肥

第2表　収量構成要素と品質　　（古川ら，2023；古川，2014）

施肥体系	倒伏程度 (0—5)	稈長 (cm)	穂数 (本/m²)	一穂モミ数 (粒)	総モミ数 (千粒/m²)	精玄米千粒重 (g)	登熟歩合 (%)	収量 >1.9mm (kg/10a)	整粒歩合 (%)	タンパク質含有率 (%)
元肥鶏糞	0.1	76	412	63	25.9	23.1	89.7	565	68.9	5.7
有機質50%	0.0	75	397	65	25.6	23.0	89.8	529	64.6	5.6
化学肥料	0.0	72	418	65	27.1	23.1	89.1	560	69.5	5.7

元肥鶏糞栽培であれば，穂肥労力を増加させずに特別栽培に取り組むことが可能となる。

元肥鶏糞栽培を実施した際の生育特性や収量・品質について確認する。第1表にもとづいて‘新之助’を栽培した事例では，元肥鶏糞区の茎数増加は化学肥料区よりやや緩やかだが，有機質50%区と同等であった（第5図）。最高分げつ期も化学肥料区よりやや遅れ，最高茎数も化学肥料区より少なかった。高チッソ鶏糞の肥効は化学肥料ほどには速効的ではないが，有機質50%肥料と同等と示唆された。

幼穂形成期以降の茎数は，穂肥に硫安を施肥した化学肥料区と元肥鶏糞区では漸減に留まった一方，有機質50%区では急減した。成熟期には元肥鶏糞区と有機質50%区で稈長が伸長傾向を示し，有機質50%区で穂数と収量は低下傾向にあったが，収量・品質ともに有意差は認められなかった（第2表）。

以上のことから，高チッソ鶏糞は，化学肥料ほど速効的ではないものの有機質50%入肥料と同等以上の肥効を期待できること，穂肥に化学肥料を用いることで慣行同様の作業性と生育調節機能を活用できることが確認された。

（5）元肥鶏糞栽培の注意点

高チッソ鶏糞の有効態チッソの主体は尿酸態チッソとされている。尿酸態チッソやアンモニア態チッソは，施肥後，湛水までの期間が長いほど硝化が進み，硝酸として溶脱したり脱窒により揮散する。施肥後湛水までを2週間とした実験事例では，高チッソ鶏糞のチッソ成分のほとんどが水稲に利用されなかったと報告されている（竹内・原，2004）。したがって，チッソ成分の損失を最小限にするためには，施肥後速やかに耕起，湛水する必要がある。

その他，施肥時にぬかるみが残るような排水不良田ではガス湧きの原因となる可能性があること，近隣に住宅地がある環境では臭気が問題となる可能性があること，長期連用した際の影響は未検討であることなどに注意する必要がある。

高チッソ鶏糞は，従来の発酵鶏糞にはない優れた肥料特性をもつ。また，実用的な価格で入手可能であり，潜在的には十分な供給量を期待できる。施肥のすべてを高チッソ鶏糞で代替して水稲の有機栽培に取り組むことも可能であるが，元肥のみを高チッソ鶏糞で代替する元肥鶏糞栽培であれば，誰にでも取り組みやすい施肥体系といえる。

元肥鶏糞栽培は，軽労な穂肥作業で確実な生育調節を可能とするだけでなく，特別栽培の肥料要件に準拠することもできる。本技術が広く現場に導入されれば，耕畜連携を土台とする有機質資源の地産地消にも貢献できると期待される。

執筆　古川勇一郎（新潟県農業総合研究所作物研究センター）

2024年記

参　考　文　献

古川勇一郎．2014．雑草共存環境におけるコシヒカリ有機栽培と肥培管理技術の勘どころ．土づくりとエコ農業．**46**，12—17．

古川勇一郎・今井康貴・土田徹・服部誠・佐藤徹．2023．基肥の全量を高窒素鶏糞で代替する水稲の減化学肥料栽培．新潟農総研報．**20**，1—8．

古川勇一郎．2024．高窒素鶏糞を基肥利用する水稲の減化学肥料栽培．北陸作物育種研究．**59**，35—

水　稲

39.

新潟県. 2013. 苗箱を用いたコシヒカリ有機成苗育
　　苗における肥培管理技術. 研究成果情報.
新潟県. 2014. コシヒカリ栽培で化学肥料を高窒素
　　鶏糞ペレット肥料で全量代替できる. 研究成果情
　　報.
農研機構. 2014. 循環型農業のための家畜糞堆肥を
　　原料とした有機資材製造とその利用の手引き.
竹内雅己・原正之. 2004. 高窒素鶏糞堆肥の水稲基
　　肥としての施用時期. 研究成果情報.

有機物連用田でのチッソ供給の特徴とイネの生育

従来，農耕地土壌への有機物の施用は地力の維持増進に効果があるとして，積極的に堆肥が施用されていた。近年では環境に配慮した環境保全型農業の推進，米の高品質化，差別化を図るために堆肥の施用が強調されており，有機物の施用による効果として土壌養分の維持・増強，物理性の改善などが報告されている。また，コンバインの導入によって収穫時に稲わらが排出され，稲わらが排出され，水田にすき込まれるようになり，その影響も検討されてきた。一方で農業労働力の減少，耕作者の高齢化により堆肥の施用は減少しており，地力の低下が懸念されている。これまで，堆肥施用と土壌の変化，水稲の窒素養分吸収と収量などについて多くの研究が行なわれている。

有機物施用の作物生育に対する効果は，土壌類型，気候，土地利用形態に影響されて一様ではないため，長期間にわたる検討が必要である。黒ボク土水田における有機物連用の効果として加藤ら（1985）は，水稲の初期生育が堆肥により促進され，稲わらの施用により抑制されたことを報告している。前田・平井（2002）は堆肥のみを連用しても好天候年で適期に窒素の供給が多くなれば収量増が期待できること，pHの上昇，可給態リン酸の増加，土壌三相の気相の増加を報告している。関矢・本谷（1968）は沖積土壌，火山灰土壌を用いて，土壌に有機物を添加した場合の水稲生育期間中の窒素吸収に及ぼす影響として，炭素率の低いものは初期から分解して窒素を供給し，高いものは施肥窒素の一部をいったん有機化して吸収を遅くすることを報告している。

栃木県農業試験場では，県の代表的な土壌である多湿黒ボク土で，25年間にわたる有機物連用試験を行なっているので，連用21～25年間の試験結果に基づき，窒素を中心にイネの養分吸収パターンの変化と収量構成要素に及ぼす影響などについて結果を紹介する。

（1）25年にわたる有機物連用試験

試験は，可給態窒素15～20mg/100g程度の腐植に富む多湿黒ボク土で，窒素肥料のみを施用しない無窒素区，化学肥料の慣行施肥を行なった三要素区，慣行施肥に加えて堆肥を春の代かき前に施用した堆肥区，慣行施肥に加えて毎年秋に稲わらを施用した稲わら区で，'コシヒカリ'を早植え栽培したものである（第1表）。なお，栽培管理は堆肥施用を除いて，栃木県の一般的な早植え栽培と同様とした（第1図）。

試験は1984年に開始し，2014年現在継続している。作土の全炭素含量は8.21％と高く，陽イオン交換容量は44.3meq/100gと大きく，リン酸吸収係数は2240と高く，可給態リン酸含量は2.4mg/100gと低い土壌である。

（2）土壌理化学性の変化

有機物連用21～25作（2004～2008年）の栽培跡地土壌の化学性の平均値を第2表に示した。可給態リン酸は堆肥区で10.6mg/100gと最も高く，稲わら区が8.1mgで最も低かった。交換性CaOは堆肥区で882mgと最も高く，稲わら区で774mgと最も低かった。交換性K_2Oは堆肥区で25.6mgと最も高く三要素区で11.2mgと最も低かった。

有機物連用21～25作の水稲栽培跡地土壌の窒素無機化量および乾土効果の平均を第3表に示した。乾土での無機化量は，無窒素区15.0mg/100gに対し，三要素区16.5mg，堆肥区20.9mg，稲わら区20.3mgと，有機物施用により無機化量が増加した。生土ではいずれの区も1.8～1.9mgでほぼ同値であった。乾土効果は無窒素区が13.2mg，三要素区が14.7mg，堆肥区が18.9mg，稲わら区が18.6mgで有機物施用により高まった。

（3）生育量の推移

有機物連用後，各処理区21～25作の草丈，茎数，乾物重の平均値の推移を第2図に示した。

堆肥連用によって，草丈は最高分げつ期以降

水　稲

第1表　試験区の処理内容

| 処理区 | 1～14作有機物施用量（現物） | | 15～25作有機物施用量（現物） | | 化学肥料由来成分量 | | | | | |
| | 堆肥 | 稲わら | 堆肥 | 稲わら | 基肥 | | | 追肥1 | | 追肥2 |
					N	P$_2$O$_5$	K$_2$O	N	K$_2$O	N
無窒素区					0	15	10	0	2	0
三要素区					4	15	10	2	2	2
堆肥区	1500		784		4	15	10	2	2	2
稲わら区		500		964	4	15	10	2	2	2

注　1～14作まで堆肥は稲わら堆肥，15作からは籾がら牛糞堆肥を施用
　　追肥1は出穂15日前，追肥2は出穂期に行なった
　　有機物由来の成分投入量は平均値。ただし，籾がら牛糞堆肥の15～17作はデータ欠損のため含まない

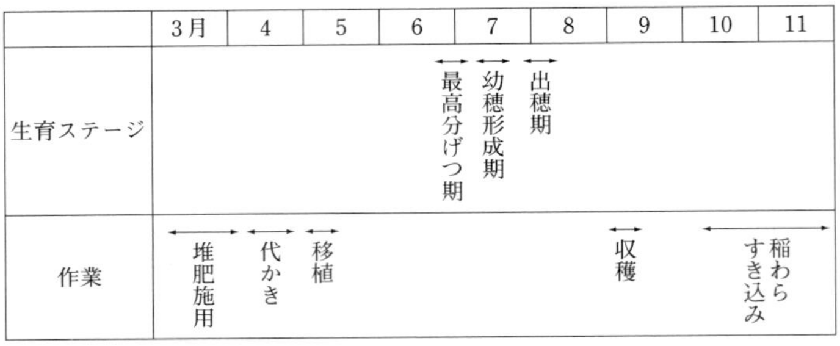

第1図　栃木県での一般的な早植え栽培の生育ステージと作業

堆肥施用は，春施用ではなく秋～冬にかけて行なわれる場合が多い

第2表　有機物を連用した水稲の土壌化学性（21～25作平均）

| 処理区 | pH | T-C (%) | T-N (%) | C/N | CEC (meq/100g) | 可給態リン酸（トルオーク法）(mg/100g) | 交換性塩基（mg/100g） | | |
							CaO	MgO	K$_2$O
無窒素区	6.7	8.3	0.55	15.3	43.4	8.6	875	142	14.0
三要素区	6.6	8.4	0.57	14.9	43.3	8.7	837	124	11.2
堆肥区	6.6	8.9	0.62	14.7	45.4	10.6	882	135	25.6
稲わら区	6.5	8.3	0.58	14.3	43.0	8.1	774	108	17.6

第3表　有機物を連用した水稲の栽培跡地土壌窒素無機化量および乾土効果（21～25作平均）

（mg/100g）

| 処理区 | 無機化量 | | 乾土効果 |
	乾　土	生　土	
試験開始時	10.2	1.5	8.7
無窒素区	15.0	1.8	13.2
三要素区	16.5	1.8	14.7
堆肥区	20.9	1.9	18.9
稲わら区	20.3	1.8	18.6

注　30℃で4週間培養

高く推移し，茎数は生育初期から多く，乾物重は生育初期から出穂期にかけて高かった。

稲わら連用によって，草丈は幼穂形成期以降高く推移し，茎数は同時期から多く，また乾物重は出穂期に大幅に増加し，堆肥連用と同程度になった。

（4）水稲の収量と収量構成要素

水稲の収量と収量構成要素の21～25作平均値を第4表に示した。

(kg/10a/年)

有機物由来成分量										
1〜14作平均					15〜25作平均				
N	P2O5	K2O	CaO	MgO	N	P2O5	K2O	CaO	MgO
9.9	5.6	13.8	7.9	2.3	9	9.2	20.1	15.7	7.7
2.9	0.9	10.5	1.4	0.9	4	0.9	16.5	1.8	0.8

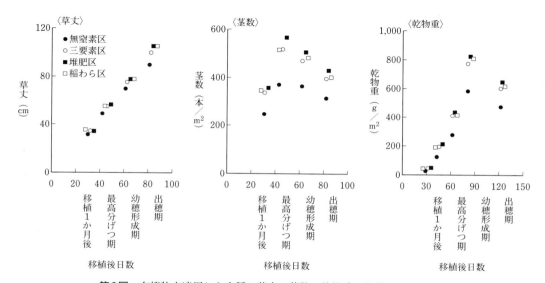

第2図 有機物を連用した水稲の草丈，茎数，乾物重の推移（21〜25作平均）

第4表 有機物を連用した水稲の収量構成要素平均値（21〜25作平均）

処理区	わら重(kg/10a)	精玄米重(kg/10a)	穂数(本/m²)	総籾数(×100粒/m²)	一穂籾数(粒)	登熟歩合(％)	千粒重(g)	倒伏程度	玄米窒素含有率(％)
無窒素区	477	406	252	211	84	89.0	21.7	0.4	1.1
三要素区	604	556	326	282	86	87.8	22.6	0.9	1.3
堆肥区	650	588	355	305	86	85.9	22.5	1.2	1.3
稲わら区	619	584	329	305	93	86.8	22.1	1.4	1.4

注 収量（精玄米重）＝穂数×一穂籾数×千粒重×登熟歩合

精玄米重は三要素区が556kg/10aであったのに対し，堆肥区は588kg，稲わら区は584kgと高かった。わら重は，三要素区が604kgであったのに対し，堆肥区650kgと最も多かった。穂数は三要素区326本/m²と比べて堆肥区355本で多かった。総籾数は三要素区28,200粒/m²に比べて堆肥区30,500粒，稲わら区30,500粒で多かった。一穂籾数は三要素区が86粒であ

ったのに対し，稲わら区93粒で最も多かった。登熟歩合は総籾数が多い区ほど低い傾向であった。千粒重は無窒素区21.7gで最も低く，三要素区22.6g，堆肥区22.5g，稲わら区22.1gでほとんど差がなかった。倒伏程度は有機物を連用した堆肥区と稲わら区で大きい傾向を示した。

(5) 総籾数と穂数に及ぼす窒素吸収量の影響

松島（1977）によると，同一品種の場合には千粒重が収量に及ぼす影響は小さく，収量は単位面積当たりの籾数と登熟歩合で決まるとして

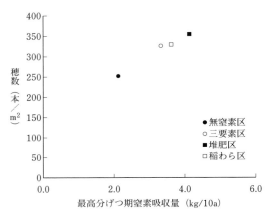

第3図 最高分げつ期までの窒素吸収量と穂数
（21～25作平均）

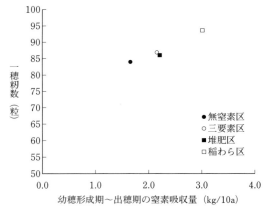

第4図 幼穂形成期～出穂期の窒素吸収量と一穂籾数（21～25作平均）

おり，その籾数は穂数と一穂籾数を乗じて求められる。また，穂数は生育初期である分げつ最盛期の生育に影響を受け，早期の茎数確保が重要であるとしている。一方，一穂籾数の増加は穂首分化期から穎花分化期の良好な生育に影響されるとしている。第4表では，千粒重に加えて登熟歩合も処理区の間の差が相対的に小さいため，総籾数が収量を決定づけていると判断できる。さらに堆肥区では籾数に対する穂数の寄与が大きく，稲わら区では一穂籾数の寄与が大きい。

そこで，これらの関係を明確にするため移植後から最高分げつ期までの窒素吸収量と穂数の関係を第3図に示した。各プロットは右上がりの直線上に分布し，無窒素区は窒素吸収量，穂数ともに相対的に小さく，堆肥区は窒素吸収量，穂数ともに大きい位置に分布した。

同様に，幼穂形成期から出穂期までの窒素吸収量と一穂籾数との関係を第4図に示した。各プロットは右上がりの直線上に分布し，稲わら区で窒素吸収量，一穂籾数ともに大きい位置に分布し，無窒素区は窒素吸収量，一穂籾数ともに相対的に小さい位置に分布した。

これらのことから，堆肥連用は，最高分げつ期までの水稲への窒素供給量を増加することによって穂数を増やし，稲わら施用はおもに穂首分化期から穎花分化期，減数分裂期の窒素供給を増やすことによって一穂粒数を増加させ，それらが収量を高めているものと推察された。

(6) 養分吸収量の変化

①吸収窒素の由来

第5表に有機物を連用した水稲の見かけの由来別・時期別の窒素吸収速度を示した。土壌・灌漑水・雨水等由来窒素は全生育期間を通して吸収され，最高分げつ期から幼穂形成期に最も高まった。

化学肥料由来窒素は全生育期間を通して吸収され，最高分げつ期から幼穂形成期および出穂期から成熟期に最も増加し，前半がおもに基肥由来，後半がおもに追肥由来と推測される。

堆肥由来窒素も全生育期間を通して吸収され

第5表 有機物を連用した水稲の見かけの由来別・時期別窒素吸収速度 (21〜25作平均) (g/10a/日)

由来 \ 時期	移植〜1か月後	〜最高分げつ期	〜幼穂形成期	〜出穂期	〜成熟期
土壌・灌漑水・雨水等由来[1]	30.2	58.9	113.3	86.7	38.1
化学肥料由来[2]	22.7	19.4	37.7	28.4	46.6
堆肥由来[3]	7.7	9.4	14.0	2.3	1.6
稲わら由来[4]	−1.5	40.3	−5.9	44.9	−4.5

注 1) 無窒素区÷日数
2) (三要素区−無窒素区窒素吸収量)÷日数
3) (堆肥区−三要素区窒素吸収量)÷日数
4) (稲わら区−三要素区窒素吸収量)÷日数

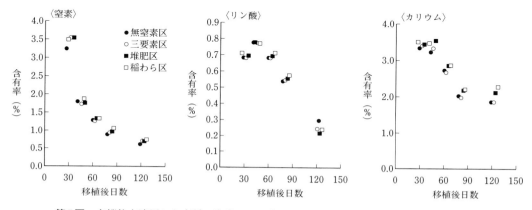

第5図 有機物を連用した水稲の窒素,リン酸,カリウムの時期別含有率 (21〜25作平均)

たが,その中心は最高分げつ期から幼穂形成期で,出穂期から成熟期は低下した。高橋・山室 (1992) によると,堆肥を連用した土壌の水稲窒素吸収量は無窒素区に比べて初期から多く,7月前後に最も多くなるとされており,本研究による結果もおおむね一致した。

稲わら由来窒素は,移植1か月後にはマイナスとなり,この時期には窒素が有機化していると考えられ,仲谷・鬼鞍 (1974) の報告と一致した。さらに本研究では,最高分げつ期前と出穂期前の両時期で急激に高まり,幼穂形成期には低下するという傾向が示された。

②三要素の含有率の推移

水稲の窒素含有率の推移を見ると (第5図),時期別の窒素吸収量の推測と同様に移植後1か月は稲わら区の値が三要素区および堆肥区より低かったものの,最高分げつ期 (移植後50日) 以降は,稲わら区が最も高く推移した。

中野 (1970) によると,分げつ期の水稲生育とリン酸含有率の間には密接な関係が見られ,0.60%で分げつが劣るとしているが,本報告での水稲の最高分げつ期リン酸含有率は一様に0.77〜0.78%と高かった (第5図)。本研究での土壌中可給態リン酸水準には8.1〜10.6mg/100gの違いがあるものの,水稲のリン酸含有率は生育期間を通して区間差がほとんど見られず,本研究での茎数の処理区間の差がリン酸の供給力に影響されたとは考えにくい (第6図)。

カリウム含有率は,全生育期間をとおして稲わら区で相対的にわずかに高かった (第5図)。長谷川 (1987) によると,水稲のカリウム吸収は,最高分げつ期までの要求強度はきわめて強いが,乾物生産量が少なく吸収量は相対的に少なく,最高分げつ期から出穂期までは要求強度は急激に低下するが乾物生産量の増加が著し

く，吸収量も最も多くなり，出穂後ほとんど吸収量は増加しないとしている。必要な茎葉のカリウム濃度は最高分げつ期3.1％，幼穂形成期2.8％，出穂期2.0％，成熟期2.0％としており，第5図に示したとおり幼穂形成期と成熟期（わら）に無窒素区と三要素区で2.0％をわずかに下まわった以外は必要なカリウム濃度に達していた。

一穂籾数と幼穂形成期カリウム含有率の関係を第7図に示した。各処理区間の差は小さいものの，稲わら区と堆肥区のカリウム含有率がともに高く，土壌の交換性カリウム濃度を反映しているものと考えられる。一方，一穂籾数は稲わら区で最も高く，作物体のカリウム含有率が一穂籾数の制限因子になったとは考えにくい。

③有機物連用による増収と施用量の目安

以上のことから，第8図に示したとおり黒ボク土水田に堆肥または稲わらを連用すると，堆肥はおもに最高分げつ期から幼穂形成期の窒素供給力を高め，穂数や総籾数を増加させ，増収がもたらされると考えられた。一方，稲わらを連用すると，移植1か月後までの窒素吸収量は窒素の有機化により，化学肥料のみ施用するよりも減少するものの，幼穂形成期から出穂期の窒素吸収量が増加し，一穂籾数が増加，これによって総籾数が増加し，増収するものと考えられた。

さらに，本試験圃場は腐植に富む黒ボク土であり，第5表に示したとおり，土壌からの窒素供給が成熟期まで高水準に継続する。このことによって生育後半の穂数や一穂籾数が維持されたものと考えられる。そのため，いずれの処理区も千粒重と登熟歩合が高水準に維持され，高水準の収量につながったものと考えられた。

第9図に示したとおり，最高分げつ期までの窒素吸収量の増加による穂数の増加は，5kg/10aで頭打ちとなっており，有機物施用量

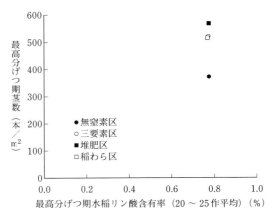

第6図 有機物を連用した水稲の最高分げつ期リン酸含有率と茎数（21～25作平均）

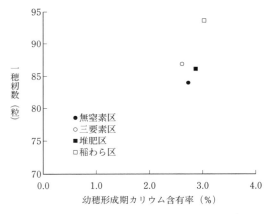

第7図 幼穂形成期カリウム含有率と一穂籾数（21～25作平均）

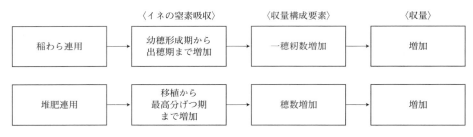

第8図 有機物連用が窒素吸収パターンなどに及ぼす影響

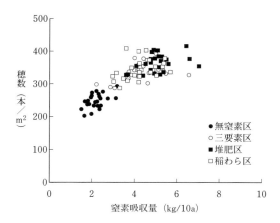

第9図 最高分げつ期までの窒素吸収量と穂数
（1～25作平均）

第6表 有機物を連用した水稲の玄米品質
（21～25作平均）

処理区	品質	等級	粒張	光沢	乳白	腹白
無窒素区	上中	1下	中	中	微	微
三要素区	上中	1中	やや大	やや良	微	微
堆肥区	上中	1中	やや大	やや良	微	微
稲わら区	上中	1中	中	中	微	微

はこれを目安に決定するのが望ましいと考えられる。また、稲わら連用でも収量面では堆肥連用に劣らず、土壌の理化学性への影響からも問題が小さいと考えられるが、窒素無機化時期が遅れるため収量構成要素として茎数の確保が課題となる。したがって、稲わらすき込み水田では、少量の堆肥を連用することにより生育前期の窒素供給を補える可能性がある。

また稲わら区は、連用7年目以降に成熟期の窒素吸収量および収量が三要素区を安定して上まわるようになる。

(7) 玄米品質への影響

本来、水稲は窒素要求量が少ない作物で、窒素吸収量の増加により倒伏や病害の発生、食味の低下を招く。倒伏程度は、堆肥区、稲わら区でやや大きくなったが（第4表）、栽培管理上問題のない程度であった。玄米の窒素含有率は、三要素区、堆肥区、稲わら区でほぼ変わらず、また玄米の外観品質に差は認められず（第6表）、堆肥または稲わら施用は玄米品質に影響しないことが確認された。

(8) 堆肥連用後の残効

栃木県南部の灰色低地水田（水稲─オオムギ二毛作）でも有機物を26年間連用した試験を行なっており、堆肥区で作物に対する窒素供給量が高まり、三要素区より増収したが、稲わら区では26年施用しても三要素区と同程度であった（小林ら，2007）。また、篠田・安西（1998）のグライ土水田の試験では、有機物施用による増収効果は小さかった。

このように有機物施用の窒素供給効果は、土壌の種類や気候、土地利用形態によって異なり、高品質な水稲を生産するためには、地力窒素の増加に応じて化学肥料を減肥することが求められると考えられる。

さらに本研究では、堆肥の残効を調べるため、堆肥連用後に三要素区と同じ処理をした区では、収量は堆肥区と同程度であったが、交換性カリウムは3年で23mg/100gから10mgに減少し、可給態リン酸も三要素区と同程度となった。このことから、堆肥連用を休止してもしばらくは窒素の供給は維持されるものの、カリウムやリン酸は堆肥を連用しないとその効果は持続しないと考えられる。

執筆　吉澤比英子（栃木県農業試験場）

2014年記

参考文献

長谷川栄一・斉藤公夫・安井孝臣・久末勉・塩島光洲．1987．水稲のカリウム及びナトリウム吸収．宮城農セ報．**55**，19─34．

加藤弘道・茂垣慶一・本田宏一・石川実．1985．火山灰水田における有機物の連用効果に関する研究．茨城農試研報．**25**，37─54．

小林靖夫・鈴木聡・渡辺修孝・吉沢崇・植木与四朗・鈴木智久・金田晋平．2007．栃木県の二毛作水田における有機物連用が土壌および作物生育に及ぼす影響．栃木農試研報．**59**，11─23．

前田忠信・平井英明．2002．堆肥連年施用水田と化

水　稲

学肥料連年施用水田における土壌の理化学的特性の変化と低農薬栽培した水稲の根系，養分吸収，収量．日作紀．**71**, 506—512.

松島省三．1977．稲作診断と増収技術．農文協．261—263.

中野政行・橋本俊一・土山豊．1970．開田地の生産力増強に関する研究燐酸施用量とその持続性．栃木農試研報．**12**, 19—31.

仲谷紀男・鬼鞍豊．1974．稲わら施用水田におけるアンモニア態窒素の消長の一例．土肥誌．**45**, 546—548.

関矢信一郎・本谷耕一．1968．水田土壌中の窒素の行動に関する研究．東北農試研報．**36**, 1—26.

篠田正彦・安西徹郎．1998．グライ土水田の水稲に対する有機物の連用効果，第4報．千葉農試研報．**39**, 59—69.

高橋茂・山室成一．1992．堆肥連用水田における土壌無機化窒素発現量と土壌および灌漑水由来窒素の水稲吸収量の推移．土肥誌．**63**, 505—510.

栃木県農作物施肥基準．2006．栃木県．

吉澤比英子・高沢由美・常見譲史・大島正捻．2011．黒ボク土水田に連用する有機物の違いが水稲の窒素吸収パターンと収量構成要素に違いをもたらす．栃木農試研報．**66**, 27—35.

緑肥施用水田の土壌（水）管理が水稲の収量・品質に及ぼす影響

無機質肥料（以下，化学肥料とする）を用いた水稲栽培では，化学肥料からの養分供給量の制御が容易であり，水稲の生育パターンに合わせて養分を供給できる。したがって，安定した収量を得られる可能性が高い。しかし，化学肥料の施用のみでは土壌の物理性や生物性を改善する効果は期待できない。さらに，世界的な人口増加にともない化学肥料の需要量が増大すると予想されており，肥料価格の不安定化が懸念されている。日本では，化学肥料を海外からの輸入に頼っている現状であるため，作物の生産力の安定化や経済性の観点から，化学肥料を中心に使用した従来の栽培技術の見直しを行なう必要がある。

一方，有機質肥料をおもに使用する栽培では，有機質肥料による養分供給力に加え，土壌に炭素化合物が供給されるため，土壌の物理性や生物性の改善効果が期待できる。したがって，化学肥料を中心に使用する栽培に比べ，作物に対する施用効果が高いといえる。しかし，土壌に施用した有機質肥料養分の作物への供給量の制御は，化学肥料の制御に比べむずかしい。なぜなら，有機質肥料由来養分の無機化と作物への供給は土壌微生物により引き起こされるが，微生物の活性は環境条件（土壌温度，pH，酸化還元電位など）により変化し，制御しにくいためである。したがって，環境条件によっては有機質肥料由来の養分の無機化が急速に起こる場合や逆に緩やかに起こる場合もあり，作物の生育パターンに合わせた養分供給を行なうことができず，作物の生育後半に養分が不足し減収する場合や，逆に養分が過剰となることで倒伏により収量や品質が低下する場合もある。

したがって，有機質肥料を使用する場合，土壌養分の無機化量の制御が困難である点が克服すべき点といえる。1作期間および長期的な有機質肥料養分の無機化量の制御技術を確立することができれば，作物栽培の持続性や物質循環の点からみて有機栽培がより優れた栽培法になる可能性がある。

農地へ投入される有機物資材としては，堆きゅう肥のように他所から運搬されて土壌に施用されるもの以外に，作物残渣や緑肥がある。緑肥は，堆きゅう肥などが入手困難な地域でも容易に導入できるうえに，休閑期の土壌浸食を防止し，土壌からの窒素などの養分の溶脱や流亡を防ぐことができる。さらにマメ科の緑肥を使用すれば，根粒菌の窒素固定による土壌への窒素供給を期待できる。堆きゅう肥の入手がむずかしく，かつ花崗岩母材で，低肥沃度土壌（マサ土）の広がる西南暖地では，緑肥の使用が土壌肥沃度向上のために有効であると考えられる。

ここでは，1）緑肥を利用した水稲栽培について紹介し，次に2）植物の生育にとって重要な養分である窒素に着目し，有機質肥料として緑肥を利用した水稲栽培で，無機態窒素の土壌動態と水稲の生育と収量を，化学肥料のみを使用した慣行栽培水稲と比較する。そのさい，3つの研究事例をもとに説明する。

（1）緑肥を利用した水稲栽培

水田で緑肥を利用する方法は，大きく「すき込み」と土壌表面を被覆する「リビングマルチ」に分かれる。

①緑肥すき込み

緑肥すき込みは，緑肥作物を水田の裏作として利用し，水稲の栽培前に有機質肥料として土壌にすき込む技術である。水稲収穫前（立毛中）か収穫直後に播種される場合が多い。3月から5月下旬にかけて急激に生育し，開花期の窒素などの養分がもっとも蓄積されたところを，トラクターなどで破砕し，土壌にすき込むことで，緑肥に蓄積された養分を水稲に供給することができる。古くから行なわれている技術である。

水稲

②緑肥リビングマルチ

緑肥リビングマルチを利用した水稲不耕起栽培では，緑肥作物が開花する時期に水稲を直播したあと湛水し，緑肥作物を枯死させる場合や，湛水により緑肥作物を枯死させたあとに水稲を移植する。マメ科緑肥の窒素固定による土壌への窒素供給効果に加え，リビングマルチの雑草抑制効果を期待できる。しかし，被陰や緑肥枯死時に生じる有機酸などの生育阻害物質の影響により水稲の初期生育が劣る場合があるので，安定的な収量を確保するために技術の改善が求められている。

(2) 草種の違いと土壌の窒素動態，水稲収量

西南暖地で水田の裏作に適用可能な9種類の緑肥の化学的特性を第1表に示した。マメ科4種（シロクローバ，レンゲ，ヘアリーベッチ，クリムソンクローバ），イネ科3種（エンバク，ライムギ，イタリアンライグラス），アブラナ科1種（キカラシ），ハゼリソウ科1種（アンジェリア）である。

マメ科は窒素含有量が多く，CN比も10.8〜15.8と低い。また，シロクローバとヘアリーベッチでは難分解性成分であるセルロースやリグニン含量も低いため，微生物による分解が速く進むことで，窒素の放出も早期に生じると考えられる。一方，非マメ科緑肥は，CN比が高く，セルロースやリグニン含量も高いものが多いことから分解速度がおそく，窒素の放出も緩やかに進むと推察される。

それらの緑肥を添加した土壌からの，無機化窒素の放出量を経時的に測定した結果を第1図に示した。緑肥の種類によって窒素の放出パターンが異なり，シロクローバやヘアリーベッチなどのマメ科緑肥では，窒素の放出速度が速く，また，その放出量が多い。一方，イネ科のエンバク，ライムギ，イタリアンライグラスでは窒素の放出速度，放出量ともに低かった。これらの結果は緑肥の化学的特性を反映している。

次に，水田にプラスチック株（直径20cm）を埋め込み，重窒素（^{15}N）でラベルした上記9種類の緑肥を水田にすき込んだ場合の，水稲（品種：松山三井）による緑肥由来窒素の吸収利用率と収量を算出した（第2表）。緑肥のうちシロクローバとヘアリーベッチ由来窒素の水稲への吸収利用率は43.5％，55.6％と高く，化学肥料由来窒素の利用率51.6％と同程度であった。収量は化学肥料のみを施用した区で42.7g/株ともっとも高かった。また，9種類の緑肥のなかではヘアリーベッチとシロクローバすき込み区で38.7g，35.6g/株ともっとも高かった。一方，イネ科のイタリアンライグラスすき込み区の収量は9種類の緑肥のなかでもっとも低か

第1表　緑肥（地上部）の化学合成

緑肥草種	C (g/kg)	N (g/kg)	C/N	セルロース＋リグニン (g/kg)
シルクローバ	376	31.7	11.9	346
レンゲ	393	24.8	15.8	473
ヘアリーベッチ	427	39.7	10.8	376
クリムソンクローバ	379	28.8	13.2	414
エンバク	424	16.0	26.5	321
ライムギ	316	11.6	27.3	502
イタリアンライグラス	246	11.5	21.7	624
キカラシ	382	15.7	24.4	518
アンジェリア	420	21.0	20.0	324

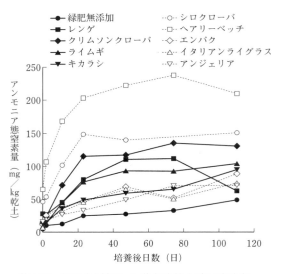

第1図　緑肥を添加した湛水培養土壌の窒素無機化量（30℃，暗条件）

有機物施用と減肥

第2表　9種類の緑肥を水田土壌にすき込んだときの水稲による緑肥由来窒素の利用率と収量

処理区	施用量 (g/m^2)		化学肥料または 肥由来窒素の 水稲利用率 (%) [2]	籾　重 (g/株)
	化学肥料 N：P$_2$O$_5$：K$_2$O	緑肥乾物重 (窒素量) [1]		
無施肥区	0：0：0	0：0：0	—	26.5
化学肥料区	8：6：6		51.6	42.7
シルクローバ区		448 (13.3)	43.5	35.6
レンゲ区		199 (4.7)	25.7	34.7
ヘアリーベッチ区		449 (16.2)	55.6	38.7
クリムソンクローバ区		450 (11.6)	33.3	30.8
エンバク区	0：0：0	998 (14.2)	15.9	29.1
ライムギ区		975 (9.8)	34.5	28.9
イタリアンライグラス区		996 (10.4)	15.4	20.2
キカラシ区		449 (6.2)	26.7	32.9
アンジェリア区		446 (8.6)	15.3	31.8

注　1）緑肥の施用量は水稲移植（6月下旬）の緑肥の生育量をもとに決定した
　　2）水稲利用率（%）＝水稲吸収用由来窒素量／施用窒素量×100

った。また，無施肥区に比べても低く，施用効果が認められなかった。

以上の結果から，シロクローバやヘアリーベッチ由来窒素は化学肥料と同程度に水稲に利用され，増収効果も他の緑肥より大きいことが明らかとなった。西南暖地のマサ土水田に適した緑肥は，シロクローバやヘアリーベッチなどの窒素放出時期が早く，放出量も多い草種であると考えられる。

(3) 緑肥の施用方法の違いによる影響

①試験の方法

緑肥としてシロクローバをすき込んだ場合とリビングマルチとして利用した場合の水稲の生育，収量，土壌中のアンモニア窒素濃度を測定し，緑肥のすき込みとリビングマルチ処理の導入効果を評価した。

2004年および2006年に愛媛大学農学部附属農場水田（土壌：灰色低地土，土性：壌土）で栽培試験を行なった。処理区として，化学肥料と緑肥を使用しない無施用区，緩効性複合化学肥料（N：P$_2$O$_5$：K$_2$O＝14：10：10）を用いてN，P$_2$O$_5$，K$_2$Oが各7，5，5g/m^{2}になるように施用した化学肥料区，水稲移植25日前にシロクローバをすき込んだ緑肥すき込み区，シロクローバをリビングマルチとし，水稲移植8日前

に湛水を開始した緑肥マルチ区の計4区を設定した。

化学肥料区は追肥を行なわず，緑肥すき込み区と緑肥マルチ区は無施肥とした。シロクローバは，前年の秋に10a当たり2.5kg播種し試験前まで栽培した。試験前のシロクローバは，地上部乾物重が204g/m^2，窒素換算量が4.5g/m^{2}であった。水稲には‘松山三井’を用いた。各試験区とも6月中旬に湛水を行ない，湛水後8日目に成苗ポット苗（28日育苗）を1株3本で手植え（栽植密度：30cm×18cm）した。化学肥料区には田植え後に除草剤を散布した。殺虫剤は散布しなかった。

②すき込み処理の効果

無施用区との比較　緑肥すき込み区の移植後1日目の土壌アンモニア態窒素濃度は，無施用区に比べ3.8mg/kg高かった（第2図）。この窒素は，緑肥の枯死と分解により放出されたものであると推察され，緑肥のすき込み処理による土壌への窒素供給効果を示唆するものと考えられる。

移植後1日目の土壌アンモニア態窒素濃度は，緑肥すき込み区で無施用区に比べ高かったが，緑肥すき込み区の水稲による窒素吸収インデックス（水稲の草丈，茎数，葉色値をかけて算出した数値）は，移植後20，38日目では無

水稲

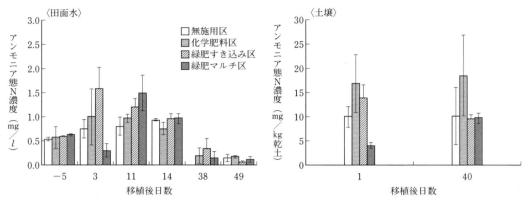

第2図　水田土壌アンモニア態窒素濃度の比較（2006年）
（浅木・上野，2009aから作成）

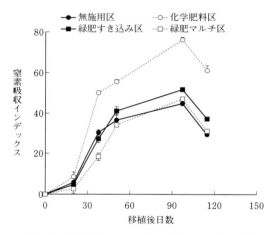

第3図　水稲の窒素吸収インデックス（＝草丈
×茎数×葉色値×10^{-3}）の推移（2006年）
（浅木・上野，2009aから作成）
バーは標準誤差を示す

施用区に比べ低い傾向を示した（第3図）。
　シロクローバ地上部の水溶性抽出物は，レタスの幼根および胚軸伸長を阻害することが報告されており（高橋ら，1995），シロクローバにアレロパシー物質が含まれている可能性が示唆されている。また，湛水による嫌気的条件下では，米ぬかなどの土壌への有機物施用と有機酸生成による水稲生育初期の草丈伸長阻害が報告されている（上野・鈴木，2005）。
　本研究の緑肥すき込み区でも，シロクローバを土壌にすき込んだことによるアレロパシー物

質または有機酸などの生成が水稲の初期生育を阻害し，結果として無施用区に比べ移植後20および38日目の窒素吸収インデックスが低い傾向を示したと考えられる。
　しかし，移植後50日目以降の緑肥すき込み区の窒素吸収インデックスは，無施用区に比べ高く推移した。さらに，緑肥すき込み区のm^2当たり籾数および収量は，無施用区に比べ有意差はないものの高い傾向であった（第3表）。これらの結果から，緑肥のすき込み処理は，土壌のアンモニア態窒素濃度を高めるとともに，水稲への窒素供給効果および収量を増加させる効果があると考えられる。
　化学肥料区との比較　しかし，緑肥すき込み区の収量は化学肥料区に比べ少なかった（第3表）。これは，すき込み区のm^2当たり籾数が化学肥料区に比べ約4,400粒少なかったためと考えられる。m^2当たり籾数は，m^2当たり穂数に一穂籾数を乗じた値であり，すき込み区のm^2当たり穂数，一穂籾数ともに化学肥料区に比べ低かった。穂数は移植後40日間の，一穂籾数は移植後55日目ころ（幼穂形成期，出穂25日前ころ）の窒素供給性と日射量の影響が大きい（星川，1980）。緑肥すき込み区の移植後40日目の土壌アンモニア態窒素濃度は化学肥料区に比べ低かったことから（第2図），穂数および一穂籾数が決定される移植後40日間と移植後55日ころの窒素供給量が緑肥すき込み区で化

有機物施用と減肥

第3表 緑肥導入水田の収量および収量構成要素 (浅木・上野, 2009aから作成)

	精玄米収量 (g/m²)	穂数 (/m²)	有効茎歩合 (%)	籾数 (/穂)	籾数 (/m²)	登熟歩合 (%)	玄米千粒重 (g)	稈長 (cm)	穂長 (cm)	もみ・わら比
2004年 化学肥料区	494	361	67.1	93.6	32,622	59.9	21.4	—	—	0.87
緑肥すき込み区	406	328	70.0	84.8	25,644	58.7	20.9	—	—	0.96
緑肥マルチ区	416	303	64.6	81.9	24,992	67.8	21.1	—	—	0.99
2006年 無施用区	391	241b	78.7	72.7	17,523b	87.3	25.6	76.2bc	19.5	0.97ab
化学肥料区	520	319a	83.7	83.9	24,575a	81.9	25.9	84.0a	20.3	0.94b
緑肥すき込み区	422	269ab	76.3	76.1	20,168ab	80.6	25.8	77.6b	20.2	0.99ab
緑肥マルチ区	399	244b	79.2	73.7	18,001b	87.0	25.3	73.7c	19.2	1.09a

注 各数値右側のアルファベットの異なる文字間には，Turkeyの多重比較検定により5％水準で有意な差があることを示す

学肥料区に比べ少なかったと推察される。

③リビングマルチ処理の効果

一方，緑肥マルチ区の移植後1日目のアンモニア態窒素濃度は，無施用区に比べ5.9mg/kg低かった（第2図）。緑肥マルチ区では，移植後3日目の田面水アンモニア態窒素濃度が他の処理区に比べ低かったことから，移植後3日目の緑肥マルチ区のシロクローバは，まだ枯死しておらず，緑肥由来窒素の放出量は微量であったと推察される。

また，シロクローバは前年から植えられており，土壌中の無機態窒素はクローバによって吸収され減少していると考えられる。さらに不耕起水田の作土の窒素無機化量は，耕起水田より少ないと考えられている（伊藤，2002）。したがって，緑肥マルチ区の移植後1日目の土壌アンモニア態窒素濃度が無施用区に比べ低かったのは，土壌中の無機態窒素がクローバに保持されており，さらに不耕起であるため，耕起を行なった無施用区に比べ窒素無機化量が少なかったことによると推察される。

緑肥マルチ区の茎数および窒素吸収インデックスは，生育期間を通して化学肥料区および緑肥すき込み区に比べ低かった。また，無施用区に比べ，移植後20～50日目までは低かったが，それ以降は同程度に推移した（第3図）。緑肥マルチ区の水稲の穂数，籾数は，化学肥料区および緑肥すき込み区に比べ少なく，登熟歩合は高い傾向を示した（第3表）。

以上のことから，緑肥リビングマルチ処理は，すき込み処理に比べ水稲生育初期の窒素供給性と穂数および籾数に及ぼす効果が低いことが示唆される。

(4) リビングマルチ処理と灌水管理による影響

①リビングマルチを利用した水稲不耕起栽培の問題点

マメ科緑肥リビングマルチを利用した水稲不耕起移植栽培では，緑肥は湛水により枯死することで養分を放出し，一方で微生物の嫌気的発酵により有機酸が生成される。有機酸は水稲根の生長を阻害することから，活着前の水稲根は有機酸の影響をとくに受けやすく，初期生育を阻害することが考えられる。その結果，緑肥由来窒素の吸収利用率も低下する可能性が高い。これらの理由から，上述したようにリビングマルチはすき込み処理に比べ増収効果が低い。

しかし，湛水開始時期を変化させ，緑肥の枯死時期を換えることで，有機酸生成量を制御し，水稲の初期生育阻害を軽減するとともに，緑肥養分の溶出時期を遅らせ，緑肥窒素の放出速度を緩やかにすることで，緑肥由来窒素の水稲利用率や水稲生育を向上できる可能性がある。そこで，マメ科緑肥リビングマルチを利用した水稲不耕起移植栽培において湛水開始時期を変化させて緑肥の枯死時期を制御した場合の，田面水および土壌の窒素動態の解明，水稲生育，収量に与える影響について検討した結果を紹介する。

②試験の方法

試験区として次の5区を設定した。すなわち，

水 稲

2005年6月14日に緩効性複合化学肥料（N：P_2O_5：K_2O ＝ 14：14：14）を用いてN，P_2O_5，K_2O各$8g/m^2$になるように施用した化学肥料区，水稲移植28日前の2005年5月26日にシロクローバをすき込んだ緑肥すき込み区，シロクローバをリビングマルチとし，水稲移植10日前に湛水を開始した緑肥標準湛水区（以下，緑肥標準区とする），移植後10日目に湛水を開始した緑肥遅延湛水10日区（以下，緑肥10日区とする）および移植後30日目に湛水を開始した緑肥遅延湛水30日区（以下，緑肥30日区とする）の計5区である。

各試験区の面積は，$20m^2$（5m×4m）とした。化学肥料区と緑肥すき込み区は耕起と代かきを行ない，緑肥標準区，緑肥10日区および緑肥30日区は不耕起とした。シロクローバは試験前に地上部乾物重が$381g/m^2$，窒素含有率が2.21％，窒素換算量が$8.2g/m^2$であった。このシロクローバは2004年12月に10a当たり2kg播種し，試験前まで栽培したものである。水稲には'松山三井'を用いた。成苗ポット苗（28日育苗）を2005年6月20～23日に1株3本で手植え（栽植密度：30cm×18cm）した。

③湛水開始時期の遅延と田面水および土壌無機態窒素濃度

田面水の窒素濃度に及ぼす影響　緑肥リビングマルチ処理区の田面水中のアンモニア態窒素濃度は，湛水開始後4日目から15日目に上昇した（第4図）。これは，湛水と緑肥枯死により緑肥由来窒素が田面水中に放出されたためと考えられる。したがって，湛水開始時期の遅延により，緑肥由来窒素の放出時期を遅らせることが可能であることが示唆される。

緑肥30日区では，移植後40日目に田面水中のアンモニア態窒素のピークが見られた。水稲の最高分げつ期は移植後47日目付近であったことから（第6図参照），移植後30日目に湛水を開始した場合，緑肥由来窒素が田面水から水稲へ供給される時期は，水稲の最高分げつ期直前であることが明らかとなった。

土壌窒素濃度に及ぼす影響　一方，土壌の無機態窒素は，田面水中のアンモニア態窒素のような推移を示さず，湛水開始時期の遅延による緑肥由来窒素の放出時期の遅延は見られなかった（第5図）。緑肥30日区の土壌のアンモニア態窒素濃度は，湛水開始前の移植後16日目から32日目にかけて緑肥標準区および10日区に比べ急激に減少し，逆に硝酸態窒素濃度は増加した。

耕起代かき田では，中干し開始後，7～10日後には明らかに土壌Ehが高まり，土壌が好気的となったこと，さらに脱窒，溶脱およびイネの吸収により土壌アンモニア態窒素量が減少したことが報告されている（米野ら，1982）。緑肥30日区も湛水開始が遅れたことで土壌が好気的になり，土壌有機物の分解が進むことでアンモニア態窒素の揮散や，硝化による流亡や溶脱が起こったと推察される。

これらの結果から，湛水開始時期の遅延が緑肥由来窒素の田面水中への溶出時期を遅延させることが明らかとなったが，土壌中への影響は確認できなかった。

④湛水開始時期の遅延と水稲の生育および収量

生育への影響とその要因　圃場試験において緑肥30日区では，緑肥標準区および10日区に比べ移植後28日目以降は草丈が高い傾向を示した（第6図）。また，収穫時の水稲根，茎葉および穂の各乾物重は，緑肥30日区で緑肥

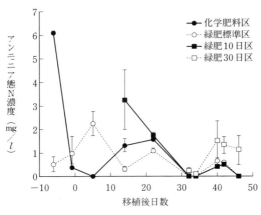

第4図　田面水中のアンモニア態窒素窒素濃度の推移（2005年）（浅木・上野，2009bから作成）
バーは標準誤差（n＝4）を示す

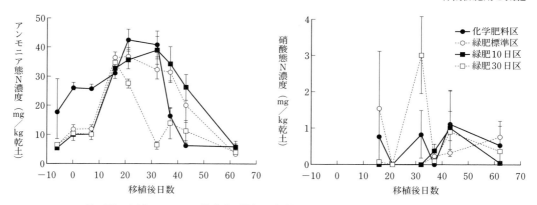

第5図 土壌アンモニア態窒素（左）・硝酸態窒素濃度（右）の推移（2005年）

（浅木・上野，2009bから作成）

バーは標準誤差（n=4）を示す

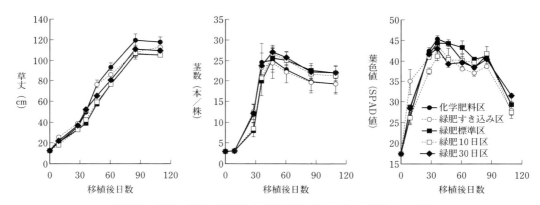

第6図 水稲の草丈，茎数および葉色値（SPAD）の推移（2005年）

（浅木・上野，2009bから作成）

バーは標準誤差（n=3）を示す

第4表 緑肥導入水田の収量および収量構成要素（2005年） （浅木・上野，2009b）

試験区	乾物重（g/株） 根	乾物重（g/株） 茎葉	乾物重（g/株） 穂	玄米収量 (g/m²)	穂数 (本/m²)	有効茎歩合 (％)	粒数 (/穂)	粒数 (/m²)	登熟歩合 (％)	玄米千粒重 (g)	食害痕数 (/茎)	倒伏率 (％)
化学肥料区	14.1b	40.2ab	34.3c	246c	365a	78.7a	82.7a	30,214ab	38.2b	21.6c	1.02a	100a
緑肥すき込み区	15.6ab	38.7ab	37.1bc	386b	354a	80.8a	81.8a	28,977b	57.2a	23.3ab	0.71ab	50a
緑肥標準区	9.5b	36.8b	41.5ab	476ab	411a	88.9a	77.9ab	32,008a	63.4a	23.2b	0.20ab	75a
緑肥10日区	20.0a	37.5b	43.8ab	487ab	396a	80.7a	80.0ab	31,673ab	65.0a	23.7ab	0.07b	48a
緑肥30日区	16.8ab	42.7a	45.0a	541a	409a	81.7a	74.3b	30,366ab	73.9a	24.1a	0.20ab	23a

注 各数値右側のアルファベットの同一文字間には，Turkeyの多重比較検定により5％水準で有意な差がないことを示す

標準区および10日区より有意に高いか，おおむね高い傾向を示した（第4表）。このように，緑肥30日区では緑肥標準区および10日区に比べ，水稲生育（草丈，茎数）が良好で，収穫時の乾物重が重くなることが明らかとなった。

中干しすると常時湛水区に比べ最高地温が高く，最低地温が低くなり，日較差が大きくなる（米野ら，1982）。これが根の健全化や生育登

熟に有利であり，かつ，中干しにより土壌中に酸素が供給される結果，総根重と健全根が多くなり，根の支持力が高まり同化能力が向上することが報告されている（星川，1980；米野ら，1982）。本研究の緑肥30日区も，湛水を開始するまでは緑肥標準区に比べ地温の日較差が大きく，好気的であったと考えられる。そのため，根重が増加するとともに，根の支持力が高まり同化能力が向上し，生育，登熟が良くなり，結果として緑肥標準区に比べ収穫時乾物重が高くなったと推察される。

収量への影響とその要因　収量は，緑肥30日区でもっとも高く，次いで緑肥10日区，緑肥標準区の順となった。緑肥30日区では緑肥標準区および10日区に比べ登熟歩合と千粒重が高く，この原因は倒伏率が低かったことにあると考えられる。

化学肥料区は害虫による食害率が高かった（第4表）。この食害は，水稲茎内部へ侵入し加害するメイチュウ類によると考えられる。関東地方以西の太平洋側では，ニカメイガの第二世代幼虫は8月ころからイネを加害することが報告されている（岩田，1990）。化学肥料区では，加害時期にあたる移植後47日目以降の草丈，および移植後28〜47日目の葉色値が他の試験区に比べ高く，移植後36日目の茎数も多かったことから（第6図），窒素吸収量が多かったと考えられる。ニカメイガによる被害程度は水稲品種によって異なるが（岩田，1990），窒素濃度が高く葉色が濃いイネや生育量が大きいイネに集中することが報告されている（石黒，1997）。

このような害虫による食害率の増加が，化学肥料区で水稲倒伏率を高めたと考えられる。食害および倒伏率の増加により，登熟歩合，千粒重が他の試験区に比べ有意に低くなり，その結果，収量も有意に低くなったと推察される。化学肥料区では本来，殺虫剤により害虫が防除されるため，ここでは化学肥料区を参考データとした。

湛水開始時期の遅延による収量向上効果　以上の試験結果から，マメ科緑肥リビングマルチを利用した水稲不耕起土壌で湛水開始時期を遅らせることにより，緑肥の枯死時期と田面水中のアンモニア態窒素濃度の上昇時期が遅延した。したがって，湛水開始時期の遅延により，田面水中へのアンモニア態窒素の放出時期を遅らせることが可能であることが明らかとなった。

湛水開始時期を移植後30日目まで遅らせた場合は，土壌中のアンモニア態窒素の減少と硝酸態窒素の増加が認められた。これは，湛水開始時期を遅らせることで，土壌がより好気的となったことを示唆するものである。土壌中では，湛水開始時期の遅延が緑肥窒素の溶出時期を遅延させる現象は認められなかったが，湛水開始時期を移植後30日目まで遅らせた場合，水稲の生育，登熟歩合，玄米千粒重，さらには収量が増加した。これは，最高分げつ期直前に田面水からの緑肥由来窒素の供給が行なわれたことに加え，地温の日較差や土壌の酸化還元電位などが変化したことで，根量が増加し，生育登熟が良くなったことによると推察される。

以上から，緑肥のすき込みやリビングマルチ処理を利用した水稲栽培では，化学肥料のみを用いた栽培と比較して，土壌中の無機態窒素濃度の推移が変化するとともに，水稲の生育パターンや収量が変化し，条件によっては高収量を得ることができた。このことは，緑肥を利用することで，持続的で安定・高収量を得ることができる栽培技術を構築できる可能性を示唆するものである。今後は，緑肥の利用に加え，栽培方法（耕起・不耕起，水管理，栽植密度，化学肥料の追肥など）を組み合わせることにより，安定した高収量を維持できる栽培体系について検討する必要がある。

執筆　浅木直美（茨城大学）

2013年記

参 考 文 献

Asagi, N. and H. Ueno. 2009. : Nitrogen dynamics in paddy soil applied with various 15N-labelled green manures. Plant and Soil. **322**, 251—262.

浅木直美・上野秀人. 2009a. 西南暖地におけるシロクローバのすき込みおよびリビングマルチ処理が水稲の生育，収量および土壌アンモニア態窒素濃度に与える影響. 農作業研究. **44**，127—136.

浅木直美・上野秀人. 2009b. マメ科緑肥リビングマルチ条件下の水稲栽培における湛水開始時期の違いが水稲の生育，収量に与える影響. 日本作物学会紀事. **78**，27—34.

星川清親. 1980. 第2章　水稲. 新編食用作物. 養賢堂. 東京. 95—97.

石黒清秀. 1997. 庄内地方におけるニカメイガの多発要因の解析と防除に関する研究. 山形農試研報. **31**，31—55.

伊藤豊彰. 2002. フィールドから展開される土壌肥料学—新たな視点でデータを採る・見る—6. 耕起から不耕起にすると土壌と作物の何が変わるか？ 日本土壌肥料学雑誌. **73**，193—201.

岩田俊一. 1990. 気象障害生理と病害虫生理. 松尾孝嶺代表編集，稲学大成　第2巻—生理編—. 農文協. 東京. 678—682.

高橋佳孝・齋藤誠司・大谷一郎・魚住順・萩野耕司・五十嵐良造. 1995. 草地におけるアレロパシーの解明とその評価に関する研究6. 地上部水溶性抽出物のレタス発芽・生育試験による野草地構成植物からのアレロパシー発現種の検索. 日草誌. **41**，232—239.

上野秀人・鈴木孝康. 2005. 水稲有機栽培における焼酎廃液資材と米ぬかの抑草効果および養分供給特性. 農作業研究. **40**，191—198.

米野操・田中順一・板垣賢一・青柳栄助・田中伸幸. 1982. 水稲生育中期の水管理にともなう土壌の2，3の性質と生育収量に及ぼす影響. 山形農試研報. **17**，45—57.

水稲

ヘアリーベッチ稲作成功の3か条

執筆　米倉賢一（有機稲作研究所）

私の本業は有機農業技術コンサルタントで、有機JAS適合の育苗培土をはじめとする生産資材の開発と普及、販売がおもな仕事である。ヘアリーベッチについては、1999年から全国各地の農家の協力を得ながら現地で試験を行ない、普及に取り組んできた（第1図）。

現場主義を貫いて普及していると、いつの間にか自分も緑肥作物を活用した営農を開始。2013年に50歳で超遅咲きの新規就農者となり、有機JAS認証も取得した。現在は、堆肥や有機肥料を使わず緑肥だけで40aの有機野菜を生産・出荷しつつ、引き続き水田や畑での緑肥活用の普及に取り組んでいる。

肥料代高騰で稲作での活用が進む

ヘアリーベッチ稲作への関心が高まっている背景として、いくつかの要因が考えられる。

1）近年の肥料代高騰の影響。イネ刈り後、来春まで半年もの間何も栽培しない水田で、ヘアリーベッチのチッソ固定により肥料が自給できる。

2）茎葉部のC/N比（炭素率）が11程度と低いため、分解が速く肥料効果が現われやすい。

3）シカなどの食害にあわず、アレロパシー物質を含んでいるので水稲生育初期に一年生雑草の発芽を抑制できる。

同じく緑肥としてよく使われるレンゲだと、アレロパシー作用がないので水田雑草抑制効果が見られず、アルファルファタコゾウムシなどの食害も受ける。

4）化学肥料を使わず土壌への炭素貯留にもなるため環境負荷を抑えられ、エシカル消費で有利販売ができる。

5）冬期間ヘアリーベッチが田面を覆うので風食防止や景観形成になり、開花期まで生育させると蜜源作物としても利用できる。

6）緑肥を利用して化学肥料と農薬を5割以上低減させると、環境保全型農業直接支払の要件を満たし、10a当たり6,000円の交付金が受けられる（ヘアリーベッチ種子代をほぼ相殺）。

なかでも大きいのは、1）だろう。このような背景から、今後もヘアリーベッチ稲作は拡大すると思われる。

成功の3か条

20年あまりヘアリーベッチ稲作の普及に取り組んでいると、失敗事例にも出くわす。偶然の成功はあっても偶然の失敗はない。

失敗談をくわしく聞くといくつかの共通点があり、最近はこれをまとめ「ヘアリーベッチ稲作成功の3か条」と題して講演を行なっている。この三つをサボると間違いなく失敗する。

（1）晩生品種を秋まきする

まず一つ目は、水田に適した品種選択と、適期での播種である。これを間違うと出だしから失敗する。

ヘアリーベッチの品種には、早生タイプと晩生タイプがある。

第1図　ヘアリーベッチ稲作によるあきたこまち

基本的に早生タイプは春まき、晩生タイプは秋まきする。

ネット販売の安い種子は品種名を表記していないものがあり、その多くは早生タイプで湿害に弱く、耐寒性も弱い。寒・高冷地では早生タイプで十分な生育を確保するのはむずかしい。温暖な西日本でも、春は荒天が多く生育初期にダメージを受けやすい。

晩生タイプは比較的湿害に強く、耐寒性も強い。水田での秋まきに適した晩生タイプの品種には、'寒太郎'（雪印種苗）、'ハングビローサ'（雪印種苗）、'しげまるくん'（カネコ種苗）、'ウインターベッチ'（タキイ種苗）がある。播種量と地域別の播種時期を、種苗メーカーのカタログで確認することも重要である。

（2）額縁明渠、暗渠を掘る

二つ目は、生育中の湿害回避である。ほとんどの水田には根粒菌が棲んでいて、マメ科植物の根に着生してチッソを固定する。しかし、田面に水が停滞する湿害により、根に着生できなくなる。ヘアリーベッチは根粒菌からのチッソ供給を受けられなくなると、葉色が緑から黄、赤と変化し、生育が停止、最悪枯死する。赤色を呈した状態は「赤ベッチ」と呼ばれ、排水不良の証しである。

排水対策としては、播種の前後に額縁明渠を掘り、四隅をスコップでつなぎ合わせて、雨水を水尻から確実に排水できるようにする。水尻までつながっていないと、溝に水が溜まるだけで排水できない。湿田や半湿田では暗渠排水も必要となる。水田でのムギやダイズ栽培の排水対策と同じ要領である。

（3）生育調査でチッソ量を推測する

三つ目は生育したヘアリーベッチのすき込み量とすき込み時期の確認である。地力や品種によって異なるが、水稲へのチッソ施肥量はおおむね10a当たり8kg程度である。ヘアリーベッチを開花期まで生育させると群落高が80cm程度となり、10a当たりの生草収量は6t以上、茎葉部に含まれるチッソ量はなんと25kg以上にもなる。水稲が必要とする量の3倍以上にな

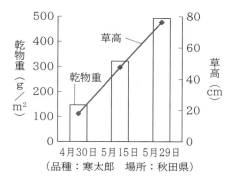

第2図　秋まきヘアリーベッチの生育

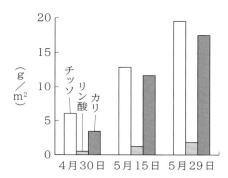

第3図　茎葉部に含まれる肥料成分

ってしまう。

秋まきの晩生タイプは、冬から春までの生育はゆっくりだが、桜の開花以降は旺盛になり、2週間でほぼ2倍の生育量となる（第2、3図）。

水稲栽培に必要な8kg程度のチッソ量となる生育量は、群落高で25〜30cm程度、10a当たりの生草収量は2t、乾物収量200kgである。この生育量なら茎が非常に軟らかいので、細断せずとも絡み付くことなくロータリですき込める。フレールモアなどで細断しないとロータリに絡んですき込めないというのはヘアリーベッチが生育しすぎているためで、すでにチッソ過剰の状態である。

桜の開花以降は急激に生育が進むので、ときどきスケール（物差し）をあてて群落高を実際に測定することが重要である。道路から見ているだけではわからない。

水 稲

生草重量を量る

50cm角（0.25m²）でポールを立て、枠内のヘアリーベッチを地際で刈り取る

例えば50cm角（0.25m²）の生草重量が0.5kgだとすると、

$$0.5\text{kg} \times 4 \times 4 = 8\text{kg}$$ （10a当たりのチッソ量）

1m²の生育重量に変換 ／ 生ヘアリーベッチのチッソ濃度0.4%の4

となり、この時がすき込みの適期となる。

（正確には $0.5\text{kg} \times 4 \times 1000 \times \frac{4}{1000} = 8\text{kg}$）
　　　　　　　　　　　　10a=1000m²　　0.4%

第4図 収量調査から10a当たりのチッソ量を推定する

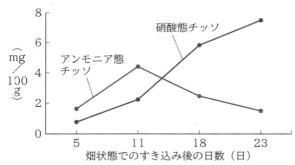

第5図 畑状態でのチッソ形態ごとのチッソ量

ヘアリーベッチの収量調査から10a当たりのチッソ量を推定できる。50cm角（0.25m²）でヘアリーベッチの生草重量を測定し（第4図）、それを4倍して1m²当たりの重量に換算する。その値に生ヘアリーベッチのチッソ濃度である0.4%の4をかけると10a当たりの推定

チッソ量となる。もし生育量が足りなければ、1週間後に5割増しの重量になるのを見越してすき込みを延期すればよい。

チッソ形態で肥効を調整する

ヘアリーベッチの茎葉部に含まれるチッソの形態は有機態である。すき込み1週間後には分解が進み、水稲が吸収しやすいアンモニア態チッソに変化してくる。畑状態で放置しておくとさらに分解が進み、水稲があまり吸収しない硝酸態チッソに変化してくる（第5図）。したがって、代かきの7〜10日前にすき込むような段取りになる。

すき込み後、入水して湛水状態を保てば、アンモニア態チッソが硝酸態チッソには変化しにくくなるので、代かきするのはその後いつでもよい。ただし、アレロパシー作用が弱くなり、

有機物施用と減肥

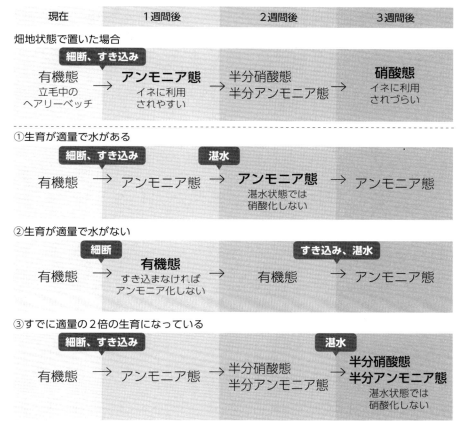

第6図 ヘアリーベッチのチッソ形態の変化と細断、すき込み、湛水のタイミング

雑草の発生抑制効果は低下する。すき込み適期なのに田植えがまだ先で用水も来ない場合は、細断だけしてすき込まずに田面に放置しておく。こうすると乾燥して分解が進まないので、有機態チッソの状態を温存できる。

　一番問題なのは、すでに適期の2～3倍の生育量になってしまった場合である。刈り取って圃場外に持ち出すことは労力的に不可能。そこで、先ほどのチッソの形態変化を逆手にとる。ロータリですき込める量をはるかに超えているので細断処理してからすき込み、畑状態で2～3週間放置しておく。そうすると、硝酸態チッソまで分解が進み、水稲が吸収しやすいアンモニア態チッソを半分以下に減らせる（第6図）。

　ヘアリーベッチを使い、イネ刈り後の水田で翌年の肥料をつくる。こうした肥料の地産地消ならぬ「田産田消」は、もっとも環境に優しい肥料高騰対策だと思われる。肥料製造工場は水田、その従業員はヘアリーベッチ、農家は工場の社長である。社長には、従業員が効率よく働ける環境整備と管理監督をぜひお願いしたい。

（『現代農業』2023年10月号「これをサボると間違いなく失敗する　ヘアリーベッチ稲作成功の3か条」より）

ヘアリーベッチを活用した減化学肥料栽培

(1) 減化学肥料栽培への緑肥の活用

近年，環境にやさしい農業やブランド化を目指して水稲での緑肥栽培が増えている。なかでもマメ科のヘアリーベッチ（以下，ベッチ）はチッソ固定による地力増進効果があり，肥料価格の高騰に対する減化学肥料対策として注目を集めている。また，有機物として堆肥施用のむずかしい地域でも利用でき，カバークロップとして雑草抑制と冬期の肥料成分の流出を抑制する。

一方，フジに似た紫色の花が咲き景観形成にもよく，地域住民のコミュニケーションの活性化にもなる。行政面では「環境保全型農業直接支援対策（2011年度〜）」でカバークロップとして支援対象になっており，農業分野での二酸化炭素削減対策でも期待されている。

ここでは，兵庫県での試験結果をもとに，水稲の減化学肥料栽培に向けた緑肥（ベッチ）利用のポイントについて紹介する。

(2) 緑肥チッソ量の過剰に注意が必要で，無肥料でも可能

水稲作において，ベッチを緑肥として用いたときのチッソ肥料代替効果やチッソ成分の動態を検討するために，2012年から3年間，兵庫県加西市にある兵庫県立農林水産技術総合センターの場内圃場（5a，細粒黄色土，造成相，表土20cmは沖積土，土壌全チッソ0.18%，腐植3%の中程度の肥沃度）で，緑肥すき込み試験を実施した。水稲は県南部で作付けの多い中生品種‘ヒノヒカリ’，ベッチは晩生品種の‘寒太郎’を用いた。その結果を第1表に示した。

1作目（2012年）は緑肥栽培時に適した水稲のチッソ施用量について検討し，すき込んだ緑肥から水稲が吸収したチッソ量をあきらかにすることを目的とした。

ベッチの播種は，前年（2011年）の10月12日に4kg/10aを散播，ロータリで軽く攪拌し覆土した。ベッチのチッソ保有量を知るため，収量とチッソ含有率を測定した。収量はm²当たり生重（50cm×50cm枠内を刈り取る）と乾物重を測定した。

水稲の施肥は被覆尿素肥料LPコート（140日タイプ）を元肥に用い，慣行区8kgN/10a，半減区4kgN/10a，無肥料区を設定した。また穂肥として有機入り普通化成肥料を2kgN/10a施用する区を設けた。5月下旬（5月31日）にすき込み，2週後（6月14日）に入水代かき，約1週後（6月18日）に移植した。

1作目のベッチの生育は旺盛で，チッソ保有量は4つの区の平均で24.5kg/10a（草高75cm，5月28日）と多くなった。ベッチの肥料成分の含有率は開花期（5月下旬）でチッソ3.5%，リン酸0.8%，カリ3.6%程度含み，C/N比は10〜13程度で分解されやすい有機物と考えられた。

ベッチの部位別チッソ含有率は，地上部3.8%，根粒6.4%，根1.8%，乾物率は10〜20%程度，地上部チッソ保有量を100とすると地下部の保有量は12程度であった。

水稲の生育に対する影響は，緑肥すき込み区ではベッチの分解や土壌還元に伴う土壌中でのガス発生（以下，ガス湧き）と，藻類の多量発生がみられ，水稲の初期生育を抑制したが，最高分げつ期ころからは回復した。草丈，茎数が増えたが無効分げつが多く，収穫時期まで葉色が濃いままで，施肥区では倒伏が大きくなった。

また，モミ／ワラ比，登熟歩合，精玄米重の低下傾向，m²当たりモミ数，くず米重，玄米タンパク含量の増加傾向を示した（第1表）。無肥料区では慣行区の9割程度の収量となり，無肥料でも栽培できることがわかった。むしろ，施肥することによって収量低下を招いた。

慣行区では過繁茂で倒伏し，収量3割減となった。すき込み区は土壌表面が軟らかくなり，中干し後も同様で，イトミミズが増えていたことも一因と考えられた。紋枯病の発生も多く見

水稲

第1表 緑肥すき込みの有無と施肥法の

年	試験区	緑肥チッソ量(kg/10a)	全重(kg/10a)	ワラ重(kg/10a)	精モミ重(kg/10a)	モミ/ワラ比(％)
2012	ベッチ75cm無肥料（0―2―1）	30.3	1,706	710	719	101
	ベッチ75cm穂肥2kg（0―2―1）	23.2	1,639	692	687	99
	ベッチ75cm元肥4kg（0―2―1）	24.2	1,754	739	701	95
	ベッチ75cm元肥8kg（0―2―1）	21.0	1,665	648	617	95
	慣行（元肥8kg）	0	1,738	702	791	113
	無肥料	0	1,583	639	723	113
2013	ベッチ40cm（1―5―1）	13.5	1,709	792	798	101
	ベッチ60cm（2―1―1）	18.8	1,655	758	779	103
	慣行（元肥8kg）	0	1,565	669	767	115
	無肥料	0	1,431	623	702	113
2014	ベッチ40cm（1―3―1）	6.8	1,404	707	697	99
	ベッチ40cm（3―1―1）	6.8	1,381	729	652	89
	慣行（元肥7kg）	0	1,467	730	737	101
	無肥料	0	1,249	660	590	89

注　試験区（　）内の3つの数値は，各々，刈倒しからすき込みまで，すき込みから入水まで，入水から移植まで

られた。ベッチ由来のチッソ量が過剰であったと考えられ，どう制御するかが課題となった。

(3) ベッチは40cm程度でのすき込みが適正

2作目（2013年）は，ベッチすき込みによる

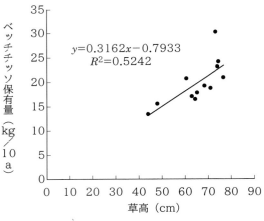

第1図 ベッチの草高とチッソ量の関係（2013年）

緑肥由来のチッソ量（以下，緑肥チッソ）について，その適量を判断するために，ベッチすき込み量に差を設けて，水稲を無肥料で栽培する試験を実施した。

ベッチ乾物量を減らすため播種日を11月8日に遅らせ，4kg/10aを播種した。また，すき込み時期による緑肥チッソ量の違いが水稲の生育収量へ与える影響を調べるため，草高40cm（5月2日，開花前）と60cm（5月22日，開花期）程度ですき込む区を設定した。

40cm区はすき込みから入水まで5週，入水から移植まで1週空け，60cm区はすき込みから入水まで1週，入水から移植まで1週空け，ベッチの分解を早めチッソ量を減らす処理を行なった。

すき込みから入水までの乾田期間や移植（6月18日）までの湛水期間の違いによるチッソ肥効を調べるため，生育時期別に水稲を採取してチッソ含有率を測定した。また，経時的に土壌を採取し，無機態チッソ濃度を測定した。

ベッチは4月以降急激に生長し，草高は1週間で約1.5倍に増加した。緑肥のチッソ保有量

違いが水稲収量および品質に与える影響

精玄米重 (kg/10a)	同左比	倒伏程度 0〜5	検査等級	玄米タンパク (%)	穂数 (本/m²)	1穂モミ数	モミ数 (×100/m²)	登熟歩合 (%)	千粒重 (g)
546	90	1	2中3上	7.3	458	87	386	67	21.8
519	86	3	2中2下	7.3	465	87	404	58	22.1
525	87	4	2下	7.6	509	86	427	58	21.8
431	71	5	2下	7.9	491	83	412	45	21.6
605	100	0	2下3中	7.1	432	100	415	68	22.0
569	94	0	2下3中	6.0	384	84	320	75	22.1
613	101	1	1下	6.4	437	96	424	74	22.1
597	99	3	1下	6.7	468	90	363	71	22.1
604	100	2	1下	7.4	496	93	456	78	22.0
551	91	0	1下	6.4	386	81	312	78	22.1
530	94	1	2上	6.4	368	80	283	78	22.2
495	88	0	2中	6.0	344	80	293	79	22.4
562	100	2	2中	6.9	375	83	317	82	22.6
451	80	0	2上	6.1	326	72	253	80	22.4

の週数

(kg/10a)は通常,生重(kg/m²)×乾物率(%)×チッソ含有率(%)×1000で算出するが,ベッチの乾物率は,伸長期10%,着蕾期15%,開花期15%,開花中期20%,開花後期40%と生育時期により変動することが報告されているため(田辺ら,2006),分析などによるベッチ由来チッソ供給量の把握はさらに煩雑となる。

そこで,ベッチの草高から簡易にチッソ供給量の推定が可能かを検討するため,群落草高とチッソ量を測定したところ,11月8日播種の晩生品種では,チッソ量(kg/10a)=草高(cm)×0.3の簡易予測式が得られ(第1図),40cmでは12kg/10aと推定された。なお,ベッチの草高はピークを過ぎると低下したことから,生育状況をよく観察しておく必要がある。

水稲の生育経過についてみると,40cm区(緑肥チッソ量13.5kg/10a)では,ガス湧きは見られたが初期生育の抑制はなく,最高分げつ期ま

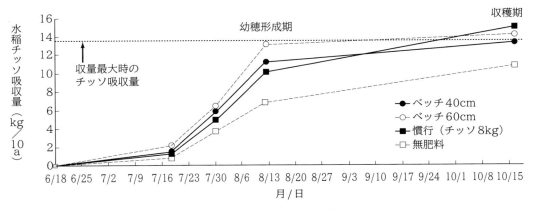

第2図　水稲生育時期別のチッソ吸収量(2013年)

で旺盛な生育を示し，幼穂形成期には葉色が慣行より低下し倒伏も少なかった。一方，60cm区（緑肥チッソ量18.8kg/10a）では，幼穂形成期まで慣行区よりも生育がまさり，チッソ吸収量も13.1kg/10aと多く，出穂後早期に倒伏した。

収量についてみると，40cm区で慣行比101，60cm区で99となり，玄米タンパクも慣行区よりも低下した。本試験の'ヒノヒカリ'ではチッソ吸収量が13.5kg/10aで最大収量が得られ，それ以上チッソを吸収すると収量が低下した（第1表，第2図）。この試験の結果では，適正な水稲チッソ吸収量となるベッチ生育量は40cm程度でのすき込みであることがわかった。

土壌中のアンモニア態チッソは，ベッチすき込み直後に増加したあとは減少に向かい，入水により再び増加し，中干し後は低下する傾向を示した（第3図）。土壌アンモニア態チッソ濃度は，水稲チッソ吸収量の推移とよく合っていた（第2図）。

(4) すき込み期間の影響

3作目（2014年）は，ベッチの播種日をさらに遅く12月5日に設定し，40cmで刈り倒した。そのうえで，すき込み期間の違いの影響を調査するため，刈倒し1週間後にすき込んで3週間後入水する区（1—3—1）と，刈倒し3週間後にすき込んで1週間後入水する区（3—1—1）を設けた。

その結果，緑肥チッソ量は6.8kg/10aと少なくなり，12月の播種は十分なチッソ量を得るには遅すぎることがわかった。

しかし，水稲収量は慣行区を100とすると，すき込み期間が1週間の区（3—1—1）は88に低下したが，すき込み期間が3週の区（1—3—1）は94とやや低下にとどまった（第1表）。水稲作における緑肥のチッソ肥効は，すき込みから入水までの畑期間が長くなると低下することが示されているが（岡山県，2014），今回はすき込み期間が3週よりも短い1週のほうが，チッソ吸収量が少なくなった。

(5) 緑肥チッソの吸収利用率

3年間のデータから，水稲のチッソ吸収量について，土壌，肥料，緑肥のそれぞれを由来別に分けて検討した（第4図）。その結果，2012年では，土壌由来チッソ（緑肥なし無肥料区の水稲チッソ吸収量）が11.6kg，肥料由来チッソ（緑肥なし肥料慣行区の水稲チッソ吸収量から土壌由来チッソ量を引いた値）が4.6kg，緑肥由来チッソ（緑肥すき込み無肥料区の水稲チッソ吸収量から土壌由来チッソ量を引いた値）が2.0～5.0kgで，緑肥由来チッソは子実部よりも茎葉部に多く吸収されていた。また，緑肥由来チッソの緑肥すき込みチッソ量に対する割合を「利用率」（正確には「見かけの利用率」）として算出したところ，15～30％となった。

なお，重チッソ（^{15}N）での標識を使った試

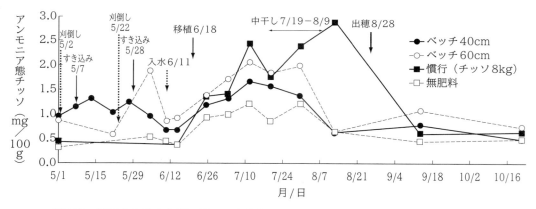

第3図　緑肥すき込み時期の違いと土壌中アンモニア態チッソ濃度の推移（2013年）

有機物施用と減肥

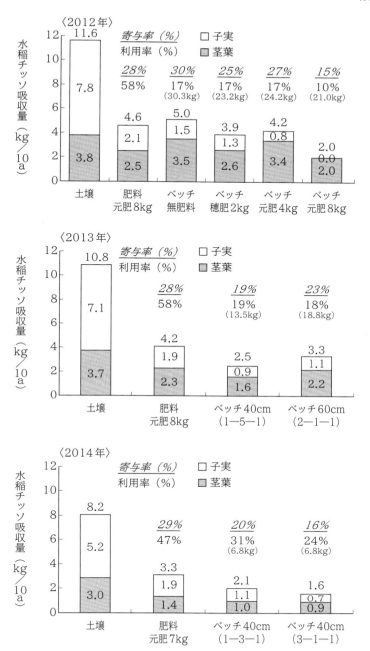

第4図 由来別の水稲チッソ吸収量と利用率および寄与率（2012～2014年）
由来別の水稲チッソ吸収量は無肥料区および緑肥無作付区との差引き法で，茎葉と子実別に求めた
棒グラフの上に由来別チッソ合計量を示し，緑肥チッソ量（kg/10a）を棒グラフの上に（　）書きで示した
また，緑肥由来チッソの緑肥すき込みチッソ量に対する割合を利用率（%）として示した。さらに水稲が吸収した全チッソ量（土壌由来＋肥料またはベッチ由来のチッソ量）に占める由来別のチッソ量の割合を寄与率（%）として下線付き斜体で示した
2013年，2014年の試験区（　）内の3つの数値は，各々，刈倒しからすき込みまで，すき込みから入水まで，入水から移植までの週数，2012年はすべての区で（0－2－1）

水　稲

験例によれば，利用率は30％（茎葉部10％，子実部20％），土壌残存率（土壌有機態チッソ）が25％，脱窒が45％と報告されている（上野，2010）。ただし，緑肥チッソの利用率は子実部が茎葉部の2倍高かったとされており，今回のデータとは違いがみられる。

　一方，今回の試験での土壌由来チッソの利用率をみると，子実部が茎葉部の約2倍高かった。これは，出穂期以降，茎葉部のチッソは大部分が穂へ再配分されるとの報告（巽，1988）と一致している。また，'ヒノヒカリ' の最適チッソ保有量は，九州北部で幼穂形成期：7kg/10a，成熟期：12kg/10aとの報告がある（角重ら，1993）。

　以上を総合すると，今回，緑肥チッソの子実部での利用率が低かったのは，緑肥すき込み区の幼穂形成期ですでに11～13kg/10aと過剰であり，子実部はチッソの再配分を受けきれなかったためと考えられる。

　また，緑肥由来チッソは，水稲の根にも地上部とほぼ等量が吸収されるため（上野，2010），緑肥由来チッソの土壌残存率は高まる。ただし，上野（2010）はポット試験の結果で，圃場の場合は溶脱が約10％程度見込まれることと，今回の試験でも緑肥チッソが過剰だった2012年の利用率は30％程度であったが，2013年以降は20％程度であったことから，その利用率は25％程度と思われる。

　そのほか，イナワラや水稲根に含まれるチッソ成分のうち，イナワラの24％，水稲根の17％が後作水稲に利用されることがあきらかになっており（松山ら，2003），これは水稲に吸収された緑肥由来チッソも同様に，次作以降に土壌由来チッソとして肥効が発現する可能性を示

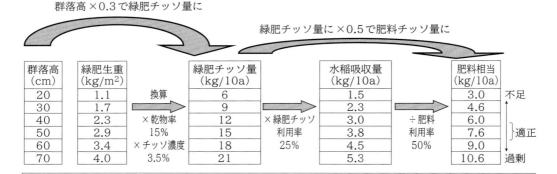

第5図　ベッチのチッソ量の推定とチッソ施肥量への読み替え表

唆している。今回，2014年の試験では，緑肥チッソが7kg程度と少なくても寄与率（由来別チッソ量÷土壌由来チッソを含む水稲が吸収した全チッソ量×100）が20％程度あったのは，連作の効果で地力が高まっているためと考えられる（緑肥チッソ：1作目24.5kg/10a，2作目16.5kg/10a）。

また，すき込み期間の影響が逆になった要因としては，すき込み期間が3週の区（1—3—1）は前年度のベッチ60cm区，1週の区（3—1—1）はベッチ40cm区を充てており，3週の区のほうが前年度の緑肥チッソが多かったことが考えられた。

なお，肥料と緑肥とも無施用の無肥料区では，土壌由来チッソが3年の間に11.6kg，10.8kg，8.2kgと漸減していた。

(6) すき込み時チッソ量の見きわめと肥効制御がポイント

水稲‘ヒノヒカリ’でのベッチの緑肥利用は，適正量をすき込むと無肥料栽培でも慣行区と同等の収量が得られ，環境にやさしい栽培法として有望と考えられる。ただし，すき込み時チッソ量の見きわめとチッソ肥効の制御が鍵となる。

ベッチのチッソ量の推定とチッソ施肥量への読み替え表を第5図として示した。ベッチはチッソと同程度にカリも含むがリン酸は少ないので，土壌診断にもとづきリン酸を施用する必要がある。栽培時の注意点としては，播種量：4kg/10a程度，播種時期：10月中下旬～11月中下旬，湿害に弱いため圃場均平に心がけ，額縁明渠や排水溝を設置し，ロータリで軽く覆土（3cm程度）する。開花前40cm程度のすき込みが，適量と考えられる。

開花期以降は含有チッソ量が低下し，また雑草化防止のため，開花期までにすき込んで結実させないよう留意する。つる性のためフレールモアで細断し乾かしてからすき込む。すき込みから入水まで1～2週程度空け，入水から移植まで1週程度空ける。緑肥利用は新鮮有機物の施用になるため，異常還元や有機酸の発生などに注意し，ガス湧きが見られたら軽く干す。緑肥の肥効が少なく見込まれる場合は，葉色を見て追肥で調整するなどの対応が望ましい。

今後，土壌中のチッソ動態をあきらかにすることにより，さまざまな現地の土壌・栽培条件に合わせたきめ細かな技術の組立および良食味化技術についてもさらに検討が必要である。

　　執筆　松山　稔（兵庫県立農林水産技術総合センター）

2024年記

参 考 文 献

角重和浩・山本富三・井上恵子・田中浩平. 1993. ヒノヒカリのチッソ栄養診断第1報ヒノヒカリのチッソ吸収量と生育収量との関係. 福岡農総試研報. A-12, 15—18.

松山稔・牛尾昭浩・桑名健夫・吉倉惇一郎. 2003. 施用由来有機物由来チッソの5年間にわたる水稲への吸収利用と施肥チッソの削減. 土肥誌. **74**, 533—537.

岡山県. 2014. 岡山県農林水産総合センター農業研究所平成25年度試験研究主要成果. 5—8.

田辺裕司・藤井義晴・中島江理・平館俊太郎・谷田重遠. 2006. ヘアリーベッチの多面的利用に関する調査. 岡山総畜セ研報. **16**, 11—16.

巽二郎. 1988. 元素の吸収と作用. 農業技術大系作物編. 第1巻, 基237—241.

上野秀人. 2010. 水田における緑肥利用の現状と展望. 農業および園芸. **85**, 136—146.

水　稲

冬期湛水・不耕起・有機栽培水田土壌の特徴

（1）国内外の冬期湛水

　冬期湛水は，古くは江戸時代の『会津農書』（佐瀬与次右エ門，1684）に「田冬水」という表現で登場している。藤原・庄子（1977）は，会津農書における冬期湛水が今日の流水客土（土壌を流水に混入し，自然流下によって行なう客土法）に相当し，その目的は泥水を水田に供給することで土壌の地力を高めることであった，としている。近年のわが国での冬期湛水は，有機栽培や不耕起栽培をより容易にする基盤として，また田尻町蕪栗沼周辺水田などのように，水鳥保全のための代替湿地（岩渕，2007）など，さまざまな目的で行なわれている（嶺田ら，2004）。

　海外ではスペイン，アメリカ合衆国，韓国，中国などで水田への冬期湛水が行なわれている。スペインのエブロデルタ野鳥特別保護区周辺でのEUのLIFEプロジェクトによって，冬期湛水・有機農業が鳥類の生息環境の保全だけでなく，環境改善，水稲生産の総合的経済性に優れることが明らかにされている（Ibanez，2004）。アメリカ合衆国カリフォルニア州では1991年より水田でのわら焼きが禁止され，冬期湛水はその代替わら処理法として実施され，これによって水鳥の飛来数が増加している（Elphickら，2003）。冬期湛水により栽培期間中の無機態窒素量が増加すること（Eagleら，2001）や，冬期湛水水田に訪れる水鳥の採餌による田面攪乱が雑草発生を減少させ，わらの分解が促進され，土壌中の無機態窒素量が増加する（Birdら，2001）ことが明らかにされている。また，中国四川省の水稲地帯で，天水田で雨季が到来するまでの播種，整地，移植に必要な水の確保のために冬期湛水が伝統的に行なわれてきた（阿部，1978）。四川盆地で行なわれている冬期湛水には，次のような利点が挙げられている。1）耕起によって稲株を腐らせ，窒素固定細菌などを増殖させる。

2）冬期湛水によって雨季を待つ必要がなく，早生種や中生種の栽培が可能となる。3）雑草抑制効果。4）土壌が軟化するため人力による耕起が容易になる。

（2）水田土壌の一般的な特徴

①春〜秋の湛水による土壌環境の変化

　水田土壌は，春の耕起・代かきから秋の収穫まで人為的に水田を湛水状態にするために，畑とは異なった土壌特性を示す。その最も顕著な特徴が，水田土壌での還元状態の発達である。作土層では微生物の活動に伴って酸素が消失し，それに続いて硝酸態窒素の窒素ガスへの還元による脱窒，酸化型のマンガンや鉄の還元，硫酸イオンの硫化水素への還元が逐次的に進行する。また，水田土壌のリン酸の一部は酸化鉄と結合して溶解度の低いリン酸鉄として存在しているが，酸化鉄の還元（溶けやすい二価鉄の生成）によって溶解度が上昇し，水稲に利用されやすくなる（可給態リン酸の増加）。これらの反応と並行して，有機物分解に伴って二酸化炭素やアンモニア，有機酸が生成し，さらにその有機酸や二酸化炭素は，最も強い還元状態で温室効果ガスの一つであるメタンに転化する。以上のような反応が進むにつれて，水田土壌の酸化還元電位（Eh）は低下し，また通常の水田（乾燥しているときのpHは5〜6）のpHは中性付近に向かって上昇する。

　化学肥料を慣行的に施用した場合でも，イネが吸収する窒素の大部分（7〜8割）は，土壌有機物が微生物によって分解されて生成するアンモニウム態窒素（地力窒素ともいわれる）である。そのために，堆肥などの有機物を水田に継続的に投入して，微生物分解によって消耗する土壌の有機物量を維持・増加することが水稲の安定生産には重要である。

　これまでの水田整備では，暗渠排水などによって排水性を向上させ，乾田化し，さらに秋の耕起で稲わらの分解を促進するとともに，土壌を乾燥しやすくすることによって，乾土効果の発現を促進する方向で水稲生産性を高めてきた。土壌の乾燥と耕起による攪乱は，湛水後のアン

モニア生成量（有機態窒素の無機化量）を増加させる（乾土効果，攪乱効果）。これは，土壌の乾燥・脱水と攪乱によって土壌有機物が変化し，微生物分解を受けやすくなること，土壌中の微生物の一部が乾燥によって死滅し，その遺体が生きている微生物によって分解され，一部がアンモニウムイオンとして放出されるためである（浅川，2005）。この観点からみると，冬期湛水水田はこれまでの水田管理とは逆の方向の管理法といえる。

一方，作土層の還元化によって水稲に障害（還元障害）が発生することがある。還元環境で発生した遊離の硫化水素や有機酸が，水稲根に作用して養分吸収を阻害したり，根腐れなどの生育障害を引き起こす。このような現象は一般に遊離酸化鉄の少ない土壌で起こりやすい（浅川，2005）。

②不耕起と耕起の違いによる土壌環境の変化

耕起・整地作業を省略した不耕起栽培は土壌浸食防止効果に優れ，わが国では環境保全型農法として取り組まれている。冬期湛水を実践する農家の間でも，不耕起栽培と組み合わせている例が見受けられる。

不耕起水稲栽培のメリットは，1）表面排水による土壌流出の防止，2）田面での稲わらの酸化的分解と代かきの省略による酸化的な土壌環境の維持（根の活性維持），3）排水性が向上し，地耐圧が向上するために輪換畑への転換が容易，4）還元環境下で発生する温室効果ガス・メタンの水田からの発生・放出が抑制される，などがある。

また，デメリットとしては，1）攪乱されないことによる土壌窒素の無機化量の低下（作物収量の不安定性の増加），2）減水深の増加による雑草防除効果の不安定性および用水量の増加，3）圃場の均平維持が困難，などが挙げられる（伊藤，2002）。

冬期湛水水田（「ふゆみずたんぼ」とも呼ばれている）は，多様な目的をもって，国内および世界各地で行なわれている。その農法的な内容を吟味するうえで，その土壌の変化を理解することは大切である。しかし，冬期湛水水田の土壌に関する研究は非常に少なく，また冬期湛水による水稲栽培の方法も多様であることから，一括して，その特徴を明らかにするのは難しい。ここでは，有機栽培を前提として，環境保全効果も高いと考えられる不耕起栽培を組み合わせた冬期湛水水田の土壌の特徴を，前述した慣行管理（冬期非湛水）の耕起・不耕起水田の一般的特徴や，有機栽培が実施された冬期湛水・耕起水田と比較しながら，事例的に紹介する。

調査圃場は，主に宮城県大崎市（旧田尻町）の蕪栗沼（2006年に「蕪栗沼・周辺水田」としてラムサール条約湿地に指定された）に隣接する農家の，農薬不使用・化学肥料不使用（魚かす由来の有機質肥料および米ぬかとくずダイズ施用）の冬期湛水および冬期非湛水水田である。調査は，2004年（冬期湛水1年目，冬期から移植時までほぼ常時湛水状態にあった）と2005年（冬期湛水2年目，早春1.5か月間土壌は乾燥した。同一農家の慣行水田も含む）に行なった。

(3) 冬期湛水・不耕起有機水田土壌の特徴

①作土の酸化還元状態

前述したように，水田土壌の顕著な特徴は還元状態の発達である。この性質は冬期湛水によって，どのような影響を受けるのだろうか。

第1図は，有機質肥料と米ぬか，くずダイズ

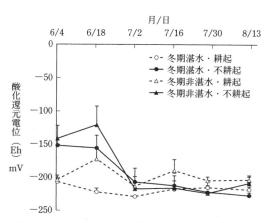

第1図　栽培期間中の土壌（深さ5cm）の酸化還元電位の推移

水稲

を表面散布した大崎市の2つの水田の酸化還元電位（Eh, 5cmの深さ）で，水稲栽培期間中のEhの推移をみたものである。数値は，Ehが低いほど強い還元状態にあることを表わしている。第1図から次のことを読みとることができる。

1) 冬期湛水水田では冬期非湛水水田に比べて早い時期から強い還元状態を示しており，両者（有機栽培）で不耕起水田は代かき水田に比べて相対的に酸化的である。

2) 有機質肥料も米ぬかも散布していない無施肥の冬期湛水・不耕起水田の例（宮城県石巻市，2005年）でも，慣行代かき水田よりも早い時期から強い還元状態を示していた。

②作土の二価鉄生成と可給態リン酸の増加

前述したように，慣行管理の水田では還元の発達（二価鉄の生成）に伴って可給態リン酸が増加するが，不耕起水田では耕起水田に比較して還元が発達しにくいので可給態リン酸は増加しにくい（伊藤，2002）。

第2図と第3図は，慣行管理の水田で報告されている二価鉄生成と可給態リン酸（ブレイ第2準法リン酸）の推移を，有機栽培を行なった冬期湛水，冬期非湛水の耕起・不耕起水田で同様に調べた結果である。冬期湛水・有機栽培水田の還元鉄（二価鉄）の生成は，不耕起および耕起の両方で，冬期非湛水水田よりも遅れており，とくに不耕起で遅れが顕著であることがわかる。これは酸化還元電位の推移と同じ傾向を表わしている。しかし，冬期湛水水田土壌の可給態リン酸は，耕起・不耕起でほぼ同じレベルで推移している。これは，6月中旬時点で，冬期湛水によって不耕起土壌においても可給態リン酸が溶解するには十分な還元状態が発達していたためと考えられる。

③アンモニウム態窒素の推移

同様に，大崎市の有機栽培を行なった冬期湛水水田と冬期非湛水水田の，栽培期間中のアンモニウム態窒素（作土）の推移を比較した（第4図）。まずその前に，それぞれの作土で無機化しうる窒素量のポテンシャルを表わす可給態窒素量（風乾土を用いて4週間，30℃の湛水培養で生成するアンモニウム態窒素量）を見てみると，

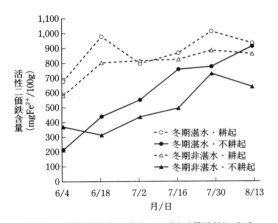

第2図　栽培期間中の作土の二価（還元鉄）生成量の推移

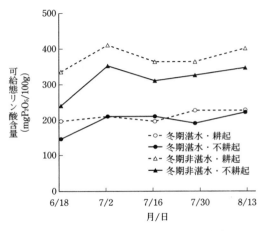

第3図　栽培期間中の作土の可給態リン酸含量の推移

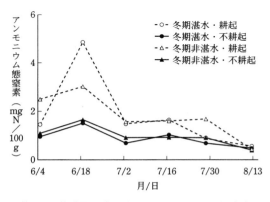

第4図　栽培期間中の作土のアンモニウム態窒素含量の推移

冬期非湛水圃場よりも冬期湛水圃場で約2mgNH₄-N/100g少ない（第5図）。しかし、耕起区の作土のアンモニウム態窒素は、冬期湛水水田で冬期非湛水水田と等しいか、高い値を示したのである。これは、湛水が継続された場合、土壌有機物や施用有機物の分解が還元的な環境であっても、ある程度早く進行することを示唆するものである。このことは、多くの研究例をもとに今後さらなる検討が必要である。

一方、冬期湛水水田においても、不耕起と耕起では作土のアンモニウム態窒素量は異なり、耕起水田よりも不耕起水田で少なく推移した。前述したように、不耕起では土壌窒素の無機化が少ないとともに、土壌表面に施用された有機質肥料の分解によって無機化したアンモニウム態窒素が硝酸化成し、窒素ガスとなって脱窒した可能性もある。

冬期湛水と続けて早春からの湛水継続を行なった場合、冬期湛水水田の作土は乾燥する期間がない。そのため、慣行管理の水田のように、秋耕し、春に土壌が十分乾燥した場合に発現する乾土効果は、冬期湛水水田ではあまり期待できないと考えられる。第5図の室内培養試験の結果で、「湿潤土」の窒素無機化量が湛水を継続した圃場に相当すると考えられる。したがって、冬期湛水・不耕起水田の土壌窒素無機化量は、十分乾燥した場合の慣行管理・耕起水田よりはかなり低くなる可能性がある。

④**土壌硬度**

作土（0〜15cm）と、耕盤層と考えられる次層（15〜30cm）の、水稲収穫後の土壌硬度を調べたのが第6図である。冬期非湛水水田では、耕起区に比べて不耕起区で高かった。これは、不耕起水田では耕起していないことと、根成構造（佐藤、1991）が保存され、排水が向上したためと考えられる。一方、冬期湛水1年目の作土の土壌硬度は不耕起区と耕起区でほぼ等しかった。これは、冬期から春期にかけて長い期間湛水状態にあったために、不耕起土壌であっても作土が軟らかくなったためと考えられる。また、図には示さなかったが、冬期湛水2年目（2005年秋調査）の耕起区と不耕起区では、表層5cmの土壌硬度が、慣行区に比べて低かった。これは、主に有機栽培（農薬不使用、有機質資材施用）によって増加した、イトミミズ類による表層土壌の軟化を反映したものと考えられる。このことは、トロトロ層の発達が栽培期間中の作土を軟らかくしていることを示唆し、不耕起土壌での苗の活着には有利に機能する可能性がある。しかし反面、作土が軟らかくなるために稲株が不安定になりやすい、というデメリットとして作用する可能性もあるので注意を要する。

⑤**土壌攪乱とイトミミズ**

通常の不耕起水田であれば、前年の稲わらはほぼ土壌表面に存在するはずである。しかし、水稲収穫後に不耕起圃場を調べたところ、前年の腐朽した稲わらが土壌中に面状に埋没してい

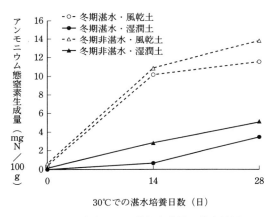

第5図 調査水田の可給態窒素量と乾土効果

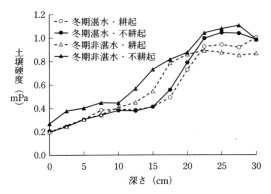

第6図 冬期湛水1年目および冬期非湛水圃場の収穫期の土壌硬度

た。稲わらの埋没深さは落水後の土壌で，約3cm（冬期湛水1年目，第7図）〜6cm（冬期湛水2年目）であった（伊藤ら，2006）。

イトミミズ類は土壌や底泥に頭を入れて細粒な土壌を摂食し，糞として土壌表面に排出することが知られている（栗原・菊地，1983ab）。冬期湛水1年目および2年目の不耕起区でイトミミズの密度が最大時で約1.4個体/cm^{2}および4個体/cm^{2}と高かったこと（岩渕，2006；伊藤ら，2006）を考えると，稲わら上に土壌が持ち上げられた「土壌攪乱層」は，主にイトミミズの土壌摂食・排出や排糞活動，呼吸・移動に伴う振動による稲わらの沈降によってつくられたと考えられる。

水田に生息する水生ミミズ（イトミミズ科，環形動物貧毛綱原始貧毛目が主）は，東北地方の水田ではイトミミズ（*Tuiex hattai* NOMURA），ユリミミズ（*Limnodrilus socialis* STEPHENSON），エラミミズ（*Branchiura sowerbyi* BEDDARD）が優占しているとされている（栗原，1983）。調査した水田のイトミミズ類の種類については現在検討中である。圃場試験で化学肥料のみを施肥した水田よりも，有機質肥料を施肥した水田のほうがイトミミズ類が増加することや，除草剤・殺虫剤・殺菌剤の種類によってはイトミミズ類に悪影響を与えることが明らかにされている（栗原・菊地，1983b）。これらのことから，調査した冬期湛水・有機栽培水田でイトミミズ類が多かったのは，主に有機物施用と無農薬の影響であったと考えられるが，イトミミズ類の増殖に対する冬期湛水の効果は現在検討中である。

イトミミズのこのような土壌攪乱作用によって，軟らかでなめらかな感触の表層ができる。栗原（1983）は，ビーカーを用いた実験結果で，イトミミズのコンベアベルト式の土壌の表層への移送によって，粒径の細かい土壌粒子が表層土壌で多くなることを明らかにしている。これは，イトミミズの小さな口に入る細かい土壌粒子が選択的に摂食・排糞され，表層に移送されるためである。イトミミズが移送した表層が「トロトロ層」に相当すると考えると，トロトロ

第7図 冬期湛水1年目・不耕起圃場の収穫後の土壌のようす

層は，通常の土壌よりも粒径が揃っていて，細かい部分が多く，そのためになめらかで軟らかい感触をもつと推測される。

イトミミズ類が雑草種子を還元層へ埋没させ，その発芽・出芽を抑制すること（栗原・菊地，1983b）やイトミミズ類が土壌有機物分解を促進し，アンモニウム態窒素を排泄することによって，土壌中のアンモニウム態窒素が増加すること（栗原・菊池，1983a）が室内実験で明らかにされている。これらのことから，移植前にイトミミズ類の活動が盛んになり，トロトロ層が厚く発達した場合は，雑草種子の埋没や土壌のアンモニウム態窒素の増加という機能が期待される。これらは水稲の有機栽培にとって有利に作用すると考えられるが，多様な管理状態にある圃場でのイトミミズ類の栽培技術面での有効性は，栽培管理方法，土壌の性質，埋土種子量などに影響されると考えられるので，慎重な検証が必要である。

＊

本稿で記述した冬期湛水水田土壌の特徴は主に冬期湛水1年目の有機栽培水田の例であり，

今後，冬期湛水継続年数や多様な土壌タイプや栽培管理のもとにある多くの研究事例をもとに，包括的な冬期湛水水田土壌の特徴が解明される必要がある。

執筆　伊藤豊彰・今　智穂美・渡邊　肇・鈴木和美・三枝正彦（東北大学大学院）

2007年記

参 考 文 献

阿部治平．1978．四川盆地の冬期湛水農法とその変革．経済地理学年報．**24**（1），p.19—30.

浅川晋．2005．水田の土壌，水田における物質循環．土壌サイエンス入門．文永堂出版．p.74—84.

Bird, J. A. ら. 2001. Immobilization of fertilizer nitrogen in rice. Soil Science Society of America Journal. **65**, p.1143—1152.

Eagle, A. J. ら. 2001. Nitrogen dynamics and fertilizer use efficiency in rice following straw incorporation and winter flooding. Agronomy Journal. **92**, p.1096—1103.

Elphick, C. S. and L. W. Oring. 2003. Conservation implications of flooding rice fields on winter waterbird communities. Agriculture Ecosystems & Environment. **94**, p.17—29.

藤原彰夫・庄子貞雄．1977．会津農書に見られる水田の地力維持法について．圃場と土壌．**95**，p.19—25.

Ibanez, C. 2004. Integrated management in the spa of the ebro delta：Implications of rice cultivation for birds. Sociedad Espanola de ornitologia/BiedLife. p

伊藤豊彰．2002．フィールドから展開される土壌肥料学—新たな視点でデータを採る・見る—6．耕起から不耕起にすると土壌と作物の何が変わるか？．土壌肥料学雑誌．**73**，p.193—201.

伊藤豊彰ら．2006．冬期湛水・有機水田におけるイトミミズ類と土壌撹乱．日本土壌肥料学会要旨集．第52集，p.123

岩渕成紀．2006．地域と環境が蘇る水田再生（鷲谷いづみ編著）．家の光協会．p.70—103.

栗原康．1983．イトミミズと雑草—水田生態系解析への試み（1）．化学と生物．**21**（4），p.243—249.

栗原康・菊地永祐．1983a．イトミミズと雑草2．イトミミズの波及効果．化学と生物．**21**（5），p.324—327.

栗原康・菊地永祐．1983b．イトミミズと雑草3．水田生態系制御への試み．化学と生物．**21**（6），p.398—404

嶺田拓也ら．2004．水田冬期湛水における営農効果と多面的機能—管理主体へのアンケートおよび聞き取り調査による実態解析から．農村計画学会誌．**23**（別冊），p.61—66.

佐瀬与次右エ門．1684．会津農書．上巻，p.34.

佐藤照男．1991．不耕起田の土壌孔隙構造とその意義．農業技術大系作物編．第2巻，p.522の9の14—522の9の23．農文協.

水稲

冬期湛水によるトロトロ層と抑草効果

イネ刈り後、米ヌカなどの有機物をまいて湛水しておくと、水田には冬でも「トロトロ層」が形成される。トロトロ層とは、水を張った田んぼの表面に細かい粘土の粒子がふわふわと堆積した層。春まで湛水を続けると、前年秋の切りワラが見えなくなるほどトロトロ層が発達し、耕うんや代かきをしなくても不耕起田植えが可能だ。『現代農業』の記事をきっかけに、こうした「冬期湛水」によるイネの栽培が知られるようになったのは2000年ころからだ。

トロトロ層は、米ヌカなどの有機物をえさに増殖する微生物やイトミミズの働きによってできることがわかっている。また、トロトロ層に施肥効果や抑草効果があることが農家や研究者に確認されている。それぞれ『現代農業』の記事から拾ってみよう。

少量施肥でもイネの葉色が落ちない

山形県の佐藤秀雄さんは、冬期湛水によるトロトロ層に施肥効果を認めていた。

田んぼの土全体をボカシにする——これが佐藤さんの理想だ。そのためにイネ刈り後から田んぼに微生物を取り込む。米ヌカなどを原料につくったボカシ肥を10a当たり60～150kgを散布するのだ。

当初は、微生物の働きで地温を上げてヒエを秋のうちに発芽させ、冬の寒さで枯死させられないかと考えて冬期湛水を始めたそうだ。だがヒエは芽を出さない。その代わり田んぼの表面が田植えまでにトロトロになった。これなら、ふつうの田植え機で植えられるのではないかと不耕起栽培にした。

佐藤さんのつくるボカシは、10aに150kg入れてもチッソ成分はせいぜい1～2kg。それなのに穂づくり時期を迎えたイネは葉色板で4～5くらいの葉色がずっと保たれる。穂数は少

なめ（坪60株植えのコシヒカリで1株18本くらい）だが茎は太い。そのぶん1穂当たりの着粒数は一般のイネより多くなる。それで、トロトロ層の中ではイネに必要な肥料分も生み出されているにちがいない、と思ったのだ。

（『現代農業』2000年10月号「不耕起トロトロ層を冬からつくって草を抑える、肥料を生み出す」より）

冬期湛水で抑えられる草と抑えられない草

佐藤さんはトロトロ層に抑草効果も期待した。トロトロ層が前年の切りワラが見えなくなるほど厚くなるなら、雑草の種子は発芽できないのではないか、と。だが、冬期湛水による抑草効果は限定的なものだった。

宮城県志波姫町の菅原秀敏さんが2年間実践した冬期湛水・不耕起栽培について、それを一緒に観察した高奥満さんはこう書いている。

「予想としては、冬期湛水初年度の2003年より、2年目の2004年のほうがトロトロ層が厚くなり、雑草は減っているはずだったが、必ずしもそうではないようだ。増えた雑草もあれば減った雑草もあり、全体的には微増といった感じである」

そのうえで雑草の種類ごとに次のようにまとめている。

（1）ホタルイ

2003年にもっとも勢いのあった雑草はホタルイ。ただし、イネ刈り時期にはほとんど枯れてしまい、結果的にはそれほど問題にならなかった。2004年は繁茂箇所がまばらで密生する部分が少なくなった。

（2）イボクサ

種子から発芽する一年生雑草であり、発芽に酸素を必要とする。深水による酸素遮断効果だけで、ある程度の抑制はできそう。しかし2003年の冬期湛水では、深水管理を継続していたのにかかわらずイボクサの勢いは著しかった。2004年はトロトロ層が厚くなったからかイボクサはかなり減少した。

(3) クログワイ

クログワイはホタルイと同様、発芽に酸素を必要としない。根茎（いも）で増える多年生雑草で、光がなくても発芽する。2003年は7枚ある冬期湛水田のうち1枚で密生箇所を確認しただけだったが、2004年はほかの田んぼにも広がった。

(4) コナギ

2004年に著しく勢いを増した。コナギも発芽に酸素を必要としないが、種子で発芽するためトロトロ層の抑制効果を期待した。だが、面的にビッシリ繁茂するところが発生。その部分のイネはあきらかに分げつが少なく、葉色も薄い。

（『現代農業』2004年11月号「2年目の冬期湛水水田で減った雑草・増えた雑草」より）

コナギ・クログワイは2年目から急増

冬期湛水で抑えられる草と抑えられない草については、福島県農業総合センターの新妻和敏さんによる研究が『農業技術大系土壌施肥編』にある。冬期湛水田では慣行栽培よりも施肥前の土壌中アンモニア態チッソがやや多く推移し、土壌チッソの無機化量が増加すると考えられる、とも書いている。

冬期湛水後はやはり不耕起田植え。1年目も2年目も機械移植は可能だったが、雑草や水稲の刈り株の影響により、移植精度は年々低下したという。イネの生育は、冬期湛水1年目は慣行並みの収量だったが、2年目以降は雑草の繁茂により「著しく劣った」とのこと。

1年目はノビエを含むすべての雑草の発生を抑制した。だが、ノビエやアゼナは2年目以降も抑制されたものの、コナギとクログワイは2年目以降に急激に増加。とくにクログワイの増殖が著しかった（第1図）。

その理由について次のように考察している。「冬期湛水田では、慣行栽培よりも土壌の還元が進むことで、ノビエやアゼナの発生は抑制さ

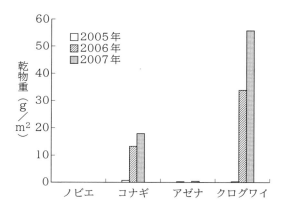

第1図　7月上旬の主要雑草の発生状況

れていた。しかし、多年生雑草のクログワイや還元状態に比較的強いコナギは、逆に増加することがあきらかになった」「一般的に、クログワイは冬期間の低温、乾燥により生存率が低下するとされている。このため、冬期湛水条件下では、塊茎の生存率の低下が期待できず、反対に、増加したと考えられた」。

また、ほかの草では、春先からアシカキが侵入したり、沼地などで発生するガマが年々増加したそうだ。水稲有機栽培では、冬期湛水だけによる抑草には限界があり、ほかの除草法を組み合わせた雑草防除が必要になる、とまとめている。

（『農業技術大系土壌施肥編第5-②巻』追録（2011年）「冬期湛水田の水稲の生育と雑草の経年変化」より）

＊

冬期湛水と不耕起栽培の組合わせは、田んぼを一時的に沼化してしまうのかもしれない。そのため発芽に酸素を必要としない草を繁茂させてしまう。冬期湛水によってトロトロ層を発達させながらコナギなどを減らす方法には、春先にいったん落水して浅く耕うんしたり、2回代かきを組み合わせるなどの方法がある（共通技術編「コウノトリ育む農法は、生きものとイネを一緒に育む」など）。

執筆　編集部

水　稲

除草剤を使わない
イネつくり

水稲

農家の米ヌカ除草法

米ヌカ除草の仕組みとしては次のような作用が考えられている。

1）米ヌカをえさに乳酸菌などの微生物が増殖し、発生した有機酸が、発芽したばかりの草の根や芽に障害を与える。

2）水田の表面が一時的に強還元状態になることによる酸欠効果。

3）強還元状態になることで土中から溶け出した二価鉄が草に障害を与える。

4）増殖する微生物やイトミミズなどによって泥の表面がトロトロになり、草のタネがそのトロトロ層の下に埋没する（第2図）。

田植え後、できるだけ早く米ヌカをまくなどして、有機酸の発生と草の発芽のタイミングをうまく合わせられれば効果は高い。しかし、実際にはなかなかむずかしく、あとで機械除草に入る農家も多かった。そこで、除草効果を上げる方法として、クズ大豆の散布と組み合わせる方法や、田植え前にボカシ肥などを表層に入れる（浅く耕す＝半不耕起栽培）、微生物が増殖しやすい環境をつくる方法、自然塩や木酢などをいっしょに散布して微生物を活性化する方法など、さまざまな工夫がなされてきた。

また、米ヌカ除草はたんに草を抑えるだけでなく、水田の生きものを豊かにしたり、米の食味を上げる効果がある。

執筆　編集部
（『現代農業』2013年6月号「800号記念企画「現代農業」用語集　稲作・水田活用の用語」より）

田植え直前の自然塩散布で米ヌカ除草が成功

岡山県岡山市・兒玉明久さん

ミネラルが補給されると、微生物の活動が活発になる。すると田んぼの土がトロトロになったり、有機酸が発生して抑草効果が高くなる。そんなミネラル資材として、身近な海水や自然塩が注目されている。

岡山市の兒玉明久さんは2年前から米ヌカ除草に自然塩を組み合わせている。2002年は代かき時にトラクタの上からバサバサと反当10kgの自然塩を散布。翌日に田植え、その日か翌日に反当140kgの米ヌカをまいた。

すると、3～4日後には土の表面が白いカビのようなものに覆われ、甘酸っぱいにおいになり、それまでと発酵の仕方が違うことが、はっきりと認識できた。

兒玉さんは3年前までも米ヌカ除草をしていたのだが、ほとんど効果がなく、あきらめかけ

第1図　兒玉明久さん。塩を加えた米ヌカ除草の田んぼは、甘酸っぱいにおいになったり、ヌカ漬けのいいにおいになるという　　　（写真撮影：赤松富仁）

ていた。ところが自然塩を組み合わせ始めてから、目に見えて抑草効果が上がり、昨年は大雨で米ヌカが流れてしまったところ以外、ほぼ完全に抑草できた。自然塩と組み合わせた米ヌカ除草が成功したことで、兒玉さんは兼業農家にもできる「簡単な無農薬イネつくり」の技術確立に自信を深めている。

執筆　編集部
(『現代農業』2003年5月号「田植え直前の自然塩散布でこれまでどうしてもうまくいかなかった米ヌカ除草が成功！」より)

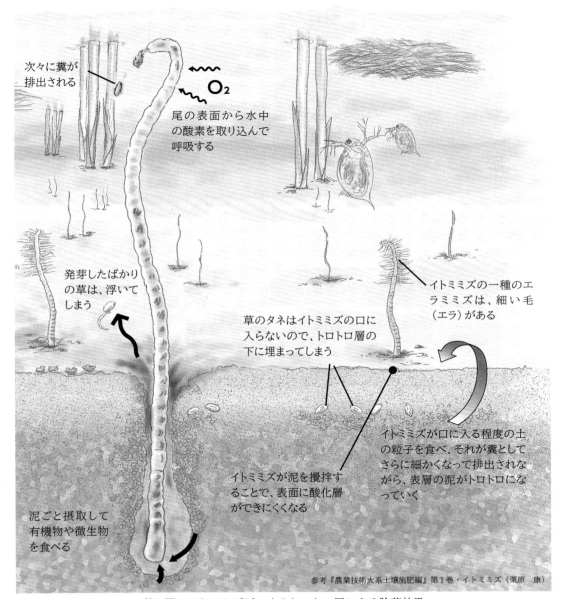

第2図　イトミミズがつくるトロトロ層による除草効果
イトミミズは、米ヌカや堆肥などの有機物を表層に施用することでよく増える
(『現代農業』2004年8月号「イトミミズが働く田んぼの世界」より)

水稲

米ヌカペレット3回まきの赤水維持で10俵どり

新潟県新潟市・山岸真一さん

第1図 トロトロ層と赤い水を維持できれば、草は生えない

米をとるにはチッソではなく「土の偉力」

米ヌカは10a70kgぽっきりを数回に分けて。除草機は一度も押さずとも草は生えない。そしてこのやり方で年々収量を上げてきた新潟市の山岸真一さん、2006年はいよいよ無農薬コシヒカリ600kg！10俵どりを達成した。

「無農薬だから7俵8俵で十分、それ以上とったらまずくなる、っていう人ばっかり増えてきた。そんなふうに自分で決めちゃったらおもしろくないし、本当は違う。自然農法というのは、真底おいしくて身体にいいものがたくさんとれる技術なのだと証明したいのです」——山岸さんの願いはそこにある。ラクにたくさんとれる技術こそ、農家を経済的にも豊かにするはずだと思うからだ。

このとき大事なのは、「チッソで米をとるのではない」こと。「土の偉力を引き出す」ことで草を減らし、収量をとる。そうすれば、米は決してまずくならないのだ。げんに山岸さんの米は、自然農法内部の官能検査で毎年表彰されるほどの食味である。ちなみに、自然農法の祖・故岡田茂吉の言には「肥料を吸収する野菜は、天与の味わいは逃げてしまうのである。それに引き換え土自体の栄養を吸収させるようにすれば、野菜それ自体の自然の味わいを発揮するからじつに美味である」「よくよく自然農法の原理とは、土の偉力を発揮させることである」などがある。この言葉の意味するところをいつもいつも思案しながらやってきた山岸さんだが、昨今ようやくその中身が見えてきた気がしている。

山岸さんの昨年の実際の施肥量は、田植え後から数回に分けてまく米ヌカが総計10a70kg、穂肥にする菜種粕が15〜20kg。ほかには何も入れない。仮にチッソ計算してみると、10aたったの2.4kg。なるほどこれは、「眠れる土の偉力」なるものでも引き出さない限り、10俵を生み出せる施肥量ではない。

有機物を入れると草が減る!?

山岸さんも、以前は苦労してきた。「自然農法稲作は、イナワラ以外のものはいっさい入れてはいけない」といわれていた1985年ごろまでは、やせた土で草は生え放題。抑草の手段といえば深水にする以外には知らず、除草機を押

第2図 山岸真一さん。冬の田んぼを歩くとフワフワと弾力があるのがわかる

すのはもちろん、手取り除草も頻繁だった。田んぼが乾くと草も根を張って、なかなか抜けなくなるほど土が硬かった。それでも勤めながら8俵くらいはとれていた山岸さんは、かなりいいほうだったと思う。

1987年に自然農法のガイドラインが制定され有機物投入が認められてからは、山岸さんは、脱脂大豆粕や米ヌカ・ピートモスなどの「発酵培養堆肥」を元肥に施用。9俵近くまで収量が上がるようになった。と同時に、このときから草の苦労がうんと減った。

元肥が入るわけだから、イネの初期生育がよくなって、草に負けにくくなるだろうことはある程度予想していた。だが、こんなに草が減ったのは、どうもそれだけが原因ではなさそうだった。残った草を手取りに入ったときにビックリしたのは、土の表面がツルツルに軟らかくなっていたこと。草は力を入れなくてもスルッと抜けるし、この土のおかげで生えにくくなっているようにも見えたのだ。「有機物を入れたせい？」。そんなふうに直感した。

さらにこのとき、草の数も減ったけれど、種類も変わった。やせ地に多いといわれるマツバイが急に減少したのは、田んぼが肥沃になったせいではないかなと思われた。

「米ヌカ除草」の発見

山岸さんが生の米ヌカを表面施用するようになったのは、それから2〜3年後のことだったと記憶している。有機物を入れると田の表面がツルツルになって草が生えにくくなることに確信が持てたので、もっとたくさんの有機物を投入して、もっと草を減らしたいと考えたからだ。かといって、元肥をそれ以上増やすわけに

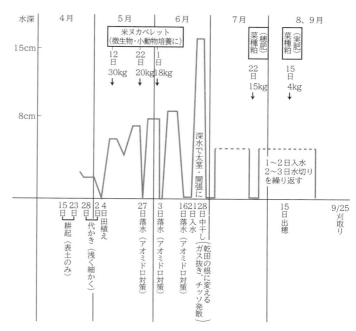

第3図　2006年に10俵とれた山岸さんの田の管理（稚苗植え（10a20箱）、坪60株植えコシヒカリ）

第4図　右がペレットにした米ヌカ。左は水で湿らせただけの米ヌカ
　　　（写真撮影：倉持正実）

もいかなかったし、大豆粕を大量にやるとチッソが多すぎる。たくさんやっても影響の少ないもの、として米ヌカが浮上してきた。

が、生の米ヌカを元肥にたくさん入れるとイネによくなさそうな気がした。そこで、田植え後、イネがしっかり活着したのを確認してから施用。ブルーシートの上に米ヌカを広げ、じょ

うろで水を打って湿らせたものを団子にして、田んぼの中をまいて歩いた。確かこのときは10a70〜80kg。なるほど土はツルツルを通り越してトロトロ状態になって、草はいよいよ生えなかった。

2年目からは、一度に入れる米ヌカはどんなに多くても40kgまで、と決めたという。足りない分は、時期を見てまた改めてまけばいい。一度にたくさんまくと、ガスがわいたようになってイネに障害が出るからだ。

「でも、今から思えばこの当時はまだ、自然農法の域に達していませんでしたよ。除草剤の代わりに米ヌカ、化学肥料の代わりに発酵堆肥をチッソで何kgとか計算したりしてね」

ペレットならいつでも何回でもまける

そういう意味で山岸さんが「土の偉力を引き出す」自然農法の域に近づいたのは、2001年、米ヌカペレットを使い始めたころかららしい。

当時、勤めで金沢のほうに単身赴任していた山岸さんは、田んぼの日常管理を親戚の高橋さんにお願いしていたのだが、高齢の高橋さんが米ヌカの手散布にもう音を上げていたのだ。山岸さんは愛知県豊橋市まで行なって、林鉄工所の圧縮ペレット成形機を70万円くらいで購入した。米ヌカがペレットにさえなっていれば、まくのは簡単。アゼから動散でグルリとまけば終了だ。少量ずつの散布でも、圧縮ペレットは重たいのでいったん沈んでから田面にジワジワ広がる。これまでより断然均一にまけるようにもなった。

さて、そうなって山岸さんは、元肥を入れるのをやめてみた。だんだん田んぼが変わってきたのか、元肥なしでもイネは生長していくだろうなというふうに見えてきたのと、上からふった米ヌカが結構あとから効いてくる感じがあったからだ。元肥をやめた分、少し米ヌカを増やして10a100kg。4回くらいに分けてしょっちゅう散布する体系にして、安定9俵を達成。それまで「米ヌカだけじゃ心配だから、どうしても1回だけは除草機を押させてくれ」といって

いた高橋さんを、「ペレットをしょっちゅうまけば大丈夫だから。草の発芽が見えたら除草機を押すことにしましょうよ」と説得し、とうとう除草機なしの無除草稲作を確立できた。

グライ層を表面に出さなければ草は出ない

だが本当は、無除草稲作の確立は米ヌカペレットのせいだけではない。このころのもうひとつの大きな変革は耕し方にあった。

土の偉力の発揮について真剣に考えていたせいだろうか。山岸さんはこのころ、無肥料時代に不耕起に挑戦したことをよく思い出していた。不耕起は最初はいいのだが、年々土が硬くなって分げつが不足し、手植えも大変になってくるので結局はやめてしまったわけだが、なぜか水田雑草がどんどん消えていくという現象が見られた。代わりにアゼの雑草みたいな草が増えてはくるのだが、それまでさんざん泣かされたコナギやヒエはめっきり出なくなった――。

どうしてもそのことが引っかかっていた山岸さん、ついに「水田雑草はグライ層から出る」という結論に至った。不耕起で水田の草が消えたのは、グライ層を表面に出さないからだ。

山岸さんの考えでは田んぼは2層に分けられる。イネの根も、養分を吸収する上根と、稲体を支持してまっすぐ下に張っていく直下根とに分けられるが、これらの根はそれぞれ田んぼの土をつくる役割も持っている。作が終わって、たくさんの上根が分解してできていく層が作土層、直下根の根穴が残って透水性を改善しようとしている層がグライ層。この2層をきちんと分類することが大事で、耕んでこれをごちゃ混ぜにしてしまうようなことがあると水田雑草がはびこる、と考えるのだ。だから、耕んも代かきも浅く浅く。耕深はせいぜい5cmで、決してグライ層を表には出さないようなやり方に変えた。

表面にあるワラはよくよく細かくして土にまぶし、分解させてやることが大事なので、車速はゆっくり、ロータリは速く、というのが原則。

ワラはいくら細かくしても、表面にある限りガスを出したりしないので、草が生える心配はない。

トロトロ層と赤い水を維持するための米ヌカ

山岸さんは2003年には定年退職し、5反の田んぼの作業をすべて自分でやるようになった。「土の偉力を引き出す」稲作のいよいよ本領発揮である。

グライの混じらない山岸さんの表層作土層は、微生物のうごめく天然の肥料工場である。表面はトロトロ、水は赤い。赤い水は、空中チッソも固定する能力のある光合成細菌がたくさんいる証拠だろうと、多くの人が言う。

「赤い水は朝は薄くて、昼間暑いときはものすごく濃くなるんですよ。夕方はまた色が薄くなって……。ああここに、生きものがいるんだなあと感じますよ。チッソ固定ということのほかにも、微生物や小動物が生まれて死んで、それ自体がイネに栄養を供給してくれます」

地から湧いたものの力を存分に生かすこと＝土の偉力を引き出すこと。米ヌカはだから、除草のためにまくのではない。微生物を元気にするえさになればいいだけだ。トロトロ層と赤い水。この状態を維持できていれば、草は生えないし、肥料はどんどん生み出される。だから、たくさんまく必要はない。赤い水が少し薄くなってきたなと思ったときに20kgくらい足してやる、ということを続けるのが山岸流だ。

米ヌカ70kgで10俵とる

米ヌカによる無除草体系を確立した山岸さん、ここ数年は「自然農法でいかに収量と品質を上げられるか」を追究している。いちばんの特徴は、米ヌカの量がだんだん減ってきたことだ。かつては年間100kg4回に分けてやっていたものを年々減らし、昨年はとうとう約70kgを3回に分けた。

第5図　10俵とれたコシヒカリは、すっきりと美しいイネ姿だった

100kgやってしまうと、どうしても6月下旬の中干しのころに効いてくる。すると穂揃いも悪く、茎数も増えすぎて最後に青米・未熟粒が出る原因になってしまうのだ。葉色が落ちないので穂肥も打てない。すると有機のイネによくありがちな、最後に若干、体力不足気味のイネになってしまうのを感じる。9俵半くらいとれることはあっても、クズ米が多かったことを山岸さんは反省した。

米ヌカを70kgに減らし、栽植密度を無理せず50株から60株に増やしてみた昨年は、イネが綺麗ですっきりできた。無効分げつもあまりなく、穂肥も打てるようになって、登熟もよくなった。秋の稔りはじつに美しい。

周囲の慣行稲作は、昨年軒並み9俵〜9俵半で2等米が40％。山岸さんの自然農法の米は、10俵で最高品質・クズ米15kg。化学肥料とも農薬とも縁のない「土の力で実らせる」自然農法の米が、慣行を超えた日が、とうとうきた。

執筆　編集部
（『現代農業』2007年5月号「米ヌカ除草の元祖？　ペレット3回まきの赤水維持で10俵どり」より）

水稲

植え代前に米ヌカボカシを散布

執筆　那須辰郎（熊本県湯前町）

妻が農薬中毒にかかり……

　私は熊本県湯前町で、水稲1ha、タマネギ47a、タマネギ苗20aを栽培しています。昭和3年（1928年）生まれです。

　16歳から2年間、昭和の農聖といわれた松田喜一先生の農場で研修を受けました。先生からは「地力にまさる技術なし」「稲のことは稲から学べ」などの教えを受けました。卒業後は、ずっと農業を続けています。

　家内が61歳のとき、農薬中毒にかかりました。イネに殺虫剤をかけ、翌日ヒエ取りに入ったのですが、その晩から嘔吐下痢に見舞われ、ひどい目に遭いました。それから無農薬無化学肥料に取り組み、その後数年間は草取りに追われ、収量も減りました。無農薬を始めたころからEM菌を使い始めていましたので、数年経つとトロトロ層もできて草もずいぶん少なくなっていたのですが、10年前に偶然にもEMボカシを使って、草がまったく生えない方法を発見しました。

宿根性の雑草も生えない

　それまでボカシは荒起こし前に散布したり、田植え後3日以内に散布して除草効果を試してみたりしたのですが、よい結果は得られませんでした。

　しかし、その年の5月、「今から無農薬をやりたい」という人が現われました。秋からの土つくりもせずに始めても「もう遅い」と思いましたが、「どうしても」と請われました。そこで、荒代まで終わった彼の圃場にボカシを散布し、ドライブハローで代かきをしました。

　すると、みごとに草が生えません。ヒエやコナギだけでなく、塊茎で増えるウリカワ、ホタルイ、クログワイも生えません。おそらく入水後、水田雑草に発芽のスイッチが入ったタイミングで、ボカシを均一に練り込めたからではないかと思います。

　表層にボカシを練り込まれた種子は酸素不足などで発芽できなかったのでしょう。塊茎については、EM菌を開発された比嘉照夫先生にお尋ねすると、「トラクタの爪で根を掻き切り、切り口からEM菌が入って発酵腐敗したのだろう」とのお話でした。

　雑草にこれだけダメージを与えるのだから、イネにもある程度ダメージがあるかもしれない

第1図　植え代かきの直前にブロードキャスタで米ヌカボカシを散布
（写真撮影：倉持正実、以下＊も）

と観察を続けていますが、目に見えて害はないようです。

草で困っていた仲間も次々に成功

この方法を球磨自然農法研究会（15名）の仲間や、無農薬を実践する方に教えたところ、次々と成功し喜んでおられます。地元の松下建設さんでは、竹パウダーを製造し40aの水田に散布されていて、イネは健康に育っているのですが、コナギがいっぱい生えてイネの栄養を取ってしまいそうな状態でした。翌年から私の方法を実践されたら、草がまったく生えないようになりました。

熊本県立南稜高校もこだわりの米づくりをしていますが、草には困っておられました。農協の営農指導員さんより担当の鍬崎先生を紹介され、私も手伝って90aの水田に実施したら、草が生えなくなり、収量も1俵増えました。

球磨焼酎の蔵元、豊永酒造さんも、自社の田んぼ60aを耕作していますが、半湿田で草も種類が多く困っておられました。しかし、この方法でまったく生えなくなりました。

深水で代かきすると効果なし

さて、ボカシのつくり方は、米ヌカ200kg（現在は米ヌカと竹パウダー100kgずつを撹拌

第2図　筆者（＊）

第3図　イネ刈り時にも草はまったく生えていない

したものを使用）に、EM1号菌の50倍液を約15lかけて練り上げます。手で握って軽く固まり、指で突くとすぐ崩れるくらいの水分とし、これをポリ袋に密閉して1か月嫌気発酵させてできあがりです。

使用法としては、10a当たり200kgを荒代後に散布します。このとき、水が多過ぎるといけないようです。有機の田んぼに大量発生したホウネンエビを惜しんで、深水で代かきした方は失敗しました。適度な水で浅めに練り込むことが大切です。また、直まきで実践した方もおられますが、イネの種子も発芽しませんでした。

私たちの経験では、荒起こしのときにボカシを散布する方法では、除草効果が現われるまで数年かかりますが、植え代前なら1年目からはっきりと現われます。ニオイが出るかもしれませんが、生の米ヌカでも効果はあるのではないかと思います。

（『現代農業』2016年4月号「植え代前に米ヌカ
　＆竹パウダーボカシを散布」より）

水　稲

米ヌカ除草から発展した抑草体系で，
環境創造型稲作へ

1.　米ぬか除草への着目

（1）米ぬかの農業分野での利用

　ミネラルが豊富で，かつバランスに優れた米ぬかの農業分野での利用は，昭和30年代（1955〜）から島本微生物研究所など，微生物による土壌改善に着目してきた人々が微生物の培養基材として用いてきた。その後，生産現場でも，熱心な有機農業者が土着の微生物を培養し，発酵肥料（ボカシ肥）を作製する基材として利用してきたものの，米ぬかの主要な用途は油脂原料や漬物などに用いられていた。

　生産現場での利用が一般化したのはごく最近，1980年代後半のことである。食糧管理法のもとでは，米は国家管理農作物として玄米出荷が義務づけられ，米ぬかは農家の手元に残らなかった。昭和50年代（1975〜）から顕著になった米の過剰によって，生産調整政策が強力に推進され，それに反発する農家などが精米産直を始めたことで，米ぬかが手元に残るようになった。また縁故米が大量に出回りコイン精米機が各地に設置されるようになって，生産現場で比較的容易に米ぬかが手に入るようになった。こうしたことが生産現場での米ぬか利用を促進する契機となった。

（2）米ぬかの雑草抑制効果の発見

　米ぬかを肥料として土に混和し床土などに使うようになって，根が障害を受け，苗がまったく育たないという経験をする農家が増えた。これはもしかすると除草剤のかわりに使えるのではないかという発想が生まれ，実行してみたら意外に効果が高いということで，米ぬかを除草に利用する試みが口コミで広がっていった。ま

た発酵肥料の製造が間に合わず，田植え直後に米ぬかを散布したのが予想外の抑草効果を発揮したというケースも月刊『現代農業』誌で紹介されている。当然その背景には，除草剤のもつ魚毒性や残留性によって環境への負荷が大きいということが問題視され，除草剤を使用することに心を痛める農家が増えたことと無縁ではなかった。

　1981年（昭和56年）に東京都衛生研究所から除草剤のCNPに不純物としてダイオキシンが含まれることが報告され，環境や人体への影響が懸念された。1983年（昭和58年）ころから各地で取り組まれたCNP追放運動と合わせ，除草剤を使わない稲作技術の模索が始まった。1993年（平成5年）には新潟大学の研究者グループが，除草剤CNPによるダイオキシン汚染が胆のう癌の発生に影響しているという疫学調査の結果を発表し，除草剤を使わないイネづくりが本格的に開始された。先行的に試みられた「アイガモ農法」や「紙マルチ農法」が技術的にも安定し，なかでもアイガモ農法は「合鴨水稲同時作」として，アジア全域に広がるほどの大きな役割を果たしてきた。日本では子供たちが田んぼに親しむきっかけをつくったという点でも，歴史的な役割を果たしたことは誰もが認める功績であった。

　しかし，両者ともコストや労力といった点で一定の限界をもつことから，規模の比較的大きな経営に導入できる技術としては不十分であった。またこの技術が水田内の生態系に及ぼす影響も懸念された。こうした限界を突破するための手法として，意識的に解明され取り組まれたのが米ぬかを利用した抑草技術である。

2. 米ぬか除草の技術体系

(1) 土つくりから開始される米ぬか除草

米ぬかを主体にした水田の抑草技術は，収穫後実施される水田の土つくりから開始される。水田に還元される生わらの分解促進に米ぬかまたは米ぬかを主体とした発酵肥料を散布し，水田の土壌と軽く混和する方法が一般的である。畜産業の盛んな地域では地力向上を兼ね，堆肥に2〜3割の米ぬかを混和発酵させ，散布耕起する方法を行なっている場合もある。また，冬期に雨量の多い日本海側の地域では，株を少し高く刈って米ぬかまたは発酵肥料を散布し，不耕起のまま水尻を止め，冬期間湛水する方式がある。

いずれの場合も，米ぬかが10a当たり50〜100kg投入されるのが必須条件となって，分解層（トロトロ層）の形成や緑藻類の発生を促すことになる。つまり，米ぬかが起爆剤となって土着微生物の繁殖を促し，わらを分解したり，土壌内の既存有機物を分解しながら小動物の発生を促進しているものと考えられる。特に冬期湛水水田で田植えまで湛水し続けた水田や，田植え前に30日間以上湛水した水田では早くから乳酸菌やイトミミズ・ユスリカが発生し，土壌表面に微生物や小動物による分解層（トロトロ層）を形成する。こうした分解層の形成は火山灰土壌や湖沼・河川周辺の水田で顕著であり，重粘土質の水田ではトロトロ層の形成が遅れるが，そのかわりにアミミドロ・サヤミドロの発生が多くなり，このことによって雑草の発芽生長を抑制する条件が整えられる。

(2) 確実な深水管理のできる圃場の整備

環境創造機能の高い水田をつくり，抑草効果を高めるうえで欠かせないのが，田植え後30日の間，8〜15cmの水深を常時保つことができる圃場の整備である。特に，冬期湛水をした場合，白鳥や雁，鴨などが飛来し，畦畔を崩してしまうことがある。また有機栽培を長年続けるとモ

グラやケラなどが増え，畦畔に穴をあけるなどの被害がでてくるので，畦塗り機などで高さ30cm以上のしっかりした畦畔を整備することが必須条件となる。途中で水がなくなることのないような用水の確保が必要であり，渇水のおそれのある圃場では思い切って揚水装置を整えることが成功の基礎となる。

(3) 早期湛水の意義と代かき・田植え

米ぬかの散布や緑肥のすき込みなどによる抑草効果を高めるうえで決定的なのが，早期湛水である。地域や土壌の特性によって差はあるが，発酵肥料または米ぬかなどの基肥を散布し，そのまま湛水するかまたは田植え前30日にできるだけ浅い代かきを実施し，5cm程度の常時湛水を維持することがポイントである。この常時湛水条件と米ぬかや緑肥の投入によって乳酸発酵や酪酸発酵が水田内ですすみ，水田土壌を分解しながら，発芽したコナギなどの発根伸長を阻害する。水田土壌によっては緑藻類が繁茂し，直射光線を遮って雑草の発芽生長を抑制する。特に代かきが水温の低い（19℃以下）時期に行なわれた場合にはイトミミズやユスリカなどが雑草の発芽前に発生し，土を持ち上げコナギなどの雑草の種子を埋め込んでしまうことも観察されている。

田植え前30日間の湛水によって，水田土壌の表面に変化が現われ，羊羹を流したようなトロトロ層ができたり（第1図），緑藻類が水田全面に広がれば田植え直後に散布される米ぬかによる抑草効果はきわめて高くなり，その投入量を大幅に減らすことが可能になる。ただ注意しなければならないことは，そのままでは田植えができなくなるので，水を完全に落として土の表面を少し乾かし，入水しながら田植えをするか，雑草を練り込む程度の浅い代かきを行なって田植えをする必要がある。

(4) 抑草資材の投入—米ぬかくず大豆混合ペレットの田植え同時散布

以上のような田植え前の抑草対策が理想どおり実施されれば，田植え直後の抑草資材の投入

水稲

第1図　トロトロ層が形成された水田

第2図　米ぬか除草には4.5葉齢以上の健苗を用いる

は必要なくなるが、そうした条件になるには米ぬかの2～3年にわたる連続投入が必要である。転換1年目の場合、5月上旬からコナギが発生する。そのため、植代かきの2～3日後に田植えを行ない、同時か翌日には米ぬかくず大豆混合ペレットを10a当たり100kg投入する。2年目は80kg、3年目は40kgとしだいに少なくし、4年目には収穫後に天地返しを行ない、微生物層の表層への偏在を修正する。天地返しは土壌を乾燥させることになり、オモダカ・クロクワイなど宿根性雑草を防除することができる。この場合、乾燥処理によって一部の土壌微生物が死滅し、各種アミノ酸が放出され、乾土効果がでる。そのため基肥を極力減らした肥培管理とする必要がある。また、田植え直後に投入する抑草資材も、緑藻類やトロトロ層の形成をみて0～40kgの範囲に削減する。

　ここで投入される米ぬかくず大豆混合ペレットは、コナギの発芽生長を直接阻害するだけではなく、乳酸菌やイトミミズ・ユスリカなどのえさ、あるいは緑藻類の栄養分として機能し、トロトロ層や緑藻類の発生を促進することにもなる。また大豆が粉砕されているために分解が早く、活着肥として機能する。初期生育の劣る冷水田などで特に顕著である。しかし投入量全体でみると、イネへの吸収量はごくわずかであり、大半は土壌微生物や高等生物に取り込まれ、中干し以降に微生物や緑藻類、小動物が分解されてイネに吸収される。しかし全体の窒素収支でみると、多くは翌年の地力窒素として繰り越される。年度内の吸収量は4割程度であろうと推定される。

(5) トロトロ層形成水田・緑藻類繁茂水田と苗質

　本田初期から緑藻類が繁茂する水田では、4.5葉齢以上の健苗（第2図）でなければ管理がきわめて困難になる。均平度の高い水田でも2～3cmの高低差があるので、ヒエの発生防止のためには5～8cmの水深の維持が必要不可欠となる。そうした水管理でも緑藻類の吹き寄せによって苗が倒されないためには、軸が太く草丈15～18cmの苗でなければ安定しない。

　葉齢4.5、草丈15～18cmの健苗が移植されれば、田植え後にコナギが少々発生してもイネが発生するアレロパシー（他感物質）によって抑制され、雑草防除のために水田内に入る必要はまったくなくなる。また、ミジンコ・イトミミズ・ユリミミズ・ユスリカ・ヤゴなどの小動物や、ドジョウ・タニシ・フナ・オタマジャクシなどが大量に繁殖し、水田表面は細かい粒子に覆われ、3～5cmのトロトロ層が発達する。

　4.5葉齢の成苗を1株1～3本、坪当たり60株以下で移植すれば、こうした圃場でイネの生育はきわめて順調な生育を示し、ムラ直しを兼ねた出穂前45日の茎肥の散布のみでその他の肥培管理は必要ない。

除草剤を使わないイネつくり

第3図　コナギの消長
左は出穂前25日，コナギが藻の下に群生している。右は出穂後，群生していたコナギの大半は枯死する

第4図　アレロパシーによって株周辺のコナギは早く消えてしまう

(6) 田植え後の雑草およびイネの診断

　田植え後1週間ほど経過すると，コナギの発芽生長が肉眼で確認できるようになる。アミミドロやサヤミドロ・ウキクサ類などの繁茂が水田の半分を覆い，イトミミズやユスリカの生息が確認される田んぼで，イネも活着し勢いよく分げつが伸長を開始する。こうした生育をしている水田であれば，コナギが大発生しても問題はない。ただ緑藻類の繁茂が著しい場合は，イネが押し倒されないように，土の表面が露出しない程度の浅水管理に切り替え，イネの草丈が20cmを超える田植え後15日目ころから深水管理を再開する。草取りには入らないほうがよい。

　第3図はコナギの繁茂が著しい水田で，同時に緑藻類の繁茂する水田である。最初は第3図左のように繁茂していても，機械除草や手取り除草を行なわないことで，第3図右のように出穂期にはほとんどコナギが消えてしまう。イネの活着と初期生育が旺盛なことでアレロパシーが旺盛となり，特にイネ株周辺のコナギは生長が抑制される（第4図）。

　逆に苗質が悪かったり，イネミズゾウムシの加害や未熟有機物による根腐れが発生している場合はコナギの繁茂が著しくなるため，コナギが2～3葉期のうちに，ヒタヒタ水で中耕除草機を使って撹拌する。軟らかいドロが株間にも広がり，コナギを埋め込むとともに，酸素を供給し，根腐れを軽減する効果が高い。

(7) トロトロ層形成水田の中干し作業

　トロトロ層が形成された水田はもちろん，緑藻類が繁茂した水田であっても，ユスリカやイトミミズの活動によって土壌表面が細かな軽い粒子で覆われる。こうした水田で最も注意しなければならないことは，7月中旬（出穂前25日前後）の中干しである。3～5cmのトロトロ層が形成されるので，そのまま湛水を継続するとイネの冠根が支えを失って横倒しになる。一見茎

147

水 稲

が折れて倒伏したように見えるが，土がゆるく根が抜けてしまったために起きる現象であり，第5図のように表面の土に大きく亀裂が入るような中干しが必要になる。土壌条件によっては溝切りが必須の作業になる地域もあるので，要注意である。こうした中干しによって水田内で繁殖した小動物が死滅しないような配慮として，中干し開始を7月中旬（オタマジャクシがカエルに変態し，ヤゴの羽化が確認できる時期）に行ない，水田の周辺にはビオトープを設置するなど，水生動植物の生息環境をつくる必要がある。

第5図　倒伏防止の中干し

　カエルやトンボは水田害虫の天敵であり，そうした生きものを増やすことは，環境への配慮とともに，無農薬有機水田の総合防除機能を高めるうえで欠かせない作業である。稚苗の機械移植では6月中下旬に中干しを行なって，窒素を中断し過剰分げつと節間の伸長を抑え，受光態勢を整えるV字稲作が一般的である。こうしたことがカエルやトンボの減少を促し，天敵による防除効果を弱めてきた原因の一つであった。したがって，水田の生きものを豊かにする米ぬか抑草の真価を発揮させるためには，成苗・疎植による太茎・大穂型の稲作に転換し，中干し時期を7月中旬に移動することが大切になる。

3. 米ぬか除草の歴史と課題

(1) 米ぬか除草の歴史

　米ぬかは当初，除草剤に替わる除草資材として考えられ，各地でさまざまな実践が行なわれた。当初は投入する米ぬかの量が検討され，10a当たり100kgから200kgの投入によって効果が高いことが報告されている。しかしこうした大量投入は米ぬかの確保や労力といった経営上の問題とともに，新たな環境汚染の可能性が否定できないことから，現在ではより少ない投入量で安定した抑草効果を発揮する方法が模索されてきている。

　散布量の削減方法として考えられたのは，

　1）米ぬか単独の使用ではなく，米ぬかに椿油かすを混合したり，くず大豆やトウモロコシを混合しペレット化する方法

　2）水田雑草の発芽生長特性を4つに分類整理し，それぞれの特性を踏まえた抑草法の確立によって安定性を確保する

　という方向である。また別の手法として，

　3）水田土壌の変化による雑草の抑制効果が検討され，トロトロ層などの形成による抑草

　も追求されてきた。

(2) 米ぬか投入量の削減と安定性の検討

　米ぬかの散布量を削減し，除草効果を安定させる手法として，米ぬかに他の資材を混合することが試みられてきたが，その最初は椿油かすの混合であった。これは椿の果皮に含まれるステロイド系サポニンが抑草効果を発揮することが発見されたからで，米ぬかに混合し，ペレット状にしたものが使用された。しかし椿やお茶の果皮に含まれるサポニンは魚毒性が強いことから，水田内の小動物への影響が懸念され，替わって魚毒性の弱いオレアナン系のサポニンを含むくず大豆が使用されるようになってきた。くず大豆を抑草資材に活用する発想は，転作大豆の作付け拡大に伴ってくず大豆が大量に残り，その処分に困る事態になったことが背景にあった。循環型の有機稲作にとって，くず大豆はおからとともに最良の有機肥料であり，抑草資材にも活用できることとなれば，低コストの有機稲作が可能になる。

　こうした目論見で各地で取り組まれたが，当

初はくず大豆だけを100〜150kgと大量に散布するケースもあった。こうした大量散布では腐敗臭がでること，風で吹き寄せられて畦畔際に過剰な窒素が溜まっていもち病を誘発したり，食味を下げることがあった。こうした欠点を解決する方法として，米ぬかに2〜5割の粉砕くず大豆を混合し，ペレットに成型して散布する技術が開発され，抑草効果や肥効の面から最も適切なものとなった。散布量も10a当たり50〜80kgの範囲で効果がある。米ぬかくず大豆混合ペレットの簡便な作製方法としては，くず大豆を1昼夜1.5倍の水に浸けてふやかし，米ぬかと混合してペレット成型機に2回通すことで，簡単にくず大豆2割の混合ペレットができる。

以上のような抑草資材の検討と同時に，水田雑草の発芽生長特性の整理も行なわれ，イネの生育にとって障害になるものと，そうでないものとが明確に意識され，環境創造機能を高める抑草技術の体系が創り上げられてきた。

(3) 雑草の役割と発芽生長特性を活用した抑草技術体系

抑草技術の体系化の試みとして提案されたのが，水田雑草を発芽生長の特性に応じて分類し，その役割を見据えたうえで，抑制すべき雑草にターゲットを絞った技術体系の確立であった。

つまり，水田の雑草を，1）湿生雑草，2）水生雑草，3）宿根性雑草，4）浮遊性雑草，の4つに分類し，その役割と発芽生長特性を調べ最も確実で簡便な抑草技術の組立てが試みられた。

その結果，ヒエに代表される湿生雑草については深水管理が最も簡便で確実な方法であり，田植え後30日間にわたって安定した湖沼環境を提供するために水田生物の生存が保障され，生物の多様性が飛躍的に高まる条件となること，同時にこうした水管理が水田のダム効果や水質浄化機能を高めるなど，いわゆる多面的機能の向上に資する抑草技術であることが強調された。また茎揃いをよくし，多収や冷害時の障害不稔を防止するなど，単なる抑草技術に止まらない環境創造機能を発揮する手法であることも明らかとなった。

ところが，こうした深水管理は水生雑草のコナギを繁茂させる条件をも提供することになる。その抑草のために，米ぬかが注目されることとなった。米ぬか以外にも，レンゲやムギ類，スズメノテッポウなどの雑草のすき込みによる防除や，ダイズやトウモロコシ，ムギといった子実のもつ抑草効果が注目され，また浮遊性雑草の繁茂による光遮断なども実用化されてきた。なかでも米ぬかまたは米ぬかを含んだ発酵肥料・ボカシ肥などを田植え1か月以上前に散布し，代かき湛水する早期湛水や冬期湛水によるトロトロ層（微生物・小動物分解層）をつくることで，コナギをはじめ他の水生雑草の発芽を抑制する方法など，普遍性をもった多岐にわたる抑草技術が開発されてきた。

深水管理による湿生雑草の抑制，緑肥すき込みや米ぬか・くず大豆などの田植え直後の散布，トロトロ層の形成などの手法を使っても抑草できない雑草が，宿根性雑草のオモダカやクロクワイである。この防除の基本は，乾燥する時期に深耕し，地下茎および球根を乾燥させて防除することである。ただ，日本海側の低湿地に位置する水田ではそうした環境に遭遇する機会はめったにない。こうした地域では，早期湛水代かきによってオモダカやクロクワイの発芽を促し，2回目の代かきで水を多めに入れ代かきすると浮き上がってくる。それを除去するという方法が最も簡便であることが農家の実践で考案されてきた。その他，アイガモの導入で球根を食害する方法，ダイズなど畑作物への転換による地力培養を兼ねた防除なども実践されてきている。

以上のような抑草の必要な雑草に対し，緑藻類・ウキクサ類などの浮遊性雑草は防除の対象ではなく，逆に繁茂を促すべき雑草である。すなわち，光遮断によるコナギの生長抑制や過剰な水溶性養分を吸収固定する働きによって水質の浄化を行なうとともに，大量の酸素を大気中に放出することによって地球温暖化の緩和に貢献するなど，田んぼの多面的機能の中心をなすものである。

水稲

（4） コナギの発芽特性の解明

強害雑草のコナギについては詳細な研究が行なわれ，発芽温度・発芽生長のスピード・発芽形態などが解明されていった（第6図）。

その結果，1）コナギの発芽は酸素欠乏条件（湛水条件）の下で水温19℃から開始され，直射光線に当たることで休眠が打破されること，2）直径0.8mmの種子から種子根が水中に伸び，再び土に向かって根を伸ばし，同時に種子が水中に持ち上がって活着するという特異な特性が解明された。発芽から活着までの積算温度が約150日度であり，この間に米ぬかや緑肥などの有機物が還元状態で発生する各種有機酸によって種子根の根端細胞が破壊され，生長を阻害されることが明らかとなった。

こうした発芽生長特性の研究から2回代かきの意義が明らかにされ，1回目の代かきによってコナギなどの種子を表面に移動させて一斉発芽を促し，20日以上の湛水条件を維持し，2回目の代かきによって発芽したコナギなどの雑草を練り込むか，浮き上がらせて除去することが田植え前の処理として提案された。これに加え，2回目代かき後，3日以内に田植えを行ない（代かき後の積算温度100日度以内），田植えと同時または1日後に米ぬかをペレット化して散布し，残った雑草種子の発芽を抑えるという方法で，米ぬかの投入量を100kg以下に削減することが試みられてきた。

特にコナギの発芽生長の特性研究から明らかになったことは，2回目の代かきから3日以内に田植えを行ない，同時か翌日までに抑草資材を投入することが抑草効果を安定させるポイントであることが認識され，そのための機器の開発が行なわれてきた。

（5） ペレット成型機，ペレット散布田植機の開発

地域資源を活かした抑草資材の作製にとって必須の機器が，米ぬかをペレット化する安価な

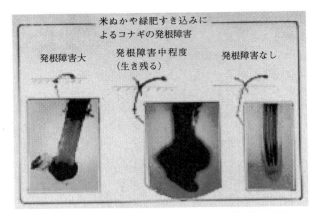

第6図　米ぬかや緑肥すき込みによるコナギの発根障害

成型機である。ペレット成型機（第7図）は民間稲作研究所の依頼によってタイワ精機が開発し，大規模農家や生産組織での導入が可能になってきた。またペレット散布田植機も民間稲作研究所によって試作され，地域循環型の資材購入によって経費を削減するとともに，同時散布機によって慣行栽培並みの省力抑草が実現することとなった（第8図）。

（6） 分解層（トロトロ層）の形成促進または緑藻類の繁茂促進による抑草

ソフト・ハードの両面で一応の開発が終了し，慣行栽培と同等の省力低コストの抑草技術が提案されたものの，水田の特性によってはコナギの発芽を抑制できないケースもあった。特に少量投入では，発芽を促進する場合もあった。その対応として二つの側面からの技術開発が行なわれた。

一つは，先に見たように米ぬか単独のペレットではなく，米ぬかにくず大豆を2〜3割混入するなどの投入資材の検討であり，もう一つは微生物や小動物の早期繁殖による分解層（トロトロ層）の形成促進または緑藻類の繁茂促進による抑草である。

微生物や小動物の早期繁殖による分解層（トロトロ層）の形成による抑草は熊本県菊池市の後藤清人氏の実践が初発であり，九州東海大学の片野学氏によって「トロトロ層」と名づけら

第7図　ペレット成型機

第8図　ペレット散布田植機

れたが，その形成のメカニズムが十分解明されて広く伝えられるまでには至っていなかった。そうした状況下で「日本の雁を保護する会」を中心にした冬期湛水の実践が当研究所の研究によって，「トロトロ層」が米ぬかを秋や春先に投入し湛水を行なうことによって早期に形成されることが見出されてきた。当研究所の会員の実践によって，田植え前1か月以上または田植え直後に米ぬかを散布した湖沼周辺，河川周辺，火山灰土壌などではトロトロ層が容易に形成され，宿根性雑草以外はまったく発生してこないことが各地で確認されるようになってきた。また，早期湛水によって緑藻類，なかでもアミミドロが大量発生し，コナギが同時発生しても光を遮断され，コナギが生長できなくなることも見出されてきた。

4. 環境保全型から環境創造型稲作への発展と米ぬかの役割

米ぬかが発酵肥料の重要な資材として注目され，また近年になって抑草資材としても活用されてきたことは，循環型の有機農業を考えるうえで重要な意味を提起している。従来の有機農業では堆厩肥の投入が土つくりの原点として考えられ，それへの回帰が循環型有機農業の本筋とされてきた。しかし，米ぬかを使用することによって，微生物や小動物の発生が格段に増加し，その多様性も豊かになってきたことで，有機稲作は新たな発展の契機をつかんだといえる。

第1表　米ぬかおよび水稲穀粒玄米の各種成分（100g中）

食品名	エネルギー(kcal)	水分(g)	タンパク質(g)	脂質(g)	炭水化物 糖質(g)	炭水化物 繊維(g)	灰分(g)	カルシウム(mg)	リン(mg)	鉄(mg)	ナトリウム(mg)	カリウム(mg)	マグネシウム(mg)	亜鉛(μg)	銅(μg)	A(カロチン)(μg)	B₁(mg)	B₂(mg)	ナイアシン(mg)
米ぬか	286	13.5	13.2	18.3	38.3	7.8	8.9	46	1,500	6.0	5.0	1,800	1,000	6,200	620	6	2.50	0.50	25.0
玄米	351	15.5	7.4	3.0	71.8	1.0	1.3	10	300	1.1	2.0	250	110	1,800	270	0	0.54	0.06	4.5

注　「四訂日本食品標準成分表」および平成3年の「日本食品無機質成分表」から作成

水　稲

有機稲作が単なる環境保全から，豊かな水田環境を創造する農法に発展してきた要因は，米ぬかに含まれるミネラルの豊かさとバランスの良さにあったといえる。

科学技術庁資源調査会編「四訂日本食品標準成分表」，1991年（平成3年）の「日本食品無機質成分表」によれば，米ぬかの各種成分は第1表のとおりである。玄米に比べ，タンパク質・脂質・繊維・灰分などが多く，特に無機質成分ではカルシウム・リン・鉄・カリウム・マグネシウム・亜鉛など，微生物の増殖にとって必要不可欠なミネラルが豊富に含まれている。こうしたミネラルの多様さが還元状態で乳酸菌の繁殖にかかわり，トロトロ層を形成するとともに，ユスリカ・イトミミズあるいはドジョウのえさとして機能し，爆発的に増えるユスリカをえさにクモやカエルなどの益虫が繁殖するという生命体の分厚い循環が形成されてきた。また米ぬかを投入することによってアミミドロなどの緑藻類やウキクサ類が特異的に繁茂し，水質の浄化や酸素の放出など地球温暖化防止の役割を担う水田へと発展させる起爆剤となり，新たな水田環境の創造を形成してきた。

こうした米ぬかを使用した循環型有機稲作は，長い稲作技術の歴史のなかで新たな局面を切り開く農法の発展として位置づけられる。

周知のように，戦後の農業は全体として有機栽培から農薬と化学肥料をセットにした栽培法に転換し，肥料といえば20kg袋に梱包された化学肥料しか思い浮かばないほどの徹底した教育と普及が進められた。そのために，優れた有機肥料として米ぬかを利用することはもちろん，抑草資材として活用するなどということは思いも及ばなかった。そうした意味で，米ぬかの肥料や抑草資材としての活用は歴史的な意味をもっている。

特に，水田雑草の防除技術に米ぬかが導入されたことは，これ以上除草剤による環境汚染を食い止めたいという環境保全型から，積極的に生物多様性の豊かな水田の再生をめざす環境創造型の稲作技術へと発展するうえで，決定的な役割を果たしてきた。

この環境創造型有機稲作で確立しつつある雑草対策は，米ぬかをスタートとした豊かな微生物群を基盤に多様な生きものを育む水田で，強害雑草の発生が抑制されるというまったく新しい技術である。雑草防除に対する考え方も，根絶主義ではなく，逆に生物層の豊かな水田であって，雑草が発生しないか，発生しても緑藻類の繁茂によって生長が抑制されるという抑草技術である。豊かな水田環境の創出がイネの生長を促進するとともに，病害虫の異常発生を抑制する益虫の増殖に繋がり，総合防除機能を飛躍的に高めた水田として完成され，慣行栽培を超える省力・低コストの循環型有機稲作が実現することとなった。

　　執筆　稲葉光國（NPO法人民間稲作研究所）

2004年記

水田のイトミミズを活用した抑草技術

水田のイトミミズは，かつては苗代育苗や直播栽培において種モミを土壌中へ埋没させて発芽を阻害したり，若齢苗の活着阻害や倒伏を誘発する有害動物として認識され，防除の対象とされてきた（村上，1924）。今日では，育苗箱を用いた育苗形態が慣行となったことや，水田の乾田化に伴ってイトミミズの生息数が減ってきたことから，こうした害作用の訴えは少なくなっている。

一方，イトミミズには害作用だけでなく，水稲栽培に利する影響も知られている。イトミミズは雑草種子も埋没させることから，イトミミズの多い水田では雑草の発生量が少ない，と多くの農家から観察されている。雑草種子が土壌中に埋没して発芽できなくなる理由は，イトミミズの独特な摂食・排泄行動によることが示されており（栗原，1983），イトミミズによる抑草効果を最大限に発揮させるための技術的・作業的要点も検討されている（古川ら，2009；古川・白鳥，2010・2013）。本稿ではイトミミズによる抑草の技術について紹介する。

（1）水田のイトミミズの種類と生態

水田のイトミミズは，体長は長いもので10cm，直径は1mm程度である。分類学的には環形動物門・貧毛綱・イトミミズ科に属し，総称として「イトミミズ」とされている。

国内の水田には5種類程度のイトミミズが生息しており，東北地方ではユリミミズとエラミミズが優占種と報告されている（栗原，1983）。また，筆者の観察によれば，新潟県においても優占種は東北と同様であった。

イトミミズの体色は淡紅色から濃紅色であり，湛水された水田の表面（田面）の小さなすり鉢状の穴の中で活発に揺れ動く様子を観察できる（第1図）。ミミズというと緩慢な動きを連想するが，田面のイトミミズの動きは想像以上に俊敏で，手で摘まもうと試みても瞬時に土壌中に身を隠すため，まず成功しない。一方，土壌中に潜ったイトミミズは，陸生ミミズと同じように伸び縮みしながらの緩慢な動きとなるため，土壌ごとすくい取れば容易に捕獲できる。また，落水後の冬期間は，湿度と温度を維持できる耕盤直上や下層土に潜り込み，集団で縮まっていることが多い。

湛水時の田面で観察されるイトミミズは，頭部を土壌中に突っ込み，尾部を水中に突き出すような姿勢（逆立ち状態）をとっている（第2図）。頭部を土壌中に突っ込んでいるのは，土壌の微生物や有機物などのえさを細かい土壌と一緒に飲み込むためであり，尾部を水中に突き出しているのは体表面から水中の溶存酸素を取り込む（皮膚呼吸）ためである。イトミミズも呼吸するために酸素を必要とするが，土壌が酸素不足の場合には田面水に溶けている酸素を利用していると考えられている。

（2）イトミミズの働きと抑草の仕組み

イトミミズの直径は太いものでも1mm程度しかないため，イトミミズは土壌中のコンマ数ミリの粒子のみを選択的に飲み込んでいく。排泄される糞の大きさもそれに準ずるため，水田の表面には粒径の細かい土壌や有機物のみが層

第1図 湛水された水田の表面にできた小さなすり鉢状の穴の中で活発に活動するエラミミズ

水稲

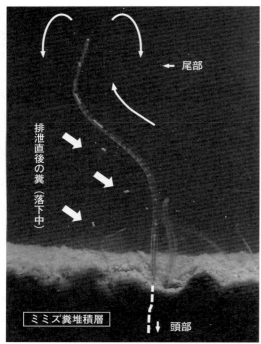

第2図 エラミミズの排糞と体内の残糞
水田表土の横断面。エラミミズの頭部は土壌中に潜っているため見えない。尾部は水中に突き出した状態で活発に揺れ動いている。土壌中で飲み込んだ細かい土壌や有機汚物をストローのように吸い上げては田面に排泄するため、エラミミズ糞堆積層が形成される

状に堆積する（栗原、1983）。逆に土壌中では、イトミミズの口よりも大きな有機物や砂などが取り残されて層状に集積する。こうしたイトミミズによるストロー効果によって水田土壌はしだいに層分化し、やがて明瞭な2層を形成する（第3図）。本稿では前者を「ミミズ糞堆積層」、後者を「残渣集積層」と呼称する。

この層分化の過程で重要なことは、ほとんどの雑草種子はイトミミズの口よりも大きいためにミミズ糞堆積層には含まれず、イナワラや砂とともに残渣集積層に埋没する、という点である。雑草の種類によって異なるものの、土壌中に1cm以上埋没した雑草種子はかなり発芽しにくくなることが知られており、小さい雑草種子ほど埋没の影響が大きいとされる。ただし、塊茎雑草は、塊茎が土壌に20cm埋没していても出芽可能なものもあるため、イトミミズの影響が及びにくい雑草と考えておく必要がある。

（3）イトミミズの増やし方

イトミミズの働きを活用するためには、第一に、その水田に十分量のイトミミズが生息している必要がある。イトミミズを増やすためには、生息に適した環境と十分量のえさの供給、イトミミズを捕食する生物が少ないことが必要条件となる。

既報の調査結果や観察事例および筆者の経験を踏まえると、望ましい環境は湿田である。年間を通じて地下水位が高く、中干しや落水時にもイトミミズの逃げ潜む湿潤な場所が残るからである。基盤整備された水田や地下水位が低い水田（乾田）はイトミミズにとって厳しい環境と考えられるが、イトミミズを増やすためには土壌の過乾燥を防止するとともに、冬期湛水などの湿田管理を試みたい。

また、イトミミズは土壌中の有機物や微生物をえさとしていることから、有機質肥料を施肥している水田ではイトミミズが多い、とする報告もある。水田への有機物施用を試みる場合は、米ヌカが推奨され、収穫後に10a当たり50kg施用すれば一定の効果を期待できるだろう。

一方、イトミミズが増えればそれをえさとする生物（捕食者）も増えることが予想される。イシビルがイトミミズの捕食者であると確認されているほか、ヤゴもイトミミズを捕らえることがある。そもそもイトミミズは観賞魚のえさとして販売されている状況を踏まえると、ほかにも多くの捕食者があると考えるべきであろう。米ヌカを施用した湿田では十分なイトミミズ生息数を維持できていたと考えているが、増えたイトミミズの生残性に関する情報は限られており、今後の検討が必要である。

農薬の使用もイトミミズの生残性に影響するが、現在では致死効果の高いドリン剤やPCP剤などは使用されていない。また、イトミミズの防除を目的として登録されている農薬は、現在では石灰窒素のみである。イトミミズは農薬

に対する抵抗性が強いとされていることから、現在一般的に使用されている水田農薬がイトミミズに与える影響は小さいと考えられる。したがって、農薬の使用中止が、イトミミズの増加に寄与する可能性は低い。

イトミミズが水田を代表する底生動物であることを考えると、米ヌカなどのえさ供給と湿田管理さえ実施できれば、どんな水田でもイトミミズを増やせる可能性がある。逆に条件が整わない限り、他所で捕獲したイトミミズを投入しても、定着する可能性は低いと推察される。ましてや観賞魚のえさとして売られているイトミミズを放つことは、生態系破壊につながるだけでなく、経費のむだでもあるので絶対にしてはならない。

第3図 イトミミズの多い水田におけるイネ刈り後の土壌断面
田面から5cm程度までミミズ糞堆積層が、その下8cm程度まで残渣集積層が形成されている。落水後のミミズ糞堆積層はバターやマーガリンのような均質で滑らかな触感がある。残渣集積層は対照的にザラザラ・ボソボソとした触感がある

(4) イトミミズを活用した抑草技術

イトミミズによる抑草効果を最大限に発揮させるためには、ミミズ糞堆積層と残渣集積層の形成に必要な環境条件などについて把握する必要がある。ここでは、イトミミズの種類や生息密度、温度や溶存酸素、土壌の種類などの観点から検討した結果について整理する（古川ら、2009）。

①抑草効果を発揮させるための温度環境

まず、土壌タイプや有機栽培継続年数、有機物施用履歴などを異にする14種類の水田から土壌を採取し、イトミミズを取り除いた。その後、湿潤土のまま内径2.5cmの平底のガラス製試験管に約10cmの深さになるように充填し、水を加えてよく攪拌して代かき状態とした。イトミミズが混入していないことを再度確認したあと、それぞれの試験管に別途採取した生重5〜15mgのユリミミズを4匹ずつ加えた。田面におけるミミズ糞堆積量を計測するため土壌表面に垂直目盛りを付けた仕切網を置き、2、5、10、15℃の人工気象器（明期14時間）で約3週間湛水培養した（第4、5図）。

その結果、地温が5℃以上あれば3週間で厚さ10〜20mmのミミズ糞堆積層が形成された（第6図）。一方、2℃ではイトミミズの活動は非常に緩慢で、ミミズ糞堆積層はほとんど形成されず（イトミミズが死滅することはなく加温すればすぐに元気になる）、15℃では雑草種子が残渣集積層に埋没する前に出芽した。これらの結果から、イトミミズの活動が活発になる5℃以上、水田雑草の発芽が始まる15℃以下の温度条件の下でミミズ糞堆積層が形成されれば、抑草効果を期待できると示唆された。

なお、同様の試験をイトミミズを加えずに実施したところ、土壌種類と温度にかかわらず、ミミズ糞堆積層は形成されなかった（第5図）。

②抑草効果を左右する土壌環境

さらに14種類の土壌を比較すると、たとえば10℃で形成されたミミズ糞堆積層の平均値は3週間で20mm弱であったが、土壌によって5〜25mmの幅があった。そこで、堆積速度が異なった原因を探るため、それぞれの土壌の種類、粒径、pH、Eh（酸化還元電位）、栽培様式（有機か慣行か）、有機物施用履歴と堆積速度の関連性を調べた。

その結果、堆積速度に直接影響を及ぼしてい

水稲

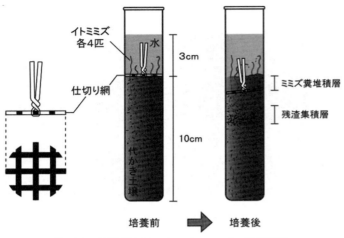

第4図　試験管を用いたイトミミズの培養実験
イトミミズを除去した水田土壌を試験管（内径約2.5cm）に充填して代かき状態とした。ここにミミズ糞堆積量を計測するための仕切り網を置いたあと、大きさを揃えたユリミミズ4匹を添加した（左図：培養前）。計測時以外は横から土壌に光が当たることがないように土壌部分は遮光し、人工気象器内で培養すると仕切り網の上にミミズ糞堆積層が形成されるため、その厚みを計測した（右図：培養後）

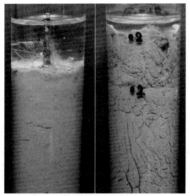

第5図　培養試験3週間後の様子
右図はイトミミズ添加区、左図は無添加区
右図では、仕切り網の上に2cm程度のミミズ糞堆積層が形成されており、明瞭な層分化が確認できる。ただし、土壌中のイナワラなどの粗大有機物が少なかったため、残渣集積層は不明瞭。左図では、培養条件は同一であるが、イトミミズ無添加のためミミズ糞堆積層は形成されず、仕切り網とその垂直目盛りが土壌表面にそのまま残っている

たのはEhであり、土壌の種類や有機物施用履歴の影響は間接的なものであることが確認された（第7図）。つまり、酸化的な環境（土壌中の酸素が豊富で土壌が赤みを帯びている）ではミミズ糞堆積層が形成されにくく、還元的な環境（土壌中の酸素が欠乏し土壌が灰緑色、第1図のイトミミズの穴周辺に見える色）では形成されやすい、ということである。ミミズ糞堆積層の形成に還元的な環境が重要である理由は、イトミミズの呼吸方法から説明できる。土壌中に酸素が十分にあるような酸化的な環境では、イトミミズは土壌中で呼吸することができるため尾部を田面水中に突き出す必要はなく、排泄も土壌中で行なうため田面に糞が堆積しなくなる。一方、還元的で酸素不足の土壌環境では呼吸困難となるため、田面水の溶存酸素を求めて尾部を田面水中に突き出すことが必要となり、結果的にミミズ糞堆積層が形成される、と考えることができる。

　最後にイトミミズの種類（エラミミズとユリミミズ）と生息密度の違いが堆積速度に及ぼす影響を確認したところ、エラミミズ1匹当たりの堆積速度はユリミミズの2～3倍であった。ただし、エラミミズの生重はユリミミズの5倍程度あるため、生重当たりの堆積速度はユリミミズのほうが速い、との解釈はありえる。また、単位面積当たりの生息数が多いほど堆積速度も速くなることも確認した（第8図）。

③抑草効果を発揮させるための4つの条件

　ここまでの結果から、1）イトミミズの生息密度が1匹/cm^{2}以上（10円硬貨1枚の面積に4匹以上）であること、2）湛水環境であること、3）土壌が還元（酸欠）環境であること、4）地温が5℃以上15℃未満であること、の4条件を満たせば、水田雑草の発芽が始まる前（地温15

除草剤を使わないイネつくり

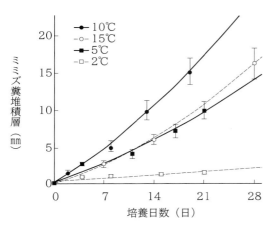

第6図 異なる温度条件におけるミミズ糞堆積速度（14種類土壌の平均値）

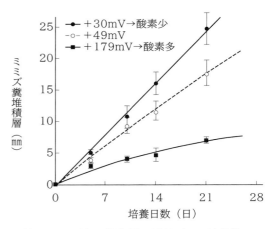

第7図 土壌の酸化還元電位（Eh，培養終了時）がミミズ糞堆積速度に及ぼす影響
同一の水田から採取した土壌を用い，培養温度10℃で実施

℃以下）にミミズ糞堆積層が形成され，雑草種子が残渣集積層に埋没し，抑草効果が発揮されると期待される。

（5）3月までの代かきで抑草効果を発揮

前述4条件を踏まえ，実際の水田でイトミミズに抑草効果を発揮させるための栽培体系を考えてみる。対象水田のイトミミズの生息密度が低ければ，あらかじめ湿田管理とえさの供給により増殖させることを前提とする。

慣行的には，代かき作業が4〜5月に行なわれ，水田の雑草種子は土壌中に均一に攪拌される。一方，この時期の気温は新潟の場合で15℃を超える場合もあり，雑草種子は即発芽可能な状態にあるため，この時点（代かき後）からミミズ糞堆積作用が働いたとしても，雑草種子は残渣集積層に埋没する前に出芽し，抑草効果は発揮されないことになる（雑草種子は斉一に発芽するわけではなく遅れて発芽するものもあるため，後発雑草種子が埋没して出芽できなくなることは考えられる）。

そこで，抑草効果を十分に発揮させるためには，雑草種子の発芽が始まる15℃よりも低温の時期にミミズ糞堆積層を形成させて雑草種子を残渣集積層に埋没させておく必要がある。そのためには，代かきは3月までに実施すべきで

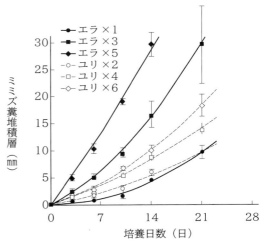

第8図 イトミミズの種類（エラミミズとユリミミズ）と生息密度が堆積速度に及ぼす影響
エラ：エラミミズ，ユリ：ユリミミズ，×数：試験管1本当たりのミミズ個体数

ある。この時期の気温は新潟の場合で10℃を超えることはまれであり，ほとんどの水田雑草は発芽できない。この段階でミミズ糞堆積層が形成されれば雑草種子は残渣集積層に埋没し，適温になっても出芽できないことになる。

また，還元環境の発達が不十分であれば，ミ

157

水　稲

ミズ糞堆積層は形成されず，やがて適温を迎えた雑草種子は出芽することになる。したがって，前年秋に米ヌカなどを施用，3月よりも前倒しの代かき実施，冬期間は湿田管理，冬期湛水，などを組み合わせて速やかに還元環境を発達させる工夫が求められる。

以上の要点を踏まえた栽培体系を構築・実践できれば，雑草種子は残渣集積層に埋没し，抑草効果が発揮されると期待される。

(6) イトミミズによる抑草効果の実証

栽培体系への前記4条件の組入れとその効果を検証するため，野外ポット試験を実施した（古川・白鳥，2010・2013）。ここではその1事例の概要について紹介する。

上越市の有機栽培水田から落水後の作土（粘土質）を採取し，米ヌカ2g，細断ワラ12g，刈り株10gとともに1/5,000aワグネルポットに充填してよく混合した。ポットは24個用意し，2011年11月10日に8処理3反復を設け（第1表），水稲未植栽で野外に設置した。2012年5月11日と24日に第1表の処理を行なったあと，7月6日に雑草の出芽数と乾物重を測定した（第9～11図）。

「慣行区」では，イトミミズ添加の有無にかかわらず，コナギを中心とした各種雑草の出芽数，乾物重ともに多かった。この慣行体系ではイトミミズによる抑草効果を期待できないことが確認された。

「秋代のみ区」では，イトミミズが添加されない場合には各種雑草の出芽数は「慣行区」と同等であった。また，早春に出芽した雑草は耕起や代かきの影響を受けることなく大きく生長するため，雑草乾物重は「慣行区」より多くなった。一方，イトミミズが添加された場合には，多くの雑草種子が残渣集積層に埋没して発芽不能となり，出芽数は大きく減少した。この体系ではイトミミズによる抑草効果を期待できたが，埋没をまぬがれた雑草種子が早春に出芽した場合には大きく生長するため，水稲移植時に

第1表　イトミミズによる抑草効果検証の試験設計

処理区[1]	11月10日	5月11日	5月24日
秋代＋春表代	全層耕起・代かき（以降湛水）	—	表層20mm代かき
秋代＋春代	全層耕起・代かき（以降湛水）	—	全層代かき
秋代のみ	全層耕起・代かき（以降湛水）	—	—
慣行（対照）	全層耕起	全層耕起	全層代かき（以降湛水）

注　1）各処理区にはイトミミズを2g添加した区と無添加区を設け，計8処理区とした

第9図　栽培体系がミミズ糞堆積層の形成と雑草発生に及ぼす影響
　左：イトミミズ添加区，右：イトミミズ無添加区
　①秋代のみ，②秋代＋春代，③秋代＋春表代，④慣行（対照）

障害となることが懸念された。

この残草問題に対処することを目的とした「秋代＋春代区」（イトミミズ添加）では、「秋代のみ区」よりも雑草乾物重が減少した。これは春までに出芽・生長した雑草が、春の代かきによって埋却された結果である。しかし、その際に残渣集積層に埋没していた雑草種子が掘り起こされたため、以降の雑草出芽数は増加した。

そこで、早春に出芽・生長した雑草を埋却しつつ、残渣集積層に埋没した雑草種子を掘り起こさない範囲での浅い代かきを行なう「秋代＋春表代区」を設けた。春の代かきを田面の表層20mmの表層代かき（浅代かき）に留めたところ、春までに出芽した雑草は表層に埋却され、雑草出芽数も全処理区のなかで最少となった。前述した4条件を組み入れた栽培体系を検討した結果、「秋代＋春表代区」がもっとも有効であることが確認できた。

また、実際の水田においても、本栽培体系を適用することでイトミミズによる抑草効果が発揮され、水稲移植後の除草作業が不要となったことが確認されている。なお、表層20mmの代かきは、ドライブハローの耕深をごく浅く設定することによるが、代かき時に発生している雑草がコナギやアゼナなどの発芽深の浅い雑草に限られる場合は、チェーン除草機（古川、2015）で代用することもできる。

（7）トロトロ層との関係

除草剤に依存しない水田農法に関心があれば、「トロトロ層」という言葉を聞いたことがあるだろう。土壌に触れたときの触感を表現した言葉であるが、このトロトロ層が抑草効果と

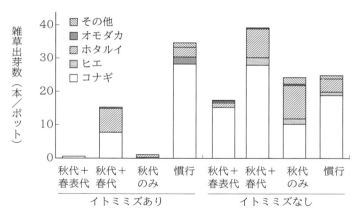

第10図　栽培体系が雑草種類ごとの出芽数に及ぼす影響

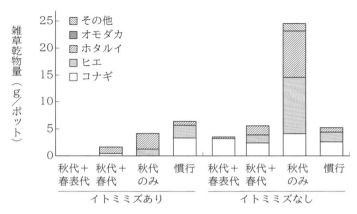

第11図　栽培体系が雑草種類ごとの乾物重に及ぼす影響

紐づけて語られる場面も多い。しかし、土壌がトロトロである、という触感には幅広い概念が含まれることから、その抑草効果の評価や解釈にはあいまいさが伴う。したがって、トロトロ層の概念を整理して原因と結果の見通しをよくすることが、トロトロ層と抑草効果の議論を深めるうえで不可欠であろう。

トロトロ層の概念の代表的なものを列記すると第12図のとおりである。たとえばきわめてていねいに代かきした土壌がトロトロ層、トロトロ圃場、トロ土と呼ばれることがあり、その解釈を説明している専門家や機械メーカーもある。土壌や有機物の粒径や比重が異なるため、代かき後の沈降速度に差異が生じた結果、弱い層分化が生じる、という解釈である。一方で、

水稲

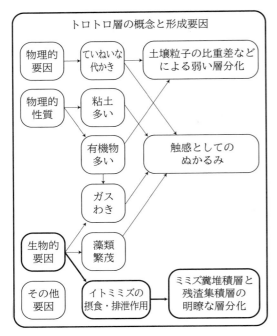

第12図　ミミズ糞堆積層とトロトロ層の関係

代かきによるぬかるみ状態を指すだけの場合もある。また，その類似解釈としてガスわきのひどい土壌がトロトロ層と呼ばれることもあるし，単に強い粘土質の土壌がそう呼ばれることもある。本稿で解説したミミズ糞堆積層もトロトロ層に含まれると考えてよい。感覚的な表現ではあるが，湛水下のミミズ糞堆積層は溶けかけたソフトクリームのような感触であり，落水下のミミズ糞堆積層はバターやマーガリンのそれである。いずれの場合も，程度の差こそあれトロトロであることに変わりはない。

しかし，トロトロであることは抑草効果の必要条件ではあるかもしれないが，十分条件ではない。トロトロ層を抑草効果と関連付けて議論するためには，十分に状況を整理したうえで注意深く検討する必要がある。

なお，実際の水田でミミズ糞堆積層の形成を観察するための技術については，安達ら（2021）などが参考になる。トロトロ層と推定した水田土壌の形成要因を判別し，発展的な抑草技術開発の足がかりとなることが期待される。

(8) 今後の課題

本稿では，ミミズ糞堆積層と残渣集積層の形成が水田雑草の出芽を抑制する仕組みや，実際の水田でイトミミズの働きを活用するための栽培体系について解説した。しかし，本提案も普遍的な抑草技術としての確立には至っていない。たとえば，冬期湛水などの湿田管理を実施するための用排水の利便性，湿田管理に伴うガスわきや還元障害のリスクの制御，移植精度を維持するための成苗育苗など，検討すべき課題は多くある。これらの課題を一つずつ解決し，水田のイトミミズの働きを最大限に活用できる知恵と技術が「堆積」されることを期待する。

執筆　古川勇一郎（新潟県農業総合研究所）

2024年記

参 考 文 献

安達康弘・角菜津子・田中亙・月森弘・小塚雅弘. 2021. 水生ミミズ類による土壌堆積作用の圃場内評価方法の検討および雑草発生に及ぼすその影響. 島根県農業技術センター研究報告. 48, 17—25.

栗原康. 1983. イトミミズと雑草―水田生態系解析への試み (1). 化学と生物. 21, 243—249.

古川勇一郎・吉田武史・白鳥豊. 2009. イトミミズによる水田土壌堆積作用と雑草種子埋没効果の解析. 日本土壌肥料学会講演要旨集. 55, 46.

古川勇一郎・白鳥豊. 2010. イトミミズによる水田雑草種子埋没作用と雑草発生抑制効果. 日本土壌肥料学会講演要旨集. 56, 39.

古川勇一郎・白鳥豊. 2013. イトミミズによる雑草種子埋没効果を活用した水田抑草技術の検討. 日本土壌肥料学会講演要旨集. 59, 48.

古川勇一郎. 2015. Ⅰ5. B. 機械除草技術, Ⅱ10. チェーン除草. 機械除草技術を中心とした水稲有機栽培技術マニュアル. 農研機構.

村上龜男. 1924. 蚯蚓の被害並に驅除に就て. 病虫害雑誌. 11, 17—18.

麦わら，有機質肥料の表面施用

1. 麦わら，有機質肥料による雑草防除策

　除草剤を使わない無農薬栽培では，除草に多くの労力が払われるため，その軽減が大きな課題となっている。また，一方では生産者も含めて，環境にやさしい農業，環境保全型農業のあり方が検討され始めている。

　こうしたなかで，各地で除草剤を使わずに，しかもできるだけ省力的に除草を行なう方法が検討されており，岡山農試では，麦わらや菜種油かす，米ぬかといった有機質資材，有機質肥料による除草対策に取り組んでいる。そこで，これらの利用により，現在までに得られた成果を中心に，麦わらや有機質肥料の表面施用による除草対策について紹介したい。

2. 雑草抑制効果

(1) 麦わらの表面施用

　オオムギわらを1cmおよび5cm，15cmの長さに切断して，移植当日にそれぞれを㎡当たり600g散布したところ（麦わら被覆区），無除草区に対する各区の雑草風乾重割合は，比較の除草剤散布区の0％に対し，切断長5cmの麦わら被覆区は1％，切断長15cmの麦わら被覆区は15％，切断長1cmの麦わら被覆区は20％であった。また，オオムギわらを15cmの長さに切断して，同量を代かき時にすき込んだ麦わらすき込み区では80％であった（第1図）。

　このように，移植後に，5cm程度の長さに切断した大麦わらを㎡当たり600g，苗の上方から散布し水田の表面を被覆すれば，雑草抑制効果が高いことが認められた。なお，㎡当たり600gの麦わら量は10a当たり600kgで，10a当たりに生産される量にほぼ相当する。

(2) 菜種油かす，米ぬかの表面施用

　比較的入手しやすい有機質肥料である菜種油かすと米ぬかを用いて，移植当日あるいは1日後に，それぞれを㎡当たり20～250g散布したところ，これらの20～40gの散布では雑草抑制効果は不充分であり，40～60g以上の散布で概ね雑草の増加を抑制することができた。特に，これらを100～250g散布し，その後水深3～5cmのやや深水状態を維持すると，無除草区に

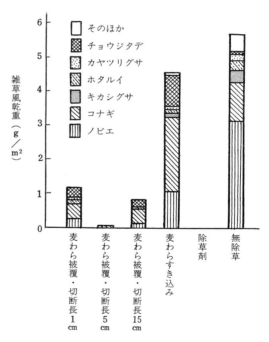

第1図 麦わらの表面施用が雑草発生量に及ぼす影響

（岡山農試，1988）

品種：雄町，移植：6月24日，処理：6月24日，処理量：被覆，すき込みとも600g/㎡，除草剤区はクサカリン粒剤を3g/㎡処理

水 稲

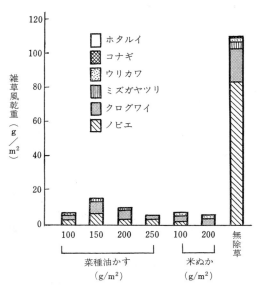

第2図 菜種油かすおよび米ぬかの表面施用が雑草発生量に及ぼす影響
(岡山農試, 1991)
品種：日本晴, 移植：6月17日, 処理：6月18日

対する雑草風乾重の割合は5〜14％となった（第2図）。また，雑草の草種別にみると，処理量の増加とともにほとんどの草種が減少する傾向であった。

このように，移植後に，菜種油かすあるいは米ぬかをm^2当たり100〜200g散布し，5cm程度のやや深水状態を維持すれば，雑草抑制効果が高いことが認められた。

3. 雑草抑制効果の要因

(1) 麦わらの表面施用

麦わらの表面施用による雑草抑制効果は，コンバインで麦を収穫しながら，イネを不耕起播種し，ただちに麦わら（排出わら）を被覆していく「麦収穫同時水稲流体播種栽培」（中国農試方式）や，「麦収穫稲同時播種栽培」（岡山農試方式）でも認められているが，この要因は被覆による遮光のほかに，土壌還元の影響，アレロパシーの関与などが考えられ，これらが総合的に作用していると推測される。

① 遮 光

被覆をすれば雑草の発生が抑制できることはよく知られているが，その作用は，主に遮光による光の制限という物理的なものである。雑草の生育の良否には，土壌環境要因のほかに，温度や水分，光が関係しており，光を遮断することにより雑草は光合成ができなくなり，胚乳などの貯蔵物質を消耗してしまい枯死に至ると考えられる。

5cm程度に切断した麦わらをm^2当たり600g表面に施用した場合，被覆程度は80％程度になり，土壌表面を比較的むらなく被覆することができる。このため，土壌表面の被覆による遮光効果により，雑草の発芽が阻害されると考えられる。

② 異常還元

土壌中の酸素の多少は，土壌の酸化還元電位（Eh）と関連があり，Ehが高いほど酸化状態にあり，低いほど還元状態にある。モルティマー（1941, 1942）によると，Eh_6（pH6のときのEh）が200〜400mVの間では酸素の低下により発芽が阻害され，100mV以下では還元性物質の影響，特に硫酸還元物質により発芽が阻害される。また，荒井ら（1963）によると，タイヌビエの発芽は$Eh_6$300〜400mV以上の酸化的条件で良好であり，それより以下の還元的条件では不良となり，100mV以下ではほとんど発芽しない。

そこで，麦わらをm^2当たり600g表面施用し，その後の酸化還元電位の変化をみると，施用直前にはEhが220mV程度であったものが，施用1日後には－200mV近くまで急速に低下し，5日後から上昇の傾向を示している（第3図）。

このように，麦わらの表面施用後は異常還元状態となって還元性物質が発生し，雑草の発芽を阻害すると考えられる。

③ アレロパシー

植物には，根などから化学物質を出して，他の植物に阻害的あるいは促進的ななんらかの影響を及ぼすアレロパシー（他感作用）がある。農業分野におけるアレロパシーの関わりについては，作物による雑草の生育阻害や雑草による

作物の生育阻害，植物体残渣の被覆やすき込みによる後作への影響，連作障害（いや地）などが知られている。

麦わらの表面施用とアレロパシーの関わりについては明らかではないが，その可能性は充分考えられる。コムギ，オオムギの茎葉・根の中からは，作物の生育阻害物質として知られているフェノール性酸が約10種類検出されている。また，植物体の残渣を土壌表面へ多量に施用する被覆（マルチ）栽培では，残渣から放出されるフェノール性酸が作物の生育に影響を与えた事例が報告されている。

こうしたことから麦わらを表面施用した場合，麦わらから放出されるフェノール性酸がイネなど作物の生育を阻害する可能性がある一方で，雑草の発生抑制にも関与するのではないかと考えられる。

しかし，前述のとおり，アレロパシーについてはまだ不明の部分が多く，麦わらの表面施用による雑草発生抑制とアレロパシーの関わりについては明らかではない。

（2）菜種油かす，米ぬかの表面施用

菜種油かす，米ぬかなど有機質肥料による雑草抑制作用の要因としては，生育阻害物質の存在，異常還元，遮光の影響などが考えられ，これらが総合的に作用していると推測される。

①生育阻害物質

菜種油かすやひまし油かすを施用して，すぐに播種したり移植したりすると，発芽障害や活着障害を起こすことがある。これは，これらの有機質肥料中に種子の発芽や苗の活着を阻害する有害物質が含まれているためと考えられている。この有害物質に関しては，有機酸が植物の種子の発芽や生育を阻害することを示した多くの報告があり，田知本（1984）らは，菜種油かすの分解産物の中から酪酸，プロピオン酸，フェノール性有機酸を生育阻害物質と推定している。また，堀口ら（1992）は，イネの移植直後にアルファルファミールあるいはビールかすを田面に散布し，雑草抑制効果を得ているが，この際，酢酸，酪酸，プロピオン酸など多くの有機酸を検出している。

このように，菜種油かすなど有機質肥料には生育阻害物質が含まれている場合が多く，この生育阻害物質により，雑草の発芽が阻害されると考えられる。米ぬかの場合，こうした物質の存在は明らかではないが，存在の可能性は充分考えられる。

②異常還元

異常還元による雑草の発芽阻害についてはすでに触れたが，菜種油かすや米ぬかを表面施用した場合も異常還元がみられる。

菜種油かすあるいは米ぬかをm^2当たり300g表面施用し，その後の酸化還元電位の変化をみると，これらを施用する直前では菜種油かす施用区150mV，米ぬか施用区110mV程度だった

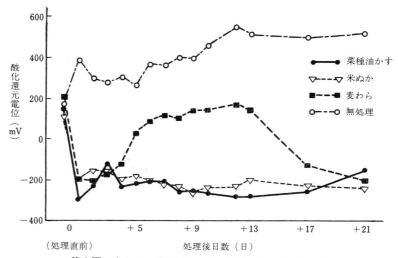

第3図 麦わら，菜種油かすおよび米ぬかを表面施用後の酸化還元電位の変化（地表面） （岡山農試，1993）

5,000分の1aポット使用。入水7月14日（表層部分撹拌），処理後，水深2～3cmを維持。
処理：7月16日，処理量：菜種油かす，米ぬかとも300g/m²，麦わら600g/m²

水　稲

ものが，施用1日後には−290mV，−190mV
程度と急速に低下しており，その後は，ゆるや
かな増減をくり返している（第3図）。

このように，菜種油かすや米ぬかを表面施用
した場合も麦わらの表面施用の場合と同様に，
異常還元状態となって還元性物質が発生し，雑
草の発芽を阻害すると考えられる。

③遮　　光

菜種油かすや米ぬかを表面施用すると，これ
らは水面上をよく拡散し，風がある場合は一方
に流される傾向はあるが，数分間で沈下して土
壌表面を被覆する。前述の堀口らのアルファル
ファミールやビールかすを用いた試験では，ア
ルファルファミールのm²当たり200gの施用で
90％以上，400gの施用で99％以上の光が遮ら
れている。

こうしたことから，菜種油かすあるいは米ぬ
かを表面施用した場合も，土壌表面の被覆によ
る遮光効果が充分考えられる。

4．イネの生育に及ぼす影響

（1）　麦わらの表面施用

移植後に麦わらをm²当たり600g表面施用し
た場合，イネの初期分げつが多少抑制される傾
向はあるが，生育，収量への影響はほとんどみ
られない（第1表）。また5cm程度の長さに切
断した麦わらの場合，風による吹寄せもそう問
題にならない。

（2）　菜種油かす，米ぬかの表面施用

移植後に菜種油かすや米ぬかをm²当たり100
〜200g程度表面施用した場合，腐敗臭がただ

第1表　麦わらの被覆およびすき込みがイネの生育・収量に及ぼす影響

（岡山農試，1988）

処　理	稈長 (cm)	穂長 (cm)	穂数 (本/m²)	全重 (kg/a)	籾重 (kg/a)	わら重 (kg/a)	粗玄米重 (kg/a)
麦わら被覆・切断長1cm	102	22.6	205	115	56	49	47
麦わら被覆・切断長5cm	101	22.7	193	112	54	58	45
麦わら被覆・切断長15cm	101	21.9	202	115	57	58	48
麦わらすき込み	101	23.1	189	111	57	55	48
除　草　剤	105	22.5	215	124	60	64	50
無　除　草	100	23.1	201	117	56	61	47

注　品種：雄町，移植：6月24日，処理：6月24日，処理量：被覆，すき込みとも600g/m²
　　除草剤区はクサカリン粒剤を3g/m²処理

第2表　菜種油かすおよび米ぬかの表面施用がイネの生育・収量に及ぼす影響

（岡山農試，1991）

処　理	無施肥区					施肥区				
	7/18		稈長 (cm)	穂数 (本/m²)	全重 (kg/a)	精玄 米重 (kg/a)	7/18		稈長 (cm)	穂数 (本/m²)
	草丈 (cm)	茎数 (本/m²)					草丈 (cm)	茎数 (本/m²)		

処　理	草丈(cm)	茎数(本/m²)	稈長(cm)	穂数(本/m²)	全重(kg/a)	精玄米重(kg/a)	草丈(cm)	茎数(本/m²)	稈長(cm)	穂数(本/m²)	全重(kg/a)	精玄米重(kg/a)
菜種油かす・100g	40	235	65	214	81	33	35	235	69	233	83	35
菜種油かす・150	38	241	68	204	72	30	36	225	69	256	98	41
菜種油かす・200	39	290	67	210	89	37	35	284	70	263	98	41
菜種油かす・250	39	254	67	216	86	35	35	264	72	285	111	46
米ぬか　・100	38	241	67	208	77	31	35	173	67	239	82	35
米ぬか　・200	38	222	65	216	69	29	32	176	66	234	84	37
無　除　草	44	271	61	159	52	20	44	271	64	170	170	20

注　品種：日本晴，移植：6月17日，処理：6月18日
　　施肥区：7月18日，8月3日にそれぞれ，N：P₂O₅：K₂O=2.0：2.4：1.9kg/10aを施肥

よい，イネの生育抑制や葉身の黄化，下葉枯れ，葉鞘の肥大不良がみられることがある。

しかし，これらの生育障害に対しては，雑草抑制効果と，有機質肥料としての肥料効果のほうが大きいと考えられる。また，施肥により症状はかなり回復する（第2表）。

5．導入の方法

（1）　麦わらの表面施用

①麦わらの種類

オオムギわら以外にも，ハダカムギおよびコムギわらを用いた試験や，コムギわらが被覆される「麦収穫稲同時播種栽培」（岡山農試方式）で雑草抑制効果は認められており，麦わらの種類は特に限定しなくてよいだろう。

②施用時期

麦わらの施用時期は移植当日を基準としたが，宮内（1979）は，移植後5日目，10日目，15日目と時期を変えて，麦わらを施用したところ，施用時期が早いほど雑草抑制効果は高くなった。こうしたことから，麦わらの表面施用は移植後できるだけ早期に行なったほうがよいだろう。

③施用量

麦わらの施用量は10a当たりの麦わら生産量に相当するm²当たり600g程度を目安としたが，宮内（1979）は，m²当たり300g，450g，600gと量を変えて施用したところ，施用量が多いほど雑草抑制効果は高くなった。遮光による雑草抑制は，被覆が充分でないとそこに光が当たり雑草が繁茂するため，施用量が多いほど効果が高いと思われるが，5cm程度に切断した麦わら600gを表面施用すれば被覆程度は80%程度になり，比較的均一に被覆される。

こうしたことから，施用労力も加味し，麦わらの施用量はm²当たり600g（10a当たり600kg）程度が適量であろう。

第3表　麦わらの切断長の違いが麦わらの沈下に及ぼす影響　（岡山農試，1988）

麦わらの切断長	施用後日数と沈下率(%)					移植25日後の田面の被覆状況
	3日	6日	10日	17日	20日	
1cm	50	90	100			20%，1か所に集積（足形などに）
5			40	70	100	80%，ほぼ全面を被覆
15			20	50	100	70%，被覆むらが多い

注　品種：雄町，移植：6月24日，処理：6月24日，処理量は600g/m²

④麦わらの長さ

切断長5cmの麦わらを施用した場合が雑草抑制効果は高いが，これは，麦わらを表面施用した場合，切断長により沈下および土壌表面の被覆の状況がやや異なることが影響している。つまり切断長を1cm，5cm，15cmとした場合，切断長が1cmの場合は沈下の速度は比較的速いものの足形などに集まりやすく被覆が充分でない。また，切断長が15cmの場合は沈下の速度が遅く，被覆がややムラになる。切断長が5cmの場合は沈下の速度は15cmの場合とあまり変わらないが，被覆が比較的均一になる（第3表）。こうしたことから，麦わらの長さは5cm程度が適当であろう。

⑤施用方法のまとめ

以上のことから，麦わらの表面施用により雑草抑制効果をはかるには，麦わらを5cm程度の長さに切断し，移植後できるだけ早期にm²当たり600g程度を施用する。

（2）　菜種油かす，米ぬかの表面施用

①施用時期

菜種油かす，米ぬかの施用時期は移植当日を基準としたが，麦わらの場合と同様に，施用は移植後できるだけ早期に行なったほうがよいであろう。

②施用量

m²当たり100〜200gを施用し，水深3〜5cmのやや深水状態を維持した場合が，雑草抑制効果が高いことから，m²当たり100〜200g（10a当たり100〜200kg）が適量であろう。

③施用方法のまとめ

以上のことから，菜種油かすあるいは米ぬかの表面施用により雑草抑制効果をはかるには，移植後できるだけ早期にこれらをm²当たり100

水　稲

〜200g程度施用し，施用後は5cm程度のやや深水状態を維持する。

6. 問題点および今後の課題

（1）　麦わらの表面施用

①麦わらを確保するため，ムギを作付けるかあるいはムギ作付け農家から入手する必要がある。

②麦収穫後に麦わらを圃場から持ち出し，カッターで5cm程度に切断し，そして移植後に手で散布するため，この過程にかなりの時間および労力を費やすことになる。

③こうしたことから，できるだけ集団的な取組みと，散布機の開発などによる散布作業の省力化が望まれる。

（2）　菜種油かす，米ぬかの表面施用

①菜種油かすや米ぬかのm²当たり100g以上の施用で，腐敗臭やイネに生育障害がみられるため，追肥などの管理技術により，雑草抑制効果を維持しつつ生育障害の回避，軽減をはかる必要がある。

②菜種油かす，米ぬかは有機質肥料で肥料効果を備えているため，肥料効果を充分考え，除草目的に導入していく必要がある。

③こうしたことから，雑草抑制効果や肥料効果を加味し，より多収が得られるような総合的な管理技術を確立することが望ましい。

執筆　河原祐志（岡山県立農業試験場）

1993年記

水田への新鮮有機物施用による二価鉄増加と雑草制御

(1) 新鮮有機物施用によるイネと水田雑草の生育抑制

近年の有機農業の高まりと関連して，その栽培技術の向上が求められており，除草剤を使用しない抑草は，有機農業を行なううえで，今後確立されるべき最も重要な課題となっている。アイガモによる除草は有名であるが，たとえば，米ぬかなどの新鮮有機物を水田土壌の表面に施用して雑草の出芽を阻害する抑草技術も，除草剤を使用しない技術のひとつとして，その確立が期待されている。

この技術は，大学や農業試験場などの研究者から提案されたものではなく，むしろ，農業者や民間の技術者によって各地で行なわれる実証試験のほうが先行している（福島・内川，2002；上野・鈴木，2005）。そのため，技術の裏づけとなる抑草のメカニズムについては十分解明されておらず，したがって，必ずしもこの効果が安定せず，草種によっても効果が異なるとされている（室井，2005）。考えられるメカニズムとして，米ぬかを施用すると，土壌の溶存酸素濃度が低下し，還元が進むことから，これらが抑草効果と関連しているのではないかと推察されている（中山・北野，2001）。

(2) 新鮮有機物施用によるイネの生育抑制

新鮮有機物の土壌への施用が，水稲の初期生育を抑制することは経験的に知られていたことであり，これが収量の減少や不安定化をもたらす要因となっていた。コンバインの普及で，稲わらがそのまま施用されることが多くなり，また，この生育抑制がとくに低温などのストレス条件下で水稲の生育をいっそう不安定化することから，かつて稲わら施用による水稲の生育抑制に関する研究がさかんに行なわれた（大山，1985）。

これらの試験結果から，たとえば，有機物はなるべく堆肥化して使用すること，稲わらを施用する場合は秋のうちにすき込んで，翌年の稲作前に分解させておくことなど，異常還元が進まないような土壌管理法が奨励された。

また，直播栽培技術の開発が現在でも進行中であるが，有機質が多い土壌における還元の進行は，水稲の出芽・苗立ちの重要な抑制要因となっている（萩原，1993）。

水田土壌中に多量の新鮮有機物を施用すると，水稲の生育が抑制される現象について，この原因が有機物とイネが土壌中の窒素を奪い合う窒素飢餓によると考えられていたが，それだけではなく，施用された有機物が嫌気的条件下で分解され，その結果生成される有機酸，二価鉄，硫化水素などが水稲の生育を抑制する要因となっていることが知られるようになった。とくに土壌養液中の二価鉄は，たとえば，水稲の湛水直播栽培での出芽・苗立ち（萩原，1993）や，粘土質土壌での初期生育の抑制（瀧島，1963）などの原因となっている。

通常，土壌中では鉄は不溶性の酸化鉄（三価）として存在するが，湛水されて還元的になると水溶性の二価鉄となり土壌溶液中に溶出する。この鉄の還元は，言い換えると，三価の鉄が電子を1個受け取って二価の鉄に変化することであるが，有機物は分解の過程で，この電子を供給することから，土壌中への有機物施用が，結果として二価鉄濃度を上昇させることになる。

(3) 稲わら添加によるイネ，ノビエの出芽への影響と土壌還元

実際の圃場で，新鮮有機物の施用を抑草技術として用いる場合，発芽や出芽を抑制することが可能か否かが重要な要素となると考えられる。この点を明らかにし，さらに，抑制のメカニズムを知るため，イネとノビエを用いて，稲わら添加が出芽に及ぼす影響について検討した。

ノビエとはイネ科ヒエ属雑草の総称であるが，このなかでタイヌビエが水田における圧倒的な優占種で，水田だけに適応している。一方，

水　稲

イヌビエは，水田のほか，畑や湿地など，広く水性環境に生育できるとされている。

①イネ，ノビエの出芽抑制程度

実験は，水田から採取した土壌を風乾し，この100gに稲わら粉末0.3, 0.6, 0.9％を添加・混合・湛水し，イネ（品種：ほしのゆめ），タイヌビエ，またはイヌビエを深さ2cmで播種した。イヌビエについては，0.5cmの深さにも播種した。同時に，土壌表面から約3.5cm下の位置から土壌溶液を経時的に採取し，この中の二価鉄を定量した。また土壌のEh（酸化還元電位）も経時的に測定した。これらはすべて湛水して30℃のインキュベーター（明暗12/12時間）内で培養した。

なお，実際の圃場では，土壌の仮比重を1.0，作土を10cmとすると，10aの土壌の重さは100tとなり，稲わら100kgが0.1％に相当する。したがって，この実験では，水田圃場10aに300, 600, 900kgの稲わらを施用することを想定している。

この実験の結果，土壌への稲わら添加量が増加するにしたがって，イネ，タイヌビエ，イヌビエの出芽抑制が強まった（第1～3図）。イネは培養期間が長くなるにしたがって出芽率は回復したが（第1図），タイヌビエは変化しなかった（第2図）。イヌビエは播種深2cmではすべての処理区で出芽せず，0.5cmでわずかに出芽した（第3図）。このことは，稲わら添加によってイネ，タイヌビエ，イヌビエの出芽が抑制され，その程度は，イヌビエ＞タイヌビエ＞イネであることを示している。

また，この実験の条件下では，稲わらの添加がイネの出芽を遅らせたのに対し，タイヌビエやイヌビエでは，出芽そのものを抑制すること

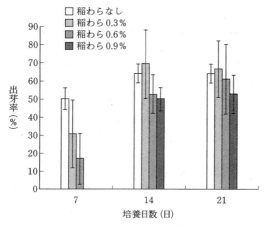

第1図　稲わらの添加がイネの出芽に及ぼす影響
播種深は2cm，誤差値は標準偏差（以下同）
7日区の稲わら0.9％は出芽せず

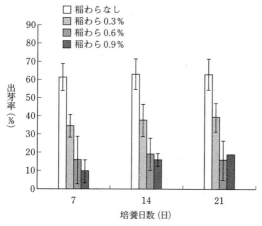

第2図　稲わらの添加がタイヌビエの出芽に及ぼす影響
播種深は2cm

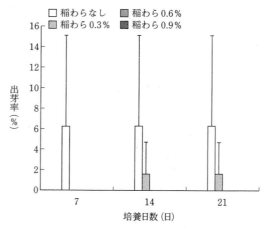

第3図　稲わらの添加がイヌビエの出芽に及ぼす影響
播種深は0.5cm
7日区の稲わら0.3％, 0.6％, 0.9％，14日区の稲わら0.6％, 0.9％，21日区の稲わら0.6％, 0.9％は出芽せず

が示された。

②稲わら添加と二価鉄量

土壌のEhは，稲わらを添加することにより低下したが，その添加量による違いはほとんど認められなかった（第4図）。したがって，稲わら施用量が増加するのにともなってイネや雑草の生育抑制が著しくなる現象は，Ehの低下そのものが影響しているのではなく，たとえば二価鉄などEhの低下によって変化する要因によると推察される。

土壌溶液中の二価鉄量は，稲わら添加量の増加にともなって増加し，最大蓄積量は，0.9％稲わら添加区で50mg/l程度であった（第5図）。過去に北海道で行なわれた現地調査によると，実際の栽培体系下において，地域，土壌タイプ，稲わら施用量，施用方法（秋，春すき込み）などの違いにかかわらず，土壌溶液中の二価鉄量は概ね50mg/l以下であり，この試験における二価鉄量は妥当なものであると考えられる（北海道農政部，1965）。

本試験では土壌溶液中の有機酸を測定しなかったが，実際の圃場レベルで，たとえばフェノール系の有機酸が，雑草の生育に影響するほど蓄積したという報告はこれまで行なわれていない。また，同じく水稲根の生育に影響を及ぼす硫化水素の生成は，二価鉄の生成よりかなり後であるので，発芽，出芽といったごく初期の生育抑制への関与は薄いと推察される。

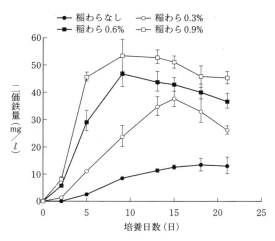

第5図　土壌溶液中の二価鉄濃度の変化
（インキュベーター）

（4）出芽後の初期生育に及ぼす影響

①生育抑制に対する草種別の耐性

前の実験は，新鮮有機物の施用が水田雑草の生育を抑制することを示唆している。出芽後の初期生育に対する稲わら添加の影響を調査するため，次の実験を行なった。水田から採取した風乾土100gに稲わら粉末0.3，0.6，0.9％を添加し，湛水してイネ（品種：ほしのゆめ），タイヌビエ，イヌビエの苗を移植して温室内で栽培した。

3週間栽培後の乾物重の相対比の値を見ると，イネ，タイヌビエ，イヌビエのいずれもが，稲わら添加によって生育が抑制され，その程度はイヌビエ＞タイヌビエ＞イネとなることを示している（第1表）。すなわち，イネはヒエよりも有機物による生育抑制に対する耐性が強く，水田でのみ生育するタイヌビエのほうが，畑でも確認できるイヌビエよりも強い耐性を示した。

このことは，この抑制が草種に対して選択的に働くことを示唆している一方，0.9％添加しても，いったん苗立ちしてしまうと，ノビエを死滅させることはむずかしいという限界も示している。実際，栽培期間が長くなるにしたがって，イネ，タイヌビエ，イヌビエとも，この生

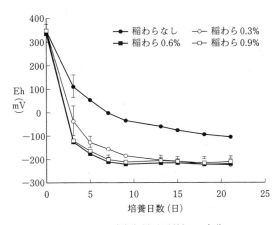

第4図　Eh（酸化還元電位）の変化

水　稲

第1表　稲わら添加と地上部乾物重

	わら/土 (%)	乾物重 (mg)	相対比
イ　ネ	0	110ab	100
	0.3	126b	115
	0.6	113b	103
	0.9	93a	85
タイヌビエ	0.0	132b	100
	0.3	123b	93
	0.6	75a	57
	0.9	72a	55
イヌビエ	0	96d	100
	0.3	79c	82
	0.6	57b	59
	0.9	24a	26

注　異なった文字間には有意差あり

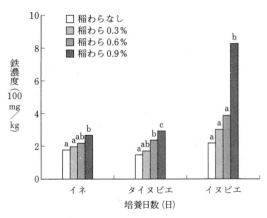

第7図　稲わら添加量と地上部鉄濃度
異なる文字間には5％で有意差あり

育抑制が回復する傾向があった。

②土壌溶液と地上部の二価鉄濃度

　初期生育の抑制の原因は，たとえば有機酸など有機物由来の生育抑制物質，土壌由来の二価鉄や硫化水素のほか，土壌微生物と植物とのあいだでの窒素競合に起因する窒素飢餓など，無数の要因によるといわれている。前の実験では，稲わら添加土壌にイネ，ノビエを播種し，イヌビエ＞タイヌビエ＞イネの順で出芽が抑制されることを示したが，この実験とあわせて，出芽期から，その後の初期生育の時期を通して，生育抑制の影響が，イヌビエ＞タイヌビエ＞イネで一貫していることを示している。

　この実験における土壌溶液中の二価鉄濃度の推移を第6図に示したが，インキュベーター内で行なった実験の結果（第5図）とよく一致した。地上部鉄濃度は，イネ，ノビエとも，稲わら添加量が多くなるにしたがって高くなる傾向があり，とくに，生育抑制が著しい，イヌビエの稲わら0.9％添加区で高くなった（第7図）。

(5) 二価鉄の増加とイネ，ノビエの生育抑制

①発芽率と種子根伸張への影響

　これまでの実験で稲わらの添加により，イヌビエ，タイヌビエの生育が抑制されること，そのときの土壌溶液中の二価鉄が，最大50mg/l程度以下であることがわかった。そこで，この濃度の二価鉄が，イネおよびノビエの発芽および種子根の伸張に及ぼす影響について，次のような方法で実験を行なった。ろ紙を敷いたシャーレに，'ほしのゆめ'，タイヌビエ，イヌビエのいずれかの種子を入れた後，各濃度の二価鉄溶液15ml（イネ，タイヌビエ）または10ml（イヌビエ）を加え，ふたをして30℃のインキュベーター（明暗12/12時間）内で7日間培養した。二価鉄濃度は0，25，50mg/l（FeSO₄・7H₂Oで調整）とした。

　その結果，イネ，タイヌビエ，イヌビエの発

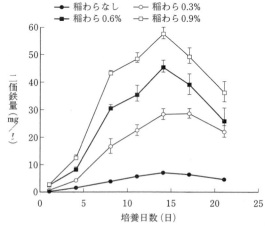

第6図　土壌溶液中の二価鉄濃度の変化（温室）

芽率がそれぞれ，100，60，30％程度で，二価鉄濃度の違いは，いずれの発芽率にも影響を及ぼさなかった（第8図）。しかし，種子根の伸張は抑制を受け，とくにイヌビエの種子根は，25mg/l以上ではほとんど伸張できなかった。種子根の伸張は，イヌビエ＞タイヌビエ＞イネの順で抑制され，稲わらを添加した場合の，生育が抑制された順と一致した。

第8図に示したように，50mg/l以下の鉄濃度では，イネ，タイヌビエ，イヌビエの発芽に影響を与えなかったので，稲わら添加による出芽抑制にどの程度，二価鉄が関係しているかについては，はっきりしない。しかし，この濃度で種子根の伸張が阻害されたことは，土壌中で発芽した後，すぐに生育阻害が起こり始めることを示唆している。

②初期生育への影響

前の実験において，移植した苗の生長が，稲わら添加によって抑制されることを示した。そこで，苗の生長に及ぼす鉄の影響を調査するため，1週間，インキュベーター内で培養した苗を用い，鉄濃度を変えて養液栽培を行なった。溶液はイネ養液栽培用のものを用い，鉄濃度は対照区で2.5mg/l，鉄過剰区で50mg/lとした。ただし，養液栽培の場合，二価鉄は容易に酸化して沈澱してしまうため，EDTAでキレートしたものを用いた。この養液栽培は30℃のインキュベーター（明暗12/12時間）内で14日間行なった。

その結果，栽培後の地上部乾物重は，対照区と比べて鉄過剰区で小さくなり，その程度は，イヌビエ＞タイヌビエ＞イネの順となった（第9図）。一方，鉄過剰区の地上部鉄濃度はイネ＞イヌビエ＞タイヌビエ＞となった。このことは，イネの地上部には，鉄を多く吸収しても生育抑制を起こさないような鉄過剰耐性があり，この鉄耐性能はノビエよりも大きいことを示している。

③二価鉄耐性の違い

以上のように，新鮮有機物施用によりイネ，ノビエのいずれもが出芽，初期生育の抑制を受け，その程度はイヌビエ＞タイヌビエ＞イネの順になった。また，この生育抑制に対する耐性の違いは，土壌溶液中に存在する二価鉄への耐性の違いが一因となっていると推察された。

これまで，タイヌビエが水田におけるノビエ

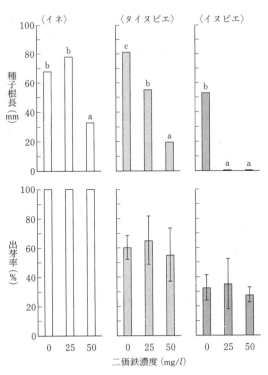

第8図 二価鉄濃度がイネ，ノビエの発芽と種子根の伸張に及ぼす影響
異なる文字間には5％で有意差あり

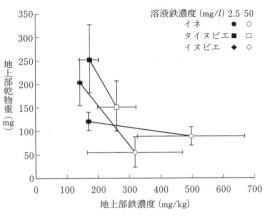

第9図 地上部乾物重と鉄濃度

水　稲

のなかで最大の優占種となっている理由として、嫌気的条件下での発芽性が優れていることが報告されていたが、本試験の結果、タイヌビエが、イヌビエに比べて、強い二価鉄耐性をもっていることも、水田という特殊な条件に適応している要因となっていると考えられる。本実験ではノビエについて示したが、水田での強害雑草といわれるイヌホタルイは、同じカヤツリグサ科のタマガヤツリやミズガヤツリより、またコナギは同じミズアオイ科のミズアオイより、強い二価鉄耐性をもっていることが示されている。

　日本では水稲栽培はほとんどが移植の体系で行なわれるが、イネの生育が進むほど、この新鮮有機物施用による生育抑制は回復する傾向があり、実際の圃場では、土壌中で発芽からスタートする雑草よりも、ますます有利になると考えられる。ただし、出芽までに抑草しないと、それ以降は二価鉄だけでノビエを死滅させてしまうことはむずかしい、という限界も示している。

　現在、すでに実証試験が行なわれている米ぬか除草について、二価鉄が関係しているならば、これを生かす土壌管理方法について検討する必要がある。また、イネが他の雑草より比較的強い鉄耐性をもっていることや、他で報告されているようにイネの品種間に二価鉄耐性の違いが存在することなどを利用して、抑草技術に寄与できる可能性を示している。

(6)　まとめ

　1)　イネ、タイヌビエ、イヌビエの出芽は、新鮮有機物施用によって抑制される。その抑制の程度は、イヌビエ＞タイヌビエ＞イネとなる。

　2)　イヌビエ、タイヌビエ、イネの出芽後の初期生育は、新鮮有機物添加によって抑制される。この抑制はイヌビエ＞タイヌビエ＞イネの順であるが、これらを死滅させるほどの効果はない。

　3)　水田土壌の還元にともなって土壌溶液中に溶出する二価鉄は、有機物が多いほど多く蓄積する傾向がある。

　4)　二価鉄による生育抑制は、イヌビエ＞タイヌビエ＞イネとなり、有機物による抑制の順と同じであり、イネおよびノビエの生育を抑制する要因の一つとなっている。

執筆　野副卓人（（独）農業・食品産業技術総合研究機構北海道農業研究センター）

2009年記

参 考 文 献

福島祐助・内川修．2002．水稲の減農薬栽培における米ぬか撒布による水田雑草の防除．日本作物学会九州支部会報．**68**，40—42．

萩原素之．1993．水稲の湛水土壌中直播における出芽・苗立ちに関する研究　—種子近傍の土壌の酸化還元との関係に特に注目して—．石川県農業短期大学特別研究報告．**20**，1—103．

北海道農政部．1965．水稲作における素わらの影響に関する試験．農業技術普及資料．**9**，230—341．

室井康志．2005．米ぬか施用による雑草制御技術の現状と今後の課題．関東雑草研究会報．**16**，30—37．

中山幸則・北野順一．2001．米ぬかの水田雑草に対する除草効果．平成13年度研究成果情報（関東東海北陸農業・関東東海・水田畑作物）．

大山信夫．1985．地力増強・施肥改善による水稲冷害軽減効果［2］昭和50年代の東北地方における試験結果から．農園．**60**，1385—1389．

瀧島康雄．1963．水田特に泥炭質湿田土壌中における生育阻害物質の行動に関する研究．農技研報B．**13**，117—252．

上野秀人・鈴木孝康．2005．水稲有機栽培における焼酎廃液資材と米ぬか抑草効果および養分供給特性．農作業研究．**40**，191—198．

除草剤を使わないイネつくり

深 水 栽 培

1. 深水栽培の除草効果とその要因

　深水中では，多くの水田雑草が生態的理由により，発生しにくいことが知られている。そのため，田植え後の雑草が発生する前から一定期間深水栽培をすれば，効率的に雑草を抑制できると推測される。近年，自然環境に対する保護・保全の必要性が高まっている背景もあり，除草剤使用を削減可能な深水栽培法について，主に長野県での試験事例をもとに，その概要を述べる。

　深水栽培法は，具体的には移植後1か月間の水深を深くする。すると，水深が増すほど湿生雑草（ノビエ，カヤツリグサなど）が急激に減少し，15cmの水深ではほとんどなくなり，水生雑草（ミゾハコベ，キカシグサ，コナギ，ア

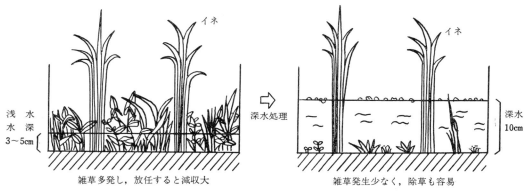

第1図　深水の効果

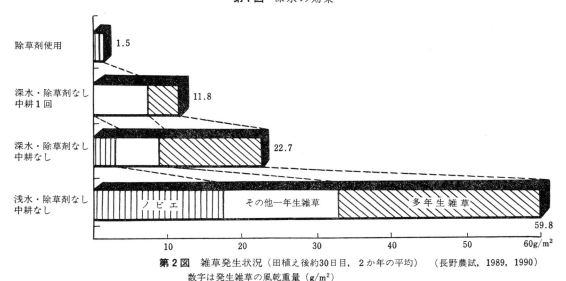

第2図　雑草発生状況（田植え後約30日目，2か年の平均）　（長野農試，1989，1990）
　　　数字は発生雑草の風乾重量（g/m²）

水　稲

第1表 水深と種類別雑草量との関係

(荒井・宮原, 1952)

水　深		移　植			水　深		移　植		
		III	X	XV			III	X	XV
本数（本）	ノ　ビ　エ	14.3	11.7	1.7	風乾重（g）	ノ　ビ　エ	7.85	4.55	0.40
	カヤツリ	210.3	51.0	0.7		カヤツリ	6.67	0.82	0.04
	コ　ナ　ギ	240.7	238.7	185.7		コ　ナ　ギ	23.43	16.47	11.67
	キカシグサ	2,216.0	1,758.7	1,247.3		キカシグサ	34.93	20.90	17.40
	ア　ゼ　ナ	212.3	43.0	6.0		ア　ゼ　ナ	2.33	0.53	0.07
	アブノメ	59.3	77.7	57.0		アブノメ	1.23	1.98	1.37
	ミゾハコベ	—	—	—		ミゾハコベ	18.73	25.63	27.97
	そ　の　他	0.7				そ　の　他	0.05		
	計	2,953.6	2,180.8	1,498.4		計	95.22	70.88	58.92

田植え（6月23日）直後から1か月間の水深を3(III)，10(X)，15(XV)cmとし，田植え後32日目に調査。0.92m²当たり

ブノメなど）だけとなる（第1図，第2図）。深水栽培では雑草の絶対量が少なくなるとともに，残った雑草のほとんどが水生雑草（2,4-Dなどフェノキシ系除草剤の効果が高い）が占めるために，2,4-D，MCP などの後期除草剤の効果が高まる。深水栽培は，アメリカではかつて湛水直播栽培の主要な防除法でもあったことで知られる。

深水と逆に一般水田でかんがい管理が悪くて湛水状態が保てず，畑水分状態であったり，ごく浅水であったりすると，湿生雑草が主体となり，雑草量が著しく多くなる。このことからも，深水の実際の除草効果がうかがえる。

除草効果の要因としては，深水による水圧の上昇，透過する太陽光の減衰，水温の低下などが考えられるが，最大の要因としては水深が増すほど発芽に必要な酸素の量が不足するためであると考えられる。その根拠として，雑草発生期間が高温の年は深水の効果が高く，低温の年はその程度が低くなる。これは深水で水温が高いと，水面に雑草が出芽するための条件としては，相対的に酸素が非常に不足するからである。

深水による雑草の抑制効果は，雑草の種類による差がみられ，湿生雑草のカヤツリグサ科の一年生雑草，キク科の広葉雑草（タウコギ，タカサブロウ，アメリカセンダングサなど）に対しては深水による雑草抑制効果がごく高い。ノビエやホタルイに対してもかなり抑制する。水生雑草のコナギ，ミゾハコベ，アブノメなどに対しては抑制しにくく，藻類などは深水でむし

ろ発生が増加する（第1表）。

深水の期間は，田植え後約30日間，湛水深10cm以上を維持するのが雑草抑制に効果的である。それより短いと効果不充分であり，長いとイネに対してやや害があり，また深水維持の労力もばかにならない。

新潟県でも深水栽培の試験例がある。この試験成績でも深水でかなり雑草が抑えられた。10cm前後の湛水処理で40%前後，さらに中耕処理をすれば80%前後の抑草効果があった。またこの試験で，深水はホタルイ，カヤツリグサを大きく減少させ，コナギ，ミゾハコベなどの水生雑草を増加させた（第3図）。

2. 方法と導入のポイント

深水栽培を実際に導入している現地事例として，長野県佐久地方でのコイやフナの養殖，また埼玉県ほかで草魚を使って雑草防除を行なっている事例などがある。これらの事例では，魚の遊泳や摂食行動が雑草抑制にかなり役立っているが，併せて魚の飼育のための深水環境が雑草発生を大きく抑制している点が見のがせない。この二重に効果的な雑草抑制法により，これらの栽培事例では，除草剤無使用（魚の保護のためでもある）でも充分な除草効果を得ている。

苗の葉齢・草丈と水深管理　田植え時の苗は一般に，深水によって水没するほどの短い苗でなければよい。普通の稚苗では，苗の草丈が15cm以上となるので，10cm湛水しても葉先が水面に出る。また草丈が10cmに満たない乳苗〜稚苗栽培の場合でも，冠水に対する抵抗性は強いといわれており，活着できるかぎり深水にする。また当然のことであるが，健苗で初期生育の旺盛な苗が望ましい。

畦の高さ・漏水防止対策　深水維持のために，湛水深の保てる畦畔の造成，維持管理は重要なことである。充分な均平を行なうことも重要であるし，畦の高さも15cm以上は必要となって

除草剤を使わないイネつくり

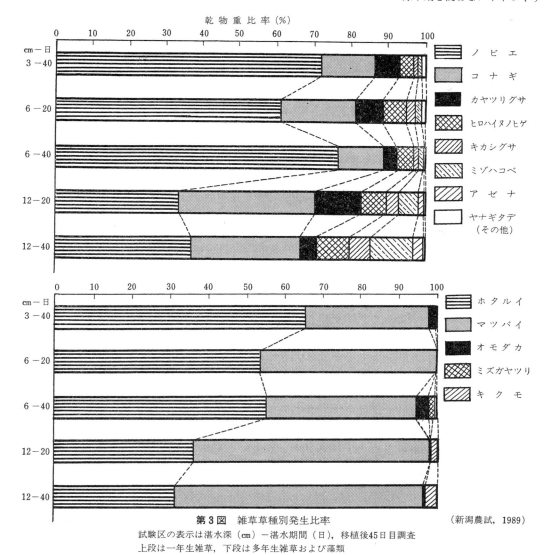

第3図 雑草草種別発生比率　(新潟農試, 1989)
試験区の表示は湛水深 (cm) －湛水期間 (日), 移植後45日目調査
上段は一年生雑草, 下段は多年生雑草および藻類

くる。さらに念入りな代かきにより本田の減水を小さくし, 畦ぬりをしたり畦シートを使って畦まわりの充分な漏水対策を行なうことも必要なことである。横抜けの漏水があると水管理の手間が甚だしい。特に水深が増すと水圧が上昇するので, 浅水でも水の抜けやすい水田は, 深水にするとますます水が抜けやすくなる。

落水の時期と方法　深水の期間は田植え後から約1か月間とし, それが過ぎたら水を落として中耕除草を行なう。以後は慣行の湛水深とし, 中干しなども慣行法に準ずる。特に雑草発生やイネの生育に問題がないかぎり, 深水維持期間後の管理は慣行栽培と同様でよい。

3. イネの生育に及ぼす影響と栽培技術

分げつの抑制効果　初期の深水の影響は目立たないが, 生育の中期以降後半まで深水を継続すると, 分げつの抑制作用が現われ, 結果的に穂数を抑制する (第4図)。このため深水期間は生育初期の30日程度にとどめるほうがよい。

水稲

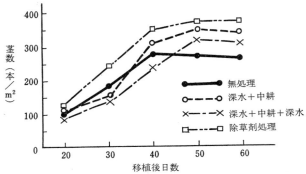

第4図 茎数の推移 （新潟農試，1991）
「深水＋中耕」は田植え後20日間深水処理し，「深水＋中耕＋深水」は中耕後にさらに20日間深水にした

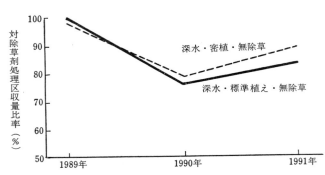

第5図 栽植密度が異なる深水区の除草剤処理に対する収量比率 （長野農試，1989〜1991年）
標準植え22.2株，密植33.3株/m²。中耕除草なし

第6図 水深処理の違いとイネ生育量（新潟農試，1989）
田植え後45日目調査。試験区構成は第3図と同一のもの

また，深水管理により草丈が長くなり，標準栽培より倒伏しやすい傾向があるため，施肥量を多少減ずるなど，肥培管理に注意する必要がある。

窒素肥効抑制作用と土壌還元作用 深水栽培のイネに対する影響として，深水をつづけると水温ほかの影響で窒素の肥効がやや抑制されたり，土壌還元が浅水よりすすみやすい傾向がある。しかし，これらは排水の困難な強湿田で深水栽培を長く行なった場合などに限られる。またその場合でも，湛水深で肥効や土壌還元が左右される度合いはごく小さい。ここで紹介した雑草抑制のための初期深水かんがいの範囲では，これらの土壌的な影響はほとんど問題にならない。仮に問題になるとしたら，当該の水田土壌について，理化学性の点で何らか改善の余地があると推測できる。

地温への影響 地温は一般に深水によってやや低めに抑えられるが，全体に圃場の容水量がふえるために夜間の保温性は高くなる。このためかんがい水が冷たいなど，地温変化の激しい水田の平準化を図るには，かえって深水のほうが適している。

なお，深水で藻類発生が助長され，それに窒素の多施用や低温が重なると藻類が著しく増殖して，その結果地温を低下させてイネの活着や初期生育を阻害することがあるので注意が必要である。

茎質・草型の変化などとその対応技術 イネに対する深水の影響は，やや分げつ茎数を抑制するので，密植することが収量水準維持の点で有効である（第5図）。

新潟県の試験例で，イネの生育に対する影響は，標準区に比べて初期の深水より中期の深水で茎数が少なめとなった（第4図）。同じ試験で深水のほうが生育が旺盛

となる結果が浅水慣行区対比で出ている（第6図）が，これは対照の浅水区が雑草多発生となり，雑草害が強く出たためで，雑草害の影響を除くことができれば，深水のイネに対する若干の影響（茎数減）が認められたと思われる。

なお，深水栽培法の特徴とイネの生育への影響については，——農業技術大系「土壌施肥編」第8巻，イネ深水栽培（コシヒカリ），新潟県大坪重雄氏——に詳しいので参照されたい。

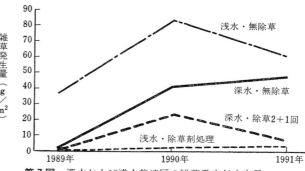

第7図 深水および浅水栽培区の雑草発生年次変異
（長野農試，1989～1991年）
「除草2+1回」は中耕除草機2回がけ＋ヒエ手抜き1回。田植え後約30日目調査

4．今後の課題

深水栽培法を要約すると，田植え後約30日間湛水深10cm以上の深水維持でイネを栽培し，発生雑草が目立つ場合には中耕除草などを組み合わせることにより，雑草を効果的に抑制でき，雑草害による減収も通常ほとんどない。組み合わせる中耕除草は田植え後30日の1回，または田植え後30日と45日の2回とする。しかし，除草剤を使用しないで深水栽培法を毎年くり返していると，雑草種子のもち越しもあり，全体に雑草発生量が増加し，耕種的雑草抑制効果は経年的に低下する。また雑草害による収量低下がすすむ傾向がみられる。

機械除草，手取りなどの除草法を併用することにより，除草剤無散布でも散布と同等の収量をあげる可能性は高いが，それはもち越し雑草種子量の少ない場合に有効であり，除草剤を用いない栽培法を連年くり返すことにより雑草発生量が増加してくると，耕種法による雑草防除効率が低下してきて，除草の手間が著しくふえるので，深水栽培法の長期連用は好ましくないと考えられる（第7図）。

また，初期の深水処理中に藻類が多発生し，中耕時の落水のさい，藻類がイネにからみつき雑草だけでなくイネも埋め込まれ，枯死株の発生がみられた試験事例もあった。

除草剤に頼らないで深水栽培をする場合，2か年が実用的な中耕・深水の組合わせの栽培年限であり，雑草害による減収を避けるためには，3年目には除草剤を使用したほうがよい。

執筆　中澤伸夫（長野県農事試験場）
1993年記

参 考 文 献

農業研究センター編．1990～1992．「生態系活用型農業における生産安定技術」研究推進会議資料．

荒井・宮原．1956．水稲の本田初期深水灌漑による雑草防除の研究．日作紀24(3)．

大坪重雄．1985．農業技術大系　土壌施肥編．8，イネ深水栽培（コシヒカリ）．

水稲

複数回代かきによる抑草技術

(1) 雑草抑制のカギは酸化・還元のコントロール

 皆さんの田んぼにはどのような雑草が生えるであろうか。関東地方であれば，5月中旬から顔を出すコナギ・イヌホタルイ・ヒエ，5月下旬以降に出芽してくるオモダカ・クログワイ，中干しのあとに目立ってくるホソバヒメミソハギ・タウコギ・クサネムなどがある。
 これらの雑草は，酸素の多い酸化的土壌環境で発芽が進むもの（ヒエ・カヤツリグサ・ホソバヒメミソハギ・タウコギ・クサネム）と，酸素が少ない還元的土壌環境で発芽が促進されるもの（コナギ・イヌホタルイ）に大別できる。つまり，自分の田んぼに生えてくる雑草種から土壌環境を推察し，耕うんや代かきによって田んぼの酸化・還元を制御していくことが，雑草抑制にとって有効である。ここでは，複数回代かきを柱にした抑草技術について紹介する。

(2) 水田の縦浸透量を知る

 水田内の灌漑水が縦方向に浸透する程度（縦浸透）は，土壌の酸化・還元と強くかかわっており，雑草の発生消長とも密接にかかわっている。代かき後の縦浸透量が大きければ土壌は酸化的に，小さければ還元的に変化していく。たとえば，1日に水位が5cmも下がるようではコナギが生えにくい反面，ヒエが優占する。一方1cm未満であれば，ヒエが生長しにくい反面，コナギやイヌホタルイが発生しやすくなる。
 水田の縦浸透量を測るには，目印をつけた棒を水田に立てる方法が思い浮かぶが，この方法では畔際などの漏水による減水を含んでおり，正しく評価できない。
 縦浸透を正確に測定する方法として，次の方法がある。まず直径10cm以上×長さ30cmほどの塩ビ管を用意し，代かき後の田んぼのすき床付近までゆっくりとまっすぐに押し込む。その後，塩ビ管の上端からあふれるまでにゆっくりと注水し，翌日の同時刻にどれくらい減水したかを計測する。水田内の複数箇所で塩ビ管を立ててみると，コナギの発芽が旺盛な箇所ほど日減水深が小さく，コナギの発芽が抑制されている箇所では日減水深が大きい傾向が見られる（第1図）。
 なお，浅水で練り込むように代かきを行なった場合と比較すると，深水代かきでは減水深が大きくなる傾向がある。これは，深水代かきを行なったあとは土壌が膨軟になり，間隙が多くなって縦浸透が高まるためだと考えられる。

(3) 複数回代かきを柱にしたコナギ・イヌホタルイの防除

①低酸素状態・光を感知して発芽

 コナギ，イヌホタルイは，湛水土壌中で酸素濃度が低下すると発芽が促進される。また，種子に光が当たる条件でも，発芽が促進される。

第1図 日減水深の計測
パイプの内側の減水深を測る。同一圃場でも浸透具合は異なり，コナギ発生箇所（左）ではマイナス5mm，コナギ未発生箇所（右）ではマイナス25mmであった

これらの雑草が優占する田んぼは，日減水深が小さく，冬の間も乾燥しにくい場合が多いようだ。

これらの雑草を抑えるには，1回目の代かきによって後述する「層状沈降」を発生させ雑草の出芽とイナワラの分解を促し，2回目以降の代かきによって，酸化的なトロトロ層をさらに厚くする方法が有効である。

②複数回の代かきのやり方

まず秋耕や春耕によって，還元的土壌環境の原因になるイナワラの分解を進めておくことが重要である。さらに，耕うんによる適度な畑水分ではイヌホタルイの休眠覚醒が進み，種子は乾燥して比重が小さくなり，水に浮きやすくなる。

そのうえで，深水で1回目の代かきを行ない，比重の大きい粒子から順に沈む「層状沈降」を発生させる（第2図）。この過程で，コナギ・イヌホタルイの種子は光を受けやすい表層に移動する。また，イナワラや緑肥などの未分解有機物も同じく表層に移動する。

実作業における目安としては，作業中のトラクタから振り返って後方を見たときに，気泡の筋が糸を引くようにつながって見えれば成功である（第3図）。車速は黒ボク土では時速3km未満，低地土では2km未満が望ましい。数メートル作業したらトラクタから降車し，作業直後の土壌に足を踏み入れてみるとよい。長靴が抵抗なくすき床まで入るほどに土壌粘度が低下していれば成功である。

初回の代かきの水深は，ロータリの耕深・土質によって異なるが，水と土の容積比を1：1以上で行なうことが重要である。浅耕の場合は水深5cm以上，深耕の場合では7cm以上で，仮比重の大きい重粘土ではさらに深くするのが望ましい。

表層に集まった有機物は，日射による地温の上昇に伴って分解が促進され，一時的に酸素濃度を低下させる。このことが引き金となってコナギやイヌホタルイの発芽が進む。コナギは水温が19℃になると発芽し始め，30℃になるとピークを迎えるが，35℃になると発芽しなくなること，夏の高温に遭遇すると二次休眠に移行することが報告されている。そうした観点からも，地温が高まりやすい表層にコナギ種子を移動させる「層状沈降」が重要になってくる。

2回目以降の代かきは，初回よりも深水で行なう。たとえば，黒ボク土で耕深が15cmの場合，1回目の水深は7cm程度で層状沈降が発生するが，2回目は15cm程度湛水する必要がある。これは，初回の代かきの際には土壌に空隙が多く，見かけの水深が浅くても水／土容積比は1以上になるが，2回目代かきの際には土壌

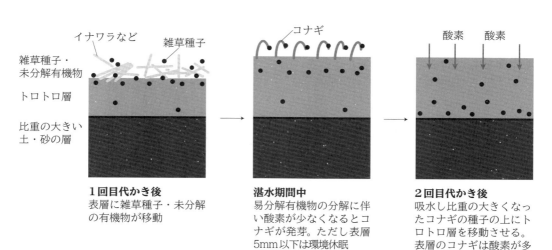

第2図　代かきによる抑草の仕組み

水稲

の空隙がなくなっているためである。深水で行なうことによって層状沈降が促され，表層のトロトロ層がさらに厚く堆積する。

また，2回目の代かきは，有機物の分解が進み，コナギやイヌホタルイの出芽が確認されてから行なうことが必須である。水温が上がりにくい地域では，水温を高めて有機物分解と出芽を促す必要がある。暖地では1回目代かきから10日ほどで出芽してくることもあるが，寒地では1か月かかることもある。

寒地では，イナワラが浮いて田植えに支障が出るからと，練り込み代かきを行なうことがある。こうした水田では，練り込まれたイナワラは6月の高温で分解され，低酸素によってコナギやイヌホタルイが発生してくる。イナワラは秋耕や春耕で好気的に分解を進めるほうが効率はよい。冬の間，水田を乾かせない場合は，入水を遅らせて春耕の回数を増やすほうが分解は進むと考えられる。

深水代かきのあとは表層の酸化層が厚くなるため，コナギやイヌホタルイの発芽が抑制されると考えられる。また，空気と水と土を攪拌することで，還元によって生成された硫化水素などの有害物質を曝気できる。

ただし，入水時にイナワラの分解が不十分な圃場や減水深の小さい圃場では，表層に酸化層が形成されずコナギが発芽してくる場合もある。こうした圃場では有機物投入によって濁りを発生させ，深水管理を組み合わせることで発芽に必要な光を遮る方法をとる。

なお，代かきの回数は，私の場合は基本的に2回だが，生の緑肥をすき込んだ場合やイナワラの分解が不十分な場合は3回行なう。

③ペットボトルによる層状沈降の程度の判定

自分の田んぼの土が含んでいる軽い粒子の量を推測し，深水代かきの有効性を知る簡便な方法として，ペットボトルを使った実験を紹介する。

まず，500mlの炭酸水のペットボトルを用意する。炭酸水のボトルは，平滑で視認しやすく，メタンガスが発生して内圧が高まった際も安全である。次に，米1合の計量カップを用いて入水・代かき直前の土壌を180ml計りとり，ペッ

第3図　1回目の代かき

トボトルに充填する。続けて，計量カップで2杯分（360ml）の水を加え，蓋を閉める。ボトルを逆さにして上下に20回激しく振とうし，振とう後は静置して経過を観察する。いくつかの土壌をサンプリングして比較すると面白い。

静置した直後から，砂や小石が底に沈んでいく。黒ボク土など気相の多い土では，微小な空気の泡が上昇していく様子も見られる。泡が軽い粒子を押し上げ，入れ替わるように重い粒子が沈んでいく。5分ほど置くと，はじめ曖昧だった水と土の境目が明確になる（第4，5図）。

さらに時間を置くと，懸濁状態が続くものと透き通ってくるものが出てくる。このとき，ボトルの裏側から懸濁水にスマートフォンのライトを点灯させてみると，コナギの生えやすい土壌ほど短い時間でライトの光が透過するようになる。

このころになると，土壌の断面に明確な層状構造を確認でき，下層には砂や小石が，表層には懸濁が沈降した膨軟なトロトロ層が形成される。トロトロ層は，イトミミズなど小動物の働きによって生成されるものがよく知られているが，このように機械的に分離したトロトロ層も，コナギの発芽を抑制する作用があるようだ。

2週間ほど放置すると表層のイナワラなどが分解され，雑草の発芽が見られる場合がある。さらに2回目の代かきを行なって1か月ほど放置すると，有機物が堆積した層に硫化物の黒色沈澱を見ることができる（第4図）。つまり深水で代かきを行なうことで，雑草種子を含む有機物の上にトロトロ層を沈降させることができ

除草剤を使わないイネつくり

第4図 ペットボトルでの層状沈降の観察
中ほど硫化物の黒色沈澱がみられる

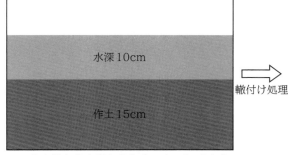

第5図 全国各地の農家が持ち寄った水田土壌の比較
振とう1か月後の様子。堆肥などの有機物を投入してきた土壌は田面水の懸濁が継続しているものもあるが、化学肥料のみで栽培してきた土壌では透き通っている。この試験のあと、蓋を開けて雑草の発生状況を観察してもよい

このペットボトル代かきで表層に堆積する機械的トロトロ層が厚い土壌であるほど、深水代かきでコナギを抑制しやすい。逆に機械的トロトロ層が堆積しにくい場合は、深水代かきの抑草効果は大きくないため、そのほかの方法と組み合わせて防除していく必要がある。中長期的には、堆肥や緑肥などを活用して、膨軟な土壌をつくっていくことが、省力化への近道になる。

なお、実際の圃場で層状沈降を発生させるためには、初回代かき前の耕うんで土壌の乾燥と砕土を入念に行なっておくことが重要である。ペットボトル代かきで土壌の乾燥の程度を変えて比較したところ、十分に乾燥させた土壌のほうが代かき後の懸濁状態が長く継続した。また、層状沈降を促すためには、水と土の混合割合が重要で、水/土の容積比を1以上となるように水深を決定することが求められる。

④轍付け（わだちつけ）処理

2回目の代かきで層状沈降を発生させるのは意外とむずかしく、

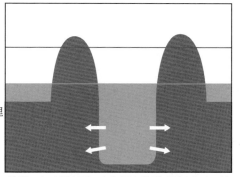

第6図 轍付け処理のやり方

水稲

失敗してコナギが発生してしまう場合がある。これは，前述した水/土の容積比が1より小さくなって土壌を練り込んでしまい，結果として低酸素状態を引き起こしコナギの発芽が促進される，というようなケースである。

これを解消する方法として，轍付け処理という方法がある。まず，トラクタの代かきハローを上昇させた状態で，圃場内をＳ字に足跡をつけて走行する。轍の間隔を細かくつけることで轍の土手が水面から出る量が増え，深く掘られたタイヤの溝に水が流れ込むことで見かけの水深が浅くなるため，圃場への入水量を増やすことができる。これによって圃場全体で見たときの水/土容積比を高め，層状沈降を促す（第6図）。

また，水を切らせて圃場が固まってしまった場合には，轍から水平方向に水が浸入するため，土が軟らかくなる効果も期待できる。イナフラの分解が不十分な場合や，ボリュームのある緑肥をすき込んだ場合など，ガス抜きの効果も得られる。

また，アミミドロなどの緑藻類が繁茂してしまった場合，田植えの障害にならないように事前に叩いておく必要があるが，轍の堤防を立てることでアミミドロが前方に押し流されるのを防ぎ，効率よく粉砕できる。実際の代かきでは，トラクタのセンターマーカーと，代かき耕うんを終えたラインを合わせることで，同じ箇所を2回かけるようにする（第7図）。こうすることですき床付近までハローの爪が入り，よりトロトロに仕上がる。

(4) その他の雑草の防除

①ヒエ・ホソバヒメミソハギ・クサネムなどの防除

ヒエやホソバヒメミソハギなど雑草は，酸素濃度が高い土壌で発芽が促進される。これらが問題になる田んぼは，減水深の大きい乾田であるか，深水管理を実施できなかった場合が多いようだ。これらの草種は，還元状態では発芽が抑制され，発芽しても草勢が劣るため，減水深を小さくする目的で，浅水で練り込むように代かきを行なうとよい。

また，土壌に酸素を供給しないことを目的に，仕上げの代かきから田植えまでの期間をできる限り短縮し，田植え後の深水管理も併せて行なう。意図的に土壌を強い還元状態に変化させる目的で，1回目の代かきから植え代かきまでの湛水期間を長くとるのも有効である。このほか，緑肥などの有機物を水に漬けて還元を促すという方法もある。

なお，ホソバヒメミソハギやクサネムは，中干しの際に地際に光が差し込むようだと発芽・生長が旺盛になる。そのため，早期に茎数を確

第7図　轍付け処理後の植え代かきの様子
トラクタの中央と作業を終えた箇所の境界を合わせ，同じ箇所を2回処理するようにする

第8図　ごく表層に移動したクログワイの塊茎
複数の側芽から同時に出芽している

保するか，浅水管理や中干しの期間を短くすることが有効と考えられる。酸素と光に反応して出芽してくる雑草にはミゾハコベ，キカシグサ，アブノメなどもあるが，これらは乾物重が小さく，根域も広くないので，害になることは少ないようである。

②オモダカ・クログワイなど

オモダカやクログワイなどの雑草は主として塊茎で増殖する性質があり，塊茎の出芽・生長は酸化的な条件で促進されるようである。

イネ収穫直後の耕うんで塊茎形成を阻害することは有効である。とくに近年は普通期栽培でも収穫後に暖かい日が多いため，イネ刈り後の株元で盛んに塊茎形成を行なっているようである。また，冬季の乾燥は塊茎の枯殺を促すといわれているが，枯死するのはごく表層に移動した塊茎のみで，地下3cm程度では生存しているようであり，効果は限定的であるように感じている。

塊茎は入水後，水温の上昇に伴って出芽するため，自身の地域でいつごろ出芽が始まるかを調べておくとよい。栃木県中央部では5月下旬から出芽が始まるため，1回目の代かきで塊茎を上層に移動させ，斉一な出芽を促す。その後，オモダカは伸長した芽部を切断するイメージで，車速を落として代かき作業を行なうと発生が少なくなる。クログワイは複数の側芽をもち，練り込んでも再生することがあるので，出芽して地上部が生育してきたら練り込み，再生して出芽したらもう一度練り込み，そのうえで6月中旬に田植えができるとかなり生育量が抑えられる。

出芽してしまったオモダカ・クログワイの生育を抑えるためには，10cm以上の強い深水管理によって，光を遮断し還元状態を促すのが効果的である。こうした強い深水管理はあらゆる雑草の生育を抑制するが，イネも酸欠になって分げつが抑制されてしまうため，通気組織が発達した成苗を，やや密植とすることで穂数不足を解消する。

興味深いのは，深水代かきで表層に移動した塊茎は，複数ある側芽から一斉に出芽することである（第8図）。1）秋耕などによって塊茎を乾燥させる，2）比重の小さくなった塊茎を減水代かきで表層に集める，3）側芽を一斉に出芽させたうえで練り込んで個体数を減少させられることがわかってきた。

クログワイの防除をむずかしくしている要因として，複数の側芽が順次出芽してくる点があげられる。ごく表層に移動して複数の側芽から同時に出芽したクログワイでは，塊茎の蓄積デンプンの消費が早まることが予想され，埋め込まれたあとの再生能力が低下することが考えられる。

執筆　川俣文人（NPO法人民間稲作研究所・有機農家）

2024年記

水稲

雑草よりイネが優占する田んぼの「状態」をつくる

　持続可能な社会に向けて，有機農業への関心が高まってきた。化学肥料や農薬を使わない有機農業は，環境に配慮した農業経営や生き方につながる現代のニーズに沿った栽培方法といえる。

　有機稲作では収量確保，とくに雑草問題の解決が最大の課題になる。それを克服するために多くの技術が考案されてきたが，耕地面積に占める有機農業取組面積の割合は2010年が0.4％，2020年が0.6％で，あまり増えていない。その一因は，雑草害や病害虫がいまだリスクになっているなど，生産技術が安定化していないことがあげられる。

　有機稲作の実際では，地域によって気候や土質や肥沃度などが違うだけでなく，耕作者によって目標収量，保有装備や労力もみな違う。有機稲作を成功させるには，それらの条件を踏まえ，理想とするイネや田んぼの「状態」に向けて「方法（技術）」を組み立てることが必要である。ここでは，（公財）自然農法国際研究開発センターでの研究成果をもとに，イネが雑草に勝って順調に生育する理想的な「雑草が生えない田んぼ」の状態と，それに向けた技術の組立てのポイントを解説することとしたい。

1. 田植え時の理想的な圃場の状態

　第1図は，どちらも米ヌカ除草後に草取りをしなかった圃場実験の様子である。違いはイナワラの分解程度である。耕うんと田植え時期（土つくり期間）によって，イネと雑草の競合関係が違うことがわかる。つまり，雑草との陣取り合戦に勝ちイネが優位に立てる圃場にするには，収穫から田植えまでの管理が重要である。

　具体的には，1）秋処理（耕うんと排水）に始まるイネが喜ぶ圃場づくり，2）よい苗づく

収穫後，秋にイナワラをすき込み，田植え時期を慣行栽培よりやや遅く

春にイナワラをすき込み，田植え時期は地域の慣行栽培と同じ

第1図 イナワラの分解率の違いで雑草との競合は変わる
どちらも田植え後は雑草放任。イナワラがよく分解していれば，イネの生育がスムーズで自然と雑草に勝つ。分解が進んでいないとガスなどでイネが弱り，雑草に負ける。長野県松本市。標高650m。礫質灰色低地土

り，3）適切な時期と栽植密度で植えること，が柱となる。これら3点が整えば第1図左のようにイネが優勢な状態をつくり出すことができるが，そうでないと，第1図右のように田植え直後からイネの元気がなく，雑草対策として導入する技術が効果を発揮しないこともある。

第2図は，田植え時の理想的な圃場の状態を示したものである。以下，そのポイントを説明する。

（1）作土に未熟有機物が少ない状態

第1に，作土層全体に腐植が多く，未熟な有機物があまり残っていないことである。秋にすき込まれたイナワラを田植えまでによく分解させることが大切である。田植え時に未熟な有機物が残っていると，湛水後の異常還元によってガスや有機酸などが発生してイネが根傷みを起こす原因になるうえ，夏の高温期に急激な分解に伴う根腐れやチッソの過剰供給を起こして病虫害の発生原因にもなりえる。

イネの安定生産や品質向上をはかるためには，生育期間を通じて過不足なくチッソが供給されることが栽培上の要点の一つであるが，地力チッソの発現には土壌の腐植含量に加えて，地温の上昇とともに活性化する微生物や土壌動物の物質循環的な働きも重要である。この循環が滞りなく行なわれ，地力チッソを徐々に利用できるような土壌機能の強化が，イネにとり理想的に育つ圃場のポイントの一つと考える。

（2）土壌の二層構造と適切な日減水深

第2に，土壌の構造が，表層はトロトロ，下層はボソボソの二層構造となり，根伸びの良い構造になっていることである。その際，圃場で1日に水が減る深さ（日減水深）が20mm程度になるように，耕うんや代かきによって透水性

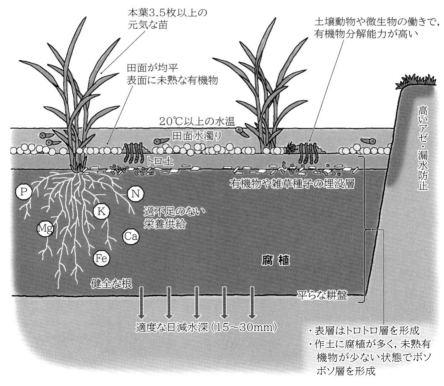

第2図　田植え時の理想的な田んぼの状態

水　稲

を調整することが重要になる。

さらに，漏水なく深水管理ができるよう，強固で高いアゼをつくる必要がある。漏水が多いと水温地温が高まらず，イネや微生物，土壌動物の活動が低下するうえに，養分流亡を助長する。逆に，水持ちが良すぎると滞水により養分流亡は起こりにくくなるものの，有害なガスや有機酸も溜まりやすく，イネの生育を阻害する。

また，田面の均平は水管理の難易に直結するため，高低差3cm以内を目標にする。

(3) 大きな健苗の育成と適切な時期と密度での栽植

第3に，田植えの時期である。田植え時期は，地力チッソが安定して発現してくる18～20℃あたりを一つの目安としている。苗質は不完全葉を除く本葉3.5枚以上の健苗を育成し，箱苗の場合は植えいたみを回避するためルートマットの張り過ぎに注意する。

(4) 田植え後の有機質肥料田面施用

第4に，田植え後の有機質肥料の田面施用である。田面に有機質肥料（米ヌカや油粕など）があると，米ヌカ除草のように一時的な抑草が期待できると同時に，分解した養分は下方に移動してイネに利用される。微生物や土壌動物のえさにもなり，トロトロ層が発達しやすくなる。

以下，(1)～(4)に対応した具体的な方法（技術）について記述する。

2. イナワラ分解の重要性と秋処理

第3図は，2010～2012年に実施した長野県松本市（標高650m）にある灰色低地土水田で，耕うん時期（秋・春・入水前）と田植え時期（早：5月中旬，遅：6月初旬）を組み合わせて，土つくり期間の長短を比較したものである。すると，耕うん～田植えまでの期間が長いほど田植えまでのイナワラ分解率が高く，田植え以降の分解率は低くなった（第3図）。イネの生育は田植えまでのイナワラ分解が50％程度進むと良好で，田植え以降の分解率が高いと雑草が多い関係が見られた（第4図）。

次に，イナワラを土壌に一定期間混合して分解させたものを回収し，水で溶出した液を寒天培地にしてイネの発根とコナギの発芽をみたモデル実験を行なった。分解の進んだイナワラの溶出液はイネの発根を促し，コナギの発芽は少なかった。反対に，分解の進んでいないイナワラ溶出液はコナギの発芽を促し，イネの発根は抑制された（第1表）。

以上のことから，イネの生育を優先させて雑草害を軽減するには，土壌にすき込まれたイナワラの分解を進める必要がある。また，イナワラを分解，腐熟させることは，代かきによる浮きわら防止に役立ち，田植えや除草作業をスムーズにするので重要である。

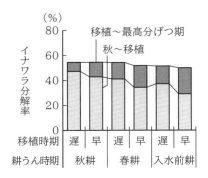

第3図　期間別のイナワラ分解率
（農林水産技術会議事務局，2014より作図）

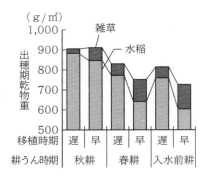

第4図　出穂期のイネと雑草の乾物重
（農林水産技術会議事務局，2014より作図）

除草剤を使わないイネつくり

第1表　イナワラの分解率がコナギ発芽率と水稲苗根長に与える影響

イナワラの培養期間	畑水分条件での イナワラ分解率	コナギ発芽率		水稲苗根長 (mm)
		明条件（%）	暗条件（%）	
収穫後イナワラ	0	80.0	46.7	39.3
500日℃（松本市の春耕相当）	29	65.0	13.3	97.0
1,500日℃（松本市の秋耕相当）	53	35.0	2.5	135.5

（1）イナワラの分解を進める条件

①積算温度

有機物が分解しやすい土壌水分（最大容水量の60%）で実験した場合，第5図のように，積算温度（温度×日数）が増えるほどイナワラは減量し，褐色→黒色に変色していく。

②土壌水分

第6図は，秋耕うん実施後に土壌水分を2水準で比較したときのものである。試験地（長野県松本市）の環境で圃場を湛水管理するとイナワラの分解は遅くなり，排水（明渠で常時排水）を促すと順調に分解する様子がわかる。

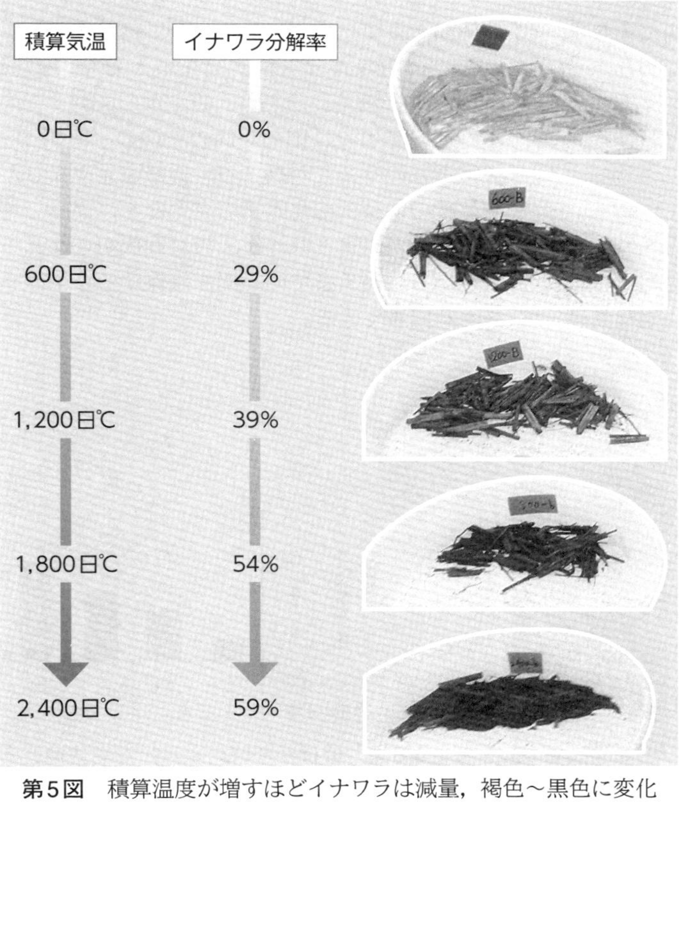

（2）秋処理の注意点

イナワラは地力の維持・増進に欠かせない資源である。これをうまく活用するため，耕うんから田植えまでの積算温度1,500〜1,800日℃を確保し，田植えまでのイナワラ分解率45〜50%を目標とする。この目標にかなう耕うんから田植えまでの期間（品種選定や登熟温度も考慮）を決定し実施する。さらに，水はけが悪い圃場ではとくに秋処理時は明渠などの排水対策（明渠と排水溝をつなげる）を実施する。また，土壌水分が多いときは耕うんを遅らせるなどの対応をする。

高標高地や寒地など，耕うんから田植えまでの積算温度が不足する場合は，プラウ耕で反転させて分解を促す，イナワラを全量または半量もち出し（野菜ウネや果樹園での利用もあり），堆肥化して田植えの1か月以上前に施用する，などで異常還元を回避する。

3. 二層構造をつくる代かき

（1）複数回代かきで物理的なトロトロ層を形成する

長野県松本市の6月初旬植えの場合，荒代かきから植代かき

積算気温	イナワラ分解率
0日℃	0%
600日℃	29%
1,200日℃	39%
1,800日℃	54%
2,400日℃	59%

第5図　積算温度が増すほどイナワラは減量，褐色〜黒色に変化

水　稲

までの期間は25日程度としている。秋から腐熟したイナワラを荒代かきで練り込み，約2週間後の雑草が1.5葉期ころになったのを確認してから中代かきを実施，さらに10日後に5～7cmの深水で浅く植代かきを行なう。すると，土壌粒子が水中に巻き上げられ，泥水状態になる。泥水は土壌粒子の沈降速度の差で砂やシルトなど比重の大きい粒子から沈んでいき，最後にもっとも微粒子の粘土などがゆっくり時間をかけながら沈降するため，表層に物理的にトロトロ層が形成される（第7図）。粘土粒子より重い雑草種子はトロトロ層の下に埋もれるためか，コナギの発生数が減少し，代かき後の油粕施用でより減少した（第8図）。

トロトロ層の発達は，2回代かきの実施や田植え後の油粕などの有機物の田面施用により水棲ミミズの活発化を促す（原田ら，2001）が，5～7cmの深水で浅く植代かきを行なう方法はトロトロ層形成の安定化を高めると思われる。

(2) 複数回代かきのメリット

複数回代かきは，植代かき時に雑草を減らす効果がある。雑草の出芽は雑草種や地域性によって異なるが，基準温度を10℃として有効積

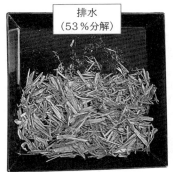 

第6図　秋耕うん後，排水をよくすることでイナワラの分解が進む（秋耕うん後に埋設し5月上旬に取り出したイナワラ）（2013年）
「排水」も1～3月は「湛水」と変わらない含水率40％で推移。その他の期間は20～35％で推移

算温度を計算し，105～130℃を確保するようにしている。例として長野県松本市で荒代かきから18日後に植代かきをすると，そうでない場合と比べて雑草発生本数はだいたい半分くらいになる（第2表）。

有機質肥料施用にもメリットがある。抑草には田植えまでにイナワラを十分に腐熟させることと，初期の養分供給が高まると雑草との競合で有利に働く（岩石ら，2010）。しかし，入水直前の施用では肥効が高いものの（第9図），異常還元のリスクが高まる。異常還元になると有機酸の蓄積や硫化水素の発生などによってイネの生育が阻害されるが，複数回代かきなどで入水から田植えまでの期間を確保するとそのリスクを回避できる。

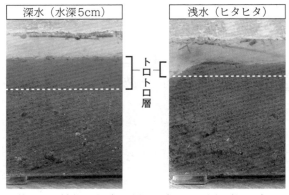

第7図　植代かき時の水深の違いと土層の仕上がり

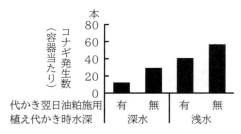

第8図　植代かき時の水深，油粕施用とコナギの発生の関係（林ら，2004）

表2表 代かきの違いと，田植え後の雑草発生本数（単位：本/m²）

	コナギ	他広葉	イヌホタルイ	クログワイ	オモダカ	マツバイ
5/14代かき 5/18田植え	1,200	8,300	1,244	52	30	507
5/14, 6/1代かき 6/5田植え	648	2,081	633	26	26	141

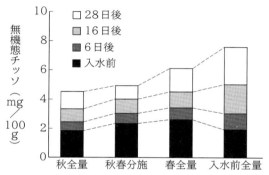

第9図 有機質肥料の施肥時期と田植え後の
チッソの無機化 （加藤ら，2002より加筆）
2002年に長野県松本市標高685mの黒ボク土水田で実施
有機質肥料は米ヌカ106：油粕64：魚粕21（重量比）で施用量は全量でチッソ7g/m²，分施は3.5＋3.5g/m²

(3) 深水浅代かきの注意点

植代かき時は深水で実施するため，荒代かきまでに圃場の高低差補正を行なう必要がある。また，深水での代かきはイナワラの分解が不十分だと浮きワラが大量に発生し，その処理に時間を取られるだけでなく，田植えや除草などの後作業がしにくくなる。加えて，代かきのし過ぎによる排水性悪化によるイネの初期生育不良にも注意する必要がある。

4. 大きな健苗を適期に適切な密度で植える

(1) 活着力の高い大きな健苗を育てる

深水管理に対応できるよう，不完全葉を除く本葉3.5葉以上，草丈15〜20cmが適する。軸が太く，第1葉葉鞘高は3〜4cm，下葉の黄変が少なく，箱苗ではルートマットが張り過ぎないなど，徒長や老化，植えいたみの少ない，活着力の高い苗の育成につとめる。

自家採種の場合，栽培期間中に異株や病害株は除去し，モミを傷つけないように採種したのちに粒厚選（2.2mm程度）をする。播種前に塩水選と温湯処理などを実施し，無病で充実した種子を使う。

育苗培土は，物理性（適正な水分，水分保持力がある，透水性に優れる，発塵性・撥水性がない），化学性（pH・ECが適正，養分供給に優れる），生物性（生育を阻害する微生物がいない）などが整ったものを使用する。

浸種温度は12〜13℃がよく，10℃以下の低温では出芽が不揃いになるので注意が必要である。また，病害リスクを上げないよう催芽や出芽は短い期間で行なうほうがよい。出芽後は適正な温度管理（25〜12℃）を心がけ，葉数が進むにつれて徐々に温度を下げるようにする。育苗中は12℃以下の低温を避け，昼夜の温度差が大きくならないように管理する。

(2) 暖かい時期に育成した大苗の効果

育苗日数が同じであっても，暖かい時期の播種は苗の乾物重が重く，充実した苗になる（第3表）。充実した苗は，田植え後の発根がスムーズで活着が早く，雑草との競合で有利になる。この第3表の苗を使い，以下の実験を行なった。

田植え時期［5月15日・6月4日］，育苗日数［25日苗・50日苗］，有機質肥料施用［すき込み・田面］とし，各田植え時期に有機質肥料無施用で50日苗を植えたものと比較した（第10図）。25日苗の場合，田植え時の温度が低く養分が出にくい5月植えでは，有機質肥料すき込み無除草の場合に減収し，養分供給が高くなる

水　稲

6月植えではいずれの施用法でも無施用より減収した。いっぽう50日苗では，とくに6月植えで無除草でもあまり減収しなかった。これは，苗の違い（50日苗は根の働きが大きいなど）に加え，有機質肥料分解時による影響が考えられる（5．田植え後の有機質肥料田面施用参照）。

(3) 暖かい時期に植える効果

イネが吸収するチッソのうち，地力チッソの占める割合は6～7割で，施肥に由来するチッソより多く，温度の上昇とともに発現する。田植え時期の違いによる幼穂形成期までの茎数の推移を見ると，5月植えの場合は，田植え後20日ころまで茎数の増加が見られず，それ以降から増加した。6月植えでは田植え10日以降には茎数増加が始まっている（第11図）。5月植えは温度不足の影響で分げつが遅れたのに対して，6月植えでは活着後にすみやかに地力チッソを利用して分げつが増加したと考えられる。

田植え後に早く分げつすることは，雑草との競合や遅れ穂防止による品質向上の観点からも

第3表　播種日と育苗期間による苗質の違い

播種日 (月/日)	田植え日 (月/日)	育苗期間	葉　齢 (不完全葉除く)	乾物重 (g/100本)	充実度
4/20	5/15	25日	2.3	1.8	0.15
3/26	5/15	50日	4.1	3.9	0.20
5/10	6/4	25日	2.4	2.1	0.18
4/15	6/4	50日	4.4	6.1	0.33

有利になる。初期生育を安定させるためにも有機稲作では18～20℃付近を田植えの目安とする。

(4) 栽植密度の調整による効果

有機栽培による減収の大きな要因は穂数不足にある。その原因はイネの生育不良と雑草との競合であり，栽植密度も関係している（三木ら，2017）。最適な葉面積指数を維持しつつ生産効率を最大にするため，栽植密度は圃場の肥沃度などに応じて調整する必要がある。秋耕うんが実施され適切に土壌管理がされれば栽植密度による効果は小さいが，秋耕うんを実施できない場合は栽植密度を増やすことで減収を軽減できる（第12図）。

このように雑草が多発する圃場や肥沃度の低

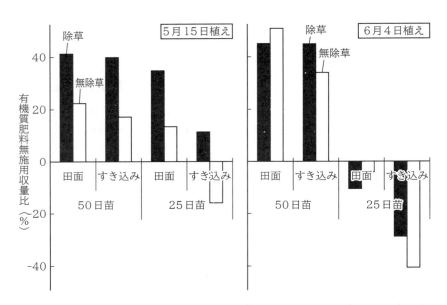

第10図　田植え時期と苗育成期間，施肥位置（田面またはすき込み）での生育の違い

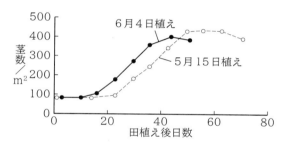

第11図　田植えから幼穂形成期までの茎数の推移

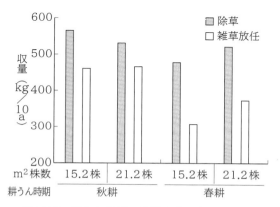

第12図　耕うん時期と栽植密度による水稲収量

試験は2015年に実施。長野県松本市。標高650m。礫質灰色低地土。品種はコシヒカリ
有機質肥料は元肥に市販有機質肥料60kg/10aを入水前の5月20日に施用し、田植え後に市販有機質肥料60kg/10aを田面に施用
苗は不完全葉を除く4.2葉のコシヒカリ
秋耕区は前年10月20日・3月31日・5月21日、春耕区は5月21日に実施。田植えは5月27日

い圃場では、栽植密度を高めることがイネの生育量確保と雑草との競合の関係で有利になる。

5. 田植え後の有機質肥料田面施用

(1) 田植え後の田面施用の効果

田植え後の有機質肥料の田面施用は、「米ヌカ除草」に代表されるように広く抑草技術として利用されている。米ヌカ除草の効果は、分解に伴って土壌表面が酸欠状態になることや、有機酸が発生することにより雑草の出芽や伸長を抑えることによるといわれている。このうち土壌表面が酸欠になることは、酸素要求度の高いノビエなどの水田雑草には効果が高いと考えられる。

有機酸の効果はどうであろうか。第3表の苗を使った実験では、田面に施用された有機質肥料により0～2cm土壌（雑草の発芽深度）で有機酸が検出され（第13図上段）、2～4cm（水稲根の移植深度）ではあまり検出されなかった（第13図下段）。そして5月中旬施用（第13図左）よりも6月初旬施用（第13図右）では0～2cmの有機酸の量が増えている。したがって、暖かい時期の施用のほうが有機酸による抑草の効果は高まる可能性がある。

しかし、有機酸の生成は施用後せいぜい3日くらいであり、かりにその期間に発生する雑草には影響があったとしても、それ以降に発生する雑草には期待がもてない。

なお、田植え2日前にすき込んだ場合は、0～2cmと2～4cmのいずれも有機酸が検出され、その量は5月中旬よりも6月初旬のほうが多く、田植え直後のイネの根に影響があったと見られる。

ここで注目したいのは、養分供給である。施用5日後までは0～2cmでチッソを多く生成し、2～4cmでは漸増した。そしてそれは5月中旬より6月初旬で多かった（第14図）。これは、田面に施用した有機物が分解されて養分が浸透したこと、温かい時期の施用はチッソ供給量が増えることを示している。また、イネの根がある2～4cmでは徐々にチッソが供給されるため、イネのチッソ要求パターンに比較的近いと思われる。

このほか、有機質肥料の田面施用により、イトミミズによる活動量が増加することで地表面が盛り上がり（原田ら、2001）、雑草種子が埋没するため雑草が生えにくくなることも考えられる。このように、米ヌカ除草など有機質肥料の田面施用は、有機酸の生成による効果は限定的と考えられ、イネへの養分供給効果による雑

水稲

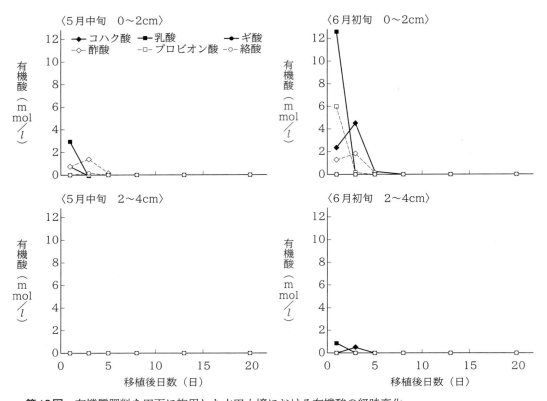

第13図 有機質肥料を田面に施用した水田土壌における有機酸の経時変化
試験実施年と耕種概要などは第6図と同じ
定期的に土壌をシリンジにより構造を壊さないように採取し，深さ0～2cmと2～4cmの土壌を遠心分離し，その上澄み液に含まれる有機酸を高速液体クロマトグラフィーにより測定

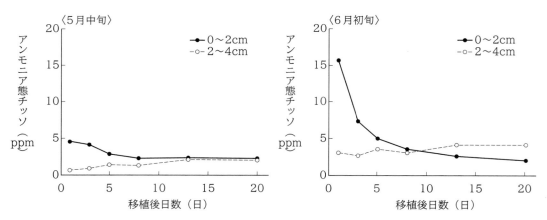

第14図 有機質肥料を田面に施用した水田土壌におけるアンモニア態窒素の経時変化
試験実施年と耕種概要などは第6図と同じ

草との競争力の向上や，土壌還元の発達による酸素不足，イトミミズなどの水生生物の活動を高める，など複合的に効果が出ていると考えられる。

(2) 田植え後の田面施用の注意点

秋から春まで土壌水分が高い状態を継続し春にイナワラをすき込むと，田植え後の田面施用を実施しても効果が見られない（三木ら，2015）ことから，田面施用は異常還元を回避したうえで実施する。加えて，3.5葉以上の中苗または成苗に対して施用するとよい。

6.「雑草が生えない田んぼ」に向けて

前述のように，田植えまでにイネにとって理想的な圃場に近づけることが，有機稲作を成功させる土台になる。日本列島は南北に長く，北から南まで，地方によって天候は大きく異なる。土壌のタイプもさまざまで，圃場の立地（日当たりや法面の大きさ）や水利環境，土壌の物理性や化学性なども異なり，肥沃度が違う。栽培を安定化させるには，その圃場にあった方法（技術）を選び，組み合わせ，理想的な圃場に近づけるように管理をつないでいく「技能」の習得が求められる。

就労人口の高齢化や減少が進む現代において，ドローンやロボット，リモートセンシング，予測システムとAIの組合わせによってより効率化がはかられていくことであろう。しかし，そうした新たな技術も，理想とする状態を実現するための方法であることを忘れてはならないであろう。

「農」の持続性を考える場合，イネ・土・雑

草・虫・アゼ，そして圃場からのメッセージに耳を傾け，私たちの行為（働きかけ）が環境やイネにとって喜ばれる状態につながるものであるかどうかを問いかける姿勢が大事になり，そのために方法を使いこなす技能を向上させることが重要になるのではないかと思う。

執筆　三木孝昭（(公財) 自然農法国際研究開発センター）

2024年記

参 考 文 献

原田健一・岩石真嗣・全成哲・梅村弘．2001．耕種的雑草抑止水田の特性とその応用（6）エラミミズの雑草抑制効果と有機物・微生物質材の影響．雑草研究．46（別），90—91．

林広計・三角泰生・戸田英幸．2004．代かき方法の違いによる雑草発生状況比較．財）自然農法センター試験成績書．206—207．

岩石真嗣・三木孝昭・加藤茂・王彦栄．2010．有機栽培水田の耕耘方法が水稲・雑草の根系と塊茎形成に与える影響．雑草研究．55（3），149—157．

加藤茂・南鐘浩・岩石真嗣・原川達雄．2002．適正な耕起方法の検討．財）自然農法センター試験成績書．25—29．

三木孝昭・阿部大介・岩石真嗣．2017．甲信越地域における水稲の有機栽培の実態と生産性向上に必要な技術提案．有機農業研究．9（1），35—45．

三木孝昭・阿部大介・加藤茂・岩石真嗣．2015．移植後田面に施用した有機物の雑草害軽減効果は非作付け期間の土壌管理法が影響する．日本雑草学会第54回大会講演要旨集．87．

農林水産技術会議事務局．2014．気候変動に対応した循環型食料生産等の確立のための技術開発—有機農業の生産技術体系の確立—．有機物を活用した耕起・代掻き・作型技術体系の開発（自然農法センター）研究成果．526，118—122．

水 稲

冬～春のウネ立て耕起で水田雑草抑制
——自然農法の農家たちの技術

　MOA自然農法（以下，自然農法とする）は，1987年から独自のガイドラインを定め，化学合成された除草剤の使用はすべて禁止している（MOA自然農法文化事業団，2001）。そのため，自然農法の稲作では雑草管理技術の確立が主要な課題となってくる。

　自然農法でのおもな雑草管理方法は，除草機械による中耕除草であろう。しかし，除草作業が複数回に及んだり，イネの生育中後期で手取り除草が必要になったりする場合も多いことから，水田雑草の発生そのものを抑制し，除草作業の回数を省力化できる管理技術が求められる。

　筆者らは，2004年から，管理方法の工夫によって雑草の発生量を減少させることをテーマとして，全国の自然農法実施農家を対象に調査を行なった。その結果，第1図に示す地域で，秋や春の耕起や田植え前の代かきの方法を工夫することにより，雑草の発生量を減少させている事例を確認することができた。これらの事例は田植え前の土壌管理による抑草の可能性を示しており，雑草の発生を抑えるメカニズムが解明されれば，自然農法のような除草剤を用いない稲作が取り組みやすいものになる。ここでは，これまでに全国を調査して得られた事例の詳細について報告する。

1. 調査農家の栽培管理の特徴

　4つの事例農家の栽培管理の概要を第2～5図に示した。

(1) 青森県北津軽郡中泊町——三上新一氏

　中泊町は津軽半島のほぼ中央に位置し，岩木川に沿って南北に広がる水田地帯にある。年平均気温は10.0℃で，年間降水総量は1,284mmである（気象庁，2008）。

　三上氏は1985年に農薬と化学肥料の使用を止め，自然農法のイネづくりを始めている。14.2haを耕作（2008年現在）し，おもに‘つがるロマン’を作付けしている。

　土つくりは，水田で収穫した玄米以外の副産物である稲わらと堆肥化した籾がらを水田に還元することを基本としている。

　秋耕起の方法は，乾田，湿田および強湿田でそれぞれ方法が異なる。乾田は培土板によるうね立て耕起だが，湿田ではロータリ耕で表層に稲わらを混和したあとに，プラウ耕により土塊を反転させている。湿田でプラウを用いるのは，湿田は水はけが悪く雪解け後の耕起作業が遅れるため，秋のうちに高いうねをつくり，雪解け後の土壌の乾燥が進みやすいようにするためである。

第1図　事例農家の所在地

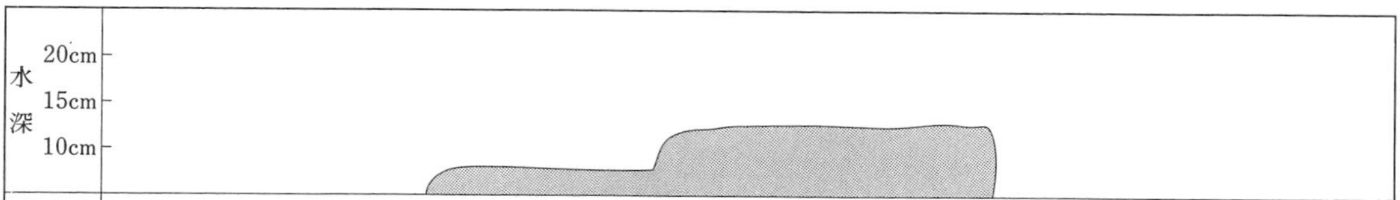

水管理						浅水			深水											
月	4			5			6			7			8			9			10		
旬	上	中	下	上	中	下	上	中	下	上	中	下	上	中	下	上	中	下	上	中	下
作業	播種	育苗管理	うね立て耕起1回目	うね立て耕起2回目	平耕起 うね立て耕起3回目	代かき 田植え	補植	除草1回目	除草2回目	拾い草			出穂				ヒエ抜き	収穫 サブソイラ	籾がら堆肥散布 プラウ耕		
備考	110g／箱 プール育苗管理				80株／坪 水田周辺のみ代かき			乗用および歩行機械	乗用および歩行機械	手取り			8月7日				手取り	コンバイン	1,600 l		

第2図　青森県中泊町——三上新一氏の管理概要

　雪解け後に行なう春耕起は，うね立て耕起を3回行ない，十分に砕土する。最後の4回目に逆転ロータリ耕を使って整地する。これにより稲わらを粉砕しながら下層に沈めることができるので，無代かき栽培でも入水後の浮きわらを防ぐことができる。

　近年は，農業機械の大型化により圧密による耕盤（不透水層）が形成され，水はけが悪くなってきたと感じているため，収穫後にすべての水田にサブソイラを施工して，暗渠を生かして排水性を向上させている。

　代かきは，以前から走行速度を速くして，できるだけ簡単にかけるようにしていたが，サブソイラの活用によって，土壌の乾燥と砕土が十分に行なえるようになったことから，現在では代かきを行なわない無代かき栽培を取り入れている。ただし，畦ぎわだけはいちど代かきして漏水防止を行なっている（第2図）。

　三上氏は，雑草対策の基本は雑草に負けないイネを育てる土つくりにあると考えている。それを実現するために，耕起方法を工夫して水田を乾かし，有機物の分解促進と地力窒素の発現に務め，無代かきの導入など，さまざまな面で工夫を凝らしている。また，大規模面積で実施可能な汎用性のある除草作業のシステム化にも心がけている。

　さらに，このような自然農法による大規模水田営農が高く評価され，2009年度農林水産祭天皇杯を受賞された。

(2) 青森県三戸郡南部町——山道善次郎氏（故人）・滝田正幸氏

　南部町は，晴天少雨という太平洋側特有の気象条件にあり，北東北でありながら降雪量は少ない地域である。年平均気温は9.9℃で，年間降水総量は1,000mmである（気象庁，2008）。

　山道氏は1951年から自然農法を実施し，37a（2008年現在）を耕作し，現在はおもに自家用飯米として'つがるロマン''あきたこまち'を作付けしている。また，耕うん機でのうね立て耕起や代かき，田植え作業は，ともに自然農法に取り組む滝田氏と作業を協力分担している。

　雑草対策は開始当初から常に課題としてきた

水稲

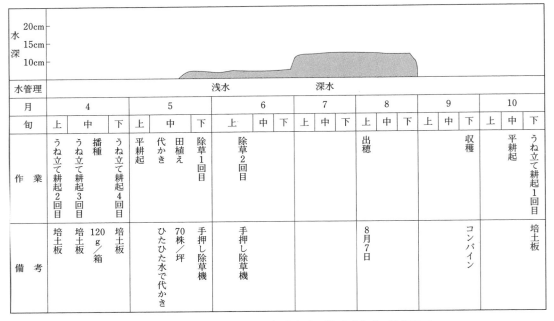

第3図　青森県南部町——山道善次郎氏・滝田正幸氏の管理概要

が，その転機となったのは，土壌診断の受診により，1993年の秋に乾土効果を発現させるためにうね立てを勧められたことと，土壌への稲わらの効果的な還元方法を考えたことである。両氏は畑のうね立てを参考に，自作した培土板を耕うん機に装着して秋の収穫後に1回，春は入水までに3回のうね立て耕起を行なった。

翌1994年に田植え後の水田を観察すると，毎年発生していたコナギなどの強害雑草がみられず，キカシグサやミズオオバコのような雑草害の少ない草種が優占していた。また，移植した苗の活着が早く，生育が旺盛になり，それにともない収量も向上した。その後この方法を継続し，2003年の東北太平洋側を中心とした冷害でも，収量の減少は小さかった（第3図）。

(3) 岡山県岡山市——河原美智子氏

河原氏が自然農法を営む岡山市藤田は江戸時代の干拓地で，土壌断面を掘ると，1m下まで粘土質のグライ層が続く排水不良水田地帯である。そのため，いかにして水田を乾かすかが地域の課題となっている。岡山市は，年平均気温15.8℃と年間を通して温暖で，年間降水量は1,141mm，降雪はほとんどない（気象庁，2008）。

河原氏は1977年に自然農法を始めた。最初から全面積で自然農法を実施するのには技術的に不安があったので，耕作地の一部（3a）から取り組み始め，技術の確立にともない面積を拡大している。184a（2008年現在）を耕作し，'アケボノ'を作付けしている。

当初，土つくりのため稲わらを堆肥化して還元していたが，実施面積の拡大にともない，稲わら，籾がらの生施用による有機物還元に切り替えた。しかし，しだいに除草作業が十分に実施できなくなり，収量の低下もみられるようになった。このような状況を改善するために，土つくりによりイネの生育を促すことに目標を定め，土壌の乾燥による乾土効果の発現を考えた。

水田の乾燥促進のために，農機メーカーと相談してロータリの爪を組み換え，さらに培土板を取り付けて高いうねを立てる方法を採用した。また，冬期に凍結することを利用し，土壌

水深																														
水管理									浅水		間断灌水中干し		間断灌水																	
月	3			4			5			6			7			8			9			10			11			12		
旬	上	中	下	上	中	下	上	中	下	上	中	下	上	中	下	上	中	下	上	中	下	上	中	下	上	中	下	上	中	下
作業	米ぬか散布／うね立て耕起2回目			菜種油かす散布／うね立て耕起3回目			うね立て耕起4回目	播種		菜種油かす散布／平耕起／代かき／田植え	除草機1回目		除草機2回目			出穂／菜種油かす散布			ヒエ抜き			収穫						籾がら弾丸暗渠／うね立て耕起1回目		
備考	120kg／10a			20kg／10a			150g／箱	40kg／10a		60株／坪 ひたひた水で代かき／歩行除草機			歩行除草機			30kg／10a			手取り									200kg／10a		

第4図　岡山県岡山市——河原美智子氏の管理概要

のフリーズドライによる乾燥促進をねらい，冬期にうね立て耕起を行なった。

排水性を向上させるために，4〜5年に1回の割合で籾がらを疎水材とした籾がら弾丸暗渠の施工とサブソイラによる水道づくりを行なっている。代かきは，乗用のテーラーでレーキ様の農具をひっぱりながら，土の表面を砕いてならしている。

うね立て耕起を開始してから最初の3年間はあまり変化が感じられなかったが，4年目以降に徐々に雑草が少なくなったと観察している（第4図）。

(4)鳥取県鳥取市——谷口如典氏（故人）・谷口昭和氏

鳥取市は日本海側特有の気象条件で，春と秋に雨が多く，西日本でありながらも雪が多く降る地域で，比較的土壌の乾燥を図りにくい地域といえる。年平均気温は14.6℃で，年間降水総量は1,898mmと，4事例のなかでは最も多い地域である（気象庁，2008）。

自然農法は先代の谷口如典氏が1960年から取り組み始め，谷口昭和氏はその技術を先代より受け継いで現在自然農法に取り組んでいる。25a（2008年現在）を耕作し，'コシヒカリ'を作付けしている。

谷口如典氏は1979年，前年の秋に籾がらが落ちていた場所は雑草が少なく，イネの茎も太く生育が良好であるという現象を観察した。そこで，籾がらには雑草を抑制する効果があるのではと考え，散布量やすき込みの時期と方法について試験を行なった。

栽培試験に取り組んだ1980年から1990年までの雑草の発生量と種類の記録によると，毎年少しずつ雑草の発生量が減少したようである。現在では，雑草の発生がみられる一部の箇所のみ手取り除草で対応しており，ほかでの雑草の繁茂はほとんどみられない。

耕起作業は，土壌の乾燥と有機物の分解促進を目的として，ロータリの爪を組み換えて，秋に1回，春は2回のうね立て耕起を行なっている。

秋は土壌中に空気がよく入るように，荒く起こし，春に乾燥しやすいようにする。春は，ほ

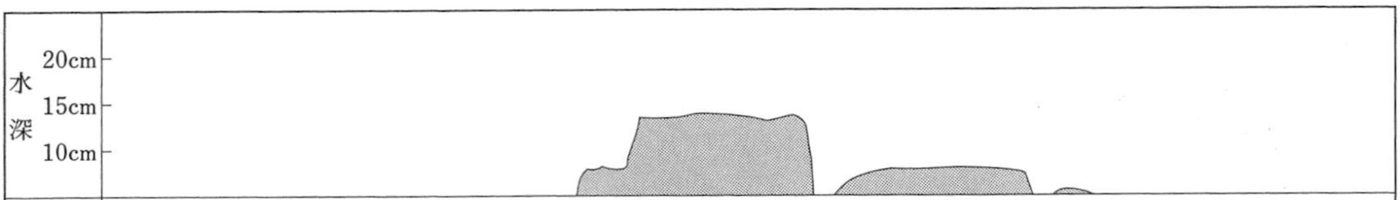

水　稲

	3月			4月			5月			6月			7月			8月			9月			10月		
水深	20cm / 15cm / 10cm																							
水管理							浅水　深水　中干し　間断灌水																	
旬	上	中	下	上	中	下	上	中	下	上	中	下	上	中	下	上	中	下	上	中	下	上	中	下
作業	米ぬか散布	うね立て耕起2回目		牛糞堆肥散布	うね立て耕起3回目	播種	菜種油かす散布	代かき	田植え	除草			菜種油かす散布	菜種油かす散布		出穂				収穫		うね立て耕起1回目		
備考	100kg/10a	爪組換え		200kg/10a	爪組換え	みのるポット育苗	20kg/10a		60株/坪　うねの8割入水	発生部のみ手取り			20kg/10a	20kg/10a		8月3日						爪組換え		

第5図　鳥取県鳥取市——谷口如典氏・谷口昭和氏の管理概要

こりが立つくらいに表面の土壌が乾燥してきたころを目安に耕起作業を行なう。1回目はできるだけ深く15cm以上耕し，2回目はやや浅く10cm程度のうね立て耕起を行なう。2回目を浅くするのは，下層に粗い塊状の土を残したほうがイネの根が伸びやすくなると感じていることによる。とくに春は雨が多い季節なので，晴天によりトラクターが入れられるタイミングを見逃さず，確実に耕起するようにしている。

代かきは，耕起でつくった土層構造を壊さないように，走行速度を速くして1回ですませることにしている。また，代かきの深さは5cm以内で，それ以上深くすると雑草が生えやすく，イネの生育も悪くなることを観察している。そして，耕起をていねいにしておけば，代かきをしなくても田植えは可能で，そのほうが活着も優れる場合もある。そのためにも耕起によってよく土壌を乾燥させ，砕土することを心がけている（第5図）。

2. 調査農家に共通する管理技術

4軒の農家が行なっている水田土壌管理には，次の5つの共通点があった。

1）うね立て耕起（第6図）は，当初は乾土効果による収量増加と，稲わらなどの粗大有機物の分解促進がおもな目的で行なわれていた。

2）ていねいな代かきでは土が練られて初期生育が悪くなるため，入水量を抑えて高速で代かきしている。

3）うね立て耕起により発生雑草量が減少していった。ただし，抑制の経過は地域差がみられ，うね立て耕起の翌年から著しい減少がみられた場合（青森県南部町，山道・滝田氏）と，うね立て耕起の継続で徐々に減少していった場合（ほかの3農家）があった。

4）収穫時期の稲株周辺の土壌断面は，作土が約15cmで，表層1〜2cmに粒子の細かいトロトロ層があり，さらにその下に大きな団粒が発達した構造（ゴロゴロ層）が形成されるといった特徴的な土壌の立体的構造が発達している

除草剤を使わないイネつくり

第6図　各農家のうね立て耕起風景
①三上氏（青森県中泊町），②山道・滝田氏（青森県南部町），③河原氏（岡山県岡山市），④谷口氏（鳥取県鳥取市）

第7図　稲株周辺の土壌断面図（青森県南部町）

(第7図)。

5) うね立て耕起により玄米収量が増加し，気候変動への抵抗性が向上する傾向がある。

3. うね立て耕起を導入した農家の反響

4軒の農家の現地調査から得られた情報を基に，全国の自然農法実施者の協力を得て，うね立て耕起が水田雑草の発生，イネの生育，土層構造の変化に対する影響の再現試験を行なった。

事例技術導入後の2年間のアンケート調査では，雑草の抑制効果については，「雑草を抑制した」あるいは「やや抑制した」と感じたのが全体の64％（2005年）と58％（2006年）で，「抑制が不明瞭」の36％（2005年）と42％（2006年）を上まわった（第8図）。水稲の生育促進効果については，「促進した」あるいは「やや促進した」と感じたのが全体の72％（2005年）と50％（2006年）で，「不明瞭」の

199

水 稲

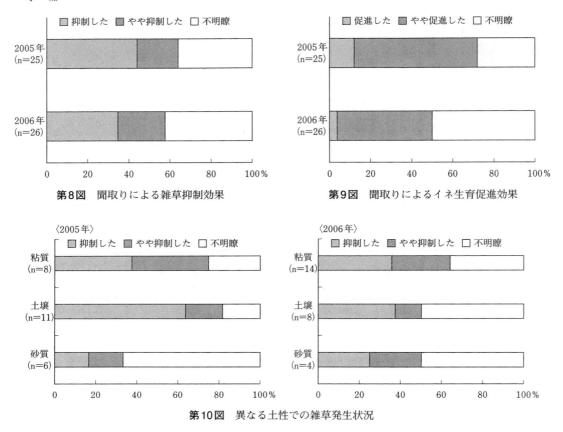

第8図 聞取りによる雑草抑制効果

第9図 聞取りによるイネ生育促進効果

第10図 異なる土性での雑草発生状況

28%（2005年）と50%（2006年）を上まわるか、もしくは同等の結果となった（第9図）。

これらの結果は、両年とも多くの農家で、うね立て耕起を実施することで雑草抑制およびイネの生育が促進される傾向があったことを示している。

聞取り調査からは、うね立て耕起により水田土壌の乾燥が進んだと感じられた水田ほど雑草抑制の効果があり、その効果は粘質土壌ほど高い傾向にあった（第10図）。さらに、雑草発生が抑制された水田の土壌断面には、事例と共通のトロトロ層とゴロゴロ層の土層分化が観察された。

うね立て耕起を実施した農家からは、発生が抑制された雑草種はコナギ、ホタルイ、ヒルムシロなどであったこと、例年と比較して稲わらがよく分解しており土壌もよく乾燥して砕土されていたこと、雑草の発生量が少なくなり手取

り除草を省力することができたこと、米ぬかやくず大豆を散布すると除草効果が高まる傾向にあったこと、などのコメントも寄せられた。

4. 雑草抑制のメカニズム

うね立て耕起により雑草が発生しにくくなるメカニズムは不明であるが、第11図に示すように、現段階では次の4点が推察できる。

(1) 排水性の向上、土壌の乾燥と稲わらの分解

1つめは、うね立てすることで排水性が向上して土壌の乾燥が進み、稲わらの分解が進むことが雑草の発芽に関係していることである。水田の代表的な強害雑草の一つであるコナギは低酸素条件で発芽することが知られており（千坂・片岡，1977）、すき込んだ稲わらが未分解

除草剤を使わないイネつくり

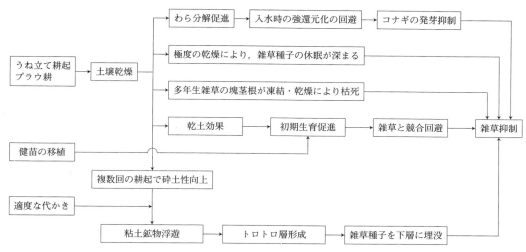

第11図　耕種的方法による水田雑草抑制の推察されるおもなメカニズム

な場合，入水後の分解によって酸素を消費して土壌の還元化が進むことが考えられる。つまり，うね立て耕起により，入水までに稲わらの分解が十分に進むため，コナギの発芽が助長されない環境ができている可能性が高い。

(2) 雑草種子の乾燥と休眠

2つめは，うね立て耕起では土壌の乾燥とともに雑草種子の乾燥も進み，休眠状態に変化している可能性もある。コナギは冬期の低温を経て休眠から覚醒するが，湛水土中貯蔵条件より畑土中貯蔵条件のほうが二次休眠の導入がされやすい（小荒井，2004）ことが報告されており，土壌水分や地温が種子の休眠状態に影響を与えていることが推察される。

また，クログワイなどの多年生雑草の塊茎根は，冬期の低温と乾燥状態にさらすことによって死滅することはよく知られている（草薙，1975）。

冬期のうね立て耕起により水田土壌の乾燥が促進され，寒気に触れる土壌の表面積が拡大することで，多年生雑草が減少しやすくなっていると考えられる。

(3) 土層分化の影響

3つめは，作土層に形成されるトロトロ層とゴロゴロ層という特徴的な土層分化の影響である。雑草種子はトロトロ層の下まで沈降して発芽しにくくなり，イネはゴロゴロ層で根伸びが良くなり生育が良好になることが推察される。

このような土壌構造は，十分な土壌の乾燥，それにともなう稲わらの分解，適度な代かき方法が影響して形成されると考えている。実際，表層に形成されたトロトロ層が，雑草の抑制に関係することは，有機農業で広く導入されている米ぬか除草や冬期湛水水田などの管理技術でも観察されている（稲葉，2007）。

(4) イネの生育促進による雑草との競合回避

4つめは，乾土効果の発現にともない，イネの生育が良好となる結果，雑草との競合に負けないことである。

うね立て耕起は古くから農家によって行なわれている（有薗，1997）。しかし，それらの記述では乾土効果によるコメの増収効果には触れられているが，雑草の抑制効果に関する記述はない。そもそも，この技術は，排水がきわめて不良な湿田で，裏作にムギやナタネなどを栽培するために行なわれていたようであり，稲作での雑草発生にはあまり注目していなかったのかもしれない。また，初期生育を促すためにも，

水 稲

健苗の移植が重要となる。

*

　ここで挙げた推察の真偽はひとつずつ確かめる必要があるが，うね立て耕起による雑草抑制はこれらのいくつかの要因が複合的に働いた結果だとも考えられる。実際の調査を複数の水田で行なったところ，うね立て耕起により雑草発生量が減少すること，イネの収量が増加すること，さらにより発達したトロトロ層からはその下位の層に比べて雑草発生数が少なかったことなど，具体的なデータが得られつつある（データ省略）。

　今回の調査対象ではなかった，積雪の多い北陸などの日本海側の地域や，過度の乾燥が土壌有機物の消耗につながると考えられる九州地方などでも再現試験を行なうことで，うね立て耕起による雑草抑制の詳細が明らかになり，その可能性が広がってくると思われる。なお，その際には土壌型や気象などの環境条件に適した耕起方法や有機物還元法などにさまざまな工夫を行なう必要がある。

　なお，これらの調査は桑村友章，若松清一，及川実，横畑光師，緒方善丸，竹中俊輔，加藤孝太郎，木嶋利男（敬省略）の協力のもと行な

われた。
　執筆　大下　穣（NPO法人MOA自然農法文化事業団　現・（一社）MOA自然農法文化事業団）
　　田渕浩康（（財）微生物応用技術研究所　現・（公財）農業・環境・健康研究所）

2009年記

参 考 文 献

有薗正一郎. 1997. 在来農耕の地域研究. 古今書院.

千坂英雄・片岡孝義. 1977. 水田一年生雑草種子の休眠・発芽・出芽の特性. 雑草研究. **22**（別），94－96.

稲葉光圀. 2007. あなたにもできる無農薬・有機のイネつくり，多様な水田生物を活かした抑草法と安定多収のポイント. 農文協.

気象庁. 2008. 気象統計情報. http://www.jma.go.jp/jma/index.html

小荒井晃. 2004. 水田における一年生広葉雑草の発生生態とイネ品種によるそれらへの抑制効果に関する研究. 中央農研研究報告. **5**，59－102.

草薙得一. 1975. 農業技術大系. 作物編. 第1巻，373－394. 農文協.

MOA自然農法文化事業団. 2001. MOA自然農法ガイドライン.

谷口如典. 1986. 農業技術大系. 作物編. 第3巻，鳥取・谷口1－12. 農文協.

ジャンボタニシ除草

1. ジャンボタニシとの出合い

私の現在の経営は，水稲3.7ha（作付け面積），ムギ8ha（コムギ4ha，オオムギ4ha）と1haの貸農園である。経営労力は私一人で，シルバー人材センターから年間30人くらい雇用している。

ジャンボタニシとの出合いは1987年にさかのぼる。その年の7月上旬，田植え終了直後，近くの水路で知人がウナギ釣りを楽しんでいたので見物していると，水路のコンクリート壁に今まで見たことのない異様なものを発見した。ピンク色をした明太子のようなもので，知人に尋ねると「あれがジャンボタニシの卵だ」とのこと，このとき初めてジャンボタニシを見た。それまで，一部の報道や口伝えでイネを食べるタニシがいることは知っていたが，他所ごととして気にも留めていなかった。

1988年，わが家の田植えが6月25日ころに終わり，翌日，母が四隅を植えるため田んぼに行くと，昨日田植えしたイネがなくなっているのに気づきビックリして帰宅した。私も，田んぼに行ってよく見ると，苗の株元だけが残っている状態で，無残にもタニシの食害に遭ったことがわかった。

ジャンボタニシの発生源は，わが家の上流のジャンボタニシ養殖場と思われる。2003年現在，糸島半島の中央部平坦地，福岡市西区を含めた全域の約1,500haにジャンボタニシが生息していると推測できる。

2. 除草への利用

(1) 駆除対策の失敗と除草実験の開始

1989年，当時の前原町役場（現・糸島市）から，ジャンボタニシへの効果的な対策はない

第1図 ジャンボタニシ（スクミリンゴガイ）

とのことで，直接捕獲する作戦が指導され，捕獲用の網が各生産組合に配布された。こうして組合員総出でのタニシ捕りが開始され，1991年まで続いた。あわせて農薬による駆除も試みられたが，効果はなかった。

私自身も粒状生石灰を散布したり，試供品の農薬を散布したりしたが，効果はなかった。村は大変な事態に陥っていた。いくら捕獲してもタニシは減らない，使える農薬もない。ただ呆然とした日々が2～3年続いた。

そんな折，タニシに食害された田は，雑草が生えていないことに気づいた。そこで，タニシを使って除草ができないか，と問題提起があり，1992年，タニシによる除草実験が開始された。

(2) 除草実験の成果

除草実験のために，1992年5月に，糸島農業改良普及所の宇根豊氏，JA糸島の末松茂氏，樗木義基氏ら約30名で「環境稲作研究会」が発足した。ジャンボタニシによる食害と雑草の発生について整理すると，次のようなことが明らかになった（第1表，第4～7図）。

1）深水のところで食害を受ける。
2）水がないところ，つまり田んぼの高いところには草が生える。

水稲

第2図　イネに産み付けられたジャンボタニシの卵

3）水がないと，ジャンボタニシは活動しない。

4）5mmから1cmくらいの小さなジャンボタニシはイネの苗は食べない。

以上の点に着目し，翌1993年6月25日に'ヒノヒカリ'を田植えした田んぼで実験を開始し，浅水管理を行なった。その結果は，みごと成功で，除草剤を施用したときとまったく変わらない田の姿であり，強烈に印象に残った。

ちなみに，ジャンボタニシは雑食性で，野ネズミ，モグラ，川魚の死骸，ムギの落穂，タケノコなど何でも食べるようである。また，在来のタニシが胎生であるのに対してジャンボタニシは卵生である。殻は在来種が硬いのに対して非常に軟らかく，人の指で簡単につぶれて死んでしまう。

3. ジャンボタニシを除草に生かす技術の骨組み

(1) ジャンボタニシ活用の要点

実験結果から，ジャンボタニシを除草に活用するときのポイントを整理すると次のとおりである。

1）圃場の高低差をなくし，できるだけ均平になるようにする。これには代かき作業の精度が重要で，トラクタの操作技術が要求される。私の場合，数年にわたり湿地ブルドーザーを利

第3図　コンクリート壁に産み付けられたジャンボタニシの卵

用し，整地作業を行なった。

2）できるだけ薄まきして大苗をつくる。植えた苗が小さいと食害に遭う危険が大きくなる。みのる式成苗田植機で植え付けられた近所の苗は，ジャンボタニシを活用した除草に毎年みごとに成功している。私の場合は，1箱1合まき，10a当たり22箱を目安としている。

3）植付け直後は，田植機のフロート跡に水がたまる程度が理想である。この状態を1週間くらい保ち，徐々に水を深くしていく。雑草の発生やイネの生育によって管理が異なるが，これがもっとも理想的な水管理である（第8図）。

4）ジャンボタニシの生息密度は，成貝（3cmくらい）が1m²当たり2～3匹くらいいれば除草効果は十分期待できる。もし，それ以上で，10匹以上いるようだと完全に水を切るほうが望ましい。この場合，低いところは手溝をつくり落水に努める。

204

5) ジャンボタニシによる食害の程度と雑草の生え方の関係を見ると，第9図のとおりである。田植えのあと，水を張った場合は，雑草は生えないが，ジャンボタニシの食害を受ける。田植えのあと，水を切った場合は，雑草は生えるが，ジャンボタニシの食害は受けない。このことがジャンボタニシを活用した除草の成否を決定づけるポイントである。圃場により条件が異なるため，観察と水のかけひきが重要である（田植え後20日間，水をためると雑草はほとんど生えない。ただし，コナギは生える。農文協刊『除草剤を使わないイネつくり』参照）。

6) これらの点に注意して，田植え後2週間くらいは時間が許す限り田まわりを行ない，水管理に注意を払う。そして，ジャンボタニシの密度と草の生え具合によって，浅水にするか完全に水を切るかを決める。

第1表 タニシの被害に遭う田の例

＋5cm（田面の出ているところ）	雑草繁茂
±0cm	タニシと共生でき，雑草なし，食害なし，イネは生育順調
－5cm（田面が低いところ）	タニシ被害発生，イネがなくなる

7) 田植え後15〜20日経過すると5〜6葉になり，食害の心配はほとんどなくなる。

8) 水をためる場合は，雑草の丈より深くし冠水する程度にする。

第4図　ジャンボタニシで除草が成功した例

第5図　田面の高いところに雑草が生えている

水 稲

第6図　田面の低い部分がジャンボタニシの食害を受けた

第7図　水を張った休耕田（右側）ではジャンボタニシ（黒いポツポツとしたもの）が目につくが，雑草は生えない

(2) 適用できる水稲の作型

　当初，ジャンボタニシを活用した除草は普通期栽培の'夢つくし'だけで行なっていた。早期栽培の'コシヒカリ'は水温が低いため，むりと考えていたのである。しかし，その後の調査により，ジャンボタニシは水温13℃くらいから活動することがわかり，1997年に早期栽培の'コシヒカリ'17aで試験を行なった。その結果に満足し，今では全水稲作にジャンボタニシ活用の除草方法を取り入れている。むしろ，早期栽培の'コシヒカリ'のほうがジャンボタニシの密度が低く，活動が鈍いことに加え，雑草の生えるのが遅いため，やりやすいように感じる。

　田植え時期は，早期栽培が4月25日ころ，普通期栽培が6月15日ころである。2003年は早期栽培の'コシヒカリ'2.2ha，普通期栽培の'夢つくし'1.35ha，もち米0.15haのすべてでタニシを活用した除草を行なっているが，慣行栽培との間に生長の差は感じない。

(3) 田んぼの変化

　タニシを活用した除草を始めたのにあわせて，殺虫剤と殺菌剤の使用をやめた。これにより，水生動物のカブトエビ，豊年エビ，貝エビ，ヤゴなどが多くなってきた。

　環境稲作研究会の会長である藤瀬新策氏は，カブトエビを利用して除草している。藤瀬氏は水稲の前作にキャベツを作付けしているが，キャベツの残渣をすき込むために腐植含量がほかの水田より非常に多く，そのためにカブトエビ

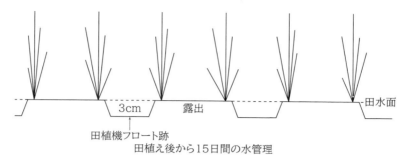

第8図 田植え直後の理想図

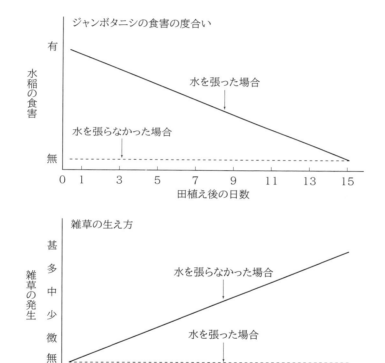

第9図 ジャンボタニシの食害の度合いと雑草の生え方

の発生が多くなっているようである。藤瀬氏の水田を調査したところ、水田の土100g中に5匹のカブトエビが発生していた。カブトエビがそれだけいるので、田植え後には水田がにごりっぱなしになって光線がさえぎられるために、雑草の発芽が抑制される。また、発芽しても、カブトエビがかき混ぜるために水面に浮いて枯死するものと思われる。

殺虫剤の使用を中止したため、ウンカを食べるクモ類など益虫も増え、ここ数年秋ウンカの被害はない。

もともと、イネは農薬をそれほど使用しなく

水 稲

てもできる作物なのではないだろうか。以前
は，田植え前の集落総出の畔畔消毒に始まり，
夏ウンカ，いもち病，秋ウンカ，紋枯病，ごま
葉枯病など合計6〜7回の防除を行なっていた。
今考えると，これは何だったのかと，疑問にな
る。

2003年から福岡県減農薬・減化学肥料栽培
認証制度（水稲の基準は，早期栽培で化学合成
農薬を成分で12回・化学肥料施用量（チッソ
成分）6.5kgの5割以下）に取り組み，環境に
やさしい循環型農業の技術確立を目指すつもり
である。

4. イネの生育と栽培の要点

'コシヒカリ'の早期栽培と'夢つくし'の
普通期栽培の概要を第2表と第3表，第10図に

まとめた。

（1）圃場の準備

前年秋の収穫後，毎年10a当たり珪鉄200kg,
牛糞堆肥2tを投入する。堆肥は酪農家とイナ
ワラを交換しているので，散布は酪農家が行な
う。冬場には毎年，畔畔修理や，田んぼの高低
差の修正を行なっている。

畔畔の修理は，アゼのいたみがひどい場合は
ユンボを使用するが，それほどでない場合はス
コップによる人力である。今年から農事組合で
大型トラクタに取り付けて使用できるアゼ修理
機を購入したので，今後はそれを使用すること
を考えている。

この地域の水田は，圃場整備後にかなりの高
低差があったため，高い部分の土をユンボです
き取り，土運搬車で低いところに運んでいた。
現在はかなり高低差が修正されてきたので，ス
コップと一輪車による人力で十分である。

（2）育 苗

①種子の準備

生協などに販売しているため，トレーサビリ
ティの問題も含めて種子更新は毎年行なってい
る。種子量は2.5kg/10a。

②種子の予措

種子消毒は，農協育苗センターで温湯消毒を
行なっている。

方法は，2t程度の水槽に60℃の温湯を1.5t
程度入れ，その中に15〜20分間浸種。なぜ15
〜20分間かといえば，早期'コシヒカリ'分
の育苗時期は気温が低く湯温が下がりやすいた
めに20分間の浸種を行ない，普通期栽培分は5
月に行なうために湯温が下がりにくく15分間
としている。これはボイラーから温湯を取り入
れているため，湯温を常時60℃に保つことが
むずかしいからである。これでばか苗病などの
発生は99％以上防除が可能である。消毒が終
わると直ちに冷水でムラなく冷やすことが大切
である。ムラなく冷えていないと発芽揃いが悪
くなり，苗立ちも悪くなる。

第2表 早期栽培コシヒカリの栽培基準

時　期	作　業
3月中旬	種子消毒
3月23〜25日	播種
田植え1週間〜10日前	元肥施用30kg
4月25日ころ	田植え
6月1日〜	中干し
6月10日〜	間断灌水
6月27日ころ	穂肥施用20kg
7月15日ころ	出穂
8月1日	落水
8月22〜23日	収穫

第3表 夢つくし普通期栽培の栽培基準

時　期	作　業
5月下旬	種子消毒（育苗センター）
6月上旬	元肥施用（糸島有機特栽専用肥料10a当たり50kg，ムギのあとのためやや多め）
6月中旬	田植え（浅水管理，10日間程度）
7月下旬	落水
8月上旬	穂肥（糸島有機特栽専用肥料10a当たり20kg）
9月下旬	収穫
収穫後	珪鉄10a当たり200kg投入，麦ワラはすき込み

除草剤を使わないイネつくり

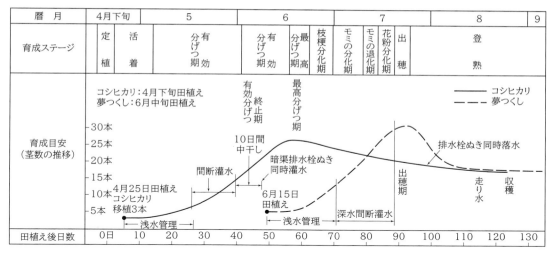

第10図　ジャンボタニシ除草栽培でのイネの生育と管理

③催芽と播種

　種モミは日陰で浸種する。2日間は水を交換する必要はないが，それ以降は毎日水を交換する。種モミが呼吸し始めるために酸欠となり，発芽揃いが悪くなるからである。

　浸種期間は3月で約10日程度，5月は6～7日である。

　苗箱に使う土は，農協が販売している粒状の培土で，3月育苗分は床土2.5kg/箱，覆土約1kg/箱，5月育苗分は床土2kg/箱，覆土約1kg/箱である。

　播種量は1箱当たり浸種モミで110～120gの薄まきにして，茎の太い苗をつくるようにしている。育苗日数は3月育苗で35日，5月育苗は25～30日苗の平床育苗を行なっている。

　3月育苗は自宅育苗ハウスで行ない，日中はハウス内温度を30℃，夜間は15℃になるように管理している。平床育苗のため，黒のラブシートを二重に被覆し，発芽するまで床土が乾かないようにしている。乾いた場合はラブシートを除去し，軽く灌水をする。

　またハウス内温度が下がる場合には，ストーブで温度を保つようにしている。

　田植え7日前から苗を外気温に馴らすために，夜間もサイドビニールを開けている。

(3) 代かきと田植え

　田植えの10日から1週間前に元肥を施す。糸島有機特栽専用肥料（N12%，P12%，K12%）を，'コシヒカリ'は10a当たり30kg，'夢つくし'50kg施用している。この肥料には魚粉と油粕50%が含まれている。

　代かきには十分注意して，凹凸ができないように圃場を均平にする。圃場が均平になっていないとジャンボタニシの被害が大きくなる。

　田植え後はずっと浅水管理として，高いところが露出しないようにする。ジャンボタニシが出現する前と比べて，出現後は1株の茎数が少なくなっている。これは，分げつした若い茎が食害されているためだと思い，ここ数年は10a当たりの苗箱数を18箱から22箱に増やした。

(4) 生育中の管理

　ジャンボタニシを使用した除草では，田植え後1週間から10日間が勝負である。そのため毎日の田まわりが必要で，雑草の発生をこまめに観察して水管理につとめる。

　雑草のなかで一番厄介なのはヒエである。ヒエは発芽後の生長が早く，またたく間にイネの草丈を上まわるようになるので，ヒエが大きく

水　稲

ならないうちに，ヒエが水没するよう水を張る必要がある。

　除草剤を使っていたときから今も続いている問題は，漏水田である。わが家にも13aの漏水田があるが，この田には，田植え終了後，側溝から毎日常時ポンプで水をくみ上げる。この田ほど手のかかるところはない。反面，常時水を自由に取り入れられ，いつでも落水が可能で水のかけ流しができる田はジャンボタニシによる除草も成功率が高い。

　‘コシヒカリ’を作付けしている水田は粘土質が強いため，田の乾きが悪い。そのため，中干しは少し早めに開始し，期間を長めにしている。

　中干しのときは暗渠の排水栓も抜く。その後，暗渠排水の栓をして，間断灌水とする。

　穂肥は糸島有機特栽専用肥料を10a当たり20kg施用する。成分はN10％，P2％，K8％である。

　‘コシヒカリ’をつくり始めて以来，いもち病・ウンカの防除は一度も経験していない。出穂期が高温のため，いもち病は発生しないものと考えている。

　圃場が乾きにくいため，収穫後の落水も周囲の人より少し早め（‘コシヒカリ’では8月1日）に行なう。収穫直後の走り水かけは行なっていない。追肥はいもち病抑制のため，基準より3割少なくしている。そのほかの管理作業は一般田と同じである。

5.　販売に力を入れる

　1株たりともジャンボタニシに食われてなるものか，という思いは捨てたほうがよい。5％くらいの食害は頭に入れておくことが必要である。5％の減収分は，販売に力を入れることで補う。1993年からグループで農協を通じて特別表示米として福岡県内や京都などの生協への販売を開始した。名称は一般から公募し「タニシ除草米（稲守貝米）」と命名，高い評価を得ている。

　　執筆　田中幸成（福岡県糸島市）
　（『農業技術大系作物編第3巻』「ジャンボタニシ
　　　による除草＋大苗移植による殺虫・殺菌剤ゼロ
　　　緻密な水管理で安全・安心の早期・コシヒカ
　　　リ，普通期・夢つくし」2003年記より）

合鴨水稲同時作

1. 合鴨農法とは

合鴨水稲同時作は，福岡県の有機農業生産農家の古野隆雄さんが昭和62年に富山県の自然農法家，置田敏雄さんから合鴨（アイガモ）を使った除草法を学ばれ，その後研究・工夫を重ねて合鴨農法として確立したものである。

実践された実証例は『現代農業』に連載され，続いて福岡県桂川町で「アイガモサミット」を開催，無農薬米生産に関心のある人々が集まり大きな反響をよんだ。その後，鹿児島大学農学部萬田正治助教授など多くの関係者の協力によって，合鴨フォーラムと名称を変更し平成4年1月に鹿児島市で開催され，翌5年1月には熊本県長陽村で開かれて全国各地から約1,000名が参加し，新しい農法として注目されている。

2. 合鴨放飼による除草効果

近年，消費者側から食物に対する安全性志向が高まっている。米についても完全無農薬米の要望が強く，その栽培面積，生産量とも徐々に増加してきたが，最大の問題は雑草防除であっ

た。この雑草問題を合鴨が解決してくれる点で画期的な農法であり，完全無農薬米の安定した生産が確立されるといえる。

筆者の勤務する試験地は標高500mの典型的な中山間地で，1区画の水田面積が狭くコストを下げることは困難であり，付加価値の高い米をつくる以外に生き残る道がない。意欲のある農家は，積極的に無農薬米生産に取り組んでいる。この生産農家4戸について1989年に生産費の調査を行なった結果，労働時間ではいずれの農家も除草時間が最も多く，全体の労働時間を引き上げている（第1表）。合鴨水稲同時栽培が1992年から急速に拡大していることからも，雑草防除がいかに大きな問題であるか，うかがえる。

この栽培法の実証例は多いが，具体的な除草効果についての研究調査は少ない。1991年の鹿児島大学，1992年の福岡県農業総合試験場の現地試験，熊本県農研センター矢部試験地の調査結果（第1図）は，いずれも合鴨放飼区の雑草は皆無に近いもので，除草剤散布より効果が高かった。

全国的にイネミズゾウムシの発生がみられ，特に無農薬米生産にとっては雑草防除に次ぐ大

第1表 無農薬米生産農家の実態調査 （矢部試験地, 1989）

		農　家　1		農　家　2		農　家　3		農　家　4	
		無農薬	普　通	無農薬	普　通	無農薬	普　通	無農薬	普　通
労働時間(h/10a)	元肥施用	5.9	4.5	4.2	4.5	8.1	1.8	10.5	13.6
	追肥施用	0	1.1	0.8	0.3	0	0.9	0.5	0.4
	除　　草	19.3	3.3	10.9	0.5	33.8	2.2	25.2	13.1
	防　　除	5.7	0.7	1.2	0.3	0	0	0	0
	総労働時間	97.3	65.5	43.9	33.0	72.0	34.3	83.5	75.6
生産費(千円/10a)	肥　料　費	11.1	10.8	12.1	2.9	9.4	13.9	12.1	3.0
	労　働　費	68.5	46.6	30.8	23.9	45.6	24.6	59.1	54.5
	一次生産費	97.9	95.5	99.5	88.3	105.2	92.8	97.6	104.2
	粗　収　益	225.7	230.9	172.9	156.1	212.2	144.8	158.5	107.3
	所　　得	170.6	165.9	90.7	81.4	138.9	65.0	108.5	46.4
	収量（kg）	429	496	382	520	485	447	372	343

水　稲

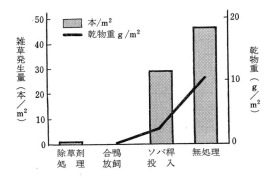

第1図　合鴨放飼と雑草の発生量（移植後44日調査）
（矢部試験地，1992）

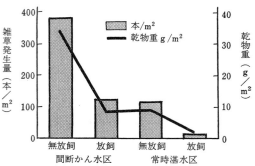

第2図　水管理，合鴨放飼と雑草の発生量
（移植後39日調査）
（矢部試験地，1992）

きな問題となっている。この対策として，田植えから1週間程度で活着したら，その後は間断かん水を行なうことで，イネミズゾウムシの幼虫および土まゆ発生が少なくなることが明らかになっている（第2表）。

たしかにイネミズゾウムシについては間断かん水は薬剤処理に近い成果があるが，水田を干すことで雑草の発生が多くなる。そこで，合鴨の除草効果を活用し，合鴨放飼前に間断かん水を行なう組合わせで試験を実施した。その結果，間断かん水によるイネミズゾウムシの耕種的防除と合鴨による雑草対策との組立て技術ができた（第2図）。

合鴨の除草効果は，餌として雑草を食べることが主なものである。また，攪拌によって雑草が浮き上がり根づかないことも大きな要因と考えられる。

雑草の種類によって合鴨の好き嫌いがあるかどうかは判然としないが，ウリカワ，コナギ，キカシグサ，ミゾハコベ，アゼナ，アブノメ，ホタルイなどは合鴨放飼でほとんどなくなる。しかし，クログワイ，オモダカ，セリ，タカサブロウ，タウコギなどは残るようである。一般に，草丈が急に伸長する雑草やヒエ類は残るようで，また，独特の臭いのある雑草は残る例もある。イネを食べることはない。

3．害虫駆除効果

合鴨放飼の雑草防除に次ぐ大きな効果は，害虫駆除がある。九州など西南暖地は6月下旬から7月上旬にかけての梅雨前線によりセジロウンカ，トビイロウンカの飛来があり，その後に幼虫が急激に増加するが，合鴨放飼田ではイネの葉鞘を主とする産卵痕が少ないことも確認される（第3表）。鹿児島大学におけるウンカの発生消長調査でも明らかに合鴨放飼区が減少しており，その効果が確認されている。

福岡県農業総合試験場が1992年に行なった合鴨の胃（そのう）内容物調査結果では，ユスリカ幼虫が最も多いが，ツマグロヨコバイは149頭，セジロウンカ2頭と害虫を捕食していたことが確認されている。

4．その他の効果

西日本では近年，水田，水路などにスクミリンゴガイ（ジャンボタニシ）が多くなり，イネに対する被害が出ている。

合鴨は大きな成貝は食べないが，小さな幼貝はよく食べる。また，スクミリンゴガイは稲株や水路のコンクリートなど

第2表　イネミズゾウムシの被害程度，発生消長とイネの生育

水管理	6月10日 被害程度	6月10日 成虫数/株	7月10日 幼虫数/株	7月10日 土まゆ数/株	6月25日 草丈(cm)	6月25日 茎数(本/m²)	7月10日 草丈(cm)	7月10日 茎数(本/m²)
間断かん水	1.4	0.3	5.0	0.2	33	262	62	417
常時湛水	2.9	1.0	7.2	3.8	32	245	65	347

注　被害程度は発生予察基準による
　　1株当たり食害葉率　1：0～30％，2：31～60％，3：61～90％

に卵塊をつけて孵化するが，この卵塊をよく食
べるので繁殖を抑える。熊本県では放飼後の合
鴨を使って，用水路のスクミリンゴガイの駆除
に役立てている。

　合鴨によって田面が攪拌されて濁ることや，
常に稲株をつつき刺激をすることがイネの生育
を旺盛にするともいわれているが，判然としな
い。

　合鴨から排出される糞の肥料効果については，
放飼期間に餌を与えることもあり，当然雑草を
食べているのでその期間中にかなりの量が肥料
となると考えられる。現在一定期間を舎飼して，
糞の量を調査中である。

5．合鴨導入のポイント

　合鴨水稲同時作の導入にあたっては，野犬や
キツネ，イタチなどの外敵を防ぐ電牧，網など
の備えが必要であり，導入当初には10a当たり
２万〜５万円程度の経費が必要である。

　また，合鴨代，餌代などかなりの出費となる。
したがって，付加価値の高い無農薬米生産など
で積極的に取組むことが肝心ではないかと思わ
れる。

（1）　合鴨の種類

　合鴨はマガモとアヒルを交配し
たもので，販売業者によっていろ
いろの組合わせがなされている。
したがってマガモに近いものから
食鳥用として改良されているチェ
リバリーまで利用されている。

　このため，成鳥体重は大きなも
ので3.5kgから，小型な1.2kg程度
のものまである。また，マガモに
近いものは孵化後70〜80日程度で
空中を飛びまわり，他の水田に移
動したり野性化したりすることも
ある。

　成鳥体重とイネの栽植密度は深
い関係があり，1.5kgの小型合鴨
では，うね間30cm×16cmのm²当

第3表　セジロウンカの産卵痕茎割合
（矢部試験地，1993）

区	合鴨区	無処理区
1株茎数（本/株）	23.1	18.4
産卵茎割合（％）	83.0	99.1

たり21株の密植も可能である。しかし，3.5kg
の大型合鴨では，うね間30cm×20cmのm²当た
り17株程度の疎植が必要である。密植した水田
に大型合鴨を放飼すると，イネを抑えて欠株の
原因となる。

　さらに，田植機の種類によって株間の変更度
合もあるので，使用する田植機と合鴨の種類も
考慮しなければならない。

　第4表は主な合鴨販売業者の一覧であるが，こ
のほかに最近各県に孵化場ができている。カタ
ログなどで情報を集め，栽植密度に適応した合
鴨を選ぶことが必要である。

　合鴨放飼の導入にあたって最も大切なことは，
放飼する水田の前年度の雑草発生密度を知って
おくことであり，それに応じて放飼羽数を決め
る。現在，矢部試験地で雑草発生量と適放飼羽
数についての確認試験を実施中であるが，結果
が出ていないので一般的な事例を参考にすると，

第4表　合鴨ひな販売業者一覧（全国）

孵化場	所　在　地	電話	仕上げ日数	成鳥体重	かけ合わせと特徴
大久保安雄	〒839-01 福岡県久留米市安武町武島2259	0942 26 7585	6か月	1.4〜1.5kg	マガモ×アヒルの産む青い卵を選別孵化
椎名孵化場	〒289-17 千葉県匝瑳郡光町	0479 84 1008	2か月	2.3〜2.4kg	カモ×アヒルの固定種
高橋孵化場	〒581 大阪府八尾市竹瀬223	06 709 3620	5か月	1.5〜1.8kg	カーキーキャンベル×マガモ=F₁ F₁×マガモを2年に一度かけ合わせる
津村孵化場	〒581 大阪府松原市別所町	0723 31 8731	4か月	1.2kg	カルガモ（♀） アヒル（♂） を毎年
十鳥孵化場	〒769-15 香川県三豊郡豊中町笠田南	0875 62 2534	6か月	1.5kg	白アヒル×マガモ=F₁ F₁×マガモ=F₂ F₂×マガモ=F₃ F₃×F₃=肥育用カモ
森農産食品	〒769-16 香川県三豊郡大野原町	0875 54 3853	70日以上	3.5kg以上	チェリバリーのみ

注　第3回合鴨フォーラムの資料（1993）

水 稲

第3図　電牧線と網を張ったところ

前年の雑草発生が少ない場合は10a当たり10羽前後，雑草害があった場合は20羽前後が適当である。

雑草の発生が少ないのに多く放飼すると，イネを抑えて欠株になったり，大きな池状をつくったりすることもあり注意しなければならない。また，雑草の発生が少ないので5～6羽程度を放飼しても全体的な行動がなく，除草効果があがらない。したがって，このような場合は10羽程度を短期間の放飼で切り上げるなどの工夫をする。

（2）　孵化から水田放飼までの管理

合鴨放飼の基本は，合鴨と水稲が同時に生長することである。田植え時期と同時に孵化したひなを取りよせて育て，田植え後に雑草が大きくなる25～30日ごろから水田に放飼するのが適当である。

孵化から水田に放飼をするまでの期間の管理は，鶏とほとんど同じと考えてよい。

孵化したひなを受け取ったら，4～5日間は畜産電球（200W）や赤外線コタツなどを用い，当初は38℃程度に保ち，その後は毎日約1℃ずつ下げ，2週間後には24～25℃にする。寒冷地など特に夜間に温度が下がる地域では，この温度管理が大切である。温度が低いと1か所に集まり圧死する例がしばしばみられる。

給餌は鶏の中すう用などを使用する。また，緑餌を充分に与えることも大切である。給餌量は合鴨の種類にもよるが，1羽当たり30～40gから，放飼前の30日雛の80g程度にまでふやして与える。

水禽の特徴で水の中に飛び込むので，給水用具は幅広いものは避け，くちばしだけが入る程度の細長い器を用いる。

（3）　放飼の準備

合鴨放飼で最も大切なことは犬，キツネ，イタチ，カラスなどの外敵から合鴨を護ることである。水田周辺に電牧柵と網を張り，外敵の侵入と合鴨の逃亡を防がなければならない。

電牧柵は外側に高さ1～1.5mの杭に3～4本のアルミ線を張り，内側に1m幅程度の網を張る。ただし，雨の日は電牧柵と接触放電するので両者の間は放しておく（第3図）。杭は3～5mに1本を立て，網の下面が田面に密着するよう，金くしなどで押さえておく。網の中に電牧線を組み込んだ改良型も販売されており，網張りだけですませることもできる。

また，空からのカラスの被害が多くなっている。カラスは自分より小さいものには攻撃する習性があり，放飼した当初にやられることが多い。この対策として，電牧杭を利用して，3m間隔程度に釣糸（10～12号）を張ることで，ほぼ被害が防げる。

放飼するにあたっては，餌場や雨避け場所を畦畔などにつくっておくことも大切である。放飼の時期は梅雨時期になるので，雨避け場所がないと合鴨が弱ってくることがある。

（4） 放飼前の訓練と放飼の時期

合鴨放飼前には飼料もやや多めにやり，充分に体力をつけておくことが大切である。畦畔の雑草や水田雑草を細かく切って，育すう期間より多めに与え，雑草を食べる習慣も充分につけておく。

また，水田に慣らすため，放飼2～3日前からポリ容器の広いものに水を張り，水遊びができるようにしておくことも大切である。

放飼時期は田植え後25～30日程度で，1株茎数15本以上になったころが適当である。

放飼日は晴天で暖かい日を選ぶ。この時期は梅雨期間でもあり，よくよく注意する。

（5） 放飼期間の水管理と雑草多発部分への誘導

放飼当初は合鴨も小さく，浅水から出発して合鴨の成長にしたがい徐々に深めにしていく。合鴨が大きくなっても極端な深水の必要はない。

合鴨水稲同時作での中干しの必要性については，残念ながら大学，試験研究機関での検討がなされていない。今後の検討課題である。過去3年間に行なった試験や調査からすると，必要ではないかと考える。その根拠としては，中干しをしない水田では全般に転び倒伏をみることが多い。また，中干しを行なわなかった合鴨放飼試験田の生育は良好で粒数の確保は充分であるが，登熟歩合が低下し，玄米粒厚分布調査では屑米や，粒厚分布1.8～1.9mmの粒が多い傾向を示すからである。

一般に合鴨放飼は固定した水田に出穂直後までは入れておく。しかし，一部では多数の合鴨を使い，短期間に巡回する方法をとっている。この水田では中干しが充分にできており登熟歩合もやや高い傾向を示す。過繁茂水田などでは，一定期間合鴨を移動して中干しをすることも必要ではないかと考えられる。

田面の高低差や前年の雑草処理などから，雑草の多い部分がみられる。このような場合は，その部分に餌をまき，合鴨を誘導することも大切である。

6． 合鴨水稲作の栽培技術

この栽培は先にも述べたように，かなりの経費と労力がかかる。当然，無農薬米として生産したほうが有利である。

（1） 施 肥 法

無農薬米は原則として化学肥料，化学的農薬，除草剤など一切使用しない。したがって，有機質肥料だけの施用となる。このため，土つくりが基本となり，堆きゅう肥を10a当たり1.5～2t以上連年施用することが大切である。

化学肥料に代わるものとして，窒素肥料では菜種油かす，リン酸肥料は骨粉類がよく，カリ肥料は適当なものがないが堆きゅう肥などを連用すれば，堆きゅう肥の分とかんがい水にかなりの量が含まれており充分である。

矢部試験地の施用例を示すと次のようになる（単位10a当たり）。元肥には菜種油かす15kg，生骨粉74kg。穂肥として菜種油かすを発酵し58kgを施用。穂肥は，発酵してはいるが遅効性なので出穂前30日に施用し，10a当たり600kgの玄米収量を得ている。

また，熊本県内の有機配合肥料メーカーのオール有機肥料（6－4－2）を元肥に60kg，穂肥に50kgを施用する基準をつくり施用している。平成5年から育苗肥料もこの有機肥料の粉状を使い，有機肥料を使った育苗試験を行ない，有機肥料だけの育苗，本田施用としている。

（2） 育 苗

合鴨水稲同時作の場合は，イネミズゾウムシの被害を回避するため，一般栽培より遅く田植えするのが一般的である。そのため，活着よく初期生育を良好にすることが大切である。苗はポット成苗か中苗が適している。

種子は採種圃産を用い，比重選により充実し

た種子を選ぶ。完全な無農薬米にこだわれば，種子消毒も冷水温湯浸法や木酢液などを使用する。

播種から育苗管理については，それぞれの育苗法に準じ，ポット成苗は4.5〜5葉苗，中苗は3.5〜4葉で移植する。

（3） 田植えと栽培管理

田植えは普通の栽培と変わらないが，前述したように，合鴨の種類に適応した栽植密度をとることである。

その他の栽培管理も，水管理を除いては一般栽培と変わらない。

合鴨田では電牧線を設置しており，これに雑草などが接触すると放電し，バッテリーが消耗してしまうので，電牧線の周辺の草刈りは頻繁に行なうことが大切である。

（4） 合鴨の引上げ

水田に放飼した合鴨は，出穂15日後ごろから遅くとも20日後には引き上げなければならない。これは，乳熟期から糊熟期になると，合鴨が稲穂をついばみ加害するからである。

秋ウンカとして大きな被害を及ぼす，トビイロウンカの発生が多いときは，ぎりぎりまで引上げを延ばし，害虫駆除に使うことも考えなければならない。

7．合鴨水稲同時作の経営的効果

合鴨放飼により生産された米は，昭和63年3月に制定された特別栽培米制度に則り，生産者や生産者団体と消費者やその団体と直接取引されている。その後，繁雑な事務処理も改善され，利用しやすいものになってきた。現在での合鴨水稲同時作で生産された米は，農業協同組合や生産団体，個人でそれぞれ販売されている。

出荷は玄米が主であるが，白米としても取引されている。

販売価格は，60kg（玄米）で29,000円から41,250円まで，かなりの差がある。

現在，全国合鴨米流通協議会ができ，「合鴨米」の流通に関する相互研究および情報収集と流通ノウハウの提供を目的として活動を開始している。

また，「合鴨米」の商標権のトラブルがあったが解決の見通しがたち，

合鴨米：過去3年以上農薬，除草剤，化学肥料を使っていないもの

合鴨のたまご：先の条件が3年未満のものに仕分けて，全国統一した販売の構想が動きだしている。

合鴨米は玄米60kg当たり3万〜4万円の価格で販売されており，合鴨放飼に必要な経費がかなりのものになるが，経営的に有利になると考えられる。矢部試験地では平成4年度産の合鴨米と一般栽培米の生産費調査を実施する予定であった。しかし，都合により調査ができなかったので，平成5年度中に実施し，追って報告をしたいと考えている。

用済みとなった合鴨の経営効果については，8月中下旬に水田から引き上げた合鴨を11月〜12月上旬まで肥育し，その後出荷することになる。出荷までの餌代は1羽当たり少なく見積もっても1,000円程度は必要である。

合鴨は，水田で放飼をするときは悪臭がないが，舎飼いをすれば独特の臭いが強い。また，日本では水禽を食べる習慣があまりないこともあり，合鴨を使った郷土料理なども定着していない。まして，家庭で合鴨を解体して料理に使うことなどは困難であり，食肉加工業者に販売する以外にはない。

商品としての合鴨は，中国，台湾などには大量に飼育され，均質な規格で輸入されている。一方，国内では各地で条件の異なる水田で，しかも多種類の合鴨が放飼されている。したがって，食肉加工業者に販売する場合は安値になりかねない。

一次加工をして地域特産物としたり，郷土料理に活用し有利に販売したりしている例もあるが，合鴨販売による経営のプラスにはなりにくい。

8. 今後の課題

　合鴨水稲同時作が定着しつつあるが，試験研究の取組みもわずかであり，今後の課題が山積しているといえる。それを列挙すると，
▷栽培技術および経営面について
▷雑草発生量と適放飼羽数（実施中）
▷合鴨の攪拌効果

▷合鴨放飼田の中干しの必要性と効果
▷合鴨引上げ後のトビイロウンカの防除
▷有機肥料施用法と合鴨放飼による糞の効果（実施中）
▷合鴨水稲同時作の経営調査（実施予定）
などである。以上の課題について検討を行ない，無農薬米の生産安定の一助にしたい。
　　執筆　村山壽夫（熊本県農業研究センター）
　　　　　　　　　　　　　　　　1993年記

水　稲

再生紙マルチ水稲栽培

1. 再生紙マルチの除草効果とその要因

（1）　開発の経過とその目ざすところ

　自然農法による稲作を実践しているグループの熱意に感動して，はじめてイネの無農薬・有機栽培に取り組んだのは昭和59年のことであった。池のへりに生えているヨシを刈り取り，乾燥させたものを水田表面に敷きつめるという刈敷き法を採用した。たまたま，この前年の暮れに池の泥土を水田に客土したので，単収は700kgに達した試験区もあった。さすがにこの区では，わずかながらいもち病の発生がみられたが，単収の低い区には病虫害はみられず，無農薬での稲作に確信を得たのであった。

　その後，いちだんと自然農法稲作グループとの交流が深まったのであるが，あるとき一老婦人が長年つづけてきたその稲作をやめたいといった。わけを聞くと，手取りの除草の労働がきついので，もう限界だとのこと。それではと思いついて試してみたのが，畑作マルチング用の黒プラスチック布に植え孔を開けておいて，そこに苗を手植えしていくやり方である（作物学会中国支部研究集録29，1988）。

　このプラスチック布によるマルチ稲作は，雑草の抑制効果はもちろんであるが，脱窒抑制効果もあって，穂数増による増収効果が認められ，鳥取，島根両県を中心とする自然農法稲作の実践者の一部に採用された。田植え直後から浅水管理を励行した田ではイネミズゾウムシの害が激減して，これで完全無農薬稲作のめどが立ったのである。片野学氏はその著書『自然農法のイネつくり』で，この方法を否定しているが，収量面で評価するかぎりは従来のレベルより上昇し，実施農家に喜ばれた。

　問題は，マルチ布の後始末であった。収穫時にコンバインで踏み荒らされたマルチ布の回収が容易でないうえに，回収された布を焼却処分しなければならない。そこで考案したのが，古紙によるイネのマルチ栽培である。

　古新聞紙，コンピュータ用紙の再生紙，段ボール用紙などを水田に敷いて，雑草抑制効果とイネの生育に及ぼす影響を調査した。紙の加工法によっては生育に害作用のあることもわかったが，紙による遮光で雑草は発芽しても生育できずに枯死してしまうこと，そして紙は完全に分解してしまうことが確認できた。こうした試験の積重ねの結果，現段階でマルチ資材として最も適しているのは，段ボール用中芯紙であるという結論を導いたのである。

　さらに，この紙を敷き広げながら田植機による稚苗移植を実現しようと思い立ち，鳥取県農業試験場，三洋製紙株式会社に呼びかけて，産・官・学によるプロジェクトチームを平成3年に結成して，その翌年にほぼ目的を実現した。また，三菱農機株式会社もこれに加わり，現在の紙マルチ田植機を完成させたのである。

　上に述べた経過からわかるとおり，再生紙マ

第1表　各草種の相対照度（I）―純光合成（P）
　　　　関係から求めた光補償点

草　　種	光補償点（%）		測定数
	葉身	個体	
アゼナ	2.1	5.7	6
コナギ（線）	2.4	5.7	6
コナギ（披）	5.5	12.5	4
アゼトウガラシ	2.9	6.1	4
チョウジタデ	2.9	7.6	4
マツバイ	4.2	8.1	4
キカシグサ	0.9	8.4	5
タマガヤツリ	1.9	11.4	4
アブノメ	4.9	15.4	4
ヒエ	7.4	20.5	5

　注　コナギ（線）：幼苗，線形葉。（披）：生育中期，披針形葉
　　　一般式：$P = -a + b \ln I$（ただし，a，bは定数）

ルチを単なる除草法として位置づけるのは，当初からの意図に反している。イネの完全無農薬栽培を実現するうえで，残された最後の関門をくぐり抜けたのである。この除草法は無農薬・有機栽培とセットになっていると理解していただきたい。したがって，本項の記述は，開発時に意図した目的に沿って行なった。

(2) 除草の原理

主要な水田雑草について，それらの水中における光〜光合成曲線を求めた。そして，雑草の

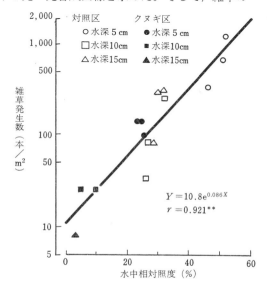

第1図 処理後11〜15日間の平均水中相対照度と処理後61日の雑草発生数との関係

受ける最大日射量を想定して，7月上旬快晴日における照度の日変化（最高照度120klx）より1日当たり光合成量を上記曲線より算出した。また，夜間呼吸量を同様に算出し，呼吸量と光合成量が等しくなる照度（補償点照度）を求めると，第1表に示したとおりである。雑草個体の補償相対照度は，アゼナが最低で5.7％，ヒエが最高で20.5％であって，快晴日においてアゼナでは94.3％，ヒエでは79.5％の光を遮ってやると光合成の収支はゼロとなる。これにより，約90％遮光によって，雑草は生長することはできないと推察された。

この原理を応用して，深水かんがいをしたり，またクヌギ材のチップを水田にばらまいて水を濁らせて（浸出するタンニンと鉄が化合して黒濁），田面表土が受ける相対照度を低下させると，第1図に示した関係式に従って雑草発生量が減少した。ただし，チップから生成した黒濁液（インク）は4〜5日で分解消失するので実用性に欠けた。

この点に関して，段ボール中芯厚紙（紙重119g/m²）は98％の遮光率であるので，第2図のとおりに雑草の生育を抑制したのち，50〜60日で分解してしまう。この時期ではイネが生長しているので，イネ群落の遮光により田面照度が低下して雑草の発育はみられなくなる。この事実は，各地の試験によって裏づけられた。

(3) 紙マルチの種類と特性

紙の消費量を1991年統計でみると，最高が印

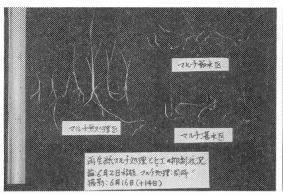
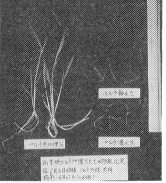

水稲6月2日移植，マルチ同時処理。撮影 左：6月16日（+14日），右：6月25日（+23日）

各写真 左：マルチ無処理（対照），右上：マルチ節水区，右下：マルチ湛水区

第2図 紙マルチ下のヒエの衰弱状態（鳥取農試，湯谷一也氏提供）

水　稲

第2表　紙・板紙の消費量と回収率（1991）

紙の種類	消費量(10^3t)	比率(%)	回収率(%)
新聞用紙	3,639	12.6	96.0
印刷情報用紙	9,478	32.8	（雑誌32.0）
包装用紙	1,144	4.0	—
段ボール原紙	8,636	29.9	71.0
紙器用板紙	2,244	7.8	—
衛生用紙	1,426	4.9	—
その他	2,301	8.0	
合計	28,868	100.0	50.8

第3図　紙マルチ田植機

刷情報用紙で，ついで段ボール原紙である。一方，古紙として回収される比率は，新聞用紙が最も高くて96%，次に高いのは段ボール紙の71%である（第2表）。

価格面で最も安価につくのは，古新聞紙を2枚重ねとして田に敷いて，その上に手植えしていくやり方である。これだと，遮光率は93%（紙重97g/m^2）で充分に雑草を抑えたが，田植機に適用することができない。

この点，段ボール中芯厚紙は厚さ0.2mmで遮光率98%，引張り強度（6.96kgf），田面に敷いたときの吸水性，柔軟性ともに適格で，かつロール巻とすることができるので，田植機にセットするのに便利である。その後，これを水田マルチ用に改良したものが市販されている。

この紙の利用にさいして，重金属などの有害物質が含まれていないか，という懸念を抱く人もおられる。鳥取県農業試験場および同県衛生試験場の分析結果によると，通常の木材が保有する範囲の各種元素を含有している。これは木材パルプを原料とする紙としては当然とみなされ，再生製紙造工程では何らの有害物の添加はなされておらず，回収段ボールを水に溶解懸濁して異物を除き，懸濁繊維分をシート状にして乾燥・巻取りを行なっている（三洋製紙）。

計算上では10aに約120kgのマルチング用紙が必要で，水田内での持ち運びのためには1巻20kg以下の重量とすることが要求されている。市販製品は1巻20kgで160cm幅，長さ100mである。

2．方法と効果

（1）　紙マルチ田植機の開発

鳥取農試機械班の精力的な努力で，1992年の田植えには試作機第1号が出来上がった。その後，三菱農機開発部の専門家の手により第3図の実用試験機が完成され，1993年には西日本を中心として全国的に実用化試験が実施された。この結果を参考として細部の手直しが行なわれるわけであるが，基本的レイアウトには大きな変更はないと思われる。

田植機は第4図のとおり5条稚苗移植機が本体となり，後車輪と苗のせ台との中間に紙ロールケースがある。これに再生紙ロールを入れて，移植爪部分の下まで紙を引き出し，前進開始と同時に紙の上に稚苗移植するのである。このとき，敷かれた紙はローラーフロートで田面に密着され，吸水して軟らかくなるので根をいためずに移植できる。

なお，田植機には本体両側にそれぞれ1本，座席後部に1本，計3本の予備ロールをセットするので重量がそれだけ重くなり，従来型よりも各部の強度増が要求されている。

（2）　実施上の要点と条件

紙マルチ田植機移植の第一要点は，まず紙と土とを密着させることである。このため，代かき作業を入念に行ない，田面の凹凸をなくして均平化を図ること。紙マルチ手植えの場合も同

除草剤を使わないイネつくり

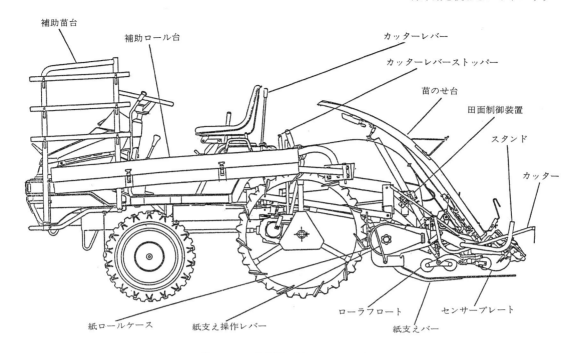

第4図　三菱農機㈱製MKP5の構造

様であって，田植え時には1cm以下の水深とするか，軟らかい土壌の水田では水を落としてしまうのがよい。水が深いと紙が浮き上がり，苗が紙の下に潜り込んだり，紙が移動して苗にかぶさることがある。

土と完全に密着させておかないと，その後保温のためとか，強風よけのために深水としたとき紙が浮き上がって苗を庇陰して，その生育に悪影響を及ぼす。

また，耕起作業の耕うん方向と田植え方向を同一方向に揃えるものも大切。もし，これが直角方向に交差していると，耕盤上の凹凸で田植機が上下に躍って植付け深度が揃わない。

紙マルチ機械植えの場合に問題となるのは，枕地の植付けである。枕地は作業機がしばしばターンを行なうので，土が深く沈み，深水となる場合が多い。これを防ぐには，まず枕地を含めて水田の周辺部の代かきを行ない，次に中央部の代かきをする。こうすると，土が枕地に移動して部分的に凹所発生するのを防ぐことができる。畦がわん曲しているために生じた，弓なり状の植残り地の機械田植えは困難である。

除草効果については，各地の試験結果で除草剤なみの効果と評価されている。

(3) 経営上の取組み

段ボール再生紙の原反価格は，一次製造段階では決して高価ではないが，1巻約1tの重さであるのでこれを20kg巻とする加工経費，それに輸送経費，販売店マージンなどが加算されるために，現在では10a当たり1万5,000～1万6,000円となっている。

専用田植機も部品増と材質の強化によって当然普通型よりは高価なものとなる。したがって，除草剤による稲作よりはコスト高となる。この対策としては，①有機・完全無農薬米として高価に販売する，②農協あるいは生産組合で巻取り加工機を備え，再生紙原反を製造工場より直接購入して20kgロールに加工し，これを農家に供給する，③専用田植機を共同利用する，などが当面考えられる。

水　稲

第3表　無農薬マルチ栽培の収量および収量構成要素（1992）

処　　　理		穂　数 （本/m²）	1穂 籾数	籾　数 （10³個/m²）	登熟歩合 （％）	千粒重 （g）	計算収量 （g/m²）	実収量 （g/m²）	出　穂　期	
									LAI	葉N（％）
再生紙 （手植）	元	346	74	25.4	90.7	20.9	482	434	3.7	1.7
	元・穂	351	79	27.6	87.4	20.8	501	472	3.8	2.1
	元・穂・実	340	80	27.0	91.3	20.6	509	499	3.7	2.1
再生紙 （機械植）	元・	284	76	21.5	92.7	21.6	430	393	2.5	1.9
	元・穂	322	75	24.2	92.0	21.4	477	457	2.6	2.4
	元・穂・実	342	80	27.3	89.2	20.9	509	499	2.7	1.9
プラスチック （手植）	元	346	76	26.4	84.1	20.2	448	481	3.9	2.2
	元・穂	344	83	28.6	81.4	20.2	470	494	3.8	2.1
	元・穂・実	353	86	30.3	82.2	20.0	499	548	3.5	2.2
無マルチ （手植）	元	370	73	26.8	83.2	20.2	451	432	2.9	2.4
	元・穂	346	76	26.1	85.2	20.2	451	469	2.7	2.7
	元・穂・実	331	76	25.2	87.8	20.6	460	494	3.2	2.7

注　品種：牧田短稈コシヒカリ。6月10日稚苗移植
　　元は元肥のみ，元・穂は元肥と穂肥，元・穂・実は元肥・穂肥・実肥の施用区

3．イネの生育管理と基本姿勢

（1）　栽培思想の変革

先に述べたとおり，この除草対策は有機・完全無農薬稲作を省力的に実現したものである。この稲作を組み立てる過程において，病虫害に冒されないイネの生育相とはいかなるものであるか，ということがたえず念頭にあった。ここから導かれた結論を要約すれば，以下のとおりである。

稲作思想の変革によって，無農薬は実現できる。具体的には，収量を上限まで追求しないで，その地方での上位単収の8〜9割で我慢すること。これが重要ポイントだ。これを前提とすれば，分げつ期には小ぶりな生育のイネでよい。といっても，葉色板示度で個葉の葉色を5.5程度に止める。地力がついた田ならば，このまま登熟初期までもちこたえる。最後は黄金色にし上がるのがよい。必ず登熟歩合は高まる。

このイネの姿は，井原豊氏の提唱するへの字型と似ている。充分に穂数をとり，穂首分化期には体内窒素濃度を下げ，穎花分化期ころから窒素濃度を高めていくV字型稲作は，化学肥料・農薬の使用を前提として成り立つのである。

穂数をたくさん確保すれば，穂ばらみ期には葉面積指数が高まって群落はうっ蔽状態となり，病虫害発生の素因をつくるからだ。

（2）　安全稲作の実現

安全稲作の実例を第3表にかかげて，上述した論議の内容を深めよう。

過去9年間有機・無農薬栽培を実施してきた水田で，当年は稲わら完熟堆肥2t/10aを湛水前に施し，代かき後に表面施用で菜種油かす（N換算kg/10a）5.7を元肥に与えた区（略号：元），同じく元肥3.7，穂肥1.5を与えた区（元・穂），これに実肥1.5を加えた区（元・穂・実）の3種の肥料区を設けた。そして，段ボール中芯紙マルチ処理（再生紙），黒プラスチック布マルチ処理（プラスチック）を行なった。なお，栽植密度は手植え：16株/m²，機械植え：20株/m²とした。

さて，結果であるが，第3表をみてわかるのは，単収500kgを得るためには，穂数は300本/m²台でよいということである。通常，1茎当たり葉面積は最大で140cm²程度であるから，出穂前の最大葉面積指数は4前後となる。葉面積指数を低く抑えた生育相の利点は，下葉まで日光が当たるので株当たり蒸散量が多くなる。すると，蒸散流でケイ酸が葉に運ばれ，そこに

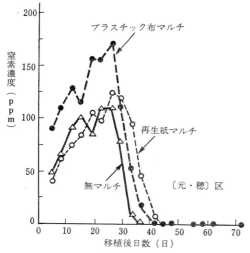

第5図 土壌溶液中のアンモニア態窒素
濃度の推移（地中10cm）

蓄積してケイ酸含有率が高まる。葉の受けた全日射量（S:MJ/m²）と葉身ケイ酸含有率（SiO₂%）との間には、次の関係式が成立することが私たちの研究でわかった。

$$SiO_2\% = a \cdot e^{0.02S}$$

ただし常数 a は土壌のケイ酸供給能に関係をもち、完熟堆肥を使用すると高い値をとる。（e は自然対数の底）

普通に観察されることだが、小ぶりで窒素濃度の低いイネで病虫害が少ないのは、生理的要因に加えて株全体に光がよく当たり、ケイ酸含有率が高いからである。

（3）管理のポイント

既述のとおり再生紙が土壌に張りついてしまえば、あとは一般の水管理に準じてやればよいわけだが、雑草発生のおそれがないので、浅水管理を心がけたほうが根のためによい。ただし、凹凸のある田で浅水とすると、凸部分の紙マルチは乾いて破れてしまう。いうまでもなく、水深は水尻に水位調節板を立て、これの上下によって水位の微調整をする。

また、有機栽培の常として分げつ数が少ないが、1穂の着粒数がふえればこれで補償でき単収500kg台の籾数は確保できる（第3表）。

除草剤を使わないイネつくり

問題は穂首分化期に体内窒素濃度が上がるかどうかである。土壌有機物が多く、かつ、土壌の炭素/窒素比率が10〜12という肥沃な土だと、地温上昇に伴って地力窒素が放出されるので、小ぶりなイネでも出穂35日前ころより葉色が濃くなって、1穂に平均100個前後の籾をつける。

第3表の試験では、地中10cmのアンモニア濃度は田植え後40日前後でゼロになった（第5図）。こうした窒素供給の少ない田では、葉色と相談のうえで穂肥をやる必要がある。

第5図で明らかなとおり、プラスチック布マルチ区では、土中アンモニア濃度が紙マルチ区、無マルチより高い。これはプラスチック布マルチによる脱窒抑制効果が現われたものと考えられる。また、実肥の効果は全ての区で認められた。この試験年度では千粒重の軽い品種を使ったので、単収水準は概して低かった。これまでの日本晴、アキヒカリではらくに540kgの単収を維持してきた。これは隣接する慣行農法田の単収と同程度である。当地で600kg台の単収をねらうと、もはや農薬なしではそれの実現は困難なようである。

紙マルチによって地温が低くなる点を指摘する向きもあるが、私たちの2年間の測定ではそうした傾向は認められず、無マルチとほぼ同様であった。ただ、マルチ紙が地面に密着しないで、水に浮かんでいる場合には地温低下が起こるのかも知れない。これは、今後の検討課題である。

4．今後の課題と未来展望

（1）生産コストの引き下げ

イネの無農薬・有機栽培の最大難関であった除草問題を再生紙マルチによって、確実に、省力的に解決したのであるが、**再生紙と専用田植機が付随するので、コメの生産費が増大する**。一案としては、紙マルチ・直播稲作体系を開発して、育苗費の節減を図る方向がある。いま、われわれはこれに努力している。

水　稲

（2）　個々の田に即した最適生育相の発見

　減農薬稲作という考えでは，慣行農法の範囲から脱出できない。各地での減農薬，低農薬の栽培事例からみると，現在の稲作指針は農薬の過剰投与である場合が多い。農家の立場からすれば，コスト低下のためにも，また身の安全を考えても，減農薬は当然採るべき方向である。さらに，一歩すすめて完全無農薬に挑戦し，そこに自分流の稲作を発見してほしい。

　有機農業で完全無農薬という厳しい則を自らに課し，その枠組のなかで自分の田に合った安全稲作の生育相を実施農家自らが発見するならば，そこに新しい境地が開けるにちがいない。すでに，これを実現している人は各地に沢山おられる。

（3）　地域生態系保全への貢献

　将来的展望からすれば，無農薬米の生産をとおして消費者と固く結びつくことが，日本の稲作を守る途だと思う。

　無農薬・有機栽培を点から面に拡張して，水系全域の生態系を保全する。この運動は，必ず都市住民からの支援が期待できる。

　　執筆　津野幸人（鳥取大学農学部）

1993年記

水　稲

除草機の工夫

水稲

チェーン除草

　田植え直後の苗の上からチェーンを引っ張ることで、条間・株間を問わず田んぼ全体の表土をかき混ぜて除草する技術。ふつうの除草機では入れないほど早い時期（田植え3日後から1週間後）から始められるので、雑草が根を張る前に退治することができる。自然栽培の第一人者・青森県の木村秋則さんの提案をヒントに、宮城県の長沼太一さんらが実用化した。

　当初は人力や田植え機でチェーンを引っ張るタイプの除草機が『現代農業』などの記事で紹介された。その後、チェーンを塩ビパイプに付けることで水に浮かせ、軽く引っ張れるようにしたもの、田の中に入らずとも畦畔を歩くだけで引っ張れるよう工夫したもの、チェーンの代わりに竹ぼうきやハウスのビニペットスプリングを使う方法など、より手軽で除草効果の高い方法を、全国各地の農家が同時多発的に考案。進化を続けている。

　　執筆　編集部

第1図　人力で引っ張るタイプのチェーン除草器
（写真提供：長野県飯山市・やよい農園、第2図も）

第2図　除草部分のチェーン。2m30cmのチェーンに30cmほどのタイヤチェーンが付いている

第3図　田植え機や乗用管理機、除草機などの機械にチェーンを取り付ける工夫をする人も多い。これは次ページの宮城県・長沼太一さんのチェーン除草（写真撮影：倉持正実）

チェーン除草 バッチリ決めるコツ

宮城県加美町・長沼太一さん

有機稲作の切り札

長沼太一さんが所属するJA加美よつば有機米生産部会では、「チェーン除草」がすでに基本技術になっており、2009年時点では32名が約60haで実施。「チェーンを始めて、ようやく『有機でやれるな』という目途がついた」という人も多い。

だが「チェーンさえ引っ張れば草がなくなる」というものでもなさそうだ。実際にチェーン除草を行なった田んぼを見せていただき、成功させるためのポイントを整理してみた。

ポイント1　2回代かきで草を減らす

約10年前から除草剤を使わない稲作に取り組んでいる長沼さん。除草には心身ともに困らされた末、ついに「草を見ずして草をとること」が極意であると気づいた。繁茂してからでは、いくら除草機をかけてもダメなのだ。

そこでまずは田植え前、代かきの段階で草の密度を減らしておく。具体的には荒代をかいてから約10日おき、草が動き出したタイミングで植え代をかいて一網打尽にする。間髪を入れずに翌日田植え。次の雑草が芽吹き出す前にイネを活着させるという作戦だ。

ポイント2　田植え後1週間以内にチェーン除草

そして田植え後、チェーン除草に入るタイミングも、早ければ早いほどいい。2008年も田植え3日後から入った人の田んぼは、ほとんど草が生えなかった。3日後は無理だとしても、せめて1週間以内には入るようにする。

このころの田んぼには、一見草などぜんぜん

第1図　チェーン除草機に乗る長沼さん
（写真撮影：すべて倉持正実）

水田除草機の除草部を取り外し、幅3.6mのアルミサッシにチェーンをぶら下げたものを取り付けて自作。軽量化のため、タイヤチェーン（約20cm）と細いチェーン（約10cm）を組み合わせた

ない。でも表面の土をちょっと剥がしてよく見ると、すでに根や芽を出し始めた雑草がチラホラ。これらがしっかり根付いてしまってからではもう遅い。

活着さえしていれば、田植え3日後にチェーンをかけてもイネの苗に問題はない。でもあんまり貧弱な苗だとどうしてもチェーンをかけるのがためらわれて、ついついタイミングが遅れてしまう。だからこそ苗は、頑丈で活着の早いものをつくったほうがいい。

また少しでも活着を早めるために、田植えはあまり早くしない。5月中旬以降、水温が温かくなってから、植えるようにしている。

ポイント3　水深約5cmで草を浮かせる

チェーンで除草するには発芽直後の草を「浮かせる」ことが必要。小さな草は、しばらく浮いているだけでもかなり弱る。その後運よく根付けたとしても、イネには負けていくというわけだ。

だからチェーンをかけるときは、必ず5cmくらい水を張っておく。浅水で草を転ばせた程度では、またすぐに根付いてしまうので除草効果がないという。

その後も基本的にはずっと深水を続ける。水が浅いと、どうしてもヒエなどが出てしまうからだ。

水稲

ポイント4　株間除草機も組み合わせる

長沼さんは、チェーン除草機を7～10日間隔で2～3回かけたあと、さらに7～10日間隔で株間除草機を2～3回かける。

イネが大きくなってくると、チェーン除草機の効果はどうしても落ちる。イネにチェーンが持ち上げられてしまう分、田面をかき混ぜにくくなるからだ。その後まだまだ出てくる草を抑えるためには、やっぱり株間除草機が必要だ。

でも初期にチェーン除草で草をできるだけ抑えておけば、大きな草がない分、株間除草機の効果も高くなる。あとはイネが田んぼを覆うので、草はイネに負けて出てこられない。2つの除草機を組み合わせることで、除草効果は格段に上がる。

ポイント5　表層剥離を放置しない

チェーン除草機や株間除草機の天敵は、田面の土が水にぷかーっと浮かんで漂う表層剥離。少しくらいならなんてことはないが、田面が覆われてしまうほど多い田んぼでは、絡まってしまうので除草機を入れられなくなる。

表層剥離は、土質にもよるが、とくに有機質肥料を多く入れている田んぼで深水を続けたりすると出やすい。出てしまったら放置せず、「3日くらい乾かせ」と長沼さんは言うことにしている。短期間でも乾かせば表層剥離の発生は落ち着き、除草機を入れられるようになるからだ。

ポイント6　田んぼを「肥やす」

有機米生産部会全体の田んぼを見ると、チェーン除草や株間除草のタイミングなどの問題もあるが、草の発生が多い田んぼと少ない田んぼのバラツキが大きい。とくに草が少ないのは、昔から「肥えてる」といわれる田んぼだ。

「肥えてる」といっても、肥料がたくさん入っているわけではない。田んぼのトロトロ層がよく発達してイネの出来もいい田んぼのことである。そこで長沼さんたちは、2008年からすべての田んぼをなるべく「肥えている」状態にするため、ワラの分解をキッチリ進めることを計画。秋田県大潟村の石川範夫さんにならって「粗起こしの一山耕起」方式に取り組むことにした。

イネを刈ったそばからジャイロテッターでワラを散らし、よく乾かしてからパワーディスクで一山耕起して越冬。春先から再び粗起こしの一山耕起を繰り返し、乾土効果を上げつつワラを分解することで田んぼを肥やす。すると草の発生自体が減る。それでも出てくる草はチェーン除草機と株間除草機で抑えきる。そんな理想のパターンを描いている。

執筆　編集部
(『現代農業』2009年5月号「チェーン除草　コツが見えてきた！」より)

第2図　水深約5cmでチェーンを「土にキレイに食い込んでるのがわかるくらい」に下げて進むと、まるでチェーンが泳いでいるかのように土と草が舞い上がる

第3図　田植え3日後からチェーン除草に入った田んぼ
チェーン除草2回、株間除草1回だけでキレイに草を抑えられた

農家のアイデアチェーン除草器

人力で引っ張る方式も多いチェーン除草だが、小面積のうちは対応できても、作業面積が広くなってくると大変な重労働になる。よりラクにこなすため、機械で引っ張ったり、除草器を軽くしたり、田んぼに入らずにすませる方法など、現場の農家ならではの工夫が次々生まれてきた。

●田植え機で引っ張る乗用型

埼玉県羽生市の長谷川憲史さんは、中古の田植え機を利用した乗用型チェーン除草機を製作。5条植え田植え機の植付け部を取り外し、チェーン除草器をアタッチメントとして取り付けたものだ。ほかのアタッチメントと交換することで、汎用作業機としても利用できる。

当初は、植付け部をはずしたことで田植え機本体のフロート（浮き）がなくなってしまい、機体の安定性と燃費が極端に悪化。使い勝手が悪かった。

そこで両端に自作のフロートを付けてみたところ、走行がなめらかになり、機体のバウンドも軽減。コーナリング時などの傾きも軽減され、除草作業で田んぼを荒らすことがまったくなくなった。

執筆　編集部
（『現代農業』2010年5月号「田植え機に取り付け乗用型に」／『現代農業』2011年5月号「フロートを付けたら燃料代三割減　乗用型チェーン除草機」より）

第1図　フロート付き乗用型チェーン除草機　（写真提供：すべて長谷川憲史）
チェーンを垂らしたバー（除草部分）の幅は4m。この状態で田んぼへ入り、油圧で除草部を下げる。路上走行時は左右を折りたためる

第2図　チェーンを垂らした長いバーの両端にフロートを付けた

●アゼで向かい合って引っ張り合う

新潟県上越市の（農）龍水みなみがたでは、有機稲作の雑草対策として米ヌカ除草、歩行型動力除草機、手押し除草機、手取り除草などさまざまな方法を試してきた。しかし、いずれも暑い時期に歩きにくい田んぼに入る必要があり、作業員から大変な苦情が出る。そこで導入したのが、田んぼに入らず、アゼから引っ張るだけでできるチェーン除草だ。

最初につくった除草器は、2mの塩ビパイプからチェーンを垂らし、30mのハウスバンドを2本付けたもの。バンド両端をもった2人の作業員が、水田の両アゼ（アゼ長辺）に向かい合って立ち、30mずつ交互に引っ張ることで、30×100mの圃場の除草がおよそ1時間半で

水　稲

終わった。

　ところが、これでもまだ重労働だという苦情は収まらない……。試行錯誤の末たどり着いたのが、バンドの巻き取りに自作ウインチを使う方法だ。これは、中古の歩行型溝切り機の車輪の羽根（ラグ）を切断し、金属製コードリールのドラム部分を装着したもの。向かいのアゼで引っ張るときのために、ドラムの回転軸のボルトを抜き取ればドラムが空転する仕掛けにした。

　この自作ウインチを使って、圃場の両端から4mのチェーン除草器を引っ張り合う。長めのバンドも巻き取ることができるので、作業者2人は用水側と排水側のアゼ（アゼ短辺）に立って向かい合い、100mの長距離を一気に作業。除草器を4.5往復させて、30aの除草を1時間で終わらせることができるようになった。おかげで、有機栽培米の面積拡大につながったそうだ。

　　執筆　編集部
（『現代農業』2015年5月号「溝切り機を改造　自作のウインチでチェーン除草器を引っ張る」より）

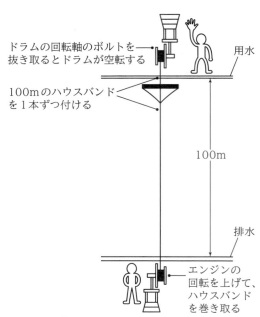

第1図　チェーン除草の手順

第3図　田んぼに入らず、アゼの短辺から2人一組でチェーン除草。100mを5分弱で進む

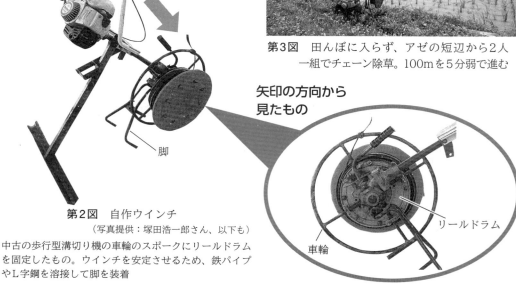

第2図　自作ウインチ
（写真提供：塚田浩一郎さん、以下も）

中古の歩行型溝切り機の車輪のスポークにリールドラムを固定したもの。ウインチを安定させるため、鉄パイプやL字鋼を溶接して脚を装着

●軽い！　手軽な竹ぼうき除草器

チェーン除草器の亜種として生まれ、とくに小規模農家や高齢農家の間で人気を博しているのが「竹ぼうき除草器」。チェーンではなく、竹ぼうきの竹枝をバラしたもので田面をひっかいていく。チェーン除草器は重さが10kg程度にも及び、重ければ重いほど除草効果は上がる。対して竹ぼうき除草器は、重量が除草効果に直接結びつかないため、約2kg程度から、と扱いやすい。

静岡県伊豆市の水口雅彦さんが考案したものが各地に広がり、新潟県佐渡市のトキ米生産者・斎藤真一郎さんも、初期除草に竹ぼうき除草器を重宝している。最初は購入した竹ぼうきの60～70cmの枝をそのまま使うが、田植えから1か月ほど経ってイネがある程度生長したら、枝を半分程度の長さに切る。こうすると、土中をひっかく力が強くなるので除草効果も上がるんだそうだ。

また、石川県野々市市・林浩陽さんは、竹ぼうきをバラさず、そのまま田植え機に取り付けた。5条植えの田植え機に2列×6列で12本の竹ぼうきを装着。10a20分で初期除草ができるようになった。除草はとにかく最初が肝心で、田植え3日後には1回目の除草に入り、目に見えないタネを浮かせて流してしまうのがポイントだという。

執筆　編集部
(『現代農業』2011年5月号「どんどん進化中！竹ぼうき除草器」より)

第1図　静岡県伊豆市・水口雅彦さんの竹ぼうき除草器

第2図　竹ぼうき2本をバラして角材で挟む

第3図　石川県野々市市・林浩陽さんの竹ぼうき除草器
(写真撮影：依田賢吾、第4図も)
12本の竹ぼうきを5条植えの田植え機後方に装着

第4図　竹ぼうき12本はアングルのフレームで一つにつながっており、専用台車に載せて保管できる。使用時はフレームを田植え機の除草剤散布機装着部に取り付ける

水　稲

水田除草機 WEEDMAN（ウィードマン）

（株）オーレックは福岡県八女郡に本社を置き「明るい未来つくりに貢献する」という社是のもと農業機械・緑地管理機械の開発，製造，販売を手がけている。当社は2017年から水田除草機WEEDMAN（ウィードマン，第1図）の販売を開始している。

（1）水田除草の課題

水田の除草において除草区間は2つに分けることができる。イネとイネの間の条間，もうひとつはイネの根元付近の株間である。とくに株間は，イネがあるため除草は容易ではない。水田除草機においては，この区間をいかに効率よく確実に除草をするかがきわめて重要な課題となる。

（2）除草のしくみ

①株間除草

WEEDMANは，「イネを残したままに雑草だけを取り除く」ことが可能な「回転レーキ」機構を搭載している。

回転レーキは，土中のイネの根の深さより浅い層でレーキ（棒）を回転させて雑草の根を引っかけることで除草する（第2図）。イネの栽培初期で問題になる雑草（ヒエ，コナギ，ホタルイなど）の多くは，表面近くの土中で発芽する。一方，イネはそれより深い層に根がある。回転レーキはこの雑草とイネの根の深さの違いを利用して除草する。一見イネも抜いてしまいそうであるが，このレーキの深さをコントロールすることで，イネが抜けることを防いでいる。この作業深さのコントロールが，回転レーキにおいてもっとも重要となる。

また，車速の加速に合わせて回転レーキの回転速度も上げるため，車速にかかわらずイネに対して一定の負荷で作業ができる。回転速度は調整が可能で，速いほど除草効果は高いがイネのダメージも大きくなるため，生長段階に合わ

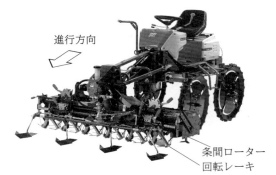

第1図　WEEDMAN（ウィードマン）
希望小売価格は以下のとおり（税抜き。2024年5月現在）
SJ600A（6条仕様）：¥4,746,000
SJ600A-33（同，条間33cm対応）：¥4,781,000
SJ800A（8条仕様）：¥4,861,000
SJ800A-33（同，条間33cm対応）：¥4,920,000

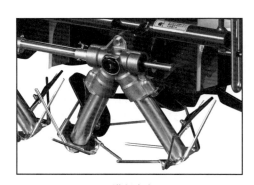

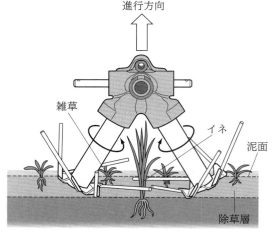

第2図　株間除草部（回転レーキ）
レーキの付いた軸が回転して雑草をかき取る。根が深いイネは傷つけない

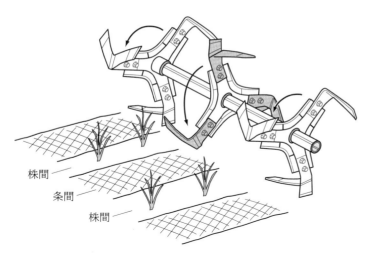

第3図 条間除草部（条間ローター）
ローターが回転して，各条間を除草していく

せた設定が重要となる。

②条間除草

条間の除草は鉄製の刃を回転させ除草する「条間ローター」を採用している（第3図）。耕うんとは異なり，表土数cmを均一に削ることでやや大きな雑草でも根を切って攪拌し，確実に除草することが可能である。

（3）除草のタイミング

①除草1回目のタイミング

除草1回目は，活着したらすぐに行なう。回転レーキに耐えられるくらいに根が張っていれば行なってよい。したがって，地域，天候，田植え時期により1回目の作業タイミングは異なってくる。

除草1回目は2回目以降よりも重要となる。1回目で除去できなかった雑草は，2回目のときにはさらに生長して除去できる割合が減ってしまうためである。

また，雑草はなるべく小さいうちのほうが除草効果は高い。

②除草2回目以降のタイミング

除草2回目以降の作業の可否は，イネがしっかり立っているかどうかで判断する。毎回の作業をていねいに行なうことが重要である。

（4）水位による作業方法の違い

①低水位（ヒタヒタ状態）

除草時の水位は可能な限り低くすること（ヒタヒタ状態）を推奨している。これにより「水が濁って雑草が取れているかどうかがわからない」ということがなくなり，失敗のリスクを軽減できる。雑草を目視で直接確認しながら，作業深さや回転レーキ回転速度を的確に調整できるため，オペレータも不安なく作業を行なえる（第4図）。

また，本機ユーザーからは，除草後1～2日後に入水するとより除草効果が高いとの声もある。これは，除去されずに浅く埋没した雑草に泥が乗り，その泥が1～2日後には乾いて固まることで，入水しても雑草の再生長が妨げられて枯れるためと考えられる。

②通常水位

通常の水位（約5cm以上）で作業を行なう際の一番の課題は，株間の除草が確実にできているかどうかが目視で確認できないことである。その場合の対応方法として，回転レーキの深さは「作業深さ」のダイヤルで1メモリずつ（1メモリで約5mm変動）深く，また「回転レーキ速度」を1段階ずつ速くしていき，イネが倒れるひとつ手前で設定する。そのほか，同一圃場でも場所によりイネや泥の状態が異なる場合もあり，設定後も「深くする」「回転を速くする」などの微調整を行ない，イネが倒れず雑草が抜ける設定になっているかを確認することで，取り残しが少なくなる。

また，水深がある圃場は水が澄んでからしか除草具合がわからないため，適宜設定が合っているか確認（泥をすくうなど）しながらの作業を推奨する。水面に浮く雑草のみの判断では，株間の雑草が取れていない可能性があるため，注意が必要である（第5図）。

水　稲

第4図　低水位での作業の様子
雑草が目視できる

第5図　通常の水位での作業後の様子
株間の雑草の除草具合が目視できない

(5) 適切な作業深さと除草回数

本機ユーザーから，2018年において，紙マルチ栽培と比べWEEDMANを使用した圃場の収量が極端に下がったとの連絡があり，原因の調査と改善のための試験を，2019年に福島県で実施した。その結果をもとに，適切な作業深さと除草回数について述べる。

収量が下がった圃場では除草を計3回実施しており，3回目の除草は田植え1か月後（田植え5月末，6月中に除草3回），また除草機の設定は深めであった。その状況から，除草時にイネの根が損傷し収量減につながったとの仮説を立て，イネの根に極力影響がない方法で実施することにした。

まず除草機の設定は，株間の作業深さを基本の10〜20mm，条間の作業深さを15mmとし，浅めの設定とした。次に除草回数を前年より少ない2回とし，田植え約1か月後の除草となる3回目の作業をなしとした（田植え5月23日，除草1回目6月4日，2回目6月13日）。

除草1回目（田植え後12日目）の除草直前の雑草は，オモダカ（本葉展開），コナギ（発生初期），ホタルイ，ノビエであった。イネの活着は良好で，除草作業による根の損傷は見られなかった

除草2回目（田植え後21日目）は，除草作業前後でイネ株を比較調査した結果，作業後に根の欠け（折れ）などは見られなかった。この結果により1回目，2回目の除草とも，イネの根に損傷がないことが確認された（両作業とも，株間回転レーキ深さ：10〜20mm付近，株間回転レーキ速度：1〜2段目の低速，条間ローター深さ：15mmで作業を実施）。

6月20日（田植え後28日目）に雑草の発生状況（観察）とイネのうわ根（表層根）の状態を調査した。その結果，雑草対策は，2回の除草作業で十分な効果があったと見られる。うわ根の長さは平均17.4cm，最長20.5cmであった。6月28日（田植え後36日目）の調査では，コナギの残草がわずかに見られるが，イネの生育は良好な状態であった。うわ根の長さは平均24.0cm，最長28.5cmであった。成熟期（10月4日）の調査ではWEEDMAN区と紙マルチ区の雑草対策の違いによる生育差はわずかで，最終的な実収は360kg/10aとなり紙マルチ区と同等であった（第1表）。こちらの生産者は収量を360kg/10aの目標で栽培しており，目標を達成することができた。

第1表　WEEDMAN区と紙マルチ区の収量比較

調査区	稈長(cm)	穂長(cm)	穂数(/株)	実収(kg/10a)
WEEDMAN	94.2	18.5	20.9	360
紙マルチ	99.7	18.8	21.0	360

これらの結果を踏まえると，収量減の要因としては，1）株間回転レーキ，条間ローターともに深さの設定が深すぎたこと，2）3回目の除草を深めで行なったためにイネの根を損傷していたこと，の2点が考えられた。作業深さは深すぎれば除草できないばかりでなくイネを損傷し収量が低下する可能性があるため，注意が必要である。

＊

現在，世界的にSDGsが掲げられ，持続可能な生産方法への転換が急速に求められており，農業においてはその一つが環境負荷の低減に寄与する有機農業である。今後，WEEDMANが有機農業拡大および有機農産物普及の一助になれば幸いである。

執筆　鈴木祥一（(株) オーレックR＆D開発部）

2024年記

水稲

アイガモロボ

（1）開発の目的

　有機農業への関心が高まり、有機農産物の市場も拡大してきている一方で、わが国の有機栽培面積は横ばい傾向である。水稲栽培に関しては、有機JAS認定を受けた有機米の比率が0.1～0.2％に留まっている。水稲における有機栽培拡大の障壁の一つが、雑草対策である。この状況を踏まえ、株式会社NEWGREEN（有機米デザイン（株）から社名変更）では、水田除草・抑草の面から現場の課題に応えるため、アイガモロボの開発を進めてきた。

（2）アイガモロボの特徴

　アイガモロボは次のような特徴をもった自動抑草ロボットである（第1, 2図）。2023年より、井関農機株式会社から発売を開始している。
・ソーラーパネルによる発電で稼働するため、燃料が不要である。
・田植え後約3週間自動で稼働するため、手作業の必要がない。
・スマホであらかじめ圃場位置と形状を登録することにより、離れていてもリアルタイムで稼働状況やロボの位置などの確認ができる。
・ロボットがつくり出す水流による土の濁り、土の巻き上げによってトロトロ層を形成し、雑草を抑制する。
・ロボットが日中稼働する間、イネに付着したジャンボタニシを払い落とし、夜間もその効果が継続するため、食害を抑制できる。
・土中のメタン資化細菌（メタン酸化細菌）などの好気性微生物が増加することで、収量増加傾向が認められる。

（3）雑草抑制のメカニズムと使用法

　アイガモロボによる雑草の抑草メカニズムには次の3点の特色がある（第3図）。

第2図　圃場で稼働中のアイガモロボ

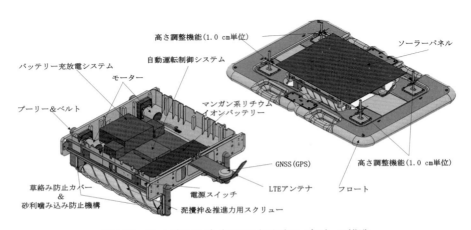

第1図　アイガモロボ（2023年発売モデル）の構造

3つのポイントで抑草

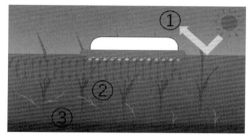

① 濁りによる遮光
② 水流による雑草巻き上げ
③ トロトロ層形成

第3図　アイガモロボによる抑草の仕組み
写真③はアイガモロボなし（左）とあり（右）の比較

1）濁りによる遮光：水面下の雑草の光合成を抑え、雑草の生育を阻害する。
2）雑草，とくに根張りの弱い雑草をロボットの動きによる水流によって巻き上げ、雑草の生育を阻害する。
3）トロトロ層の形成：巻き上げられた土が堆積してトロトロ層が形成され、雑草の芽を埋没させる。

アイガモロボは、田植え直後から2号分げつが出てくるまでの約3週間、水田内を自動で動き回らせて使用する。代かき後できるだけ早くロボットを投入することがポイントで、田植え後はイネの活着を待たずに水を入れたらすぐにロボットを投入し、雑草が出芽・発芽する前に対策することが重要である。

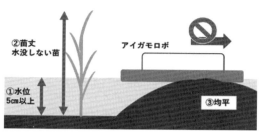

第4図　アイガモロボ使用時のポイント

また、十分な抑草効果を得るためには、アイガモロボが安定して稼働し、圃場の濁りが持続することが重要で、そのために次の3点に留意が必要である（第4図）。

1）水位を5cm以上保つ：5cmを下まわるとスタックし稼働率が低下する。
2）水没しない苗を植える：アイガモロボが航行できる水深で、水没しない苗（3葉15cm以上）を移植する。苗が水没すると苗の生育が悪くなる。
3）圃場の均平を取る：均平が取れていないと田面が高いところでアイガモロボが走行できず、抑草効果が低減する。理想は高低差4cm以内である。

（4）実証圃での効果の検証

これまで試験圃場で水田雑草の抑制効果などを確認してきたが、2022年は実用化に向けたプロトタイプ210台を用い、全国34都府県の試験圃場、および協力生産者の圃場で実証実験を進めた。その一部である全国36か所で取得したデータを整理、解析し、抑草ロボットの雑草抑制効果や水稲収量への影響を検証した（検証には農研機構、東京農工大学、井関農機株式会社、株式会社NEWGREENがあたった）。

実証圃場の幼穂形成期の推定雑草乾物重（全雑草種の合計値）は$16.6 \pm 14.0 g/m^2$（n＝36、平均±標準偏差）であり、先行研究の結果から、その後の水稲収量には影響しない程度であると考えられた。また、アイガモロボ導入前の平均機械除草回数が2.4回であったのに対して、導入後は1.0回になり、機械除草の回数は58％削

水　稲

減された。

　なお，アイガモロボ稼働後の機械除草回数が0回になった実証圃場も12（全体の33％）あった。水稲の収量（精玄米重）は，対照（おもに試験前年）が平均386kg/10aであったのに対して試験年は424kg/10aであり，気象要因による年次変動を除いた前年比収量（各地域の作況指数によって補正）はアイガモロボの導入により平均で10％増加した。

　以上から，アイガモロボは除草労力を削減しつつ水稲の収量を確保する新たな雑草対策ツールとして有効であると考えられた。

(5) 2025年度以降の展開

　2023年発売モデルに対する顧客からのフィードバックを元に，2024年度は次のような特徴をもった新型アイガモロボの実証実験を行ない，実用化の目処が立った。2025年度から発売を開始する（第5図）。

・稼働スピードを向上し，1台当たりの稼働可能面積を拡大した（実証では1筆圃場で1.6ha/1台の稼働実績。現場では1台を複数の小規模圃場で，1～2日おきに稼働させた例もある）。
・小型化と低価格化をはかり，中山間地などでも導入しやすいサイズや重さ，価格とした。
・圃場の必要水位や均平精度などの稼働条件を拡大した。
・イネの繁茂程度にかかわらない安定稼働のため，スクリューの代わりにブラシ型パドルにすることで推進力を向上させた。
・ブラシ型パドルが土に刺さることにより（アンカー効果），強風適応性を向上させた。
・スマホでの圃場位置と形状の登録を不要とし，GPSで自己学習しながら圃場位置と形状を把握するようにして，操作に不慣れな人への導入ハードルを低減した。
・過去30日の稼働状況の確認を可能にする一方で通信はBluetoothが届く範囲のみにして機能を簡素化し，低価格化を実現した。
・盗難防止機能として，稼働エリアが1kmなどの設定距離以上変わったときには稼働せず，再稼働にはパスワード入力を必要とした。

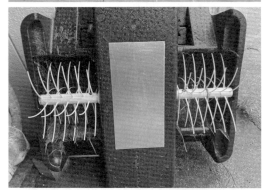

第5図　新型のアイガモロボ
上：外観
中：ブラシ型パドルを装着した裏側
下：圃場での稼働の軌跡（圃場面積50a，稼働期間10時間のもの）
価格は25万円（希望小売価格，税別）。販売は井関農機株式会社より

　また，2024年に新型で行なった実証実験の結果（雑草のタイプによる除草効果の違い，ジャンボタニシの食害抑制効果，メタンガスの削減効果，収量が10％増加することのエビデンス）を，2025年度以降に発表予定である。

　　執筆　中村哲也（株式会社NEWGREEN）

2024年記

水　稲

斑点米カメムシ
などの対策

水稲

斑点米カメムシなどの対策

玄米が変色したものを着色粒と呼ぶ。このうち、出穂期以降にカメムシ類の成虫または幼虫が吸汁した跡が褐変して残ったものを斑点米と呼んでいる。米の等級を決める検査規格では、0.2％以上混ざるだけで一等米と認められないため、カメムシ防除をするのが一般的になっている。

しかし斑点米は、わずかに混ざる程度では見た目にもわからず、もちろん食味にも影響しない。また集荷の段階でも色彩選別機にかければ簡単に取り除ける。そのため検査規格自体の見直しを求める声も多く、カメムシ防除をしない農家、防除をなるべくひかえるよう呼びかけるJAなども出てきた。

合わせて農薬を使わないカメムシ防除の工夫も進んでいる。カメムシ類はとくにイネだけを好むわけではなくイネ科植物全般の穂が好物なので、アゼの2回草刈りなどでイネ科雑草が穂をつけないように管理する、もしくは高刈りやハーブ植栽などでイネ科以外の草が優占するアゼにするなどの方法が有効だ。春先、火炎放射器で田の周囲の越冬卵を焼いておく、乳熟期にイネに木酢を散布する、イネのモミ割れ（割れたところからカメムシが口吻を刺す）をなるべく防ぐなどの対策もある。

執筆　編集部

アゼの2回草刈りでカメムシを寄せつけない

執筆　寺本憲之（滋賀県東近江地域振興局農産普及課）

斑点米カメムシを耕種的に防除するには「畦畔の草刈りをしたらいい」というのはみなさんよく知っていらっしゃると思います。しかし、イネの発育段階のどのタイミングで草刈りすれば効果的なのかは、あまりご存じないのではないでしょうか。じつは、このタイミングが少しずれるだけで、斑点米の被害軽減につながらないことがあるのです。ここでは斑点米カメムシを寄せつけない草刈りのコツを紹介します。

カメムシはイネよりイネ科雑草の穂が好き

斑点米カメムシは、種類や地域によってやや異なりますが、イネ科植物の穂への嗜好性が高い害虫です。ただし、同じイネ科でもイネの穂よりもノビエやエノコログサ、メヒシバなどの夏雑草の穂のほうを好む傾向があります。

カメムシにとって畦畔のイネ科雑草の穂は、水田という跳び箱への踏み切り板のようなもの。これがなければ、水田の中へ飛び込みにくくなります。斑点米軽減のためには、被害発生に大きな影響を及ぼすイネの出穂期前後に、その踏み切り板を取り除くことが必要になります。

イネ科雑草は一年中同じ草種が生えているの

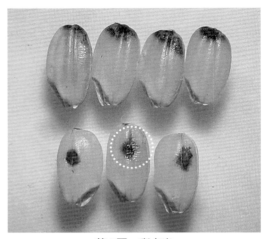

第1図　斑点米
カメムシが乳熟期のイネを吸汁することで発生する

ではなく、スズメノカタビラ、スズメノテッポウなどの春雑草から、ノビエ、エノコログサ、メヒシバ、オヒシバなどの夏雑草へと移行します。斑点米カメムシに影響力が大きいのは夏雑草です。夏雑草を草刈り機で刈り払うと、3週間程度で再出穂が始まります。草刈りでの出穂抑制は1か月間ももたないのです。

出穂3週間前と出穂期に草を刈る

第2～5図を見てください。これらの草刈りパターンを比べた場合、斑点米を軽減させる効果はどれが高いと思いますか？ 答えは上から第5図、第4図、第2図、第3図の順。これは滋賀県農業試験場（現農業技術振興センター）での試験結果と普及現場で調査した結果を合わ

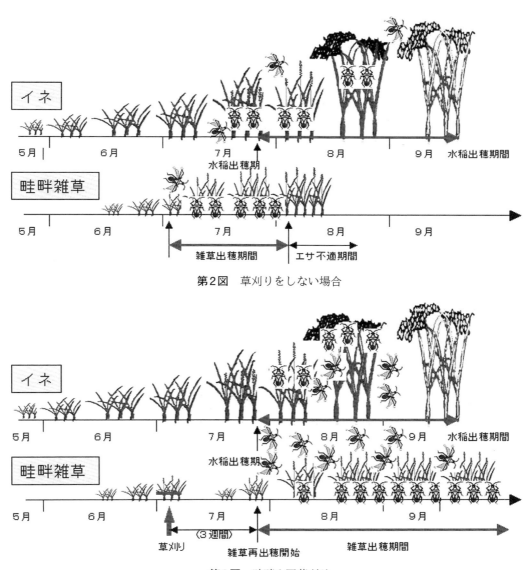

第2図　草刈りをしない場合

第3図　畦畔1回草刈り

水稲

せて考察し、順位付けしました。
　労働面も考慮すれば「第4図　畦畔2回草刈り」が、斑点米軽減効果が高く省力的な技術だといえます。滋賀県では全県的に、この畦畔2回草刈り技術を導入しています。
　この技術のポイントは、イネの出穂3週間前ころと出穂期の2回の草刈りです。これで出穂期前後の6週間、畦畔にイネ科雑草の穂がない状態をつくることができます。ただし、2回目の草刈りのタイミングが1週間遅れただけでも効果は減少します。草刈りによる雑草の出穂抑制は3週間しかもたないことを頭に入れて、計画的に実施することが重要です。
　また、茎の汁もえさにできるアカヒゲホソミドリカスミカメが多い地域では、効果的な出穂抑制と合わせて「第5図　畦畔3回草刈り」な

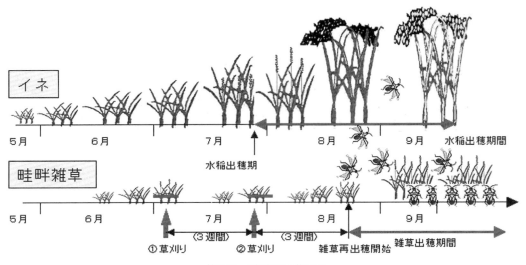

第4図　畦畔2回草刈り

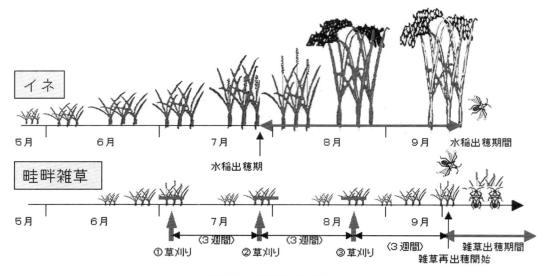

第5図　畦畔3回草刈り

第6図　斑点米カメムシの「アカヒゲホソミドリカスミカメ」（写真撮影：新井眞一）

どこまめな草刈りが必要になります。

中途半端に刈るとよけいに被害が増える

　ちなみに、「第2図　草刈りしない」が最下位になると予想していた方が多いと思いますが、そうでもないのです。草刈りをしないと、7月下旬以降雑草の子実が登熟して硬くなり、カメムシのえさとしては不向きになるためです。

　それに対して「第3図　畦畔1回草刈り」では、7月上旬の草刈りの3週間後から雑草の再出穂が始まり、長期にわたってバラバラと穂が出ます。すなわち、カメムシに長期間にわたって好適（イネでいう乳熟期）な雑草子実を提供することになります。中途半端な草刈りは、かえってカメムシの被害を大きくするのです。

空き地では、1回草刈りでカメムシを捕捉

　琵琶湖の内湖の一つ大中の湖干拓地（1,000ha）では、畦畔は「2回草刈り」、河川敷や道路などの空き地では7月上旬の「1回草刈り」での管理を指導しています。畦畔2回草刈り技術などで畦畔には行けなくなったカメムシを、空き地のイネ科雑草の穂で収穫後までキャッチしておくためです。

　農地と違い、空き地では頻繁な草刈りはむずかしく、イネ科雑草が出穂してしまったあとで草刈りするケースも多くなります。そうすると、そこにいたカメムシが近隣の水田へ飛び込んでしまいます。こうした事態の回避も兼ねて、空き地では「1回草刈り」を取り入れているのです。

　ただし1回草刈り技術といっても、そのまま伸ばし放題にするわけではありません。カメムシ害の心配がなくなる晩生イネの黄熟期以降になってから、もう一度草刈りを実施します。

　草刈りによる雑草抑制期間は、畦畔の土壌条件によって短くなることはあっても（とくに肥料分が少ない場合）、1か月を超えることはどんな地域でもありません。自分の田んぼの畦畔を見ながら2回草刈り技術を工夫して、イネの出穂前後6週間はイネ科雑草を出穂させない雑草管理を心がけてください。

（『現代農業』2006年8月号「アゼの草刈りで防ぐ　……2回草刈りでカメムシを寄せつけない」より）

水稲

高刈りでカメムシを呼ぶ イネ科雑草を抑える

執筆　岩田大介（新潟県農総研作物研究センター）

第1図　アカスジカスミカメ
斑点米カメムシの一種

カスミカメムシはメヒシバの穂に寄る

　斑点米カメムシの多くは、田んぼのまわりの雑草で増殖して、イネの出穂をきっかけに田んぼの中に侵入します。雑草を除去して斑点米カメムシの増殖を抑えることは、有効な対策です。

　牧野富太郎博士の有名な言葉に「雑草という草はない」というものがあります。「農道や畦畔の雑草」といっても、その種類はさまざまで、何を指すのかが曖昧です。同様に、一言で斑点米カメムシといっても複数の種類が存在します。まずは、防除対象をはっきり見極める必要があるでしょう。

　アカスジカスミカメ（以後アカスジ）は全国的に、アカヒゲホソミドリカスミカメ（以後アカヒゲ）はおもに北海道と東北地方の日本海側から北陸地方にかけて被害をもたらしています。どちらもイネ科雑草をえさとし、とくに穂を好みます。

　新潟県の田んぼの畦畔や農道を観察していると、アカスジやアカヒゲのえさとなるイネ科雑草がいくつか見られます。5～6月はスズメノカタビラやスズメノテッポウ、ナギナタガヤなどが点在し、7月以降はメヒシバがいたるところで生えています。メヒシバは、日本全国でもっとも一般的な夏のイネ科雑草の一つなので、みなさんのまわりでも簡単に見つけることができるでしょう。

　メヒシバの穂はアカスジ・アカヒゲともよく好み、しかも刈り払い機で刈り取っても別の穂

第2図　メヒシバが優占した畦畔

第3図　出穂したメヒシバ

斑点米カメムシなどの対策

が次々と出てきます。アカスジやアカヒゲにとっては大事なえさ、田んぼの管理者にとってはとても厄介な雑草だといえます。

高刈りでメヒシバを抑える

田んぼの畦畔や農道を観察していると、その場所に生えている雑草の種類や構成、大きさや花・種子の有無などの状態、すなわち植生が、管理者ごとに違うことに気づきます。これは植生が管理方法の影響を強く受けるためです。

たとえば春に非選択性茎葉処理除草剤を散布した場合、雑草が枯死していったん裸地化します。その後、初夏にはメヒシバをはじめとした一年生のイネ科雑草が優占する状態がよく見られます。

斑点米カメムシ抑制の観点から植生を評価すると、メヒシバが優占している状態は「好ましくない植生」ということになります。メヒシバの発生を抑え少なくするような「好ましい植生」に誘導する管理方法はあるのでしょうか？

その方法として「高刈り」があります。高刈りは、高さを地際部から10cm程度にして草刈りする方法です。春から高刈りを継続した場合、地際部から草を刈る場合や、春に非選択性茎葉処理除草剤を散布した場合よりも、夏のメヒシバが少なくなりました（第4図）。

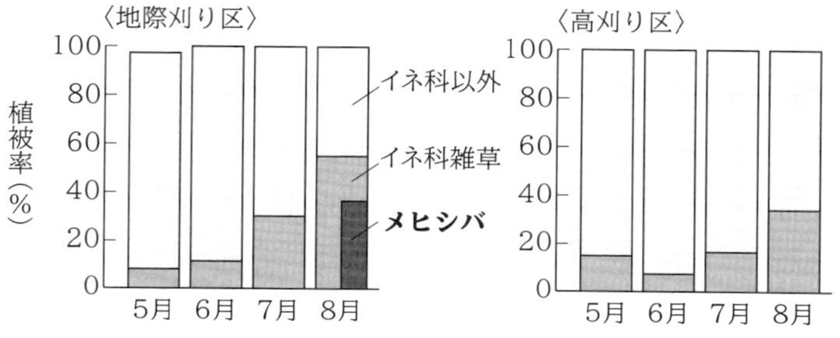

第4図　草刈り方法による優占雑草種の変化
（岩田ら．2021．雑草研究．66．を一部改変）
2015年実施。高刈り区ではメヒシバ植被率が0になった
植被率は平均値で、その月の管理直前の値

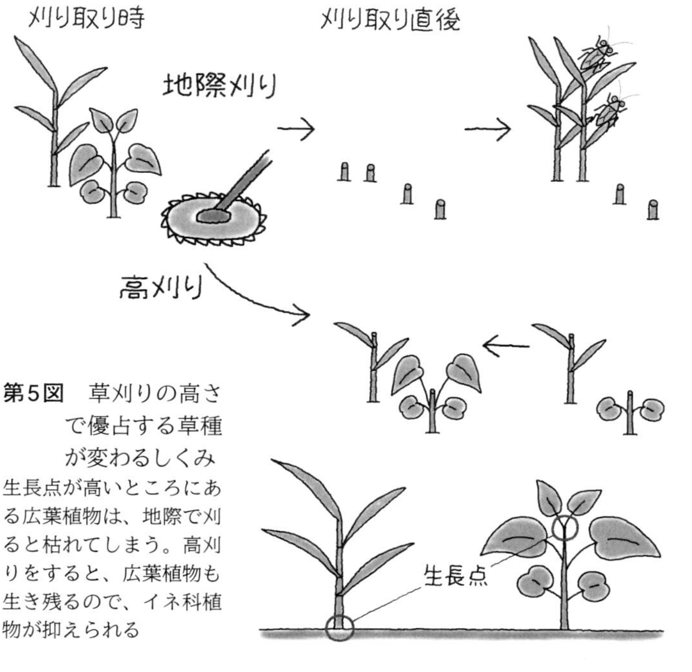

広葉雑草の優占状態をつくる

なぜ草を刈る位置を高くすると、メヒシバの発生が抑えられるのでしょうか？　じつは高刈りは、直接メヒシバの発生を抑えているのではなく、アカスジ・アカヒゲのえさにならない広葉雑草を温存し、それが夏に発生するメヒシバを抑えているのです（第5図）。そのため、すでにメヒシバが優占して広葉雑草が少ない場合、高刈りの効果はすぐには期待できません。

また、穂をつけたイネ科雑草を高刈りした場合はすぐに別の穂が出てきますので、地際部から刈り取るほうがいいでしょう。広葉雑草でも、セイタカア

第5図　草刈りの高さで優占する草種が変わるしくみ
生長点が高いところにある広葉植物は、地際で刈ると枯れてしまう。高刈りをすると、広葉植物も生き残るので、イネ科植物が抑えられる

245

水　稲

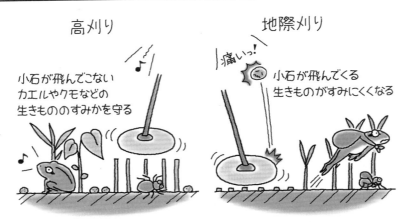

第6図　高刈りは生きものにも人間にもやさしい

　ワダチソウやアメリカセンダングサ、クサネムといった強害雑草は、高刈りで温存せず地際部から刈り取りましょう。
　除草剤によって管理・除去したほうがいい雑草もあります。帰化アサガオ類は、圃場周辺からダイズやソバ圃場に侵入して大きな被害をもたらすため、除草剤も使って根絶を目指します。高刈りの特性を理解し、植生に応じて高刈りと地際刈り、ときには除草剤を使い分けることがポイントです。

雑草除去から植生管理へ

　SDGsの実現に向けて、持続可能な農業が求められます。では持続可能な雑草管理とは何でしょうか？
　田んぼの畦畔や農道で、雑草を徹底的に除去するために除草剤を長期間連用し続ける場合があります。これでは、裸地化による畦畔強度の低下だけでなく、種の多様性の低下や生態系の貧困化といった環境に対する影響が懸念されます。

　一方で、刈払い機などで何回も何回も徹底的に雑草を除去するには、多大な労力が必要となります。規模拡大が進む現在では、これも持続可能な雑草管理とはいえないのではないでしょうか？
　雑草は必ずしもすべて根絶する必要はありません。防除を必要とする「真の雑草」を明確にして、そうではない植物種が優占する植生（理想的植生）に誘導するという植生管理の考え方があります。
　この記事では斑点米カメムシの抑制の観点から、防除を必要とする真の雑草を「メヒシバ」、理想的植生を「広葉雑草が優占し、メヒシバが少ない植生」と位置づけ、その植生に誘導する管理方法として「高刈り」を紹介しました。持続可能な雑草管理を目指し、雑草除去から植生管理へ。まずは植生に注目して、高刈りを試してみてはいかがでしょうか。
　　（『現代農業』2024年6月号「真の雑草・メヒシバを高刈りで抑える」より）

色彩選別機があれば、カメムシ対策の農薬散布はいらない！

茨城県笠間市・生駒敏文さん、柴田忠夫さん

　カメムシによる斑点米の一等米基準は0.1％。1,000粒中、たった2粒あっただけで二等米になる。他はすべて整粒米でも、斑点米が4粒あれば三等、8粒だと規格外に……。

　野菜だと、農薬なしで虫食いなしの商品をつくるには大変な手間がかかる。しかし、幸いにも米には色彩選別機（以下、色選）がある。カメムシ防除を止めて斑点米が増えたとしても、不できな粒だけはじいてしまえば、一等米に化けてしまう——。

2.6反分の米で被害粒1kg

　9月2日。茨城県笠間市・生駒敏文さんのライスセンターにお邪魔した。この日は柴田忠夫さんが栽培した、2.6反分のあきたこまちを調製するという。

　大きなライスセンターでは、大小9台の乾燥機がずらりと並ぶ。2～3日かけてゆっくりと乾燥を終えたモミは、放冷タンクからロール幅8インチのモミすり機に運ばれ、ライスグレーダー（1.9mm）で選別されたあと、色選（75チャンネル）にかけられる。

　生駒さんが使う玄米用の色選は、サタケの「ピカ選3000」。2012年、コンプレッサー2台（ピンポイント噴射で被害粒をはじくのに必要）やライスグレーダー、配管・電気工事も含めて約600万円で導入した（うち2分の1は県の補助事業）。

　生駒「1時間で55俵分処理する能力がありますが、40俵分の流量で使ってます。限界ギリギリで稼働するより選別効率がよくなるんです」

　1時間ほどして作業を終えると、色選の排出口からはバケツ半分（2.5kg）の被害粒がはじき出されていた。10a換算で玄米611kg、クズ米58kg、被害粒1kg。柴田さんは前日にも4.2反の田んぼでとれた米をモミすりしており、その結果は同玄米557kg、クズ米50kg、被害粒2.5kgだったそうだ。アゼ草をきれいに刈るなど、同じ管理をしているのに、カメムシ被害の度合いは変わってくるようだ。

売り上げ減よりコスト減がずっと大きい

　モミすり作業を終えた柴田さんと生駒さんにこの結果を踏まえて質問をしてみた。

　——柴田さんは、地域で一般的な無人ヘリでの空中散布をしていないんですか？

　柴田「生駒にすすめられて、2014年からやめました。やめて1年目の斑点米の量はそれまでとほとんど変わらず、全体（6.8反）で2～3kg出た程度。ただ、去年品種をひとめぼれか

第1図　生駒敏文さん（左）と柴田忠夫さん
生駒さんは作業受託を含め45haのイネをつくる。柴田さんは中学・高校の同級生で、生駒さんのライスセンターの40年来の利用者（取材したのは2017年）

水稲

らあきたこまちに変えたらカメが増えちゃった。去年は10kg、今年は13kg……。周囲で晩生の飼料米をつくる農家が増えて、早生品種はオレだけになっちゃったから、出穂期にカメムシが集中したんだろうなー」

——色選ではじかれる斑点米の分だけ、販売できる米は減りましたね。空散をやめたぶんのコスト減と合わせて考えるとどうなんですか？

柴田「空散を頼むと、10aで2,300円くらい。6.8反分だと約1万6,000円だね。たとえカメが全体で15kg出て、その分売り上げが減ったとしても、たいした金額じゃない。1俵1万4,000円として、トータル（15kg）で3,500円減るだけ。空散は止めても全然問題ないってことは、この3年で目に見えてわかったよ」

生駒「玄米の色選を導入したときに、うちのライスセンターを利用している人たちの被害粒の量を比較したんですよ。空散をやった人は10a当たり1.78kg。やらなかった人は2.2kg。差はたったの0.4kg。カメムシ防除のためにド

◆色彩選別機のしくみ◆

第2図　1次選別
幅24cmの平らなシュートを米が流れる。この下の選別部にカメラと49の空気噴射口がついていて、不良米をはじく

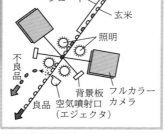

第3図　2次選別
1次選別で除去された米が、26本の溝の付いたシュートを流れる。選別部にはやはりカメラと26の空気噴射口があり、不良米をはじく

第4図　生駒さんが使う玄米用の色彩選別機「ピカ選FGS-3000S」（当時の定価は388万8,000円）。8インチモミすりラインまで対応。同じシリーズで200万円台の機種もある。なお、白米用の色選は10年ほど前に購入したクボタ「KG-A」（10チャンネル）

第5図　選別部（横から見た図）

ローンを導入するところもあるけど、オレは必要ないと思うよ。乗用管理機のブームスプレーヤもいらない。それよりも色選だよね」

ヘリ防除のスケジュールは適期とズレる

柴田「何年前だったかなー、空散せず、色選もかけない年があった。そしたらカメが多くて規格外になっちゃったんだよ。業者が来てさー、『こりゃ売り物になんねぇなー、困っちゃうよ。どうすっぺ？』って脅すわけよ。で、1俵につき2,000円安く買われたんだよな」

生駒「そりゃ、業者が一番儲かるパターン。後ろ向いてニヤッとしてたはずだよ」

柴田「ヒドすぎるよなー。検査用のカルトンに3粒か4粒あっただけだよ。色選にかければ全部一等米。50俵以上出すから、10万円は違ってくる。でも、そのときは『買ってくれてありがたい』って思っちゃったんだよなー」

生駒「でも、そもそも空散をやったとしても、斑点米の量は同じだったかもね。県の空散スケジュールは4月の段階で決まってて、あてにならない。この辺は7月末から8月初め。田んぼごとの生育や、病害虫の発生に合わせてくれないもんなー」

天候の影響で出穂時期が例年と違っても、空散の時期は変わらない。適期とズレてしまうため、防除効果は上がらないわけだ。

生駒「最近は担い手に田んぼが集まって、田植えの期間も長くなってる。防除スケジュールはどんどんズレてくるぞ。そうなる時代が来ると思ったから、うちはまず白米の色選を20年前に入れたんだよ」

空散より色選、を実感している生駒さんと柴田さんだ。

執筆　編集部
（『現代農業』2017年11月号「カメムシ対策に空中散布なんていらない、色彩選別機ですよ」より）

第6図　色選ではじかれた被害粒

色選導入で産地全体の減農薬が進む

生駒さんは玄米の色選導入後、地域の米の買い上げも始めた。農薬不使用の地域を実現するために、「斑点米が多くなっても一等米」と、等級を付けずに買い取っている。生駒さんと同じやり方（牛糞堆肥を1t、化学肥料はチッソ成分で4.5kg未満、空散なし、栽培履歴をとる）で栽培すれば、JAよりも1俵3,000円アップ。化学肥料をチッソ4.5kg以上使う人は2,000円アップ、空散する人は1,000円アップ。この買い取り方式を始めたところ、空散していた65戸中、36戸がその年にやめ、今ではほとんどがやめたという。

水稲

色選の導入で脱ネオニコ

新潟県十日町市・相澤堅さん

　色選の導入で「脱ネオニコチノイド」を達成したのは、新潟県十日町市・とっとこ農園の相澤堅さん。山中の棚田で従来コシヒカリ（非BL）を7ha、減農薬で天水（雨水）などを使いながら栽培し、東京の保育園や子育て世代のお客さんに販売している。

　相澤さんが脱ネオニコに踏み切ったきっかけは、飼っていたタガメの大量死だった。あるとき、集落の川から魚を捕って与えたところ、80匹のタガメがたった一晩で全滅してしまったのだ。農民連食品分析センター所長の八田純人さんに相談してみたところ、「カメムシ防除の空中散布で使われるネオニコ系農薬が原因かもしれない」といわれた。

　確かに、魚を捕った時期はカメムシ防除（農薬散布）と重なっていた。カメムシは斑点米の原因となるため、ネオニコ系農薬を散布することもあった。防除に使った農薬が河川に流れて水が汚染され、魚の体内に残っていたのかもしれない――。取引先の保育園では、小さな子どもが米を食べている。素直に「怖い」と感じたそうだ。

　その翌年、農機の展示会に行った際に見かけたのが、色選だった。これで斑点米を除くことができれば、カメムシ防除をしなくてすむ、ネオニコも使わなくていいのであればと、導入を決断した。

　初年度、実際に防除をやめてみたところ、斑点米は出たものの色選ではじかれるため、品質はまったく問題なし。以後、カメムシ対策の農薬散布は一度もしていないが、斑点米による等級落ちは出ていないという。

箱剤もやめ、脱農薬にも歩を進めた

　この経験を励みに、相澤さんは色選導入の翌年から脱ネオニコを一歩進めた。手を付けたのは、育苗時期から使う苗箱処理剤（箱剤）。ネオニコ系のアクタラ入りの剤をやめ、ジアミド系殺虫剤のフェルテラと殺菌剤アプライの混合剤に変えたのだ。

　ネオニコを抜いてしまって大丈夫か？と、当初は心配していたが、代わりのフェルテラが効果を発揮したのか、収量や品質が落ちるようなことはなかった。加えて感じられたのが、環境への負荷が確実に減ったこと。それまで露地プール育苗の跡地には、カエルの死体が散見されていたが、箱剤を変えてからはまったく見られなくなったのだ。

　「今まで死んでいた生きものが死ななくなった。とても大きなことだと思います」

　現在ではこの箱剤もやめてしまい、稲作ではごく一部を除いて殺虫剤も殺菌剤も使わなくなった。色選導入から脱ネオニコへ、そして脱農薬にステップアップ。おかげで、当初よりも年間20万円くらい農薬代が浮いたという。

執筆　編集部
（『現代農業』2021年8月号「イネの脱ネオニコ　色彩選別機があればやめられる」より）

第1図　相澤堅さん（左、40歳）と父の成一さん（(株)HAL提供）

生きものの多様性と切り札「おとりイネ」で一網打尽

執筆　尾崎大作（愛知県西尾市）

斑点米カメムシは、私が就農したころからの大問題。当時は無人ヘリで防除し、色彩選別機で選別して、ようやくお米が売り物になる……そんな状況でした。こんなに大変なことなのか？　何かがおかしい？と、疑問をもっていました。

カエルやトンボを生かす

2012年にミニライスセンターを建設し、2年後に法人化したのを機に、差別化できるこだわりのお米を販売しようと考え、特別栽培米に取り組み始めました。殺虫剤を使わない米づくりに挑戦です。米の検査基準は厳しく、斑点米などの着色粒が0.8％以上あると規格外になります。何としても、上位等級で販売しなければ……と、試行錯誤を繰り返してきました。以下、現在取り組んでいる戦略です。

（1）中干しを遅らせる

オタマジャクシを大量にカエルに孵し、カメムシを食べてもらいます。6月中下旬の中干しを7月まで遅らせ、水管理を徹底しただけで、アゼでは信じられないくらいたくさんのカエルが跳びはねるようになりました。彼らは生きるために、カメムシだろうが何だろうが食べてくれます。

（2）出穂2週間前の草刈り

愚直に実行して、害虫の発生源を絶ちます。雑草の丈が長く、高い位置に虫がいると、カエルが捕食しづらくなります。刈ってしまえば、この虫が一気にカエルの餌食になります。

（3）箱施用剤を使わない

調べたところ、箱施用剤でフィプロニル（プリンス）などを使うとアキアカネの卵が孵化しない、とのこと（『現代農業』2012年6月号）。私に真偽のほどはわかりませんが、クモやトンボなど天敵のことを考え、箱施用剤はほとんど使用せず、ほかの方法で補っています。

極早生品種にカメムシを集める

農薬に頼らないことはそんなに甘くないと考えていた私は、以上の対策に加え、切り札として「おとりイネ」（第3図）を忍ばせました。おとりの田んぼをつくってカメムシを誘引し、そこだけ防除するという考えです。

第1図　筆者
咲こう農場（株）代表。イネは約45haで、うち20haほどが特別栽培や有機栽培

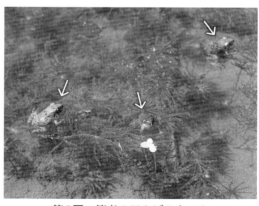

第2図　筆者の田んぼのカエル
（写真撮影：倉持正実）
オタマジャクシを育てるため、圃場の中に深さ10cmほどの溝を切って落水時の逃げ場をつくったり（直播圃場）、移植後の露地苗代を水たまりのまま維持したりしている

水稲

昨年は1haほどをおとりイネ圃場に設定した。おとりイネも、ちゃんと収穫・販売する。
①エリアごとにおとりイネ圃場を決める（2〜3haのエリアに10a圃場1枚など）。家庭菜園や集落の近く、または堤防の脇などカメムシの飛んできそうな圃場を選ぶ。
②極早生品種（「ハイブリッドとうごう2号」など）のうち、一番最初に播種した苗を植える。
③コシヒカリなどより1週間ほど早く出穂するので、いっせいに防除に入る。

第3図　おとりイネのやり方

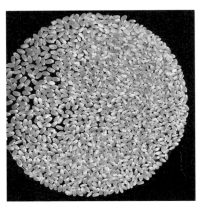

第4図　2018年産のコシヒカリ
無防除だが斑点米は皆無

イネカメムシなどは、もっとも早く出穂するイネに集まってきます。そこで、まずはエリアをいくつかに分け、エリアごとにカメムシを誘引する田んぼを1枚だけ決めます。ここに極早生品種を早植えして、周囲のイネとの生育差を意図的につくる。うまくいけば、カメムシがまるで稲穂についたモミに見えるほど、たくさん集まってきます。

おとりイネの田んぼでは、出穂期に必ず1回カメムシ防除に入り、ほかの田んぼは無防除ですませます。エリア全部を一斉に防除するより、労力も薬剤も少なくてエコだと思います。

「多様性」を生かし被害を防ぐ

これらの対策をとっても、被害がまったくなくなるなんてことはありません。ただ、斑点米が多くなる傾向はないと感じています。

弊社のような法人が大面積で一斉に防除した場合、自然界に与えるインパクトは相当なものとなるはずです。ターゲットの害虫だけでなく、その天敵まで殺してしまっては、何年か後、耐性を獲得した害虫の爆発的な発生もありうるのではないでしょうか。私はイネそのものが病害虫に強く育つ栽培方法と、生物相の多様性こそが答えだと思っています。

省農薬にはリスクがあることも事実です。弊社も最近晩生品種でひどいウンカ害を受けました。それでも、自然界と農業のバランスを総合的に考えて、永続的に人類が繁栄できるよう、皆で知恵を絞ろうではありませんか。

（『現代農業』2021年8月号「生きものの多様性と切り札「おとりイネ」で一網打尽」より）

秋の田起こしと冬の湛水によるニカメイガの防除法

(1) 越冬ニカメイガによる被害の増加

ニカメイガは，イネの茎を食害し，収量・品質を低下させる害虫で，イネの茎内で幼虫で越冬する（第1，2図）。発生予察の調査結果によれば，近年，越冬したニカメイガの発生面積が増えてきている（第3図）。

ニカメイガの防除は，一般的には農薬による防除が行なわれているが，秋の田起こし（耕起）と冬季間の湛水により，翌年の発生源となる越冬幼虫を低減する効果がみられた。ここでは，その要点を紹介する。

(2) ニカメイガの生活環と一般的な防除法

ニカメイガはイネの刈り株の中で幼虫で越冬し，5月下旬ころから成虫が発生する。福井県のニカメイガフェロモントラップによる誘殺消長の調査によれば，越冬世代成虫の発蛾最盛期は5月6半旬である（第4図）。6月上中旬に株元に産卵し，ふ化した幼虫が茎の中に侵入して食害する。食害された茎は黄色く変色する。この変色茎は7月上旬になると目立ってくる。

次の世代の成虫は，7月下旬から発生し，8月上旬に産卵する。このころになると直播栽培でも茎の太さが大きくなっているため，幼虫が茎を加害する。とくに，'あきさかり'など茎数の多い品種は加害されやすい。

一般的な防除対策としては，移植栽培では，ニカメイガに効果の高いジアミド系やスピノサドの入っている育苗箱施薬を行なう。直播栽培では，ジアミド系の種子塗抹剤を種子にコーティング処理する。生育期間中の

第1図 越冬したニカメイガ幼虫

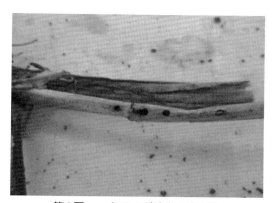

第2図 ニカメイガ幼虫の食入孔

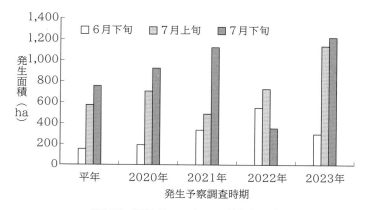

第3図 福井県のニカメイガ発生面積

253

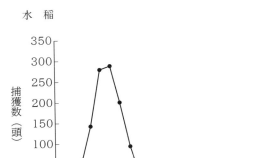

第4図 フェロモントラップによる月別成虫捕獲数（平年）
5-1は5月1〜5日の1半旬をさす

第5図 水田の湛水の目安

第1表 田起こしおよび湛水による越冬幼虫の防除効果

処理区	1m²当たりの幼虫数（頭） 処理前（10月）	1m²当たりの幼虫数（頭） 処理後（3月）	生存率[3]（%）	無処理比
耕起[1] ＋湛水[2]	8.3	0.7	8.4	12
耕起[1]	11.1	2.3	20.7	31
無処理	9.9	6.7	67.7	100

注 1）10月下旬に通常ロータリーで耕起
　　2）11月下旬から2月末まで暗渠を閉める
　　3）処理後の幼虫数／処理前の幼虫数×100

防除は，6月上旬と8月上旬の幼虫発生初期に，薬剤防除を行なう（福井県，2021年3月）。

(3) 秋の田起こしと冬の湛水による防除法

①収穫時に幼虫を減らす

葉色が濃く，繁茂してニカメイガの発生が多かった場所は，とくに収穫時にコンバインの排ワラ長を短く（8cm以下）設定するとともに，幼虫の越冬場所であるイネの刈り株を小さくするため，地際部から刈り取る。これによって，ニカメイガの幼虫を物理的に切断，死滅させる。田起こし前に幼虫を少なくすることができ，防除効果が高まる（増田ら，2016）。

②田起こし（耕起，10月）

刈り株を細かく粉砕し，イナワラを十分にすき込むため，ゆっくり深く耕うんする（深さ15cm，速度1km）。

③湛水（11月下旬から2月末まで）

冬期間に降雨をためてイナワラなどを水没させるため，暗渠を閉める。湛水の目安は，土壌表面の半分が見え隠れする程度である（第5図）。湛水は幼虫が休眠して動かなくなる11月下旬に実施し，2月末まで続ける。

福井県での11月下旬〜2月末までの100日間の平年降水量は826mmである。調査を行なった2013年度は，平年の8割程度の665mmで十分効果があったことから，降水量が600mm以上あれば効果があると考えられた。冬期降水量が少ないとこ

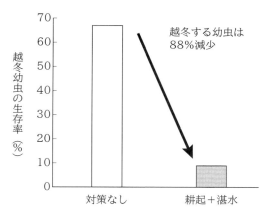

第6図　ニカメイガ越冬幼虫に対する耕起・湛水の効果

ろでは，用水から入水しての湛水が必要であろう。

また，広域的に実施するとより効果が高い。

(4) 作業時間

10a当たりの作業時間は，「田起こし」（25分）と「暗渠の開閉」（2分）であった。このうち，「田起こし」は土つくりのために従来から行なわれている地域もある。その場合，新たに必要となる作業は「暗渠の開閉」のみとなる（増田ら，2016）。

(5) 防除効果

秋の田起こし（耕起）と冬の湛水により，幼虫の越冬場所である刈り株やイナワラを埋没させることで，越冬幼虫の低減が確認できた。無処理では67.7％の生存率であったが，田起こしでは20.7％，湛水の組合わせでは8.4％となった（第1表）。田起こしと湛水を組み合わせることで，越冬幼虫は無処理に比べて88％減少した（第6図，増田ら，2016）。

執筆　小島孝夫（福井県農業試験場）

2024年記

参 考 文 献

池田利昭・前山明・石黒政邦・森松敬・後藤博・前坂正二・高田正明・池原義信・村上俊雄・湯野一郎・若松俊弘．1983．富山県におけるニカメイチュウの最近の発生傾向と刈株越冬量による次年度発生予測．北陸病害虫研究会報．31，52—56．

桐谷圭治．2009．ニカメイガ：日本の応用昆虫学（田付貞洋編）．東京大学出版会．東京．pp.290．

増田周太・高岡誠一・萩原駿介．2016．秋季の耕うんと冬季の湛水によるニカメイガの越冬密度低減．福井農試研報．53，13—17．

畑作・転作作物

畑作・転作作物

北海道河東郡音更町　中川農場（中川泰一）

休閒緑肥と独自の培土式除草で有機ダイズの安定・低コスト栽培

高単価のダイズ，最小限の機械設備，無農薬・無施肥による高収益経営

〈経営の概況〉

全面積で有機JAS認証

北海道十勝音更町の中川農場（中川泰一さん）は1997年から，80aの圃場で有機栽培の試験を始めた。その圃場は，中川農場の管理圃場のなかでももっとも条件の悪い場所だったが，EM菌中心の試験を2～3年取り組み，効果を実感した。2000年からは全圃場で有機栽培的管理を始め，2008年に全面積55.7haで有機JAS認証を取得した。

ダイズは有機で栽培を始めたときから，収量・品質ともに非常に安定しているため，売上げの中心品目だ。中川さんのつくるダイズ，コムギは品質の評価がとても高く，味・風味がいいので全国のトップシェフから指名買いが多い。

〈技術的な特徴〉

1. 栽培の実際と技術的特色

①栽培の概要と輪作体系

経営面積55.7haは土質で分けると沖積土が18.5ha（うち16.5haは石が多い，排水不良も1ha），褐色火山灰土が37.2ha（うち粘土質1ha，排水不良も1ha），平均3～5haの16筆の圃場からなる。栽培品目は秋まきコムギが約20ha，ダイズ約10haで残り約25haを休閒緑肥としている。

経営の概要

面　積	畑 55.7ha
品　目	秋まきコムギ 20ha，ダイズ 10ha，休閒緑肥 25.7ha（輪作）
労　力	本人

輪作体系は，コムギと休閒緑肥のみを交互に作付けする圃場と，コムギ（コムギ収穫後はシロクローバの後作緑肥），休閒緑肥の交互作に，5年に1回程度ダイズを作付けする圃場の2パターンがある。ダイズは'ユキホマレ'を栽培している。

②ダイズ栽培の実際

ダイズの播種は5月10日ころ，マメ用のプランターを用いて行なう。播種密度は，ウネ間69cm，株間30cmで，1株当たり5粒植えとしている。これは，後述する培土式除草のための工夫である。

発芽直前からウネ間がふさがる7月上旬ごろまでは，カルチ除草が作業の中心となる（第1図）。施肥，防除は一切しない。そのため，カルチ除草が終わると，収穫を迎える10月上旬ごろまでは作業はない。

収穫は，ダイズ子実水分が15％を切ってから行なう。北海道十勝地方は，秋の天候が安定しており，積雪も遅いため圃場でしっかりと乾燥させることが可能である（第2図）。

収穫したダイズはアグリシステム株式会社に出荷し，調製・販売される。おもに豆腐・味噌

第1図　生育が進むダイズ

第2図　収穫直前のダイズ（2019年10月18日）

に加工されることが多いが、現状では有機JAS規格のダイズは不足しており、販売は好調だ。

③休閑緑肥を利用した無施肥栽培

中川さんのダイズの収量は、過去10年平均で269kg/10aと、北海道慣行平均と変わらない（第3図）。驚きなのは、中川さんはこの収量を無施肥であげていることである。

中川さんは、55.7haのうち45％程度の圃場を毎年、休閑緑肥として休ませながら地力の増進・維持に努め、現在は一切の肥料を使っていない。JAS有機認証で使用が認められている有機質肥料や堆肥なども含め、何も使用していない。有機栽培を始めた当初は米ヌカ主体のEMボカシを大量につくり、施用したり、地域にふんだんにある牛糞堆肥を使っていたが、2007年以降はそれらの使用もすべてやめた。

一切の肥料を使用せず、それでもダイズ、コムギともに収量を維持している秘訣は、コムギ播種前の休閑緑肥と、コムギ栽培時にマメ科のシロクローバをリビングマルチとして混植し、コムギ収穫後にはそのクローバを後作緑肥として生育・繁茂させてからすき込む点にある。マメ科であるシロクローバの根には根粒菌が共生し、空気中のチッソを固定する。このチッソ分を、翌年のダイズが利用することで、長年無施肥でも高反収を維持できている。

④最小限の機械設備

中川さんがおもに使用している農業機械は、トラクタ3台（70馬力・80馬力・90馬力）、プランタ（ムギ用・マメ用）、コンバイン（ムギ用・マメ用）、ロータリーハロー、除草カルチ（草刈るチ）のみで、最低限必要な機械のみとしている。父親から経営移譲を受けたときは、スプレーヤー、プラウもあったが、使用をやめたときに売却した。一般的な北海道の農家よりも、機械代、修繕・維持管理費が非常に少ない。加えて、肥料代・農薬代もゼロで、売上げに対する利益率が非常に高いことが、中川農場の経営の大きな特徴である。

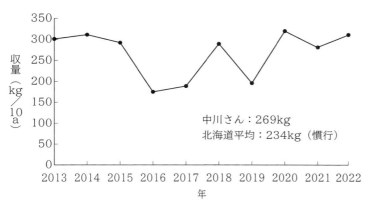

第3図　中川農場のダイズの収量
中川さんの収量はアグリシステムへの出荷分のみ
北海道平均は農林水産省統計部「作物統計」よる直近7か年のうち、最高・最低を除いた5か年の平均値

畑作・転作作物

⑤独自の培土式除草技術

ダイズに限らず，有機栽培に取り組むうえでは，除草剤に頼らずにどのように雑草対策をするのかということが最大の課題になる。中川さんも雑草管理には人一倍気をつけており独自に開発した培土式除草によって，除草を行なっている。

この技術の開発にあたっては，10haのダイズを栽培することを前提に，1）機械除草のみで雑草管理ができること，2）100％の除草効果を実現できること，3）ダイズ全圃場で適期にカルチ除草ができる作業性をもつこと，の3点を重視した。この除草技術は，ダイズの有機栽培において非常に重要になるため，改めて詳細に説明する。

⑥マメシンクイガ対策

有機栽培ダイズの病害虫で，最大の課題は，子実を食害するマメシンクイガである。対策としては，マメシンクイガを増やさないように適切な輪作を守ることが前提となる。

しかし，マメシンクイガが多発している圃場・地域の場合，農薬による防除ができない有機栽培ダイズは，品種の選択が重要になる。被害が多発することが予測される圃場では，大粒・中粒品種（'ユキホマレ''トヨムスメ'など）を栽培すると，虫害粒が30～50％程度になることもある。

ただし，そのような圃場でも小粒品種（'ユキシズカ''スズマル'）を栽培すれば，虫害粒は2～5％程度と低く収まっている。品種間の莢数，粒数の違いが影響していると思われるが，詳細は不明である。中川さんは，ダイズは5年以上の輪作を基本とし，'ユキホマレ'でも被害は少ない。

2. 培土除草技術の実際

①考案の背景

まず，ダイズの除草は，播種してから発芽・生育し，ウネ間がダイズの葉で覆われるまでの間，雑草を取り除き続けることになる。ウネ間がダイズの葉で覆われると，それ以降は雑草も発芽してこない。中川さんは，ダイズを5月上旬に播種し，ウネ間が覆われるのがおよそ7月上旬，この2か月間にいかにして雑草を除去するかを研究した。

雑草が発芽して1週間もたち本葉が展開すると，容易に除去できなくなるため，カルチ除草は1週間に1回は必須となる。しかし，降雨があるとトラクターで圃場に入れなくなり，天候によっては，週に1～2日しか作業ができないことも想定される。

そのため，10haのダイズを栽培するのであれば，1日で10haのカルチ除草ができる作業性が必要になる。また，せっかくカルチ除草を行なっても，わずかでも取り残してしまう雑草があると，それが繁茂してしまう。100％の除草効果のあるカルチ除草を目指した。そうしていきついたのが，1回に約3cmの培土を6回ほど繰り返す，中川さんオリジナルの培土式除草技術である。

②培土式除草の特長

使用するカルチ除草機は日農機製工株式会社の「草刈るチ」である。「草刈るチ」のマメ類除草の基本的な考え方は，株間輪やタインなどさまざまなアタッチメントで雑草を引っかけたり，削ったりして除草していく方法（削り除草）である。

しかし，中川さんは経験上，削り除草では，ちょっとした機械の作用の仕方で，雑草を取り残してしまうこと，生育が進んだ雑草には効果が劣ること，また，夕立などの雨で復活してしまうことも感じていた。除草剤を併用する慣行農法では有効だが，有機栽培ではカルチ除草を行なった圃場を見て，1本でも雑草が残っていれば，その方法は使えないと判断した。

さらに作業速度も問題になった。削り除草では作業速度は時速2～5kmであり，時間当たりの作業面積は40a～1ha程度。中川さんは，10haを1日で作業するために，1時間当たりに2haは作業したいと考えた。

技術を試行錯誤するなかで，中川さんは雑草の本葉が展開する前に土で埋めてしまえば雑草は枯死すること，ダイズの株際まで均一に培土することができれば100％の除草効果が得られ

ることに注目した。

ただし，培土量が多すぎるとダイズまで枯死してしまうことがあり，ダイズの発芽直後の初期生育段階ではとくに注意が必要である。また，一度に多く培土しすぎてしまうと後半に培土する土がなくなってしまうため，一度の培土は少なめにして，その代わりに年に6回のカルチ除草を行なうこととした。

結果として，1回の培土量は約3cm，1週間間隔で6回程度の培土式除草を行なうことで，雑草を100％枯死させるやり方が確立できた（第4図）。このやり方では，作業速度は時速6〜10kmまで可能で，1時間に2haの作業ができる。

③除草機の設定と作業法

使用するアタッチメントは，初期の1〜3回目では，進行方向から「ウィングディスク」「株間輪（1回目のみなし）」「カスベ刃」「チェーン付きくま手」をつける。4回目以降は「チェーン付きくま手」は取り外す（第5図）。

「ウィングディスク」は，土を集めて盛っていくための円盤状の皿である。ダイズの株をはさむように逆ハの字型に取り付け，株際に土が飛ぶようにする。このとき，より多く培土できるように開閉角度は最大に広げ，かつ深度も最大となるように設定する（第6図）。

「株間輪」は，地面に接すると回転して，土や雑草を動かす。本来は株元の土や雑草をかき出すように取り付けるが，中川さんは左右逆に取り付ける。こうすることで，株際に土が寄る設定になる（第7図）。株間輪の角度は，ダイズ株をはさむ位置の針金がウネに対して平行になるようにし，培土を重ねて傾斜がついたら株側がもち上がるように調整し直す。左右の株間輪の間隔は，1〜4回目ころまでは4cm程度，それ以降は1cm程度にしている。

また，ウネ間の土を掘って軟らかくするための「カスベ刃」を取り付ける（第8図）。

前述の設定とトラクタの速度で培土量を調整し，約3cmの培土になるようにする。調整がうまくいくまで，何度もトラクタを止めて観察する。均一に培土できているか，取り残しの雑草がないかを納得いくまで確認する。取り残しの雑草があると，1週間後のカルチ除草では，枯死させることができない，100％の除草効果を目指す。

いったん設定が決まれば，あとはトラクタを走らせるだけ。作業性も意識し1時間に2haの作業を目指す。回を追うごとに，トラクタ速度を速くして培土を調整していく。

培土式除草は，各種アタッチメントで作物に

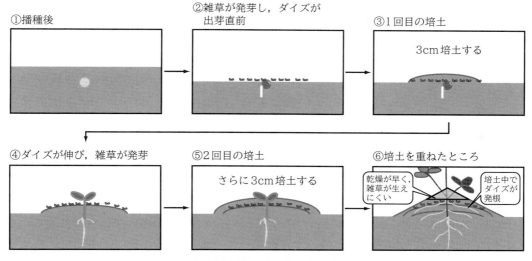

第4図 培土式除草の考え方

畑作・転作作物

第5図　セッティングしたカルチ全体（1〜3回目）
1回目は株間輪のみなし。4回目以降はチェーン付きくまでは取り外す

第6図　ウィングディスクと取り付け方
ディスク自体も回転しながら土を寄せていく

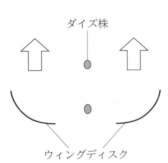

触れることが少ない。従来の削り除草はタインなどで作物の株際を傷つけたり、上根を切ってしまうことがあった。株間輪も本来は左右の輪が重なるように設定するが、培土式除草の設定では左右の間が開いており、スピードを速めてもダイズへのダメージもない。さらに培土によって発根もよくなり、倒伏防止効果もある。

④カルチ除草のタイミング

カルチ除草のタイミングは、1回目はダイズの出芽直前（第9図）に行なう。ダイズの子葉がもち上がる直前、圃場表面に亀裂が入り、土がもち上がってくる（第9図左）。このときは、ダイズにとっては「発芽前」になり、培土量が多くてもダイズが枯死するリスクは少ない。

注意が必要なのは2〜3回目である。1回目から1週間後、ダイズは子葉が展開し、初生葉も見える。このときに、ダイズまで完全に埋めてしまうと欠株になってしまうので、十分注意が必要だ（第10図）。

 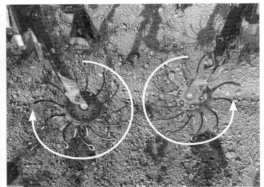

第7図　株間輪
真横（左）と真上（右）から見たところで、ともに持ち上げた状態。地面に接すると回転する。正規の設定とは左右逆にすることで、株元に土が飛ぶようになる

第8図 カスベ刃
ウネ間の土を掘って軟らかくする

第9図 1回目の除草
左：カルチ除草前のようす
右：カルチ前（左側）とカルチ後（右側）の比較

そこで，前述したように播種方法はウネ間69cm，株間30cmで5粒植えにしている。1か所に多粒まきにすることで，多少培土量が多くてもダイズ同士が競合しながら勢いよく生長することで，埋没・枯死しにくい利点がある。

また，1〜3回目のみ「チェーン付きくまで」を取り付けるが，これも欠株対策だ。「ウィングディスク」「株間輪」で培土したあとに，チェーン付きくまでをかけることで，培土をより均一にならすことができる。4回目以降はダイズも大きくなって不要なので，取り外す。

4回目以降は，ダイズも大きく生育しているため，培土で枯死することはない。以降，1週間間隔で約3cmずつ，培土を繰り返す。3〜4回目になると培土が高くなり，トラクタが自然と培土・ウネに沿って走るようになるので，作業性もあがる。

除草作業は基本的に1週間間隔で行なうが，雨が続く予報が出ているときや，雑草の状況をよく観察して万が一取り残しがあるようであれ

第10図 3回目の除草

ば，作業を前倒しで行なうことも必要である。

以上のように，圃場，ダイズの生育，雑草の状況をよく観察し，適切に培土式除草を行なえば驚くほどの除草効果があがる。毎回のセッティング調整箇所は少なく，トラクタ操作は非常に簡易である。中川さんはこの培土式除草でダイズを栽培することで，雑草を絶やしながら，圃場の雑草種子を減らすことを実現している。

中川さんは，この除草技術を知りたい人には，すべて公開している。同じ北海道十勝管内

畑作・転作作物

第11図　培土式除草導入の効果
培土式除草を導入する前（2010年）は，ヒエ，タデ，アカザなどが繁茂していた（左側）が，導入後（2012年）には見られなくなった（右側，ともにトカプチ株式会社の圃場）

の更別村にあるトカプチ株式会社では，2010年ころに有機JASのダイズ栽培を始めたが，除草がうまくできず困っていた。そこで中川さんの指導を受けたところ，すぐに大きな成果が出た。第11図は，2010年のトカプチのダイズ圃場と，培土式除草を始めた2年目の2012年のダイズ圃場の比較である。この技術の効果や再現性が証明され，以来，この技術を取り入れる農家が増え，一様に成果を出している。

3．おわりに

ここまで述べたとおり，ダイズは有機栽培でも慣行栽培と同程度の収量をあげることが可能である。有機JAS規格のダイズの販売単価は，慣行と比較して2～3倍程度が相場となっており，大幅に売上げを伸ばすことができる。かつ，中川農場のやり方は肥料代・農薬代のコストがかからないため，非常に高収益な品目となる。

除草技術だけでなく，中川農場の低コスト・高収益なダイズ・コムギ栽培が注目を集めている。とくに，コロナ禍以降の需要の低迷や肥料・農薬・農業機械の高騰，「みどりの食料システム戦略」が契機となり，中川農場をモデルとして，慣行栽培から有機栽培に切り替える農家が，2022年以降に急増している。中川さんは，この技術が広がり，安心安全な食が広がり農家の経営もよくなること，環境保全への貢献を願い，惜しみなく技術を伝えている。

中川さんは20代で地元・農業を離れていたが「生涯の仕事として人のためになることをしたい。人間にとって重要な衣食住，そのなかでも一番大切で生命に直結しているのが『食』。」という事実を受け止め，Uターンし家業を継いだ。「より人のため」という思いから有機栽培を始めた。始めた当初は精神的に孤独を感じていたというが，今は多くの仲間ができた。有機栽培はむずかしいが，やりがいと豊かさがあり，生命・精神につながっているから「人のためになっている」と強く実感している。

筆者は，20年前から中川さんに技術を教えていただいている。こちらの疑問点に，常に明確かつ論理的に回答いただけること，そしてその観察力にはいつも驚かされる。中川さんの技術は，作物の生育や各作業の効果など，すべてのことを注意深く観察し，何度も技術を工夫してきたことで確立されている。この技術を導入した多くの農家が成果をあげていることが，その完成度の高さを示しているといえよう。中川さんの「人のためになりたい」という思いと一緒に技術を広げ，持続可能な社会につなげていきたいと強く願っている。

執筆　加々美竜彦（アグリシステム株式会社）
2024年記

無農薬・無肥料ダイズの晩播狭畦密植栽培

執筆　佐藤拓郎（青森県黒石市・(株)アグリーンハート）

第1表　一般的なダイズ栽培との比較

	一般的な ダイズ栽培	晩播狭畦密植 （筆者の場合）
播種時期	5月中旬	6月下旬〜
条　　間	70cm	22cm
株　　間	30〜40cm	14cm
粒　　数	3粒	1粒
種子量	約4kg/10a	9〜12kg/10a
平均反収	160kg（青森県）	120kg

5年で32haまで拡大

ダイズ栽培を始めたのは2019年。借り受けた休耕地の、水路が機能しなくなってしまった圃場へ作付けたのがきっかけです。そこから晩播狭畦（ばんぱきょうけい）密植栽培の利点に気づき、2023年は32haまで拡大しました。

晩播狭畦密植栽培を単純にいうと「ダイズを密植すると、生長にともない葉が密集して日光を遮り、草が生えないから除草がまったくいらない。種子も通常の2〜3倍まくので収量もそこそことれる」というものです。草よりも生長が早いダイズだからこその栽培方法で、実際にやってみたらその通りでした。

初年度は県のマニュアルに従って6月下旬に播種しましたが、播種が遅いほど草のリスクが減り収量が上がります。埼玉の農家の友人が「お盆に播種してもとれた」と話していたので、

第1図　筆者。(株)アグリーンハートでは水稲を主体に約70ha経営。2023年は特別栽培米30ha、有機米8ha、有機ダイズ32haを栽培

青森であることを踏まえ2022年は7月28日に播種してみたらなかなか手応えがありました。一切草が生えず、収量も多いところでは地域の平均反収160kgを上回る量を確保。しかもそれが、無肥料・無農薬・無堆肥です。播種から収穫まで何もしていません（中耕培土もなし。播種前には耕起3回、溝掘り。前作が米のところはイナワラ分解のため納豆菌を散布）。湿害対策をしっかりやれば収量はもっと上がったはずです。

なお、弊社では基本的に水田活用の直接支払交付金の対象圃場で取り組んでいますが、対象外の農地でも有効な選択肢だと考えています。

有機への転換はダイズから

有機農業の面積拡大は、技術もですが経営を安定させながら拡大することが一つのハードルだと考えています。有機JAS認証は、慣行から切り替えて2年間は取得できません。「無農薬〇年目」あるいは「有機JAS転換期間」という位置付けになります。

これが米だと、コストと手間をかけリスクを背負って生産しても、2年間は慣行栽培寄りの価格で取り引きされることがほとんどです。

しかしダイズは違います。2023年からの「新たな遺伝子組み換え表示制度」の施行（遺伝子組み換え不使用表示の厳格化）もあり、国産ダイズの生産には追い風が吹いています。有機ダイズも国内の需要が高まり、複数年契約のうえで転換期間でも有機と同じ価格で購入してくれる実需者も現われてきました。業者によっては

豆腐・納豆・味噌・醤油、すべての大豆加工品を扱っているので、「1等も特定加工用もクズも、その圃場からとれたもの、全部買います」といってくれる契約先もあります。単価は慣行品の約3倍、1kg350円以上（1等・税別）です。

また、みどりの食料システム戦略や水田収益力強化ビジョンも後押しになり、ダイズへの交付金が手厚くなってきました。

つまりダイズは、有機JAS認証までの経営を支えてくれる強固な土台になります。圃場が有機JASを取得してしまえば、その先は何をつくっても有機農産物として販売できます。ダイズが有機面積拡大の糸口になります。

有機でもリスクが少ない

何よりも、ダイズの有機栽培は水稲に比べて収益面でリスクが少ない、という点も魅力です。

水稲は有機栽培技術の解明が進んでいる作物ではありますが、そのロジックを理解し実践し体系化するまでにかなり時間がかかります。私自身、有機栽培の科学をしっかり理解しないままトライして除草に失敗し、平均反収1.5俵……なんてこともありました。経営にも大きな影響が出て、契約栽培の場合は取引先からの信用にも影響します。しかしダイズの有機栽培は、収量にもよりますが収入の70％以上が交付金のため、収入源として非常に安定感があります。

無肥料・無堆肥だと収量は落ちますが、病気も出にくくなり無農薬も容易です。あとは草を抑えられれば省力農業の完成ですが、狭畦密植ではダイズ自身が草を抑えてくれます。発芽させることが抑草に直結するのです。

水稲輪作との相性もいい

またダイズ圃場で次の年に無肥料で水稲をつくった結果、反収7俵を確保しました。ダイズは根粒菌で土をつくってくれます。次年度の米は無肥料や減肥での生産が可能になります。水

第2図　収穫直前の11月15日時点の晩播狭畦密植圃場（品種はおおすず）
この圃場の反収は146kg。中耕除草しなくても雑草をしっかり抑えられている

田は嫌気、畑は好気で、生える雑草の種類が違うため、輪作そのものが抑草につながるという利点もあります。

前作の有機物をどれだけ分解させられるかも重要です。水稲単作だと、未分解のままイナワラがすき込まれ硫化水素などが発生し、根の生育阻害が起きます。次年度がダイズなら、雪解け後、播種までにイナワラを分解させる時間も長いのでアミノ酸肥料に変えやすいのです。

課題としては、水稲との輪作がベースなので耕盤を壊さないアプローチが必要なことです。現在さまざまな試験をしています。

有機の拡大に欠かせない技術

ダイズは必要な労働力が水稲の3分の1にもかかわらず収益性が高いため、少人数で規模拡大できます。技術に暗黙知を必要とせず、入社したばかりの社員でも簡単に取り組めることも魅力の一つです。有機面積を拡大しながら米の需給バランスが整うまでの経営基盤強化の手段として、晩播狭畦密植を軸に展開していきます。

（『現代農業』2023年8月「注目の無農薬・無肥料ダイズは晩播狭畦密植栽培で」より）

鶏糞施用で25年間 10a300kgのダイズ連作

執筆　金田吉弘（秋田県立大学名誉教授）

水田でのダイズ栽培では、適正な田畑輪換で安定収量をねらうのが定石とされてきた。しかし、排水対策が中途半端で収量を落とすケースも多い。地力さえ維持できれば、いっそ腹をくくって連作したほうが安定する！？　そんな驚きの事例を、土壌の専門家の視点から紹介していただいた（編集部）。

労力・コスト大の田畑転換をやめて、有機物施用のダイズ連作へ

（1）持ち出しチッソが意外に多い

わが国において、ダイズは豆腐や納豆などの原料として、古くから地域に定着しています。しかし、現在ダイズの自給率は10％以下と低く、油への加工用を除く食用ダイズの75％は輸入に依存しています。背景には、都府県における近年のダイズ平均収量が約150kg/10aと低い水準で推移していることが挙げられます。

1970年代の稲作転換対策の影響により、都府県のダイズ栽培面積の92％は水田後の転換畑です。水田の湛水下では酸素量が減少して還元的になり、土壌有機物の分解は畑に比べて抑

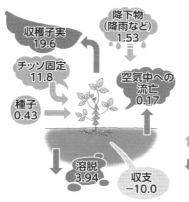

＊収量が10a当たり345kgの場合（品種はリュウホウ）。単位はkg/10a・年

ダイズはチッソ固定により土壌を肥やすイメージがあるが、この例では10a当たり10kg程度の土壌チッソが減少する

第1図　ダイズ栽培でのチッソ収支（Takakai *et al.*、2010）

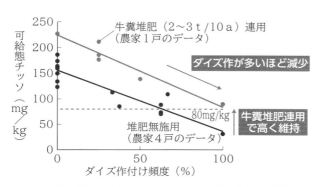

可給態チッソはダイズの作付け頻度が大きい（連作年数が長い）ほど減りやすく、堆肥の連用によって高く維持される。可給態チッソの目標値は80mg/kg

第2図　田畑輪換におけるダイズの作付け頻度と可給態チッソの関係
東北農研、2014「田畑輪換における地力低下の実態と地力の維持改善法」より

畑作・転作作物

えられます。さらに、還元化が進んだ水田では鉄が三価から二価に変化して酸性を中和するようになります。これらがダイズの生育にプラスに働き、当初は収量も安定していました。

ところが1990年代になり田畑輪換が長期に及ぶと、転換畑ダイズでは排水性の問題に加えて土壌チッソの低下や過度な酸性化が進み、収量低迷の要因として指摘されるようになりました。

ダイズ圃場では、収穫子実による持ち出しチッソ量が10a当たり約20kgと水稲の約5kgに比べて多くなることから、チッソ収支はマイナスになります（第1図）。そのため、田畑輪換においてダイズの作付け頻度が増すと、土壌中の可給態チッソは減少していくのです（第2図）。

堆肥の連用などで有機物を補給すると可給態チッソは高く維持されますが、わが国の農耕地における有機物施用量は年々減少しています。田畑輪換のダイズ作でも、積極的に有機物を施用している事例は少ないのが現状です。

（2）排水対策は労力・コスト大

地力低下による減収を防ぐため、田畑輪換でのダイズの連作年数は2～3年以内とすることが奨励されています。実際の生産現場でも、1～3年のダイズ栽培後に、2～3年水稲を栽培する事例が多くなっています。

水田後のダイズ作で多収するには、徹底した排水対策も必要です。排水路に直結する本暗渠を設置するほか、周辺明渠の掘削や、本暗渠に直交する補助暗渠の施工が有効とされます。モミガラを用いた本暗渠の場合、水稲との転換を繰り返すと泥土が混入して集水機能が低下することから、約5年ごとのモミガラの更新が理想です。さらに、ダイズ後の水田ではあぜ塗りなどの漏水対策が必要となります。

2～3年ごとの田畑輪換において、短期間にこのような排水・漏水対策を実施し、ダイズと水稲両方の収量を安定確保するためには、多くの労力とコストを要します。そのため、田畑輪換でダイズを栽培している農家からは、長く連

第3図　中田さんの圃場（品種はリュウホウ、左も）
25年間連作しているが、反収は当初とほぼ変わらない。乾燥鶏糞は毎年秋の収穫後に全層施用

第4図　中田さんと同地区のダイズ圃場
化学肥料のみを使い、やはり25年間連作している。草姿は弱く、莢の付きも悪い

作を続けても安定多収し続けられる技術が期待されています。

（3）田畑輪換をやめてみた

ここで紹介する秋田県大館市の中田正男さんは、25年以上ダイズを連作しても、近年の秋田県平均収量124kg/10a（5か年平均）を大幅に上まわる300kg/10a近くの多収を持続しています（第3、4図）。中田さんの経営は水稲とダイズが中心で、栽培面積は水稲11.6ha、ダイズ10haです。

25年以上前、中田さんは田畑輪換に伴う労力とコストをなくし、かつ収量を高く安定させ

ることをねらいに、有機物の施用によるダイズの連作を開始しました。有機物の種類を決めるにあたっては、1）価格が安いこと、2）肥料散布に使っているブロードキャスタで散布できること、そして3）ダイズの養分吸収特性に合致し、生育後半まで肥効が期待できること、がポイントでした。ダイズで多収を確保するためには、開花期以降の生育を旺盛にすることが必要になります。

（4）鶏糞以外は何も入れない

中田さんは試行錯誤の末、価格が安いペレット化した乾燥鶏糞をダイズ作に導入しました。ペレット化した有機物は、ブロードキャスタで散布可能です。そして乾燥鶏糞はほかの家畜糞由来の堆肥に比べ、チッソ、リン酸、カルシウムが多いことが特徴。ダイズはリン酸やカルシウムを多く吸収することから、成分的にもダイズに有効だと考えられたのです。

ところで、良食味水稲品種の栽培では、米の高タンパクは食味を低下させることが知られています。田畑輪換体系でのダイズ栽培に鶏糞のような有機質資材を連用したあとの輪換水田では、多量の土壌チッソが放出されることで高タンパクになるため、食味に悪影響を与えることが心配されました。こうした点も、水稲を挟まずダイズを連作し続ける大きな理由となりました。

中田さんはダイズ作開始後、3年目までは化学肥料と乾燥鶏糞を併用しました。しかし、その後は化学肥料を施用せず、現在まで乾燥鶏糞のみを10a当たり200kg連用し続けています。ダイズ多収のための土壌条件としては、適度な土壌水分を保ち通気性に優れるとともに、適正なpHを維持し養分が豊富であることが挙げられます。

連作多収を続けている土壌、ダイズの生育の特徴とは？

（1）土壌チッソも、pHも高い

中田さんが毎年乾燥鶏糞を200kg/10a連用

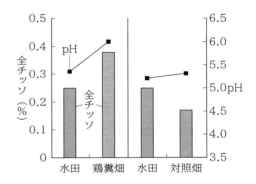

第5図　土壌の全チッソとpH
土壌はいずれも黒ボク土。対照畑は中田さんと同地区の圃場で、化学肥料のみでダイズを25年間連作している。水田はそれぞれの畑に隣接する圃場（以下すべて同圃場）

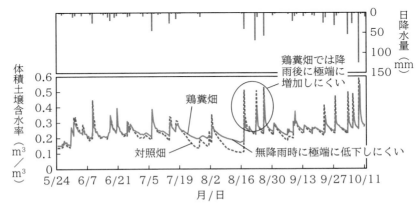

第6図　日降水量と深さ10cmの体積土壌含水率の推移
2016年のデータ。鶏糞畑では土壌水分の変動幅が小さい

しているダイズ畑（以下、鶏糞畑）の土壌チッソとpHについて、有機物を施用しない対照畑と比較しました。

対照畑の全チッソが隣接水田に比べて低下したのに対し、鶏糞畑は水田に比べて増加しています（第5図）。このように、鶏糞畑では隣接水田より高いレベルの土壌チッソを保っており、有機物（乾燥鶏糞）の施用が土壌チッソ肥沃度の維持に有効であることがわかります。

土壌pHについて見ると、対照畑は水田とほぼ同等の5.3であったのに対して、鶏糞畑は6.0と高い値でした。土壌pHはダイズの収量に影響を与えることが知られており、6〜6.5程度が望ましいとされていますが、最近は畑期間の長期化により酸性化が進み、pH6未満の転換畑が大幅に増加しています。中田さんが連用する鶏糞にはカルシウム（石灰）が多く含まれており、土壌pHの改善に有効です。

（2）団粒化により水分が安定

じつは、ダイズは生育期間中にたくさんの水を吸収する作物です。作物を乾物1g生産するのに必要となる水の量を「要水量」といいます。ダイズの要水量は400〜600gで、水稲の約2倍。それゆえ、多収のためには安定的な土壌水分が求められます。

第6図は、深さ10cmの体積土壌含水率の推移のグラフです。対照畑では降雨後に急激に上昇し、無降雨時には大きく低下する傾向にあり、変動幅が大きくなりました。一方、鶏糞畑では降雨後でも極端に土壌水分が増加せず、雨が少ない場合でも乾燥が進まないことがわかります。

鶏糞畑の土壌には、粒径の大きな団粒が多く見られました（データ省略）。長年の有機物（乾燥鶏糞）の投入により団粒が発達して、土壌の排水性と保水性の両機能が向上。これにより、土壌水分の大きな変化が見られず、ダイズの生育に必要な水分が安定的に供給されると考えられます。

（3）開花期以降の生育に差が出る

次に、ダイズの生育時期別の主茎長と葉色を見てみましょう。

3葉期の主茎長は、両畑間に違いは見られません。しかし、開花期と最大繁茂期では、鶏糞畑が対照畑に比べて高い値（長い茎）で推移しました（第7図）。また、対照畑では開花期に葉色の低下が見られたのに対して、鶏糞畑では葉色の低下は見られず、開花期と最大繁茂期とも対照畑に比べて高い値を示しました。

土壌チッソが多い鶏糞畑では、開花期以降も土壌チッソの供給が続いたことが、生育量や葉色の確保につながっているのです。

（4）根粒菌も元気に働く

根粒菌は、空気中のチッソを固定することで、ダイズへチッソを供給する重要な役割を担っています。

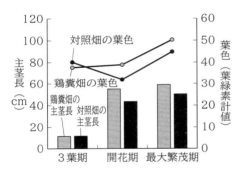

第7図　主茎長と葉色の推移
ダイズの品種はいずれもリュウホウ
主茎長、葉色とも、開花期以降は鶏糞畑のほうが高く推移している

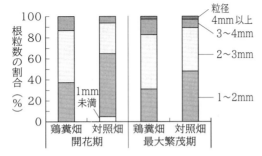

第8図　粒径別の根粒数の割合
最大繁茂期は開花期の約30日後。鶏糞畑のダイズの根には、開花期以降に粒径の大きな根粒がついていた

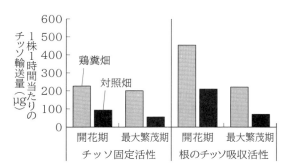

第9図 チッソ固定活性と根のチッソ吸収活性
鶏糞畑の良好な土壌物理性により、根粒菌のチッソ固定活性や根のチッソ吸収活性が高まったと考えられる

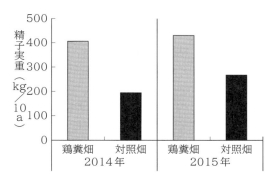

第10図 収量
水分15%換算

 鶏糞畑では、粒径が大きい2mm以上の根粒の割合が、開花期、最大繁茂期とも対照畑に比べて多い傾向が見られました（第8図）。また、根粒菌のチッソ固定活性および根のチッソ吸収活性を見ると、鶏糞畑が対照畑に比べて高くなりました（第9図）。
 鶏糞畑では、通気性と適度な土壌水分環境が維持されていることが、根粒菌のチッソ固定活性および根のチッソ吸収活性の向上に役立っています。
 以上のように、鶏糞畑では開花期以降の葉身のチッソ栄養や乾物生産が高く維持されるため、収穫時のダイズは総莢数、総粒数、百粒重のそれぞれが多くなります。調査した2年間とも、中田さんの鶏糞畑の収量は対照畑の2倍程度でした（第10、11図）。

ブロックローテーション圃場での鶏糞施用効果

(1) ブロックローテーションは湿害を回避しやすい

 ここからは、ブロックローテーションによる長年のダイズ栽培で、収量が低下してきた圃場での鶏糞施用効果を解説します。ここで紹介する秋田県潟上市天王地区では、1972年ころから長年水稲とダイズのブロックローテーション

第11図 中田さんのダイズ（リュウホウ）の開花期の根
大きな根粒が着生している

に取り組んでいます。
 ブロックローテーションは、地域の合意にもとづき複数の圃場をいくつかのブロックにまとめて、ブロックごとに交互に転作を実施するシステムです。導入により、ブロックごとに農作業が単一化されるため、省力化や適期作業につながります。また、個別の転作畑に比べて周囲の水田からの浸入水の影響が軽減されるため、転作ダイズの課題である湿害を回避できます。

(2) ローテーションでも収量が低下

 ところが、当地区でブロックローテーションを長年継続してきたダイズの収量は、近年低下傾向にあります。その理由として、農家からは初期生育が確保できない、開花期以降の生育量が少ない、などの話がありました。

271

畑作・転作作物

ダイズは子実収量100kg当たりに必要なチッソ、リン酸、カリウム、カルシウム吸収量が、いずれも水稲やコムギに比べて多く、増収のためには地力アップが必要です。家畜糞由来の有機物のなかでも、鶏糞はこれらの養分をとくに多く含んでいます。さらに、開花期以降のチッソ供給が期待できるうえ、価格も安い。ペレット状の鶏糞なら、散布作業にも適しています（第12図）。

そこで、当地区で鶏糞の施用試験を実施しました。鶏糞圃場では、4月22日にペレット発酵鶏糞を現物で150kg/10a施用。また、鶏糞を施用しない対照圃場を設け、両圃場において化成肥料により元肥としてチッソ、リン酸、カリウムを各3kg、2kg、2kg/10a施用、7月27日に尿素をチッソ4.6kg/10a分追肥しました。

(3) 根粒を邪魔しない肥効

鶏糞圃場のダイズ（品種は'リュウホウ'）の主茎長は対照圃場に比べて長く推移し（第13図）、葉面積指数（LAI）はいずれの時期でも対照圃場より高くなりました（第14図）。莢数を確保するためには葉面積を多く確保する必要があり、鶏糞圃場の大きなLAIは莢数確保に有効です。

鶏糞圃場における根粒数は、対照圃場に比べて3葉期にはやや少なくなりましたが、開花期では多くなりました（第15図）。また、開花期における鶏糞圃場では対照圃場と比べて、粒径2〜3mm、3〜4mmの大きな根粒の数が多くなっていました。

元肥チッソ量を多くした場合、根粒の形成や生育が抑制されやすくなります。しかし、鶏糞圃場では根粒の着生が促進され、生育初期から最大繁茂期にかけての生育は対照圃場よりも旺盛になりました。このことから、今回施用した程度の量の鶏糞由来チッソは、根粒の着生を阻害せず、生育後半の生育量確保に有効だと考えられます。

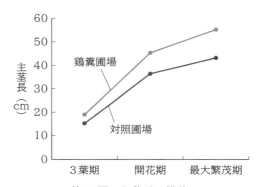

第13図　主茎長の推移

試験は2017年に実施。品種はリュウホウで、6月5日に播種。土壌は中粗粒質の砂壌土。3年に1回ダイズをつくる水稲とダイズのローテーションで、2014年はダイズ作、2015年、2016年は水稲作

第12図　ペレット発酵鶏糞
（写真撮影：依田賢吾）

試験で使ったものの成分は、チッソ2.8%、リン酸5.0%、カリウム3.4%、カルシウム（石灰）16.5%

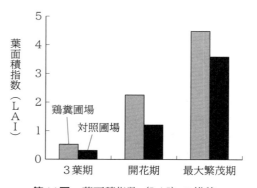

第14図　葉面積指数（LAI）の推移

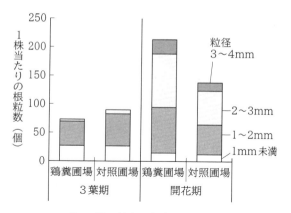

第15図　粒径別根粒数の推移

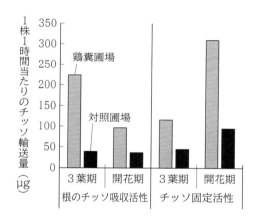

第16図　根のチッソ吸収活性とチッソ固定活性

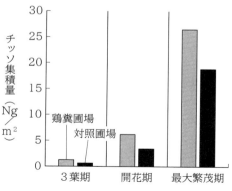

第17図　時期別のチッソ集積量

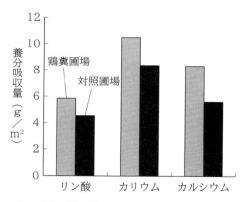

第18図　最大繁茂期における養分吸収量

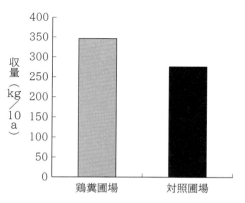

第19図　収量（水分15％）

(4) リン酸、カリ、カルシウムもよく吸収

鶏糞圃場では、3葉期、開花期ともに、根のチッソ吸収活性と根粒菌によるチッソ固定活性が、対照圃場よりも高くなりました（第16図）。生育時期別に見ると、鶏糞圃場では3葉期においては根のチッソ吸収活性が、開花期ではチッソ固定活性が高まりました。LAIの増加によって根や根粒への光合成産物の供給量が増えたことが、根のチッソ吸収活性とチッソ固定活性の向上につながったと考えられます。

鶏糞圃場における最大繁茂期のチッソ集積量は、対照圃場よりも多くなりました（第17図）。この理由として、鶏糞圃場では対照圃場に比べ

畑作・転作作物

て開花期のチッソ固定活性が高かったことが挙げられます。鶏糞圃場では、リン酸やカリウム、カルシウムの吸収量も、対照圃場より多くなりました（第18図）。

(5) 鶏糞の適正量は 150 ～ 200kg/10a

鶏糞圃場では、対照圃場に比べて総莢数、総粒数が優り、収量が高くなりました（第19図）。鶏糞圃場では、開花期以降も土壌からのチッソ供給が持続したことや、チッソ以外のリン酸、カリウム、カルシウム吸収量が多くなったことが、施用1年目からの増収につながったものと思われます。

また、試験地区の生産現場では、少ない鶏糞施用量でも効果があるのか、という関心も高かったため、同地区の圃場において、発酵鶏糞量を60kg/10aに減量して同様の試験を実施しました。その結果、主茎長などの生育、根粒着生のほか、最大繁茂期におけるチッソ集積量および収量において、対照圃場との違いは認められず、施用の効果が見られませんでした。

これまでの報告でも、ダイズに対する鶏糞の適正施用量は150～200kg/10aとされており、現地でもこの施用量が適正だと考えられます。

ダイズ栽培において、有機物を積極的に施用している農家事例は少ないのが現状です。全国的にも、農耕地における有機物施用量は年々減少しています。ここで紹介した調査結果は、改めてダイズの生産性向上に有機物が有効であることを示しており、各地域での継続的な取組みを期待します。

（『現代農業』2021年5、7、8月号「鶏糞だけで25年間10a300kgのダイズ連作」より）

ダイズ
──有機栽培の安定技術

（1）注目される有機ダイズ

ダイズは，日本の食文化や，植物性タンパク質の供給源として重要である。しかし，国内の需要の約2割しか国産化されず，残りはおもに米国などからの輸入に依存している。経済発展によって中国のダイズ輸入が急増し，それに伴い日本の国際市場でのシェアが低下している。また，気候変動や国際価格の上昇による食生活への影響が懸念されるなか，国内でのダイズ自給力の向上が求められている。

「有機農業基礎データ作成事業」（MOA自然農法文化事業団，2011）の結果によれば，現在，有機ダイズの生産量（有機JAS認証分を含めた推計値）は1,169tで，国産ダイズ総生産量の0.51％と推計されている。

2019年の貿易統計によると，ダイズの輸入量は約339万tである。そのうち有機栽培認証のダイズは約1万6,000tと，輸入ダイズの約0.5％でしかない。なお，わが国の有機ダイズの生産量は1,169tなので，輸入量の7％にとどまっている（農林水産省，2023）。

しかし，有機ダイズの生産は，他品目と比べて栽培体系が整備されつつあり，加工も含めた6次産業化のなかで，農家の安定収入を確保できる有機農産物のひとつになっている。

（2）ダイズ栽培の意義

①輪作作物として重要

マメ科作物であるダイズの生育には，チッソ源として，肥料や地力由来の土壌チッソに加え，共生根粒菌による固定チッソが大きな役割をはたしている。

ダイズの同化チッソの40〜80％が固定チッソに依存しており（大山，1991），施肥量に比べて後作に残す土壌チッソを高める役割がある。また，ダイズは落葉などで，10a当たり約400kgの有機物供給量もある（垣内・上地，2013）。そのため，有機栽培での輪作作物としてきわめて重要である。

②転換畑栽培では地力低下が問題

一方，転換畑のダイズ栽培では，地力の低下が問題になる。水田からダイズへ転換した場合，作土の可給態チッソ量が，ダイズの作付け頻度が増えるほど減少することが指摘されている。これは，畑への転換によって，水田に蓄積した養分の分解を促進することで，水田の潜在的な地力が消耗してしまうためで，とくに中耕を行なうダイズ栽培ではこの傾向が顕著である。

このため，ダイズ生産のための可給態チッソ量の目標下限値80mg/kg以上を維持するためには，ダイズの作付け頻度を減らしたり，牛糞堆肥2〜3t/10aを連用することが推奨されている。これにより，ダイズを連作しても，目標下限値80mg/kg以上を維持することが可能になる（住田ら，2005）。

（3）有機栽培での品種選択

①地域や栽培時期に適した品種を選ぶ

まず，生産者が栽培しやすい品種を選択することが重要である。そのためには，地域の気候に合った早晩性（生態型）をもつ品種を選ぶことが大切である。さらに，栽培地や栽培時期に応じて，適した品種を選ぶことも必要である。

とくに，耐寒性や病害虫への抵抗性などに配慮すべきであるが，これについても地域や圃場の状況に応じて選択する必要がある。

②虫害を低減できる品種を選ぶ

一般に，ダイズ生育期間の積算気温が高いほど，虫害の被害が増える傾向がある。有機栽培では，虫害などによる被害粒率を低下させるためには，開花から成熟までの積算気温が低い品種，すなわち，開花期が遅く，登熟期間が短い品種の選択が有効と考えられる（田澤ら，2014）。関東では，8月下旬から9月にかけてカメムシ類などの発生が多くなるが，この時期からダイズの開花・結実期をずらすことで被害を低減できる。

畑作・転作作物

また，小粒品種が有機栽培に向いているという報告がある。これは，大粒品種に比べて，小粒品種のほうがカメムシ類の吸汁被害リスクが小さくなるためである。

田澤ら（2014）の有機栽培での品種比較実験では，8月21日に開花した'フクユタカ'に対して，8月15日に開花した'納豆小粒'は被害粒の発生割合は約4分の1にとどまっており，小粒品種で被害が少ない傾向を示している。

しかし，筆者の圃場試験では，'サチユタカ'と'納豆小粒'の有機栽培を実施しているが，晩播栽培条件では両品種間で明確な差異が認められず，収穫量は坪刈り収量で10a当たり200kg確保できた。したがって，品種の影響を考慮するには，長期間の検討が必要である。

（4）耕うんと中耕・培土による有機栽培

①圃場の準備

ダイズは，pHが約6.0程度と，やや高めの土壌が適している。そのため，酸性土壌では調整が重要である。

耕うん前には，カバークロップや堆肥などの有機物供給を行なう。耕うんはプラウ耕やロータリ耕によって行なうが，有機物のすき込みなどを考慮すると，畑作ではプラウ耕が作業性，収量性とも高いとされている（小松崎，2010）。

②施　肥

ダイズは「やせ地で育つ」イメージが強いが，吸収するチッソの大半は地力チッソと根粒菌による固定チッソに依存している。無機態チッソの施肥効果は10％程度と低く，むしろ元肥チッソが過剰になると，根粒菌の着生が阻害されることが指摘されている。

施肥として10a当たりチッソ1kg，リン酸13kg，カリ8kg程度施すか，あるいはカバークロップなどを利用している圃場では，無施肥でも栽培が可能である。ただし，リン酸やカリ成分が不足する場合は補う必要がある。

秋田県大潟村の白戸昭一さん，山崎政弘さんは，ダイズにはヘアリーベッチ緑肥以外に肥料はいっさい使わない栽培方法で，収量240kg/10aを超え，一等比率も70％以上確保し

ている（『現代農業』2009年5月号参照）。

③播種時期と播種量

播種時期は5月から7月が適している。

一般に，播種時期が早い場合は播種量を少なく，播種時期が遅れるにしたがって播種量を増やす。

播種は点播方式で行ない，ウネ幅は60cm程度確保し，株間は15〜30cm程度に設定し，播種量を調整する。

栽植密度は，10a当たり1万〜2万5,000本を基準として播種される。早生および中生品種では生育量が少ないため密植が適切で，晩生品種では生育量が多いためやや疎植が適している。また，各品種において，播種適期より早い播種では疎植が，遅い播種では密植となるよう播種量を調整する。

中耕・培土を伴う耕うん栽培の場合，条間70〜80cm×株間15〜20cm，1株2粒を深さ2〜3cmで播種する。適期の播種では，10a当たり8,000〜1万2,000本程度の栽植密度が推奨される。苗立率80％，百粒重30gとすると，3.0〜3.8kgの播種量が必要である。

関東地方の好適播種期は6月中旬から6月下旬であり，これはムギ後で対応できる。早すぎる播種は過繁茂を招き，子実害虫の被害や裂皮，しわ，変質粒などの発生を増加させる傾向がある。

一方，遅い播種は生育量不足を招き，収量が低下するため，栽植密度を条間30cm×株間15〜20cm，1株2粒とし，狭畦（きょうけい）密植が適している。狭畦密植では，10a当たり2万〜2万5,000本程度の栽植密度が推奨される。苗立率80％，百粒重30gとすると，6.0〜7.6kgの播種量が必要となる。

播種時期が遅れるほど，生育量確保のために密植が必要となる。とくに7月中旬以降の播種は，慣行栽培では収量の低下が著しく，短茎化によりコンバイン収穫の損失が大きいため注意する。

覆土の厚さは栽培地の状況に応じて調整する必要がある。ダイズの発芽に必要な種子の吸水量は107％とされ，50％以上の含水量にならな

いと発芽を始めない。また，無胚乳種子であり
タンパク質や脂質などの貯蔵養分をアミノ酸や
炭水化物に変化して細胞をつくるため発芽時に
は呼吸が盛んとなる。このため，ダイズの発芽
には多くの水分と酸素が必要となり，過乾燥や
過湿はダイズの発芽率を著しく低下させる。

　覆土の厚さは一般に2～3cmを基本とする
が，粘質土など重い土壌，湿潤な条件では浅め
にするとよい。一方，好天が続き乾燥によって
出芽不良が懸念される場合は，覆土をやや厚く
して強めに鎮圧し，ウネ間灌水によって出芽を
促す必要がある。

④播種後の管理

　播種後は，鳥害に注意が必要である。加害
するハトにはキジバトとドバトの2種類があり，
ハトの被害は，播種してから4～5日後の早朝
と夕刻に集中する。ハトは発芽直後の子葉を好
んで食害し，ときには壊滅的な被害をもたらす。

　大面積で栽培する場合は，同時に播種して被
害を分散させる。小面積の圃場では，防鳥網や
テープ，または防鳥糸を張り巡らす方法がある。
テープや糸は地上約15cmの高さに張り巡らせ
るが，この方法はハトの被害が始まる前に行な
う必要がある。被害は早朝と夕刻に集中するの
で，朝夕に圃場を見回ることが効果的である。

　雑草は，中耕・培土で抑制する。有機栽培で
は雑草抑止のため，中耕・培土作業は必要不可
欠であり，播種3～4週間後から10日間隔で2
～3回行なう。中耕・培土によって雑草の発生
を抑制し，雑草との競合を回避することが目的
である。中耕・培土作業による土壌の攪拌は，
発芽後間もない種子繁殖型の草種に対して効果
的である。

　一般の有機栽培農家では，中耕・培土を2回
は行なうとされており，ダイズの茎葉の繁茂状
況とも関連するが，雑草が多いときは3回以上
行なわれる。

　収穫は11月以降であり，ダイズが落葉して
から行なう。

⑤除草が不要になる晩播狭畦密植栽培

　耕うん後，遅まきでダイズを密に植える晩播
狭畦（ばんぱきょうけい）密植栽培は，葉が密

集して日光を遮り，雑草が生えにくくなるた
め，除草が不要になる栽培方法である。

　この方法では，通常の2～3倍の密度で播種
し，収量も増える特徴がある。播種後の生長が
速いため，播種後，短期間でダイズが圃場表面
を被覆する。

　青森県黒石市の佐藤拓郎さんは，播種が遅
いほど雑草のリスクが減り，収量も増えると
いう。たとえば，7月28日に播種すると（条
間22cm，株間14cm，1粒まき，種子量9～
12kg/10a），草が生えず収量も増え（平均反収
120kg），地域の平均反収（160kg）を上回る
ところもあったと報告している（『現代農業』
2023年8月号参照）。

⑥耕うんと中耕・培土による有機栽培の課題

　耕うんと中耕・培土による有機ダイズ栽培
は，雑草防除の点では安定栽培といえるが，最
近の気象リスクのなかでは，不安定要素が指摘
される。

　まず，ダイズの播種期は，集中豪雨などで土
壌が泥濘化しやすいため，トラクタ走行が不能
になり適期播種がむずかしくなることがある。
また，ダイズ開花期では土壌の乾燥による結実
障害の発生などもあり，これらの天候を考慮し
た栽培スケジュールの再構築が求められる場合
が増えている。

（5）注目される不耕起によるダイズ有機栽培

①最大の課題は雑草防除

　ダイズは不耕起で栽培しやすい作物である。
筆者らは，不耕起によるダイズの有機栽培を
15年間継続してきたが，耕うん栽培と同等の
収量を確保することができている（第1，2図）。

　不耕起でダイズを有機栽培するうえで，最大
の課題は雑草防除である。

②カバークロップと条間除草による栽培

　まず，ダイズを栽培する前に，カバークロップ
を栽培する。カバークロップは圃場表面を被覆で
きるよう，バイオマスの大きい作物が望まれる。

　カバークロップをフレールモアで粉砕し，生
育している雑草も切断する。その後，不耕起播

277

畑作・転作作物

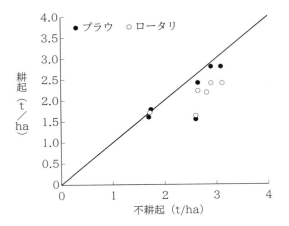

第1図 有機ダイズ栽培における不耕起栽培および耕うん栽培での年度ごとの収量の差異
茨城大学農場における2010〜2015年の収量。中央斜線より右側であれば，不耕起圃場の収量が高いことを表わす

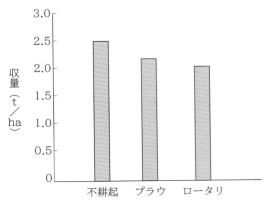

第2図 有機ダイズ栽培における不耕起栽培および耕うん栽培での平均収量の差異
茨城大学農場における2010〜2015年の収量。不耕起栽培で耕うん栽培と同等の収量を得られた

第3図 ダイズの前作にライムギカバークロップを作付けした圃場（左）と冬作裸地圃場（右）での有機ダイズ栽培初期の雑草量の差異

種機でダイズを播種するが，播種直前に再度フレールモアをかけることをおすすめする。これにより，カバークロップの残渣が不耕起播種機に絡まるのを防ぐと同時に，ダイズ生育前の雑草を抑制できる（第3図）。

播種は，前述の晩播狭畦密植栽培がおすすめである。晩播により，雑草や虫害の発生のピークを避けることができ，さらに，密植によって

早期にダイズの植物体で圃場地表面を被覆し，除草必要期間を短縮することができる。

ダイズ播種の1週間後から条間除草を行なう（第4図）。1週間ごとに3回ほど条間除草を行ない，開花期に圃場表面をダイズが覆うようになれば除草は成功である（第5，6図）。

しかし，3回目の除草以降，一部で，ウネに残った雑草の幼植物が日長反応によって急激に伸長し，ダイズを覆ってしまうことがある。こうなると，結実期のダイズ粒への養分転流が阻害され，収量が激減する。この場合，現状では拾い除草が必要になる。これを防ぐための，不耕起有機ダイズ栽培での除草体系の確立が求められている。

③カバークロップを倒伏させて不耕起播種する栽培

もうひとつは，播種前にライムギなどのカバークロップを「ローラークリンパー」で倒伏させて，その上にダイズを不耕起播種する方法である。

極早生品種のライムギを，10月ころにドリルまきやバラまきする。ライムギは，4月にな

第4図 不耕起有機ダイズ栽培での「アイガモン」（刈払い機用アタッチメント）による条間除草

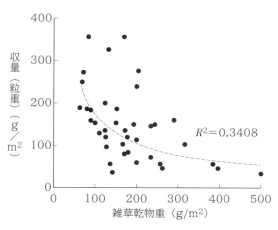

第5図 ダイズ不耕起有機栽培における開花期の雑草量が収量に及ぼす影響
ダイズ開花期の雑草量が少ないほど収量は高くなり，1 m^{2}当たり50g以下が望ましい。データは井上ら（2024）から引用

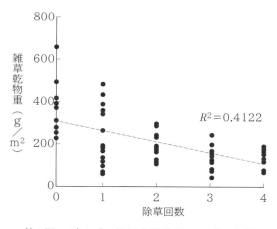

第6図 ダイズ不耕起有機栽培における条間除草回数が雑草量に及ぼす影響
除草回数は3回以上が望ましい。データは井上ら（2024）から引用

畑作・転作作物

ると急速に生長し，5月に開花し，実が充実する時期（乳熟期）には，刈り取るのではなく押し倒す。

押し倒すには，ローラークリンパーという道具を使う。これは，ライムギを切断せずに折るためのもので，不耕起でも播種が可能である（金子信博，共通技術編「世界で注目されるリジェネラティブオーガニック農業と土壌の生態系」の項参照）。

筆者もこの方法でダイズを栽培したが，不耕起播種機は，コールターなどで植え溝を切削するタイプであれば，ライムギが機械に絡まず播種ができる。しかし，回転刃によって植え溝を部分耕するタイプでは，ライムギが絡んでしまい播種できない場合があった。

また，ライムギ被覆による雑草抑制期間は3週間ほどである。これ以降は雑草の繁茂が予想されるため，やはり条間除草との組合わせが必要になる。

(6) 不耕起で何が変わるか

不耕起による有機ダイズの栽培には，土壌の改善効果がある。不耕起栽培とカバークロップを組み合わせることで，土壌有機物が増加して土壌構造の変化を促し，団粒化が促進され，土壌の保水性が向上する。

筆者らの調査でも，土壌炭素（有機物）が増加すると，土壌がより団粒化し，土壌硬度が低下し，土壌の水分保持能力が向上することが確認されている。

①土壌炭素（有機物）の増加

筆者の大学農場内の長期試験圃場で，耕うん栽培区と不耕起栽培区を比較した。初期の数年間は，作物の収量や土壌炭素量には有意な差はなかった。しかし，継続していくと，不耕起栽培区の表層で土壌中の炭素が増加する傾向がみられ，8年継続後には，耕うん区に比べて10～21%も増加した。

土壌炭素の分布構造にも大きな変化があった。耕うん区では，土壌炭素が地表から30cmまでの層で均一に分布していたが，不耕起栽培区では，土壌表層に炭素が集積していることが

確認された。これは森林や草地の土壌構造に似ている。

土壌中の有機物は，埋設する深さによって分解速度が異なる。耕うんして残渣を土壌中に埋設した場合は比較的速やかに分解されるのに対し，不耕起栽培の場合は土壌表面に残渣が置かれ，ゆっくり分解していく。

②土壌団粒化による保水性，排水性の向上

不耕起栽培によって土壌が団粒化し，土壌内の保水性と排水性が向上する。団粒化された土壌では，水は団粒間の隙間に保持されるため，より多く保持できる（第7図）。火山灰土壌では，土壌炭素量が増加すると，乾燥した夏に1ha当たり40tの水を保持できることが示されている。

また，土壌の団粒化は排水性も向上させる。団粒と団粒の間の空隙が多いと，過剰な水が速やかに下方に排水され，豪雨の直後でも水が表面にたまることを防ぐ（第8図）。これにより，作物の根腐れを防ぐことができる。

最近，世界的な温暖化の影響で，記録的な高温や大雨などの異常気象が頻繁に発生している。このような状況のなかで，土壌有機物の増加を通じて土壌の排水能力を確保し，同時に干ばつ時に水分を供給する土壌の機能がますます重要視されている。

とくに，ダイズの開花期は水分が必要とされるため，土壌の乾燥は収量減少の大きな要因になる。不耕起栽培などの取組みを通じて，土壌の保水力を向上させることが，これらの問題に対処するために重要である。

(7) 有機ダイズ栽培の課題

①雑草対策

有機ダイズ栽培の主要な問題のひとつは雑草対策である。ダイズは栽植密度が低いため，生育期間中に雑草が発生しやすく，被害も大きくなる。通常の耕うん栽培では，適切な中耕・培土作業によって雑草を抑制できるが，最近では帰化アサガオなどの雑草がダイズ畑に侵入し，防除がむずかしくなっている。

帰化アサガオはつる性であり，発生期間が長

第7図　有機ダイズ栽培圃場における耕うんの有無と干ばつ期の生育の差異
左：不耕起区，右：耕うん区
不耕起区は高温・土壌乾燥状態でも生育を確保したが，耕うん区は生育遅延が生じた（茨城大学農場，2022年8月）

第8図　有機ダイズ栽培圃場における耕うんの有無と豪雨後の生育の差異
左：不耕起区，右：耕うん区
不耕起区は集中豪雨の後でも排水良好だったが，耕うん区は滞水した（茨城大学農場，2021年7月）

い特徴がある。ウネ間から発生した帰化アサガオは，中耕・培土によって約3週間の生育抑制が期待されるが，その後にアサガオ類が再生し，ダイズ畑を覆い尽くすことが報告されている（平岩，2009）。

こうした問題に対処するため，耕うんを省略する不耕起栽培が有効であると報告されている。

茨城県による調査によれば，不耕起播種と耕起播種（耕うん同時ウネ立て播種）を併用しているダイズ作経営における帰化アサガオ類の発生本数は，耕起播種を100％とした場合，不耕起播種での発生数は4％まで減少することが示されている（茨城県農業総合センター農業研究所，2022）。耕起条件では帰化アサガオ種子が土中0～15cmに分布するのに対し，不耕起条件では地表0～2cmに種子が集中分布し，その範囲から出芽することから（浅見，2023），不耕起区では，短期的に土壌硬度が増加することに加えて不耕起条件では麦ワラなどの前作残渣などが地表に堆積することで，帰化アサガオ類の出芽抑制する可能性が推測される。

一方，不耕起栽培では，カバークロップによる雑草抑制と条間除草の組合わせで，一定程度の雑草被害を抑制できる。しかし，ダイズの開花期から登熟期にかけて，草丈の高い雑草が発生する場合があり，手作業による除草が必要に

畑作・転作作物

なることがある。この問題に対する技術開発は
進行中であり，今後の成果が期待されている。

②虫害対策

虫害の発生は，おもに本葉展葉期から茎葉繁
茂期にかけて，ハスモンヨトウやマメハンミョ
ウ，コガネムシ類などが茎や葉を食害する。こ
れによって葉面積指数（LAI）が低下し，被害
が大きい場合は生育の遅延や落莢の原因になる
可能性がある。

ハスモンヨトウに対しては，BT剤などの農
薬が利用されることもあるが，マメコガネやマ
メハンミョウに対する現在の対策は限られてい
る。有機栽培では，手作業による捕獲が行なわ
れることもあるが，とくにマメハンミョウは毒
をもつため，素手での捕獲は避けるべきである。

筆者の圃場でも一部で虫害の発生が見られる
が，天敵の存在などにより被害は一部にとどま
っている。一般に，害虫と天敵だけが存在する
生態系では，天敵の密度が低く，害虫の個体数
が増加した後に，天敵の個体数が増加する傾向
がある。

被害を回避するためには，常に一定数以上の
天敵を存在させておきたい。そのためには，天
敵のえさになる生物が豊富に存在する必要があ
る。このような生物群集は，害虫や天敵とは異
なる役割を果たしており，科学的な解明が今後
の課題とされている。有機ダイズの生産では，
農地の生態系全体を考慮した検討が重要である。

(8) これからの有機ダイズ栽培への期待

農水省の「みどりの食料システム戦略」の目
標では，有機栽培の面積拡大が重要な位置づけ
にされており，とくに有機転換が比較的容易な
ダイズの生産拡大が望まれている。有機ダイズ
は高付加価値の市場でも期待されており，健康
志向の消費者から好まれる傾向にある。そのた
め，有機ダイズ栽培は，農家にとって新たなビ
ジネスチャンスを提供する可能性がある。

さらに，不耕起有機ダイズ栽培は，土壌炭素
貯留を通じて温暖化の緩和にも貢献できる。

有機ダイズ栽培は環境や健康への配慮，持続
可能な農業の推進，そして新たな市場の創出な

ど，多くの面で期待されている。さらに，持続
可能な食料生産システムの構築に貢献し，地域
社会や地球環境の健全性を促進するとも期待さ
れている。

執筆　小松﨑将一（茨城大学農学部）

2024年記

参 考 文 献

浅見秀則. 2023. 温暖地の大豆作における帰化アサ
ガオ類の総合的防除技術に関する研究. 雑草研究.
68（2），60—67.

平岩確. 2009. 田畑輪換田における帰化アサガオ類
の雑草害と除草方法の検討. 植調. **42**（12），17
—25.

茨城県農業総合センター農業研究所. 2022. 大豆
の不耕起播種栽培は帰化アサガオ類の発生を低減
する. https://www.pref.ibaraki.jp/nourinsuisan/
noken/seika/r1pdf/documents/r1-22.pdf

井上渉・小松﨑将一・木村純平・庄司浩一. 2024.
ソーラーシェアリング下での不耕起有機ダイズ栽
培における3条間試作除草機を用いた除草の効率
化と収益性. 日本農作業学会2024年度春季大会
（第60回通常総会・第59回講演会）講演要旨集.

垣内仁・上地由朗. 2013. リン酸の葉面施肥がダイ
ズの生育・収量および子実成分に及ぼす影響. 農
業生産技術管理学会誌. **20**（2），35—43.

小松﨑将一. 2010. 緑肥利用と農作業体系. 農業お
よび園芸. 85巻1号，169—176.

農林水産省. 2023. 有機農業をめぐる事情. https://
www.maff.go.jp/j/seisan/kankyo/yuuki/attach/pdf/
meguji-full.pdf

NPO法人MOA自然農法文化事業団. 2011. 平
成22年度有機農業基礎データ作成事業報告書.
https://moaagri.or.jp/manage/wp-content/themes/
moaagri/pdf/hojojigyo/H22_yukikiso_houkokusho.
pdf

大山卓爾. 1991. ダイズにおける硝酸の吸収代謝と
窒素固定. 化学と生物. **29**（7），433—443.

住田弘一・加藤直人・西田瑞彦. 2005. 田畑輪換の
繰り返しや長期畑転換に伴う転作大豆の生産力低
下と土壌肥沃度の変化. 東北農業研究センター研
究報告. 103号，39—52.

田澤純子・白石昭彦・三浦重典. 2014. 有機栽培に
適したダイズ品種特性および栽培体系の検討. 日
本作物学会講演会要旨集　第237回日本作物学会
講演会. 306. 日本作物学会.

ヘアリーベッチ植栽による土壌改良とダイズ作への効果

(1) 田畑輪換体系でのダイズ生産の現状と転換畑の土壌改良

ダイズの国内自給率が低迷し，国内ダイズ生産のほとんどが水田転換畑で行なわれているという状況で，輪作・田畑輪換体系でのダイズ安定多収技術の確立が急がれる。北陸，東北，北海道の日本海側には，粘土成分を多く含む重粘土壌が広く分布しており，これらの地域の水田転換畑でのダイズ生産性向上が重要な課題となっている。

一般的に重粘土の水田転換畑は排水性が悪く，地下水位も高い傾向にあるため，降雨が多いと水分過剰になり，発芽不良や根腐れなどの湿害が起こりやすい。とくにダイズの生育初期では根の伸長や根粒形成が阻害され，根圏活性が強く抑制される。秋田県では，ダイズ播種から3葉期にかかる時期が（6月中旬～7月中旬）梅雨の時期と重なるため，この期間がもっとも湿害を受けやすい。したがって，生産性を向上させるためには，生育初期の湿害を回避し，初期生育量を十分確保することが重要となる（金田ら，2004）。

秋田県八郎潟干拓地（大潟村）の土壌も重粘土であり，おもに水田（水稲作）として利用されている。ダイズ作は田畑輪換体系による水田転換畑で行なわれており，畑地転換初年目に，いかに土壌を改良して排水性を高め，畑地化を促進するかが，ダイズの生産性向上にとって重要となる。水田（水稲作）から畑地転換（ダイズ作）までの期間は，実質は雪解けからダイズ播種までと短い（約2か月）。この短い期間で，ダイズ作に適した土壌に改良しなくてはならない。

そこで考えられたのが，緑肥植物を用いた土壌改良である。植物根の伸長により土壌粗孔隙，亀裂構造を発達させて排水性を高め，それと同時に植物の蒸散作用による土壌の乾燥化を促進するのである。しかし，排水性の悪い重粘土と冷涼な気候条件下でも，短期間で旺盛に生育する緑肥植物を選択する必要があった。

秋田県大潟村では，ヘアリーベッチを導入した水稲栽培が行なわれている（庄子，2007）。ヘアリーベッチはマメ科の緑肥植物で，耐寒性や耐雪性をもつ一年草（越年草）であり，春から夏にかけて旺盛に生育する。マメ科植物は根粒菌と共生して窒素固定をするため，土壌にすき込めば緑肥効果も大きい（佐藤ら，2007）。ここでは，秋田県大潟村の重粘土転換畑で，ダイズ栽培の前作としてヘアリーベッチを植栽する方法について説明し，それが土壌環境やダイズの生育・収量に及ぼす影響について解説する。

(2) ヘアリーベッチの植栽方法

①品種とその特性

ヘアリーベッチはマメ科の越年草で，原産地は西アジアから地中海東部といわれており，耐寒性が強く世界各地で緑肥や牧草として植栽されている（第1図）。国内では早生品種が西南暖地を中心に普及し，東日本，北日本ではあまり普及していない。しかし近年，耐寒性・耐雪性の強い品種が導入され，東北地方，北海道の寒冷積雪地域でも植栽が可能になった。国内で流通しているヘアリーベッチの品種と利用特性

第1図　ヘアリーベッチ（hairy vetch：HV）

は次のとおりである。

耐寒性品種（晩生種：寒冷積雪地域向け）
耐寒性，耐雪性に優れており，北陸，東北地方では9月下旬～10月上旬に播種し，越冬可能である。耐湿性も他の品種と比較して優れており，排水不良の転換畑に適している。最終的な生育量，窒素集積量は早生品種や中生品種より多くなる。

中生品種（関東以南向け）　耐寒性はある程度強いが，越冬率は耐寒性品種より劣る。生育が早いので，北陸，東北地方では春まきに適しており，最終的な生育量は早生品種よりも多くなる。

早生品種（早生種：春まき向け）　耐寒性は他の品種と比べて強くなく，北陸，東北地方，北海道では越冬できない。初期生育が早いので，北陸，東北地方では春まきに適している。

②圃場の準備

ヘアリーベッチは過湿に弱いため，表面に滞水するような圃場では生育できないので，排水対策は十分に行なう必要がある。本暗渠が施工されていることが前提条件となり，圃場の排水が不良な場合は弾丸暗渠や籾がら補助暗渠を施工する（第2図）。圃場の排水が不良で滞水が続く場合は，表面に作溝して排水を促す。

ヘアリーベッチは土壌が酸性（pH5.0以下）だと生育が著しく阻害され，根粒も着生しにくくなる。したがって，炭酸カルシウムや苦土石灰などのカルシウム資材で，pH6.0を目標に土壌を酸度矯正する必要がある。

③根粒菌の接種

根粒菌は土壌微生物の一種で，マメ科植物と共生して窒素固定する細菌の一群である。根粒菌はマメ科植物の根に根粒を形成させて共生窒素固定をするが，それには宿主特異性がある。たとえば，ダイズ根粒菌はダイズとしか共生せず，他のマメ科植物とは共生しない。

土壌中には根粒菌が普遍的に存在しているが，干拓地や造成地には存在しない場合もあるし，根粒菌は好気性細菌なので長年水田作をしている土壌では，根粒菌が存在しないか，著しく数が少ない場合もある。土壌中ではさまざまな種類の根粒菌が混在していると考えられ，同じ土壌にダイズ根粒菌がいるからといって，他の根粒菌もいるとは限らない。ヘアリーベッチの植栽歴がない場合は，ヘアリーベッチ根粒菌は存在していないことが多い。したがって，土壌にヘアリーベッチと共生可能な根粒菌がいない可能性がある場合，適合した根粒菌を接種する必要がある（第3図）。

④播　種

ヘアリーベッチ（耐寒性品種）の播種は，秋田県では9月下旬～10月上旬に行なう。播種量は約3kg/10aとする。水稲立毛間に播種する場合は，ヘアリーベッチ（晩生品種，中生品種）

第2図　籾がら補助暗渠施工のようす

第3図　優良根粒菌Y629株接種の効果
左：Y629株接種，右：土着根粒菌接種

の種子を稲刈り直前の水稲立毛間に動力散布機を用いて播種する。その後の稲刈り時に，稲わらを被覆することで覆土の代わりとする。稲刈り後に播種する場合は，動力散布機を用いて播種し，浅くロータリーをかけて覆土する。

春まきする場合は，早生品種か中生品種を用い，播種量は5～8kg/10aと多めにする。東北地方では3月下旬～4月上旬に播種すると，ダイズの播種期（6月中下旬）までに十分な生育量を確保できる。

（3）ヘアリーベッチの生育と窒素集積量

ヘアリーベッチは播種してから約10日で発芽する。12月初旬には草丈は約15cmとなり，その状態で越冬する。越冬後の4月から6月にかけて旺盛に生育する。ダイズ播種直前の6月初旬には，草丈は170cm以上に伸長し，圃場全体を覆い尽くす（第4図）。ヘアリーベッチは越冬後の4～6月に旺盛に生育し，根粒菌と共生して窒素固定するため，生育量が大きいほど窒素集積量が高まる。

ヘアリーベッチの草丈を測定すると，植物体に集積している窒素量を簡単に推測できる。第5図のようにヘアリーベッチの草丈が20cmでは10a当たりおよそ4kgの窒素が，40cmではおよそ7kgの窒素がすき込まれると推定される。

ただし，草丈が40cmを超えると，窒素集積量に変動が生じやすくなり，推定よりも窒素発現量が少なくなったりする場合がある。

ヘアリーベッチの草丈はものさしで測ってもよいが，第6図のように長靴や自分の膝丈を目安にすると，より手早く草高によっておおよその窒素集積量が判断できる。ダイズ栽培に最適な窒素集積量は，ダイズの品種にもよるが，10～15kg-N/10aと考えられ，目標の生育量に達したらヘアリーベッチを細断する。

（4）ダイズの栽培方法

目標とする窒素集積量の草高までヘアリーベッチが生育したら，地上部をモアまたはストローチョッパーで細断する。2～3日放置すると，細断されたヘアリーベッチは乾燥し，緑色から褐色に変化する。その後，ダイズ播種直前（1～3日前）に，バーチカルハローまたはロータリーで深さ約5～10cmにすき込み浅耕する。すき込み時期は，ダイズ播種の直前（1～3日前）でかまわない。

早くすき込んでもかまわないが，すき込みからダイズ播種までの期間が長くなると，ヘアリーベッチ残渣の分解が速いため緑肥効果が小さくなるかもしれない。また，土壌に大量の無機態窒素がある状態でダイズを播種すると，ダイ

第4図　ヘアリーベッチ植栽のようす（2012年6月4日）

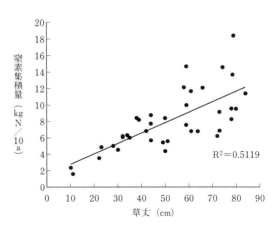

第5図　ヘアリーベッチの草丈と窒素集積量の関係

畑作・転作作物

第6図　ヘアリーベッチの生育と窒素集積量の関係
左：約4kg-N/10a，中：約10kg-N/10a，右：約15kg-N/10a

第7図　ヘアリーベッチの地下部（左）と地上部（右）
（2005年6月8日）

ズの根粒形成が阻害される可能性がある。

　耕起（すき込み）後にダイズ（品種：リュウホウ）をうね間75cm，株間19cmの2粒まきで播種する（1粒まきの場合は株間9cmとする）。ヘアリーベッチのすき込みで，十分量の窒素が土壌に投入されるため，窒素肥料は追肥も含めて一切施用しない。その他の成分（リン，カリなど）は適宜施肥する必要がある。ヘアリーベッチにはシアナミドという抑草物質が含まれているため，普通よりも雑草は格段に少なくなるが（藤井，1995），除草作業はロータリカルチなどで，開花期までに3〜4回行なう。中耕培土は3葉期と5葉期に行なう。除草や病害虫の防除は必要に応じて行なう必要がある。

(5) ヘアリーベッチの土壌改良効果

　ヘアリーベッチの根は量も多く，深さ約40cmまで伸長する。その根に沿って，深さ約50cmまで土壌に大きな亀裂構造が発達する（第7図左）。ヘアリーベッチの根は表面から約15cm付近に多く存在することにより，表層土壌に小さな亀裂構造（粗孔隙）や毛管孔隙が発達し，表層土壌の透水性，保水性が改善される。圃場の排水性が向上するため，降雨後の土壌の乾燥は下層まで速くなる（第8図）。

　また，ヘアリーベッチは光合成のために根から土壌水分を大量に吸い上げ，水蒸気を大気中に放出する（蒸散作用）。ポット試験ではヘアリーベッチ植栽の蒸発散量は，無植栽と比べて10倍以上高いことが示された。

　土壌の排水性が向上したことと，ヘアリーベッチの蒸散作用の相乗効果により，下層（深さ30cm）まで土壌の乾燥化が大きく促進され，酸化層が拡大する。下層まで亀裂構造が発達するため，圃場の排水性が大きく向上する（第9図右）。

　ダイズ播種直前（6月初旬）に，ヘアリーベッチの地上部を浅めにすき込むが，浅耕することにより，比較的乾燥している表層土のみが砕土されるため，砕土率が向上する（第10図右）。また，下層土の攪乱が最小限に抑えられるため，ヘアリーベッチ植栽で形成された土壌構造（亀裂）が維持されると考えられる（佐藤ら，2007）。すき込み時のヘアリーベッチ地上部の生育量は，乾物重で350〜400g/m^{2}となり，

286

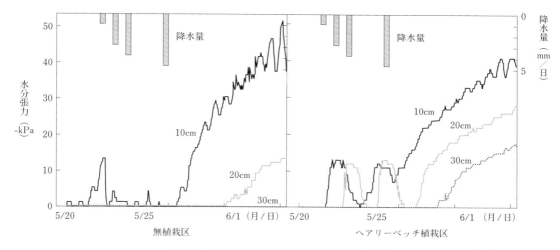

第8図 降雨後の深度別の土壌水分張力の推移 （佐藤ら，2007）

上に行くほど土壌が乾燥していることを示す
降水量のデータは秋田県大潟村に設置されたAMEDASより得た

第9図 降雨時のようす（2010年7月9日）
左：無植栽区，右：ヘアリーベッチ植栽区

第10図 砕土のようす
左：無植栽区，右：ヘアリーベッチ植栽区

畑作・転作作物

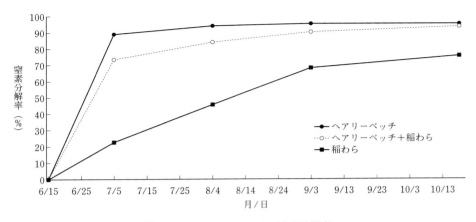

第11図　ヘアリーベッチの窒素分解率

第12図　ダイズの生育のようす（2012年：播種後35日）
左：無植栽区，右：ヘアリーベッチ植栽区

地上部のすき込みにより約15kg/10aの窒素が土壌に還元される計算となる。さらに地下部も土壌に還元されるため，ヘアリーベッチによる窒素投入は約20kg/10aと予想される。

ヘアリーベッチはマメ科植物なので，空気中の窒素分子を固定する。窒素の安定同位体比より求めた窒素固定率はおよそ90％と推定され，ほとんどの窒素が系外から負荷されることになる。ヘアリーベッチ地上部のC/N比は10前後と比較的小さいため，すき込まれたヘアリーベッチ残渣は速やかに分解が進む。ヘアリーベッチ植物体の埋め込み試験結果では，最初の1か月の間に急激に分解が進んで大量の無機態窒素の溶出がみられ，その後は徐々に溶出してくる。ただし，水田からの転換初年目は稲わらが一緒にすき込まれるため，やや窒素の放出がゆるやかになる（第11図）。

分解された窒素はダイズに吸収され利用されるが，ヘアリーベッチ窒素の約半量が土壌に残存すると推定される。

(6) ダイズ生育への影響

ダイズ種子の発芽率は，ヘアリーベッチ無植栽区（対照区）と比較して大きな違いはなく，種子の発芽はヘアリーベッチすき込みによりほとんど阻害されなかった。新鮮有機物の投入による生育阻害が考えられたが，その影響は認められなかった。ヘアリーベッチによる土壌物理性改良効果と，すき込みによる緑肥効果により，ダイズの初期生育は良くなった（第12図右）。ヘアリーベッチ植栽で土壌構造が発達し，酸化層が拡大されたことにより，開花期にはダイズの根域が拡大して（第13図）根の窒素吸収活性が高くなった（第14図）。

一般的に過剰な窒素投入により，根粒の形成・窒素固定活性が強く阻害されるが，ヘアリーベッチすき込み区では根粒形成も促進され（第15図），窒素固定活性も高くなった（第14図）。ヘアリーベッチのすき込みにより約20kg/10a（地下部も含む）の窒素が土壌に投入されるが，ヘアリーベッチ残渣が徐々に分解されて窒素が溶出するため，根粒形成を阻害する濃度にはならず，むしろ根の窒素吸収を促進し

てダイズの生育がよくなり，根粒形成にはプラスの影響を及ぼしたのだろう。

開花期になると，ダイズの生育は対照区と比べて格段によくなった（第16図）。ヘアリーベッチ植栽区のダイズの主茎長は，対照区と比べて高く推移し，とくに開花期以降に差が大きくなった。収穫時の主茎長は，2005年は59cm，2006年は62cmであった（無植栽区2005年：49cm，2006年：46cm）。分枝数も増加する傾向にあり，それに伴い着莢数も多くなった。

収量（坪刈り）はヘアリーベッチ植栽区で約400kg/10aと，無植栽区と比べて大幅に向上した（第1表）。全刈収量は，調査をした2005年，2006年ともに大潟村平均収量の3割以上高くなった。また，ダイズは一等級の割合が大潟村平均よりも格段に高くなり，品質も飛躍的に向上した。

(7) 残された問題点

1) ダイズ播種時の問題：ヘアリーベッチは

第13図　ダイズの根のようす（2006年：開花期）
左：無植栽区，右：ヘアリーベッチ植栽区

細断されて土壌にすき込まれるが，細断やすき込みが不十分な場合は，ダイズ播種機にヘアリーベッチ残渣が絡まり，播種作業性が悪くなることがある。

2) ヘアリーベッチの生育過剰によるダイズの根粒形成阻害および倒伏：ヘアリーベッチのすき込みにより，大量の窒素が土壌に負荷されることになるが，その量が過剰になるとダイ

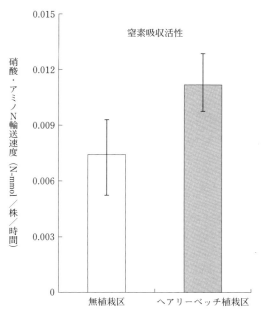
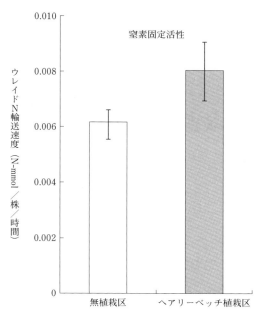

第14図　ダイズ生育初期（3葉期）の窒素吸収活性と窒素固定活性　　　（佐藤ら，2007）
　　エラーバーは標準誤差（n＝4）を示す

畑作・転作作物

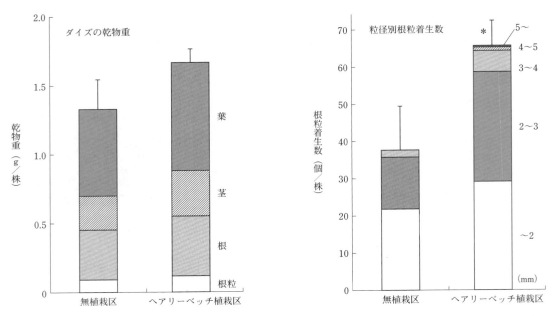

第15図 3葉期のダイズ各部位の乾物重と粒径別根粒着生数　　(佐藤ら，2007)

エラーバーはそれぞれ全乾物重，全根粒数の標準誤差（n＝5）を示す
＊：5％水準で有意差あり

第16図 ダイズの開花期の生育のようす（2005年8月5日）
左：無植栽区，右：ヘアリーベッチ植栽区

第1表 ダイズの収量および収量構成要素（2006年）

	主茎長 (cm)	茎太 (cm)	分枝数 (本/株)	莢数 (個/株)	種子数 (粒/株)	百粒重 (g)	子実窒素 (％)	収量 (kg/10a)
無植栽区	45.9 (1.2)	8.0 (0.5)	4.5 (0.2)	45.3 (5.0)	81.9 (12.9)	28.0 (0.4)	6.2 (0.1)	276.2 (5.4)
ヘアリーベッチ植栽区	61.9 (1.0)	8.8 (0.3)	5.7 (0.2)	70.5 (6.9)	136.4 (21.1)	28.1 (0.1)	6.5 (0.1)	393.3 (14.0)

注 （　）内は標準誤差

ズの根粒形成が阻害される。生育初期はヘアリーベッチ残渣から供給される窒素で生育はよいが，残渣の分解が進んで窒素の供給が少なくなってくると，根粒が形成されていないためにダイズの生育が停滞する。また，窒素過剰吸収により蔓化し，倒伏する場合がある。

3）ヘアリーベッチの生理障害：ヘアリーベッチの生育初期に，全体が赤みを帯びる生理障害が発生する場合がある。比較的排水が悪い圃場で発生が多いことから，湿害と考えられていた。その原因を追求した結果，低温で根の吸収活性が低下するために起こる窒素欠乏であることが判明した。したがって，暗渠，明渠，弾丸暗渠などの排水対策を十分に施し，ヘアリーベッチの根の活性を高く維持することが重要である。また，ヘアリーベッチの生育には，根粒着生状態と共生する根粒菌の特性が大きく影響するため，低温でも窒素固定活性が高い優良根粒菌（Y629株）の接種も効果的である（第3図）。

4）タネバエの誘引：新鮮有機物を土壌に投入すると，タネバエを誘引する場合がある。ヘアリーベッチも新鮮有機物には変わりなく，ヘアリーベッチを土壌にすき込んだ場合にはタネバエを誘引し，幼虫によるダイズ種子の食害が起こることがある。被害の大きさは土壌条件（水分条件）にも大きく左右されるが，適切な防除が必要である。

5）ネキリムシ（タマナヤガの幼虫）による食害：タマナヤガの成虫は春に長距離移動により飛来する。成虫は草に産卵し，孵化した幼虫は齢が進むと昼間は地中にもぐり，夜間に植物の茎を食害する。ヘアリーベッチも「草」であるので，タマナヤガが飛来すれば産卵場所となる。ヘアリーベッチが旺盛に生育する4〜6月は，タマナヤガの飛来時期でもあるので，ヘアリーベッチを植栽すると，次作のダイズにネキリムシの食害が出ることがある。ただし，ネキリムシの被害は地域差が大きいようである。

＊

重粘土地帯の田畑輪換体系へのヘアリーベッチ導入は，ダイズ作のための土壌改良に有効である。ただし，圃場の排水対策として暗渠，明渠，弾丸暗渠などの施工が前提条件となる。また，水稲作時に不耕起栽培や無代かき栽培などを導入し，土壌構造の破壊を最小限にすることも重要である。田畑輪換体系では土壌管理が生産性を維持するうえでもっとも重要となる。

かつて，転作ダイズ初年目は高収量を得，復田初年目は無肥料でもイネが育った。しかし，ダイズは地力消耗作物なので，これまでのような田畑輪換体系を続けていけば，地力が消耗して生産力が減退することになるだろう。地力を維持するためには堆肥などの有機物投入が不可欠である。しかし，水田への有機物投入はインパクトが大きく，イネの還元障害や倒伏，米の品質低下，メタンの発生など，さまざまな問題が生じる。したがって，畑作時に有機物を投入して地力向上をはかれば，作物にも環境にもインパクトを小さくできるのではないだろうか。その一つの手段としてヘアリーベッチを利用するのである。転換畑にヘアリーベッチを植栽することは，ダイズ作に効果的なだけでなく，地力を維持するという点で，田畑輪換体系でも重要な位置を占めると考えられる。

以上の技術の詳細は，「ヘアリーベッチを利用したダイズ・エダマメ増収技術マニュアル」（農林水産業・食品産業科学技術研究推進事業，2015）に記載してある。

また，本稿の内容は，農林水産業・食品産業科学技術研究推進事業「排水不良転換畑における緑肥植物と籾殻補助暗渠による大豆・エダマメ多収技術の確立」における研究成果の一部を利用している。

執筆　佐藤　孝（秋田県立大学）

2017年記

参 考 文 献

藤井義晴. 1995. ヘアリーベッチの他感作用による雑草の制御—休耕地・耕作放置地や果樹園への利用—. 農業技術. **50**, 199—204.

金田吉弘・佐藤孝・古田規敏・生野みどり・小林ひとみ・太田健・進藤勇人・佐藤敦. 2004. 重粘土転換畑における土壌水分環境がダイズの根圏活性

畑作・転作作物

に及ぼす影響. 土肥誌. **75**, 185—190.

農林水産業・食品産業科学技術研究推進事業. 2015.
　ヘアリーベッチを利用したダイズ・エダマメ増
　収技術マニュアル. http://www.akita-pu.ac.jp/
　bioresource/dbe/soil/HV_manual.pdf

佐藤孝・善本さゆり・渡邉俊一・金田吉弘・佐藤敦.
　2007. 重粘土水田転換畑におけるヘアリーベッチ
　植栽が土壌物理性とダイズの初期生育に及ぼす影
　響. 土肥誌. 78.

庄子貞雄監修. 2007.「新しい水田農法へのチャレン
　ジ」. 博友社.

北海道岩見沢市　ノースアグリナカムラ

少量施肥を柱にした有機秋まきコムギの高品質・安定・省力栽培

早期播種と播種量増による確実な越冬，少量施肥による品質の安定，省力・低コスト経営

〈経営の概況〉

　北海道岩見沢市のノースアグリナカムラ（中村忍さん）は2016年から有機栽培を始めた。最初は3圃場，計5.5haでダイズ，休閑緑肥，秋まきコムギの輪作で取組みを始めたが，収量，品質も安定しており，慣行栽培よりも高く販売できるため収益もよく，年々有機栽培の圃場を増やしてきた。2023年には，経営面積50haのうち，水稲以外の31haすべてを有機栽培に転換した。2020年からは有機子実コーンの栽培も始めた。現在，有機の秋まきコムギ（品種：ホクシン）は8ha程度栽培し，アグリシステム株式会社に販売し製粉され，おもに全国のリテールベーカリーでパン用として使われている。

経営の概要

面　積	水田19ha，畑31ha
品　目	水稲19ha，コムギ8ha，ダイズ17.5ha，子実コーン2ha　休閑緑肥3.5ha（輪作）
労　力	本人，両親，パート

〈技術的な特徴〉

1．播種の時期と量の工夫

　岩見沢市は北海道のなかでも有数の豪雪地帯で，積雪期間が長く，秋まきコムギの雪腐病が多発することがある地域である。有機栽培秋まきコムギでは，当然，雪腐病の農薬防除ができないため，どうやって対策をとるかが課題であった。

　そこで，播種期を地域の播種適期よりも15～20日程度早くすることで，慣行栽培よりも秋の生育量を多くし，コムギに体力をつけて越冬させている。慣行栽培での岩見沢市の播種適期は9月20～25日ごろであるが，中村さんは9月5日までには播種するようにしている。

　また，播種量も中村さんはドリル播種の場合で10～12kg/10a程度である。慣行栽培の適期播種では8kg/10a程度で，早まきの場合はこれよりも播種量を少なくするのが一般的だが，中村さんは逆に播種量を多くしている点が特徴である。これは越冬を確実にするためである。

　春に雪解けが進み，コムギが見えてくると，秋に大きく生長していた葉は枯れていることもあるが，株は枯死してはおらず，新芽が少し遅れて出てくる（第1図）。毎年3月下旬の融雪期はコムギの状態が気になり胃が痛い思いをするとのことだが，これまで大きな被害は出たことはない。

2．赤かび病への配慮

　もう一つ，病害で心配なのが赤かび病である。慣行栽培でコムギをつくっていたときは，開花始から農薬防除を1週間間隔で3回は欠かさずに行なっていた。赤かび病が出ると，減収するのはもちろん，毒素が基準を超えると流通

畑作・転作作物

第1図　越冬前後のコムギ
①10月20日（ダイズ収穫後の間作コムギ）
②4月12日（雪解け後の間作コムギ）
③雪解け後のコムギ株

できなくなり，収入が皆無になってしまう。

そんな赤かび病の対策は，結論からいうと，「圃場に入らないこと」である。赤かび病が発生する6月5日以降は，トラクターで圃場に入ることで病原菌を拡散させ，結果病気を増やしてしまうと考え，圃場に入らないことにしている。北海道立総合研究機構中央農業試験場の有機栽培秋まきコムギの試験でも，無防除で赤かび病被害がない結果が出ており，中村さんの赤かび病対策が証明されている（北海道農政部，2024）。

収穫・乾燥したコムギは，アグリシステム株式会社に出荷する。アグリシステムでは有機栽培コムギは全ロットでかび毒のデオキシニバレノール（略称：DON）の検査を行なう。前述のように，赤かび病発生時期には圃場に入らないようにしている生産者では，DONが基準（1.0ppm未満）を超えるような高濃度では検出されていない。

3. 土つくりと施肥

コムギの施肥は，融雪促進もかねて3月中旬に雪の上から鶏糞100kg/10aと雪解け後のコムギ起生期に鶏糞100kg/10aを施肥している。これはチッソ施肥量に換算すれば6kg/10a程度となる。慣行栽培では，チッソ施肥量で15kg/10a程度施肥するのが一般的なので，中村さんのチッソ施肥量は慣行栽培の半分以下ということになる。

慣行栽培のときは，収量10俵/10a以上を目指していたが，有機栽培では5～6俵/10aで十分と考えている。施肥量を多くすると，コストが増える，病害虫が増える，コムギの食味・品質が悪くなると考え，多収よりも収益性と品質を重視して栽培している。

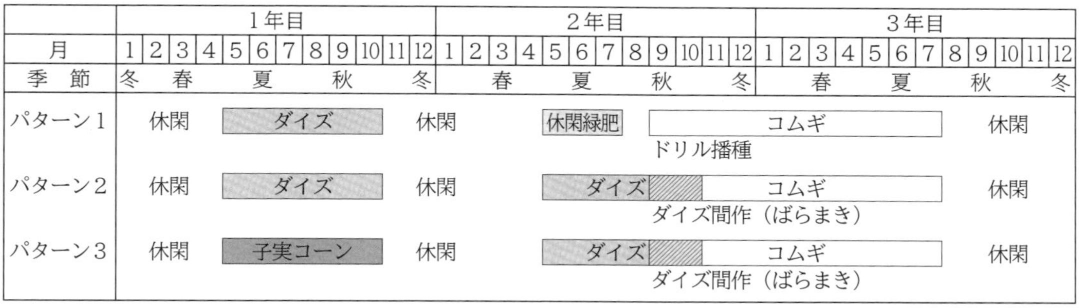

		1年目			2年目			3年目	
月		1 2 3 4 5 6 7 8 9 10 11 12			1 2 3 4 5 6 7 8 9 10 11 12			1 2 3 4 5 6 7 8 9 10 11 12	
季　節		冬　春　　夏　　　秋　　冬			春　　夏　　　秋　　冬			春　　夏　　　秋　　冬	
パターン1	休閑	ダイズ	休閑	休閑緑肥	コムギ ドリル播種		休閑		
パターン2	休閑	ダイズ	休閑	ダイズ	コムギ ダイズ間作（ばらまき）		休閑		
パターン3	休閑	子実コーン	休閑	ダイズ	コムギ ダイズ間作（ばらまき）		休閑		

第2図　中村さんの輪作体系

〈栽培の実際〉

1. 輪作体系と播種

第2図に，中村さんの輪作体系を示した。

中村さんが有機栽培秋まきコムギを始めたころは，春から休閑緑肥（エンバク，キカラシ，ヘアリーベッチの混播，第3図）をつくり，土つくりをしてからその年の9月に，コムギをドリル播種していた（第2図パターン1）。この輪作は，土つくりにはとても効果的で，施肥量が少なくてもコムギの収穫量を安定させていると考えていた（第4図）。

しかし，休閑緑肥を入れると1年間は作物販売の売上がないのが課題で，もう少し収益を上げたいとの考えから，2021年からはダイズ間作栽培（ダイズ間ばらまき栽培）の取組みを始めた（第2図パターン2）。これはダイズ収穫前の圃場に秋まきコムギを播種する方法である。（第5図）

この栽培にあたっては，前作のダイズはカルチ除草をしっかり行ない，雑草をなくしていることが前提になる。コムギの播種時期は9月上旬，この場合の播種量はドリル播種よりも多く20kg/10aにしている。播種は，ブロードキャスタでのばらまきが一般的だが，中村さんはラジコンヘリで播種している。

播種のタイミングは，ダイズの葉が落ちる前までに行なう。葉が落ちてしまうと，土壌表面が乾燥したり，葉の上に種子が落ち，コムギの発芽率が悪くなってしまうことを防ぐためである

第3図　休閑緑肥
エンバク，キカラシ，ヘアリーベッチの混播

る。播種・発芽を均一に安定させることが，ダイズ間作の重要なポイントになる。発芽がうまくいけば，それまでのドリル播種と生育に大きな違いはなく，むしろダイズ間作栽培のほうが収量が高い年もあった。

このほか，2020年からはダイズの代わりに有機の子実コーンも取り入れている（第2図パターン3）。

なお，2024年からはダイズの作付け面積を減らし，休閑緑肥を再開する。これは，地力維持と，ダイズの除草作業を軽減するためである。

2. 栽培管理

中村さんの施肥管理は，元肥はしない。追肥は，前述したとおり融雪促進もかねて，3月中

畑作・転作作物

第4図　休閑緑肥のすき込み
①刈取りと1回目のすき込み（2016年7月21日）
②1回目のすき込みの4日後
③2回目のすき込み後（8月2日）
④3回目のすき込み後（8月18日）。このあと8月30日にコムギを播種した

旬に鶏糞100kg/10aと，雪解け後のコムギ起生期に同じ鶏糞100kg/10aを全層散布する。

病害虫の防除は一切しない。圃場内の除草も基本的にやらないが，目立つ雑草があれば手で抜くこともまれにある。

3. 収穫・調製

有機栽培では，慣行栽培よりも施肥量が少ないため，成熟は早く，均一に仕上がる傾向がある。圃場内で生育差があったり，倒伏があったりすると収穫期の判断がむずかしくなるが，有機栽培コムギでは，そういったことは非常に少ない。ただし，刈り遅れは穂発芽など品質低下の原因になるため，適期収穫を心がけている（第6図）。

第5図　ダイズ間作でのコムギ播種
2022年8月30日撮影。この1週間以内にコムギを播種する

第6図　生育が進むコムギ
左：6月9日，右：7月18日（収穫直前）

4. 収穫後の圃場の管理

コムギ収穫後の麦稈は，全量圃場にすき込み，土つくりに努めている。麦稈のすき込みも，表層5cm以内を目指し，10cm以上の深起こしはしないよう心がけている。多量にある麦稈を1回ですき込みしようとすると，どうしても深起こしになってしまうので，2〜3回程度浅くロータリをかけ，徐々にすき込みを行なう。ロータリの回転速度は低速にし，トラクタ速度は速くしている。これは，作業性を向上させることに加え，耕盤層をつくらないこと，土壌微生物の環境を壊さず団粒構造を維持することを目指してのことである。

〈コムギの有機栽培のメリット〉

1. 雑草害の低減

すでに紹介したように，中村さんのコムギへの施肥量は，慣行栽培の半分以下である。肥料を減らすことには，雑草の生育も小さく抑えられるという大きなメリットもある。慣行栽培のときは，雑草対策に苦労していた。もちろん除草剤を使っていたが，追肥でチッソ肥料を施肥するたびに雑草も大きく生長させてしまっていた。とくにスズメノカタビラ（通称「貧乏草」）がコムギの生育よりも旺盛になり，年々拡大していた。

第7図　慣行圃場と有機圃場の雑草（スズメノカタビラ）の生育の違い
スズメノカタビラは道央地区のコムギ圃場でもっとも問題になっている。慣行圃場では追肥チッソを吸収して繁茂し，コムギと競合するが，肥料分の少ない有機圃場では生育はおとなしい

一方，有機栽培に切り替えて以降は，確かに貧乏草を見かけはするものの，生育量は小さく，コムギの生育を邪魔することなく下のほうでおとなしくしている（第7図）。肥料を少なめにすることが，有機栽培秋まきコムギの成功のポイントでもあると，中村さんは考えている。

2. 労力の低減

有機栽培コムギは，慣行栽培よりも圧倒的に作業が楽である。慣行栽培は農薬防除・除草剤

畑作・転作作物

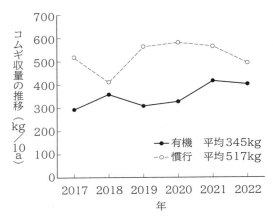

	2017年	2018年	2019年	2020年	2021年	2022年
有 機	137	161	147	166	218	344
慣 行	182	477	307	432	497	342

注 2023年以降は全面的に有機栽培に転換した

第8図 中村さんのコムギの収量と栽培面積

第9図 多品目の休閑緑肥（2024年6月14日）

散布が計8回程度あるが，有機栽培はゼロ。追肥も，慣行栽培に比べて1〜2回程度少ない。
　有機栽培と慣行栽培の労働時間を比較したところ，有機栽培は3.1時間/haだったのに対して慣行栽培は16.7時間/haで，作業時間は5分の1になっているという結果が出た。有機栽培コムギに取り組むことで，作業量を減らし，全体の作業にゆとりがうまれ，体への負担が減った。

3. 収量と経費

　これまでの中村さんのコムギ収量は第8図上のとおりである。有機栽培の平均収量は345kg/10aと慣行栽培の517kg/10aと比べ35%ほど減収にはなっているが，収量・品質ともに安定しており，豊凶の波が少ない。有機栽培コムギの需要は高いが，生産する人が少なく，需要に対して供給が足りていない状況である。そのため販売単価も高値安定で，300kg/10aの収量があれば，慣行栽培と同程度の売上になる。
　慣行栽培は収量・品質の年次変動が大きく，経費は毎年かかるため，収益が不安定であった。これに対して有機栽培では，肥料代は慣行栽培の半分以下，そして農薬代はゼロであり，経費が驚くほど安くなっている。

〈休閑緑肥の混播〉

　有機栽培の取組みを始めるときに，コムギは不安が大きかったが，実際に栽培してみると作業性がよく，収量・品質・収益が安定していた。中村さんの有機品目では，コムギの収益性はダイズよりは落ちる。しかし，ダイズは6〜7月にかけてカルチ除草が多く，手を抜くことができない。それに比べるとコムギ栽培は手間がかからず，労力配分の面でダイズ栽培との相性がとてもよいと感じている。
　また，2021年から2023年までは，秋まきコムギはすべてダイズ間作栽培としていたが，2024年からは地力の維持とダイズの除草作業の軽減を考えて，土つくりのための休閑緑肥を再導入し，緑肥すき込み後に秋まきコムギをドリル播種する計画にしている。
　休閑緑肥は11品種の多様な品目をブレンドした緑肥を栽培する。近年，欧米では6品目以上のカバークロップ緑肥をブレンドして播種・栽培する事例が増えているようだ。多品目混播することで緑肥の生育量を多くし腐植を増やすとともに，土壌微生物を豊かにして特定の病害虫が多発することを抑制したいと，中村さんは考えている。11品目は，イネ科・マメ科・アブラナ科・キク科など多様な品目を播種した（第9図）。

地力と多様性を高めながら，より低コストで
より高品質，収量の安定を目指したいと考えて
いる。また，消費者とも積極的に交流しなが
ら，求められる農産物，品種の栽培，よりよい
品質・美味しい農産物をつくることで，経営を
安定させたいと考えている。
《住所など》北海道岩見沢市北村赤川3728—1
　　　　　　　ノースアグリナカムラ
執筆　加々美竜彦（アグリシステム株式会社）
　　　　　　　　　　　　　　　　2024年記

参 考 文 献

北海道農政部. 2024. 安定確収のための秋まき小麦
　有機栽培技術（普及奨励ならびに指導参考事項）.

ムギ生育初期の牛糞堆肥施用

(1) 地力低下対策としての堆肥活用

　近年，全国的にダイズ連作による水田の地力低下が問題となっている（小田原ら，2012；新良，2013）。大分県では平坦部の二毛作地帯を中心に，水田転換畑での2年もしくは3年1作のダイズ作付けが永年行なわれているほか，一部ではダイズ－ムギ体系での二毛作による連作が行なわれている。加えて，養分収奪力の高い飼料用イネの作付けや耕畜連携の拡大によるイナワラの持出しも増加しており，これら複数の要因による水田の地力低下が確認されている。

　また，二毛作地帯では各作間の圃場における無作付け期間が短いこと，耕種農家にとっては，農繁期にあたるため堆肥散布にかかる時間が確保できないことから地力回復に有効とされる堆肥の施用が減少している。

　そこで本研究では堆肥の活用法について，農閑期にあたる1～2月のムギ生育初期を新たな堆肥施用時期に設定し，大分県農林水産研究指導センター水田農業グループ内の圃場と現地圃場において，牛糞堆肥の施用試験を実施した。

(2) 施用量別の試験区の設定

①場内圃場

　ムギ生育初期における堆肥の施用量がムギの生育および収量に与える影響を検討するため，水田農業グループ内の圃場（大分県宇佐市・標高8m）で堆肥の連用試験を実施した。

　試験区構成はムギ生育初期（3～5葉期）に牛糞堆肥2t/10a（生育期2t区）あるいは4t/10a（生育期4t区）を試験区全面に表面施用する区，比較として播種前に牛糞堆肥を2t/10a全面施用し，土壌混和後に播種する区（播種前2t区），対照として堆肥無施用区（対照区）の4処理とした（品種：二条オオムギ'ニシノホシ'）。

　いずれの試験年とも（公社）農業公社やまくにの完熟牛糞堆肥（チッソ成分1.6％，リン酸2.2％，カリ1.9％）を用い，人力により試験区内に均一に散布した（第1,2図）。

②現地圃場

　現地における生育初期の堆肥散布の効果実証および機械による散布適性を確認するため，宇佐市のオオムギ栽培現地圃場（標高6m・細粒質普通低地水田土）および大分県中津市のコムギ栽培現地圃場（標高23m・細粒質還元型グライ低地土）を対象に堆肥の連用試験を実施した（第3～6図）。

　試験区構成は生育初期（3～5葉期）に牛糞堆肥2t/10aを施用する区（生育期2t区），比較として播種前に牛糞堆肥を2t/10a全面施用し，土壌混和後に播種する区（播種前2t区），対照として堆肥無施用区（対照区）の3処理とした。

　いずれの試験年とも農業公社やまくにの完熟

第1図　堆肥散布後の試験区（場内：生育期2t区）

第2図　堆肥散布後の試験区（場内：生育期4t区）

畑作・転作作物

第3図 堆肥の積込み

第4図 堆肥の散布

第1表 堆肥の適切な施用量の検討：生育

試験区	試験年	出芽期 （月/日）	出芽数 （本/m²）	分げつ期 草丈 （cm）	分げつ期 茎数 （本/m²）	分げつ期 葉色 SPAD値	出穂期 （月/日）	成熟期 （月/日）
生育期2t	2018	1/21	158	29.0	992	40.6	4/18	判断不可
	2019	1/7	162	37.0	1,081	46.9	4/10	5/22
	2020	12/19	175	34.0	1,049	41.9	3/31	5/15
	2021	12/24	149	33.0	878	43.5	3/26	5/5
	平均	1/2	161a	33.3a	1,000ab	43.2a	4/5	5/14
生育期4t	2018	1/21	150	24.0	770	40.9	4/19	判断不可
	2019	1/7	140	35.0	950	44.7	4/11	5/24
	2020	12/19	169	35.0	964	42.2	4/1	5/17
	2021	12/24	152	34.0	877	43.2	3/31	5/11
	平均	1/2	153a	32.0a	890a	42.8a	4/7	5/17
播種前2t	2018	1/21	161	31.0	1,240	40.1	4/17	判断不可
	2019	1/7	155	41.0	1,186	47.0	4/9	5/22
	2020	12/19	167	36.0	1,058	41.8	3/31	5/16
	2021	12/24	155	37.0	1,073	45.2	3/26	5/5
	平均	1/2	160a	36.3a	1,139b	43.5a	4/5	5/14
堆肥無施用	2018	1/21	160	27.0	1,032	40.3	4/17	判断不可
	2019	1/7	160	34.0	915	42.2	4/8	5/21
	2020	12/19	172	32.0	931	39.9	3/29	5/14
	2021	12/24	149	30.0	837	42.2	3/26	5/3
	平均	1/2	160a	30.8a	929a	41.2a	4/4	5/12

注 1）試験年はいずれも収穫年を示す
　 2）葉色の測定はKONICA MINOLTA spad-502plusを用いた
　 3）倒伏程度は無，微，少，中，多，甚の6段階を0～5で表わす
　 4）表中の異なるアルファベット間には，Tukey法により5%水準で有意差があることを示す

第5図 堆肥散布直後の様子

第6図 堆肥散布から1か月後の様子

調査結果

成熟期			倒伏程度
稈長 (cm)	穂長 (cm)	穂数 (本/m²)	(0～5)
58	5.7	1,065	0.0
71	6.9	678	0.0
89	7.1	721	2.0
80	7.4	611	0.0
75a	6.8a	769a	0.5a
60	5.8	958	0.0
76	7.1	656	0.0
93	7.3	771	3.0
81	7.5	658	0.0
78a	6.9a	761a	0.8a
62	5.9	1,016	0.0
78	6.9	612	0.5
91	6.9	708	2.0
82	7.3	653	0.0
78a	6.8a	747a	0.6a
58	5.9	855	0.0
68	6.3	533	0.0
82	6.7	650	0.0
76	7.0	482	0.0
71a	6.5a	630a	0.0a

牛糞堆肥（チッソ成分1.6％，リン酸2.2％，カリ1.9％）を用い，散布方法は農業公社やまくにが所有の自走式マニュアスプレッダ（デリカ社製DAM-253，最大積載量2.5t）で行なった（宇佐市・品種：オオムギ'ニシノホシ'，中津市・品種：コムギ'ミナミノカオリ'）。

(3) 堆肥施用量別にみたムギの生育

①場内圃場

牛糞堆肥を表面施用した生育期区では，施用量の多い生育期4t区で堆肥が生育中のオオムギを完全に覆ってしまう箇所が試験区内に点在し，生育3葉期に堆肥を散布した際にとくに多くみられた。堆肥施用量にかかわらず施用2日後ころから葉の黄化といった生育障害がみられ，生育期2t区では生育障害の回復は早かったものの，生育期4t区では回復が遅かった。また，前述の牛糞堆肥がオオムギを完全に覆ってしまった箇所では枯死する株もみられた。

堆肥施用区では，牛糞堆肥由来のチッソの増施効果と考えられるオオムギの増収がみられた。また，オオムギ生育期の牛糞堆肥施用は，堆肥中の肥料成分がオオムギの茎葉に接触するため生育障害が発生するとともに，3月以降の施用堆肥中の有機物由来のチッソ成分の可給化により，遅れ穂の発生が堆肥無施用や播種前の堆肥施用に比べ多くなると考えられた。しかし，オオムギ3葉期以降の牛糞堆肥2t/10aの施用であれば生育の回復は早く，生育および収

畑作・転作作物

量，品質は播種前2t/10a施用と大きな差はないことから，実用性は高いと思われた。

ただし，4t/10aでは牛糞堆肥施用時のオオムギの葉齢にかかわらず生育の回復はやや遅く，遅れ穂の発生も多くみられた。また，くず重の増加に加え，充実不足により検査等級が規格外となり顕著な品質低下が発生したことから，オオムギの生育および収量，品質に与える負の影響が大きいと考えられた。

以上のことから，オオムギ生育初期の牛糞堆肥の施用は，3葉期以降に2t/10a程度が適当であると考えられた（第1，2表）。

②**現地圃場**

牛糞堆肥の散布を行なった圃場の面積はおおむね15〜30aであり，播種前の散布はいずれの場所とも耕起後であったが，問題なく散布可能であった。今回は均一散布のため，フレコンで運搬された堆肥をユニックでマニュアスプレッダに一定量ずつ積載して散布を行なった。そのため散布時期や圃場面積にかかわらず散布時

第2表　堆肥の適切な施用量の検討：収量・品質調査結果

| 試験区 | 試験年 | 子実重 | | くず重 | ワラ重 | 千粒重 | 容積重 | 穀粒硬度 | 子実タンパク質含有率 | 検査等級 |
		(kg/10a)	(比％)	(kg/10a)	(kg/10a)	(g)	(g/l)	(HI)	(％)	(1〜7)
生育期 2t	2018	169	92	6	463	46.8	730	49.7	—	4.5
	2019	509	125	20	442	49.9	757	34.7	—	2.0
	2020	592	134	66	511	45.9	747	41.0	10.7	4.5
	2021	521	121	42	370	45.9	747	43.3	11.0	4.5
	平均	541b	127	43a	441a	47.2a	750a	39.7a	10.9	3.7a
生育期 4t	2018	196	107	11	471	46.4	753	47.9	—	3.8
	2019	487	120	29	421	50.7	757	33.4	—	2.0
	2020	523	118	148	534	44.5	750	48.4	11.8	7.0
	2021	557	130	39	326	44.5	750	43.1	11.6	7.0
	平均	522b	123	72a	427a	46.6a	752a	41.6a	11.7	5.3a
播種前 2t	2018	214	117	8	498	46.3	737	43.5	—	4.0
	2019	532	131	25	442	49.9	757	34.7	—	2.0
	2020	570	129	67	506	45.7	745	40.1	10.0	2.8
	2021	546	127	58	371	45.7	745	44.3	10.6	2.8
	平均	549b	129	50a	440a	47.1a	749a	39.7a	10.3	2.5a
堆肥 無施用	2018	183	—	3	423	46.9	773	46.9	—	2.5
	2019	406	—	10	348	48.3	753	33.4	—	2.5
	2020	443	—	21	463	48.0	738	32.4	10.6	2.5
	2021	430	—	22	276	48.0	738	38.7	9.9	2.5
	平均	426a	—	18a	362a	48.1a	743a	34.8a	10.3	2.5a

注　1）試験年はいずれも収穫年を示す

　2）平均は2019〜2021年の値（タンパク質含有率は2020〜2021年）

　3）子実重，くず重，千粒重，容積重は水分12.5％換算値を示す

　4）穀粒硬度は，篩い目2.5mm以上の整粒について，三和酒類株式会社に測定依頼した（測定機器：SKCS4100）

　5）子実タンパク質含有率は，三和酒類株式会社に測定依頼した。測定方法は，燃焼法（改良デュマ法）。窒素・タンパク質測定装置（Gerhardt製　Dumatherm Pro）にて測定し，水分13.5％換算値で算出した

　6）検査等級は1等上中下，2等上中下，規格外の7段階を1〜7で表わす

　7）表中の異なるアルファベット間には，Tukey法により5％水準で有意差があることを示す

第3表　マニュアスプレッダによる現地実証：生育調査結果（大分県宇佐市・オオムギ）

試験区	試験年	出芽期 (月/日)	出芽数 (本/m²)	分げつ期 草丈 (cm)	分げつ期 茎数 (本/m²)	分げつ期 葉色 SPAD値	出穂期 (月/日)	成熟期 (月/日)	成熟期 稈長 (cm)	成熟期 穂長 (cm)	成熟期 穂数 (本/m²)	倒伏程度 (0～5)
生育期 2t	2019	1/3	98	41	571	43.0	4/5	5/21	82	7.0	428	0.0
	2020	12/26	149	46	929	41.7	4/2	5/24	91	7.4	599	0.0
	2021	12/22	116	51	952	43.7	4/3	5/24	97	7.1	554	3.0
	平均	12/27	121	46	817	42.8	4/3	5/23	90	7.2	527	1.0
播種前 2t	2019	1/3	109	44	720	38.4	4/5	5/22	80	6.6	503	0.0
	2020	12/26	144	41	843	36.6	4/1	5/22	78	6.7	449	0.0
	2021	12/22	139	54	1,019	38.0	4/2	5/22	93	6.6	520	2.0
	平均	12/27	131	46	861	37.7	4/2	5/22	84	6.6	491	0.7
堆肥無施用	2019	1/3	110	43	529	38.9	4/5	5/17	74	6.2	334	0.0
	2020	12/26	152	42	806	37.9	4/2	5/23	77	6.8	509	0.0
	2021	12/22	120	50	771	43.4	3/30	5/23	90	6.9	578	0.0
	平均	12/27	127	45	702	40.1	4/2	5/21	80	6.6	474	0.0

注　1）倒伏程度は無，微，少，中，多，甚の6段階を0～5で表わす
　　2）試験年はいずれも収穫年を示す

第4表　マニュアスプレッダによる現地実証：収量・品質調査結果（大分県宇佐市・オオムギ）

試験区	試験年	子実重 (kg/10a)	子実重 (比%)	くず重 (kg/10a)	ワラ重 (kg/10a)	千粒重 (g)	容積重 (g/l)	穀粒硬度 (HI)	子実タンパク質含有率 (%)	検査等級 (1～7)
生育期2t	2019	397	134	31	283	50.0	736	33.4	—	2.7
	2020	465	150	72	418	45.3	740	38.0	10.1	7.0
	2021	380	90	120	380	41.9	686	40.5	9.7	6.7
	平均	414	121	74	360	45.7	721	37.3	9.9	5.5
播種前2t	2019	431	146	41	318	50.3	742	39.3	—	3.0
	2020	303	98	50	366	46.0	738	35.1	9.6	6.0
	2021	459	109	68	337	44.8	701	38.0	9.6	7.0
	平均	398	116	53	340	47.0	727	37.5	9.6	5.3
堆肥無施用	2019	296	—	22	235	46.1	726	34.7	—	2.0
	2020	310	—	72	298	46.3	737	34.6	10.3	6.7
	2021	421	—	94	320	45.0	701	35.5	10.6	6.7
	平均	342	—	63	284	45.8	721	34.9	10.5	5.1

注　1）子実重，くず重，千粒重，容積重は水分12.5％換算値を示す
　　2）子実重の比％は堆肥無施用区に対する比率を示す
　　3）検査等級は1等上中下，2等上中下，規格外の7段階を1～7で表わす
　　4）子実タンパク質含有率は，三和酒類株式会社に測定依頼した。測定方法は，燃焼法（改良デュマ法）。窒素・タンパク質測定装置（Gerhardt製　Dumatherm Pro）にて測定し，水分13.5％換算値で算出した
　　5）穀粒硬度は，篩い目2.5mm以上の整粒について，三和酒類株式会社に測定依頼した（測定機器：SKCS4100）
　　6）2019年のタンパク質含有率について，未実施であるため記載していない（平均値は2020年，2021年の値）
　　7）試験年はいずれも収穫年を示す

畑作・転作作物

第5表　マニュアスプレッダによる現地実証：生育調査結果（大分県中津市・コムギ）

試験区	試験年	出芽期 (月／日)	出芽数 (本/m²)	分げつ期 草丈 (cm)	分げつ期 茎数 (本/m²)	分げつ期 葉色 SPAD値	出穂期 (月／日)	成熟期 (月／日)	成熟期 稈長 (cm)	成熟期 穂長 (cm)	成熟期 穂数 (本/m²)	倒伏程度 (0～5)
生育期 2t	2019	11/28	169	50	1,103	50.0	4/5	6/3	88	9.2	491	0.0
	2020	12/4	265	62	736	44.5	4/2	6/3	99	9.0	537	0.0
	2021	12/24	216	47	720	43.9	4/8	6/3	88	8.7	211	0.0
	平均	12/8	217	53	853	46.1	4/5	6/3	92	9.0	413	0.0
播種前 2t	2019	11/28	151	49	1,161	46.4	4/5	6/2	93	8.8	493	0.0
	2020	12/4	244	66	807	42.9	4/1	6/2	96	8.4	537	3.0
	2021	12/24	222	61	899	41.8	4/7	6/2	95	7.8	261	0.0
	平均	12/8	206	59	956	43.7	4/4	6/2	95	8.3	430	1.0
堆肥無施用	2019	11/28	159	47	1,157	48.3	4/5	5/31	91	9.0	422	0.0
	2020	12/6	245	58	755	43.3	4/2	6/1	97	8.3	496	1.3
	2021	12/24	214	45	771	44.2	4/5	6/1	88	8.8	183	0.0
	平均	12/9	206	50	894	45.3	4/4	5/31	92	8.7	367	0.4

注　1）倒伏程度は無，微，少，中，多，甚の6段階を0～5で表わす
　　2）試験年はいずれも収穫年を示す

第6表　マニュアスプレッダによる現地実証：収量・品質調査結果（大分県中津市・コムギ）

試験区	試験年	子実重 (kg/10a)	子実重 (比%)	くず重 (kg/10a)	ワラ重 (kg/10a)	千粒重 (g)	容積重 (g/l)	子実タンパク質含有率 (%)	検査等級 (1～7)
生育期2t	2019	592	118	3	589	39.9	861	15.0	4.0
	2020	674	116	6	694	41.4	845	13.8	4.3
	2021	562	110	5	523	40.2	751	15.2	3.0
	平均	609	115	5	602	40.5	819	14.7	3.8
播種前2t	2019	516	103	2	712	41.4	872	11.7	2.5
	2020	631	108	11	708	39.7	845	12.2	3.3
	2021	588	115	4	602	39.6	813	13.2	3.0
	平均	578	109	6	674	40.2	843	12.4	2.9
堆肥無施用	2019	502	—	3	623	42.6	880	12.0	2.5
	2020	582	—	4	702	42.0	843	13.6	2.3
	2021	512	—	4	500	39.5	796	15.1	2.7
	平均	532	—	4	608	41.4	840	13.6	2.5

注　1）子実重，くず重，千粒重，容積重は水分12.5%換算値を示す
　　2）子実重の比%は堆肥無施用区に対する比率を示す
　　3）検査等級は1等上中下，2等上中下，規格外の7段階を1～7で表わす
　　4）子実タンパク質含有率は，全農大分県本部が所有する近赤外分析計（Infratec NOVA, FOSS）により測定し，135℃乾燥法により得られた値を13.5%に換算して算出した
　　5）試験年はいずれも収穫年を示す

間は30分/10a程度であり，その多くが堆肥の積載に要した時間であった。また，中津市については生育期の散布時に土壌が過湿ぎみであったことから，マニュアスプレッダがターンを繰り返した圃場の枕部分はムギが枯死した。

二条オオムギ，コムギとも播種前，生育期に限らず2t/10aの堆肥散布により，増収効果がみられた。これは単純なチッソ投入量の増加に由来すると考えられた。また，年次変動の確認が必要であるが，とくにコムギにおいては，生育期の堆肥投入により顕著な増収効果および，タンパク質含有率の向上がみられた（第3～6表）。

（4）収量と品質からみた適切な施用量

①場内圃場の結果から

ムギの生育初期に堆肥を散布することにより，いずれの試験年においても黄化などの症状がみられたが早期に改善し，収量が向上した。

堆肥を4t/10a散布した場合，収量の向上効果がみられたものの，散布後の生育障害や収穫物の品質低下がみられた。一方，堆肥を2t/10a散布した場合には，収量の向上効果がみられ，品質低下はみられなかった。

以上のことから水田の地力低下が問題となるなかで，ムギの生育期間中に堆肥を施用することは効果的である。また，その施用量は，4t/10aの施用はムギの生育障害や品質低下が生じるおそれがあるため，2t/10aが適当であると考えられた。

②現地圃場の結果から

マニュアスプレッダを用いた堆肥散布について，圃場が乾燥した状態で実施した場合は黄化などの症状がみられたが早期に改善した。圃場が過湿状態で実施した場合は圃場排水性の悪化による湿害の発生やムギ個体の枯死がみられたが，堆肥を散布することにより収量向上効果が確認された。

以上のことから，マニュアスプレッダによる堆肥散布は，播種前やムギ生育初期において圃場が乾燥した状態であれば，ムギに対する悪影響は小さかったため，可能であると考えられた。

執筆　長島泰一（大分県農林水産研究指導センター）

2024年記

参 考 文 献

小田原孝治・福島裕助・荒木雅登・兼子明・荒巻幸一郎．2012．筑後川流域の田畑輪換圃場における土壌肥沃度とダイズ子実収量性の実態．土肥誌．**83**, 405—411.

新良力也．2013．水田輪作の新しいフレームワークと土壌学・植物栄養学の展開方向　4．輪作体系下の地力の問題と維持管理．土肥誌．**84**, 487—492.

畑作・転作作物

寒冷地秋まきコムギの緑肥利用と効果

(1) コムギ栽培と有機物施用

古くから「ムギは肥料でとる」といわれており，ムギ類の栽培において多収かつ高品質を実現するために施肥管理は大きな役割を果たしている。また，北海道や福岡県の研究報告では有機物の長期連用により，化学肥料単用区と比較して土壌理化学性およびコムギ収量が改善されている。このため，適切な施肥管理と土つくりの取組みを並行して行なうことが地力増進と作物生産のうえで重要である。

ここでは，岩手県におけるコムギでの試験結果をもとに，緑肥作物の選定とその栽培期間・栽培体系，後作コムギの生育・子実収量に及ぼす効果について述べる。

(2) 岩手県における有機物施用の実態

岩手県では，土壌環境基礎調査および土壌機能実態モニタリング調査を通じて県内耕地土壌の土壌管理・施肥管理について追跡調査を実施している。直近の調査結果（調査9巡目：2019～2023年）における水田土壌の堆肥施用量と施用率は，ピーク時と比較してそれぞれ42％減（調査3巡目比），36％減（調査1巡目比）であった（第1図）。

また，本県のコムギ作付け面積の約90％は水田転換畑である。水田転換畑は，1）排水性の良否により畑作物の作付け圃場が固定化されることと，2）土壌が好気的条件下にあり土壌有機物の分解が促進されることにより，地力チッソが消耗しやすい環境にある。

前述のとおり堆肥施用量および堆肥施用率が減少している現状を踏まえ，地力増進のために家畜糞堆肥の代替となる有機物の補給手段が求められていた。

(3) 緑肥作物の分解特性

緑肥作物を主作物の栽培体系に組み込むうえで，1）土壌へのすき込み前に十分な生育量が得られるよう一定以上の栽培期間を確保すること，2）すき込み後に後作（次作）への悪影響を与えないよう一定の腐熟期間を確保することが肝要である。

植物残渣や家畜糞堆肥，緑肥作物などの有機物は，有機物中の炭素含量とチッソ含量の比を示す「C/N比」によって土壌中での分解速度が異なる。C/N比の高い有機物（イネ科緑肥など）は，すき込み後の分解過程で土壌微生物が無機態チッソを吸収することで一時的に土壌中の無機態チッソ量が減少する（チッソの有機化）。このため，後作の生育に影響するチッソ

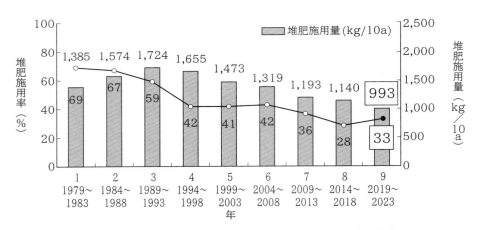

第1図　岩手県の水田土壌における堆肥施用量と施用率の推移

飢餓のおそれがある。一方，C/N比の低い有機物（マメ科緑肥など）は，すき込み直後から微生物分解が進み，無機態チッソが土壌中に放出されるためチッソ飢餓のおそれは少ないとされる。このように，土壌中に有機物をすき込んだ場合，そのC/N比によって分解速度が異なるため，主作物に影響しないすき込み時期を把握することは重要である。

（4）コムギと輪作可能な緑肥作物の選定とその導入効果

コムギ作に適した緑肥作物の選定およびその栽培期間，後作コムギの生育・子実収量と土壌物理性の変化をあきらかにするため，岩手県農業研究センターの水田転換畑（細粒質腐植質疑似グライ土）で転換初年目から3年間（2019～2021年）の実証試験を行なった。品種は岩手県の主要品種である 'ゆきちから' を用いた。

①緑肥作物の分解特性の把握と栽培期間の検討

緑肥作物として有望と考えられるイネ科作物ソルガム，マメ科作物クロタラリア，ヘアリーベッチおよびダイズについて，それぞれの分解特性と栽培期間，後作コムギに影響しないすき込み時期を検討するため，室内培養試験と圃場埋設試験，栽培試験を実施した。

試験初年目は，一定条件下における土壌中での緑肥作物の分解過程とチッソ無機化過程を把握するために室内培養試験を行なった。緑肥作物のすき込み時期をコムギ播種4週間前，2週間前と仮定し，すき込み直前の緑肥作物を乾燥・粉砕したあと，試験圃場の土壌と混和して畑状態保温静置法により培養した。培養開始後から一定期間ごとに緑肥未混和土壌（対照区）と緑肥混和土壌の無機態チッソ量を測定し，緑肥作物に由来する無機態チッソ量の推移と見かけのチッソ無機化率を求めた。なお，見かけのチッソ無機化率が正の値の場合，分解過程で土壌中に無機態チッソが放出されており，負の値では土壌中の無機態チッソが土壌微生物に吸収されるチッソ飢餓が生じたことを表わす。

培養試験の結果，ソルガムはすき込み時期の遅れに伴いC/N比が高まり，培養期間の長期にわたり有機化が確認された。播種2週間前区では培養期間中に無機化に転じることはなかった。一方，クロタラリアとヘアリーベッチは，いずれのすき込み時期でも培養1～2週間のうちに無機化に転じた。ダイズは培養1週間後には速やかに無機化した（第1表，第2図）。

室内培養試験で得られた分解速度の傾向について，自然条件下での傾向を検証するため，試験2年目に圃場埋設試験を実施した。すき込み直前の緑肥作物を乾燥・細断したものをメッシュバッグに封入し，試験圃場の作土深5cmに埋設した。埋設後から一定期間ごとに試料を回収し，埋設前後の乾燥重と全チッソ量の推移から緑肥作物の分解率とチッソ残存率を求めた。

埋設試験の結果，同一の緑肥作物ではいずれのすき込み時期でも分解速度に差は見られなかった。一方，ソルガムの分解速度は緩慢でありコムギ一作期にわたり緩やかに分解が進んだ。クロタラリア，ヘアリーベッチ，ダイズは埋設8週間後には70～80％程度が分解されており，埋設後速やかに無機態チッソが放出された（第3図）。

培養試験と埋設試験の結果から，ソルガムのすき込みはコムギ播種4週間前，クロタラリア，ヘアリーベッチ，ダイズのすき込みは播種2週間前が適することがあきらかとなった。

②緑肥作物が後作コムギの生育・子実収量に及ぼす影響

前述試験と並行して，コムギ収穫後を想定した7月中下旬に緑肥作物を播種し，すき込み時期を2水準（コムギ播種4週間前，2週間前）としてすき込み直前に生育調査を実施した。この結果，ヘアリーベッチはコムギ収穫後からコムギ播種前までの栽培期間では十分な新鮮重が得られなかったことから，岩手県におけるコムギと輪作可能な緑肥作物はソルガム，クロタラリア，ダイズであると考えられた（第1表）。このうち，緑肥作物として流通しているソルガムとクロタラリアについて，緑肥作物のすき込みが後作コムギの生育・子実収量，土壌物理性に与える影響を検証した。

第1表 緑肥作物の耕種概要および栽培試験結果 (2018～2020年)

緑肥作物	供試品種	播種量 (g/m²)	施肥量 (g/m²)	採取時期	草丈 (cm)	新鮮重 (g/m²)	乾物重 (g/m²)	生育ステージ	C/N比
ソルガム	つちたろう	5	—	4週間前	156.2	3,098	440	最大9葉抽出	56.2
				コムギ播種2週間前	201.9	4,035	750	最大9葉抽出	72.9
クロタラリア	ネマックス	7	—	4週間前	52.0	2,033	232	最大22葉抽出	14.5
				コムギ播種2週間前	78.1	2,924	388	着蕾期	17.0
ヘアリーベッチ	藤えもん	4	—	4週間前	38.0	195	43	着蕾～開花期	12.6
				コムギ播種2週間前	55.0	507	103	着蕾～開花期	15.3
ダイズ	リュウホウ	11	—	4週間前	77.5	1,633	338	若莢期	12.3
				コムギ播種2週間前	87.4	2,131	566	莢肥大期	12.4

処理区は対照区（コムギ連作区），ソルガムーコムギ輪作区，クロタラリアーコムギ輪作区の3水準とした。栽培試験の結果，すき込み時期直前の緑肥作物の新鮮重はソルガムで1,000kg/10a程度，クロタラリアで2,150kg/10a程度であった。また，子実収量は対照区比でソルガムーコムギ輪作区，クロタラリアーコムギ輪作区ともに19％増加した。おもな増収要因としてm²当たり穂数の増加が寄与したものと考えられた。また，千粒重，容積重，原麦タンパク含量，検査等級は対照区とおおむね同等であった（第2表）。

③可給態チッソ量の推移と土壌物理性の変化

各処理区における可給態チッソ量の推移は，対照区（コムギ連作区）ではコムギ連作年数に伴い減少した一方，ソルガムーコムギ輪作区では試験初年目に試験開始前と比較して増加し，輪作3年目まで高い水準で維持された。クロタラリアーコムギ輪作区では，栽培期間を通じて試験開始前の水準で推移した（第4図）。

ソルガムーコムギ輪作区で可給態チッソ量が増加した要因として，1）麦稈に加えて新鮮重が大きくC/N比の高いソルガム残渣をすき込んだ結果，分解速度が緩やかかつ多量の粗大有機物が土壌中に供給されたため，土壌肥沃度が高まったことが要因と考えられた。一方，2）クロタラリアーコムギ輪作区は，クロタラリアのC/N比は低く，すき込み後は速やかに分解されるもののソルガムの2倍近くの新鮮重と麦稈が土壌中に供給されたことで可給態チッソ量が維持されたと考えられた（第2表）。

また，3）緑肥作物のすき込み直後とコムギ収穫後の土壌物理性は，ソルガムーコムギ輪作区とクロタラリアーコムギ輪作区ともに作土層の気相率および間隙率（液相率と気相率の和）が対照区を比較して増加しており，とくにソルガムーコムギ輪作区でその傾向は顕著であった（第5図）。

前述，1）～3）を総括して，可給態チッソ量と土壌物理性が改善されたため，コムギのm²当たり穂数・子実収量が増加したと推察された。

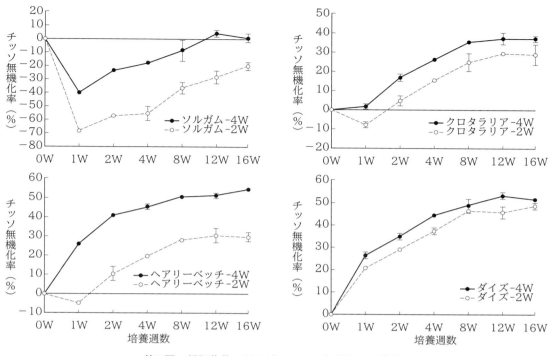

第2図　緑肥作物の見かけのチッソ無機化率の推移

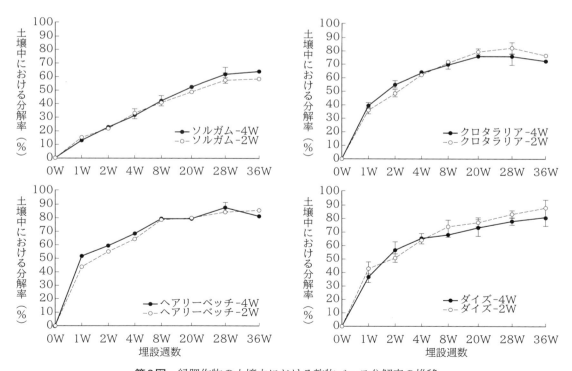

第3図　緑肥作物の土壌中における乾物ベース分解率の推移

畑作・転作作物

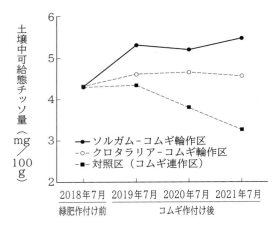

第4図 土壌中可給態チッソ量の推移（2018〜2021年）

(5) コムギ栽培における緑肥作物利用の要点

岩手県では，水田土壌への堆肥施用量は減少していることが定点調査からあきらかになっていた。地力増進の観点から有機物補給が重要である一方，畑作物への緑肥作物の活用に関する知見が不足していた。

本稿では，岩手県の水田転換畑におけるコムギ栽培に適した緑肥作物の選定およびその栽培期間，後作コムギへの生育・子実収量に与える影響について紹介した。

試験結果から，岩手県のコムギ栽培に導入可能な緑肥作物はソルガムおよびクロタラリア，ダイズであり，その栽培期間はコムギ収穫後（7月中下旬）に播種したあと，ソルガムはコムギ播種4週間前（9月上旬），クロタラリアは播種2週間前（9月中旬）にすき込むのが適切であることがわかった。

また，後作コムギの子実収量はソルガム－コムギ輪作区，クロタラリア－コムギ輪作区は対照区比119%と増加傾向にあった。さらに，緑肥作物のすき込みによって可給態チッソ量や作土層の三相分布は改善される傾向にあり，これが増収に寄与したと推察された。

*

本試験では，慣行施肥と緑肥作物－コムギの

第2表 緑肥作物－コムギ輪作による各処理区の栽培試験結果（2018〜2021年）

処理区	年次	緑肥作物					コムギ						
		播種日(月/日)	すき込み日(月/日)	草丈(cm)	新鮮重(kg/10a)	乾物重(kg/10a)	m²穂数(本/m²)	精子実重(kg/10a)	対照比(%)	千粒重(g)	容積重(g/l)	タンパク含量(%)	検査等級(0〜9)
ソルガム－コムギ輪作区	2019	7/23	8/30	82.6	1,029	138	538	629	127	40.3	819	10.6	1.0
	2020	7/17	9/6	65.1	1,029	138	368	344	111	40.9	829	12.2	2.5
	平均	—	—	73.9	1,029	138	453	487	119	40.6	824	11.4	1.8
クロタラリア－コムギ輪作区	2019	7/23	9/20	21.4	881	171	501	604	122	40.7	820	11.0	1.0
	2020	7/17	9/20	83.2	3,123	416	425	371	120	40.4	829	11.6	2.5
	2021	7/20	9/23	74.6	2,494	362	365	357	116	36.5	822	14.3	1.0
	平均	—	—	59.7	2,166	316	430	444	119	39.2	824	12.3	1.5
コムギ連作(緑肥なし)対照区	2019	—	—	—	—	—	430	496	—	40.2	820	11.4	1.0
	2020	—	—	—	—	—	351	310	—	40.9	830	12.0	1.5
	2021	—	—	—	—	—	329	307	—	36.8	827	13.9	1.0
	平均	—	—	—	—	—	370	371	100	39.3	826	12.4	1.2

輪作によって増収傾向があったことから，緑肥作物に含まれる養分量を勘定した減肥栽培の可能性が示唆された。肥料価格の高騰や「みどりの食料システム戦略」を背景に，化学肥料の代替として家畜糞堆肥や緑肥作物のニーズはこれまでに増して高まっている。本試験で得られた知見が持続的な食料生産システムの構築に繋がることに期待する。

執筆　佐々木俊祐（岩手県農業研究センター）　2024年記

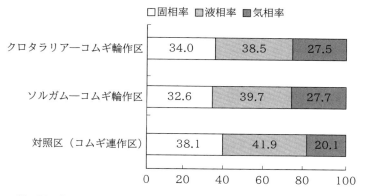

第5図　緑肥作物すき込み後の作土層における三相分布の変化（pf1.5, 2021年）

畑作・転作作物

子実トウモロコシの有機栽培

(1) 有機作物ではもっとも新しい子実トウモロコシ

有機トウモロコシはもっとも新しい作物で、生産物は青刈りトウモロコシ、イアコーン、子実トウモロコシ（飼料用、食用）である。これらは栽培方法に違いはなく、刈取り時期と調製方法が異なる。

日本における子実トウモロコシ栽培は一度衰退したものの、最近は2011年から再び始まり、2023年の全国の栽培面積は2,457haへと急増している（そのほかイアコーンが127haである）。

一方、有機の青刈りトウモロコシ栽培の取組みは、2001年から北海道網走地域の津別町の有機酪農家で始まった。同年に有機酪農研究会が結成され、そこで指導機関などで支援連絡会議がつくられ、有機飼料栽培確立のための技術検討が行なわれた。支援連絡会議の指導のもとで試行錯誤した結果、2004年には慣行栽培と同じ単収水準を達成した。津別町の有機トウモロコシの栽培は24年の歴史があり、日本でもっとも長い歴史をもつ地区といえよう。

同研究会では、牧草と青刈りトウモロコシの有機栽培が確立したものの、濃厚飼料の生産は皆無であり、有機濃厚飼料（トウモロコシ、ダイズ、フスマ）はすべて輸入に頼っていた。しかし、価格の高さに加え、調達量と品質が安定しなかった。そこで2010年に、より栄養価の高い有機イアコーンの栽培・調製にのり出した（青刈りにするかイアコーンの調製にするかは秋に判断できる）。イアコーン生産のためには収穫時の専用のヘッダーを導入し、研究会メンバーに加え地域の有機農家にも委託生産を行

なうことで、2015年には47.5haに達している。

さらに同研究会では、濃厚飼料としてより栄養価の高い子実トウモロコシの栽培も検討したが、積算温度不足からイアコーンが限界であった。そこで網走地域より積算温度の高い道央での委託生産の形で2018年に試験栽培が始まり、2020年に成功した。この成功を受けて道央の有機農家でも栽培が始まり、2024年には10.3haの面積になっている（A穀物会社調べ）。

なお、近年の温暖化の影響で、これまでむずかしいといわれてきた網走地域でも、2024年から有機子実トウモロコシの栽培が始まっている。

(2) 網走地域・畑作地帯での有機トウモロコシの栽培技術

①有機トウモロコシの栽培マニュアル

青刈りトウモロコシ（乾物中TDN含量65～70％）とイアコーン（75～85％）および子実トウモロコシ（90～94％）の違いは収穫時期と調製方法であり、基本的な栽培技術は一緒である。そこで津別町有機酪農研究会で確立された栽培マニュアルを紹介する。

第1表は津別町有機酪農研究会で確立した有機栽培マニュアルのうち、カルチ作業工程について整理したものである（澤田、2023）。カルチ作業の基本的な考え方は、土のかぶせ（覆土）と削り（拡散）が行なわれ、そこにウネ間と株間の除草作業が加わることである。

除草作業では、さまざまなアタッチメントが

第1表 有機トウモロコシ栽培マニュアルのカルチ作業工程と道具
(澤田、2023より作成)

	作業工程	作業道具
1	かぶせ（覆土）	ウィングディスク・株間輪/チェーン付クマデ
2	除草ハロー 削り（拡散）	ウィングディスク・株間輪・チェーン付クマデ・ゴロクラッシャー
3・4	除 草	ヤナギ刃・中期用株間クサトリーナ・マロットリーナ・株間輪
5	かぶせ（覆土）	ウィングディスク・株間輪・チェーン付クマデ

第1図　カルチに付属する道具

第2図　マロットリーナによる株間除草
（写真提供：澤田　賢）

使われる。ウィングディスク，深耕爪，ヤナギ刃でウネ間の土を削り，ゴロクラッシャーで土の塊を砕いて株間除草を行なう（第1図）。また，株間輪，中期用株間クサトリーナやマロットリーナの除草タイン（バネ機能をもった細い鋼棒）で株間除草を行なう（第2図）

　カルチ作業は5回で，そのうち1回目と5回目は覆土が行なわれる。1回目のカルチ作業（覆土）は出芽前カルチと呼ばれ，播種後約5日に行なわれるが，出芽を阻害するため土をかぶせ過ぎないこと，降雨前は土を固めることから避けることに注意する。出芽前カルチは同時に土を動かすことで，土中で動き出した雑草の細根を表面に出して枯死させる効果もある。また，2回目ではウィングディスクで逆に土の削り（拡散）を行ない，3回目，4回目ではヤナギ刃，深耕爪などでウネ間の中耕・除草および株間除草を行なう。

②有機畑作農家の実践事例

　津別町および近隣地区の有機トウモロコシ栽培農家の作付け状況などをみたのが第2表である（荒木，2021）。①～③は有機畑作農家で，④は有機酪農家である。④が所属する有機酪農グループが①～③に有機イアコーンの栽培を委託している。ただし，収穫作業は有機酪農グループが所属するTMRセンター（牛の給食センター）が行なう。

　有機畑作農家の作目は，コムギ，マメ類，ジャガイモ，テンサイの畑作4品で，そこにカボチャとトウモロコシ（イアコーン）が2～4.6haが加わる。雑草はヒエ，アカザ，シロザ，タデ，イヌホウズキなどである。病害虫についてはほとんど出ていない。栽培上の課題は，湿害，低収量，日照不足，雑草である。

　以上のことから，有機トウモロコシの栽培技術の要は病害虫対策よりも雑草対策である。直接的にはカルチ作業であるが，その効果を高めるためには土つくりが重要になってくる。砕土が十分行なわれていると除草アタッチメントによる雑草の引っ張りがスムーズに行なわれるからである。

　第3表は，秋作業および春作業の土つくりと有機肥料の散布作業についてみたものである。秋作業（11月）では，サブソイラによる耕盤破壊，ディスクハローによる残渣（茎葉）処理が行なわれ，場合によっては耕起が行なわれる。これは冬期に耕起を行なうことで土塊を凍結によって細かくするためである。また，牛糞などの堆肥散布が行なわれる。一方，春作業は砕土，整地および元肥（鶏糞）散布が行なわれる。このように春のカルチ作業の効果を上げる

畑作・転作作物

第2表　有機トウモロコシ栽培農家の経営概況と栽培上の課題（2018年）

部　門	①	②	③	④
	畑作	畑作	畑作	酪農
面積（ha）	21	25.5	37	55
作付け内容（ha）	コムギ5.4，マメ類2，ジャガイモ5，トウモロコシ4.6，テンサイ3，カボチャ1	コムギ6，トウモロコシ2，テンサイ7，ジャガイモ8，アズキ2.5	秋コムギ5.5，春コムギ5.5，ダイズ8，アズキ1.8，ジャガイモ10.5，トウモロコシ3，カボチャ1.8	コムギ10，牧草21，トウモロコシ15
労働力	50-50	53-51，-76	52-47，24-	49-49，-72
病害発生	ほとんど出ない	ほとんど出ない	ほとんど出ない	ほとんど出ない（根腐病）
害虫発生	ほとんど出ない	ほとんど出ない	ほとんど出ない（アブラムシ）	ほとんど出ない
雑　草	イヌビエ，タデ，ヒエ，アカザ	ヒエ，アカザ	ヒエ，シロザ，タデ，イヌホオズキ，アカザ	ヒエ，アカザ，イヌホオズキ，ヒルガオ
栽培上の課題	湿害	低収量	雑草	湿害，日照不足
増収対策	湿害対策	堆厩肥の投入増	高単収品種	堆厩肥の投入増

注　聞取りによる
　　労働力は主-妻，父-母（息子-）で年齢を表わす。-76は母親76歳を示す

ため，秋に土つくりが行なわれる。

　そこで，春のカルチ作業をみたのが第4表である。回数は3〜6回と差が大きい。ただし，③は本来4回入る予定であったものが，降雨の事情で3回になった。1回目のカルチ作業は，播種後約5日を目標とされ，出芽前カルチと呼ばれる。④は雨がなく雑草が少なかったことから播種後9日目になった。2〜4回目は株間輪で土を削り，クマデ，ヤナギ刃によるウネ間除草とマロットリーナほかの除草タインによる株間除草が行なわれている。最終のカルチ作業では覆土が行なわれる。

（3）道央での子実トウモロコシの栽培実績

①有機子実トウモロコシ栽培のきっかけ

　北海道の有機子実トウモロコシの栽培の歴史は新しく，また，栽培農家の土壌などの自然的条件やほかの有機作物や慣行畑作物の作業体系による人為的な条件によって栽培条件は異な

り，栽培農家の試行錯誤が続いている。そのため，確立した栽培技術はないことから，ここでは3戸の有機子実トウモロコシの事例を取り上げた。

　道央での子実トウモロコシの栽培は，I市およびN町における2020年における試験栽培の成功に始まる。2024年の栽培は5戸と少ないが徐々に広がっている。そのなかの3戸について栽培実績を調査した（2024年7月）。経営概況をみたのが第5表である。

　子実トウモロコシ栽培の開始年次は，試験栽培対象農家であったS農場が2019年ともっとも早いものの，基盤整備事業が入ったことで一端中止し，2022年から再開した。N農場は試験栽培圃場を見学し，2020年から取り組んでいる。K農場は友人の自然農法栽培農家の影響を受け，2020年から有機ダイズと有機子実トウモロコシ栽培に転換した。

　有機子実トウモロコシの導入理由は，N農場は輪作体系のなかで緑肥よりも収益性があるこ

316

第3表 網走地区有機トウモロコシ栽培農家の土つくり作業内容

農家	季節	作業名（月／日）	機械名	備　考
①	秋	耕盤破壊 堆肥散布 茎葉処理	サブソイラ マニュアスプレッダ ディスクハロー2回	牛糞3t/10a 堆肥を混ぜるのと兼ねて行なう
	春	鶏糞散布 鶏糞拡散 砕土・整地 播種	マニュアスプレッダ チゼルプラウ ロータリーハロー 播種機	発酵鶏糞250kg/10a チゼルプラウは爪で鶏糞を混ぜるだけ 本格的砕土 播種の段階で土塊を小さくしている
②	秋	耕盤破壊 堆肥散布（11/2） 残渣処理（11/12） 米ヌカ散布（11/16） 耕起（11/17）	サブソイラ ワゴン 円盤ディスク ライムソア プラウ	麦稈交換牛糞3t/10a 米ヌカ：F社，効果不明 今年初めて行なった
	春	砕土（4/10，4/17） 元肥散布（5/10） 播種（5/20）	ソイルクランブラー ブロードキャスタ プランター	土をひっかけて潰す。雑草対策を兼ねる
③	秋	茎葉処理 牛糞散布 耕盤破壊	ディスクハロー マニュアルスプレッダ サブソイラ	購入牛糞2t/10a
	春	元肥鶏糞散布 整地 播種・有機肥料	ブロードキャスタ ロータリーハロー 播種機	250kg/10a（新潟県から購入） 有機肥料20kg/10a
④	秋	堆肥散布 茎葉処理 耕起 耕盤破壊（3年1回）	マニュアルスプレッダ ディスクハロー プラウ サブソイラ	自家堆肥（牛糞）3t/10a
	春	鶏糞散布 砕土・整地（2回） 播種	ブロードキャスタ パワーハロー 真空播種機	300kg/10a 細かくしておかないとカルチが効かない

注　聞取りによる

とから，K農場では省力作物という理由から，S農場では有機稲作のあとの作付けで田畑輪換による雑草対策である。

②有機子実コーン栽培農家の経営概況

3戸の栽培作物は畑作物と水稲で，かつ有機と慣行栽培である。N農場は，30.3haの畑作物はほぼ有機であるが，水稲17.72haは慣行である。K農場は畑作物のうち有機7.24ha，慣行29.7haと慣行の比重が高く，水稲10.16haは慣行である。S農場は，畑作物のうち有機5.99ha，慣行3.13ha，水稲は有機2.76haのほか，慣行3.68haであるがすべて減農薬，減化学肥料栽培である。

労働力は，世帯主が中心となって両親が加わる2世代型就業である。そのほか，季節雇用が加わるが，K農場は加工用トマトと加工用ジャガイモを作付けしていることから20人が雇用されている。病害虫の発生はみられないが，雑草の発生がみられる。栽培上の課題は収量が安定しないことである。N農場の単収の推移

畑作・転作作物

第4表　網走地区の有機トウモロコシ栽培農家のカルチ作業と付属機

農家	作業	日付け	カルチ道具	状況
①	播種	5月12日		
	1回目カルチ	5月16日	ウィングディスク・タイヤチェーン	播種後5日目，トウモロコシの芽が出る前に覆土を行なう
	2回目カルチ	5月29日	ウィングディスク・株間輪	3葉期
	3回目カルチ	6月11日	ウィングディスク・株間輪	5葉期
	4回目カルチ	6月29日	ウィングディスク・除草クリーナー	7葉期
	5回目カルチ	7月2日	ウィングディスク・除草クリーナー	8葉期・培土しても埋まらない程度。これ以降は，トラクタでこすってしまう
②	播種	5月21日		
	1回目カルチ	5月28日	ウィングディスク	出芽前培土（雑草の芽が出ていない）
	2回目カルチ	6月6日	株間輪・ゴロクラッシャー	雑草の新芽にかける
	3回目カルチ	6月12日	株間輪・ゴロクラッシャー	雑草の新芽にかける
	4回目カルチ	6月20日	ヤナギ刃・ゴロクラッシャー	
	5回目カルチ	6月27日	ヤナギ刃・ゴロクラッシャー	トウモロコシの生育が悪かったため，1回多くした
	6回目カルチ	7月14日	ウィングディスク・ゴロクラッシャー	最終的培土（最後のカルチであるためガッポリ盛る感じ）
③	播種	5月15日		
	1回目カルチ	5月20日	ウィングディスク（円盤逆）・クマデ・チェーン	出芽前培土，10cm。雑草の芽を切る。山型に土を盛る
	2回目カルチ	6月4日	ウィングディスク（円盤逆）株間輪	ウネ間に土を戻す
	3回目カルチ	6月23日	ヤナギ刃・株間輪	※今年は雨のため3回しかできなかった
④	播種	5月13～16日		
	1回目カルチ	5月25日	ウィングディスク・クマデ・ヤナギ刃	播種後1週間（雨が降らないと10日後），雑草の芽が出る前に覆土
	2回目カルチ	6月3日	ウィングディスク（左右変換）・株間輪・クマデ・ヤナギ刃	1週間から10日でカルチを入れる。雑草の芽が出る前に入れる（覆土なし）
	3回目カルチ	6月17日	ウィングディスク（左右変換）・株間輪・クマデ・ヤナギ刃	10日間隔。雑草の芽が出る前にカルチを入れる（覆土なし）
	4回目カルチ	6月30日	ウィングディスク・（左右変換）・株間輪・ヤナギ刃・マロットリーナ	10日間隔。雑草の芽が出たところに覆土

注　聞取りによる

第5表　有機トウモロコシ栽培農家の経営概況と栽培上の課題（2024年）

部　門		N農場	K農場	S農場
		稲・畑作	稲・畑作	稲・畑作
栽培面積（ha）		49.31	47.10	19.56
面積（ha）	有　機	コムギ8.04，ダイズ11.36，子実トウモロコシ2.13，緑肥3.39，転換ダイズ6.30	コムギ1.02，ダイズ3.04，子実トウモロコシ3.18	ジャガイモ1.25，カボチャ1.06，子実トウモロコシ1.43，水稲2.76
	慣　行	水稲17.72，カボチャ0.37	秋コムギ7.12，春コムギ6.25，ダイズ3.60，子実トウモロコシ2.53，加工用トマト2.81，加工用ジャガイモ5.39，テンサイ2，水稲10.16	ダイズ2.27，水稲9.93，スイートコーンほか野菜0.86
労働力		50-，77-76	38-39，69-63	48-，75-75
		臨時雇用5〜6人	季節雇用20人	季節雇用1人
病害発生		なし	なし	なし
害虫発生		なし	なし	なし
雑　草		スズメノカタビラ	タデ，アカザ	ヒエ，アカザ
課　題		収量不安定	除草体系	生育不均一

注　聞取りによる
　　労働力は主−妻，父−母で年齢を表わす。50−は世帯主のみを表わす

は，2020年640kg，2021年1,018kg，2022年848kg，2023年468kgと，豊作と不作の格差が2倍以上ある。2023年の不作の理由は，春の気温が低く，雨が多かったこと，さらに猛暑が加わって収量が伸びなかったことが原因としてあげている。S農場は生育が不均一で，その原因として，圃場内で粘土と黒ボク土が混在しているためである。

③有機子実トウモロコシの栽培体系

有機子実トウモロコシの栽培体系（2024年）をみたのが第6表である。前年作の残渣処理は秋にロータリで行なわれる。春作業は，まず融雪剤の散布から始まるが，融雪剤として鶏糞が使われる。その後，耕盤破壊，元肥散布，砕土，整地，播種が行なわれる。

播種のあとカルチ作業が2〜4回行なわれるが，1回目は，N農場が24日後，K農場が27日後，S農場が24日後と1月近く経ってからである。それは，3戸ともその間に田植えを行なっ

ており，終わってからカルチ作業に取りかかっているためである。2回目以降は，1週間から10日置きに2〜4回のカルチ作業が行なわれるが，N農場は入れるときに行なっている。そのため3回目のカルチ作業は6月12日であるが，4回目は3日後の6月15日である。K農場は，3回目を予定していたが，トウモロコシの生長が早くカルチ作業に入ることができなかった。それでもトウモロコシの生育が雑草を上回っていたことで問題は生じていない。

そのほかの作業として，畑の畦畔や枕地の除草がある。N農場はそのほか手取り除草を行なっており，作業時間は4人で1日8時間，延べ32時間であった。N農場が手取り除草を行なう理由は，「有機栽培だから雑草が生えているという評価を受けたくない」からである（第3図）。

畑作・転作作物

第6表　道央地域の有機子実トウモロコシの栽培体系

N農場

No	日付け	作業名	付属機・道具
1	10下	残渣処理	
2	3下	融雪剤散布	ロータリ
3	4中	耕盤破壊	ブロードキャスタ
4	4/27	元肥散布	サブソイラ
5	4/27	砕土	ブロードキャスタ
6	5/3	整地	パワーハロー
7	5/4	播種	アッパーロータリ
8	5/28	カルチ1回目	播種機
9	6/3	カルチ2回目	ヤナギ刃
10	6/12	カルチ3回目	ヤナギ刃
11	6/12	追肥散布	ウィングディスク・株間輪・カスベ刃
12	6/15	カルチ4回目	ブロードキャスタ
13	6月2日間	手取り除草	ウィングディスク・株間輪・カスベ刃
14	6～8月	枕地除草	ロータリ
15	6～9月	畦畔除草	モア、刈払い機
16		収穫	汎用コンバイン
17		運搬・収納	ダンプ(2t)
		乾燥	乾燥機

K農場

No	日付け	作業名	付属機・道具
1	10下	残渣処理	
2	3/8	融雪剤散布(鶏糞)	ブロードキャスタ
3	4/28	貝化石散布	ブロードキャスタ
4	4/29	耕起	プラウ
5	4/29	砕土・整地	パワーハロー
6	4/29	播種	プランター・4条
7	4/29	鎮圧	ローラ
8	5/25	カルチ1回目	ヤナギ刃・株間輪
9	6/12	カルチ2回目	ウィングディスク・株間輪
10	7月	畦畔除草	草刈機・刈払い機
11	4～6月	機械洗浄・掃除	
12		運搬・収納	ダンプ(2t)
13		乾燥	乾燥機(掃除)

S農場

No	日付け	作業名	付属機・道具
1	10下	残渣処理	
2	4/7	鶏糞散布	ブロードキャスタ
3	4/15	有機肥料散布	ブロードキャスタ
4	4/6	堆肥散布	マニュアスプレッダ
5	4/30	耕盤破壊	サブソイラ
6	5/9	砕土・整地	パワーハロー
7	5/10	砕土・整地	アッパーロータリ
8	5/10	播種(委託)	真空播種機
9	6/3	カルチ1回目	ウィングディスク
10	6/13	カルチ2回目	ヤナギ刃
11	6/27	カルチ3回目	ウィングディスク
12	6下～7下	畦畔除草	刈払い機
13	10月	収穫(委託)	普通型コンバイン
14	10月	乾燥	乾燥機
	10月	運搬	ダンプ(2t)

注　聞取りによる

第3図 除草が徹底された枕地

④輪作体系のなかの子実トウモロコシの位置づけ

子実トウモロコシの導入は，ムギとダイズの輪作体系のなかで新たな作物として導入された。N農場は有機栽培への転換を進めており，最初は緑肥を入れていたものの，子実トウモロコシは緑肥代わりになり，かつ収益性があることから導入された。有機転換作物としても選ばれ，2年目の転換作物として子実トウモロコシが選ばれ，3年目はコムギの有機栽培が確立している。そのため，N農場ではダイズ—（ダイズ）—間作コムギ—子実トウモロコシという作付け順となる。

K農場は子実トウモロコシ—ダイズ—間作コムギとN農場と同じで，子実トウモロコシを栽培すると「土が軟らかくなるためサブソイラをかけなくてよい」という効果をみている。間作コムギは9月中旬に収穫前のダイズのウネ間に播種する方法であるが，播種が早いとコムギの生育が早くなってダイズの収穫の際にコムギを傷めることがあり，注意を要する。

S農場は水稲の後作として，水稲2年—子実トウモロコシ2年—カボチャ（ジャガイモ）の田畑輪換による雑草防除を目的にしており，また子実トウモロコシの後作には茎葉の残渣が水田で浮いて作業効率を落とすためカボチャかジャガイモが1年入っている。

⑤有機と慣行の費用比較

3戸のなかで，K農場は有機と慣行の子実トウモロコシを栽培している。そこで，有機と慣

第7表　有機および慣行子実トウモロコシの春作業体系（単位：時間）

有　機					慣　行			
No	日付け	作業名	時間/10a	No	日付け	作業名	時間/10a
	10月	前作残渣処理	0.094		10月	前作残渣処理	0.094
1	3/8	融雪剤散布（鶏糞）	0.034	1	3/6	融雪剤散布（炭カル）	0.034
2	4/28	貝化石散布	0.034	2	4/22	土改材散布（苦土石灰）	0.034
3	4/29	耕起	0.189	3	4/31	耕起	0.19
4	4/29	砕土・整地	0.094	4	5/10	化学肥料散布	0.04
5	4/29	播種	0.094	5	5/10	砕土・整地	0.285
6	4/29	鎮圧	0.063	6	5/12	播種	0.095
7	5/25	カルチ1回目	0.094	7	5/12	鎮圧	0.063
8	6/12	カルチ2回目	0.094	8	5/18	土壌処理剤散布	0.04
9	7月	畦畔除草	0.126	9	6/13	茎葉処理剤	0.04
10	4～6月	機械洗浄・掃除	0.158	10	7月	畦畔除草	0.126
				11	4～6月	機械洗浄・掃除	0.158
合　計			0.980	合　計			1.105

注　聞取りによる（2024年7月）
　　合計は春作業のみで，前年の作業はふくめない

畑作・転作作物

行の栽培体系の違いとコスト比較を行なった。

第7表は有機と慣行の栽培工程をみたものである。春作業は、まず3月上旬の融雪剤散布が行なわれるが、有機では鶏糞（ペレット）が使われる一方、慣行では炭カルが使われる。続いて土壌改良材として、有機では貝化石が、慣行では苦土石灰が散布される。

その後、有機では耕起・砕土・整地・播種・鎮圧が一気に行なわれる。一方、慣行では4月下旬に砕土・整地が、5月に入って化学肥料散布が行なわれるが、同時に砕土・整地が行なわれ、播種・鎮圧が連続して行なわれる。

播種以降の作業は、有機と慣行で異なる。有機ではカルチ作業を2回（予定は3回）を行なった。K農場では、カルチの際のトラクタのタイヤ跡が平らになるため、そこにサブソイラを入れて水はけをよくしている（第4図）。慣行

第4図　カルチ作業時にウネ間のトラクタ車輪跡にサブソイラを入れて水はけをよくしている

第8表　有機および慣行子実トウモロコシの投入費用と投入量（単位：円）

費　目	有機（318a） 10a当たり円	10a当たり投入量	慣行（253a） 10a当たり円	10a当たり投入量
種苗費	9,484	9,000粒	9,484	9,000粒
鶏糞	2,398	100kg	—	—
化学肥料	—	—	13,195	100kg
土壌改良材	1,980	60kg貝化石	5,216	60kg炭カル・40kg苦土石灰
農薬費（茎葉処理）	—	—	4,221	100ml・ゲザプリム/150ml・アルファード
農薬費（土壌処理）	—	—	2,176	100ml・デュアールゴールド
機械減価償却費	14,196		14,196	
建物減価償却費	1,564		1,564	
農具費	3,259		3,259	
修理費	3,990		3,990	
動力光熱費	4,638		4,638	
家族労働費	2,940	0.98時間	3,315	1.105時間
有機認証費	2,761			
合　計	47,210		65,254	

注　聞取りおよび計算による
　　資材は2024年数値、ほかは2023年数値で計算
　　家族労働費は1h＝3,000円とした。数値は税込み

は除草剤散布を行ない，5月中旬に土壌処理剤の散布，6月に茎葉処理剤を散布している。除草の対応が，有機では機械による物理的作業であるのに対し，慣行では除草剤による化学的処理である。そのほか，畦畔除草は慣行，有機とも草刈機と刈払い機で行なわれている。また，作業後の機械の洗浄と掃除は徹底して行なわれている。

以上の作業工程の違いによる春作業時間は，有機が10a当たり0.98時間，慣行が1.1時間で有機が慣行の89％で，有機がやや少なくなっている。

有機と慣行の違いは，投入肥料の違いと除草の違いであった。そこで，両者の生産コストにどのように反映しているのかみたのが第8表である。両者の違いは，肥料，農薬，土壌改良材，家族労働費，有機認証費の違いで，種苗費，機械・建物の減価償却費，農具費，修理費，動力光熱費は同じである。共通費は他作物との配賦計算を行なった。

その結果，10a当たり費用は有機の4万7,210円に対し，慣行は6万5,254円で有機の38％高となっており，有機の優位性が認められた。

⑥有機子実トウモロコシの将来展望

道央での有機栽培の適地性は気候条件にある。積算温度が確保できることから子実トウモロコシの栽培が可能であることに加え，冷涼な気候から病害虫の発生が少ないことである。したがって，道央の気候条件が備わった地域，たとえば東北や本州の高冷地などでは有機栽培が可能と考えられる。

しかし，有機子実トウモロコシの栽培は，道央で始まったばかりで数はまだ少ない。そのため公的機関の栽培技術指標は存在せず，個々の農家による試行錯誤の段階である。今後，事例数の増加と経験年の積み重ねで技術指標は確定されるものと思われるが，個々の農家の土壌条件やほかの作物の作業体系との関係で個別性がなくなることはないであろう。

執筆　荒木和秋（酪農学園大学名誉教授）

2024年記

参 考 文 献

荒木和秋. 2021. 有機トウモロコシ栽培先進地における有機農家の経営と栽培技術. 有機子実とうもろこしの栽培法確立と調査分析研究事業. 津別町農業協同組合. 28—32.

澤田賢. 2023. 有機飼料用トウモロコシのカルチ栽培技術. 荒木編著. 有機酪農確立への道程. 筑波書房. 54—63.

畑作・転作作物

ダッタンソバ
——赤クローバ混播で有機栽培

執筆　石井弘道（株式会社神門）

耕作放棄地を再生

　雄武（おうむ）町は北海道のオホーツク総合振興局の最北に位置し、漁業と農業が基幹産業の町です。夏季はオホーツク海高気圧の影響で冷害になることが多く、土壌のほとんどが低位生産性の重粘土であるため酪農に特化した農業をしています。町内では人口の倍以上の約1万頭の乳用牛が育てられています。

　2012年5月に前町長の田原賢一さんを中心に設立された株式会社神門（じんもん）は、ダッタンソバ専門の農業生産法人です。町の課題となっていた耕作放棄地の再生の手段として、農研機構北海道農業研究センターと連携し、ダッタンソバの栽培に乗り出しました。

冷涼地にピッタリ

　当初は約7haの栽培から始め、徐々に面積を拡大してきました。国の補助金を有効に使いながら、現在は上幌内地域で約150haと雄武地域約176haの計326ha栽培しています。国内随一の作付け面積と生産量を誇るダッタンソバの生産地です。

　弊社が栽培しているのは、北海道農業研究センターで育成され、2012年に品種登録された'満天きらり'。従来品種より苦味が少なく食味が優れています。

　ダッタンソバは、ポリフェノールの一種であるルチン含有量が多いことが特徴です。また、ルチンには、血管を強くしたり抗酸化作用があるなど、優れた健康効果が期待されています。

　自殖性作物のため、ふつうのソバと違ってミツバチの力を借りずに自家受粉します。おかげで冷涼地での栽培に適しており、広大な面積で栽培できます。ダッタンソバの収量は70kg/10aです。

第1図　開花時期のダッタンソバ

赤クローバ混播で有機農業

5月中旬から6月下旬までに播種を終え、8月下旬から収穫を始めるスケジュールを組んでいます。その間の手間はいっさいかかりません。

栽培にあたっては、有機JASの認証とASIAGAPの認証を取得し環境に配慮した循環型の農業をしています。農薬や化学肥料を使わず、有機肥料の発酵鶏糞を使用します。

播種量は4kg/10aですが、このとき赤クローバ3kgをドリルシーダーで混播します。

ダッタンソバの収穫後、赤クローバは1か月生育させて、有機物量を増やしてからすき込みます。

赤クローバを混ぜる理由は三つ。

1）赤クローバが地面を覆うことで雑草対策になる（リビングマルチ）。

2）ダッタンソバが雨や風によって倒れても、10cmほどに伸びた赤クローバがクッションの役割を果たし、直接地面につかないから収量を確保できる。

3）根粒菌によるチッソ固定。生長した赤クローバのすき込みによる地力アップ。

美しい畑がよみがえった

自社栽培したダッタンソバによる6次産業化にも力を注いでいます。本社の敷地内に製粉もできる乾燥調製貯蔵施設を建設しました。ダッ

第2図　収穫の様子
赤クローバが条間を被覆している

タンソバは玄ソバが普通のソバより小さいので、脱穀には特殊な技術が必要です。そこで抜き実の加工だけは長野県の会社に委託しています。

ダッタンソバのそば粉は、健康志向の追い風を受け、健康食品メーカーやパン・菓子業界などからの引き合いが増えています。乾麺や抜き実を焙煎したそば茶、そば焼酎、そば用つゆと商品を増やしており、全国から注文が舞い込むようになりました。攻めの経営でダッタンソバの普及を進める弊社は、町の景観をよみがえらせ、新たな雇用の場としても貢献しています。

（『季刊地域』2024年春57号「ダッタンソバ　耕作放棄地326haで有機栽培」より）

畑作・転作作物

ソバ開花前のアゼ草刈りをやめると結実率が3割アップ

執筆　永野裕大
（東京大学大学院農学生命科学研究科）

第1図　2タイプのソバの花

昆虫に支えられるソバの実り

　ソバの実りが豊かな自然環境に支えられていると知る人は少ないのではないだろうか。実際、知り合いの生産者の方が「ソバは放っておいてもできる」というのを聞いたことがある。しかし、ソバは昆虫による花粉媒介がなければ実らない。

　ソバの花には雌しべと雄しべがあるが、よく見てみると雌しべが長い花と雄しべが長い花がある（第1図）。花のタイプは株ごとに決まっており、結実には二つのタイプ間での花粉のやり取りが必要となる。またすべての花が実になるわけではなく、3割が実れば上出来だ。

　ソバには、セイヨウミツバチや野生ハナバチ（クマバチなど）、ハナアブ、ハエ、チョウ、ガ、小型コウチュウ、カリバチ（スズメバチやアシナガバチ）、アリなど非常に多様な昆虫が訪れ、花粉媒介に一役買っている。私たちの調査では、少なくとも150種以上の昆虫が関わっていることがわかっている。

　このうちセイヨウミツバチは飼育されているが、ほかは野生昆虫だ。農地と周辺の林、アゼなどを行き来して生活している。そのため、多様な花粉媒介昆虫を育みソバの生産を維持するには、豊かな自然環境が必要なのだ。

　私たちの知らぬ間にたくさんの昆虫がせっせと働いてくれているので、「ソバは放っておいてもできる」という印象は間違いとはいえない。だが近年、圃場整備や殺虫剤の過剰利用などによって自然環境が劣化し、花粉媒介昆虫が減ってきている。

水田での栽培も影響がありそうだが……

　では昆虫の減少はソバ生産にどれほど影響しているだろうか。まず農林水産省の作物統計を見たところ、1980年ごろを境として反収が減少していた。真っ先に昆虫減少の影響を疑ったが、ソバには湿害に非常に弱いという弱点があるため、水田でのソバ栽培の影響も考えられた。実際このころに、減反政策により水田でソバを栽培する面積が急増している（第2図）。そこで水田でのソバ栽培の割合と反収の関係を見てみると、水田割合の増加に伴い反収が減少することがわかった。

　だがそれだけでは説明できない反収の減少傾向も強かった。より直接的な証拠を得るため、環境省が主導する「モニタリングサイト1000」のチョウのデータと照合してみた。するとチョウの減少に伴ってソバの反収も減少していた（第3図）。やはり、ソバの反収減少のおもな原因は花粉媒介昆虫の減少だったようだ。

アゼの草地が多様な昆虫を育む

　日本の農地の特徴として、1区画の面積が非

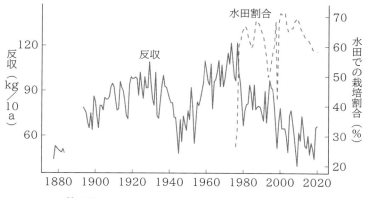

第2図 ソバの反収と水田での栽培割合の関係
作物統計をもとに作成。反収と水田割合は全国平均

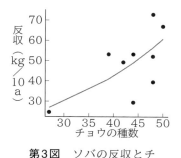

第3図 ソバの反収とチョウの種数の関係
福井県のチョウの種数と反収のデータをもとに作成

常に小さいことが挙げられる。これは造山帯という複雑な地形で、農業を可能にする工夫の一つだろう。小さい農地には土壌栄養の流出防止などの利点があるが、自然環境の観点からはもっと重要な利点がある。

農地1枚の面積が小さいと、周辺のアゼは必然的に長くなる。アゼにはさまざまな植物が生息する草地がある。花粉媒介昆虫はこうした草地を棲み場所として利用しており、花粉や花蜜（花資源）をえさとしているのだ。ヨーロッパで行なわれた研究によると、小面積の農地（約1ha）が多い地域ではアゼが増え、ハナバチの多様性が大幅に高まるようだ。日本では、北海道を除くと1区画が平均0.65ha以下と非常に小さく、周辺には花粉媒介昆虫を育む自然環境が多く残されているのかもしれない。

一方、アゼの草地は稲作害虫の斑点米カメムシ（アカスジカスミカメやホソハリカメムシなど）の防除や雑草管理のために定期的に草刈りが行なわれている。日本で実施された研究によると、アゼでの草刈り頻度が高いとイネ科植物の優占が進み、在来植物やチョウの多様性が減少するようである。つまり草刈り頻度の高いアゼは、花粉媒介昆虫の棲み場所としては不十分である可能性が高い。

そこで私たちは、「ソバの栽培時期にアゼでの草刈りをひかえて花や草丈を維持することで、ソバの花粉媒介昆虫を増やし、実りも増やせるか？」という問いを立てた。

開花4週前からアゼ草刈りをひかえると結実率が上がった

この問いを検証するために、2019年から長野県上伊那郡飯島町のソバ畑で、農家の方々の協力のもと実験を始めた。飯島町は'信濃1号'という品種の種ソバの一大産地である。また夏ソバ（5～7月）と秋ソバ（8～10月）の二期作を行なっているため、複数の季節で実験ができる。

実験は以下のように行なった。ソバ開花の約4週間前から収穫直前までアゼの草刈りをひかえた畑（以下、維持区）と、ソバ開花の約1～2週間前に草刈りを通常どおり実施した畑（以下、草刈り区）を用意した。維持区では草丈が30cm以上なのに対して、草刈り区では10cm以下となる。これらの圃場でソバに訪れる花粉媒介昆虫の数と、収穫直前にソバの花を採取して結実率を調べた（第4、5図）。

その結果、予想どおり草刈り区に比べて維持区で、花粉媒介昆虫の数と結実率が高く、花粉媒介昆虫の数が4割増し、結実率が2～3割増しになった。この結果は4年間で一貫しており、畑の数も延べ50か所以上にも及ぶため、偶然ではないだろう。草刈りの頻度を抑えて省

畑作・転作作物

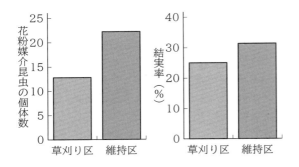

第4図　アゼ草刈りをひかえる実験の結果
結実率＝種子数÷（種子数＋枯れた花数）
採取した種子と枯れた花を数え、全花のうち実になった割合を実りの指標とした。
個体数、結実率ともに調査した圃場の平均値

第5図　草刈り区と維持区

第6図　夜にアゼ草の上で休む昆虫たち

力化しながらソバの実りが増やせるため、費用対効果が非常に高く手軽に試せるはずだ。

　ただすべての花粉媒介昆虫が増えたわけではなかった。150種以上いるなかでも、ハナアブやチョウ、小型コウチュウは増えたが、ミツバチやクマバチなどのハナバチは増えなかった。そのため、ハナバチだけが優占する地域ではソバの実りが増えないかもしれない。だが茨城県で実施された研究によると、ソバの花粉媒介昆虫の多くはハナアブや小型コウチュウのようで、日本の環境であれば同じく実りが増える可能性が高いと考えている。

　また興味深いことに、草丈が30cmほどになると花粉媒介昆虫の数や結実率が頭打ちになっていた。つまり草丈をただ高くすればいいわけではない。野生植物の種数も草丈が30cm以上で減少する傾向だったので、長期間の放置はあまり効果的でないだろう。アゼの植物を刈り過ぎるのでも放置し過ぎるのでもなく、適度な草

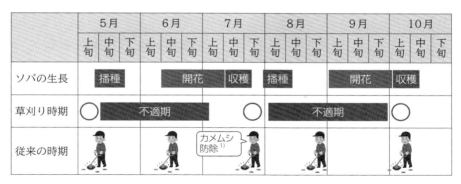

第7図　ソバ栽培における草刈りスケジュール（飯島町）
ソバ開花4週間前から収穫直前までを草刈り不適期としている
1）本来なら不適期だが、斑点米カメムシ防除のため推奨

刈りがソバの実りを増やすことがわかった。

アゼの植物が昆虫の寝場所になる

だが大量かつ一斉に花を咲かせる畑のソバに比べて、アゼの花資源は微々たるものである。アゼ草刈りのわずかな工夫で花粉媒介昆虫の数が4割増しになった理由には謎が残る。

そこでアゼ草刈りの工夫で増えた昆虫と増えない昆虫を再整理してみた。増えなかったハナバチは巣をもち、集めた花資源を巣にもち帰る。増えたハナアブやチョウ、小型コウチュウは巣をもたず、移動しながら花資源を摂食する。夜間、昆虫が植物上で寝るのを知っていた私たちは、アゼ植物の注目されていなかった役割に注目した。「アゼの植物が巣をもたない昆虫の寝場所になっている」という仮説を思いついたのだ。

そこで、夜にソバ畑のアゼでどの昆虫がどの植物の上で寝ているのかを調べた。懐中電灯で植物を照らしながら歩くと、意外と簡単に昆虫が休んでいるところを観察できた。小型コウチュウやハナアブ、チョウ、カリバチ、ハエなど、少なくとも56種もの昆虫が、48種の野生植物の葉や茎、花の上で寝ていた。花を咲かせる広葉植物だけでなく、イネ科植物も寝場所として使われていた。逆に、ソバがあまり使われていないのは意外だった。

また興味深いことに、昆虫ごとに頻繁に利用する植物は異なっている。どうやら寝場所として好きな植物がそれぞれ違うようだ。つまり多くの花粉媒介昆虫を維持するには、多様な植物が必要なのである。もちろんアゼの花も重要であり、えさの花と寝場所の植物が適度に交ざっているアゼのあるソバ畑で、花粉媒介昆虫の数やソバの実りが最も高かった。

研究成果をもとに、飯島町ではソバ栽培指針として第7図のような草刈りスケジュールを提案している。この草刈り方法はソバ畑のアゼだけで十分なため、水田などで実施する必要はない。斑点米カメムシの被害抑制には地域全体で取り組む必要があるので、それに効果的とされている7月のアゼ草刈りはソバ畑でも推奨している。なお地域によってソバの栽培時期は異なるため、この栽培指針をそのまま適用するには注意が必要だ。

（『現代農業』2023年8月号「ソバの開花前からのアゼ草刈りをやめると結実率3割アップ」より）

畑作・転作作物

モチキビ、モチアワ、タカキビ 次世代につなぐ雑穀栽培

執筆　冨澤太郎（山梨県上野原市）

西原の農業に魅了され移住

　山梨県上野原市の北部にある山間地、西原地区で、露地野菜を中心に、農林業をしながら山暮らしをしています。平らな土地が少なく、昔からムギ、イモに加え、キビ、アワなどの雑穀がたくさんつくられていた地域です。数十種類の雑穀が残っていて、研究者たちを驚かせ、長年にわたり研究と学びの場となってきました。

　鍬や鎌を自分の体の一部のように使い、機械や化石燃料に依存しない農業に魅了され、移住して10年がたちました。また雑穀をはじめ、この地域に残る在来種のタネ、それらをタネ採りして先代から受け継いでいる様は、自分の農業に大きな影響を与えています。

　現在、雑穀はモチキビ、モチアワ、タカキビの3種類を野菜の合間に10aほど栽培して直売しています。雑穀の具体的な栽培方法は、参考書などを見てもらえたらよいので、今回は栽培するうえで大事なポイントを書きたいと思います。「自分でつくった雑穀を食べたい」という方の参考になれば幸いです。

防鳥網を張って確実にとる

（1）タネまき

　なるべく在来種を　タネはなるべく近隣の地域でタネ採りされているものを購入したり、分けてもらったりするのが一番です。東北なら東北のものを、九州なら九州のものを。この地域では栽培されている方の多くが80代に入り、栽培者が激減しています。全国各地でも同じ状況だと思います。貴重なタネが手に入るのも時間的に残りわずかかもしれません。

　防鳥網に合わせて畑づくり　雑穀栽培で一番のハードルになるのが、鳥による食害です。被害の程度は、その地域によってさまざまですが、網を張ることを想定し、畑をデザインし、

第1図　9月下旬、収穫間近のモチアワ

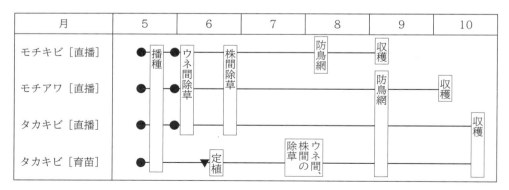

第2図　筆者の雑穀の作型図

第3図　すじまきする
まきすぎると間引きが大変なので量に注意

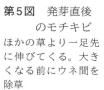

第5図　発芽直後のモチキビ
ほかの草より一足先に伸びてくる。大きくなる前にウネ間を除草

第4図　まっすぐまくために水糸を張る筆者

条ごとに棒をさしておくと、まく場所・まいた場所がわかりやすい

第6図　2〜3週間後のモチキビ
株間の草を取りながら、密植しているところを間引く

タネまきすることが重要だと感じています。

　私は18m×18mの防鳥網（20mm網目）を使っているので、側面の高さ分が2mぐらい必要と考えると、1枚の網で囲える畑の面積は14m×14mになります。それ以上広くタネをまいてしまうと、網を継ぎ足すなど余分な手間がかかります。畳んである網をほぐして広げるためのスペースを畑のなかに少し確保しておくことも必要です。畑の広さや形、自分がもっている網の大きさを考慮して、タネまきをするとよいでしょう。

　すじまきする　タネを直まきしています。すじまきにして、まいたところがわかるようにしておきます。直まきだと初期の除草が大変ですが、育苗に気を遣わなくてよいメリットがあります。

　苗で植えたほうが初期除草の手間は省けますが、最近は梅雨入りしても晴れる日が多く、雨が降るときに植えようとするとタイミングを逃す傾向にあります。野菜苗もつくっているので、一緒に苗づくりすればよいと考えたこともありますが、結局植えられずに徒長させてしまったり、苗を老化させてしまったりと、うまくいかないことが多かったのです。ほかの仕事や自分が雑穀にかけられる時間、栽培面積に応じてまき方を選択するとよいと思います。

　とくにタカキビは、最終的に株間30cmに1〜2本立ちにするので、広い面積を作付ける場合は、除草の手間を考えると育苗したほうがよいです。タイミングは第2図の通りです。

（2）生育管理

　元肥は米ヌカボカシ　「雑穀」の「雑」という字から雑草と同じようなものという解釈をされる方がいますが、イネやムギと同じで繊細な

畑作・転作作物

面もあります。無肥料でも収穫できますが、より充実した実をたくさんとりたいので、私は油粕や米ヌカボカシ肥を元肥に入れています。

同じ畑で連作し続けて、生育障害が出たこともありました。輪作も大事だと考えます。

初期除草はきっちりと　初期除草は収量に大きく影響するので、発芽を確認したらすぐにウネ間を三角ホーや管理機で除草します。最初の草取りをすばやくしないと、後から出てくる雑草と雑穀の見分けがつかなくなり、草取りができなくなります。

その2～3週間後に、手作業で株間を除草します。梅雨の晴れ間に管理機や鍬でウネ間を中耕、土寄せしますが、ほかの仕事が忙しくなってくると後半の草取りはだんだん手抜きになります。

「露があるうちにアワ畑に入ると、生育に問題が出る」と教わってきたので、雨が続くと除草に入れる時間が限られてきます。早め早めの除草が収量を上げるためには大事なポイントです。

(3) 鳥害対策

収穫の1か月前に防鳥網を設置　8月に入ると、モチキビの穂が出始め、月の後半には実が入り始めます。穂が出る少し前、収穫の1か月前に防鳥網を張る準備をするのがよいです。当方ではモチキビ畑は8月上旬、モチアワとタカキビ畑は9月上旬に網を張るようにしています。

「鳥に食べられる前に収穫すればよい」「たくさんつくれば食べ尽くされない」とも聞きますし、それで何とかできた話も聞きますが、数日で食べ尽くされてしまう経験をした身としては、大変で無駄なようでも鳥よけはしっかりとしたほうがよいと思います。

キュウリの支柱を使う　防鳥網を作物に直接かけるのではなく、浮かせた状態で維持するために、キュウリのトンネルパイプ支柱を使っています。畑の上下の端に2列立て、間に何か所かヒモを張り、網がたわんで雑穀の穂につかないようにします。ヒモはビニールハウスなどで使うマイカー線だと丈夫で使いやすいです（第7図）。雨で網が下がってきてしまうので、ところどころに細めの竹を立てて、突き上げるのも有効です。

いざ網を広げるときには、3～4人の手が必要です。網を引っ張る人、広げながら送る人、途中で網が引っかかったときに外しにいく人。仲間と集まって共同作業したほうがよい面が、栽培の後半には多く出てきます。

小さな畑は共同で手刈りが効率的

(1) 収穫作業

手刈りして追熟　穂が出揃った雑穀畑は、実が入るとだんだんと黄色く色付いてきます。当地の収穫期は、モチキビが9月初旬、モチア

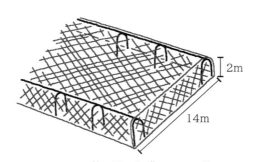

第7図　収穫の1か月前に、キュウリの支柱を立てて防鳥網を張る

第8図　収穫間近のモチキビ

第9図　モチアワの収穫
ハサミや鎌で穂から1節目の下で刈ると結束しやすい

第10図　収穫したタカキビを吊るして干す

第11図　穂だけを刈る場合はシート上で天日干しする

第12図　雑穀の師匠、中川智さん（87歳）
タネ採り用の穂を葉っぱで縛り、束をつくる

ワは10月初旬、タカキビは10月の後半です。モチキビはとくに実がこぼれやすいので、穂先から半分以上が茶色くなったら収穫したほうがよいといわれます。台風が来る時期でもあるので、天気予報と自分の作業の都合をよく見ながら収穫します。

　収穫は、穂に一番近い1節目の下で刈り、ヒモで縛って束をつくり、屋根下で干します。完全に茶色くなる過程で、実が追熟されると考えています。

　量が多くなければ、穂だけを収穫し、シートなどに広げて干す方法もあります。これなら脱粒したときも実がシートの上にとどまるので、畑や干し場に実をこぼすことが少なくてすみます。この場合は畑でよく追熟させて完全に穂が茶色くなってから収穫したほうが、乾燥が進ん

畑作・転作作物

第13図　木槌で叩いて脱穀
「お山の雑穀応援団」の仲間で集まって作業すれば、穂の山もあっという間になくなる

第14図　脱穀後、唐箕を使って選別

第15図　量が多い場合はハーベスタも使う
脱穀から選別まで一度にできる

第16図　脱穀、選別後、シートに広げてさらによく干す

でよさそうです。

　充実した穂からタネ採り　収穫の際に、次の年のタネを採ります。よく充実した穂で、茎が太く、それほど高く伸びていないものを選んでいます。タネはほかの収穫物とは別に管理します。わが家では春まで脱穀せずに、玄関の土間スペースに吊るしておきます。

　バインダーを使ってみたが　現在は手作業で収穫していますが、作業効率を上げるために1条刈りのバインダーで刈ってみたこともあります。ところが上手に結束できなかったり、狭い畑では旋回する場所をつくれず踏み倒してしま

ったりと、無駄が多く出てしまいました。とはいえ一人で手刈りをしていたら、収穫が全然終わらずに日が過ぎていってしまいます。いまは仲間の助けがあって、それぞれの雑穀ごとに半日～1日で収穫を終えることができています。

（2）調製作業

　木槌、ハーベスタで脱穀　よく干した雑穀は、シートに広げて、木槌で叩いて脱穀しています。すごく原始的なやり方ですが、乾いていれば思いのほか簡単に粒が落ちます。ふるいでゴミを取り除き、最後に唐箕をかけて細かいゴミを飛ばしてきれいにします。

第17図　精米機で脱稃する
写真は1斗を一度に仕上げられる循環式精米機。
量が少ない場合は小さい家庭用精米機を使う

　規模拡大の可能性を探り、作業効率を上げるために、ハーベスタでの脱穀もしています。実が飛びすぎないように回転速度を少し落としていますが、よく乾いていれば、ゴミが詰まることもなく効率よく作業できています。

　精米機で脱稃　雑穀は、実の外側の殻を剥かないと食べられません。お米でいう精米作業です。専門的には「脱稃（だっぷ）」と呼びます。一度にたくさん剥く場合は循環式精米機を使い、わが家で少しずつ食べる分は家庭用精米機を使います。

　お米用の網だと目が粗く、雑穀がヌカと一緒にこぼれ落ちてしまうので、雑穀用の網に取り替えて精米します。

　保管中の虫に注意　すぐに食べきらない場合は、脱穀作業後によく干して乾燥させることが大事です。脱穀作業が終わり一段落、安心して袋にしまい込んでおくと、暖かい日が続いたり夏が来たりすると虫が湧いてしまいます。ひと夏越すためには、事前によく干し、できたら空気の出入りのない密閉できる瓶などにしまえるとよいです。わが家は管理がラクなので1斗缶に入れて保管しますが、小まめに見て、湿気ってきたら天日干しするようにしています。

　共同作業が継続のポイント　雑穀は単価が高いので、たくさんとれたら儲かる！？　と考える方もいますが、山間地では機械化が進んでおらず、小さな農地での手作業が中心なため、収支が合いません。私も在来種の保存や自給用に栽培していて、いまは規模拡大は考えていません。

　いっぽうで、昔から地域で栽培が続いてきた貴重なこの雑穀を、みんなでつくってみんなで食べるという活動をしています。「お山の雑穀応援団」として、タネまきから収穫期まで月に約1日のペースで集まって共同作業をしています。参加者は年間のべ70人。自分で少し栽培していてもっと雑穀に触れ学びたい方、貴重なタネをつないでいくことを支援したい方、自然あふれる環境で仲間と汗をかきたい方など、地域や東京からも通ってくれます。

　防鳥網を引っ張って広げたり、人海戦術で収穫したり、精米するための機械は共同でもったりと、雑穀にまつわる作業は一人ですべてをするのはむずかしいものです。近隣に住む仲間と共に作業することが、栽培の継続のためには大事だと感じています。

（『現代農業』2024年5、7月号「次世代につなぐ雑穀栽培」より）

野　菜

野　菜

農家の技術と
経営事例

野菜

茨城県石岡市　魚住　道郎

有機農業による小規模有畜複合経営

養鶏500羽と田畑3haで約100世帯の消費者と提携

〈魚住農園の歩み〉

1. 有畜複合の小規模家族農業

　魚住農園は茨城県石岡市嘉良寿理にある。筑波山に連なる山々に囲まれた山根盆地の小高い丘の上で，もっとも寒いときでも氷点下8℃前後，雪も少なく，不織布を使えば露地で葉物野菜の栽培ができる。台風などの災害も比較的に少ない，作物生産に適した地域である。
　私たちはここで平飼い養鶏500羽，田畑約3haの有畜複合経営で有機農業を営んでいる。一緒に暮らすのは私たち夫婦と長男夫婦と3人の孫。典型的な小規模家族農業，いわゆる小農である（第1図）。
　栽培品目はイネや野菜のほか，ダイズやコムギ，デントコーンなど。ソルゴーなどの緑肥作物もつくり輪作している。野菜は年間80〜100品目を少量ずつ周年栽培している。雨よけトマトなどを除き，基本的には露地栽培である。
　生産物は約100世帯の消費者のもとへ直接，配達と宅配便で届けている。生産者と消費者の「提携」の取組みである。
　提携は人と人との信頼関係のうえに成り立っているため，有機JAS認証はとっていないし，その必要性も感じない。私たちの生産に向けた姿勢，考え方，農産物の食味や外観，荷造り，価格に納得した人たちが魚住農園を支えてくれる。これ以上の認証はないと考えている。

経営の概要

立　地		筑波山に連なる山々に囲まれた山根盆地の里山。土壌は典型的な関東ローム層のアロフェン黒ボク土（火山灰土）
経　営		田畑約3ha（雨よけハウス4棟），採卵平飼い養鶏500羽。露地で約100品目の野菜を周年栽培。イネは自給用。鶏肉加工のほか，味噌や醤油，小麦粉や乾麺などを委託加工。生産物は約100世帯の消費者へ直接頒布（提携）
労　力		私と妻，息子夫婦，消費者による縁農（援農）。雇用労働なし

第1図　魚住農園のメンバー
（写真撮影：依田賢吾，以下Yも）
左後ろから時計回りに妻の美智子，息子の昌孝，筆者，義娘の文と孫たち。4人で約3haの田畑と500羽の養鶏を営む

2. 環境汚染に有機農業を志す

私は戦後まもなくの1950年に山口県下松市で生まれた。父親が神奈川県横浜市に転勤になる小学2年生までの間、山や川、海の自然環境に恵まれた場所で過ごすことができた。

苗字に魚の字があるせいか、魚を捕ったり釣ったりするのが大好きだった。ハヤやフナ、ドンコやウナギなどがよく釣れ、海にいけば、砂底のカレイやハゼの稚魚が足の指の間に入ってきた、そのくすぐったさが今でも甦ってくる。

横浜でも海に通い、中学時代まではさまざまな魚がよく釣れた。しかし、年追うごとにその数が減り、魚は油臭くなっていった。子どもながらに、海の変化を肌で感じていた。

高校時代の1960年代後半になると、大気や河川や海の汚染は深刻化し、公害が各地で問題になった。そして東京農業大学農業拓殖学科（現国際農業開発学科）に入学してまもない1970年、報道で水俣病に関心をもった。

水俣病事件を引き起こした企業チッソ株式会社は、硫安などの化学肥料のほか、塩化ビニールなどの可塑剤をつくっていた。私は水俣を訪れ、命をかけて裁判に立ち上がった患者さんや支援する市民と出会い、「自分は、海を汚し、人を苦しめる農業技術を学んでいるのか」と悩んだ。

ちょうどそのころ、化学農薬も大きな問題となっていた。母乳から殺虫剤のDDTやBHCが検出され、連日のように新聞を賑わせていた。

化学肥料や農薬を使わないで農業ができないのか。私は有機農業の確立を志すことにした。

3. ハワード『農業聖典』との出会い

求めれば与えられる。そんな矢先に手に取り、むさぼり読んだのが、アルバート・ハワードの『農業聖典』である。これだ、と思った。ハワードが提唱する有機農業が普及すれば、日本の農業はまだ救われると固く信じ、真暗闇に一条の光が射したかのようだった。

大学在籍中の4年間、仲間とともに神奈川県厚木市に35aの田畑を借りて、堆肥をつくり、

第2図　毎年2月に仕込む魚住農園の踏み込み温床（Y）
2.7m×1.8m×高さ30〜40cmの枠（可動式）に、コンテナ100杯分の落ち葉が入る。米ヌカと発酵途中の鶏糞を混ぜて、散水しながら踏み込むと20〜30℃の発酵熱が1か月近く持続する

有機栽培に取り組んだ。米も野菜も、予想をはるかに超えてとれた。軽トラを買い、収穫物は都内や神奈川県の消費者まで直接届けた。

一樂照雄さんとの出会いも在学中である。1971年10月に日本有機農業研究会が設立され、その後まもなく、創立者の一樂照雄さんを訪ねたのだ。日本の農業をなんとか立ち直らせたいという思いが響いたのか、まだ学生であった私を、本気で相手にしてくださった。

大学卒業後の1974年、茨城県八郷町（現石岡市）で、都市に暮らす消費者が自給をめざして立ち上げた「たまごの会」の農場建設に参画し、同農場に従事したあと、1980年に石岡市で専業有機農家として独立した。

〈小規模有畜複合有機農業の実際〉

農業を志して50年以上になる。有機農業で暮らしていける規模と生活、技術とはどのようなものか模索し続けてきた。これまでの取組みを以下にまとめてみたい。これから有機農業を始めようとする人の一助となれば幸いである。

1. 苗半作は落ち葉集めから

①踏み込み温床と腐葉土と無農薬栽培

1年のスタートは、落ち葉集めからといってよい。近隣の雑木林でクヌギ、コナラ、カシな

野菜

第3図　鶏舎全体の外観（Y）

どの広葉樹の落ち葉やササの茎葉を集める。大変な作業だが，落ち葉は踏み込み温床に使い，翌年には腐葉土となり，育苗用の床土となる（第2図，実際の作業については共通技術編「踏み込み温床」の項参照）。

落ち葉から生まれる腐葉土は，微量要素（ミネラル）や微生物の宝庫である。土壌微生物のなかには，根に共生する菌根菌もいて，土中に張り巡らせた菌糸によって難溶性のリンを溶かし，植物に養分として供給してくれる。さらに根圏微生物のなかには，抗菌物質を生産したりして病原菌を抑える働きがあるものもいる。

腐葉土を育苗に使うことで，作物にとっては母乳のような役割を果たし，病害虫に強く育つことができると確信している。「苗半作」というように，健康で根張りのよい苗をつくれるか否かが，その後の作物の生育を左右する。つまり腐葉土をうまくつくることができれば，栽培は半分うまくいったようなものなのだ。

落ち葉は踏み込み温床のほか，養鶏の敷料にも使うし，野菜の有機物マルチとしても使う。落葉広葉樹の雑木林が近くにあれば，自分の所有地でなくとも，隣人のものでも，公共のものでもいい。毎年落ち葉を集めていると，林はきれいになり，喜ばれる。

②落ち葉集めと森里川海

日本の里山は本来，近隣農家が堆肥をつくったり踏み込み温床をつくるために落ち葉かきをしたり，キノコの原木をとったり，薪や炭を焼いたりすることで，結果的に守られてきた。有

第4図　鶏舎内（Y）
ニワトリ（ネラ）が敷料と鶏糞を引っかきまわして，1次発酵が進む

機農業は森を育て，森の栄養を，田畑を通して，河川や湖沼，海に導き生きものを育んできたのだ。

このように考えると，有機農業の真髄は，腐葉土を活用することにある。そして，腐植を土に蓄えることにある。踏み込み温床は，農業と森との連携や発酵と分解という命の連鎖を教えてくれる。落ち葉集めは，1年の始まりにふさわしい作業といえる。

2．平飼い養鶏は鶏糞堆肥のため

①複合経営には養鶏が合う

家族農業で有畜複合経営の中心に位置するのは約500羽の平飼い養鶏である（第3図）。卵や肉はもちろんだが，飼育目的の半分は良質の鶏糞堆肥が得られることにある。

以前は搾乳牛や肥育牛も飼っていたが，ニワトリのほうが扱いやすく，事故率も低い。仮に圧死などの事故があっても，資金的ダメージが少なくてすむ。給餌や採卵の時間に融通がきくという点でも，複合経営に合っていた。

また，販売もしやすい。卵は保存性が高く，常温で出荷できる。タンパク源として日常的に

農家の技術と経営事例

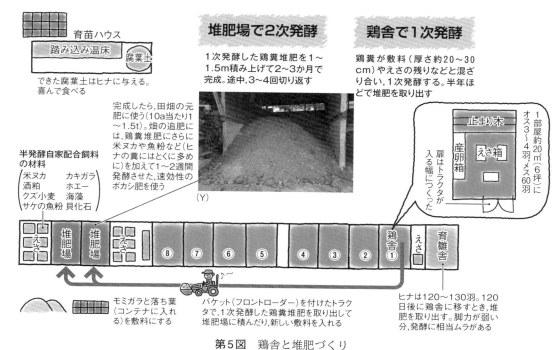

第5図 鶏舎と堆肥づくり

多くの人たちに利用してもらえ，消費者の経済的負担も小さい。卵は1パック（10個）480円で販売している。40年前から同じで，価格にとくに根拠はない。卵で採算をとろうとは考えておらず，なんとなくのどんぶり勘定である。それも，養鶏の目的の半分は鶏糞だからといえる。

②えさはほぼ県内で調達

鶏種は卵肉兼用種の'ネラ'（第4図）。初生ビナを孵化場から購入し，産卵2年で廃鶏。鶏肉を加工場でさばいてもらい，冷凍のかたまりで1羽ずつ希望者に販売している。ブロイラーと違い味はとてもいいが，硬いので精肉よりもひき肉やソーセージに委託加工したものが好まれる。

飼育密度は坪当たり10羽程度。鶏舎には2間×3間（6坪）の部屋が8つあり，それぞれにメスを60羽，オスを3～4羽入れて平飼いしている（卵は有精卵）。

えさは100％国内産（茨城県内）。米ヌカや地元の飼料米（玄米），クズ小麦，千葉県産トウモロコシ（非遺伝子組換え），サケの魚粉，カキガラ，海藻，醤油粕，ホエー（乳清）を混ぜて，一晩寝かせた自家製の半発酵飼料。野菜クズや雑草も貴重なえさ（緑餌）となる。

なお，孵化場から届いたヒナには，初め3日間は玄米と水だけ，その後，玄米＋成鶏と同じ発酵飼料＋イネ科の緑餌を細かくしたものと水をやり，踏み込み温床で得られた腐葉土も入れてやる。また，入雛から1～2か月の間に，コクシジウム原虫の寄生による血便が必ずといっていいくらいに出る。その予防と対策として，えさと飲水の中に食酢や梅酢を5～10％入れると，きわめて効果的である。

③鶏糞堆肥づくり

鶏舎の床は土間である。土間の床には敷料としてモミガラや落ち葉を20～30cmほどの厚さで入れてある。その上をニワトリが自由に動き回り，鶏糞と食べ残しのえさ（飼料と緑餌）をモミガラとかき混ぜる。土間から上がる湿気によって，鶏舎内で自然に1次発酵が始まる。敷料に手を入れるとかすかに温かく，悪臭はな

343

野　菜

い。

　ただし，この状態ではまだ雑草のタネや病原菌が生きている。そこで各部屋おおむね半年に一度，1次発酵した鶏糞を取り出し，堆肥舎に移す（1年置いてもいいが，鶏糞堆肥が欲しいので半年で出す）。1部屋で一度に3〜4tほどの堆肥素材がとれる。

　アンモニアなどのガスや肥料成分を吸着させるための山土やモミガラくん炭，再発酵のための米ヌカを適宜入れて，堆肥舎で2〜3か月，高さ1〜1.5m程度に山積みする（第5図）。山の内部は60℃を超える温度になる。ただし，若鶏は糞の量が少ないため，その敷料には魚粉や米ヌカを多めに足すなどして調整する。いずれも3〜4回切り返したら鶏糞堆肥の完成である（2次発酵）。

　有機農業を実践するうえで，良質の堆肥は欠かせない。その堆肥を自給するためには，家畜の飼育（有畜複合経営）が必要だ。小規模な養鶏は導入費も安くすみ，新規就農でもスタートしやすいのでおすすめだ。また，鶏糞堆肥はチッソ成分の割合が高く，リン酸，カリとのバランスもよく，肥料としても使いやすい。

3. 肥料は鶏糞堆肥と鶏糞ボカシのみ

①元肥は鶏糞堆肥

　できた鶏糞堆肥はおもに田畑の元肥に使う。キャベツやハクサイなら，植付け前に10a当たり1〜1.5t（軽トラ山盛り一杯を400〜500kg換算）。全面散布してロータリをかける。

　栽培期間が長い果菜類のピーマンやナスなら最初に1.5〜2t施用し，葉色を見ながら2回くらい通路に追肥する。肥料分がいらないサツマイモの場合は200kgくらい入れるか，葉物野菜のあとならば残肥だけで育てたりする。

　投入量は畑によっても違う。鶏糞堆肥を長年使い続けると，畑に地力がついて，施肥量を減らしても生育が維持できる。

　鶏糞堆肥といえど，入れ過ぎると虫がついたり，長雨の際に病気が出たり，足りなければ結球しなかったりするので，そのさじ加減が肝心だ。前作の出来を参考に，施用量を決めている。

　500羽分の鶏糞で年間60〜70tの鶏糞堆肥がつくれる。これで3haの畑にちょうど間に合う程度である。余剰はない。

②追肥用の鶏糞ボカシ

　この鶏糞堆肥を母体にして米ヌカと混ぜたり，魚粉や貝化石なども加え，2〜3週間おいて速効性のボカシ肥料をつくることもできる。これは追肥として通路にまいて使う。

　それぞれの割合はこうでなければならないということはなく，作物の状態に応じて割合を変える。基本は鶏糞堆肥5に米ヌカ5だが，たとえば果菜類の色が抜けたり樹勢が弱い場合は，鶏糞堆肥4に米ヌカ4，魚粉1，貝化石1を加え，カルシウムなどを効かせるようにする。

4. 20品目で自家採種

　イネやコムギなどの穀類，ダイズや黒豆，アズキ（小粒・中粒），インゲンなどのマメ類，サトイモやジャガイモ，サツマイモなどのイモ類，キュウリなどのウリ類，ニンニクやネギなど20品目くらいで自家採種（自家増殖）している（第6〜12図）。地元，八郷在来の品種もある。

　それ以外は市販の品種で，F1品種も使う。無農薬の種子が理想だが，現状では限られている。もちろん遺伝子組換えやゲノム編集された種子は必要なく，今後も使う予定はない。

　タネを残すということは，その年のきびしい環境変化にも耐え，作物が命を継いでいくことそのものである。つまり，自家採種することで，少しずつ強いタネを育てているのである。近年の異常気象を考えれば，F1であっても，多少のバラツキがあっても，自家採種はどんどんやっていくべきと思う。危険分散である。

　なお，第1表は，魚住農園で栽培しているおもな品目の品種一覧である。

5. 病害虫対策

①病害虫に対する考え方

　農薬を使わない有機栽培では，害虫は手でつぶすのかといえば，そんなことをしている暇はないのが実情だ。だから基本的に，害虫が発生

農家の技術と経営事例

キュウリのタネ採り

> 虫が入ってるくらいよく熟したほうが、いいタネが採れる

第6図　タネを採る果実は、肥大して黄色くなるまでならせておく。ウリやキュウリの場合、引っぱってヘタがとれたら完熟のサイン
（写真撮影：佐藤和恵、このページすべて）

第7図　包丁で果実を開いて、タネを指で果肉ごとかき出す。どんなに熟れていても、タネがとれるのは下半分だけ。ヘタに近いほうのタネは未熟で使えない

> 私はこの状態で、日陰に半日くらい（一晩）置く。果肉が発酵するからか、タネが洗いやすくなる

第8図　取り出したタネと果肉

第9図　半日置いたタネと果肉を水で洗う

> 半日は置かないと、この白いゼリー状の果肉（矢印）がなかなかとれない

第10図　洗ってザルで濾す、を何度か繰り返す

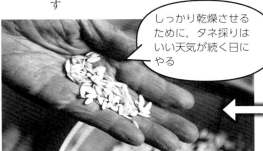

> しっかり乾燥させるために、タネ採りはいい天気が続く日にやる

第12図　数日前に採って、ほぼ乾燥したタネ

第11図　果肉がとれてタネだけになったら終わり。風通しのいい場所でよく乾燥させて、冷蔵庫で保管する

345

野　菜

第1表　栽培しているおもな品種

果菜類	**ナス**：'黒東長'（渡辺採種場） **トマト**：大玉は'有彩014'（武蔵野種苗），中玉は'シンディスイート'（サカタ） **ピーマン・トウガラシ**：ピーマンは'あきの'（園芸植物育種研究所）と'エース'（タキイ）。トウガラシ類は'角髪とうがらし'（茨城在来），'ホンタカノツメ''甘長とうがらし' **キュウリ**：魚住キュウリ（サカタの'さつきみどり'と'黒さんご'，自然農法国際研究開発センターの'上高地'の3種混合） **その他のウリ類**：カワズウリ，バナナウリ，トウガン'姫とうがん'（タキイ），スイカ'天竜2号'，カボチャ'すくな''カンリー2号'（自然農法センター），'メルヘン'（サカタ）
葉菜類	**キャベツ**：'彩ひかり''彩音''彩風'（以上，タキイ），'アーリーボウル'（サカタ）など **ブロッコリー**：'しげもり'（みかど協和），'エンデバーSP'（タキイ）など **ハクサイ**：'黄ごころ85''黄ごころ90''晴黄''きらぼし'（タキイ） **ネギ**：'赤ネギ'（茨城在来「赤ひげネギ」），'太っこ一本葱'（柳川採種研究会），'冬一心'（渡辺農事） **タマネギ**：'ソニック''ターボ''ネオアース''猩々レッド'（タキイ） **ニンニク**：八郷の在来種，青森の在来種
マメ類	**ダイズ**：'八郷在来''青御前' **インゲン**：在来のうずらいんげんまめ **アズキ**：八郷の在来種（少納言）と福島県二本松の在来種（中納言）
根菜類	**サトイモ**：'土垂れ''大野芋' **ジャガイモ**：'キタアカリ''ホッカイコガネ''マチルダ' **サツマイモ**：'シルクスイート'（カネコ），'パープルスイート'（農研機構） **ニンジン**：春作は'アロマレッド'，秋冬作は'陽明' **ダイコン**：春作は'つや風'，秋冬作は'夏の翼'（以上タキイ），'竜神三浦2号'（サカタ），'たくあん大根'など
イネ・ムギ類	**イネ**：うるちは'ひとめぼれ'，もちは'羽二重もち' **ムギ類**：コムギ'農林61号'，ライムギ，エンバク

しても何もしない。農薬の代わりに自然農薬などを使うこともない。ネキリムシに倒されたハクサイなどがあれば，つぶして補植することはあっても，それ以上のことはしない。

また，資材の使用は極力ひかえたい。防寒用のべたがけ（不織布）の使用はやむをえないが，防虫のためのネット使用は極力避けている。魚住農園では，キャベツやブロッコリー，ハクサイなどの育苗期間，または葉物野菜の害虫多発時期（3〜10月）に限って使うようにしている。

病害虫に対してはまず，単作を避け，多様な作物を栽培することで，大発生を防ぐことができる。また，畑を分けて危険分散をする。

鶏糞堆肥（ボカシ肥）は適量を施す。チッソ過多の作物は葉の色が濃緑色となり，病害虫を呼ぶ。病害虫の発生は，栽培方法を誤ったサインととらえている。

以上の原則を守れば，自然界に生息する天敵昆虫や微生物が，作物を守ってくれる。

②作物を守ってくれる天敵昆虫や微生物

キャベツやブロッコリーにつきもののアオムシ（モンシロチョウの幼虫）には，天敵のアオムシサムライコマユバチがかなりの確率で寄生する（第13〜15図）。体長3〜4mmの小さな寄生蜂で，アオムシの体内に産卵し，孵化した幼虫がその体内で成長，いずれ皮膚を食い破って出てくる。その数，20〜30匹。外に出てきたアオムシサムライコマユバチの幼虫は，すぐ

農家の技術と経営事例

土着天敵・アオムシサムライコマユバチが大活躍

第13図 寄生蜂のアオムシサムライコマユバチのマユとアオムシの死骸（Y）
アオムシに産みつけられた卵から孵化した幼虫が，近くでマユをつくっている

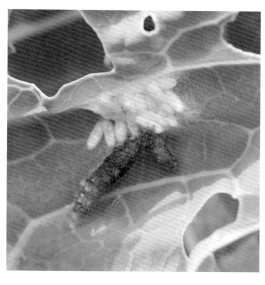

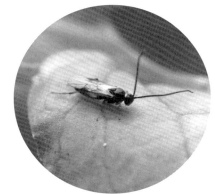

第15図 アオムシの腹を食い破って出てきたサムライコマユバチの幼虫（Y）

第14図 アオムシサムライコマユバチの成虫（Y）

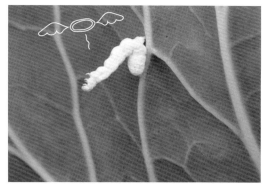

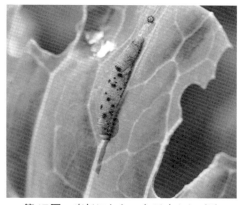

第16図 真っ白になって力尽きたタマナギンウワバ（Y）

第17図 病気にかかったアオムシ（Y）

野　菜

に葉上にマユをつくり，孵化して飛んでいく。

　無農薬の畑では通常，8〜9割のアオムシにこのアオムシサムライコマユバチが寄生しているという。だからアオムシを見つけても，つまんで捨てたり，つぶしたりしてはいけない。アオムシサムライコマユバチの幼虫も同時に殺してしまうことになるからだ。そう考えると，アオムシも害虫には見えなくなってくる。アオムシが生きている間は葉を食べられるが，それも外葉の1〜2枚程度。剥いでしまえば結球はきれいなものである。

　畑にはほかにも，アブラムシを食べるナナホシテントウや，肉食のクモやトンボ，カマキリやカエルなど非常に多くの天敵がいる。また，害虫に感染する昆虫病原菌も多い（第16，17図）。農薬や防虫ネットを使わないことで，天敵の生息条件を増やしてやることが大切だと考えている。いわゆる益虫も害虫もただの虫も多くいることで，畑の生態系緩衝力は増す。害虫から作物を守るという姿勢では，有機農業の本当の機能は発揮できないと考えている。

6. 経営を助ける手づくり農具

①除草に役立つ農具

　害虫は天敵に任せることができても，雑草だけは人の手で対処しなければならない。魚住農園の雑草対策は，育苗（スタートで雑草に差をつける）と，機械や道具による除草である。除草はトラクタや管理機に頼るほか，さまざまな手づくり農具が活躍している。とくに草取りに使う農具は多数あり，それぞれバージョンアップを重ねている。なかには溶接技術などを要する工作もあるが，簡単につくれる道具もあるので，いくつか紹介したい。

　第18図は，手づくりといっても，ねじり鎌（市販品）を竹の柄の先端に付けただけの草取り道具「土郎丸」である（第19図）。ねじり鎌で草を土ごと削るが，削った土が刃の上を流れてその場に残るので，土を引っ張らずにすむ（第20図）。柄を軽い竹でつくるのもポイントで，従来の草削り道具とは疲労感がまったく違う。1日作業しても疲れない。

柄が軽く，もっと長くすることも可能で，立ったまま，ウネ数本の除草が同時にできる。刃の付け根（首）が細いので見通しがきき，発芽したてのニンジンやゴボウをよけながら小さな草を取ることもできる。

　ねじり鎌は，切れ味が持続する上質の物を使う。作業時は刃先を研ぐ人工ダイヤモンドの砥石と，泥落としのためのスクレーパー（ヘラ）を携帯し，こまめに泥を落として刃を研ぐと，作業はよりラクに進む。

　第21図は，タマネギなどの初期除草に使う「2連式土郎丸」である。長い柄の先に鋼のアングルでつくった刃（歯）を2つ，または3つ付けた除草具で，立ったまま，作物を挟んで引っ張るように使う（第22図）。刃の角度を変えられるので，作物が大きくなってからも使える（第23図）。刃先が何パターンもあってワンタッチで交換できるのも便利だ。なお，除草だけでなく，中耕培土にも使える。

　そのほか，福岡県の有機農家，古野隆雄さんが考案した「ホウキング」を模倣した農具も自作し，目下，改良を重ねている。

②コンテナ洗浄機

　農作業には大量のコンテナを使う。収穫作業や野菜の仕分け，落ち葉集めやジャガイモなどの貯蔵にも使う。コンテナの汚れは不衛生だし貯蔵中の野菜の腐れを呼ぶ。しかしその形状ゆえ，タワシで洗うには手間がかかる。そこで考えたのが，第24図のコンテナ洗浄機である。

　コンテナを回転台に置いて，高圧洗浄機で水を当てるだけ。コンテナの向きを変えたりしなくても，勝手に回転して，わずか数十秒でピカピカになる。他の追随を許さないアイデアと自負している（第25，26図）。

　農具の自作には，作業の効率化はもちろん，農作業が道具のテストや改良の場となり，苦痛から解放される，楽しくなるというメリットもある。「有機農業は草との闘い」とよくいわれるが，アイデア農具でそれを楽しむこともできるのだ。新規就農者にはとくにおすすめしたい。

農家の技術と経営事例

第19図 真竹（1.8～2.2m）の先端にねじり鎌を，ホースバンドと釘で固定。刃先が鋭くとがっているので，左にも右にも鎌が動かせ，草を刈れる（Y）

第20図 土郎丸は土を引っ張らないので小さな力で除草できる。長時間の作業でも疲れない（Y）

第21図 ２連式土郎丸
株を挟むように走らせるだけで除草できる（Y）

第18図 自作の草取り道具「土郎丸」（Y）

第22図
２連式土郎丸の刃先（Y）
猫の爪のような刃が草を根こそぎ引っこ抜く

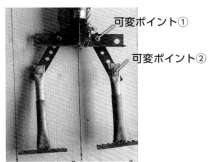

第23図 最新型は，刃の角度を２段階で動かせる可変式
広げた刃を地面に水平に食い込ませる工夫だ

野菜

第24図 コンテナを台において，高圧洗浄機で水を当てるだけ。コンテナの向きを変えたりしなくても，勝手に回転して，わずか数十秒でピッカピカ（左奥に見えるのは，バケツ洗い用）(Y)

第25図 壊れた一輪車のホイールを板に取り付け，土台の板に打ち込んだ車軸（19mmパイプ）に載せるだけ(Y)

第26図 コンテナを置く回転台。コンテナがはまる枠には四隅に溝をつくって，水が流れるようにした(Y)

〈有機農業を支える提携と「縁農」〉

1. 経営を安定させる提携

　提携先は約100世帯，多少の出入りはあるものの，なかには親子3代30～40年にわたってつながっている家族もある。その要望に応えるうちに野菜の端境期もほぼなくなり，ニワトリの産卵も安定し，年間を通じた出荷を実現できるようになってきた。魚住農園の経営や生活は，「提携」のおかげで年々，充実してきたといえる。

　「食」を通じて培った絆，信頼関係は日常的で強く，深い。資本主義や市場原理主義では，生産者と消費者が分断されてしまう。その対極にあるのが，生産者と消費者がともに支え合う提携で，いわば分断社会を有機化する取組みであると考えている。一楽が目指した協同組合運動の原点といえるのではないだろうか。提携は，人と人を強く結びつけ，信頼しあえる協同社会をつくる核となるはずだ。

2. 生産物の値段

　農産物は基本的に週に一度，段ボール箱に10～15品目の野菜や卵1パック（10個），加工品（味噌や醤油，小麦粉や乾麺）などを詰め

農家の技術と経営事例

第27図　筆者が，掘り取り機を付けたトラクタを運転。地表に上がったジャガイモを参加者が拾ってコンテナに入れる
（写真撮影：編集部）

て提携先に届けている（一部は宅配）。送料込みで4,000～5,000円。野菜の単価は平均的なスーパー価格並みである。配送コストは負担してもらうが，近隣の人には農園に取りに来てもらい，庭先価格でお分けしている。

猛暑や台風など，その年による出来，不出来はあるが，単価はあまり変えず，真冬の葉ものだけは冬単価にして，了承してもらっている。

近年，肥料代や農薬，石油価格の上昇にともなう値上げもあるが，自給の鶏糞堆肥しか使わない有機農業ゆえ，その影響も限定的といえる。

3. 援農から縁農へ

魚住農園では，提携先の消費者に，積極的に農園に来てもらい，作業を手伝ってもらうようにしている。

おもなイベントは年に2回，冬の落ち葉集めと，初夏のジャガイモ掘りである。どちらも大変な作業だが，毎回十数名が駆けつけてくれる（第27図）。作業を手伝ってもらえるのはもちろん助かるし，そこでの会話は活力になる。ま

第28図　昼食は，卓上に七輪を並べてBBQ。野菜や肉，飲み物類は用意して，ご飯だけは持参してもらう　（写真撮影：編集部）

351

野 菜

た，畑に来てもらうことで，有機農業の素晴らしさを知ってもらえるのも嬉しい。

たとえば落ち葉集めに来てもらえば，集めた落ち葉が踏み込み温床になること，翌年には腐葉土となって病害虫に強い苗を育ててくれること。そして，山の落ち葉が畑を経由して，やがて海にたどりつくまでの循環の仕組み（「森は海の恋人」の思想）も知ってもらうことができる。

消費者のなかには，月に一度は来て，ニワトリのえさやりから野菜の播種や定植，除草，収穫や調製まで，ひと通りの作業を手伝ってくれる人たちもいる。午後まで作業し，夕飯も一緒に食べて，一杯飲んでから帰る。作業賃は出さないが，昼食や野菜のお土産を用意している（第28図）。

彼らにお客さんという意識はなく，魚住農園を自分の畑のように感じている。農作業もたんなる手伝いではないので，「援農」ではなく「縁農」と呼んでいる。

こうした関係こそが，私たちにとっては生きがいであり，消費者にとっては本当の「安心」であろうと思う。日々，感謝している。

執筆　魚住道郎（茨城県石岡市）

2024年記

神奈川県平塚市 (株) いかす・内田達也

開墾地でも短期間で土壌改善

(株) いかすのメンバー

イネ科緑肥の積極利用で多品目安定生産

〈年間40種, 露地野菜の多品目栽培経営〉

1. 全圃場で有機JASを取得

2015年に (株) いかすという会社を仲間と創業し, 現在, 神奈川県平塚市, 大磯町で7haのオーガニック農場を経営。年間40種類の野菜を生産し, 持続可能な農業を広めるための農業スクール「はたけの学校テラこや」を運営しています。

私たちが営農している平塚市の年間降水量は, 1,557.3mm。年平均気温16.5℃, 年平均最高気温20.5℃, 年平均最低気温12.6℃。年較差が少なく, 温暖多雨と海洋性気候という特徴があります。暖地寄りの中間地です。温暖な気候のため, 一年中, 作物栽培が可能です。作付けしている土壌はアロフェン質黒ボク土が主体です。

当農園の特徴は, 露地野菜の多品目栽培。おもにイネ科の緑肥を積極的に利用しながら, 連作のしやすいものは積極的に連作しています。全圃場で有機JASを取得して栽培しています。

2. 有機農業は特殊な農法ではない

私たちのような新規就農者は, 優良農地を借りられることはまれで, 耕作放棄地や栽培条件の悪い土地からスタートするケースが多いのではないでしょうか。新規で参入した平塚市でも, 10年近く放置された1haの耕作放棄地を開墾するところから始めました。条件の悪い土地からでも, 最短で土壌を育て, 生産を安定させ, 収益を上げていく必要があります。

有機農業を実践し, 比較的早い段階で生産を安定させていくためには, 栽培を行なう前に身に付ける基礎力が必要だと思います。

有機農業は特殊な農法ではありません。農学と生態学の基礎的な知識, 土壌, 作物の生理生態, 病害虫防除など, 農業の「共通言語」をしっかりと学んだうえで, 強力なツールである化学肥料と化学農薬を使わずに, おいしくて美しい作物をたくさん生産できるようにする壮大な育成ゲームではないでしょうか。

難易度は高いですが, これが奥深く, 本当に楽しい。やり始めてみるとあまりのおもしろさに, 2004年の研修生時代からあっという間に20年の歳月が経ってしまいました。

たくさんの失敗を重ねた結果, 現在は, 比較的精度の高い仮説を組み立てながら, 早い段階で安定生産が可能になりました (第1, 2図)。それを成り立たせている考え方や技術を紹介します。

〈栽培の全体像をつかむ〉

ついつい起こってくる些末な現象にとらわれがちですが, 早く安定生産に持ち込むためには, 栽培全体を俯瞰して, うまく循環するように, さまざまな手段を用いてサポートしていくことが大切なのではないでしょうか。

1. 作物は太陽エネルギーを利用して炭水化物をつくりだす

栽培の全体像をつかむために, まずは, 作物

野菜

の生育に目を向けていきます。

作物は，葉に太陽光を受け，根から水を吸収し，大気からは二酸化炭素を取りこんで，光合成により炭水化物を合成しています。さらに根から吸ったチッソを炭水化物と融合しアミノ酸を合成します。

2. 人が養分を与えなくても供給される

ここで注目したいのは，作物は，土から一方的に養分を吸収するのではなく，光合成でつくりだした糖やアミノ酸を根から放出し，根圏微生物に養分を与えていることです。また，根毛は2週間くらいで生え変わり，脱落した根も根圏の微生物や小動物のえさになり，巡りめぐって作物に養分が供給されるという循環を生み出し続けています。

このように自然界では，人が介入しなくても「与えるからこそ，与えられる」という「循環」のしくみが成り立っています。

3. 自然界のしくみに対して人がやれること

では，人は自然界の循環のしくみにどうかかわっていけばよいのでしょうか。私は，大きく分けて，1) 作物の特性，2) 土の特性，3) 環境の特性をいかすかかわりがあると考えています（第3図）。

作物の特性をいかすかかわり 作物は，自ら光合成した代謝産物を根から放出し，土壌生態系を豊かにすることで，自らが必要な養分を循環の中から生み出しています。作物が自ら土壌生態系を活性化する流れをじゃませずに，そっと後押しするかかわりをしていきます。

作物の原産地と品種改良の歴史を踏まえ，この土地と気候に合う品種選択，播種の仕方に始まり，育苗から定植，仕立てなどの栽培管理が，作物をいかすためのひと連なりのストーリーになっていることが大切です。

土の特性をいかすかかわり 土壌の起源と生成の歴史を知り，地力を上げ，作物の働きかけを受けて，スムーズに反応できる土壌の側の能力を育てていくこと。それが育土です。具体的には，堆肥の施用，緑肥の利用，耕起の仕方の

第1図　ダイコン

第2図　カブ

工夫，化学性の改善など，さまざまなアプローチをすることで，養分供給能力が向上し，作物の健全な生育を可能にする土壌環境の育成が進んでいきます。

環境の特性をいかすかかわり 作物とその場の土壌生態系をとりまく農地生態系をより多様性のある状態に育てていくことで，天敵や拮抗菌などが増え，病害虫が発生しづらい環境を整えていくことができます。

これらの3つのかかわりを作物栽培のなかでつなげ，流れるように循環させていくと，自然に作物がよく育つようになります。

作物や土壌生態系の起源と歴史を知り，進みたい方向を鑑みて，そっと優しく後押しする，そんなかかわりです。

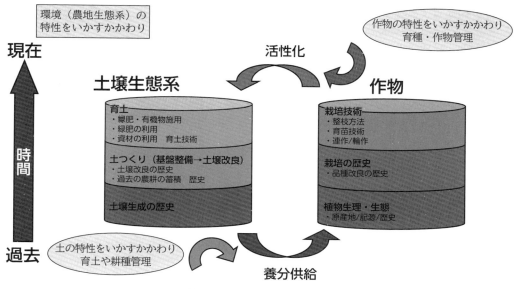

第3図　作物栽培の全体像

〈土の特性をいかすかかわり〉

1. 土壌診断で物理性と化学性をみる

ここでは，土の特性をいかす具体的なかかわりの方法を述べていきます。

よい土壌とは，地力が高い土壌です。地力とは，土壌の総合的な生産力と定義されています。物理性，生物性，化学性の三要素がいずれも良好な土壌が地力の高い土といえます。

新しく土地を借りた場合，農研機構の「日本土壌インベントリー」で畑の土壌の種類を調べ，前の使用者や地主に以前の使用履歴や土地の特徴を聞いたうえで，土壌診断で物理性と化学性を診断します。生物性の診断は費用が高いため，研究機関が調査に入るときのみ診断してもらっています。

2. 物理性——スコップで穴掘り診断

物理性の診断は，畑の植生，作物や緑肥，雑草などの生育ムラ，傾斜などを見ながら，数か所の土を深さ70〜80cmほどスコップで掘り，土層，土質の確認，緻密度，耕盤の有無，植物の根の張り具合などを見ていきます。

3. 化学性——弱酸性で施肥効率がよくなる

化学性の診断は，まず畑を掘って物理性を確認したうえで採土し，研究機関に送り，診断をしてもらい，必要であれば改良していきます。

いったんの目標値は，pH6.0〜6.5（H2O），pHで5.6（KCL）とし，改良の必要があるときは，緩衝能試験をしたあとに，塩基飽和度80％以上，塩基バランスCa：Mg：K＝6：2：0.5〜1，有効態リン酸10mg/100g以上を栽培スタート時の基準としています。

化学性を改善し，pHが弱酸性に安定すると，微量要素の溶解性が安定し，微量要素欠乏が発生しづらくなります。腐植のもつCEC（保肥力）も安定し，有機物の分解能力も上がるので施肥効率もよくなります。

現在，日本で栽培されている農作物の原産地は，ほとんどが海外です。好適なpHは弱酸性のものが多く，最大公約数的に弱酸性に安定させておくと，多品目に対応しやすいです。

有機物を施用し，緑肥による土つくりを進めるなかで，全炭素3,000mg/100g以上，全チッ

野菜

ソ300mg/100g以上になって，それと連動して可給態チッソ4〜6mg/100gくらいの値がでてきたら減肥し，葉物や根菜類などは無施肥で育てることも検討します（可給態チッソは，神奈川県農業技術センター協力のもと，CODパックテストによる簡易迅速評価法で測定）。

〈地力をあげていくには〉

1. かつての穀物残渣に代えて緑肥で有機物還元

かつて日本の農業では，ムギやダイズ，雑穀などの穀物をつくり，ワラや残渣を畑に返すことで地力を高めたあと，間作として野菜が栽培されていました。現在では，小規模の穀物栽培は収益性が低いため，利益率の高い野菜栽培を行なう農家が大半です。穀物残渣が還元されないことによる有機物の不足分を堆肥や緑肥で補う必要が出てきました。

緑肥には多面的な機能があり，地力の構成要素である土壌の物理性・生物性・化学性の改善はもちろん，除草労力や作業労力の軽減，景観作物や表土流亡・飛砂防止，雑草抑制，防風やドリフト防止作物として使うこともできます。

2. 植物性堆肥とイネ科緑肥で物理性と生物性改善

おもに堆肥と緑肥で土壌の物理性と生物性を改善していきます。

耕作放棄地からのスタートの場合は，硝酸態チッソ，アンモニア態チッソがいずれもゼロと診断されることが多いです。当農園では，植物性堆肥を2〜4t/10a散布し，そのあとに緑肥を育てます。

おもに使う緑肥は，春夏はエンバク，ソルゴー，オオムギ（マルチムギ），秋冬はエンバク，ライムギなどです。土壌のくん蒸効果をねらって，アブラナ科（カラシナなど）の緑肥も利用します。

以前は，セスバニア，クロタラリア，クローバ，ヘアリーベッチなどのマメ科緑肥も使用していました。チッソの供給目的であれば，地域

第4図　深さ90cmの層にあったソルゴーの根に沿ったダイコンの根

第5図　3mソルゴー障壁の根は150cm深さまで伸びていた

で良質な堆肥や有機質肥料が安価に入手できるため，現在はほとんど使用していません。

イネ科緑肥は多量の有機物を還元することができるので，物理性・生物性の改善が早くできます。また，マメ科緑肥よりもイネ科をうまく使うと野菜の硝酸含量が低くなり，食味もよくなります。

第1表　当農園での緑肥利用例

	緑肥名	利用目的	利用作物
イネ科	ソルゴー	緑肥	葉物（コマツナ・チンゲンサイなど）キャベツ・ブロッコリー・カリフラワー・ニンニク・タマネギ
		障壁	夏の果菜類（トマト・ナス・ピーマン・キュウリ・オクラ）
	エンバク	緑肥	ダイコン・ニンジン・葉物
		通路草生	夏の果菜類：トマト・ナス・ピーマン・キュウリ・カボチャ・オクラ
	リビングマルチ用オオムギ	リビングマルチ	カボチャ・ズッキーニ・サツマイモ
アブラナ科	カラシナ	燻蒸作物	トマト・ホウレンソウ・ネギ・ジャガイモ・サツマイモ

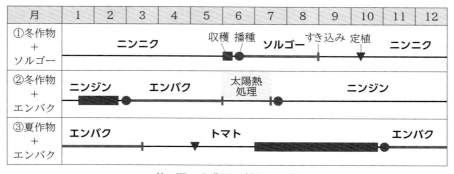

第6図　当農園の緑肥利用例

緑肥すき込み後，最低でも30日は分解期間を置く（すき込み時のC/N比，気温などによっても調整）

3. 緑肥で作物の根域がより深く広くなる

　長い間，作付けせず，草が生える前に耕起を繰り返していた畑をお借りしたことがあります。土壌の単粒化が進み，非常に硬く締まって，土壌診断のために表層10cmを採土するのも苦労する有様でした。緑肥の効果を実証するため，東京農大の中塚先生に協力していただき，ソルゴー（雪印種苗の'つちたろう'）を2.5〜3mくらいまで育ててからダイコンを栽培し，ソルゴーを作付けしなかった区と比べたところ，ソルゴー作付け区では，耐病総太りダイコンの根長が長く，大きく育ちました。

　その土壌の断面調査では，ソルゴーの根が硬い下層80cmのところまで伸び，ソルゴーの根穴に沿うように後作のダイコンの根も80cmの深さまで伸びていました（第4図）。たった一作，ソルゴーを育てるだけで80〜100cmの下層にまで根を伸ばし，土の団粒化を進めるため，後作のダイコンも非常によく育つことがわかりました。ソルゴーを作付けなかった区画のダイコンは小さく，根長も短く，売り物になりませんでした。

　また，別の果菜類の圃場でも，3mまで育った障壁用ソルゴーの周りを1.5mの深さに掘って調査したところ，1.5mの深さまでがソルゴーの根が確認できました（第5図）。

　このことから，緑肥を育てることにより，後

野菜

作の作物も，より深く広く空間利用できると考えられます。

4. 地力チッソ＝可給態チッソが年々上昇していく

ソルゴーやエンバクなどの緑肥や堆肥を組み合わせて栽培を数年続けていくと，地力チッソ（可給態チッソ）が年々上昇していくことが，神奈川県農業技術センターとの実証圃場でもわかりました（可給態チッソが4mg/100gを超えた段階から減肥を検討）。

〈緑肥利用の実際（第1表）〉

1. イネ科緑肥・ソルゴーの緑肥利用

当農園では，秋冬作のキャベツ，ブロッコリー，カリフラワー，ハクサイ，コマツナ，ホウレンソウ，カブ，ダイコン，タマネギやニンニクを栽培する前にソルゴー'つちたろう'を栽培し，その作型固定で連作しています（第6，7図）。

'つちたろう'を使う理由は，有機物量が多いこと，各種センチュウに対して効果があること，出穂が遅く，大きく育てても軟らかく，すき込みやすいことなどです。

2～3mまで育てて有機物量確保 化学性診断にもとづいて改良し，堆肥や有機質肥料を散布したあと，ソルゴーを栽培。当農園では，2～3mまで育てます（第8図）。当作の肥料効果をねらうのではなく，長期的に栄養腐植を増やしていくため，大きく育てて炭素率40程度ですき込むことが多いです。神奈川県農業技術センターにソルゴーの炭素率を測ってもらったところ，草丈2.2mで37.2，2.9mで42.7でした。また，草丈が3m近くになると生の有機物で10t以上になりました。

大きくした緑肥は，小動物，微生物が分解しやすいようにフレールモアで細かく裁断し，土中発酵させるためのスターターとして堆肥や有機質肥料（米ヌカ，ボカシ肥）などをチッソ成分で5kg/10aほど散布してからすき込みます。

農研機構の緑肥マニュアルによると，ソル

第7図　ソルゴーすき込みのキャベツ

第8図　3mに育てたソルゴーのモアがけ

ゴーを5kg/10a播種し，2.2mの高さまで育て，地上部乾物重1.3tを土壌に入れると，1年後に150kg/10aの炭素蓄積ができるそうです。

これは，1.4t/10aの牛糞堆肥をすき込んだのと同じ炭素蓄積量に当たるようです。

すき込みは2段階耕起 フレールモアで残渣を細かくしたあとのすき込みは2段階あります。1回目の耕起は浅耕起で，表層10cm未満の好気的な環境に緑肥を集積して，好気性の微生物によって発酵を進めます。10日～2週間後，分解が始まったら，2回目以降は耕うん土層（15cmに設定）にすき込んでいきます。2段階耕起によって微生物を拡大培養するイメージです。

緑肥の大きさにもよりますが，30～40日のあいだに3～4回耕うんし，分解を進めてから

次の作物を作付けしていきます。

緑肥を数年栽培すると，緑肥を分解する微生物なども殖えていくためか，初年度より緑肥がスムーズに分解され，早い段階で土化していきます。また，浅耕で管理土層は団粒化が進み，ふかふかになります。それより下層には緑肥の根が入り込み，根穴が残るため，透・排水性の改善にも役立ちます。

地力が低い畑は緑肥2回作付け　慣行栽培から転換する畑や，長年耕起だけを繰り返し単粒化が進んだ畑は，緑肥などの粗大有機物を分解する能力が低いため，ソルゴーを3mまで育ててすき込むとなかなか分解しません。その場合，ひと夏で2回作付けします。

一度目は，炭素率30程度の1.5m高さで堆肥とともにすき込みます。分解期間をおいて，もう一度ソルゴーを育て，2m未満の高さで堆肥とともにすき込んで次作につなげます。

一度目でソルゴーを分解する生物が増えているため，2回目もスムーズに分解します。土の団粒化が進み，物理性が劇的に改善します。堆肥由来の栄養腐植も増えるため，春先はゼロだった可給態チッソも4mg/100g以上に上がりました。その畑で，寒玉系の3月どりキャベツをつくりましたが，初年度からよい出来でした。

緑肥を栽培して育てた作物は形が美しく，食味がよく，栄養価も高いです。実際，開墾から1作目のナスがオーガニックエコフェスタで優秀賞，2作目のカブが最優秀賞，4作目のキャベツが最優秀賞をいただくなど，短期間でも良質な作物が育っています。

2. イネ科緑肥・エンバクの緑肥利用

ニンジンやダイコンの良品生産に　秋冬どりのニンジンの前には，3月に野生エンバク（'ヘイオーツ'）をまきます。'ヘイオーツ'を利用しているのは，ニンジンやダイコンのキタネグサレセンチュウを予防し，有機物量も多いためです。

エンバクは6月初旬，出穂が始まるくらいまで育てて炭素率を少し上げ，遅くとも乳熟期手前でフレールモアで細かく粉砕してすき込みま

第9図　カボチャのリビングマルチにオオムギ

第10図　ナスのウネ間にエンバク

す。有機質肥料などをチッソ成分で5kg/10aくらい散布してから透明ビニールを被覆して太陽熱発酵処理（陽熱プラス）を行ない，ニンジンやダイコンを作付けます。これも毎年，作型固定の連作です。ニンジンやダイコンはこれだけで非常によいものができます。何年か繰り返すうちに土壌中の地力チッソも増え，4年目くらいからはエンバクをすき込むだけの無施肥栽培でも栽培できるようになりました。

また，果菜類（トマト，ナス，キュウリ，ピーマン，オクラなど）が終わったあとに11月中にエンバクを播種して，翌年の3月初旬にすき込み，夏野菜につなげています。残肥の回収もでき，冬場に有機物生産ができ，センチュウ予防にもなり，栽培が容易になります。ヘイオーツの作付けでキスジノミハムシが減ることも

野　菜

確認されています。葉物や根菜類を栽培する際にも有効です。

3. イネ科緑肥・オオムギのリビングマルチ利用

カボチャのうどんこ病予防と土つくり　カボチャのウネ間にはオオムギを播種してリビングマルチにしています（第9図）。リビングマルチには，天敵を温存するバンカープランツとしての効果や，アレロパシーによる抑草効果，地温抑制，乾燥防止，土壌流失の防止などの効果があります。

品種は，早枯れ品種（カネコ種苗の'マルチムギワイド'）を利用し，カボチャの果実が肥大する時期と競合しないようにします。遅枯れ品種を使うと養分競合を起こし，収量が落ちます。

オオムギをリビングマルチにすると，カボチャのうどんこ病を抑えてくれます。オオムギは枯れる前に，カボチャよりも早くうどんこ病が発病します。すると，オオムギのうどんこ病菌に重寄生菌であるアンペロマイセス・クイスクアリスが寄生し，カボチャのうどんこ病菌にも寄生するので，病気を抑えてくれるようです。

カボチャ終了後は，リビングマルチのオオムギをカボチャの残渣ごとすき込んで次作につなげます。秋冬のダイコン，キャベツやハクサイなどを栽培しても良品がとれます。当作の栽培と同時に次作の土つくりも進めることできます。

4. イネ科緑肥・野生エンバクのウネ間利用

果菜類の通路で敷き草に　果菜類の通路には，野生エンバク（'ヘイオーツ'）を作付けしています（第10図）。アブラムシなどの天敵のヒラタアブ，クサカゲロウ，テントウムシなどのすみかになり，バンカープランツとして機能します。

通路の緑肥は主作物をサポートする役割なので，養分競合を起こさないように40cmほどの高さになったら，10cmの高さに刈り込んで敷き草にします。敷き草は徐々に養分化され，作物に利用されていきます。それを3〜4回繰り返すと，自然と枯れていきます。通路にエンバ

クの根が入り込むため，透・排水性の改善にもつながります。

カボチャのウネ間に利用する場合は，ウネ間にカボチャのつるが伸びてくる前に刈り倒し，追肥をしてから防草シートで覆うと栽培期間中にエンバクが腐熟し，ウネ間の団粒構造が発達します。

5. アブラナ科緑肥の利用

トマトの青枯病抑制　露地の夏秋ミニトマト（ソバージュ栽培）に青枯病が数株発生してきたので，青枯病の抑制目的で，後作にカラシナの'辛神'（雪印種苗）を作付けしています。

'辛神'は，アブラナ科に含まれる辛味成分「グルコシノレート」の高含量品種です。グルコシノレートは，土壌にすき込まれると加水分解され，アリルイソチオシアネートという物質に変わり，殺菌効果をもたらします。それによりトマト青枯病のほか，ジャガイモ黒あざ病，ホウレンソウ萎凋病，サツマイモ紫紋羽病テンサイ根腐病，ホウレンソウ萎凋病，コムギ立枯病などの土壌病害を軽減する効果があります。

トマトの青枯病抑制には後作に緑肥を作付けて土壌環境を整えたあと，青枯病抵抗性台木も併せて使い，対策をはかっています。

〈病害虫防除について〉

1. 病害虫が発生する3つの要因

植物に病害虫が発生する要因には，3つあるといわれています。

1）主因：病原菌や害虫の存在
2）素因：病害虫に侵されやすい作物の体質
3）誘因：病害の発生に好適な環境（温度・湿度など）・栽培管理

この3つが大きくなり重なりあうと病害虫が発生するといわれています。逆に，どれか一つでも小さくしてしまえば，病気を抑えることができます。作物の病害虫防除の基本は，この3要因を総合的に小さくしていくことです。

2. 4つの防除方法を総合的に組み合わせる
　　──IPMを基本にIBMをめざす

　病害虫防除には，IPM（総合的病害虫・雑草管理）を基本とするとよいと思います。さらに有機農業では，希少種の保護など生物多様性の維持という目的も果たせるIBM（総合的生物多様性管理）を意識して防除を組み立てるとよいと思います。

　病害虫防除の方法には4つあり，主因を小さくする化学的防除・物理的防除・生物的防除と，主因・誘因・素因を予防的に小さくしていく耕種的防除があります。

　化学的防除　農薬による防除は主因である害虫そのものを防除する技術として有効かつ主要な手段ですが，耐性菌や耐性病害虫の発生などの課題もあります。ほかの防除法を組み合わせ，より環境負荷を減らす減農薬などの取組みで，結果的に農薬のコスト削減にもつながります。

　物理的防除　熱や光，色，雨よけ，被覆資材などの利用による防除方法です。太陽熱土壌消毒のほか，熱水処理，近紫外線除去フィルム，ライトトラップ，有色粘着トラップ，防虫ネット，不織布，雨よけハウス，マルチ資材などです。

　生物的防除　天敵利用・生物農薬・性フェロモンの利用などです。

　耕種的防除　4つの防除のなかでも，予防的な側面の強い防除方法です。主因・素因・誘因に総合的にアプローチし，発生抑制や被害の軽減などをはかる方法です。主因へのアプローチとしては，抵抗性品種，台木の利用，センチュウなどの対抗作物の利用があります。総合的なアプローチとして，1) 環境整備（作物栽培に適した土壌生態系の整備/緑肥の障壁（第11図）・草生帯の利用による耕地生態系の生物多様性の確保/施設や雨よけの利用など栽培環境の整備），2) 作付け体系の工夫（輪作，連作，間作，混作，コンパニオンプランツ）があります。

第11図　ソルゴーの障壁

3. 有機農業における防除

　有機栽培では，主因を抑える化学的な防除という強力な手段は使えません。大前提として，作物の健全な生育を可能にする育土と栽培管理，それらをとりまく，より大きな耕地生態系の生物多様性を担保することが必要です。

　そのうえで，化学的防除以外の3つの防除技術を総合的に組み合わせて，主因・素因・誘因を小さくし，病害虫をただの虫や菌にとどめ，健全な作物を育てていくことになります。

4. 病害虫防除のマトリクスを利用する

　私たちの農場では，私の農業の先生であり，いかすの技術顧問になっていただいている石綿薫先生（元自然農法国際研究開発センター）に教えてもらった病害虫防除のマトリクス（第2表）を利用し，病害虫ごとにできる対策を洗い出しています（第3表）。

　このマトリクスに病気や害虫ごとに記入していくことで，病害虫の原因である主因・素因・誘因に対し，4つの防除手段を使って対処し，抜け漏れなく対策を打つことができます。

　主因であるカビや細菌，ウイルス，虫などの生態を調べ，毎年の発生の傾向を知り，的確に予防的な対策を打てるようにあらゆる手段を準備しておくことで，最近の異常気象による病害虫の激発などにも早急に対処できるようにしておくことが大切ではないでしょうか。

第2表　病害虫マトリクスの記入項目（石綿薫氏作成）

作物名／病害虫名		耕種的／作型的対応		物理的防除	生物的防除	化学的防除（FRAC/IRAC）※有機JAS農薬（生物農薬以外）
		耕種的管理（植物生理）作物管理	耕種的管理（生態系）			
病害虫（主因）	生態	害虫・病原菌の生態、発生消長	出やすい条件・越冬性など	ハウス・トンネル、不織布、防虫網、粘着板、火、光など	天然資材、微生物農薬、微生物資材	選択性農薬を活用した防除暦、FRAC/IRAC分類によるローテーション
	対策	耕種管理上の対策で主因に関わること	耕種管理（生態系）との関わりで主因に関してできること			
作物体質（素因）	方針	栽培管理で作物を丈夫にする、病害虫に遭いにくくする方針、これがポイントという点		物理的刺激による作物硬化	微生物誘導抵抗性バイオスティミュラント資材	誘導抵抗性バイオスティミュラント資材
	対策	温度・水・育苗・肥培管理・バイオスティミュラント資材などで作物生理を健全化・強化する手立て				
圃場生態系 気象状況など（誘因）		病害虫を助長しやすい外因的な懸念事項、圃場立地、灌水設備など	土着天敵は、アマガエル、タマゴバチ、ヤドリバチ、アシナガバチ、ヒメハナカメムシなど	障壁栽培、防風ネット	土着天敵の活用、バンカープランツ、天敵誘引植物、天敵誘引光源装置	天敵誘引フェロモンなど

まずは、栽培の計画段階でマトリクスを埋めておくことにより、想定できる事柄には情報や思考の解像度を高めて対策を練っておくことが大切だと思います。

〈作型の大切さ——品種選択と環境調節〉

元野菜・茶業試験場の山川邦夫先生によると、野菜の作型は「栽培期間中の環境推移（気候が主）に適応する生産技術体系であり、その柱は品種選択（改良）と環境調節である」と定義しています。

1. 梅雨のピークが後ろにずれ、雨量も増えた

気象庁気象研究所のデータによると、1901～1950年は梅雨のピークが6月下旬だったのに対し、2001年以降は7月初旬に変わっています。また、ピーク時の雨量が増えていて、とくに西日本にその傾向が強く、大雨の回数も増えているようです。梅雨だけでなく一年の気候の推移自体が変わってきたと実感しています。

2. ニンジンの播種が後ろにずれて品種変更

私の地域では、毎年二十四節気の大暑（7月20日前後）のころからニンジンを播種し始めるのですが、暑さと乾燥が続き、生育限界の35℃を超える日が続くなど、7月後半～8月前半ごろ播種の作型が非常につくりにくくなりました。本葉が出るくらいまでは灌水を欠かさず、遮光ネットをかけるなど、環境を調整する対策を強めて栽培するようにしています。

さらに、当地域では9月初旬までだったニンジンの播種時期も、2023年は9月中旬～下旬に播種したものでも1月

第3表　当農園のトマト疫病対策の記載例

作物名　ミニトマト 病害虫名		耕種的／作型的対応 作物管理（植物生理）	耕種的管理（生態系）	物理的防除	生物的防除	化学的防除（FRAC/IRAC）※生物以外の有機JAS農薬はここに記載
病害（主因）	生態	卵菌類（*Phytophthora infestans*）フィトフトラ インフェスタンス 病原菌は水中を遊走子によって泳いで伝搬し、感染するので、降雨・灌水・結露などは本病を伝搬させる主要な要因となる。露地栽培では、梅雨期と秋雨期の降雨日数が多いと多発		・泥はね防止のためビニールマルチ使用 ・定植時に株元に剪定枝のチップでマルチング ・ウネ間に剪定枝チップマルチ（有機物マルチ）	・育苗中のEM散布 ・葉面散布時にEMを入れることにより葉が乾きやすい状態を維持する	クリーンカップ（バチルス ズブチリス）コサイド3000（銅水和剤）
	対策	過繁茂・N過多にしない	銅剤の散布でかなり防げる 珪酸白土やEMセラミックパウダーで遊走子移動しずらくして高速拡散を防ぐ			
作物体質（素因）	方針	露地でビンバジュ栽培により強健に育てる 1mまでは、過繁茂にせず、4本仕立てにする ■真菌に対する抵抗力をあげる		育苗の時に、徒長しないようになぜることで、エチレンが発生し、がっしりした苗になる	○プレミアムセの酵母発酵 酵母の利用により酵母の代謝産物などが、低硝酸を可能にし、病気に強い体質になる。発根促進効果により細かな根が多くでるため、ミネラルなどの吸収が良くなる	
	対策	□適正なEC、地力チップで育てる トマトはカリ不足に注意	適期吸収を心がけ着果負担を減らす ■株元にカニガラ施用 ■Ca資材葉面散布（こっつりんなど）			
圃場生態系 気象状況など（誘引）		①枯草菌密度を上げる梅雨の水分が多い状況で激発するので、梅雨前にチップマルチ枯草菌の密度を上げる。②トリコデルマの密度上げる 剪定枝チップ多く敷く前に追肥し、チップの上から木酢液散布し、地場のトリコデルマを増やす	風通しを良くする 明渠：滞水する場所をつくらない		防除時に木酢200倍を混用し、チップや敷きワラの土着のトリコデルマ菌の活性を高める ■土着放線菌密度をあげる株元にカニガラ施用	

野　菜

下旬〜2月に収穫できるようになるなど，季節が後ろにずれていることを感じています。今までは適期だった品種が栽培しづらくなったため，別の品種にずらすなど，微修正することが多くなりました。「品種に勝る技術なし」という大井上康先生の言葉ではないですが，季節の変化に合わせた品種の選択と，きめ細やかな環境調整がより必要になってくるなと感じています。

*

　有機農業も世代が進み，環境意識の高い一部の人間だけが実践するものではなく，広く科学的に検証され，再現性の高い技術へと進化する過程にあると思っています。世界的な潮流も，オーガニックが拡大していく傾向にあります。そんな変化の時代に，より集合知性を発揮して有機農業を広げていくためにも，農業の共通言語を学び，互いの情報を共有し，多くの仲間と高めあっていければと思っています。

　　　執筆　内田達也（(株) いかす・神奈川県平塚市）

　　　　　　　　　　　　　　　　　2024年記

農家の技術と経営事例

茨城県常陸太田市　布施大樹（木の里農園）

異常気象のなかでも多品目野菜を収穫し続けるコツ

○作付け計画は秋冬作から
○夏野菜は播種と定植を早める
○冬野菜はまき時期を遅らせる

〈約180世帯の消費者と提携〉

　猛暑や少雨，豪雨が日常化している昨今は，慣行農法の生産者ですら病気や害虫の発生に苦労しているようです。そのようななかで，私たちの農園での有機栽培，多品目栽培をどのように組み立てながら，年間を通じて野菜ボックスを供給し続けているのか，考えてみたいと思います。

　木の里農園がある茨城県常陸太田市の里美地区は，福島県と接する標高250mの山間地にあり，年間平均気温は13℃，年間降水量は1,100mmです。

　約180世帯の消費者と提携しています。

　野菜を生産している田畑は約200a，それ以外に30aほどで米麦大豆など自給と加工兼用の穀物を栽培しています。毎年正月に年間の作付け計画を立て，それに沿って農作業を進めています。

〈気候変動に自由に対応できるのが独立農家の多品目栽培の強み〉

　私たちが就農した1998年には，真冬に沢水がすべて凍結することがありましたが，温暖化が進んでそのようなことはなくなりました。最近では春と秋がなくなりつつあり，以前は当たり前にできていた作型ができなくなることもしばしばです。しかし農家としては，この状況を嘆くことなく，逆に利用して新たな作物や作型に挑戦できるよい機会ととらえることもできます。

　なぜなら私たちのような独立系の有機農家は生産組織に所属せず，育てる作物を自由に決めることができるからです。一方で，提携しているご家庭や業者に対しては，年間を通じて健康な作物を供給し続けるという崇高な責務があります。気候変動に対して自分たちの栽培体系を微調整しながら柔軟に対応できるのは，私たちの強みです。

〈作付け計画を立てる〉

　正月の三が日が過ぎて最初の仕事は，年間の作付け計画づくりです。農園ではGoogle Driveで作付け計画一覧表を管理していて，スタッフがいつでもアクセスできるようにしています（第1表）。これを見れば，いつどこの畑に何の種子をまいていつまでに片づけるか，肥料や堆肥をいつどれくらい散布するか，全部わかります。

　山間部のため，耕作面積を広げると畦畔管理の手間が増えてしまいます。したがって少ない面積を有効活用するために，年間2〜3回転する圃場もあります。そこで大切なのは，まず秋冬作から計画を決めて，それに間に合うように春作を当てはめていくことです。気温が上がっていく春作は播種が遅れても生育が追いつきますが，気温が一気に下がる秋冬作の播種は遅らせることができません。

　畑の地目や土質，日照条件に合わせて，栽培する作物はほぼ決めています。サトイモは，ほかの野菜には不向きでもサトイモには向く半日陰になって地下水位の高い畑で連作。肥料分が

365

野菜

第1表　作付け計画一覧表（一部）

圃場名	面積	堆肥	肥料				面積	作物名	1月				2月				3月					4月			
			ボカシ	鶏糞	苦土	カキガラ			1	2	3	4	1	2	3	4	1	2	3	4	5	1	2	3	4
A	15							コシヒカリ																	草刈り
B	4							日本モチ									開墾								草刈り
C	12	4	400 80	60		20 80	1 8 0.5 1.5	ショウガ 里芋 紫キクイモ ズッキーニ1番手	□ □	□ 収穫	□	□	□	□	□	□	◇ 片づけ		▼	▼ ▼ ▼	仮植	▼		
D	10	3	20 20 20 160 20 80	100		20 10 10 20 40 10 20	2 1 1 2 4 2	促成トウモロコシ トンネル人参 トンネルセロリ 2024エンドウ 春ブロッコリー 2025エンドウ キュウリ1番手		◎ 土寄せ	◎		◎				◎ 播種 追肥 土寄せ		▼	植付け		◎		
E			80			20	2	春キャベツ																	

あると味が落ちるジャガイモは前年にイネ科緑肥で1年間休ませた畑で。肥えた畑だと肌が悪くなるサツマイモは野菜と輪作せず、やせた転作田でコムギやダイズと輪作しています。

〈気候変動に対応した作付けの変更点〉

1. 夏野菜の播種と定植を早めて，収穫を7月から6月に前倒し

トマトは1月，エダマメ，トウモロコシは2月中に播種します。順調に育てば6月頭からたっぷりの夏野菜を出荷することができます（第1図）。最近は7月から猛暑が始まり，夏野菜のダメージも大きいので，キュウリやカボチャなどのウリ科野菜も収穫時期を7月から6月に前倒ししたほうが品質がよいです。

一方で，真夏に差しかかるキュウリやズッキーニは栽培がむずかしくなってきました。8月はマクワウリやコリンキーなどで代替しています。

2. 春作のアブラナ科は5月中で片づけ，秋作のアブラナ科は耐暑性品種を作付けする

最近は夏日がゴールデンウイークから始まり，越冬したヨトウガが飛び始めるようになりました。この越冬第一世代を繁殖させてしまうと，秋作の被害が甚大になります。秋の害虫

第1図　1月末播種のハウスミニトマト
6月末の様子。5段目くらい

との闘いは，じつは5，6月の畑管理が重要で，私たちの農園では春作のアブラナ科は速やかに片づけることを徹底します。

また，例年6月中旬から秋作キャベツやブロッコリーの播種が始まりますが，暑さ対策のためブロッコリーは播種開始をひと月ほど遅らせました。キャベツとカリフラワー，ミニハクサイなどは，9月上旬からの出荷をねらって耐暑性品種を播種します（第2図）。

3. 冬野菜のまき時期を遅らせるとともに夏野菜後のハウスも有効活用する

例年だと10月末ごろに初霜がおりますが，

ここ数年は11月がとても温暖で，冬野菜の生育が進みすぎる傾向があります。そのため，早まきをあきらめたブロッコリーは，今まで不可能だった12月どりを目指して8月中旬まで播種を遅らせています。

アブラナ科野菜やレタス類にトンネルがけするネット類は10月になったらどんどん剥がして，それ以降の虫は手でつぶしていきます。しかしコマツナやホウレンソウなどの軟弱葉物類には，11月まで虫害が見られるようになりました。こちらは防虫ネットをべたがけして，気温の変化を見ながら剥いだりかけたりして生育調整をします。

また，一昨年（2021年）からは秋まき春どりの作型に挑戦して，4月にブロッコリーを豊富に出荷できるようになりました。ハウストマトも早めに片づけて，年末から春先まで収穫するレタス類や芽キャベツなどの葉物野菜を定植します。

第2図　9〜10月どりのキャベツ，ブロッコリー，カリフラワーの圃場

〈端境期におすすめの野菜とその作型〉

1. 3〜4月

キャベツ　'金春' '春波' など。

9月末播種，4月中旬収穫。アブラナ科の生理生態にもっとも適した伝統的な作型を見直しましょう。農園では20年ぶりくらいにこの作型を復活させて，1月播種のトンネル栽培の収穫が始まる前の収穫を目指します。

ブロッコリー　'ウインタードーム' 'レイトドーム' など。

9月上旬播種，3月末から収穫。側枝もとれます。キャベツとともにマルチ，ネットなど不要でシンプルに栽培できるのも魅力です。

ダイコン　'三太郎' '春神楽' など。

土中に穴を掘って囲った貯蔵ダイコンの出荷が春の地温上昇によって3月上旬には終了してしまいます。そこで，11月中旬に黒マルチ3327，穴なしPO＋スーパーアイホッカの二重トンネルで播種すると，3月中旬から葉付きダイコンで収穫できます。同じ方法でコカブ，春ニンジンなどさまざまな野菜が栽培できます。

ショウガ　'土佐大ショウガ' など。

10月末に掘り上げたものを，コンテナの中に古マルチを敷いて腐葉土と交互に詰め込み，サツマイモの貯蔵土室で保存すると，翌年の種ショウガとして保存可能で，端境期の一品としても重宝します。

ジャガイモ　'サッシー' 'シンシア' など。

'サッシー' 'シンシア' などの休眠が深い品種を7月の掘取り直後から冷蔵貯蔵すると，4〜5月までシワにならず熟成できて食味も良好で，この時期の人気品目です。ちなみに'キタアカリ'のみ，最初から高ウネにしてマルチをしたウネに2月末〜3月初旬に早植えして，厚めの不織布をべたがけすることで，6月頭から出荷できます。生育期間が延びるため玉揃い，収量ともに向上します。

最近は種イモ不足が常態化しているため，'グラウンドペチカ' などの一部品種を自家採種に切り替えています。

レタス　'美味タス' 'ハンサムグリーン' '、ハンサムレッド' など。

ハウス定植で10月播種，2〜3月収穫。11月播種だと4月収穫になります。4月下旬以降は1月播種の露地トンネル栽培につながります。

初冬のころにハウスに植え付ける野菜は，ほかにビーツ，スイスチャード，ルッコラ，ワサビナ，などなど多様です。

春先に露地で冬を越したチコリー類と合わせて豪華なサラダセットをつくることもできま

野菜

す。ただし，夏野菜の植付けも早いので，この時期は作付けの切替えスケジュールがとてもタイトになります。

2. 6～7月

ミニトマト 1月末播種でハウス内に3月末に定植，5月下旬から8月いっぱい収穫が続きます。7～8月は斜め誘引で遮光します。なお，露地ではイタリアントマトを露地ソバージュ栽培（腋芽を伸ばして1つの苗から通常の収穫量より多くとる方法）で8～9月に収穫し（第3図），10～11月は別のハウスで心止まり系のクッキングトマトを収穫します。

スイートコーン・エダマメ 2月末にスイートコーンを播種し，彼岸前にハウスに定植します。同じく2月末にエダマメを露地3320マルチ・二重トンネルに定植します。エダマメは6～9月まで収穫。スイートコーンはハウスで6月まで収穫します。7月になったら露地畑に毎週直まきして，9～10月中旬まで抑制栽培します。抑制栽培では，甘味は薄くても食べ応えのあるモチトウモロコシやポップコーンを作付けすることもあります。スイートコーンと比べると発芽力も強く，虫や動物の被害も少なく，自家採種で他品種と交雑するリスクも少ないためです。

3. 9月

キャベツ・カリフラワー '来宴' 'カリフローレ' など。

キャベツは，前述したとおり，耐暑性があり食味がよい'来宴'などの品種を選んで，6月15日から順次播種を開始します。夏が冷涼だと9月頭から収穫を始められますが，猛暑だと2週目あたりまでずれ込みます。

カリフラワーは，一定期間低温に当たらないと花芽を分化しないと思われがちですが，最近導入されている'カリフローレ'などのスティック系のカリフラワーは高温下でも花芽分化する品種があります。

盛夏はアブラナ科の害虫が少なく，育苗と活着さえ乗り切れば，キャベツもカリフラワーも

第3図　露地ソバージュ栽培のイタリアントマト

元気に育ってくれます。育苗はハウス内のベンチで80cmくらい浮かせて発芽させ，初期徒長を抑え，本葉1.5枚で地床育苗に切り替え，定期的にずらして根切りして軸が太くしっかりした苗に仕上げます。

定植床は太陽熱処理して鎮圧します。定植後は50％ほどの遮光ネットでトンネルすれば，灌水の必要はありません。

ミニハクサイ '極意' など。

'極意'などのミニハクサイ品種は猛暑でも元気に生育します。7月10日に播種すると8月下旬から収穫ができます。10月はキャベツやブロッコリーが豊富なので，ハクサイは無理して作付けせず，8月20日以降から11～2月収穫分を集中的に播種します。

ブロッコリー 初夏どりは収穫後の日持ちが極端に悪いので，スティック系のみ。秋どりはスティック系と，側花蕾が発生して複数回収穫できる品種を選択しています。越冬春どりの作型でも寒波で頂花蕾が傷むリスクがあるので，側花蕾系の品種がおすすめです。

〈仕事の精度と品質を上げるポイント〉

1. ニンジンの発芽について

ニンジンは「乾燥よりも酸欠に注意」です。2023年のニンジン播種の課題は明確でした。前半戦（6月下旬～7月中旬）は集中豪雨対策。1，2番手が豪雨に叩かれて発芽不良になりま

した。対策として，来年は遮光ネットのべたがけ，またはトンネルを考えています。

後半戦（7月下旬～8月盆前）は灌水あるのみです。とにかく高温乾燥が続く時期です。幸い，ニンジン作付け圃場の横には用水が流れているので，水利権者の承諾を得て，土壌水分の保持ができれば，発芽はまったく問題ありません。

私たちは灌水チューブ（スミサンスイM03）とエンジンポンプを畑に置きっぱなしにして，夏野菜の管理や収穫をしながら灌水に努めました。播種後1週間の管理で勝負が決まります（第4図）。

2. 播種や定植前の鎮圧は必須

秋冬野菜の播種や定植床は，すべて鎮圧ローラーで作付け前に鎮圧しています。土壌水分が安定して，発芽率，活着率ともに向上します。作業性もとてもよいです。鎮圧をすれば，播種や定植後の灌水も，ニンジン以外は必要なくなります。

3. マルチは早めに張って早めにはがす

ベテランの方には釈迦に説法かもしれませんが念のため。マルチを張ってすぐに播種や定植をすると，害虫や草が発生して大変なことになりがちです。最低でも作付けの1週間以上前に張っておくだけで，太陽熱処理と同じような原理でこれらの被害を劇的に減らすことができます。

私たちの農園では穴あきマルチはほとんど使用しません。野菜に合わせて自由に穴をあけて作付けし，高温期は白マルチを使用します。最近，廃プラスチックから再生したリサイクルフィルムも発売されました。みんなで使って応援したいですね。

片づけのマルチはがしは，もっとも人気がない仕事の一つですが，はがすのが遅れるほど草がからんではがしづらくなります。早めにはがして，通路の草管理は管理機をまめに走らせて，夏場は草刈りあるのみです。早めに叩き続けることが，快適な片づけと，次作へのスムーズな切替えにつながります。

第4図　10月の秋冬ニンジンの圃場

4. 被覆資材の功罪について

防虫ネットや不織布などの被覆資材は，上手に使えば害虫の侵入を防いでくれます。一方で，高温で生育が進んでしまったり，蒸れて軟弱徒長したりという問題点もあります。何より，天敵などの益虫も入れないので，ネット内でアブラムシなどの害虫が大繁殖してしまうこともあります。

私たち有機農家としては観察を怠らず，ネットを早めにはがすことで，畑の生態系バランスが整い，作物の品質を上げることもできるということを，十分に認識しておくことも大切だと考えています。

5. タネまきは農家の希望

私たちの仕事は1年中タネまきと育苗をしながら，いつも20種類前後の野菜類を収穫し続ける農業です。たまに1週間くらいタネまきのない日々が続くと，ふっと不安になることもあります。職業病ともいえる症状です。災害などで作物がダメになってしまっても，気持ちを切り替えてタネをまき直すと気持ちが落ち着きます。

提携している方たちの自給を請け負い，野菜ボックスで自足（満足）していただくために，今日もタネをまく日々です。

執筆　布施大樹（木の里農園）

2023年記

（『土と健康』2023年11・12月号より）

野菜

福島県喜多方市　小川　光

堆肥の深層施用でメロン，トマトを有機栽培

メロンの多本仕立て，トマトの花房直下側枝全伸栽培で，低コスト多収

1. 灌水なしで果菜を栽培

(1) 山中の無加温ハウスで溝掘り施肥

　私が住む福島県喜多方市山都町は，会津盆地の北縁から北西に外れた山中にある。南部には平坦地もあってイネやアスパラガスが栽培されているが，中部・北部の山間地では過疎化にともない耕作放棄地が増えている。

　気象は内陸の日本海気候で，山都町中部山間にある私の畑の積雪は平均2m，吹き溜まりでは4mに達する年もある。夏は日照量が多く，気温の日較差が大きく，雨量も比較的多い。平均融雪日は3月21日，終霜は5月3日，11月10日ころになると初雪が降るが，2002年10月29日に30cmも雪が積もり多数のハウスが倒壊したこともある。山中にあるため風の害は受けにくく，傾斜地のため湛水の害もない。

　私のハウスの施肥・土作りは，トレンチャーで溝を掘り，堆肥を入れて埋め戻すというもので，しかも毎年同じ箇所でこの作業を行なう。灌水できない立地条件ではあるが，この方法なら無灌水でもメロンやミニトマトを連作することができ，品質も良いものが収穫できる。

(2) 耕盤ができず，過繁茂を抑えて多収

　私が溝施肥をとり入れたのは次の経験がきっかけとなった。私は農業改良普及員であったが，喜多方普及所を転勤で去ることになった1977年，トレンチャーを購入したので，黒ボク土の畑にキュウリをつくる農家に貸して，溝施肥で露地キュウリをつくらせた。溝施肥にしたのは，この黒ボク土がやせていて，大量に堆肥を入れる必要があったものの表層施肥では限界があり，また表層に多量の堆肥を入れれば，前年，近くの農家で大発生したタネバエなどが集まるおそれがあり，害虫被害も心配されたためである。

　溝施肥にした結果，16t/10aという驚異的多収を上げた。これで溝施肥への自信を深め，転勤した福島市の園芸試験場で少しずつメロン栽培に取り組み，さらに郡山市の農業試験場でもトレンチャーで溝施肥を行なってメロンやトマト，アスパラガスなどの栽培に取り組み，増収効果を確認した。

　トレンチャー耕では原理的に圃場面積の3分の1以下しか掘れないため，残りの部分は不耕起となり，踏みつけによる耕盤が形成されない。施用する堆肥は深層施肥となり，作物の根がすぐには触れないため初期の過繁茂が抑えられ，着果後の養分を必要とするときに肥効が出てくるため，追肥が不要となる。また，安価で未熟な堆肥でも土中で分解して，根が届くころには腐熟して無害となる。

(3) 連作による土作り，品質・収量の向上

　私は基本的に連作している。それはつくるものに適する土地が限られていること，たとえば

農家の技術と経営事例

サヤインゲン栽培には午後日陰になるところが良いが，そのような場所はそう多くはない。しかしそれ以上に，連作によって土壌がその作物に適した状態に変わっていくことがある。

メロン栽培では，毎年落ち葉堆肥を入れているが，1年目は堆肥の分解が不十分なためか出来が悪い（第1図）。毎年落ち葉堆肥を入れ，同じ場所をトレンチャーで掘り返して，前年入れた堆肥が粉砕されて土に混ざることを繰り返していくと，作土が非常に膨軟になり，水はけも良くなる。入れる落ち葉が多いほど，そして連作を続けるほど，生育・収量とも向上し，メロンにとって理想的な土になっていく。

トマトでも，土壌病害が出ない限り，堆肥を溝施肥して連作するほど土壌が肥沃になり，生育・収量とも向上する。ただ，前年の残肥はほとんど期待できない。2007年に開拓した畑に牛糞堆肥を溝施肥し，7月にミニトマトを定植し11月に片付けて，翌年，不耕起・無肥料で定植した。その結果，そのまま植えたところはきわめて生育が悪かった（連作障害か？）。鍬でうね立てして植えたところはいくらかましとはいえ，初期生育が大幅に遅れて前年の半分も収穫できなかった。

このことから，積雪地で排水も良好な私の畑では，前年入れた堆肥のうち水溶性の窒素はほとんど溶脱して，繊維質などによる物理性改善効果しか残らないと思われた。

第1，2図と第1〜5表は1993〜1997年に福島農試会津支場で筆者が行なった有機栽培の試験結果を示したものである。この結果から，メロンではトマトと違って連作による土作り効果が顕著であり，連作して4年目以降は対照区を上まわる品質・収量が得られること，トマト

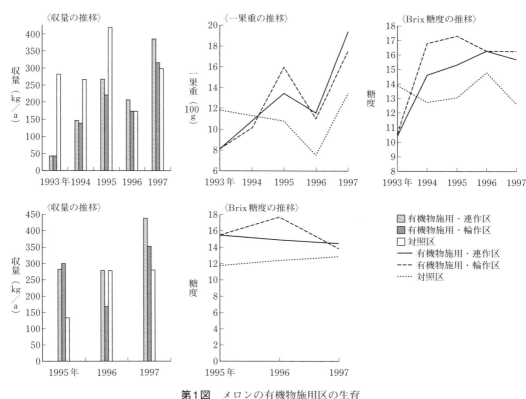

第1図　メロンの有機物施用区の生育
上図は新たに客土し，初めて作付けされた圃場の5年間の推移
品種：アールスセイヌ夏II（上図）と真渡瓜×バハルマン（F₁）（下図）

野　菜

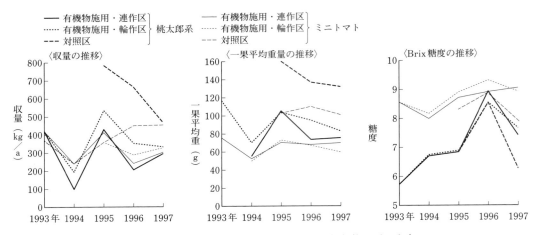

第2図　桃太郎系トマトとミニトマトの有機物施用区の生育
一果平均重のミニトマトは，×0.1g

第1表　福島農試会津支場試験区の栽培概要

	有機物施用区	対照区（1995年からトマトと交互作付け）
施肥（/a）	連作区：おもにサクラの落葉900kg＋油かす40kg 輪作区（メロン→トマト）：落葉900kg＋油かす40kgとアスパラガス残茎＋米ぬか100kgを隔年交互施用	硝安，苦土重焼リン，珪酸カリ（N：1.9，P_2O_5：2.6，K_2O：2.2kg）
接ぎ木	'剛力'に呼接ぎ，台葉を這わせる	自根（1997年は'剛力'台，台葉は子葉のみ）
栽植密度	60cm×2.7m	40cm×2.7m
整　枝	7節で摘心，側枝6本を立てる	4節で摘心，2本仕立て

第2表　第1表の栽培結果の概要

- 1年目は地力がなく，初期生育が非常に遅れ，収量はきわめて低かった
- 2年目，3年目と収量，品質とも向上した
- 4年目は収量が前年の77％に落ち込んだが，対照区と比較して20％多収となった。糖度はさらに向上した
- 5年目は収量は過去最高となり，対照区比でも129となった。糖度も15.7で，対照区より25％高かった
- 真渡瓜×バハルマンは毎年対照区が非常に悪く，有機物施用区のような栽培によってのみ能力を発揮した
- なお，防除は対照区は必要に応じて薬剤を散布したが，有機物施用区は農薬は使用せず，補殺，土塗りなど手防除した。
  （第3表参照）

第3表　おもな有害動植物などと被害軽減の原因および対策

ウイルス	CMW	毎年定植後発生するが，生態区では着果期以降症状がはっきりしなくなる（原因不明）
真　菌	つる枯病	初年度多発したが，2年目以降発生が少ない。土塗り法でほぼ治癒する。敷わらで予防 対照区は3年目にはトップジンMで2回防除したが発病が多かった
	うどんこ病	初年度多発したが，2年目以降発生が少ない。栽培時期も関係するのか，サクラの落葉の効果だろうか
	ばら色かび病	2年目に多発したが，その後，大きな被害はない。残渣の運び出しなどの徹底
昆　虫	ワタアブラムシ	初年度に多発，2年目は比較的少なかった。3年目には対照区はDDVPで2回防除したが発病が多発した。4年目は輪作区で大発生したが回復し，5年目は対照区で多発した
	ウリノメイガ・ウリキンウワバ	2年目に多発したが，その後の発生はわずかである。寒冷紗でガの侵入を防止

農家の技術と経営事例

第4表　福島農試会津支場試験区の栽培概要

	有機物施用区	対照区
施肥など	連作区：アスパラガス残茎900kg/a＋油かす20kgを毎年施用 輪作区：落葉550kg＋米ぬか，前作はメロン	硝安，苦土重焼リン，珪酸カリ（N：2.2，P₂O₅：2.6，K₂O：2.2kg/a）
整枝法	花房直下側枝全伸	2本仕立て
株間	60cm　1条植え	桃太郎系40cm 1条植え，ミニトマト60cm 1条植え

第5表　第4表の栽培結果の概要

- 有機物施用区は対照区より果実が小さく，桃太郎系トマトでは収量が大幅に少なく，ミニトマトでは桃太郎系よりは対照区との収量差が少なかった
- 連作区と輪作区では，輪作区のほうが毎年収量が多かった
- 糖度・食味は桃太郎系，ミニトマトとも，有機物施用区が対照区より高かった
- ミニトマトでは有機質資材をアスパラガス残茎以外の，より保水力のあるものも使用して有機農法として利用できるが，桃太郎系では根本的に見直す必要あり

では土作り効果は少ないが，品質は対照区を上まわることがわかった。

（4）側枝多本仕立てで追肥，灌水が不要

従来，有機農業はともすれば堆肥のつくり方と天敵の放し方に偏った研究がされ，植物としての作物の能力を発揮させることや，畑を中心とした群落の生物多様性による病害虫防除，花粉媒介昆虫の保護などの観点が足りなかったように思われる。

私はメロンやキュウリ，トマトなど，ハウス栽培では一般に1〜2本仕立てで栽培される作物を，栽植密度を3分の1以下にし，多数の側枝を立てて栽培している。こうすると，育苗，定植労力が3分の1以下になるだけでなく，芽かきや摘果もほとんどしなくてすむし，追肥や灌水も不要となる。気象の変化や病害虫にも抵抗力が増し，株の寿命が長く，収量も増え，食味も改善される。

芽かきが省けるのは，吸収した窒素が多くの枝に分散し，また「頂芽優勢」効果のため，側枝の数が立てた枝の数ほど増えないためである。摘果が省けるのは，先に成った果実に優先的に養分が配分され，その後，さらに咲いた花は既存の果実に養分を奪われて着果しないためである。着果後もさらに葉面積が増えることか

ら，1本仕立てと比べて多くの果実を負担できる。

追肥や灌水が不要となるのは，根が深く広く張り，後半も養分を吸収し続けられるので，ハウス外や土中深くから養水分を吸収できるためである。根の活力は，生長点が多いことで維持される。トマトの場合は，生長点や若い果実が余分の窒素を吸収することで尻腐れ果を防止する効果もある。

2．溝を掘り，堆肥を深層に

（1）トレンチャーで同じところを掘る

①部分耕で縞状の構造に，侵食も防止

トレンチャーの部分耕では毎年同じところを掘る。最初は，なるべく耕土の体積を大きくしようと，前年掘らなかったところを掘るように心がけていた。ところが，片方のタイヤが前年掘った軟らかいところにめり込み，硬い土の上を走るもう片方のタイヤと進み方が揃わず作業しにくい。さらに，前年掘ったところを人が歩くようになるため，土が押しつぶされ，単粒化して耕盤ができ，前年せっかく掘ったのに，逆効果になってしまう。通路の下の，もともとの土壌構造は守りたい。

373

野　菜

第3図　溝施肥のようす
5.4m幅ハウス3条植えでは両側を仕上げてから中央を掘ると一輪車が通りやすい

したがって，毎年トレンチャー耕するうね部分と，手をつけない通路部分の，物理性が異なる土壌が縞状に交互に並ぶことになる（第3図）。このため作物の根は，干ばつと洪水いずれのときも，条件の良い側の根が働いて危険が分散され，生育に大きな支障をきたさない。

掘らなかった部分の野草は，通路では踏みつけの影響を受けながら，群落遷移により多年草の野草帯（第7，18図参照）となり，生態系が安定して，作物に有害な雑草が少なく，土壌侵食も防止できる。ハウスの場合には，パイプぎわの不耕起部分は生態系が安定してヨモギなどの宿根草が生えるのが作物に有益なので，パイプを移動する場合もせっかく安定した生態系はそのまま生かしたい。

②ゴロゴロ，ふわふわの順で土を戻す

土の戻し方にも工夫が必要だ。トレンチャーで掘り上げた土をそのまま戻したのでは，粉砕されて体積が増えた土は再び押し込められて固結し，単粒化してうねは沈み，土の物理性はかえって悪くなる。こうならないようにするために，1) 溝に堆肥を入れたあと，溝の両肩を鍬で切り崩し，ゴロゴロした土を堆肥の上にかぶせ，できればもう1層堆肥を入れる。2) 落ち葉堆肥は空気を多く含み潰れやすいので，必ず2段以上の多段施肥とする。3) 牛糞堆肥などで2段目以上を入れない場合も，溝の両肩を鍬で切り崩し，ゴロゴロした土を入れてから，トレンチャーで掘り出したふわふわの土を戻してうね立てする。

こうすればうねが沈む心配も少なく，土は団粒構造になって通気性が確保される。

③土壌は不均一（多様）なほうがよい

土壌は不均一なほうがよい。「不均一」は「多様」と言い換えてもよい。軟らかい団粒構造のうね下部分と，表層だけ硬く，地下は手がついていない通路部分。うね下部分も，上方は前年の堆肥が粉砕されて混ざった状態，下方は当年の未熟堆肥がそのまま入っている，という状態が私の施肥方法である。

したがって，任意の数箇所から土を採って混ぜてから分析する，といった方法は私の畑ではまったく意味がない。検土杖もうね部分では意味がないし，通路部分でも，そこに作物を栽培したときの実際の生育は分析結果とはかけ離れたものになる。

④カヤが生えた荒地，石が多い畑でも

長期間耕作放棄され，木やカヤの大株が生えているような畑や，切り株や岩が多い畑では，トラクターによる全面耕起の場合，その前に重機を使ってそれらを除去しなければならない。このせいで地下に耕盤ができ排水が悪くなったりするが，トレンチャーによる部分耕ならそうした場所を避けて溝を掘ることができる。

カヤがたくさん生えた荒地を掘るときは，そのまま作業を続けるとトレンチャーがカヤ株に乗り上げ「亀の子状態」となって動けなくなってしまう。そこで，こうしたカヤの大株は，トレンチャーの刃を地表より5cm程度降ろした状態で前進掘りし，粉砕してから溝掘りにかかるとよい。

土地の入手が夏の時期で，やむを得ず草が茂った状態で掘らなければならない場合もある。4〜5月に掘るのとは違って草が繁茂し，その茎葉や根が邪魔して鍬が立たず，切り崩しやうね立てができない。そこで，掘り上げたふわふわの土にそのまま苗を植え，溝に堆肥を入れてそのまま育てることもできる。

この場合，ハウスでは乾燥しやすく露地では雨などで土が流れないように，いずれもマルチが必要だが，草は溝の縁にしか生えないから管

理も容易だ。高温期なので堆肥は速やかに分解し，栽培に支障はない。

⑤故障に備えて2台態勢，適期に作業

トレンチャーは速度がおそく，雨の日は作業できず，石の多い畑ではとくにさまざまな故障が発生しやすい。作業時期は連休期間がピークとなるため，故障してもなかなか修理がはかどらないことも多い。このため，2007年から農協払下げのトレンチャーを購入して2台としたところ，1台が故障してももう1台で畑の残り部分を完成でき，2台動くときは作業が2倍できて適期作業ができ，それまでのように次の仕事が渋滞することもなくなった。

(2) サクラ中心の落ち葉堆肥，牛糞堆肥

①メロンには落ち葉堆肥が絶対必要

堆肥の材料選びでは試行錯誤を積み重ね，メロン栽培ではサクラ中心の落ち葉堆肥，トマト栽培では牛糞堆肥に落ち着いた。メロン栽培では，入れる落ち葉のなかにサクラの落ち葉が少ないと，うどんこ病の発生が多い傾向があったので，サクラとその他の広葉樹（ブナ，クリ，ナラ，ケヤキ，カエデなど）を半々に混合して米ぬかで発酵させている（第4，5図）。サクラの落ち葉は最優先で集め，他の落ち葉はあとから集める。山で集める落ち葉は微生物相などが豊かで，優れた堆肥をつくることができる。

堆肥の材料の差による影響は大きい。未熟堆肥でも深層施肥なら直接根が障害を受ける問題は起きないが，病害虫の発生や食味には大きな影響がある。メロン栽培に使うサクラ中心の落ち葉堆肥をトマトに施用したところ，牛糞堆肥と比較して果実はやや小さいが，食味が「まろやか」で，酸味はきつくなく，非常に良好だった。それでもトマト栽培に牛糞堆肥を使うのは，落ち葉を集めるのに多大の労力がかかるからである。研修生は毎年途中の11月に帰ってしまい，サクラの落ち葉の大部分は私が集めているため，トマト栽培の分まで量を確保できない。

メロン栽培には落ち葉堆肥が絶対に必要で，しかも量が多いほど品質・収量が向上するのに対して，トマト栽培では牛糞堆肥でも収量が

第4図　林のなかで落ち葉集め

第5図　落ち葉堆肥の山

上がり，そこそこの品質が得られるためでもある。

吸収する窒素の形態や微量要素などが関係していると見られるが，生育には差がなくても，植物体内の養分バランスなどに影響して耐病性や品質が変わってくるものと思われる。

②豚糞，稲わら，作物残渣で失敗

入れた有機物が悪いと取返しがつかなくなる。豚糞のように窒素が多いと，過繁茂してアブラムシやつる枯病が多発し，メロンが全滅した例がある。

水稲育苗ハウスに溝を掘って入れたのが，稲わらだったため，最初は培土から滲み出た速効性窒素でメロンの生育が良く，着果数が多く，しかもみな大果になった。しかし，稲わらの分解で窒素飢餓を起こし，急に元気がなくなって萎凋枯死した例もある。

アスパラガスの残茎を施用したらメロンでアブラムシが大発生，トマトでは乾燥のため生育不良となった。

野　菜

「阿賀の実」（水力発電所で邪魔になるアシの根を，鶏糞や油かすなどで発酵させたもの）はトマト栽培には合うが，メロン栽培ではうどんこ病が大発生した。

③発酵の余熱で伏込みや促成栽培も

サクラの落ち葉は運搬用の袋のなかですでに発熱を開始する場合もあるので，そこでウドの伏込み栽培ができる。その場合，適温は20℃程度なので，米ぬかを加えず，サクラの落ち葉だけを熱源とする。上に土をかぶせてウドの株を伏せ込み，土とその上に籾がらをかぶせてさらに保温用トンネルをかける。その収穫が終了する3月上旬にウド株と籾がら，土を除去して，米ぬかを加えて混合すると，再度発熱するので，これを使ってトマトなどの温床とする。温床の役目が終わった段階で，これを一部は翌年の床土用とし，残りは堆肥として使う。

その一方で，2009年3月上旬から自宅の育苗ハウスで，発熱が多くなるようにとサクラの落ち葉に米ぬかを多めに混合して踏床温床とし，発熱が終わってからこの上に直接キュウリやサヤインゲンを植えた。この生育が非常に良好で，同じ労力をかけてサクラの落ち葉を集めるなら，こうした余熱利用をもっと行なうべきだと思う。

2009年12月には，アスパラの廃株を掘り上げ，サクラの落ち葉と米ぬかで発熱させ，伏込み促成栽培で1～3月に収穫できた。ただ育苗と違って，一時的に苗を運び出して温床をかき混ぜることが困難なので，入れる米ぬかを増やし，落葉とよく混合して，なるべく発熱量を増やし温度が上がり過ぎないよう，土を多めにかぶせ，継続するようにして萌芽が長続きするよう努める。

④クマの食害，播種床での生育抑制

2009年には畑に積んでおいた，このサクラの落ち葉堆肥がクマに大量に食害され，溝施用してマルチをかけてからも，うねをひっくり返して食べられた。サクラの落ち葉堆肥はブドウのような甘い香りを発し，米ぬかは栄養もあるので，クマにとっては桜餅を食べるようなおいしさだったのだろう。

また，播種床用土としては，サクラに含まれるクマリンが発芽抑制作用もあるので，サクラを混ぜないで，落ち葉に人糞尿や油かすを混ぜ，窒素分を補給してつくっていた。2008年，コンポストトイレが故障し，経費節約のため油かすに替えて米ぬかを使用したところ，それまでは切返しをしなくても問題なかったのに，内部の米ぬかが分解していなかったためか，発芽しないだけでなくトマトやナスの苗の生育まで抑制され，枯死したものも多かった。不思議なことに，メロンやサヤインゲンでは被害がほとんどなく，ナス科は米ぬかに弱いらしいと考えられた。

(3) 溝施肥による果菜栽培に向かない畑

溝施肥で失敗した例を次にあげる。

地下水位が高い畑では水が溜まって堆肥が分解せず，根腐れを起こす。また，土壌水分が多い畑では，掘り上げた土がこねられて粘土のように固結し，通気性も悪くなり，せっかく入れた落ち葉堆肥も分解せず，逆効果となる。

下が砂利の畑では，出てくるのが砂利ばかりで作物が植えられないし，トレンチャーの刃がすり減ったり石が挟まったりで大変なことになる。

私の畑の地下30cmにはテレビのケーブルが通っており，知らずに切断して，奥の集落のテレビが一斉に見られなくなり，電気屋に修理依頼が殺到したということもあった。

溝施肥が成立しているこの地の自然条件は次のとおりである。1）土壌条件は，排水が良く，しかも傾斜地で湛水のおそれがない。2）気象条件は，冬季根雪期間があり，4月段階では常に土壌水分が豊富で，堆肥を入れれば土壌水分が堆肥にも移行する。

その上にうね立て・マルチし，ハウスを被覆してすぐに定植すると，地表が乾くと同時に根が深く発達する。根が堆肥に届けば，堆肥には周囲の土より長期間水分が保持されるので，夏にまったく灌水しなくても，疎植・側枝多本仕立ての項で後述するメロンやミニトマトは何ら支障なく生育・結実する。

その反面，冬季に乾燥する関東以南の地方では，外から雨水の浸透が期待できない大型ハウスの場合，無灌水栽培が成立するかどうかはわからない。

3. 果菜の側枝多本仕立て

(1) カボチャ台木を生かしてメロン栽培

①草勢が盛んなカボチャを台木に

メロンの側枝多本仕立て（第6図）の研究を開始したのは1978年である。1976年に，育苗に失敗した農家が疎植多本仕立てで栽培し，1株8果も成らせることができたことを見て試験を開始した。

草勢が盛んなカボチャ台ではさらに多本仕立てができるのではないかと考え，1979年から9本仕立てにも挑戦した。9本も蔓を立てると，蔓に強弱が生じて，強い蔓にはたくさん着果するが，弱い蔓には着果しない。これを1蔓1果にこだわって摘果すると，強い蔓の果実は非常に大きく，弱い蔓には成らないか，成っても貧弱な果実となってしまう。1蔓当たりの着果数にこだわらなければ十分可能との結論がでた。これは湯川村で立枯性疫病のため，カボチャに接ぎ木しないとメロンがつくれなくなったことへの対応だったが，20本仕立てでも，品質，収量とも低下しないこともわかった。

②台葉を伸ばして急性萎凋症を防ぐ

その後，台葉がないと着果数が多い場合，急性萎凋症になりやすいこと，台果がないと台葉が早く枯れて，やはり急性萎凋症になってしまうことなどが解明された。

台葉を伸ばす（第7，8図）と不親和が起こらず乏しい窒素でもメロンの生育が良くなるので，台木の種類は，うどんこ病抵抗性や低温伸長性，耐乾性，カボチャ果実の品質などを基準に選ぶ。危険分散のため，いろいろな種類のカボチャを台木に使っていた。ただし，ズッキーニのように叢生する品種はメロンの茎葉と競合するので避ける。

カボチャはメロンより乾燥に弱いため，土壌

第6図　メロンの側枝多本仕立ての着果状況

第7図　カボチャの台葉も伸ばす
左側はヨモギの野草帯

病害防止のため自根を切ると，無灌水のハウスでは乾燥のため枯れることもある。そこで，単に低温伸長性と，肥料が少なくても伸びることを目的とする場合は自根も切らず（2006年，トルクメニスタン農業科学研究所でメロンを栽培したときは，夏にきわめて乾燥するため，自根を切ると露地でも7月中旬には枯れてしまった），自根を切る場合は，ハウス外へ台葉を這い出させ，ハウス外に不定根を下ろさせるようにしている。

③台果を成らせて台葉が守られる

台葉がないと急性萎凋症になる原因として次

野菜

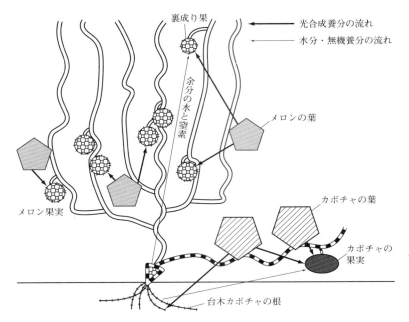

第8図 カボチャの台葉を伸ばし，台果をつけたときのメロンの養分の流れ
メロン栽培において，種子が充実するさい，シンク能が強まり，根へ光合成養分が行かなくなりがちであるが，台葉（カボチャの葉）でできる糖が根へ行く。また，台果（カボチャの果実）を成らせることにより，台葉でできる光合成養分をメロンに回さず，台葉そのものの活力も維持する
また以前は多本仕立ての生長点のほか，裏成り果が余分な窒素や水分を引っ張り上げて，品質低下を防いでくれていたが，台果をつけるようになってからは裏成り果はあまり成らなくなった。株全体の栄養バランスがとれたということである

のことが考えられる。

まず，メロンの種子は光合成養分を引き寄せる力が強いため，カボチャの根に養分が回らなくなること。

次に，メロンの葉でラフィノースとともにつくられるスタキオースは，カボチャの葉のラフィノースより分子量が大きいため，カボチャとの接ぎ木部分を通過しにくいこと。その証拠に，台木と穂木の品種にもよるが，接ぎ木部分のメロン側に，キノコの傘状の膨らみができることがしばしばあり，そのような株は全体に乾燥した感じで側枝や着果が少なくなっている。

台果があればカボチャの種子は養水分を引き寄せる力がいっそう強いため，根から台果までの通路が使われて台果周辺の葉が守られることになる。

また，台果は裏成り果とともに，余分な水分や窒素を引き寄せることにより，本成りのメロンに次のような効果がある。つまり，収穫間近の大雨による裂果や，窒素を過剰に吸収することによる果肉の繊維質化，さらには茎葉に余分な窒素が流入して軟弱になることによるアブラムシやつる枯病の多発を防止する効果である。

④食味・香りと耐病・耐湿性で選抜

メロンでは，当初は‘東宝’‘サファイヤ’など一般のネット系品種を栽培していた。しかし，春がおそく秋が早い東北の山間部では，こうした品種の生育は気象に大きく左右され，品質が不安定になりがちだった。とくに落ち葉堆肥のみでの栽培となってからは，初期生育がおそいため，秋冷が早い年は糖度が上がらなかった。

このため早生の品種が求められたが，トルクメニスタンの‘バハルマン’や会津在来品種の

第9図　カザフスタンでのメロン栽培で台木に
　　　着果させたカボチャ
　　左がカボチャ，右がメロン

第10図　カザフスタンで育成試験に用いたメロ
　　　ンの品種
　　左からカザフスタン在来種のМайская（マイスカヤ），
　　私が育成したアナウ114，飯豊メロン。糖度はアナウ
　　114が優れ，収量はМайскаяが優れる

'真渡瓜'は極早生なので，両者を交配して，前者の食味・香りと後者の耐病性・耐湿性をもった系統を育成した（第1図，第6図参照）。その後，トルクメニスタンで選抜された'アナウ114'が非常に良好な肉質と安定した糖度をもつことから，今年から主力品種となっている。

⑤カザフスタンで台木カボチャを育成

F_1カボチャが台木として優れていることは従来からよく知られており，たくさんの品種が開発されている。しかし，従来の接ぎ木では根と双葉を残して台茎が摘除されるので，果実の食味については選抜されてこなかった。実際，従来の台木用品種の果実はまずかったり，その他の形質に問題があったりした。

この栽培方法では，台果も成らせることから，食味など品質も重要な要素となる。そこで，カザフスタン・アルマティ市近郊の国立ジャガイモ野菜研究所で，食味の良いカボチャの系統と，そのF_1について，生育や収量などの形質も含めて検討した（第9〜12図）。

低温に強い$C. maxima$は初期生育が良好だが，後半になると生育が衰え，カボチャの着果が少なく，メロンも後半には新たな着果があまり見られなくなった。

これに対して，高温乾燥に強い$C. moschata$は初期生育がおそく，メロンも着果が遅れ，夏

第11図　カザフスタンで育成試験に用いた台木
　　　用カボチャの品種
　　左から感動南瓜，F_1，カザフスタン在来のАфродита
　　（アフロディータ）。食味は感動南瓜が優れ，F_1の食味
　　も感動南瓜に近く，収量はАфродитаが優れる

になると急に元気が良くなって，カボチャが多数着果するようになる（第12図はメロンの最多収の株を示したため，カボチャの傾向を反映していない）。

F_1は両者の良いとこどりで，初期生育も後半の生育も良好ということになる。交配の結果，その両親や自根に比べて株当たり収量が多く，もっとも多収の株でメロン9.3kg，カボチャ10.7kgの収穫があった。これを使用して今後この栽培に当たる予定である。

野菜

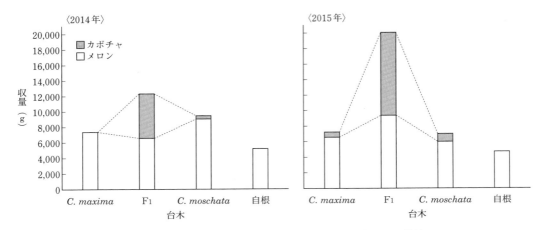

第12図　カザフスタンでの穴肥によるカボチャ台木メロン栽培

北緯43°，標高1,000m，土壌pH7.7。雹害・鳥獣害などで減収した株が多いため，各処理区の最高収量の1株についての実測値を示した

ポプラやニレの落葉，牛糞，羊糞各20kgを混合してつくった踏床温床を穴肥とした。床エは前年の穴肥から取り出した堆肥を粉砕してつくった。4月中旬に播種し，5月中旬に定植して，透明マルチを張って栽培

なお，逆交配でC. moschataを母親にした場合，種子がきわめて薄くなったにもかかわらず，発芽が良好なものがあった。その苗を台木として果実も成らせたところ，C. maximaを母親とした場合とまったく異なる果実となり，食味がとくに良好で種子も多くとれたので，固定をはかっているところである。

(2) トマトで花房直下側枝全伸栽培

①着果が多いミニトマト，中玉トマトで

トマトの側枝多本仕立ては，1990年から研究を開始した。当時は，主流だった1本仕立てに対し，「連続2段摘心」などの新仕立て方法が脚光を浴びており，各県の試験場でいろいろな仕立て法が研究されていた。そのなかで私は，メロンの例からみても，もっと思い切った疎植が可能ではないかと考え，花房直下側枝全伸栽培（以下，側枝全伸栽培とする）も加えて比較した（第13，14図）。その結果，疎植が可能で育苗・定植労力が減るだけでなく，いずれの大玉品種も，果実の大きさのバラツキは大きくなるものの，収量増，糖度向上，尻腐れ果の減少などの効果が顕著に現われた（第15図）。

ただ当時は，側枝全伸栽培では，同時に咲く花の位置がばらばらでホルモン処理に労力がかかる，1個500gの大果や70gの小果などが多く，トマトの出荷用箱に合わないなどの問題点があった。

また，無灌水では，たとえ側枝全伸栽培でも大玉トマトは着果が少なく，尻腐れ果も多発し，栽培にむりがあったので，こうした問題がないミニトマト，中玉トマトに重点を移した。

②灌水なしでも尻腐れ果が出にくい

1998年，私の畑で前年から新規就農したK氏が，農家のやり方にならって中玉トマトを前年の側枝全伸栽培から2本仕立てに変更し，灌

第13図　トマトの花房直下側枝全伸栽培

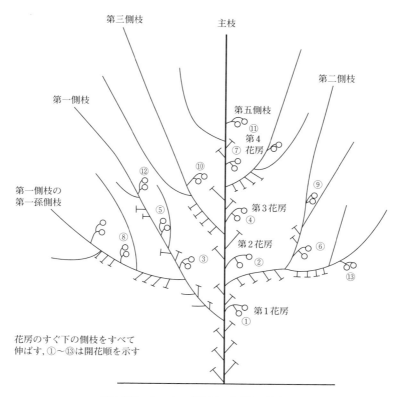

第14図　トマトの花房直下側枝全伸栽培

水できない条件のまま栽培した。すると，5.4m幅ハウスの3つのうねのうち，両側の列は半数程度，中央の列はほとんどの果実が尻腐れとなり，大幅に減収してしまった。灌水できないという条件のもつ意味の大きさをあらためて見せつけられた思いだった。

このあと，ミニトマトでも品種'アイコ'は側枝全伸栽培でも中央うねに尻腐れ果が出やすいなどの細かい条件はあるものの，基本的には側枝全伸栽培なら無灌水でも尻腐れ果が少なく，灌水設備がない山間地の畑を活用するための切り札になると考えられた。

なぜ側枝全伸栽培では無灌水でも尻腐れ果が出にくいのか。これには2つの理由があると考えられる（第16図）。第一は，葉面積が多ければ根もそれに応じて多く，Caを吸収する力が強まること。乾燥したハウスでも地下は深いほど水分が多い。第二は，生長点や幼果が多く，

第15図　トマトの着果状況

余分の窒素がこちらへ流れて，肥大した果実内でのCa/Nのバランスが保たれるためと考えられる。

③株元の側枝を捨てずに挿し芽栽培

側枝を出させるため定植は蕾が見えたころの若苗で行ない，定植後，第1花房直下側枝より

野菜

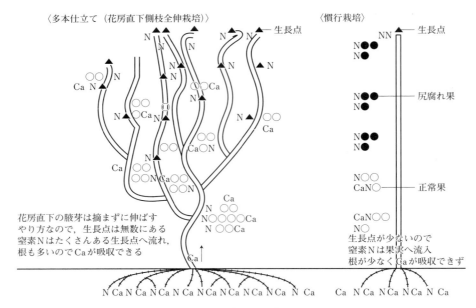

第16図　生長点の数が多く尻腐れ果が出ないトマトの多本仕立て

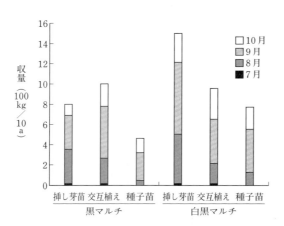

第17図　ミニトマト（品種：紅涙）挿し芽栽培による増収効果（2009年）
挿し芽苗：播種3月16日，挿し芽6月3日，定植6月16日
種子苗：播種4月21日，鉢上げ5月8日，定植6月16日
交互植え：挿し芽苗と種子苗の交互植え
花房直下側枝全伸栽培，うね下に牛糞堆肥を溝施肥

下から出た側枝はポットに挿して苗とし，2週間後に定植する。この作型（当地では6月定植のおそい作型）だと，挿し芽苗のほうが早く着果し多収となる。種子代がかからず，ポットに

は畑土をそのまま使えて，育苗も短期間で容易である。

通常，花房直下の側枝を全部伸ばし，株元の側枝は挿し芽に使う。その側枝を摘むとき，最近は1節残して摘むようにしている。これは，収穫後半，先に立てた枝の摘心が終わって，株の下のほうから新たな枝を出させて着果させるためである。

挿し芽苗を使ったおそい栽培では，強い側枝は全部立てる。これは挿し芽苗は種子からの苗と違って，下方の側枝の付け根も太いためである。

第17図は，ミニトマトの挿し芽苗と種子苗の月別の収量を示したものである。

この図からわかるとおり，挿し芽苗は種子から育てた苗よりかなり開花・結実が早く，収量も上がり，最後までその傾向は変わらなかった。種子苗と交互に植えると，後半増収する効果があるため，短期間の栽培では非常に有力な方法であるといえる。白黒ダブルマルチ施用は夏の地温上昇を抑えるため後半増収する。

挿し芽苗と種子苗を交互に植えるような，「交互植え」は，圃場全体の収量を安定させる

効果がある。たとえば，同一品種だけを植えるより，キュウリの節成系と枝成系を交互に植える，同じ品種なら自根と接ぎ木苗を交互に植えるなど多様性が増収につながることもわかった。肥沃な圃場ではミニトマトの株間を180cmとし，間にサヤインゲンを植えて増収した。

逆に，ミニトマトの挿し芽苗を7月初旬に株間を60cmと従来の3分の2に狭めて定植したら，着果がきわめて悪かった。これは1株当たりの吸肥量が同じで受光量が3分の2になり，植物体内のC/N率が低下したことが原因と考えられた。

④葉かび病に強く，酸味のある品種

トマト栽培では，中玉トマトとして当初'ルビーボール'の多収性に期待したが，食味が不十分なため'レッドオーレ'を栽培していた。しかし，あまりにも葉かび病に弱く，侵された株の果実は食味が悪かったので，より，葉かび病に強く，酸味もあっておいしい'紅涙'に転換した。'紅涙'は私のハウスでの無灌水側枝全伸栽培では食味が非常に良好になるが，土壌水分が多い畑では糖度が低く，この乾燥する土地での無灌水ハウス側枝全伸栽培にしか適さないと考えられる。

ただ，'紅涙'は果皮が軟らかいため口あたりは良いが裂果しやすい欠点があるので，今後，より高糖度で裂果しにくい系統を育種していく必要がある。

また，砂土でさらに乾燥する西会津町の大型ハウス中央うねでは，'紅涙'でも果実肥大が悪いため，これの後代を固定して，より大玉で果実の水分が多い専用系統'涙の泉'を育成して栽培している。

(3) 野草帯で天敵や訪花昆虫を増やす

ハウス周囲の野草帯はさまざまな働きをしてくれる。たとえば，ヨモギやヨメナなどにつくアオヒメヒゲナガアブラムシ（第18図）はメロンやトマトには寄生せず，逆にテントウムシなどの捕食性天敵が増えて，メロンにワタアブラムシがついてもすぐに食べてくれる。

また，トマトやメロンの交配をしてくれるマ

第18図 アオヒメヒゲナガアブラムシは ヨモギやヨメナにつき，メロンや トマトには寄生しない

ルハナバチが越冬し，その購入やホルモン処理などが不要となる。ホオジロなどの小鳥も棲みついて，ヨトウムシ，ウリキンウワバ，ウリノメイガ，タバコガ，オオタバコガなど大型の害虫を退治してくれるなど，野草帯は多くの有益な動物を育ててくれる。

それだけでなく，傾斜地で問題となる土壌侵食を防止し，有害雑草の生える場所もふさぐなど，非常に大きな役割がある。EU諸国では野草帯の設置を義務づけているところも多い。

もちろん，野草帯は放任しておくわけではなく，支柱用のパイプに巻きつく蔓草を除去し，表層から養分を奪うイネ科植物も抜き取り（カヤは刈り），ヨモギなども踏みつけなどにより通風を妨げないように抑制することが必要だ。

4. 山間地での工夫，取組み

以上のほか，営農に際し，山間地ならではの取組みもある。

当地では冬季間，雪でハウスが潰されることもある。その場合，ハウスのパイプを曲げ直し，一回り太いパイプを短く切って，元のパイプを

野菜

第19図　ハクビシンによるメロンの食害

第20図　メロンを獣害から守る防獣かご

第21図　農業を目指す若者たち

つないで再利用している。つないだ部分は二重になるので，かえって強度が増す。黒マルチも毎春はがして掛け直し，数年間使用している。被覆資材も，裂けにくいPO（ポリオレフィン）を利用しているが，夏だけの使用なら10年程度は使える。こうして廃棄物を最小限に抑えている。

また，この地域にはハクビシン，タヌキなど果実を食害する動物が多く，対策を何もしなければメロンが全滅してしまう。そのため，防獣かごを設置している（第19，20図）。ただ，クマは力が強く，このかごごと潰して果汁を舐めるので，ハウスへの侵入防止を徹底する。

一方，当地では山都在来のサヤインゲンである平莢系'庄右衛門'が，やや晩生だが生育良好，多収で軟らかく，かなり大きく育てても食味が良く，大いに期待できる。

さらに1997年から，参加者に農地を割り当てる「結」方式で新規就農者を受け入れている。農業をしたい若い人は多いが，住居や農地，技術，資材や機械を入手する資金など問題が多い。そこで，女子寮をはじめとして住居と農地3〜4人分を用意して受け入れている。地元に馴染むことにより良い物件を紹介され，中古資材や機械も安く譲り受けて独立できる。空いた住居にまた新人を受け入れられるので，使い回しで数年で10人以上を定住させることができる（第21図）。

新規就農希望者は主として「新・農業人フェア」で集めており，2009年は常時8名がいた。初めて農業に取り組む者が多いので仕事の効率はあまりよくない。そのような問題を解決するためにも，ともに仕事する指導者も必要である。

《住所など》福島県喜多方市山都町木幡字芦倉58―2
　　　　　　　　小川　光（68歳）
　　　　　　TEL. 0241-38-2463
執筆　小川　光（福島県実際家）
　　　　　　　　2009年記，2017年一部改訂

農家の技術と経営事例

(写真撮影：笹本ちえ子)

埼玉県和光市　清水　誠市

堆肥，緑肥，ボカシ肥の併用で露地野菜の無農薬栽培

- 課題：低コスト，堆（厩）肥以外での土つくり
- 栽培・生育：初期生育を抑えた「への字型」の生育管理
- 施肥：粗大有機物＋ボカシ肥
- 有機物：牛糞，緑肥作物，前作の残渣など
- その他：サブソイラ耕による耕盤・心土破砕

〈堆肥と土つくりの課題〉

1. 地域の概況

　和光市は埼玉県の西南部に位置し，東京都の板橋区，練馬区と境を接している。この地域は，日本最大の洪積平野である武蔵野台地の一部にあり，砂礫の大扇状地の上に関東ローム層を乗せ，西高東低に緩やかに勾配し，谷，台，坂とよばれる起伏に富んだ台地である。このような状況下にある和光市は，大きく2つの地勢に分かれている。市の西南部はおおむね平坦地で畑地が多く，反対に北東一帯はかつての水田転作対策により，関東ローム層のいわゆる「赤土」によって客土された畑地となっている。

　農業生産は，根菜類の生産を中心とし，それに加えてキャベツ，ホウレンソウ，ブロッコリーなどの葉菜類および軟弱野菜の市場出荷をおもにしてきた。最近は，消費地と隣接している立地条件上，多品目少量生産による直売および産直活動などが目立っている。

2. 産地が抱える土壌肥料上の課題

　土壌は，基本的には火山灰である。ことに水田転作によって客土された土地は下層土がローム層なので腐食含量が少ない。このため，火山灰土壌で欠乏しやすいリン酸分を中心に施肥改善が図られたり，腐植分を高めるためにバーク

経営の概要

立　地	武蔵野台地，洪積地，関東ローム層の畑地
経　営	畑80a（露地野菜） ハウス6a（トマト＋イチゴ）
労　力	父，母，本人，妻（計4人）

堆肥を入れるなどの土つくりがなされたりしている。また，幸い畜産農家が市内に存在するので，比較的容易に牛糞堆肥を入手でき，これを土つくりに利用している農家もある。しかし，客土によって道路より0.3～1.2m程度圃場が高くなったために堆肥の散布がしづらくなり，加えて住宅地のなかに小さく圃場が点在しているために堆厩肥の施用・運搬が困難である（第1図）。したがって，いかにして堆（厩）肥施用以外で土つくりを行なっていくかが課題となっている。

3. 私の経営と栽培

　現在の私の経営は，販売先が生協出荷（店舗型），個人宅配および直売，JA直売センター，飲食店，スーパーマーケット，自然食品店など多岐にわたる。また，体験型農園も開催している。

　そのため，作付けは多品目少量であるのが望ましく，年間を通して80aの畑に30種類前後と

385

野菜

第1図　住宅地のそばの筆者の畑

なっている。主要品目は，ホウレンソウ，コマツナなど葉ものの周年栽培，春作にダイコン，カブ，キャベツなど，夏作にトウモロコシ，マメ類，果菜類，秋冬作にイモ類，根菜類などである。

経営・栽培上の目標は，第一に栽培作物が私自身がそれを食べて安全（安心）であること，第二に農作業上の安全性を向上すること，第三に作物の生育特性を活かすことを重点にしている。そのため無農薬で，土壌消毒はせず，有機物施用といった，なるべく栽培技術に化学的手法をとらないことを眼目としている。その一方で食味のみならず外観のよさも追求している。

4. 私の土壌管理の経過と現状

1988年から1996年までは慣行栽培に有機物を積極的に投入するスタイルであった。そこから2000年までが有機栽培への移行期間となり，この間カルスNC-R，菌源炭，堆肥源（光合成細菌），ラクトバチルス（乳酸菌）およびEM菌などの嫌気性微生物を使って土中ボカシ（ボカシ肥をつくる手間を省き，有機物を土の中に入れて土中で発酵させる）的な土つくりをしていた。

2000年以降は，混合機を使って本格的にボカシ肥料を自作するようになる。さらに，マニアスプレッダーも導入し，圃場条件により，牛糞堆肥を投入する畑と緑肥作物を育ててすき込む畑を使い分けるようになった。微生物資材としては，住宅地も混在していることから一貫して嫌気性微生物を使用している。土中ボカシ的に使うこともできるうえ，ボカシ肥料をつくったさい，切返しをせずに，混合してすぐに袋詰めしておけることからにおいが出にくく，何よりも楽にできることがありがたい。

また，アブラナ科作物の根こぶ病対策や根菜類のセンチュウ対策，軟弱野菜の連作障害など，これらの障害を土壌消毒なしで軽減し，耕種的技法や新鮮有機物（緑肥作物）および自作ボカシ肥料を組み合わせ，さらには太陽熱養生処理（後述）をすることによって効果をあげている。

〈土つくりの考え方〉

1. どのような生育をめざすか

作物にもよるが，基本的な生育ステージとしていわゆる「への字型」の生育をめざしている。初期，とくに苗をつくる場合には，発芽後の地上部の生育より地下部の生育を優先させ，ずんぐりとした根張りのよいものにする。中期には，葉が上方向にピンと立つことによって光合成を高め，節間が太く短くつまって硬い，充実した植物体にする。後期には，養分転流が終了し，肥料分が欠乏状態になり収穫期となるような作物本来の生育の仕方をめざす。

このような生育によって葉色が淡くても葉肉が厚く，食べてみると軟らかい，味のある野菜ができる。

への字型生育は，土壌有機物（緑肥＋ボカシ肥）利用によって可能になっている。緑肥作物の栽培によって過剰養分が有機化され，さらにすき込まれた緑肥が土壌中の肥料分を吸収するため，初期生育の肥効を抑えられる。肥効はそのあと有機物の分解により中期の生育で緩やかに高くなっていく。一方，ボカシ肥は土壌の水分調節によって発酵─肥効発現の調節が可能で，灌水によって速効的に効かせることができる。さらに速効性を望むのならば，施用前のボカシの発酵期間を長くすればよい。また，通常は中期で肥効が切れるように設計するが，組み合わせる材料によって肥効を長期化させること

もできる。

中期は追肥による栄養生長の促進を図り，植物体を充実させる。後期は，中期に行なう追肥量のコントロールにより肥効をひかえるようにして生殖生長を図るようにする。秋まさり収穫型のニンジン，ダイコン，サトイモなどは基肥を少なくして追肥に重点をおき，コンスタントに長期収穫する果菜類は栄養生長と生殖生長のバランスを考えて少量ずつの追肥をしている。ただし生育日数の短い軟弱野菜は基肥重点にし，必要な場合に追肥を行なっている。

2. 有機物利用のねらい

有機物の利用としては，牛糞堆肥，緑肥作物，前作残渣を組み合わせている。牛糞堆肥も利用するが，冒頭でも述べたように宅地化が進むなかで堆肥の施用・運搬が困難となってきたため，堆肥施用以外で土つくりができる手段が緑肥作物あるいは前作残渣の利用である（第2図）。これらは，圃場条件によって使用する有機物が変わってくるものの，すべてにおいて併用するものは自作ボカシ肥料である。緑肥作物や前作残渣をすき込む場合は，上からボカシ肥料を散布することで緑肥や残渣の発酵をスムーズにさせる。そのさい，ごく浅くすき込むことから始めて土ごとに発酵を促し，回を重ねるごとに耕深を深くするようにしている（第1表）。

緑肥作物のねらいはセンチュウ対策と粗大有機物量確保による土壌の物理性改善である。前作の生育状況および次作の品目を目安に，センチュウ対策を優先するか，粗大有機物の量を優先するかを決め，全量ばらまきとし，生育後ハンマーナイフモアを利用して細断し，すき込むようにしている。

3. 微生物についての考え方

緑肥をすき込むさいの発酵を

第2図　緑肥のすき込み作業

スムースに進行させ，その後の作物の生育を良好にするためにボカシ肥料を利用しているが，このボカシ肥料は嫌気性発酵によって発酵させたものである。切り返す手間を省き，楽をしたいのと，切返しをしないので，においも発生しないという点から嫌気性微生物を使っている。市販されているいくつかの微生物資材を使ってきた経過があるものの，現在はEM活性液を多量につくっておき，水分調整も含めてEM活性液の原液を希釈せずに使っている。

ボカシ肥料をつくるさい，初期は土間に材料を広げて角スコップで混ぜていたのだが，手間がかかるのと，材料が多くなると均等に混ぜ

第1表　作付けの順序と緑肥作物，ボカシ肥の施用法例

5月下旬	キャベツ（春作）収穫後残渣をすき込む。
	↓　1〜2週間
6月上旬	緑肥播種（ソルゴー＋ハブエース）
	↓　2か月間程度
8月上旬	緑肥すき込み，同時にボカシ肥を10kg/10a程度散布
	↓　3回耕うん（最初は浅く，だんだん深く）
8月下旬	ブロッコリー（秋作）収穫後残渣をすき込む。同時にボカシ肥を100kg/10a程度散布
	↓　2〜4週間
12月中旬	キャベツ定植
3月下旬	緑肥播種（ヘイオーツ）
	↓
6月上旬	緑肥すき込み，同時にボカシ肥を10kg/10a程度散布
	↓　3〜4回耕うん（最初は浅く，だんだん深く）
7月下旬	ニンジン播種
	↓
11月下旬〜2月下旬まで	ニンジン収穫
	↓
3月下旬	緑肥播種（ヘイオーツ）

野菜

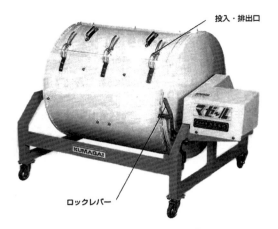

第3図　ドラム型の回転式混合機「ビッグマゼール」（熊谷農機）

のが困難になり，発酵にバラツキができてしまい使いづらいものになってしまった。現在は，ドラム型の混合機を使い均等に混合できるようになった（第3図）。

混合時に均等にできるようになったので，水分調整さえ問題なければ安定してつくれるようになっている。こうしてつくれるようになると，いつでも使いたいときに使えるようになるので大変便利である。

〈栽培管理の実際〉

1. 緑肥の選択・すき込み方法

①緑肥の選択

現在おもに使っている品目は，ソルゴー，エンバクおよびライムギ，エビスグサ，ギニアグラス，クロタラリア，マルチムギ，ヘアリーベッチなどにわたり，それぞれ後作に対し，センチュウ対策に重点をおくか，乾物量の多さに重点をおくかで使う品目を決めている。たとえば，乾物量の多さでいえばソルゴーである。生長スピードも速い。センチュウ対策で浅く広くさまざまなセンチュウに対応する万能選手といえるのはクロタラリアである。いっぽう，ネグサレセンチュウにシャープに対応するのはエンバクの'ヘイオーツ'である。どのセンチュウにどの緑肥作物を使えばよいのかは，種苗会社の資料などを参考にしている（第2表）。

また，冬場の風対策やバンカープランツとしての利用も行なっている。さらには，マルチムギを間作として雑草対策の利用も行なっている。

第2表　センチュウ対

品　種	作　物	キタ ネグサレ	ミナミ ネグサレ	キタネコブ	サツマイモ ネコブ	アレナリア ネコブ九州	アレナリア ネコブ沖縄
緑肥ヘイオーツ	エンバク野生種	◎	◎	○			
R-007	ライムギ	◎		○			
くれない	クリムソンクローバ						
たちいぶき	エンバク			○	◎		○
スナイパー（A19）	エンバク			○	◎		
ねまへらそう	スーダングラス	◎		○	△	△	○
つちたろう	ソルゴー			○			
ソイルクリーン	ギニアグラス	◎		○			
ネマキング	クロタラリア		◎		△	○	△

注　出典：『緑肥作物とことん活用読本』（橋爪健著）
1) 緑肥ヘイオーツ，R-007，くれないのセンチュウ抑制効果は北海道農政部と雪印種苗の結果による。◎は後作の検定
2) R-007の春まきはカバークロップ利用で，播種量は15kg
3) キタネコブセンチュウのイネ科作物には非寄主作物で，栽培後おれを減らすので○印とした。無印：無試験または
4) その他のネコブセンチュウの抑制効果は九沖農研の4種類のレースについて各1頭ずつ接種したポット試験による
5) △印のうち，サツマイモネコブセンチュウの説明は以下の通り。ねまへらそう：佐賀，長崎，熊本県で多いSP1に効
6) スナイパーのレースはたちいぶき，なつかぜはソイルクリーン，ネマックスはねまへらそうも結果に準じた（一部試

第4図 ハウスのわきに植えられたヘイオーツ

第5図 逆転ロータリ（後ろにレーキがついている）

そのほかに施設野菜用としてハウスの側方にヘイオーツを植え付けて，刈り取ったものを敷きわら代わりにしたり，防虫などに役立てている（第4図）。

緑肥作物の組合わせは，センチュウ対策とする場合は注意が必要で，組合わせを誤るとかえって被害を拡大するおそれがあるので注意したい。これは種苗会社の緑肥作物一覧表を見て判断している。

②緑肥のすき込み方法

緑肥作物の細断としては，現在は歩行型ハンマーナイフではなく，トラクターのアタッチメントとしてハンマーモアを導入し，自身の労力軽減につなげている。ロータリに関しては，逆転ロータリは2回目以降の耕うん時に使い，初回は正転ロータリを使うように変更している（第5図）。

ハンマーモアによる細断のあと，正転ロータリにより浅耕し，次回以降2回程度は逆転ロータリによって，土中にすき込むようにし，最終的には表層が細かく下層は粗いという構造になり，播種作業などの効率化をねらっている。

抗作物と対応センチュウ

ナンヨウネコブ	ジャワネコブ	ダイズシスト	播種量 (kg/10a)	播種期（関東地方平野部）			
				早春まき	春まき	夏～秋まき	越冬利用
			10～15	3上～5下		8下～9中(草生栽培)	10中～11上
			10～15	3上～4中			9下～12上
		◎	2～3	3上～4上	5上～6上	9中～10中	
	○		8～10			8下～9上	
			8～10			8下～9上	
○	△		5		5中～8中		
○	○		5		5中～8中		
○	○		1.0～1.5		6上～8上		
○	○	◎	8～9		5下～7中		

が終わり，学会などで公表されているもの

効果なし
（有害線虫総合防除技術マニュアル：九沖農研）
果が劣るので注意する。ネマキング：沖縄に多いSP4に効果が劣るので注意する
験中か未検定）

野　菜

2. ボカシ肥のつくり方・使用方法

①ボカシ肥のつくり方

　ボカシ肥料の施肥量は，1a当たり窒素成分で1kgを目安にしている。肥料成分は窒素，リン酸，カリの三大要素ばかりではなく，カルシウム，マグネシウムをはじめ微量要素を含ませるようにしている。各材料の成分量を計算し，全体量から各成分の含有量を割り出しておけば，おおよその成分量が算出される。

　つくり方としては，ドラム型の混合機に各材料を入れ回転させておくことで均等に混ぜ合わせることができている。各材料の使用量は後述するが，ポイントとしては水分調整があげられる。

　現在の使用材料は，籾がらくん炭，米ぬか，かに炭，発酵鶏糞，放線菌堆肥，硫安，BM苦土重焼燐，塩化カリ，マルチサポートなどを入れる総合型と籾がらくん炭と米ぬか主体の簡略型の2種類がある（第3表）。水分調整としては，EM活性液を原液のまま使用し，そこに糖蜜と魚エキスを添加している。水分量は50％を目安にしているが，これはできあがったものをつかみ，塊を指先で割ってみたときに簡単にほぐれる程度がおおよそ50％程度としている。感覚としては，ぬかみその状態にしてしまうと水

第3表　ボカシ肥のつくり方

簡略型ボカシ配合例 （窒素成分で2％程度）	籾がらくん炭　100*l*（10kg） 米ぬか　210kg EM活性液　70*l* 糖蜜　2*l* 魚エキス　2*l*
総合型ボカシ配合例 （窒素成分で5％程度）	籾がらくん炭　100*l*（10kg） 米ぬか　120kg かに炭　26kg 発酵鶏糞　60kg 放線菌堆肥　60kg 硫安　60kg BM苦土重焼燐　40kg 塩化カリ　20kg マルチサポート　40kg EM活性液　80*l* 糖蜜　3*l* 魚エキス　3*l*

分過多になるかなという程度である。

　水分が多すぎると腐敗発酵になりやすいので，少なめかなと思える程度のほうが失敗は少ないと思う。

　まず最初に籾がらくん炭をドラム型の混合機に入れ，そこに水分調整のためのEM活性液と糖蜜などの混合液を入れる。その次に，硫安などの粒状のものを入れたあと混合機を回転させて一度目の混合を行なう。ある程度混ざったら，次には米ぬかなどの粉状のものを入れて均一に混ざるまで回転させておけばできあがる。順番を間違えると，粉状のものがダマになってしまい固まってしまうので扱いが面倒になる。順番を間違えなければダマになることなく均一に混ざってくれるようになる。

　これを混合機から取り出したら，肥料袋に入れて口を縛って空気が入りにくくするようにしておき，積み上げておけば1か月から2か月で完成となる。

②使用方法

　できあがったボカシ肥料はサラサラになっており，開口してすぐに使うことが可能だが，できれば施用後1～2週間は土になじませる期間が欲しい。とくにホウレンソウをまくときには注意したい。なじませる期間を経ないで播種すると，発芽不良や根いたみが起こりやすい。

　前述したように，緑肥作物や作物残渣をすき込む場合，ボカシ肥料を入れることで緑肥などの発酵分解を促進させることができる。

　また，高温期に牛糞堆肥や良質堆肥とともにボカシ肥料を入れて太陽熱養生処理をすると，雑草対策や良好な生育になる。これも重要な使い方の一つである。この場合，土壌水分がポイントとなるので，降雨後に行なうことが望ましい。降雨が見込めない場合は，灌水が必要になる。この水分がないことには十分な効果を得ることはできない。

　なお，基肥や追肥には総合型を使い，発酵促進剤として牛糞堆肥，緑肥，作物残渣と併用して使うときにはおもに簡略型を使っている。

③注意点

　以前は，焼成鶏糞をボカシの材料として使っ

ていたが，アルカリが強く圃場のpHが上がってきてしまったので，現在はアルカリの強いものは使わないようにし，できあがりのボカシが酸性に傾く方向にしている。

石灰分に関しては，石こうを主原料にしたものを使って，土壌pHの維持に腐心している。配合する材料は副成分にも留意し，微量要素肥料（マルチサポートなど）などを使ってミネラル豊富なボカシ肥料に心がけている。こうすることによって，発酵肥料主体で栽培した場合のミネラル不足を補っている。

ここで補足としてEM活性液（原液）のつくり方についても触れておく。300lタンクを例にすると，第4表のとおりになる。

過去は，EM：糖蜜：水の配合割合を1：1：8にしていたが，大量につくる場合はEMの量を減らしても十分に発酵することがわかり，なおかつ海水塩を全体量の2～3％添加することでより発酵が充実するようである。

よって，以前はEM1号と糖蜜をそれぞれ100倍に薄めて水分調整用の溶液を用意していたが，現在は大量につくっておいたEM活性液の原液を使うようになり，こちらのほうが発酵力が強いようである（第6図）。

またEM活性液をつくる場合，できれば夏期の高温期につくるようにしたほうが楽につくることができる。微生物が活動しやすくなる温度帯が30℃以上なので，夏期につくっておけば温度の維持管理が楽になる。

3. 圃場の水分管理による肥効調節

ボカシ肥料を使う場合，発酵分解の速度は土壌水分条件によって大きく左右されるので，とくに乾燥している時期は後作までの作付け期間に注意が必要である。さもないと未熟有機物による害を受けやすくなる。播種までの間隔は通常の目安として，2週間～1か月間程度でよいが，移植する場合は早めでも可能で，播種する場合は少々おそめにするのが安全である。

ボカシ肥料の追肥は，追肥後の灌水もしくは降雨が予想される場合に施用するのがもっとも肥効が現われやすい。したがって作物の生育ステージにシンクロさせて，水管理と追肥を組み合わせるのがよい。もっとも速効的に効かせたい場合，ボカシ肥の浸出液を30～50倍にして灌水するのが効果的である（第7図）。またボカシ肥の浸出液は，葉面散布することで葉面の微生物環境を安定化させて病害を抑制する効果があると考えている。この液肥にカルシウム（水溶性・葉面散布用）を加えると，カルシウムが吸われやすくなる。ホウレンソウなど葉菜類では体内カルシウム含量が高くなると食味が向上する。

葉面散布以外にも，灌水チューブで流すことによって果菜類の追肥および肥効調節にも役立つ。

第6図　EM活性液（原液）

第4表　EM活性液（原液）の配合（300lタンクの場合）

EM1号	2l
糖　蜜	4l
海水塩	6～9kg
水	264l

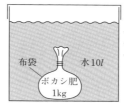

・しっかりふたをして一昼夜おく
・500倍前後で葉面散布
・30～50倍で土壌灌注

第7図　ボカシ肥の浸出液

野菜

第8図　セミクローラタイプのトラクタ

以上のような方法でアブラナ科の連作も可能になり，堆肥を多投入しなくてもそれと同等の効果をあげている。

4. その他の土壌管理

牛糞堆肥は，市内の畜産農家よりダンプを借りて圃場に搬入している。よって，ダンプで侵入できる圃場のみで使用している。現在その畜産農家では，コーヒーかすを添加するようになったので，発酵がより安定してきているようで，以前に比べ臭気がまろやかになっている。サラサラとしているので，導入したマニアスプレッダによる散布作業も，以前に比べると時間が若干短縮されるようになった。

火山灰土壌におけるリン酸欠乏対策としては，ボカシ肥料にBM苦土重焼燐を入れて発酵させることにより有効化を図っている。さらに，ジャットPKという発酵リン酸を使用し，化成肥料を使うにしても発酵をかけることによって有効化を図っている。

排水対策としては，プラソイラ耕による耕盤破砕と心土破砕を同時に行ない，さらにはセミクローラタイプのトラクタ導入により踏圧が軽減され（第8図），牽引力も強化され，傾斜地においても作業効率をあげることができている。

灌水・防除に使う水には水質改善装置を通した水を使い，より効果を高めることをねらっている。この水はEM活性液をつくるさいにも利用し，発酵を高めることもねらっている。

〈今後の課題〉

今後の課題は次のように考えている。
1) 土壌管理の維持・改善。
2) 作物の安定性の確保と再現性の確保。
3) 品質・高収量・低コストを高次元でバランスさせる。

コストダウンのためにはまずは入念なコスト計算を心がけることが必要であり，さらには多方面のネットワークも必要になってくる。前者はコストパフォーマンスを意識した目で資材購入を徹底し，後者においてはネットワークを広げることにより資材調達の目処が広がる。

また，地域にある有機物をうまく利用し，発酵させることによって環境保全型の農業を進めていきたいと考えている。

《住所など》埼玉県和光市白子3—11—21
　　　　　　清水誠市（55歳）
　執筆　清水誠市（埼玉県実際家）
　改定　清水誠市（埼玉県実際家）

2019年記

農家の技術と経営事例

福岡県嘉穂郡桂川町　古野　隆雄

ホウキングによる畑の株間除草

○作物と草の違いに注目
○揺動する針金で抜く，埋める，攪乱する
○出芽前除草で一番草を激減させる

〈ホウキングとは〉

1. 有機農業のボトルネック

雑草はなぜ生えるのでしょうか。耕地，宅地，道路……。人間が自然を壊して開いたところに雑草は生えます。放っておくと，笹が生え，竹が生え，最後に木が生えてきます。地球が緑の多様性を回復しようとする最初の一歩が「雑草」ではないでしょうか。そんな雑草と闘うのは容易ではありません。

大観すれば，農業は地力維持（土つくり）と雑草防除という二つの柱で成り立っています。地力維持には，堆肥，緑肥，輪作，深耕，不耕起……。こちらは機械化も可能です。

雑草防除は一筋縄ではいきません。「条間」は作物のない空間なので，道具や機械で強力に，連続的，効率的に除草できます。しかし，作物と雑草が隣接している「株間」では，条間を中耕除草するような機械化ができません（第5図参照）。作物をいためず，雑草だけを除草していく「選択除草」の仕組みを考えねばなりません。これがむずかしいのです。

株間除草こそ有機農業のボトルネックではないでしょうか。

2. アイガモからホウキングへ

私は1978年に有機農業を始めました。最初の10年間は1.4haの水田の除草に苦労しました。条間は手押し除草機で何とかなりました

経営の概要

耕作面積	アイガモ水稲同時作：7ha（うち乾田直播：0.35ha），露地野菜：3ha，小麦（チクゴイズミ・ミナミノカオリ）：2ha
水稲品種	ヒノヒカリ：5ha，夢つくし：1ha，元気つくし：1ha
家　畜	養鶏：300羽，アイガモひな：4000羽
労　力	本人と妻，長男夫婦，次男夫婦

が，株間は手除草。10年間黙々と手で草を取りました。

1988年に，富山県の故置田敏雄さんに教えていただき，初めてかわいいアイガモのひなを，田植えのすんだ田んぼに放しました。アイガモは条間も株間も区別なく縦横無尽に泳ぎ回り，難問の株間除草を楽しくみごとに解決してくれました。

2003年に，乾田直播稲作とアイガモを結合したアイガモ乾田直播に挑戦。乾田状態の株間のノビエ除草ができずに，13年間七転八倒の日々でした。

2016年，偶然に松葉ぼうきでコムギの除草をすることを思いつきました。そして松葉ぼうきのバネ鋼の針金が揺動することを利用した株間除草技術「ホウキング（ほうきing）」にたどり着きました。ホウキングは汎用性がありました。イネ，ムギ，ダイズなどの穀物，そして多種多様な野菜の株間除草に卓効を発揮しました。

2023年秋からは，ワラや草を集めるフォー

393

野菜

クを利用して，剛直で揺動しない「ストレートホウキング」に取り組んでいます。剛直なフォークは，土が柔らかいときも硬いときも，フカフカなときも，作物をいためずに土をほぐすことができます。

ホウキングは発展途上の技術です。形態も生態も違う多種多様な作物でホウキングのテストを重ねて，もっとも面白くて重要と思うことは作物と雑草の違いです。作物が出芽した直後の一定期間だけですが，雑草は作物と比べて弱小なのです。雑草は草丈が低く，根が浅く細く短いのです。出芽時期も違います。作物は一斉出芽。雑草は不斉一，一定期間にだらだら出芽します。

この違いに着目して攻撃すれば，雑草に確実に勝てます。ホウキングの根拠です。読者の皆さんも畑に足を運び，出芽直後の状況を自分の目でご覧になってください。

3. ホウキングの所要エネルギー

第1図はスイスの雑草学者，ダニエル・バーマンさんの書かれたものです。ホウキングの所要エネルギーは人力と機械除草の中間くらいに位置するでしょうか。どこでも使われているプラスチックマルチの所要エネルギーが，人力や機械除草の100倍から1,000倍であることに驚きます。エネルギーの観点からもホウキングに

意味があると思います。

4. 畑の株間除草技術が必要だ

現在，日本で有機除草といえば，なぜか水田の除草です。深水，冬期湛水，2回代かき，米ヌカ，ジャンボタニシ，アイガモ，不耕起などいろいろあります。

畑の有機除草はどうなっているのでしょうか。マルチや太陽熱除草くらいでしょうか。

私は近年訪問した世界各国で，株間除草について尋ねてみました。韓国，フィリピン，ベトナム，アメリカ，キューバ，アルゼンチン，ウルグアイ，パラグアイ。どこで尋ねても答えは同じ。「株間の草は鍬と鎌と手で取っている」でした。ブエノスアイレス大学で聞いてもそう言われました。

たぶん世界中の小農が，私が40年間してきたように，暑いときも寒いときも黙々と，鍬や鎌と手で株間除草をしているのでしょう。長い農業の歴史のなかで，ホウキングのようにシンプルで環境と財布に優しい株間除草技術の発達普及はなかったのでしょうか。不思議です。みなさんはどうしていますか。

5. 技術の自給

私は，水田の株間除草に困り抜いた末にアイガモに出会いました。が，それで一件落着ではなく，野犬にアイガモを襲撃されました。3年間の試行錯誤の末，電気柵の利用を思いつき，野犬をシャットアウト。そして対照区を設けて，技術の体系化をはかりました。また13年間の試行錯誤の末にホウキングにたどりつきました。

情報には人工情報と自然情報の二つがあります。人工情報は本，テレビ，ラジオ，スマホ，コンピューターなど，一度人間の脳を経由して整理された情報です。一方，自然情報は，自然に向き合い五感で直接感じる情

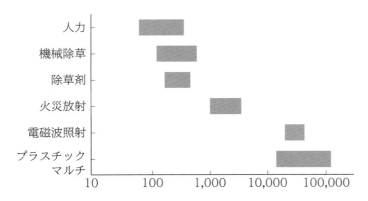

第1図 各種雑草防除法の所要エネルギーの比較
Weed Management without Herbicides-Reality or utopia?
(Dr.Daniel T.Baumann)

報です。現代社会では人工情報ばかりが肥大し，自然情報とのバランスが壊れているのではないでしょうか。

ホウキングは，作物と雑草と土と針金の動きという自然情報を直接見て，触って，聞いて考えました。技術の自給です。技術の自給こそ有機農業の醍醐味です。スマート農業もいいですが「野生の思考」が大切です。

〈ホウキングの考え方〉

1. 条間と株間

作物は栽培管理の都合上，ふつう，列状に播種，定植されます。この作物の列を「条」，条と条の間の空間を「条間」，条に沿った作物と作物の間の空間を「株間」といいます（第5図）。

通常は条間も株間も，条間30cm，株間5cmのように距離を表わす言葉として，使用されているようですが，ここでは便宜上，「谷間」のように空間を表わす言葉として使用します。

2. 中耕除草と株間除草

条間の除草を「中耕除草」，株間の除草を「株間除草」といいます。

中耕除草は，鍬や鎌や犂や管理機やトラクタで，連続的，効率的に，一気に行なうことが可能です。条間は作物の生えていない空間だからです。

一方，株間は雑草と作物が隣接したり，作物を取り囲むように雑草が生えています。だから，管理機やトラクタなど刃が回転する機械を使用すると，雑草と一緒に作物も破壊されてしまいます。

私は40年近く，鍬や鎌で株際や株の間をギリギリまで削り，株のまわりは手で黙々と草を抜いてきました。これが大仕事でした。ボトルネックです。

この株間除草を小力化（省力化）するためには，作物を傷つけず，連続的に，一気に，雑草だけを取って行く「選択除草」の仕組みを考えねばなりません。ホウキングの面白さはここにあります。

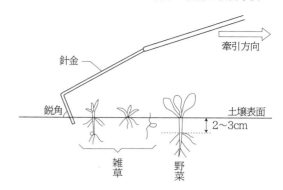

第2図　出芽ころの作物と雑草の違いとホウキングの原理

3. 初期の作物と雑草，三つの違いに着目

雑草だけ取っていくにはどうすればいいのでしょうか。中耕除草では，両側の作物の列（条）をよく見て，作物のない平面，条間を除草します。

ところが株間では作物と雑草が隣接しているので，平面的位置関係の違いはありません。しかし，よく見れば違いはあります。それは「立体的違い」です。作物の出芽後しばらくの間，作物は強大で雑草は貧弱なのです。

第2図のように雑草はチビ。草丈が低く，根の発生位置が浅く，しかも細くて短いのです。出芽の仕方も違います。作物は一斉に出芽するのに対し，雑草は一定期間だらだらと発生します。毎年耕すので耕地の雑草は一年生。種子が小さいので，深いところからは出芽できません。作物のほうは品種改良されているので，雑草と比べると一斉出芽で初期は強大なのです。

初期のこの三つの違い（草丈，根の位置，出芽時期）こそ，ホウキングで株間除草ができる根拠です。この違いを攻撃します。

〈ホウキング5号の構造〉

初代のホウキングは針金（バネ鋼）の直径が3mmでした。播種後20日ほど経って作物が根付いてから除草を開始していましたが，それまでに生える雑草は手をこまねいて見るばかりでした。改良を重ねてできたホウキング5号は

野菜

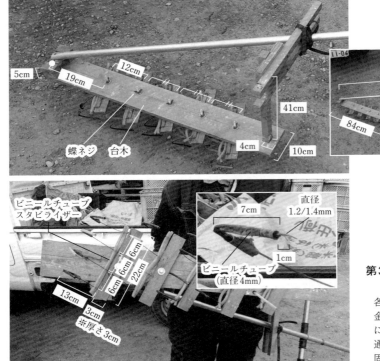

第3図 ホウキング5号の構造
各連に4本ずつ取り付ける針金は、17cmと8cmにL字型に曲げ、17cm側を角材に貫通させ、先を折り曲げ又釘で固定

作物が小さいときに使用します。針金は直径1.2mmか1.4mmの細いピアノ線。長さ25cmに切り、17cmと8cmのL字型に曲げます。17cmの部分には揺動調整用に直径1cmのビニールチューブスタビライザーをつけます。8cmのほうには、葉切れを防ぎ、深く刺さりすぎるのを防ぐため、直径4mmの軟らかいビニールチューブを被せ、先端1cmだけを出します（第3図）。

これを22cm×3cm×3cmの角材に穴をあけて、台木に蝶ネジで止め角度を自由に変えられるようにします。

その特徴は次の二つです。

①相補的配置

針金の間隔は狭いほど除草効果が上がりそうですが、草と泥や作物の茎葉を挟み込みトラブルの原因となるので実際は6cmほどにしています。雑草の根に当たらずすり抜けそうですが、5連の針金を相補的に配置しているので、全体的には6/5＝1.2cm間隔と同等になり、除草効果が上がります。

②斜に構える

針金を止めた角材を台木と直角にすると、針金は台木と平行になります。通常は角材を傾け、針金を斜めに構えて使用します。すると株間に当たる針金の密度が高まるうえ、上下の揺動だけでなく左右の揺動が大きくなります。

推進力を左右の揺動に変える工夫です。

〈選択除草の仕組み〉

前述のように、初期の雑草と作物は「根の位置」「草丈」「出芽時期」に大きな違いがあります。ホウキングはこの三つの違いに着目して、技術を組み立てています。

1.「根の位置の違い」→「抜く」

雑草の根の発生位置は比較的浅いので、ホウキングを引っ張っていくと針金の先端は約1cmの深さを中心に上下左右に揺動。雑草の根を引っかけ、持ち上げ、引き抜き、振り落とし、枯死させます。

作物は第2図のように根の発生位置がやや深いので，針金の先端は根に届きません。かつ作物の茎は丸く，ホウキングの先端も細くて丸く揺動しているので，しなやかにみごとにすれ違っていきます。作物が抜けることはありません。意外です。

2.「草丈が低い」→「埋める」

第2図のように針金を牽引すると，針金に沿って上方に土が動き，左右の揺動で，草丈の低い雑草をきれいに埋めていきます。作物は草丈が高いので埋まりません。その意味で，「埋める」は「抜く」より普遍的です。コムギで調べたら7割の草が埋まって3割が抜けていました。埋まった草には抜けているものと抜けていないものがありました。

3.「不斉一出芽」→「攪乱」

作物は一斉出芽しますが，雑草は土の中でだらだらと発芽。いつも土の中にはもやし状の雑草の赤ちゃんがいっぱいです。これはきわめて環境の変化に弱く，ホウキングの「攪乱」で枯死していきます。

作物は赤ちゃん状態をすでにすぎているので，まったく大丈夫です。

4. 小さな草とだけ付き合う

ホウキングは柔軟，アバウトですが非力です。ほとんどの場合，雑草が本葉を出し大きくなり，びっしり生えると，ホウキングでは太刀打ちできなくなります。

どうすればいいのでしょうか。「小さな草とだけ付き合う」。それでいいのです。どんな強大なプロレスラーのような草も，必ず，弱小，脆弱な赤ちゃん時代があります。私は長い間，大きな草ばかりに目を奪われ，小さな赤ちゃん草の存在を見過ごしていました。付き合い方＝考え方を変えれば道が開けてくると思います。皆さんはどうですか。

〈実際〉

1. 耕起，ウネ立て

私は，イネを刈ったあとに水田輪作で野菜をつくっています。もっとも重要なことは田んぼを乾かすことです。田んぼが乾かないと野菜の生育が悪く，雑草が生えやすくなります。水田状態のときの代かきなどで不透水層ができていますので，プラソイラを2mおきにかけて不透水層を破砕します。

すると縦浸透がよくなり，田んぼが見違えるくらいに乾きます。その後，堆肥を散布し，スタブルカルチで深さ25〜30cmくらい耕します。1週間ほどそのままにして風や陽光で土を乾かします。

その後，1週間おきに2〜3回耕して，雑草の発芽・出芽・枯死を繰り返させ，土壌中の雑草のタネの密度を減らします。

そしてアッパーカットロータリで，大きな草が生き残らないようにていねいにウネを立てます。もちろん，ふつうのロータリでもOKですが，ウネの表面3cmほどの土が細かくなるのが理想的です。溝掘り機で細かい土を飛ばすのもいいかもしれません。

2. 播　種

タネまきは深さ2.5cm前後に。やや深めにまくと，その後の出芽前除草やホウキングが容易になります。

私はシーダーテープでタネをまいています。播種機を使って溝切り，播種，覆土，ローラーによる鎮圧が一気に終わります。

播種後，土がよく乾いたときに播種機のローラーだけを再度かけると，土の粒子が砕かれて細かくなり，大きい土の塊は土の中に潜り込み，土壌表面が均平になって土はフカフカ。その後のホウキングが楽々できれいになります。

野菜

〈ホウキングのタイミング〉

1. 一番草

ホウキングを始めた2016年ころ，作物が少し大きくなり雑草が小さいうちが適期と考え，播種後3週間くらいでホウキングを開始していました（第4図の3）。このときすでに本葉が出ている雑草は草丈が高く根も丈夫で，大きめの草が残りました。

そこで針金の径を細くしたり長さを短くしたりして工夫を重ね，2020年，ついに播種後1週間ほどで作物が双葉状態（第4図の2）のときにホウキング開始。まだ小さい作物を埋めないようにすると雑草が少し残りました。

拱手傍観（きょうしゅぼうかん）して，一番草を生え放題にしたことが問題の根源でした。あとになって作物と競合，圧倒する雑草の大半が，生き残った一番草です。

2. 出芽前除草というアイデア

そこで発想転換。第4図の1のように，作物も雑草も赤ちゃん状態で出芽前除草を開始しました。

この話をすると，ほとんどの知人が「タネが動きませんか」と危惧しました。私も直感的にそう思いましたが，冷静に考えると，第4図の2，3，4のような双葉や本葉が出た作物がホウキングで抜けないのですから，同位置にあるタネが動くはずがありません。

出芽前ホウキングはじつは楽勝です。作物はタネから根を下ろし，少し発芽を始めている状態ですから，茎葉をまったく気にせず，集中的に，繰り返し，思い切り除草ができます。

出芽前除草の効果は二つです。

1）地上と地中の雑草の赤ちゃんをやっつけ，そのあとの一番草の出芽を激減させる。

2）土をほぐし，フカフカにする。

播種後に，雨に遭うと，土壌表面がパンの皮のように硬くなることがあります。出芽前除草をすると，パンの皮が破れ，作物の出芽が容易になります。

3. オールヒットマン

出芽前除草は，作物のタネだけ注意すれば，茎葉はないので何でもできます。

第4図の1のように，ホウキングの4本の針金の先端をコの字型のバネ鋼でつなぎます。これを「ヒットマン」，針金をつないでいる線を「一線」といいます。第3図の写真のような5連の針金をすべて「一線」にします。「オールヒットマン」です。

これを引っ張っていくと，各ヒットマンが上下左右に「一線」を揺動させながら，ゴルゴ13のように百発百中，地上と地中の雑草を倒したり抜いたりします。さらに「一線」の上に山型に土を盛り上げ，きれいに雑草を埋めていきます。

もちろんホウキング5号でも，針金を垂直に近く立てて，やさしく引っ張れば出芽前除草ができます。

ヒットマンは，原則，株間除草には使用できませんが，出芽前除草や中耕除草で卓効発揮です。中耕除草の場合はオールヒットマンではなく，ヒットマンとホウキングの組合わせが有効です。進行方向側から1・2・4連目はホウキングにして土をほぐし，3・5連目はヒットマンにします。

〈ホウレンソウの場合〉

1. 出芽前除草

ホウレンソウのタネを適期にまくと，3〜4日でタネから一斉に白い根が出てきます。雑草は土の中ですでに発芽。小さな子葉，徒長して屈曲したもやし状の胚軸，細く短い根。土の中には雑草の赤ちゃんがいっぱいです。地上にも出芽した雑草の赤ちゃんが増えてきます。

ここで，オールヒットマンかホウキング5号で出芽前除草です。地中と地上の雑草の赤ちゃんが押し倒され，抜かれ，埋められ，攪乱されて激減し，土はフカフカになります。

農家の技術と経営事例

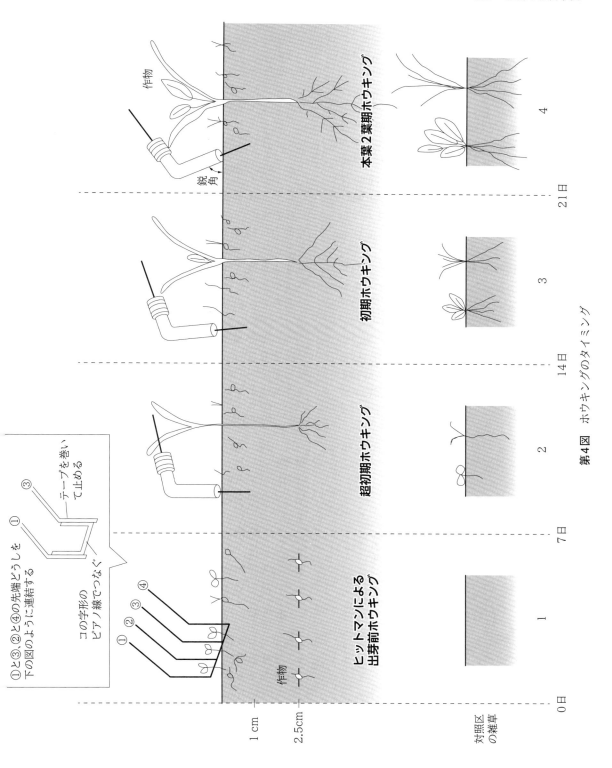

第4図 ホウキングのタイミング

野菜

2. 超初期ホウキング

ホウレンソウは1週間くらいで出芽。出芽前除草の効果で，この時点で生えている雑草は少なく，しかも土はフカフカ。好条件です。

この状態でホウキング5号を引っ張ると，第5図のように条ABの右側の土が左に動きホウレンソウの双葉を埋めることがあります。土がよく乾き，双葉が小さいときです。それを防ぐには，播種機を条ABの右側ぎりぎりに押してローラーをかけておく。鎮圧により土塊が細かくなり，大きな土塊は土の中に押し込まれて均平になるので，その後にホウキングをかけても双葉が埋まりにくくなります。

出芽後の超初期ホウキングのタイミングは双葉が6cmほどになったときです。4mmの軟らかなビニールチューブを付けたホウキング5号の先端部を，第4図の2のようにほぼ垂直にして，ゆっくりと引いていきます。このとき，針金の先端が地面に対して鋭角になるように引っ張ると，針金に沿って土が高く持ち上がり，作物の双葉が埋まってしまいます。針金が地面に垂直に刺されば土は持ち上がらず，作物は埋まりません。

もちろん，地中の雑草は攪乱され，地上の小さな雑草はフカフカの土に埋もれます。

3. 初期ホウキング

それから1週間もすると，ホウレンソウの本葉が出てきます。双葉も大きくなり，横に広がります。草丈も高く，丈夫になります。こうなったら第4図の3のように先端部を鋭角にして引っ張ります。ホウレンソウが土を被ることはなく，雑草は簡単に除草できます。

4. 本葉2葉期ホウキング

これ以降，ホウレンソウの本葉が横に広がっていきます。ホウレンソウの葉柄は中空で横からの力に弱く，押すと折れることがあります。そこでホウキング5号のビニールを被った先端部をより鋭角に傾けて引っ張ります。すると葉っぱや葉柄を押さず，持ち上げるように進むので折れることはほとんどありません。作物の葉柄は，下から上には比較的自由に動きます。

ただし午前中は，ホウレンソウの水分が多く，寒さで弾力性を失っており折れやすいので，気温が上がり，ホウレンソウの葉がしおれる午後にホウキングします。

5. その後のホウキング

その後，ホウレンソウの葉数が増え草丈が大きくなるので，針金の直径が2〜3mmで長い，背が高いホウキングを使用します。後述のフォークを利用するストレートホウキングも有効です。

しかし通常は，本葉2葉期くらいまでホウキングすれば，ホウレンソウが株間を被うようになるので株間除草は必要ありません。必要に応じて中耕除草し，収穫を迎えます。

〈ホウキングの効果と効率〉

雑草が双葉状態で土がフカフカなときにホウキングすれば，除草効果はきわめて高く，90％以上除草できます（第6図）。

効率は，100m1条の株間除草が条件がよければ1分くらいです。従来の三角鍬と手除草による方法の100培の効率です。

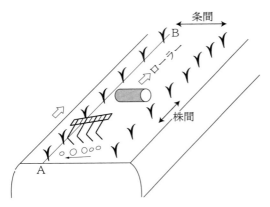

第5図 ホウキングの前にローラーを条の右側にかける

〈フォークによるストレートホウキング〉

1. ストレートホウキングの仕組み

強い雨が降ると，畑の土壌表面がパンの皮のように硬くなることがあります。針金が柔軟に揺動するホウキングではそれをほぐすのに苦労することがあります。

本年（2024年），試しに草を集める「フォーク」を株間除草の要領で引っ張ってみました。土が硬いときも柔らかいときも，フカフカなときも，作物はいためずに土が割れ，ほぐされて，それなりに株間除草ができました。

知人にフォークを引っ張る話をすると，異口同音に「作物にフォークがまともにぶつかれば抜けてしまう」と言いました。ホウキングと違ってフォークの先は揺動しませんから，私も長い間そう思い込んでいました。しかし作物は抜けません。これがフォークを使った「ストレートホウキング」です。これは本当に意外でした。

フォークは，先端がやや湾曲した，剛直で太い長さ30cmの尖り棒が6cm間隔に4本配置されています。第7図のようにフォークを斜めに構えて，自重に任せて株間を引っ張っていきます。ポイントは尖り棒の角度と深さです。角度は約85度，深さは約1cmです。深すぎると作物が抜けます。

フォークの尖り棒が雑草をひっくり返したり，埋めたりします。作物をいためることはありません。尖り棒と作物の茎がまともにぶつかっても，断面が丸いものどうしなので作物が左右に振れ，上手にすれ違っていきます。作物が抜けたり埋まったりすることはありません。ホウキングの仕組みと同じです。

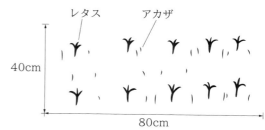

・第1回ホウキング
　アカザ409本→29本（7%）
・第2回ホウキング
　アカザ29本→8本（2%）
　レタスはまったくいたまなかった

第6図　ホウキングの除草効果の例
40cm×80cmのレタスの区画でアカザを除草

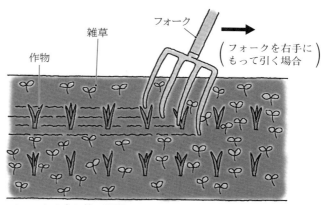

フォークの尖り棒の間隔は6cmで，長さ30cm。
やや斜めに構え，自重にまかせて引っ張る

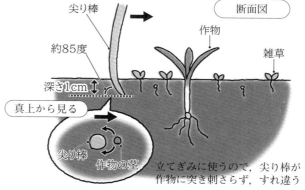

約1cmの深さで尖り棒を平行に走らせる。雑草は根が浅く，草丈も低いので，抜けたり埋まったりする。土との角度は約85度で，従来のホウキングより立てぎみに使う

第7図　ストレートホウキングの仕組み

野菜

使用法は，ホウキングとの併用とストレートホウキング単体の2とおりがあります。

1) 併用：フォークは頑丈・鈍感なので，土が柔らかくても硬くても，作物をいためずに株間の土を上手に割っていけます。その後，太陽と風で土がよく乾きます。そこに従来のホウキングをすると振動で土が細かくなり，きれいに株間除草ができます。

2) フォークのみ：ストレートホウキングだけでも2～3回繰り返せば，それなりに株間除草ができます。

フォークによるストレートホウキングのもう一つの特徴は，長さ30cmと「足」が長いこと。ネギ，ニンニク，タマネギ，キャベツ，レタス，ホウレンソウ，コマツナ，イネ，ムギなど，すぐに草丈が高くなる作物の株間除草に力を発揮します。中期・後期の株間除草をストレートホウキングで対応することも可能になりそうです。

2．ストレートヒットマン

フォークで「ストレートヒットマン」をつくりました。「一線」をどこに付けるべきでしょうか。従来のバネ鋼で揺動するヒットマンでは，一線を先端に付けていました。ストレートヒットマンでは，第8図のように先端より1cm上，フォークの背側（進行方向の反対側）に取り付けました。

イメージとしては，フォークの先端1.5～2cmの土をほぐし，そのあとを一線が雑草の根の付け根のすぐ下を押し，土ごと倒していく感じです。バネ鋼製の従来のヒットマンより，強烈・完璧に中耕除草ができます。多連構造ではなく1本のフォーク。シンプルにできることが肝です。

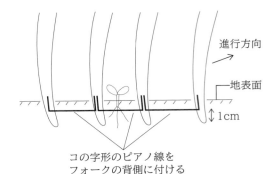

コの字形のピアノ線を
フォークの背側に付ける

第8図　ストレートヒットマン

もちろん中耕は，三角鍬や平鍬，窓鍬，管理機，除草機，トラクタなどでも効率的にできます。ストレートヒットマンは，雑草が双葉くらいのときに小力で効率的に中耕除草ができます。

ホウキングとフォーク。併用と使い分けで，ホウキングの実用性がずいぶん高まりました。

それにしてもなぜ，こんなに身近に取り組める「適正技術」の発達・普及がこれまでなかったのでしょうか。思い込み（？）だとすれば，世界中に思い込みというチャンスがいっぱいです。

韓国の元研修生のパクちゃんに素敵なことわざを教えていただきました。「シジャギパニダ」。「始めることができたら半分終わったのと同じだ」との意味です。

ホウキングにピッタリの言葉です。作物が出芽したばかりの畑に立ち，作物と雑草の違いを自分の目で確かめ，まずはフォークで株間除草をしてみてください。すべてがわかります。始めることは新しく認識することなのです。シジャギパニダ！

執筆　古野隆雄（福岡県実際家）

2024年記

農家の技術と経営事例

福島県いわき市　東山　広幸

雑草と害虫対策は「なんでも育苗」とマルチ活用，米ヌカ利用

無農薬・無化学肥料で多品目栽培，市内に宅配

〈有機栽培はむずかしくない〉

 私はもともと北海道の専業農家の生まれだが，大学院修了後の約40年前に，ここ福島県いわき市で百姓をはじめた。当初から無農薬・無化学肥料栽培で多品目の野菜やイネを栽培し，おもに宅配販売で生計を立てている（第1図）。

 無農薬・無化学肥料による栽培はむずかしいと思われている。だが，自然の論理を理解すれば，有機栽培は決してむずかしくない（例外もあるが）。コメでも野菜でも栽培するうえでの支障は被害程度の大きい順に，一に雑草害，二に虫害，三に病害である（このほか鳥獣害もある）。

 自然の攻撃に対しては，それなりに対処しなくては収穫が見込めない。たとえば雑草に対して負けないように大苗で植えたり，マルチや防草シート，中耕，土寄せなどで対策をとる。虫害に対しても，大苗，マルチ，虫よけネットなどで抵抗し，病害に対しては，有機肥料の特性を利用して肥切れのないスムーズな肥効により，抵抗力のある植物体に育てる。そして基本となるのが多品目少量生産，同じ野菜でも何か所かに分けてつくるという危険分散だ。

〈床土つくりと播種の実際〉

1.「なんでも育苗」で初期生育を守る

 私の野菜つくりを中心で支えているのはなん

第1図　筆者
（写真撮影：赤松富仁）
1961年生まれ。じぷしい農園を経営。田約50a，畑約60a。市内のお客さんに農産物を届けて生計を立てている

といっても苗づくりである。ダイコンやニンジンなど肥大する直根を利用する野菜以外は，ほとんどの野菜，ホウレンソウやコマツナでさえも苗をつくって植えている。

 無農薬で野菜を安定生産しようと思ったら，育苗はきわめて有効な技術だ。雑草害や虫害など，どの植物も幼苗時がいちばん弱い。苗をつくるということは，いちばんひ弱な「赤ちゃん時代」を手厚く管理するということだ。

 温度，土壌湿度の管理で発芽がそろい，発芽率も高くなる。害虫よけのネットをすれば，虫害にいちばん弱い時期をクリアできるし，ある程度育ってから植えるから，草にも当然強くな

403

第2図　私の床土

る。発芽しないポットは植えないから，欠株も少なくなる。どの株もそろって，疎植にできるから，菜っ葉など葉が厚く重量感のあるものがとれ，調製作業も格段にラクになる。

2. 育苗は自家製床土で

苗のよしあしは床土（育苗用土）で決まる（管理はもちろんだが）。ホームセンターや農業資材店に行けば，さまざまな床土が売られている。それらを使っても苗はできるが，経費はかかるし，たいてい化学肥料を混ぜているので，こんなのを使っていては有機栽培とはいえない。どうせ大量に使うので自分で仕込んだほうがいい。

3. 大ざっぱに2種類の床土

私がつくる床土は，大ざっぱに分けて2種類（第2図）。「発酵させない床土」と，「発酵させる床土」である。「発酵させない」といっても，モミガラ堆肥を使うので，まったく発酵と関係ないわけではない。床土ごと発酵させているわけではないということである。

発酵させない床土は，イネ以外には，ほぼ何にでも使える。水をかけても発酵床土より固まりにくく，水の通りがよい。ただ，コヤシっ気があるとマメ類には不向きなので，一般の野菜用とマメ用では配合が異なる。発酵させない床土は雑草が少し生えるため，イネの培土には失格。イネ用には発酵させた床土を使っている。

4. 主力は黒土とモミガラ堆肥，くん炭

私が主力で使っているのは「発酵させない床

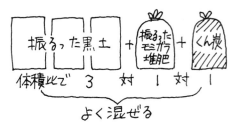

第3図　発酵させない野菜用床土のつくり方

よく混ぜてから（発酵してくる）
毎日か1日おきに切り返す。
10〜20日して温度が下がったらできあがり

第4図　「発酵させる床土」のつくり方

第5図　マメ用床土のつくり方

第6図 展開したペーパーポットに床土を入れてタネをまき，覆土して灌水すればタネまき完了

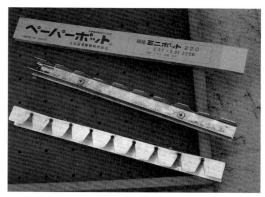

第7図 ペーパーポット（上）と展開ぐし（中と下）。展開ぐしは市販のプラスチック製では簡単に壊れるので，アルミのアングルで自作したほうがいい。ペーパーポットは写真の220穴1本が200円弱

土」で，振るった土にモミガラ堆肥とモミガラくん炭を混ぜただけのもの（第3〜5図）。あればグアノリン酸（有機リン酸肥料）も混ぜる。

土は福島県西郷村産の黒土を買っている。モンモリロナイトが主体の，CEC（塩基置換容量といって保肥力のこと）の大きな土で物理性もいい。ただ，水をかけて固まりにくい土ならば，黒土でなくてもOK。ただし砂土はNGだ。

重要なのは土よりも，混合するモミガラ堆肥の質と量だ。米ヌカを大量に使って仕込んだモミガラ堆肥でなくては，肥料効果が少なくて苗が育たない。モミガラ堆肥に肥料成分が少ない場合は，米ヌカを足して再度仕込むとよい。土と混ぜる際にはモミガラ堆肥も振るって使う。体積比で土：モミガラ堆肥が3：1ぐらい。くん炭もモミガラ堆肥と同量ぐらい混ぜる（第3図）。

くん炭の効果としては，徒長抑制が大きい。あるときくん炭の在庫がなく，くん炭なしの床土で育苗したとき，キャベツの苗がヒョロヒョロになった。そのあとくん炭を混ぜた床土で苗をつくったところ，徒長しなかったので，くん炭に徒長防止効果があることがわかった。

この床土を，私は毎年冬に，肥料袋で150袋ぐらい仕込んで袋詰めして積んでおく。これでだいたい1年まかなえる。

5. イネ用の雑草が出ない発酵床土

おもにイネの床土に使っているのが「発酵させる床土」（第4図）。第3図の床土とほぼ同じ材料だが，土に生の米ヌカを混ぜて発酵させたもの。米ヌカの肥料分が付加されるので，モミガラ堆肥を減らすか，肥料成分の乏しいモミガラ堆肥で十分。米ヌカの量加減としては肥料袋10袋ぶんの土に，米ヌカを米袋に一つぐらい。

材料をよく混ぜるのは同じだが，違うのは混ぜてから。当然発酵してくるので，毎日か1日おきくらいに切り返す。乾燥してきたら，水をかけながら切り返す。10〜20日して温度が下がったらできあがりだが，温度が下がる前に，土ふるいで一度振るうといい。これにより，未発酵の固まりを残すことがなくなる。

この土のいいところは，発酵熱により雑草のタネがほとんど死滅することである。このため，イネの床土はこの発酵床土に限る（ポット苗ではpH調整する必要はないが，マット苗では硫黄華などでpH調整しないと苗いもちが出ることがある）。もちろん野菜用にも問題なく使える。

発酵床土の唯一の難点は，何度も水をかけていると表面が盤になりやすく，水の通りが悪く

野菜

第8図 播種後、タネをまいたのと同じ箱を逆さにのせれば、数日は灌水不要で発芽もそろう

第9図 箱のフタのおかげで発芽がビシッとそろったナス（手前）とトマト（奥）

6. マメ用は無肥料の床土

マメはコヤシっ気のある土では著しく発芽が悪くなる。このため無肥料の床土を用意しなくてはならない。

私は用水路にたまった砂とモミガラくん炭を混ぜて使っている（第5図）。混合する際の体積比は1：5ぐらいで、くん炭がほとんどなので、かなり軽くなる。砂といっても山砂では粘土分があるせいか発芽が悪い。砂を集めるのは面倒だが、くん炭で相当増量できるので、砂は少なくても意外と間に合う。

エンドウ、ダイズ、ソラマメはこの無肥料床土が最適。マメ類でもサヤインゲンだけは少々コヤシっ気があっても発芽するので、「発酵させない床土」を2割ほど混ぜて使っている。

7. ペーパーポット育苗が主力

育苗は育苗箱にすじまきするものもあるが、ほとんどの苗はペーパーポットやプラグトレイを使う。私の場合、ペーパーポット育苗が圧倒的に多い。これは、つまんで苗をとれるので植付けが速く、紙筒で支えられているので苗が崩れないからだ（第6図）。

欠点としては価格が高いこと。プラスチック製の展開ぐしも法外な価格だが、これはアルミアングルで自作すれば、ポキポキ簡単に折れる純正品よりも、はるかに丈夫なものが簡単に安価でつくることができる。一度つくれば、なくさない限り末代まで使える（第7図）。

8. プラグトレイがよい作目もある

いっぽう、プラグトレイがよいものもある。

筆頭はスイートコーンで、ペーパーポットでは、種子根が育苗箱の底で、はるかかなたまで伸びて苗とりが非常にやりにくい。プラグトレイなら独立しているので、苗とりは簡単。ただ、発芽率をよくするのは意外とむずかしい。

チンゲンサイ、シュンギクなどのように小さな苗を1本で定植する場合や、小さいうちにポリポットや大きめのペーパーポットに鉢上げするレタス、パセリ、セロリなどは、深めの育苗箱にすじまきすればよい。

9. 発芽をそろえる方法

床土さえよければ、あとは温度管理と水分状態で、発芽はそろう。

温度に関しては、発芽に高温を要しないネギ類やレタス、菜っ葉などは、低温でも時間がかかるだけで、発芽率もそれほど変わらない。

高温を必要とするものは、気温が上がるのを待って播種するか、温床や二重トンネルにして温度を稼がないと発芽率や発芽そろいが悪く

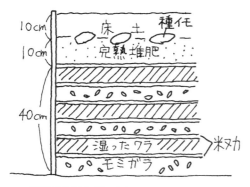

※米ヌカは1坪に30〜40kgほど。踏み込みながら，たっぷり灌水する

第10図 サツマイモの苗の温床を翌年の夏野菜の温床として利用

第11図 前年サツマイモの育苗に使った踏み込み温床を積み直しただけの簡易温床。育苗箱を下に重ねて温度調節する

る。ただ，高温が苦手なタネもあり，ホウレンソウやキャベツ，ブロッコリーは夏の直射日光が当たるところに置いておくと発芽率が極端に下がり，ひどいときにはまったく発芽しない。

水分に関しては，過湿も乾燥も発芽には御法度で，ちょうどいい水分状態を長く保つのが重要だ。乾燥させないのはじつに簡単で，タネをまいたのと同じ箱を逆さにのせるだけ。それだけで数日は灌水不要となる（第8，9図）。

セロリ，シソなどの好光性種子なら，覆土せずに水だけかけて，穴が大きめの箱でフタをする。そのぐらいの光で発芽には十分である。あとは根が伸びてきたことを確認してから覆土すれば，きれいに発芽が決まる。

10. 移植・定植作業の定石

苗の鉢上げでも，本畑への定植でも，スムーズな活着をさせるには，悪環境→良環境という環境変化で進めたい。夏野菜の移植では，苗を寒さに慣らしてから鉢上げし，移植後のポットは温床にのせて根まわりを温めて活着を促す。

秋遅くに定植する菜っ葉は外で数日慣らしてから暖かな黒マルチに定植する。暖かなハウスから出した苗をいきなり寒い露地に植えると生育が停滞し，ひどいときは枯死することもある。また，夏の暑い時期に植える秋冬野菜は，低い気温を好むので，これから涼しい日が続くというときに定植するとスムーズに生育する。

〈夏野菜の苗づくり〉

1. 遅まきでラクラク育苗

よい苗をつくれば格段に安定してとれるようになるのが，夏野菜だ。温度管理が面倒でハードルが高そうだが，いざやってみるとわりと簡単だ。うまくつくれるようになれば，苗の販売で稼ぐことも可能だ。実際に私は就農当時，野菜や米の販売だけでは生活できなかったので，春先の夏野菜の苗販売で食いつないだ。

夏野菜のタネ袋を見ると，ナスやトマト，ピーマンなどは中間地では2月末にまくとなっているが，このころはまだ寒さがかなり厳しく，タネ袋どおりにまくと温度管理に苦労する。これを3月半ば，苗の販売を主目的とするのでなければ，彼岸明けぐらいにずらせば，管理はかなりラクになる。しかも，気温がどんどん上がっていく時期なので，苗ができる時期は1週間かせいぜい10日ほどしか遅れない。

定植適期は地域によって異なるが，私のところなら5月の中旬から下旬である。これより早く植えても収穫時期はなんぼも変わらない。早出しする農家はいくらでもいるので，最近では夏野菜を少しぐらい早く出しても高く売れない。遅くつくったほうがずっとラクで得である。

野菜

第12図 鉢上げ後の温床。モミガラと米ヌカのみで積む超簡易温床

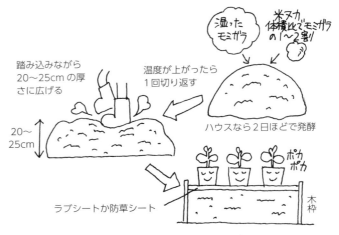

第13図 鉢上げ用の超簡易温床

2. 堆肥の発酵熱を温床として利用

　夏野菜の育苗はよほど温暖な地域以外，温床育苗が基本である。昔ながらの踏み込み温床を踏む人は少なくなったが，省エネでゴミを出さない技術で，もっと見直してよいと思う。

　ただ，私もまじめに踏み込むのは，ある程度の期間熱を出し続けてもらわなくてはならないサツマイモの苗床だけである（第10図）。これも，モミガラとワラと米ヌカだけで踏み込む簡単なものである。

　夏野菜はどうしているかというと，前年のサツマイモ床をハウスの中で再び堆肥として積んで，少し温度が下がってきたところを温床として利用するのである。

　発芽適温まで下がるのを待っていては，あっという間に温度が下がりすぎるので，まだ50℃以上あるうちから利用する。もちろん，50℃では障害を起こすので，苗箱の下に何枚も箱を重ねて，タネをまいたいちばん上の苗箱で適温になるよう調節する（第11図）。温度が下がってきたら重ねている下の箱の枚数を減らせばよい。30℃以下に下がってきたら，米ヌカを付加して切り返すとまた温度は上がってきて，再利用できる。最近は外部サーミスタのついたデジタル式の温度計が比較的安価で売られているので，これを温度管理に活用すると便利だ。

　堆肥を温床として利用する場合は，モミガラ堆肥のように通気性のよい材料だけ使用するのは不可。あっという間に温度が上がるが，すぐにカラカラに乾いて温度が下がる。発酵が激しすぎるのだ。だからワラのような通気性の悪い材料を必ず併用する。

3. 鉢上げは大手術，暖かい温床へ

　鉢上げは胚軸（タネから伸びる茎）が徒長する前に行なう。プラグトレイなら，根が巻かないうちに行なう（私がペーパーポットを好んで使う理由のひとつが，根巻きしないことである）。

　大事なのは，鉢上げした苗の管理で，これは必ず暖かい温床の上に置かなくてはならない。苗にとって鉢上げは大手術で，手術後はICUに入れて集中治療が必要である。根がすぐ動き出せる温度で管理することによってのみ，後遺症を残さず順調に生育を進めることができる。

　ちなみに，カボチャとトマトは低温でも根が動くので冷床育苗も可能だが，やはり温床のほうが生育はスムーズに進む。ほかの果菜類はすべて地温が必要で，とくにキュウリやスイカの鉢上げ後に温床は必須である。

4. モミガラと米ヌカのみの超簡易温床

　なお，ペーパーポットから10.5cmのポリポ

ットに鉢上げすると，置き場所の面積がいきなり増えて，温床の用意が大変である。ここで登場するのが，モミガラと米ヌカのみで積む超簡易温床である（第12図）。

湿ったモミガラと米ヌカを混ぜて山にし，発酵させる（第13図）。作業は4月なので，ハウスの中なら2日ほどで温度が上がってくる。温度上昇後1回切り返して，発酵が均一になってから，これを踏みながら厚さ20～25cmほどに広げる。この上にラブシート（丈夫な不織布）か透水性のいい防草シートでも広げて，鉢上げしたばかりの苗を並べた水稲用育苗箱を並べる。まわりを木枠などで囲んでおくと端まで苗を並べられる。米ヌカの量は堆肥を仕込むときよりかなり少なくてもよく，体積比でモミガラの1～2割といったところか。

この温床の発酵熱は，ほんの数日しかもたない。しかし，ほんの数日でも温度が保てれば，苗が「手術」から回復するのには十分であり，あとは無加温ハウス内の温度で，暖かい日には適当に換気してがっちり育ってもらう。冷え込みの厳しい夜には，もちろん保温シートをかけて寒さによる障害を防がなくてはならない。

ちなみに，この温床は米ヌカを足して切り返すことで数回は利用できるから，早く育った苗から順番に使っていけばいい。育苗シーズンが終わったら，切り返してモミガラ堆肥として使うこともでき，まったくムダがない。

5. 定植前は寒さに慣らす

定植適期が近づいて，苗も大きくなってきたら，苗同士の間隔を広げて徒長を防止する。定植数日前からは露地に置いて，外気温に慣らす。定植でも根が傷むわけだから，定植後のほうが必ず居心地がよいように，定植前の環境条件は厳しくしてやったほうが順調に育つ。ただし，キュウリとスイカだけは，夜温が10℃を下回る日はハウス内に避難させたほうが安心である。キュウリとスイカは苗のうちは寒さにめっぽう弱いからだ。

〈雑草対策〉

1. 植付け時のマルチや米ヌカで抑える

雑草は百姓の敵のなかでも，もっとも手ごわい相手かもしれない。何もしないでおくと，まず雑草に負けて収穫にならない。病害虫はそこまで致命的にならないが，雑草は強敵で有機農業に限らず雑草対策に割く労力は少なくない。

とはいえ，農作業の時間は限られるから，私は基本的に，草引き（除草）はしないことにしている。最初から草は引かなくてもいいような栽培を心がけている。何でも育苗するのもその意味合いが強い。最初に苗で植えてしまえば簡単には雑草に負けない。さらに，植付け時にマルチや米ヌカなどを使うことで，草引きをほとんどしないですませている。

2. 黒マルチの抑草効果はほぼ完璧

黒マルチはさまざまな効能があるが，いちばん大きいのが雑草抑制である。地温上昇効果は透明マルチに及ばないが，そのぶん光劣化がないし，雑草抑制効果はほぼ完璧である。

ちなみに緑色マルチは地温上昇効果が高く雑草も生やさないと聞いたが，使ってみるとしっかり雑草が生える。やはりマルチは黒と白黒ダブル（地温低下用）に限るようだ。

第14図　カボチャ畑。敷ワラをしてウネ間に防草シートを敷けば，あとは収穫まで放任

野菜

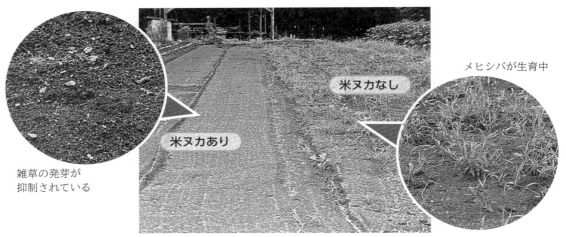

第15図　1か月ほど前に耕うんした畑。米ヌカを振ったウネと振らなかったウネでは，草の生え方がみごとに違う　　　（写真撮影：赤松富仁）

　マルチは便利だが，欠点もある。雑草の根が食い込んだりして，片付けが大変なことだ。だが，野菜が十分大きくなったらマルチのすそを剥がせばよい。両端だけ留めておけば十分。さらに進んで全面マルチにすれば草の心配はほとんどなくなる。この方法はたんに雑草の抑制だけでなく，サツマイモではコガネムシ被害の予防にもなる。

　なお，ワラマルチも定番だが，雑草を完全に抑制するのはむずかしい。むしろ雑草マルチのほうが肥料分も期待できて雑草抑制効果も高い。ただし，タネがついていない雑草を集めるのはひと仕事である。また，どちらの場合もイノシシが出る地域では真っ先に掘り返される。

3. 防草シートなら，作業も快適

　急速に普及してきたのが防草シートだ（第14図）。マルチも防草シートも雑草抑制に効果があるが，マルチは基本的に水を通さないので保湿，保温効果があるのに対し，防草シートは水を通すのでマルチのように地温は上がらない。いっぽう水を通すので，追肥が可能だ。雨後でも靴に泥がつかないので，快適に作業できる。また，草もほとんど生えないので，跡地が利用しやすいし，イノシシが掘り返さないのも助かる。

　私はナス，キュウリ，カボチャ，トマト，ピーマン，モロヘイヤ，クウシンサイ，ナガイモ，スイカ，オクラなど多数の野菜に防草シートを使うが，使うようになってから収量も上がったように思う。ワラマルチのように有機物補給にはならないが，雑草対策には非常に便利である。

4. 畑でも米ヌカ除草，追肥にもなる

　一度雑草だらけになった通路をたんに中耕しても，完全に草をなくすことはむずかしい。生育こそ停滞するが，また根がついてしまうのだ。

　ところが温暖な時期に米ヌカをまいてから中耕すると，もののみごとに草が枯れる（第15図）。雑草の新たな発芽もしばらく抑えられる。米ヌカが分解すればまた雑草が生えてくるが，その害をしばらく抑えることができ，もちろん追肥にもなる。

　緑肥を早く分解したいときも，すき込み後に米ヌカを振り，再びロータリをかける。これで分解が早まり，作付けが早くできるようになる。

　量はかなり振ったほうが効果はある。1a当た

第16図 キャベツのモンシロチョウ対策は安価で丈夫な防風ネットでバッチリ

り50kgが目安。100kg以上振れば効果てきめんである。

〈害虫対策〉

1. 同じ品目でも畑を分けてつくる

有機栽培で雑草害に次いで被害の大きいのが虫害だ。アブラナ科の野菜、とくにキャベツやブロッコリーでは、虫害対策をしないと確実に収穫不能となる。

私の場合、虫を殺したり追い払ったりするようなことはしない。そんなことをやっているヒマはないのだ。動噴も動散も持っていない。

虫害が出たらどう対処するかではなく、なるべく虫害が出ないように対策を講じておいて、それでも出たらあきらめるようにする。あるいは、あきらめても困らないようにしておく。

具体的には、まず危険分散として、同じ（ような）野菜をいくつかの畑に分けてつくる。すぐ隣の畑でも、少し離れているだけで、虫害の程度はまるっきり違ったりするから、同時に全滅という可能性は少なくなる。

害虫のつきにくい畑を選ぶというのも重要だ。まわりが田んぼで囲まれた減反田でジャガイモやキュウリをつくるとウリハムシやテントウムシダマシの被害にあいにくい。ハスモンヨトウも、カエルの多いところでは大発生しにくいようだ。逆に、周囲でジャガイモを栽培しているい畑でキュウリやズッキーニをつくると、ジャガイモが枯れたあと、テントウムシダマシがいっせいに移ってきて、売り物にならなくなる。

2. アブラナ科は虫よけネットが必須

もっとも虫害にあいやすいキャベツやブロッコリーは、虫よけネットが必須。モンシロチョウ対策だけなら安価な防風ネットでも十分だ（第16図）。

虫害にあいにくい時期に作付けするのも重要。7月から8月はどうやっても、アブラナ科の菜っ葉を植えるのはムリがある。ハクサイも11月に丸まっているような栽培ではダメ。最低気温が氷点下になるころ丸まるようにまかなくては、結球と同時にハスモンヨトウやヤサイゾウムシが結球内部まで侵入して売り物にならない。

あくまで最後の手段としてだが、手でつぶすというのもある。アスパラガスにつくジュウシホシクビナガハムシやキャベツのハスモンヨトウなんかは手でつぶすしかない。もちろん一度ではつぶしきれないので、1週間ぐらい毎日見まわってつぶさなくてはならない。苗のうちについたアブラムシも問題だが、手では完全につぶせないので、牛乳やせっけん水をスプレーすることにより殺してから定植する。

3. アブラナ科はダイコン属と「カブ族」「キャベツ族」に分けて考える

なお、ひとことでアブラナ科といっても、栽培されているおもな野菜は、「ダイコン属」と「アブラナ属」に分けられる。ダイコン属は一般のダイコンやラディッシュなどで、ほかのアブラナ科野菜のほとんどはアブラナ属である。

以上は植物学的な分類なのだが、害虫の好みで分けると少々違ったものになる。私流に分けると、アブラナ属は「カブ族」と「キャベツ族」に分けられる（「族」は植物の分類学上は使わない。私流の分類だ。第17図）。

「カブ族」とは、カブのほか、ハクサイやコマツナ、ミズナなどほとんどの菜っ葉類で、葉

野菜

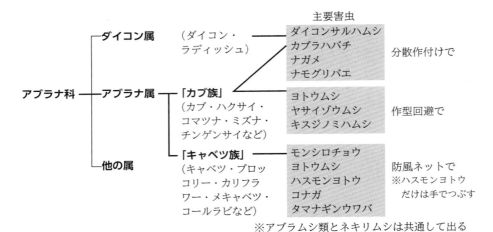

第17図　アブラナ科野菜の害虫

は緑色で、比較的葉が薄い。こうした菜っ葉類はもともとカブから選抜されてきたものであるから性質も似ている。

もうひとつの「キャベツ族」はキャベツ、ブロッコリー、カリフラワー、メキャベツなど、葉が厚く葉の色が青っぽい。これらはケールから改良されてきたものといわれている。

ダイコン属は虫害からいえば「カブ族」に近く、「キャベツ族」とはかなり異なる傾向の虫がつく。

4. 主要害虫の攻撃パターンが違う

害虫の攻撃パターンを見てみよう。まず、もっとも目立つのがモンシロチョウなどの「空爆型」である。空を飛んできて葉にとまって卵を産みつけ、幼虫が葉を食い荒らす。ナガメなんかも空爆型といっていい。

これに対して、空を飛べるがおもに陸上から侵入するのが、甲虫のキスジノミハムシ、ダイコンサルハムシ、ヤサイゾウムシなどの「陸上部隊」である（キスジノミハムシの幼虫は地下からの侵入だが）。カブラハバチも地面近くから飛んで侵入するから、陸上部隊に近い攻撃パターンといえるかもしれない。また、大量の幼虫が植物体や地上を移動するハスモンヨトウも被害から見れば完全な陸上部隊型だ。

対策は、これらの攻撃パターンを踏まえたうえで立てるのだが、基本は物理的防御と作型回避が中心となる。物理的防御とは単純に防虫ネットで虫から隔離するということで、作型回避は虫害の出にくい作型で栽培することだ。

たとえば、キャベツは防風ネット、ハクサイは遅まき、ダイコンは分散作付けが有効だ。詳しくは各野菜の項で見てほしい。

5. 黒マルチでウリハムシ被害が減る

マルチの効用は地温上昇と雑草対策だけではない。使い方次第では害虫対策にも利用できる。すべての害虫に応用できるというわけではないが、無農薬栽培の強力なパートナーである。

黒マルチを張るとキュウリやカボチャのウリハムシの被害が確実に少なくなる。黒マルチと無マルチで並べて植えてみると一目瞭然。甚だしい場合にはマルチ区が虫害ゼロなのに、横の無マルチ区はウリハムシの虫害で枯死したりする。テントウムシダマシやヤサイゾウムシでも効果があるようだ。虫がマルチを水面と勘違いして近づかないのではないか。

というのも、秋にマルチを張ったところ、赤トンボ（アキアカネ）がマルチにせっせと卵を産んでいたのを見たからである。昆虫にとっ

農家の技術と経営事例

第18図
マルチの「鏡面仕上げ」で害虫を近寄らせない

マルチを張る前にまず鎮圧。ウネをつくったら、トンボで叩いていく。マルチは、日差しが強く日光の熱でフィルムが伸びているときに土でとめていく

マルチを押さえるときは、マルチの端に2回土をのせたら足を移動させながら鍬の刃に体重をグッとかける（左）。一般的なやり方だとシワだらけ（右）

顔が映り込むほど、ピンと張ったマルチ。これでカボチャのウリハムシ、テントウムシダマシなどの被害が圧倒的に減る

野菜

第19図
全面マルチで草引きも中耕も不要で，雑草退治

ジャガイモの場合。あらかじめ，ウネ幅よりも広いマルチをかけておき，ジャガイモの葉が茂ったころ，マルチどめに置いた土の上に雑草が生えてきたら……

マルチのすそに手を突っ込んで剥がしていく

両隣のマルチのすそを重ね，ピンで固定すれば，全面マルチの出来上がり。草はこれで完全に抑えられ，草の根でマルチに穴をあけられることもない

全面マルチはサツマイモでも効果を発揮。雑草を抑えるほかにも，やっかいなコガネムシが卵を産みつけることができず，被害をほぼ抑えられるので，きれいなイモに

てはマルチが水面に見えるようだ。確かに自然
界で鏡のように姿を映すものは水面しか存在し
ない。鏡のようにきれいにマルチを張ると水面
のように見えて、害虫が近寄らない可能性はあ
る。偏光を認識できる昆虫もいるというから、
偏光であるマルチからの反射光を避けているの
かもしれない。

とくにウリハムシのように幼虫が根を食害す
る昆虫では、水中では生活できないため、水面
に近づかないよう遺伝的にプログラムされてい
るのだろうか。

この効果は、マルチをただ張るのでは得られ
ない。虫が水面と勘違いするように張らなくて
はならないのだ（第18図）。マルチをピンと張
るためのコツは二つ。ウネ立て後に鎮圧するこ
とと、晴れた日、暖かい日中に張ること。

私が住む地域は、春先でも朝の気温が10℃を
下回る。そんなときに張ったマルチは、日中温
まるとすぐにダランと伸びてしまう。そこで、
マルチを張るのは晴れた日の昼ごろと決めてい
る。さらに、作業中、畑に雲がかかったらマル
チの片側だけを押さえ、晴れてきたらもう一方
を押さえていくというくらい念を入れている。

こうしてキレイに張ったマルチでつくったカ
ボチャは、ウリハムシの被害が探しても見つか
らないくらいである。風でバタつかないので剥
がれにくく、地温も上がりやすい。

6. コガネムシ対策に全面マルチ

サツマイモに大被害を及ぼすものとしてコガ
ネムシがある。コガネムシの幼虫は食用とする
イモの部分を食い荒らすから始末が悪い。ふつ
うのマルチ栽培ではなんの効果もないが、これ
が全面マルチだと侵入経路が遮断されるからほ
とんど被害が出ない（第19図）。

ポイントは全面マルチの方法である。苗を植
えたばかりの最初から全面マルチだと、強風で
確実に飛ばされる。だから、ウネ幅よりも広い
マルチをあらかじめ裾をたたんだ状態でかけ、
野菜が大きくなってウネを覆うようになったこ
ろに裾を広げて重ね合わせ、土を見せない全面
マルチとする。

この方法は雑草対策も完全で、生えた草を隠
すことさえできれば、草引きも中耕も不要で雑
草を完全になくすことができる。サツマイモの
場合は、そのあとつるで完全に覆われるからマ
ルチで地温が上がりすぎる心配もない。

7. タネバエの産卵も抑制

有機栽培においてなかなか手ごわいのがタネ
バエだ。春や秋の暖かい日に未熟の有機物を施
用して耕うんすると、小さなハエがウンカのよ
うに土にたかる。これがタネバエである。土に
卵を産みつけ、孵化したウジ虫が苗の中に食い
入って食害する迷惑な害虫だ。秋に植える菜っ
葉やタマネギなどに甚大な被害を出すことがあ
る。

この被害もマルチでかなり軽減できる。方法
は単純。有機物を施して耕うん後なるだけ早く
ウネを立てて、マルチを張るだけ。穴あきマル
チでも、穴に卵を産みつけたがらないのか、意
外と被害は小さい。

タマネギは定植時の主要なコヤシに米ヌカを
入れているが（辛味のない芸術的な味のタマネ
ギになる）、被害をほとんど出さずにすんでい
る（無マルチではほぼ全滅する）。

タマネギはマルチをかけたら早めに、でき
れば1週間以内に定植したほうがいい。タネバ
エが原因かどうかは不明だが、しばらくおいて
から植えるとなぜか枯死するものが多くなる
（「農家のタマネギ栽培」の項参照）。

〈有機肥料の使い方〉

1. 速効性の魚粉と遅効性の米ヌカ

病虫害に負けない体質にするためには、何よ
り安定した肥効が重要である。逆にいえば、コ
ヤシがドカ効きしたときや肥切れしたときに、
野菜は病虫害にあいやすいということである。
ついでにいうと、耐寒性や耐暑性も肥効が安定
しているときに強くなる。

私が現在中心に使っているのは格安で手に入
る米ヌカと魚粉であり、味をよくする二大肥料
でもある。ところが、この二つの肥料はまった

野菜

く性質が異なる。この二つの肥料の性質と使い方の基本を詳しく解説しよう。

2. 長期戦の野菜に米ヌカ

米ヌカはじぷしい農園の筆頭主力肥料である。コイン精米などで無料か安価で手に入る。主成分はデンプンで、チッソ、リン酸、カリの成分比はおおよそ2—4—2%のリン酸成分の多い山型肥料である。分解しやすく、かびやすいデンプンが主成分ゆえ、使うのにはコツがいる。

化成肥料のつもりで生のまますき込んでタネまきや定植をすると、たいてい大失敗する。冬に向かうタマネギやニンニクのような例を除いて、まいてすぐには作付けできない。堆肥にするか、高温期にまいて分解させるかしなくては安心して使えないのだ。ところが、これをあえて発酵もさせず生で使うと、いいこともたくさんある。

味をよくする効果は抜群。あらゆる有機肥料の中でもっとも遅効性なので、肥効が安定しているせいではないだろうか。畑にすき込むと分解の早い夏でも1か月以上たたないと肥料として効かない。秋にすき込めば春、初春にすき込めば初夏に効く。湛水状態で有機物の分解の遅い水田では、秋にすき込んだ米ヌカが効きだすのは初夏からである。

それぐらい遅い効き方なので、短期決戦の野菜には使えない。使うのはもっぱら持久戦が必要な夏野菜や生育期間の長いサトイモやナガイモなどの根菜類である。また、夏にすき込んでおけば、秋から春にかけても少しずつ効いてくれるので、ハクサイ、キャベツなどの結球野菜やブロッコリーなどの花野菜にも効果的である。

また米ヌカはネギ類との相性が非常にいい。総じて辛味が減って甘味が強くなるようで、味に劇的な変化が起きる。だから十分な量が手に入らないときはネギ類の野菜に重点的に使おう。

3. 米ヌカのカビやタネバエ対策

米ヌカはデンプンが主成分なので、畑に施すと、こうじカビが大発生してデンプンを糖化し、それをえさに多くの菌が繁殖する。涼しい時期ならタネバエも卵を産みに来る。根まわりがそういう状態になるとさまざまな障害を起こしやすいので、よほど寒い時期以外は根に生の米ヌカが触れるように使ってはいけない。

果菜類なら通路にまいてすき込み、ネギやサトイモなら通路にすき込んで分解してから土寄せする。夏まき根菜類（ダイコン、ニンジン）なら播種1か月ほど前にすき込んで、1週間おきぐらいに何度かロータリをかけて、分解を促してからタネをまく。

4. 短期逃げ切り型には魚粉

市販の魚粉はもっとも高価な有機肥料のひとつである。ただ、食品工場の廃棄物として手に入る場合には経済的負担はごくごく小さい。私もそうした削り節の粉を利用している。

魚粉はすぐにアミノ酸に分解する状態の肥料ゆえ、植物がアミノ酸合成のために消費するエネルギーを節約できる。なかでも削り節の粉はアミノ酸成分が多い。つまり糖の消費を抑えるので、健康で糖度の高い野菜を収穫するのに有利ということだ。

魚粉は米ヌカとは逆に超速効性で、化学肥料に劣らない速効き肥料である。炭水化物がないぶん、カビなどの発生も少ないから、根に触れるように植えてもほとんど障害は出ない。大量にやればアンモニアの発生で障害を起こすかもしれないが、ふつうに買うと高価な肥料なので、それほどは施せない。

短期決戦のジャガイモや菜っ葉などには魚粉ほどありがたい肥料はほかにない。また、未熟型果菜類や結球野菜の追肥にもすぐに効いてくれるので便利である。

ただ、欠点はそのニオイで、犬猫を呼びこんで畑を荒らされる。マルチを張ればマルチがずたずたに破かれる。この場合はニオイが消えるまで防風ネットなどでマルチを覆うか、周囲に電気柵を張るしかない。春や秋はタネバエも呼ぶので、マルチ栽培が基本である。通路にまいて追肥用にも好適。

第20図　積んだモミガラの飛散防止に，防風ネットをかぶせておく
第21図　モミガラに米ヌカを混ぜる。モミガラ1m^{3}に米ヌカは最低50kg
第22図　米ヌカと混ぜたモミガラをどんどん積み込む。途中で生ゴミ（ジャガイモのクズイモなど）も材料として加えると，水分補給と発酵微生物の養分になる
第23図　ブルーシートをかけ，まわりに重石を置けば，仕込み完了

5．米ヌカの「予肥」は一石三鳥

米ヌカはカビやタネバエが怖くて施用直後に作付けできないが，これをあえて生で使い，夏に元肥よりも早い時期に施すと，よいことだらけである。私はこれを「予肥」と呼んでいる。

夏は米ヌカが速く分解するため，タネバエの発生がなく，カビもすぐに消える。米ヌカを振ってロータリをかけておくとしばらく草も生えず，耕起前にあった草の分解も進む。さらに分解後には肥料として長く効いてくれる。まさに一石二鳥どころか三鳥というわけである（詳しくは共通技術編「米ヌカ」の項参照）。

6．問題はコヤシの量

コヤシは種類も重要だが，何より量が大事だ。コヤシの効きすぎは，植物体内の硝酸態チッソ濃度を上げ，病虫害を誘発するだけでなく，人体にも有害だ。だからといって，コヤシが少なすぎては，からきし収量があがらないし，菜っ葉では硬くて味も落ちる。このためちょうどいい効かせ方が重要なのだが，これが相当むずかしい。

野菜別のつくり方のところに施用量の目安を書いたが，これに関しては自分の経験で技術を磨いてくれとしかいいようがない。

〈万能資材モミガラ〉

1．軽くて扱いがラク

私にとってモミガラは基本資材のひとつで，欠くことのできないものである。その使い方も

野菜

多岐にわたる。堆肥材料，保温材料，土壌改良材，防草用敷料，乾燥防止材料，くん炭材料，温床材料などとして使われる。

まずはモミガラ堆肥のつくり方を紹介しよう。

堆肥というと，牛糞など厩肥（家畜糞尿）を発酵させてつくったものと思われがちだが，植物の繊維が十分含まれている材料なら何でも堆肥にできると思っていい。たとえば雑草はすばらしく肥料分に富んだ堆肥材料だし，木の皮（バーク）やオガクズも分解は遅いが，時間をかければいい堆肥になる。ワラはもっとも一般的な材料だが，水を吸うと通気性が悪くなり，切返しも重たいのが難点だ。その点モミガラは，発酵前はもちろん，発酵したあとも軽く，スコップで軽く切返しができるので扱いがラクだ。

しかも材料は稲作地帯なら，ライスセンターから，おそらくタダで大量にもらえる。場合によってはダンプを使わせてくれるかもしれない。自分で運んでも袋に詰めて軽トラで運べば，手間はかかるが一度に200～300kgはラクに運べる。冬のヒマなときに運んでおくと堆肥の材料としてこと欠かないし，春には温床の材料としても重宝する。

堆肥に積むモミガラは新しい乾いたモミガラよりも，1年以上積みしておいた湿ったモミガラのほうがよい。ただ，冬から春にかけての季節風で飛ばされるから，防風ネットを編んで幅広くしたネットを上にかけておくことがおすすめだ（第20図）。

2. 大量の米ヌカを混ぜる

モミガラ堆肥をつくるといっても，最低限必要なのはモミガラと米ヌカと水だけで，それに家庭から出た生ゴミや売れ残ったクズ野菜など水分の多いものを加えるのもよい。

材料の比率が重要である。米ヌカは相当な量必要で，モミガラ $1m^3$ に最低でも50kgは必要だ。量って仕込んでいるわけでもないので，正確にはいえないが，チッソ飢餓を起こさないためには，100kg近く必要かもしれない。

つくり方はモミガラの上に米ヌカをのせて切り返し，適当に混ぜた混合物を積んでいくだけ

（第21，22図）。最後に水をかけても水は中までしみ込まないから，少し積んでは水をかけ，さらに積むということをくり返す。

生ゴミや野菜クズのような水分の多い材料は適当に混ぜ込むと，水分の調整や微量成分の追加として有効だ。

3. 週に一度は切り返す

積み終えたらさらに水をかけ，乾燥防止のためブルーシートで覆う（第23図）。

気温にもよるが，夏は1日，冬でも1週間ほどで発酵が始まる。最高70℃近くまで上がるから，通常数日で中がカラカラに乾くまでになる。あまり乾燥すると硬くなって切返しに苦労するから，できれば完全に乾燥する前に切り返す。

切返しも水をかけながら行なう。硬く乾燥したときはスコップでは歯が立たないので，フォークで崩しながら切り返すとよい。3日に一度くらい切り返せれば理想的だが，実際にはむずかしいので，1週間に一度以上やればOKだ。発酵の初期はいくら水をかけても乾燥するが，後半は温度が下がって水分が飛びにくいので，水かけはひかえたほうが，できあがりが軽くて扱いやすい。できれば後半だけでも，雨を防ぐために屋根のあるところで切返しができる条件がほしい。

温度が下がって，米ヌカの発酵臭もほとんどしなくなってきたらできあがりである。軽いのでガラ袋に入れてラクラク運んだりまいたりできる。厩肥を材料とした堆肥のように反当たり何tもやれば堆肥だけで栽培できるが，とても体がもたないので，最近私は根まわりだけに施用することにしている。また，苗用の培土にも必須の材料である。

4. イモ類の貯蔵や芽出しにも

モミガラは断熱材としても優秀な素材性を発揮するが，ふつうの保温材と違うのは，それ自体で発酵して熱を発生することだろう。この性質を用いてイモ類の貯蔵や芽出しなどに利用できる。詳しい使い方は各作目の項を読んでほしい。

5. 土壌改良剤として

モミガラは土壌改良剤としても優秀な資材だ。ケイ酸分を多く含む有機物なので、硬くて分解は遅いが、土中で腐るのが遅いぶん、チッソ飢餓を起こしにくい。生で入れても、やや肥料分を多めにやれば、どの野菜も何の問題もなく生育する。ただ、土中の毛細管は遮断されるので、乾燥にだけは注意が必要だ。

6. モミガラマルチで雑草対策に

モミガラは雑草対策に使うこともできる。ただし、風の強い時期は飛ばされるので、おもに初夏から秋にかけてしか使えない。完全に草を生やさないようにするにはかなり厚く敷く必要がある。ワラと違って片付けの際、すき込みやすいのがありがたく、有機物補給にもなる。ただし、入れすぎは乾燥やチッソ飢餓を起こす心配があるので注意が必要だ。

7. 播種や定植後の乾燥防止に

ニンジンなど発芽まで乾燥を嫌う野菜には、播種後表面にモミガラを薄く敷くと乾燥防止に役に立つ。また、サツマイモの定植後、マルチの上に敷いておくと、活着までの乾燥害を抑えることができる。

8. くん炭材料に

モミガラくん炭は育苗用土に使ったり、ショウガやサトイモの芽出しの際、充填材として使うなど利用範囲が広いので、ぜひ焼いてストックしておきたい。

9. 温床材料として

モミガラは堆肥材料として使われるぐらいだから、発酵資材として優れているが、温床材料として使う場合、通気性がよすぎて短時間で熱を出し切るから、通気性の悪いワラなどと併用して使う。ただし、移植時など短期間（2〜3日）の保温でたくさんの場合（簡易温床）、モミガラと米ヌカだけでも十分だ。

　執筆　東山広幸（福島県いわき市）

2024年記

◎以下、東山さんの野菜の記事は「有機野菜ビックリ教室」（農文協刊）より抜粋、一部加筆。

野　菜

品目別技術
果菜類

野菜

ナスの有機栽培
——基本技術とポイント

(1) 有機栽培を成功させるポイント

①計画的な作付けで連作障害を避ける

連作すると半身萎凋病などの病害が増えるので，少なくとも3年はナス科作物を作付けないように，計画的な作付け計画を立てる。

とくに，慣行栽培からの転換当初や休耕跡地などでは，連作を回避できる作物の組合わせを考える必要がある。

②土つくりが進んだ肥沃で排水のよい圃場

収穫期間が長いため，樹勢を維持しながら収穫を続ける必要がある。地力が高く，作土層の厚い団粒構造の発達した，保水性・通気性に富む圃場を選択する。また，灌水が容易な圃場を選定する。

さらに，青枯病を防ぐため，地下水位は30cm以下で，降雨時にも滞水しない排水のよい圃場を選ぶ。

③健苗の定植で初期生育を順調に

生育初期から，勢いのよい樹づくりを心がける。肥切れや老化していない健苗を用い，ポリマルチなどで地温を確保する。また，若苗定植で生育を停滞させないようにする。

元肥は十分に施用し，定植1か月前までに土に混和し，分解を進めておく。

④防風対策と天敵増殖に障壁作物を植える

風に弱いので，風当たりの弱い圃場を選ぶとともに，防風対策を行なう。

有機栽培では，防風ネットに加えて，障壁作物としてソルゴーやデントコーンなどを圃場の周囲に作付ける例が多い。土着天敵が集まるので，アザミウマ類やアブラムシ類の被害が軽減でき，害虫の飛来を防ぐ効果もある。

⑤病害虫防除対策の徹底

半枯病や半身萎凋病，青枯病対策は，連作を回避し，抵抗性台木を用いた接ぎ木苗を利用する。また，土つくりを十分に行なって土壌微生物の多様化をはかる。

うどんこ病は通風を良好にし，樹勢の維持をはかり，被害が予想される場合は有機JAS許容農薬である生物農薬を使用する。モザイク病は，感染源になる罹病株や圃場周囲の雑草を早めに除去する。

アブラムシ類，ハダニ類，アザミウマ類は，天敵の密度が高まれば被害は低下するが，被害が大きい場合は有機JAS許容農薬の使用を検討する。テントウムシダマシ類はよく観察して，収穫作業などの合間に捕殺を心がける。

⑥樹勢低下のサインを見落さない

ナスは樹勢が低下すると，開花位置から先の本葉数が少なくなり，短花柱花が増えてくる。肉眼で容易に観察できるので，樹勢低下の兆候があったら早期に対策する。

樹勢回復は，摘果や早どりで着果負担を減らし，整枝をひかえて葉数を増やすことに加え，灌水と追肥が有効である。肥効発現の早い追肥資材を準備しておき，樹勢低下の前に早めの追肥をする。

(2) 作型・作付け体系と品種

①主要な作型の特徴と留意点

普通栽培　盛夏期を除き栽培期間の大半が生育適温なので，有機栽培でも比較的栽培が容易である。夏が冷涼な地域では，盛夏期にも良品が生産できる重要な作型である。

夏越しして，秋に良品生産をすることが高収益につながるので，夏の草勢低下をできるだけ防ぐため，草勢の強い台木品種を選び，敷ワラなどのマルチで地温低下をはかり，適切な灌水などきめ細かい管理を行なう。

早熟栽培　普通栽培より早く収穫が始まるので，収穫期間を長くできる。温暖地では，盛夏を迎える前に切戻し剪定を行なって，秋の収穫に備える。

厳寒期から育苗が始まり，低温期のため育苗期間が長くなるので，苗の老化に注意し，定植が遅れないようにする。

抑制栽培　秋の価格が上向いてくる時期に，若木での良品生産をねらう作型であるが，収穫

品目別技術　ナス

期間が短いので産地は温暖な地域に限られる。資材費が少なく，整枝などの管理労力もあまり必要としないが，秋の多雨や台風で栽培が不安定になりやすい。

②有機栽培での作付け例

輪作の実施　ナスの連作障害は，半枯病や半身萎凋病，青枯病に起因することが多い。ナス科の連作にならないよう注意する。連作障害回避には，3〜4年の輪作期間を必要とする。

輪作体系は，キュウリ，カボチャなどの果菜類やエダマメ，スイートコーンとの組合わせ，夏を水稲，冬作をタマネギとする田畑輪換による輪作例もある。ナスの後作に，ホウレンソウなどの葉菜類を用いる例もある。

間・混作とコンパニオンプランツ　ナスは栽培期間が長くウネも大きいため，ウネ間，ウネ肩，株間を利用した間・混作がしやすい。コンパニオンプランツ（共栄作物）ともいわれ，いろいろな例がある（第1表）。たとえば，ナスは乾燥に弱いため，ラッカセイやダイズ（エダマメ利用）などでウネを覆うと乾燥防止になる。

また，通路に緑肥や芝草などを入れたり，ムギ類をまいたりすると，雑草を制御できる（第1図）。さらに，害虫の天敵が増殖し，害虫防除にも利用できる。

③品種の選択

ナスは古くから栽培されており，地方ごとに特有の在来種が存在している。一般の流通市場ではほとんどが長卵形品種で，有機栽培でも長卵形品種の利用が多い（第2表）。しかし，有機栽培では，直売所など弾力的な流通ができる特性を生かして，特徴のある品種や在来種を栽培することも重要である。

生育的には，太陽光の利用率が高い開張型草姿の品種が好ましいが，収量性から密植栽培に適する立性〜中間型の品種が選ばれることが多い。

近年は果梗部にとげのない品種も販売されており，作業の省力化や品質保持に役立っている（第3表）。

(3) 健苗の育成

①育苗培土

自家製培土　培土は，山土や水田表土など無病の原土3に対して堆肥1を混合し，切返しを数回行ないながら約半年間堆積したものをベースに，適量の養分を添加してつくる。第4表に自家製培土の例を紹介した。

有機栽培農家は多品目の育苗が多いので，その場合は原土に対する堆肥の割合を1：1〜1：1.5程度に高めて，ほかの果菜類との共通利用が多い。

市販培土　近年，有機栽培向けの培土が販売されているので，製造方法や使用方法などを確認したうえで，最初は試験的に少量を使用するのがよい。

とくに，腐植質（ピートモスなど）の割合が

第1表　ナス栽培で用いられるコンパニオンプランツとその効果

導入作物	導入場所	期待される効果	留意点その他
長ネギ	株元	半枯病（フザリウム）抑制	定植時に苗を一緒に植える
パセリ	株元	乾燥防止	
ラッカセイ	ウネ肩	サツマイモネコブセンチュウまたはジャワネコブセンチュウの抑制，乾燥防止	アレナリアネコブセンチュウ，キタネコブセンチュウは寄生する
バーベナ	ウネ肩	アザミウマ類の抑制	ヒメハナカメムシの誘引による
バジル	ウネ肩	テントウムシダマシの抑制（事例）	忌避。アブラムシ類も嫌う
ダイズ	ウネ下	乾燥防止	
オクラ	圃場周辺	天敵増加	
マリーゴールド	圃場周辺	天敵増加	

注　複数の資料から作成（自然農法国際研究開発センター）

野　菜

多い培土では，早期に根鉢を形成することがあるので，仮植回数を増やして，徐々に大きい鉢に上げていくとよい。

　②播　種

　発芽環境　ナスの発芽適温は野菜では高いほうで25～35℃，最低限界温度は15℃，最高限界温度は40℃である。しかし，常時30℃という高温条件より昼間30℃，夜間20℃という変温条件のほうが発芽揃いがよい。

　嫌光性種子であり，発芽は暗所のほうがよい。種子は，保存期間が長いほど発芽率が低下し，初期収量も低下するので，毎年更新することが望ましい。

　播種方法　市販種子は発芽促進処理がしてあるので，そのまままいても揃いはよいが，自家採種した種子は吸水させたほうが発芽率が高く

第1図　通路の草生管理
（写真提供：自然農法国際研究開発センター）

第2表　有機栽培農家が栽培している品種の例　　　（野菜品種名鑑2013）

品種名	メーカー	早晩性	草姿	果形	果の大きさ	その他
くろべえ	渡辺採種場	早	立性	中長	大中	
黒　秀	トーホク	早	中間	長卵	中	
黒　陽	タキイ種苗	早	中間	長	大	
千両二号	タキイ種苗	早	中間	長卵	中	
筑　陽	タキイ種苗	早	中間	長	大	
あのみのり	農研機構野菜茶業研究所	早	立性	長卵	中	単為結果性あり

第3表　とげなしタイプの品種　　　（野菜品種名鑑2013）

品種名	メーカー	早晩性	草姿	果形	果の大きさ	その他
とげなし輝楽	愛知県農業試験場	中	立性	長卵	中	とげなし単為結果性有
とげなし千両二号	タキイ種苗	早	中間	長卵	中	とげなし
夢日記	八江農芸	早	中間	中長	大	とげなし

第4表　自家製培土の例（岐阜県高山市 H氏）

仕込み期間	5～6か月
材料と混合割合	水田土2t，発酵牛糞堆肥1.3t，米ヌカ（ボカシ）30kg，モミガラくん炭15kg，カキガラ15kg，油粕10kg，魚粕20kg
製造法	材料を混合して水を加え，トラクタのロータリでていねいに攪拌する。堆積は屋外で行ない，トラクタのバケットで広げた土を寄せながら，2m程度の高さに積み上げる。空気が入らないようにビニールをかけ，さらにブルーシートで覆う。しばらくして発熱が始まるが，とくに切返しは行なわない（以前は行なっていたが，行なわなくても問題がなかったので行なわなくなった）。使用に際しては使う分を切り崩し，管理機のロータリで粉砕して使用している

品目別技術　ナス

なる。

1）播種箱に播種する場合：培土を詰めた播種箱（トロ箱など）に十分灌水後，低温期であれば透明ビニールなどをかけて地温を高めておく。

播種箱に3〜5cm間隔で，1cm程度の深さの溝をつけ，2cm程度の間隔で播種する。播種後は覆土をして軽く鎮圧し，土と種子を密着させる。

その後灌水して，上から濡らした新聞紙をかけ乾燥しないようにして温床に入れる。

2）セルトレイに播種する場合：78〜128穴セルトレイに湿らせた土を詰め，温めておき，セルの穴1つに1粒ずつ播種する。1cm程度の深さにまき，覆土をして温床に移し，灌水後濡れた新聞紙をかけて，乾燥を防ぐ。

3）温床の温度管理：温床は，日中30℃，夜間20℃の変温管理を行なう。播種後1週間程度で発芽が始まり，発芽が揃ったら日中の温度を徐々に下げる。

③育苗管理

鉢上げ　本葉が出はじめたら鉢上げする。自根の場合，鉢替えするときは9cmポット，鉢替えしないときは10.5〜12cmポットを用いる。接ぎ木をする場合は，6〜7.5cm程度の小さいポットを用いる。

鉢上げ後は根の活力が落ちるので，温床は暖かめに管理し，直射光が当たらないように軽く遮光をする。また，蒸散を抑えるため湿度を高めに管理する。

根が土壌から水分を吸収するようになると，葉先に溢泌液が出るので，確認したら温度を下げて直射光を当て，水分過剰に注意して灌水する。

鉢上げ後の苗管理　ナスの根の伸張適温は28℃である。昼夜温，とくに夜温が高いほうが充実した苗ができる。ナスは，温度と徒長はあまり関係がないので，28℃を目標に温度管理するのが望ましい。

ナスは水分が多いほうが生長がよく，育苗中も水分は多いほうが苗の充実がよい。

ナスの光要求度は果菜類のなかではやや低いので，4〜10月は問題ないが，それ以外の時期は十分な光線量がないので，わずかな遮光でも生育に影響する。育苗期間中の保温用のトンネルは結露で遮光されるので，低温でなければ昼間は外しておくほうがよい。また，株間が狭いと徒長するので注意する。

定植の目安と馴化　定植苗の目安は本葉5〜6枚以上で，育苗期間は，低温期の育苗で80〜110日，高温期では60〜80日程度である。定植期が低温な半促成栽培，早熟栽培，普通栽培では，大苗のほうが収穫が早くなるが，老化苗にならないよう注意をする。

低温期の育苗は，外気温との差が大きいので馴化を行なう。定植の1週間程度前から徐々に換気量を増やして外気に馴らし，灌水量も不足しない程度に徐々に減らし，定植後の環境に馴れさせる。

④接ぎ木

接ぎ木の概要　ナスの接ぎ木は，土壌病害の半枯病や半身萎凋病，青枯病などの対策を目的として行なわれる。接ぎ木による増収効果はあるが，秀品率は品種によって異なり，自根のほうがよい場合もある。

有機栽培事例では，接ぎ木苗と自根苗は半々で，接ぎ木苗例の多くは購入苗を使用している。

台木の選定　台木の選定には，目的の病害虫への抵抗性とともに，草勢や収量性も考慮する。第5表などを参考に選定するとよい。

接ぎ木の手順　ナスでは挿し接ぎが一般的である。

台木は穂木より数日早く播種する（台木の早まき日数は品種によって異なる）。発芽が揃ったら6〜7.5cm径ポットに鉢上げし，穂木も同様に発芽揃い後に6〜7.5cm径ポットに鉢上げを行なう。

穂木の葉齢1.5〜2葉，台木の葉齢2.5〜3葉のころ，第2図のように接ぎ木する。

接ぎ木後の管理　接ぎ木後1〜2日は，光を当てずに被覆トンネルを密閉し，温度28℃，湿度90％に保って管理する。3〜5日目までは薄明かりを入れ，温度25〜28℃，湿度85〜90％で管理する。その後は光線量を徐々に増や

野菜

第5表　台木品種の特徴　　　　　　　　　　（各品種特性表などより作表）

品種名	抵抗性					耐湿性	草勢	収量性	
	青枯病	半身萎凋病	半枯病	褐色腐敗病	ネコブセンチュウ			初期	全般
アカナス（ヒラナス）	×	×	○	○	×	×	中	多	中
トルバム・ビガー	△	○（×）	○	○	○	○	極強	少	多
耐病VF	×	○	○	○	×	○	強	多	多
アシスト	○	×	○	○	×	△	やや強	多	やや多

注　凡例：○強い，△中間，×弱い，（×）レースによっては発病

し，トンネル被覆は少しずつ開けて，温度，湿度を徐々に下げる。

穂木の本葉から溢泌液が出るようになれば活着した証拠なので，その後は通常の育苗管理にする。台木から腋芽が発生するので，すみやかに摘除し，穂木に養分が回るようにする。

(4) 圃場の選択

ナスは乾燥に弱く，栽培期間を通して水分要求度が高いので，有効土層が厚く土壌の保水性，通気性がよく，また灌水が容易な圃場が望ましい。多少多肥でも樹ぼけすることはないが，少肥では着果数が少ないので，地力の高い肥沃な圃場を選ぶ。ナスの産地は沖積土壌が多いが，土性はとくに選ばない。

地下水位は30cm以下であれば問題ないが，常時高い圃場では青枯病の発生が多くなるので，転換畑でも50cm以内にグライ層がない圃場がよい。

強風が当たりやすい圃場を避け，風上に防風林や住居がある場所を選ぶ。

(5) 栽培条件の整備

①ウネ立て

ウネは南北方向のほうが，日照条件から合理的である。ウネ（ベッド）は幅80～90cmで，ウネ間は200cm程度の1条植えが標準である。

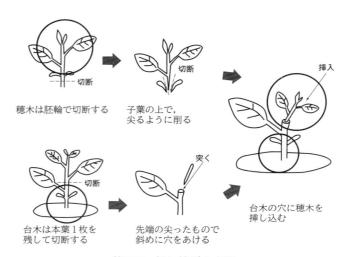

第2図　挿し接ぎの方法

通路は，収穫作業時に台車が通れる程度に広くしておく。

梅雨明け後の乾燥期にウネ間灌漑する圃場では，30cm程度の高ウネとする。また，定植期が低温時の場合は，かまぼこ状にしてウネ全体が温まるようにする。

②ポリマルチ

ウネ立て後は黒ポリマルチで被覆しておく。地温の確保と同時に，雑草対策としても有効である。全生育期間かけたままにする例が多いが，有機栽培農家のなかには，当初はポリマルチをして初期生育を促し，6月終わりに黒マルチを外しモミガラ被覆にして，樹勢を維持している例もある。

夏の高温期に入る前に，緑肥や稲ワラマルチに切り替えると，地温低下とヒメハナカメム

シ，徘徊性のゴミムシやクモなどの天敵温存に有効である。

③支柱立て

ウネ立て後は，早めに支柱を立てておく。支柱にはパイプハウス用の直管パイプ（φ19〜22mm）を用いる場合と，キュウリ用のアーチパイプを用いる場合がある。いずれも，ウネの中央部にナスが植わることを想定して，その両脇に一直線になるように，2m間隔に挿し，ウネ方向に直管パイプを入れて固定する。

多品目型の有機栽培で，大きな支柱を立てられない場合は，直管パイプやイボ竹を使って垂直型の支柱をつくるとよい。

④防風障壁の設置

防風ネットの利用　防風ネットは，網目4〜9mm程度のものを利用する。支柱はやや外向きに立て，強風に遭遇しても圃場側に倒れないようにする。

ソルゴー障壁の利用　ソルゴーを障壁に用いる場合は，作業性を考慮して，ナスのウネと150cm離し，ウネ幅100cmの2条（条間60cm），株間20cm程度に播種する。播種時期は晩霜後で，播種量は約100g/10a（機械まきの場合，手まきでは300g/10a）とされている。

ソルゴー障壁は，生育旺盛で倒伏しない品種を用い，防風ネットと組み合わせて利用するほうがよい。なお，出穂後は野鳥が飛来したり，ソルゴーの花粉によってナスが汚染されるため，穂を切り取る作業が必要である。

ソルゴーに発生するヒエノアブラムシはナスを加害しないが，アブラムシの甘露にスズメバチが寄ってくることがあるので注意する。

デントコーンは通常1条点まきなので，風通しと動物の隠れどころにならない利点があるので，ナスの栽植密度とも関連させて選択する。

⑤ナス周辺の植生管理

有機栽培では，圃場周囲の植生は害虫防除のため重要である。ソルゴー以外にも，圃場周辺にブルーサルビアを栽培するとアザミウマ類の害が軽減する。また，ナスの5〜10株ごとに1株のオクラを栽植する。

圃場生態系を豊かにすることによる害虫抑制も行なわれており，イネ科雑草はムギクビレアブラムシなどナスを加害しないアブラムシを飼養し，天敵を増やしてくれる。しかし，ハコベはワタアブラムシの宿主になるなど，単純な植生では害虫の温床になることもあるので，目的意識をもった植生管理が重要である。

(6) 土つくりと施肥管理

①土つくり

前作が終了して休閑期に入った直後に，完熟堆肥3〜4t/10a程度，もしくはイナワラやイネ科緑肥残渣などに米ヌカやボカシ，完熟堆肥を混ぜて，プラウなどを用い深く施用しておく。有機栽培農家には，この時点で苦土石灰やリン酸資材などを同時に施用している例もある。

有機栽培への切替え当初は，土つくりが不十分なことが多く，また，耕作放棄地などでは下層の透水性が不良なことが多い。こうした圃場や休耕地では，完熟堆肥を5t/10a以上と多めに施用して，地力の培養をはかる。

②施肥管理

元肥の施用　ナスは多肥による樹ぼけが少なく，むしろ初期の栄養不足によって樹の生育が劣り，落花が増える傾向があるので，元肥の施用は必ず行なう。

有機質肥料は速効性が低いので，施用は定植1か月前までを目途に土とよく混和し，春先の低温期はポリマルチをかけて地温を高め，分解を進める必要がある。

ナスを5t/10a収穫するためには，地上部と果実を合わせて，チッソ22kg/10a，リン酸7.5kg/10a，カリ35kg/10aが吸収されるが，従来，慣行栽培では肥料の利用率や溶脱を考え，施肥量はチッソ40kg，リン酸35kg，カリ35kg程度を施用してきた。このうち，チッソ，カリの約半分を追肥で施用すると，元肥の施肥量はチッソ20kg，リン酸35kg，カリ20kg程度になる。

有機栽培の事例では，ウネに対してチッソで15〜20kg/10a程度になるように，米ヌカ，鶏糞，油粕，魚粕やこれらをボカシ化したもの，

野菜

あるいは市販の有機質肥料をすき込んでいる例がある。一方，土つくりを兼ねて堆肥などを全面全層に施用している農家では，元肥を施用しないこともある。

追肥の施用　追肥の時期は1番花の収穫のころからであり，その後は10〜14日おきに行なっている場合が多い。ただし，有機質資材で施用した元肥は肥効が持続的であり，堆肥なども十分施用しているので，追肥の効果が判然としないためか，有機栽培では追肥を行なわないか，行なっても1番花の開花時期に1回という例も多い。

樹勢が低下した場合のボカシなど追肥の場所は，1番花の開花から梅雨明けころは株周りや株間に，それ以降はウネの肩やウネ下を中心にする。施用量は1回当たり60〜80kg/10aが目安となる。

ナスの樹勢低下は，短花柱花の増加や開花位置によって判断できる。主枝の開花した花の先に5〜6枚の葉が展開しているのが正常であり，枚数が少なくなるほど樹勢が低下している。樹勢が低下した場合は，傷果や傷害果を早めに摘果し，良果はやや小ぶりで収穫する。整枝・誘引を弱めにして放任ぎみにし，追肥と同時に灌水を多めに行なう。

有機質肥料は乾燥や低温で肥効がより緩慢となるため，樹勢が低下したあとでは手遅れになりやすい。樹勢低下が顕著な場合は，フィッシュソリブルなどを用いるか，発酵した有機質肥料（ボカシなど）を5〜10倍程度の水で溶いて一晩置いた有機質液肥を，根圏に流し込み，回復をはかる。

(7) 生育期の栽培管理

①定　植

栽植密度　主枝間隔が狭いと，茎葉の繁茂とともに光が透過しなくなり，葉の老化や果実の着色不良，オオニジュウヤホシテントウなど害虫増加の原因になる。主枝間隔の目安は25〜30cmとする。

株間は，3本仕立てで40〜45cm，4本仕立てで50〜60cmが一般的であるが，有機栽培で

は広くとっており，80cm程度の例もある。

主要産地の長期どり栽培ではV字仕立てがよく行なわれている。近年はウネ幅を160cm程度に狭め，主枝3本を一方向に誘引して管理作業の効率化をはかる，一文字仕立ても考案されている。

定植の時期と方法　ナスは霜害にきわめて弱いため，露地への定植は晩霜期以降に行なう。地温17℃以上で活着が順調に進むので，最低でも地温15℃以上になった以降が定植時期の目安である。

低温期の定植作業は，暖かく風のない日の午前10時ころから午後3時ころまでに，高温期は風のない晴天日の夕方か曇天日を選ぶ。

苗鉢は，水に浸して十分に吸水させておく。植え穴にも灌水して，水が引いたところで植える。深植えにならないように注意し，株元に土を寄せて根鉢が乾かないようにする。

定植後の管理　定植後は仮支柱を立て，誘引しておく。仮支柱がないと，苗が振り回され活着が著しく遅れることがある。

ポリマルチを使わない場合は，株元を中心に敷ワラや敷草などの有機物被覆を行なって乾燥防止に努める。ただし，低温期に厚く敷きすぎると地温が低下し活着が遅れるので，厚さは2〜3cm以下にする。

②整枝・誘引

仕立て方と整枝　2本仕立てでは主枝と第1花房直下の側枝を，3本仕立てではさらにその下の側枝を伸ばす。主枝にした側枝より下の葉腋に発生する側枝はすべてかき取り，一番果は親指大で摘果して，樹勢を高めるようにする。

活着後，側枝の伸張が始まったら整枝をする。最初の整枝は主枝を決めるときに，その後は収穫作業と並行して行なう。有機栽培では樹勢が低下しやすいため，整枝や摘葉は弱めのほうが樹勢を維持しやすい。

誘引　誘引は枝が支柱に届くようになってからでよく，早くから行なうと樹勢が低下する。頂芽優勢があるので，ある程度生育するまでは主枝は立っていたほうがよい。誘引の角度は，定植位置から支柱までは水平角40度，支柱の

傾斜は水平角70度とされている。

収穫作業と切戻し 整枝は収穫作業と並行して行なう。側枝は本葉3～4枚で1～2花の先の本葉1枚を残して摘心する。この果実を収穫するとき，側枝は果実の下にある本葉1～2枚を残して切り戻す（第3図）。

残した葉の付け根から発生した側枝は，1果を収穫したところで，同じく下にある本葉1～2葉を残して切り戻し，以後これを繰り返す。

③着果管理

ナスは，気温が高いほど開花数が多くなるので，普通栽培ではあまり早い時期の定植は好ましくない。

花は下向きに開花するので，花柱（めしべ）が長い場合は容易に受粉できるが，短い場合は受粉が困難になる。花柱長は，樹勢が低下すると短くなるので，短花柱花のきざしが出てきたら，樹勢回復のため，すみやかに追肥，灌水，摘花などを行なう。

やや小果での収穫を心がけ，異常果（傷果，病虫害果，奇形果，つやなし果など）は早めに摘果して，樹の生長を優先させる。

④灌　水

ナスは，果菜類ではもっとも水分要求度の高い部類に入る。土壌の乾燥は，落花数を増やし，高温期にはつやなし果が発生する。

灌水は，こまめに行なったほうが収量が高い。水田転換畑を利用して，ウネ間灌漑を行なっている例もある。

⑤更新剪定

更新剪定は，夏の収穫をいったん休み，秋の良品収穫を目的に行なわれる。7月下旬～8月上旬に行なうが，樹が若く元気なうちに行なうほうが，早期に回復して良品を収穫しやすい。

各主枝を数節残して切り戻し，もっとも強く出てくる側枝に切り替える。次いで株元から30cm程度離れたところにスコップを入れて根を切り，その溝にチッソ成分で15～20kg/10a相当の追肥資材を流し込んで根の再生を促す。新芽が再生してくれば，定植後と同じ管理を行なう。追肥資材には市販の有機JAS適合液肥を使用するか，鶏糞やボカシなどを10倍以上の水で溶いて，一晩程度寝かせたものを使用する。

更新剪定には習熟が必要であり，また，約1か月間は収穫ができなくなる。そのため，更新

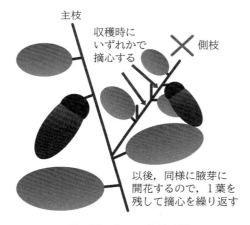

第3図　ナスの整枝方法

第6表　ナスの果実に現われるおもな生理障害

障害果	症　状	原　因	対　策
石ナス	果実の発育が悪く，硬くて小さくなる	単為結果　開花期前後の低温や極端な高温で発生	樹勢を低下させないように，整枝，誘引，肥培管理を行なう
つやなし果	果皮の光沢がなくなり，商品価値がなくなる	夏期の高温乾燥による樹勢低下	夏期に樹勢を落とさないように着果管理，肥培管理を行なう 夏期に樹勢が落ちにくい品種を導入する 切戻し剪定を行ない，夏期は樹勢回復に努める
変形果（扁平果，舌出し果など）	正常な形状ではない果実が稔る	花芽分化時の栄養過剰で発生	養分過多，水分過剰に注意し，適切な肥培管理を行なう

野　菜

第7表　ナス有機栽培での病害虫対応策

	病害虫	対応策
病　気	半枯病	抵抗性はないが‘千両二号’‘千両’など比較的耐病性のある品種がある。抵抗性台木への接ぎ木で防除でき，第5表の台木品種はすべて半枯病抵抗性がある。半身萎凋病との複合抵抗性をもつ台木品種が多く開発されているので利用する。堆肥を活用して腐植を増やし，根系を発達させる。pHを6.5前後の弱酸性にする 圃場衛生：罹病株はすみやかに除去し，落葉した葉などもできるだけ持ち出す
	半身萎凋病	ナス科の連作を避ける。耐病性のある台木（耐病VFなど）を用いた接ぎ木栽培を行なうが，抵抗性台木利用でも発病する場合があるので，できるだけ抵抗性の強い台木を選定する。7～8月の湛水処理や施設では太陽熱消毒や熱水土壌消毒も有効である
	青枯病	育苗は病害が発生した圃場では行なわない。常発圃場では抵抗性台木（トルバム・ビガー，アシストなど）を利用する。施設栽培では代かきを併用するか，糠蜜を用いる土壌還元消毒を行なう。水系を通じての感染もあるので，灌水に河川水を利用する場合は，上流地域の作物の情報なども調べ十分注意する
	うどんこ病	本病には有機JAS規格で使用が許容されている農薬があるので利用する
	モザイク病	病原体はCMVである。圃場内に発病株があると伝播するので，早期に除去する。圃場周辺の雑草はウイルスの伝染源になるので，除去する。障壁作物などによってアブラムシ類の侵入を防ぐ
害　虫	アブラムシ類	健全な生育がアブラムシ類の密度を高めないもっとも重要な対策になる。多くの在来天敵がいるので，天敵が棲みよい環境をつくりアブラムシ類の密度を抑える。そのため，草生栽培の導入や，圃場周囲をソルゴーなどで囲むなど圃場周辺の植生を豊かにする。施設栽培ではバンカープランツを入れて事前に天敵を飼養するなど，侵入しても密度が上がらない環境をつくる。施設内では，コレマンアブラバチなど天敵製剤も利用できるが，アブラムシ類が低密度のときに導入しないと効果が発揮できない。シルバーマルチや紫外線カットフィルムは忌避効果を発揮する。有機JAS規格で使用できる農薬がある
	アザミウマ類	圃場内や圃場周辺の除草は定植前に行ない，発生源を除去する。収穫終了後に残渣を持ち出したあと，4～5日間圃場を湛水状態にして地中の蛹を殺虫する。捕食性天敵が多数いるので，活用するような植生をつくる。施設栽培では天敵農薬の使用を検討する。ソルゴー，マリーゴールド，ブルーサルビアなどを圃場周辺に作付けると土着天敵が増え，発生密度が下がる。シルバーマルチで成虫の飛来・侵入と蛹化を防ぐ。施設栽培では，定植前に圃場内の除草を徹底し，20日以上ハウスを閉め切って，越冬している成幼虫を餓死させる。施設栽培では，定植前に開口部を目合い0.4mm以下のネットで被覆し侵入を防ぐ。側窓面には白色不織布ネットを用いると侵入防止効果が高まる。有機JAS規格で使用できる農薬がある

（次ページへつづく）

品目別技術　ナス

	病害虫	対応策
害　虫	ネコブセンチュウ	ネコブセンチュウがいない圃場に作付ける。センチュウ抵抗性のある台木で接ぎ木栽培を行なう。水田への転換が可能な圃場では，1～2年水田化する。湛水状態にして1か月以上維持すると，センチュウの密度はかなり減る。天敵製剤であるパストリア水和剤を利用する。クロタラリア，ギニアグラス，マリーゴールドなどの対抗植物緑肥を90日以上作付け，すき込むことで密度が低減する。太陽熱消毒，土壌還元消毒は密度を下げる。良質堆肥を施用し，土つくりを進めると，腐食性や肉食性の土着センチュウが増殖し，植食性センチュウの密度が下がり，被害が抑えられる。有機JAS規格で使用できる農薬がある
	テントウムシダマシ類（ニジュウヤホシテントウ，オオニジュウヤホシテントウ）	卵，幼虫，成虫の捕殺が確実である。テントウムシダマシの卵は，テントウムシの卵と似ているので，間違えてつぶさないように注意する。見分け方は，テントウムシの卵は卵塊の1つずつがくっついているが，テントウムシダマシは個々の卵がやや離れている

注　CMV：キュウリモザイクウイルス

剪定を行なわず，盛夏は普通栽培で収穫し，秋は抑制栽培で収穫するリレー栽培をする農家もある。更新剪定は適切に実施しないと，減収することがあるので注意する。

⑥生理障害

ナスの生理障害は果実に出る（第6表）。樹に出る要素欠乏もあるが，植物性堆肥や多様な有機質資材で土つくりをしていれば，出ることは少ない。

⑦雑草防除と植生管理

ポリマルチによるウネ面の雑草対策　低温期の定植では，ポリマルチの効果が大きい。黒ポリマルチを被覆すれば，雑草対策はほぼ不要である。梅雨明け後に地温が上がりすぎる場合は，ポリマルチをはがして刈り草やモミガラを厚めに敷くなど，有機物被覆に切り替える工夫もみられる。

被覆による通路の雑草管理　ナス栽培では通路にも散水し，収穫や管理作業のたびに踏みつけるので，通路の雑草の生育量は少ない。収穫作業時の利便性（泥はねやカートの走行）を考えて，通路をポリエステル繊維シート（防草シート）で覆っている例もある。

敷ワラや堆肥などの有機物も利用できる。有機物利用の利点は，有機物から徐々に養分が放出されることと，そのまますき込むと土つくりの材料になり，廃棄物が出ないことである。天敵の温存効果も期待できる。有機物は厚めに敷き，時間とともに減ってきたところで追加する。

(8) 病害虫防除

ナスを食害する害虫は，殺虫剤の過用で天敵を含む競合昆虫の減少や，多肥栽培による栄養価が高まることにより，繁殖力を高めている。

ナス特有の問題が生じている病害虫に絞り，対応策を第7表に示した。トマトと共通なものが多いので，併せて参照されたい。

(9) 収穫・出荷

収穫は慣行栽培に準じて行なう。業者と相談のうえ，常温輸送か冷蔵輸送かを検討する。

有機栽培では，加温施設などに頼らず，普通栽培や早熟栽培を行ない，長期間出荷されている。その場合，盛夏期のナスをどう栽培するかが課題であり，抑制栽培を取り入れて順次切り替えるか，更新剪定して盛夏期を休ませ秋に備えるか，草勢をうまく管理して継続して収穫するかを選び，地域の気象条件や，出荷先の意向を考慮し，需要の多い時期に出荷量を多くしたい。

執筆　自然農法国際研究開発センター
（日本土壌協会『有機栽培技術の手引（果菜類編）』より抜粋，一部改編）

431

野菜

農家のナス栽培

米ヌカと魚粉の追肥で肥切れを防いで長期どり

執筆　東山広幸（福島県いわき市）

育苗中のアブラムシには牛乳スプレー

　ナスは、連作障害などに気をつければ果菜類のなかでも、もっとも栽培しやすい野菜である。米ヌカと魚粉の追肥で、連続して晩秋まで収穫できる。同じく未熟型の長期どり果菜類であるピーマンも、栽培方法はほぼ同じである。
　5月20日に植える場合、3月上旬には播種したい（第1図）。温床が必要なのはいうまでもない。ナス（ピーマンも）は熱帯原産の野菜で、発芽にはもっとも高温を要する。ただ、育苗時の温度管理はキュウリほど気を使わないですむ。凍らない限り、枯れることはないからだ。
　本葉1枚のときに10.5cmポリポットに鉢上げする。苗は冷床で少し慣らしてから鉢上げすると活着がよい。活着までは温床にのせる。もちろん簡易温床で十分。3日もあれば活着する。このころには露地でもほとんど霜の心配はなくなっているから、活着後はハウス内冷床で管理できる。
　5月中旬になれば定植できる大きさになってくるから、大きな苗をピックアップして露地の気温に慣らす。残りの苗も間隔を広げて徒長を防ぎ、大きくなったものから露地の気温に慣らす。アブラムシがついていたら手でつぶすか、天気のよい午前中に牛乳をスプレーして殺す。

ウネ間は一輪車が通れる広さに

　ナス科の野菜（ジャガイモやナス、ピーマンやトマトなど）をしばらくつくったことのない畑を選ぶ。水はけのよい土地であることはもちろん、とくにナスでは水源がそばにある畑だと、灌水もできて夏の干ばつの際に有利だ。
　植付けは5月で、夏野菜にはまだ地温が低いので、必ず黒マルチを使う。元肥はモミガラ堆肥とわずかの魚粉で、それほど多くはいらない（第2図）。
　重要なのはウネ間で、自家用につくる農家など、畑が余っているにもかかわらずチマチマ植えているが、もったいないぐらい広くしたほうが収穫作業もラクだし、収量も安定する。
　株が張った状態でも、通路を一輪車が通れるぐらいでなくてはいけない。最低でも150cmは必要で、できれば180cmぐらいとる。

株間は最低60cmの疎植

　定植は風のない晴天の日がベストだが、暖かければ活着はよい。土に湿り気があれば灌水は不要。地温が下がるので、乾燥時以外は水やりしないほうがよい。
　株間は最低60cm。苗が足らないときはもっと広くして植える。面積当たりの初期収量は密植ほど多いが、盛夏になれば疎植でも遜色ないか、疎植のほうが勝る。
　ナス苗はアブラムシがつきやすいので、植付け時はよく観察して、アブラムシがついている

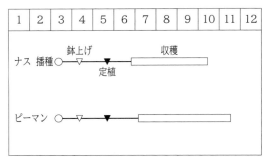

第1図　ナス、ピーマンの栽培暦

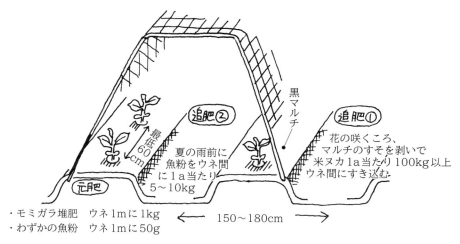

第2図　ナス、ピーマンのウネと施肥

ときはつぶしてから植える。ただ、アブラムシが増えて苗がいじけても、ナスの場合はそのうちいなくなる。生育が遅れるだけで後遺症も残さずに立ち直る場合が多い。

定植したら風で倒される前に支柱を立てる。私は面倒なので、パイプを立てて、キュウリネットを張る。キュウリと違って、パイプにあまり力は加わらないから、2間（3.6m）おきに立てれば十分である。誘引はネットに麻ひもなどで縛っていく（第3図）。

花のころに米ヌカ追肥をドドン

花がどんどん咲くころになると枝も伸びてくるから、上位の強勢な枝3〜4本を残して下位の枝を払う。このころ、マルチのすそを剥いで、ウネ間に米ヌカを振って管理機ですき込む。量は1a当たり100kg以上ドドンと振って管理機ですき込む。これで夏の間は追肥いらずだ。

しょっちゅう収穫するものゆえ、通路には分厚く敷ワラを敷くか、防草シートを張る。一輪車を押しながら収穫するのなら防草シートのほうが快適である。

夏の雨前に魚粉の追肥

夏になると枝が伸びすぎて収穫もシンドイし、枝が垂れて実が地面につくので、長く伸び

第3図　ナスはキュウリネットに絡ませ、両側の枝を誘引して3本仕立てに

た枝はハサミでバッサバッサと切っていく。このとき樹勢が落ちると回復に時間がかかるので、雨前に魚粉の追肥をしておく。

ちなみに、秋になってナスやピーマンが終わったところにはエンドウが植えられる。ネットからはみ出た枝を刈り払い、株元に苗を植えていく。もちろん元肥はいらない。ナスの残り肥で十分である。ただし、マルチが浮いてエンドウの苗がもぐってしまうことがあるので、両すそとエンドウの株間は土でしっかり押さえておいたほうがよい。

野菜

ナスは雌しべ、枝の長さで追肥を判断

執筆　桐島正一（高知県四万十町）

第1図　ヘタ近くの3色がクッキリ分かれているナス。長ナスは40cmくらいでとる
（写真撮影：木村信夫、以下Kも）

長ナス、水ナス、青ナスの魅力を引き出す

　長ナス・水ナス・青ナスの3種類をつくっている。種類ごとにみると、長ナスは使いやすく需要が高い。黒くつやがあり、細く長く40cmくらいのものをとりたい。春と秋はこの傾向が強まるが、夏には少し太くなる。

　水ナスは生で食べるとみずみずしく、フワッとして甘味がある。これは、色が黒紫で先にいくほど赤紫に変わって、全体につやがあり、握りこぶしくらいの大きさのものをとりたい。

　青ナスは色が珍しく、味もよいナス。黄緑から緑色でつやのあるナスをつくりたい。あまり緑を濃くせず、形は長ナスより少し太くて短いが、30cmくらいあるものをつくるとよい。

　高知県では昔から長ナスがつくられており、開花後22～25日で収穫できる。樹勢は中程度で肥料の要求量も中程度。青ナスは開花後24～26日で収穫、長ナスより数日長い。樹勢は強く肥料の要求量も多い。水ナスは開花後19～23日で、長ナスより数日早くから収穫できる。樹勢は中程度で肥料の要求量は強い。

　そして共通して、果実のヘタと実との境がクッキリと3色に分かれているものをとりたい（第1図）。長ナスと水ナスは、ヘタのすぐ近くが白→次が赤紫→そして黒に近い紫となる。青ナスの場合は、白→黄緑→緑となる。

　白は昨夜から今朝までに伸びた分、赤紫はその前夜に伸びた分である。クッキリと色分けされ縞の幅が広いのは、発育のスピードが速いこと、樹が栄養をしっかり送り込んで、よく充実したおいしいナスであることの現われである。

低温下のゆっくり育苗で強健な苗を

　ナスは寒中の1月下旬に播種し、本葉1～2枚でポットに鉢上げし、それから2か月かけてじっくり育てる。蕾が見え始めるくらいの苗を、4月下旬ころから定植する。3か月から4か月にわたる長期育苗である。

　播種後、発酵温床で35℃を目標に保温して発芽をうながす。発芽後はビニールや不織布（ラブシート）で覆うが、できるだけ光に当て、温度が上がりすぎないようこまめに被覆をはずし、換気しながら、とにかくゆっくり育てる。

　苗は節間が短くて背も低く、葉は小さいが厚く丸みがあって、全体にがっしりとし、病気にも強くなる。定植後に力を発揮する苗である。

蕾が見えたときが植付け適期

　ナスは基本的に3～4本仕立てにするので、株スペースは広くとり、ウネ幅1.7～2m、株間70～80cmとする。ウネはカマボコ形で、地下水が高い畑なら高く立てる。

　定植は苗の第1花の蕾が見え始めたころに行なう。早すぎると樹勢が強くなり最初の花が落ちる。遅れると樹勢が弱くなり花が落ちたり、果実はカチカチの石実になりやすい。

　また、花が見える方向に揃えて植えると、花

品目別技術　ナス

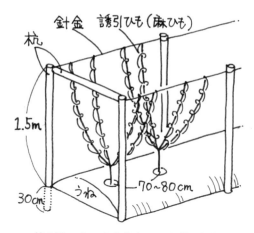

第2図　ナス4本仕立ての設備の概観
設備は杭と針金で簡易にできる
樹勢が強いときは誘引ひもをゆるめて枝を寝かせる。樹勢が弱いときは誘引ひもを強く引っ張り、枝を立たせる。このように誘引でも樹勢をコントロールする

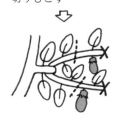

第3図　ナスの種類によって剪定を変える

が同じ向きにつくので1番果の収穫や整枝がラクになる。定植後はすぐ仮支柱を立て風から守る。

4本仕立てと切返しの方法

私は露地での少量多品目栽培なので、ナスの栽培本数は50〜100本である。この本数なら、第2図くらいの設備でよい。

4本仕立てでは、1番花の下の枝を伸ばし、それぞれについた2番花の下の枝をさらに伸ばすことで4本の主枝とする。

あとの枝は剪定していくが、ナスの種類によって多少違う。青ナスは1芽切返しの1果どりである。1果が大きく重いので1果ずつつけていく。長ナスと水ナスは、はじめの1果をとったあと2芽を残して切り返す（第3図）。ただ、枝（芽）が多くなってきたら整理して、実の成りすぎに注意する。

追肥で根を誘導し、根域を広げる

元肥は鶏糞を耕うん時に10a当たり約1t施す（全施用量の3分の1）。さらに定植時に1株に400ccくらいを株元施用し、あと追肥は2〜3回、1株に600〜700cc施している。

定植時の株元施用は、根をすぐに引っ張り出す（発根させる）ことが目的で、次はもう少し離れた株間に置く。さらに次はもっと離れたウネ肩へ、通路へと、遠め遠めに肥料を置いていく。生育初期の施肥は、肥料の置き位置で根を誘導し、根域をできるだけ広げるのがねらいだ。

雌しべ、枝の長さで追肥判断

その後の追肥は、葉の色や大きさなどのほか、花の状態と、主枝の先端から花までの長さを見て判断する（第4図）。

（1）雌しべと雄しべの長さで判断

花は雌しべと雄しべの長さで判断する。肥料の効きがよいと雌しべが雄しべより長くなる（長花柱花）が、肥料不足になると雌しべがだんだん短くなってくる。朝見るとよくわかる。

雌しべが雄しべと同じ長さ（中花柱花）になる一歩手前が追肥のサインである。同じ長さ

か、雌しべが雄しべより短くなってしまう（短花柱花）と肥料不足で、生殖生長に傾いて「石実」が多くなってしまう。

鶏糞など有機質肥料は効くまでに時間がかかるので、早めに追肥するほうがよい。また、鶏糞の上から水をやると効きが速くなる。

(2) 枝の長さで判断

青ナスなら、花が咲いた位置から枝の先端までが25～30cmあれば、肥料の効きがよい状態である。水ナス・長ナスは20～25cmくらい。それより短いときは肥料不足である。こうなってしまうと生殖生長に傾いてしまうので、摘果をする（奇形果をとる）。養分は枝葉より先に実（種子）にいくからである。

逆に、花から先端までが長すぎる場合は、肥料が効きすぎている状態だ。栄養生長に傾いているので、葉かきを強めにしてバランスを保つ。

スプリンクラーで全面灌水

春は、夏に向けて体力をつけるため、肥料は多めにするとともに、灌水して水不足をなくす。秋、寒くなってくると肥料の吸収量も落ちてくるので、灌水を少なめにする。

青ナスや長ナスはプラスチックでできた簡易スプリンクラー（水道水ぐらいの圧力でまわるタイプ）を使い、4～5日に1回、全面灌水する。

ただし、水ナスはとても多くの水が必要である。長ナスや青ナスと同じようにスプリンクラー灌水するが、それにプラスして3～4日に1回の割合で通路灌水もすると、みずみずしくおいしくなる。

収穫果の大きさで樹勢コントロール

長ナス・水ナス・青ナスの開花から収穫までの日数の基準は、はじめに書いたとおりであるが、実際には、そのときどきの樹の状態を見ながら、樹への負担を考えて調整をする。収穫は、樹づくりであり、次の収穫の準備であるからだ。

たとえば、収穫はじめの初夏のころは、少し日数をおいて大きめに収穫する。樹に負担をかけることで、栄養生長から生殖生長へ向かうよ

〈肥料の効きがよい状態〉
雄しべ
雌しべが雄しべより長い
雌しべ

〈肥料の少なくなってきた状態〉
雌しべと雄しべが同じ長さ。このときに追肥しても遅い。雌しべが雄しべと同じ長さになる一歩手前が追肥のサイン

〈肥料不足の状態〉
雌しべが雄しべより短い

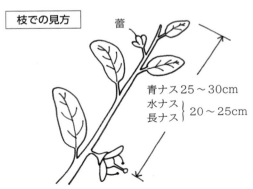

花から先端までの長さを見る。上記の長さだと肥料の効きがよい状態。短いと肥料不足

第4図 ナスの花と枝を見て肥料の状態をチェック

うにする。逆に真夏は、ナスが暑さでバテてくるので、小さめにとって樹の負担を軽くする。

初秋には気温が下がり樹は大きくなっていくので、実も大きくしてとる。秋が深まり寒くなると、皮が硬くなり、ゆっくりと育つようになるので、小さめで収穫していくようにする。

前作にブロッコリー植付けでナス半身萎凋病が半減

執筆　池田健太郎（群馬県農業技術センター）

ナス半身萎凋病は大きな問題

ナスは国内でもっとも消費されている野菜のひとつです。ナス生産に大きな被害を及ぼす病害は多数ありますが、なかでも半身萎凋病は、全国的に問題となっています（第1図）。

この病害に対しては、くん蒸剤による土壌消毒が有効ですが、過剰な使用は環境に対して負のインパクトを与え、また作業者の健康上のリスクも高くなります。なにより、ビニールフィルムによる被覆が重労働なうえ、薬剤費、資材費など生産コストが割高となってしまいます。

ブロッコリーとの輪作で抑制!?

このような状況から、ナス生産者からは土壌消毒に代わる半身萎凋病の対策技術開発が求められていました。われわれ（群馬県農業技術センター）は、国内外のさまざまな研究例を調べあげた結果、アメリカのカリフォルニア州ではカリフラワーの半身萎凋病（ナスと同じ病原菌）の対策として、ブロッコリーとの輪作・残渣のすき込みが効果的という報告を見つけました。そこで、ナスにおいてもブロッコリーとの輪作で半身萎凋病を抑制できるのではないかと考えました。

群馬県の露地ナスでは、おおよそ6～7月にかけて半身萎凋病が発生します。感染すると、ナスは下葉から黄化やしおれが見られ、生育が著しく悪化します。このような圃場に翌年ブロッコリーを定植し、花蕾を通常どおり収穫した後、残渣をそのままロータリなどですき込み、次作にナスを栽培するという方法を想定しました。

発病を約半分に抑制できた

ナス半身萎凋病を抑制する効果について、以下のような試験を実施し、検証してみました。まず、人工的に培養した病原菌を圃場に混和して汚染圃場をつくり、1年目にブロッコリーを栽培して残渣をすき込みました。その際に、比較区を設けるために何も栽培しない休作区も設けました。そして2年目にブロッコリー区および休作区の全面にナスを栽培し、ナス半身萎凋病がどのくらい抑制されるのかを確認しました。4年にわたり2回の試験を実施しました。

その結果、いずれの試験においても休作区に比べてブロッコリー区は発病株率が約半分に抑えられました（第2図）。このことから、前作にブロッコリーを栽培し、残渣をすき込むことで、発病を抑制できると考えられます。

県内では、すでにこの方法を取り入れているナス生産者が30軒程度います。富岡市の田中才一さんは、このように評価しています。

「もともと土壌消毒が好きではないので、この方法を取り入れた。抵抗性台木との組合わせで十分効果を感じている。ふつうにブロッコリーを栽培するだけなので、特別に労力がかかるわけでもなく取り組みやすい」

ブロッコリーの花蕾は影響されない

ところで、ナス半身萎凋病菌は非常に多くの作物に感染し、ブロッコリーをはじめとするア

第1図　半身萎凋病に感染したナス
最初は下葉から黄化してしおれてくる

野菜

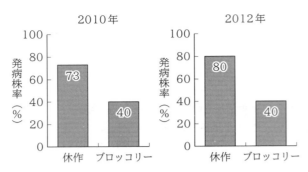

第2図 ブロッコリーの前作によるナス半身萎凋病の発病抑制割合
ブロッコリーを前作に入れたら発病がおよそ半減した

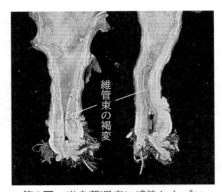

第3図 半身萎凋病に感染したブロッコリーの根部断面
維管束の褐変が感染の証拠だが、感染は根部だけで不思議と地上部には感染しない

ブラナ科作物にも感染します。ブロッコリーへの感染の有無についても調査しました。

ナス半身萎凋病菌は植物の維管束組織を褐変化させます。ブロッコリーの維管束の褐変によって感染の有無を確認しました（第3図）。

その結果、いずれの試験でもブロッコリーの維管束は褐変しており、感染が確認されました。しかし維管束の褐変はほとんどの場合、根部のみで、花蕾部までには至っていませんでした。実際、ブロッコリーは通常どおり収穫できました。ですから本病原菌は、ブロッコリーに感染して根部の維管束を褐変させるものの、収穫物である花蕾部には影響を及ぼさないと考えられます。

病原菌が減少するメカニズム

ブロッコリーとナスを輪作するなかで、土壌中のナス半身萎凋病菌がどのように変化するかについても調査しました。その結果、ブロッコリーの栽培終了時にもっとも病原菌が少なくなりました（第4図）。このことから、病原菌はブロッコリーの栽培中に減少していったと推測されます。

それでは、なぜブロッコリーを前作に入れることで発病が減るのでしょう。まず、病原菌がブロッコリーの栽培中に減少したのは、ブロッコリーに感染することで、土壌中の病原菌数が減少したと考えられます。現に、試験ではブロッコリーの維管束の褐変が確認されています。しかし、維管束の褐変は根部のみに留まっていました。この点がほかの作物とは異なるところです。

一方で、ナス半身萎凋病菌は微小菌核という形で土壌中に生存し、ナスの根が近くに伸びてくると発芽して根に侵入し、導管を通って植物体内へ進展します。そしてこの微小菌核は、感染した植物体内で形成されるのですが、根ではなく、葉でおもに形成されることがほかの研究から確認されています。とくにアブラナ科作物は、半身萎凋病菌に感染すると、すべての微小菌核のおよそ8割が地上部で形成されることが知られています。

これらのことから、ナス半身萎凋病菌はブロッコリーに感染するものの、地上部には進展できず、微小菌核の形成が著しく低下すると考えられます。ブロッコリーは病原菌を発芽させて植物体内への侵入は許しますが、増殖させない「おとり」のような効果をもっていると思われます（第5図）。

残渣のすき込みで微生物が10倍

今回の研究では、残渣のすき込みによる病原菌への直接的な効果については確認できません

でした。しかし、アメリカの研究チームの結果によると、ブロッコリーの残渣をすき込むことも一定の役割があるといわれています。また、ほかの研究グループの報告では、ブロッコリーの残渣をすき込むことで、有用な微生物が増えて病原菌を減らすのでは、とも考えられています。

実際にわれわれが行なった試験でも、ブロッコリーの残渣をすき込むことで土壌中の微生物（糸状菌）が約10倍増えました。今後はこのような微生物の影響などを調べていく必要があるかと思います。

導入するときの注意点

ナス半身萎凋病の抑制を目的としてブロッコリーの輪作を導入する場合は、以下の点に注意してください。

1）圃場の汚染程度が高いと、効果が劣る場合があります。発病株率がおよそ30％までの圃場で適用してください。

2）トナシムやトルバム・ビガーなどの半身萎凋病に抵抗性をもつ台木を併用すると効果が高いです。

3）半身萎凋病菌の微小菌核は発病株の葉で形成されますので、発病株からの落葉は、栽培期間を通して圃場外に持ち出して処理してください。

4）半身萎凋病が発生していない状態から予防的に導入してもよいと思われます。

これらの点に注意しながら、ナスとブロッコリーの輪作体系を導入することで、ナスの持続的な生産に役立てていただければ幸いです。

（『現代農業』2015年10月号「前作にブロッコリーを入れるだけでナス半身萎ちょう病が半減」より）

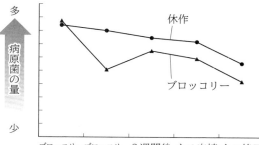

第4図　土壌中のナス半身萎凋病菌の推移
土壌中の病原菌はブロッコリーの栽培期間中にとくに減少した

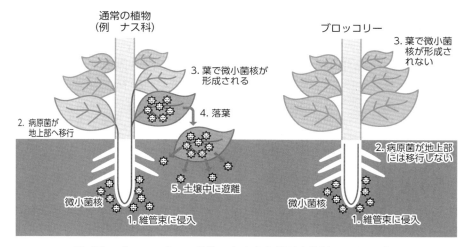

第5図　ブロッコリーの前作による半身萎凋病抑制のメカニズム
通常の作物は微小菌核が根に侵入し、葉で微小菌核をさらに増殖させて落葉とともに土壌中に戻るが、ブロッコリーの場合は根に侵入するものの、地上部には移行しないので微小菌核が増えない

野菜

トマトの有機栽培
——基本技術とポイント

(1) 有機栽培を成功させるポイント

①施設栽培などで生産を安定化

トマトの有機栽培は，冷涼な地域で夏から秋にかけて収穫する普通栽培から始めることが多い。しかし，この作型では，梅雨期や高温期，秋雨・秋冷期を経過するため，露地栽培では病虫害や生理障害の発生が多い。また，施肥や土壌水分のコントロールが適切にできず，過繁茂になり病害を発生させやすい。そこで，雨よけや施設栽培で作柄を安定させる。

トマトの夏秋期の雨よけや施設栽培は，生育最盛期の降雨による病害の抑制と樹勢制御，果実品質向上のために，必要不可欠である。

②耐病性や抵抗性のある品種を選択

トマトは，土壌病害をはじめウイルス病，一般病害がきわめて多く，抵抗性品種の開発も盛んである。対応できる病気，レースは限定的であるが，毎年新品種が発表されているので，各地域，圃場で適応性を確認し，適切な品種選択をする。

③土つくりなどで健全な樹づくり，樹勢維持

有機栽培の安定には，とくに土つくりと施肥管理が重要である。先進的な有機栽培農家は，肥沃で保肥力，保水力の高い団粒構造の発達した土つくりに努めている。

土壌分析にもとづいた土つくりや施肥管理のほか，茎葉や着果状況に応じた施肥・灌水管理で，樹勢を長期間にわたり制御していくことが重要である。

④作型，栽培様式の多様化で長期安定供給

トマトを経営の柱に据えた有機栽培者は，作型を分散して長期安定供給と労働の平準化に努めている。この場合，雨よけによる普通栽培では，降霜期を収穫の限度として，播種期を10〜15日ずらして対応する事例が多い。

一方，規模の大きい経営もみられるようにな

り，温暖地では，地域の慣行栽培と同様に半促成栽培，促成栽培，抑制栽培を組み合わせた経営も出現し，長期間有機トマトを供給する専作化の動きもある。これは，需要者側の要望もあるが，収益性の向上，有機栽培の不安定さに対処する，危険分散や収穫労働力の平準化という経営改善の側面も強い。

⑤高単収より安定生産，食味を重視

有機栽培でも慣行栽培並みの単収を上げている例もあるが，一般にはよくて8割水準，病害虫の制御に失敗すれば5割以下の場合もある。しかし，先進事例の多くは，高単収や高収益より本物のおいしさをめざし，結果として高単価，経営の安定につながっている。その基本は，チッソ，水分をひかえめにして病害虫を抑制し，各果房の着果数を抑え，果実の糖度，酸度を高めるという考え方である。

単収増加をねらうと病害虫を誘発し，収穫を早く切り上げなければならないし，病害虫の多発は翌年にも影響する。施肥や灌水量を増やし，植栽密度を上げれば1〜2割の増収は容易であるが，それによる栽培の不安定化を避けている。

⑥健苗の育成と初期生育の確保

有機JAS規格に適合する苗の購入ができないので，自家で育苗する場合が多い。しかし，生産規模の大きい経営では，セル苗を購入し二次育苗を行なったり，直接定植する例もある。連作による青枯病など土壌病害の発生圃場では，接ぎ木苗を利用している。

また，トマト特有の腋芽の発根力を活かし，挿し木苗を育成している例もある。

自家育苗では，育苗培土の製造にさまざまな工夫を行ない，育苗時にはとくに温湿度，通風，灌水に注意して管理する。購入苗でも馴化を重視して，定植時の初期生育が順調にいくようにしている。

⑦栽培管理の適正化で生育を健全化

多品目の有機野菜経営では，雨よけ施設も限られるので，連作をしている場合が多く，ほかの野菜を前後に入れた作付け体系をとっている。

440

寒冷地や高冷地では年1作で，毎年同じ圃場にトマトを作付ける事例も多く，連作障害の出ない土つくりや栽培管理に努めている。

温暖地では，盛夏期に太陽熱や湛水処理でハウス内の土壌消毒を行なう例もあるが，この時期に長期間ハウスを空けられない例も多く，土つくり，接ぎ木，施肥，整枝，着果管理による健全な樹勢の維持と，適切な温湿度管理で病気を発生させないようにしている。

また，品質・収量を高めるため，追肥や灌水の適正化とともに，低温期や高温期の温湿度管理，高温時の遮光管理，根群域の拡大などに努めている。

⑧病害虫の発生を抑制する手立て

有機栽培では，病害虫を発生させないことがもっとも重要である。先進的な有機栽培者は，時間をかけて保肥力，保水力，排水性を高める土つくりを進め，土壌の腐植増加，団粒構造の発達や微生物が繁殖しやすい環境づくりに努めている。

病害虫は，高温や高湿条件で発生しやすいもの，低温条件で発生しやすいもの，排水不良で発生しやすいものなど多様なので，問題になる病害虫に焦点を当てた栽培管理を行なう。

微小害虫の施設内への侵入や繁殖は，有機JAS許容農薬のみでは対処できない。そのため，植物体の健全な生育を助長する，害虫の行動を物理的に制限する，土着天敵や微生物を利用する，などさまざまな対策を工夫する。

先進的な有機トマト農家では，病害虫が部分的に出ても，収穫期後半に向けて立ち直る例が多い。これは，永年にわたる土つくりや，生態的環境の多様性向上と安定化が関係しているためである。

⑨加工需要などへの対応で高収益

多品目の有機野菜を供給している農家では，規格外品も生食用として宅配や直売所などで有機栽培の特徴を活かした販売を行なっている。有機栽培トマトを経営の柱にしている経営では，規格外品も多量になるので，ジュース製造用に振り向け，高付加価値商品として販売している。原料としての販売も，慣行栽培品より高価なことが多い。

(2) 作型と作付け体系

①作型の分化

トマトは周年供給が進んでおり，作期・作型は細分化されている。おもな作型は第1表のとおりである。

有機栽培トマトは，多品目野菜供給型経営での主力作物となっていることが多い。そのため，小規模な場合を除いて，病害虫の抑制と樹勢コントロールから，露地栽培は少なく，雨よけ施設またはハウスで栽培されていることが多い。

有機栽培でも作型の分化・多様化が進み，周年供給化が進むにつれ，大規模・専作型経営が増えている。

有機トマトの長期どりは，長期間の樹勢と着果コントロールが必要で，多くの経験と技術が必要だが，定植後1年以上収穫する農家もある。

第1表 トマトの作型例

(門馬，2001aを改変)

作　型	播種期 （月旬）	収穫期 （月旬）	園　地
促　成 越冬長期	8上〜9中	12中〜（3〜7）上 2上〜（4〜7）上 11中〜7中	関東以西暖地 関東以西暖地 関東以西暖地
半促成・無加温 ・加温	9下〜12下	5上〜7下 3中〜7下	全国 全国
早　熟	1上〜2下	6上〜11上 5中〜8下	寒冷・高冷地 関東以西暖地
普　通	2中〜4下	7上〜10・下 6下〜11下	寒冷・高冷地 関東以西暖地
抑制・無加温 ・加温 抑制長期	5上〜7中	9上〜11下 10上〜2下 9下〜5下	全国 関東以西暖地 九州

野　菜

②大規模・専作型経営にみる作型の多様化

　有機栽培トマトの大規模経営や専作型経営は，生食用の規模と供給期間を拡大するというだけではなく多様である。そのため，有機トマトの可能性や，有機栽培の経営戦略を検討する参考になる。

　数少ない先進事例調査であるが，1）普通・早熟栽培に加え半促成・促成・抑制栽培の導入による作型の多様化，2）品種の多様なタイプ，たとえば，大玉，ミディ，ミニ，加工用・調理用品種，彩りの違いなどを活用した商品開発，3）付加価値の高い各種加工品への利用，4）もぎ取り園など観光資源としての活用をはかる，などのタイプがある。

③作型の特徴

　北海道から関東，東海の高冷地では，遅霜がなくなってから定植し，雨よけによる普通栽培が行なわれている。夏にかけて収穫を終え，秋に向けて葉菜類や根菜類を作付けて輪作するタイプと，初霜が降りるまで収穫を続けるタイプに二分される。

　東海，近畿以南から西南暖地では，早熟栽培，普通栽培のほかに，冬春から初夏にかけて収穫する促成栽培や半促成栽培，夏秋期から冬にかけて収穫する抑制栽培も行なわれている。

④作付け体系の特徴

　多種類の有機農産物を供給する農家では，作付け規模は小さくても，数年サイクルで輪作体系を組み，順次トマトの作付け場所をかえて，連作による土壌病害を回避している。

　しかし，北海道や東北，中間地でも高冷地では，年1作型の有機栽培が多い。この場合はトマトの連作になるが，冬はビニールをはがし圃場を積雪・寒冷下におくことで，病害虫の減少が可能であるとしている。また，温暖地でも，有機トマトを経営の柱に据えている農家では，長年，同一のハウスで連作することが多い。

　作付け規模が小さい場合でも，雨よけ施設の棟数が少ないため，収益の高いトマトを連作している事例もあり，連作障害を出さない栽培管理に留意している。

　施設栽培では，病害虫抵抗性品種の選択，接ぎ木栽培，太陽熱による土壌消毒，病害虫が広がるまでに収穫を終わらせる，など病害虫被害を最小限に抑え，多少被害が出ても経営に響かないようにしている。

(3) 品種選択の視点

　有機栽培での品種選択は，生産を安定させることが前提になる。抵抗性品種で対応できない青枯病などの土壌病害は接ぎ木や輪作で回避し，葉かび病，萎凋病，半身萎凋病，黄化葉巻病など抵抗性品種が開発されている場合は，品種比較の試作を行ない選択することが多い。

　しかし，需要者が求める品質もあり，抵抗性品種という視点だけでなく，輪作や太陽熱消毒など，ほかの病害虫克服手段も総合的に勘案して品種を決めている。

　有機トマト中心の経営ではF_1品種の利用が多いが，多品目の有機野菜供給農家のなかには，独自性ある品種や自家採種で育成した品種を用いる例もある。

　ミニトマトは有機栽培がしやすいので，多品目野菜の有機栽培者には生産拡大の動きがある。しかし，多くの収穫労力が必要なため，大規模・専作型の経営では大玉生産が中心である。

(4) 抵抗性品種，台木品種の利用

　おもな病害虫に対応する抵抗性品種，台木品種の有無は以下のとおりである。なお，台木品種の選定には，穂木品種との親和性に留意する。

①土壌病害虫

　萎凋病　レース1にはすべての品種が抵抗性を保有している。レース2には保有している品種が増えているが，抵抗性に強弱がみられる。レース3には実用品種がない。台木品種はレース1，2に抵抗性のものが多いが，レース3もわずかではあるが開発されている。

　半身萎凋病　レース1に抵抗性を保有する品種は多いが，抵抗性に強弱がある。レース2には実用品種がほとんどない。台木品種はレース1に対し数多く開発されている。

品目別技術　トマト

根腐萎凋病　抵抗性を保有している品種は多いが，抵抗性に強弱がある。台木品種は数多く開発されている。

青枯病　抵抗性品種は開発されていない。台木品種はほかの土壌病害と複合的抵抗性のものが数多くあるが，本病には抵抗性がやや不安定な品種が多い。

かいよう病　数は少ないが耐病性の台木品種（タキイの‘キングバリア’，サカタの‘アシスト’‘グランシールド’）が開発されている。種子伝染や土壌伝染性を起こし，茎葉や根茎の傷口から病原菌が侵入することも多く，予防は困難である。

褐色根腐病　実用品種は開発されていない。台木品種はほかの土壌病害と複合的抵抗性のものがいくつかあるが，本病への抵抗性がやや不安定な品種が多い。

土壌センチュウ　サツマイモネコブセンチュウに抵抗性がある品種がかなり多く開発されているが，品種間で強弱がある。これ以外のセンチュウへの抵抗性品種はない。台木品種は，前出の土壌病害抵抗性と複合的にもつものが多い。

②**地上部病害**

葉かび病　現在10種類のレースが確認されている。できるだけ多くのレースに抵抗性をもつ品種を利用する。*Cf-4*と*Cf-9*遺伝子をもつ品種の利用が多いが，*Cf-9*品種に罹病する新レースがまん延する可能性が高い。

すすかび病　病徴は葉かび病と区別がつきにくい。葉かび病抵抗性品種は，本病には抵抗性がないので，葉かび病抵抗性品種を栽培して発病したら，本病の可能性を確認する。本病と葉かび病の簡易診断法が開発されている。

斑点病　抵抗性品種が数多く開発されている。

そのほかの病害虫　抵抗性品種は開発されていない。

③**ウイルス病害**

抵抗性品種はトマトモザイクウイルス（ToMV）に対するものがほとんどのため，ウイルス病害の発生にかかわる情報を的確に収集

して，防除に生かすようにする。

モザイク病　病原ウイルスはToMV，キュウリモザイクウイルス（CMV）のほか，ジャガイモXウイルス（PVX），ジャガイモYウイルス（PVY），トマトアスパーミーウイルス（TAV）などがある。全国的に被害が大きいのはToMVとCMVで，地域によってPVXも問題になる。複合感染もあるが，症状から病原ウイルスを特定することは困難である。ToMVには抵抗性品種や台木品種が開発されている。抵抗性遺伝子として*Tm-1*，*Tm-2*，*Tm-2a*があり，*Tm-2a*がもっとも強度の抵抗性を示し，最近の品種の多くはこの遺伝子を保有している。最近開発されている台木品種も，ほとんどが*Tm-2a*を保有している。

トマト黄化葉巻病　病原ウイルスは，TomatoYellow Leaf Curl Virus（TYLCV）で，タバココナジラミ（シルバーリーフコナジラミ）によって媒介されるが，ウイルス源として確認されているのはトマトだけである。利用可能な抵抗性品種はごく少ないが，導入が始まっている。

トマト黄化えそ病　病原ウイルスはトマト黄化えそウイルス（TSWV）で，アザミウマ類，とくにミカンキイロアザミウマやヒラズハナアザミウマによって媒介される。ウイルス源になる作物が多いため，被害の拡大が懸念されている。抵抗性品種は開発されていない。

そのほかのウイルス病害　以下のウイルス病が確認されているが，いずれも抵抗性品種は開発されていない。

1）トマト茎えそ病：病原ウイルスはキク茎えそ病と同じChrysanthemum stem necrsis virus（CSNV）で，ミカンキイロアザミウマに媒介され，病徴はTSWVによるトマト黄化えそ病に酷似している。

2）トマト黄化病：病原ウイルスはTomato chlorosis virus（ToCV）で，タバココナジラミとオンシツコナジラミに媒介される。

(5) 主要品種と台木品種の特性

夏秋作型と冬春作型向けのおもな品種（ミニ

443

野菜

トマトは除く）と台木用品種特性は日本土壌協会公式サイトの『有機栽培技術の手引（果菜類編）』に一覧を示した。「日本農業新聞」の特集記事から引用したものであるが，活用されたい。なお，作付け品種の決定は，自家圃場での複数年にわたる試作や，先進的な有機栽培実践者の情報によって行なう。

近年大きな問題になっている黄化葉巻病（TYLCV）は，抵抗性品種でも完全に抑えられないし，病徴が出ていなくても感染していることがあるとされており，レース分化のリスクもある。総合的な防除体制をとるとともに，抵抗性台木の利用と合わせ，健全な樹づくりのための栽培環境の整備，樹勢管理が欠かせない。

(6) 接ぎ木栽培の活用

土壌病害虫対策は輪作が基本であるが，連作をせざるを得ない場合は，接ぎ木栽培を行なう。有機栽培では，青枯病，褐色根腐病対策に接ぎ木は有効である。

(7) 単為結果性品種の活用

近年，受粉をしないで結実する単為結果性品種の開発が進み，ミニトマトに続き，大玉トマトでも販売されているので，利用を検討する。

ミニトマトでは栽培面積も増加しているが，自家育種により，単為結果性で病気に強いミニトマト品種を選抜し，盛夏期の生産を可能にした有機栽培農家の事例もある。

(8) 事例に見る品種選択の視点

有機栽培者の品種選択の視点は千差万別だが，それぞれの営農条件のなかで合理的な理由をもって選択の努力をしているので，その考え方などを例示する。

①北海道 T 農場

生食用品種はすべて半身萎凋病と葉かび病に抵抗性のある品種を選んでいる。

大玉種での主力品種は以下の品種で，すべて自根苗である。

りんか409 節間が短く草丈が伸びないので，茎の管理作業が楽で段数がとれ，つくりや

すいうえに味がよい。

桃太郎セレクト，CFハウス桃太郎 病気に強い品種であるが，節間は長い。

パルト 単為結果性で，豊産性である。

きたスズミ 豊産性で玉揃いがよく，生食用出荷で秀品率が高い。

中玉種では‘シンディースイート’‘シンディーオレンジ’‘Mr.浅野の傑作’の3品種を主力品種としている。

ミニトマトは直売店用で，味，色を変えた3種類を収量性，秀品率の高さを考慮して栽培している。

ほかに有機JASの加工用として露地栽培による3品種を無支柱・整枝で栽培している。

②岐阜県 Y 農園

販売戦略と顧客からの要請で試作品種が多いが，約100種類の品種（大玉種3，中玉種3，ミニ種10，特殊系30，調理用6，エアルーム系約50）を栽培している。しかし，主力品種は大玉種では‘麗夏’，中玉種では‘シンディースイート’，ミニ種では‘キャロル10’に絞っている。

③岐阜県 H 農園

慣行栽培時には地域の銘柄品種である‘桃太郎8’を栽培していたが，葉かび病が出やすいため‘麗夏’に変えた。‘麗夏’は果実が硬く裂果がごく少ないので流通上もよい。しかし，連作のせいか葉かび病が出やすくなっている。

④三重県 H 農園

20年以上前から低温伸長性のある冬系の品種‘ハウス桃太郎’を栽培していたが，10年前から食味を重視し収量と味の面で優れている夏系の‘桃太郎ファイト’に変えた。耐病性は栽培管理により健全な樹づくりを行ない補完している。

⑤和歌山県 A 農園

数品種の試作により有機種子認証が得られ，また，樹勢が強く病害抵抗性があるオランダ・エンザ社（日本ではベストクロップ社扱い）の中玉品種‘カンパリ’の自根栽培を選択した。果皮が硬く多湿条件下でも実割れせず秀品率が高い。

444

⑥熊本県 H 社

大玉トマトでは葉かび病，灰色かび病，青枯病など土壌病害に抵抗性が高い'マイロック'を栽培している。塩分の高い塩田跡の圃場では葉かび病が出ないので，糖度が高く食味のよい'ハウス桃太郎'を栽培している。ミニトマトは従来夏に高温でマルハナバチの受粉が極端に低く栽培困難だったが，自家採種を繰り返して単為結果性品種が育成でき，8月定植の栽培が可能になった。

(9) 健苗の育成

①育苗培土

一般には，山土と2年以上熟成した草質堆肥か，前年の踏み込み温床資材に，別途製造したボカシか米ヌカや菌体資材，必要に応じてモミガラくん炭やパーライト，ピートモスなど多くの資材を混合堆積して製造している例が多い。認証機関によっては山土を認めず，認証ずみ圃場の土を使う例もある。育苗培土製造例を以下に示した。

北海道 T 農場 鉢上げ用培土は，ハウス土＋牛糞堆肥＋微生物菌体（トーマス菌，オルガ菌）＋ボカシ＋貝化石粉末を混合して製造。

三重県 H 農園 山土＋生モミガラ＋長期熟成バーク堆肥を3分の1ずつ混合し，不足分は単体肥料で追加。

和歌山県 A 農園 7年間熟成させた自家製の各種草質堆肥を使い，無肥料で使用。

②育苗方法と管理

育苗方法 低温期の育苗では，電熱温床を利用し，保温管理が十分できる施設を日当たりのよい場所に設置する。高温期の育苗では，風通しのよい涼しい場所に育苗ハウスを設置し，微小昆虫の侵入対策も徹底する。

播種は，播種箱（プラスチック製）やセルトレイ（自根の場合128穴トレイ，接ぎ木の場合72，98穴トレイ）を用いる例が多い。

大規模経営では，セル成型苗を育苗専門業者に委託したり，接ぎ木苗で購入する場合もある。セル成型苗を，鉢上げせず直接定植している事例もある。

播種と播種後の管理 床まき，箱まきは，ともに床土を6cm程度入れ，条間6 〜 8cm，種子間3 〜 4cm，覆土1cm弱のすじまきをする。種子は10a当たり60 〜 70ml程度必要である。覆土後は新聞紙などで覆い乾燥を防ぐ。

セル成型苗は，セルトレイに播種用培土を詰め，セルの中央に深さ5mm程度の穴をあけ1粒ずつ播種し，箱まきと同様に覆土する。

発芽揃いまで4 〜 5日かかる。発芽までは床温を25 〜 30℃で管理し，発芽後は25℃以下に下げ，その後定植に向けて20℃まで下げていく。なお，低めの気温で管理すると生殖生長型になり，地温を気温より5 〜 7℃低く管理すると根がよく発達する。

播種床で重要なことは，発芽までは毎朝発芽状況を確認し，夕方に播種床面が乾く程度の灌水を行なうことと，播種床面が乾かないように管理することである。わずかでも発芽してきたら，胚軸が徒長しないよう，温度を下げ，光を当て，灌水もやや少なめにする。

鉢上げと定植までの管理 箱まき，セル苗ともに，本葉2.5枚ころ（播種後25日ころ）鉢上げする。鉢上げには，10.5cmか12cmのポリポットを使うことが多い。ポットに土を詰めて灌水し，低温期にはビニールを被覆して温度を上げておく。

苗を抜きやすくするため，軽く灌水してから鉢上げする。植付けの深さは，子葉が鉢土面より2 〜 3cm上に出る程度にする。鉢上げ後軽く灌水して，苗床に並べて保護する。

鉢上げ直後は，昼間23 〜 26℃，夜間15 〜 16℃，地温20℃にして苗の活着をはかる。徐々に温度を下げていき，3葉期以降は下限温度をさらに2℃程度下げる。定植期までの温度管理は，鉢上げの段階で第1花房の位置は決まっているので，低温による障害果の発生を防ぐとともに，高温による徒長を防ぐことが重要である。

鉢上げ後は，日照，温度，水管理に注意し，ガッチリ締まった苗に育てる。葉色が薄い場合は肥料切れも予想されるので，灌水時に有機質のフイッシュ系液肥などを追肥する。

葉が混み合ってきたら，"ずらし"を行ない通風と採光をよくする。この時点では昼間は採光と通風に注意し，夜間は12～15℃で管理する。とくに，高夜温にしないことが重要で，灌水は午前中早く行ない，夕方には生長点付近の葉がややしおれる程度がよい。

育苗時の留意点 トマトは，本葉が8枚程度まで分化すると生長点が花芽にかわり，第1花房を分化する。第3花房は本葉6～7枚展開時（播種後40～50日）に分化するので，育苗時の環境が第3花房までの花数や花の素質に大きく影響する。

適温であれば，第1花房は8節程度に着果し，数個の花芽が分化し，質のよい大きな花になる。しかし，低夜温管理では花芽分化が早まり，着花節位が下がり花数は増えるが，苗の生育は抑制される。高夜温管理では栄養生長に傾き，花芽分化が遅れて着花節位が高まり，花数は少なく，花の素質も不良になる。また，昼温が20℃以下で，夜温が6～8℃になると，乱形果の発生が多くなるので注意する。

とくに，普通栽培，早熟栽培，半促成栽培は，低温時の育苗になるので，保温には十分留意する。12℃を下まわったり，乾燥しすぎると，低段果房に穴あき果やチャック果の発生が多くなる。

馴化 育苗の最終段階には，7日程度かけて外気に馴らす"馴化"を行なう。馴化では，苗を十分日光に当て，温度をやや低めにし，灌水も最小限に制限して苗を硬化させる。定植時期が低温のときほど効果が高い。

定植3日前に"戻し"を行なうこともある。目的は，灌水を十分して根を若返らせ，発根力を高め，活着を促進するためである。

挿し木苗の利用 和歌山県のA農園では，夏の発根困難時を除き，必要な苗の2分の1から3割を挿し木（深さ5cm程度に挿して灌水する）で育成している。播種から定植までの時間が半分ですむメリットもある。収穫の最終段階で欠株が出たときも利用し，2～3段の果実を収穫している。

③**接ぎ木**

接ぎ木の方法 トマトでは「呼び接ぎ」が圧倒的に多く，次いで「割り接ぎ」が多かった。その後，セル成型育苗で，台木の本葉が2～2.5枚の幼苗時に接ぎ木する「幼苗接ぎ木法」が全農によって開発され，有機栽培農家にも広がっている。

この方法は，穂木，台木とも子葉の上1cmで切断し（切断面は30度の角度，5mm程度の長さとする），台木に支持チューブを差し込み，穂木と台木の切断面が合うように，穂木をチューブに差し込む。接合方法が容易で，初心者でも習得しやすく，能率は従来の2～3倍とされている（第1図）。

接ぎ木作業が完了したセルトレイから，順次活着促進装置（苗ピットなど）に搬入する。専用の養生装置がなければ，ビニールトンネルをかけて湿度を90％前後に保つ。また，直射日

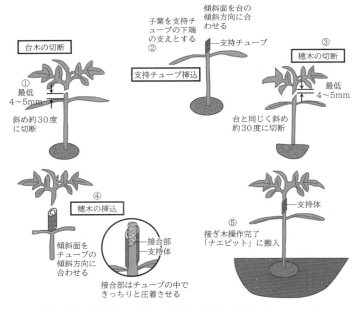

第1図 幼苗斜め合わせ接ぎの作業工程（全農，2009）

光が入らないように寒冷紗などで被覆し，弱光条件にする。

接ぎ木苗の管理　トマトの育苗好適温度は，昼間24～27℃，夜間15～17℃，地温18～20℃とされている。接ぎ木後，3日間は気温25℃，湿度80％で養生する。接ぎ木直後から，過湿，高温，しおれに注意しながら，光線に馴らしていく。

光の不足しやすい冬は，株間を十分とり，相互被陰による光不足をできるだけ少なくする。盛夏期は，過度の葉温上昇による日焼けやしおれを防ぐため，寒冷紗や通気性のある不織布で2割前後の遮光を行なうとよい。

セルトレイで接ぎ木した苗は，10日程度で12cmポットに移植し，夜間はビニールなどをかけて12℃以下にならないように保温する。

定植適期は第1花房開花初期なので，通常のセルトレイ育苗の育苗期間は50～70日であるが，接ぎ木苗は7～10日長くなる。定植，仮植などの準備は逆算して準備しておく。

（10）圃場の準備

①圃場の選択と排水条件の整備

トマトは，果菜類のなかでも耐湿性がもっとも弱いので，排水がよく，土つくりが進んだ肥沃な圃場を選ぶ。

有機栽培農家では，栽培施設が平坦地にある場合や，傾斜地であっても山側からの押水があるとか，大雨時に滞水しやすい重粘土壌などの場合は，地下水位が1m以下になる暗渠や，施設周辺へ深さ50cm程度の明渠を設置するなどで対処している。

②連作障害の回避

多品目野菜生産の経営では，露地で多数の野菜を輪作することが多く，連作障害や病害虫の多発を避けることが可能である。雨よけ栽培でも施設面積に余裕があれば，輪作を行なうことで連作障害を軽減できる。

専作型経営では連作が避けられないが，できるだけ輪作体系を組み込むことが望ましく，収益性が低下しないようキュウリの導入も考えられる。温暖地で複数の施設を保有している場合は，夏に緑肥作物を導入することも効果的である。

（11）施設栽培での環境整備

①施設内に害虫を入れない措置など

施設栽培が多いトマトの産地では，タバココナジラミ媒介による黄化葉巻病（TYLCV）やミカンキイロアザミウマの伝搬による黄化えそ病（TSWV），オンシツコナジラミ，マメハモグリバエの被害が多発しており，これらの防除に防虫ネットを活用している。

施設の開口部（出入り口，側面，天窓など）を，対象害虫より小さな目合の防虫ネットで被覆して害虫の侵入を阻止するのである。化学合成農薬が使えない有機栽培では，もっとも重要な対策である。

病，害虫は，施設内外の雑草がすみかになっていることも多い。施設内はもとより，施設周辺の雑草は除草シートで防除している例が多い。

また，施設栽培では，天敵を活用して害虫を抑制する方法も開発されている。市販の天敵資材を利用することも考えられるが，トマトでは必ずしもうまくいっていない。天敵資材の導入を続けてきた農家は，トマトの茎葉にある細毛が天敵の活動を抑制しているためではないかと指摘している。土着天敵の有効性を指摘する有機栽培農家もいるので，天敵増殖植物の利用も検討する価値がある。

②施設内の土壌条件の整備

連作圃場では，土壌病害の発生と施設栽培における塩類集積が共通的な問題である。

土壌病害については，抵抗性品種や接ぎ木栽培による対策のほかに，太陽熱消毒などが行なわれている。しかし，関東以北や本州の高冷地では夏秋作が中心であり，温暖地でも夏に施設が空く作型でないと太陽熱消毒は困難である。これに対し，地温が30℃程度の比較的低温でも土壌消毒効果が高い，土壌還元消毒法が北海道で開発され，太陽熱消毒との併用もできるので，次ページに紹介した。

トマトの有機栽培圃場を対象にした生育中の土壌分析結果は，チッソの過剰はなかったが，

野菜

リン酸，カリ，石灰，苦土は，相当な残留が予想される例もあった。

夏秋期中心の，北海道や東日本，本州の高冷地などでは，秋冬はビニールをはがし降雨や積雪にさらしており，塩類集積の危険は少なく，病害虫の棲息密度も低い可能性がある。しかし，温暖地では，年間を通した施設利用が多く，塩類集積の危険性がある。この場合，とくにチッソ，カリは，緑肥作物の導入による削減効果が高く（第2表），収穫物を有機質資材としても利用できるので活用したい。

土壌還元消毒法
（「千葉県農林技術会議（2002）」などより要約）

（1）以下の手順で土壌を還元状態にして病原菌などを死滅させる

①1t/10a程度の有機物（米ヌカ，フスマなど）を土壌に散布，②ロータリで十分に混和，③灌水チューブを設置，④上から透明フィルムで被覆，⑤ハウスを密閉，⑥灌水により圃場面を一時的に湛水状態にする，⑦地温30℃以上の状態を約20日間維持する。

（2）効果と留意事項

褐色根腐病とネコブセンチュウで高い防除効果が認められ，萎凋病，根腐萎凋病にも農薬と同程度の効果があった。しかし，青枯病には防除効果が不安定であった。米ヌカなど有機物資材を大量に使うため，施肥設計時にこのことを考慮しないと，養分過剰の影響が出るので注意が必要である。

熊本県で，7～9月に湛水処理を行ない，その間ヒエなど水生植物を播種して有機質資材としても利用している例がある。

（12）土つくりの目標と方法

①堆肥など有機質資材の投入

有機栽培農家は，河川敷のカヤ類，刈り草，果樹や街路樹の剪定枝，イナワラなどの農業副産物など，C/N比の高い有機質資材による土つくりを積極的に行なっている。

有機トマトの新規造成圃場の例では，3年ほどは5t/10a以上の堆肥などの有機物を施用して，地力の早期向上をはかっている。未熟な堆肥は病害虫を誘発するので，長期熟成した自家製の堆肥を使用している。

最小限の腐植を維持するための有機物の施用量は，畑地では2～3t/10aとされているが，トマトの有機栽培が安定している例では，北海道T農園ではボカシ堆肥2～2.5t/10a，岐阜県Y農園では秋まきライムギのすき込みのほか，市販のボカシ，菌体肥料，腐植などの有機質資材を総量で約1.5t/10a（うち0.5tは天然腐植），和歌山県A農園では完熟草質堆肥3～4t/10a，熊本県のH社では2～4t/10aと，施用量は多い。

土つくりが進んでいても，ボカシを含む有機質資材の投入量が多い背景には，腐植の減耗分に対応した有機質資材の投入に加えて，1）土壌の肥沃化，保肥力の向上，2）土壌の団粒化などによる透排水性の向上，3）土壌の微生物性向上，など土壌改良の視点がある。

第2表 緑肥作物の作付け前後のハウス土壌のEC，硝酸態チッソ，塩基類の比較（単位：EC（mS/cm），その他：mg/100g）

区　分	EC		硝酸態チッソ		カ　リ		石　灰		苦　土	
	作付前	収穫後	作付前	収穫後	作付前	収穫後	作付前	収穫後	作付前	収穫後
ソルゴー	1.92	0.65	80.5	13.9	67.0	38.0	514.2	548.9	94.1	87.9
トウモロコシ	1.92	0.72	80.5	17.6	67.0	43.3	514.2	456.1	94.1	87.5
スーダングラス	1.92	0.85	80.5	19.5	67.0	40.0	514.2	468.0	94.1	89.1

注　4月28日播種，6月21日収穫（栽培期間56日）
　　資料：宮城県園試一部改変

②作土層を厚くし地力向上をはかる

有機栽培では作土層を厚くして，そこからの養分供給力を高めることで，生産を安定させるという考え方がある。そのため，深耕とともに，高ウネ栽培をすることが多い。高ウネ栽培は排水性を高め，作土層を厚くする技術でもある。

岐阜県Y農園では，プラソイラを改造して50cm下まで亀裂を入れると同時に，その部分に元肥としてボカシや有機質肥料を施用している。また，和歌山県A農園では，高ウネの表面から約50cm下に，幅15cm，深さ15～20cmの溝を掘り，元肥として自家製の数年熟成させた植物性堆肥とともに，自家製ボカシを施用している。

これらも作土層拡大の一つの方法とみることができ，元肥のウネ内施用による樹勢コントロールのしにくさを解消し，長期間安定した養分供給をはかる方法としても評価できる。

つまり，深層施用によって追肥の役割をさせるのである。和歌山県A農園では，この施肥法で1年以上つづく収穫を無追肥で行なっている。しかし，元肥の作土層への施用や深層施用は，作土層が厚いか，高ウネにしてかつ地下水位が低い圃場でないと導入がむずかしい。

なお，一度に作土を深くすると土壌環境が大きく変化し，マイナスの影響が出るので，少しずつ深くしていくようにする。

③土壌診断と土壌改良

有機トマトの先進的農家は，生育状況や収量の観察による土壌の評価に加え，機器による土壌分析を行なっている。

有機栽培地区で土壌分析を行なった結果，全体としてリン酸，カリ，カルシウムが過剰傾向であり，塩基飽和度も高い傾向が認められた。有機質資材の多投入による緩衝機能が高く保肥力も高い土壌が多いことや，たくみな灌水コン

トロールにより，チッソの効かせ方が抑制気味であることなどから，生理障害が多発する状況はなかったが，次年度の施肥設計では，成分間のバランスのとれた土壌改良や施肥設計の必要が認められた。

さらに，トマトの最適pHは6.0～6.5とされるが，7を超えていたり，6を下まわっている例もあり，石灰質資材の施用に課題がある。

(13) 施肥管理

①トマトの吸肥特性

栄養生長と生殖生長のバランスを保ちながら収穫を継続するには，土壌中の無機態チッソの変動を小さくし，持続的に養分を供給する必要がある。

先進的な有機栽培農家は，毎年有機質資材を3t/10a前後施用して，地力の向上をはかっている。また，各種有機質資材で土壌微生物の活動を活発にして，有機物や土壌中に蓄えられた肥料養分の効率的な利用をはかろうとしている。

（独）農業環境技術研究所の1996年の推計では，わが国でトマト1tを生産するために必要な養分吸収量は，チッソ2.4kg，リン酸1.1kg，カリ6.5kgで，このうち，チッソの38％，リン酸の41％，カリの38％を果実が吸収するとしている（第3表）。また，このときの抽出調査では，10a当たり平均施肥量は，チッソ35.0kg，リン酸23.7kg，カリ35.0kgであった。

トマトの養分吸収量は，生育初期は緩慢であるが，収穫が始まるころから急激に増加する。とくに，カリはぜいたく吸収があり，終盤期にはチッソ，石灰の2倍近くなっている。

②肥料養分と収量・品質

トマトは根群の働きが強いので，養分が多いと過繁茂になり，着果不良を起こしたり，異常果の発生が増える。とくに，元肥のチッソ量が

第3表　トマト収穫物1t当たりの全地上部養分吸収量および収穫物養分吸収量

全地上部養分吸収量（kg/t）			収穫物（持ち出し分）養分吸収量（kg/t）		
N	P2O5	K2O	N	P2O5	K2O
1.52	0.64	3.99	0.92	0.44	2.47

注　環境保全型農業研究連絡会ニュースNo.33，1996による

野　菜

多く，若苗定植で土壌水分が多いと，生育初期から栄養生長に傾き，過繁茂になって，着果不良を起こす。しかも，これによってさらに栄養生長が増幅されるので，その後の樹勢管理はきわめて困難になる。

そこで，第3花房開花期までは栄養生長を抑え，着果を円滑にする養分管理が重要になる。第3果房着果後は着果負担が大きくなり，栄養生長と生殖生長のバランスがとれるようになるので，定期的な追肥で生育バランスをとり安定した生産を維持していく。

以下，トマトの肥料養分と収量・品質の関係について解説する。

EC（電気伝導度）値と生育との関係　トマトはキュウリやスイカより塩類濃度障害に対して耐性が強く，研究結果ではEC1.0mS/cm後半がもっとも収量が高いとされている。また，EC1.8mS/cm前後以上では生育障害を受けるという（第4表）。

施肥前のEC値による元肥（チッソ，カリ）施肥量の目安として第5表が参考になる。なお，栽培中のEC値は0.8mS/cm以下がよいとされている。

チッソ追肥の目安　追肥は土壌中のチッソ濃度を一定にしていくのがよく，収量の面からは，追肥は無機態チッソが10mg/100gを目安に行なうのがよいとされている。

リン酸施用量　土壌中の可給態リン酸濃度とトマトの収量について，福岡県農業試験場の研究では，可給態リン酸が130mg/100g程度までは収量は向上するが，それ以上では横ばいであった。また，90mg/100g程度の土壌で，リン酸を無施肥にしたら6%減収したという。

新潟県農業試験場では，可給態リン酸が100mg/100gを超える施設土壌で，リン酸施用量半分と無施用で3年間栽培したが，収量が低下することはなかった

という。近年，リン酸過剰が指摘されているので注意する。1986年の全国的な調査では，トマトの生育に適す環境指標としての土壌の可給態リン酸は40mg/100gに過ぎない。

リン酸は地温によって吸収が大きく左右され，たとえば地温が20℃から10℃になると，吸収率が約10分の1に低下する。温度の低い地域や時期の栽培では，リン酸を多めに施用する例が多い。

カリ施用量と収量・品質　トマトのカリの吸収量はチッソの約2倍になるが，ぜいたく吸収があり，体内濃度が上がっても増収に結びつかず，過剰障害も発生しないといわれている。カリは，乾物中に2%以上あればよいとされており，チッソと同量程度が施用されている場合が多い。

北海道立中央農業試験場の研究では，もっとも良果の収量が高かったカリ施用量は2007年は60kg/10a（60mg/乾土100g相当），2008年は40kg/10aであったという。また，カリの施用量が減ると灰色かび病が多くなるが，苦土や石灰に対して相対的に多くなると，灰色かび病を増加させることも明らかにしている。

福井県農業試験場では，カリがトマトの果糖（Brix）やグルタミン酸，酸度を上げる働きが

第4表　塩類濃度とトマトの生育障害（土壌浸出液のEC値）（単位：mS/cm）

土　壌	生育障害を受ける濃度	生育限界濃度
砂　土	1.3〜1.8	1.8〜2.2
沖積土	1.8〜2.3	2.3〜3.3
火山灰土	1.8〜	2.8〜

注　乾土：水＝1：5（神奈川農試）

第5表　施肥前EC値による元肥（チッソ，カリ）施肥量補正の目安　　　　　（藤原ら，1996）

土壌の種類	EC値（mS/cm）（1：5）				
	0.3以下	0.4〜0.7	0.8〜1.2	1.3〜1.5	1.6以上
腐植質黒ボク土	基準施肥量	2/3	1/2	1/3	無施用
粘質土，細粒沖積土	基準施肥量	2/3	1/3	無施用	無施用
砂質土	基準施肥量	1/2	1/4	無施用	無施用

品目別技術　トマト

あることを明らかにしている。

③施肥管理での留意点

有機栽培開始期の施肥管理　慣行栽培であるが，各県で作型別の施肥基準が示されているので，一つの目安になる。

たとえば，促成栽培の10a当たりチッソ―リン酸―カリの標準施肥量は，A県では目標収量7tで16―14―16kg（うち元肥が12―14―12kg），B県では目標収量9tで35―25―20kg（うち元肥が15―25―10kg）としている。

有機栽培で適切な施肥管理を行なうには，以下の施肥設計の考え方を理解したうえで，先駆者に学びつつ，経験を積んでいく必要がある。

トマト約10t/10aの生産で吸収される養分量は，チッソ22〜28kg，リン酸5〜8kg，カリ42〜48kg，石灰16〜21kg，苦土3〜6kgとされている。これを基礎に，目標収量，土壌中の可給態養分量（土壌診断値から推定），肥料の養分利用率（肥効発現率），肥料成分の含有量，堆肥に含まれている肥料成分の含有量，などを総合的に加味して施肥量を決定し，さらに元肥と追肥の配分を決定する。

以下に，有機栽培開始の初期段階での施肥管理の留意点をあげる。

最初から高い目標収量を求めない　経験の長い有機栽培者でも，よくて慣行栽培の8割程度の収量というのが現実である。したがって，施肥設計も，トマト1t当たり養分吸収量を基準にして検討する。

土壌診断に基づく施肥　土壌診断を行なって施肥量を加減する。

有機質資材で土壌改良，地力つくり　有機栽培の初期3年程度は，大量に良質な有機質資材を施用するが，遅くとも半年前から施用し，深耕などで土となじませ，分解を進めておく。また，施肥設計では，有機質資材の肥効が発現してくることを考慮する。

使用肥料の養分構成や分解特性を把握　有機質肥料は，C/N比によって肥効発現の程度や持続性が異なり，地温で養分発現速度もかわる。また，連用によって肥効率が高まったり，微生物性の変化で肥効の発現程度も変わってくる。

施肥設計で堆肥の肥料成分を考慮しないこともあったが，養分の過剰蓄積につながるので，それらも考慮する。

元肥と追肥を分けて考える　チッソは初期から多量に与えず，開花・結実の状況をみながら追肥していく。栽培期間が長くなるほど，追肥の割合を高めていくのが自然である。しかし，肥効発現率の低いリン酸や，石灰，苦土は元肥で全量施用する。

1回目の追肥は，1段果房がピンポン玉大になったときに，2回目は3〜4段果房の着果確認後に行なう。また，葉色があせ，葉がやや硬化して上巻き気味になりかけたときや，開花位置が生長点に近くなってきたときは追肥して，樹勢をつける。

追肥には自家製のボカシなどが使われる。低温期には肥効発現に時間がかかるので留意する。

なお，肥料の種類による肥効発現のちがいは，追肥のあと，葉柄汁液の硝酸イオン濃度を経時的にみることで，容易にわかるので活用したい。

接ぎ木苗やセル苗の直接定植では減肥　吸肥力が高く肥効が高まるので，元肥のチッソ量を2〜3割少なくする。

④有機栽培での樹勢制御の方法

有機栽培では，有機質肥料の肥効が緩慢なので，慣行栽培にくらべ過繁茂は起こりにくい。しかし，低温期の定植で初期生育を旺盛にしようと，鶏糞や油粕などを多量に施用すると過繁茂になることがある。また，高温期に定植する抑制栽培や促成栽培では，低温期より著しく肥効の発現が速いので，過剰施肥にならないように注意する。

初期生育には定植時の苗齢も大きく影響する。若苗は定植後から養水分の吸収が旺盛で過繁茂となり，着果不良や果実の肥大不良，異常茎などの発生が多い。育苗期間が長すぎた老化苗は，定植後の養水分の吸収が劣り，樹勢が回復しないまま第1花房の着果を迎えることになる。

有機栽培での定植適期苗も，慣行栽培に準じ

451

野 菜

てよいが，低温期の定植や地力チッソの少ない圃場では，慣行栽培より若苗で定植し，初期生育を充実させる。

着果期以降は，有機栽培では速効性の追肥肥料がないので，樹勢が低下すると回復がむずかしい。地力チッソを十分保持した土つくりを行ない，肥効が継続するようにすることが大切である。応急的には，肥効の発現の早い有機液肥を利用する。

⑤養分の欠乏や過剰の見分け方

トマトの要素欠乏や過剰障害と対応策を第6表に示した。また，チッソの過不足の状態や適正な樹勢を第2図に示した。

(14) 生育期の栽培管理

①定　植

定植の準備　ハウスを利用した普通栽培での，定植までの作業行程の例を以下に示した。

1) 収穫終了後トマトの茎葉残渣を運び出すかすき込む。

2) ハウスのビニールをはぐ。

3) 定植2～3週前までに有機質資材，肥料を施用（全面施用，ウネ内施用，深溝施用やその組合わせ）。

4) 定植2～3週前までにロータリ耕起・整地。

5) 定植1～2週前までにウネ立て，マルチ展張。

6) 通路へのマルチまたは防草シート展張（地温が高いときは敷ワラ）。

定植時期　普通栽培では，地温が15℃以上になっているかを確認して，晴天，無風の日に定植する。抑制栽培など地温が高い時期は，曇天日に行なう。また，半促成栽培では施設内の気温が高い時間帯に行なう。

鉢苗には，事前に灌水を十分しておけば，定植後の灌水を省くことができる。

定植に適した苗は，本葉8～9枚で第1花房の第1花が咲いた時期がよく，接ぎ木苗で樹勢が強い台木を用いた場合は第2花が咲いた時期がよい。

定植方法　花房が支柱の外側に向くように植える（トマトは茎の同一方向に着果するので，収穫作業や管理作業が楽になる）。深さは，鉢土がウネの表面と平行になる程度か，株元がやや高めになるように植える。接ぎ木苗は接ぎ木部が埋まると，穂木の自根が発生するので深植えを避ける。

鉢土と圃場の土のあいだに隙間があると，活着不良になるので，ある程度圧着する。

施設栽培では土壌が乾燥することが多いが，定植直後の灌水はできるだけひかえ，根が深く伸びるのを優先させる。

栽植密度　有機栽培では病害虫の誘発を避けるため，日照条件と通風条件をよくし，空中湿度を低く保つために，密植を避けることが重要である。

先進的な事例では，1条植えの場合，ウネ幅120cm前後，株間40～50cm程度で，栽植本数は2,000本/10a程度である。2条抱きウネでは，ウネ幅180～200cm程度，株間45～50cm程度で，栽植本数は2,200～2,500株/10a程度である。

1条植えは株元まで光がよく入るので，節間が詰まったがっしりした樹形になり，株全体の光合成能力が高く生産性も高い。2条植えは，条間が狭いと徒長気味になり，収量もやや劣るので，できるだけ条間を広げたい。光線の利用は，条間を狭めるより，株間を狭めるほうが生育への影響が少ない。

定植後の管理　定植後は，日中は25℃前後とやや高めにし，夜間は15℃程度で管理して苗の活着を早める。定植直後は灌水を行なわず，根の張りをよくする。

定植後1週間ほどは，苗1本1本の乾き具合を観察し，根鉢が乾いている場合は，個々の株元に手灌水を行ない，生育を揃える程度にする。

活着後も少量灌水にして，生育が旺盛になりすぎないようにし，第3花房の開花以降に徐々に灌水量を増やしていく。

第3花房以降は着果負担で樹勢が落ちやすいので，第3花房開花時に2～3kg/10aのチッソを追肥する。

品目別技術　トマト

第6表　トマトの樹に現われる要素欠乏・過剰障害と対策など

	症　状	発生しやすい条件	対　策
チッソ欠乏	生長が遅延する。葉が小形となり，生長点に近い茎が細くなり，上位葉が極端に小さく硬くなる。下葉から順次上位葉に向かって黄化する 着果数が少なくなるが，比較的早く肥大する	・土壌中のチッソ含有量が低いときに発生 ・イナワラを多量に施用したときに発生 ・降雨が多く，チッソの溶脱が多いときに発生 ・CECの小さい土壌に発生しやすい	・チッソ質肥料の施用，低温期に硝酸系肥料の施用が有効 ・完熟堆肥および有機質肥料の施用も有効
リン酸欠乏	比較的若い時期に下位葉が緑紫色になり，次第に上位葉に及んでくる。葉は小形で光沢がなくなり，進むと赤紫色になる。果実が小形で成熟が遅れ収量が低い	・火山灰土壌で発生しやすく，pHが低いときや根張り不良の土壌で現われやすい ・リン酸吸収は低温で著しく阻害される	・リン酸不足土壌（トルオーグリン酸20mg/乾土100g以下）には，リン酸質肥料を施用。20～100mgの範囲でリン酸肥料の施用効果がある ・育苗期にとくに注意して施用（$P_2O_5$1,000～1,500mg/培土l）
カリ欠乏	生育の比較的早い時期に，葉縁から葉肉部に向かってクロロシスが発生する 生育の最盛期に中位葉付近の葉の先端から褐変しのち枯死する 葉色が異常に黒ずみ，硬化する	・土壌中のカリ含量が低い場合に発生 ・生育旺盛で果実肥大が著しく，吸収量が供給量に追いつかないときに発生する ・石灰質肥料の過用により，カリの吸収が妨げられた場合に発生しやすい ・低日照，低温期に出やすく，地温が低くカリが吸収されにくい条件で発生 ・堆肥などカリを含む有機資材・カリ質肥料の施用不十分の場合に現われやすい	・カリ質肥料の十分な施用，とくに生育の中～後期に肥切れしないように注意 ・有機資材を十分に施用
カルシウム欠乏	作物全体が萎縮して若い芽が小形になり，黄化する。生長点に近い葉の周縁部が褐色になり，一部枯死する 果実の花つきの部分が黒変する。果実のしり腐れが発生する	・土壌中にカルシウム不足の場合に発生 ・土壌中にカルシウムが多くても，塩類濃度が高い場合にも発生 ・チッソ質肥料を過剰に施用したときにも発生 ・土壌が乾燥した場合に発生 ・カリ質肥料を多く施用した場合に発生 ・空中湿度が低く高温が続く場合に発生	・土壌診断によってカルシウムが不足している場合には，石灰質肥料を十分に施用 ・深耕を行ない十分灌水を行なう
マグネシウム欠乏	第1花房の肥大期に，下位葉にクロロシスが発生する 葉脈間にぼやけた黄化が起こり，徐々に上位葉に及ぶ 生育後期になって全葉が葉脈のみを残して黄化する	・土壌中のマグネシウム含量が低い場合に発生 ・土壌中にマグネシウムが十分含まれていても，カリ質肥料の多施用などでその吸収が妨げられる場合に現われやすい ・作物のマグネシウム要求量が多く，根からの供給量が追い付かないときに発生	・土壌診断によりマグネシウムが不足している場合には，苦土肥料を施用 ・応急対策として1～2%硫酸マグネシウム水溶液を1週間おきに3～5回葉面散布

453

野　菜

	症　状	発生しやすい条件	対　策
硫黄欠乏	全体の生育に異常が認められないが，中〜上位葉の葉色が下位葉に比べて淡く，著しいときは淡黄色になる	・施設栽培などで長い間無硫酸根肥料を連用した場合などに出ることがある	・硫酸カリ，硫酸苦土肥料など硫黄含量肥料（硫酸根含有肥料）を施用する
鉄欠乏	新葉が葉脈を残して黄化し，腋芽にも葉脈間が黄化した葉が現われる 土耕では全体に症状が現われることは少ない	・リン酸が多く，pHが著しく高いとき発生 ・リン酸肥料の過剰施用の結果，鉄の不溶化が進んだときによく発生 ・過乾，過湿，低温などにより，根の活力が低下したときに発生しやすい ・銅，マンガン過剰による鉄との拮抗作用が崩れたときに出やすい	・土壌診断によりpHが高いときはpH6.7〜6.5になるまで，石灰類の施用を止め，生理的酸性肥料を使用する ・リン酸過剰のときは深耕，客土などにより希釈するか，クリーニングクロップを導入する
ホウ素欠乏	新葉の生育が停止し全体が萎縮状態になる。茎が曲がり茎の裏側に褐色・コルク状の亀裂ができる。果実表面にコルク状の亀裂ができる。葉面がやや濃緑色となる	・土壌が酸性化しホウ素が溶脱した後に，多量の石灰を施用した場合に発生 ・土壌の乾燥，有機物の施用量が少ない土壌で多い ・カリ質肥料を多施用した場合に多発	・あらかじめ微量要素複合肥料などを施用する
チッソ過剰	茎径が太くなり，葉色濃緑となる。葉形が大きく過繁茂になる。生長点が心止まりになる。下位葉の巻き上がりが激しく一部に葉脈間の黄化が見られる。果実の肥大が悪くしり腐れ症状が発生	・葉1枚の大きさ，重さが大となり厚くなる ・アンモニア態チッソが多いと，葉巻が著しく発生 ・葉色が濃くなる。さらに過剰になると葉色は濃く，葉形は小さくなり，茎もやや細くなる（濃度障害） ・果実肥大が不良となり腐れ果が発生	・追肥を控える ・施肥設計を再検討する ・夜温を低めにし過繁茂を防止 ・しり腐れ果の多い場合は灌水量を多くする
カリ過剰	葉色が異常に濃く葉縁が巻きあがる。葉の中央脈が上に盛りあがり，葉面がでこぼこになる。葉脈間に一部クロロシスを生じる。葉全体がやや硬化する	・露地栽培で少なく，施設栽培で多い ・家畜糞尿を多量に施用した場合に多い ・カリ質肥料を多施用したときに多い ・カルシウム，マグネシウム欠乏を誘発する	・灌水量を増やし土壌中のカリ濃度を下げる ・家畜糞堆肥を施用した時はカリ質肥料の施用量を少な目にする

注　全農肥料農薬部（2009a）ほかから整理

第2図　チッソ過多状態（左），正常苗（中），
　　　　チッソ不足状態（右）
（写真提供：副広博敏氏）

②施設管理

施設栽培の温度管理の基本は，光合成は午前中から昼すぎにかけてもっとも効率よく行なわれるため，午前中は温度をやや高めに管理する。午後は温度を下げ，さらに夕方から夜半にかけて徐々に温度を下げ，光合成で得られた栄養分を果実や茎葉，根に転流させる。夜間は温度を低く保ち，光合成産物の消耗を抑えることが重要である。なお，曇雨天日は光合成産物が少ないので，晴天日より低めの温度設定にする。

トマトの生育適温は12～26℃で，花粉の発育には最低13～15℃，最高30℃，開花には15℃以上必要とされている。

近年，微小害虫の侵入を防ぐため，目合0.4mmの防虫ネットで施設を覆う必要がある。そのため，換気扇や循環扇が設けられていても，暖地では40℃を超すことも多く，作物や作業環境への悪影響が出ているので注意する。

参考技術として，厳寒期と盛夏期の両時期に栽培・収穫を継続している有機栽培農家の，例を右に紹介する。

③結実管理

結実と摘果　摘果は，果実がピンポン玉大になるまでに行なう。とくに，低段の過剰な着果は，熟期の遅れや樹勢を低下させやすいので，確実に摘果して着果数を制限する。着果数は，第1～3果房は3～4果，第4果房以降は4～5果を目安にする。

なお，有機栽培の先進事例から，結実管理の具体例を次ページに紹介した。

**トマト栽培施設での
環境制御の取組み**
（和歌山県紀ノ川市アンジー農園の例）

厳寒期は2重張り（11月下旬～4月下旬）とし，夜間は2月でも最低10℃を下まわらないように，自動制御による室温管理をしている。冬も昼間の暖房はせず，20℃以上になると空気の循環を高めるため，自動で天窓が開閉され換気を行なう。

ハウス両側には大型換気扇を，ハウス内には多くの循環扇を設置し，空気の循環と湿度低下をはかっている。また，疎植にして通気をよくしている。

夏は天窓を開け，側面はすべて0.4mm目の防虫ネットにしている。施設内が30℃を超えると，自動で高さ約2.5mから細霧を噴射して温度を下げる（1分作動し，5分休んで気化熱で温度を下げ，葉面が乾燥したら再作動する方式）。

紫外線が強くなる5月連休前後には，白い遮光剤のレディソルを屋根に噴霧器で散布して30％の遮光をする。紫外線が強くなる6月にも散布して，遮光率を50％にしている（本塗料は風雨で徐々に落ち晩秋にはなくなる）。

ハウスの暗渠排水孔の出口で，半月ごとにECとpHを計測している。また，圃場内20cm深に設置したテンシオメーターでpFを常に計測し，盛夏期はpF2.3，10月ころはpF2.0になれば点滴灌漑を行なっている。

人工受粉　有機栽培では化学合成の生育調整剤は使えないため，マルハナバチ利用が行なわれる。ハウスに0.6mm目の防虫ネットを被覆したり，開花が始まったばかりのころは，人工花粉を与える必要がある。

高温期や低温期にはハチの活動が相当鈍るので，高温期には巣箱の温度が上がりすぎないような工夫（たとえば保冷剤の利用）が必要である。また，近紫外線カット率の高い資材は，マルハナバチの活動を極端に悪くするので避ける。

野 菜

有機栽培での結実管理の例

◆三重県H農園

　6月末から10月末まで収穫する'桃太郎ファイト'の普通栽培。玉数は1株当たり25～30個に制御し，後半になっても樹勢を維持し，最初から最後まで200g程度のやや小ぶりな果実生産をめざしている。

　着果量を確保するため，1段目はピンポン玉の大きさのときに摘果し，よい果実のみ3（細い樹）～4果（普通の樹）残し，2段目は4（細い樹）～5果（普通の樹），3段目以降は5～7果着果させている。2段目までは腋芽を放任するが，3段目の結実以降は，下段の腋芽を含めすべて除去する。最終の収穫は10月末なので9月5日をめどに摘心する。6～7段目まで収穫し，収量は周辺の慣行栽培と変わらない8～10t/10aである。

◆和歌山県A農園

　栽培品種はオランダ産中玉で，1年以上の長期どりのため，以下の着果管理をしている。

・1段目は成りぐせをつけるため3～4果のみ着果させる。

・2段目は4～5果と少なめに着果させる。

・3段目からは5～6果着果させる。

・4段目からは樹勢をみて着果数を調整する。

　マルハナバチによる受粉は，花落ちが少ない，種子が入るためゼリー部が充実する，果実径はやや小さいが重量感のある果実になる，などの優位性があるが，着果から収穫まで5日前後遅れる。

　なお，有機栽培では殺虫剤を使わないため，マルハナバチの有効期間は慣行栽培より1.5～2倍長いとされている。

(15) 整枝・誘引と芽かきなど

①整枝・誘引

　栽培期間が短く，収穫する果房数が6～7段程度であれば，直立1本仕立てが，また抱きウ

第3図　摘葉後の状況

ネの2条植えの場合には合掌式支柱に誘引する整枝が，もっとも簡単で容易である。

　8段果房以上収穫する場合は，茎をまっすぐ上に伸ばし，2m程度のところにあるリード線（誘引線）を超えた茎を整枝する。12段程度であればUターン整枝法や，斜め誘引法，株元に引きずり下ろす整枝法を行なうのが一般的である。

　これ以上の果房を収穫していく場合は，斜め誘引法もあるが，つる下ろし法が導入しやすい。

　誘引・整枝作業は，トマトの株にとっても負担になるので，少回数になるよう工夫し，作業後は直ちに灌水して株の負担を軽減する。

②芽かき

　果房直下の節からはとくに強い腋芽が発生するので，遅れないように摘み取る。なるべく晴天日の午前中に行ない，夕方までに傷口が乾くようにする。はさみで行なうとウイルスを伝搬させる危険があるので，素手で折り取るようにする。

　初期の芽かきは，根群の発達を促進するために，極端に早く行なわない。樹勢が強いときは，少し大きくしてから芽かきすると樹勢を抑えられる。

③摘　葉

　古い下葉は同化作用が低下してくるので，収穫する果房の1段下くらいまでの葉をすべて摘除する（第3図）。あまり多く除去すると食味が低下するので，収穫がすんだ果房までとする。過繁茂傾向の場合には，葉が重なりあって

品目別技術　トマト

第7表　トマトの果実に現われるおもな生理障害　（全農肥料農薬部，2009b）

障害果	症　状	原　因	対　策
葉巻き	樹勢が強いのに下位葉が上向きに巻き上がる	・強日照下でチッソ過多の場合に発生	・チッソ施用量に注意し過剰施用を避ける ・土壌水分の急変を避けるように深耕・有機物の施用，地表面にマルチなどを実施
乱形果	果実が丸みに欠け，変形したり，でこぼこした状態になる	・育苗期に6〜8℃内外の低温にあうと出やすい ・栄養や水分が多すぎた場合など，樹勢が旺盛なときに出やすい	・極端な低温や高温にならないように管理 ・樹勢に注意し，チッソや灌水が過多にならないように管理
空洞果	果実が角張り，果面に深いくぼみができる。樹勢が良いのに果実の肥大が進まない	・低温や高温，強日射，養・水分の過多，高夜温による炭水化物の消耗などが胎座部の発達不良や，果皮部の異常発達に結びついて空洞果の原因となる	・花粉をよく発達させるように管理 ・光環境に注意し強日射，光線不足にならないように管理 ・高温条件や養・水分過多にならないように管理 ・マルハナバチ受粉で空洞果発生防止
窓あき果	茎葉は正常であるが果実に穴があき，外からゼリー状組織が見える	・花芽分化，発育期の低温や日照不足による花芽の発育不良で起きやすい ・育苗期の低夜温，過剰施肥，過湿なども発生の原因となる	・光線の透過しやすい環境をつくる ・好適な条件で育苗を行なう
裂　果	露地栽培などで，果実の表皮にひび割れができる	・露地栽培のように乾湿の変化が激しい場合，とくに乾燥が続いたあとの降雨後多発 ・放射状裂果は果皮と果肉部の発育の違い，同心状裂果は果実のコルク点から，水の吸収が大きくなった時起きやすい	・発生率の少ない品種を選ぶ ・乾湿差を小さくするような栽培管理を行ない，とくに乾燥後の多灌水は避ける ・雨よけ栽培を行なうと裂果は起きにくくなる
すじ腐れ	果実の表面に濃い褐色斑点が現われたり，外観が緑または黄色のすじ条斑になる	・雨が多く日照が少ない多湿な年に多発 ・日照不足でアンモニア態チッソが多いと出やすい ・果実が日陰に置かれた場合に発生	・激発地では発生の少ない品種を選定 ・光線の透過しやすい環境をつくる ・多湿にならないよう注意

457

野　菜

第8表　果菜類で利用されるおもな土壌被覆資材の特徴と利用上の注意点（露地栽培での利用を含む）

材　質	種　類	特徴・利点	使用上の注意点
農ポリ系	透明マルチ	・厚さ0.02～0.03mmで透明 ・日中+3～6℃以上，夜間+2～4℃程度，裸地より地温が上昇する	光が透過する。マルチが地面から浮き上がっていると雑草が繁茂しやすくなる
	黒色マルチ	・太陽光を透過しない ・マルチ下では宿根性雑草以外はほとんど問題にならない ・夜間の保温効果は+1℃程度である	フィルム面の温度上昇によって地温が高まる。浮き上がっていると地温を下げることがある。梅雨明け～秋雨期は地温が上がりすぎる
	グリーンマルチ	・透明マルチと黒色マルチの中間的な性質である。緑色光で雑草の発芽・生育を抑えながら保温も可能である	利用は少ない
	シルバーマルチ	・アルミのもつ断熱性，遮光性，反射性を生かした被覆資材。保温と同時にアブラムシ類の忌避効果がある。フィルムにアルミを蒸着した高反射マルチもある	高価で，また反射光が作業性を落とすので，葉菜類など一部作物を除いてあまり普及していない
有機物	敷ワラ	・古くから利用されている。泥はね防止，土壌乾燥防止に有効 ・夏期はポリマルチの上に敷くと地温上昇を抑制できる	春先は地温を低下させるので注意が必要
	マルチムギ（コムギ）	・秋まき種を利用。中間地で4～6月（桜開花始めから2か月間）に，3～5kg/10aを条播する（安価なくずコムギを大量にまいて効果を早期に上げる方法もある）。8月上旬ころ自然枯死する	早まきで低温にあうと部分的に出穂することがある。地力が低いとトマトなど果菜類と競合する危険がある
	マルチオオムギ	・マルチムギに準じるが，暑さに弱いので6月下旬～7月にかけて自然枯死する	マルチムギに準じる

第9表　作型別マルチの種類と使い方

作　型	マルチの種類	使い方
半促成～早熟栽培	透明ポリ，黒ポリ	地温上昇には透明マルチが望ましいが，雑草が発生しやすいので，有機栽培事例では黒色マルチの利用が多い
早熟～普通栽培	黒ポリ，有機物マルチ	地温が十分に上がらないうちは半促成～早熟栽培に準ずる。地温が高くなっていればポリマルチを使う必要はなく，敷ワラなどの有機物マルチが望ましい。敷ワラは定植後に敷いてもよい
抑制栽培	シルバーポリ，有機物マルチ	地温が高い期間は敷ワラをして地温上昇と土壌乾燥を防止する。収穫が秋冷にかかるようであれば地温20℃を目処にポリマルチを使用する

品目別技術　トマト

第10表　トマト有機栽培での病害虫対応策

	病害虫	対応策
病　気	モザイク病	病原体はToMV，CMV，PVX，PVY，TAVなどである。ToMVに対しては，抵抗性品種が数多く発売されているので利用する。発病株は伝染源になるため抜き取って処分する。TAV，CMV，PVYは媒介するアブラムシが直接トマトに触れないように，障壁作物で囲む。いずれも汁液伝染をするので，管理作業で伝染しないよう発病株の処理を徹底する
	黄化葉巻病	病原体はTYLCV。感染植物の除去と媒介昆虫保毒コナジラミの防除が基本になる（防除法はタバココナジラミの項参照）。発病株はウイルス保毒コナジラミの増殖源になるため，見つけしだい抜き取り土中に埋めるなど処分する。コナジラミの防除だけでは抑制困難なため，耕種的防除法や物理的防除法と組み合わせた総合的な防除対策が必要である。農研機構野菜茶業研究所から「トマト黄化葉巻病の総合防除マニュアル」（2009）が発刊されているので参考にされたい
	黄化えそ病	病原体はTSWV。感染植物は伝染源になるので抜き取り処分する。媒介昆虫であるアザミウマ類の防除を徹底する（防除法はアザミウマ類の項参照）。媒介昆虫の防除だけでは抑制困難なため，耕種的防除法や物理的防除法と組み合わせた総合的な防除対策が必要である
	青枯病	ナス科の連作を避けたり，抵抗性品種や抵抗性台木による接ぎ木栽培を行なう。高温多湿条件で発生しやすいので，排水をよくするとともに，抑制栽培の発生圃場では定植時期を遅くする。発病株に使った刃物に病原細菌が付着して感染が広がるので，発病株は抜き取り処分する。栽培終了後，太陽熱土壌消毒を行ない病原菌密度を下げる
	かいよう病	抵抗性品種や抵抗性台木はないので，発生した圃場では太陽熱による土壌消毒などで病原菌密度を下げる。発病株を切った刃物で感染する可能性があるので，発病株は抜き取るか地ぎわ部から切断して処分する。傷口からの二次感染を防ぐために抗生物質・銅剤の散布も効果がある
	葉かび病	施設栽培では排水対策や換気を徹底しハウス内の湿度を下げる。密植や過度の灌水，肥料切れに注意する。発病初期には被害葉を除去し，二次伝染を少なくする。発生の多い圃場では抵抗性品種を利用するが，レース分化が問題なので，抵抗性品種を利用しても発病する場合は，指導機関に相談する。有機JAS規格で使用が許容されている農薬がある
	疫病	圃場内の排水をよくし，換気扇を回して湿度を下げる。発病葉や発病果は直ちに除去し，外部に持ち出して処分する。有機JAS規格で使用が許容されている農薬がある
	灰色かび病	施設栽培では，湿度を下げ病原菌の増殖を抑える。暖房機による除湿，循環扇による結露防止も有効である。発病果や茎葉は除去して二次感染を防ぐ。有機JAS規格で使用が許容されている農薬がある
	萎凋病	発売されている交配種のほとんどはレース1に抵抗性であり，レース2の抵抗性品種も数多く開発されているので利用する。レース3には抵抗性台木に接ぎ木するが，品種数は少ない。病原菌密度を下げるため被害残渣は抜き取り処分し，栽培終了後は太陽熱土壌消毒を行なう
	半身萎凋病	土壌伝染するので発生跡地への連作を避ける。連作をせざるを得ない場合は，抵抗性品種や抵抗性台木を使った接ぎ木苗を利用する。ニラの苗を植えると，予防効果があるといわれている。菌は深くない土壌に分布するので，太陽熱消毒も有効である
	褐色根腐病	被害が軽度の場合は気づかないことが多い。トマトの栽培終了後，数か所の株を抜き取り，根の褐変の有無で早期発見する。被害根は圃場外に持ち出し処分する。抵抗性品種はないので，耐病性の台木に接ぎ木栽培する。太陽熱土壌消毒を行ない病原菌密度を下げる

459

野　菜

	病害虫	対応策
害　虫	モモアカアブラムシ・ワタアブラムシ・ジャガイモヒゲナガアブラムシ	露地ではシルバーポリフィルムによるマルチや，作物上にシルバーテープを張ると有翅虫の侵入防止に効果がある。有翅虫は風で運ばれるので，風上に防風ネットなどを張る。施設では，開口部への防虫ネットの展張（1mm目以下），近紫外線除去フィルムの利用が効果的である。アブラムシ類はアミノ酸などのチッソ分を多く含む植物の汁液（師管液）を好んで吸汁するので，植物体のチッソ分が多くならないよう施肥管理に注意する。有機JAS規格で使用が許容されている農薬がある
	オンシツコナジラミ	防虫ネットによる施設出入口部の被覆，近紫外線除去フィルムによる被覆，粘着トラップ，施設の周囲への光反射シートの敷設などがある。物理的防除法は資材の種類，設置時期により施設内が高温多湿となり，生育や着果に影響したりほかの病害虫の発生を助長する場合もある。近紫外線除去フィルムは，交配にマルハナバチを利用する場合は使用できない。生物的防除法としては，ツヤコバチや昆虫寄生性糸状菌製剤が利用できる。オンシツコナジラミが低密度のときからの処理が必要なので，黄色粘着トラップなどで発生状況を把握し，時期を失しないようにする。施設栽培では栽培終了後に密閉処理による蒸し込みを行ない，オンシツコナジラミが全滅してから作物を片づけるとよい。有機JAS規格で使用が許容されている農薬がある
	タバココナジラミ	トマト黄化葉巻病が発生している地域では，TYLCVを防ぐことが最重要である。個別の生産者がする対策は，伝染源となる発病トマトの除去，防虫ネット被覆などの物理的防除法と，生物的防除法（オンシツツヤコバチ，昆虫寄生性糸状菌製剤の利用）ができる。ウイルスの伝染環を断つため，トマトの作付けを行なわない期間を設ける（熊本県沿岸部では7月はトマトの作付けを一切禁止している）など，地域全体で行なう対策も重要である。施設内で越冬した個体群が次作の発生源になるため，栽培終了後は密閉処理を行ない，害虫の外部への移動を阻止する。有機JAS規格で使用が許容されている農薬がある
	ヒラズハナアザミウマ	物理的防除法には，シルバーポリマルチが侵入防止に有効である。施設では開口部への防虫ネット（0.8mm目以下，コナジラミ類も問題になる所では0.3mm目以下）の展張，近紫外線除去フィルムの利用が効果的である。有機JAS規格で使用が許容されている農薬がある
	ハモグリバエ類	苗からの持ち込みに注意する。施設栽培では，開口部に防虫ネット（0.8mm目以下）を張り成虫の飛来を防ぐ。多発圃場では定植前に蒸し込み消毒を行ない，成虫と蛹を死滅させる。地上に落ちている蛹には，ビニールの全面被覆で地温を高めて殺す方法も有効である。雑草に広く寄生するので，圃場内外の除草を徹底する。植物残渣は卵や幼虫が寄生しているため，土中に埋めるかビニールで1か月間覆い死滅させる。ハモグリバエの寄生蜂の種類は多い。有機JAS規格で使用が許容されている農薬がある
	ハダニ類	カンザワハダニ，ナミハダニがトマトに寄生する。両種とも多くの植物に寄生して増殖するので，ハウス内外の雑草防除が必要である。有機JAS規格で使用が許容されている農薬がある
	トマトサビダニ類	苗にサビダニが寄生していると発生源になる。また，ハウス周辺にサビダニが寄主する植物があると，移動してくるので，ハウス内外の寄主植物は防除する。有機JAS規格で使用が許容されている農薬がある

（次ページへつづく）

品目別技術　トマト

	病害虫	対応策
害　虫	ハスモンヨトウ	卵塊から孵化したばかりで集団になっている幼虫を見つけしだい捕殺したり，生物的防除であるBT剤を散布する。施設開口部に防虫ネットを設置して侵入を防ぐとともに，夜間黄色蛍光灯を点灯すると被害防止効果がある。有機JAS規格で使用が許容されている農薬がある
	オオタバコガ	性フェロモントラップなどによって成虫の発生時期を調べ，防除適期を把握する。施設開口部に防虫ネットを設置して侵入を防ぐとともに，夜間黄色蛍光灯を点灯すると被害防止効果がある。有機JAS規格で使用が許容されている農薬がある
	ネコブセンチュウ類	抵抗性品種や輪作を導入する。対抗植物のマリーゴールド，クロタラリア，セスバニア，ギニアグラスなどを利用する。高温下での湛水も被害を抑制するが，最低2か月の湛水処理が必要である。施設栽培では，栽培終了後の太陽熱消毒の効果が高く，堆肥や米ヌカ施用と灌水処理を一緒に行なう嫌気性条件での処理の効果が高い。生物的防除法には，パスツーリアペネトランス水和剤がある

注　ToMV：トマトモザイクウイルス，CMV：キュウリモザイクウイルス，PVX：ジャガイモXウイルス，PVY：ジャガイモYウイルス，TAV：トマトアスパーミィウイルス，TYLCV：トマト黄化葉巻ウイルス，TSWV：トマト黄化えそウイルス

いる部分も摘除する。

摘葉は，1）雨天時，降雨前後，露のあるときは避け，傷が当日中に乾くようにする。2）病気が発生している葉は摘除するが，伝染源になるので最後に摘葉する。3）1枚の葉をすべて取り除くときは，葉の付け根から約5cm程度を残して行なう。4）樹勢が強く，空洞果の多い圃場では，果房近くの葉もある程度取り除く。

このほか，葉が混み合ったり果実を覆っている場合や，樹勢が強すぎる場合は，葉の1/3～1/2程度を剪葉する。

④摘　心

収穫終盤は，摘心によってトマトの生育を果実肥大だけに切り替えると効率がいい。摘心は，最終果房の肥大促進と日焼けを防ぐため，最終果房の上2～3葉残して行なう。温暖期には開花後40～50日，冷涼期は60～70日で収穫可能なので，収穫終了予定日から逆算して行なう。

（16）灌水管理

第3～4花房開花期ころまでは，灌水をひかえて根群の発達を促進する。肥大盛期にはかなりの水分を吸収するので，株の状態をみて，灌水量と回数を増やす。一度に多量を行なうので

はなく，天候に応じた少量多回数灌水を基本とする。

テンシオメーターを設置して，その値を目安に灌水管理するのが望ましい。慣行栽培ではpF1.5～2.0に保つように灌水するのがよいとされている。しかし，有機栽培では，玉伸びはある程度犠牲にしても健全な樹を育てるとの考えから，圃場を乾かし気味にしている場合が多い。自根栽培している和歌山県A農園では，盛夏期はpF2.3，ほかの季節はpF2.0で灌水を開始している。

点滴パイプ1本を株元から15cm程度離して設置する場合が多いが，灌水ムラを出さないため，できれば株を挟んで2列に設置したい。この場合も株元から15cm程度離す。

（17）生理障害

果実に現われる，おもな障害果は第7表のとおりである。

（18）雑草防除と土壌被覆

①雑草防除

施設栽培では，ウネ部へのマルチと通路部への防草シートで，雑草害はあまり問題にならない。一般には黒マルチが用いられるが，アブラムシ類などの忌避効果や地温抑制による青枯病

野　菜

の軽減効果もねらって，シルバーや白黒マルチを用いることもある。

施設周辺の雑草が重要病害虫のすみかになることもあり，防草シートの敷設が行なわれている。ただし，圃場周辺の植生は土着天敵のすみかとしても重要であり，天敵増殖植物であるソルゴーを播種して天敵（クサガゲロウ）のすみかを提供している例もある。

②土壌被覆資材

果菜類で利用されているおもな土壌被覆資材について第8表に示した。また，トマトの作型別マルチの種類と使い方を第9表に示した。

（19）病害虫防除

有機栽培でのおもな病害虫への対応策を第10表に示した。

（20）収穫・出荷

遠隔地への出荷を除いては，成熟期（果底部にわずかに緑色の残っているもの）に収穫する。開花から収穫までの日数は，高温期は40～50日，低温期は70～80日，そのほかは55～65日程度であるが，有機栽培では完熟期（果実全面が完全に着色して肉質はまだ硬い状態）に収穫することも多い。

有機栽培では，鮮度や食味，調理用品種の栽培など，特徴ある商品化を進めることも大切である。トマトは鮮度の低下が小さいので，低温流通でなくても出荷はできる。

執筆　自然農法国際研究開発センター
（日本土壌協会『有機栽培技術の手引（果菜類編）』
　より抜粋，一部改編）

農家のトマト栽培

スタミナ切れをどう乗り切るか

執筆　東山広幸（福島県いわき市）

有機栽培の難敵桃太郎

　トマトは夏野菜でも一、二を争う人気野菜だ。そのなかでもトマトといえば'桃太郎'というぐらいタキイ種苗の'桃太郎'シリーズは人気が高い（第1図）。グルタミン酸が多く、味がいいからである。私も大玉トマトは'桃太郎'シリーズ（おもに'桃太郎8'）しかつくったことがないが、果菜類のなかでもダントツにつくりにくいといっていい。

　なにせ、2段果房が太ったころから急激にスタミナ切れを起こす。スタミナ切れを起こすと花が小さくなってさっぱり実をつけないし、逆に少しでもコヤシが効きすぎると異常茎になって心が止まる。

　生育途中からは肥培管理が完璧でないと多収できないのが'桃太郎'の特徴であり、肥効を自由にコントロールできない有機栽培にとっては非常に難敵である。

　とくに後半のスタミナ切れのときに回復させるのに相当苦労する。最初からスタミナ切れを起こさないような施肥設計をすればいいのだが、これが本当に厄介。ウネ間に米ヌカとモミガラ堆肥を埋めたり、魚粉をまぶしたモミガラ堆肥を敷いたり、有機液肥を灌水したりと悪戦苦闘するも、なかなか決定打に恵まれない。前作によっても肥効が大きく違い、春先無肥料で2作も菜っ葉をとったりすると、スタミナ切れも早くなる。'桃太郎'の追肥に関しては今後の課題とするしかなさそうだ。

第1図　桃太郎トマトはスタミナ切れするので、有機栽培ではつくりづらい

トマトの苗は寒さに強い

　タネをまくのは3月の上旬ころ（第2図）。トマトの苗は生育が早いので、私は128穴（11号）のペーパーポットにまいている。前年のサツマイモの温床をハウスの中で堆肥に積んだものにのせて発芽させる（「農家のサツマイモ栽培」の項参照）。ワラを使った温床あとを堆肥に積むと温度が長持ちして使い勝手がよい（ただし切返しには重い）。温度は30℃を超えないよう、苗箱の下の苗箱「座布団」（「雑草と害虫対策は「なんでも育苗」とマルチ活用、米ヌカ利用」の項参照）の厚さで調節する。前年の温床あとがなければワラとモミガラと米ヌカを使

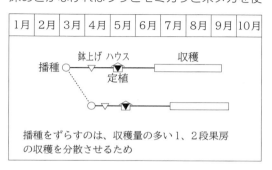

播種をずらすのは、収穫量の多い1、2段果房の収穫を分散させるため

第2図　トマト（ミニトマト）の栽培暦

野菜

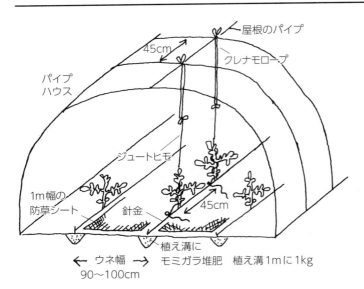

第3図　トマトの施肥と誘引

第4図　ハウスのパイプから垂らしたヒモで誘引したトマト

って温床を踏む。

　夜はまだ冷えるのでイネ用の保温シートをかける。トマトの苗は寒さには相当強いので、温度の上がりすぎさえ気をつければ管理は簡単である。また、発芽の際40℃を超えるような高温になると、トマトの種子は勝手に休眠し、適温になってから発芽するという性質がある。だから、もし高温になりすぎて発芽しないようなときも、捨てずに様子をみること。場合によっては8割以上、悪くても半数は発芽すると思ってよい。

　播種から3週間ほどして、苗箱の中で込み合ってきたら10.5cmのポリポットに鉢上げする。トマトの苗は低温でも活着するが、できれば鉢上げ後、モミガラと米ヌカを発酵させた簡易温床に置く（「雑草と害虫対策は「なんでも育苗」とマルチ活用、米ヌカ利用」の項参照）。ハウス内の冷床でもよい。生育が少し遅れるだけだ。パイプハウス内に定植する前に、15cmほどに伸びたら、徒長しないように露地で育苗するとよい。そのほうがアブラムシもつきにくい。

植え溝にモミガラ堆肥

　ハウス内の定植は不耕起で十分。植付け場所だけ溝を切って、モミガラ堆肥を敷いて定植する。できれば前作はネギ類が合うようだ。コンパニオンプランツでネギやニラが合うと書かれているものがあるが、実際にはトマトが大きくなると生育が悪くなるので、前作でネギ類（ニンニク・極早生タマネギ・葉タマネギなど）をつくったほうがよいようだ。

　定植は、花房が北を向くように植えてやると盛夏に日焼け果が出るのを軽減できる。定植したら、風で倒れるほど育つ前に誘引する。

　誘引方法には多数あるが、私は屋根のパイプから耐候性のあるクレナモロープを垂らし、それにバインダー用のジュートヒモをつなぎ、地面に張った針金に結んで、そのヒモに誘引するという方法だ（第3、4図）。特別な資材は不要で、片付けも簡単。誘引も単に茎をヒモに順次巻きつけるだけでよい。

ウネ間の防草シートで水分調整

　私はウネ間に1m幅の防草シートを敷いている。これは雑草除けと乾燥防止のためだが、灌水もこの防草シートの上に流している。防草シートは水を少しずつしか通さないので、点滴灌水のように浸みこみ、すべて浸みこむと表面が

品目別技術　トマト

果菜類の未熟型と完熟型──初心者には未熟型がおすすめ

トマト、ナス、キュウリ、カボチャなど、実のなる野菜を果菜類というが、栽培上は2種に大別できる。いわば「未熟型」と「完熟型」である。

未熟型はキュウリ、ナス、緑ピーマン、サヤエンドウ、オクラ、サヤインゲンなど、タネが充実する前に収穫するものであり、完熟型はトマト、メロン、スイカ、カボチャなど、タネが完熟してから収穫する野菜である。

なぜこの2種を分けるかというと、植物はタネをつけるときに莫大なエネルギーを必要とする。人も出産から育児まで多大なエネルギーを使うが、植物の場合は育児が

ないぶん、子孫繁栄の期待をすべてタネに注ぎ込むから、見た目からは信じられないほどタネの充実で消耗する。

あの強健なカボチャでさえ、収穫直前には一気にうどんこ病が広がるし、スイカやメロンは収穫手前で枯れ上がることも多い。

逆に、タネをつける前に収穫するナスやキュウリなどは、水とコヤシさえ切れなければ、いやになるほど次から次へと実がつく。

未熟収穫と完熟収穫はそれほど違う。だから、百姓初心者には絶対「未熟型」がおすすめだ。もっとも「完熟型」も、タネをつけるころに馬力をのせられるように肥培管理すれば、必ずしもむずかしいとはいえない。

乾燥してハウス内も湿気がこもらない。

ちなみに夏秋トマトでは、灌水をひかえて高糖度にしようとするのは無謀なのでやめたほうがよい。水分が多すぎても裂果が増えるので、防草シートの下が常にやや湿っている程度がよい。

腋芽が伸びてきたら大きくならないうちに摘む。間違って生長点が折れたり、異常茎で心止まりしたときは腋芽を代わりに伸ばす。

着果の悪いときは、振動受粉器を使う場合もある。ただし、花房の勢いが弱いのに無理やり着果させても、あとでさらに樹が弱るので、着果は基本的に樹勢任せ。樹勢さえちょうどよければ、最近の'桃太郎'はたいてい着果する。

病害虫対策は品種と樹勢維持で

病気は基本的に抵抗性品種を使うことによって抑える。私のところでは葉カビや灰カビが出ることがあるが、たいてい樹勢が弱ったときなので、樹勢の維持が一番の防除となる。

害虫はアブラムシ、テントウムシダマシ、フキノメイガ、オオタバコガ、ハスモンヨトウなどがつく。このうちフキノメイガは茎に食い込んで枯らすので致命的だが、有効な対策がな

い。とくに2本仕立てなどでは痛手が大きい。ハウスを土手の近くにつくらないことやハウス周りの雑草をなくすこと、多発する場所では2本仕立てはやらないことぐらいか。私のハウスは大きな土手の横にあるので、例年被害が大きい。

ほかの害虫は捕殺するしかない。アブラムシは殺しきれないので、天敵のナナホシテントウやヒラタアブなどに増えてもらうしかない。少ないときはほかの畑で捕獲して放しても有効だ。

大玉トマトでは、実があまりつきすぎたときは摘果しないと、実が小さくなったり樹勢が弱ったりする。'桃太郎'では1花房3玉ぐらいが理想的だろう。チャック果や奇形果を中心に摘果するといい。

市場出荷と違い、直売では樹上で完熟させたものだけを売りたい。収穫した実は傷みやすいので重ねず、必ず1段積み厳守だ。

トマト嫌いの子どもが多いと聞くが、子どものころから完熟したトマトを食わしていれば、嫌いな子はそうとう減ると思う。嫌う子が悪いのではなく、まずいトマトが悪いのである。

465

野菜

大事なのは連作回避、雨よけ、整枝・剪定

執筆　桐島正一（高知県四万十町）

大事な3つのこと

（1）連作を避ける

大玉・中玉・小玉の3種類のトマトをつくっている（第1図）。いずれも、古くからの品種を自家採種して使っている。栽培で気をつけていることの一番が畑選びで、連作を避けるようにすることである。その大きな理由は、連作をすると絶対に味が悪くなること。私は、昔からつくられてきた旨味をもったトマトをとりたいと思っているが、連作をしたら必ず味に悪影響が出て、水っぽくなってしまう。

（2）雨よけは欠かせない

雨よけ栽培にすることも欠かせない。私の住む四万十町は雨がかなり多いため、どうしても水っぽくなるし、割れてしまう。

私の想像だが、トマトの原産地である南米地方は雨が少なく、朝霧の多いところだと聞いているので、そのような土地に近い条件がトマトには合っているのだろうと思う。

（3）整枝・剪定による樹の管理

ほかの野菜にくらべて、トマトは芽かき（剪定）作業が多い野菜である。これは、生命力がすごく強い野菜であり、長く収穫できる野菜だからで、その力を発揮させるために、剪定による樹の管理が重要である。

寒中に早めの播種でゆっくり育苗

トマトの播種は2月中下旬にしている。露地栽培としては少し早めであるが、トマトは花が咲いて実がとれるまで約2か月と時間のかかる野菜なので、少しでも早くまくようにしている。

トロ箱にタネをまき、温床に入れ、温度は高めの35℃くらいにして発芽をうながす。本葉

第1図　下の段から上まで連続着果・着花する元気なトマト
（写真撮影：木村信夫、以下Kも）

が出はじめたら4.5～6.5cmポットへ鉢上げする。その後、はじめのうちは保温して活着をうながし、1週間ほどしたら温度を徐々に下げて、ゆっくり育てる。水もはじめのうちは多く与え、だんだん控えめにしていくようにする。

ウネ立てと雨よけ、植付け、誘引

定植は3月下旬～4月初めころで、できるだけ花が見えているような苗を植える。それからできれば、すぐに竹と木で雨よけのビニール屋根をかける。定植はウネを2列にする。雨よけにするときにやりやすいからである（第2図）。

ウネは幅70cmくらいで、高さ20～30cm。ウネへの植付けは、土の水分状態や土の量などで工夫する。たとえば、傾斜地の畑に植える場合は、岡（上）の側に大玉、沖（下）の側に小

品目別技術　トマト

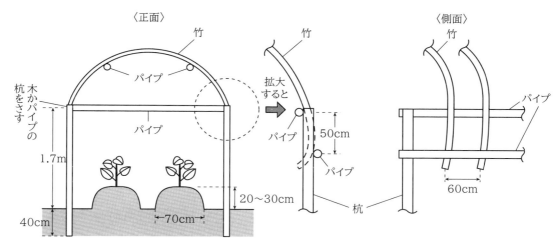

第2図　トマトのウネ立てと雨よけの手づくり設備

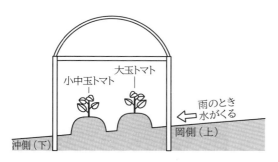

第3図　傾斜地では大玉と小中玉で植える位置をかえる

玉・中玉を植えるようにしている。大玉は水が多く必要だからである（第3図）。

株間は35～60cm。35cmくらいだと1本仕立てにし、50～60cmと広くする場合は2本仕立てにしている（第4図右）。

誘引はトマトが揺れたり折れたりしないためにするもので、いろいろな方法があるが、2mに1本杭を打ち、横にマイカ線などを張る方法が揺れにくく、また杭が少なくてすむのでよい（第4図左）。なお、一番上の線はエステル線や針金などの丈夫なものにするとよい。

元肥の鶏糞量の見極め方

肥料は鶏糞を使う。元肥は耕うん時には少量、10a当たり200kg相当入れて、定植時に株元へ1株当たり150～200ccを置き肥する。

元肥の量は畑の状態で変える。日当たりのよい畑では多め、悪い畑では少なめ、水はけのよい畑は多め、悪い畑は少なめ、土の深いところは多め、浅いところは少なめとする。また、耕うん時の土の状態がちょうどよいときは少なめにする。多くするのは、雨で土が湿って少し練りぎみになるか、乾燥しすぎてパサパサになったときなどで、それぞれの条件で変えている。

耕うん前の雑草の状態によっても、元肥量を調整する。イネ科雑草が多いのはやせた土なので多めに、ホトケノザやツユクサなどが多い畑には少なめに入れる。同じホトケノザでも葉が丸く、丈が膝ほどにも大きく伸びているところには少なめ、丈が足首くらいしかなく葉が尖って色が薄いところには多めに入れる。

追肥は花と先端を見て判断

追肥の1回目は定植から5～7日たったころに、トマトの状態を見て行なう。そのころに活着ができていれば、鶏糞を1株300～400ccほど置くが、活着がうまくできていなければ（根傷みか虫に根を食われていないかを確認して）200ccほどの少量の追肥をする。

本格的な追肥は1番花が散って実が少し見えたころに行なう。だいたい定植後3～4週間に

467

野菜

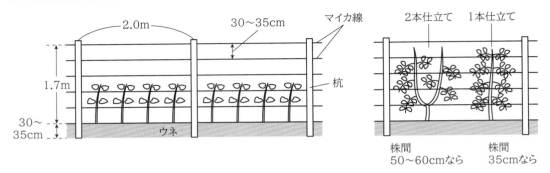

第4図　トマトの仕立て方と誘引の仕方

1回くらいのペースで少量入れ、最後は、新の盆までに終える。以上で3〜4回の追肥回数になるが、これはあくまで目安であり、やはり畑やトマトを見て追肥をするのが基本である。

追肥の判断をするときの樹の見方は、まず全体を見て主枝の上のほうまで花が咲いていると追肥が必要である。1本ごとに見ると、花の位置が主枝の先から30cm以上あると肥料が効いているが、15cm以内だと追肥が遅れぎみである（第5図）。また花のおしべとめしべの長さで、めしべがおしべと同じかおしべより少し長いときに追肥をすると、遅れない。

追肥は、株の小さいうちは近くへ、大きくなったらウネ肩、通路と離れた場所へ入れていく。

芽かきは早めに、水やりのポイント

2本仕立ても1本仕立ても芽かきの考え方は同じ。2本仕立ての場合は、最初につく果房のすぐ下の腋芽を残して2本にする。それからあとは、早め早めに摘みとっていく。

芽かきは、実をとり終わった果房より下の葉もかきながらやる。9月を過ぎると芽かきをやめて、そのあとは放任してとれるだけとる。

水やりはとても大切で、天候や畑の状態を見ながら行なう。定植時は活着をうながすために2〜3日に1回のペースで水をやり、そのあとは4〜6日以上雨が降らないとやるようにする。実がつくころには7日に1回くらいに減らす。

ただし、土がパサパサになってから水をやる

第5図　花房から先端の長さ（K）
私の指だと17cmとなり、追肥する時期

と、実が割れるので注意が必要。そんなときは少しずつ増やしていくように水をやるとよい。

香り・旨味・甘味を楽しんでもらう収穫

収穫はタイミングが大事である。ちゃんと色がついて完熟状態になったときにとるようにする。ただし、完熟してもヘタのまわりには少し緑が残っている。昔ながらのトマト品種は、ヘタのまわりが緑色のものが多いようである。

とくに大玉は緑色の部分が少し多めで、中玉と小玉はほぼ真っ赤な状態で収穫する。また、大玉は甘味よりも風味や香り重視の収穫、中玉・小玉は甘味中心に考えて収穫している。

品目別技術　ピーマン

ピーマンの有機栽培 ──基本技術とポイント

（1）有機栽培を成功させるポイント

ピーマンは有機栽培が比較的容易であり，収穫適期に幅があり労力的に負担が軽いことから，ほかの野菜類と組み合わせて有機栽培されることが多い。先進的な有機栽培農家では，慣行栽培と変わりない単収を上げている事例も多い。

①排水条件のよい圃場の選定

有機栽培で作柄を安定させるには，排水のよい圃場を選択する。地下水位が高く，透水性の悪い圃場は，暗渠排水や弾丸暗渠で排水条件を整備する。

また，水田転作圃場で重粘土壌のため降雨後の排水に時間がかかる場合は，サブソイラなどで透排水性を高めるとともに，堆肥の施用や緑肥作物のすき込みにより，可給態リン酸が40mg/100g以上で，根圏40cm以上を確保して通気性の改善をはかる。

有機栽培農家では，露地，施設を問わずウネ立て栽培を行ない，降雨時の迅速な排水に努めている。

②病害虫の防除の徹底

ハウス栽培ではうどんこ病が問題となる。過乾燥や樹勢低下によって発生しやすいので，環境制御や施肥管理に留意する。また，ハウス栽培でのアブラムシ類やアザミウマ類などは，ハウスの開口部に防虫ネットを張って侵入を防ぐとともに，天敵利用などで被害を防いでいる。

有機栽培農家のなかには，ハウス内で多発するアブラムシ類対策のため，露地栽培へ転換し，降雨による抑制効果を活用している例がある。また，アブラムシ類発生部へのホース散水（動力噴霧器で噴頭部を外して散水）で駆除している例もある。

難防除病害のモザイク病には，抵抗性品種の利用や，媒介虫アザミウマ類などのハウス内への侵入を遮断して対応している。

そのほか，害虫の宿主になる，ハウス周辺の雑草防除も重要で，防草シートの利用や草刈りを励行している。

③地力向上と適切な施肥管理

ピーマンの有機栽培で慣行栽培並みかそれ以上の単収を上げている圃場は，有機物を十分施用して地力を高め，施肥管理を適切に行なっている。

ピーマンはナスなどより浅根性で，収量や品質の向上をはかるには，根が十分発達できる土壌条件が必要である。とくに，通気性，保水性のよい圃場にするために，有機物の施用や深耕が重要である。

また，適切な施肥により，肥料切れにしない対応が必要である。

④適切な温度管理

ピーマンは高温性で，施設栽培では日中の温度を27〜28℃くらいに維持し，夜間は18℃前後を保つことが望ましい（第1表）。

また，夏の高温期にかかる作型では，近年の異常高温の影響もあり，生育が抑制されたり変形果が多く発生しやすい。安定生産には高温対策も必要である。

⑤ハウスでは灌水施設を整える

ピーマンは根の張り方が狭く，浅くなりやすいので，乾燥に弱いという特性がある。土壌水分が不足すると生育，開花結実への悪影響が出やすく，収量に大きく影響する。適切な水管理が必要なので，有機栽培には灌水設備の整った

第1表　ピーマンの温度と生育

（布村，2011）

発芽適温		30℃
生育適温	日　中	23〜30℃
	夜　間	20℃前後
	地　温	24℃前後
開花促進		16〜21℃
受粉適正湿度		80%
花粉発芽		18〜27℃
果実肥大適温		23〜28℃

469

野菜

第2表　ピーマンのおもな作型と地域

作　型	播種期	定植期	収穫期	おもな地域
露地普通栽培	1〜2月	4〜5月	6〜11月	全国各地
促成栽培	8〜9月	10〜11月	11〜6月	西南暖地
半促成栽培	11〜12月	3〜4月	4〜7月	関東，西南暖地
抑制栽培	5〜6月	7〜8月	8〜11月	関東，西南暖地

圃場が望ましい。

とくに，促成ハウス栽培では，一定の生産量を確保するためには常時灌水が前提になるので，灌水施設が必要である。

(2) 作型・品種選択のポイント

①作型の選択

ピーマンのおもな作型は第2表のとおりで，有機栽培でも，露地普通栽培，促成栽培，半促成栽培，抑制栽培が行なわれている。地域の気象条件，販売先の要望，作業体系などを考慮して作型を選定することが重要である。

②品種の選択

作型に応じた品種が育成されている。有機栽培では，ウイルスに抵抗性があるなど，病気への抵抗性の高いものを基本に，栽培しやすく品質のよい品種を選定する。

青枯病，疫病などが問題になる圃場で栽培せざるを得ない場合は，抵抗性台木が市販されているので，接ぎ木苗の利用も検討する。

有機栽培農家は，産地ごとの品種を導入している例が多い。北海道では地域の主要品種である‘あきの’，茨城県では‘みおぎ’，鹿児島県では‘京波’を栽培している例がある。

また，差別化の視点から品種選択をしている例もある。宮崎県では，流通関係者からの推薦で‘さらら’を導入し，埼玉県では古い品種であるが，品質・収量のよい‘錦’を栽培している。

数は少ないが，自家採種している例もある。栃木県の例では，‘あきの’（F_1品種）の自然交雑種からお客の好みに合うものを選抜して，オリジナル品種として栽培し好評を得ている。

(3) 健苗の育成

①育苗のポイント

ピーマンの良質苗を生産するために，とくに重要なことは，発芽を揃えることである。播種床の温度不足や乾燥などで発芽が遅れると，子葉や本葉の展開が悪くなるばかりでなく，鉢上げ時の活着が悪く，その後の生育も悪くなる。

ピーマンは果菜類のなかでもっとも高温性で，発芽適温が30〜33℃とされ，育苗中も日中28〜30℃，夜間18〜20℃を確保することが必要である。

ピーマンは高温性のため，低温期の育苗は比較的むずかしく，加温，保温管理の良否が良質苗生産の大きなポイントになる。播種・育苗には，温度計，地温計を設置して温度管理を行なう。

②育苗管理

近年，有機栽培農家でも，セルトレイに播種し，本葉が2枚展開し始めたころにポリポット鉢に鉢上げすることが多い。低温期の育苗では，鉢上げ後は地温を徐々に下げて，定植に向けて低温への馴らしを行なう。

育苗中の管理では灌水が重要で，生育状況，天候，育苗培土の保水性や湿り具合をみて過湿，過乾にならないように行なう。

本葉が4〜5枚になり，葉が重なりあうと徒長して分枝下が長くなるので，葉が重ならない程度（約30cm×30cm）に鉢間を広げる。

ハウス内の育苗が多いが，開口部には防虫ネットを張り，害虫の侵入を防ぐ。

8月から始まる促成栽培の育苗では，通風のよいハウス内であれば特別の温度管理は必要ないが，ピーマンにとってもやや高温すぎること

がある。そのときは寒冷紗などで被覆し，気温，地温の極端な上昇を防ぐ。

(4) 土つくりと施肥管理

①圃場の選択と栽培条件の整備

排水不良圃場は過湿のため収量・品質が低下するだけでなく，青枯病なども発生しやすい。栽培後に排水対策を行なっても十分な改善は困難なので，最初から排水性のよい圃場を選ぶことが重要である。

一方，ピーマンは乾燥にも弱く，乾燥によって葉や果実の生長が阻害され，葉は小さく，つやなし葉になって垂れ，果実は尻腐れやつやなし果になりやすいし，収量・品質も低下する。したがって，灌水設備のある圃場を選ぶことがきわめて重要である。

ピーマンは連作障害を発生しにくいが，青枯病など土壌伝染性病害に感染しやすいので，土壌伝染性病害が発生した圃場では栽培しない。栽培する場合は，太陽熱や蒸気により十分消毒し，その後土壌伝染性病害が発生していない圃場を選ぶ。

②土壌肥沃度を高める

有機質資材の投入 ピーマンは果菜類のなかでは多肥を好む作物であり，肥沃な土壌で生育がよく，収量も上がる。耕作が放棄されている遊休地は，土壌の肥沃度が低いことが多いので，初期段階で堆肥など有機質資材を多量に施用し，肥沃度を高めていくことが必要である（第1図）。

土壌分析結果でも，腐植含量や無機態チッソ含量が多い圃場で収量が高い結果が出ている。また，マメ科の緑肥作物（ヘアリーベッチ）をすき込むと生育，収量が向上するという。このように，ピーマンの有機栽培では土壌の肥沃度を高める必要がある。

地力チッソの役割が大きい ピーマンの生育にはチッソがもっとも影響するが，チッソには施肥によるものと土壌中の有機物が分解して発現してくる地力チッソ（無機態チッソ）がある。

普通期の夏秋栽培ピーマンのチッソ吸収量は，生育初期には肥料チッソの比率が大きい

第1図 堆肥施用などの相違とピーマンの生育
写真左から前年鶏糞堆肥投入0t/10a，2t/10a，1t/10aのウネ

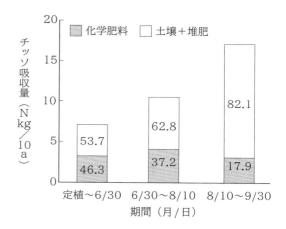

第2図 ピーマンの肥料と土壌由来のチッソの吸収量と吸収比率 （小野，2001）
図中の数字は期間ごとのチッソ供給源の比率（％）

が，生育中後期には土壌や堆肥由来の地力チッソの割合が大きくなる（第2図）。夏秋ピーマンの栽培では，地力チッソの役割がたいへん大きい。

地力チッソを考慮した施肥 地力チッソの高まった土壌では，地力チッソが優先的に吸収される傾向もあり，こうした土壌に標準的な施肥を行なうと，施用チッソは利用されず残存しやすい。したがって，堆肥など有機物を連用し続け，腐植含量がかなり高まってきた圃場では，地力チッソを考慮した減肥が必要になる。

有機物を連用すると地力チッソが富化し，たとえば，牛糞堆肥5t/10aを5年間連用すると，

牛糞堆肥と地力チッソの蓄積分で約20kg，それに土壌が本来もっていた地力チッソ量を合わせると，30kg以上のチッソが栽培期間中に無機化することになる。

③深耕実施の注意点

深耕や堆肥の施用は孔隙率を向上させ，ピーマンの生育によい土壌環境を提供するが，深耕には以下の点に留意する。

下層土が非常にやせている圃場の深耕 下層土が非常にやせている圃場では，1回に深いところまで深耕すると，肥沃度の高い作土にやせた下層土が混入して肥料分が不足し，収量の低下を招くことがある。

このような圃場では，有機物を多量に施用して1回で改良するより，無理をせず，毎年数cmずつ耕土層を深くしていくことが失敗しない方法である。

土壌病害が多発している圃場の深耕 土壌病害が多く発生している圃場で深耕すると，耕土が深くなるために土壌消毒がうまくいかなくなるなどの問題が起きる。

このような圃場では，土壌消毒後に，深耕を行なう必要がある。深耕するときは，作土の状態だけでなく下層土の状態も正確に把握し，最大の効果が上がるように行なう。

サブソイラや緑肥作物の利用 透水性の改善には，下層土の改良も必要であり，サブソイラなどによる心土破砕や，深耕ロータリによる深耕を行なうとよい。

土壌の孔隙率の改善には，緑肥作物の利用も効果がある。緑肥作物としてはソルゴー，トウモロコシ，ギニアグラスなどがある。セスバニアのような深根性の緑肥を栽培すると，下層土にまで伸張した根がのちに孔隙となり，縦浸透が良好となって透水性が改善される。

④施肥管理

ピーマンの施肥特性 ピーマンはナスなどと並んで多肥で栽培されることが多い。これは，ピーマンが多肥に対して耐性があるとともに，多肥による徒長や着果不良が起こりにくく，むしろ，樹勢の安定につながる特性があることによる。

ピーマンの葉は，少肥区で大きく多肥区ほど小さくなる傾向があり，肥料不足になると葉色が淡く，葉が大きめで，節間が長くなる徒長的な生育になりやすい。

有機栽培農家で，慣行栽培を上まわる収量を上げている場合，地力チッソ供給を含めたチッソ供給量が多い傾向にある。しかし，チッソが多く必要であるといっても限度がある。宮崎県のピーマン産地での調査では，チッソの施用量の少ない農家で45kg/10a，多い農家では150kg/10aと3倍以上の差があるが，施用量と収量の間に一定の傾向はない（第3図）。このように，チッソが多いほど多収するということはなく，適正な施用量がある。

元肥と追肥施用の基本 元肥は，全面全層施肥が行なわれている。圃場全面に肥料を散布し，ロータリで混層したあと，ウネをつくる方法が一般的である。

ピーマンは収穫期間が長く，とくに促成栽培のように長期にわたって収穫する作型では，生育をみながら追肥する必要がある。追肥は，定植後1か月半か2か月経過し，収穫が増えてきたころから始める。その後の追肥時期や施用量は，生育状況を観察しながら行なうのが普通である。

生育診断による追肥の判断 生育診断でもっとも大切な場所は，開花している花から先端ま

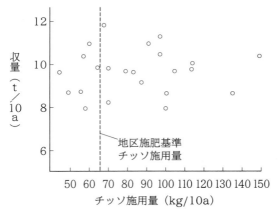

第3図 チッソ施用量とピーマン収量との関係 （高橋，1999）

での長さで，定植後の若い株では10〜12cm程度で，節間が4〜5cm程度である。しかし，着果が増加する中期では，5cm程度の長さといわれている。これより短くなるのは樹勢が低下している証拠であり，早急に対策を立てる必要がある。

多くは，成り疲れによる根の弱りが関係している。さらに，肥料や水分の不足が加わっている場合もある。対策は，追肥や灌水を兼ねた液肥や葉面散布を行なう。

宮崎県都城市で促成栽培をしている農家の例では，ピーマンの花の状況とともに，葉の状況もみて追肥を行なっている。葉が垂れるようになってきたときは肥料不足の傾向という。この農家では果実をあまり大きくせず，25〜30gの若いうちに収穫することが重要だとしている。また，この農家は，洗濯ばさみでマルチを持ち上げ追肥をしている（第4図）。

土壌中の無機態チッソ含量の目安 ピーマンの収量・品質に，とくに大きな影響を与えるのはチッソである。安定した収量を上げるには，無機態チッソが一定のレベルで供給される必要があり，その含量はおおよそ乾土100g当たり10〜20mgの範囲がよいとされている。

⑤生理障害と対策

ピーマンでは，尻腐れ，日焼け，着色果の，3種類の生理障害の発生が問題になっている。このほか茎葉に発生する生理障害として，マグネシウム欠乏がみられることがあるが，微量要素はさほど問題になっていない。

日焼けと着色果は温度や日照が影響している。尻腐れ果は，カルシウムの吸収が阻害されるとともに，体内に吸収されたカルシウムが果実に十分転流されていない場合に発生する。

カルシウムの吸収阻害要因は高温，乾燥とともに，アンモニア態チッソやカリの多施用，カルシウム不足などが多い。塩基類ではアンモニア態チッソがとくにカルシウムの吸収を抑えて，尻腐れ果を発生させやすい。また，高温条件のとき，乾燥ぎみにピーマンを栽培管理すると尻腐れが発生しやすいので注意する。

こうした土壌の養分状態を把握するために

第4図　洗濯ばさみでマルチを持ち上げての
　　　　ピーマンへの追肥

は，土壌診断を行なうことが重要である。

(5) 生育期の栽培管理

①定植と仕立て方

定植 苗の定植には，温度管理と栽植密度に留意する。とくに，低温期に定植する作型では温度管理に注意する。

促成栽培の定植は，9月下旬〜10月上旬に行なわれ，まだ高温期である。そのため，ハウスの通風をよくし，気温や地温が必要以上に高くならないように努める。

半促成栽培では低温期の定植になるが，定植時は夜温20℃以上，地温も22℃以上と，栽培適温よりやや高めに上げておく。ただし，宮崎県の半促成栽培の場合，2月上旬ころの低温期の定植でも，最低夜温15℃が確保されれば，ほぼ順調な生育が得られるという。

普通期栽培も，地域によっては，まだ温度が十分とはいえない時期に定植する。そうした地域では，トンネル，マルチなどで定植前から気温や地温を確保しておく必要がある。

栽植密度 定植には栽植密度も重要であり，作型によって対応が異なってくる。有機栽培でもほぼ地域の慣行に準じているが，やや広めに対応している例が多い。

促成栽培では生育期間が長期にわたるため，草丈が2mにも達し，枝葉が繁茂するので，ウネ間，株間を広くとる必要がある。抑制栽培では夏の暑い時期の栽培になり，徒長して旺盛になりやすいので，疎植が適する。

野菜

半促成栽培では低温期の定植になり，初期収量を確保するためにも，ある程度密植にし，栽植本数を多くする必要がある。

仕立て方 ピーマンの栽植方式は1条植えの主枝4本仕立てがもっとも一般的で，ほかの仕立て方より総収量が若干高く，A品率も高い。なお，U字仕立てはおもに促成栽培などの長期栽培で用いられ，V字仕立ては半促成栽培や抑制栽培などの短期栽培で用いられている。

有機ピーマン栽培でもこれに準じ，それぞれの仕立て方に適した栽植密度，整枝・誘引方法を行なっている。

また，ピーマンの長期栽培は，主枝が伸びて草丈が高くなってしまうことと，茎葉がしだいに老化し，果実が硬く光沢やみずみずしさがなくなり，品質が低下する。このため，伸びすぎた茎葉を切りつめて，新しく若い分枝を発生させたり，葉かきを行なって草型を整理するなど，日照条件をよくするとともに，作業性を改善することも重要である。

②灌水

定植してから活着までは，十分な灌水でできるだけ早く活着させ，揃いのよい生育にもっていくが，活着したら灌水を抑え，徒長的な生育に陥らないように注意する。

土壌水分はやや多いほうが，収穫個数や重量が多くなる。1日の灌水量は4〜6mm必要とされている。pF値で示せば，2.0〜2.2程度に維持されることが好ましい。pF1.7ではやや過湿で，2.5では乾燥ぎみである。

灌水方法は作型によってやや異なる。普通期の露地栽培では，降雨があり水分をコントロールしにくいが，土壌やピーマンの生育状況を観察しつつ過不足ないように灌水する。

促成栽培では，冬期間はハウスの換気が少なく蒸発散が少ないため，必要な水分のかなりの部分が地下からの供給でまかなわれるので，少なめの灌水でよい。しかし，3月から蒸発散量が急に増えるので，灌水間隔を短くし，1回の灌水量も多くする必要がある。この時期の灌水不足は，収量・品質への影響が大きい。

有機ピーマンの露地普通栽培では，灌水はよほどのとき以外は行なわない例が多い。しかし，有機栽培農家は，ピーマンが肥沃な土地を好み，水分要求量の多い野菜であることを知っているため，水田転換地など比較的土壌水分が多い圃場や保水力のある圃場を選んで栽培している。また，水田転換地では，ウネ間灌漑などで水不足による生産への影響を回避したり，有機物の多施用やウネ間や株際への敷草などによって干ばつ防止に努めている。

③温度，日照管理

促成栽培では，収穫期に入るころから，しだいに低温で日照も少ない気象条件になってくる。収穫期に入ってから温度不足になると，果実の肥大が遅くなる。促成栽培ピーマンでは日中28〜30℃，夜間18〜20℃が一般的な温度管理である。低夜温では花粉の発芽が不良で，石果（肥大不良果）になりやすい。

夏秋期にかかるピーマン栽培では，収穫期が高温期になる。気温が高すぎると，落花や肥大しない未受粉果が多くなって減収や品質低下を招く。ピーマンでは高温による不完全花粉が発生する傾向が強いといわれている。

有機栽培農家の事例でも，高温でピーマンの生育が劣り，収量・品質が低下した例がみられる。鹿児島県姶良市の農家は，夏に30％の遮光を行なうことで，1割程度の増収効果があるとしている。近年の異常高温には，寒冷紗などによる遮光対策が重要である。

また，日射の強さもピーマンに障害を与える。日焼け果は，日射にともなう局所的な果実温の上昇によって発生する。整枝などによって，果面に直射光が当たらないようにするとともに，夏の高温・多日照の時期には遮光対策が重要である。

④雑草防除

ピーマンの栽培では，雑草害の発生よりもむしろ，特定の雑草がピーマンにも共通して発生するアザミウマ類などの宿主になり，虫害を増大させる原因となるので，有機栽培では周辺の雑草の選択除去が重要となる。また，天敵温存植物となるマリーゴールドやオクラ，ゴマなどを周辺や間作に作付ける。

品目別技術　ピーマン

第3表　ピーマン有機栽培での病害虫対応策

	病害虫名	対応策
病気	うどんこ病	樹勢が弱らないよう施肥管理，収穫遅れ，灌水不足に注意するとともに，過繁茂にならないようにする。生物農薬のバチルスズブチリス水和剤（ボトキラー水和剤など）や，有機JAS許容農薬として硫黄くん煙剤が利用できる
	疫病	圃場の排水対策を行なうとともに，高ウネ栽培で圃場に滞水しないようにする。ハウス栽培では，活着後は株際への灌水を避け，土壌が過湿にならないよう灌水量にも注意する。露地栽培では敷ワラを十分施用する
	青枯病	排水対策を行なうとともに高ウネ栽培を行ない，圃場が湛水しないようにする。病原細菌は土壌中で1年以上生存して伝染源になるので，発病した圃場では，露地栽培ではナス科作物との連作を避ける。ハウス栽培では土壌還元消毒が利用でき，常発地では抵抗性台木を利用する
	モザイク病（CMV，TMV，ToMV，PMMoV）	CMVはアブラムシ類の媒介で発病するので，ハウスの出入口など開口部に防虫ネットを張り，アブラムシ類の侵入を防ぐ。伝染源になるハウス周辺の雑草の防除を行なう。PMMoVには抵抗性品種を栽培する。罹病株は発見しだい取り除いて処分する
	黄化えそ病	ウイルスを媒介するアザミウマ類の伝染源になるハウス周辺の雑草の防除を行なうとともに，ハウスではアザミウマ類の飛来を遮断する防虫ネットを張りめぐらす。抵抗性品種を栽培する。発病を確認したら抜き取り処分する
害虫	アザミウマ類	圃場周辺の宿主になる雑草を防除するとともに，ハウスではアザミウマ類の飛来を遮断するために防虫ネットを張る。天敵殺虫剤であるスワルスキーカブリダニ剤，タイリクヒメハナカメムシ剤の利用が可能であり，効果が高い
	アブラムシ類	圃場周辺の宿主になる雑草を防除するとともに，ハウスではアブラムシ類の飛来を遮断するために防虫ネットを張る。天敵殺虫剤であるコレマンアブラバチ剤（アフィパールなど）も効果がある。また，アブラムシ類は銀色に対して忌避反応を示すので，生育初期にシルバーポジフィルムでマルチを行ない，飛来を防止する。ピーマンの生育にともなって反射光量が制限されるためマルチの効果は漸減するが，草冠上にシルバーポリテープを張るのを併用すると効果が持続する。有機栽培農家では発生部にホースで散水して防除をしている例もある
	ハスモンヨトウ	圃場周辺の宿主になる雑草の防除を行なうとともに，ハウスでは成虫の飛来を遮断するために防虫ネットを張りめぐらす。生物的防除として若齢幼虫にはBT剤の散布が効果的である
	オオタバコガ	圃場周辺の宿主になる雑草を防除するとともに，ハウスでは成虫の飛来を遮断するために防虫ネットを張りめぐらす。発生が確認されたら被害果をみつけしだい摘除し，果実内の幼虫は捕殺する。生物的防除として，若齢幼虫にはBT剤の散布が効果的である

注　CMV：キュウリモザイクウイルス，TMV：タバコモザイクウイルス，ToMV：トマトモザイクウイルス，PMMoV：トウガラシマイルドモットルウイルス

(6) 病害虫への対応策

おもな病害虫への対応策は第3表のとおりである。

(7) 収穫・出荷

開花から収穫までの日数は，開花後20～25日前後であり，25～30gを目標に収穫する。収穫が遅れると樹勢が低下するので，M級を中心に適期収穫に努める。

野　菜

　着果負担が大きくなると，樹勢が落ち収量が
低下する。とくに，長期収穫を行なう促成栽培
では収穫管理が重要で，慣行栽培以上の収量を
上げている有機栽培農家では，着果負担の軽減
が，収量向上にきわめて重要としている。
　執筆　自然農法国際研究開発センター
　（日本土壌協会『有機栽培技術の手引（果菜類編）』
　　より抜粋，一部改編）

品目別技術　ピーマン

農家のピーマン栽培

長期どりするための追肥は花を見て判断

執筆：桐島正一（高知県四万十町）

寒中の2月から播種・育苗

　私のピーマン栽培は露地での長期どりで、初夏から秋遅くまで収穫、出荷する（第1図）。春のピーマンは軟らかくて味が薄い、夏は暑さから身を守るため、香りが高く少し硬めながらみずみずしく、秋はだんだん寒くなっていくので甘味が増して、水分が少なく力強い感じがする。

（1）タネのまき方

　播種は2月下旬～3月中旬ころまでにしている。タネはトロ箱にまくが、一つのトロ箱にピーマンだけ全部まくと300～400本ぐらいできて多すぎるので、ほかの野菜と一緒にまく。その場合、同じ時期に鉢上げできるものか、温度や水などの管理が同じものを、同じ箱にまく。ピーマンだとジャンボピーマンやシシトウ、万願寺トウガラシなどで、一緒にしたらダメなものはウリ科野菜やナスなどである。

（2）育苗中の管理

　播種から育苗中の温度や水などの管理は、トマトとほぼ同じである。播種後4～5日で発芽して、本葉が1枚見えたらポットへ鉢上げする。たいていは6.5cmポットを使うが、苗を大きくして植えたい場合は、少し大きいポット（10.5cmなど）で長く育てる。

　鉢上げ後1.5か月くらいで、花が見え始めたら定植。苗の生育にはポットの場所などによってバラツキが少し出るので、できるだけ背が低く、葉は丸みがあり厚いものから植えていく。

第1図　8月の暑さのなかで成り続けるピーマン　　（写真撮影：木村信夫、以下Kも）
11月までとる

日当たりのよいウネにし、深植えを避ける

（1）元肥とウネのつくり方

　本畑づくりは、定植する1週間前ぐらいに元肥施用、耕うん、ウネ立てするのがよい。どうしてもすぐに植えたいときは、元肥の量を半分にしてウネをつくる。

　ピーマンの畑は日当たりがよく、灌水ができ、肥沃なところを選びたい。また、平のネット仕立てにするので、できれば太陽方向に対して直角になるようにウネを立てる（東西ウネ）。

　ウネ幅（通路含む）を1.8mにして、カマボコ型か台形のウネを立てる。通路をある程度広くとって、高めのウネをつくる（第2図）。ウネの高さは畑の乾燥しやすさなどによって調整する。

野菜

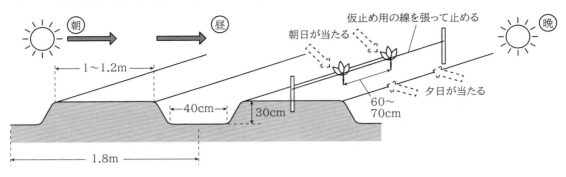

第2図 ピーマンは太陽に直角の東西ウネ

高めに、通路を広くとる

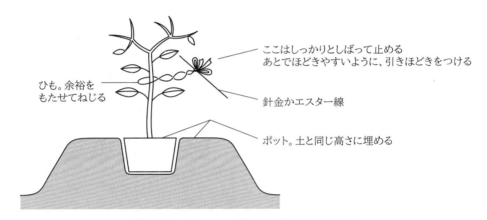

第3図 ピーマンの植え方と仮止めのしかた

(2) 定植のやり方

定植は4月下旬〜5月初めころ、花が見えてからがよい。1条植えで株間60cmとする。

植付けは、ポット土の表面とウネ土の表面が同じになるように埋め、深植えにしないように心がける。そして仮止め用の線を張って止める。このとき、苗をくくり締めないように、ひもを2回ぐらいねじって余裕をつくり、線にはしっかり止めるとよい（第3図）。

小まめな水かけ

定植後は必ず灌水する。水が土のすき間を埋めてくれて、ポットの土と根とウネの土をなじませる効果がある。

その後2〜3日は毎日水をかける。そのあとは2日に1回、3日に1回と徐々に減らしていく（雨のときはやらない）。それから先は定期的に、晴れれば水をやる。5月ころは1週間に1回程度、7月の梅雨が明けたあとは、雨のないときには4日に1回のペースにする。また秋になると、灌水を少なくしていく。以上を標準として、ピーマンの状態を見て水やりをする。

初期の草引きであとがラクになる

草引き（除草）は、定植後15〜20日に1回のペースで4〜5回するとあとがラクになる。三角ホーか、「けずっ太郎」などで、できるだけ土を薄く削って、草が小さい状態で除草する。深く削りすぎないのがコツである。深くすると下の草のタネを上に上げて発芽をうながすこと

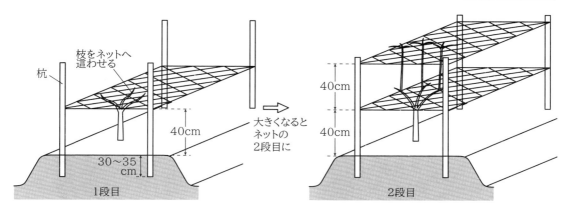

第4図　ネットの2段張りと仕立て方

になる。

　私は除草剤も使わないので、通常7月の梅雨明けまでは草引きに追われる状態になる。たいへんな作業である。8月になるとピーマンの樹も大きくなり、雑草も暑さで弱るので、伸びたら刈る、もしくは引くくらいで対応できる。

ネット張りと仕立て方の改良を

　露地栽培のピーマンの仕立て方は、ネットの2段張りが多く、私もそのやり方をしている（第4図）。まず、1段目のネットを張って、枝を這わせる。7月に入ったら2段目を張る。1段目にある程度ピーマンが広がったら、その中から1株で3～4本ぐらいを上に伸ばして上のネットへ這わせる。このとき、下に残った枝は手で押さえて下のネットに這わせるか、適度に間引きをして除いていく。

無農薬栽培での病気・害虫の予防

　低温で雨が多いときには斑点細菌病が発生して、なかなか治まらず、雨の多い年は収穫が減る。風の通りや排水、日光の当たり具合をよくすることによってもおさえることができるが、やはり低温期の5～6月、10～11月ころに多肥や肥料切れをさせないようにすることで、病気も減る。5～6月に発病するとたいへんな被害になるので、十分注意する。

　害虫では、ヨトウムシなどがピーマンの中に入る。正直なところ、発生の多いときは一時期まったくとれない年もある。ただ、その時期をしのげば、またとれるようになるので、虫が増えてきたら実よりも樹を残すことを考えて、樹勢を少し強く保つようにしている。

長期どりのための鶏糞元肥と追肥判断

　肥料は、元肥として耕うん時に鶏糞をウネ部分へ、10a当たり500～700kg相当入れている（畑の状態で変わる）。そして、定植時に、株元へ十能で1株500ccほどずつ置き肥する。

　定植後30～40日ぐらいに、1回目の追肥をする。鶏糞400ccを株から15～20cm離れたところへ置き肥する。その後は、ピーマンの開花・着果や樹勢を見ながら施していく。

　追肥の判断は、トマトやナスなどと共通で、主枝の先端近くに花が咲いていたり、雌しべの長さが雄しべと同じか短くなるのは肥料不足のサインで、追肥が必要である（第5図）。

8月の切返し時に最後の追肥

　8月初めころに実つきが少なくなったら枝を多く除く（切返し）。そのときに、10a当たり300kgぐらいの鶏糞を入れると、成りの戻りが早くなる。このときは通路に置き肥する。

　収穫は11月まで続くが、8月の切返しのときの追肥を最後の肥料としている。秋はピーマンの肥大がゆるやかになるので、チッソの要求

野菜

第5図　ピーマンの追肥判断（K）
左写真の先端の長さは追肥一歩手前の株、右写真の花は雌しべが長く肥料十分の株

も少なくなっていくからである。

　秋になって施肥すると苦味が出てくる。ひどくなると実が落ちたり、寒さに弱くなったりする。また、秋になるとゆっくり育つようになるので肥料はそれほど必要なくなるし、夏の暑さで傷んでいた根が伸びて元気になり、自ら肥料を吸収しようとする。

収穫・出荷の楽しみ

（1）開花から収穫のテンポを覚えよう

　ピーマンは開花後20〜25日ぐらいで収穫となる。開花から収穫までのテンポを覚えておくと、収穫のタイミングが花を見てわかるし、たとえば台風でやられたときなど、立ち直って収穫できるようになる期間の判断もできる。

　果菜類にはそれぞれの開花から収穫までの期間があり、季節によって伸縮するので、そのテンポを覚えておくとよい。

（2）熟れたピーマンもおもしろい

　ピーマンは赤く熟れさせると、ジャンボピーマンほどではないが、甘味がありおいしい。

　ただし、熟れると軟らかくなりやすく、とるタイミングをはかるのもむずかしい。また、熟れるのに60日ぐらいかかるので、収穫期の初めのうちは完熟させられないし、虫にさらされる期間も長くなるので、そう多くはとれない。

　宅配ボックスに入れると、緑の中で目を引き、彩りとしておもしろく喜ばれるので、できれば1個入れるようにしている。

品目別技術　キュウリ

キュウリの有機栽培 ——基本技術とポイント

(1) 有機栽培を成功させるポイント

①病害虫防除の徹底

つる割病は，カボチャ台木への接ぎ木栽培で回避することが可能である。立枯性疫病も接ぎ木栽培で効果があるが，圃場の日減水深を10～30cmと良好にして，発病させない栽培環境をつくる。

地上部病害は，収穫が進み着果負担が大きくなると樹勢が衰え発病してくるので，土つくりや養分供給が持続する施肥管理を行ない，着果負担に耐えられる旺盛な樹をつくる。

モザイク病対策は，ウイルスを保毒したアブラムシ類の直接の接触を避けるため，周囲を障壁作物で囲むか，ムギ間作を実施する。

施設栽培では，灰色かび病や褐斑病の発生が多くなるので，栽培環境の改善に十分留意する。また，微小害虫の吸汁害と，媒介するウイルス病の被害が増えているので，防虫ネットの利用や施設内外の雑草防除，休閑期の密閉高温処理などで防除を徹底する。

②耐病性が高く作型・地域に合った品種選択

有機栽培では，とくに問題になるうどんこ病，べと病，褐斑病に，耐病性や少肥栽培による対応が可能で，作型に応じた雌花着生性をもつ品種を選択する。有機栽培では，慣行栽培より収穫期間がかなり短くなりやすいので，初期収量が多く短期間で収量が確保できる主枝着果性の品種が向いている。

③作型は普通栽培・早熟栽培が基本

有機栽培では，露地栽培が導入しやすく，作型は早熟栽培，普通栽培，抑制栽培が該当する。全国的に，早熟栽培～普通栽培がもっとも栽培しやすい。早熟栽培ではポリマルチやトンネルで地・気温を確保し，春先の霜害を回避する。

いずれの作型でも，降雨による地上部病害，CMVなどのモザイク病，アブラムシ類の発生

があるので，防除対策が必要になる。また，夏の高温は樹勢を低下させる大きな要因なので，地域の気象条件に適応した作型・作期の導入が重要である。

慣行栽培と異なり，高温期の病害虫防除はむずかしいので，良品が収穫できる期間は2か月と想定し，播種期をずらして収穫期間を延長する方法が経営的には安定する。圃場の状態や作期，労力の面から，直播栽培を組み合わせることも可能である。

④地力が高く排水性のよい圃場を選ぶ

キュウリは根の酸素要求量が大きいので，地下水位50cm以下で，降雨時に滞水しない圃場を選ぶ。とくに，有機栽培では梅雨，秋雨，台風と降水量が多い時期の作型が中心になるので，排水性のよい圃場を選ぶ。

また，有機栽培では地力チッソへの依存度が高いので，地力の高い圃場を選ぶ。

⑤有機栽培への転換初期に十分な土つくり

キュウリの有機栽培では施肥にたよるのではなく，地力を主体とした栽培を心がける。遊休地や耕作放棄地，慣行栽培からの転換圃場では，短期間で地力を高めるため，熟成した堆肥やイナワラのようなC/N比の高い有機物と，鶏糞やボカシなどC/N比の低い有機物を，3年間にわたり3～5t/10a程度施用して土つくりをすると，安定した有機栽培が可能になる。

⑥圃場の生態的環境を豊かにする

有機栽培では，圃場内の生態系を豊かにして病害虫を軽減し，栽培を安定することが重要である。そのため，キュウリ以外の植物や作物の間混作やコンパニオンプランツ，リビングマルチの導入を検討する。また，米ヌカやモミガラ，植物残渣など多様な有機質資材を地表面にマルチするなどして，天敵の捕食性のダニやゴミムシ，徘徊性のクモなどを増やすことも重要である。

(2) 作型と作付け体系

①作型の特徴と留意点

普通栽培　普通栽培は，夏が高温になる温暖な地域では，7月末までで栽培を打ち切ることが多いが，夏が冷涼な地域では，秋冷期まで栽

481

野　菜

培を続けることが可能である。

しかし，有機栽培では病害虫の有効な防除対策がないため，この作型で良品生産ができる収穫期間は2か月程度で，生育中期以降の栽培は困難になることが多い。キュウリを主要品目として栽培する場合は，播種期を20日前後の間隔でずらし，出荷期間を長くする生産方式をとるのがよい。

早熟栽培　早熟栽培は害虫の活動が少ない時期に初期生育を促すことができ，普通栽培より収穫期間も約2週間程度長くなる。

留意点は普通栽培に準じるが，定植時の地温の確保を十分に行なう。また，定植後はトンネル管理に注意し，晴天時の高温（30℃以上にならないように換気）や低夜温（10℃以下にしない）に注意する。晩霜のおそれがなくなったらトンネルを外して露地栽培にする。

半促成栽培　早熟栽培よりさらに早い時期に，施設内に定植する作型である。生育後半は施設内が高温になり，また露地栽培の出荷量が増え競合するので，収穫期間は80～100日程度である。

本作型では地温の確保が重要で，生育初期は最低地温を20℃前後にすることが望ましい。日本海側では寡日照期なので，採光にも留意する。

抑制栽培　7～8月に播種し，秋の下降気温期に向けて収穫する作型で，おもに施設が利用される。

軟弱徒長苗になりやすく，生育初期の樹勢が弱く，着果不良，うどんこ病や褐斑病などが発生しやすいので，耐病性品種の選択も重要である。生育期間が短いので節成り性品種を利用する。

なお，抑制栽培に適する品種の'フレスコダッシュ''ズバリ163'に，ブルームレス台木よりブルーム台木を接ぎ木したほうが，うどんこ病の発生が抑制されるという熊本県農業研究センター報告がある。

②有機栽培での作付け例

露地・多品目栽培での作付け　連作による病害虫回避のため，輪作を行なう。露地栽培では，輪作体系の導入が容易なので，夏野菜ではトマト，ピーマン，カボチャなど，秋冬野菜ではアブラナ科野菜（キャベツ，ハクサイ，コマツナなど）やレタス，シュンギクなどのキク科野菜，ホウレンソウ（アカザ科），タマネギ（ユリ科）などの組合わせができる。

連作圃場での作付け例　半促成栽培や抑制栽培で施設を利用したり，出荷先や労働力の関係で専作的な栽培を行なっている場合は，輪作を導入しにくい。しかし，抑制栽培では，春作として軟弱野菜のほか，緑肥などを作付けている例もある。

なお，早熟栽培や普通栽培では，後作に秋冬野菜としてホウレンソウやミズナなどの軟弱野菜を無施肥で栽培する例がある。

長期出荷のための作付け　個人向けに野菜セットを宅配している場合は，前述したように作付けを数回に分けて，長期に良品を出荷するとよい。遅い作型では，直播栽培を行なう例もある（第1表）。

③間作・コンパニオンプランツの利用

山梨県総合農業技術センターは，露地の有機夏秋キュウリ栽培で，ニガウリなどを同一ウネ内で数株ずつキュウリと交互に作付けたり，風上に障害作物として植え付けると，収量や上物率が向上すると報告している。

キュウリのウネ間や株間に，ほかの野菜や緑肥作物を間作する例もある。さらに，ウネ上のキュウリを挟むようにマルチムギを2条まいて除草を省力化する，ウネ間にエンバクを立毛させて生育初期の防風対策をする，ウネ間に赤クローバを栽培してアブラムシによる被害を軽減する例（第1図）などもある。

ただし，間作は土壌肥沃度が十分に高くないと，キュウリの生育が阻害され収量が低下する場合もあるので，導入には注意が必要である。

コンパニオンプランツは，キュウリの株元やウネの隙間に相

第1表　キュウリ長期出荷のための作付け例

事　例	1作目	2作目	3作目	4作目
埼玉県K氏	4月中旬定植	4月下旬定植	6月下旬直播	8月上旬直播
栃木県T氏	5月中旬定植	6月上旬定植	6月下旬定植	8月上旬直播

性のいい作物を作付ける方法で，株元に長ネギ，ウネ肩にマリーゴールドを作付けると，キュウリの生育を助けるとされている。また直播栽培で，キュウリと一緒にハツカダイコンをまき，ウリハムシの被害を抑えている例もある（第2図）。

(3) 品種の選択

①品種選択の動向

キュウリの果実は，もともと表面に粉ふき（果粉：ブルーム）があり，白っぽかった。しかし，見栄えのする濃緑の果実が好まれ，ブルームの少ない台木品種を使ったブルームレスキュウリが主流になり，有機栽培でも多い。しかし，見た目より耐病性や収量性を重視して，台木を含めた品種を選んでいる有機栽培者もいる。また，消費者の要望に応えて，あえてブルーム品種（台木）を選んでいる例もある。

有機栽培では，耐病性や作型適応性，栽培のしやすさとともに，良食味・良食感の品種を選ぶことも重要である。また，地方に伝わる在来品種を見直すことも必要である。

②着花習性と適応作型

節成り性の強い品種は側枝の発生が穏やかで，施設などの密植栽培に適し，半促成栽培や抑制栽培に用いられる。主枝に果実が多くつくので，収穫初期から収量が多くなるが，収穫期間は短くなりやすい。

節成り性が弱い品種は側枝の発生が旺盛で，初期収量は劣るが長期間収穫できるので，慣行栽培では早熟栽培や普通栽培で能力を発揮する。

しかし，有機栽培では病害虫の発生で，途中で打ち切らざるを得ない場合が多いので，早熟栽培や普通栽培でも節成り性や中間型品種の適応性が高い（第3図，第2，3表）。

③耐病性

有機栽培では，耐病性の有無は品種選択上で重要である。市販されている多くの品種は複合耐病性をもっている（第4表）。

(4) 健苗の育成

①育苗の準備

半促成栽培や早熟栽培では，加温育苗になるため，軟弱徒長しないよう温度と水分管理に注意する。普通栽培や抑制栽培は冷床育苗が行なわれる。とくに，抑制栽培は高温対策として苗床の遮光が必要になる。

キュウリは根の生長が速いため，ポット内の根巻きによって苗が老化しないよう，定植時期に注意する。

育苗培土 キュウリの育苗には，pH6.0～6.5で透水性と保水性が高く，膨軟な無病の育苗培土を使用する。

自家製造の例では，腐葉土9（前年度の踏み

第1図　ウネ間にエンバク＋赤クローバ
（写真提供：自然農法国際研究開発センター）

第2図　キュウリの株元にハツカダイコンを播種　（写真提供：戸松　正）

野菜

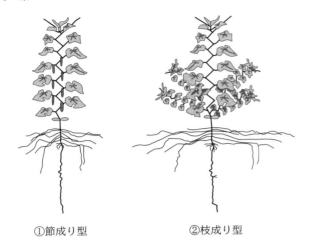

①節成り型　②枝成り型
第3図　節成り型と枝成り型の模式図

込み温床の腐葉土をふるって使用）に，モミガラくん炭1の割合で混ぜたり，容量で無肥料焼成粒状土8，牛糞堆肥4に市販の園芸培土1を混ぜるなどがある。

粕類やボカシなどを混ぜると二次発酵で菌糸が張ることがあるので，切返しを数回行ない，水分を加えても菌糸が発生しなくなってから使用する。

先駆的な有機栽培農家には，播種床の用土だけは焼土を用い，苗立枯病を防止している例

第2表　主枝雌花率の違いによる品種の特徴

	主枝雌花率の目安	側枝の発生	初期収量	収穫期間	肥料要求性
節成り型	80％以上	少ない	高い	短い	高い
枝成り型	30％以下	多い	低い	長い	低い

第3表　有機栽培農家で使用している品種とその作型

	収穫日数	節成り性	本調査事例で使用されていた品種
早熟栽培・普通栽培	60〜90日	弱い	夏すずみ，夏ばやし，さつきみどり，バテシラズ3号，夏の輝き光神2号，つや太郎
半促成栽培	90日	強い	
抑制栽培	60日	強い	ステータス夏Ⅲ，つばさ

注　収穫日数は北関東の例（埼玉，群馬）を参考にした

第4表　おもなキュウリ品種の耐病性

（長崎県農林技術開発センター，2011）

品種名	メーカー	耐病性					
		べと病	うどんこ病	褐斑病	灰色かび病	モザイク病
ステータス夏Ⅲ	久留米原種育成会	○	○	◎		
ビュースター	久留米原種育成会		○	○		
WF−3	久留米原種育成会	○	△	◎		
グリーンラックス	埼玉原種育成会				○	
エクセレント節成1号	埼玉原種育成会			○		
よしなり	サカタのタネ	○	○	○		
Vアーチ	タキイ種苗	○	○	○		○
夏ばやし	タキイ種苗	○	○	○		

注　耐病性は各メーカー発表による（◎強〜△普通）。メーカーにより耐病性の意味が異なることがあるので注意する

もある。

苗床の準備　育苗は，簡易ハウスや大型トンネルを用いて行なう。灌水が頻繁に必要なので，給水設備のあることが望ましい。最低夜温が10℃を下まわる低温期には，保温のためのビニールをかけ，電熱などで加温できる温床が望ましい。温床は木枠などで囲み，外気の影響を受けにくいよう配慮する。

たとえば，4.5m²の床（幅75cm，長さ6m)には，10.5cmポットで約520個，12cmポットで約420個置くことができる。ただし，ずらしの必要があるので，実際はこの3分の2程度の数になる。

加温は，電熱温床の利用が一般的であるが，有機栽培ではイナワラや落葉などの堆積発酵熱を利用した，踏込み温床の利用例もある。

②播　種

発芽環境　発芽の最低限界温度は15℃，最高限界温度は40℃で，適温の28 ～ 30℃で発芽が揃いやすいが，実際には25 ～ 28℃を目安にして，発芽後の徒長を防ぐ。なお，健全な発芽には過湿は好ましくない。

25℃前後の適温では72時間（3日間）で出芽し始め，96時間（4日間）で子葉の展開が始まり，120時間（5日間）程度で子葉が展開する。

播種の方法　普通栽培，早熟栽培，抑制栽培で，育苗期間が比較的短い場合はポットに直接まくことが多いが，接ぎ木を行なう場合は平箱（播種箱，トロ箱，水稲育苗平箱など）が用いられる。

低温期は，培土を入れた平箱やポットに灌水したあと，加温して温めておく。平箱は条間6cm，種子間隔1.5 ～ 2cmで，条に対して横向きに種子を置床し，厚さ1cm弱で覆土する。ポットは中央部に約2cmの凹みをつけ，1粒置床して覆土を行なう。種子を一晩ぬるま湯に浸漬しておくと発芽揃いがよくなる。

平箱では，播種後7 ～ 10日の本葉が出始めるころ，10 ～ 12cmのポリポットに鉢上げする。

発芽不良や育苗中の損失を考えて，必要数の1 ～ 2割多めに播種する。

③育苗管理

温度管理　低温期の育苗では気温低下に十分留意しながら，日中の温度25 ～ 30℃，夜間13 ～ 15℃，地温18 ～ 23℃に保つことが望ましい。夜間の温度が高すぎると徒長するだけでなく，雌花の分化も進まなくなる。

水分管理　午前中の光合成（1日の乾物生産の6 ～ 7割が午前中とされている）を高めるために，10時ころまでに，夕刻には床土表面が乾く程度の灌水を行なって，徒長を防ぎながら硬い苗に育てる。

日中外気温が上昇し，施設内が高温になると萎凋することがある。その場合は，水が葉に直接かからないように少量の差し水を行なう。とくに，露地早熟栽培では定植後の圃場環境が厳しいので，灌水をひかえぎみにして硬い締まった苗に仕上げる。

順化　定植が近づいたら，灌水をややひかえめにし，換気量を増やして温度を下げ，徐々に苗を定植環境に馴らす。低温期の育苗では寒気が入って急に温度が下がることがあるので，馴らしつつも7℃を下まわらない程度にする。

④接ぎ木

接ぎ木の利用　有機栽培では，接ぎ木の主目的はつる割病対策であるが，半促成栽培や早熟栽培では，低温伸長性の強い台木を用いることで，初期生育を改善できる（第5表）。

福島県会津地方の有機半促成栽培農家は，ブルーム台木のほうがブルームレス台木よりうどんこ病に強く，果皮が軟らかくて食感がよいとしている。

接ぎ木の手順　台木に使うカボチャの播種は，呼び接ぎではキュウリ播種の2 ～ 3日後に，挿し接ぎでは2日前に行なう。接ぎ木は，いずれもカボチャの播種から10 ～ 12日を目安に行なう。

呼び接ぎは，穂木切断まで根があるので，接ぎ木後の管理は容易である（第4図）。接ぎ木後10日前後で胚軸を切断する。

挿し接ぎは能率的であるが，穂木がしおれやすいので，活着までの数日間は高温多湿を保つ必要があり，習熟を要する。

野菜

第5表 各種カボチャ台木を用いた接ぎ木キュウリの特性　（全農, 1995）

接ぎ木キュウリの性質	カボチャ台木の耐性
低温伸長性	クロダネ＞土佐系＞白菊座≒無接ぎ木
草勢強化	クロダネ＞新土佐＞白菊座＞無接ぎ木
親和性	土佐系≒白菊座＞クロダネ
吸肥性	クロダネ＞新土佐＞白菊座＞無接ぎ木
耐湿性	白菊座＞土佐系＞クロダネ
耐暑性	土佐系＞白菊座＞クロダネ
耐乾性	土佐系＞クロダネ＞白菊座

第4図　呼び接ぎ（左），挿し接ぎ（右）の模式図

⑤定植の目安

育苗日数は，接ぎ木苗の場合，半促成栽培や早熟栽培では35～40日，普通栽培や抑制栽培では25～30日になる。

定植の目安は育苗日数よりも葉齢が重要で，普通栽培や抑制栽培では3葉展開ころまでに，半促成栽培や早熟栽培でも4葉展開ころまでには行なう。

（5）圃場の準備と栽培条件の整備

①圃場の選定

第一に，土つくりを行なってきた地力の高い圃場を選ぶ。土性はとくに選ばず，粘土の多い水田転換畑でも栽培は可能であるが，排水不良だと湿害が発生し，立枯性疫病の危険も増すので，排水性（地下水位50cm以下）に留意する。また，排水性の程度に応じた高ウネ栽培を行なう。

一方，キュウリは水分要求性が強いので，砂質が強い土壌では樹の寿命が短くなる。乾燥しやすい圃場では腐植を増やして保水性を高めたり，敷ワラを厚くするなどの対策が必要になるが，頻繁に灌水が必要な圃場は適さない。

また，露地栽培では強い風が当たる圃場は避けるか，防風ネット，ソルゴーやデントコーンによる風よけを行なう。

②ウネの向きと大きさ

ウネは原則として南北方向に立てるが，地下水位が一定となるよう圃場の傾斜や風向きなど考慮する。施設では採光と病害虫の発生を考慮し，慣行栽培より若干広めのウネ幅にする。

露地栽培　アーチを使う場合は3m，2条植え（通路含）（第5図），垂直支柱の場合は150cm，1条植え（通路含）。

施設栽培　2条植えは120～150cm＋通路，1条植えは80～100cm＋通路（第6図）。

③透排水性の改善

水田転換畑などで地下水位が高い圃場では，暗渠排水を施工する。深さ30cm以上の明渠で代替することもできる。

非黒ボク土で粘土含量が多く透水性が低い土壌では，堆肥だけでなく，細断したイナワラ（20cm程度）やモミガラくん炭などを併用して，粗孔隙を確保し透水性を改善している事例もある。

耕うんにはロータリだけでなく，サブソイラやチゼルプラウを用いて下層土まで亀裂をつくると，土壌の縦浸透を改善できる。

（6）土つくり対策

①土つくりの目標

土つくりは通気性，排水性がよく，有機質に富んだ膨軟で肥沃な土壌を目標にする。根群が深ければ土壌水分や地温変化の影響を受けにくくなり，移動性の低いリン酸や苦土，石灰，ミネラルなどの養分を，広範囲から吸収できる。このため，土つくりには圃場の地表排水とともに，地下水位を30cm以上にする。

また，安定した収穫を継続するには，土壌中の無機態チッソの変動を小さくし，持続的に養分を供給する必要がある。そのためには，有機栽培では堆肥や粗大有機物を利用した土つくりを継続し，地力を培養することがとくに重要である。

②土壌診断と土壌改良

土つくりの目標を達成するには，作物の生育状況や収量による評価に加え，土壌診断を行ない，前回診断との比較から施用する有機物や資材の種類，数量，土つくりの程度や方法を加減する必要がある。牛糞堆肥や草木灰などの使用が多いと，カリ過剰になっていることが多いので注意する。

キュウリの最適pHは6.0〜6.5で，基準値を下まわる場合は，有機石灰資材を施用して改善する。深耕するほど表層土に下層土の混入が増えるので，下層土のpHも調べて矯正しておく。

なお，キュウリはカリに次いで石灰の吸収量が多いので，pHが6.5を上まわらない範囲で，貝化石などの石灰質肥料を施用するとよい。

リン酸吸収係数が高い黒ボク土など火山灰土壌では，有機JAS規格に適合する熔成りん肥やグアノなどのリン酸肥料を，堆肥と一緒に施用する。可給態リンが20mg/100gを超える改良が適している。

③堆肥，粗大有機物の施用

完熟に近い堆肥を使用　完熟に近い堆肥は，水分を加えて攪拌してもほとんど発熱せず，細菌，放線菌が優占している。黒褐色で，形状は膨軟で塊が少なく，握ったときに手が汚れず，芳香がある。こうした堆肥は土壌微生物の働きを補完して，併用する粗大有機物の分解促進に寄与する。

新規圃場での堆肥の施用　造成地，基盤整備後の圃場，慣行栽培で土壌消毒を徹底してきた圃場では，2〜3年間をめどに，完熟に近い堆肥4t/10a以上とイナワラなどの粗大有機物を，合わせて5t/10a以上を目安に施用する。イナワラなどは深層に施用し，作土層を厚く確保する。

水田転換畑は地力が高いことが多いが，土が締まりやすく，耕盤が厚く，透水性が劣る。また畑地としての土壌生態系が未発達なため，サブソイラで耕盤を破砕したり，暗渠を再生して有効土層を1m以上確保する。表土は完熟に近い堆肥を4t/10a以上施用し，25cm以上にする。

耕作放棄地では，粗大有機物のかわりに，そこで繁茂している灌木や雑草を利用してもよい。

第5図　露地アーチ栽培の例
（写真提供：自然農法国際研究開発センター）

第6図　施設栽培1条植えの例
（写真提供：自然農法国際研究開発センター）

地力維持段階の堆肥の施用　地力の維持には，寒冷地で1t/10a，中間地で2t/10a，温暖地で3t/10aの堆肥が必要とされている。なお，堆肥の種類によっては土壌の養分バランスが悪化するので，ときどき土壌分析を行ない，状況に応じて堆肥の種類や量を見直す。

(7) 施肥管理対策

①元肥の施用

キュウリ1tの収穫に必要な養分量　キュウリを1t生産するために必要な養分量は，チッソ2.9kg（10a当たり21.2kg），リン酸1.7kg（同13.2kg），カリ6.3kg（同47.4kg）とされている（第6表）。チッソ，リン酸は3分の2が樹に，3分の1が果実に転流し，カリは半分強が果実に転流する。

野　菜

第6表　キュウリ収穫物1t当たりの全地上部
養分吸収量および収穫物養分吸収量

（環境保全型農業研究連絡会ニュース，1996）

植物体養分吸収量 (kg/t)			収穫物養分吸収量 (kg/t)		
N	P2O5	K2O	N	P2O5	K2O
1.78	1.11	3.99	1.07	0.56	2.28

　石灰は収穫物1t当たり2.8kg必要とされるが，大半が樹に転流して果実に転流する量は少ない。苦土は0.8kg必要とされている。

　キュウリの養分吸収量は，生育初期は緩慢であるが，収穫が始まるころから急激に増加する。

　元肥の資材　有機栽培では自家製ボカシ肥料や粕類，市販の有機質肥料を元肥として施用している。最低でも定植1か月前までには施用し，低温期には地温を高めて土壌とよくなじませておく。肥効の発現が比較的速いのは，鶏糞やナタネ油粕である。

　元肥の施用量　有機キュウリの先進的農家の調査では，チッソ成分量で5〜7kg/10aが元肥として施用され，半促成栽培や早熟栽培という低温期の栽培では，やや多めに施用されていた（第7表）。また，ウネだけに施用するなど，圃場全体の施用量を削減する工夫や，元肥を施用せず堆肥を多めに入れている例もあった。

　②追肥の施用

　根系が浅い場合は，浅層への固形有機質肥料の追肥でも有効であるが，根系が深い場合は効果が小さくなるので，液肥による追肥を利用するか，灌水方法の工夫で肥料養分を深層へ誘導することも有効となる。

　1回目の追肥のタイミングは，発酵させたボ

カシや市販の有機質肥料は比較的速効性なので，定植後30日をめどにウネの両肩に施用する。施用量はチッソ成分で3kg/10a程度である。粕類や米ヌカを単体で用いる場合は，それより7日程度前をめどに施用する。

　その後は樹勢（曲がり果の発生の多少など）をみながら，30日おきに通路（作業で通らないほう）に同量の追肥を行なう。

　有機質資材は施用後，土壌微生物による分解を受けてチッソの無機化が進み根に吸収・利用されるので，追肥後は灌水を行ない，土壌に十分浸透させる必要がある。液肥の場合は灌水と同時に施用する。

(8) 生育期の栽培管理

①定植と直播栽培

　栽植密度　キュウリ栽培のウネ幅は，露地栽培では，一般にアーチパイプを使ったネットに誘引するので，約3mで2条植えである。施設での半促成栽培や抑制栽培では，幅80〜100cmのベッドをつくり，施設の間口幅に合わせて通路をとるのがふつうである。栽植密度は，1,200〜1,500株/10a程度（1本仕立て）を目安に株間を調節する。なお，寡日照の地域では2条の抱きウネより単条ウネのほうが，秀品率が高いとされている。

　空間に余裕があり採光性のよい露地栽培では，1本仕立てで株間50〜60cm（1,200株/10a程度），多本仕立て（3本〜無整枝）では株間100〜125cm（550〜600株/10a）が目安である。

　定植での留意事項　遅くとも定植の数日前ま

第7表　有機栽培事例での収量と元肥施用量

事　例	作　型	施肥量 (Nkg/10a)	推定収量 (kg/10a)	その他堆肥など有機物資材施用量 (t/10a)
福島県H氏	半促成	15	3,800	堆肥2
京都府H氏	半促成	5〜7	3,500	堆肥2〜3
埼玉県K氏	早熟〜普通	5（鶏糞100kg）	7,600	剪定枝チップ堆肥2
京都府H氏	普通	5〜7	6,200	堆肥2〜3
福島県A氏	普通	0	5,000	牛糞堆肥5
京都府H氏	露地抑制	5〜7	2,000	堆肥2〜3
福島県H氏	ハウス抑制	5	2,200	堆肥2

でに，ポリマルチやトンネルなどで地温を調整しておく。

低温期の定植作業は，晴天で風のない日を選び，地温が上がってきた午前中に行なう。根鉢は水に浸して十分に吸水させておく。深さは根鉢の表面と地面の高さが揃う程度にする。定植作業直前にポリマルチを部分的にはいだり，敷ワラを除いて，植え穴にも十分に灌水し，水が引いたところで植え付け，活着まで灌水しない。

抑制栽培の場合は，曇天日もしくは晴天日の夕方を選び定植する。前日に降雨があるか，前もって灌水しておくなど，土壌に湿り気があるとよい。植付けの深さは，低温期より少し深めにする。

直播栽培　気温が十分に上がったあと（関東〜東海では5月中旬以降），直播栽培が可能になる。播種から子葉が展開するまでの日数は，気温19〜20℃で7日，23〜24℃で6日程度。直播栽培は欠株を生じやすいため，1株3〜4粒播種する必要があり，自家採り種子でないと種子代がかさむ。

直播は直根が深く伸長し，根群が深く発達しやすく，生育が速くなる。また，育苗施設が不要なため，小規模な栽培にも適している。有機栽培では，複数回の作付けで育苗方式と直播方式を組み合わせたり，自家採種を行なって直播している事例もある。

栽植密度は移植栽培に準じ，圃場に播種穴をつくって灌水し，水が引いたら1か所3〜4粒ずつ播種する。間引きが容易にできるよう，種子を少し離してまくとよい。覆土は1cmを目安にし，降雨や乾燥を防ぐため不織布や敷ワラで被覆をする。行灯やホットキャップをすると，ウリハムシの被害も回避できる。

発芽後は本葉1枚時に2本に間引き，3枚時に1本立ちさせる。

②誘引と整枝

栽培様式（露地，施設），品種（節成り性の強弱），株間（密，疎）に応じた仕立て方と整枝作業が必要になる。誘引，整枝は収穫作業と同時に行なうが，その方法は一律ではなく，樹勢に合わせて強弱をつけるなど，農家ごとの工夫がある。

誘引　キュウリのつるは生長が速いため，誘引作業が遅れると，つるが垂れ下がったり絡み合って，その後の作業効率が著しく低下するので，遅れないように行なう。

仕立て方　主枝成り型の品種は，主枝1本仕立てで栽植密度を高め，短期間で多収をねらう。有機栽培で栽培期間が短い場合に適応性が高い。

雌花分化が側枝に多い品種では，一次側枝を1〜2本残し，主枝を含め2〜3本仕立てにする場合が多く，長期栽培に向く。有機栽培では，長期間の樹勢維持は困難なので，主枝・側枝型の品種を利用するなどして，収量を高める工夫が必要である。

1本仕立ての整枝方法　主枝の5〜7節より下に着花した雌花と側枝はすべて摘除し，これより上に発生する一次側枝は2葉残した先で摘心する。二次側枝は1葉残して摘心するが，樹勢が弱いときは摘心をひかえて半放任とする。

主枝は，ネットや支柱に誘引する場合は25〜30節で摘心するが，つり栽培では摘心しない。

側枝などの生長点をすべて除去（強整枝）すると根の発育が弱まるので，1本仕立てであっても樹の勢いをみながら，やや弱めの整枝を行なうことが望ましい。

半促成作型の有機栽培で，樹を早くつくる目的で8節まですべての一次側枝を摘除し，その後は一次側枝を2節で摘心するが，二次側枝はじゃまにならない限り放任している例もある。これには，主枝を生長させる目的と，下位節空間の通気性をよくし病害虫を抑える目的がある。なお，側枝の放任管理は樹勢を落とさず，株を長持ちさせるためである。

多本仕立ての整枝方法　多本仕立てには，主枝を本葉4〜5枚を残して摘心し，その後に発生する一次側枝を伸ばす方法と，主枝と10節位までに発生した一次側枝を伸ばす方法がある。

主枝を摘心する場合は，定植時に本葉4〜5枚を残して摘心し，その後発生する複数の側枝のなかから強い側枝を選んで，仕立て本数に応じて伸ばす。その後の一次側枝，二次側枝の管理は1本仕立てに準じる。

野　菜

主枝を残す場合は，当初は1本仕立てと同様に管理するが，6節以上の芽かきをひかえて，発生する強い側枝を残すようにする。

摘葉と摘果　摘葉は下葉から順に行なうが，強度の摘葉は樹勢の低下を招くので，受光体勢をみながら，1週間に株当たり2枚程度とする。

果実は開花時には将来の形状（曲がり果や奇形果）がわかるので，そうした果実は早めに摘果し，良品の生産に努める。

③**灌　水**

定植初期に灌水量が多いと上根になるので，定植から収穫開始少し前までは，萎凋しそうな株だけに手灌水を行なう程度にとどめる。

収穫を開始したら灌水は十分に行なう。灌水回数が多くても，1回当たり灌水量が少ないと地中まで水分が浸透せず，ウネの上部で乾湿を繰り返し，曲がり果や尻細り果の発生を招くので，1回の灌水量は5mm（500l/a）程度のまとまった量とする。

④**施設栽培の温度管理**

施設栽培では，日中の高温防止と夜間の低温防止に留意する。施設内の温度は30℃以上にならないように管理するが，日照のあるときは，午前中は光合成がもっとも盛んな28～30℃を目標に管理し，午後は光合成産物の消耗を抑えるため23℃前後に下げる。また，曇天の場合は光合成産物の消耗を抑えるため，温度を上げないようにする（20℃目標）。夜間は，日の入りから4時間は光合成産物の転流を促すため16℃程度に管理し，その後は12℃まで下げる。

施設内と外気の温度差が大きい時期は，外気が直接キュウリに影響しないよう，カーテンを設置して防ぐ。また，夜間の保温対策として早めに保温して，日中の熱を逃がさないようにする。遅霜が予想されるときは，霜よけの暖房を行なう。

⑤**生理障害対策**（栄養生長と生殖生長のバランス対策）

栄養生長と生殖生長のバランスが崩れると樹や果実に異常症状が出る（第8，9表）。有機栽培では，慣行栽培以上に早期に原因を特定して対応する必要がある。

(9)　雑草防除

①**ウネの雑草管理**

黒ポリマルチで土壌被覆をしていれば，植え穴から発生した草を手取りする程度ですみ，通路の雑草のみ管理すればよい。ポリマルチを使わない場合は，イナワラ，ムギワラ，刈り草，完熟堆肥など有機物マルチをする。ハウス内ではモミガラでマルチをすることもある。

有機物マルチは，保温効果がほとんどないこと，時間とともに分解し土壌養分になること，マルチが薄いと雑草が生えるという特徴がある。

露地の普通栽培で有機物マルチを行なう場合は，定植直後から行なわず，苗が活着し地温が暖まったころに株元まで行なう。その後は，梅雨に入る前に1回目の追加を泥はねのないように株周りまで厚く行なうが，株元は過湿にならないように若干空けておく。2回目の追加は梅雨明け後に行ない，十分な厚さになるようにする。その後は減ってきたら適宜追加する。

②**通路の雑草管理**

通路の除草作業もそれほど負担ではない。雑草が伸びてきたときは，草刈機やモアーで刈る。防草シートや，堆肥などの有機物で被覆すれば，草刈りなどの作業はほとんど必要ない。

ムギや芝，クローバなどを育てて（リビングマルチ）雑草を抑える方法もある。その場合は，定植までにある程度伸ばしておき，人が踏み始めてもすぐには消えないようにする。

③**圃場周辺の雑草管理**

有機栽培では，圃場生態系を豊かにすることが害虫抑制につながるといわれているが，害虫の発生源になることもあるので，必要に応じて除草を行なう。たとえば，イネ科の雑草はムギクビレアブラムシなどキュウリにつかないアブラムシを増殖して，天敵を増やしてくれるが，ハコベはワタアブラムシの宿主になる。

圃場周辺にソルゴーなどの障壁作物を作付けると，アブラムシが伝搬するウイルス病の防除に役立つことが知られている。しかし，風通しを悪くすると病気の発生を招くので，風向きなど圃場環境に応じて導入する。

品目別技術　キュウリ

第8表　樹に現われるおもな生理障害 (全農, 1995)

症　状		原　因	対　策
かんざし症状		低温管理による生育の停滞時に発生する	低温管理を避ける。土壌水分を適切に保つ（pF2.2程度）。肥切れ，過剰施肥に注意する
急性萎凋症状	それまで健全に生育していた株が晴天の日に急にしおれ，夕方には回復している	接ぎ木が完全でなかったり，雨が続いて急に温度が上がったときに発生する	接ぎ木を完全に行なう。蒸散が盛んな場合は少量灌水する
落下傘葉	落下傘状の葉が発生する	Ca不足，換気不足で誘発される	換気を行なう
つるぼけ	葉が異常に大きくなり，側枝の発生が旺盛であるが，雌花の着果が少なくなる	土壌チッソの過剰による栄養生長過多のときに発生する	灌水を控え，肥料の吸収を抑える。摘葉により一時的に草勢を抑える。温度を下げぎみにして，活動を抑える。換気を十分に行なう
褐色小斑症	葉脈に沿って褐色の小斑点を発生する	10℃以下の低夜温や15℃以下の低地温が一定期間続いたときに生じる	低夜温，低地温を避ける。灌水を控える。土つくりを適切に行なう

注　写真（かんざし症状）は自然農法センターの提供による

第9表　果実に現われるおもな障害 (全農, 1995)

障　害	症　状	発生原因	対　策
奇形果	曲がり果，尻太り果，尻細り果，短形果	・肥切れ ・日照不足，乾燥 ・強度の摘葉	摘果で着果負担を軽減する 土つくり，追肥で肥切れを防止する 灌水で土壌の過湿，過乾を防ぐ
流れ果	果実の肥大が途中で止まる。ミイラ化する	・葉の同化機能の低下 ・着果過剰（成り疲れ）	摘果で着果数を調節する 強度の整枝，摘葉を行なわない 適切な土つくりで根の発達を促す
肩こけ果		・低温 ・草勢低下	施設温度の管理を適切に行なう 土つくり，追肥で肥切れを防止する 灌水で土壌の過湿，過乾を防ぐ
くくれ果		・高温，乾燥 ・過繁茂で高温多湿 ・ホウ素の果実への移行障害	堆肥を十分に施用する

（10）病害虫対策

有機栽培での，キュウリに発生するおもな病害虫への対応策を第10表に示した。

（11）収穫・出荷

果実の大きさが90g以上になったら収穫する。地方品種や在来品種はそれぞれ特徴があるので，品種特性に応じた大きさに揃える。花は

491

野　菜

第10表　キュウリ有機栽培での病害虫対応策

	病害虫	対応策
病　気	モザイク病	モザイク病に分類されるウイルスは，CMV，WMV，ZYMVである。アブラムシの侵入を防ぐことが重要である。育苗から定植初期の防虫ネット被覆や，本圃では障壁作物を適切に利用して，アブラムシによる媒介を防ぐ。整枝・誘引などの管理作業で樹液感染するので，作業前のはさみなどの洗浄，病株の早期発見と抜き取り・焼却を行なう。アブラムシへの対応策はワタアブラムシを参照
	その他のウイルス病	KGMMVのほか，MYSV，PRSV，BPYV，CCYVなどの発生が確認されている。伝染経路は，PRSVはアブラムシ，BPYVはオンシツコナジラミ，CCYVはタバココナジラミ，MYSVはミナミキイロアザミウマによって媒介される。また，KGMMVは種子伝染し，土壌伝染，汁液伝染もする。育苗や栽培施設には防虫ネットを利用して，これらの害虫の侵入を徹底して防いで，未然に発病を防ぐとともに，注意深く観察して発病株があればすみやかに焼却する。これらのウイルス病害は，育苗時から感染するので，購入苗を利用する場合は信用のある業者から購入する
	うどんこ病	耐病性品種を用いると，発生を少なくできる。分生子が水に弱いので，葉面散水などで，感染の機会を減らす。ただし，湿度の上昇はべと病などの病原菌を活性化するので，どちらの被害が大きいかを判断して対処する。本病には，生物的防除で使用が許容されている生物農薬がある
	べと病	梅雨期の多湿条件で発病するので，密植栽培を避け風通しをよくする。また，排水をよくして過湿を避ける。成り疲れに注意し樹勢を維持する。耐病性品種があるので利用する。有機JAS規格で使用が許容されている農薬がある
	褐斑病	高温多湿条件を避ける環境をつくる。基本的にはべと病対策と同様に行なう。耐病性品種があるので利用する。また，支柱などの資材に付着した病原菌や被害残渣が感染源となるので，適切な対応策を行なう。有機JAS規格で使用が許容されている農薬がある
	つる割病	排水のよい圃場を選択して栽培する。連作圃場ではフザリウム抵抗性のカボチャ台木（'新土佐''白菊座''黒ダネ'など）に接ぎ木する。苗を丈夫に育て，植え傷みを避ける
	つる枯病	多湿条件で発生しやすいので，高ウネにして，灌水などの水管理に注意する。チッソ過多，成り疲れで発生が助長されるので，肥培管理，樹勢の維持に留意する。水のはね上がりで伝染するので，露地では雨滴の地表からのはね上がり防止に努め，施設では灌水法に注意する
	斑点細菌病	発病地での連作を避ける。比較的低温で多湿環境が発病に適しているので，春先の定植時や梅雨時はできるだけ乾燥させる。有機JAS規格で使用が許容されている農薬がある
	疫病	多湿，浸水した場合や排水の悪い場所，酸性土壌で発生が多いので，圃場の排水をよくし，土壌酸度を適正に保つ。発病圃場で連作する場合は，接ぎ木栽培を行なうと，立枯性疫病の発生を軽減できる
	炭疽病	露地栽培で発生が多く，毎年発生する場合は圃場を変えるか，雨よけ栽培を検討する。湿地，排水不良で発生しやすいので，圃場排水をよくする。有機JAS規格で使用が許容されている農薬がある

品目別技術　キュウリ

	病害虫	対応策
害　虫	ワタアブラムシ	健康な作物を栽培することが，アブラムシの密度を高めないためのもっとも重要な対策になる。そのためには，適切な土つくりをすることが一番の対策である。また，多くの在来天敵が存在するので，天敵が住みよい環境をつくると密度を抑えることができる。そのため，草生栽培の導入にかぎらず，圃場周辺の植生を豊かにすることが重要である。施設栽培ではバンカープランツを入れて事前に天敵を飼養しておき，アブラムシが侵入しても密度が上がらない環境をつくる。また，コレマンアブラバチなど天敵製剤を活用する方法もある。天敵剤はアブラムシが低密度のときに導入しないと，効果を十分に発揮できないので，導入には観察が重要になる。シルバーマルチ，紫外線カットフィルムは忌避効果を発揮する。有機JAS規格で使用が許容されている農薬がある
	ハダニ類	高温乾燥の環境を好むので，作型を変えることが望ましいが，雨や流水に弱いので，水でも良いので葉面散布をこまめに行なうと密度が下がり被害が出にくい。しかし，水の葉面散布はハウス内の湿度を上げ，ほかの病害を起こしやすいので，木酢やストチュウなどを葉面散布する事例が多い。発生が多い圃場では圃場内外の雑草をこまめに刈り取りハダニの住処を減らす必要がある。また，発生初期であればミヤコカブリダニやチリカブリダニなどの天敵製剤の利用も検討する。日本にも在来の天敵（ケナガカブリダニ，ケブトカブリダニ，ニセラーゴカブリダニ，コウズケカブリダニなど）がおり，また広食性の天敵（ヒメテントウ類など）も多いので，それらの活用も検討する。有機栽培農家では圃場周辺の植生が多様な農家が多く，ハダニが毎年のように発生して被害を及ぼすという農家は少ない
	ウリハムシ	成虫の飛来を防ぐことがもっとも重要で，施設栽培では防虫ネットによる侵入防止がもっとも効果的である。露地栽培では定植直後の被害が大きいので，不織布などで被覆するか，株元を肥料袋などで囲う行灯栽培が効果的である。シルバーポリやアルミ蒸着フィルムなどによるマルチも忌避も効果が高い。直播栽培で，ハツカダイコンを一緒にまき被害を抑えている例がある（第2図参照）
	ネコブセンチュウ	センチュウのいない圃場を選択することが確実な対策である。圃場を湛水状態にして1か月以上維持するとセンチュウの密度はかなり減る。また，クロタラリア，ギニアグラス，マリーゴールドなどのセンチュウ対抗緑肥を作付け，すき込むとセンチュウ密度が低減する。そのほか，良質堆肥を施用し土つくりを進めると，腐食性センチュウ，肉食性センチュウなどの土着センチュウが増殖し，サツマイモネコブセンチュウなどの植食性センチュウの密度が下がり，センチュウ害が抑えられる。本害虫には，有機JAS規格で使用が許容されている微生物農薬がある

注　CMV：キュウリモザイクウイルス，WMV：カボチャモザイクウイルス，ZYMV：ズッキーニ黄斑モザイクウイルス，KGMMV：キュウリ緑斑モザイクウイルス，MYSV：メロン黄化えそウイス，PRSV：パパイヤリングスポットウイルス，BPYV：ビートシュードイエロースウイルス，CCYV：ウリ類退緑黄化ウイルス

落としたほうが日持ちはいいが，直売などでは新鮮さをアピールするために残すこともある。

有機栽培では，良品が生産できる収穫期間を2か月程度に設定し，労力配分，気象環境による危険分散も考慮して作型・作期を組み合わせ，収穫期間の延長をはかる栽培形態が導入しやすい。いずれにしても，有機農産物は出荷先とよく相談して，出荷・販売計画を立てる必要がある。

執筆　自然農法国際研究開発センター
（日本土壌協会『有機栽培技術の手引（果菜類編）』より抜粋，一部改編）

野菜

農家のキュウリ栽培

よい苗、疎植、追肥でとる

執筆　東山広幸（福島県いわき市）

とれすぎて困る未熟型果菜類

未熟型の果菜類は、苗さえできれば無農薬でも栽培は比較的簡単だ。追肥も切らさない程度にやればよいだけだし、疎植では整枝もさほど面倒ではない。

とくにキュウリはよい苗ができれば、栽培はいとも簡単。美しいキュウリがとれすぎて困るぐらい。まっすぐできれいなキュウリをとろうと思ったら、肥切れや乾燥・過湿にならないよう注意すればよいだけで、キュウリは必ずまっすぐに育つ。キュウリは本来まっすぐになりたくて仕方がないのだ。

温床で発芽、鉢上げ後も温床で管理

私のところでは4月15日にタネをまくと決めている。これで5月20日ころ定植にちょうどよい苗となる（第1図）。

タネは128穴ペーパーポットにまき、温床にのせる。この時期は冷床ではまず発芽しない。本葉が出始めたころに10.5cmポリポットに鉢上げする。鉢上げ後も必ず温床で管理する。

発芽後や鉢上げして活着後は温床の温度が下がってもかまわないが、冷え込む夜には必ず保温シートを重ねてかけて苗を寒さに当てないようにする。キュウリやスイカの苗は寒さにはめっぽう弱い。

早植えはしない、黒マルチを張る

栽植密度はウネ間約4.5mに2条で、株間は70～100cm（第2、3図）。苗が足りなかったらもっと疎植にしてもよいが、初期収量が少なくなる。

春の定植は必ず黒マルチを張る。マルチは地温上昇だけでなく、ウリハムシ対策にもなる（「雑草と害虫対策は「なんでも育苗」とマルチ活用、米ヌカ利用」の項参照）。なお定植場所は、なるべくまわりにジャガイモを植えていないところを選ぶ。ジャガイモが枯れたあと、テントウムシダマシが一気に押し寄せるからだ。まわりが田んぼなら被害は少ない。また、周囲にジャガイモ畑があっても、ジャガイモがマルチ栽培なら比較的被害は少なくてすむ。マルチはテントウムシダマシ対策にもなる。

元肥はモミガラ堆肥と魚粉。魚粉は多くても少なくてもよい。途中で追肥の米ヌカとバトンタッチするまで効いてくれればよい。

キュウリの根はもっとも地温を必要とするので、あまり早く植えてはいけない。最低気温が10℃以下にならなくなったらOKだ。春のキュウリはネットにからみにくいので、面倒でも誘引はまめにやる。

肥切れ対策の米ヌカと魚粉

定植直後に米ヌカをウネ間にすき込む。キュウリのあとは秋のサヤインゲンに使えるので、米ヌカは相当やってもむだにならない。ウネ間

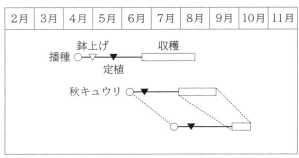

第1図　キュウリの栽培暦

品目別技術　キュウリ

第2図　キュウリは早植えせず、黒マルチを張る

第3図　キュウリのウネと施肥

10m当たり10〜15kgやったほうがいい。これが収穫最盛期の主要な肥効を担う。

生育後半の追肥には速効性のある魚粉をやる。ウネ間にはモミガラかワラのマルチをやっていたが、イノシシの被害を誘発しやすいので、最近では防草シートを使うことが多くなった。これは大雨のあとでも足元が汚れないのがありがたいし、完全に雑草を抑えられるし、肥切れもしにくくなる。

収穫はもちろん毎日やらなくてはならない。大きな実をつけて放っておくと樹勢が落ちるので、とり残しのないようにする。毎日販売できない場合は、小さな実までとって「ミニキュウリ」として売ると、盛夏期以外は翌日の収穫が必要なくなる。

短期の秋キュウリは魚粉で

晩春に定植したキュウリはお盆ころには終わりとなる。そのあとはサヤインゲンでも植えてやればネットは秋まで活用できる。肝心のキュウリはといえば、そのあとも引き続き収穫しようとすると何度かまかなくてはならない。8月の上旬ころから収穫しようと思ったら6月の中旬には播種しなくてはいけないし、9月の上旬から収穫なら7月中旬ころだ。これらは収穫の終わったエンドウ類のネットを利用できる。遅く播種したキュウリは、どういうわけか垂直に近いネットでもほとんど誘引なしで上がっていく。その代わり株張りは悪いので密植する。

遅くまくほど収穫期間は短くなるし、秋風が吹いてくるとロクなものがとれなくなるから、いわき市や北関東なら8月上旬の播種が限界だろう。このころの播種ではあまり多くの収穫は望めないから、新しくネットを張らず、初夏どりのサヤインゲンのあとにでも植えてやったほうが無難だ。

遅い作型では収穫期間が短いので、米ヌカの施肥はやめ、速効性の魚粉中心とする。

野菜

年に3回播種で長くとり続ける

執筆　桐島正一（高知県四万十市）

大きく育てて甘味を出す

キュウリは少し大きくすることで甘味が出ておいしくなると思っているので、市販のものより大きく育ててから収穫する。栽培時期にもよって多少のちがいもあるが、長さ20cmくらい、直径2〜3cmにして収穫したい。

甘味がある果実をとるため、樹は葉が大きく厚く、毛が密生し、少し湾曲をして光沢があり、茎は鉛筆より少し太くなるぐらいにつくりたい。

キュウリ栽培でとくに気をつけていることは、まず無農薬栽培での害虫予防。もうひとつは、宅配ボックスにできるだけ長期間入れるということ。そのために、私はすべて露地栽培なので、年3回つくって収穫をつないでいる（第1表）。

播種、育苗——各季節のポイント

春植え・初夏どりの播種は3月初めくらいで、寒い季節なので、発芽を順調にさせるため温床を使う。2回目の初夏植え・夏どりは、播種が5月初めころで適温期になり、すごく発芽しやすいので、問題なくできる。

3回目の夏植え・秋どりは7月初めから8月の播種となる。猛暑のこの時期が一番むずかしく、苗床を軒下や屋敷の裏のような少し陰のところにするとつくりやすい。

タネには、おもに‘上高地’（自然農法センター）という品種を自家採種し、水に浸して沈んだ充実したものを使っている。発芽温度は35℃で管理し、水は発芽まで切らさないようにする。あとは少しずつ少なくして、ポットに鉢上げしたあとは少し水切れ状態にしてから与える。

定植——各作型の畑選び

ウネは1.6m幅で、株間30〜40cmに植える。

春植え・初夏どりは、定植が4月中下旬ころでつくりやすい時期なので、日当たりのよい畑を選ぶ。2回目の夏どりは、定植が6月初めころになり、雨が多かったり温度が高かったりする時期なので、水はけがよく、少し日陰のところがよいと思う。

3回目の秋どりは、真夏の8月下旬〜9月初めに植えることになるので暑さが残るが、11〜12月までとるので、植えるところは、日当たりのよい畑を選び、水かけを小まめにする。

鶏糞施用量も季節で変える

（1）植付け時期と鶏糞の施用量

春植えは少し多めに、元肥として耕うんのときに、ウネ部分へ鶏糞を10a当たり600kg相当入れ、定植時に株元へ1株に300ccほど置き肥する。追肥は1回、実がつき始めたころに鶏糞を1株に300ccくらい株間に施す。

初夏植え・夏どりの元肥10a当たり500kgで、追肥は春植えと同じタイミングです。元肥の鶏糞施用量が少ないのは、夏のため栽培期間が少し短くなることと、よく効きやすい時期になるからである。この肥料の効き方はキュウリの樹を見ていればわかると思う。

夏植え・秋どりは元肥を10a当たり500kgやり、定植時に株元へ少し置き肥する。追肥は1回であるが、寒くなっていく時期なので少し多くしてもよい。秋どりは収穫が長期間になることと、寒さで肥料の効きが悪くなるからである。

第1表　キュウリの栽培時期

	播　種 （月／旬）	定　植 （月／旬）	収　穫 （月／旬）
春植え・初夏どり	3／初	4／中下	5／中〜7／初
初夏植え・夏どり	5／初	6初	6／下〜8／中
夏植え・秋どり	7／初〜8／初	8／下〜9／初	9／中〜12／初

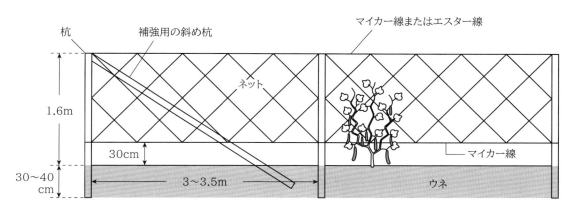

第1図　キュウリのネット誘引と3本仕立て

(2) 樹勢管理の目安

キュウリのよい生育のための樹勢管理は、つる（側枝）の太さが下から上まで同じになっていること、また、一番上の開花がつるの先端から30～40cmのところにきているように育てる。

ただし、キュウリは品種によって着花の位置やつるの太さがちがうので、品種の特性にあわせてつくることが必要である。

害虫予防はパオパオ、はぐって誘引

虫よけはどの作型も同じで、定植後すぐに不織布（パオパオ）がけをする。これは、ウリバエとヨトウムシなどの予防のためである。つるが60～70cmに伸びてパオパオにつかえるようになったとき、パオパオをはぐって誘引する。そのころになるとウリバエがいても食べつくすことはないし、キュウリ自体が強くなっているから、被害は少ない。

誘引はどの作型も同じで、ネット誘引する。パオパオをはいですぐに、18cm目のネットを高さ1.6～1.8mに張って、キュウリをネットにかける（第1図）。このときにちょうど追肥もするようになる。

主枝でも側枝でもとる3本仕立て

整枝・剪定は、パオパオをはぐったときには、5～6本の側枝（つる）があると思うが、3本を残して摘み取る。キュウリは品種によって、主枝に実がなるもの（節成り）と、側枝に実がなるものとある。

その性質によって剪定が少し変わるが、私が多く使っている品種の'上高地'は節成りにもかかわらず側枝にも多くの実がつく、ちょうど中間の品種だと思う。そのため、主枝でもとるが、側枝を多く残して側枝からもとって、収穫量と収穫期間を伸ばすようにしたい。

それには、誘引時に3本に残してからあとは、下のほうが混み合ったときにつるを除く程度の剪定にしている。

季節の条件にかなった水やりと収穫

水やりは、春植え・初夏どりは少なめでよいが、初夏植え・夏どりは多めにする。夏植え・秋どりはだんだん少なめにしていく。

キュウリの様子や天候によるが、春は1週間に1回、真夏は4日に1回くらい、秋は9月初めころには7日に1回くらいとし、それからだんだん少なくして、最後のほうの11月には10日間晴天が続いたら水をかけてやる。

収穫は冒頭に書いたように、甘味のあるキュウリをとりたいので、ふつうより大きめにして収穫している。その際、春は大きくしてとり、夏は少し小さめでとる。秋はまた大きくしてとるようにすると、収穫期間をかなり長く持続できるし、おいしいものがとれる。

野菜

カボチャの有機栽培 ——基本技術とポイント

(1) 有機栽培を成功させるポイント

①地力が高く排水性のよい圃場を選ぶ

有機栽培を安定的に行なうためには，日当たりがよく有効土層が30cm以上で，多雨でも半日以上滞水しない圃場を選ぶことが重要である。排水不良の圃場では，暗渠や明渠の整備や弾丸暗渠などを行なう。カボチャの根系は浅く広がるので，狭いウネでの高ウネ栽培は適さない。

縦浸透が小さい圃場では心土破砕を行なう。粘土含量が多く土性的に縦浸透が小さい圃場では，細断したイナワラや麦稈，緑肥作物や作物残渣などを堆肥とともに施用して改善をはかる。

②有機栽培への転換初期は土つくりを徹底

施肥にたよるのではなく，地力を主体とした栽培を心がける。遊休地や耕作放棄地，慣行栽培からの転換圃場では，早急に地力を高めることが不可欠である。熟成堆肥やイナワラのようなC/N比の高い有機物に，鶏糞やボカシなどC/N比の低い有機物を混ぜてつくった堆肥を，2年間は5t/10a程度を施用して，土つくりを積極的に行なう。

③適切な栽培管理で初期生育を促進

直播栽培も可能であるが，作付け規模が大きい場合は移植栽培すると生育を揃えやすく，栽培管理もしやすい。

カボチャは，チッソ過剰になると過繁茂やつるが伸びすぎたり，雌花が流れて着果節位が高くなるので，肥沃な圃場では施用量を加減する。有機栽培では，ウネ（作条部）にチッソ成分で約10kg/10a相当のC/N比の低い，鶏糞やボカシを元肥として施用している例が多い。

また，有機栽培では定植直後（直播では本葉出葉期）からウリハムシの食害や，冷風や強風の影響を受けやすいので，べたがけやトンネルで対策する。

④ウネ間の雑草対策を徹底

有機栽培では除草剤を使わないので，つるがウネ下を覆うまでの雑草管理に多くの手間がかかる。

つる先がウネから出る少し前に，ウネ間をロータリーで中耕・除草して，追肥を行なう例や，圃場全面に有機質肥料を施用している場合は中耕・除草のみで，追肥を行なわない例もある。その後は，葉がウネ下を覆うので，除草の必要性は小さくなる。

ただし，雑草がまったくないとつるが絡まる場所がなくなり，強風で樹が傷むことがあるので，マルチムギ（小麦，大麦）など被覆緑肥を利用する。

⑤低温期や雌花開花期の降雨時には人工受粉

良果を収穫するには，12〜15節に着果させる必要があるが，低温期や降雨時には訪花昆虫の活動が低下するので，低温期や雌花開花期に降雨が続くときは人工受粉を行なう。

⑥うどんこ病には有機JAS許容農薬も利用

樹勢が弱るとうどんこ病が多発するが，化学合成農薬が使えないので抑制はむずかしい。末成り果の摘果や，着果節以降の側枝を放任するなどで樹勢維持に努める。また，乾燥で発生することが多いため，灌水も有効である。しかし，多湿を好む病害の発生もあるので，有機JAS規格による許容農薬の利用を検討する。

⑦害虫の発生要因を減らす

ウリハムシ，タネバエ，カボチャミバエには有機JAS規格で使用が許容されている農薬がない。

ウリハムシは，播種や定植直後にべたがけやホットキャップ，行灯などで物理的に遮蔽すると被害が軽減できる。タネバエは，腐敗臭がする未熟な有機物の施用で誘発されるので，完熟させて使う。また，成虫の越冬場所になる圃場周辺の雑草の除去，ウネ焼きなどを行ない，発生源を断つ。カボチャミバエは，標高600〜1,000mの産地で発生が多く，幼果に産卵する習性があるので，発生地帯では早目に結果させるように努める。

（2）作型・作付け体系と品種

①地域と作型の特徴

カボチャの多くは露地で栽培される（第1表）。作型は晩霜後（関東では4月下旬以降）に、移植や直播する普通栽培が中心になる。関東以西の平坦地では、トンネルやポリマルチを利用した前進作（早熟栽培）や、秋涼を利用した抑制栽培も行なわれている。

北海道では、5月中下旬の移植を早熟栽培、6月中旬以降の移植を普通栽培と呼んでいる。

②カボチャの作付け体系

カボチャは連作障害が起きず、作付け体系での制約はない。

北海道や東北北部では基幹作物なので、前後作やそのほかの作物とのリレー作付けは少ない。東北中部以南では、コムギやソバとの二毛作の例もある。

関東以西では、多くの作物との組合わせが可能である。裏作に緑肥作物やナバナなどを作付けたり、春作カボチャの後作にダイコンやニンジンなど根菜類、ハクサイやキャベツなど葉菜類を作付けることもある。

ウネ下（つるを這わす場所）が広いので、緑肥の間作もできる。また、土壌が肥沃であれば少肥栽培が可能である。

③品種の選択

食用として栽培されるカボチャには、大別してセイヨウカボチャ、ニホンカボチャ、ペポカボチャがある。

有機栽培農家が品種を選ぶ一番のポイントは肉質である。粉質で、甘みがあるものや貯蔵性のあるものが好まれる。一般には、扁円形で黒皮の品種が選ばれることが多いが、それ以外の品種も特徴を活かして販売している例もあり、果形、果皮色にこだわりすぎる必要はない。

栽培面では草勢の強さが基準になる。草勢の強い品種は低地力でもよく育つので、有機栽培では春先の地力が発現される前の低温時に重要である。

有機栽培農家が実際に利用している品種の例を第2表に示した。

（3）健苗の育成

①育苗の概要

育苗日数は播種〜発芽が4日、その後は1葉当たり7〜8日程度が目安となるが、外気温が低いときはやや遅くなる。定植苗の大きさは、普通栽培、早熟栽培では3〜4葉齢、育苗日数で35日前後になる。

園芸用平箱にまいて、本葉の出始めころに鉢上げする方法と、直接ポリポットにまく方法がある。冷床や発芽床に余裕がないときは平箱にまき、電熱温床や発芽床に余裕があるときはポットに直接まくほうがよい。

カボチャは根の生長が速く、育苗期間を長くとると根が詰まり、植えいたみを生じやすい。しかし、若苗定植すると着果節位が下がり、収量低下を招く。

②育苗床

育苗は、日当たりがよく、強い風が当たらない、排水のよい場所にある簡易ハウスや大型トンネルで行なう。最低夜温が10℃を下まわる低温期には、保温のためのビニールをかけ、電熱などで加温できる温床があることが望ましい。

カボチャは葉面積が大きいので、ずらしを行なうことを考え、50ポット当たり床面積1.8m^2（75cm×240cm）程度を準備する。

③育苗培土

チッソの多い培土を使用すると徒長・大苗になりやすいので、少ない培土を準備する。

基本は、完熟堆肥とふるった山土や水田土（無病のもの）をほぼ均等に混ぜ、有機石灰質資材2〜3kg/m^{3}を混ぜて、熟成させたものを使う。堆肥のかわりに腐葉土を使ってもよいが、その場合は前年度から米ヌカや発酵米ヌカなどを2〜3kg/m^{3}程度加え、臭いが消え菌糸が出なくなるまで、7〜10日おきに数回の切返しを行なっておく。

有機栽培農家では、前年秋に混ぜておいた牛糞モミガラ堆肥（牛糞堆肥とモミガラを容量で1：1に混ぜて熟成）と赤土を春に1：1で混ぜ、苦土石灰5kg/m^{3}を添加している例や、山土3：

野　菜

第1表　カボチャの作型と特徴

普通栽培	晩霜以降の気温が上昇した以後（関東から東海では4月下旬～6月上旬ころ）、露地に定植する。栽培期間の大半が生育適温下で経過するが、盛夏の気候が厳しい地域では盛夏を避けるために前進作を行なう
早熟栽培	トンネル、ポリマルチなどの保温資材を利用して普通栽培より早期（北関東では3月下旬～4月下旬、東海では3月下旬）に定植する
抑制栽培	盛夏後（関東～東海では、8月下旬～9月上旬）に定植し、降霜時までに収穫する。果実肥大期が低温になるので温暖地に多く、中間地ではハウスやトンネルの有効利用で行なわれる

第2表　有機栽培農家が栽培している品種の例とその特徴

品種名	メーカー	果形	果皮色	果実重	肉質	草勢	開花～収穫日数	その他
みやこ	サカタ	扁円	黒皮	1.2～1.5kg	強粉	普通	30～40日	1本仕立て
坊ちゃん	みかど	扁円	黒緑	500g	強粉	強	35～40日	貯蔵性あり
栗坊	サカタ	扁円	黒緑	500～600g	極粉	強	40日	貯蔵性高い
くりゆたか	みかど	扁平	濃緑	1.8～2kg	強粉	やや強	40～50日	貯蔵性高い
栗えびす	タキイ	扁平	濃緑	1.3～1.5kg	粉質	強	42～47日	低温伸長性あり
エムデン	サカタ	扁円	濃緑	2kg	やや粉	強	45日	低温伸長性あり
えびす	タキイ	扁円	濃緑	1.7～1.9kg	やや粉	強	45～50日	低温伸長性・2～3本仕立て
くり大将	トキタ	扁平	黒緑	2kg	粉質	普通	45～50日	糖度高い
かちわり	自農せ	円錐	淡緑	1.2kg	極粉	強	50日	5か月以上貯蔵可
ケイセブン	自農せ	扁円	淡灰	1.3kg	極粉	強	50日	長期保存可
ふゆうまか	自農せ	紡錘	淡緑	1.5kg	粉質	強	50日	食味期間：収穫後1～3か月
九重栗	カネコ	ハート	濃緑	1.8kg	極粉	強	50日	密植放任1果採り
ほっとけ栗たん	渡辺	心臓形	濃緑	2kg	強粉	普通	50日	3か月以上貯蔵可
雪化粧	サカタ	扁平	白	2.3kg	極粉	極強	50日	
くり将軍	トキタ	扁円	濃緑	2kg	粉質	強	50～55日	2本仕立て・1つる3果以上連続着果可

注　各メーカーHP、カタログより作成。各メーカーは、カネコ：カネコ種苗株式会社、サカタ：株式会社サカタのタネ、タキイ：タキイ種苗株式会社、みかど：みかど協和株式会社、渡辺：株式会社渡辺採種場、自農せ：公益財団法人自然農法国際研究開発センター、トキタ：トキタ種苗株式会社

腐葉土5で混ぜたものに，米ヌカ2kg/m³，カキガラ2kg/m³を添加して，水をかけながら2〜3回切り返して，甘い匂いがなくなってから使う例もある。

④播　種

播種での留意点　遅まきするとモザイク病の発生が増えやすいので，有機栽培ではとくに適期播種を心がける。

露地の直播は，遅霜のおそれがある地域では，ホットキャップなどを使用して，平均気温15℃を目安になるべく早めに行なう。

平箱やポットの場合は，発芽適温20〜30℃で，播種後3〜7日で発芽する。土壌含水量は，9〜18％の比較的乾いた状態で高い発芽率を示す。

園芸用平箱に播種する場合　播種箱にある程度湿らせた培土を，上部が1〜2cm空く程度に詰める。9cm間隔に深さ1cm程度の条をつけ，2.5〜3cm間隔に種子を置床し，平らになるように覆土し，条の上を軽く押さえて鎮圧する。

播種後は十分に灌水し，新聞紙をかぶせて乾燥を防ぐ。電熱温床は30℃に設定して保温し，発芽が始まったら新聞紙を除く。

子葉が展開して本葉がみえ始めるころまでに移植（鉢上げ）する。移植には10.5〜12cmポリポットが多く使われる。ポットには前日までに用土を詰め，灌水したあとに温床に置いて温めておく。

移植作業は曇雨天か晴天の夕方を選び，活着前に苗がしおれないように注意する。ポリポットの中央に深さ3cm以上の穴をあける。苗は根を切らないようにていねいに取り上げ，根の先端が下になるようにして穴の中に入れ，周りの土を指で押して土をなじませる。

移植後は灌水をひかえ，ビニールトンネルをかけ，日が当たらないようにこもなどで遮光しておく。翌日，苗の葉先に溢泌が確認できたら活着したと判断し，その後は温度を下げて通常の管理に戻す。

ポリポットに直接播種する方法　10.5〜12cmポリポットを用いる。前日までに用土を詰め，十分に灌水したあとに温床に置いて温めておく。

ポットの中央に深さ1cm程度の窪みをつくり，その底に種子を1粒置床し平らになるように覆土し，軽く押さえて鎮圧する。播種後は十分に灌水し，新聞紙をかぶせて乾燥を防ぐ。電熱温床は30℃に設定して保温し，発芽が始まったら新聞紙を除く。

この方法は，移植の手間を省いたり，移植による生育遅滞がない利点があるが，電熱温床が広く必要なことと，根鉢の形成が早くなるので，苗が老化しやすい欠点がある。

⑤育苗管理

目標とする苗の大きさは本葉4〜5枚を限度とする。大苗になりすぎると定植後の活着が悪くなる。

水管理　適正な水管理は，朝の灌水を夕方までにほぼ使い切る量である。育苗期の後半は蒸散量が増え，朝の灌水だけでは昼ころには不足するので，昼ころにもう一度灌水する。2回目の灌水が午後2時以降になったときは，葉水程度にする。

1回の灌水量は，ポットから水が染み出る程度を限界とする。一度に多くの灌水をしがちであるが，苗質が悪くなる。

温度管理　カボチャの育苗は発芽時にもっとも高温を必要とし，その後は徐々に下げて，定植ころには外気温と同程度にする（第3表）。

初期から低温管理にすると雌花の着生節位が下がり，高温管理では上がる。第1着果節の目標を10節程度とする場合は，本葉2枚ころは最低温度10℃以下の低温管理をする。

光線の管理（鉢ずらし）　葉が重なり始めたら，すみやかに鉢間を広げる（鉢ずらし）。鉢ずらしはポットの下から伸びる根を抑える目的もあるので，葉が

第3表　カボチャの育苗中の温度管理

温　度（℃）	播　種	発芽〜鉢上げ	鉢上げ〜定植前	定植直前（馴化）
地　温	20〜30	18〜23	15〜20	15
日中気温	—	25〜28	20〜28	外気温
夜間気温	—	13〜15	10〜13	10

野　菜

重ならない程度に，2〜3回に分けて実施する。

鉢ずらしすると，ポットの4倍以上の面積が必要になるので，それだけの苗床を確保しておく。また，鉢ずらしすると鉢土の温度が下がりやすくなるので，鉢温が下がるようなら育苗床全体の温度を高める。

馴化　定植の4〜5日前ころから馴化を行なう。灌水を徐々にひかえ，換気量を増やし，温度を徐々に定植環境に近づけていく。

低温期に一度に換気をすると，寒気が入り込んで急に温度が下がるので，床温が7℃を下まわらない程度に加減する。最初は寒気が直接当たらないよう，トンネルやハウスの上のほうを開けて暖気を逃がす。

定植苗の大きさと育苗日数　第4表に示したように，定植時期が低温ほど大苗に，高温ほど若苗で定植する。

(4) 圃場の準備と栽培条件の整備

①圃場の選択

カボチャは吸肥力が強いので地力が低くても栽培できるが，収量を高めるにはある程度地力が高く，水はけのよい圃場が必要である。

②ウネの大きさと高さ

幅0.8〜1.2mのベッドに対して，ウネ下を1.8〜4.2m程度とする。地力の高い圃場や草勢の強い品種はつる伸びがいいのでウネ下を広く，地力が低い圃場や草勢の弱い品種は狭くてもよい。

水はけのよい圃場では平ウネ栽培も可能であるが，水はけの悪い圃場では，高さ20cm，幅1.2〜1.5m程度のベッドとする。

半促成栽培，早熟栽培などトンネルを利用する栽培では，ベッドを広めにしてマルチをかけ，トンネルで完全に包んで太陽熱を逃がさないようにする。

③土壌被覆と地温の確保

低温期の定植では，ポリマルチなどで被覆して地温を確保する。各種ポリマルチのほか，イナワラや刈り草，モミガラ，堆肥なども利用される。

早熟栽培や普通栽培では，地温が十分に上がらないうちはポリマルチで保温する。地温が高くなってからの定植では，ポリマルチの必要はなく，敷ワラなどで十分で，定植後に敷いてもよい。

抑制栽培の定植時は高温期なので敷ワラが望ましいが，収穫期は秋冷期にあたるので，事前にポリマルチをすることも検討する。その場合，ポリマルチの上から敷ワラすると，定植時の地温の上がりすぎを防止できる。地温20℃をめどにビニールトンネルを設置し保温に努め，果実が早期に熟すように促す。

半促成栽培では，外気温が0℃に近い時期にハウス内に定植するため，保温を十分に行なう。ハウスを2重にし，ポリマルチ，ビニールトンネル，不織布のべたがけなど，できるだけ保温に努める。地温上昇のために透明ポリマルチを使用してもよいが，有機栽培では除草剤を使用しないので，雑草が多い場合はグリーンや黒マルチがよい。

保温資材の敷設は定植の1週間程度前に完了し，土壌を温めてから定植する。

第4表　作型別育苗の目安と育苗日数

作　型	本葉数	育苗日数	備　考
半促成栽培	4〜5枚	40〜50日	定植が低温期であり，早熟栽培の前に出荷を終わらせるため，育苗期間中にできるだけ生育を進める
早熟栽培	4枚	35日前後	早期に収穫することを目的とするので，定植までに大きくしておく
普通栽培	3〜3.5枚	25日前後	適温下であり，苗を大きくする必要がないので，活着のよいやや若苗とする
抑制栽培	2枚	7〜21日	苗の大きさは問わず，圃場の準備ができたところで定植する

品目別技術　カボチャ

（5）土つくりと施肥管理

①土つくり

地力が低い圃場では堆肥や粗大有機物を施用して，地力を高め，土を軟らかくする。有機栽培では，岩石質土壌の圃場に牛糞堆肥10t/10a入れている例もあるが，通常は草質の堆肥を2〜5t/10a施用している。

有機物を多量にすき込んだ場合は，作付けまでに1か月以上あける必要があり，前述の牛糞堆肥の例では，すき込み後に夏草を生やし，それをすき込んだあとに作付けている。

②土壌診断と施肥

チッソ吸収量は，定植1か月後くらいから急速に増加する。チッソの施肥基準は，元肥で4〜6kg/10a，追肥で7〜14kg/10a程度である。チッソ，リン酸，カリの比率はほぼ1：2.5：1である。

カボチャはカリの要求量が高いが（第5表），土つくりをしている圃場では相対的に多い傾向なので，カリの施用を意識する必要はあまりなく，チッソ，リン酸，石灰を主体に有機質肥料の施用を考える。

有機栽培では，圃場全体にカキガラなどの有機質石灰を，作条部（ウネ部分）にのみ鶏糞（チッソ成分で8〜10kg/10a相当）を使用している例が多い。鶏糞が選ばれるのは，安価なのと，チッソ，リン酸，石灰の含量が比較的高いためとみられる。

カボチャは，初期の樹勢が強すぎるとつるぼけになり，果実がつかなくなることがある。そのため，元肥よりも地力をつけることを重視した肥培管理が求められる。

③追　肥

追肥は果実肥大期の草勢維持のために行なうが，圃場が十分肥沃な場合は省略されることもある。

追肥のタイミングは，つる先がウネから外に出るころであり，それまでに要否を判断する。つる先が頭を上げているときは勢いがあるので追肥の必要はなく，つる先が葉の中に埋もれていたり，先端の生長点が詰まっていたら追肥する。

追肥は，ボカシ肥や市販の有機質肥料20〜40kg/10a程度を，ウネ下全面かつる先に施用し，施用後は除草を兼ねて中耕する。

（6）定植と初期生育の確保

①栽植密度

有機栽培では親づるを摘心し，発生する子づるを伸ばす2〜3本仕立てが多い。栽植株数は400〜500株/10aであるが，250株/10a程度の疎植栽培もみられる（第6表）。

地力の低い圃場では，主枝1本仕立てが雑草が繁茂する前にカボチャが地面を覆うことができ有利である。また，早熟栽培や半促成栽培のように，早い出荷をねらう場合も1本仕立てが行なわれる。

ベッドとウネ下を合わせたウネ幅は300cmを標準に，地力の高い圃場や中晩生品種では広めに，地力が低い圃場や早生系品種では狭めにする。

②定　植

定植時期の目安　普通栽培は，降霜のおそれがなくなるころが定植時期になる。

第5表　カボチャ 1,500kg/10aを生産するのに必要な養分吸収量（単位：kg/10a）

チッソ	リン酸	カ　リ	石　灰
5.8	3.2	12.2	7.1

注　岐阜県農林水産局2005「主要園芸農作物標準技術体系（資料編）」より作成

第6表　つる間隔を40cmとした場合の栽植密度（単位：株/10a）

仕立て本数	ウネ幅			
	2m	3m	4m	5m
1本仕立て	1,250	833	625	500
2本仕立て	625	417	313	250
3本仕立て	417	278	208	167
4本仕立て	313	208	156	125

野菜

半促成～早熟栽培では，降霜害を回避できる準備ができたら定植する。苗は，馴化期間を長めにとるなど，ていねいに馴化する。

抑制栽培では，降霜から逆算して約85日前に定植し，その25日前ころに播種する。霜にあうと枯れるので，その前に収穫できるように計画を立てる。

定植作業の手順　半促成～早熟栽培では，晴天で風のない日を選び，地温が上がってくる午前10時から夕方3時ころまでに定植する。

抑制栽培は高温期で，活着までの乾燥に注意が必要なので，曇天か晴天日の夕方に定植する。前日に降雨があるか，前もって灌水しておくなど，土壌に湿り気があるとよい。

定植苗は水に浸して（ドブ漬け）十分に給水させる。株間に合わせて植え穴をあけ，植え穴にも十分に灌水して，水が引いたところで植え付ける。

低温期は鉢土の高さと同じかやや浅めに，高温期は鉢土の高さよりもやや深く植えると活着率が高い。

主枝を摘心して2～3本に仕立てる場合は，定植前に摘心作業をしておくと省力化できる。

定植後の管理　定植後に苗がふらつくようであれば，割り箸などを支柱にしてつるを固定する。風にあおられると，表層の根が切られるので注意する。

半促成，早熟，普通栽培では，定植後も低温にあうことがあるので，ホットキャップやビニールトンネルなどで保温する。

べたがけは，葉に接したところが水を吸って霜害を受けやすいので，葉に当たらない程度の浮きがけにする。

抑制栽培では，定植後の高温・乾燥が問題になるので，活着までの乾燥防止を兼ねて，不織布をべたがけするとよい。

③直播栽培

普通栽培，抑制栽培では，直まきも行なわれる。植えいたみがないので，有機栽培では利用したい技術である。タネバエを誘因することがあるので，臭気の出る有機物や資材は使用しない。

ウネ立てした圃場に，まき溝をつくり，灌水し，水が引いたところで，1か所2～3粒播種する。覆土と鎮圧をして，再度灌水し，十分な水分を与える。乾燥を防ぐため，敷ワラやくん炭などで覆う。

春先の低温期の直播では，保温と霜害防止，ウリハムシ防除を兼ねてホットキャップをする。

発芽後は，苗間で競合しそうな場合は間引きをするが，地力が高い圃場ではそのまま栽培してもよい。放任栽培する場合は，株間を十分に広げて播種する。

(7) 生育期の栽培管理

①整枝

整枝の考え方　整枝は，つるが10節程度に伸びたころに行なう。生育が旺盛なので，整枝作業が遅れないようにする。遅れると，つるが絡み合ったり，別の方向に伸びて，着果管理や収穫作業がしにくくなる。また，葉が片寄り，過密や隙間ができて群落全体の光合成能力が低下する。

整枝は，着果節までの脇づるを摘除すると同時に，つるの間隔や着果節位を揃えるなど，群落全体を整えるように行なうが，無理になおすと樹勢が低下するので注意する。

着果節以降に発生する脇づるは，樹勢維持のため，混み合わない程度に放任する。

摘心2～3本仕立て　定植前に本葉5枚を残して生長点を摘心すると省力的であるが，定植後でもかまわない。2～3本仕立ては，一番果の収穫が1本仕立てより遅くなるが，各子づるの着果節を揃えやすいので一斉収穫がしやすい。

整枝後は，いったん，つるを反対方向に引き戻し，その後本来の方向に伸ばし，一番果がウネの上に乗るようにすると，収穫労力が軽減でき，日焼け果も防ぎやすい。

1本仕立て　腋芽はすべて摘み取り，主枝のみを伸ばす。着果数は1果を基本とし，樹勢が強い場合は2果までつける。それ以降の果実は摘果して，良品の生産に努める。

有機栽培の場合，地力が低い圃場では子づるの発生が少ないので，主枝1本仕立てにする。子づるはほとんど発生しないか，発生しても大

きくならないので放任し，着果は1果とする。

②着果管理

着果管理の考え方 カボチャは，1本のつるでいくつも収穫することはない。良果を確実に収穫するためには，目的の節位に着果させ，目的以外の節に着果したものは摘果する。

そのため，虫媒花であるが，人工受粉によって着果を確実にする。とくに，低温期に着果する半促成栽培や早熟栽培，登熟期間が限られている抑制栽培では必要である。

人工受粉の方法 着果節位は12～13節を目標とするが，着果節の葉幅が20cm以下だと小果になりやすいので，雌花を除去して，15～16節以降に着果させる。

受粉作業は雄花が開花する午前10時ころまでに行なう。気温20℃以下，湿度70％以下で結果率が高く，それを超えると下がる。

生理落果があってもいいように，株当たり3本仕立ては4花程度，1本仕立ては2花程度を目安に人工受粉する。

③ウネ下（ウネ間）管理と雑草対策

中耕除草 有機栽培では，つるが繁茂する前に発生するウネ下の雑草対策が問題になる。つるがウネから出る前に浅く中耕除草するのが一般的であるが，梅雨に入り過湿条件で中耕すると土壌孔隙を破壊し，樹勢を落とすので注意する。

中耕除草は，雑草が大きくならないうちに数回に分けて実施する。

緑肥マルチ（緑肥草生栽培） ウネ下にムギなどの緑肥作物を播種して雑草を抑える草生栽培（リビングマルチ）と，伸びてきた稈を適宜刈り倒してウネに敷く刈敷きが行なわれている（第1図）。

草生栽培には，夏に枯れるマルチムギやマルチオオムギのほか，エンバクやヘアリーベッチなどが使用される。エンバクやヘアリーベッチは，冷涼な

第1図　緑肥マルチを刈り敷いたカボチャ栽培
（写真提供：自然農法国際研究開発センター）

第7表　カボチャの生理障害と対策

生理障害	症　状	原　因	対　策
つるぼけ	・つるの樹勢過多 ・雌花が受粉しても，結実しない ・葉が異常に大きくなる ・側枝の発生が旺盛	土壌チッソの過剰による栄養生長過多	・灌水をひかえる ・整枝 ・不定根を切る ・ハウス，トンネルでは低温管理 ・摘葉で強制的に草勢を抑える ・次作では無肥料栽培を検討する
落花蕾 （流れ果）	雌花が開花しても着果せずに落花する	・栄養生長過多 ・低養分，低気温などによる生育遅滞	・生育旺盛の場合は上記に準じる ・生育遅滞の場合は下記に準じる
かんざし症状	生育停滞によって生長点で雌花が多数分化する	・低温による根の活性低下による ・水分や養分の不足または過剰で助長される	・低温時は保温する ・土壌水分をpF2.2程度に保つ ・肥切れ，過剰施肥に注意する ・乾燥時には灌水と同時に敷きワラなどを行なって乾燥しないようにするなど，根の活性を高める管理を行なう

野菜

気候ではなかなか枯れないので，適宜刈り倒して敷草にする場合もある。

緑肥作物は，生育が不足すると雑草を抑えられず，過繁茂になると倒伏する。また，ムギ類は養分競合を起こすため，肥沃な圃場に導入するか，ウネ下にもボカシなどを施用する。

黒ポリマルチと敷ワラ　雑草発生の多い圃場では，ウネ下を黒ポリマルチで覆うとよい。地温が高まり，水分状態も安定するので，カボチャの生育も促進する。ところどころにヘイフォークなどで穴をあけて，雨が浸み込むようにするとよい。マルチ展張後は追肥ができないので，あらかじめ待ち肥として施用しておく。

黒マルチは，つるがつかまるところがないので風でカボチャがあおられたり，盛夏には地温が高くなりすぎる。黒マルチの上にイナワラを敷き，マイカ線で地面に縫っておくと，適度に地温が抑制されるし，つるがつかまるところもできる。イナワラだけでもよいが，厚く敷くと地温が上がらず，薄いと雑草が生えるので，黒マルチと組み合わせるのがよい。

④玉直し

果実の外観品質を高めるため玉直しを行なう。ひっくり返して日を当てるようにする場合は，収穫の10日前までに行なう。つるからもげないよう，ていねいに行なう。

第8表　カボチャ有機栽培での病害虫対応策

	病害虫	対応策
病　気	モザイク病	圃場周辺の雑草やウリ科植物はウイルスの伝染源となるので，除去して圃場環境を整備する。アブラムシの侵入を防ぐことが重要である（対応策はアブラムシ参照）。ウイルス病に対する農薬はない
	うどんこ病	草勢が低下すると発生が多くなるので，維持に努める。果実肥大による負荷が草勢を落とす原因になるので，草勢維持がむずかしいと予想される場合は摘果する。うどんこ病に強い品種を，その他の特性も含めた適応性を確認して利用する。高温乾燥条件で発生するので，葉面への散水などで圃場湿度を高める。有機JAS規格で使用が許容されている農薬がある
害　虫	アブラムシ	健全に育てることがもっとも重要な対策である。とくに，チッソ過多にならないよう注意する。アブラムシには多くの土着天敵がいるので，草生栽培の導入や圃場周辺の植生を豊かにして，天敵が住みやすい環境をつくる。施設ではバンカープランツを入れて事前に天敵を飼養し，アブラムシが侵入しても密度が上がらない環境をつくる。コレマンアブラバチ，ナミテントウなどの天敵製剤を利用する。ただし，アブラムシが低密度のときに導入しないと効果を十分に発揮できない。シルバーマルチ，紫外線カットフィルムは忌避効果を発揮する。有機JAS規格で使用が許容されている農薬がある
	ウリハムシ	成虫の飛来を防ぐことが重要であり，施設栽培では防虫ネットがもっとも効果的である。露地栽培では定植直後の食害が大きいので，不織布などで被覆するか，行灯で囲うのが効果的である。シルバーポリマルチによる忌避効果も高い
	タネバエ	腐った有機物に引き寄せられるので，有機栽培で被害が出やすい。有機物施用から播種までの期間を十分にあけて，腐った有機物がない状態にする。毎年被害が発生する場合は，直まきを避けて育苗に切り替える。被害の出た圃場は，再度播種しても加害されることが多いので，苗を植える。現在，有機JAS規格で使用が許容されている農薬はない
	カボチャミバエ	成虫は7月下旬ころから出るので，被害が発生する地域では，成虫の発生前に収穫できるよう作期を前進する。特定の天敵はいないが，圃場生態系を豊かにして多食性の天敵を増やすと被害が少なくなるとみられる。現在，有機JAS規格で使用が許容されている農薬はない

土壌に接地した部分は虫害などにあいやすいので、果実の下に何か敷くとよい。発泡スチロールのマットを利用する場合は、収穫の20〜25日前までに行なう。早くから敷くと、マットと接している部分に色ムラができるので、収穫10日前に少しだけ動かす。

⑤生理障害対策

カボチャの生理障害と対策を第7表に示した。

⑥半促成栽培でのハウスの温度管理

ハウスの中に幅2.4mと3.0mの二重のトンネルを用意する。定植の7日前にはトンネルを閉めて地温を確保し、定植後は午前中30〜32℃、午後28℃、夜間最低13℃と高めに管理して活着促進に努める。

定植後5日ころからは、午前中28〜30℃、午後26〜28℃、夜間最低13℃に下げる。低地温は生育を停滞させるので、とくに夜温の下がりすぎに注意する。外気を入れるときは、直接作物に当たらないよう、ハウスの上方から換気する。

(8) 病害虫防除

主要な病害虫への有機栽培での対応策を第8表に示した。

(9) 収穫・調製・出荷

①収穫の目安と出荷規格

セイヨウカボチャ 完熟果を収穫する。収穫は開花から45〜50日程度で、デンプン蓄積の多い品種ほど長期間必要である。果梗部に縦にひび割れができ、コルク化が始まったことを確認して収穫する。有機栽培では完熟果にこだわり、付加価値を高める工夫も必要である。

ニホンカボチャ やや未熟果で収穫する。開花から、温暖期で30日前後、低温期で40日前後、皮の光沢がなくなってきたころ収穫する。

②キュアリング処理

収穫後は鮮度保持と食味向上のため、キュアリング処理をして出荷する。高温（28℃以上）、高湿（80％）で7日以上処理する。切り口がコルク状になり、貯蔵性が増すとともに、還元糖が増えるので甘みが増加する。

半促成、早熟、普通栽培は収穫が夏になるので、風通しのよい場所に貯蔵しておけば、自然にキュアリング処理できる。

③貯蔵と販売

貯蔵して少しずつ出荷する場合が多いので、いかに貯蔵中のロスを減らすかがポイントになる。貯蔵可能期間は、1か月程度から半年以上可能な品種までさまざまである。デンプン含量の多い品種ほど長期保存が可能である。

高温多湿では果実の消耗が早いので、冷暗所で保存する必要がある。

執筆　自然農法国際研究開発センター
（日本土壌協会『有機栽培技術の手引（果菜類編）』より抜粋、一部改編）

野菜

農家のカボチャ栽培

露地「完熟型」果菜類ではもっとも早くとれる

執筆　東山広幸（福島県いわき市）

立体栽培ならラクで収量もあがる

　カボチャはタネが完熟してから収穫する「完熟型」果菜類のなかではもっとも収穫が早く、丈夫で栽培が簡単な野菜だ（第1図）。植付けまではズッキーニとほぼ同じ。ただし、つる性なのでウネ間も株間もさらに広くとる（第2図）。

　ウリハムシ予防と地温上昇のために黒マルチは必須である。霜に当たらない限り寒さには強いが、暑さには弱いので、ほかの夏野菜のように遅く植えてはいけない。

　台風の影響が少ない時期なので、手間さえあればキュウリネットに這わせて立体栽培にすると、日焼けの心配も少なく実もきれい。収穫もラクで収量もあがる。ただし、パイプはキュウリよりも頑丈に組む。

　この場合、品種はミニカボチャが適しているが、大玉でも可。6月に台風が来ると手痛い打撃を受けるのだけが難点である。

定植直後の米ヌカで馬力をのせる

　コヤシは元肥にはモミガラ堆肥と少量の魚粉。定植直後に、ウネ間に米ヌカを大量に振って（50〜100kg/a）ロータリをかけておく。これで追肥は終了。実が太ってきて馬力が必要な時期に米ヌカが分解して肥料が効いてくるという算段である。カボチャはコヤシが切れると一気にウドンコが広がるので、肥切れだけには注意が必要だ。

　定植後の管理は、親づるが伸びる直前に摘心、子づるが伸びてきたら中耕・敷ワラ。立体栽培ならウネ間に防草シートを敷くだけでいい。

　実がついてきたら株元に近い実だけ摘果する。

　立体栽培でないときは、実の下に段ボールなどを敷かないと虫が食い込む。梅雨明け後は強い日差しで日焼けにも気をつけなくてはいけない。なるだけ完熟するようにと畑においておくと、日差しと高温で質の劣化が激しいから、夏に涼しい地域以外は成り首がコルク化して1週間ほどたったら、適当な頃合いを見て収穫するのがいちばん大事だ。

秋カボチャがおもしろい

　ほかの中南米の高地原産の野菜にもいえることなのだが、カボチャは夏野菜にもかかわらず暑さに弱い。本州以南でカボチャをつくると、収穫期に入った途端に「日焼け」に悩まされる。それだけならまだしも、盛夏に入ると粉質度が急に落ちてくる。ここいわき市では、8月に入ったら水っぽくなり、お盆を過ぎたらもうまったく売り物にならない。

　これは、28℃以上の高温ではデンプンが分解されて糖に変わるのが原因らしく、この性質

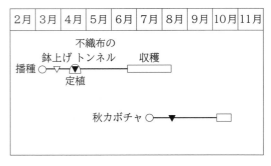

第1図　カボチャの栽培暦

品目別技術　カボチャ

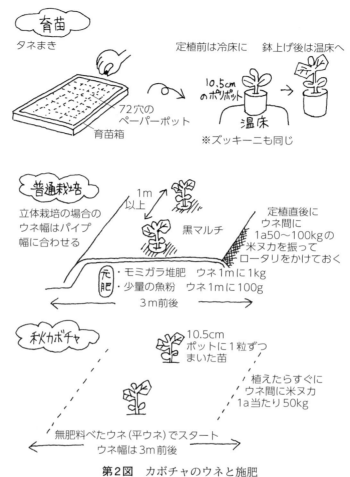

第2図　カボチャのウネと施肥

を利用して産地では収穫後、少し置いて甘味をのせてから販売する。これが適度ならよいのだが、やはり日本人は粉質のカボチャが好きだから、あんまり粉質さがなくなると、もういくら甘くても商品価値はない。甘味は砂糖でつけられるが、粉質性はつけようがないのだ。

だから暑さに弱いカボチャは夏にまいて秋に収穫する作型がおもしろい。多収は望めないが、普通栽培に比べてメリットがたくさんある。列挙すると、

1）暑い時期にまくので、育苗がラク
2）定植時は無肥料・無マルチで省力、無マルチでもウリハムシの被害は軽微
3）登熟時は気温が下がっていく時期なので、接地部分の虫食いが少ない（マットなどを敷く手間が省ける。ただし、市場出しでは着色のために必要かも）
4）とにかく味がよい。しかも味が落ちるのが遅い。冬至カボチャとして出すのに最適

干ばつや台風害は受けやすい

いっぽう、デメリットもある。二番果は完熟しないうちに寒くなるので、普通栽培に比べ収量は落ちる。また、栽培時期が盛夏から晩秋にかけてとなるため、夏の干ばつや台風の影響を受けやすいことなどである。

509

野菜

ただ、今の時代はほとんどの地域で耕地あまりの状況だから、少しぐらい土地生産性が悪くても、栽培面積を増やせばいいだけだ。なにせ省力栽培ですむのだから。

播種は早くても遅くてもダメ

秋カボチャで重要なのは播種時期である。私のところは7月15日と決めている。東北北部ではこれより早く、関東以西は少し遅く播種すればいいのだろうが、実際には何度か実験的につくってみて播種適期を決めるしかない。

適期より3日早いと味が落ちて、接地部分の虫食いも増え日焼け果も出やすい。逆に3日遅いと着果遅れのものが完熟しない。

品種は収量性のある'栗っプチ'などのミニカボチャがおすすめ。味的には肉質の滑らかな'坊ちゃん'が好みだが、収量性はイマイチである。大玉なら、古い品種だが'錦芳香'がオススメだ。

育苗は10.5cmポットに1粒ずつ播種し、適当な大きさになったら無肥料・無マルチで畑に定植する（第3図）。栽植密度は普通栽培と同じでよい。

立体栽培は台風が来るとパアになるから、やる場合は半分ネットに登らせ、半分は地を這わせれば全滅は免れる。

植えたらすぐウネ間に米ヌカ（50kg以下/a）を振ってロータリーをかける。これで施肥はすべて終了。米ヌカは一時的な草よけにもなる。親づるが伸びてきたら摘心し、子づるが伸びてきたら、ウネ間を再び中耕して敷ワラをする（第4図）。最近はワラの用意がたいへんなので、防草シートと併用している。

'坊ちゃん'は着果したら株元の実は摘果したほうが大きな実がつく。'栗坊'は摘果しないほうが、収量が上がるようである。管理はこれですべて。着果が早めの年は接地部分から虫

第3図　無施肥、無マルチで定植した秋カボチャ

第4図　つるが伸びてきたら敷ワラをしてウネ間に防草シートを敷く
あとは収穫まで放任

が入るので、マットを敷いたほうがいい。よほどの干ばつのときは灌水もするが、たいていは放任でよい。

着果は9月初旬、収穫は10月になる。日焼けの心配もないから、収穫を急ぐ必要はないが、完熟したら早めにとったほうがきれいで商品価値は高い。味の劣化はきわめて遅いので、ゆっくり販売できる。

西洋カボチャと和カボチャのつくり分け

執筆　桐島正一（高知県四万十市）

第1図　西洋カボチャと自家採種のタネ
（写真撮影：木村信夫、以下Kも）

黄色を帯びてきたら収穫適期

カボチャの品種は、多くの人がつくっている西洋カボチャの栗カボチャなどと、和カボチャの'万次郎'をつくる。宅配なので特徴や収穫時期が違うもの、貯蔵性のあるものをつくるようにしている。

収穫したとき、地面に接している部分が、黄色近くなっているものがおいしいカボチャだ。もちろん色は品種によって異なるが、黄色みを帯びることは、収穫適期のサインである。

ほっこり系の栗カボチャなど西洋カボチャ

（1）苗は水を少なくじっくり育てる

ほっこりとした食感の栗カボチャは、3月初めにタネをまき、苗を育てて4月中下旬に定植し、収穫は7月中旬～8月初めになる。またほかに、同じく西洋カボチャで冬まで貯蔵できる品種もつくっている（第1図）。

春まきの作型は播種時期が低温になるので、雨よけハウスで育苗する。気をつけていることは水を多くやらないこと。そして、ゆっくり育てるために、蒸し込まないようにできるだけ換気すること。

水はポットの土の表面が白く乾いて、いくつかの苗が少ししおれるまでやらない。そうなってから、ポット全体に水がいき渡るようにたっぷりとやる。根に力がある、こぢんまりした苗になるように育てる。

（2）定植位置とつるの方向は畑の傾斜にあわせる

定植は本葉4～5枚のときに、本数は10aに40～50株植え相当とする。植え方は、畑の傾斜にあわせて決めている（第2図）。

水平なら畑の中央、傾斜がきついところは畑の下へ植える。生長点は上に向かって伸びたがるので、傾斜地の上に植えてつるを下に伸ばすと養分がいかなくなり、実がつきにくくなるからである。

株間は水平畑なら1.5mくらい、傾斜地はどの株も同じ上方向につるを伸ばすので2mくらいと広めにする。ウネ幅はどちらも1.5～2mにし、そのなかに元肥として1株当たり鶏糞を半袋（1袋は15kg）入れておく。

定植後は株元にワラを厚く敷く。苗には不織布（パオパオ）をかけて、保温と虫の侵入を避けるようにする（第3図）。隣の株とつるが重なってきたらパオパオを取り、つるを整えていく。

（3）蕾時期の葉の大きさ30cmを目標に追肥

1回目の追肥はパオパオを取ったあと、伸びたつるの先端の位置へ、鶏糞を4分の1袋くらい入れる。2回目は1回目から10～15日たったころ、量は1株当たり半袋が目安であるが、つるの数や樹勢の強さで若干変える。

このとき、私は花芽＝蕾の着生を考えながら量を加減し、蕾がつくころの葉の大きさが30cmぐらいになるようにしている。それ以上大きくすると次の蕾がつきにくくなる。

葉の色は、追肥するときは緑であるが、実がソフトボール大になったころには黄色になるよ

野　菜

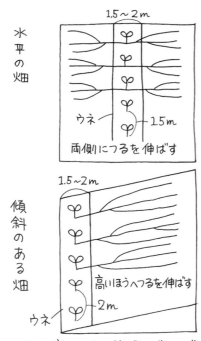

第2図　畑の傾斜でウネの位置、伸ばす方向を変える

第3図　カボチャの定植後はパオパオをかけて害虫予防と保温（K）

第4図　ラグビーボールのような形の万次郎カボチャ　　　　（写真撮影：赤松富仁）

うにもっていけると、ホクホク感のあるおいしいカボチャができる。

しっとり系の万次郎カボチャ

（1）貯蔵性抜群でとても甘い

しっとり系の'万次郎'カボチャは高知県の育苗会社がつくったF_1品種で、和カボチャの特徴をもっている（第4図）。樹勢が強く、日持ちのいい実がとれる。畑で実を成らせたまま60日くらい置いても味が落ちない。

また、収穫して貯蔵すると甘味が強くなり、独特の風味が出てくる。11月に収穫して2月下旬まで出荷できるのも、宅配にはとてもいいところだ。ただ、F_1品種なのでタネ採りができない。タネによってものすごくバラツキが出てしまうからである。

（2）10aに5本植え、鶏糞追肥を7月まで4〜5回

栽培はすごく簡単だ。10a当たりの植付け本数は5本くらい。苗と苗の間隔を5mくらい離して、直径1.5mほどの円形ベッドに鶏糞を半袋ぐらい入れてから植える。定植は5月なので、害虫予防のために初期は肥料袋で行灯のように苗を囲む。

肥料袋の上につるが伸びはじめたら袋を取り除き、1回目の追肥をつるの先に施す。量は1株当たり鶏糞半袋くらい。2回目もつるの先へ置き肥する。そのあと草引き（除草）と、肥料を混ぜる目的でトラクタで株のまわりを1周するように耕す（第5図）。同じことを7月下旬

までに4～5回、10～15日おきに行なう。
　追肥の量はつるが増えるにつれて多くしていき、最後は1株当たり5～6袋になる。8月終わりになると畑一面がつるで覆われ、葉の大きさも50cmを超えるものが出てくる。

(3) 風乾貯蔵で味をのせて出荷

　早いものは9月に収穫できるが、味をのせるために風乾（風通しのよい日陰で貯蔵）するので、出荷は10月下旬から始まる。
　本格的な収穫は11月にはいってからとなる。これを風乾して12月になると、甘味や風味がどんどん増してくるので、多くはそれから出荷するようにしている。

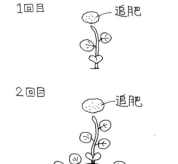
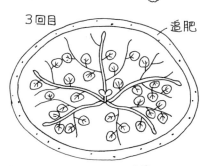

第5図　万次郎カボチャの追肥位置

野 菜

酢と納豆菌でうどんこ病対策

執筆　松岡尚孝（つくば有機農業技術研究所）

地力がないので堆肥と緑肥で改良

カボチャの品種は現在、トキタ種苗の‘くり将軍’と‘くり王子’をつくっています。ともに粉質系で糖度が高く、とくに‘くり王子’は大きくなりすぎず丸売りにも向きます。早生品種なので4月中旬に定植して7月中下旬に収穫できます（第1図）。

カボチャを作付ける畑（約10a）はリン酸と苦土が欠乏して養分バランスが悪かったこともあって、1月にムギ緑肥をまき、そのあと堆肥を施しました。足りないリン酸はグアノで、苦土はく溶性と水溶性の天然マグネシウム資材で補給し、最後に有機配合肥料で整えました。追肥はとくにせずに、元肥のみの施肥設計です。

まき直しで苗が揃わなかったため、4月中旬から5月中旬までだらだらと定植しました。育苗中に一部の苗にワタアブラムシがたかり、そのまま定植してしまったため、アブラムシがついた葉を手でとって畑から退去してもらいました。被害がひどい場合は、有機JAS許容資材のサンクリスタルも使用できます。

ウネ間2mベッドに、株間1mで定植。ウネ間には防草と日焼け果防止の日陰づくりを兼ねて、クズ麦マルチ（リビングマルチ）を施しま

した。

クズ麦で日焼け果対策

カボチャの生育管理は、とくに有機だから特別なことが必要ということはないようです。一部の品種やブランドのように、1株に1個成りとかは考えず、基本的に子づる2～3本仕立ての2個どりです。葉に勢いがあれば3個どりも可能です。大きな葉がきちんと茂って光合成がしっかりできていれば、おいしくなるはずです。子づるの誘引には、U字の結束線（鉄製）が便利です。

基本的には、元気な子づるを2～3本残して本葉8枚くらいで摘心し、各つるに1個ずつ実をならせます。受粉して野球ボール大になりだしたら、ウネ間にまいたクズ麦マルチの陰に隠れるようにします。これで日焼け果対策になります。ハムシによる葉の食害や土汚れの防止にもなります（第2図）。

うどんこ病は酢で止め、納豆菌で広げない

病虫害で一番多いのはうどんこ病だと思います。私はどの生育ステージで発生したのかによって、そのあとの対応を考えます。

もうカボチャの実の肥大が止まって熟す過程であれば、気にせず放置して収穫します。問題はまだ未成熟のとき。葉の様子をよく観察し、うどんこ病が株元近くの老化葉に出ているのであれば、葉を落として経過を見ます。しかし、それがつるの先端に向かって広がり、枯れてい

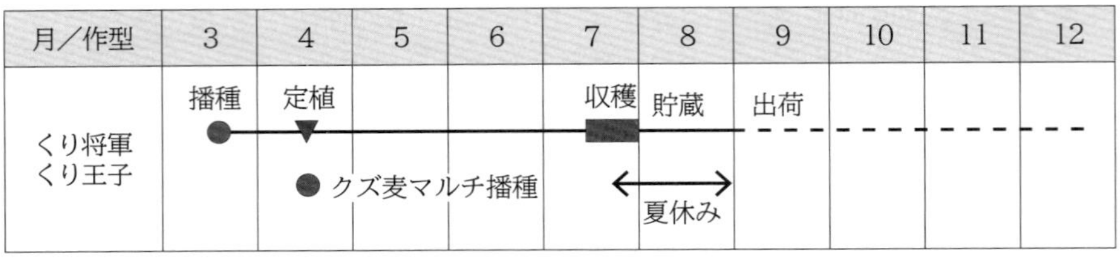

月／作型	3	4	5	6	7	8	9	10	11	12
くり将軍 くり王子	播種	定植			収穫	貯蔵	出荷			
		● クズ麦マルチ播種				夏休み				

第1図　JA常陸アグリサポートのカボチャの作型
7月中に収穫できるので高温の被害は受けづらいが、夏休みがあるため学校給食用に出荷するなら貯蔵は必須

くようであれば、次の手を打ちます。

まず、醸造酢（農業用の酸度10～15度のもの）を100倍に希釈して動噴で40l/10aを全体に葉面散布。酢の殺菌作用と植物を活性化する働きで、うどんこ病の進行を止めます。

そのあと、2～3日おいてから、培養した枯草菌（納豆菌）を50～100倍に希釈して、同じように40lを全体に散布します。残ったうどんこ病菌（糸状菌）を納豆菌が退治してくれます。うどんこ病が止まるまで、交互に繰り返します。

高温対策にも酢散布はいい

近年、初夏から盛夏にかけての天気がおかしくなっています。そのような条件に抗うために、次のような資材が有効と思われます。

醸造酢は日照不足や高温障害にも効果があるといわれています。お酢は炭水化物が主成分なので、炭酸同化作用が鈍っているときに効力を発揮します。とくに高温の場合は、植物自体が気孔を閉じて二酸化炭素を吸うことを止めるので（蒸散を避ける）、炭水化物がつくれず、生育活動を止めてしまうのです。そこへ炭水化物を補給するのが酢です。

2年目には7月に収穫を行ない、1.5～2.5kgのカボチャを10a当たり1tほど収穫。直売所と学校給食用に出荷しました。

（『現代農業』2024年7月号「カボチャ　酢と納豆菌でうどんこ病対策」より）

第2図　開花期のカボチャ
通路にはクズ麦マルチが生い茂り、抑草と泥はね防止、日焼け果対策になる

納豆菌の培養方法

● **材料（20lポリタンク）**
納豆　1パック分のネバネバ（マメは除く）
砂糖　500～600g
豆乳　100～200ml
水　　約15l

● **作り方**
①20lのポリタンクに材料をすべて入れる
②熱帯魚用のヒーターで30℃に保ち、エアレーションで酸素を送り込む
③2～3日で完成
＊菌液を使わないときは冷蔵庫に入れると増殖が止まる。再使用するときは常温に戻す

野　菜

有機カボチャ 16ha
―― 田畑輪換で雑草と病気をリセット

執筆　石田慎二（長野県佐久市）

第1図　田植え適期のイネの成苗をもつ筆者
（写真撮影：依田賢吾）

田んぼでイネの売上げを上回る

　私は長野県佐久市で土地利用型農家をしています。新卒で農業系出版社に勤務したのち移住し、2年間の農業研修を経て、独立して14年になります（第1図）。今年は有機カボチャ約16haや有機水稲約16ha、そのほかダイズ、子実用トウモロコシなど合わせて約40haを栽培します。

　昨年のカボチャは春植え夏どりが約2.5ha、夏植え秋どりが約11haという内訳で、メインの作型は初霜までに収穫する秋どりのほうです（第2図）。収量は全体で約122.5t。反当たり32万〜38万円の売上げと、イネを上回ります。水田転作で粗放的な管理をして多収かつ高品質のカボチャをとるのは、率直にいってむずかしい。私も試行錯誤しましたが、園芸農家のようにていねいに管理し、作型や販路を見極めることができれば、田んぼでも十分に収益性を確保できます。

食味にこだわり1つる1果どり

　新規で借り受けて認証をまだ取っていない畑も含め、カボチャはすべて有機JAS基準に適合した栽培をしています。品種は、味に定評のあるタキイ種苗の'ほっこり133'が9割以上。仕立て方はこの品種に向いているとされる子づる2本仕立てで、1つる1果どりがメイン。定植のタイミングや畑の条件があまりよくないところは、一部で早く収穫できる親づる1本仕立てを採用することもありますが、あくまで1つる1果どりを守り、良食味を担保することを方針にしています。

　着果節位は10節以降が目安。風でつるが動いてねじれると、葉が最大限光合成できません。これで品質が左右されるので、つるが風に

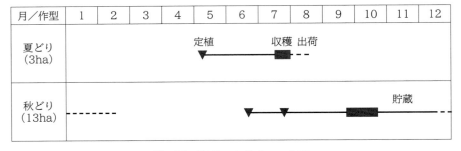

第2図　筆者のカボチャの作型
秋どりカボチャの出荷時期（12月）は、国産が少なく単価がよいため多く作付ける。反収は夏どり1.35 t、秋どり0.8 tで夏のほうがとれる。肥料は堆肥ベースで施肥設計する

品目別技術　カボチャ

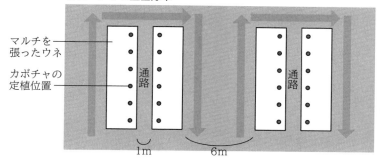

マルチを張り定植したら2週間以内に、全面にロータリをかける（通路は管理機で除草）

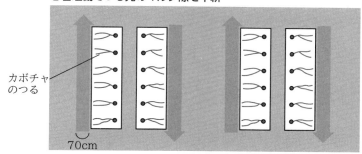

カボチャのつるがマルチからはみ出す直前（定植から約20日後）に、マルチ際を管理機で耕す。管理機だと、梅雨どきにつるがマルチからはみ出す直前のタイミングを逃さず入りやすい

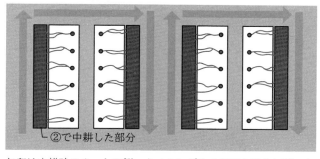

定植から約4週間後（①の作業から2週間後）、中耕した部分より外につるが伸びる直前にロータリを全面にかける

矢印は中耕時のルートの例。タイミングよく3回中耕すれば、有機カボチャはすべて機械除草できる。前後の2日間が晴れて土がよく乾いた状態で中耕すれば、雑草は復活しない

第3図　筆者の中耕除草のやり方

あおられないように着果後に旺盛に生育する孫づるなどは除去しながら整枝しています。片付けの手間を省くため、つる押さえピンは使っていません。

田畑輪換のメリット

私は有機水稲農家でもあるため、カボチャ栽培は水田転作が中心ですが、田畑輪換することにはいくつかのメリットがあります。

野　菜

(1) 雑草が減る

　まず挙げられるのは、雑草対策が容易になることです。水田転作1年目は畑雑草がとても少なく、タイヌビエの繁茂さえ気をつけていれば雑草に手を焼くことはそれほどありません。また、カボチャの翌年に田んぼに戻した場合、今度は水田雑草の発生が少なく、有機水稲の雑草対策も容易になります。とりわけ、クログワイやオモダカといった球根系の雑草は、目に見えて密度が下がります。

(2) 土壌病害が減る

　次に挙げられるのが、土壌病害の低減です。連作障害に強いとされるカボチャですが、やはり連作するとうどんこ病や斑点細菌病、つる枯病などのリスクが高まります。また、実の下にお皿を敷かないと、連作によって接地面にガンベ（かさぶたのようなイボ）が発生する割合が増える傾向にあります。田畑輪換で湛水することでこれらが低減されるため、有機栽培で使える許容農薬が少ないなか、良品を多収する助けになるといえるでしょう。とりわけガンベ被害は大きく減ります。

　加えて、カボチャ栽培後は残渣や残肥でチッソの残存量が多いため、後作の有機水稲でチッソゼロから栽培をスタートしても多収が望めます。ただ、チッソ過多によるイモチ病と倒伏が懸念されます。本田にケイ酸肥料（ソフトシリカなど）を多く施し、太く強い成苗を移植して深水で過繁茂を防ぎつつ、太茎に仕立てて稲体を強化するように心がけています。

3回の中耕で完全機械除草できる

　とはいえ、田畑輪換しても雑草は完全にはなくなりません。雑草がカボチャの葉を遮るようでは十分に光合成できず、高品質なカボチャづくりはできません。また、ほかの品目の作業もあるなか、手取り除草の労力もかけられません。

　そこで、基本的には3回の中耕で雑草対策をしています（第3図）。マルチングしてから2週間以内に、40〜50馬力のトラクタのロー

第4図　農園では5台の車軸管理機でタイミングを逃さず中耕
写真は通路の除草

タリで1回目の全面除草。2回目は、つるがマルチからはみ出す直前、あまり重くなく土を締めない車軸管理機（第4図）でマルチ際（70cm幅）を中耕（第5図）。そしてつるが管理機をかけた跡をはみ出す直前に、トラクタのロータリで再び全面除草をします。これでほぼ完了です。

中耕後、素早くつるで地面をカバー

　除草を成功させるには中耕のタイミングも大事ですが、強い苗を仕立てて勢いのあるつるをつくることもポイントです。適期に定植し、主枝の摘心や残す子づる以外の除去などによって、2本のつるに勢いを集中させます。3回目の除草完了後、速やかにつるが畑全面を覆うリーフカバー（つるによるマルチ）を完成させます（第6図）。

　これができれば、ロータリ2回と管理機1回の機械除草で問題ありません。樹勢が弱かったり整枝のタイミングが悪かったりするとリーフカバーがうまくいかず、結果として雑草の繁茂を招きます。また、当地では春植えも夏植えも除草のタイミングと梅雨時期が重なります。定植前に畑の土をあらかじめゴロ土にして乾きやすくしておき、除草のチャンスを多くとれる環境にしておくことも重要になります。

ゴロ土で排水性も確保

　田畑輪換の大前提は排水性のよい土をつくる

品目別技術　カボチャ

第5図　2回目の除草が終わったカボチャ畑

第6図　3回目の除草が完了後、つるが全面を覆うリーフカバーが完成した畑

こと。額縁明渠を掘り、プラソイラなどによる耕盤破砕で排水性を確保します。また、定植前の過度なロータリ耕は避けて、空隙があるゴロ土を意図的につくります。具体的には、ディスクハロー（ディスクティラー）で荒起こししたあと、ロータリで耕深12〜15cm、PTO1、車速は速めで耕します。元肥散布や混和も同じように耕うんします。このときに砕土しすぎないように注意します。

留意事項として、プラソイラなどの物理性改善によって排水性がよいので、湛水できるように荒代かきする労力が増大することは、無視できないコストとして認識しておく必要があります。

自分の畑の向き不向きを見誤るな

しかし、手を尽くしても排水性が確保できない水田では、無理に田畑輪換を行なうべきではないと考えています。水田転作でカボチャ栽培が「可能」なことと、水田転作で「高品質なカボチャを多収して経営発展させる」ことは似て非なるものです。率直にいって、水のつく場所でカボチャを栽培したところで利益は見込めません。労力をかけるだけ無駄だと思います。

野　菜

　そのため、私は基本的に強粘土水田ではイネしかつくりません。駆け出しのころはガムシャラに膨大な手間と時間とお金をかけて対策していましたが、適地適作に勝る技術はないという当たり前の結論に至りました。水はけのよい土質や、水が溜まっても排水しやすい立地の田んぼをカボチャの転作に使い、現在はその適地適作を見極める眼力を磨くことに意識を向けています。
　メリットもデメリットもありますが、それらを天秤にかけていくつかの歯車が噛み合ったときに、田畑輪換の有機カボチャ栽培は魅力的な取組みになり得ると思います。
　　（『現代農業』2024年5月号「田畑輪換で雑草と病
　　　気をリセット　本気で有機カボチャ16ha」よ
　　　り）

ズッキーニの有機栽培
——基本技術とポイント

(1) 有機栽培を成功させるポイント

①多湿を嫌うので排水のよい圃場で栽培

ズッキーニは多湿条件に弱いので，地下水位の高い圃場，水田転作，作土層の浅い圃場では，降雨による冠水，湛水が，病害の多発や根腐れの原因になる。有機栽培では，排水のよい圃場の選択を徹底するとともに，堆肥や緑肥作物のすき込みで透水性を改善し，ウネ立て栽培をする。

②風による倒伏防止のため支柱に固定

ズッキーニは少しずつ背丈を伸ばしながら育つが，強風がない季節や防風対策がされている場合を除き，縦横に這っていくので，栽培管理や収穫作業に支障をきたす。支柱を立てて誘引することで，上へと順調に生育し，着花も多くなる。また，結実量の決め手になる，人工受粉や管理作業が容易になる。

旺盛なズッキーニの茎，葉をかき分けての支柱立ては非常に大変で敬遠されているが，大きく育つと，葉と実の重さで主枝が折れることも多いので，できるだけ早いうちから支柱を立て，結束をきちんとしておくと効果は大きい。茎葉はかなり重いので，しっかりした支柱を使用し，無理な誘引，結束をしないようにする。

③人工受粉で着果促進と果実の形をよくする

ズッキーニは雌雄異花なので，確実に結実させるには人工受粉が不可欠である。植付けから20〜30日すると雌雄の開花が始まるので，人工受粉を始める。雄花を摘み取って雌花のめしべにおしべをこすりつけるようにして花粉をつける。

人工受粉の時間帯は，晴天の日の朝9時くらいまでがもっともよい。受粉後3〜5日で収穫可能なサイズになる。

④収穫適期を逃がすと売り物にならない

ズッキーニは，大きくなりすぎると商品価値が落ちるだけでなく，樹勢が低下して収穫期間が短くなるので，こまめな収穫が必要である。先駆的な有機栽培農家は，朝夕ていねいに見回り，収穫ロスの回避と樹勢維持に努めている。

⑤生理・生態をふまえ健全な生育をはかる

健全な生育を確保するため，日当たりがよい圃場を選ぶ。果実の日当たりが悪いと落果が多くなり，品質も低下するので，適度な摘葉が必要である。収穫果実の下3節の葉を残し，古い葉を摘葉すると，果実に日が当たり鮮やかなものが収穫できる。一度にたくさんの葉を摘葉すると草勢が落ちるので，1回に2枚程度とする。

⑥連作は避け輪作を行なう

有機栽培農家のなかには，ウリ科野菜のなかでは連作障害が出にくいというので，排水のよい圃場を選んで連作をしている例がある。しかし，ウイルスが入るとその株は収穫困難になるほか，広く伝搬し被害が広がる。また，夏の高温期にはうどんこ病が多発し，多犯性の疫病やネコブセンチュウの発生で収穫量は著しく低下する。

そのため，一度栽培した圃場では，少なくとも1年は栽培しないほうが無難である。ウリ科野菜との連作は避け，トマト，ナス，ホウレンソウなど他科の野菜と輪作する。

(2) 作型・作付け体系と品種の選択

①作型と作付け体系

国内生産は，秋から春まで生産する西南暖地や関東平地型と，夏に集中的に生産する長野県などの夏産地型に二分され，6月出荷を境に産地が入れ替わる。前者はハウスを利用した栽培が多く，後者は露地栽培が多いが，トンネル早熟栽培やハウス雨よけ栽培もある。

有機栽培の場合はほとんどが露地栽培で，春から夏に集中的に生産する例が多い。供給期間を長くするため，4〜6月にかけて何回かに分けて播種するタイプと，夏まきして夏から秋にかけて収穫するタイプがある。

普通栽培 普通栽培が全国的行なわれており，生産量がもっとも多く，6〜10月に出荷される。露地か雨よけハウスで栽培され，春作

野菜

型と秋作型に分かれる。

春作型の栽培が多く，播種時期は2〜6月ころ，定植は4〜7月ころと幅がある。有機栽培でも，低温期間が長いので病害虫の発生が少ない春作型で栽培されることが多い。

秋作型は，育苗から定植期が高温期にあたり，病害虫の発生が多い。また，台風などによる茎葉の折損，倒伏，さらに生育後期に晩霜害を受けやすいため，有機栽培の例は少ない。

ハウス半促成栽培　半促成栽培は，播種が千葉県では4月上旬，福井県では2月下旬，収穫はそれぞれ5月中旬〜6月中旬，4月中旬〜7月上旬で，地温を上げるマルチ栽培が行なわれている。

低温期に定植する栽培なので，ハウス内の保温，地温確保を十分に行なう。生育前半は気温の低い環境なので，確実に着果するよう受粉をていねいに行なう。

ハウス抑制栽培　抑制栽培では，育苗から定植初期まで高温で生育するため，しなび果や果長が15cm以下の小果が多く発生し，商品化率が低下することがある。ハチの飛来も少なく，雄花の花粉も高温で活性が落ちるため，白黒マルチなど地温上昇抑制型フィルムを使用し，なるべく涼しい環境をつくる。

促成栽培　促成栽培はおもに西南暖地で行なわれており，冬が温暖なので無加温栽培が多い。

この作型は，晩秋から冬の栽培で，初期生育から短日条件なので，低節位から雌花が着生する。訪花昆虫の少ない時期なので，受粉作業はていねいに確実に行なう。季節的に病害虫の発生が少ないので栽培しやすいが，保温や光線不足にならないように注意する。

②**おもな栽培品種**

経済栽培されている品種は，つるが出ない立ち性で，円筒形で緑色系統のものがほとんどである。黄色系統は雌花が少なかったり，果皮が軟らかく，傷みやすく傷が目立つ傾向があるため出荷割合は少ない。

有機栽培農家の先進的な例では，緑色系の‘ダイナー’がもっとも多く栽培されていたが，

円筒形でも先細りであると指摘する農家もあった。

最近は，重要病害であるモザイク病に耐病性のある品種，葉柄や葉裏のとげが少ない品種，茎の折れにくい品種など，特徴のある品種が発売されているので，安定生産ができる品種の導入に役立てたい。

ズッキーニは，単一品種のみでは交配用の雄花が足りない場合があるので，雄花の多い品種（‘オーラム’：黄色系統）を1〜2割混植すると着果率を高めることができる。これに加え，セット販売での彩りをも考えて品種を選びたい。

おもな栽培品種の特徴を第1表に示した。最近の品種はつるが伸びにくいので，栽植密度を高めることができる。

③**有機栽培農家の品種選択の留意点**

有機栽培農家は，以下の点にも留意して品種選択している。

1）栽培が安定していて多収でつくりやすく，秀品が多くとれる品種を選定する。

2）情報が少ないので，種苗会社の情報で一番よいと思われる品種を試作して導入している。

3）慣行栽培の農家で栽培しているよさそうな品種があれば試作をしてみる。

4）腋芽が出やすい品種は，茎が折れても再生するので利用している。

5）外食産業でスライスしたときに果実の形が同一になり，先のほうが細くならない品種を選んでいる。

6）3月播種で栽培する作型では，低温でも生長が旺盛な品種を選んでいる。

(3) 健苗の育成

①**育苗の準備**

露地の有機栽培の事例では，10a当たり植栽本数が約850〜1,000本で，発芽率を考慮して1,000〜1,150粒程度播種している。発芽適温の25℃を確保すれば，催芽処理しなくても2日後に発芽してくる。

水はけが悪いと発芽前に腐ったり発芽不良が

品目別技術　ズッキーニ

第1表　おもなズッキーニの品種の特徴

タイプ	品種名	特　徴
濃緑種	ラベン（シンジェンタジャパン）	節ごとに連続して着果する。果実は円筒形で，つやのある黒緑色。果長18〜20cm，果径3〜5cmの若い果実を収穫する。草勢は旺盛，葉茎のとげが少なく，収穫作業がしやすい
	ブラックトスカ（サカタのタネ）	強健でつくりやすい。果実は黒緑色の円筒形で，連続して収穫できる。開花後4〜6日，長さ20cmの若い果実を収穫する。収穫が遅れると果実が大きくなりすぎて味が落ちるだけでなく，株に負担がかかり病気にかかりやすいので取り残さないように注意する
緑色種	ダイナー（タキイ種苗）	豊産性で，果皮は濃緑地に淡緑の霜降り斑が入る。草姿は完全なつるなしで節間がきわめて詰まるタイプなので，収穫時は茎のとげに注意する。腋芽は発生しやすい。交配後4〜6日，果径4cm，長さ20cm前後が収穫適期である。果形は尻部が太くなるタイプである
	グリーントスカ（サカタのタネ）	強健でつくりやすい。果実は濃緑色の円筒形で連続して収穫できる。開花後約4〜6日，長さ20cmの若い果実を収穫する。収穫が遅れると大きくなりすぎて味が落ちるだけでなく，株に負担がかかり病気にかかりやいので取り残さないように注意する
	ズッキーマン（トキタ種苗）	果形は円筒形。果皮色はわずかに霜降り紋が入る濃緑色で，光沢がある。花落ちは小さく，肉色は淡黄白色で，緻密で品質よく，多収である。ウイルス病（ZYMV，WMV）に対して強い
	ゼルダ・ネロ（トキタ種苗）	生育速く，葉柄にとげが少なく管理しやすく，果梗が長いので収穫作業が容易である。果長20cm前後，果径2.5〜3cmの均等な円筒形で，果色は極濃緑色で光沢がある。花落ちは小さく，肉質は緻密で高品質で多収である。ウイルス病（ZYMV，WMV，CMV）に対して強く，栽培しやすい
黄色種	オーラム（タキイ種苗）	豊産性で，果皮は美しい濃黄色で，緑のダイナーの黄色種版。交配後4〜6日，果径4cm，長さ20cm前後が収穫適期。ダイナーよりも安定した収量が望める

注　黄色種にはゴールドラッシュ（サカタのタネ），ゴールドトスカ（サカタのタネ）もある

起きるので，排水のよい床土をつくる。有機JASに適合した床土は少ないので，山土や有機認証圃場の下層土と土状に熟成した堆肥などを混合し，不足する養分を含む資材を混合して堆積したものを使う。

有機質肥料を使用した培土や，水田の土と腐葉土をほぼ容積で同量混合し，ほかに貝化石，くん炭，卵殻などを全体の2〜3％入れて製造している例などがある。また，果菜類の育苗には，踏込み温床から1年後に取り出した，腐熟の進んだ資材を使うことがもっとも安心と強調している農家もいる。

②播　種

市販のガーデンパンやトロ箱，稲作用の育苗箱に播種する例が多いが，9〜12cmポットに直接播種したり，平床に条まきすることもある。有機栽培農家では，育苗ハウスで，育苗箱にすじ状にまき，128穴トレイなどに1粒ずつまいてから，双葉のうちに鉢上げをしている。

播種したら薄く覆土して新聞紙で覆い，その上から軽く灌水する。発芽適温は25〜28℃で，10℃以下と40℃以上では発芽しない。発芽時には，灌水量を少なくし，床土が適当な湿り気ぐらいに乾燥していることが，健全な苗の生育にとって重要である。

ガッシリした健全な苗を育てるには，発芽後の徒長を防ぐことが必要で，発芽床が過湿にならないように留意し，発芽したらすみやかに新聞紙を外して地温を下げる。

野　菜

③育苗中の留意点

ハウスの温度が高いと徒長苗になる。夜温を低めにして，節間が詰まったガッシリした苗にすると，雌花も下位節から着生する。床土の水分が多くても徒長するので，灌水もややひかえめにする。

播種後7日くらいで鉢上げする。隣のポットの葉と重なり合うようになったら，"ずらし"を行なう。

栽培時期やポットの大きさにもよるが，播種後20〜25日程度の苗を定植する場合が多い。

春作では定植時期の気温や地温はかなり低いことが多いので，活着をよくして初期生育を順調にするため，定植7日前には，鉢土の地温を昼間15〜18℃，夜間10〜12℃程度にする。そして，定植直前には地温13〜14℃，夜温8〜10℃に下げ，灌水量もややひかえめにして，定植に備える順化を行なう。

なお，有機栽培農家の定植苗の大きさは，外気温や土地利用の状況，鉢土の状態により異なると考えられるが，本葉が2.5枚から5枚までとまちまちであった。

(4) 圃場の準備と土つくり・施肥

①圃場の準備

作土層が厚く保水性，透水性ともによく，腐植に富む圃場を選ぶ。土壌のpHが6.0以下の場合は石灰質資材で矯正しておく。また，腐植が少ない場合は有機物を十分施す。

定植の2週間前には元肥を施用し，耕うん，砕土，作ウネを行ない，マルチを敷設して地温を上げておく。

②土つくり

適正な土壌pHは6.0〜6.5と中性に近い弱酸性を好む。

ズッキーニの土壌改良資材の施用量は土壌診断にもとづいて決めるのがよいが，一般の指導書では堆肥2t/10a，苦土石灰200kg/10a，熔成りん肥100kg/10aなどとしている。

有機栽培農家の取組み状況は右の例のとおりである。

【有機ズッキーニ栽培農家の土つくり例】

◆**長野県M氏**：未熟発酵の豚糞堆肥を，4月に1.5t/10a施用し，ロータリで耕起後マルチをする。これを長年続けることで重粘土壌の圃場が膨軟な土にかわってきた。そのほか，落ち葉堆肥も豚糞堆肥と一緒に施用している。

◆**長野県Y氏**：有機認証を受ける前の2年間，耕作放棄地に牛糞堆肥10t/10a施用し，緑肥作物のエンバク（ヘイオーツ）をすき込んだ。現在は，4月中旬に堆肥24tにFTE（総合微量要素肥料）を100kg添加したものを4月中旬に1,500kg/10a施用している。

◆**埼玉県S氏**：コンバインでカットされたイナワラ約500kg/10aを施用するほか，1月上旬に緑肥（ハゼリソウの'アンジェリア'）を3kg/10aまき，3月に緑肥としてすき込み，腐熟化のため，3月中旬に鶏糞3分の1，豚糞3分の2にモミガラと木くずを混合してつくった堆肥3t/10aを施用。

◆**大分県S氏**：以前は，赤土の物理性改良のため，イナワラや落ち葉，モミガラ，刈り草と米ヌカ，牛糞の完熟堆肥を，2年に1回は施用していた。今は，熟成したボカシを入れているので，ネキリムシやヨトウムシの被害を受けなくなった。ボカシは大豆粕，菜種粕，麦粕，魚粉を購入し，これにモミガラを配合してつくり，地温が下がらないように，トンネルを外してから1週間後ころから入れている。

◆**鹿児島県I氏**：3〜5年に1回は定植2〜3か月前に，肥育牛糞堆肥（チッソ1.4％，リン酸2.1％，カリ2.2％を1年ほど一次発酵させたもの）を4〜5t/10a施用後ロータリ耕で攪拌している。

品目別技術　ズッキーニ

③施肥管理

　目安を示せる研究例がほとんどなく，しかも，有機栽培では地力チッソの程度や，収穫期間，単収によって大きく異なるので，一定の基準を示すことはむずかしい。そこで，現状の土つくりを前提にして，地域の慣行栽培の基準をやや下回る元肥を施用し，生育の状況をみながら追肥も併用していくことが現実的である。

　以下に，具体的な施肥設計の参考として，若干の情報を提示する。

　藤谷信二氏は，『農業技術大系野菜編　第11巻　ズッキーニ』（農文協）で，目標単収は不明であるが，元肥は10a当たり堆肥2t，チッソ14kg，リン酸20kg（火山灰などリン酸が不足しやすい土壌では50％程度増施），カリ14kgを基本に，土壌診断で決定する。追肥は，収穫始めから14日程度の間隔で，チッソ，カリともに2kg程度を目安に行なう，としている。

　ズッキーニの栽培面積全国一の宮崎県の野菜栽培指針では，ハウス栽培で第2表の基準を示している。リン酸は別として，元肥と追肥がほぼ同量なのが注目される。

　先駆的な有機ズッキーニ栽培農家である，長野県のY氏の10a当たり施肥量（単収は2t/10a程度）は，堆肥に含まれる成分量を除き，元肥でチッソ11.1kg，リン酸9.3kg，カリ5.6kgを施用。追肥はボカシ肥料を3回施用しており，成分量はチッソ8.4kg，リン酸7kg，カリ4.2kg程度であった。

　土つくりや栽培が安定してきた土壌の状態に応じて，施用方法を変えている。先進的な有機栽培農家の，収量目標と施肥の考え方を右に，施肥管理の例を次ページ上段に示した。

（5）定植と生育期の栽培管理

①定　植

　ズッキーニの葉柄は60cm以上になるので，条間1.5〜1.8m，株間1m程度必要である。

　浅植えとし，定植後十分灌水を行なう。定植後2週間までは手灌水を行ない，根を深く伸長させる。最初からチューブ灌水を行なうと浅根になり，草勢維持がむずかしくなる。

第2表　慣行の施設栽培における施肥設計の例（半促成栽培，早熟栽培：目標収量3t/10a）（宮崎県野菜栽培指針，2004）

	元　肥 （kg/10a）	追　肥 （kg/10a）	計
堆　肥	3,000	—	3,000
苦土石灰	120	—	120
チッソ	14	13.5	27.5
リン酸	21	11.2	32.2
カ　リ	24	24.5	48.5

注　1）前作の施肥状況，土壌診断結果に応じて元肥の施用量は調整する
　　2）追肥は草勢をみながら切れ目のないように行なう

【有機ズッキーニ栽培農家の収量目標と施肥の考え方】

・元肥のチッソ量が多いと茎葉だけが繁茂して着果が安定せず，しかも果形の乱れが生じやすい。

・有機栽培農家の1株当たり収量は10〜15本程度（多い人は40本），10a当たり2〜3t（多い人は5t）である。

・順次収穫していくので，やせた畑では収穫開始後の追肥が欠かせず，3回程度に分けて施用している例が多い。

・多品目有機栽培農家では，病害虫の発生や樹勢が低下する前に収穫を打ち切ることが多く，収穫期間は1.5〜2か月程度と短い。これには，回転を速くして，多品目生産を効率的に行なうという経営・土地利用上の戦略面もある。

---

②仕立て方

　ズッキーニは葉が大きく突風や強風に弱いので，草丈が50cm程度になったら支柱で固定する。しかし，数十cmの高さまで生長すると自然に地表に匍匐するため，生育や収量が上がることがわかっていても，この固定作業をしている農家は少ない。

　支柱の高さは，ウネの表面から1mでよいとされる。主枝を支柱で固定して伸長させる立体仕立てを行なう。成果は着実に上がるので実行

525

野菜

【有機ズッキーニ栽培農家の施肥管理例】

◆**長野県M氏**：元肥にオーガニック有機，追肥にオーガニック有機と微量要素を3週間に1回施用する。追肥は春作型で3回，夏作型で2回である。ズッキーニは微量要素欠乏が出やすく，とくにホウ素が欠乏すると茎が折れたり，欠けたりする。FTE（総合微量要素肥料）を8〜10kg/10a施用するとすぐ効果が現われる。FTEは元肥と追肥で2回施用する。茎が折れると樹液が出てくるが，FTEを施用すると樹液が固まり，折れたところが回復する。

◆**長野県Y氏**：元肥としてボカシ（チッソ6％，リン酸4％，カリ3％）185kg/10a，硫酸マグネシウム30kg/10a，カキガラ40kg/10a，鉄（硫酸鉄）を施用している。ボカシの原料は，魚粕，混合有機質肥料，綿実油粕，魚骨，卵殻である。追肥もボカシで行ない，1回目は40kg/10aと硫酸マグネシウム20kg/10a，2回目は50kg/10a，3回目は50kg/10a施用する。

◆**埼玉県S氏**：大豆粕ミール，なたね粕，大豆粕肥料用フレーク，魚骨，荒粕，海藻粉末，フスマを原料としてボカシ（チッソ5％，リン酸5％，カリ1％）を製造してもらい，60kg/10aと米ヌカ30kg/10aを混ぜて施用し，土中で土着菌により約10日間発酵させて元肥としている。追肥はしない。

◆**大分県S氏**：土つくりができるまでは，イナワラや落ち葉，モミガラ，刈り草，米ヌカ，牛糞を原料にした完熟堆肥を，2年に1回2t/10a程度施用していた。最近は，元肥に大豆粕，菜種粕，麦粕，魚粉などを配合してボカシ（チッソ3％，リン酸4％，カリ1％）を製造し，約300kg/10a施用している。追肥は，ボカシを5月下旬に1回150kg/10aをウネ間に施用する程度である。

◆**鹿児島県I氏**：元肥は油粕200kg/10aとニュートーマス有機200kg/10aをウネ立て部に幅50cm程度に散布後，マルチャーでウネ立てとビニールマルチをする。追肥は油粕40kg/10aを，2果目の収穫時（定植後40日ころ）から10日間隔で3回，ウネの肩から根の伸びてきている通路にかけて表面施用する。

【ズッキーニの「タコ足摘葉法とマジックテープ誘引」】

○正五角形に近い形になるよう太い葉柄を5本残し，葉は切り取る。その下の葉柄はすべて取り除く。これで，初期は誘引しなくても主枝が自立する（第1図）。新しい葉柄が下りてきたら古い葉柄を切って，切り替えていく。

○タコ足摘葉法を繰り返すうちに親づるが伸び，節間が1cmほどに開いてくる。その時点で，タコ足の葉柄はすべて切り，支柱に誘引するが，ビニールひものかわりにマジックテープを使う。裂けないし，くっつけるだけで簡単に結束できる。

第1図　タコ足摘葉法で仕立てたズッキーニ

したい。

　主枝を支柱に誘引して固定させる方法は農家によってさまざまあり，中島直氏が考案した「タコ足摘葉法とマジックテープ誘引」（『現代農業』2013年7月号で紹介）は上記のとおりである。

③**人工受粉**

　露地栽培でも低温期で訪花昆虫が少ない時期には，必ず人工受粉を行なう。

　定植後20〜30日すると雌雄花の開花が始まる。交配は雄花1つで4〜5雌花の受粉が可能である。当日咲いた雌花の柱頭に，当日咲いた

雄花の花弁をむしり取り，葯をそっとなすりつけて花粉をつける。柱頭全体に受粉させないと変形果になる。

花の咲いた日の遅くとも午前9時ころまで終わらないと，花粉が出にくいし，花粉の発芽力も低下する。

雄花を確保するために，直まきでは播種時期を一部早める。ポット育苗ではポットのまま置いておくだけで雄花が先に開花するので，苗を余分に仕立てておく。

施設栽培では人工受粉が必須であるが，生育中期ころから雄花が少なくなるので，雄花の多い品種を1～2割混植するとよい。

④摘　葉

収穫果実の下3節の葉を残し，それ以外の古い葉を摘葉する。摘葉すると果実に日が当たり，果色が鮮やかになる。また，風通しがよくなり，病気の発生が抑制される。

あわせて，元太りや曲がり果などの奇形果は早めに摘果し，樹への負担を軽くする。受精しないで（開花せずに）果実が肥大したものは，未熟果で腐敗しやすいので除外する。また，第4果までは樹勢が不安定で奇形果になりやすいので除去する。

下葉はうどんこ病にかかりやすく通風も悪くなるので，適宜摘葉する。1回の摘葉は2枚程度とし，最盛期は2～3日の間隔で行なうが，極端な摘葉は行なわない。

また，腋芽が発生したら早いうちに除去する。

第3表　ズッキーニ有機栽培での病害虫対応策

	病害虫	対応策
病　気	うどんこ病	ウリ科作物の連作を避け，過去にうどんこ病が発生した圃場では，定植前に太陽熱消毒や土壌湛水消毒を行なう。古葉は摘葉し株が込み合うのを避け，日当たりと通風をよくする。チッソ肥料をやり過ぎると過繁茂になり発病を助長するので留意する
	モザイク病（ウイルス病）	病原ウイルスは，CMV，WMV，ZYMVである。発病個体の抜取りと徹底防除が必要である。とくにZYMVは，土壌，種子，汁液，接触伝染するので，発病株は放置せず焼却する。畑の周りにはムギ類やソルゴーを栽培して，媒介虫アブラムシ類の飛来を防ぐほか，シルバーマルチを張り物理的に防除する。広がりを防ぐため，はさみでなく素手で収穫している有機栽培農家の例もある。アブラムシ類が発生する前に栽培をしたり，罹病する前に収穫を終了する例もある。未熟な堆肥は施用せず，チッソ肥料の施用量を減らし，健全な株を育てアブラムシ類を回避している例が多い
	ズッキーニ軟腐細菌病	高温期にかかる栽培で各地で発生が多いが，慣行栽培では農薬防除を行ない大きな被害は出ていない。有機栽培では栽培の増加につれ，重要病害になることが懸念されるので，耕種的防除を徹底する。収穫は午前中に行ない，果実の切り口が早く乾くようにする。雨天での収穫は切り口からの感染を助長するので避ける。収穫に用いるはさみは常に清潔にしておく。葉折れを防ぐため，支柱を立てて株を固定し，強風による被害を軽減する。畑周囲へ草丈の高いデントコーンやソルゴーを作付けたり，暴風網の設置も効果がある。多肥や圃場の多湿に注意し，ポリマルチを利用して雨水による泥はねを防ぐ。被害株は圃場外に持ち出し，焼却する
害　虫	アブラムシ類（ワタアブラムシ）	土壌中のチッソが多くなると出るので，チッソ肥料の施用量をコントロールする。アブラムシ類の発生しない時期（埼玉県の例では5月）を選んで栽培している例もある。乳酸菌・酵母菌液に酢や焼酎，牛乳を加えたもので防除している例もある。発生初期の防除を心がけ，シルバーマルチなどを使用し忌避させる
	ウリハムシ	植付け時にホットキャップなどをかぶせる。5月下旬以降は，株元にシルバーマルチを張って産卵を防止する

注　CMV：キュウリモザイクウイルス，WMV：カボチャモザイクウイルス，ZYMV：ズッキーニ黄斑モザイクウイルス

野　菜

⑤灌　水

過度に灌水すると草勢が強くなり着果しなくなるので，活着後から着果期までは草勢が弱くならない程度のひかえめに灌水し，果実の肥大期からはやや多くする。

⑥雑草防除

圃場の表面をフィルムや敷ワラなどで被覆（マルチ）して，雑草の発生を抑制する方法や，機械除草がある。

有機栽培農家の例では，雑草が生えてくる直前，追肥を散布するときにロータリをかけると容易に防除できるという。また，管理機による除草はズッキーニの根を切るおそれがあるので，除草シートを使用している例もある。その場合，シートの下は非常に硬くなるので，モミガラ，イナワラ，落ち葉などとボカシを施用して膨軟な土にしているという。

大分県農業技術センターで開発した，ズッキーニ春夏作にヘアリーベッチ早生種を用いる方法もある。秋に播種すると翌年の5月には雑草を被覆し，雑草の発生はほとんどみられないという。手除草よりズッキーニの収量はやや低下するが，除草作業が軽減できる。

（6）病害虫防除

ズッキーニは他の果菜類に比べて病気の発生は少ないが，おもな病害虫への有機栽培での対応策を第3表に示した。

（7）収穫・出荷

普通栽培の春作で，1株当たり30本程度収穫ができる。秋作のほうが収量は少ない。10a当たり収穫量は1t以上を目標とする。

未熟果を収穫するため，受粉から収穫までの日数は，5月上旬で6〜7日，5月中旬で4〜5日，その後は3〜4日，7月上旬では4〜5日とされる。収穫適期が短いため，とり遅れないよう毎日収穫する。夏は朝晩の2回収穫する。

収穫適期は，果実の長さが15〜20cm（Mサイズ），重さが200〜300gが目安である。曲がりの限界は1.5cmまでとし，それ以上は規格外とする。収穫時には変形果（曲がり果），未受粉果の摘果を行なう。

偽陽性のモザイク罹病の疑いのある株の収穫は最後にして，拡散防止に努める。モザイク病の伝搬防止のため，収穫前後にはさみの消毒（流水洗浄でも可能）を行なうのも効果的である。雨天の収穫は，軟腐病を誘発するので行なわない。

出荷のための箱詰めは，切り口が乾き果実温度が下がってから行なう。

執筆　自然農法国際研究開発センター
（日本土壌協会『有機栽培技術の手引（果菜類編）』
　より抜粋，一部改編）

農家のズッキーニ栽培

端境期の救世主、秋作もおもしろい

執筆　東山広幸（福島県いわき市）

未熟果収穫だから栽培は簡単

　露地野菜を直売するものにとっては、4～5月は売るものがもっとも少ない端境期といえる。あるのは、菜っ葉や芽もの（ニラやアスパラ・葉タマネギ）、晩抽性のネギぐらいで、5月になってからようやくレタス類や春キャベツ、トンネル栽培のダイコンやカブが出てくる。果菜類ではエンドウ類があるが、ほとんどが葉菜類と根菜類だ。こうしたなかで、もっとも早くとれ出す夏野菜がズッキーニである（第1図）。

　私が百姓をはじめたころは超マイナー野菜で人気もイマイチだったが、最近では食べ方も知れ渡って、一般の方にも馴染みのある野菜になってきたようである。

　ズッキーニはカボチャの仲間なので、夏野菜のなかではトマトと並んで低温伸長性が高い。さらに未熟果を収穫するので、トマトよりはるかに早くから収穫できる。露地で5月から収穫が始められる夏野菜はズッキーニとつるなしインゲンだけだろう。しかも霜と強風だけ避けられれば、栽培はいとも簡単だ。

元肥はモミガラ堆肥と魚粉

　早くから露地でズッキーニをとろうとするとタネまき時期が重要だ。氷点下の冷え込みがなくなったころに定植できるように苗をつくる。

　弱い霜ならべたがけのトンネルで防ぐことができ、換気の手間もなく、がっちりした生育になり手間いらずだ。私のところなら春の彼岸前に72穴のペーパーポットにタネをまき（プラグトレイでも可）、10.5cmのポリポットに鉢上げする。育苗はもちろん温床で。定植前に冷床で寒さに慣らすのは、春苗の定石である。

　自家不和合性があるのか、品種は複数使ったほうが、着果がよい。

　定植時のコヤシは定番のモミガラ堆肥と魚粉。生米ヌカは効きだすころには収穫が終わってしまうので使わない（第2図）。

　地温上昇とウリハムシ除けに黒マルチは必須。ウネ幅は2m以上とったほうが、収穫がラクだ。株間は80cm以上欲しい。植えたら風に振り回されないようにべたがけ固定用のくしなどで押さえておく。

　定植したらすぐに不織布のトンネルをかけるが、ふつうのかけ方だと犬猫が上を歩くと穴をあけられるし、風にも弱いので、トンネル枠をウネにほぼ平行に挿し、苗だけを隠すようにかける（第3～5図）。これで動物は上を歩けないし、風にも強くなる。春の強風が収まるころに不織布を外す。収穫期は毎日歩くので、ウネ間には防草シートを敷いておいたほうが快適だ。

　順調にいけば5月末には収穫が始まる。追肥

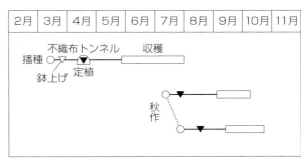

第1図　ズッキーニの栽培暦

野菜

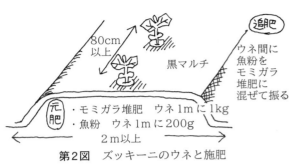
第2図　ズッキーニのウネと施肥

第3図　定植したらすぐに不織布のトンネルをかける
トンネル枠をウネにほぼ平行に挿すと、犬猫に穴をあけられることもなく、風にも強い

は魚粉を堆肥に混ぜてウネ間に敷いておけばいい。防草シートを敷いていれば、その下に施用する。収穫最盛期はひと月半ぐらいで短いが、そのうち夏野菜がどんどん出てくるので、遅くまでとる必要はない。

秋作もおもしろい

夏野菜の最盛期が過ぎ、秋野菜の最盛期まで間のある9～10月にとる夏まきの作型もおもしろい。まくのは7月の中下旬。台風害の心配から2～3回に時期をずらしてまくほうが安心だ。

暑い時期なので、育苗は超簡単。最初から10.5cmポットに1粒ずつまいて、適当な大きさになったら定植してやる（古くて発芽の悪いタネなら、育苗箱にすじまきして、発芽したものをポリポットに移植してやる）。

定植時には地温を下げるために白マルチをかけるか、無マルチで無肥料出発。この場合はウネ間に米ヌカを振ってすき込む。暑い時期なので、すぐに分解してコヤシとして効いてくる。

台風で振り回されないよう、定植後は春同様に根元を固定するが、あとは収穫まで放任栽培。タネまきから45～50日ぐらいであっという間に収穫が始まる。

第4図　でき上がった不織布トンネル
ビニールトンネルと違って換気の手間もなく、高温で軟弱に育つこともない

第5図　不織布トンネルを中から見たところ
弱い霜ならこれで十分

元肥中心で育てる

執筆　桐島正一（高知県四万十町）

大きくなるまで育ててタネ採り

ズッキーニは黄色と緑の2種類つくっている。果実は大きくなると50cmくらいになるが、私はそれからタネを採っている（第1図）。

播種は2月下旬で、苗を育て、定植は4月初めに行なう。やはり寒い時期なので、初期は不織布（パオパオ）をかけておく。ウネ幅は1.8～2mで、株間は60～70cm。元肥は1株当たり鶏糞を3分の2袋（10kg）ウネ土の中に入れる。

追肥はあまりしないが、外の葉より中の葉が小さくなって色も薄くなってきたら、少し施すようにしている。

受粉は午前10時までにやる

受粉をしないと実がつかないので、午前8時から10時くらいまでに雄花をとって雌花につけてやる。花が咲いている時間が短いので、気をつけるようにする。

雨が多いと実がつきにくくなって収量が半減するので、株数を多めに植えるようにしている。収穫時期は6月初めから7月初めぐらいになる。

葉かきで花落ちを防ぐ

作業で気をつけて実施していることは葉かきである。風通しをよくしてうどんこ病などの病気予防と樹勢コントロールのために行なう。基本的には、収穫した実の下の葉をとっていくが、ズッキーニは葉数が多いと花落ちしやすくなるので、とくに雨が多くて実がつきにくいと

第1図　タネ採り用のズッキーニ
（写真撮影：木村信夫）

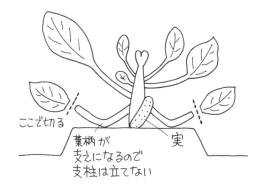

第2図　ズッキーニの葉かきは葉柄を残して

きは、大きな葉を3枚だけ残してあとは取り除くようにする。

また、葉を取り除くときは第2図のように下葉の葉柄を残すと、支柱を立てなくても倒れにくくなる。

収穫時に真ん中がふくらんでいたり、頭や尻部が大きくなったりしているものは、受粉不足の可能性が高く、腐りやすい。

野菜

スイートコーンの有機栽培
——基本技術とポイント

(1) 有機栽培を成功させるポイント

①適切な施肥対策と害虫対策が肝要である

スイートコーン（トウモロコシ）の有機栽培では，作土が浅くても30cm以上で，チッソ肥沃度が高く，生物多様性が高い圃場であれば，慣行栽培と同等の収量を得ることができるが，この条件を満たさないと大幅に減収する。

また，雌穂を直接加害するアワノメイガやアワヨトウなどの害虫や，苞皮内に発生するアブラムシが商品性を著しく損なうので，対策が肝要である。

②排水性，保水力の高い肥沃な圃場を選定する

スイートコーンは地力が低くても栽培できるイメージがあるが，生育後半の養分要求度が高く，地力チッソの発現が多い圃場ほど収量が高い。

過湿，乾燥に弱く，乾燥が続くと収量低下の原因になるので，灌水を行なう。また，水田転換畑や低平地などでは湿害を受けやすいので，排水対策も必要である。水はけ，水持ちのよい圃場ほど栽培が容易で収量も安定する。

③ポリマルチ栽培で雑草対策

草丈50cmころまでは雑草に弱いので，土つくりの段階では，雑草との競合や養水分不足が問題となる。ポリマルチを利用して，除草労力を軽減する。植え穴の草は手でとり，ウネ間の雑草は管理機などで中耕するが，幼穂形成期以降は根を傷めるので，草かきなどで除草する。

④未熟な有機物や家畜糞は利用しない

春先に未熟な有機物や家畜糞を施用すると，ポリマルチ内でガス害が生じやすく，欠株や初期生育不良となり，株揃いを著しく低下させる。

家畜糞などは，必ず完熟化させて使う。有機質肥料も，微生物で発酵・分解させたボカシとして施用することが大切である。

(2) 作型・品種の選択

①作型の概要と留意点

収穫までの日数は，早生種で播種後80日程度，中生種で90日程度である。播種期はトンネル栽培の早春から，抑制栽培の6月下旬〜8月初旬まで幅が広い（第1図）。

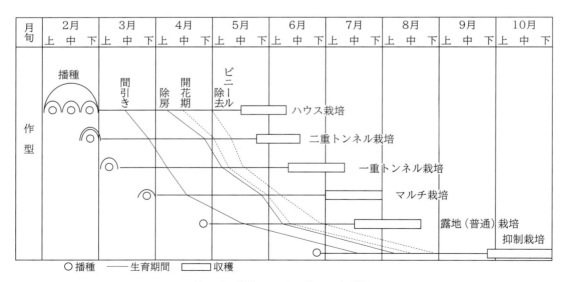

第1図 関東における作型と収穫期 （佐藤，1983）

品目別技術　スイートコーン

作型は前後作も考慮して決定する。後作が年内どりの作物の場合，収穫残渣をすき込むときは腐熟期間を考慮して，作期を前進させる。前作がある場合は，播種期が遅れないようにする。

トンネル栽培　トンネルとポリマルチを用いて，早期に収穫する。播種期は晩霜から逆算して25〜30日前で，収穫期は普通栽培より30日前後前進する。トンネル内が30℃を超えないように，開閉作業を行なう。

播種期が早いと害虫は少ないが，遅くなるほどアブラムシやアワノメイガの被害が多くなる。

普通栽培　春まきの露地栽培で，初夏から初秋にかけて収穫する。播種期は平均気温15℃から逆算して7〜10日前から始まる。除草をまめに行なうか，圃場生態系が安定してくれば，無マルチ栽培は可能だが，転換中や土つくりが不十分な段階で栽培するにはポリマルチを利用する。とくに，寒地や寒冷地の早春まきなど，播種期が早い場合は，ポリマルチの利用で初期生育は早まる。

収穫期が高温期に入るとアワノメイガやアワヨトウなどの害虫の発生が増えるので，適切な対策をする。

抑制栽培　温暖地や暖地で，葉菜類などの後作に導入する作型で，栽培は少ないが，有機栽培では，作付け体系として導入したい。台風シーズンに当たるので，倒伏に注意が必要である。

②品種の選択

スイートコーンの品種は多様で，選択の自由度は高い。消費者や出荷先の要望を参考に，圃場や作型に合った品種を選ぶようにしたい。スーパースイート系の改良種は，糖度が高い反面発芽が不良になる（シワ種子）傾向がある。

トンネル栽培　早生品種を用いるが，低温期で発芽不良になりやすいので，シワ種子で発芽に難がある品種は避ける。できるだけ大穂になり，先端不稔の少ない品種を選ぶ。

普通栽培　中早生品種，中生品種を用いるが，早春まきでは地温が低いので，シワ種子で発芽に難のある品種は避ける。この作型はもっとも良品が生産できるので，地域の需要動向に合った商品性の高い品種選定をする。

抑制栽培　開花期が高温期なので，高温でも花粉稔性が低下しにくい，耐暑性のある品種を選ぶ。

（3）土つくりと施肥対策

①圃場の選定

転換前の慣行施肥栽培で葉菜類が正常に生育する圃場であれば，特別な施肥を必要としない。スイートコーンの根圏は葉菜類に比べ浅く，作土には余剰なチッソやリンが残る場合が多いからである。ただし，過湿や乾燥に弱く，圃場が滞水すると根の活性が低下する。水分の要求度も高く，作付け中に350〜500t/10aの水を必要とする。ほかの野菜と同様に，排水性と保水性がよい圃場が適している。

なお，キタネグサレセンチュウはスイートコーンの栽培によって増加するので，ダイコンやゴボウが後作にならないように注意する。

②土つくりと施肥対策

スイートコーンは，キャベツやハクサイにくらべ少肥で栽培できる。1作当たりチッソ15kg/10a，リン酸15kg/10a，カリ10kg/10aが必要とされ，吸収量は，播種後50日以降（幼穂形成期以降）に増大する。そのため，生育後半に地力チッソが吸収できるような土つくりが必要で，必要に応じて魚かすや発酵鶏糞，ボカシで追肥を行なう。

堆肥は圃場の土つくりのために施用し，スイートコーンの作付けに合わせた施用の必要はない。施用量は，有機栽培への転換当初は年間で3〜5t/10aと多めにし，土の状態をみながら2〜3t/10a程度に減らしていく。堆肥のかわりに家畜糞を施用する事例もあるが，スイートコーンの作付け直前には，未熟な家畜糞を施用してはならない。

有機質肥料は微生物で発酵・分解させたボカシか発酵鶏糞を用い，150〜200kg/10aを全層にすき込む。定植の30日以上前に施用し，ウネ立て，マルチがけの前に1〜2回耕起して分

533

野　菜

解を進めておく。

③整地，ウネつくり，ポリマルチ被覆

通常のロータリで浅耕を続けると耕盤ができ，水はけが悪くなるので，数年に1回は深耕ロータリやサブソイラーで深い層まで起こすのがよい。

一度粗く耕起した後にウネを立てると，作土全体の通気がよく，表層7〜8cmは細かく砕土されたウネを立てることができる。慣行栽培に準じ，ウネ幅は120cm（2条植え）とする。

ポリマルチは遅くとも播種，定植の10日前までにかけ，かける前に十分に灌水しておく。裾をマルチ押さえなどでとめておくと，追肥作業が容易になる。

(4) 播種（育苗），定植

①移植栽培

育苗　トンネル栽培では，生育を促進するために移植栽培を行なう。普通栽培でもマルチを使った前進作や，圃場の準備が間に合わない場合は，移植栽培は有効な手段となる。

とくに有機栽培では，有機質肥料の施用後の日数を確保するため，育苗中に圃場の準備を進めると，より効率的な栽培が可能になる。

育苗期間は長くとも2.5〜3葉期までとする。用土は畑土でもよく，鉢は6〜7.5cmポリポットや3.5cm角の連結ポットなどが利用される。72〜128穴のセルトレイを利用してもよい。1鉢当たり1〜2粒まきとし，1粒まきの場合は必要苗数の1.2倍を用意する。

定植　2.5葉期ごろに定植する。苗鉢より一回り大きな穴を栽植間隔であけ，そこに灌水し，浸透するのを待って植え付ける。移植後，周りから土を寄せ，その周囲の土を押し戻して，苗鉢と圃場の土が密着するようにする。

定植後は，圃場をこまめに見回り，欠株はすみやかに補植する。

②直播栽培

播種　普通栽培，抑制栽培は，気温が上がってくるので直播栽培が可能になる。播種の早限は日平均気温が15℃になる7〜10日前で，温暖地で4月下旬ごろになる。

欠株が出ないよう，斉一な発芽をこころがける。そのため，ウネの表層7〜8cmの砕土をていねいに行ない，水分ムラが出ないように，マルチをかける前に十分に灌水しておく。また，覆土の厚さは均一にする。

播種量は1株当たり2〜3粒まきで，10a当たり3〜4*l*必要である。播種は土壌の表面が乾き気味のときに行ない，間引きを容易にするためやや離してまく。覆土の厚さは普通どり栽培で2〜3cm，早どり栽培では霜害を回避するために3cmより若干厚くする。

間引き　間引きは，本葉2〜3葉期，遅くとも3〜4葉期までに終わらせる。間引きは，地中にある生長点の下（地表下0.5〜1cm）で切ればよく，抜く必要はない。抜くと，残す株の根をいためることになる。

③栽植密度

栽植密度は，早生種を用いるトンネル栽培で5,000〜5,500株/10a，中生品種を用いる露地栽培で4,500〜5,000株/10aが標準で，地域の慣行に準じる。早生種は草丈が小さく葉数も少ないので，早生種ほど密に植える（第1表）。

ポリマルチ栽培では，ウネ幅150cmに70cm幅の床をつくり，条間45cm，株間25cmの2条植えで，栽植本数は5,300株/10aになる。露地栽培では，ウネ幅75cm，株間30cmで，4,400株/10aになる。

疎植すぎると，雌穂数が減るだけでなく，倒伏や分げつの発生，第2雌穂の肥大，第1雌穂の副房が増えるので，品種・作型に応じた適切な栽植密度を採用する。

(5) 中間管理，雑草対策

①雑草対策

本葉5枚ころまでは雑草との競合に弱いので，こまめに除草をする。ポリマルチの穴から発生した雑草は小さいうちにとるとともに，通路も適宜草かきなどで除草する。

②中耕と追肥

ウネ間は除草を兼ねて中耕を行ない，膨軟にする。遅くなるほどスイートコーンの根がウネ間を埋めるので，断根が増える。幼穂形成期

534

（本葉7～10枚）以降は中耕を行なわない。

養分吸収が増大する，幼穂形成期の7～10日前（本葉3～5葉期）に追肥を行なう。追肥は魚かすや発酵鶏糞，ボカシを用い，施用量は50kg/10aを基準に適宜加減する。スイートコーンの根群は浅く広く発達するので，追肥は株元を避け，条間の中央部付近（第2図）とウネ間に施用する。また，株回りの初期除草を兼ねて，早い時期に施用し，草かきなどで土壌と浅く混和し雑草の発芽を抑制する。

③その他の管理作業

除げつ 分げつには，雌穂の肥大促進，倒伏防止，雌穂先端の不稔の抑制，雑草の抑制などの働きがあるので，除げつしない。

とくに，早生系品種は葉数が少ないので，光合成を補うために分げつを増やすほうが有利である。分げつは本葉3～4枚ころに分化するので，トンネル栽培では，このころの温度が30℃を超えないように管理すると分げつが多くなる。

第1表　早・晩生品種群の栽植密度の基準
（戸沢，1981）

品種の早晩性	北海道	本州以南
早　　生	5,000株	5,500株
中　　生	4,500株	5,000株
晩　　生	4,000株	4,500株
極晩生	3,500株	4,000株

トッピング 開花後の雄穂を切除することをトッピングという。一般には，倒伏防止を目的に行なうが，有機栽培ではアワノメイガの被害軽減を目的にする例が多い。

雄穂の出穂に遅れて2週間ほどで雌しべである絹糸が抽出する。雄穂のトッピングが早すぎると雌穂の粒揃いが低下する。雄穂の出穂2週間後ころ（絹糸抽出期＝50％の個体が抽出した10日後ころ）に行なう。

灌水 雄穂出穂の1週間程度前（早生種で播種後60日ころ）から要水量が増加する。とくに絹糸抽出期から収穫期までは多量の水を必要とする。

このころに乾燥が続くと雌穂が小さくなり，欠粒や雌穂先端の不稔を生じるので，灌水が必要である。ポンプなどで通路灌水するとよい。

(6) 病害虫対策

アワヨトウは年4回発生し雄穂出穂の2週間前ごろから，アワノメイガは年2～3回発生し，おもに出穂前後から食害が始まりやすい。そのため，アワヨトウは株元近くに，アワノメイガは頂部付近に食害痕が見つかることが多い。

おもな病害虫への対応策を第2表に示した。

(7) 収穫と収穫残渣の処理

①**収　穫**

絹糸抽出から約3週間を目途に，雌穂の傾きや絹糸の褐変程度をみたうえで，試しもぎをして収穫日を決める。

収穫は日の出前後に行なうのが望ましい。有機栽培では，アワノメイガなどの被害雌穂を除く必要があり，作業効率は慣行栽培より低い。

市場出荷では，5℃で2時間程度予冷し，立入箱を用いると品質の低下を防ぐことができる。

②**収穫残渣の処理**

後作までに30～40日の期間がとれる場合　圃場にすき込む

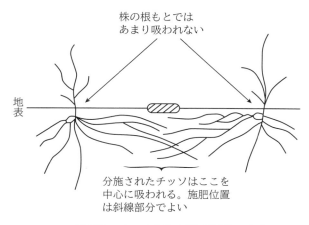

第2図　チッソ分施の適正位置　（戸沢，1983）

野　菜

第2表　スイートコーン有機栽培での病害虫対応策

	病害虫	対応策
病気	モザイク病（すじ萎縮病含む）	ウイルスを媒介するアブラムシ類，ヒメトビウンカの対策を徹底する。防除法は，圃場近くにイネ科雑草を生やさないことと，イネ科作物圃場の近所で栽培しないこと
	黒穂病（通称：おばけ）	厚膜胞子は7年くらい生存するので，胞子が出る前に被害株を除去する。防除法は，圃場の排水を改善することと，連作を避け，作付け時期を早めること
害虫	アワノメイガ	高温期に発生が多いので発生ピーク前に収穫を終える，残渣はただちに処分する，トッピングをやや早めに行なうなどの耕種的防除も効果がある。有機JAS許容農薬のBT剤の利用が可能である
	アワヨトウ	防除法はアワノメイガに準じる
	アブラムシ類	高温期の乾燥で発生が増加するので，圃場の灌水を徹底する。圃場の風上に，有翅虫の飛来を阻止する防風用のネットを設置したり，ソルゴーなど背の高い作物を作付けることも効果的である。シルバーマルチ，シルバーテープなどで忌避させることができる

のが労力的には楽である。フレールモア（ハンマーナイフモア）かエンジンカッター（チョッパー）で粉砕し，半日程度乾かしてからすき込む。堆肥や有機質資材等を同時に施用してもよい。

なお，黒穂病，ごま葉枯病，すす紋病などの発生が著しいときは，堆肥化して施用する。

後作までに30～40日の期間がとれない場合

圃場から持ち出し，後作の有機物マルチに利用するか，堆肥に積む。有機物マルチにする場合は，フレールモアで裁断した後，耕うん・ウネ立てなどを行なった後で敷き詰める。

堆肥は，チョッパーで裁断して堆積する。家畜糞尿と合わせて堆積する場合，材料の水分が高いときは大きめに裁断する。

執筆　自然農法国際研究開発センター

（日本土壌協会『有機栽培技術の手引（葉菜類等編）』より抜粋，一部改編）

農家のスイートコーン栽培

ずらしまきでラクラク長期収穫

執筆　東山広幸（福島県いわき市）

スイートコーンは直売の人気商品である。有名なブランド産地よりもうまいトウモロコシをつくるのはけっしてむずかしくない。しかも、エダマメと違って、早晩性による登熟期の違いはわずかしかないから、どの品種をまいても同じくらいの期間でとれ、少しずつ時期をずらしてまくだけで、いとも簡単に連続収穫ができる（第1、2図）。

最大の課題はアワノメイガ

問題は虫害である。夏野菜でもっとも害虫に悩まされるのがスイートコーンで、その主犯格がアワノメイガの幼虫である。茎を食い荒らすのも困るが、肝心の雌穂を食いまくる。多くは絹糸から侵入するが、横から入るものもいて、これが厄介である。先端部の被害だけならハサミで汚いところだけ切って売れるが、横から入るとそれもできない。また、横から入られると、なぜか広範囲で乳酸発酵やカビの発生を起こし、まったく売り物にならないことがある。

アワノメイガに対しては、なかなか決定打がない。昔からの定石は、受粉したら雄穂を切り取るというもの。アワノメイガは上位葉の裏に卵を産みつけ、孵化した幼虫が雄穂に移っていくらしい。しかし実際にやってみると、雄穂が出る前にすでに茎に侵入されていたりする。雄穂が出てきてすぐにほとんどを切り取っても、やはり虫害はなくならない。被害を減らすことはできても、なくすことは相当にむずかしい。

ただ、時期をずらしながら栽培していると、急に虫害が少なくなる時期がある。おそらく第1化期（そのシーズンの第1世代）の発生時期がどの個体もだいたい揃うため、第2化期までの間に虫害の空白期間が生じるためだろう。この時期をねらって作付けを集中すれば、比較的軽微な被害に抑えられる可能性はある。しかし、その時期の見極めは経験に頼らざるを得ず、天候にも左右されると思われるので、決定打とはやはりいえない。ちなみに、新しく開墾

第1図　時期をずらしてまいたスイートコーン

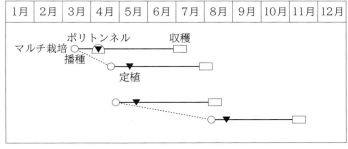

第2図　スイートコーンの栽培暦

野菜

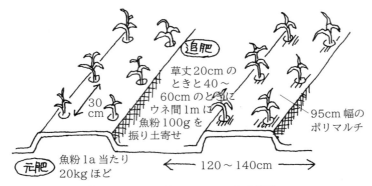

第3図 スイートコーンのマルチ栽培

した圃場では1年目に限って虫がつかないことがあるが、2年目からはやっぱりダメだ。

品種はスーパースイート系

各社からスーパースイート系のスイートコーンは多数出ていて、どれもたいした優劣の差はない。いま時点で気に入っているのは、サカタの'ゴールドラッシュ'とナント種苗の'おおもの'だが、ほかの品種も普通に使っている。

栽培管理の工夫

(1) 春の彼岸から8月上旬まで播種

トウモロコシは弱い霜なら枯れないから、露地栽培でも別れ霜の10日前には定植できるし、トンネル栽培ならもっと早くできる。播種は定植時期との相談で決めなくてはならないが、私のところでは春の彼岸ころが最初の播種である。その後、定植したら次の播種というかたちで延々と繰り返し、8月上旬ころまでまくことができる。晩生品種のあとに極早生品種をまくということでもなければ、同時にとれるということはまずないから安心してまける。

(2) 絶対にプラグトレイを使う

播種するのは、スイートコーンだけは絶対にプラグトレイがいい。発芽率だけ見れば、直播＞ペーパーポット＞プラグトレイとなる。ただ、直播ではどうしても欠株や生育の不揃いが見られる。また、ペーパーポットでは種子根が育苗箱内であさっての方向に伸びて、苗取りが

シンドイ。その点、プラグトレイは苗取りも植付けもラクラクで、生育揃いも一番よい。発芽率が低いのが難点だが、胚が下（トンガリが下）になるようにまけば、発芽率をある程度上げることができる。

(3) 生分解マルチを敷いて定植

5月までの定植では黒マルチが必須だ。後片付けを考えると、そのまますき込める生分解性マルチが絶対にいい。早出し用にはポリトンネルが圧倒的に有利で、スイートコーンはほかの野菜ほど繊細ではないので、換気や温度管理が大ざっぱでもいいのがありがたい。もちろん、不織布のトンネルでもいいが、イタズラ犬や猫がいるところでは穴を開けられる心配がある。

早出し栽培では元肥中心として、モミガラ堆肥と魚粉。株間は30cmが基本（第3図）。マルチ栽培は95cm幅のポリマルチで、ウネ間120～140cmの2条植え。6月以降はべたウネで条間70cm株間30cmとし、元肥は植え溝に魚粉のみでたくさん。魚粉の上に苗を直接植えても障害は出ない。

(4) ウネ間に追肥して土寄せ

トンネル栽培では、フィルムを押し上げるころにはトンネルをはずして、マルチの両すそも剥がす。ウネ間に魚粉の追肥をし、管理機で中耕する。普通栽培では丈が20cmぐらいで1回目の追肥（魚粉）・土寄せ（培土板）、40～60cmのとき2回目の追肥・土寄せ（同）をする。

品目別技術　スイートコーン

収穫前に獣害対策

収穫期が近くなったらいろいろな動物がねらいにくる。カラス・キツネ・タヌキ・ハクビシン・イノシシ・サル、場所によってはクマやアライグマも出るかもしれない。テンも甘いものが好きだから来る可能性がある。このため、収穫期前にはネットか電気柵で囲う必要がある。ネットは高さ1m以上。サルやハクビシンでは

それでも簡単に突破する可能性が大だ。電気柵も三段張りでなくては安心できない。カラスに対しては上空に黒テグスを張ればいいが、トウモロコシは背が高いので、たいへんな作業だ。

スイートコーンはあらゆる野菜のなかでも糖度ではトップに君臨する。雑食性の哺乳類・鳥類のほとんどが好むから、食害を受けないようにするのもたいへんだ。害虫・害獣の被害にどう対処するかがスイートコーン栽培の要だろう。

鶏糞栽培で粒張りのいいトウモロコシ

執筆　桐島正一（高知県四万十町）

ゆっくり育てて背丈は低く育てる

莢（雌穂）はあまり大きくしないが、一つひとつの粒は大きく、しっかりした実ができるようにしたい。また、甘味と香りがあり、後味のよいものをつくりたい。そのためには、ゆっくりと育て、根をよく伸ばすことが大切である。

根がしっかり育つと、葉や茎も大きくしっかりしているが、背はあまり高くなく、私の場合1.5～1.7mくらいで、莢のつく位置も50cmと低い（第1図）。

問題になるのは、タヌキやキツネ、カラスなどの鳥獣害と、メイチュウ（ダイメイチュウ・アワノメイガ）による虫害である。

害虫対策と栽培プログラム

害虫対策の大きな方法は、早植えと遅植えである。春植えは、播種が3月初めで、4月中下旬に定植し、6月中旬に収穫となる。早く植えることで、メイチュウが大量発生する前に収穫するのがねらいだ。品種は85日くらいの短いタイプを使うと収穫も1週間くらいは早まり、虫害の発生も大きくちがう。

定植後はパオパオ（210cm）を葉にあたる

までかけておき、保温と虫害予防をする。

夏まき・秋どりは少し若い状態での収穫になる。8月中下旬に畑に直まきしている。このころは暑いのでメイチュウは少ない。トウモロコシにも暑いので、発芽が始まる前にパオパオをかけてしのぐようにしている。9月下旬にはトウモロコシが伸びてパオパオを持ち上げてくるので、取り除く。

害虫の発生は年によって異なるが、私の畑での発生周期は、5月下旬～7月中旬と、9月初め～下旬くらいにピークがくるようだ。

播種・育苗と定植

春植え用の播種は3月初め。72穴のセルトレイに1粒ずつまく。播種用土は、自家製の山土・バーク・堆肥・鶏糞の混合か市販の有機育苗土を使う。覆土は5mm程度にする。

トウモロコシを植えることで、やせた畑や養分バランスを崩した畑の回復ができるので、土壌改善の輪作に欠かせない作物である。そのため、地力の低い畑での栽培となる。ただし、日当たりはよいところを選ぶようにする。

定植は、4月中下旬に、本葉3～4枚でする。ウネ幅1.8mに、株間30cmの2条植えとしている。できるだけパオパオをかけて、遅霜とメイチュウ害の防止をする。

施肥と除草

トウモロコシは地力の落ちた畑でつくることが多いが、その程度によって、元肥施用量も変わる。悪い土のところでは10a当たり鶏糞

539

野菜

700kgくらい、それほどでもないところでは10a当たり400kgくらいを耕うんするときにウネ部分へ施し、定植時に株元へ1株200ccくらい置き肥する。追肥は、2〜3回、1株に400ccくらい施す。

草引き（除草）は収穫までに2回行なう。1回目は定植後2週間くらいに、三角ホーなどで削り取る。株元は手鍬を使って取る。2回目は、1回目から2〜3週間たったころに、1回目の取り残しを削り取る。その後は、トウモロコシが負けるようなら、大きい雑草を引き抜くか、鎌で刈るようにしている。

釣り糸でカラスよけ

鳥獣害対策には、畑の周囲に防風ネットを張り、毎年新しい試みもしているが、やはり食べられる。ネットを高くして、傾斜を外向きにつける（上を外側に）ようにすると、これは少し効果があるようだ（第2図）。

なお、タヌキやハクビシンの多いときには、ネットでは防ぎきれないので電気柵を使うのがよいと思う。

カラス害は、トウモロコシの上に釣り用のライン（釣り糸）を1.5〜2m間隔で張ることでほぼ解消できた。ラインは必ず莢ができる前、食害される前に設置し、カラスが触れて危険を知ることが重要である。

なお、ラインの下をくぐって収穫するので、高さは1.8m以上に張っておくと便利である。

第1図　草丈も莢のつく位置も低いトウモロコシ　　　　　　（写真撮影：木村信夫）

宅配で送り、冷凍してイベントにも

莢が大きくなり、先端の毛が黒く色づいたころに収穫する。まず、2〜3個皮をはいでみて、粒が大きくなったのを確認し、そのサンプルに色や形が近いものを選んで収穫していく。

トウモロコシは収穫期間が短いので、少し若いものから収穫して、宅配のお客さんに届けるようにしている。残ったものが出れば、皮のついたまま冷凍庫に入れておき、イベントで焼きトウモロコシなどに使うと、大いに喜ばれる。

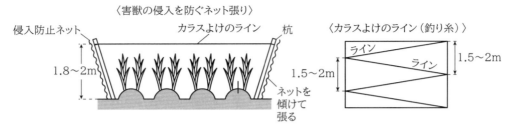

第2図　トウモロコシの鳥獣害対策

農家のオクラ栽培

播種も定植も地温が上がってから

執筆　東山広幸（福島県いわき市）

典型的な熱帯性野菜

オクラほど熱帯原産の特性を維持している野菜も珍しい。早くからとろうと早植えしても、地温が上がらない限り生育はいっこうに進まず、梅雨寒の日が続こうものなら枯死するものが多発する。だからタネまきは早くとも5月後半、安全を考えれば5月の下旬以降が望ましい（第1図）。気温さえ上がればオクラの栽培はいたって簡単。病虫害も問題になるのはアブラムシぐらいだ。

オクラは発芽が揃わない野菜の代表格のように思われているが、大いなる誤解で、これほど発芽の揃う野菜も珍しい。もちろん事前の吸水や保温も不要だ。要はそこそこの気温になってからハウス内でまき、水分状態を安定させるように管理すればほぼ100％発芽するものだ。

7.5cmのポリポットにタネをまいて、たっぷり灌水後、フタとして上にイネの苗箱などをのせ、乾燥を防止すればよいだけ。これだけで、キレイに発芽が揃う。

育苗ではアブラムシに注意

育苗で気をつけるのはアブラムシだけだが、このアブラムシがなかなか厄介である。何を隠そうオクラはすべての野菜のなかでもっともアブラムシのつきやすい野菜といっていい。なにせ双葉の段階からつき始める。定植するころにはほとんどの苗にアブラムシがついていることも珍しくない。

花が咲きだすころには不思議といなくなるし、ウイルス病が入ることも少ないようだが、生育が著しく遅れるし、ヘタすると枯れてしまうので、被害がひどいときは育苗中に一度アブラムシを手でつぶしたほうがよい。

モミガラ堆肥と魚粉の元肥、米ヌカの追肥

高温性の野菜ゆえ黒マルチは必須。肥料分もそこそこ必要だが、やせ地でもかまわない。元肥としてモミガラ堆肥と魚粉を使い、ウネ間に米ヌカをすき込んで追肥とする。ウネ間10m当たり10〜15kgが目安だ。

定植は必ず好天が続き気温が高いときに行なう。収穫は毎日となるので、作業しやすいようにウネ間は150cmほしい（第2図）。

株間は品種にもよるが30〜40cmぐらい。主枝中心の収穫になるので疎植にしてもメリットはない。ちなみに、側枝につく実のほうがイボ果が少ないようなので摘心栽培をしてみたらみごとに失敗した。摘心はしないで側枝は放任でよい。

アブラムシが問題となるので、定植のとき、時間がかかっても、葉の裏をよく見てきれいにつぶしてから植えること。これで完全にいなくなるわけではないが、たいていはほとんど問題なく生育する。

素手で収穫してはならない

オクラはけっして素手で収穫してはいけな

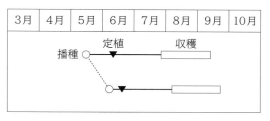

第1図　オクラの栽培暦

野菜

い。オクラの成分のためか、手の甲が地獄のかゆさで七転八倒する。ブヨ100匹に刺されたほうがよっぽどましだ。洗ってもかゆみはなくならず、時のたつのを待つしかない。虫刺されなら慣れがあるが、オクラのかゆみは何年たっても慣れないようだ。

長さ10cm以内で収穫するため、毎日収穫が必要だ。大きくなっても硬くなりにくいというのがうたい文句の品種も多々あるが、実際は硬くならないといえるほどでもないので、やはり10cm内外で収穫するのが重要である。

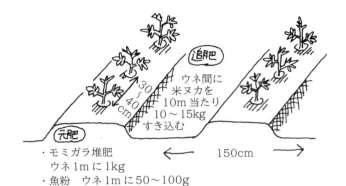

第2図　オクラのウネと施肥

追肥のサインは葉の刻み具合

執筆　桐島正一（高知県四万十町）

八丈オクラの魅力

私がつくっている品種は'八丈オクラ'である（第1図）。'アーリーファイブ'など一般的な品種より大きくて丸みがあり、長さ10〜15cmくらいで収穫する（通常種は5〜10cmくらい）。日本の品種の原種のひとつと聞いているが、収穫遅れで大きくなっても軟らかいのが特徴で、数多くつくる宅配野菜のなかでも人気がある。

'八丈オクラ'は実の大きさにバラツキがあり、色も少しずつバラツキがあるが、緑色〜黄緑色で、少し甘味が出るようにつくりたい。一般品種より樹勢を強く保ってつくると、きれいなオクラが収穫できる。

また、収穫期間が6〜11月と長いので、それぞれの時期にあった大きさと甘味のものをとるようにしたい。収穫が始まる初夏は軟らかくみずみずしく、初めは小さいがだんだん大きくなってくる。真夏は少し小さくなり、甘味を増してくる。秋には、甘味も強く大きく育つが、

第1図　八丈オクラ
（写真撮影：赤松富仁、以下Aも）
実が大きくて軟らかい

寒くなるにつれて実の産毛が強くなってくる。

私は草丈を低く、節間を短く収穫段数が多くなるように育てて、長期どりをしている。

肥料の少ない、日当たりのよい畑

オクラはほかの野菜にくらべると樹勢が強いので、あまり肥料分の多い土ではだめである。

イネ科雑草などが生える肥料が少ないところで日当たりのよい畑を選ぶ。

ウネ幅1.7～1.9mの2条植えにする。株間は4～5cmで1本植え。いろいろな植え方を試したが、この植え方がいちばん安定した収穫になる。これ以上株間を広げると初期収量が下がる。逆に、せばめたり、1か所の本数を多くしたりして密植にすると、1株の根域が狭くなり、樹勢が衰え、量もとれなくなってしまう。

なお、マルチを使うときは、あまり穴をあけたくないので株間15cmの2～3本植えにする。

早まきにはマルチ、倒伏防止対策を必ず

マルチは4月初めまでに播種する場合には必要である。年によって変わるが、低温にさらされて発芽が遅れたり、芽が出なくなったりするからである。ただし、4月下旬以降にマルチして播種すると、逆に高温障害にやられることがある。発芽した芽の軸が暑さで焼けてしまう。

'八丈オクラ'は通常のオクラより背が高くなるので(最終的に1.5～2m)、風で倒れないような手当ても必要である。3m間隔に長い杭(鉄パイプ)を立て、高さ50cm辺りを麻ひもでぐるりとくくる。オクラをひもで挟む型である。台風などにあっても倒れにくくなる。

元肥なしで、一番果の高さ40cmくらいに

オクラの元肥は前作の残肥で十分である。直根性で樹勢が強いので、初期に肥料が多いと花落ちする。また、はじめの実が高いところにつき、実の数も少なくなってしまう。

とくに'八丈オクラ'は背が高くなるので、少しでも肥料が多いと、一番果が1mくらいの高さにつき、節間も15～20cmくらいと長くなる。オクラは1節ごとに花をつけて実が成るので、節間が長ければ花数も減り、収量は半減する。また、早くから背が高くなると作業性も極端に悪くなる。

私は地上から40cmくらいのところに一番果

第2図　一番果(指先)の位置が低く、節間が短いオクラ　　(写真撮影：木村信夫)

がつくように心がけている(第2図)。こうすると節間は5～10cmくらいに詰まる。花数も多くなり、量もとれる。肥料は収穫が始まるまで入れないので、一番果がつく高さは、元肥の量に大きく影響される。

初期は下葉から徐々に葉が大きくなるように育てる。急に大きな葉になることもあるが、肥料が効きすぎた証拠である。その場合は節間が伸び、花落ちする可能性があるので、葉を2～3枚かいて調整する。逆に葉が大きくならずに、同じ大きさが続くときは肥料が少ないとみる。肥料をほんの少し入れてやる。

追肥は葉の切れ込みをみて、8月まで

肥料(鶏糞)は実がとれ出してから、葉の大きさと切れ込みを見てやる(第3、4図)。わかりやすいのは切れ込みである。

オクラは肥料が少ないと切れ込みが大きくなり、葉脈だけのようになる。そのような葉のときは追肥が必要である。肥料が効いてくると切れ込みがなくなってふっくらとしてくる。バランスを崩さないように気をつけている。

追肥の鶏糞量は1株200ccくらいで、1回目

野菜

は株の近くへ少し置き肥する。2回目は条間に、3回目以降は生育に応じて条間や通路へ置く。根の先端、先端を予想して、根を外へ外へ誘導するように入れていく。

9月になったら肥料は入れない。この時期に多く入れると害虫がつきやすくなったり、急激に肥料が効いたりするからである。もう真夏のように暑くないので肥料が吸収されやすいせいだと思う。

チッソ分が多く吸収されると、オクラ独特の風味や甘味がなくなってしまう。また、高知県は台風が多くくるので風雨にさらされたあとは、少しだけ肥料を入れてオクラに力をつけてやる。同じように、乾燥にさらされたときも水と肥料を少し入れてやると生育がよくなる。

灌水と収穫

オクラは乾燥には強いほうであるが、水が少ないと生育が止まり、実が小さくなったり、硬くなったりする。そのため、晴天が1週間くらい続くようなら、週に1回くらいのペースで灌水する。私は、スプリンクラーで頭から全面灌水している。

収穫ははじめに書いたように、個人宅配のお客さんに、季節ごとの風味を楽しんでもらえるように、長さ10～15cmで、軟らかいものをとる。

実を収穫した節の葉は取り除くと風通しがよくなり、病害虫に強くなる。ただし夏場に生育が弱いときは、下葉を2～3枚は残す。

第3図　右の葉のような刻みのときに肥料を入れると左の葉のようになる（右の葉は別の畑のもの）（A）

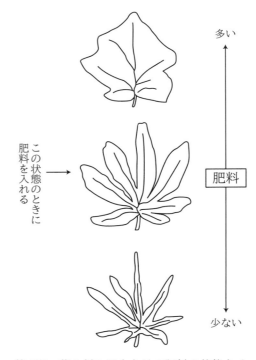

第4図　葉の刻み具合を見て肥料の状態をチェック

野　菜

品目別技術
マメ類

野菜

農家のエダマメ栽培

本当においしいのは晩生

執筆　東山広幸（福島県いわき市）

第1表　夏ダイズと秋ダイズの性質

	夏ダイズ	秋ダイズ
早晩性	早生	晩生
株張り	小	大
チッソ要求	中	少
食味	普通	良
粒の大きさ	小	大

エダマメの本来の旬は秋

　エダマメは直売でも人気のある野菜だ。とりたてのエダマメは市販のものとは確かに一味違う味わいだし、栄養的にも超ヘルシーな食品である。ヒトが必要な栄養素のほとんどを単品で網羅している食べ物はエダマメ以外ないのではないだろうか。調理も超シンプルで、洗って塩味でゆでるだけ。こんな簡単な野菜はほかにない。

　品種も極早生から晩生まで幅広く分化し、うまくつくれば露地でもかなり長い期間収穫できる（はずだ）（第1図）。ただ、スイートコーンなどでは、まく時期をずらしていけば簡単に連続収穫ができるのに対し、エダマメはそう簡単にはいかない。これはエダマメ、つまりダイズという植物が、日長が短くなるのに反応して花芽分化する短日植物であるからだ。

　一般にエダマメは夏が旬だと思われている。「ビールの友」というイメージが強く、おそらく出荷量も夏がダントツだろう。このような夏にとれるダイズの品種群を「夏ダイズ」というが、これは早生に改良したもの。ダイズのもともとの生態は、日が短くなるのを感じて花を咲かせ、秋に実の入る「秋ダイズ」である。中秋の名月を別名「豆名月」というぐらいだ。

夏ダイズと秋ダイズ

　現在売られているエダマメ品種のほとんどは夏ダイズで、完熟豆として収穫するダイズのほとんどは秋ダイズである。この二つの品種群は性質に大差があるが、その中間型も存在する（エダマメの品種では少ないが）。性質のおもな違いは大ざっぱに第1表のとおり。

　夏ダイズ型の早生品種と秋ダイズ型の晩生品種を組み合わせれば、長期にわたってエダマメの収穫ができるはずだが、これが一筋縄ではいかない。タネ袋の裏に書いてあるとおりにならないのだ。

　まずお盆前に収穫する早生系統。かなりまく時期をずらしても、収穫期が大きくずれてくれない。ずれてとれるはずなのが、一気にとれて収穫や販売が間に合わないことも少なくない。私の場合、ほとんどが宅配だから、とれ過ぎても売れないから困る。

　いっぽうの晩生種は、タネ袋では播種後100～130日で収穫となっているが、実際にはこ

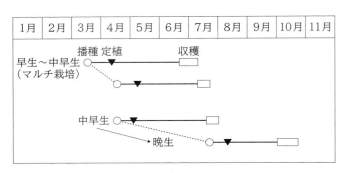

第1図　エダマメの栽培暦

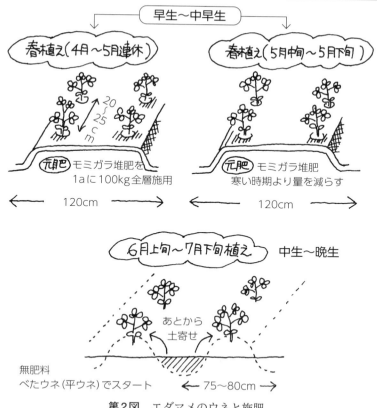

第2図　エダマメのウネと施肥

んなにかからない。たとえば120日タイプの青ばた系品種を7月の初めにまくと収穫は10月の上旬ごろとなり、90日前後しかかからない。

　秋ダイズはいつまいても収穫期の変動が少ないので、6月上旬にまくとタネ袋にある120日に近づくが、この時期にまくと無肥料でも蔓（まん）化して、よほどの疎植か摘心でもしない限り着莢が悪い。

　お盆明けにとれるエダマメ品種は夏ダイズと秋ダイズの中間型だが、意外と品種が少ない。野菜の品薄時期なので、ぜひ挑戦してみたい作型だが、梅雨明けの高温乾燥期の開花になるので、登熟障害を起こしやすい。

　以下、早生、中生、晩生と、それぞれの栽培法が違うので詳述しよう。

早生はコヤシを効かせる

　早生種は梅雨後半から梅雨明けごろと高温期の収穫となるため、収穫期間は短い。このため直売では、大量に作付けるのは危険である。できれば少しずつ連続して収穫したいので、収穫期の違う品種を多数使ったり、時期をずらしてまいたりして収穫期を移動する。

　5月後半以降の定植なら、マルチ栽培と無マルチ栽培で収穫期をずらすこともできる。ほんの数日しかずれないが、その数日が重要だ。これらの方法を組み合わせて6月末から8月上旬までなんとか続けて販売することができる。

　エダマメはダイズだからコヤシは食わなそうだが、早生はコヤシがないとさっぱり株が張らない。とはいえ、ほかの野菜に比べるとやはり少肥で十分なので、元肥にモミガラ堆肥を使う

野菜

だけで十分（第2図）。これも面倒なら、1月以前に畑に米ヌカをすき込む「冬予肥」をやっておく手もある。早い作型ほどチッソを効かせるようにしなくてはならない。

早い作型では黒マルチも必須である。4月定植で無マルチではちんちくりんのエダマメにしかならない。この時期はあっという間に雑草に覆われるので、そのままロータリをかけられる生分解性マルチを使うと後片付けがラクである。

中生の早まきは失敗のもと

中生とはいえ、どちらかというと秋ダイズの性質を強くもつ。このため、早まきをすると過繁茂になって失敗する。地域や品種によっても違うが、早くても6月上旬の播種となる。

高温乾燥に弱いので、水のかけやすい畑につくる。肥えた畑ではコヤシは不要。やせた土地では元肥に堆肥でもやっておく。中生以降の品種は無マルチ栽培が基本だ。

直播でもいいが、エダマメ品種はタネが高いし、鳥害が心配なので、やはり育苗したほうがいい。ウネ間、株間は早まきほど広く、遅まきほど狭くする。開花から結実期は乾燥に厳重注意。

晩生は無肥料が基本

晩生はよほどのやせ畑でも無肥料で大丈夫。コヤシっ気のまったくない減反田でもやや早まきすればいいだけだ。田んぼの場合、石灰を施用したことはないはずだからカキガラ石灰ぐらいはやっておこう。

この作型はまく時期と栽植密度さえ適当なら、敵は高温乾燥のみだ。干ばつ年は不稔障害が出やすい。注意しても不稔になるときがある。ダメならさっさと緑肥としてすき込んで秋野菜の作付けをしよう。緑肥の栽培だと思えば諦めがつく。

タネは毎年新しいものを使う

タネはコヤシっ気のない砂にまく。肥料分のある土だと極端に発芽が悪くなる。ただ、砂だけだと異常に重いので、砂2割、モミガラくん炭8割の育苗培土をつくっておいて使うといい。

エダマメは古ダネでは絶対に発芽しないので、毎年新しいタネを買うこと。自分でも簡単に採種できるが、登熟期が高温期のため、少しでも油断するとカビて、発芽が極端に悪くなる。

初生葉が展開する直前（「クチバシ」といわれる状態）から鳥に食われなくなるから、その時期を目安に定植する。

早生の株間は20〜25cm。降霜の心配のないときは、植えたら収穫までほとんど管理はいらない。せいぜい雑草対策ぐらいである。

マルチ栽培では、ジャガイモやサツマイモ同様、ウネ幅よりも広いマルチを張っておいて、エダマメの株が張ったら「全面マルチ」にすれば雑草対策が簡単で完璧だ。

早植えは育苗、遅植えは直播栽培

執筆　桐島正一（高知県四万十町）

とくに注意するのは害虫と着莢不良

さわやかな色あいと独特の甘味のある新鮮なエダマメは、宅配のお客さんに喜ばれるので、お盆に向けてできるだけ出荷期間を伸ばし、ま

た秋どりを組み合わせて、楽しみを届けるようにしている。

栽培でとくに注意することは、虫害（とくにカメムシ）と、密植や多肥による着果不良（着莢不良）を起こさせないことである。

まず害虫については、私は無農薬栽培なので、植える時期を変えて被害を避けるのと、不織布（パオパオ）を使って寄せつけないようにすることで防いでいる。植付け時期は、早生種を使う3月まきと、昔からある'半夏生豆'という秋どり品種を8月初めにまく2回で、早植えはポット育苗の苗を定植し、遅まきはタネを

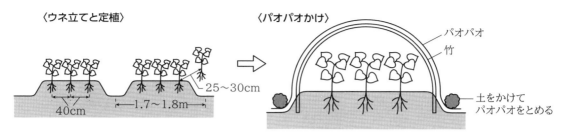

第1図　エダマメのウネ立て・定植とパオパオかけ（早植え栽培）

畑へ直接まく。

早植え栽培

(1) コンパクトな苗を植えてパオパオがけ

早まきは、3月初めごろ4.5cmポットへ1粒ずつか2粒ずつまく。用土には、市販の有機育苗培土か、山土1、バーク1に堆肥0.5（または鶏糞0.01％くらい）の自家製混合床土を使う。

1～1.5か月の育苗で、本葉3～5枚、草丈10～15cmほどの苗に育てる。

定植は4月上中旬ころになる。ウネ幅（通路含む）1.7～1.8mにウネ立てし（2.1m幅のパオパオをかけるのにちょうどよいサイズ）、そこに3条に植える。株間は25～30cmにしている（第1図）。育苗することにより、生長が抑制されて、背が低いコンパクトな苗になるので、密植にならずに植えられる。

定植後すぐにパオパオをかける。

(2) 過繁茂を防ぎ着莢をよくする鶏糞施用

肥料は、耕うんのときウネ部分へ、鶏糞を10a当たり150～200kg相当入れて、定植時に株元へ1株200～300gぐらいずつ置き肥する。

追肥は、生育を見て足りないようなら条間へ少し施すが、基本的には入れない。肥料の効きすぎは、茎葉ばかり過繁茂状態となって、莢つきが悪くなるので注意が必要である。

(3) パオパオを収穫までかけておく

パオパオをかけているので少し大きくなるまで雑草を取らずにおく。5月初めごろにパオパオをはぐって草引きをし、そしてまたパオパオをかけて、収穫までそのままにする。

収穫は6月初めごろになるが、少し収穫時期をずらすため、同じ早生種であっても少し遅い品種を組み合わせて入れておくと長く収穫・出荷できる。枝ごと収穫して、葉を落として宅配ボックスに入れて出荷する。

遅まき栽培

(1) 真夏のタネまきの注意

播種は8月初めで、普通より少し遅めにしている。遅まきはタネを直接畑へ、春植えと同じサイズのウネに3条まきし、株間は30～35cmにする。株間を春植えより少し広くするのは、樹が少し大きくなるからだが、それでも、播種が8月に入ると草丈は低いままになる。1株につく莢も少なくなるが、通常栽培より密植することで、10a当たり収量はあまり変わらない。

暑い時期なので播種後は水かけを多くする。4日以上雨が降らなかったら灌水というペースで行なう。パオパオをかけているので、その上からかけるが、ホースの出口をパオパオに直接当てるとかけやすい。

(2) 11月までおいしいエダマメを収穫

直まきであり、夏の雑草の生長は早いため、播種後1か月と2か月ぐらいの2回除草すると、草に負けず育つ。

肥料は春植えと同じか、少し減らしてもよい。

寒い時期でもあり10月下旬から11月下旬ごろまで長く収穫できる。秋どりの味は早生種の春植えより、甘味が強く、青臭みがなく香りが豊かでおいしい。遅くまでおいて莢が黄色くなったものは、甘味のなかにホクホク感が増すのでさらにおいしくなる。

野菜

エダマメのダイズシストセンチュウ
リョクトウすき込みで8割減

執筆　谷口勝彦（千葉県松戸市）

センチュウ害が急拡大

　農業を始めて四半世紀になります。父と母と自分の3人と、土日などの休みの日は妻も手伝ってくれています。おもにつくっているのは、エダマメ、コマツナ、ホウレンソウ、トマトやイチジクなど。すべて無農薬で栽培しています。

　販売先は、スーパーの地場野菜コーナーや直売所が9割、市場が1割で、収入のだいたい半分がエダマメです。

　エダマメを中心につくり始めて6年ほどになりますが、3年ほど前から少しずつ地域で問題になっているダイズシストセンチュウの影響が出始めました。最初は畑のほんの一部で葉が黄色っぽくなったくらいでした。でもその次の年には葉が黄化する株が目に見えて広がって、これはまずい、農薬を使わずにセンチュウを減らす方法は何かないかと思い始めました。

リョクトウでダイズシストが餓死

　ちょうどそのころ、同じくダイズシストセンチュウで困っていた知り合いの農家のところで、千葉農業事務所の方がリョクトウを使ってダイズシストセンチュウを減らす試験をするという話を聞きました。そこで教えてもらったのが次のような方法です。

　エダマメの収穫を終えた畑には、センチュウの卵があります（第1、2図）。そこにリョクトウをまくと、その根からセンチュウの卵の孵化を促進する物質を出します。しかしリョクトウの根はダイズシストセンチュウが寄生できない性質をもっているので、孵化した幼虫は餓死してしまうのだそうです（第3図）。

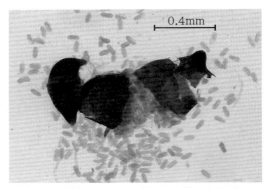

第1図　褐色のシスト（卵を内蔵した雌成虫の死骸）を割ると、多くの卵が出てくる　　　　　（写真提供：豊田剛己、すべて）

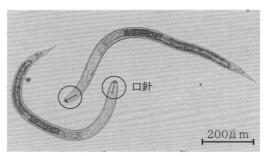

第2図　ダイズシストセンチュウの2齢期の幼虫

　エダマメ収穫後の7月ころ、早めにリョクトウをまき（10a当たり8〜10kg）、2〜3週間後（発芽して5cmほどの葉が2枚つき、高さが5〜8cmになったころ）にすき込みます。

　注意点は、リョクトウをまいたあと、ハトが群れで来てタネを食べるので、被覆するなどの対策が必要ということです。

　また、4週間以上そのままにしないこと。リョクトウの根にはダイズシストセンチュウは寄生できませんが、ネコブセンチュウなどそのほかのセンチュウ類は寄生するそうです。すき込まずに4週間以上放置すると、それらが増えてしまう危険があります。

ダイズシストが6〜8割減

　私の圃場で2021年に行なった試験の結果

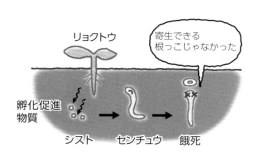

第3図 リョクトウの根張りが増えるにつれ孵化しやすくなる。孵化後は2週間ほどで餓死

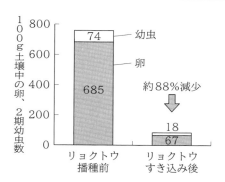

第4図 筆者圃場でのリョクトウすき込み法試験結果（2021年）
ふるい分けシスト流し法で検出

は、畑によって差はありましたが、ダイズシストセンチュウが61〜88％減っていました（第4図）。

2022年も同じところでエダマメをつくり、ダイズシストセンチュウの被害が出たところもありましたが、2021年ほどではなかったので、毎年繰り返していけばさらに減ると思います。

2022年は同じようにリョクトウをまいてすき込んだあと、3週間ほどおいてからセンチュウに効果がある緑肥のクロタラリアなどを独自に試してみました。緩やかな変化ではありますが、リョクトウとクロタラリアによるセンチュウの減少を実感しました。

もしこのリョクトウすき込み法をやらずに放置していたら、今ごろセンチュウだらけで、数年にわたりエダマメをまくことすらできない畑になっていた可能性があったかと思うと、やってみてよかったです。今後はほかの緑肥との組合わせなどもいろいろ試して、よりよい方法を見つけたいと思います。

（『現代農業』2023年6月号「エダマメのダイズシストセンチュウ　リョクトウすき込みで8割減」より）

野菜

農家のインゲン栽培

サヤインゲンは涼しい時期がねらいどき

執筆　東山広幸（福島県いわき市）

暑さにはきわめて弱い

サヤインゲンは夏野菜と思われているが、じつは暑さにはきわめて弱い。だから真夏の産地は高原や北海道だ。うだるような暑さの夏の平暖地には病虫害も多く、受粉が悪いデコボコの莢しかとれないので、初夏か晩秋の収穫がねらい目である（第1図）。

初夏どりならつるありタイプ

春まき初夏どりとは、3月にまいて6月にとる作型。つるなしタイプでは、ズッキーニと同じく、トンネル栽培で5月収穫もねらえる。端境期にありがたいのだが、保温の手間、つるなしインゲンの品質の悪さ、収穫のときの腰の痛さを考えると、あまりおすすめできない。それほどムリせず、つるありタイプで彼岸まき、4月中旬定植の梅雨時期からの収穫が無難だ。

品種はタキイの'モロッコ'やサカタの'プロップキング'（ともにつるあり種）などがおすすめ。マメ類は発芽にコヤシっ気のある土を嫌うのだが、サヤインゲンは少しはコヤシがあってもいい。私は床土にマメ用の「川砂＋モミガラくん炭」に、一般の床土（「雑草と害虫対策は「なんでも育苗」とマルチ活用、米ヌカ利用」の項参照）を3割ほど混ぜて使っている。7.5cmのポリポットに1～2粒まきとする。

彼岸の播種ではまだ寒いので温床の上に載せたくなるが、どういうわけか温床に載せると発芽がイマイチなので、せいぜいハウス内トンネルぐらいにしておく。

初生葉が開いたら定植できるが（第2図）、遅霜の心配のあるときは定植を少し遅らせたほうがよい。ウネ間2mの2条植えで、株間は30～40cm（第3図）。

元肥はモミガラ堆肥だけで十分。植えたらすぐウネ間に米ヌカを振ってロータリをかけておく。量は畑の肥え具合にもよるが、1a当たり50～100kgとする。冬予肥（「雑草と害虫対策は「なんでも育苗」とマルチ活用、米ヌカ利用」の項参照）をやった場合は、施肥はいっさい不要。

つるが伸びる前にパイプを立てる。キュウリパイプにネットを張り、ネットにからみ始めたらつる先を摘心する。あとは収穫まで除草以外やることなし。何度も収穫に入るので、ウネ間は敷ワラか防草シートを敷いたほうがいい。

初夏の収穫が終わったら、株元を切って遅くまいたキュウリ苗を植えてやれば、秋のキュウリがそのままとれる。もっとも、追肥は必要だ。

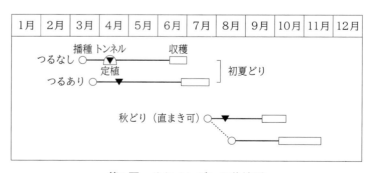

第1図　サヤインゲンの栽培暦

品目別技術　インゲン

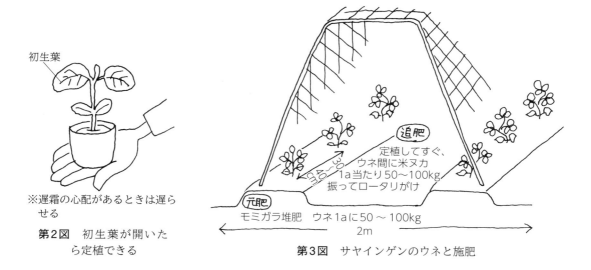

※遅霜の心配があるときは遅らせる

第2図　初生葉が開いたら定植できる

第3図　サヤインゲンのウネと施肥

秋どりは手間いらず

　サヤインゲンでいちばんおすすめなのが夏まき中秋～晩秋どりの作型である。キュウリや立体栽培カボチャのネットをそのまま利用でき、栽培の手間としては、育苗・定植と摘心だけでいける。雨の多い年は直播も可能だから、さらに手間が省け、あらゆる野菜でもっとも栽培の手間がいらない。コヤシもほとんどいらない。

　唯一問題なのは、台風や季節風などの風である。9月の台風ならまだ立ち直る場合が多いが、10月の台風では致命的な場合がある。

　風に対しては、台風の吹き返しや季節風が吹く北西方向に風避けにソルゴーをまいておくと被害が軽減できる。また、危険分散のため、7月の下旬からお盆明けまでせめて3回に分けて播種すれば、すべてオシャカになる可能性は低くなる。ほとんどまくだけで手間いらずだから、このぐらいの手はかけてよいだろう。

　この作型は、彼岸明けから初霜までの低温期が収穫最盛期となるので、品質は抜群、病虫害もほとんどなし。おまけに肥大が遅いのでとり遅れて大きくなりすぎる心配も少ない。風で擦れることだけが品質低下の要因だが、よほどの風が吹かなければ大丈夫だ。

3回ぐらいに分けてまく

　暑い時期はだいたい播種から収穫までが50日となる。品質がよいのがとれるのは、秋の彼岸明けから初霜までと考えられるから、逆算して7月の末から8月の初めには種まきができる。この時期からお盆明けぐらいまでが播種適期となるから、3回ぐらいに分けてまくとよい。

　品種は春まきと同じ。雨が多い年は直まきでもよいが、乾燥年は育苗したほうが確実。直まきの場合も、補植用にポット苗を少しつくっておくとよい。

　苗は、ほとんど枯れたキュウリやカボチャの株元に植える。枯れてしばらくたった場合と大雨の直後以外はマルチの下はカラカラなので、大量の灌水をしてから植えるか、植えてからたっぷり水をかける。直まきの場合も同様である。

　初夏どり同様、ネットにからみついたら摘心を行なう。あとは収穫までやることはない。追肥もたいていは不要。収穫は高温期ほど急がなくてもいいのがありがたいが、でかい莢をなりっぱなしにしておくと、つるが弱って良品がとれなくなる。売り物にならないものも含めて、時間が許せば切り落とす。あとはきれいなサヤインゲンを収穫して売るだけである。

553

野菜

つるありインゲンの春植え栽培

執筆　桐島正一（高知県四万十町）

第1図　宅配ボックスに香り豊かで甘味のあるインゲン　　（写真撮影：木村信夫）
エダマメも入ると喜ばれる

古いつる性の品種を使う

　今のインゲンは品種改良が進んで、莢の形や、つくりやすさ、使いやすさなどが追求された結果、もともともっていた風味や甘味が少なくなった野菜の一つだと思う。私は古い品種をタネ採りして残し、使うようにしている（第1図）。
　インゲンには、丸莢と'モロッコ'などの平莢、長い莢のものと短い莢のもの、つるあり（つる性）とつるなし（わい性）、また栽培期間が3か月と短いものから9か月におよぶものまで、いろいろある。ここでは、つるありで栽培期間が3か月くらいのものについて紹介する。
　私の場合、春から秋遅くまでインゲンを栽培し、長期間収穫・出荷しているが、いつでも畑にあるのはつるありのものである。つるありは昔の品種が多く、味に深みがあっておいしいと思う。つるなしのなかにもおいしいものがあるが、品種が少なくて選びにくい。また、丸莢インゲンは春と秋の2回植えることができる。
　私がよくつくるのは平莢の'モロッコ'と、品種は年によって変わるが丸莢のインゲンで、どちらもつるありである。

3月に播種して苗を育てる

　私は春植えを多くつくっている。その理由は、秋はほかの野菜が多種類とれるので、インゲンをそれほど植えなくてもよいからである。
　春植えは育苗して植えるので、播種は3月初め。セルトレイか4.5cmポットへ直接まく。セルトレイの場合は、30日くらいの育苗で本葉2枚ぐらいのときに定植する。ポットのときは40日くらいの育苗で本葉3枚ぐらいに育てる。
　インゲンは徒長しやすいので、発芽時以外は温度を上げずに、ゆっくりと育てていく。苗のときにはしっかりとつくり、定植後につるを伸ばすようにしたい。水は、ポット土の表面が乾いたらかける程度とする。
　秋植えでは直まきが多い。春植えでも暖かくなってきたときは直まきすることがある。

畑の準備と施肥、定植

　日当たりのよい畑を選ぶ。灌水できるところがよく、また雨の多い時期に播種・定植することが多いので、排水のよい畑が向いている。
　肥料は、耕うん時にウネ部分へ元肥として鶏糞を10a当たり300〜400kg相当入れ、定植時に株元へ1株に一握り、100ccほど置き肥する。
　追肥はインゲンの生育状態をみて決めるが、施すときはつるが伸びて花がつきはじめたころに少量ずつ、ウネ肩か通路に置き肥する。全体をみてつるの中に花がたくさん咲いているようになってからでは遅いので、蕾が多くなったころに施すようにする。
　ウネは、幅1.6mぐらいとし、排水がよくて根が深く張れるように15cmくらいの高ウネにしている。株間は丸莢で30〜35cm、'モロッコ'で35〜40cmくらいとする。

品目別技術　インゲン

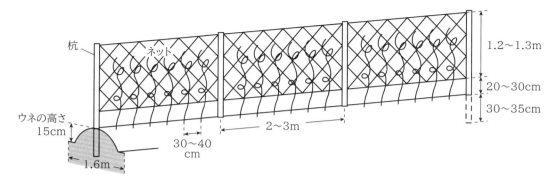

第2図　インゲンのネット張りと誘引

パオパオで霜とカメムシから守る

　定植後すぐに不織布（パオパオ）をかけて、カメムシから守る。寒い時期なので、パオパオのメインのねらいは霜から守ること。霜がこなくなればすぐにはずしてネットを張る。

　水かけは、定植のときに1回、それ以後は雨が1週間以上降らなければかけるようにする。

　草引き（除草）は、パオパオがけをしているので、初めのうち草は生えるままにする。4月末か5月初めにパオパオを外すので、そのタイミングで草引きをする。この時期は雑草の生長が速いので、5月初めに1回とっても、5月中旬ころにもう1回とると、収穫までもつと思う。

　インゲンが草に負けず、つるが伸びていけば除草しなくても大丈夫なので、負けない程度にする。収穫終わりころになると草のなかにインゲンがあるようにみえる。

ネット張りと誘引の仕方

　つるありの品種なので、ネットを立てて誘引する（第2図）。まず杭を2～3m間隔で打つが、この間隔は品種や畑の条件によって変わる。風の強いところや実成りのよい畑、または大きい実の品種（'モロッコ'など）は少し近く打ち、風の弱いところ、実成りの悪い日陰地、小さい実の品種で樹が軽いものなどは、3mぐらいの間隔でも十分にもつ。

　次にネットを張るが、つるありのインゲンは伸びるのが速いので、早めに張ることが必要である。またネットの下を20～30cmぐらいあけると、あと片付けが楽になる（インゲンの根元とネットを切り離したりすると中腰の作業が少なくなる）。

　ネットは、パオパオを外したらすぐに張る。ネット張りが遅れるとからみ合ってたいへんなので、気をつけて早めに行なうようにしたい。年によってはパオパオがけをしないで、定植後すぐにネット張りをすることもある。

　また、大きくなるまでパオパオをかけていたい人は、パオパオで巻スカートのようにネットの両側を挟むという工夫をしている例もある。

収穫タイミングは食べてみて

　収穫は少し大きめになってからにしているが、とくに、実の部分が少しふくらんで見えはじめるころがおいしいと思う。極端な早どりはしないようにしている。しかし、とるのが遅すぎると硬くなってスジがはいるので、つくりはじめのうちは見きわめるのがむずかしい。

　ここは食べてみるのが一番である。生でかんでみて、軟らかく、はじめに甘味があり続いて少し青臭味があるようだと適期である。水気が多く、甘味がなくて青臭味が先にくるようだと、若すぎである。

　収穫はじめのころと終わりのころでは、開花から収穫までの間隔も、莢の硬さなどの状態も変わってくるので気をつけたい。はじめよりも終わりのほうが硬くなりやすい。

555

野菜

農家のソラマメ栽培

一寸ソラマメの仕立て方

執筆　桐島正一（高知県四万十町）

第1図　ソラマメの苗
（写真撮影：木村信夫）

こういうソラマメをつくりたい

　私が栽培しているのは'一寸ソラマメ'で、背が高く大きい株になる。その1本の茎（側枝）にできるだけたくさんの実（マメ）を成らせたい。1つの莢に入る実の数は品種によっても異なるが、3～4個入りの莢を多くし、一つひとつの実も大きくなるようにしたい。
　茎は1株に8～10本くらい立たせ、葉は小さめだが厚みがあり、光沢があるように育てる。

畑の形によって1条植えか2条植えに

　播種は10月中旬～11月初め、6.5cmのポットにタネを2粒まきして苗を育てる。理想の姿は、背が低く、葉は小さいが厚く、丸みがあって、全体にがっしりとし（全体としても丸みがある）、根は多すぎないというものである（第1図）。
　定植は12月中に葉が3～4枚のころに行なう。ウネ幅1.8mの2条植えか、1.5mの1条植えとする。株間は、2条植えは40～50cm、1条植えは30～40cmにしている。私は露地の少量多品目栽培なので、畑の形によって分けている。
　ただし、ソラマメはかなり株が大きくなるので、収穫作業を考えると1条植えのほうがよいと思う。

追肥はスナップより少し多く

　ソラマメは実が大きく、株も高さが1.5mと大きくなるので、肥料も多く必要である。株が大きいので、それだけ栄養が必要だからだ。
　元肥はスナップエンドウと同じ。ウネ立て前に10a当たり鶏糞60袋（1袋は15kg）くらい入れ、定植後すぐに株元にひと握り、100ccくらいを置き肥する。
　追肥は少し多く十能（小型のシャベル）で1杯、700～800ccとする。時期は、スナップと同じ2月初めころでよい。

倒伏防止にひもを張ってとめる

　'一寸ソラマメ'は株が大きく重いので、倒れないように、長さ1.3mほど、幅10cmほどの杭を打って、それにひもを回して2列平行に張って、ひもの間にとめる（第2図左）。ひもは2段に張るが、1回目はソラマメが伸びはじめる2月中旬ころ、ウネ面から30～40cmのところに張る。
　その後3週間くらいすると、大きくなって倒れそうになるので、背の高さの3分の2くらい、およそ1mの高さにひもを張ってとめる（第2図右）。杭の長さが1.3mで、下30cmは土に

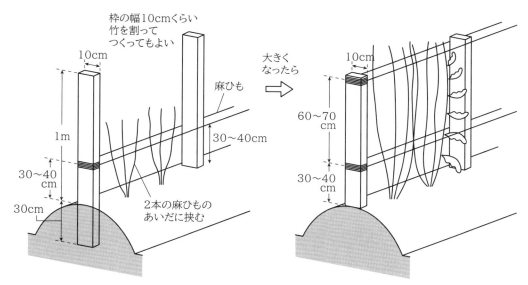

第2図　一寸ソラマメの誘引のしかた

さしているので、杭の1番上にとめることになる。'一寸ソラマメ'は草丈1.5mにもなるが、莢をつけるのが地上1〜1.2mなので、この位置でとめておくと倒れにくい。

なお、私は麻ひもを使っている。切れて畑土に入っても、自然のものなので分解されるからである。ただし、麻ひもは張っておいても伸びるので、2〜3日後にもう1回引っ張ってとめなおすようにしている。

少し熟させたほうがおいしい

収穫は下の莢からとっていく。上を向いている莢が水平より下向きに傾いたらとることができるスナップエンドウとはちがい、ソラマメは少し成らせておいて熟させ、実の張りがよくなってから収穫するとおいしくなる。

'一寸ソラマメ'も自家採種しているが、これはすごくむずかしく、とり続けると実が小さくなり、実のつきが悪くなってくる。タネ採り用の株をうまく選ぶことが大切で、大きな莢がたくさん成っている株から、一つの莢に実が3、4粒はいっているものを選ぶと、いいタネが採れる。ただし、30本に1本くらいしかない。

野菜

ソラマメの摘心栽培

執筆　八木直樹（千葉県南房総市）

ソラマメは産直セットの定番野菜

　私は、旧三芳村（現在は南房総市）で、1997年に新規就農しました。有機農業の大先輩たちの生産者グループで、初めは研修生として、その後は生産者仲間として14年間お世話になりました。その後、独立し、現在は米と野菜の定期宅配を主体に、個人での販売をしております。

　なるべくいろいろな作物や野菜を育てて自給率を高めて、それを各家庭にお届けすること。化学肥料の力ではなく、土着微生物と土の力で育てること。米もすべてはさ掛け天日干しで乾燥することなどのこだわりをもって、農業を営みながら暮らしています（第1図）。

　わが家では、季節ごとの野菜をいろいろ栽培していますが、ソラマメもその一つです。ここ南房総地域（地元では房州とよびます）は、もともとソラマメの産地で、今でも多くの農家がソラマメを栽培しています。

　わが家の場合は、野菜セットの1品目として栽培していることもあり、周囲の農家と比べると、面積は少ないですが、お客さんからは好評です。つくりやすく春先に欠かせない定番の野菜として、毎年必ず栽培しています。

アブラムシが来ない、無肥料でもとれる

　ソラマメはアブラムシがつくから無農薬ではできないといわれますが、広めの株間をとり、主枝の生長点を摘み取る摘心栽培なら、新芽につきやすいアブラムシの飛来を防ぐことができ、無農薬でも問題なく栽培できます。

　また、莢もよく充実するので、わが家ではソラマメに肥料をやりません。たくさん収穫しようと肥料を多くやることが、アブラムシを招くことにつながると思います。これも無農薬栽培

第1図　筆者と妻の幸枝
夫婦2人でやぎ農園という名前で個人産直。ヤギも飼育している。畑の残渣やアゼ草の処理に役立つし、尿はモミガラと一緒に発酵させればボカシ肥になるので、農家には最高のパートナーと可愛がっている

を可能にしている理由の一つだと思います。

ソラマメの摘心栽培のやり方

（1）育苗と移植

　タネは前年に自家採種で用意しています。毎年10月下旬から11月上旬に、タネを苗床にまき、一度育苗します。

　播種から2週間ほどで、本葉が開いてきたら、充実している株を掘り上げて、圃場に移植します。私は1条植えで、株間60cm、ウネ間90cm〜1mと十分に株同士の間隔をあけ、日当たりと風通しがよくなるようにしています。

（2）主枝の摘心

　年を越して2月ごろ、苗の丈が20〜30cmに育ったところで、主枝の生長点を手で摘みます（摘心）。さらに、ウネ間の土を少し取って、株の中心に載せ、腋芽を広げるように押さえます（第2図）。

　主枝の摘心によって腋芽に養分が送られ、土の押さえで株元を広げて光をよく当てることで、腋芽がよい側枝へと育って充実した莢がつきます（第3〜5図）。

（3）側枝の間引きと摘心

　側枝は多すぎてもよくないので、3月になっ

品目別技術　ソラマメ

第3図　主枝の摘心後、花盛りのソラマメ（3月）

第2図　主枝の摘心

第4図　育苗、摘心など手をかけてやれば、無肥料・無農薬も立派に育つ

たら、茎の太い4〜6本の側枝だけを残し、残りは手で折って間引きます。

側枝が花をつけるようになったら、それぞれ6段目の花がついたタイミングで、生長点を摘みます（摘心）。

（4）収穫と採種

収穫が近づいたら、作業を始める前に来年用のタネを採る株を決めて、目印をつけ、その株からは収穫しないようにします。種子用に残した莢は黒変してから収穫し、莢のまま乾燥させて保存します。

（『現代農業』2018年4月号「おいしくいっぱい食べるためのソラマメの無農薬栽培」より）

第5図　ソラマメは春のごちそう
どんぶりいっぱい食べられるのが農家の醍醐味

野菜

農家のエンドウ栽培

直売するならグリーンピース（実エンドウ）

執筆　東山広幸（福島県いわき市）

適期収穫で目からウロコのうまさ

エンドウといえば、ふつうはキヌサヤかスナップエンドウを思い浮かべるが、直売するのに面白いのはグリーンピース（実エンドウ）である（第1図）。じぷしい農園の春のイチオシ野菜でもある。

私の住む地域でも、自家用にグリーンピースをつくっている農家はほとんどいない。豆ご飯も、たいていは実の入りすぎたキヌサヤの豆でつくっているが、これでは、本来のグリーンピースの豆ご飯には遠く及ばない。

グリーンピースはエダマメ同様、未熟豆だからこそ甘味と香りがあるわけで、グリーンピース用の品種でさえ、実が入りすぎると味も素っ気もなくなる。逆に、適期に収穫すれば目からウロコ間違いなしのおいしさである。

最近の子どもたちは豆ご飯が嫌いな子が多いと聞く。おそらく、本当の豆ご飯を食べていないか、もしくは、輸入物のグリーンピースの味しか知らないのだろう。ミックスベジタブルに入っている、あのなんの味もない緑色した物

体をグリーンピースだと思い込めば、豆ご飯が嫌いになるのも致し方ない。

適期に収穫したグリーンピースのおいしさを知っている私のお得意様は、まだつるも伸びない3月から、「今年のできはどう？」と聞いてくるぐらいで、1kg以上も買って冷凍するお客さんも少なくない。

無肥料でペーパーポット育苗

播種は10月末から11月初め（第2図）。根が張る前に寒くなると霜柱で苗が浮いてしまうので、初霜の前に活着するようにまく。直まきでもつくれるが、タネが高価なので、私は72穴のペーパーポットに3粒まきで育苗している。培土は肥料っ気のない川砂＋くん炭を使う。コヤシっ気があると発芽が悪い。

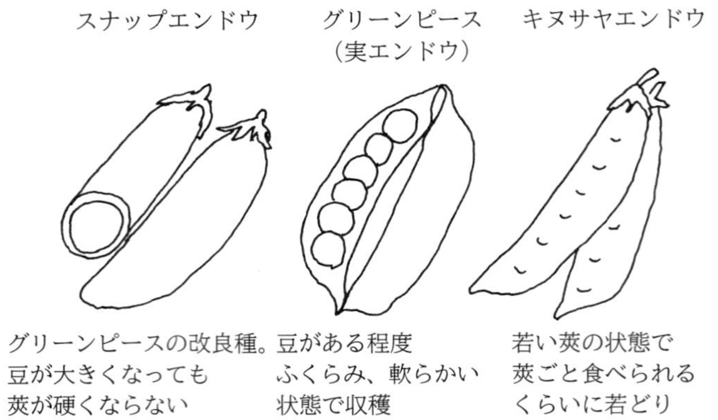

スナップエンドウ　　グリーンピース（実エンドウ）　　キヌサヤエンドウ

グリーンピースの改良種。豆が大きくなっても莢が硬くならない　　豆がある程度ふくらみ、軟らかい状態で収穫　　若い莢の状態で莢ごと食べられるくらいに若どり

第1図　エンドウのいろいろ

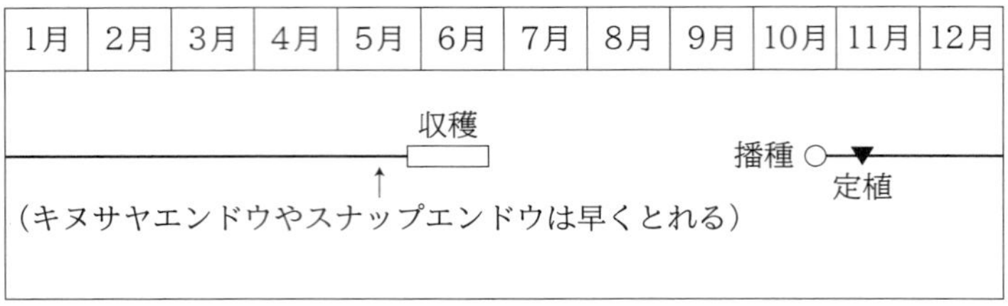

1月	2月	3月	4月	5月	6月	7月	8月	9月	10月	11月	12月

収穫

播種○　▼定植

（キヌサヤエンドウやスナップエンドウは早くとれる）

第2図　グリーンピース（実エンドウ）の栽培暦

品種は'久留米豊'（タキイ）を使っている。味がよく、莢・粒とも大きく、収量もそこそこ。ただし、グリーンピースの性格上、収穫期は長くない。厳冬期播種早春定植とすれば、収穫もやや遅れるが、収量性がかなり下がるから、熟期の違うよい品種を探すしかないようだ。

春の彼岸前に米ヌカを追肥

元肥はカキガラ石灰と溝施用のモミガラ堆肥のみ。冬に向かう時期で、コヤシはほとんど吸えないから、元肥をやる必要はあまりない。ウネ間は誘引のことを考えて決め（私の場合、ウネ間は140cm）、株間は30～40cmとする（第3図）。

ピーマンやナスの収穫終了後にじゃまな枝を切り払い、その根元に植えると、ナスやピーマンの枝や誘引していたネットなどをそのまま使えて便利である。ただし、マルチが浮いてエンドウの苗が潜ってしまうことがあるので、株間にはしっかり土を置いて重りにするとよい。

追肥は春の彼岸前（できれば初冬のうちに）に米ヌカを10m当たり1袋（約15kg）前後、ウネ間に振ってロータリをかけておく。これですべての施肥は終了（第4図）。

つるが伸びだす前に、パイプを立ててキュウリ（あるいはインゲン）ネットを張る。各条に垂直に立てるやり方もあるが、面倒なので私はふつうのインゲン用パイプを使用して2条にしている（第3図）。

つるが伸びだしてきたら、誘引を行なう。エンドウはほかのつる性のマメと違って巻きひげで絡まるから、自己を支える力が弱く、誘引してやらないと季節風でネットからはずれる。

私はバインダー用のジュートひもでネットの両側から挟むようにパイプに縛りつけている

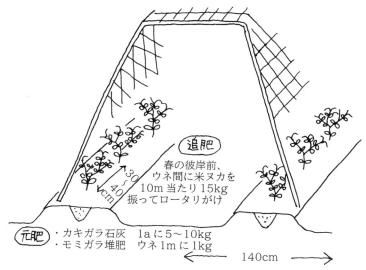

第3図　グリーンピース（実エンドウ）のウネと施肥

（第5図）。この作業は、丈が短いうちから収穫期まで4回ぐらいは行なわないと、途中から茎（つる）が折れる。

以上の栽培方法は、キヌサヤやスナップエンドウの場合もほぼ同様である。

収穫適期は莢を指で押して判断

収穫は5月末から6月。むずかしいのはその適期の見極めである。'ウスイ'という品種は莢にしわが出てきたころが適期らしいが、'久留米豊'や'南海緑'などの品種は、そこまで置くと収穫遅れとなる。莢の膨らみ具合やヘタの色などもアテにならないようで、結局は指でつぶしてみて莢の中の豆が大きくなっていることが確認できたら適期というのが結論だ。

一莢一莢つぶしてみるので、指が疲れる。コンテナ1～2杯もやると指が動かなくなるので、あまり大量に作付けないほうが無難だ。

後作にキュウリが残肥でつくれる

ちなみに、エンドウ栽培後のネットはサヤインゲンやキュウリに使える。サヤインゲンは盛夏期にはロクなものがとれないので、おすすめは6～7月まきのキュウリだ。とくに7月まき

野　菜

は垂直に近いネットでも誘引なしで上っていくのでおすすめ。本葉1～2枚の小さな苗を植えてやる。収穫は9月だが、まだ暑い時期なので、雑草対策さえなんとかなれば、エンドウの残り肥えでキュウリがとれる。

ひとつだけ気をつけたいのは、エンドウ類の枯れ枝にはセグロアシナガバチ（私の地域では「スガリ」と呼ぶ）が巣をつくりやすいことだ。多いときには3mおきぐらいにあったりするので注意が必要だ

鮮度が落ちにくい莢付き販売

国産のグリーンピースでも店頭で売られているものは、ごていねいに莢から豆をはずして売られている。これでは鮮度の低下が甚だしい。莢からはずして売られているエダマメがあるだろうか？　グリーンピースも調理直前に莢からはずしたほうが味はよいに決まっている。味が最高の状態で売らなくては、グリーンピースはいつまでたってもメジャーになれないだろう。

農家、とくに直売農家はグリーンピースの本当のうまさを布教し、グリーンピースの復権をはからなくてはいけない。

販売する際は、おいしい豆ご飯のつくり方も消費者に伝えてほしい。豆を米と一緒に炊くのは、成分が抜けなくてよさそうだが、あまりおすすめできない。豆の色がくすんで見た目が悪いし、大事な香りも飛んでしまう。

豆はご飯が炊き上がってからゆで始め、浮き上がってプシューと破裂音がしたらざるに上げて、塩をまぶす。これを炊きたてのご飯に混ぜれば色鮮やかな豆ご飯が完成。「グリーン」ピースご飯なのだから、緑が際立っていないとうまそうに見えない。

売り切れないほどとれたら、大量に使って豆ご飯ならぬ「ご飯豆」にしよう。百姓にしかできない贅沢である。

第4図　追肥に米ヌカをウネ間に振ってロータリをかければ施肥は完了。定植後、エンドウのつるが伸びだす前にパイプを立ててネットを張る

第5図　季節風でネットからはずれないように、ネットの両側からジュートひもで挟み込む

自家採種してタネ代を浮かせる

実の入りすぎてしまった豆は翌年のタネとして使えるが、これがなかなかむずかしい。乾燥の際あまり暑いところには置かないほうがよいが、乾燥中に莢がカビてしまうと発芽率がガタ落ちする。好天の続くとき、風通しのよいところで陰干しして完全に乾いたら冷蔵庫に入れる。これで、クソ高いタネを買わなくてもよくなる。

スナップエンドウ、実エンドウ、キヌサヤ

執筆　桐島正一（高知県四万十町）

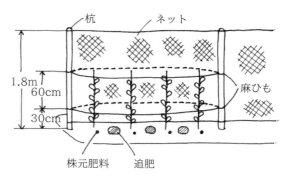

マメが倒れないように麻ひもでグルリと止める。麻ひもは時間がたつと伸びてくるので締めなおす

第1図　スナップエンドウの仕立て方と肥料の位置

スナップエンドウ

（1）早まきを避けて日当たりのいい畑に

スナップエンドウは、できるだけ移植栽培するのでセルトレイ（72穴）にタネをまく。時期は10月初めから11月初めにかけてで、早まきは避ける。年内にあまり大きく育つと、1月に入って寒さで生長点がやられてしまうからだ。

また、自家採種したタネは年によって発芽しにくいことがあるため、少し多めにまく。ただ、自家採種ダネは実の揃いがよく、栽培しやすい。

生育が寒い時期にあたるので日当たりのよい畑を選び、幅1.6〜1.7m、高さ15cmのウネを立てる。時期は11月初めころで、草取りの回数を減らすため、ウネを立てたらすぐに定植する。株間は30〜35cmの1条植えである。

（2）あまり小さな苗はカラスに狙われる

苗は草丈4〜5cmのときに植える。あまり小さいと子葉が残っているので、カラスがつつきにくる。逆に大きい（10cm以上）と地上部に対して根が追いつかなくなるので、頭をピンチして腋芽（わき芽）を伸ばすように植える。

（3）ホトケノザの赤い花で追肥の判断

元肥はウネ立て前に10a当たり鶏糞60袋（1袋は15kg）くらい入れ、定植後すぐに株元に一握り、100ccくらいを置き肥する。

全体に入れる肥料が少ないので、株元の肥料は初期に根を動かすための大事な養分になる。根を一度ちゃんと出さないと、その後の生育が極端に悪くなってしまう。

追肥はだいたい1回。鶏糞を1株に300〜400ccくらい、ウネ肩へ施す。時期は1月末から2月初め。遅くなると、暖かくなって肥料が急に効いて栄養生長に傾き、実のつく位置が高くなって収量が減ったり苦味が少し出たりする。

2月初めから、山の木々がいっせいに動き始める。じっとしていたスナップエンドウも1週間で5cmくらい伸びるようになるので、このときに合わせて追肥する。時期が遅れるとドカ効きする。タイミングはむずかしいが、畑に生えているホトケノザを見ているとわかる。この草は寒さに強く、草のなかでも最初に動きはじめるので、ホトケノザの赤い花が増えたなと感じたら追肥する。それがだいたい2月初めである。

（4）ネットと麻ひもで株を止める

定植時に耕うんするので、草引き（除草）は、2月初めころまでやらなくてすむ。2月初めの追肥前に1回目の草引きをする。残った草は大きくなったらそのつど引き抜く程度でよい。

ウネの上に4m間隔で1.8mの杭を立て、杭にネット（ひし形の15cm目合い）を張るが、ネットだけではつるが巻きつきにくく倒れるので、麻ひも（バインダー用）で株をぐるりと挟み込むように止める（第1図）。これを1回目の草引きのあとに行なう。あまり遅いと枝が倒れてしまうが、倒れると腋芽が多く出て生育が極端に遅れてしまう。ちなみに、腋芽のちょう

野菜

第2図　スナップエンドウの収穫適期
莢を輪切りにして見る

第3図　実エンドウ
このくらい熟れたら手でちぎって1か月くらい莢ごと乾燥させる。マメだけで乾燥させると、しわができたり、割れたりしてしまうこともある

どいい数は1株に8〜13本くらいである。

(5) スナップの売り、甘味の強いときに収穫

収穫は莢が膨らみ始めたときである。さやを輪切りにして第2図のような感じになったころに収穫している。あまり早いと味が薄くなり、遅いと甘味が少なくなる。スナップエンドウは甘味がひとつの売りであるが、熟すとデンプンが多くなって、粉っぽくなる。莢より実のほうが甘味があればおいしい。これは、じつによく栄養が送り込まれている現われである。

収穫適期は年によってちがうが、私のところではだいたい4月下旬〜5月下旬くらいである。

実エンドウ

(1) 追肥はスナップより多めに

実エンドウの管理はスナップエンドウ（以下、スナップ）とほぼ同じだが、追肥だけが少しちがう。実エンドウは収穫開始がスナップより1週間ほど遅く、収穫終了が少し早くなる。収穫期間が2〜3週間と短く、一度にたくさんとれるので生育中期の花芽が多くつく時期に多くの栄養が必要になる。

そこで、追肥をスナップより少し多く、鶏糞400〜500cc入れるのがコツである。ただし、実が熟すときにチッソ肥効が切れてくることが重要だ。葉の色は緑色からだんだん黄色になり、最後は金色に熟れてくるように管理するとよい。

(2) 収穫してそのまま冷凍できる

莢の色が緑色から白っぽくなってきて、莢の表面にすじが浮き出てくるが、すじが少し見えてきたら収穫適期である。株の下のほうから熟れてくるので、初めは下方を重点的に収穫する。

1週間ほどすると、一度にたくさん熟れ始めるので、莢をむいて実をはずし、そのまま冷凍保存しておくとよい。野菜はふつう、冷凍する前にゆでないと解凍時に水分が抜けてしまうが、実エンドウはゆでなくても冷凍できる。ビニール袋に入れ、冷凍しておけば1年中出荷できるので、宅配や飲食店への直販には便利である。

収穫も終わりのほうになると、莢が小さく、葉は黄色になってくる。このころになると、莢のついたつるごとむしり取って収穫する。

自家採種用には、前もって中段くらいの莢を残しておく（上段は肥料が弱く、下段は肥料が効いていて、どちらもボケたタネになりやすい。黄色く熟れたら収穫して、莢ごと天日乾燥させる。乾いたらタネを出して保存する（第3図）。

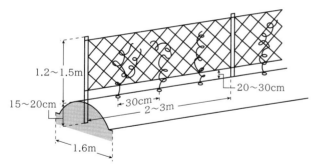

第4図 キヌサヤのネット張りと誘引

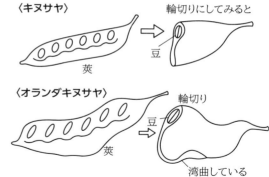

第5図 キヌサヤとオランダキヌサヤの収穫適期

キヌサヤ

(1) 遅まきで低温障害回避、欠株には補植

オランダキヌサヤとキヌサヤの2種類を植えている。タネまきは11月初め〜下旬ころ。早い人は9月下旬ころにまくが、私の畑は風が強く寒さにあたるので、11月にまいて発芽を遅くさせて、低温障害を防ぐようにしている。大きくなってから寒さにあたると上のほうから色が抜けてきて白くなり、茶色くなって枯れてしまうので、風のあたる寒いところでは遅まきとする。

一部をセルトレイにまいて、補植用にする。私は自家採種しているが、種子消毒などしないためか発芽がすごく悪いので、その分も計算に入れて補植苗を立てておく。

ウネ幅1.6mぐらいで、高さ15〜20cmにして、株間30cmの1条植えにする。

補植はやや早めに、12月中下旬の暖かい日をねらって、発芽していないところに苗を植える。そのときは、少し深く掘ってまわりの土を上げて、少しでも風を防ぐようにするとよい。

水はほとんどやらないが、雨が降らない年は、寒さの少し弱い日を選んで水をかける。

(2) ネット張り、病害虫対策など

キヌサヤのネット張りはスナップエンドウや実エンドウと同じにするが、莢が軽いし順番に収穫していくので、あまり気にかけずにつくる。オランダキヌサヤは少し低くできるので、高さ1.2〜1.3mでよい。キヌサヤは1.2〜1.5mの高さにすると、多くとれるように思う（第4図）。

施肥や草引きなども、スナップエンドウや実エンドウと同じようにすればよい。

雨の多い年はうどんこ病に、少ない年はハモグリバエに注意する。正直のところ対処の方法はあまりないが、うどんこ病は風通しをよくし、多く枝を出して過繁茂になると病気になりやすいので注意している。初めに1株から4、5本ぐらいの枝が出ているものが病気に強い。

ハモグリバエの被害は年によって大きくちがう。樹勢がしっかりしているときは虫が上までこないで下の葉を食べているが、樹勢が弱ってくるとたちまち増えるようだ。

(3) おいしい収穫のタイミング

私は莢がふつうより少し大きくなったときに収穫している。早くとると収量が減り、大きくすると硬くなるので、キヌサヤは莢が少し膨らんだときに、オランダキヌサヤは莢が少し湾曲して実が少し膨らみはじめたときに収穫している。タイミングのイメージは第5図のとおり。

莢の色は、キヌサヤは黄緑色、オランダキヌサヤのほうがもう少し黄色みを帯びて、薄い色になったものがおいしい。緑色だと肥料の入れすぎで、味が落ち、甘味が少なくなる。極端に肥料が少ないと、莢が小さく硬くなり、病気にもかかりやすい。

野　菜

品目別技術
葉菜類

野菜

ネギの有機栽培
――基本技術とポイント

(1) 有機栽培を成功させるポイント

ネギは病害虫に強いので,生理・生態に即した栽培管理を心がけると,有機栽培は比較的容易な作物である。病害虫は作付け時期の選択と肥培管理を適切に行なえば軽減できる。また,土つくりが進み地力が高まると,元肥のみでも栽培が可能となり,病害虫の問題も少なくなる。有機栽培では春まき秋冬どり栽培や,秋まき夏秋どり栽培が管理しやすく,葉ネギでは夏期の高温期を除いて周年栽培が可能である。

有機栽培の問題点を踏まえた栽培上の技術的留意点は,以下のとおりである。

①育苗期の除草で健全な苗を生産

ネギの有機栽培では,雑草との競合に弱い育苗期の除草をこまめに行なう必要がある。播種機を用いると播種の効率化が図れるほか,手まきより苗が整然と並ぶため条間の除草労力が軽減できる。また,ヘアリーベッチ(緑肥)の利用で雑草を抑制する方法もある。

長ネギ栽培では,土寄せが始まると手取り除草しかできないが,移植すると機械除草の期間を長くできる。

②夏期の栽培を避けるか防虫対策をとる

有機栽培では,病害虫の発生が少ない作付け時期の選択と病害虫抵抗性品種の選択が必要である。しかし夏期はネギの生育が抑制され,病害虫も増加し収穫物の品質が低下するので,とくに葉ネギは夏どりの作型は避ける。生育期間が夏にかかる作型では,耐暑性のある品種を選択する。

有機栽培では,ネギの外観的品質を落とすアザミウマ類やハモグリバエが問題となるが,障壁作物を風上に作付け,防虫ネットや紫外線除去フィルムや黄色粘着捕虫テープなどを組み合わせれば対処可能である。また,太陽熱消毒も圃場内の蛹の密度低下に効果がある。

③排水のよい圃場を選び,土壌 pH を矯正

ネギは少なくとも40cm以上,理想的には60cm以上の根群域を必要とするので,排水条件のよい圃場を選択し,必要に応じ排水対策を施しておく。定植後に完熟堆肥やイナワラなどを株元に敷いておくと,排水性や通気性の向上に役立つ。

また,土壌のpHが6.0を下回ると生育障害が出るので,堆肥と苦土石灰などの資材で石灰飽和度を60%以上に矯正しておく。

④土つくりと有機質肥料の施用法に留意

有機栽培を行なう圃場は堆肥を施用して地力を高めていき,元肥のみで栽培することを目指し,地力不足の段階では追肥で補う。堆肥は根への障害や病害虫の誘因にならないよう完熟したものを,作付け1か月前までに施用する。

チッソが過剰でも,リン酸が不足しても病害虫を増加させるので,堆肥を連用する有機栽培の場合には,元肥はチッソ換算で慣行栽培の基準より少なめに施し,肥切れを防ぐため葉色を落とさないようにボカシ肥料(以下,ボカシ)を数度に分けて追肥する。

⑤きめ細かい管理で健全で斉一な苗を育成

有機栽培では揃いのよい健全な苗の育成が出発点となる。ネギは過湿を嫌うが,苗の段階では乾燥に弱いので,きめ細かい除草と水分管理が必要である。このため,苗床への適時の灌水と土壌表面の乾燥を防ぐ白マルチ被覆や,モミガラ,モミガラくん炭を敷くと水分管理に効果がある。

播種量は慣行栽培より多めに播種し,適切な間引きにより太くてしっかりした苗の育成を目指す。

⑥長ネギ栽培では土寄せに十分注意

ネギは定植後に根を切断されると生育が大きく抑制され,病害虫も多発生するので,長ネギの土寄せは根を傷つけないように数回に分けて少しずつ行なう。また,葉鞘の分岐部に土がかかると生育が阻害され病気のもとになるので注意する。

(2) 播種・育苗

　長ネギでは，植え溝や植え穴を掘って定植し，軟白部を長くするため，通常苗づくりが行なわれる。大規模な栽培で定植が機械化されている場合は，チェーンポット育苗やセル成型育苗が行なわれるが，従来型の地床育苗も広く行なわれている。地床育苗は苗を大きくできるため有機栽培に向いている（第1図）。

　また，葉ネギ栽培でも比較的大きくする中ネギ栽培では移植も行なわれるが，小ネギ栽培では直播が中心となる。

①地床育苗の方法

　地床育苗は従来型の育苗方法で，秋どり栽培，秋冬どり栽培などで用いられる。有機栽培において地床育苗が優れているのは，苗を大きく育てられ，病害虫や乾燥条件などに強い苗をつくりやすいことおよび資材費が抑えられるからである。しかし，地床育苗では病害虫防止の観点から苗床の選定に注意が必要で，育苗時期が限られるという制約もある。

　地床育苗は以下の手順で行なう。

　播種床とする圃場の選定　過湿，過乾とならない場所を選ぶ。病害虫の発生が予測される場合は，周辺に障壁植物を配置したり，ネギ類が栽培されていない場所を苗床として選択する。慣行栽培では通常10a当たり2aの苗床を用意するが，有機栽培では育苗中の欠株や揃いを得るためにも3aの苗床を準備する。

第1図　長ネギの地床育苗の様子

　播種期の決定　寒冷地で，冬から早春に播種する場合は，有機物からの肥効発現が遅れるため，有機栽培では播種期を慣行栽培より早めにする。しかし，秋冬どりの場合，早く播種しすぎると抽台の危険性が高まる。

　播種床づくり　土壌のpHは6.0～6.5を目標とし，育苗時にはリン酸を多く必要とするので，とくに火山灰土壌では土壌診断を行ない，リン酸不足の場合は鶏糞堆肥などを多用する。また，土壌病害や雑草対策として太陽熱消毒を行なうとよい。

　また，ネギは透水性がよく膨軟な土壌を好むので，深耕や完熟堆肥の施用で透排水性を改良する。しかし，過剰な有機質資材の投与は葉先枯れなどの病害を招き，生育初期は肥焼けで根を傷めるので，施用量に注意して，含水率40％前後で積算500日℃以上の温度を経過させて土壌と混和しておく。

　播種床用の床土は，土に近い状態になった枯草・落ち葉による腐葉土が適している。未熟堆肥はタネバエが発生しやすいので，必ず完熟したものを用いる。用土への施肥の要否は，土壌診断の結果で判断をする。用土は10～15cmの厚さを確保する。

　なお，病害虫侵入の足がかりとなる苗床内の粗大有機物は排除しておく。

　播種　播種量は慣行栽培では10a当たり4～6dl（生種子）ほどであるが，有機栽培では育苗中の欠株も多いので2，3割多くする。ただし，厚まきは苗の太りを悪くし，間引きの手間もかかるので留意する。播種床の床幅は100～120cm，通路30～40cmとし，4～6条に播種する。

　播種には播種機を利用するが，手まきやばらまきでもよい。トンネルをかける場合は，それに合わせたウネを立てる。播種後は乾燥を防ぎ，発芽を揃えるため，鎮圧や覆土（1cm程度）を行なう。種の上からモミガラかモミガラくん炭をまくと，水分保持や雑草防止となり，灌水時の泥の跳ね上がりも防止できる。

　トンネルがけ　秋まき栽培ではトンネル被覆で温度管理をして発芽を揃える（第2図）。発

芽が揃ったら，トンネルをあけ換気する。ネギ苗は一定以上の大きさになると低温に反応し花芽分化を開始するので，大きくなりすぎないようにする。3月中旬ころから徐々に外気にならしトンネルを除去していく。

春まき栽培では，播種後，出芽促進と地温確保，発芽を揃えるため白マルチをかぶせる。この場合，芽が徒長しないように草丈が1cm以内でマルチを剝ぐ。その後，ネギハモグリバエやアブラムシ類，タネバエ，ネギアザミウマなどの被害が出やすいので，6月前後まで寒冷紗などでトンネル被覆をする。また，夏期で日差しが強い時期には，高温対策として寒冷紗で被覆する。被覆は過乾燥を防ぐ効果もある。

また，風が強い地域や，秋まき栽培時における台風対策として，横風を防ぐトンネル被覆や障壁植物を用意する。

灌水・間引き 有機栽培では揃った苗をつくることが重要で，土壌表面が乾く前に灌水をして苗の斉一性を高める。寒冷紗によるトンネル被覆は，土壌表面の乾燥を軽減する。

密生しているところやまき溝からはみ出しているところは間引きを行なう。

除草・病害虫対策 ネギの生育初期は，とくに雑草に弱いため，こまめに除草を行なう。モミガラやモミガラくん炭をネギのまき筋にまくと雑草対策にもなり，灌水時の土の跳ね上がりを防ぎ土壌病害の予防にもなる。病害虫侵入防止のため周辺の除草も行なう。

春まき栽培の場合には，春先から6月ころまで寒冷紗をトンネルがけすると，アザミウマ類などの害虫の飛来防止に役立つ。また，障壁となる背の高い緑肥を苗床周辺に栽培し，害虫の飛来を防止するとよい。

②直播栽培の方法

通常，葉ネギは中ネギ以外は移植や土寄せを行なわず，ハウスや露地に直播される。中間地から暖地にかけては，露地でも栽培は可能であるが，ハウス栽培や大型トンネル栽培などにより雨を避け，湿害を回避し病害を軽減させることで安定した栽培が行なえる。ばらまきや手まきで播種するよりも，播種機を用いて植え筋に

第2図　発芽を揃えるためのトンネルがけ

沿って播種をすると，間引きや除草の手間が軽減できる。

直播栽培は以下の手順で行なう。

栽培時期の決定 夏期の高温はネギの生育を抑制し，病害虫を助長するので，資材による遮光や換気で温度をコントロールする。これができない場合は，生育期や収穫期が夏期に当たらない作型を選択する。

播種 播種量は，慣行栽培ではハウス面積10a当たり3～4lを目安とするが，有機栽培ではやや多めに播種する。播種は斉一な播種ができる播種機を用いるとよい。九条系品種の種は一本ネギ系品種よりやや小粒なので，まきすぎに注意する。栽植密度は日当たりや風通しの面から慣行栽培の場合よりも2～3割程度広めにとる。

管理 低温期の播種では，地温の確保が必要なため，ハウス内での栽培やトンネル栽培とする。有機栽培では多めに播種をするが，密生したままでは軸が細く貧弱な生育となるため，本葉が2枚ほどになったところで間引きを行なう。

害虫が発生する時期には，侵入を防止する防虫ネットを設置する。

(3) 土つくりと施肥対策

①土つくり

ネギは生育初期からコンスタントに生育するので，地力のある圃場で，施肥は元肥として堆肥を施すだけでよい状態を目指す。栽培地や圃

場履歴によるが，有機栽培の開始初期の地力の
ない圃場では，作付けごとに牛糞堆肥を10a当
たり2〜3t施用し地力の向上に努める。地力
がつくまでは，元肥のほか有機質肥料の追肥に
よりコンスタントに肥効を効かせる。有機栽培
では元肥はひかえめにし，肥切れを起こしそう
であれば追肥で補う。

②元肥の施用

元肥の施用は，少なくとも作付けの1か月前
までに全層に施用してよく混和しておく。前作
で施用した肥料の残効が期待できる場合には元
肥の施用量を加減する。堆肥の連用により地力
チッソが蓄積してくると，生育前半から葉色が
濃くなったり，病害虫が増えてくることがある
ので，堆肥やボカシの施用量は漸次減らす。地
力が十分つけば元肥の施用も不要になる。

早春に直播する作型の場合，春先は肥効が効
き始めるまで日数がかかり，初期生育が抑制さ
れて収量にも影響するので，トンネルやマルチ
で被覆し地温を確保するとよい。

③追肥の施用

地力不足の場合には，元肥のみでは生育後半
に肥切れして生育不良や病害虫の発生を助長す
る。有機栽培を始めて間もない地力のない圃場
には，10a当たり150〜200kgのボカシを2回
に分けて施用する。

追肥は土寄せの前に通路に散布し，中耕し土
寄せをすると，土と混和しやすい。追肥はネギ
の葉色が落ちてきたら行なうが，葉色がほとん
ど落ちていない場合は，追肥量を減らすか追肥
をしなくともよい。葉色の落ち方が激しい場合
にはボカシの施用量を増やしたり，追肥の回数
を増やす。追肥用のボカシは熟度が進んだもの
を用い根への障害を避ける。通常1週間ほどで
肥効が発現してくる。夏の暑い時期のボカシ施
用は，急激な分解で根に障害を与えるおそれが
強く，夏期にはネギの生育も停滞しているため
極力施用を避ける。

一方，気温が下がり始めてからの追肥は，思
わぬ時期に肥効が出ることがあるため慎重に行な
う。

④土壌診断と適正施肥

リン酸はネギの生育に大きく影響し，とく
に，育苗時や生育初期にその傾向が強い。そこ
で，土壌診断で可給態リン酸が少なかったり，
リン酸欠乏が疑われる場合には，鶏糞堆肥など
リン酸資材を施用する。

チッソは，リン酸に次いでネギの生育に影響
を及ぼすとされている。しかし，生育前半のチッ
ソ過剰は病害虫を増やし生育に悪影響を及ぼ
すので，育苗期〜生育初期はとくにリン酸の肥
効にも注意する。土壌診断でチッソの増加が確
認されたら，元肥，とくにボカシなど速効性資
材の施用量を減らす。生育前半に肥効が効きす
ぎると強風や大雨により葉折れが生じ，葉身基
部が傷ついて病気の原因となるので注意する。

ネギの生育可能な土壌pHは5.7〜7.4であ
り，土壌診断で酸性が強ければ堆肥の施用量を
増やし，より酸性の度合いが強ければ苦土石灰
など石灰資材を施用する。石灰資材は1作当た
り100〜200kg/10aを目安とし，徐々に矯正し
ていく。土壌診断値が適正になったら，堆肥の
みの施用で様子をみる。

(4) 定 植

①圃場の選定と準備

ネギ類は壌土や砂壌土のような軽い土を好
み，粘土質が強く排水性が悪い圃場は栽培に向
かない。また，長ネギの場合には，砂質が強く
土寄せがしにくい土壌も栽培には向かない（例
外的に下仁田ネギなどは重めの土のほうが品質
はよいとされる）。このため，粘性が強い土壌
では，有機物を施用して土壌の膨軟化を図るこ
とも必要になる。

地表40cm以内に耕盤が形成されていると
排水不良から湿害を受けるので，圃場周辺に
60cm深以上の明渠を設置したり，サブソイラ
による心土破砕を行なう。作土は深いほうがよ
く30cm程度を目標に深耕する。粘土質が強い
土壌や砕土が悪い圃場では，機械での土寄せが
むずかしいので，砕土をよく行なっておく。

ハウス栽培で夏期に栽培を休止できるときは，
太陽熱消毒を行ない病害虫や雑草の防止対策を

野菜

行なっておく。その際堆肥は太陽熱消毒前に施用し分解を促す。また，ハウス栽培では土壌診断により塩類集積がないかどうかを確認し，太陽熱消毒を行なわない時期には，ハウスの屋根を外し雨ざらしにして余分な塩類を溶出させる。

② 定植時期と採苗

定植時期は地域の慣行栽培の例に従う。土壌にある程度水分があったほうが定植しやすいため，ロータリによる耕うん後で，雨天が見込める時期を見計らって定植する。苗は鉛筆くらいの太さになったら，がっしりした苗を選んで採苗する。慣行栽培に比べ10cmくらい苗丈が低くなることもあるが太さを重視する。

苗は定植前日の夕方か，その日の早朝にとる。苗は大きさを揃えておき，生長の度合いが同じようなものごとに定植すると，定植後の管理がしやすい。

③ 栽植密度

根深ネギのウネ幅や株間などは，土質や品種，地域，作型によってさまざまであるが，80〜120cmが一般的で，定植機の利用や作業性，採光性，通気性，根域の確保，乾燥害，寒害の軽減を考慮して決めるのは慣行栽培と同じである。

④ 定植の方法

植付けの方法には，植え溝定植と挿し苗定植があるが，作業のしかたや留意点などは慣行栽培と同様である。

(5) 中間管理・雑草対策

① 土寄せ・追肥

長ネギ栽培では，軟白部を得るために土寄せを行なう。土寄せは通常ネギロータリという専用の培土機を用いるが，管理機で行なうこともできる。土寄せは中耕と除草を兼ねることが多い。

ネギは定植後の断根の影響が大きい。有機栽培では根張りが重要で，根が傷つくとさび病などを誘発し，生育も大きく阻害されるため，土寄せの際，根を切らないように注意する。有機栽培では慣行栽培に比べ根の伸長が旺盛なため，葉鞘の伸長に合わせてこまめに土寄せを行なう。土寄せの間隔があくと土中に根が行き渡り，土寄せで根を切ることになる。

植え溝を掘った場合，葉鞘部の太さが5〜6mmになったところで，3〜4cm程度ずつ土を埋め戻す削り込みを行なう。溝の深さにもよるが数回に分けて埋め戻す。ウネが平らになったあとの培土（土寄せ）は葉鞘部が3mmほど肥大するたびに行なう。最初の土寄せは断根の影響が大きいので，とくに高温，乾燥時には浅く少しずつ行なう。

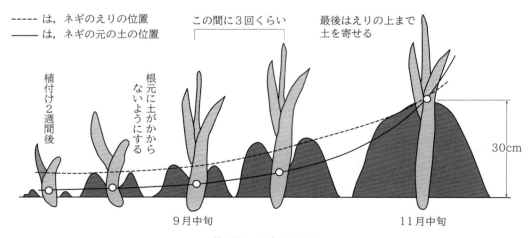

第3図　土寄せの方法

資料：MOA自然農法栽培事例集

品目別技術　ネギ

土寄せは，首（葉身の分岐部）に土がかかると肥大が抑制されるため，株元付近が低くくぼむように行なう（第3図）。最後の土寄せは葉鞘と葉身の分岐部のやや上まで土をかぶせる

が，気温の高い時期に収穫する栽培では，白絹病などによる腐敗が起きやすいので分岐部までの培土とする。

追肥は土寄せの際，同時に行なうことが多い

第1表　ネギ有機栽培での病害虫対応策

	病害虫名	発生しやすい条件・時期	対　策
病　気	さび病	肥切れやチッソ過多　春期と秋期が比較的低温で降雨が多いとき	肥培管理に注意。九条系品種から根深系品種へ変更　水和硫黄剤，炭酸水素カリウム水溶剤の散布
	べと病	10～15℃。高温多湿	排水良好な無発病地で育苗。苗床の太陽熱消毒。排水性のよい圃場への作付け。中・晩生品種を避ける　無機銅水和剤500～1,000倍液
	軟腐病	5月以降に発病。収穫後，貯蔵中または輸送中に病勢が進む	チッソ肥料の多用を避ける。晴天日に収穫，傷を付けない。風通しのよい，雨や直射日光の当たらない涼しい場所で貯蔵。排水性の改善。圃場での作業で傷を付けない　無機銅水和剤500～1,000倍液。非病原性エルビニア　カロトボーラ水和剤500～2,000倍液
	白絹病	高温下で植え溝にワラなど有機物が多く利用され過湿状態になったとき	生ワラなど未熟有機物を多量に施用しない。罹病したネギは地中深く埋設する。田畑輪換を行なう。太陽熱消毒
	黒斑病	梅雨時期や秋雨の時期に気温が低く雨が多いとき。肥切れ	排水性の改良。発生圃場での栽培回避。被害葉・被害株の除去。養分不足にならない肥培管理
害　虫	ネギアザミウマ	春と秋の乾燥条件下。空梅雨の年	灌水やスプリンクラー散水。周辺のネギ類植物や雑草の除去，障壁作物の設置，シルバーマルチ被覆，紫外線除去フィルムの使用（ハウス）など総合的な対策。太陽熱消毒（44℃以上30分の処理）。梅雨時期までの寒冷紗トンネル　登録されている天敵類
	ネギハモグリバエ	7月下旬～9月にかけて	黄色粘着リボン（ハウス）。紫外線除去フィルム。太陽熱消毒（50℃以上）　登録されている天敵類
	ネギアブラムシ	5～6月と10～11月。風通しが悪い。乾燥	発芽前からの寒冷紗トンネル被覆（春～秋にかけての作型）。プラスチックフィルムでのトンネル被覆（早春に播種する場合）。シルバーテープ（苗床で苗の上30cm，ウネに沿って20～30cm間隔で張る）
	タネバエ・タマネギバエ	北海道では春～秋にかけ3回，本州では春と秋。被害株が発する腐敗臭に誘引（タマネギバエ）。堆肥，鶏糞，魚粕などの有機物のにおいに誘引（タネバエ）	成虫の活動盛期を避けた播種，移植。ハエ類を誘引しないよう植え傷みを少なくする。被害株の抜取り。周辺土壌からの幼虫，蛹の除去。未熟堆肥，未熟有機質肥料の使用を避ける。施用する場合，春まき栽培では前年秋施用，春施用の有機質資材はできるだけ早く土となじませておく

573

野　菜

が，その際に炭素含有率の高い未分解有機物が大量に土に入ると，有機物の分解に必要なチッソが消費されチッソ飢餓に陥るので，除草した草など生の有機物はいったん通路などで分解させてから土に混ぜるようにする。

②雑草対策・灌水

ネギは直根がないため，とくに生育初期や定植直後は雑草との競合に負けやすいので，除草はこまめに行なう。苗づくりの段階では，とくに注意する。

土寄せ時に除草も兼ねることが多いが，土寄せの合間に発生した雑草は，植え溝定植では手取りで行なう。挿し苗移植の場合，埋め戻しをしている時期なら機械除草も可能である。

なお，ヘアリーベッチは，雑草防除と有機物の土壌中への還元という面で有効である。ヘアリーベッチはアレロパシーによる雑草抑制効果が確認されている。さらに秋田県の重粘土土壌の例ではすき込むことにより10a当たり20kgのチッソが土壌中に投入され，その年にはその半分が無機化することが確認されていることから，緑肥として活用可能である。ヘアリーベッチは晩秋に播種したものが4～5月には枯死し，それがマット状になりさらに雑草を抑制するため，夏に定植する作型では，とくに有効である。

なお，ネギの栽培では活着後は通常灌水はしないが，ハウス栽培では灌水が必要になる。目安としては，夏期は朝夕の2回，冬期は2日に1回程度の灌水を行なう。

(6) 病害虫対策

ネギの有機栽培において，しばしば病害虫を誘発している問題と対処策は以下のとおりである。

1）未熟な有機物は糸状菌病やタネバエを誘発し，酸性土壌では軟腐病，葉枯病などの発生が多いので，完熟堆肥を用いpH6.0～6.5を目標に土壌pHを矯正する。

2）多湿になると白絹病，軟腐病が多発するので，苗場および圃場の透排水性を改善する。

3）施設での害虫の侵入阻止を図るため，ハウスの開口部をネットで閉じたり，トンネルにネットをかぶせるが，0.8mmの網目ではネギハモグリバエやアザミウマ類を完全には防げない。0.4mm以下の網目ではこれら害虫の侵入を阻止できるが，通気性や透光性が著しく落ちるので留意する。

主要な病害虫とその対策を第1表に示す。

執筆　自然農法国際研究開発センター

（日本土壌協会『有機栽培技術の手引（葉菜類等編）』より抜粋，一部改編）

農家のネギ栽培

穴あきマルチで大苗づくり

執筆　東山広幸（福島県いわき市）

でかい苗なら管理が圧倒的にラク

ネギも年中欲しい野菜だ。夏は薬味、冬は鍋やうどん、それ以外の季節でも味噌汁の定番だし、日持ちはするしで、売る側にとってもありがたい野菜である（第1、2図）。

タマネギ同様、初期生育は遅いので、一般に苗をつくるのが面倒である。自家用につくる農家では苗を購入することが多いが、「タマネギ」の項目で紹介した「ペーパーポット育苗→穴あきマルチに仮植」なら、大きく活着のよい苗が簡単につくれる。タマネギと違ってほとんどの時期で抽台の心配がないので、でかい苗をつくって植えたほうが、管理は圧倒的にラクである。

ペーパーポット苗を仮植

ペーパーポットにタネをまいて、穴あきマルチに仮植する（第3図、タマネギの項参照）。

第1図　ネギもタマネギと並んで一年中売りたい野菜

タマネギとの違いは、1ポット当たりのタネの数である。タマネギでは10粒近くまくが、ネギはバラさず植えるため、1ポット当たりのタネの数は1本ネギ（根深ネギ）で6粒までとする。

苗のつくり方も基本的にタマネギと同じ。一般的な秋冬ネギでは3月下旬〜4月まきでゴールデンウィークの連休ころに仮植。仮植後1か月あまりで「これ、そのまま食えるんでねえ……？」といわれるような大きな苗になる（第4図）。

ただ、育苗中に一度は草引きをしないと、定植前に草に負けてヒョロヒョロの苗になったり病気で腐ったりする。草引きの手間はなるべく減らしたいので、前年に防草シートを敷いていた場所か全面マルチにした場所を仮植地に選んだほうがいい。

直径1cm以上の巨大苗

苗の大きさだが、当然、大きいほど雑草に強い。ただ、植え方にもよるが、大きいほど根元が曲がりやすいという欠点がある。だから、少々の曲がりが販売に問題のない場合はできる限り巨大な苗で植え、見た目至上主義の場合は小さめで定植する。私は宅配中心なので、直径1cm以上・長さ60cm前後の巨大苗にして植えている。このくらい大きい苗になると相当かさばるから、仮植畑は定植畑に近いほうがいい。

なお、ネギは排水も保水性もよい畑が適地だが、高く土寄せする必要があるので、作土も深いほうがいい。ただ、私は石だらけの畑でもなんとかつくっている。たいていの土地で栽培可能ということだ。

雑草には弱いので、前年に雑草をあまり繁茂させなかった畑を選び、植付け前も何度かロータリをかけ、草の少ない状態にしておく。

野菜

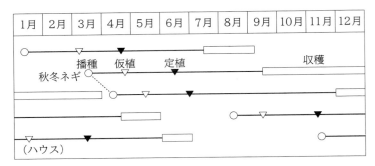

第2図 ネギの栽培暦

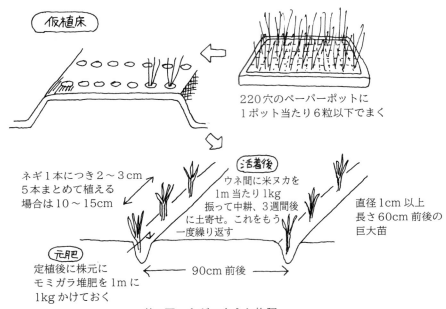

第3図 ネギのウネと施肥

元肥はモミガラ堆肥かヘアリーベッチ

定植は鍬でやや深く溝を切り、そこに5～6本の束のまま、分げつネギの場合は1～2本にバラして、なるべく直立するように並べていく。

あまり傾いていると栽培後のネギが曲がり、間引き収穫の際に抜きにくくなる。また、袋詰めもやりにくいし、見た目から販売に不利になることもあるので、なるべく立てたほうがいい。小さい苗なら曲がりにくいので、あまり気にしなくても大丈夫だ。

あとの土寄せを考えてウネ間は90cm前後、株間はネギ1本につき2～3cm（分げつネギなら分げつ後の本数×2～3cm）くらいとる。並べたら、倒れないように足で土を寄せ、踏み固めて、最後に株元にモミガラ堆肥を敷いておく（元肥はこれだけ）。

また、前作にヘアリーベッチを栽培してすき込んでおけば、元肥はもちろん、追肥の米ヌカの量も減らせる。

第4図 直径1cm以上の巨大苗で定植する

第5図 追肥として、ウネ間に米ヌカを振ってロータリで中耕する。米ヌカが分解したら土寄せをする

第6図 ウネ間の雑草の刈り方

ウネ間に米ヌカ、分解したら土寄せ

1週間くらいして活着したら、ウネ間に米ヌカを1m当たり1kgほど振って中耕する。3週間ほどして米ヌカが分解したら培土器で土寄せし、トンボで土を株元に寄せ、草を埋める（第5図）。

土寄せが終わったら再び米ヌカを振って中耕し、分解したころ、また同様に土寄せをする。植えた直後から太いので、早くから土寄せを開始できるのがミソである。3回目の土寄せは、管理機のネギロータを使うか鍬で上げる。

ひどい草は刈払い機で刈る

ほかの仕事が忙しくネギの管理を怠っていると、あっという間にネギが隠れるほどの草になることがある。このときはウネ間の雑草は刈払い機で刈る。ウネと直角に刈り刃を動かすとキックバックでネギを切るから、必ずウネと平行に刈り刃を動かすように刈る（第6図）。

刈った草は外に出さないと土寄せができないので、面倒でもフォークなどを使って片付ける。株元の草は手で引くしかないが、どんなにすごい草でも1a当たり1時間はかからない。

冬ネギの場合、最終の土寄せは10月までに終わらせないと、軟白部の長さが足らなくなる。

怖いのはネギアブラムシのみ

虫害でもっとも怖いのはネギアブラムシである。ほかの野菜のアブラムシは放っておくといなくなる場合が多いし、壊滅的な被害を出すことも少ないが、ネギアブラムシは勝手にいなくなることはほとんどない。ネギ畑全体に広がって、葉鞘の中がスカスカになるように枯らす。まるでトビイロウンカで坪枯れを起こしたイネのようだ。苗のうちにつくことが多いから、ときどき見回って初期発生のうちに手で完全に潰さなくてはならない。

ほかにスリップス（ネギアザミウマ）などもつくことはつくが、私の畑では販売できないほ

野　菜

どの被害にあったことはないし、冬になれば勝手にいなくなる。

病気は、生育初期に大雨で冠水でもしない限り、致命的なものは少ない。さび病なんか、一晩で真っ赤になることがあるが、生育が遅れることはあっても、それが原因で枯れたことは一度もない。天候をコントロールすることはできないので、病気の予防としては、水はけのよい畑につくることと、肥効の安定が重要で、そのためには米ヌカ施肥が一番である。

収穫は太くなったものから

何本かまとめて植えることもあって、生育がきれいに揃うとは限らない。食う側としては太さが揃っている必要はないので、私は太さを揃えて売ることはない。ただ、細いのは太らせてから売らないともったいないので、太くなったものから順番に抜いて売る。

抜きやすさは品種によって差がある。抜きやすい品種（たとえば‘ホワイトツリー’や‘ホワイトソード’など、タキイのホワイトシリーズ）を選んでまくと、間引き収穫のときに便利である。

ネギは晩抽性の品種を組み合わせたりすれば、ほぼ年中売れるから、直売、とくに宅配にはもっともありがたい野菜のひとつである。しかもコツさえ覚えれば、こんなに簡単な野菜はない。直売生産者はぜひ得意な野菜にして欲しい。

追肥で香り豊かに、葉ネギづくり

執筆　桐島正一（高知県四万十町）

九条を葉ネギとして売る

ネギは年に2回つくっている。初夏6～7月に収穫する分と、10月ごろに収穫する分である。それ以外にも冬に収穫するネギもつくるときはあるが、高知県では葉ニンニクを食べる習慣があり、私も葉ニンニクをとって売るし、冬は葉物が多くなるので、いまは冬ネギはあまりつくらない。

私が栽培している品種は‘九条’で、暑さに強く、倒れにくいネギで、本当は大きくして出荷する品種であるが、早めにとって葉ネギとして出荷している。大きくしても、上手につくれば香りが強く、おいしい。

香り豊かにつくるポイントは、肥料とくに追肥のしかたにある。

葉物の少ない時期に葉ネギ収穫

播種時期は、初夏の収穫分が3月下旬～4月まき、秋10月の収穫分が6月下旬まきである（第1図）。葉ネギとしての収穫なので、栽培期間は短い。

3～4月にまくときは、量を多くまいている。収穫時期が6～7月の葉物が少なくなる時期なので、多くまいて少し長い期間とる。

6月下旬まきがとれるのは10月中旬で、葉物が少しずつとれだして増えていく前の時期にあたり、ちょっとした野菜の端境期になるのでつくっているが、ほんの一時的なので、少しだけまいている。

トロ箱にまいて育苗

3月下旬～4月まき、6月下旬まきのどちらも、トロ箱にまいて苗を立てる（第2図）。1箱にまく量は、少なめにする。多すぎると茎が細くなり、定植しても育ちにくくなるので、トロ箱1箱で150～200本の苗ができるようにまく。

トロ箱で1か月半～2か月ぐらい育てて、苗の丈が20～25cmになると定植する。

なお、6月まきは暑い時期なので、軒下などの半日陰で風通しのよいところを選んで苗を育てる。逆に、3～4月まきは寒いことが多いので、雨よけハウスの中で育てている。

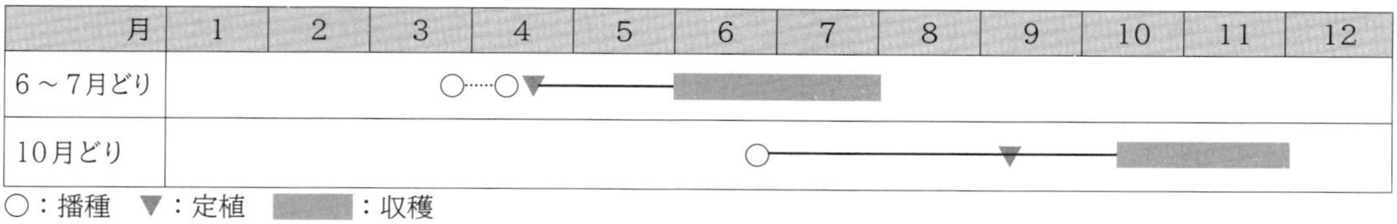

月	1	2	3	4	5	6	7	8	9	10	11	12
6～7月どり			○……○ ▼									
10月どり							○		▼			

○：播種　▼：定植　■：収穫

第1図　葉ネギの栽培暦

第2図　トロ箱で苗を立てる
（写真撮影：木村信夫、以下すべて）

第3図　株間を2～3cmと狭くして間引き収穫しながら育てる

第4図　早めにとって葉ネギとして出荷

のもあるが、いっしょに植えていく。

ウネは幅1.6～1.8mで、3条植えにしている。株間は2～3cmと近めに植え、大きく育ったものから間引いて葉ネギとして出荷していく（第3図）。

面積は、6～7月どりは3～4aぐらい、10月どりは0.5～1aとしている。

連作を避け、葉ネギ用に株間を狭く定植

畑は、栽培が短期間なので、それほど選ばないが、水はけのよいところにする。

連作すると、ネギ独特の香りや味が弱くなり、青臭くなるので、ほかの作物との輪作で栽培する。

定植は、時期はあまり気にせずに、葉の長さが20～25cmで、茎の直径が丸い箸くらいを標準に定植する。それより小さいものや大きい

香りを引き出す有機追肥

肥料は、元肥として鶏糞600～700kg/10a、耕うん前に入れておく。そして追肥は、生育の様子を観察しながら入れる。そのタイミングは畑全体のネギをみて、一部が黄色くなってきたときである。

6～7月どりの追肥は5月中旬ごろに鶏糞1回150～200kg/10aを置き肥する。その後、収穫1～2週間前に2回目として100～

150kg/10a。この肥料はネギに独特の香りをつけるためであるが、味もよくなるように思う。

10月どりの分は9月初めに定植するので、その4〜5日前に鶏糞600〜700kg/10a入れて土に混和する。9月下旬ごろに200〜250kg/10a入れて終わりにする。この追肥は必ずするが、鶏糞の量はネギの様子をみて、色が濃い緑の場合は減らす。

雑草に負けないように草引き

6〜7月どりの分は、定植後15〜20日ごろに1回目の草引きをする。手ぐわを使ってできるだけきれいに除けていく。そして、残った草を2〜3日後に手ぐわで除ける。この時期は草が多く、とってもすぐに生えてくるので、さらにもう1回手ぐわを使って除ける。時期は収穫4〜5日前ごろがいちばんよい。その理由は、大きいネギから収穫していくので小さいものが残り、すぐに草に負けてしまうからである。

10月どりは、定植後10〜15日ごろに1回目を手ぐわで引き、次は残ったものを5〜6日後にやはり手ぐわで引く。

手ぐわばかり使うのは、3条植えなので三角ホーなどが入りにくいためである。

水やりは軟腐病に注意しながら

6〜7月どりの分は、定植が4月で土はそんなに乾かないので、灌水はあまりやらないが、生育後半に雨が5〜6日間降らないときには入れる。雨の多い年は、軟腐病・疫病などの病気が発生しやすいので気をつけて見ていることが大切である。

10月どりは、9月初めの定植で暑いため、始めは水をひんぱんに、4〜5日に1回のペースでかける。雨が降ると回数を少なくするが、ここでも、病気になりやすいので気をつけて見ていく。

葉ネギ出荷なので土寄せはしない。

間引き収穫からスタート、夏に株更新

間引きネギから収穫するが、草丈35〜40cmくらいに大きくなったものから間引いてとる(第4図)。それより小さいうちの出荷だと量がとれないのでもったいない。間引き出荷を2回、20日くらい続けて、最終は草丈40cm以上、太さ2cmくらいのネギを収穫する。

6〜7月どりの分は、7月も後半になるとネギアザミウマなどの害虫が多くなり、収穫がむずかしくなる。そうなると、ネギの下10cmぐらい残して上部を刈りとっていく。そうすると、株の更新となって、9月下旬ごろに再びネギの収穫ができる。

タマネギの有機栽培
——基本技術とポイント

(1) 有機栽培を成功させるポイント

タマネギは比較的有機栽培を行ないやすい作物とされているが、苗づくりがうまくいかない、病害虫の被害を受ける、除草作業が大変である、球が肥大せず収量が低かったり安定しないという点が、共通する大きな問題点となっている。

有機栽培の問題点を踏まえた栽培上の技術的留意点は、以下のとおりである。

①苗場の選定と土つくりで丈夫な苗生産

タマネギは苗の出来不出来が、その後の生育と収量に大きく影響する。このため、とくに苗場の選定と土つくりに留意し、栽培管理に細心の注意を払う必要がある。

苗場には排水性のよい地力のある圃場を選び、十分な堆肥の施用と必要に応じリン酸系資材や石灰系資材を施用する。苗床への有機物は土へ十分なじませておき、糸状菌の発生による撥水が起きないようになってから播種をする。

また、播種適期を守り、播種量は病害虫被害や生育のバラツキを考慮し、慣行栽培より1〜2割程度多めとする。秋まき栽培では、苗床の雑草防除や病害虫防除のため太陽熱消毒が有効である。播種後2週間はこまめに灌水して生育を揃え、その後も乾燥防止など水管理を徹底する。苗の大きさは、地床育苗では太さ6〜7mm、草丈25cm、100本で600g（箸ぐらいの太さ）を目指す。

②病虫害を受けにくい環境づくり

有機栽培開始当初は病虫害で収量が低く、出荷規格に合った収穫物が得られないこともある。とくに、春まき栽培ではボトリチス葉枯れ症（白斑葉枯症）、乾腐病、軟腐病、ネギアザミウマの被害が多く、秋まき栽培では、べと病、白色疫病、灰色かび病、タマネギバエ、ネギアザミウマによる被害が大きい。

このため、圃場の環境整備と肥培管理を重視する。タマネギは透排水性のよい圃場を好むので、排水不良による根腐れが起きないように排水対策やイネ科緑肥の栽培が有効である。また、過剰なチッソやリン酸の吸収は病虫害増大の誘因になるので、継続した土壌診断が必要である。未熟な有機質資材はタマネギバエやタネバエの誘引となり、立枯病の原因となるので留意する。

さらに、耐病性品種の選択や、本州以西の秋まき栽培では極早生・早生系品種で病害が少なく、また、北海道の春まき栽培では早生系品種がネギアザミウマによる食害被害程度が少ないので推奨される。

しかし、低温や長雨、干ばつなどの不安定な気象条件の年には、病虫害の発生が抑えられないので、有機JAS許容農薬による防除は避けられない。

③過重な除草労働の省力化を図る工夫

雑草生育が少ない早期の除草を徹底することで除草効果は高まる。多肥は雑草の生育を旺盛にするので留意する。生育期後半の発生雑草はタマネギより背の高い草のみ除き、その他の雑草は緑肥的なとらえ方で残しておいてさしつかえない。

大規模栽培での雑草管理は除草機や手押し除草機を使う。手押しタイン型除草機でも手取り除草に比べ1/4〜1/2の労力ですむ。

栽培規模が北海道に比べ小さい本州以西の秋まき栽培では、黒ポリマルチの利用が有効である。

マルチがけの前には、晴天日に数回軽く耕起し、マルチ後の植え穴や通路からの発生雑草を低減する。また、堆肥、モミガラ、切ワラ、枯れ草などを被覆あるいは表面施用し、乾燥防止を兼ねて雑草を抑止する方法もある。温暖地の秋まき栽培の育苗時雑草対策には太陽熱消毒が有効である。

④圃場の選定と土つくりで収量安定

有機栽培開始当初は土つくりが不十分な場合が多く、球が肥大せず収量が低く不安定なことが多い。早生品種の早出し栽培には砂質土が適

し，晩生品種の貯蔵向けの栽培には粘質土が適するので圃場の選択の際，配慮する。また，火山灰性土壌や，やせた農地では地力不足で低収を余儀なくされるので，土壌診断にもとづく堆肥施用や輪作など土つくり対策がまず必要になる。

⑤**適期に適切な管理作業を行なう**

定植，中耕，除草の適期作業を徹底し，さらに作業時に根を傷めないことが重要である。

春まき栽培では定植時が低温期であり，早すぎれば地温が確保できず，定植が遅すぎると生育期間が短くなり作柄が不安定になる。中耕は時期が遅くなると定植苗の根が切断され生育を妨げる。

圃場の水分管理も重要で，球の肥大期には圃場容水量60％程度に維持するよう，灌水や有機物被覆により保水対策を行なう。苗の活着には地温の上昇が必要で，有機物の早期被覆がかえって地温を下げることがあるので，霜が降りるころ以降がよい。

(2) 播種・育苗

播種適期は品種や栽培地域により異なるが，秋まき栽培で早まきすると大苗になり，とう立ち・分球を起こしやすい。一方，遅まきは小苗になり，越冬率が低く収量の低下要因になる。

丈夫な苗をつくるには，地力のある圃場を苗場とし，有機物を十分になじませてから播種することが大切である。とくに，有機栽培の育苗では，初期生育が緩慢な場合があり，苗の長さを求め育苗期間が長くなりすぎ，老化苗になることがあるので注意を要する。

①**セル成型育苗**

北海道での春まき栽培では，有機栽培でも慣行栽培と同様にポット式成型苗での機械移植がほとんどで，有機栽培用の機械移植専用育苗用土を用いる（受注制で入手可能）。

セル成型育苗の管理は慣行栽培と同様で，そのポイントは以下のとおりである。

・1株当たり土量が少なく，培地が乾燥するため，一定の大きさになるまでは慣行育苗に比べて時間がかかり，周到な管理が要求される。

・定植2週間くらい前に灌水を中止し，ハウス内でポットを乾燥させる。これは，タマネギは生育が進んでも根鉢（ルートマット）を形成しないため，固化剤（有機栽培に使える固化剤として北海道立総合研究機構は，タマネギの育苗培土にアルギン酸ナトリウム0.05％溶液を3～5回散布する方法を提示している）処理して人工的に根鉢が崩れないように皮膜を形成する必要があるからである。この処理は，培土が乾燥していない場合に失敗が多く，移植機による作業ができないことになる。

・苗は若苗ほど活着がよく，早く植えたほうが耐寒性も強いので，老化苗の定植は避ける。

②**地床育苗**

本州以西で行なわれる秋まき栽培では，中小規模の栽培が多いことから地床育苗が多い（第1図）。

苗床準備のポイント 苗床の場所は，日当たりがよく，灌水の便，風当たりなどを考慮し，また土壌は腐植が多くリン酸の肥効に優れ，排水のよい場所を選定する。また，病害虫の感染源を減らすため，タマネギ栽培の本圃があった周辺は避け，苗床周辺の除草はていねいに行なう。

苗床への有機物は土へ十分なじませておき，糸状菌の発生による撥水などが起きていないことが重要である。施肥事例を第1表に示したが，米ヌカやなたね油粕を生で用いる場合は1～1.5か月前に施用し3回ほど耕起しておく。発酵さ

第1図　地床育苗の様子

第1表 地床育苗における苗床施肥の事例

	県　名	有機栽培歴	田畑別	土壌タイプ	肥料名	施用量 (kg/10a)	備　考
例1	鳥取県	約17年	畑	マサ土（花崗岩風化土）	米ヌカ なたね油粕	225 200	5，6年継続。苗床に生施用し，1～1.5か月間3回ほど耕したあとに播種
例2	長崎県	10年	畑	沖積土	長有研2号 カキライム マグアース2号 米ヌカ	371 171 53 286	(6-4-1) Ca資材 Mg資材
例3	香川県	約40年	畑	砂質土壌	野菜くず堆肥 なたね油粕	1,700 170	

た有機質肥料や堆肥を用いる場合は1か月間程度でよいが，現在は太陽熱消毒を行なう場合が多く，播種の1～2か月前には施肥をしている。

タマネギは酸性に弱いので，土壌が火山灰土など酸性土壌の場合，苗床整地時に堆肥を5～10t/10aと大量に施用するか，苦土石灰を10m^{2}当たり1～1.5kgを全面に施す。佐賀県北西部の開墾畑ではpH4.7であった原土に牛糞堆肥を5～10t/10aを連用したところ，2年後にpH5.7～6.2に改善された。

苗床の施肥量は，慣行栽培では1a当たりチッソ0.7～1.0kg，リン酸1.1～1.5kg，カリ0.7～1.0kgであるが，有機栽培の場合は無機化率などを考慮し，チッソで2.0～3.0kg程度と2～3倍は投入されている。

太陽熱消毒で病害虫・雑草防除　タマネギの有機栽培では，病害虫に侵されていない良苗の生産が重要である。苗床の雑草防除，病虫害対策として，播種前に1～2か月間透明ビニールを苗床に被覆し，太陽熱消毒を行なうとよい（第2図）。

この方法は，太陽熱による消毒というより，夏期の高温と灌水による酸素欠乏（還元状態）と湿熱により土壌中の病害虫を殺菌・防除するものである。また，粗大有機物を短期間で分解するため，土つくりの効果も大きい。地温が十分確保できると雑草防除も期待できる。

播種　タマネギの種子は1dlで約1万2,000粒ある。慣行栽培では本圃1a当たり0.4～0.5dlの種子を苗床7m^{2}に播種するが，有機栽培では密播による徒長を避けるとともに，病虫害や生育のバラツキを考慮し，苗床面積と種子量を増やして，1a当たり0.5～0.6dl程度の種子を8m^{2}に播種する。

ウネ幅1～1.2m，高さ15～20cmの短冊型の揚げ床をつくり，ウネの上面を均平にしたのち，8～10cm間隔の条間に深さ6～8mm程度の溝をつけ，その溝に8～10mmくらいの間隔で種子を落としていく。播種後は種子が見えなくなる程度に覆土し，上から寒冷紗を被覆して十分灌水する。抑草と乾燥防止のため，ウネ表面に腐熟堆肥やモミガラを薄くまく場合もある。また，覆土に腐熟堆肥を用いる場合もある。

出芽と灌水管理　生育を揃えるため播種後2週間の水管理がとくに重要である。播種面を乾かさないように灌水すると1週間ほどで出芽す

第2図　太陽熱消毒の様子

野菜

るので，寒冷紗などの被覆物を遅れないように除去する。日中覆いを外すと軟弱な苗が日焼けして傷むので，曇天日を選ぶか夕方に覆いを外す。

発芽直後から本葉2枚ころまでは乾燥に弱いので，表面が乾いたら灌水する。その後は過湿にならないように注意する。苗床に堆肥を多用すると，土壌が乾燥しやすくなることに留意する。

間引きと苗の大きさ　苗が密生しているところは間引きをする。タマネギの苗は本葉2枚くらいまでは立枯病に侵されやすいので，間引きはあまり早くから行なわず，苗の草丈が5cmほどの大きさになってから2回くらいに分けて行なう。苗床では，タマネギよりも雑草のほうが早く発芽してくるので，間引きと同時に除草も兼ねて行なう。

苗の太さ6〜7mm，草丈25cm，100本で600g（箸ぐらいの太さ）を目指す。

（3）土つくりと施肥対策

タマネギは浅根性のため，有機栽培では根を発達させることが重要である。圃場の下層で土壌水が滞留する圃場では酸素不足から根腐れを起こす。近年，大型機械による圧密や有機物施用の減少から耕盤層ができているので，土つくりのため有機質資材の施用のほか，サブソイラなどによる深耕，弾丸暗渠，明渠などによる排水性の改善が大事である。

有機栽培では，投入有機物や根などの作物残渣を分解させるため，収穫後か施肥前に耕起をし，次作へ向けて土壌環境の改善を図る必要がある。

水田裏作の場合には，排水性をよくするため弾丸暗渠を施し，圃場周辺は排水溝を掘る。また，イネ刈り後タマネギの定植まで2か月ほどあるので，コンバイン刈りしたイナワラは，すぐになたね油粕または米ヌカ80kg/10aと堆肥2t/10a程度を田面に散布してすき込み，定植までに分解を進める。

有機栽培では，地力不足による球の肥大不足がよくみられる。また，肥効管理の失敗も多い。

とくに，火山灰土壌などの酸性土壌や遊休地からの再造成地では堆肥を大量に施し，リン酸の吸収を助ける必要がある。播種から育苗期，生育初期に地温が低い春まき栽培の作型では，生育初期の有機物の分解が緩慢で肥効が出にくい一方，夏期に入る気温上昇期の有機物分解により生育後期に肥効が発現して害虫や病原菌の誘因になるので注意が必要である。堆肥の肥効は栽培期間にすべては発現されず，連用により地力として蓄積されるので，生育状況や土壌診断結果から施用量を調節する必要がある。

①土壌診断と適正施肥

土壌診断　有機栽培でも土壌中の養分が基準値を超えている場合が意外に多く，有効態リン酸含量が基準値の2倍にものぼる例もあった。石灰やカリ，苦土など塩基類のバランスを崩している場合もあるので，土壌診断により過剰成分の施用は抑える必要がある。

この場合，慣行栽培との相違点として，硝酸態チッソ量の指標として用いられる電気伝導度（EC値）の判断に注意が必要である。土壌チッソの多くが有機態として存在する有機栽培では，EC値は作物のチッソ吸収とは一致せず，土壌のチッソ肥沃度の推定には利用できない。有機栽培タマネギの生産を安定させる土壌化学性の目標値として，熱水抽出性チッソ含量5〜8mg/100gが提案されている。

タマネギのリン酸要求量は可給態リンで50mg/100g以上と高いが，一方リン酸の過剰蓄積は腐敗球の増加から収量を低下させるので留意する。

施肥基準　タマネギの施肥量は，北海道の慣行栽培ではおもにチッソとリン酸肥沃度を組み合わせた基準値が示されているが（第2表），有機栽培でもこの基準値をもとに有機物の無機化率や地力を考慮して決める。ほかの主産地である兵庫県と佐賀県の施肥基準はそれぞれ第3表と第4表のとおりである。

極早生種は春先の地温上昇が早く，肥効の現われやすい海岸砂質土地帯に産地があるが，砂質土は養分の溶脱が速いので追肥回数も増やす。ポリマルチ栽培では地温の確保や養分の溶

品目別技術　タマネギ

第2表　土壌診断にもとづくタマネギの施肥設計

〈チッソ〉

	熱水抽出性チッソ (mg N/100g)	施肥量 (kg N/10a)
I	3.0未満	17
II	3.0以上5.0未満	15
III	5.0以上	13

注　北海道施肥ガイドから抜粋

〈リン酸〉

	有効態リン酸 (mg P_2O_5/100g)	施肥量 (kg P_2O_5/10a)
低　い	30未満	40
やや低い	30以上60未満	30
基準値	60以上80未満	20
やや高い	80以上100未満	10
高　い	100以上	0

第3表　タマネギの施肥基準（兵庫県）

〈早生〉

10a当たり	総量（成分kg）	元　肥	追　肥
チッソ	20	5	15
リン酸	15	10	5
カ　リ	20	10	10

注　追肥：3回に分肥（12月中旬，1月下旬，3月上旬）

〈中晩生〉

10a当たり	総量（成分kg）	元　肥	追　肥
チッソ	20	5	15
リン酸	15	10	5
カ　リ	20	5	15

注　追肥：3回に分肥（1月中旬，2月中旬，3月中旬）

第4表　タマネギの施肥基準（佐賀県）

〈露地栽培〉

10a当たり	総量（成分kg）	元　肥	追肥1	追肥2
チッソ	25	7.5	10	7.5
リン酸	20	20	0	0
カ　リ	20	10	10	0
施用期	—	11月中旬	1月上旬	3月上旬

〈マルチ栽培〉

10a当たり	総量（成分kg）	元　肥
チッソ	22	22
リン酸	18	18
カ　リ	18	18
施用期	—	11月中旬

脱防止が図れるので，施肥量を抑える。

　タマネギは浅根性であるため，有機質肥料の施用方法もその特性を踏まえたものにすると収量の増加につながる（第5表）。

②有機物による地力増進

　有機物の施用　タマネギは生育期間が長く，養分吸収は地上部の生長が盛んになるころから増加するため，分解の速い有機質肥料と堆肥を組み合わせ，長期的に地力を発現させるようにする。有機栽培転換初期の場合，地力の低い圃場では，たとえば牛糞堆肥などを3～4t/10a程度施用し，地力が高まれば1～2t/10a程度に落とす。

　緑肥の利用　有機栽培では緑肥により地力向上と養分供給を図る方法もとられる。エンバク，ソルゴーなどのイネ科緑肥は，圃場の有機物確保や排水性向上など物理性の改善や，非作付け期の表土保全にも役立つ。ヘアリーベッチ，セスバニア，クローバなどのマメ科緑肥はチッソの放出が速く，チッソ要求量が高いタマネギの収量向上につながる。緑肥はリン酸の可溶化に役立ちリン酸資源の有効活用にもなる。

　低リン酸土壌の場合には，ヒマワリ，ヘアリーベッチ，エンバクは，タマネギなど菌根菌感受性の後作物の菌根菌感染率を高め，リン酸吸収を促進する。たとえば，前作に緑肥を栽培しなかったタマネギの菌根菌感染率は0.7％であったのに対し，緑肥栽培後の菌根菌感染率はそれぞれ14.9，12.3，15.9％であった。菌根菌の感染によりリン酸無施用条件下での根部乾物重は2～3倍になった。

③輪作と土つくり

　本州以西のタマネギ作は，水田裏作または前後の野菜との輪作で行なわれる。前作の野菜栽

585

野　菜

第5表　有機質肥料の混和深が収量に及ぼす影響

（北見農試，2007）

混和深処理	規格内収量（t/10a）		無機態チッソ[1] （mg/100g）
	農　家	農　試	農　試
浅層混和区	3.3（104）	5.8（104）	4.7
対照区	3.2（100）	5.5（100）	3.4

注　1）6月中旬に測定
　　浅層混和区はロータリで深さ10cm程度に全面・全層に混和し
　　た。対照区はプラウ，ロータリで深さ20～30cmに全面・全層混
　　和した

培との関係では，キャベツ，トマトなど比較的石灰の吸収量が大きい作物の後作では，土壌が酸性化しリン酸の肥効を低下させるため，後作のタマネギに影響を及ぼすことが多い。しかし，ニンジン，ホウレンソウの後作では，リン酸資材や石灰資材の残効で生育促進効果がある。乾腐病が多発する圃場では，コムギ，スイートコーンなどとの輪作で被害が軽減している。

（4）圃場準備と施肥管理

①春まき栽培

圃場の整備・準備　8月～9月初旬までにはタマネギを収穫し，種を落とす雑草は拾い草を行ない，耕起後エンバクを緑肥として播種する。エンバクは早く播種できるほど生育量を確保できる。

10月中下旬～11月初旬にかけて，サブソイラで心土破砕を行ない，堆肥を10a当たり2～3t（あるいは有機質肥料300kg）と苦土石灰を施用し，エンバクごとプラウ耕で秋起こしを行なう。

堆肥・有機質肥料の施用　土壌診断の結果をもとに施肥設計を立てる。堆肥や有機質肥料はチッソの無機化率などを考慮し組み立てる。

5月上旬の定植前に，有機質肥料が土壌となじむ期間を1～2週間程度設けることで，定植後のタマネギ苗の活着がスムーズになる。有機質肥料散布後ロータリハローでていねいに砕土整地する。砕土の悪いところは2回がけする。地力が低いか砂質土で追肥が必要な場合は，生育初期までに追肥を行なう。

②秋まき栽培

圃場の整備・準備　本州以西のタマネギは水田裏作が多いが，野菜や畑作物との輪作も行なわれる。圃場の状況に応じた環境整備が大切となる。火山灰土壌で有機タマネギを栽培する際は，熟畑化された圃場を選ぶか，十分な堆肥で土つくりを行ない，必要に応じ石灰系資材を施し酸性矯正を行なう。

水田裏作の場合には，以下のような点に留意する。

1）本畑は排水のよい圃場を選ぶ。地下水位が高いと作業性が悪く，タマネギの貯蔵性も劣るので，暗渠排水の施工が望まれる。水稲裏作の場合は，稲作期間中に中干しを十分行ない，地割れを多くつくっておくと排水がよくなる。

2）休耕田や飼料作物栽培田で栽培すると，ネキリムシの被害が予想されるが，耕うん前に湛水をして害虫を駆除する。

3）水稲収穫後すぐ定植準備に取りかかり，苦土石灰などの土壌改良資材と堆肥を，ウネ立て前の早い時期に施用する。堆肥の施用量は10a当たり2t程度とする。

堆肥・有機質肥料の施用　土壌診断の結果をもとに施肥設計を立てる。堆肥や有機質肥料はチッソの無機化率などを考慮し設計する。

追肥は有機質肥料の肥効が緩慢なため早生種では行なわず，中晩生種でも2月中には終わらせる。

（5）定　植

タマネギ苗の定植は慣行栽培に準じる。各作型とも共通であるが，定植前までに，本圃に未熟な有機物が残らないようにし，定植の精度を上げ，活着を促す。また，苗採りは根をできるだけ多く付け根を乾かさず，定植時に茎葉を傷つけないように注意し，病害発生を未然に防ぐことが大切である。

タマネギは断根による球肥大への影響が大きいので，秋まき露地栽培の場合，冬期間の霜柱

品目別技術　タマネギ

で根が切断しないように定植時に手や足で鎮圧する。

（6）中間管理・雑草対策

①鎮圧・中耕

無マルチ栽培の場合には，雑草対策を兼ねて中耕を行なう。中耕は定植苗の根を切らないように軽く行なう。また，茎葉を傷つけないように球の肥大中期までに完了する。

②雑草対策

有機栽培では除草にかかる労働が大変であり，それを怠ると収穫量に大きく響く。このため，生育前半期に雑草対策を徹底し，後半期の球肥大期には根を傷めないように慎重に行なう。後半に発生する雑草はタマネギより背の高い草は除くが，その他の草はむしろ緑肥としてとらえ，次作の土つくりに役立てている農家もある。

除草方法は，大規模栽培の場合には除草機や手押し除草機を使うが，株間除草は不十分で苗傷みなどの問題が残る。手取り除草は確実であるが，ある調査では10a当たり除草時間が慣行栽培の4.4時間に対し，有機栽培では16.2時間で労力を多く必要とした。

栽培規模が小さい本州以西の秋まき栽培では，黒ポリマルチにより対応している例が多い。

③灌水・水管理

タマネギは比較的乾燥に強いものの，生育初期は適度な土壌水分が必要である。また，球の肥大期には多くの水分を必要とし，球の肥大は圃場容水量が60～80％でもっともよく，40％程度では抑えられ，80％以上の過湿状態では急激に悪くなる。

春まき栽培　生育が旺盛になる6月中旬から地上部が倒伏する8月上旬までの水分は収量に大きく影響する。スプリンクラーによる灌水は生育不良や病害の原因にもなるため，ウネ間灌水がよい。

秋まき栽培　球形成が始まる3月中旬ころは水分が多いほど生育量が大きく，ほとんど湿害がみられない。しかし3月中旬以降の球肥大期には湿害が出やすく，降雨が続くと土壌中の酸素不足で生育が劣り球の肥大が抑制されるので，溝切りなどの排水対策を行なう。

（7）病害虫対策

病害虫対策の基本は作物体を健全にすることであり，施肥管理，排水性・保水性など好適栽培条件を整え，まず病害虫の誘因や素因をなくすことが重要である。

近年大型機械の使用で耕盤層ができ，排水性と根張りが不良になりやすいので，サブソイラやプラソイラによる耕盤の破砕を行なうとともに，暗渠や明渠の設置，高ウネなどで排水性の向上を図る。

養分の不足は虫害を確実に増やすが，過剰なチッソやリン酸が病害虫を招きやすい。有機栽培では気温の低い時期や地域では有機物からの肥効発現が遅れ生育が緩慢なため，有機栽培開始当初は初期生育を慣行栽培並に確保しようと多肥になりやすい。この場合，タマネギ栽培に適した土壌水分と，気温の上昇に伴い有機物が急激に分解され，根傷みが起こることで，害虫や病原菌の誘因となる。

また，苗採り，定植時や中間管理中に葉茎や根を傷つけると病害虫の発生を助長するので注意する。

さらに，有機栽培向けの耐病性品種の採用，緑肥，バンカープランツの利用など，耕種的，生態的な制御に心がける。

主要な病害とその対策について第6表にまとめた。

（8）収穫・貯蔵

収穫や貯蔵法は慣行栽培の場合に準じて行なうが，基本となる留意事項は以下のとおりである。

①倒伏と収穫期

倒伏の程度は収穫期の目安とされる。一般に地上部が適期に倒伏したときの収穫が収量も最高になる。収穫時期によって貯蔵性が左右される。秋まき栽培では収穫期が遅れるとちょうど梅雨期と重なり，その後の気温の上昇と相まって腐敗が多く，萌芽も早められる。

野　菜

第6表　タマネギ有機栽培での病害虫対応策

	病害虫名	発生しやすい条件・時期	対　策
病　気	べと病	10～15℃。高温多湿	排水良好な無発病地で育苗。苗床の太陽熱消毒。排水性のよい圃場への作付け。中・晩生品種を避ける 無機銅水和剤500～1,000倍液
	軟腐病	5月以降に発病。収穫後，貯蔵中または輸送中に病勢が進む	チッソ肥料の多用を避ける。晴天日に収穫，傷を付けない。風通しのよい，雨や直射日光の当たらない涼しい場所で貯蔵。排水性の改善。圃場での作業で傷を付けない 無機銅水和剤500～1,000倍液。非病原性エルビニア　カロトボーラ水和剤500～2,000倍液
	乾腐病	連作。高温。春まき栽培で多発，6月中旬以降発病，収穫期まで蔓延。土壌の緊密性，透水性・保水性の不良。有機物の不足。低チッソ肥沃度，リン酸肥沃度，保肥力，塩基バランスの不良	水分条件のよいときにプラウ耕と堆肥施用，心土破砕。休閑作物や後作緑肥の導入。チッソ・リン酸施肥量の適正化。塩基バランス，保水性を改良。石灰質資材施用。抵抗性品種の利用。コムギ，スイートコーンなどとの輪作
	ボトリチス葉枯れ症	ひどい植え傷みや冬期の寒さ，乾燥で下葉枯死や葉先枯れの多発。苗床での厚まきや雑草の多発生による風通しの悪化。冬から春にかけての温暖多雨。低気圧や前線の通過後。有機質肥料の過剰施用	定植時の植え傷みを抑える。冬期の乾燥害の防止。降雨後の速やかな排水，高ウネ。吊り球の茎葉や腐敗球を完全に処理 無機銅水和剤
	白色疫病	晩秋から春期。3～4月に多発。とくに1～2月が暖かく，3～4月が冷涼で雨が多い。浸冠水後	排水不良圃場での高ウネ，排水対策。罹病葉や枯死した葉の処分 無機銅水和剤500倍液（降雨前後）
	灰色腐敗病	貯蔵中。生育期から収穫期にかけての多雨，曇天で低温。青立ちで成熟期が遅れる年，多肥，多灌水	タッピング（タマネギの葉鞘の切断）。適期の根切り処理。葉の枯葉を均一に促進。葉鞘部が十分乾燥してから収穫。多肥栽培・堆肥の大量施用を避ける。くずタマネギや腐敗球の処分を早期に完全に行なう。乾燥場での風乾貯蔵では貯蔵量を制限して風通しをよくして葉鞘部の早期乾燥を図る。葉鞘部をやや長めに切除した鱗茎をコンテナ詰めにし，ビニールハウス内に収納する
害　虫	ネギアザミウマ	夏，乾燥時に発生。とくに空梅雨で高温乾燥年。有機質肥料の多施用。周辺にあるコムギ・牧草の圃場での刈取り後	極早生，早生品種へ変更（北海道の春まき栽培，温暖地の秋まき栽培）。圃場周辺の雑草の選択除草を徹底。シルバーマルチの被覆。灌水による乾燥防止

品目別技術　タマネギ

	病害虫名	発生しやすい条件・時期	対　策
害　虫	タマネギバエ，タネバエ	北海道では春〜秋にかけ3回，本州では春と秋。被害株が発する腐敗臭に誘引（タマネギバエ）。堆肥，鶏糞，魚粕などの有機物のにおいに誘引（タネバエ）	成虫の活動盛期を避けた播種，移植。ハエ類を誘引しないよう植え傷みを少なくする。被害株の抜き取り。周辺土壌からの幼虫，蛹の除去。未熟堆肥，未熟有機質肥料の使用を避ける。施用する場合，春まき栽培では前年秋施用，春施用の有機質資材はできるだけ早く土となじませておく
	ネギハモグリバエ	7月下旬〜9月にかけて	黄色粘着リボン（ハウス）。紫外線除去フィルム。太陽熱消毒（50℃ 150時間以上）登録されている天敵類
	ネギアブラムシ	5〜6月と10〜11月。風通しが悪い。過乾燥	発芽前からの寒冷紗トンネル被覆（春〜秋にかけての作型）。プラスチックフィルムでのトンネル被覆（早春に播種する場合）。シルバーテープ（苗床で苗の上30cm，ウネに沿って20〜30cm間隔で張る）

②肥培管理と貯蔵性

　貯蔵性の程度を鱗葉に含まれる肥料要素量からみると，水溶性チッソやリン酸が多く，石灰やカリの含有量が少ない球は腐敗しやすいので，多肥・多灌水栽培を避ける。とくに，肥料保持力の強い埴土では肥料をひかえめにする。

　有機栽培タマネギは慣行栽培品より萌芽・発根しにくく，貯蔵性に優れる傾向がある。

③地干し

　栽培中多湿条件が続いたときは，収穫前に溝を切って排水をよくする。

　収穫時の降雨と貯蔵性は密接に関係するので，晴天の続く日を見計らって抜き取り，2〜3日地干ししたあとに収納する。地干しにより球内部の余剰水分が葉を通じてスムーズに排出され，貯蔵中の腐敗防止効果が高く，1日半の地干しで腐敗率はかなり低下する。

　執筆　自然農法国際研究開発センター

（日本土壌協会『有機栽培技術の手引（葉菜類等編）』より抜粋，一部改編）

野菜

農家のタマネギ栽培

米ヌカ栽培で劇的にうまくなる

執筆　東山広幸（福島県いわき市）

初期生育の遅さを育苗で乗り切る

　ふつうタマネギの苗づくりは畑に直播だが、この時期は台風シーズンだし、年によっては厳しい残暑でカラカラのときもあって、きれいに発芽させることさえむずかしい。しかも、初期生育がきわめて遅いタマネギでは、雑草害にも遭いやすいし、生育期間中に肥切れを起こす心配もある。ポット育苗→仮植→定植という流れが一番安定して栽培できる（第1図）。
　仮植した苗は1穴10本近くの苗をゴボウ抜きにできるので、苗引きが圧倒的に早いのも有利な点である。

ペーパーポットにまいて、穴あきマルチに仮植

　ネギ類は、やせた畑ではよいものがとれない。とくにタマネギやニンニクは土地を選ぶので、肥えて排水も保水性もよい畑につくりたい。
　畑は夏から彼岸までの期間に米ヌカを振って何度もロータリをかけてきれいにしておく。草が生えたままにしておくとネキリムシ被害が大きいし、ウネ立てもしにくい。
　できれば5～6月ころにソルゴーをまき、お盆前にハンマーナイフモアで細断し、米ヌカと一緒にすき込んでおくと、ネキリムシも少なく定植のころにはソルゴーも分解が進んでいる。
　育苗はペーパーポットにまいて、穴あきマルチに仮植する（第2図）。
　仮植により生育が一時遅滞するので、播種のタイミングは直まきよりも3～4日早くし、220穴のペーパーポットに、1ポット当たり8～10粒の種を落とす。育苗箱1つで約2,000本の苗ができる勘定だ。発芽も100％じゃないし、仮植後にネキリムシに食われるのもあるので、実際には1,500本ぐらいと計算しておけばいいだろう。
　発芽して1週間から10日後に露地畑に仮植する（第3図）。仮植の数日前には外に出して慣らす。
　仮植床の肥料はモミガラ堆肥、魚粉、カキガラ石灰。どれも菜っ葉をつくるぐらいの量（魚粉で1a当たり10～20kg）を振ってすき込み、黒マルチをかける。
　かなりの密植になっても直播苗よりよいものができるので、マルチはあれば3812（幅135cmに8穴、株間12cm）、なければ3715（幅135cmに7穴、株間15cm）を使う。
　マルチをかけたらすぐに苗を植えたほうがいい。タマネギ苗のニオイがすると犬猫も近寄りにくく、いたずらを防げる。10月下旬になる

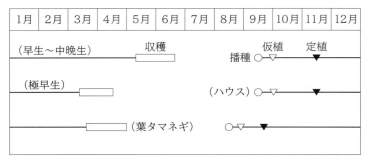

第1図　タマネギの栽培暦

品目別技術　タマネギ

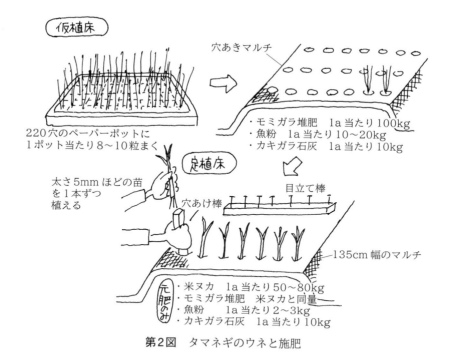

第2図　タマネギのウネと施肥

と、雑草がタマネギよりもでかいツラしている畑もあるので、草引きをする。11月になると苗の太さも5mmほどになって、定植適期となる。

定植時に米ヌカとマルチ

タマネギを植える畑は、あらかじめロータリをかけきれいにしておく。肥料は先にやってある米ヌカ予肥だけで十分。畑の肥え具合によって50〜100kg/aの間で加減する。しばらく石灰をやってない畑には、カキガラ石灰でも少しやっておこう。

マルチは穴あきでもいいが、有孔マルチの穴は大きすぎて雑草が繁茂しやすい。穴なしマルチに自分で穴をあけたほうが賢い。通路の草が気になる場合は、あらかじめウネ間より20cmほど幅の広いマルチをかけておいて、裾は適当に畳んで土をかけておく。強風で剥がされる心配のなくなったころに全面マルチにするといい。

穴なしマルチへの植付けは、長さ1mの垂木に15cm（135cm幅のマルチで7条）の間隔で5寸釘を打った目立て棒を使う。さらにこの穴に竹などでつくった穴あけ棒を挿して植付け穴とする。私の畑は石だらけなので、1穴あけるにも力がいるが、軟らかい畑では一度にいくつかあけられる道具をつくったほうが早いかもしれない。

苗は直播と違って簡単に抜ける。1,000本抜くのに5分もかからない。ただ、1本1本バラすときに折らないよう気をつけること。

マルチをかけたら1週間以内に定植する。定植が終わったら、冬から春にかけての季節風でマルチが剥がされないようにマルチの上にウネ間の土を鍬ですくって置く。

春になると植え穴から草が出てくるので、適宜抜くだけで、追肥もなにも必要ない。ウネ間の草がひどいときは、刈るか抜くかするだけ。全面マルチなら、そんな心配も収穫まで不要だ。

野　菜

年内貯蔵ならモミガラの上で

　玉が太ったら販売可能だが、葉の切り口だけでもよく乾かしてから売ること。
　この栽培法では、一般の栽培より首が細くなる傾向にあるので、倒伏が早い。しかし、倒れてからでもかなり肥大するから、収穫は遅めにしたほうがいい。
　収穫後は吊り貯蔵が一般的だが、大量のタマネギを吊り貯蔵するのは労力の面でも時間の面でもたいへんである。このため、年内に売る場合は、ハウスの中にモミガラを分厚く敷き詰め、その上に並べるだけでいい（第4図）。ただし、モミガラの上には硬めのネットを敷く。これは、根が出にくいよう、タマネギとモミガラの間に隙間をつくるためである。
　タマネギは2段くらい重ねてもいいが、生の葉は必ずタマネギの上になるようにする。下になると腐るし、上にあると夏に遮光の役割を果たしてくれる。
　夏は直射日光が当たると暑くなりすぎるので、ハウスの上に遮光フィルムをかける。
　この貯蔵法は、晩秋になるとタマネギが結露しやすくなって、根が伸びやすくなる。晩秋以降の販売には、やはり吊り貯蔵が適している。

葉タマネギも売れる

　タマネギは葉タマネギとしても売れる。ふつうは芽が出てきたタマネギを露地やハウスに植えて伸びたものを使うが、この場合、元のタマネギ部分が腐って、販売の際、調製に難儀する。
　葉タマネギをたくさん売ろうと思ったら、タマネギのタネをひと月ほど早くまいて、苗を早くつくり、9月下旬ごろ穴あき黒マルチに苗を3～4本ずつ植える。
　この場合、堆肥、魚粉中心とするか、お盆前に米ヌカの「予肥」をやっておく。調製が圧倒的にラクだし、太くなって重さも出るので、たくさん売りたいときはこの方法に限る。
　根の強い品種は抜けなくて困るので、抜きやすい品種を選んでまくこと。タキイの品種には抜きやすいのが多いが、タネの値段も高い。自分で試してよい品種を探してみることである。

第3図　タマネギの苗を仮植中
スコップの柄や竹などでつくった穴あけ棒で穴をあける

第4図　ハウス内にモミガラを敷き詰め、上にネットを敷いて、タマネギを2段に重ねて並べる

甘味強く貯蔵性の高い小ぶりな球をつくる

執筆　桐島正一（高知県四万十町）

14品種を2回まき

　タマネギは甘味が強く、香り・硬さがしっかりあるものをつくりたい。そのためには、肥料と水のバランスが必要である。

　私の場合は、そのバランスをとるためにマルチを使う。また、とう立ちや分球をすると味が悪くなってくるので、肥培管理では播種時期を適正にすることなど、心がけている。

　タマネギ栽培にとってまず大切なのは播種時期で、9月10日以降には播種を始めるが、品種によっても適期が少し変わってくる（第1図）。

　極々々早生品種（収穫が3月下旬ごろとタネ袋に書いてあるもの）の播種時期は9月10日以降、早生品種（収穫が4月中下旬）は9月15日以降、中早生からあとの品種は9月20日以降である。

　私は4品種つくるが、何回も播種するのがたいへんなので、2回に分けてまいている。

　早生種までは9月15日ごろ、中早生からあとは9月20～25日ごろにまく。多少遅れても、タマネギのでき上がりが少し小さくなるだけで、早すぎるよりはよい。早まきすると分球したり花が咲いてしまうので避ける。また、遅くなりすぎてまいたときでも、早く育てようと肥料や水を多く入れないようにする。腐ったり味を落とすことになるからである。

播種と育苗——暑さ対策と保水をしっかり

　播種床は、畑へ直接つくるかトロ箱を用いる。畑につくる場合は、雑草の少ないところで、軟らかく肥沃なところを選ぶ。幅1.5mくらいのウネをつくり、鎮圧して播種床をつくる。ウネ上に小さいすじを間隔5cmくらいにつくって、そのすじへタネを5mm間隔ぐらいにまく。覆土は薄くタネが隠れる程度とする。

　まき終えたら、暑い時期なので、遮光と保水のためにこもや不織布（パオパオ）を厚くかける。発芽したら、こも、パオパオを高く上げて遮光をゆるくする。1か月ぐらいしたら遮光をやめて、自然の光にならしていく。

　トロ箱まきは、すじまきでもばらまきでもよいが、タネが互いに当たらないように、薄まきにする。床土は自分でつくるか市販の有機入り育苗用土を使い、トロ箱いっぱいに入れる（少し長くトロ箱で育てるため）。覆土はタネが隠れる程度にする。あとは、畑の播種床の場合と同じで、パオパオを厚くかける。

　どちらの場合も床土の表面が乾いたら水をかけてやる。そして、少しずつ水を減らしていって、硬い苗に育てる。また、トロ箱まきは肥切

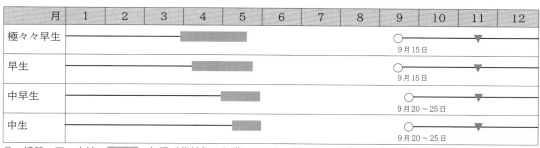

○：播種　▼：定植　　　　：収穫（葉付きで収穫していき、残ったものを球掘り収穫）

第1図　タマネギの栽培暦

野菜

れを起こすときがあるので、苗をみながら少し追肥をする。追肥は、有機質肥料を水に溶かして液肥にするか、そのまま上からバラバラと少しかけて、水をたっぷりやる。

どちらも2回ぐらいすると色が出てきて大きく育つ。

定植は小さめの苗を

タマネギはどちらかというと砂地に近い畑がつくりやすい。赤土だとつくりにくいが、甘味が出る。連作すると独特の香りがなくなるので、ほかの作物と輪作する。

定植は11月中下旬で、丸い箸の大きさかそれより小さいぐらいのときに植える（第2図）。大きい苗にすると、分球したり花が咲いたりする。

定植する畑は、あらかじめつくっておいてもよい。肥料を入れて耕うんして、一度雨に当ててからマルチを張るようにする。ウネは幅1.6mぐらいとし、これに4～5条植えで、株間、条間とも15cmになるように植える。

植えるときは、直径1cmぐらいの棒でマルチと土に穴をあける。深さ2cmぐらいの穴にする。その穴に苗を入れて、まわりの土を寄せて覆土する。そして、植えたあとは水をかける。水がかけられないところは、雨の前に植えるようにしている。

有機施肥のしかた——元肥だけで小さめに育てる

肥料は、マルチをするので元肥1回のみになる。マルチをすることで、土から肥料が抜けにくくなるので、元肥が長く保たれる。また、マルチによって地温が高くなっているので、生育もよくなる。そのため、肥料は少なめに入れておく。

元肥は、10a当たり鶏糞600～700kgである。肥料が多すぎると大きなタマネギになるが、味に苦味が出てしまう。また、茎が割れる症状（軟腐病）などの病気が発生し、貯蔵しても長くもたなくなる。球が割れたりもするの

第2図　分球やとう立ちを防ぐため小さな苗を植える　（写真提供：木村信夫、以下K）

で、小さめにつくる。

栽培が冬にはいるし、マルチをしているので灌水はしない。マルチで土壌水分が安定し、少肥栽培なので、タマネギの味がよくなる。

草引きは2回で決める

マルチをするので雑草は少なくなるが、苗を植えた穴から草が伸びてきて、ほかに競合する草がないので、どんどん大きくなりタマネギを覆ってしまう。そこで、早めに草を除けていく。だいたい2回ぐらい草引きすると収穫期までいく。

1回目は定植後60日ぐらいのころ、もう1回は3月上旬ごろ。遅い品種は収穫少し前に除けておくことで、収穫がラクになるし、マルチを外すときもラクにできる。

長く収穫、出荷——葉付きタマネギから球、貯蔵へ

高知県の私のところでは、4月初めからの収穫になる。一番早い極々々早生品種は、4月の初めから下旬まで葉付きタマネギを収穫、出荷する（第3図）。残った株は、葉が倒れてきたらそのままおいて、5月中旬ごろに球を掘り上げる。

葉がまだしっかりしているものは、葉付きタマネギで出すが、だんだん葉が硬くなってくる。そうなったら、先に倒れた品種を掘り、球タマネギで出荷していく。

第3図 葉付きタマネギで出荷を早める（K）

第4図 貯蔵タマネギで出荷期間を長く延ばす（K）

　そして最後に、貯蔵性の高い品種'吊り球パーフェクト'などを一度に掘りとり、1日天日に当てて乾かす（第4図）。その後は、葉がしっかりしているものは軒下へ束ねてかける。葉が弱かったり病気にかかっているものは、葉を外して球だけにして、風通しのよいところで乾かし保存して、先に出荷していく。

野菜

無施肥栽培で貯蔵中に腐らないタマネギ

執筆　魚住道郎（茨城県石岡市）

第1図　タマネギの吊り玉貯蔵
（写真撮影：依田賢吾、以下Yも）

早まきはトウ立ちを招く

　有機農業のなかで、タマネギはとくに栽培がむずかしい作物ですが、そのカギを握るのは育苗です。「苗半作」といわれますが、タマネギの場合は半作どころじゃありません。苗の出来不出来が、そのまま収穫量と直結するのです。

　私も30年以上、露地にバラまきしてみたり、条まきしてみたり、いろいろ試してきましたが、生育不良が続いて安定しませんでした。ほぼ安定したのは、ここ十数年のことです。

　まず、茨城県の場合、早生も中生も晩生も播種適期は9月20日前後です。半世紀前は9月上旬が適期でしたが、今はその時期にまくと抽台率が高くなり危険です。タマネギは一般に、葉鞘径が1cmほどに達して、10℃以下の低温に1か月以上さらされると花芽分化が起きるといわれています。温暖化のせいか、早まきすると、冬になる前に太くなりすぎてしまうのです。

　しかし、無事に越冬させるには、それなりの太さ（やや細めの塗り箸くらい）も必要です。あまり細いと定植後の活着力が落ち、結球も小さくなります。太すぎず細すぎず、ちょうどよくなるのが9月20日前後なのです。

培土に田んぼの土を4分の1混ぜる

　品種は早生の'ソニック'、中生の'ターボ'、中晩生の'ネオアース'と'猩々レッド'（いずれもタキイ種苗）を使っています。

　播種は200穴セルトレイに、1穴10～15粒。播種量が多すぎると1本1本の苗が軟弱となり、立枯れの原因となります。

　培土は腐葉土に、田んぼの土（粘土質の土、または細かめの赤玉土）を4分の1くらいにモミガラくん炭も少し混ぜます。こうすることで細根が多く出ます。

　ハスモンヨトウやネキリムシよけにネット（パスライトまたはサンサンネット）をかけて3週間、ハウス内で育苗します。

仮植方式のメリット

　10月上旬に、穴あき黒マルチ（株間15cm×条間15cm×5条）を張ったベッドに仮植（第2図）。田んぼの土には水田雑草のタネも混じっているので、育苗途中に1～2回の除草が必要です。

　なお、播種は苗床に直まきでもつくれますが、苗とりに手間がかかり、火山灰土の軽い土の場合は生育不良が起きて苗の本数確保ができなくなるケースがあります。また、セルトレイにまいて3週間後に仮植することで、除草の手間も大幅に減ります。

　さらに、仮植方式ではマルチの穴に合わせて確実に疎植栽培になるので、苗の生育ムラがなくなり、ムダ苗が減ります。定植の密度にもよりますが、タネが6dlあれば10a分の苗が確保

品目別技術　タマネギ

第2図　タマネギの仮植床（Y）
よく生えるホトケノザやハコベは手除草する

第3図　等間隔に定植するためのアイデア農具「コロコロ（3条植え用）」
（写真撮影：佐藤和恵、以下Sも）
株間15cm×条間20cmで、通路幅が60cmになるようマーカーも付けた。土に食い込むのはコーキングガンのキャップ。規則正しく植えれば除草はラク。収穫までに6〜7回自作除草器を使う

できるはずです。タネ代の節約にもなります。

定植ウネは無施肥、無マルチで

　11月上〜中旬より、生育の進んだ早生から順に苗を抜き取り、1本1本ばらして本圃に定植します。抜き取りの目安は、苗の太さが細目の塗り箸サイズになってきたら。

　定植時期を早めると、根元にタマネギバエが発生することがあります。とくに有機栽培の場合、やや未熟な堆肥やボカシ肥を使うと出やすいので注意が必要です。

　黒マルチを使うのは育苗中のみ。生育が促進され、良苗をつくるためです。本圃では、黒マルチを使いません。冬場の季節風で剥がされたり、株元に生えた草を道具で除草できなかったり、かえって手間がかかるからです。また、タマネギバエの食害も出やすくなります。石油資源の浪費やマイクロプラスチックの飛散が回避でき、収穫後の片付けも必要なくなります。

植付けには自作のアイデア農具を活用

　除草をラクに行なうため、自作の道具「コ

第4図　定植用の「竹べら」（S）
先端はグラインダーで削って薄くし、タマネギの苗が引っかかるよう溝を付けた。手のひらにフィットするよう、握り手は湾曲させてある

ロコロ」を使って等間隔で植え付けます（第3図）。ウネに株間15cm×条間20cmの穴が3条等間隔にあけられる農具です。1列ごとキレイに植わっていれば、除草は苦ではありません。また、縁農（援農）にきた人に手伝ってもらう場合も、とても作業がしやすくなります。

　大玉ねらいなら2条植えでもかまいません

597

野　菜

が、タマネギは一般的に大玉だと細胞の密度が粗くなり、貯蔵性が落ちる傾向にあります。

自作の「竹べら」も大活躍します（第4図）。タマネギ苗は10a当たり4万～5万本も手で植えます。日ごろ農作業している私たちでも、土が硬いと後半は指先や指の関節がいたくなります。「縁農（援農）」に来てくれる消費者であればなおさらです。そして、指をかばって植付けが浅くなると、冬になって苗が霜柱に持ち上げられてしまいます。手植えの際に竹べらを使うようになって、仕上がりもきれいでスピードも速くなり、冬場の浮き上がりもほぼなくなりました。

なお、「浮き苗」を防ぐには、定植後に足で株元を踏み込むのも有効です。

除草もアイデア農具でラクラク

定植から収穫までの管理は除草のみ。年内から3月ころまでに6～7回除草します。回数は多いものの、雑草の生育がまだ遅く、タマネギの葉数も少ないので、除草はあっという間です。

除草に使う自作農具は「ホウキング（もどき）」（「ホウキングによる畑の株間除草」の項参照）と「土郎丸」および「2連の土郎丸」（「有機農業による小規模有畜複合経営」の項参照）の3種類です。

4～5月になればメヒシバなどの草も出てくるし、タマネギの葉数も増えるため、除草しづらくなります。それでも、マルチのゴミを出さずにすむことを考えれば気持ちのいい作業です。

なお、道具がなければ「すり足除草」もおすすめです。タマネギの細い苗の間の草をとるのは大変です。そこで、地下足袋を履いてすり足で条間や株間の土を動かして踏み込んでやります。這いつくばって草とりするよりはるかに速く、ラクです。

無肥料栽培なら長期貯蔵できる

収穫は早生で5月上旬、中生で5月下旬～6月上旬、晩生で6月上旬～中旬です。吊り玉貯蔵する場合は、茎が畑の2/3～3/4程度倒れたところに収穫。青みが少し残っているころに収穫しないと、結束中に落下の原因となります。

なお、収穫したタマネギは翌年3月まで出荷し続けています。タマネギが貯蔵中に腐ってしまう、吊った玉が途中で落ちてしまうという話をよく聞きますが、それは大玉をねらって堆肥やボカシ肥をたくさん入れるから。多肥料でつくると大玉になる代わりに、貯蔵性が悪くなるのです。

タマネギは1年間出荷したいから、いかに保存性の高い良質のものをつくるかです。わが家は元肥も追肥もゼロ。残肥や地力だけで育てると、貯蔵期間中の腐敗が大幅に減るだけでなく、定植後に発生しやすいタマネギバエも抑えることができます。中玉クラスでしまりのいい、おいしいタマネギがつくれます。

吊り玉貯蔵のやり方

吊り玉貯蔵は庭先の建屋です（第1、9図）。タマネギの結束は40年以上前に教わった方法です。簡単で早く、乾燥が進んでも落ちにくく、長期保存に向くやり方です。

中玉タマネギは5～6個を一組として、バインダー用の麻ヒモで結束します。まず、約80cmのヒモを二つ折りにし、タマネギの首のつけ根に近い部分（自然に茎葉が倒れてくびれた辺り）を締め上げます。あとは第5～8図のとおり、ヒモの端を引っ張りながらタマネギの下をぐるっと通して、反対側に持ち上げるだけ。もう一組、同じようにタマネギを結束し、お互いのヒモを結んで竿に引っ掛ければ玉吊りの完成です。

タマネギの首を結束したヒモは結んでいないので、青かった茎葉が枯れて、水分が飛んで細くなっても、自重で徐々に締まっていき、抜け落ちたりしません。

なお、結束するタマネギの茎葉は、適度な長さを残して切ります。残していると風通しが悪くなり、乾燥しにくくなります。

第5図 80cm程度のヒモを二つ折りにして、写真のように輪をつくってタマネギの茎葉を締める（Y）
撮影用にすでに乾燥したタマネギで実演。また、現在は麻ヒモを使っている

第6図 ヒモの端を下に伸ばし（Y）

第7図 タマネギの間を通して（Y）

第8図 反対側に持ち上げるだけ（Y）

第9図 タマネギの貯蔵庫
西陽が当たるのを防ぐため、真夏はすだれや遮光ネットも張っている

野菜

農家のニンニク栽培

葉ニンニクと球・芽ニンニクのつくり分け

執筆　桐島正一（高知県四万十町）

第1図　葉どり用の畑（手前：すじまき）と球どり用の畑

（写真撮影：木村信夫、以下Kも）

球どりと葉どりを別々につくる

　高知県はニンニクの消費が多いところである。カツオのたたきに必ず添えるし、ネギの代わりにニンニクの葉を食べる習慣がある。そのため私は、球をとるニンニクと、葉をとるニンニクを分けてつくっている（第1、2図）。

　葉ニンニクは専用の畑にすじまきして、間引きしながら出荷していく。球をとるニンニクは、ウネにマルチをして、一定間隔にタネ（りん片）を一つずつ植える。マルチを使うと、タマネギと同様に、大きくておいしい球がとれる。これも間引き収穫していきながら、最終的に球をとる。春に伸びてくるニンニクの芽（花茎）も宅配ボックスに入れ、お客さんに人気がある。

　ニンニクの播種時期は9月初めから12月いっぱいとし、球どりのほうは9月のうちにまき終える。球どりの畑は、10月下旬以降1株から何本も芽が出たところを抜いて1本立ちにし、その後、生長に合わせて間引き収穫をし、春にニンニクの芽（花芽）を収穫したのち、5月に球の掘りとり収穫を迎える。

　いっぽう葉どりのほうは12月下旬までに何回か植えて、間引き収穫していく。そうすることで、長期間軟らかい葉ニンニクがとれる。

播種はしっかり上向きに

　ニンニクはマルチ栽培をするので、水はけのよい畑を選ぶとつくりやすい。

　播種（りん片の植付け）は、球どり用と葉どり用とに分けて行なう。タネは球ニンニクを個々のりん片に分けて使うが、大粒のりん片を球どり用にし、小さいものを葉どり用にする。

（1）葉どり用の播種

　1.6～1.8mのウネを立てて、2条にすじまきする。ある程度の間隔になるように、バラバ

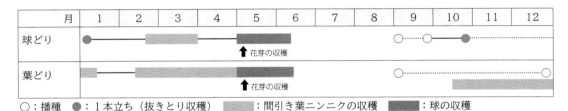

第2図　ニンニクの栽培暦

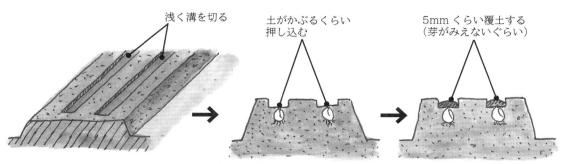

第3図 葉どりニンニクの播種

ラまいていくが、まいたあと、一つずつつまんで根のほうを下にして土の中へ押し込む。頭を上に向けたら、その頭が隠れるくらいに覆土する（第3図）。覆土が厚すぎると芽の出が遅くなるので、隠れる程度にしておく。また、浅すぎるとカラスが遊びにきて抜いたり、ニンニクの球が青くなって、分球しやすくなったりする。

（2）球どり用の播種

1.6mぐらいのやや小さめのウネをつくる。そのウネを一度雨に当ててから幅1.5mぐらいの黒マルチをする。直径1cmぐらいの棒を使って、マルチに縦横10〜15cmの間隔で穴をあけていく。その穴にタネを芽の部分を上向きに植えていく。しっかり上に向けるのがたいせつで、少しでも斜めに芽が出たら、マルチに当たって発芽できなくなる。覆土は少しするが、植え穴を2〜2.5cmの深さにすると覆土なしでもよい。

葉どりは元肥＋追肥、球どりは元肥で

肥料のやり方も、葉どり用と球どり用とでちがう。葉どり用はマルチをしないので、少し多めにする。元肥は鶏糞650〜700kg/10aを、耕うん時に入れる。植付け後の生育が順調なら、2月初めごろに1回、鶏糞200〜300kg/10aぐらいを条間へ置き肥して、春の葉ニンニクを大きくする。ただし、それ以前に葉があまり黄色くなるようだったら、12月ごろに少しの鶏糞100〜150kg/10aぐらいを株元へ入れてやる。

球どり用はマルチをするので、元肥のみにする。元肥は鶏糞650〜700kg/10aと葉どり用と同じぐらいだが、マルチ栽培では肥料分が畑土の中へ残るので、ゆっくり効いていく。その分肥料の効かせ方がむずかしく、入れすぎると腐りやすくなり、少なすぎると球が小さくなるが、少し小さめにつくったほうが病気になりにくく、貯蔵性も上がる。

草引きは、マルチ穴の草を小さいうちに

マルチ栽培の球どり畑の雑草は少ないが、タネを植えた穴から草が出てくる。地温が高く草もどんどん生長するので、大きくなる前に除く。草があると、ニンニクの株が小さくなり、球の肥大が悪くなる。

また、草を大きくしてしまうと、引くときにいっしょにニンニクを引いたり、根を傷めたりすることになるので、小さいうちに除く。

冬場の栽培なので灌水はなし。マルチ栽培ではよほど乾かない限り、しないほうがよい。

収穫、出荷──葉・芽・球と10月から6月まで

ニンニクは、植えてしまえば、草引きのほかにあまりやることがなく、わりと簡単につくることができる野菜だ。また、抜きどり、間引きによる葉ニンニクから始まり、長く収穫、出荷できる野菜でもある。

野菜

(1) 抜きどり、間引きで葉ニンニクの収穫

収穫は、球どり用を1本立ちにする抜きどりが10月下旬ごろから。球どり用の大きいタネには1個から芽が2、3本出るものがある。また、マルチ栽培なので芽が早く大きくなりやすい。数本出た芽を1本残して引き抜き収穫、出荷する（第4図）。このとき大きいものを残し、傷つけないように注意して作業する。

葉どり用の畑では、10月中ごろから先に植えて大きくなったところを間引きして、葉ニンニクを出荷していく。

1月に入ると葉が枯れてくるので、2月中旬ごろまで、約1か月は間引き収穫を休む。

2月下旬からは、まず球どり用の畑で、大きく育って込んできたところを間引き収穫する。このころになると、2～3本で1パック(100g)ができるようになる。

次は葉どり用の畑で、大きいものから収穫。これを4月ごろまで続けていくと硬くなってくるので、このときも2週間くらい収穫を休む。

(2) ニンニクの芽の収穫

次の収穫はニンニクの芽で、花茎をもって上に引っ張ると茎が抜けてくる。そのうち、長い茎のものを出荷し、短いものは自家用にする（第5図）。

(3) 球の掘り上げ

やがて、茎がだんだん硬くなってくるので、球の収穫に移る。5月初めごろから少しずつ掘り出して生ニンニクで出荷し、5月下旬～6月初めには全部掘り上げて、軒下に吊るして乾かす。収穫の最後のころになると梅雨に入るし、収穫が遅れると、球が腐ったり、茎から外れたりするので、少し早めの収穫がよい。

第4図　球どり株の1本立ちのための抜きどり（K）

第5図　ニンニクの芽（K）
10日くらいしてもう5cmほど伸びたところで抜きとって出荷

自家培養の納豆菌で春腐病を防除、ニンニク5.5haを有機栽培

執筆　藤岡茂也（兵庫県多可町）

第1図　筆者
（写真撮影：※以外は依田賢吾）
ニンニク5.5 ha（すべて農薬不使用）、ダイズ、イネを栽培する

殺菌剤に代わるものを

今から10年ほど前、多可町に新しい特産品をつくろうということでニンニク「たがーりっく」の栽培が推奨され、当農場もJAみのり・加西農業改良普及センターにご指導いただきながら、栽培を始めました。

ニンニクは春腐病になりやすく、対策として、当初は2週間に一度ほど殺菌剤を散布していました。私は当時から、イネやダイズはできるだけ農薬を使わない特別栽培にこだわっていました。それなのに、ニンニクには殺菌剤を頻繁に使用している——とても違和感を覚えました。

そこで、自社で黒ニンニクの加工を始めた7年前ころから、ニンニクも脱農薬に方向転換。殺菌剤に代わるものを探していたところ、『現代農業』でタマネギのべと病防除に納豆菌を使っている記事を見つけました。病原菌を抑える働きがあるとのこと。「春腐病にも効果があるのではないか」と考えました。

自家培養した納豆菌液を動噴で散布してみたところ、春腐病は発生したものの、発病株を持ち出したりしながら、なんとか無農薬栽培に成功。以後、毎年散布を続けています（第1図）。

生乳用のクーラー内で培養

納豆菌の培養は12月中旬から。私は酪農機械の販売やメンテナンスも手掛けており、培養には不要になった生乳用バルククーラーを使用。8,000lの培養液を6台のクーラーでつくっています（第2～5図）。各タンクに水中ポンプを設置して24時間循環させ、空気を補給しています。

使う納豆の量は、クーラー1台当たり20パックほど。これをタマネギネットにあけ、バケツの中で水にジャボジャボ濾して、タネとなる菌液をつくります。この液を、半分くらいまで水を入れたクーラーのタンクへと投入。菌のえさとしてさとうきび糖を2～3kg、無調整豆乳を2～3l入れ、最初だけ遠赤外線ヒーターで30℃くらいまで加温します。

その後は納豆菌自体が発熱するし、クーラーの保温性もいいので、冬でも加温は必要ありません。ほかの菌の影響か、たまに酸性に傾きすぎたりするので、温度やpH（通常5～5.5）はときどき確認。仕込んで3～4日後に1.5倍に加水し、さとうきび糖と豆乳を加え3日おいて仕上げて散布し始めます。

タンクの3分の1ほどを使ったら、川の水（8℃）とさとうきび糖、豆乳を注ぎ足しておくと、3～4日でまた30℃近くまで復活します。

3 ウネ用スプレーヤを自作

菌液の散布は2週間に1回程度。2倍希釈で、

野菜

◆納豆菌液の大量培養◆

12月末～4月上旬、廃品の生乳用バルククーラー8台で納豆菌液を常時約8,000ℓ培養

第2図　バルククーラーのふた裏にはヒーター（矢印）
寒い時期は数日間だけ30℃前後に温めて、発酵を促す。バルククーラーは生乳の冷却・保管に使う酪農用資材。約1,000ℓと大容量で保温性もいいので培養タンクにピッタリ

第3図　材料
約1,000ℓの水に対して納豆1.2kg、きび糖5kg、豆乳4ℓ

第4図　タネとなる菌液
納豆をすべてタマネギネットに入れて浸水。染み出たネバネバを削ぎ落とすように揉み洗う。培養にはネバネバのみを使い、マメは入れない

第5図　材料を投入
水中ポンプで菌液を循環させて酸素を送り、発酵を促進。納豆のにおいが強くなり、pH5.5ぐらいになったら完成。古くなると納豆菌ではなく乳酸菌が優占してpHがやや酸性に傾く

10a当たり100～150ℓまいています。動噴だと大変なので、数年前から500ℓタンクの後部に穴をあけた塩ビパイプを付け、ジョウロのように散布していました。ただ、1ウネずつしかまけないため、やはり時間がかかりました。

そこで、モミガラマルチャーを利用して、「ブームスプレーヤもどき」をつくりました（第6、7図）。タンクの中に水中ポンプを入れ、トラクタ内部にポンプの起動スイッチを付けて、ブームを取り付ければ完成です。かかった費用は

品目別技術　ニンニク

第6図　500lのローリータンクに原液を注入
ウネをまたぎながらトラクタを走らせ、左右に伸ばしたノズルとタンク台につけた細霧ノズルから、3ウネ同時に散布。10a当たり約10分で散布できる

約3万円。製作期間は1日でした。

出来栄えは上々です。一度に3ウネへ散布できるので、効率は以前の3倍以上。ノズルの噴出量は一定なので、面積当たりの散布量は走行速度で調整します。10aの散布にかかる時間は5～10分です。

欠かせないパートナー

当初、ニンニクの作付けは80aほどだったので、納豆は近くのスーパーで購入していました。しかし、面積は毎年倍増。現在は5.5haまで増えたので、さすがにインターネットで業務用の納豆を購入しています。

納豆菌液の散布を始めてから今日まで、なかには春腐病の発症も見られますが、無農薬でも大きなトラブルはなく順調です。菌液の使用については有機JAS認証も受け、ニンニク栽培の大切なパートナーとなっています。

（『現代農業』2022年6月号「ニンニクの有機栽培　自家培養の納豆菌で春腐病を防除」、2023年6月号「春腐病もバッチリ防除　納豆菌散布でニンニクの有機栽培」より）

第7図　自作のスプレーヤ（※）
収納・移動時は、写真のようにひもで左右の竿を引き上げて畳む（手動）。スプレーヤを使うのは12月末～4月ころ。以後はニンニクが大きくなってトラクタが入れないので、ドローンなどで散布する（7月の収穫直前まで）

品目別技術　キャベツ・ブロッコリー

キャベツの有機栽培
——基本技術とポイント

（1）有機栽培を成功させるポイント

　キャベツは環境適応性が高く，野菜類のなかでは根群の発達も旺盛で，かつ吸肥力も強いので，冷涼な時期を選び透水性の高い土壌では比較的有機施肥栽培が容易な作物である。地域ごとに作型の分化が進んでいるので，作型に適した品種を選択し，春から秋の比較的高温な時期の栽培では虫害の回避を，秋から春の比較的冷涼な時期の栽培では低温期の肥効を高めるため，圃場の土つくりを進め適時に追肥を行なうことが重要である。

　有機栽培の問題点を踏まえた栽培上の技術的留意点は以下のとおりである。

①収穫時期を慣行栽培より遅らせる

　有機栽培のキャベツの生育は，慣行栽培に比べて外葉は概して小さい。また，葉数の増加が遅く結球開始期はやや遅くなる傾向があるので，収穫適期は慣行栽培より7～10日程度遅れる。したがって，収穫時期は品種特性としての生育日数にとらわれずに，結球の締まり具合を見て収穫するように留意する。

②肥沃で排水性と保水力がある圃場を選定

　有機栽培では慣行栽培に比べて地力チッソに依存する割合が大きいので，土つくりの進んだ肥沃な圃場を選定する必要がある。また，生育に適するpHは5.5～6.5であるので，pH5.5以下の圃場では石灰質資材の施用が必要である。

　また，キャベツは土壌水分の要求量が高いので乾燥が続くと生育が遅れるだけでなく，生理障害の発生や害虫の被害を受けやすく，結球も不完全で小球になる。一方，キャベツは過湿に弱く，水田転換畑や低平地などの圃場では湿害を受けやすいので留意する。

③健苗の育成に向けた工夫

　キャベツは移植栽培を基本としており，苗質が生育の良否と収量に大きく影響するので，健

苗の育成を心がける。産地では地床育苗が広く行なわれてきたが，近年では育苗管理が容易なことから，セル成型育苗の利用が進んでいる。セル成型苗は培地量が少なく，有機培土では市販培土に比べて育苗期間が長くなると養分不足になりやすい傾向があるので注意を要する。苗の生育が悪く，育苗期間が長くなる場合は，7.5～9cm径ポットに鉢上げをすると，苗質を改善できる。なお，必要苗数は慣行栽培より2割程度多く育苗して，苗の揃い性を高める必要がある。

④低温期は肥効の発現に留意，高温期は害虫対策を徹底

　キャベツは葉菜類のなかでは在圃日数が長いので，栽培期間のいずれかの時期が低温や高温に遭遇する。低温期は地力チッソの発現が少ないうえに，有機質肥料の肥効が緩慢である。したがって，有機質肥料は定植の2週間から1か月程度早めに施用して土壌とよく混和し，無機化を進めておく。ポリマルチなどを利用して地温を高めると無機化が進み，かつ肥料養分の流亡を抑えて低温期の肥効が高まる。

　高温期はアオムシ，ヨトウムシ，コナガなどによる食害で商品性を著しく損ないやすいので，捕食性の天敵が多い圃場環境をつくるほか，定植直後の早い時期から防虫ネットによるトンネル被覆を行ない産卵を防ぐと，防除効果が高い。また有機JASで許容された農薬を利用して害虫密度を低下させることも有効である。

⑤作型の特徴に合わせた栽培管理

　以下，第1表を参照しながら，各作型で留意する点について述べる。

　春まき栽培での留意点　本作型では，ポリマルチを使用して初期生育を確保し，防虫ネットは定植直後からトンネルがけしておく。ただし，ポリマルチを使用すると適切な追肥の方法がないので，高温期に向かい肥効が発現する肥沃な圃場でないと結球に問題が生ずるので注意を要する。

　定植期の最低気温が10℃を下まわる早春まきは不時抽台（季節外れのとう立ち）の危険が

607

野　菜

第1表　キャベツの作型と呼称

地帯区分	基本作型	播種期（月旬）	収穫期（月）	作型呼称	備　考
寒　地	春まき	2上～3下 3下～5上 5上～6上 6上～7上	6～7 6～8 8～9 9～10	早春まき 春まき 晩春まき 晩春まき	ハウス育苗，トンネルもある
	夏まき	7上～7中	10～11	夏まき	
寒冷地	春まき	2上～3下 3下～5上 5上～6上 6上～7上	6～7 6～8 8～9 9～10	早春まき 春まき 晩春まき 晩春まき	ハウス育苗，トンネルもある
	夏まき	6上～7上 7上～7下 7下～8上	10～12 12～翌2 翌1～3	初夏まき 夏まき 晩夏まき	
	秋まき	8下～9下 10上～10中	翌5～6 翌6～7	初秋まき 秋まき	
温暖地	春まき	3上～4上 4上～5上 5上～6上	6～7 7～8 8～9	早春まき 春まき 晩春まき	トンネルもある
	夏まき	6上～7上 7上～7下	9～10 10～12	初夏まき 夏まき	（秋どり）
	秋まき	9中～10上	翌4～5	秋まき	（春どり）
暖　地	夏まき	6上～7上 7下～8中 8上～8下	9～10 12～翌2 翌2～4	初夏まき 夏まき 晩夏まき	（冬どり） （春どり）
	秋まき	10上～10下 10下～11下	翌5～6 翌6～7	晩秋まき 晩秋まき	（夏どり）
	冬まき	12～2	7	冬まき	トンネルもある
亜熱帯	夏まき 秋まき	8中～9上 8下～9中	12～翌2 翌2～4	晩夏まき 初秋まき	

注　1）温暖地以外は作型呼称の前に地帯区分を付けて，○○地○○まき栽培と呼ぶことがある
　　2）野菜試験場，研究資料，第16号，参考に改変

大きいので，地域に応じた作期を厳守するとともに，晩抽性の品種を選択する。

　また，収穫期の平均気温が27℃を超える晩春まきでは，黒腐病や軟腐病などが増加するので，耐病性，耐暑性の高い品種を選択する。

　夏まき栽培での留意点　本作型は播種期が高温なので，育苗は寒冷紗などを利用して遮熱と害虫防除を徹底する。定植後は適温期に入るが，害虫の多い時期でもあるので，定植直後から結球開始ころまで防虫ネットをトンネルがけ

しておく。

　夏まき冬どり栽培は，冬期が比較的温暖な海岸地域に限定される。

　秋まき栽培での留意点　この作型は，生育中期以降が低温期に遭遇し，とう立ちが起こりやすいので，晩抽性品種を用い，早まきを避けて小苗（播種後の気温7℃以上の積算気温で750℃）で越冬させる必要がある。

　低温期の栽培なので，害虫の発生は少なく，土つくりの進んだ肥沃な圃場を選び，ポリマル

チを使用すれば，有機栽培が比較的容易な作型である。

(2) 育 苗

キャベツ栽培の育苗方法は，セル成型育苗と地床育苗（第1図）が一般的で，有機栽培でも同様な方法でよい。育苗によって低温や乾燥害，病害虫に弱い幼苗期を集中管理できるほか，移植作業によって二次根，三次根の発生を旺盛にすることができる。

ここでは2つの育苗方法についてその概要を述べておく。

①セル成型育苗の概要

セル成型苗は苗鉢が小さいので，多湿・過乾燥にならないように注意し，また，根巻きの発達過剰にならないように育苗日数は春まきで30〜35日程度，夏まきで20〜25日程度とする。子葉が脱落（老化）したり，徒長していない，健苗の育成に努める。

育苗は換気が可能で灌水設備のあるハウスで行なう。ハウス周囲は防虫ネットで囲って害虫の侵入を防ぐ。

一般には128穴トレイを用いるが，早春まきでやや大苗とする場合には72穴トレイを用いる。夏まき栽培では根鉢が高温になるので，白色のトレイか発泡スチロールトレイを利用するのが望ましい。

②地床育苗の概要

地床育苗の定植適期の苗は，一般に苗丈10cm前後，本葉4〜5枚，茎径3〜4mmで，硬く締まった苗とされている。なお，三浦半島（夏まき年内どり，春どり）や愛知県，千葉県（夏まき年内どり）では，本葉5〜6葉を定植適期としている。

地床育苗は特別な施設や資材を必要としないので低コストであるが，育苗可能な時期は限られており，また圃場規模での病害虫対策が必要となる。適する地域は慣行栽培でも普及しているので，導入に際しては地域慣行に従えばよい。なお，育苗圃場には根こぶ病や黒腐病，萎凋病などの発病圃場の残渣や泥を持ち込まないように注意しなくてはならない。

第1図　地床育苗風景

(3) 土つくりと施肥対策

①肥培管理の留意点

キャベツはハクサイやレタスに比べて養分要求が高い作物であり，生育，収量はチッソの供給量が大きく影響する。キャベツのチッソ吸収は，外葉の発育が盛んになるころから急激に増加し，最終的には収穫物1t/10a当たり4〜4.5kg/10a（収量5t/10aとして20〜23kg/10a）を吸収する。したがって，キャベツの有機栽培では，この量を土壌由来の地力チッソと施用有機物由来のチッソで賄う必要がある。

地力チッソは堆肥を連用するほど高くなるが，その発現量は高温期に向かって増加し，低温期には少なくなる。このため春まき栽培ではキャベツの吸肥パターンに沿う形になるが，夏まき栽培では生育期後半ほど低下し，秋まき栽培では生育期前半に低く，結球開始以降に増大してくる。このことを前提として，有機質肥料を効果的に使うことがキャベツの有機栽培での肥培管理のポイントになる。低温期には施用した有機質肥料の分解も進まないので，単純に施用量を増やすだけでなく，有機質肥料を施用する前に微生物で発酵・分解させたボカシ肥料を施用するなどの工夫が必要である。

②圃場の選定

圃場の選定にあたっては，長期にわたって堆肥が施用された肥沃な圃場が望ましく，また，圃場の排水性に留意する必要がある。キャベツ

は過湿に弱く，地形的に多雨で冠水しやすい圃場は避けるか，あらかじめ明渠や暗渠などの排水施設を設置しておく必要がある。水田転換畑などでは心土破砕を行ない，耕盤を除去し，1m以上の有効土層を確保しておく。圃場の排水が改善されると，キャベツの生育だけでなく施用した有機物の分解も速くなり，肥効が高くなる。

また，キャベツ類やハクサイ，コカブなどのアブラナ科野菜が連作になっている圃場は極力回避し，とくに，根こぶ病や萎凋病，黒腐病の常発圃場は避ける必要がある。

③土つくり

堆肥の肥効は連用年数によって異なり，長期に連用するほど地力として発現する。そのため堆肥の施用量は有機栽培に転換当初は年間で3～5t/10aと多めにし，土の状態を見ながら年間2～3t/10a程度に減らしていく。堆肥の施用量はキャベツの前後作も含めた年間の合計量でよく，施用に際しては土壌とよく混和する。

また，キャベツは収穫物が5t/10aの場合には，カリ25kg/10a，石灰25kg/10a程度を必要とする。こうしたことから，カキやホタテなどの貝殻を粉砕処理した石灰質資材を1作当たり150～200kg/10a程度を施用するとよい。なお，キャベツの生育にはpH5.5～6.5のやや酸性の土壌が適している。

④有機質肥料の施用

有機質肥料は化学肥料と異なり，肥効が現われるまでに数週間を要するので，この期間を計算して施用時期を決定する必要がある。キャベツの栽培では，植付け前に作土全層へすき込むことが一般的である。

各作型における有機質肥料の施肥例は以下のとおりである。

春まき栽培の施肥例 春まき栽培では，定植直後から30～40日の間にテンポよく外葉を形成させる必要があり，定植直後から土壌中の無機態チッソを利用できるような施肥が必要である。

有機質肥料は定植の30日以上前に全層によく混和し，ポリマルチをかけて無機化を進める。施用量はなたね油粕か，魚粕で150kg/10a程度を基準として，地力が低い場合や定植後の外気温が低い場合は多めに施用する。

なお，化学肥料による局所施用はウネ内溝施用が一般的であるが，有機質肥料では根焼けを誘発する危険が大きい。また，春まき栽培の有機施肥は，施肥時期が限られていて，全層施用しても肥効の発現が遅くなることがあるため，(財)自然農法国際研究開発センターは有機質肥料をウネ面に浅く行なう方法（局所施用）を開発した。

第2図は春まき初夏どりキャベツについて，定植直後にウネ面の浅層（1～2cm）に施用する有機質肥料（嫌気ボカシ）の量を段階的に変えて栽培した結果である。ウネ面への施用であっても施用量の増加につれてキャベツの結球重は段階的に増加し，500g/m^2（ウネ面の面積比を50%とすると250kg/10a相当）以上では無施用に対して有意に増加した。

夏まき栽培の施肥例 夏まき栽培は地力チッソの発現が大きい時期に定植するので，元肥としての有機質肥料は80～100kg/10aと少なめにし，定植2週間以上前までに全層にすき込み，

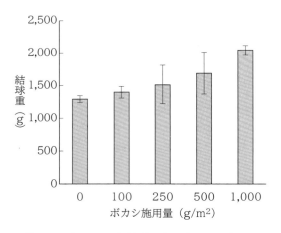

第2図 浅層への有機質肥料の施用量がキャベツの結球重に及ぼす影響

資料：(財)自然農法国際研究開発センター2000年

栽培条件：長野県松本市，標高695m，品種SE，播種4月5日，定植5月11日，収穫8月5日，定植後ボカシを地表面に散布，表層1cmに混和

太陽熱処理を行なっておく。生育後半は気温が低下してくるので，結球開始の10日前に追肥として有機質肥料100〜150kg/10aをウネ肩に浅く施用する。

秋まき栽培の施肥例 秋まき栽培は，年内はじっくりと育て，気温が上がり始める2月以降の生育を高めるように育てる。定植期はまだ地力チッソが高いので元肥施用量は有機質肥料で80〜100kg/10aと少なめにし，必ず堆肥を2〜3t/10aを併用する。

追肥は冬どりでは定植30日後に1回，春どりでは30日後と60日後ころの2回で，発酵鶏糞かボカシを100kg/10a程度，ウネ肩に浅く施用する。低温期の本作型では有機質肥料の効きが悪く，土つくりの進んだ圃場でないとアントシアンの発生が多くなる（第3, 4図）。

⑤整地・ウネつくり

堆肥や有機質肥料など有機物の施用後はトラクターなどで整地し，ウネ立てを行なう。圃場が水田転換畑の場合や大型機械による耕盤があるときは，有機物施用前に深耕や心土破砕を行なって，耕盤を除去しておく。

有機栽培ではウネ立て栽培を行なうのがよく，夏まき栽培では太陽熱処理が雑草対策に，春まき栽培，秋まき栽培ではポリマルチが生育促進と雑草抑制に有効である（第5図）。ポリマルチの裾は土中に埋めず，マルチ押さえなどで留めておくと，追肥作業が容易になる。ウネ立ての方法は慣行栽培に準じる。

(4) 定　植

①栽植密度

キャベツは栽植間隔が狭いと結球重が小さくなり，広いと大きく育つ。肥沃な圃場や養分が十分な場合は密植でも1.2〜1.5kgの結球重となり，疎植にすると結球重が大きくなりすぎる。土つくりが不十分な場合に密植にすると小球や緩球が多くなるので，慣行栽培より栽植株

第3図　アントシアンの発生したキャベツ
秋まき栽培では有機質肥料の効きが悪く，土つくりの進んだ圃場でないとアントシアンの発生が多くなる

第4図　アントシアンの発生していないキャベツ

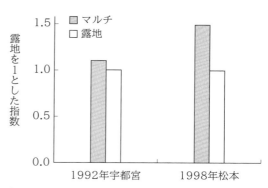

〈両地区の栽培条件〉

	栃木県宇都宮市	長野県松本市
1) 栽培場所		
2) 標高	150m	695m
3) 品種	YR23	SE
4) 播種（月/日）	3/11	4/14
5) 定植（月/日）	4/17	5/14
6) 収穫（月/日）	6/28〜7/20	7/17〜8/9

注　資料：(財)自然農法国際研究開発センター
1992年・1998年

第5図　結球重からみた有機栽培キャベツにおけるポリマルチの効果

野　菜

第2表　キャベツ有機栽培での病害虫対応策

	病害虫名	発生しやすい条件	対策	有機JAS許容農薬などによる防除法
病気	腐敗病	秋まで越冬し、春先にかけて結球する作型に多い	耐寒性の強い品種は耐病性をもっているので、作型にあわせて品種を選ぶ。春系キャベツは耐寒性、耐病性ともに弱いので常発地では作付けを避ける	無機銅剤による殺菌剤
	黒腐病	春季、秋季に発生が多く、とくに台風などで葉が傷つくと多発する	常発地ではできるだけ抵抗性品種を栽培する。輪作を行なう場合はアブラナ科作物一次伝染源となり2年以上かかる。罹病種子が多いので、健全種子の利用と苗床は雨よけ施設を利用して降雨を避けるようにする。抵抗性が、やや強の品種として松波、いろどり、デリシャス系、やや強の品種としてはYR藍宝、YR錦秋、秋まさり、冬王、彩ひかり、YRおおぞらがある	無機銅剤による殺菌剤
	軟腐病	平均気温が27℃を超えるような高温が続くと発生が増加するので、初夏から初秋に結球する作型に発生が多い	耐暑性の強い品種は抵抗性をもつので、品種の選択を慎重に行なう。病原菌は残渣や泥、水滴で伝播するので、発病株は早めに除去しておく	バイオキーパー水和剤、エコメイトを発病前から散布することで防除が可能
	根こぶ病	病原菌は連作によって増加し、排水不良の多温条件で発生が助長される。可給態リン酸60mg/100g以上、石灰飽和度60%以下の土壌で発生しやすい。秋まき（11月以降の定植）では発生が少ない	圃場の排水改善、pH矯正（目標pH6.5以上）が有効とされる（ただし、過度の酸性矯正は逆に発生を助長する場合がある）。多発圃場ではハクサイやコカブなどとの連作を避ける（本病の病原菌は水によって伝播するので、田畑輪換は抑制に効果がない）。発生がない場合、抵抗性のあるダイコンの栽培、短期の輪作や間作の根こぶ病に抵抗性のあるダイコンの栽培とそのすき込みを行なうことで圃場の菌密度が低下する	発生が少ない場合には、太陽熱消毒、無機銅剤による殺菌剤で防除可能
	バーティシリウム萎凋病	病原菌は比較的冷涼な気候を好み、発病適温は20～24℃、土壌適度はやや低いほうを好み、湛水状態に弱い。センチュウ発生圃場では本病の被害が助長される	発病適温期の収穫にならない作型で栽培する。抵抗性品種を用いる。地床育苗よりセル成型育苗のほうが発生を遅らせることができる	

612

	病害虫名	発生しやすい条件	対策	有機JAS許容農薬などによる防除法
虫	アオムシ	成虫のモンシロチョウは、チッソ過多になったキャベツを好んで飛来する傾向が見られる	栽培時にチッソ過多にならないように注意する	不織布や寒冷紗、防虫ネットによる飛来阻止。アオムシサムライコマユバチ、BT剤の利用。顆粒病ウイルスや細菌など、天然の天敵温存
	コナガ	幼虫の幼齢期は極小なので見落としやすい	数多くの天敵（寄生蜂、クモ類など）がいるため、キャベツの単一栽培を避け、バンカープランツなどにより、天敵生物を保護することで、コナガの大発生を防ぐことができる	不織布や寒冷紗、防虫ネットによる飛来阻止。性フェロモンによる交信攪乱（ある程度の面積がないと経済的ではない。以下の害虫も同じ）。BT剤の利用
	ヨトウガ・ハスモンヨトウ		産卵は卵塊で行うので、見つけて捕殺すると防除効果が高く、見逃すと被害は甚大になりやすい	不織布や寒冷紗、防虫ネットによる飛来、産卵阻止（老齢幼虫）。捕殺。性フェロモンによる交信攪乱。BT剤の利用
	タマナギンウワバ		集団発生はしにくく、大きな問題にはなりにくい	不織布や寒冷紗、防虫ネットによる飛来、産卵阻止。捕殺（老齢幼虫）。性フェロモンによる交信攪乱。BT剤の利用
	ハイマダラノメイガ（通称シンクイムシ）	残暑が厳しい時期に発生が多く、生長点を食べられると、結球できないか分球となる	残暑を避けて定植することがもっとも回避効果が高い。クレオメ（セイヨウフウチョウソウ）を、圃場の端に30株程度、6月ごろに植え付け、発生程度を調査することで発生予察が可能になり、フェロモントラップの代用として利用できる	不織布や寒冷紗、防虫ネットによる飛来、産卵阻止。BT剤の利用
	アブラムシ類	有翅虫が飛来、定着しやすい山際や宅地付近などで初期発生しやすい。問題となるダイコンアブラムシは、晩春から初夏にかけて多く発生する	初期発生しやすい場所での作付けを避ける。黄色に誘引され、銀色には忌避反応を示すので、シルバーテープなどで忌避させると、シルバーポリマルチ、シルバーテープなどがある。アブラムシなどを植えておくと、アブラムシとテントウムシなどがすみ着き、アブラムシの密度を抑制することができる。アブラムシは気門を塞ぐと、窒息するので、そうした方法がいくつか提案されている[1]	不織布や寒冷紗、防虫ネットによる飛来阻止。シルバーポリマルチ、シルバーテープの利用。天敵製剤の利用
	キスジノミハムシ	土壌中に未熟な有機物が多く、暑い時期に発生が多い	耕起後十分な時間をあけてから定植する。アブラナ科野菜の連作を避ける	不織布や寒冷紗、防虫ネットによる侵入阻止
	ダイコンサルハムシ	南関東以西で発生が見られる	圃場内外の除草をこまめに行ない、成虫の潜みやすい草むらなどの雑草や枯れ草は除去し、清潔にしておく。株間を広くして通気をよくすると発生が少ない	不織布や寒冷紗、防虫ネットによる侵入阻止

注 1) 本法は、農薬として施すと農薬取締法に抵触する。デンプン糊を水で溶いたもの、または牛乳に酢などの酸性のものを加えたものを、アブラムシに直接噴霧する。いずれも糊化過程で気門を塞ぐため、効果があるとされている。要点は濃度を濃くすること、乾きやすい時間帯に散布することであるが、葉裏の気孔も塞がれるため、アブラムシが死んだら、早めに水をかけて流す必要がある

野菜

数を10%程度減らすとよい。

一般的な栽植密度を以下に示すので，これを参考に植付け本数を決定する。

・夏秋どり（標準）：ウネ幅90〜120cm・2条，株間30〜33cm（早い作期は6,000株/10a，遅い作期は6,600株/10a）

・夏まき年内どり：ウネ幅60cm・1条または120cm・2条，株間40cm（4,100株/10a）

・冬どり栽培：ウネ幅120cm，株間26〜30cm（5,100〜6,400株/10a）

・春どり栽培（三浦半島）：ウネ幅51cm・1条，株間36cm（5,500株/10a）

三浦半島ではマルチを使用しない。

②定植と定植後の管理

定植作業は曇天の風の弱い時間帯（10時から15時ころ）がもっとも適しており，強い風が吹く日や春先の遅い時間帯，盛夏の日中は避ける。

セル成型苗は，覆土が1cm程度になるようにやや深植えとする。植付けが浅かったり，覆土をせずに根鉢が露出している場合は，根鉢の乾燥により枯死株が多くなり，結球の倒伏程度が増し結球重が小さくなる。

地床苗はあらかじめ植え穴を掘って灌水し，穴の水が浸み込んだころに定植して，周囲の土を寄せて軽く鎮圧する。

定植後は早めに防虫ネットをトンネルがけする。とくに，晩春まき栽培から夏まき栽培では，定植期の気温が高く害虫の活動が盛んなので，抱きウネでは1ウネ植え終わるごとに，単条ウネでは弓の大きさに合わせて数ウネ植えるごとに防虫ネットをかける必要がある。防虫ネットは裾までしっかり押さえなくてはならない。

定植の翌朝には圃場を巡回し，地際で切れていたり，食害を受けている苗はすみやかに補植を行なう。この際，被害株の周りの土を指で掘り，ネキリムシがいれば駆除する。またトンネルがけした防虫ネット内にチョウやガがいれば，トンネル外に出すか捕殺する。

移植後の数日間は乾燥に気をつけ，午前中にしおれるようなら，必要に応じて灌水を行なう。とくにセル成型苗は根鉢が小さく乾燥しや

すいので注意が必要である。

活着すれば原則として灌水を行なう必要はないが，長く乾燥が続き生育に支障がでることが予測されるときは，まずウネ間に灌水し，ウネに水がまわった後にスプリンクラーなどで散水する。散水は，暑い日中を避け，夕方の気温が下がってきたころに行なう。

（5）中間管理

苗の活着以降の必要な管理は作型によって異なる。とくにポリマルチ栽培では必要な作業は少ない。

①春まき栽培の中間管理

本作型ではトンネル内の病害虫にとくに注意し，発生が見られる場合はすみやかに捕殺または有機JAS許容資材で対策を行なう。

②夏まき栽培の中間管理

本作型では，春まき栽培と同様の病害虫対策のほか，太陽熱処理がうまく行なえなかったり，ポリマルチを使用しない栽培では雑草対策が必要になる。

雑草は発芽したてのころがもっとも弱いので，草かきでこまめにウネ面をかけば，キャベツが草に負けることは少ない。この場合は中耕と異なり，キャベツの根を傷めないように地表面のごく浅い部位をかくだけにして，決して耕すようなことはしない。

③秋まき栽培の中間管理

本作型では追肥が重要な管理になる。ポリマルチ栽培では，マルチの裾を上げてウネの肩に施用する。そのためポリマルチの裾は土中に埋めず，マルチ押さえなどで留めておくとよい。

（6）病害虫対策

主要病害虫の発生しやすい条件と対策，有機JAS許容農薬などによる防除法を第2表に示した。

（7）収穫

収穫作業は，慣行に準じて行なうが，結球部の締まり具合を手で押して確認しながら，選択収穫を行なう。出荷調製に際してガの幼虫が内

品目別技術　キャベツ・ブロッコリー

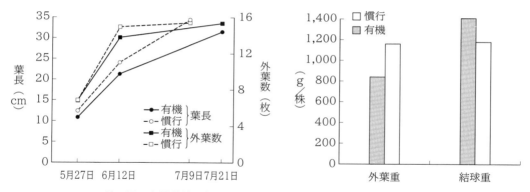

第6図　有機栽培と慣行栽培のキャベツ外葉発育と結球重の相違
資料：(財)自然農法国際研究開発センター2010年

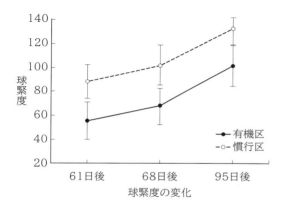

第7図　有機栽培と慣行栽培のキャベツの球緊度の変化
資料：(財)自然農法国際研究開発センター2010年
長野県松本市，標高695m，耕種概要：播種6月29日，定植7月23日，収穫調査9月22，29日

部まで食い込んでいることがあるので，切り口側からも必ず確認する。

有機栽培の収穫期は，概して慣行栽培のそれより1週間から10日程度遅れる傾向がある（第6図）。

長野県の寒冷地における早春まき初夏どり（'YR春空'定植5月7日）の例では，定植後20日の葉齢は変わらなかったが，その16日後には有機栽培では慣行栽培に比べ1葉程度少なく，有機栽培の収穫期は10日程度遅れ，外葉重は慣行栽培の70％程度であった。しかし，7～10日後には結球重は慣行栽培並みとなった。

このため，収穫日は定植後の日数ではなく，試し切りで決定するが，収穫適期を判断する球緊度（球の硬さ）は，一般に第7図のような目安が提案されているので参考にする。

採り遅れになると裂球が増えるので留意する必要がある。

球緊度＝（結球重g／（球径cm＋球高cm）／2）×1000

球緊度70～90が収穫適期

執筆　自然農法国際研究開発センター
（日本土壌協会『有機栽培技術の手引（葉菜類等編）』より抜粋，一部改編）

野菜

農家のキャベツ・ブロッコリー栽培

害虫は防風ネットだけでほぼ防げる

執筆　東山広幸（福島県いわき市）

第1図　収穫前の秋キャベツ
無農薬でも、外葉に多少の食害が見られるくらい

虫害との闘い

キャベツは、あまりにもお馴染みの野菜だが、圧倒的に虫害にあいやすい野菜でもある。一般には農薬なしには栽培がきわめて困難と思われている。だからこそ無農薬のキャベツやブロッコリーは価値があるのだが、栽培には手間がかかり、つくる側からするとあまり割に合う野菜とはいえない。

ただ、害虫は虫よけネットだけでほぼ確実に収穫できる（第1図）。収穫は鎌で切るだけで手間いらずだから、これまで虫害で無農薬栽培をあきらめていた方も、ぜひ挑戦してほしい。なお、ブロッコリーも基本的に、栽培法はキャベツとほとんど同じである。同時に紹介したい。

キャベツもブロッコリーも夏まきがおすすめ

キャベツは作型に応じて膨大な品種が育成されている。作型に合った品種を使わなくてはよい出来にならないので、カタログをよくみて品種を選ぶこと。おすすめの作型は夏まき秋冬どり、秋まき春どりで、ややリスクがあるが、厳冬期まき初夏どりの作型も可能だ（第2図）。

ブロッコリーには、春作と秋冬作がある。どちらも無農薬で可能だが、春作は収穫期間が短いうえに障害が出やすく、とくに春が雨がちの年は花蕾が腐ることもあるから、夏まき秋冬どりの作型が中心となる。

基本的に品種の早晩性の違いで収穫期をずらすが、中早生種ではタネまき時期をずらすことによって、収穫期を大幅に広げることが可能だ。

（1）夏まき秋どりの品種

梅雨明け直前にまいて、10～11月にとる作型。初期の虫害にだけ気をつければほぼ確実に結球するので、割合つくりやすい作型。品種は'初秋'（タキイ）がおすすめ。味がよくて栽培も簡単だ。

ブロッコリーでは、古い品種だが'緑嶺'（サカタ）がつくりやすい。このほか大きな2番花蕾（セカンドドーム）がとれるという'ひびき'（ナント）もおもしろいし、根こぶ病の心配がある圃場では'しげもり'（ヴィルモランみかど）が根こぶ病にある程度耐病性がある。ただし、ホウ素欠乏が出やすいという欠点もあるが。

（2）夏まき冬どりの品種

梅雨明けからお盆ころにまいて、初冬から初春にかけて長々と収穫する作型。野菜の少ない時期にとれ、寒い時期に手間いらずで収穫できるのでありがたい。味も最高で、後半は虫害も

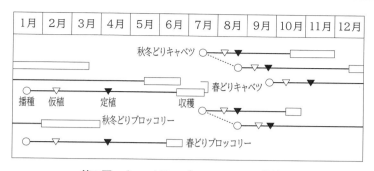

第2図 キャベツ、ブロッコリーの栽培暦

少ない。

ただし、寒い年は凍害が出るし、タネまきが遅れたり肥切れすると、キャベツでは結球しなかったり、結球が遅れて一気に裂球することがある。ブロッコリーでは3月ごろになっていっせいに収穫となって、売り切れなかったりする。

キャベツの品種は12～1月どりは'輝岬'（タキイ）がおすすめ。なにより品質がよい。2～3月どりは'湖水'（タキイ）もよいが、菌核病が出やすい。この時期は寒玉系もよいのだが、コヤシ食いの品種が多いのが難点である。

ブロッコリーの晩生種には多くの品種があるが、まだ決定打といえるものを知らない。とりあえず'エンデバー'や'グランドーム'（どちらもタキイ）を使っているが、厳冬期の肥大がイマイチである。

(3) 秋まき春どりの品種

秋の彼岸ごろタネをまき、5月ころに収穫する作型。

冬の間はハクサイダニ以外の害虫はほとんど出ないが、収穫のころは気温が上がってくるので、アオムシやヨトウムシなどがいっせいに出てくるし、菌核病などの病害も多発する。

また、冬の間はヒヨドリの食害を受けやすい。それさえなければ確実に結球するのでつくりやすい作型。品種は裂球しにくい'味春'（タキイ）がおすすめだが、極早生種のわりには結球が遅いのが欠点。

播種は虫よけネットの中で

220穴のペーパーポットか200穴のプラグトレイにまくが、水やりや鉢上げの簡便さから私はペーパーポットを使っている。

夏の暑い時期は発芽まで日陰の涼しいところに置く。日向に置くと発芽が著しく悪くなる。本葉1.5枚ぐらいで9cmポリポットに鉢上げする。管理はすべて虫よけネット（サンサンネット）の中で行なう。

真冬どりの肥切れには米ヌカ

キャベツやブロッコリーで根こぶ病抵抗性のよい品種はほとんどないので、根こぶ病汚染地でない畑を選ぶ。アブラナ科を栽培したあとにヘイオーツを緑肥に取り入れると、根こぶ病予防になる。

草を生やしているとネキリムシ被害が多いので、1か月以上前から何度かロータリをかけ、きれいにしておく。

真冬どりの作付け場所には定植ひと月以上前に米ヌカ（予肥）を振って何度かロータリをかけておくと、冬の肥切れを防ぐことができる（第3～5図）。定植前にはカキガラ石灰も振って、すき込んでおくと石灰分だけでなく、微量要素の補給にもなる。

キャベツもブロッコリーも、ウネ間70cm、株間40cmとし、虫よけネットのトンネルの関係で、2条で1セットとなる。トンネルのフレームは210cmの規格品、ネットは幅180cm

野菜

第3図 米ヌカ予肥をやった真冬どりキャベツ
肥切れの気配がなく、凍害が少ない

第4図 米ヌカ予肥をやらなかったキャベツ
肥切れして結球せず散々

以上のサンサンネットなど専用の防虫ネットでもよいが、「防風ネット」（4mm目合い、幅2m）で十分。安くて丈夫なのでおすすめだ。ビニールトンネルではないので、フレームも2mおきで十分。

定植は、植え溝を切って、そこにモミガラ堆肥と魚粉をまいておく。堆肥がなければ魚粉だけでも可。魚粉は10m当たり1kg程度。魚粉の上に直接植えたら根が傷みそうだが、まったく問題ない。

植えたらすぐに虫よけネットのトンネルをかける（第6図）。定植時にもモンシロチョウがヒラヒラしていたりするから、手早くやらなくては卵を産みつけられる。ただ、少しぐらい産みつけられても大勢に影響はないので、過剰に心配しないこと。

トンネルを外して土寄せ、すぐ戻す

定植後半月あまりして苗が大きくなったら、ネットやフレームを外してウネ間に追肥として魚粉を振り、培土板をつけた管理機で土寄せする。このときも土寄せが終わりしだい、すぐに

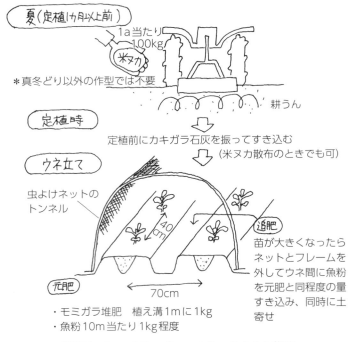

第5図 キャベツ、ブロッコリーのウネと施肥

トンネルをかけ直す。これが管理としてはいちばん面倒な作業だ。

ただし、10月中旬以降の土寄せなら、トンネルをかけ直す必要はない。先に土寄せが終わったものも、10月半ば以降はネットを外したほうが、ガッチリと育ってキャベツも立派なものがとれるし、ブロッコリーの花蕾もでかくな

第6図　夏まきでも、虫よけネットのトンネル内で育てれば虫害は防げる

第7図　ブロッコリーのヒヨドリよけ

第8図　ブロッコリーはこの頂花蕾のあとの側枝もとれる

る。

　ただし、冬にヒヨドリが来襲する地域では、今度は鳥よけネットとしてかけ直さなくてはならない。その際、キャベツはフレームなしのべたがけでいいが（大雪のときフレームがあると折られる）、ブロッコリーは花蕾がネットと擦れて売り物にならなくなるから、ブロッコリーのウネと平行に1条でフレームを立て（第7図）、ネットも1条ごとにかける。これなら大雪でもフレームが折られることはない。ただし、この場合は条間70cmでは狭いので、冬に収穫を予定しているものは条間80〜90cmにしたほうが作業上やりやすい。

ブロッコリーは側枝もとる

　キャベツは一発どりで終わりだが、ブロッコリーは頂花蕾のあとに側枝がとれる（第8図）。店頭ではほとんど頂花蕾しか売られていないが、直売では側枝のほうが人気だったりするから、しっかりとったほうがよい。そのためにも肥切れは厳禁で、予肥が重要になってくるわけだ。

野菜

キャベツは春植えと秋植えで長期出荷

執筆　桐島正一（高知県四万十町）

第2図　パオパオは必須
（写真撮影：木村信夫）
収穫前に外して外気に当てて味をよくする

長期出荷のための春植えと秋植え

　小玉で甘味が強く、軟らかく、しっかり結球するキャベツをつくりたい。私の場合、宅配ボックスで送る関係で、小さい品種を使い、また小さく育つようなつくり方をしている。

　育苗は、春と秋の年2回である（第1図）。春初夏どりは、播種は1〜2月に行なう。寒い時期なので踏み込み温床をつくり、育苗する。品種を早生、中生、晩生と組み合わせてまくと、収穫期間が5月初め〜6月下旬と長くなって、宅配ボックスでの出荷には都合がよい。

　いっぽう、播種時期を極端に早めて12月初めに早生種をまき、パオパオ（不織布）がけして育てると、4月に収穫、出荷できる。この作型は寒さのために結球しにくいが、マルチやビニール被覆をすると、球がよく育つ。

　秋冬どりは8月中旬に播種する。暑い時期なので、涼しい軒下などに置いて育てる。ただし、あまり日陰だと徒長するので、注意したい。

　春と同様に早生とともに遅い品種をまいておくことによって、長くとることができる。早生種は10月中下旬の収穫となるが、早く終わる短期間種なので、少量とする。遅い品種は12〜2月くらいまで収穫できるので、多くまいて長期間出荷できるようにする。

播種、育苗

　播種は、ホームセンターなどで売っているトロ箱に、200〜250粒くらいをまく。覆土・灌水したあと、新聞紙などで上を覆うと発芽しやすい。また、この時期から育苗期間中パオパオなどをかけておくと、アオムシなどの害虫に食べられなくてすむ。

　本葉が出始めたら72穴のセルトレイ、または4.5cmの育苗ポットに移植する。セルトレイの場合は本葉3枚くらい、ポットの場合は5〜6枚で畑に定植する。

春と秋の畑選び、定植

　春植えの定植は、まだ寒い3月中旬〜4月初めなので、保温と虫よけのためにパオパオをかける。なお、これから日ざしが強くなってくる季節なので、畑は少し日陰になる場所でもよい。

　秋植えは暑い9月ころの定植となるので、暑さ対策にパオパオをかける（第2図）。畑は、

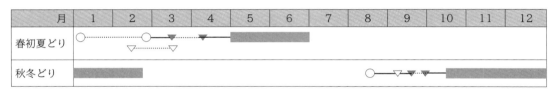

○：播種　▽：移植　▼：定植　　　：収穫

第1図　キャベツの栽培暦

日当たりがよい場所を選ぶ。また、ダイコンサルハムシが9月下旬ごろに多く発生するので、前年の発生状況をみて、少ない畑を選ぶ。また、2か所以上の畑でつくり、危険分散をする。定植については、苗に元気があるときに植えることで、サルハムシにも強くなり、また育てやすくなる。

植付け密度は、1.6～1.8mウネの2条植えで、株間30cmとし、ミニキャベツでは25cmくらいにする。大きくなる品種ではもっと広くし、また春初夏どりは雨が多く病気が出やすい時期なので、秋冬どりよりも広く植えるとよい。

作期で元肥、追肥を変える

キャベツの有機・無農薬栽培では全般的に肥料を少なめで育てることが、病気にかかりにくくし、味よく育てるための基本である。

ただし、春と秋では少しちがう。春はこれから暖かくなるため、生長が盛んで、施した鶏糞の分解も早く、肥料切れをおこしやすい。元肥を中心として追肥を1回施す。秋は寒くなっていく時期なので、元肥だけでゆっくり育てていく。

春の元肥は乾燥鶏糞を10a当たり400～500kgを耕うん時に施し、150kgを追肥とする。追肥の時期と判断は、葉全体が黄緑色になった時期で、畑の3分の1がその状態になったら、条間へ入れる。

秋は元肥一発で、乾燥鶏糞を10a当たり500～600kg、耕うん時に施す。

生育中の管理のポイント

灌水は、乾いたら行なうのが基本だが、春植えは定植時だけで、そのあとは灌水しないことが多い。秋植えは、残暑が残る9月から10月いっぱいは、1週間に1回程度の灌水をする。

春も秋も水を多くやりすぎると、根傷みや菌核病を呼びおこすので、少なめがよく、そのためには水管理がラクな高ウネにするとよい。

パオパオは定植したらすぐにかける（第2図）。秋は収穫期近くまで張っておき、2週間くらい前に外して外気にならしておくことで味がよくなる。春も基本的には同じだが、草引きのタイミングで少し早く外す場合がある。

草引きは春植えも秋植えも1回が標準で、春は定植後3～4週たったころに草引きする。秋植えは気温が高い時期で雑草の生長が早いので、定植後1～2週間で草引きすると抜きやすい。

なお、草の中で収穫を迎えると、菌核病、白絹病、疫病などにかかりやすいので、収穫2週間前にもう1回行なうと、風通しがよくなって病気やヨトウムシなどの害虫が少なくなる。

おいしく収穫、出荷

結球を確かめて収穫するのが基本だが、私は宅配で長く出荷するため、初めのころは一つひとつのキャベツをみて、球が少し軟らかめでも、巻き始めたものから収穫して、出荷する。

とくに、春植えは暑い時期の収穫のため、どんどん生長して、球の割れも早くくるので、毎日様子をみるようにして、早めに収穫をする。収穫終了は、まだ収穫できそうだと思っても、早めに切り上げるようにすると、味のよいうちに収穫、出荷を完了することができる。

秋植えは逆に、しっかり結球してからでも収穫期間が長く続く。

キャベツをおいしく収穫するタイミングは、頭の部分を少し押してみて、中がしっかりしているもの、色は中心が少し黄緑色になってきたときである。とり始めのキャベツはみずみずしく軟らかで、収穫の終わりに近づくと少し苦味が出てくるが、硬くよくしまった球になる。

私のところでは外葉もつけて送っているが、これは輸送中の傷みを防ぐためである。

野菜

キャベツとブロッコリーの大苗栽培

執筆　魚住道郎（茨城県石岡市）

害虫は遅まきで回避し天敵任せ

　近年は異常高温や干ばつが多く、夏場の育苗や栽培はむずかしく、秋口に害虫の異常発生を招くこともあります。たとえばハスモンヨトウは、大発生すると畑からムシャムシャと音がするくらいで、私も50年で一度だけ経験があります。

　害虫の発生が多いアブラナ科野菜の栽培では、防虫ネットをかけて守ろうとする農家がほとんどですが、高温下のトンネル栽培は通気性が悪く、病害を呼ぶこともあります。

　魚住農園では、ネットで守るのは苗の間だけ。定植後はネットをかけません。ウネ間90cm、株間35～40cmの疎植で定植し、陽当たり、通気性がいい状態で育て、病気の発生を防ぎます。

　害虫は天敵昆虫に任せています。アオムシには天敵のアオムシサムライコマユバチが寄生して、体を内側から食い破ってやっつけてくれます（「有機農業による小規模有畜複合経営」の項参照）。

　ハスモンヨトウも10月下旬〜11月上旬になれば全滅します。農薬を使わない畑には、ハスモンヨトウに感染し、死滅させる病原菌が土壌中にたくさんいます。低温期になるとヨトウに感染が広がり、きわめて短期間に白色化し、バタバタと死に始めて全滅していきます。その様子はまるで、殺虫剤でもまいたかのようです。

　ただし、キャベツは結球時、ブロッコリーは花蕾形成時に害虫に入られると被害が大きくなります。そこで大事なのが播種時期です。

　魚住農園では、8月下旬〜9月上旬にかけて、2〜3回に分けて育苗します。定植は10月上旬〜10月下旬。12月上旬から2月、3月にかけて結球、花蕾形成を迎えるようにしていま

第1図　定植が近付いた苗床の様子
（写真撮影：依田賢吾）
育苗後半はトンネルを外す

第2図　大苗を深植え
（写真撮影：佐藤和恵、以下Ｓも）
キャベツやブロッコリーは不定根が出る

品目別技術　キャベツ・ブロッコリー

第3図　定植後も灌水ゼロ（S）
しんなりとしおれてもヘッチャラ（雨の予報がなければひしゃくで1杯ずつ灌水しておく）

第4図　定植6日後の様子
雨も降って、ピンと立ち上がっている。キャベツの品種は彩音（タキイ）、ブロッコリーはしげもり（みかど協和）

す。キャベツやブロッコリーの播種時期を、地域の慣行より半月から1か月遅らせることで、被害を回避できるのです。

なお、ハスモンヨトウはサトイモやダイズの葉に産み付けられることが多いので、キャベツやブロッコリー、カリフラワーはその近くに植え付けません、もっとも、ヨトウの食害を受けても、キャベツやブロッコリーは真冬になれば、小さいけれども収穫できます。

夏育苗は地床に限る

育苗は露地（地床）です（第1図）。今は一般的にセルトレイのほうが多いと思いますが、高温・乾燥期のセル苗は生育が不安定です。ひんぱんな水やりで徒長、軟弱化して老化苗となり、病気が発生しやすくなります。

魚住農園では、春はセルトレイで、夏まきのキャベツやブロッコリーは露地に直まき。これが大変ラクで、とてもよい苗に育ちます。

苗床が乾いていると発芽しなかったり、不ぞろいとなるため、播種前にたっぷり水をまいて、耕うんしておきます。雨のあとがベストです。そして播種後に土の表面を平スコップの裏側やレーキ、鍬などで叩く。こうすると、毛細管現象で地表に水分が上がってくるのです。

タネはバラまきです。1.2m×6～7mの広さに約20ml。タネの厚みの2～3倍の覆土をして、スコップで叩いておく。そして防虫ネットのトンネルをかけて待てば、3～4日で発芽します。日差しが強く、土が乾いてしまいそうなときは、黒の遮光ネットで覆っておきます。

これで、定植までの約1か月間、灌水はゼロ。トンネル内の除草を1～2回するだけのラクラク育苗です。

大苗なら干ばつにも虫にも強い

地床育苗でもう一つのポイントは、肥料っ気の少ない畑を選ぶこと。細根がよく発達し、定植後の活着がよくなります。

定植適期は本葉4～6枚のころ。かなりの大苗です（第2図）。それくらいの太さの苗を定植すれば、その後の干ばつに強いだけでなく、たとえばシンクイムシの被害にあっても、早く立ち直ってくれます。

露地苗の苗とりは、スコップと手でバサバサと抜いて、根が乾かないうちに定植するだけ。畑が乾いていると活着が悪くなるので、定植も雨が降ったあとがおすすめです（第3、4図）。

定植後は、防虫ネットもかけず、追肥もせず。シンクイムシが発生したら、爪楊枝で拾い出して捕殺するくらいです。

2024年記

野菜

ソバガラ堆肥でキャベツの根こぶ病を抑えた

岩手県岩手町・三浦正美さん

第1図 右から三浦正美さん、息子さんの大樹さん、奥さんの博子さん
約60haの畑で主力のキャベツ、レタス、トウモロコシなどを栽培。耕畜連携などさまざまな取組みが評価され2005年に農林水産大臣賞を受賞。産地のリーダー

ネビジン入れても根こぶ病が出た

東北随一のキャベツ産地、岩手県岩手町でも昨夏（2010年）の天候は異常だった。雨の量が多かったわけではないのだが、短時間にドカンと降る日が続いた。畑の中には川が流れ、低い場所は水が溜まった。それに加えて、厳しい猛暑——。

こんな天候で多発したのが根こぶ病。「今まで出たことなかった畑に突然出た」「ネビジン（根こぶ病のクスリ）を多めに入れたのに出た」などという声が聞こえてくる。

三浦正美さんも、この天候には正直まいったが、ある対策のおかげで根こぶ病に困ることはなかった（第1図）。その対策とはソバガラだ。

ソバの後作には根こぶ病が出ない！？

キャベツをつくって30年以上になる三浦さん。かつては根こぶ病にずいぶん悩まされた。1枚1町歩の畑を全部ダメにしたこともある。根こぶ病は一度広がってしまうと、どんな手を打っても止められない厄介な病気。

5年ほど前、三浦さんは友人から根こぶ病にソバガラがいいという話を聞いた。信州大学の先生が研究しており、10a当たり500kgくらいのソバガラを入れると根こぶ病が抑えられるという。理屈はわからなかったが、ソバをつくった畑には根こぶ病が出ないという話は心に残った。

近くでソバをつくる地域もある。ソバガラも入手できそうだ。さっそくやってみることにした。

菌密度を下げる効果がある

ソバガラは県内の製粉工場で譲ってもらった。ただ、散布しようと思っても、ソバガラは軽いので風で簡単に吹き飛ばされてしまう。そこで堆肥に混ぜることにした。

雪が降る前の秋にソバガラを混ぜた堆肥をまいた。根こぶ病が多少出ていた畑だ。すると翌年、その畑のキャベツは根こぶ病らしき症状が見られなかった。いいキャベツが収穫できたのだ。

「根こぶが出やすい場所は水はけの悪いところと決まっているので、そこのキャベツを引っこ抜いてみたんです。根を見たら、先のほうに小さなコブがついていた。ソバガラだけで完全に根こぶの菌が消えるわけじゃない。だけど生育に支障をきたすことはなかった。これは大きい。ソバガラには菌密度を下げる効果があるなって思いましたよ」

連作のコマツナにも効いた

以来、三浦さんは15haあるキャベツ畑すべてにソバガラを入れるようにした。ネビジンはこの5年ほど買っていないが、それでも根こぶ病で困るということは今のところない。

コマツナをハウスで連作している友人が、根こぶ病が出たというので、ソバガラ堆肥を分けてあげたことがある。しばらくして連絡があり、「一発で治った！」とたいへん喜ばれた。

品目別技術　キャベツ・ブロッコリー

第2図　ソバガラの注目成分——根こぶ病に効くカフェー酸
アブラナ科野菜の根がないのに根こぶ病の休眠胞子を目覚めさせ、餓死に導く

「ハウスの中でも効いた」。三浦さんがソバガラの効果を確信した出来事だった。

カフェー酸で休眠胞子をだます

それにしてもどうしてソバガラで根こぶ病を抑えることができるのか。

信州大学の大井美知男先生の研究によると、ソバガラの成分がおもしろい働きをするそうだ。

根こぶ病菌は、ふだんは土の中でじっとしている（休眠胞子）が、アブラナ科の根が近づくと、それを感知して、休眠胞子が目覚める。そして、すぐに根に寄生して悪さをはじめる。根こぶ病菌は、アブラナ科の根しか感知しないといわれているが、ソバガラに含まれるカフェー酸も感知することがわかった（第2図）。

そこでソバガラの出番だ。アブラナ科野菜を植える前に入れておくと、根こぶ病菌はだまされて目覚めてしまう。しかし目覚めても寄生する根がないので餓死する、という仕組みらしい。

ソバガラ堆肥のつくり方と散布法

では三浦さんのやり方を見てみよう。

（1）最初にソバガラを少し軟らかくしておく

ソバガラは硬くて分解しづらいので堆肥に混ぜる前に発酵させておく。すぐに発酵するように肥料気の多い鶏糞をソバガラに対して体積で5％ほど混ぜる。水分調整のために牛糞堆肥なども適当に混ぜて撹拌すると、2日くらいで湯気がもうもうと上がってくる。そして60℃くらいになったら完了。菌が食いつける状態にしておく。

（2）堆肥3、ソバガラ1の割合で混ぜる

普段使っている牛糞堆肥（一次発酵がすんで、ニオイのないもの）に発酵処理したソバガラを混ぜる。割合は体積で堆肥3に対してソバガラ1。その後は少し寝かせておく。堆肥の山にスコップを刺し、断面に放線菌のような白い菌糸が出てきたら完成（第3図）。

（3）10a2t、前年の秋にまく

完成したソバガラ堆肥を10a2tほどマニュアスプレッダで散布。2tというのは、10aに生のソバガラを500kgくらい入れる計算。キャベツは春に植えるが、堆肥は前年の秋にまいておく。

生のまま使う場合は乾燥害に注意!?

三浦さんはソバガラをわざわざ堆肥にしてから使っている。生のままではダメなのか。

「カフェー酸の効果だけをねらうなら生のままでもいいと思います。信州大学の試験も生のままですからね。でも、有機物って一つのことだけじゃないでしょう。土に入れるといろんなことが起きる。たとえば、うちの畑は乾燥害が出やすいところがある。そういう畑に生のまま大量に入れると逆に悪影響するでしょうね」

三浦さんは長年堆肥づくりをしてきた経験から、有機物は未熟のままでなく、一度発酵させてから使うほうがいいと思っている。

散布ムラをなくす

ソバガラ堆肥散布で三浦さんが気をつけてい

625

野菜

るのは散布ムラをなくすこと。以前、堆肥が落ちなかった場所だけ、ポイント的に根こぶ病が出たことがあるからだ。

マニュアスプレッダで堆肥を散布し、その後目で確認。まばらに落ちたところがあれば、あとから軽トラに積んでまきなおすようにしている。

そのほか、アブラナ科野菜の連作は避け（なるべく違う科の野菜や緑肥をキャベツの間に3作入れる）、pHを下げないようにカキガラ石灰を入れる（なるべく畑のpHを7以上にする）ことなどにも気をつけている。

執筆　編集部
（『現代農業』2011年6月号「根こぶ病　ソバ殻堆肥でキャベツの根こぶ病を抑えた」より）

放線菌らしき白い菌がソバガラについている。根こぶ病の休眠胞子は硬いキチン質で覆われているが、放線菌はキチン質を食べる。根こぶ病に効くのはカフェー酸と放線菌のダブル効果か

第3図　前年仕込んだソバガラ堆肥。年間、約1,200 t

ブロッコリーの根こぶ病をおとりダイコン＋生石灰のウネ施用で抑える

執筆　塚本昇市（石川県農業総合研究センター）

抵抗性ダイコンを栽培すると減る

石川県では、水田転換畑で作付け拡大しているブロッコリーで根こぶ病が問題となっている。土壌伝染性病害であるため、防除法は化学農薬の土壌混和が主であるが、投入量が多量でコスト、労力面が負担となっている。

根こぶ病抵抗性に対しては、ダイコンをおとり作物として利用し、土壌中の根こぶ病菌密度を低減する方法が開発されている（第1図）。抵抗性ダイコンは、根こぶ病の伝染源となる土壌中の休眠胞子の発芽を促進し、耐久力をなくす効果がある。そのため、抵抗性ダイコンを栽培することで土壌中の病原菌の密度が低下し、後作の発病を抑制できる。

しかし、根こぶ病の多発圃場では、本方法単独では効果が安定しない欠点があった。

生石灰300kgをウネ施用

そこで、石灰による土壌pH矯正と組み合わせることで防除効果を安定させることを試みた（根こぶ病はpH7以上では発生しにくい）。

試験は、前作の春まきブロッコリーで根こぶ病が多発した汚染圃場で行なった。おとり作物は、根こぶ病抵抗性ダイコン‘CR—1’を用いた。

7月31日、‘CR—1’を10a当たり6kg播種。約1か月栽培したあと9月1日に土中にすき込んだ。

定植前の9月17日に石灰による土壌pH矯正を行なった。石灰の施用量を軽減するためにアルカリ分の高い生石灰を選択し、ウネ中央部に施用、耕起する条施用とした。施用前の土壌pH5.7を7以上に矯正するため、10a当たり300kgを施用した。

ブロッコリーは夏まきの作型で栽培した。品種は‘ピクセル’を用い、9月25日に定植した。

収穫期となる12月9日に、根部の根こぶ着

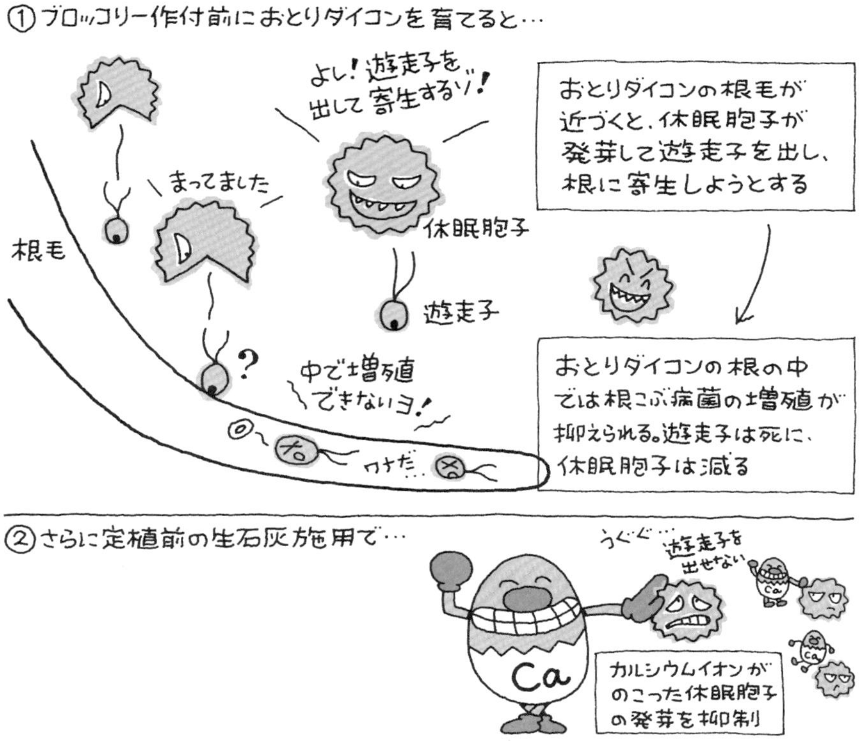

品目別技術　キャベツ・ブロッコリー

第1図　おとりダイコンと石灰で根こぶ病菌にダブルパンチ

生の有無を調査した（第2図）。おとり作物＋生石灰区は、おとり作物や生石灰の単独処理区よりも防除効果は高く、化学農薬に近い効果が得られた。収量や品質も化学農薬区とほぼ同等であったことから、本方法は根こぶ病多発圃場においても化学農薬に頼らずにすむ有効な防除方法と考えられた。

農薬混和後の畑ではおとり作物が効かない

だが、根こぶ病防除用の化学農薬を土壌混和後1年間経過していない圃場では、本防除法を用いることができない。これは、農薬により土壌中の休眠胞子の発芽が阻害されているため、おとり作物を植えても胞子が発芽せず、土壌中の根こぶ病菌密度が低下しないことがあるからである。

執筆　編集部

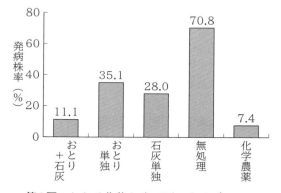

第2図　おとり作物と生石灰によるブロッコリーの根こぶ病防除効果
化学農薬：フルスルファミド粉剤を20kg/10a土壌混和

（『現代農業』2010年6月号「ブロッコリーの根こぶ病　おとりダイコン＋生石灰のウネ施用」より）

野菜

ハクサイの有機栽培
——基本技術とポイント

(1) 有機栽培を成功させるポイント

　ハクサイは冷涼な気候が適し，耐暑性は低い。繊細な細根を深く広く張る性質があるので，有効土層が40cm以上の根群域が確保できる深い肥沃な圃場では栽培が容易である。産地形成が進んでおり，全国の生産の7割以上が秋冬ハクサイで占められている。

　ハクサイの有機栽培は，作付けを適期に行ない，生育旺盛な根群を形成させ，そのうえで病害虫の防除を徹底することが成功のポイントとなる。

　有機栽培の問題点を踏まえた栽培上の技術的留意点は以下のとおりである。

①ハクサイの生理・生態に合った作型

　ハクサイは冷涼な気候を好み，外葉の生育適温は18〜22℃前後であるが，結球開始以降は15〜18℃に低下するので，有機栽培をしやすい作型は，気温下降期に適応している秋まき栽培である。

　結球期の平均気温が23℃を超えると軟腐病の発生が急増し，生産が著しく不安定になる。有機栽培では発生したら抑える手段がないので，地域の播種適期を順守し，早まきは避けるほうがよい。

②有効土層の深い肥沃な圃場に作付け

　ハクサイは根群域が広く発達するので，作付け圃場は土層の深部まで通気性がよく，降雨時に水が停滞しないことが重要で，有効土層が深いことが求められる。水田転換畑や造成畑では心土破砕や深耕を行ない，堆肥の施用が必要である。

　また，結球開始期以降は短期間（約20〜25日）で結球が完成するので，その間の生長を支える養水分が保持されている有効態リン酸が30mg/100g以上の肥沃な圃場が望ましい。

③総合的な害虫防除で商品化率を上げる

　ハクサイの低収のもっとも大きな要因は虫害による可販率の低下であり，発芽から生育初期はダイコンサルハムシやハイマダラノメイガなどに，生育初期から結球期はアオムシやヨトウムシ（ヨトウガ）による被害が顕著である。また，アブラムシ類は生育初期に発生すると生長を阻害し，生育中期以降に発生すると商品性を著しく損なう原因になる。

　そこで，ハクサイの有機栽培では，播種または定植の直後から早めに害虫対策を行なう必要がある。害虫対策には捕食性の天敵が多い圃場環境をつくるほか，定植直後の早い時期から防虫ネットによるトンネル被覆を行ない，産卵を防ぐと被害が軽減する。また，有機JASで許容される農薬などを利用して害虫密度を低下させることも必要である。

④作付け規模・時期で移植・直播を使い分け

　移植栽培は直播栽培に比べて収穫期が7〜10日程度遅くなるが，作付け規模の大きい栽培では，幼苗期の管理や病害虫防除が容易で苗の揃いを確保しやすい移植栽培が適している。とくに，低温期の春まき栽培では，低温感応による不時抽台（季節外れのトウ立ち）の防止と初期生育確保のため，移植栽培が実施される。

　しかし，ハクサイの根は繊細で再生力が弱いため，秋まきの有機栽培では断根の少ない直播栽培が実施される場合もある。

⑤作型の特徴に合わせた栽培管理

　春まき栽培の特徴と留意点　温暖地では2〜4月に，冷涼地では3月から4月にかけて播種を行ない，温暖地では5〜7月に，冷涼地では6〜7月ころに収穫を行なう。本作型は，春の生育適温期の栽培になる。

　播種期が早いほど抽台の危険性が高くなるので晩抽性の極早生品種を用い，ポリマルチとべたがけフィルムを利用して初期生育を確保する。播種が遅いと結球期が高温になって軟腐病が多発するので，播種期は可能な限り早くし，耐病性のある品種を選択して，防虫ネットをトンネルがけしておく。

　夏まき栽培の特徴と留意点　盛夏の気温が

21℃を超えないような寒地や標高の高い地域を中心として5〜7月に播種を行ない，8〜9月の盛夏に収穫を行なう。本作型は，病害虫の発生の多い時期に当たるので，耐病性の高い品種を用い，害虫防除を徹底する。標高が下がって夏期の気温がこれより高い地域では，生産が著しく不安定になるので，この時期の有機栽培は避ける。

秋まき栽培の特徴と留意点　温暖地では8月上中旬以降，寒冷地では7月下旬から8月中旬にかけて播種し，寒冷地では年内に，温暖地では年内から翌年にかけて収穫する。本作型は，幼苗期は高温であるがその後は適温期での栽培になるので，有機栽培がもっとも容易な作型である。生育初期の虫害，秋の台風被害を回避できれば，収量は多く，品質もすぐれたものが生産できる。

耐病性の品種を用いるとともに，早まきすぎるとウイルス病が多発するので，地域の慣行栽培を参考に適期播種を行なう。

なお，温暖地の遅出し栽培ではポリマルチを使用し，耐寒性の強い晩抽性品種を選んで8分結球程度で越冬させるとよい。

(2) 土つくりと施肥対策

①肥培管理の留意点

ハクサイは吸肥力が弱いので多肥栽培になりやすいが，チッソ過剰では根群の形成が進まず，石灰欠乏症やゴマ症増加の原因になる。ハクサイのチッソ吸収は結球開始ころから盛んになり，最終的には収量1t/10aに対して3.5〜4.0kg/10a（収量6t/10aとして20〜24kg/10a）を吸収する。したがって，有機栽培でハクサイの生産を成立させるには，初期生育を施用有機物由来のチッソで賄い，結球期以降を土壌由来の地力チッソで賄うことを基本として，不足分を有機質肥料の追肥で補うことができるような土つくりが必要である。

ハクサイは根傷みの回復が遅い作物なので堆肥は全層に混和し，有機質肥料は分解に伴って根に障害を生じさせないよう，夏期でも30日以上前に施用しておく必要がある。有機質肥料

をあらかじめ微生物により発酵・分解させたボカシ肥料として施用することも大切である。

②圃場の選定

作付け圃場は，長期にわたって堆肥が施用された肥沃な圃場が望まれる。ハクサイは比較的に水もちのよい圃場で生育できるが，地形的に多雨で冠水しやすい圃場は避ける必要がある。また，水田転換畑などでは心土破砕を行なって排水性を改善しておく。下層土の硬さが18mm（山中式硬度計値）以上の場合は30cm以上の深耕やサブソイラーなどで心土破砕を行なっておく必要がある。

また，ハクサイやコカブなどのアブラナ科野菜が連作されている圃場は極力回避し，とくに，根こぶ病や軟腐病の常発圃場では作付けは止める。

なお，土つくりが進んだ肥沃な圃場におけるハクサイの有機栽培では，慣行栽培に比べて同等の収穫量をあげることも可能である。

③輪作と作付け体系

根群域が狭く，リン酸過剰となったハクサイの作付け圃場では，根こぶ病や黄化病などの土壌病害が発生しやすくなり，生産が不安定となるので，理想的には3〜4年の輪作を組むことが望ましく，やむをえない場合でも少なくとも1年おきの作付けになるような輪作が必要である。前作にはイネ科のムギ類やスイートコーンを作付けると，土壌病害が減少し，ハクサイの生育が比較的安定する（第1図）。

また，根こぶ病の発生が多くない圃場では，前作におとり作物としてダイコンを作付けることで根こぶ病の発病が抑制される（第2図）。ただし，これはダイコン品種が根こぶ病に抵抗性のある場合に限られ，激発圃場では効果が認められないので注意が必要である。

④堆肥と石灰の施用

堆肥の肥効は連用年数によって異なり，長期に連用するほど地力として発現する。そのため堆肥の施用量は，有機栽培への転換当初は年間で3〜5t/10aと多めにし，土の状態を見ながら年間2〜3t/10a程度に減らしていく。

ハクサイは堆肥の施用効果が大きいので，秋

野　菜

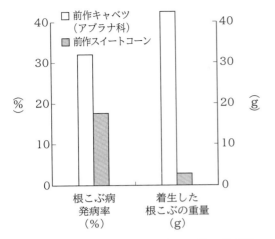

第1図　前作の種類とハクサイの根こぶ病発生程度
資料：(財)自然農法国際研究開発センター（2005）
栽培条件：長野県松本市，標高695m，耕種概要：定植8月29日，調査10月21日
発病率（％）＝（発病指数×発病指数別の株数）×100/3×調査株数。発病指数は4段階で評価した

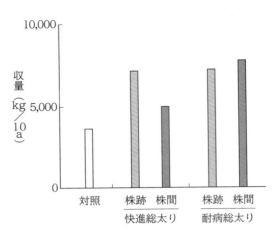

第2図　前作ダイコン作付け跡地におけるハクサイ収量
資料：長野県中信農業試験場（1994）
栽培条件：長野県塩尻市，標高740m，ダイコン作付け後にハクサイを定植し，収量を測定。株跡はダイコンの株穴に定植，株間はダイコンの株間に定植

まき栽培では作付け前に，春まき栽培では前年の秋に堆肥を施用しておく。施用にあたっては，施用ムラができないように注意し，土壌とよく混和しておく必要がある。

また，ハクサイの肥料吸収量は，収量6t/10aの場合にカリ25kg/10a，石灰25kg/10a程度を必要とする。そこで，カキやホタテなどの貝ガラを粉砕処理した石灰質資材を1作当たり150〜200kg/10a程度施用するとよい。なお，ハクサイの生育にはpH6.0〜7.0が適するとされるが適応性は広い。

⑤有機質肥料の施用と作型別施肥例

有機質肥料は化学肥料と異なり，肥効が現われるまでに数週間を要するので，この期間を計算して施用時期を決定する。とくに，ハクサイは根傷みによる生育遅延の影響が大きいので，有機質肥料は作付けの30〜40日前までに施用し，施用後に数回耕起して無機化をよく進めておく。

また，前作の麦類やスイートコーン，ソルゴーなどの稈を粉砕し，ボカシなどを加えて浅くすき込んでおくと，追肥効果が得られる。ハクサイへの追肥は，根域が横方向にも広がっているのでウネ下に対して浅く行なう。その際，中耕によって根を切らないように注意する。

各作型における有機質肥料の施肥例は以下のとおりである。

秋まき栽培における施肥例　本作型は前半の生長が早いので，元肥施用量は有機質肥料で60〜100kg/10a程度とし，必ず堆肥を施用する。後半は生育がゆっくり進むので，追肥はハクサイの様子を見ながら，直播栽培では最終間引きのあとに，移植栽培では定植20〜30日後に発酵鶏糞かボカシを40〜60kg/10a程度施用する。

春まき栽培における施肥例　本作型は気温の上昇に伴って生育が速まるので，定植直後からテンポよく生育させる必要があり，生育前半の施肥効果が大きい。堆肥は前年秋に2〜3t/10aを施用し，有機質肥料はなたね油粕や魚粕を100〜150kg/10a，米ヌカ100kg/10aを前年秋に堆肥と同時に施用する。

やむをえず春に施用する場合は，作付け直前の施用では障害を起こす危険があるので，発酵鶏糞かボカシを全層に混和する際には，必ず定植の40日以上前に施用して，ポリマルチをかけて無機化を進める。施用量は100～150kg/10a程度を基準として，地力が低い場合は多めにする。

⑥整地・ウネつくり・ポリマルチ

深耕や心土破砕は有機物施用の前に行ない，堆肥や有機質肥料の施用後はハローやロータリなどで整地し，ウネ立てを行なう。

有機栽培で多肥条件にすると，株元の通気性を良好にし，株地際の腐敗性病害の発生を防ぐためにウネ立て栽培を行なうのがよく，ウネは慣行栽培よりやや高ウネとする。ウネの形状は抱きウネのほうが作業性は高いが，単条ウネのほうが排水性，通気性に優れる。

同様に多肥栽培では，雑草対策や土壌のはね返り防止の観点からポリマルチを利用したほうが生産が安定する（第3図）。直播栽培では，ポリマルチを利用すると秋まき栽培では無マルチより2週間程度の遅まきが，春まき栽培では15～16℃以下の低温期播種が可能になる。

マルチフィルムは低温期には黒色を，高温期の栽培や秋まき栽培では地温上昇抑制やアブラムシ類忌避を兼ねて白やシルバー色を利用する。

(3) 移植栽培

有機栽培での育苗方法としては，土の量が多い練り床（ソイルブロック）や連結ポット育苗のほうが健苗を得られやすく，その後の成績もよいとみられるが，近年はセル成型育苗の利用が広まっている。育苗にあたっては，苗数を1～2割多めに用意して，定植苗の揃い性をよくするとよい。

以下ではセル成型育苗と連結ポット育苗について説明するが，練り床育苗は慣行の方法を参考にされたい。

①セル成型育苗の方法と注意点

セル成型育苗の概要 ハクサイは根群の発達が旺盛なので，苗鉢の小さいセル成型苗では根巻きの程度が過剰にならないように注意が必要である。育苗には78～128穴トレイを用い，夏まき栽培では根鉢が高温になるので，白色のトレイか発泡スチロール製のものを利用することが望ましい。

育苗日数は春まきで30日程度，夏まきで20日程度とする。灌水のやり過ぎや乾燥に注意し，子葉が脱落（老化）したり徒長していない健苗の育成に努める。

育苗は換気が可能で灌水設備のあるハウスで行なう。ハウスの周囲は防虫ネットで囲って，害虫の侵入を防ぐ必要がある。

育苗培土 培土は保水性と排水性がよく，肥料分の保持力が高いことが求められる。自家製造でもよいが，有機JASに適応した資材が販売されているので適宜利用するとよい。市販される培土の多くはピートモスを素材としており，乾燥すると撥水性を示すようになるので注意が必要である。

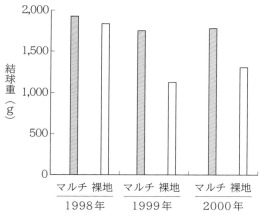

第3図 結球重からみた有機栽培ハクサイにおけるポリマルチの効果
資料：(財)自然農法国際研究開発センター(1998～2000)
栽培条件：長野県松本市，標高695m，品種優黄。元肥施用量は1998年，1999年がボカシ100kg/10a，2000年は同150kg/10a

	1998年	1999年	2000年
播種（月/日）	4/14	4/22	4/18
定植（月/日）	6/9	6/3	5/16
収穫（月/日）	7/30	7/27	7/21

野菜

播種　夏の高温期は寒冷紗などで遮光し，夕方地温が下がってから播種をする。播種は，コート種子の場合は1穴に1粒ずつまく。裸種子の場合は2〜3粒まき，本葉0.5〜1枚ころに先の尖ったはさみなどで間引く。

播種後は新聞紙などをかけて，培地が乾かないようにし，原則として出芽まで灌水をしない。また，出芽が揃ったら早めに新聞紙を取り除き，徒長させないように注意する。とくに，低温期は加温，保温を行なって20℃前後を保ち斉一に発芽させるようにする。

育苗中の管理　ハクサイは15℃以下の低温では不時抽台の危険が大きくなるので，低温期は最低気温16℃以上を維持しなくてはならない。高温期は換気などで夜温を下げ，22℃以上の高温を避ける必要がある。

なお，定植期に圃場の準備が整わない場合は，直径6cm程度のポリ鉢に鉢上げ（仮植）するなどの対策が必要である。

病害虫防除　育苗中は，育苗施設内の通気，灌水，温度に注意して，健全な生育を心がける。過湿状態ではべと病，苗立枯病の発生が増加するので換気を図る。とくに，苗立枯病は高温期に発生が多い。

高温期の育苗ではアブラムシ類，コナガ，アオムシの発生が多いので，施設を防虫ネット（0.6〜0.8mm目）で囲って，侵入を阻止することが重要である。その際，出入口も含めて，きちんと目張りをする。目合いが細かすぎると，ハウス内が高温過湿になりやすく，また軟弱徒長した苗となるので，適度な目合いのネットを選択する。

②連結ポット育苗の方法と注意点

連結ポット育苗の概要　連結ポットやポリポットを利用した育苗は，セル成型育苗より土の量が多く，根群の発達が旺盛なハクサイでは健苗を得やすく，とくに加温が必要になるような春先の育苗に適している。

本育苗は電熱温床を利用し，温度は日中23〜25℃，夜温は13〜15℃を保つ必要がある。この条件であれば，おおむね30日で本葉が8枚程度になる。

用土　用土は自家製造する場合が多く，前年夏から秋にかけて土と完熟堆肥を1：1〜2：1に混ぜて準備しておく。土は真砂土が望ましいが，水田土壌や購入土で代用してもよい。ただし，アブラナ科の作付け圃場の表土は絶対に使用しない。

土はあらかじめふるいで夾雑物を取り除き，重量の3％程度の米ヌカを加え，水分を60％に調整してから40日間程度の太陽熱消毒を行なう。その後，土と堆肥を混ぜ合わせ，発酵鶏糞か油粕を全体の0.5〜1％になるように添加し，水分を加えてよく攪拌し，菌糸が出なくなるまで切返しを数回行なう。

播種　ポットに土を詰めたあと，温床に並べ，たっぷりと灌水を行なう。表面が軽く乾いたところを見計らって，指（もしくはビール瓶の口）で押してまきつぼをつくり，2〜3粒ずつ播種を行なう。播種後はふるいでふるった土で，種子が隠れる程度の覆土を行ない，新聞紙をかけて乾燥を防ぐ。

発芽適温は20℃前後であるので，ビニールでトンネルがけをして保温する。なお，連結ポットの隙間は，くん炭や床土を充填しておくと地温が上がりやすい。

発芽が見られたら，速やかに新聞紙を取り除く。

育苗中の管理　苗が生長して込み合ってきたときは，適宜ずらしを行なって通気をよくする。

夜温は必ず13℃以上を保つ必要があり，「葉色が濃くずんぐりした草姿をしている株は，花芽分化した危険性がかなり高い」といわれている。暖かい日中は換気を行なって硬い苗を育てるようにし，とくに定植の数日前から低温に遭わないようにして，外気に慣れさせる順化を行なう。

なお，この時期の育苗は，温度とともに灌水が重要である。灌水は午前10時ころまでに行ない，夕方（午後3時ころ）には土の表面が乾いている程度にする。とくに，連結ポットは土の量が少ないので，保水量が少なく，乾燥，過湿に注意する。電熱温床は床土が乾くと温度の

伝達が悪くなるので，ときどき床にも灌水を行なう。

病害虫防除　低温期なのでアオムシやコナガは少ないが，アブラムシ類の発生には注意する。アブラムシ類は苗床が乾燥したときに発生しやすいので，暖かい日の午前中を見計らい苗床内が過湿にならない程度にポットと床面に灌水する。

③定植と栽植密度

セル成型苗は，覆土が1cm程度になるようやや深植えとする。植付けが浅かったり覆土をせずに根鉢が露出している場合は，根鉢の乾燥により枯死株が多くなる。連結ポット苗は，あらかじめ植え穴を掘って灌水し，穴の水が浸み込んだころに定植し，周囲の土を寄せて軽く鎮圧する。

秋の定植では，定植後は早めに防虫ネットで覆う必要がある。気温が高く害虫の活動が盛んなので，1ウネ植え終わるごとに防虫ネットをしっかりかける必要がある。

春の定植は，定植が終わった数ウネごとにべたがけ資材や保温資材をかけて保温に努める。

定植の翌朝には圃場を巡回し，地際で切れていたり，食害を受けている苗は速やかに補植を行なう。その際，被害株の周りの土を指で掘り，ネキリムシがいれば駆除する。また，防虫ネット内にチョウやガがいれば，外に出すか捕殺する。

移植後の数日間は乾燥に気をつけ，必要に応じて灌水を行なう。とくにセル成型苗は根鉢が小さいので注意が必要である。

ハクサイの栽植密度は地域の慣行栽培に準じる。ただし，結球期に過湿が想定される場合は，栽植株数を多少減らして風通しをよくするほうが健全な株を得やすく，結果として収量が高くなる。

（4）直播栽培

直播栽培は生育適温期に圃場に直播し，間引きを行なって1本立ちさせる栽培法である。播種量は慣行栽培より若干多めにして，間引き時の揃い性を高める。ハクサイは揃い性がよいとはいえ，直播栽培は育苗方式に比べると個体間のバラツキを生じやすいので，発芽揃いをよくし，間引きで生育を揃えることが重要になる。一斉に発芽させるには圃場の準備段階で，作土表面の砕土を十分に行なっておくことが肝要である。

播種時期や播種の方法，間引きなどの管理は地域の慣行栽培に準じる。

（5）中間管理

苗の活着以降の必要な管理は作型によって異なり，ポリマルチ栽培では必要な作業は少ない。

ハクサイは乾燥が続くと生育が遅れるだけでなく，石灰欠乏やホウ素欠乏の症状が現われ，虫害も増加する。マルチ栽培では灌水の必要は小さいが，乾燥が続いたときは暑い日中を避け，夕方の気温が下がってきたころに行なう。

ハクサイは根域が通路にまで広がるので，土が乾かないようにウネ下にワラなどを敷きつめておくとよい。これによってマルチ栽培で減少するクモやゴミムシなどの徘徊性の天敵を保護することもできる。

天敵が不足し，虫害が多発する場合は，通路を草生帯にするのも効果的である。前作から通路を広くとり，麦類やマメ科の緑肥作物を作付けて，ハクサイ初期生育時の間作とする。

秋まき栽培の追肥は，抱ウネ栽培ではポリマルチの裾をめくってウネの肩に施用する。そのためポリマルチの裾は土中に埋めず，マルチ押さえなどで留めておくとよい。

（6）病害虫対策

ハクサイで問題となる主要病害には，軟腐病，根こぶ病，黄化病，モザイク病，菌核病，べと病などがあり，主要害虫には，アオムシ，コナガ，ヨトウガ，タマナギンウワバ，ハイマダラノメイガ，アブラムシ類，キスジノミハムシ，ダイコンサルハムシ，コオロギ，ナメクジなどがあげられる。

主要な病害虫，生理障害については第1表を参照してほしい。

野　菜

第1表　ハクサイ有機栽培での病害虫・生理障害対応策

	病害虫・生理障害名	発生しやすい時期・条件	対　策
病　気	軟腐病	気温23℃以上の高温過湿条件	イネ科，マメ科作物との3～4年の輪作無機銅剤。バイオキーパー水和剤。エコメイトの予防的散布
	根こぶ病	連作。排水不良の多湿条件下。春から秋にかけての高温期	圃場の排水改善。pH矯正（目標pH6.5以上）が有効。多発圃場ではアブラナ科作物の栽培を避ける
	黄化病	発病適温は20～24℃。初発畑は傾斜地の下部やくぼ地状	水田転換で2～3年水稲を作付ける。イネ科作物とレタスとの輪作。太陽熱消毒
	モザイク病	秋まき作型で播種期が早い場合	媒介虫のアブラムシ類の防除（アブラムシ類の項を参照）
	菌核病	春まきトンネル栽培では4～5月。秋まき栽培では9～11月	発病株の焼却処分。高温期に10～20日間畑の湛水。ポリマルチの利用
	べと病	チッソ発現が過剰な圃場。多湿条件や葉が濡れている状態	寒冷紗などの被覆期間や方法に注意。風通しをよくするために密植は避ける。排水の改善と高ウネ栽培
害　虫	アオムシ	チッソ過多の生育（成虫のモンシロチョウが飛来）	チッソ過多に注意不織布や寒冷紗，防虫ネットによる飛来，産卵阻止。BT剤。アオムシサムライコマユバチ，顆粒病ウイルスや細菌など天然の天敵
	コナガ		不織布や寒冷紗，防虫ネットによる飛来，産卵阻止。性フェロモンによる交信攪乱。BT剤の利用。バンカープランツなどによる天敵生物の保護
	ヨトウガ（ハスモンヨトウを含む）		不織布や寒冷紗，防虫ネットによる飛来，産卵阻止。捕殺（老齢幼虫）。性フェロモンによる交信攪乱。BT剤の利用
	タマナギンウワバ		不織布や寒冷紗，防虫ネットによる飛来，産卵阻止。性フェロモンによる交信攪乱。BT剤の利用
	ハイマダラノメイガ（通称シンクイムシ）	残暑が厳しい時期	残暑を避けての定植不織布や寒冷紗，防虫ネットによる飛来，産卵阻止。BT剤の利用
	アブラムシ類	有翅虫が飛来，定着しやすい山ぎわや宅地付近の吹きだまり。秋に多い	不織布や寒冷紗，防虫ネットによる飛来阻止。シルバーポリマルチ，シルバーテープの利用。天敵製剤の利用
	キスジノミハムシ	土壌中の未熟な有機物が多く，暑い時期	不織布や寒冷紗，防虫ネットによる侵入阻止
	ダイコンサルハムシ	関東以西	圃場内外の除草。株間を広くして通気をよくする
	コオロギ	秋まきの直播栽培（8～10月ころ）	圃場周辺の草刈り

（次ページへつづく）

品目別技術　ハクサイ

	病害虫・生理障害名	発生しやすい時期・条件	対　策
害　虫	ナメクジ（カタツムリ類を含む）	6月の梅雨，9月の秋雨など，空気湿度が高く，気温が比較的高い時期	高ウネにし，株間を広くして通気をはかるビールをコップに注ぎ誘引，捕殺する
生理障害	ゴマ症	チッソ過剰。収穫遅れ	発生の少ない品種の選択。有機質肥料の施用量減。適期の収穫。株間を広くとる
	縁腐れ・心腐れ症	外葉生長期，結球期の石灰不足（石灰吸収低下）	土壌水分を安定させ，過湿や過乾燥を避ける。チッソ，カリ，苦土の過剰を防ぎ，有機質肥料を減らす。適期栽培。老化苗を避け，苗の活着を促す

（7）収　穫

　品種の収穫日数に達したら，結球頭部を触って締まりを確認し，2～3の試し切りを行なってから収穫作業に入る。

　収穫作業は晴天日の午前中に，高温期は気温の上がらないうちに，包丁で結球を切って行なう。この際，切った結球はウネ上にならべておき，外側の葉が少ししおれる程度になってから箱に詰める。ハクサイの結球は内部に水滴がついていることが多いため，切った直後に箱詰めをすると，葉が傷みやすく，腐敗の原因になる。

　また調整に際して，土と接した外葉部からガの幼虫やナメクジなどが内部まで食い込んでいる場合がある。とくにヨトウムシは中心部まで穿孔し，出荷先からのクレームの原因にもなるので，必ず切り口側からも確認する。

　なお，冬どりで収穫期が遅くなる場合は，露出した頂部を寒さから保護する目的で，80%程度結球した段階で外葉をまとめあげて，ワラや麻ひもなどで縛っておくと，腐敗球を防止することができる。

　貯蔵・出荷の方法については，地域の慣行栽培の方法に従う。

執筆　自然農法国際研究開発センター

（日本土壌協会『有機栽培技術の手引（葉菜類等編）』より抜粋，一部改編）

野菜

農家のハクサイ栽培

ハクサイはつくりやすい秋作に徹する

執筆　東山広幸（福島県いわき市）

虫のつきやすい野菜の筆頭

ハクサイもキャベツに並んで虫のつきやすい野菜の筆頭であるが、キャベツとは虫の種類が若干異なるので、虫害対策もかなり違ったものになる。

また、作型が幅広いキャベツと違い、ハクサイは春作と秋作の二つしかない。このうち春作は販売期間が短く、収穫期に虫害がひどいので、無農薬では栽培が困難だからつくらないほうが無難。栽培が容易で収穫期が長く、利用範囲も広い秋作に徹したほうがよい（第1図）。

根こぶ病に強い黄芯系品種

最近は黄芯系のハクサイがほとんどだが、山東ハクサイの血が入っているのか、たしかに漬物にしても味がよく色もきれいだ。以前は黄芯系ハクサイといえば、日本農林社の'新理想'だったが、この品種、根こぶ病菌をまぶしてあるのかと思うぐらい根こぶ病に弱い。わが家の根こぶ病はこの'新理想'ハクサイから始まったぐらいだ。味はピカイチで生理障害も出にくいので根こぶ病抵抗性（CR）さえあればすばらしい品種なのだが、同社から出ている根こぶ病抵抗性の新理想シリーズは、生理障害がかなり出やすくてイマイチである。

黄芯系の根こぶ病抵抗性品種は各社からたくさん出ているが、どれが決定打とはいえない。ただ、新しい品種が出るたびに、タネの価格だけはどんどん値上がりしていて、最近では1粒5円以上するのも珍しくない。私も念のために根こぶ病抵抗性品種をつくってきたが、根こぶ病抵抗性品種はどれもホウ素欠乏が出やすい気もするので、根こぶ病の心配の少ないところでは、生理障害の出にくい古い黄芯系品種を探したほうがよいかもしれない。

早くまくと虫だらけ、味ものらない

ハクサイは播種時期が重要だ。自家用につくっている農家は早く食べたいせいか、あるいは昔の播種適期そのままにまくせいか、とにかく早くまきすぎる。10月には丸まって、霜が降りるころには虫害でボコボコになるか軟腐病で腐っていたりする。

早く食べたければ中早生品種（70〜75日品種）を少しだけまいておけば十分。病虫害のリスクが大きすぎるからだ。

主力は80〜90日品種を12月から1月にようやく結球するぐらいにまく。私のところなら8月の終わりから9月の初めだ。この時期なら虫害はかなり少なくなる。

しかもハクサイは氷点下にならないとさっぱり味がのらないから、早い時期にはそんなにいらない。漬物にすればいちばんよくわかる。真冬のハクサイは、塩だけで漬けても味の素をま

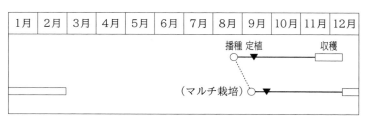

第1図　ハクサイの栽培暦

品目別技術　ハクサイ

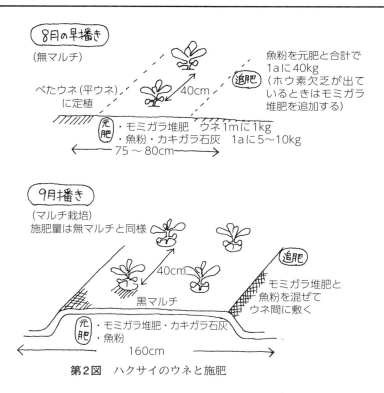

第2図　ハクサイのウネと施肥

ぶしたように、くどいぐらい濃厚な味がするが、11月に漬けたら塩の味だけである。

タネは72穴のペーパーポットに1粒ずつまく。2粒落ちてもそのまま覆土し、本葉1～2枚ぐらいのときに間引いて欠株のところに挿してやれば、1箱72株欠株のない苗箱になる。

苗のうちの虫害はバッタ類がほとんどだ。地際から入らないよう注意し、入っているのを見つけたら逃さず捕殺すれば被害は収まる。

育苗期間は半月ほどだが、大雨に当たるとコヤシが切れて情けない苗にしかならないので、定植数日前までハウス内で管理したほうがよい。

無マルチは追肥主体、マルチ栽培は元肥主体

早くにまいたものは無マルチ定植（第2図）。遅くまいたものは黒マルチを使う。コヤシはどちらも堆肥と魚粉とカキガラ石灰。無マルチは追肥が主で、マルチ栽培は元肥が主となるから、量を加減する。ハクサイはかなりのコヤシ食いなので、チッソ成分は合計で1a当たり2.5kg以上は必要。魚粉だけでいえば、30kgを軽く超す量だ。

無マルチではウネ間75～80cm、株間40cm、マルチ栽培ではウネ間160cmの2条植え、株間40cmとする。この場合、ジャガイモやサツマイモ同様、幅の広いマルチ（この場合180cm）をかけて、追肥後全面マルチにしてもよい。

無マルチ栽培ではウネ間に管理機が通せる大きさのうちに追肥、土寄せを行なう。マルチ栽培ではモミガラ堆肥と魚粉を混ぜたものをウネ間に敷いて追肥とする。あとは収穫までほったらかしだが、ハスモンヨトウの大発生時には虫つぶしに集中すること。大きな被害が出る。

ハクサイには、キャベツと違ってヤサイゾウムシなど、どうやっても防ぎきれない害虫も多く、被害の大きな畑は完全にお手上げである。スイートコーンとともに、有機栽培でもっともつくりにくい野菜といえる。

野菜

サラダにも向くオレンジ品種を小さくつくる

執筆　桐島正一（高知県四万十町）

第1図　中が黄色くなるタイプを小さくつくる
（写真撮影：木村信夫、以下Kも）

大玉品種を小さく育てる

　ハクサイは私の場合、宅配のボックスに入れて送る関係上、小さくつくりたい（第1図）。そのための品種選びは、黄色のタイプでは'オレンジクイン'がいちばんだと思う。小玉は'オレンジミニ'など、いくつかの品種が出ている。ハクサイは漬物や鍋物に多く使われるが、'オレンジクイン'はサラダにすると、甘味があって彩りもきれいでおいしく、お客さんによろこばれている。

　春まきできる品種だが、私のハクサイづくりは、9月初め〜10月初めの秋まきだけである（第2図）。いくつかの品種を使って、定植時期や収穫時期をずらして、10月下旬〜2月中ごろまでの長期出荷を行なっている。

　大玉品種でも、定植時期を遅く、株間を狭くして小さく育て、収穫を後ろにずらすことも収穫期間延長に有効である。

育苗中もパオパオで守る

　播種は、トロ箱に200〜300粒ほどまく。土は、有機入り育苗用土を購入するか、自分で山土、バーク堆肥、鶏糞などを配合して手づくりする。手づくりの場合は、そのときどきで材料に養分バランスのバラツキがあるので、発芽試験をするようにしている。また、気温が高い年には、灌水のタイミングがむずかしいので、少し遅まきで、10月初めごろからの播種にしたほうがよい。少し遅まきすることによって、ダイコンサルハムシやヨトウムシの害も少なくなる効果がある。

　播種後15〜20日すると本葉がみえ、大きく育ってくる。このころに72穴セルトレイに移植し、少し日よけをして活着を促進し、パオパオ（不織布）がけをして害虫を防ぐ。日よけは1〜2日くらいで外して、パオパオだけをかけておく。

　セルトレイへの灌水は、セルごとの給水にバラツキが出やすいので、よく見て平均的に届くようにかける。また多くやりすぎるとリゾクトニア菌やピシウム菌による苗立枯れなどの病気が出やすくなるので、慎重に水かけする。

第2図　ハクサイの栽培暦

株間で大きさを調節、植えたらすぐパオパオ

本葉3～4枚ごろ、幅1.8～1.9mのウネに2条植えする。株間は品種によって変え、小さい品種では20～25cmとかなり近く植える。大きくなる品種は30～40cmくらいに植える。

ただし、前述のように、大きい品種でも遅く植えると小さくなるので、株間25～30cmともう少し近く植える。

パオパオは育苗中からかける。畑でも定植後すぐにかけることで、アオムシなどの被害を減らすことができる。ハクサイに虫がついてからかけると、パオパオが天敵を遮るために、中は虫だらけという事態もおこる。パオパオは定植後すぐにかけること、すそはしっかり土をかけて密閉することがたいせつである。

元肥中心で2段階に分けて施す

肥料はほぼ元肥で施す。乾燥鶏糞を、10a当たり750kgを標準に、畑の状態を見て調整する。

元肥は、できれば2回に分けて施用すると、ハクサイにとってよいようだ。まず、定植15～20日前に、堆肥のようにゆっくり効く肥料として、鶏糞500kgくらいを施し、深めに耕うんして作土全層に混和する。残りは定植4～5日前に入れて、浅めに耕うんする。

もう一つの方法として、定植7～10日前に600kg入れて耕うん、混和し、残りを定植時に株元へ置き肥すると、これもすぐ効く肥料（株元置き肥）とゆっくり効く肥料の2段階となって、よく育つ。

この元肥2段階施用は、ハクサイとタカナ類だけで、ほかの多くの品目には試していないが、元肥中心の野菜には向いていると思う。

生育中の灌水と除草

灌水は、定植時に1回だけで、ほとんどしない。ただし、ハクサイがまだ小さいうちは、日照りが続いたら、2～3日おきにパオパオの上

第3図 収穫10日くらい前にパオパオを外すと、外気に当たって葉に照りが出ておいしくなる（K）

からかける。大きくなってからは、15日以上雨が降らないようなときだけ、かけたほうがよい。

パオパオをかけていると、水が切れたのに気づきにくい。放置すると結球が遅れたり、不結球になったりするので、注意が必要である。

定植後10～15日ごろに、草引き（除草）をする。三角ホーやけずっ太郎で、ウネ間、株間、通路の草をけずり落とし、株元の草は手ぐわを使ってとる。パオパオを張っているので、草引きは面倒だが、この1回の草引きは欠かせない。その後はあまり生えないが、残った草が大きくなるので、収穫のころ、手で抜くようにする。

おいしく、長く収穫、出荷

収穫期間を長くしたいので、品種によって定植時期と収穫時期をずらしていき、10月下旬から2月中ごろまでとる。収穫開始が普通より遅いのは、無農薬栽培で、ダイコンサルハムシとヨトウムシの被害を避けるために、播種、定植を遅めにしているからである。

収穫が始まる10日くらい前に、少しでも早く結球した株を選んで出荷できるように、また、外気温に当てて力強くおいしいハクサイになるように、パオパオを外しておく（第3図）。

野菜

田んぼの土でハクサイ苗の細根を伸ばす

執筆　魚住道郎（茨城県石岡市）

遅植えでヨトウと霜の害を回避

ハクサイには春作と秋冬作がありますが、一般的には秋作のほうがつくりやすく、需要もあります。しかし近年は9月でも異常な高温が続き、年を追うごとにつくりにくくなっています。魚住農園では9月中〜下旬に播種、10月上〜中旬に定植、晩生の90日タイプ（'黄ごころ90'や'晴黄''きらぼし'いずれもタキイ）を12月上旬〜2月上旬に収穫しています。

播種時期が少し遅いのはハスモンヨトウの被害を予防するため。キャベツやブロッコリーと同様に、ハクサイの播種も一般的な時期より1〜2週間遅らせています。また、播種期が早いと、耐寒性も悪くなります（ハクサイの頭頂部が霜にやられやすくなる）。

いっぽう、あまり遅くなりすぎると、品種によっては結球しにくくなるので要注意です。

田んぼの土で細根を増やす

さまざまな作物のなかでも、ハクサイはとくに細根が大事。細根が発達していないと、定植後の活着がすこぶる悪くなります。そのため、キャベツなどと違って、移植時に細根を切ってしまう地床育苗はできないので、セルトレイで育苗します。

セルトレイは72穴がおすすめ。128穴でも可能ですが、肥切れを起こしやすくなります。

育苗培土には、肥料分の少ない田んぼの土（粘土質の土）を混ぜます。多くの細根を出させるためのポイントです。培土に肥料成分が多いと、細根より主根が伸びてしまいます。そこで腐葉土5〜6に対して、肥料分が少ない田んぼの土を3〜4、モミガラくん炭を0.5〜1混

第1図　ハクサイは高ウネに疎植して病害を防ぐ
　　　　（写真撮影：佐藤和恵）

ぜて使います。田んぼの土は、定植時に根鉢が崩れるのも防いでくれます。細根が多いので活着もバツグンです。

田んぼの土は保水性がよいので、灌水の手間も省けます。なければ細かい赤玉土でもOKですが、乾かないよう注意が必要です。

育苗中はネットで保護、本圃ではネットなし

播種から定植までは、防虫ネットの中で育苗します。定植は本葉2〜3枚のころ。雨の翌日をねらうと活着がよくなります。

ウネ間90cm、株間40cmの疎植とし、高ウネ栽培で過湿を避ければ病害を防ぐことができます（第1図）。ハクサイの健全生育には、排水性と通気性のよい土壌が必要です。

定植後は防虫ネットをかけません（異常高温

第2図　ハクサイのアブラムシを食べにきた
　　　　ナナホシテントウ
　　　　　　（写真撮影：依田賢吾、以下Yも）

による害虫被害増加のため、今後は一部使用もやむをえないかもしれない）。定植後、初期の生長点にシンクイムシが出ることがあるので、致命傷にならないように、爪楊枝でつまみ出して殺します。

　たまに部分的にアブラムシが出ることもありますが、そのうちナナホシテントウの幼虫や成虫が喰い尽してくれるので、放っておいても平気です（第2図）。

　あとは管理機で一度か二度、中耕除草するのみ。よい苗ができて栽培時期を間違えなければ、収穫までの手間はかかりません。ハクサイは、外見が穴だらけでも、外葉をむけばきれいなものです。虫だらけとあわてなくても、心配はいりません（第3、4図）。

ハクサイができれば一人前の畑

　ハクサイの畑には、植付け前に10a当たり0.5〜1tの鶏糞堆肥を全面散布して、ロータリをかけてあります。

　ハクサイは地力がある程度ついてこないと、うまく結球させることができません。しかし、あわてて成果を出そうと一度に堆肥やボカシ肥を入れ過ぎると、肥料過多となり、簡単に病虫害を呼んでしまいます。

　毎年の堆肥散布で少しずつ地力をつけていって、ハクサイがふつうに結球するようになれ

第3図　虫害で穴だらけに見えるハクサイ
　　　　（Y）

第4図　収穫して外葉を落とせば中はきれい
　　　　（Y）

ば、そこは一人前の畑になったといえるかもしれません。畑によっては、10年くらいかかることもあります。

　　　　　　　　　　　　　　　　　2024年記

野　菜

根部エンドファイトによるハクサイ根こぶ病の防除

(1) この防除法のねらい

　作物の多くは、連作すると生育不良、収量低下、品質悪化、重度の場合は枯死に至る、いわゆる連作障害（主に土壌病害）をひき起こす。茨城県をはじめ、古くからのハクサイ生産地でも連作に伴い根こぶ病、黄化病などの土壌病害が頻発しており、なかには産地が崩壊状態にある地域も認められる。

　防除対策として、臭化メチル、PCNB剤などを用いた土壌消毒が広く一般に行なわれている。しかし、作物の連作に伴う土壌消毒剤の連用は耐性菌の出現をひき起こし、防除効果の減少をもたらしている。また、化学農薬の使用は、農作物に対する安全性や環境に対する影響を考慮して、全世界的に減少の傾向にあり、特に代表的な土壌消毒剤である臭化メチルは、日本国内では2005年に全廃となる（アメリカ合衆国などでは2001年）。臭化メチルは、現在でも世界全体で年間に76,000t使用されており、北米（41％）、欧州（26％）、アジア・中東（24％）、南米・アフリカ（9％）の割合である。そのため、土壌消毒以外の安全な防除法開発が世界各国で盛んに行なわれているが、現在のところ実用レベルに達した効果のある防除法は確立されていない。

　こうした土壌障害に対して、安全な防除法の代表である生物防除の取組みは*Trichoderma* spp.、*Gliocladium virens*、*Fusarium oxysporum*（nonpathogenic）などの菌類、*Pseudomonas cepacia*、*P. fluorescens*、*Bacillus subtilis*などの細菌類、*Streptomyces griseoviridis*などの放線菌類などで行なわれてきた。これらの微生物は、主に植物の根圏で生育、定着し、病害を防いでいる。根圏は、植物の根と土壌との接点であり、変化しやすい複雑な環境にあるため、多くの場合、安定した防除効果が得られない。そのため、一般の農家に広く普及するまでには至っていないのが現状である。

　今回紹介する根部エンドファイトによるハクサイ根こぶ病防除では、根こぶ病菌との戦いの場を根圏から根内に移し、植物の根の中で生活している菌類の能力を引き出し、病害防除を目指したものである。

(2) 根こぶ病防除になぜ根部エンドファイトなのか

　根部エンドファイトは、植物根内をすみかとする生物をさす。また、植物と共生関係にあり、病気をひき起こさない微生物のことをいうのが一般的である。植物の根の中には、植物と共生している菌類、エンドファイトがいることは、古くから知られていた。しかし、これら菌類の作物病害防除への利用の試みは全くなされていなかった。

　植物の根部に共生する菌類といえば、多くの人が菌根菌を連想すると思う。菌根菌は90％以上の植物に共生することができ、なかでもVA菌根菌は、経済的に重要な主要作物や園芸作物の大部分に共生することができる。しかし、VA菌根菌は、ハクサイを含むアブラナ科およびアカザ科植物には共生できず、土壌病原菌に対する防除の試みにおいても、圃場試験では効果を示していない。そこで、ハクサイの土壌病害を防除するためには、菌根菌以外の新たな共生菌を見出すことが必要であった。

(3) 根こぶ病防除に効果を示す根部エンドファイトの選定

①エンドファイトの分離

　ハクサイを含むアブラナ科植物が侵される根こぶ病は、古くから重要病害であり、生物防除の試みは数多くなされていたに違いない。しかし、圃場試験で効果を示した例は全く認められない。過去の試験例では、病害抑制の能力を持っている微生物が、植物体に定着できないために圃場で効果を示していない。

　そこで、今回は植物体に定着できる菌類を選び出すことを第一に考え、菌類を分離した。まず、日本各地より土壌消毒などを行なっていない畑土壌（栽培している作物は、ハクサイばか

品目別技術　ハクサイ

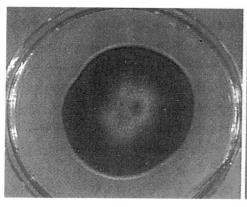
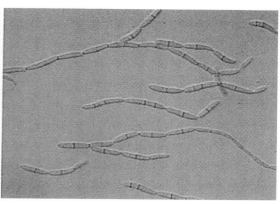

第1図　根部エンドファイト *Heteroconium chaetospira*
左：培地上のコロニー，右：コロニー上に形成された分生子

りでなく，コムギ，ダイズなど多種に及ぶ）を採取し，その土壌でハクサイ苗を生育させ，根部を回収し，よく洗浄し，根内に共生しているエンドファイトを分離した。その結果，合計で666菌株のエンドファイトが分離された。これらの菌株は，ハクサイに定着する能力を持っていると考えられる。

②病害抑制能力を持つエンドファイトの選定

次に，分離した菌株を供試してハクサイ根こぶ病のポット試験（殺菌土）を行ない，病害抑制能力を持っている菌株の選定を行なった。エンドファイトを定着させたハクサイ苗を温室内で生育させ，根こぶ病菌の感染源である休眠胞子を 4×10^6 個/g（乾土）の濃度になるようにポットに接種し，汚染土をつくり，ハクサイを生育させた。病害抑制の調査を2か月後に行なったところ，供試した666菌株中18菌株が発病指数20以下を示し，根こぶ病を効果的に抑制した。

次に，同様の方法で無殺菌土によるポット試験を行なったところ，18菌株中2菌株が，発病指数15および23を示し，根こぶ病は効果的に抑制された。これらの菌株は，両菌株とも *Heteroconium chaetospira* と同定され，同じ菌であることが明らかになった（第1図）。この根部エンドファイトは，植物体に定着する能力と根こぶ病を抑制する能力の両方を持っていると考えられ，圃場試験でも効果を示すことが期待された。

(4) 圃場での根部エンドファイトによるハクサイ根こぶ病防除

ポット試験による根こぶ病の生物防除成功の報告は，3例ある。しかし，圃場試験で効果を示した報告は現在まで全くない。そこで，ポット試験で効果を示した上記根部エンドファイトを使って，ハクサイ栽培圃場での病害防除試験を行なった。

①苗へのエンドファイトの定着

ピートモスを圧縮，固化したペレット（商品名：Jiffy－7）を養分を含んだ培地（麦芽エキス10g/l，酵母エキス2g/l）に浸し，蒸気滅菌を行なった。その後，ペレットの中心部に供試菌を接種し，培養を行ない，苗床を作成した。この苗床にハクサイ（品種：新理想，根こぶ病罹病

第2図　根部エンドファイトが定着しているハクサイ苗
根部エンドファイトが増殖しているピートペレット（矢印）を培養土として使用

643

野菜

第3図 ハクサイ根こぶ病防除試験結果
左の写真の左側：激しい萎凋症状（対照区）。左の写真の右側：健全（根部エンドファイト接種区）。
右上：主根に重度の根こぶを形成（対照区），右下：根こぶ形成がほとんどなし（根部エンドファイト接種区）

性品種）を播種し，温室内で約3週間苗を育成し，根部エンドファイトをハクサイ根部に定着させた（第2図）。

②エンドファイトの防除効果

この根部エンドファイトが定着しているハクサイ苗を根こぶ病3汚染圃場に9月上旬に移植して生育させ，11月中旬に調査を行なった。その結果，根こぶ病汚染3圃場では，97,94,86の防除価を示し，すべての圃場において根こぶ病を効果的に抑制した（第3図）。得られたハクサイの地上部は，根こぶ病に全くかかっていないものと違いはなく，出荷可能な状態であった。

圃場試験後，ハクサイ根部を回収し，再分離による定着率を求めたところ，平均で47％の高率を示した。接種した根部エンドファイトは，約3週間の育苗期間に苗床（培養土）からハクサイ根内（主に根端部）に侵入し，圃場定植後，2か月以上経過しても根内に定着していたことが明らかになった

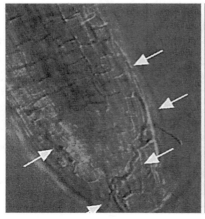 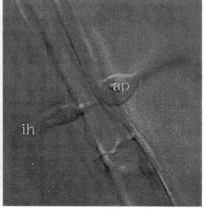

第4図 ハクサイ根内（皮層細胞内）に定着している根部エンドファイト
左：根端に認められた根部エンドファイトの菌糸（矢印），右：根部エンドファイトのハクサイ細胞内への侵入過程（ap：付着器，ih：細胞内菌糸）

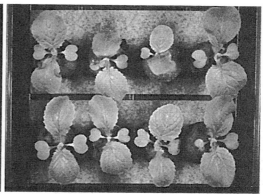

第5図　根部エンドファイトによるハクサイ苗の生育促進効果
左：根部エンドファイト接種区，右：対照区

（第4図）。すなわち，病害防除効果を示すためには，苗床での一度の処理（根部エンドファイトの接種）で十分なことが明らかになった。

③生育促進効果もある

この根部エンドファイトは，多くの植物病原菌に似た感染過程によりハクサイ根部に定着するが，感染したハクサイは病徴を全く示さず，健全であった。また，この根部エンドファイトが感染したハクサイ苗は，生育が促進される（乾燥重量で対照区に比べて約2倍）ことも明らかとなり，ハクサイとの共生関係が明らかとなった（第5図）。特に，地下部の根量の増大が認められ，根張りがよくなる傾向を示した。

近年，大規模なハクサイ産地では，機械移植が増加する傾向がある。機械移植に適している苗は，地上部がやや小型で根張りのよいものとされている。そのため，使用される培土は，肥料分が乏しいものが多い。機械移植において，この根部エンドファイトを利用することにより，根張りがよい苗を短期間で生産することが可能になると考えられる。

④利用も省力的

この防除法の特徴は，苗床で根部エンドファイトを培養しておき，そこにハクサイを播種し，育成するだけの一度の処理で，十分な防除価が得られることである。つまり，圃場での煩雑な作業は全く必要ないのである。今回は，中汚染圃場から重汚染圃場まで効果的な防除が可能であった。現実の使用場面を考えると，より完全に病害を防除するためには，殺菌剤との併用，抵抗性品種との組み合わせも有効であると考えられる。

（5）根部エンドファイトによる土壌病害防除の実用化に向けて

本研究での土壌病害防除の成功は，共生菌である根部エンドファイトが植物根内に定着することにより，後からの病原菌の侵入を防いだためと考えられる。また，本根部エンドファイトは，根圏などの根外に比べ，環境の変化による影響を受けにくい植物根内に安定して定着でき，そのため圃場試験でも病害抑制が可能であったと考える。

研究レベルでは，根部エンドファイトによるハクサイの根こぶ病防除に成功した。圃場試験での成功は世界で初めてである。栽培農家の方々に使っていただくためには，製剤化などを経て商品として普及させる必要がある。現在，微生物農薬としての登録のため，民間企業と共同研究を進め，委託試験を開始している。

前もって植物の根に根部エンドファイトを共生させ，病原菌の感染から植物を守るこの防除技術は，ハクサイの根こぶ病ばかりでなく，他の作物，他の土壌病害への適用も可能であると考えられる。現在，さまざまな作物への定着，病害抑制の試験を続けている。

執筆　成澤才彦（茨城県農業総合センター生物工学研究所）　　　　1998年記

野菜

農家のナバナ栽培

虫害の心配が少ないアブラナ科野菜

執筆　東山広幸（福島県いわき市）

病害にも虫害にもあいにくい

ナバナはトウ立ち菜を利用するということで、どちらかというとブロッコリーに似た利用法といえるが、作型としてはハクサイや冬どりの菜っ葉に似ているし、病害虫に関してはカブやダイコンに類似する（第1図）。ただ、次から次へと伸張する生長点を摘んで収穫するという性格上、病害にも虫害にも比較的強いので（生長点は病害に強く、冬に出る新芽なので虫害にもあいにくい）、アブラナ科の野菜としては栽培が容易である。

同じくトウを利用するものに、コウサイタイやサイシン、'オータムポエム'（サカタ）がある。これらはナバナよりも耐寒性が弱いが、早い播種なら同じように栽培できる。

タネまきは9月になってから

8月の後半から10月までまけ、タネまき可能な期間が長い。早くまくとアオムシ、カブラハバチ、ハスモンヨトウなどに集中攻撃を受け、出蕾期に雨が続くと蕾がみな腐る。しかもあまり早くとれてもまだ野菜の多い時期だからありがたみが少ない。だから、播種は早くても9月になってから。

基本的に、早生品種ほど早くまき、晩生は遅くまく。遅くまくと株張りが小さく収量

的にはイマイチだが、ヒヨドリの被害を受けるところでは被覆しやすいメリットもある。

播種は128穴ぐらいのペーパーポットかプラグトレイに2粒まき。ほかの菜っ葉よりも虫がつきにくいので、管理は意外と簡単。ただし、アブラムシだけは注意が必要だ。

元肥も追肥も魚粉

10月定植の場合はマルチ栽培もよいが、9月までの定植ならマルチは不要（第2図）。

元肥は堆肥もあればよいが、わずかの魚粉だけでも十分だ。できれば「米ヌカ予肥」も50～100kg/aやっておくと、冬の勢いがちがう。

株間は早い時期は30cm以上必要だが、遅い定植ほど株張りが小さくなるので密植とする。ウネ幅は収穫しやすいように80cm以上ほしいが、あまり広くすると管理機で土寄せできなくなる。

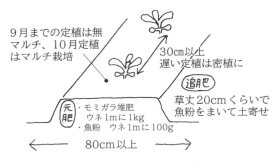

第2図　ナバナのウネと施肥

第1図　ナバナの栽培暦

品目別技術　ナバナ

20cmぐらいに育ったらウネ間に魚粉をまいて土寄せする。土寄せしないと姿勢が悪くなるし、季節風で振り回されて根元からちぎれて枯れることがある。

ヒヨドリと凍害から守る

主枝花蕾は太くて短いのであまり品質はよくない。ブロッコリーと違って側枝が主力である。

厳冬期にはヒヨドリの食害を受けることがある。覆いが何もないと蕾の回りの葉をついばみ、オマケに糞だらけにされて売り物にならなくなる。

ほかの菜っ葉では不織布のべたがけで覆えば問題ないが、ナバナのように高さのあるものでは、肝心の蕾が擦れて傷むし、不織布の糸が絡んだりして売り物にならない。この対策としては、ブロッコリー同様、蕾が擦れないようにトンネル支柱を挿し、防風ネットでもかける以外ない。

厳冬期には凍害でかなりのダメージを受けるが、枯死しなければ春になって回復して収穫が見込める。ただそのころには、ちぢみ菜などのほかの菜っ葉の菜の花も出てくるからありがたみが少ない。厳冬期にもとれるように、中晩生の品種を風当たりの弱い暖かな畑でマルチ栽培するのをおすすめする。

春先の肥料の効きを避けて、甘く香り豊かに

執筆　桐島正一（高知県四万十町）

1〜4番花まで、それぞれ違う味わい

ナバナは1月から、ときには4月初めころまで長くとれる野菜で、1番花から4番花の一部まで（害虫が多くなるまで）収穫、出荷するが、それぞれの時期で味や姿がちがう（第1図）。

1番花は1月初めから下旬ころまでとるが、大きくて2〜3本で150gにもなる。色は緑で蕾の近くは黄緑になる。軟らかく、甘味があり、独特の香りがある。2番花は1月下旬〜2月いっぱいで、量がいちばんとれ、甘味と香りがさらに強くなる。全体が黄緑色をしている。3番花は2月中下旬までで、葉が1、2番花より小さめになり、花茎が伸びてくる。黄緑で蕾が黄色になってくる。4番花は、3月中旬〜4月初めまでで、味や姿は3番花に似ている。4番花は全部とらずに、大きくてきれいなものだけ収穫する。開花してきたものは除く。3〜4番花は甘味もあるが、みずみずしい味になり、茎が少し硬めになるので、短くとる。

育苗して定植は10月半ば

播種は9月半ばで、苗床をつくり育苗する。

苗床はウネ幅1.6〜1.8mぐらいにして2条まきする。発芽したら7cm間隔くらいに間引きする。途中で追肥、灌水をしながら、1か月ぐらいで25〜30cmの大苗に育てる。

定植は10月半ば。株を大きく育て、収穫＝剪定しては、側枝の花芽を伸ばして収穫というように長期でとるので、ウネは幅1.7〜2mと広く立てて、30〜40cm間隔の2条植えとする。

畑選びと輪作

ナバナは肥沃な土地を好み、冬から春まで長期間収穫するので、日当たりがよく排水がきちんとできる畑で栽培する。

同じアブラナ科のあとには植えないようにしている。チッソがかなり必要なので、マメ科のあとがよくできる。

害虫を避けるための育苗のポイント

（1）タネは必要苗数の2倍量まき

有機、無農薬のナバナ栽培でまず問題になるのは、育苗が虫の多い秋になることである。年

647

第1図　ナバナの栽培暦

によって変わるが、ヨトウムシ、アオムシ、ダイコンサルハムシなどによる被害が多い。

その予防法として、苗床を2～3か所に分け、危険分散すること。また、私は虫に食べられるのを覚悟して、必要量の2倍のタネをまくようにしている。10aに定植する場合、2.5～3aの苗床に10mlくらいのタネをまき、苗をつくる。

パオパオなどの不織布をかけると、ダイコンサルハムシには効果が少ないようだが、ヨトウムシやアオムシには効果がある。また、早めに間引きすることで虫が少なくなる。

このほかに、肥料の量で虫を少なくできると思う。肥料が多すぎると、確実に虫を寄せつける役目をするようだ。逆に少なすぎるとナバナの体力が落ち、やはり虫を寄せつける。だから、株をみながら、こまめな追肥管理が必要である。

(2) 30cmくらいの大苗定植

私は苗を25～30cmに大きく育てて(もっと大きくてもよい)、定植する。大苗にすると虫にも乾燥にも強くなる。直まきや、小さい苗を植えるところも多いが、虫にやられやすいだけでなく、肥料が効きにくい、水かけがたいへん、草に負けやすい、といった問題がある。

大苗にするために、育苗中に追肥を1回やる。時期は本葉が3枚出たころ。ナバナは最初の3枚の葉は小さく、4～5枚目にグッと大きくなるので、そのリズムに合わせて追肥している。

おいしさを引き出す有機施肥のやり方

(1) 春にドカ効きすると味が悪くなる

私の場合はすべて有機質肥料で、おもに鶏糞や米ヌカを使う。野菜はなんでもそうだが、チッソが多いと苦くなる。とくにナバナは甘くておいしいものをつくりたいので、一般栽培に比べると肥料はかなり少なくしている。とはいえ、ほかの野菜に比べると肥料が多くいる野菜である。植える時期が秋で、だんだん寒く肥料が効きにくくなる時期に生育するからである。

ただし、春(2月中旬ごろ)になると肥料がドンと効いてくる。効きすぎは味を落とすので注意が必要である。山の木を見ていると、ちょうど2月中旬ごろに芽がプクッとふくらみ始めるが、これは水を吸い上げ、動き出すサインだ。

(2) 追肥をやめる時期と量が重要

収穫は1月から始まるが、2月以降に肥料がどんどん効いてしまわないように、施肥をやめる時期と量が大事である。気温にもよるが、12月中にはやめたほうがよい。それ以降にやりたければ、1株に鶏糞を一握りぐらい。1月に入って量を多く施すと、大きくはなるが、2月に入って色がどんどん青く濃くなり、味が悪くなる。1月には少し黄色っぽくなるほうがよい。

具体的な追肥のやり方は、1回目を10月半ばの定植時に、株元へ鶏糞を二握りくらい。2回目は10日後ころに株間に二握りくらい。3回目はそれから1週間たったころに通路へ入れる。だいたい3～4回の施肥で年内には終わるようにする。

(3) 定植後2週間で大きさが決まる

とくに定植後2週間までの肥料の量が大切で、その年のナバナの大きさが決まる。大きくしたければ1回目、2回目の肥料を多くすればよいわけだが、そうすると3回目、4回目の肥料も多く必要になり、2月以降にナバナが暴れて、味が悪くなる。株を大きく育てた場合、味をよくしようとして3回目、4回目の肥料を少

なくすると、1月にチッソ飢餓をおこして極端に黄色くなり、株がもたなくなってしまう。

一般的には追肥を増やすことで大きく育てようとするが、有機でおいしくつくりたいと思うと、このやり方がいちばんよいと思っている。

おいしく1～4番花まで長期出荷の収穫法

（1）収穫の仕方で収量が決まる

ナバナでは収穫が思った以上に大事な作業だ。このやり方で収量が決まると思う。ナバナのように1株で何回も収穫する野菜は、「収穫＝剪定＝次の収穫のための株づくり」になる。

まずは1番花の収穫では、上部の蕾部分を切るのではなく、第2図のように思いきって株元から30cmぐらいのところで切り戻す。そのままだとかなり長いので、売りたい長さに切り直す。収穫するときは斜めに切ると、水が溜まりにくく、腐りづらくなる。

大きく切り戻すことで2番花、3番花も大きくなり、収穫の手間が減る。株元から30cmほどの高さで切っても、2番花になる側枝は10～15本くらい出るので大丈夫。逆に高いところで切って茎を長く残すと、枝数が多くなり、花蕾も小さくなり、収穫作業がとてもたいへんになる。そのうえ、3番花も少なくなってしまう。

（2）側枝の本数をみて切る位置を決める

2番花は、出てきた側枝のいちばん下の葉を1枚残して上を切りとる。このとき枝数が20本を超えるときは2～3本だけ元から切る。その枝からは側枝が出ないので、3番花も大きくなる。

また、10本以下で株が強いようなら、葉を2枚残して収穫する。1つの枝から2本の側枝が出るので枝数を稼ぐことができる。こんな収穫をすると、3番花も大きくなるので収穫がラクになる。4番花は大きいものだけ収穫する。

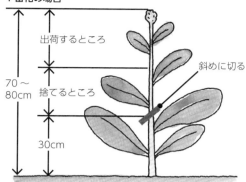

株元30cmくらいから大きく切り戻す。30cmのあいだに20節くらいあるので、側枝は10～15本出る

Ⓐ側枝が15本くらいのときは下葉を1枚残して切る。次の側枝も1本出る（株のバランスがよいとき）
Ⓑ側枝が10本くらいと少ないときは下葉を2枚残して切る。次の側枝は2本出る（株が強いとき）
Ⓒ側枝が20本以上あるときは元から切る（株が弱いとき）

第2図　収量を決めるナバナの収穫、剪定法

野菜

ホウレンソウの有機栽培
——基本技術とポイント

(1) 有機栽培を成功させるポイント

ホウレンソウの有機栽培では地力を高める必要があるが，地力が高まると硝酸態チッソの発現量が増加したり，養分バランスが崩れることによる問題が生じる。また，ハウスによる周年栽培を行なうと，連作による土壌病害の増加が問題になる。

有機栽培を成功させるためのポイントは，好適な養分吸収ができる施肥管理と，べと病および土壌病害防除，雑草防除を適切に行なうことであるが，栽培上の問題点を踏まえた栽培技術上の留意点は以下のとおりである。

①良品の収穫は地力のある圃場づくりから

ホウレンソウの有機栽培では，地力があり，作土が深く排水のよい圃場でないと収量が上らず，品質のよいものが生産できない。このため，肥沃な圃場を選ぶとともに，地力のない圃場は堆肥を施用し地力の向上を図る必要がある。

②土壌診断にもとづく適正施肥——硝酸態チッソ濃度を高めない

長年，ホウレンソウを作付けしている圃場ではチッソと石灰を多用し，葉の硝酸態チッソ濃度が高まってきているケースがある。こうした圃場では養分バランスが崩れているところもあるので，土壌診断にもとづき適正施肥を行なう必要がある。また，ホウレンソウは，とくに酸性土壌に弱いのでpHの矯正が重要である。また，圃場履歴が不明な場合には，地力の程度や養分バランス，pHがわからない場合が多いので，過去の栽培履歴を確認し，状況により土壌診断を実施する。

③太陽熱や早めの除草で雑草防除を徹底

ホウレンソウは一般に直まきのため，移植をするタイプの葉菜類のようにポリマルチによる雑草防除ができず，また，立性の野菜ではないので，温暖期の作型では雑草が優勢になりやすい。このため，雑草によってホウレンソウの生育が抑制され，収穫作業も行ないにくい。

この対処法として，日照が多く高温である8〜9月の時期に播種をする場合には，播種前に透明ポリマルチにより20日程度の太陽熱利用による雑草防除が効果的である。また，ハウスのように雑草の種子が入り込みにくいところは，早期に手取り除草を続けると雑草密度が下がってくる。

④重要病害虫の防除を徹底

ホウレンソウの有機栽培で，とくに問題になる病害は，べと病，立枯病であり，虫害ではホウレンソウケナガコナダニ（以下，ケナガコナダニ），アブラムシ類などである。

べと病はホウレンソウの病害のなかでもっとも注意を要する病害で，抵抗性品種の導入が基本になるが，圃場の透排水をよくし多湿にならないようにすることが肝要である。立枯病は地温が高くなる6〜8月に発生が多く，とくに排水の悪い連作圃場で被害が大きい。多発圃場では輪作を行なうとともに，土壌還元消毒などを行なう。

虫害では最近，ケナガコナダニの被害が多くみられ，とくに施設栽培での被害，春と秋の被害が多い。ケナガコナダニは土壌中の有機物の中で生息しているので，未熟な有機物を施用しないようにし，また，土壌還元消毒などを行なうと効果的である。

(2) 土つくりと施肥対策

①地力の向上

良質のホウレンソウを年間安定して生産するには，土つくりがもっとも重要であり，家畜糞由来の完熟堆肥の施用が必要となる。

おもにホウレンソウを中心に作付けしている有機農業グループを対象にして，ホウレンソウの生育のよい圃場と劣る圃場との土壌分析結果を対比したところ，両者間で大差があり，生育のよい圃場ではCEC（塩基置換容量）が高く保肥力があり，また，腐植含量，全チッソ含量が多く，土壌の仮比重がやや低く，孔隙率が高いなどの特徴があった（第1表，第1図）。

また，減農薬・減化学肥料栽培を行なっている生産グループで，秋作ホウレンソウを中心に10a当たり収量と腐植含量，全チッソとの関係を調査したところ，収量と腐植含量や全チッソとの相関が高く，収量の低い農家圃場においては腐植含量，全チッソが低い傾向がみられた（第2図）。

このように，ホウレンソウの生産の安定にも高い地力が必要であり，有機栽培開始当初には深耕や有機物資材の投入などによって土つくりを行なうことが重要である。

②土壌診断と適正施肥

土壌pH，ECと生育　ホウレンソウは，とくに酸性に弱い作物である。普通pH6.5～7でよく生育するが，pH5.5以下になると根の先端が褐変して生育を停止し，枯死することもある。交換性石灰が250mg/100g以上で，石灰飽和度が70～90％が適している。慣行栽培圃場を借地して有機栽培を行なったところ，pHが低くて失敗した例もあるので注意を要する。pH5.0～5.5のときには消石灰を150～200kg/10aほど施用する。

また，ホウレンソウの耐肥性は強いが，EC（電気伝導度）は0.5～1.0mS/cm程度が適正とされている。ECが1.5mS/cm以上になると発芽障害，生育障害や立枯症の発生を起こしやすい。ECが1.0mS/cmを超え，ホウレンソウが濃緑色となり，わい化し欠株を生じているときは塩類濃度障害を疑ったほうがよい。

第1表　有機ホウレンソウの生育のよい圃場と劣る圃場の土壌分析結果

圃場	作物の生育など	仮比重	pH	CEC (meq/100g)	腐植含量 (%)	全チッソ (%)	有効態リン酸 (mg/100g)	交換性カリ (mg/100g)
A氏	ホウレンソウ生育良	0.93	7.5	45.5	11.2	0.54	71.6	41.7
B氏	ホウレンソウ生育良	1.00	7.2	36.4	7.72	0.49	305.9	42.0
平均		0.97	7.35	41.0	9.46	0.52	188.8	41.9
C氏	ホウレンソウ生育劣	1.04	7.5	33.9	8.22	0.44	320.1	62.2
D氏	ホウレンソウ生育劣	1.08	7.5	28.6	7.38	0.45	142.8	36.3
E氏	ホウレンソウ生育劣	1.07	7.1	26.0	6.70	0.43	247.0	42.7
F氏	肥料が抜ける感じ	1.17	7.1	19.6	4.16	0.22	190.3	12.7
平均		1.09	7.3	27.1	6.62	0.39	225.1	38.5

注　資料：（財）日本土壌協会

第1図　地力不足で生育不良の有機ホウレンソウ

野菜

土壌養分バランス 有機栽培を長年実施している農家圃場で，土壌養分バランスの崩れがみられることがある。有機圃場においても，pHが高すぎたり，リン酸が過剰に蓄積している圃場が目立つが，pHが高いとマンガンの吸収が阻害される。また，リン酸はマンガン，鉄，亜鉛などと拮抗作用があり，リン酸が多いとこれらの微量要素の吸収が阻害される。

リン酸は過剰障害が出にくいため，これまで過剰に施用されてきたきらいがある。一方，ホウレンソウで有効態リン酸が20mg程度でリン酸欠乏症状がみられた例もあるので，30mg以上必要ではあるが180mg以上にはならないように注意する。ホウレンソウ後地の有効態リン酸含量と収量との関係に関する調査結果によれば，ほぼ80mgで上限に達し180mgを超すと収量が減少している。

有機栽培においては，鶏糞堆肥を連用することが多いが，これはpHを高めリン酸過剰を招くので，土壌診断を行ない適切なバランスになるような施肥をする。

有機農家圃場でのマンガン欠乏の例 ある有機農業グループで長年ホウレンソウなどの野菜を生産してきた農家圃場のホウレンソウの葉に，黄色の斑が発生している圃場がみられた。全般的にpHの高い圃場が多く，有効態リン酸含量が高いことが目立った。第2表の例は，とくにリン酸などが高い圃場での土壌分析結果であるが，長年鶏糞堆肥を連用してきたことが原因と考えられる。微量要素についても土壌分析を行なったところ，マンガンや銅の欠乏している圃場がいくつかあった。pHの高い土壌では鉄，マンガン，ホウ素が不溶化し，吸収抑制を起こしやすい。とくに，ホウレンソウの葉色の異常と

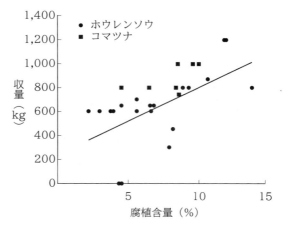

第2図 ホウレンソウ，コマツナにおける腐植含量と10a当たり収量の関係
収量0は外葉が黄ばんで出荷できなかったもの

して，黄色または褐色の斑入り葉や濃淡のまだらな葉がみられるが，これは易還元性マンガンが30ppm以下の圃場で発生する欠乏症状で，実際に黄色の斑入り葉が発生している圃場は，易還元性マンガン濃度が低かった。この圃場では現在，鶏糞堆肥の連用を中止している。

また，長年，多肥栽培，とくに石灰成分を施用している圃場では，カリ，石灰など塩基濃度が高まっている可能性もあるので，こうした圃場では土壌分析を行なって塩基飽和度を調べるとよい。塩基飽和度が80％程度まではホウレンソウの収量が向上するが，それ以上は収量が上がらず，140％程度以上になると減収する。

塩基過剰を防止するには，施肥バランスに留意するとともに，クリーニングクロップの作付けを行ない，養分のバランスを保つ必要がある。ライムギなどクリーニングクロップの導入は，立枯症による欠株を少なくする効果もあ

第2表 マンガン欠乏症状のみられる有機圃場の土壌分析結果

	仮比重	pH	CEC	リン酸吸収係数(mg)	有効態リン酸(mg)	交換性カリ(mg)	交換性苦土(mg)	交換性石灰(mg)	易還元性マンガン
ハウス野菜	0.91	7.2	35.7	1,173	170.1	22.7	77.8	880.2	19.83
露地野菜	1.12	7.3	29.9	963	309.1	35.1	91.4	579.4	9.81

注 資料：(財)日本土壌協会

品目別技術　ホウレンソウ

る。ライムギ・エンバクなどの麦類はチッソとカリの吸収量が多いことや，作付けしない冬季間を利用して栽培できる利点がある。

チッソの適正施肥と品質　ホウレンソウの生育にもっとも影響が大きいのはチッソである。チッソが少ないと生育がよくないが，多すぎると茎葉が過繁茂し，光合成効率の低下によりビタミンCやβ-カロチン含量の減少を招く。

さらに，チッソが多いと葉中のシュウ酸や硝酸含量が高まる。ホウレンソウのアクの成分は硝酸とシュウ酸である。これらは食味を落とすだけでなく含量が多いと人の健康上も問題となる。東京都農業試験場の試験例では，ホウレンソウにそのほかの葉菜類を組み合わせた年間5～7作の沖積土（灰色低地土）畑において，毎作10a当たり20kgのチッソ施用（元肥だけ）を続けた結果，当初の数作はよくできたが，収穫後の残存チッソが作土中にしだいに蓄積してチッソ過剰と土壌の酸性化をもたらし，生育がしだいに不良になった。これに対し，土壌中の無機態チッソ濃度が10～15mg/100g前後のチッソ適濃度を保つようチッソ施肥量を調節すると，長期にわたる安定した収量の維持が可能であったとしている。

ホウレンソウの生育に最適な無機態チッソ濃度は土壌の種類によって多少の違いはあるが，作土（乾土）100g中10～15mgを10a当たりの施肥チッソ量に換算すると約10～15kgに相当する。

一方，収穫後の無機態チッソとホウレンソウの硝酸イオン濃度とは相関があり，収穫後の土壌中無機態チッソ量が10mg以下で，ホウレンソウの硝酸イオン濃度が3,000ppm以下になるとの研究報告があり，葉の硝酸態チッソ濃度低下のためには収穫後の土壌中無機態チッソを10mg以下になるようにするのがよいとされている。

また，ホウレンソウの活性を維持していくためには，収穫時の土壌中の残存無機態チッソ量が5mgは必要で，このレベルを下回ると活性を失い葉の退色・黄化が生じて生育が停滞する。多量の降雨後，無機態チッソが5mgを切るような溶脱しやすい土壌では，葉色の低下を生じ上物が生産しにくい。

したがって，ホウレンソウの在圃期間は短いが，降雨などによる溶脱で肥切れの生じることがないように，堆肥などによる地力チッソの維持・培養が必要である。

これらから，10a当たり施肥チッソ量は10a当たりおおむね10～15kgを目安とし，土壌中の残存無機態チッソ量をみながら有機質肥料の施用量を加減していく必要がある。

なお，土壌中の硝酸態チッソやホウレンソウの葉の硝酸態チッソ濃度の測定については，簡易測定器具が市販されている。

（3）播　種

①圃場の選定

ホウレンソウは地力を必要とし，また，排水のよい圃場を好むので，圃場は肥沃で排水のよい圃場を選定する。ホウレンソウは，地上部に比較して根部が発達する作物であり，直根は数十cmにも及ぶ。そのため，有効根群域は50cm以上確保するよう耕土が深く，保水性，排水性のよい土壌がよい。

根域を拡大し収量を向上させるには，深耕ロータリなどによって30cm以上の深耕を行なうことが望ましい。深耕の際は下層土の養分状態を確認し養分が不足している場合には堆肥などの有機質資材を投入し，地力が落ちないように留意する。

耕土の浅い圃場では一度に深くせず，徐々に深くするとよい。また，透水性を保つため，2～3年ごとにサブソイラ，プラソイラなどで深耕する。

また，連作によって，立枯病（ピシウム菌），萎凋病（フザリウム菌），株腐病（リゾクトニア菌），根腐病（アファノマイセス菌）などの土壌病害が問題となるため，極力輪作体系をとる。その場合，ホウレンソウはヒユ科なので，コマツナ（アブラナ科）のように異なった科の野菜を導入するとよい。被害が多い場合は，作付けを休み土壌還元消毒を行なうことも必要である。

有機栽培では，病害虫が異常発生することもあるので，リスク分散の意味も含め圃場を分散させることも必要である。

653

野 菜

第3表　灌水量とホウレンソウの収量および規格別1株重

試験区	10a当たり収量（箱（%））	規格別1株重				
		M (g)	1L (g)	2L (g)	3L (g)	平均 (g (%))
標準灌水	271 (100)	12	23	31	39	22 (100)
少灌水	309 (114)	14	26	34	49	25 (114)

注　少灌水は標準灌水量の70%。年3作の平均値　資料：岐阜県高冷地農業試験場（1987年）

②圃場の準備

圃場が決まったら，土壌改良，施肥，耕起，ウネ立ての順で準備を行なう。

施肥設計は圃場の肥沃度を考慮して行なう。ホウレンソウは栽培期間が短いことから全量元肥を基本とする。肥切れが起こらないよう地力チッソの培養を行なう必要があり，堆肥は一般に10a当たり2～4tを施用する。

チッソは地温によって無機態チッソの発現が異なるので，肥沃な圃場では前年の生育状況を見つつ，とくに暑くなる時期に収穫する作型の場合には施肥量を減らす。

また，酸性が強い圃場ではpH6.5程度を目安に石灰質資材を施用する。

ホウレンソウは一般には，直接圃場に播種をして栽培する。その際の留意点は慣行栽培と同様である。

③播種法

ホウレンソウの種子には休眠があり，新種子は約3か月間の休眠期間をもつ。春まき栽培では，前年度に採種した種子を使用するので，種子に起因する発芽率低下の問題は少ない。しかし，夏まきの作型で新種子を用いると，発芽率の低下がみられることがあるので，よい種子を選び催芽が必要である。

このほか，播種の方法や留意点については慣行栽培と同様である。

(4) 中間管理・雑草対策

①灌　水

ホウレンソウの生育は，水分が多すぎると軟弱徒長し葉色が淡く軟らかなものとなる。したがって，病害予防や高品質生産の観点から生育中の灌水はひかえ目にして生育日数を十分とるようにする。

岐阜県高冷地農業試験場が行なった「灌水量と品質・収量」試験によれば，灌水量を標準量と少灌水（標準量の70%）としたときの収量は，少灌水区が標準区に比べ生育が2～3日遅れたものの平均1株重が重くなり14%増収した。また，収穫時の品質は，少灌水区の含水率が低く，葉色が濃く，葉が厚かったとしている（第3表）。

灌水の要不要の判断，留意点については慣行栽培と同様である。

②雑草対策

前述したように，直まきのホウレンソウは雑草防除が課題となる。日照が多く，高温である8～9月の時期に播種する場合には，透明ポリマルチにより20日程度，播種前に太陽熱雑草防除を行なうと効果的である（第3図）。

ハウスのように密閉された空間では，外から雑草の種子が運ばれにくいことから，こまめな除草を続けていくと雑草密度が下がってきて，ほとんど雑草害が問題にならない程度になって

第3図　太陽熱雑草防除をしなかった圃場
越年性雑草のホトケノザが優勢となっている

品目別技術　ホウレンソウ

第4表　ホウレンソウ有機栽培での病害虫対応策

	病害虫名	多発する時期・条件	対　策
病　気	べと病	5～6月と10月に多発　平均気温が8～18℃の多湿条件下。曇雨天。連作　頭上灌水・夕方灌水	抵抗性品種の作付け。健全種子を購入。条まき。圃場の排水をよくする。適切なチッソ肥料の施肥。カリ肥料を十分に施肥。発病株の抜取り処分。残渣の処分。畑周辺のアカザ科雑草の除去。灌水方法の工夫
	立枯病	地温が高くなる6～8月　排水不良の連作圃場	排水をよくして土壌湿度を低下。過剰な灌水を避ける。最適な植栽密度（条まき）。罹病株・収穫残渣の早期処分。多発圃場での輪作，ハウスの移動。土壌還元消毒。熱水消毒
	株腐病	地温が20℃以上で降雨が多く乾湿の差が大	排水をよくして土壌湿度を低下。過剰な灌水を避ける。間引きの徹底。最適な植栽密度（条まき）。罹病株・収穫残渣の早期処分
	萎凋病	連作。未熟有機物の投入。排水不良。酸性化した土壌	適正な土壌管理。抵抗性品種の導入。太陽熱土壌還元消毒
害　虫	ホウレンソウケナガコナダニ	春と秋。イナワラやモミガラ，未熟な家畜糞堆肥の投入	イナワラやモミガラ，未熟な家畜糞堆肥の投入をひかえる。完熟堆肥の利用。約3か月堆積したイナワラ。前作の残渣・間引き株の除去。太陽熱利用土壌消毒。土壌還元消毒
	その他の害虫（アブラムシ類，コナダニ類，ヨトウムシ）		1mmマス目の防虫ネット被覆。ハウス周囲の除草（アブラムシ類が媒介するモザイク症や黄化症対策として）

くる。この場合，雑草の種子がこぼれる前に除草することが重要である。

　夏まき作型では，播種，覆土後に切ワラやモミガラをウネ上に薄く散布する例がある。これにより土壌の水分蒸発を抑制し，土壌の表層部を乾燥から守って発芽環境をよくする効果がある。また，降雨による植物体への泥のはねかえりを防止するとともに初期の雑草防除効果が高い。

③高温期の対策

　7月中旬以降のホウレンソウ栽培は，高温乾燥の影響を受けて良品生産がむずかしくなる。催芽まきしても地温が25℃以上になると，発芽率の低下や生育抑制が著しくなる。この時期は，発芽時から生育前半の被覆による遮光栽培を中心に考える。遮光栽培は照度のコントロール効果だけでなく，標高が低い地帯では，7～8月の高温期の日よけにより，ある程度気温や地温，植物体温を低下させることができる。と

くに，発芽から本葉3～4枚ころまでの初期にその効果が高い。

　被覆資材の選び方や使い方，留意点については慣行栽培と同様である。

(5) 病害虫対策

　ホウレンソウの有機栽培における病害虫で，とくに問題になるのは，病気では，べと病，立枯病，害虫では，ケナガコナダニ，アブラムシ類などである。主要な病害虫の発生時期・条件と対策について第4表に示した。

(6) 収穫・調製・鮮度保持

　収穫・調製・鮮度保持などの方法，留意点については慣行栽培と同様である。

　　執筆　自然農法国際研究開発センター
　（日本土壌協会『有機栽培技術の手引（葉菜類等編）』より抜粋，一部改編）

野菜

農家のホウレンソウ栽培

赤軸品種と寒じめ、味は追肥で決まる

執筆　桐島正一（高知県四万十町）

春まきと秋まき、直まきと育苗

ホウレンソウは春に1回、秋に3回の年4回まいている。春まきと秋まきの1回目は赤軸のホウレンソウをまいている。これはつくりやすく、アクが少なく、味がのりやすい品種である。

あとの2回の秋まきは、収穫が冬になるので、寒じめのホウレンソウとしてつくっている。寒さに耐えてしっかり株が広がり、宅配ボックス1箱に1株あれば十分なくらいまで大きく育てる。

赤軸ホウレンソウの播種は、春まきが3月ごろ、秋まきが9月中旬ごろである。春まきは4月中旬ごろから間引き出荷を始め、本葉の収穫は4月下旬ごろからとなる。秋まきは、間引き出荷が10月中ごろから、本葉の収穫が11月初めごろからとなる。面積は、春は少なめ、秋は多めにしている。収穫時期の気温が春まきはだんだん暖かくなるため収穫期間が短いのに対して、秋まきは寒くなっていくのでゆっくり収穫でき、少し多くしても対応できるからである。

寒じめホウレンソウは10月中旬ごろに1回と、11月中下旬ごろに1回まく。それぞれ間引き収穫と収穫時期は第1図のとおりである。

10月まきのほうは大きくつくりたいのと、葉が大きく育つ時期なので、セルトレイにまいて、30日間くらい育苗して畑に定植する。

10月中旬まきの寒じめホウレンソウの定植は11月下旬、本葉が5〜6枚のころにする。また、このころに3回目の秋まきのタネを畑に直まきする。こちらも寒じめホウレンソウとして、冬の終わりのほうでの収穫となる。

ウネ幅はどれも同じ1.8mとし、3条まき、3条植えとする。直まきはすじまき、育苗した10月まきは15cm間隔に定植。どれも25cmくらいの高ウネにして、排水対策をしっかりしておく。

味を左右する追肥の判断

春まきと秋まき1回目は、栽培期間が短いので、鶏糞200〜300kg/10aの追肥だけでつくることもあるが、多くの場合、ほかの野菜といっしょに肥料を入れるので、耕うんのときに元肥として鶏糞400〜500kg/10aぐらい入れている。元肥を入れた場合、追肥はしないが、秋まきでは畑の様子をみて少し入れるときもある。

ただし、遅くなって入れると味が悪くなるので、早めに判断して、追肥の有無を決める。判断が遅れて大きくなってから施すと、味が悪くなったり、腐り（軟腐病、疫病など）の原因になったりする。判断としては、まず畑全体をみて、肥料切れで色が薄くなっていないか、雑草の色が抜けているところがないかなどをみて、少しでもあれば、その部分を中心に入れる。

秋まきの2〜3回目は、2回目の定植と3回目の播種が同時期なので、同じように肥料を入れていく。定植もしくは播種の4〜5日前に鶏糞600〜700kg/10a入れて耕うんする。

この2つの作型は、収穫までの時間が長いのと、気温が低くなる時期のため肥料の効果が落ちてしまいがちなので、畑の様子をみながら追肥を1回する。直まきの分は1月初めごろに鶏糞150kg/10aが目安である。定植の分は、12月中に必要なら入れる。追肥が遅いと収穫まで肥料分が残り、苦味や渋味が出るので、早めに入れるよう前述の畑の色の変化をよくみることが大切である。

品目別技術　ホウレンソウ

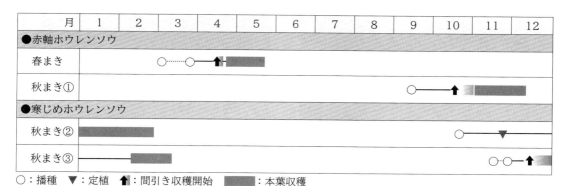

第1図　ホウレンソウの栽培暦

春まき・秋まきの草引き

　草引きはどのまき時期でも1回はやる。春まきは、雑草もどんどん大きくなっていくので、早めの草引きが必要である。本葉が2〜3枚のころに、三角ホーや「けずっ太郎」でけずる。残ったものは、4〜5日後に手ぐわなどでていねいにとる。それでも草が多くなるが、ホウレンソウが負けなければそのまま草の中で収穫していく。草に負けそうなら、もう一度三角ホーなどでけずるか、鎌で刈り取って低くする。
　秋まきの1回目も草が多いが、夏雑草から冬雑草に入れ替わる時期である。野菜を負かす夏草は初期のころに除けると、かなり少なくなる。まず、本葉2〜3枚のころに三角ホーか「けずっ太郎」で除けて、1週間ぐらいしたら手ぐわなどで除けると、冬草に入れ替わるので、あとは大丈夫である。
　次は秋まき2回目の定植と3回目の播種が同時期なので、草引きも同じにする。まず、定植・播種から15〜20日ころに三角ホーか「けずっ太郎」でけずり、あとは残ったものを10日ぐらいたったら手ぐわなどで除ける。2回目の分は、これで終了になるが、3回目の分は収穫が2月下旬〜3月初めになるので、さらに1〜2回草引きをする。その時期は、草が大きくなり始める2月中旬ごろか、少し前の2月初めごろに三角ホーなどでけずり除ける。それでも多いときは、2月下旬ごろにもう一度草引きする。

収穫——葉の色からおいしい適期を知る

　春まきの赤軸ホウレンソウは、温度が高くなっていく季節なので、早めに収穫していく。
　まずは、間引き菜の軟らかいものを出荷する。次いで、本葉の収穫適期の目安になるのは葉の色の変化である。4月下旬から、軸（葉柄）の赤みが少し強くなり、緑の部分が黄緑色になったころが収穫、出荷適期である。
　秋まき1回目も赤軸ホウレンソウであるが、今度は温度が低い季節で、本葉は11月中ごろから12月初めごろまで収穫、出荷する。
　秋まきの2回目（定植）の寒じめホウレンソウは、1株を200gくらいと大きくして出荷する。少し硬いが、鍋に根ごと入れると軟らかくなり、甘味もありおいしい。また、おひたしなど湯がいて食べるときは、葉柄と根を少し長めにするとよい。出荷時期は長く1月初め〜2月下旬と1か月以上続くが、1株ずつの宅配出荷なので調製もラクである。
　秋まきの3回目（直まき）は、少しずつ暖かくなる時期の収穫となる。3月中旬ごろになると少しアクも出てくるので、3月初めごろまでで収穫が終わるようにする。
　どの時期も株の大きさで収穫するのではなく、色の変化で収穫適期をつかむことが、おいしくよろこばれる出荷につながる。とくに秋まきの2、3回目の寒じめホウレンソウは、緑色が淡黄緑色となったころから出荷する。

野菜

ホウレンソウのケナガコナダニ防除はハウス内にイナワラを積むだけ

執筆 坂本 勉(北海道北斗市)

第1図 真ん中が筆者
妻と息子と

ケナガコナダニでホウレンソウが全滅

ハウス70aでホウレンソウを中心にパセリ、シュンギクの周年栽培をしています。そのほか3haが水田で、4haでゴボウや露地のシュンギクなどを栽培しています（第1図）。

有機無農薬栽培は30年くらい前から関心をもっていて、独学で農業書を読んだり、両親から、祖父母や両親のやっていた昔の農法を聞いたりしていました。下肥、米ヌカ、魚粕、草木灰などを使った農法で、今、私が実践している農業の原点がそれです。

1998年にハウスでのホウレンソウ栽培を始めましたが、当初の有機無農薬栽培はさんざんでした。初めてホウレンソウをつくる土だったので、発芽はすばらしく、安心したのですが、本葉が出るころになると新芽が茶色に変色。なにがあったかわからず、調べてみるとケナガコナダニ（以下、ダニ）のしわざでした（第2図）。

始めて2～3作はほとんど全滅でした。有機JAS適合の農薬なども何種類か試してみましたが、あまり効果はなく途方にくれました。しかし、初志貫徹、このまま終わったらみんなに笑われると思い、冬期間に参考書籍を買いあさり猛勉強しました。土つくり、ハウス内外の環境整備のほか、どうしたらダニの発生を減らせるかと考え、たどり着いたのがイチゴで実用化されている天敵利用だったのです。

ハウス内のビニール際にイナワラ

それはウネなどにワラを敷き、そこに天敵を放すというものでした。両親からも敷ワラの利点は聞いていました。ワラが微生物や土着小動物（微生物、虫、ミミズ、キノコほか）のすみかになることを考えると、害虫ダニを食べてくれる土着カブリダニが、ワラにすみ着くのではないかと考えました。

さっそく、ハウスの戸口以外の縁（ビニール際）の部分に、耕作の邪魔にならない程度の幅（20cm）と高さ（20cm）でワラを敷き詰めることにしました（第3、4図）。

1年目はダニの被害が激減したわけではありませんが、春に敷いたワラが腐っていくうちに、その下にものすごい数の小動物が生息するのがわかりました。ワラは時間が経つとどんどん腐るので、1年に1回補充することにしました。

そして2～3年経つと、ダニの被害は目に見えて減っていきました。外からダニがやってきても、ワラの部分でシャットアウト。戸口付近

第2図 ケナガコナダニに食害されたホウレンソウ　　（写真撮影：木村 裕）

第3図　ハウス内のビニール際にはイナワラが敷き詰められている

第4図　イナワラは幅20cm、高さ20cm程度に積む

でダニの食痕を見つけることもありますが、被害が広がらないのでハウスの中まで天敵が捕食しにきているのだと思います。

今では春、秋の発生最盛期以外はほとんど被害がなくなり、激発時期でも有機JAS適合の殺虫剤を散布すれば100％近く防除できるようになりました。その年の天候次第では無防除で収穫できることもあります。

ワラの不思議なパワー

作物にワラを敷くことで起こるいろいろなよい現象は、子どものころから両親の手伝いをしながら見てきました。不思議なことに、もち米のワラを敷くとムラサキシメジという食用キノコが発生し、食べたこともあります。

ワラをハウス内に敷くことで、ハウスのサイドを開けていても雨水による土の跳ね返りを防ぐことができます。腐る過程で発生する二酸化炭素がホウレンソウの生育を手伝っているかもしれません。そして、微生物が殖えて、それがハウス内の空気中に浮遊することにより、病原菌を抑制している可能性や、ワラの中に生息する小動物の天敵がダニ以外の害虫防除に役立っている可能性もあります。実践して10年以上になりますが、正直いってこれほど効果があるとは思ってはいませんでした。

（『現代農業』2015年6月号「ホウレンソウのケナガコナダニ　ハウス内のビニール際にイナワラを積む」より）

野菜

カラシナすき込みと土壌還元化によるホウレンソウ萎凋病の防除

(1) 研究の背景

①ホウレンソウの萎凋病防除の現状

夏季のホウレンソウは高値販売が可能であり,高冷地ではその立地条件を生かして栽培が行なわれている。しかし,ホウレンソウは作期が短いこともあり,連作を余儀なくされたり,作付け回数が多くなって土壌病害が発生しやすい。多くの産地では,夏季に萎凋病による被害が発生し(第1図),大きな生産阻害要因となっている。兵庫県でも標高約600mの山間地で,有機栽培により夏季ホウレンソウを中心に軟弱野菜類を春から秋にかけて4～5回作付けしているが,萎凋病対策に苦慮している。

萎凋病の防除には土壌消毒が有効であるが,近年,環境保全に配慮して,化学合成土壌薫蒸剤を用いない手法も開発されつつある。その方法として,太陽熱消毒,蒸気消毒,熱水消毒および還元消毒などが知られている。兵庫県の産地は有機栽培であり,熱水消毒が一部の農家で実施されてきたが,燃料価格の高騰や,燃焼による二酸化炭素の排出,集積した土壌養分の圃場外への流出などにより他の手段も望まれていた。太陽熱消毒は初夏に実施しても有効な事例もあるが(佐古ら,1991),効果は気象条件に大きく左右される。ふすまなどを用いた還元消毒では,産地は傾斜地であるため,還元化が不十分になりやすい。

②カラシナの殺菌作用

一方,アブラナ科植物に含まれるグルコシノレート(カラシ油配糖体)が分解されて生じるイソチオシアネート類とその他の硫黄関連化合物には殺菌作用がある(竹原,2008)。カラシナ(*Brassica juncea*)茎葉の分解過程で生じるアリルイソチオシアネート(以下,AITCとする)はフザリウム菌に殺菌作用を示し,茎葉の土壌混和により菌密度が低下する(竹原ら,1996)。AITCは食用のカラシやワサビに含まれる辛味成分でもある。圃場にカラシナをすき込んでホウレンソウ萎凋病を防除できることが報告されているが,条件によりその効果に幅がある(目時,2010)。

室内試験で,土壌水分の多少がカラシナすき込みの防除効果に関与することが示唆されている(竹原ら,2004)。そこで,圃場での防除効果を安定させるために,カラシナすき込み時の土壌水分や地温がホウレンソウ萎凋病の防除効果に及ぼす影響を検討した。

(2) すき込み時の土壌水分と防除効果 (試験1)

①試験の方法

まず,すき込み時の土壌水分と防除効果について試験をした。現地の萎凋病汚染土壌をプランターに深さ10cm充填し,5月12日,5cmに細断したカラシナ(品種:黄からし菜,サカタのタネ)茎葉をプランター当たり0.5kg(5kg/m^{2}新鮮重),土壌に混和した。

その後,処理区ごとに所定量を散水し,厚さ0.075mmの透明ポリ塩化ビニールフィルムで6月2日まで温室内で3週間被覆した。処理区は土壌水分が飽和水分の50%,75%,100%の3区を設け,それぞれすき込み区,無処理区を設置した。

②土壌水分と還元状態の維持

その結果,カラシナすき込み中の,土壌の還元程度を示す酸化還元電位は100%飽和土壌水分区で最も低く,3日目以降−200mV程度で20

第1図 萎凋病の被害を受けたホウレンソウ

品目別技術　ホウレンソウ

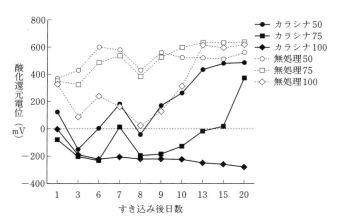

第2図　カラシナすき込み中の土壌の酸化還元電位の推移
（試験1）
凡例 50, 75, 100は飽和土壌水分に対する比率（%）

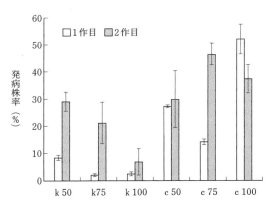

第3図　カラシナすき込み時の土壌水分がホウレンソウ萎凋病の防除効果に及ぼす影響
（試験1）
バーは標準誤差。kはカラシナ処理，cは無処理
50, 75, 100は飽和土壌水分に対する比率（%）

日間推移し，強い還元状態が維持された。飽和の75%水分でも9日目まではおよそ－200mV程度まで低下したが，その後0mV前後に上昇した。飽和の50%水分では3日後に一時的に－150mVに低下したが，6日後以降はほぼ0mV以上に上昇し，13日目以降は400mV以上と高く推移して還元化は弱まった（第2図）。すき込み中の地下5cmの平均地温は26.0℃であった。

萎凋病は1作目では，カラシナすき込み区の50%水分で発病株率8.4%に対し，75%水分で2.1%，飽和水分で2.4%と，土壌水分が75%以上の条件で高い防除効果が認められた。2作目では，カラシナすき込み区の飽和水分条件で発病株率6.9%と，1作目よりやや増加したのに対し，75%区では21.2%と1作目の10倍に増加し，50%区でも29.1%と1作目の3.5倍に発病が増加した（第3図）。

試験の結果から，カラシナのすき込み時に飽和水分条件など土壌水分が多い条件で，高い萎凋病防除効果が認められた。竹原ら（2004）は密閉したガラスびんの中でカラシナ葉細断物を土壌混和したとき，土壌水分が多いほうがホウレンソウ萎凋病防除効果が高いと報告している。試験1の結果もこの報告と一致している。

また，トマト萎凋病に対する圃場試験で，カラシナすき込み後に還元状態に保つことで防除効果が向上する（竹原ら，2007）。還元土壌消毒には通常，ふすまなどの分解が容易な有機物を使用するが，それ以外に易分解性有機物も使用できる可能性もある（竹原，2008）。試験1ではすき込み期間中，飽和水分条件で還元状態が維持されており，乾燥条件時より防除効果が向上したのには，AITCによる殺菌作用以外に，カラシナ茎葉が還元状態で分解することによる還元消毒の効果も関与したと考えられる。

(3) 7月すき込みと還元消毒（試験2）

①試験の方法

カラシナすき込み後に土壌を還元状態にした場合の萎凋病の防除効果について検討した。試験は兵庫県の現地雨よけビニルーハウスで行なった。圃場の斜度は1.5度，土性は中細粒黄色土（壌土）であった。カラシナ（品種：黄からし菜）は5月7日，株間5.5×17cm間隔で1.2g/m^{2}を播種機で点播した。

処理区は，1) カラシナすき込み，2) 無処理（被覆）「太陽熱消毒区」，3) 無処理（無被覆）の3区設けた。7月2日，草丈1.3m，開花初期

のカラシナを刈払い機で30cm程度に切断してトラクターのロータリーで3.2kg/m²すき込んだ。散水チューブを30cm間隔で敷き，ポリオレフィン（PO）フィルムで被覆し，周縁を鋼管パイプ（直径32mm）で押さえて飽和するまで散水した。

7月29日，被覆除去，その後，ホウレンソウを2作栽培した。1作目は，品種'ジョーカー7'，播種8月14日，収穫9月15日。2作目は，品種'トラッド'，播種9月22日，収穫10月29日である。調査項目は，酸化還元電位，地温，萎凋病発病株率，土壌中のフザリウム・オキシスポラム菌密度（西村のFoG2培地を用いた希釈平板法で計測），収量とした。

②太陽熱消毒より高い効果

カラシナ区の酸化還元電位はすき込み3日後，－155mVに低下し，消毒終了時まで還元状態を保った。テンションメーターで土壌吸引圧を測定したところ，3日後，11日後で－1.0kPa（約pF0.9相当）と土壌水分は圃場容水量以上であった（第1表）。すき込み中，30℃以上の地温積算時間は地下10cmで426時間，20cmで379時間であった（第2表）。

1作目のホウレンソウで，無処理・無被覆区の萎凋病発病株率は50.0％と多発したのに対し，カラシナ区では発病がなく，高い効果を示した（第4図）。2作目は地温が低下して，全般に発病が減少し，発病株率は，無処理・無被覆区で0.70％，無処理・被覆区で0.37％，カラシナ区で0.06％であった。

すき込み被覆終了直後，土壌中のフザリウム・オキシスポラム菌密度は，無処理・無被覆区の5,000cfu/g乾土に対し，無処理・被覆区（太陽熱消毒区）で250cfu/g，カラシナ区で検出限界以下となった。ホウレンソウ1作収穫後では，無処理・被覆区で1,700cfu/gと増加してきたが，カラシナ区は30cfu/gと少なく，高い殺菌効果が認められた。2作後も，無処理・無被覆区で6,400cfu/gに対して，カラシナ区は1作目よりやや増加したものの500cfu/g弱と少なく，殺菌効果が持続している（第5図）。

③効果発現のしくみ

還元土壌消毒は，土壌に有機物を混和して圃場容水量以上になるように水分を保持し，土壌を還元化して殺菌する方法である（新村，2000）。用いる有機物はふすまが主で，30℃以上の地温が必要であるが，太陽熱消毒よりも低

第1表　すき込み期間中の土壌の酸化還元電位と土壌吸引圧の推移（試験2）

処理区	酸化還元電位（mV）		
	3日[1]	11日	28日
カラシナ	－155	－224	－42
無処理・被覆	246	368	339
土壌吸引圧[2]（kPa）	－1.0	－1.0	－7.1

注　1）すき込み後日数
　　2）土壌吸引圧はカラシナ区の値

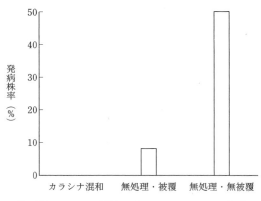

第4図　カラシナ混和によるホウレンソウ（1作目）の萎凋病防除効果（試験2）

第2表　すき込み期間中の地温の積算時間と平均（試験2）

処理区	積算時間（h，10cm深さ）		積算時間（h，20cm深さ）		平均地温（℃）	
	30℃以上	40℃以上	30℃以上	40℃以上	地下10cm	地下20cm
カラシナ	426	148	379	49	34.0	31.9
無処理・被覆	400	103	352	14	32.8	30.9

注　すき込み期間は7月2～29日

品目別技術　ホウレンソウ

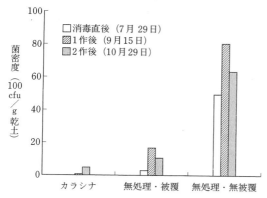

第5図　カラシナすき込み後の土壌中のフザリウム菌密度（試験2）

い温度で殺菌できるのが利点である。

目時（2010）はカラシナすき込みにより萎凋病の防除を行なっている。その場合，すき込み時の散水量をホウレンソウ播種前に行なう灌水量の30mm程度にしており，土壌は還元条件にはなっていないと思われる。また，目時（2010）はカラシナすき込み量を5kg/m²としている。試験2ではすき込み量が3.2kg/m²と少ないが，カラシナすき込み処理が高い防除効果を示した。無処理・被覆区でも太陽熱消毒効果によりフザリウム菌密度が減少したが，カラシナ区はそれ以上に菌密度が低く，しかも持続した。

これはカラシナ区では還元消毒に必要な地温30℃以上と還元条件を保持したことで，カラシナすき込みと還元消毒の効果が発揮され，さら

に地温が40℃以上に上昇し，太陽熱消毒効果も加味されたためと思われる。

（4）傾斜圃場への6月すき込み＋二重被覆と還元消毒（試験3）

①試験の方法

6月の梅雨時期にカラシナをすき込んだ場合の防除効果を検討した。試験圃場の斜度は3度と，やや傾斜していた。カラシナ（品種：黄からし菜）は4月15日，株間5.5×17cm間隔で1.2g/m²点播した。

処理区は，1）カラシナすき込み＋二重被覆，2）カラシナすき込み＋一重被覆，3）無処理・一重被覆（太陽熱消毒区），4）無処理・無被覆の4区設けた。

6月17日，草丈1.7m，開花初期のカラシナを刈払い機で30cm程度に切断し，トラクターで4.7kg/m²すき込んだ。肥料は慣行のぼかし2号を用い，N成分で0.53kg/a施用後，試験2と同様に処理被覆，散水した。その後，1週間に1回程度追加散水した。二重被覆は保温強化フィルムで地表を覆い，高さ約40cmになるようトンネル枠を差し込み，上からPOフィルムで被覆した。7月22日，被覆を除去した。

その後，ホウレンソウを2作栽培した。1作目は，品種'ミラージュ'，播種7月31日，収穫9月6日，2作目は，品種'トラッド'，播種9月10日，収穫10月15日である。調査項目は試験2と同じである。

②不十分な還元化と防除効果

カラシナ区の酸化還元電位は区内でも差があり，一部では0mV以下に低下したものの，追加散水しても300mV以上で経過した場所もあった（第6図）。土壌吸引圧は8日後で−2.5kPa（約pF1.3相当），26日後で−3.9kPa（約pF1.6相当）と，土壌水分は試験2より少なかった。試験圃場は傾斜があり，試験区の一部では散水した水が表面を流れてしまい，水が垂直方向に浸透せず土壌水分

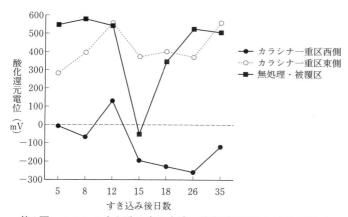

第6図　カラシナすき込み中の土壌の酸化還元電位の推移（試験3）

野菜

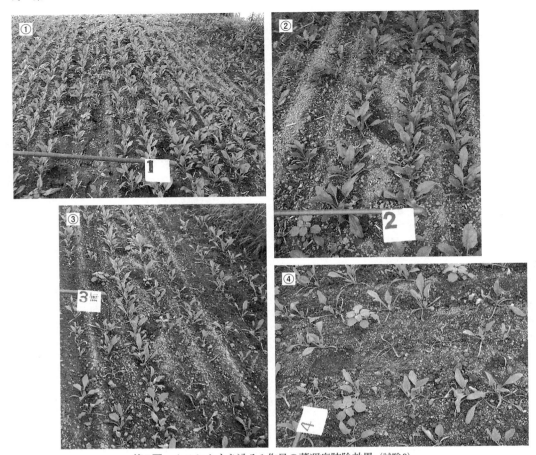

第7図 カラシナすき込み1作目の萎凋病防除効果（試験3）
①カラシナ・二重被覆，②カラシナ・一重被覆，③無処理・一重被覆，④無処理・無被覆

が上昇しなかった結果，還元化が不十分であった。また，梅雨初期からのすき込みで日照不足のため，地温も試験2の7月すき込みの場合より低く推移した。

1作目のホウレンソウで，無処理・無被覆区の萎凋病発病株率は54.5％と多発したが，カラシナ一重被覆区で18.6％，二重区で10.3％と，二重被覆により防除効果が向上した（第8図）。収穫時調査で，二重被覆区では外観健全株で根部の導管褐変率は0％であったが，その他の区では萎凋病菌の感染により褐変が認められた。

被覆終了直後，フザリウム・オキシスポラム菌密度は，無処理・無被覆区の5,600cfu/g乾土に対し，カラシナ一重区で1,800cfu/g，二重区

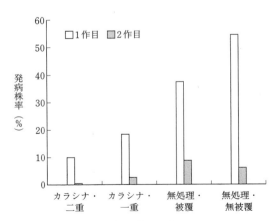

第8図 カラシナすき込みによるホウレンソウ萎凋病防除効果（試験3）

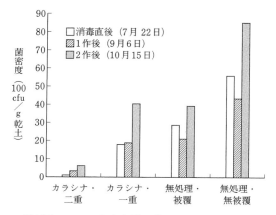

第9図 カラシナすき込み後のフザリウム菌密度（試験3）

で100cfu/gと，二重被覆により殺菌効果が向上した（第9図）。二重被覆により2作後の菌密度も700cfu/gと比較的低く維持された。

③不十分な還元を補った地温上昇による殺菌作用

カラシナ混和時の地温が25℃一定よりも，25℃20時間＋35℃4時間に保持したほうがホウレンソウ萎凋病菌の殺菌効果が高い（竹原ら，1996）。また，フザリウム菌に対する還元消毒試験で，消毒に必要な温度は30〜40℃で，なかでもすき込み7日後の殺菌力は40℃，35℃の順に強かった。また，有機物を施用せず酸化還元電位が50〜150mV程度の場合でも殺菌力は40℃で強く，35℃でやや強かった（新村，2000）。

試験3で，すき込み中の深さ10cmでは，一重被覆区の30℃以上積算時間は260時間であったが，二重被覆では393時間となり，さらに40℃以上の積算時間は79時間となった（第3表）。

これらのことから，還元が不十分でも地温上昇により二重被覆区で殺菌効果が向上したと考えられる。この場合，カラシナから発生するAITCがどの程度効果に関与したかについては検討を要する。

④安全性・殺菌力から見たカラシナの優位性

また，ふすまなどで還元消毒を行なう場合，還元化が不十分でふすまが未分解だと，フザリウム菌が逆に増殖してしまう危険性がある（新村，2000）。その点カラシナは畑状態の低い土壌水分ですき込んでもある程度の殺菌力があり（前川・福嶋，2009），還元化が不十分でもフザリウム菌を増殖させることはない。

また，夏季ホウレンソウ産地では盛夏期までに土壌消毒を終了させる必要がある。太陽熱消毒は初夏に実施しても有効な事例もあるが（佐古ら，1991），効果は日射量，気温など気象条件に左右され，不安定である。

以上のことから，高冷地での夏季ホウレンソウ産地で，高い土壌水分が保持できない傾斜地圃場での萎凋病対策にはカラシナをすき込んだ還元消毒が適すると思われる。低温時では二重被覆で地温を上昇させることが重要である。

（5）太陽熱消毒以上の生育促進効果

試験2で1作目のホウレンソウの収量はカラシナ区で1,260g/m²と多く，無処理・被覆区（太陽熱消毒区）の1.2倍，無処理・無被覆区の4.5倍に増加した。2作目でもカラシナ区で2,050g/m²と多く，無処理・被覆区の1.4倍，無処理・無被覆区の2.9倍に増加した（第10図）。

出荷可能（草丈20cm以上）重量は，1作目で無処理・無被覆区では皆無であったが，カラシナ区では最も多かった。収穫時の草丈もカラシ

第3表 すき込み期間中の地温の積算時間（h）と平均（試験3）

処理区	積算時間（h，10cm深）		積算時間（h，20cm深）		平均地温（℃）	
	30℃以上	40℃以上	30℃以上	40℃以上	地下10cm	地下20cm
カラシナ・二重	393	79	283	21	30.3	28.7
カラシナ・一重	260	26	161	0	28.2	26.7
無処理・被覆	―	―	―	―	―	―
無処理・無被覆	99	0	16	0	25.4	24.2

注 ―は測定せず。すき込み期間は6月17日〜7月22日

野 菜

ナ区でやや高く，根重も増加した。1作目で無処理・無被覆区での収量が皆無だったのには，萎凋病の多発による欠株も関与していた。2作目では萎凋病がほとんど発生しなかったにもかかわらず，カラシナ区は無処理・被覆区（太陽熱消毒区）と比較しても，草丈が増加しており，生育が促進されていた（第4表）。

試験3で，カラシナ・二重被覆区での出荷可能な収量は1作，2作とも，無処理・被覆区の約1.2倍，無処理・無被覆区の2.9倍に増加した。カラシナ・一重区では無処理・被覆区（太陽熱消毒区）とほぼ同等の収量であった（第5表）。

収穫時の草丈もカラシナ・二重被覆区で最も高くなり，1作目で無処理・被覆区（太陽熱消毒区）の1.3倍，無処理・無被覆区の1.5倍に増加しており，生育が促進されていた（第11図）。

このように，カラシナすき込みにより，ホウレンソウの生育が促進され，増収する傾向にあった。太陽熱消毒によってもホウレンソウの生育が促進される（佐古ら，1991）が，カラシナすき込みにより太陽熱消毒以上の生育促進効果が認められた。

一般に，土壌消毒により微生物が死滅すると地力窒素が放出され，作物の生育が促進される（西尾，1989）。カラシナすき込みや太陽熱消毒は土壌微生物を選択的に殺菌するが，カラシナからはAITCも発生し，還元状態になると嫌気性細菌が増殖し，各種の抗菌物質を産生することも知られている（竹原，2008）。そのため両者では殺菌される微生物の種類・量が異なり，微生物相や放出される地力窒素量に差異があっ

第5表 カラシナすき込み区のホウレンソウ収量（試験3）

処理区	出荷量 (g/m²)		出荷株数 (本/m²)	
	1作目	2作目	1作目	2作目
カラシナ・二重	1,652	1,563	52.7	63.2
カラシナ・一重	1,222	1,351	38.6	51.5
無処理・被覆	1,386	1,280	43.9	63.7
無処理・無被覆	579	535	23.4	35.1

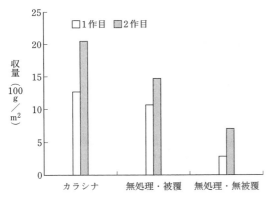

第10図 カラシナすき込み後のホウレンソウ収量（試験2）

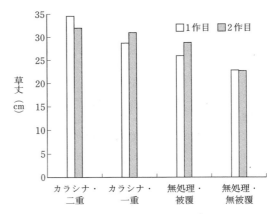

第11図 カラシナすき込みがホウレンソウの草丈に及ぼす影響（試験3）

第4表 カラシナすき込み区のホウレンソウ出荷量と生育（試験2）

処理区	出荷量 (g/m²)		出荷株数 (本/m²)		草丈 (cm)		根重 (g/株)	
	1作目	2作目	1作目	2作目	1作目	2作目	1作目	2作目
カラシナ	1,213	2,045	35.5	58.1	23.2	32.0	1.6	0.6
無処理・被覆	1,058	1,461	41.9	58.1	22.8	28.4	1.3	0.4
無処理・無被覆	0	684	0.0	45.2	16.8	22.4	0.5	0.4

注 草丈，根重は収穫時の測定。根重は深さ15cmまでの主根を測定した

品目別技術　ホウレンソウ

たものと考えられる。また，分解されたカラシナ由来の肥料成分による効果もあると考えられる。

(6) 消毒の手順と留意点

第12図にカラシナすき込み消毒の手順を，第13図にその作業風景を示した。カラシナの品種はAITC含有量の多い'黄からし菜'を用いる。現在，AITC発生量の多い品種が育成されている（橋爪，2009）。播種量は0.3～0.5g/m^{2}程度とする。先の試験では播種量を1.2g/m^{2}としたが，主茎が多くなり，ややすき込みにくくなる。すき込み量は5kg/m^{2}以上が望ましい。

兵庫県では春，ホウレンソウを1作収穫後にカラシナを播種すると，5月下旬～6月初旬播種，7月中旬すき込みとなり，地温が高くなる時期で都合がよい。春にホウレンソウを栽培せずに，カラシナを4月中旬に播種すると，すき込みは6月上中旬となり，日照が少ない梅雨時期と重なるのでトンネルで二重被覆し，地温を上昇させることが望ましい。

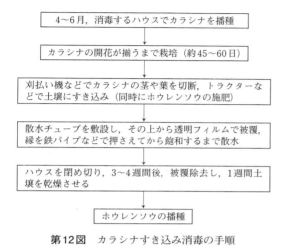

第12図　カラシナすき込み消毒の手順

第13図　カラシナすき込みの作業風景
①開花したカラシナ，②茎葉を刈払い機で切断，③トラクターですき込み，④散水し3～4週間被覆

野菜

カラシナ栽培期間は換金作物が栽培できないデメリットがあるが、他の圃場で栽培したカラシナ茎葉を、消毒するハウスに運搬し細断する労力を考慮すれば、消毒する圃場で播種するのが望ましい。また、ハウスでは肥料分が残存しているので、カラシナのための施肥は不要である。

すき込み時のカラシナの草丈は1.5m前後と高くなるので、刈払い機などで主茎を30～50cmに切断し、トラクターのロータリーですき込む。筆者はハンマーナイフモアで細断したことがあるが、細かくなりすぎてすき込み作業中にAITCが揮発し、目がしみるほどであったので、そこまで細断しないほうがよい。

散水チューブの間隔は30～50cmで、横向きに散水できるチューブがよい。カラシナすき込み後、ハウス天井にあるスプリンクラーで一晩散水し、翌日被覆した場合、AITCが揮発してしまい効果が低下するので、散水チューブの敷設が望ましい。傾斜圃場や地下に不透水層がある場合はサブソイラなどを利用して、散水した水が垂直方向に浸透するようにする。また、傾斜地では低い部分にあぜ波板を差し込んだほうがよい。散水により土壌水分が圃場容水量以上になることが必要なので、消毒中にpFメーターで確認し、それ以下になったら追加散水する。

フザリウム・オキシスポラムに対する還元消毒では、地温30℃以上の積算時間が約280～300時間に達すると高い殺菌効果が認められるので（米本ら、2006）、すき込み中の地温を計測し、すき込み期間の目安にすることが望ましい。被覆するフィルムはハウスの天井用の古いもので十分である。消毒後、ホウレンソウ播種時の土壌表面は、できるだけ浅く耕起・整地するにとどめる。また、3週間以内の消毒後、すぐにホウレンソウを播種すると草丈がやや低くなることがあるので、被覆除去後、1週間程度経過してから播種する。

橋爪（2009）によると、AITCの薫蒸効果は砂質土壌で有効であり、ふすまによる還元消毒は土性にかかわりなく有効である（久保・片瀬、2007）。筆者が試験した圃場の土性は壌土であった。その他の土性でも検討する必要がある。

カラシナすき込み消毒の副次的な効果として、イヌビユ、スベリヒユ、スギナの発生が少ない条件では、ある程度の雑草抑制作用もある。しかし、イヌビユの多発圃場では無効であった。

（7）経営収支例

カラシナすき込み消毒の経営収支に関しては事例が少なく、現在検討中であるので、一例を示す。

経費として、カラシナ種子代は$0.5g/m^2$の播種量で約2,700円/10aである。ちなみにふすまを使用した還元消毒ではふすま資材費は1t/10aで4.5万円で、熱水消毒では燃料代約8万円/10a、機械使用料7万円/10a、合計15万円である。一方、先の試験2、3で、ホウレンソウ1作目、2作目の収量を平均すると、無処理・無被覆区で$523g/m^2$に対し、カラシナ消毒区では$1,629g/m^2$と、3.1倍に増収した。

この結果によると、萎凋病の多発圃場では、単価の高い夏季の2作分の増収により、カラシナ栽培期間のホウレンソウ2作分の減収額以上の粗収益が確保できると試算している。

＊

カラシナなど後作の病害を軽減する植物をすき込むことによる土壌消毒技術は、バイオフューミゲーション（生物的薫蒸）と呼ばれており、海外でも研究が盛んで、国際的なシンポジウムも開催されている。この手法は植物のもつ機能を生かした環境保全型の技術であり、安心・安全な農産物の生産に貢献できるものである。今後、さらに詳細なカラシナすき込みの最適条件（すき込み量・期間など）、効果の詳細なメカニズム、嫌気性細菌など土壌微生物群集構造への影響および経営評価などについて検討する必要がある。

さらにカラシナ以外のアブラナ科植物にもイソチオシアネート類が含まれており、アブラナ科野菜の収穫残渣などをカラシナのかわりにす

き込み，土壌病害・センチュウなどを防除する
方法も可能性がある。

なお，この研究は農林水産省委託プロジェク
ト研究「地域内資源を循環利用する省資源型農
業確立のための研究開発」により実施した。

執筆　前川和正（兵庫県立農林水産技術総合セン
ター）

2011年記

参 考 文 献

橋爪健. 2009. 薫蒸作物による土壌病害と有害セン
　チュウの対策. 最新農業技術土壌施肥. **1**, 23—
　30.
久保周子・片瀬雅彦. 2007. 土壌還元消毒の効果と
　普及. 植物防疫. **61**, 68—72.
前川和正・福嶋昭. 2009. カラシナの土壌混和条件
　がホウレンソウ萎凋病の防除効果に及ぼす影響.
　日植病報. **75**, 218—219. （講要）
目時梨佳. 2010. カラシナすき込みによるホウレン
　ソウ萎凋病の発病抑制効果. 植物防疫. **64**, 575
　—579.
西尾道徳. 1989. 土壌微生物の基礎知識. 農文協.

64—65.
佐古勇・新田晃・油本武義. 1991. 中山間地夏どり
　ホウレンソウの萎ちょう病防除に対する早期のハ
　ウス密閉処理による太陽熱土壌消毒法の適用につ
　いて. 鳥取県園試報. **1**, 59—73.
新村昭憲. 2000. 土壌還元消毒法. 農業技術大系土
　壌施肥編. 第5-①巻追録11号，畑212の6—212
　の9.
竹原利明・萩原廣・藤井義晴・平舘俊太郎・長井
　克将. 1996. カラシナから生じる揮発性物質
　によるホウレンソウ萎ちょう病菌（*Fusarium
　oxysporum* f. sp. *spinaciae*）に対する生育抑制.
　日植病報. **62**, 609. （講要）
竹原利明・半澤祥代・船原みどり・中保一浩・仲川
　晃生. 2004. カラシナ等植物の鋤込と土壌還元消
　毒の組合せによる土壌病害防除の可能性. 関東病
　虫研報. **51**, 176. （講要）
竹原利明・井上博喜・宮川久義. 2007. カラシナを
　用いた還元土壌消毒によるトマト萎凋病の防除.
　日植病報. **73**, 63—64. （講要）
竹原利明. 2008. 生物的土壌消毒による土壌病害の
　防除. 土壌伝染性談話会レポート. **24**, 70—81.
米本謙吾・広田恵介・水口晶子・坂口謙二. 2006.
　露地における土壌還元消毒法の利用方法とイチゴ
　萎黄病に対する効果. 四国植防. **41**, 15—24.

野菜

コマツナの有機栽培
——基本技術とポイント

(1) 有機栽培を成功させるポイント

コマツナは近年需要が拡大し，栽培の周年化を伴いつつ生産量が急速に拡大している。気候条件に広く適応し，連作しても障害が少なく，病害虫の発生の少ない冷涼期や施設栽培を選べば，有機栽培が比較的容易な作物である。しかし，ハウス栽培での周年栽培による連作の増加から，病害虫の発生や土壌養分のアンバランスが起きるなど，栽培上の問題も増えてきている。

有機栽培の問題点を踏まえた栽培上の技術的留意点は以下のとおりである。

①収穫・調製の省力化に向けて生育揃いを高める

コマツナでもっとも多く労力を要するのは収穫・調製であるが，この労力軽減を行なうためには，生育の揃いをよくする必要がある（第1図）。このためには，とくに土つくりと整地，灌水がポイントになる。圃場に凹凸があると灌水ムラなどが生じるので，均平になるように整地し，整地後十分に灌水する。播種はやや湿った土壌の状態で行ない発芽揃いをよくすることが重要である。

土つくりと適切な土壌管理 完熟堆肥を施用し，土壌の保水性，排水性を改良し，一斉に発芽，生育する土壌環境づくりを行なう。また，堆肥は土壌を膨軟にし，収穫時の作物体を引き抜きやすくし，根からの土離れをよくする効果もある。

発芽揃いや生育が不良となるおもな要因として，土壌水分の不均一，濃度障害などが挙げられる。そこで，完熟堆肥をできるだけ均一になるように散布するとともに，有機質肥料の過剰施用を避ける。

均平に整地，播種前に適度な灌水 圃場に凹凸があると水分が低地に溜まり生育ムラが生じやすいので均平な整地を心がける。圃場が乾燥ぎみの場合は，播種前の適量灌水が播種精度を上げる効果がある。播種機を押す速度が速すぎると播種ムラを生じ，生育の不均一をもたらす。播種後には灌水ムラが起きないように留意して十分灌水する。

②べたがけ被覆は軟弱徒長しないよう管理

べたがけ被覆は保温や土壌水分保持効果など生育にとってプラスの面が大きいが，時期，被覆方法，温度管理などに注意しないと，高温障害，軟弱徒長，病害虫の増加など悪い結果を招くことが多い。そこで，軟弱化を招きやすい環境下では，発芽時や生育調整など一時的な使用に留めるほうがよい。

③抵抗性品種，雨よけ，輪作で病害虫対策

病害対策として抵抗性品種を選択するとともに，多雨で発病が多いので，雨よけ栽培，ハウス栽培を行なうと効果的である。また，虫害対策として防虫ネットの効果が高いが，対象害虫との関係でネットの目合いの選定が重要である。病害虫の発生が目立つ場合は，異なった科の野菜の作付けを行なう。

(2) 土つくりと施肥対策

①土つくり

コマツナは葉菜類のなかでは養分の吸収力が強く，比較的少肥で生育する。しかし，土壌の保肥力が弱い（とくに砂土または砂壌土）と，

第1図 均一に生育しているコマツナの有機栽培圃場

肥料の多施用では濃度障害が発生しやすく，少施用では肥切れが発生しやすい。

また，コマツナの根は浅く分布するので，保水性，排水性がよい土壌でないと安定した生産量が得られない。完熟堆肥を施用して腐植含有量を高めるとともに，土壌の保水性，排水性を改良する必要がある。

コマツナは収穫作業を短縮するため，作業性のよい土壌にしておくことが経営上大きな利点となる。堆肥の施用は土壌を膨軟にし，収穫時の作物体を引き抜きやすくし，根からの土離れをよくする。

未耕作地での堆肥施用と生育の関係 地力が著しく低い圃場でコマツナを安定生産するのに必要な堆肥など有機物の施用量を明らかにするため，三重県津市の黄色土（未耕作地）で堆肥施用量などを変えた区を設け，2年間にわたり露地栽培で実証調査を行なった（第2，3図）。コマツナは春作（4月中旬播種，6月上旬収穫）と秋作（9月中旬播種，11月上旬収穫）の年2回作付けて試験した。

試験内容は以下のとおりである。

利用した堆肥は，食品リサイクル堆肥（食品残渣，オガクズ）で，C/N比24.7，チッソ1.87％，リン酸0.64％（乾物％）。コマツナ播種前に施用し，土壌と撹拌した。

有機質資材は以下のとおりである。

・ボカシ肥料：油粕，魚粉，骨粉，米ヌカなど原料（チッソ1.5％，リン酸1.48％，カリ0.66％，苦土0.32％），1t/10a

・化成肥料8—8—8：チッソ30kg/10a

コマツナの生育は，堆肥施用区の春作は地温が低く化成肥料区と比べかなり劣ったが，2年目の9月中旬播種の秋作は化成肥料区を上まわる収量となった。地温の低い春作は無機態チッソの発現が遅いので生育が劣ったが，速効性のボカシ肥料と堆肥を組み合わせると春作でも化成肥料並みの収量が得られた。

こうした傾向は1年目からみられ，地力の低い圃場でコマツナを栽培する場合に，ボカシ肥料など速効性の有機質肥料と組み合わせて施用すれば安定した収量が得られた（第1表）。

堆肥を施用した区画は，未耕作地に比べて保肥力（CEC）が高まるとともに，腐植の含量なども高まっていた（第2表）。また，堆肥の連用に伴って，土壌中の微生物多様性が高まり，作土の土壌硬度が低下し土が軟らかくなっていた。

化成肥料区はチッソ含有量が高まるが，土壌の微生物多様性指数は低下した（第3表）。

この試験で用いた食品堆肥はC/N比が24.7と高めで，チッソ供給の面ではあまり期待できないが，土壌物理性，土壌の微生物多様性の面では確実に効果があった。新墾地でもごく短期間でコマツナの生育を確保するには，堆肥とチッソ養分として速効的なボカシ肥料を合わせ施用することにより，慣行栽培並みの収量が期待できる。

第2図　未耕作地のコマツナ

第3図　堆肥5t施用区のコマツナ（2年目の秋作）

野　菜

第1表　堆肥などの施用量とコマツナの収量（重量）および葉長

	1個体平均重量（g）				1個体平均葉長（cm）			
	春　作	比率% （化成区 100%）	秋　作	比率% （化成区 100%）	春　作	比率% （化成区 100%）	秋　作	比率% （化成区 100%）
対照区（無肥料）	19.5	5	67.6	95	14.9	37	24.6	85
食品堆肥2t区	17.5	5	91.4	128	14.5	36	28.6	99
食品堆肥5t区	38.0	10	88.5	125	18.4	46	27.7	96
化成肥料区	367.7	100	71.0	100	40.0	100	28.8	100
ボカシ1t＋堆肥2t	364.2	99	70.1	99	41.0	103	30.3	105

注　1個体平均重量は平均的個体5個体の平均重量（コマツナ品種：はっけい）。収穫は葉長25cm程度で行なった
　　（財）日本土壌協会と三功（株）などとの共同試験

第2表　コマツナ各試験区別収穫後の土壌分析結果（2010年）

試験区	CEC （meq/100g）		腐　植 （%）		全チッソ （%）	
	春　作	秋　作	春　作	秋　作	春　作	秋　作
対照区（無肥料）	6.7	8.4	0.85	0.8	0.07	0.04
食品堆肥2t区	6.8	8.7	1.3	1.1	0.09	0.06
食品堆肥5t区	6.3	8.7	1.8	1.4	0.10	0.07
化成肥料区	7.8	9.1	1.1	0.7	0.08	0.07

注　各試験区とも2連の平均値
　　資料：（財）日本土壌協会

第3表　播種時期の各試験区別土壌微生物多様性指数（2連の試験区平均）

試験区	2009年		2010年	
	第1回播種時（4月）	第2回播種時（9月）	第1回播種時（4月）	第2回播種時（9月）
対照区	501,991	579,928	952,519	612,492
食品堆肥2t区	624,120	735,830	815,940	856,989
食品堆肥5t区	661,281	634,133	845,946	950,373
化成肥料区	243,163	288,656	234,630	417,308

②土壌・施肥管理

生育診断　コマツナの栽培では，効率的な収穫，調製を行なううえで，発芽揃いがよく生育が揃うことが必要である。発芽揃いが不良となる要因は，土壌水分の不均一，肥料養分による濃度障害などである。

土壌水分が不均一になるのは，有機物が均一に混ざらないことにも原因がある。また，未熟堆肥の施用も発芽や生育の揃いを低下させる。そこで，堆肥は完熟堆肥を用い，できるだけ均一になるように散布する。

肥料養分による濃度障害は，前作の肥料養分の大量の残留や元肥の過剰施用により生ずる。土壌管理，施肥管理が適切かどうかは，コマツナの生育診断を行ない，もし，生育異常があれば土壌診断などを行ない，要因を特定する必要がある。

コマツナを土壌管理，施肥管理との関連で生育診断する際の勘どころとして第4表のようなことが挙げられる。

土壌診断と施肥管理　コマツナの生育にもっとも影響するのはチッソ成分である。しかし，チッソ成分も多いと葉の硝酸態チッソ濃度を高め，食味や安全性で問題となり，土壌中のEC（電気伝導度）を高めて生育を悪くする。

一般的な10a当たり施肥量は，東京都の例では第5表のようになっており，有機質肥料を施用する場合の一つの目安となる。コマツナへの施肥は，栽培期間が短いので元肥を主体に行なう。

この施肥量は土壌中の肥料養分の蓄積量によって加減する。コマツナの播種前の土壌中残存硝酸態チッソ濃度は6mg/100g（乾土）で収量がもっとも多く，7〜8mgより多量だと収量は増加せず，葉中の硝酸態チッソ濃度は5,000ppm（mg/kg）を超えてくる（第4，5図）。このデータは中粗粒黄色土の夏季の測定結果であり，秋冬作では有機物の分解が少ないので，土壌中の硝酸態チッソ濃度がもう少し高くてもよい。土壌残存濃度が6mg/100g（乾土）のときは，10aの作土（深さ13cm，比重1.0）に換算すると硝酸態チッソ量は7.8kg/10aとなる。この量は土壌残存硝酸態チッソがわずかしかない場合には，東京都のハウスの施肥基準のチッソ7kg/10aに相当する。

塩類濃度による生育障害をみる指標としてEC（電気伝導度）があるが，春，秋作のコマツナで，作付け跡地の土壌でECが0.5mS/cmを超えると収量が低下し，晩秋〜冬の作付けではECが1.0mS/cmを超えると収量が低下してくるという報告がある（兵庫県農林水産技術総合センター）。

ECは硝酸態チッソやカリウムなどが多いと上昇するので，コマツナの生育に異常があれば，硝酸態チッソやECについて簡易診断の測定機器などにより測定し，堆肥や有機質肥料の施用量を加減する必要がある。

コマツナは土壌pHに対する適応幅があり酸性にも耐えるが，土壌pHが5.5〜6.5程度に収まるようにするとよい。pH5.0以下の場合は石灰質資材の施用を行なうが，石灰質資材はカキやホタテの貝殻を粉砕したものを使用し，1作当たり200kg/10a程度を目安に施用する。コマツナは石灰含有量の高い野菜の代表ともなっており，年間作付け回数が多い場合にはその吸収量が多くなる。このため，土壌中の石灰含有量に留意しておく必要がある。

なお，コマツナは出荷労力を分散させる関係から，1棟のハウス内でも播種日を変えて作付けすることが多く，施肥管理が異なることが多いので，ハウス内の土壌養分が不均一になりやすい。コマツナは土壌の状態や施肥管理に対して敏感に反応するが，たとえばリーフレタスなど吸肥力が強くEC値が高くても比較的栽培しやすい葉菜もあるので，リーフレタスや緑肥作物を輪作の形で導入し，土壌養分の均一化と栽培労力の配分を行なう方法も利用したい。

第4表　コマツナの生育状況と生育診断・土壌管理の勘どころ

生育時期	生育の状態	生育診断と土壌管理の勘どころ
子葉展開		土壌が乾燥していると，子葉が小さく不揃いとなる。発芽が揃うまで土壌を乾燥させない
本葉2枚目出始め（生育初期）	草丈2cm程度	過湿や高温期の灌水，塩類濃度が高いなどにより立枯症が生じやすいため注意する
本葉4枚目出始め（生育中期）	草丈4〜5cm	一般的に多肥状態では葉色が濃く，肥切れ状態では淡くなる。いずれの場合も草丈が伸びない。また，土壌腐植含量の多少がもっとも生育差に現われるのがこの時期で，腐植含量が十分な土壌では順調な生育をする
本葉5〜6枚目出始め（生育後期）	草丈15〜18cm	日中はややしおれぎみの生育がよく，葉色が濃すぎないような施肥，水管理が必要である。土壌水分が不足しすぎると全体的に硬くなり，葉が内側に湾曲し品質が低下する。また，土壌水分が多すぎると軟弱な生育となる

野　菜

(3) 播　種

①圃場の準備

コマツナは比較的に連作可能な作物であるが，長年連作を行なっている有機栽培のコマツナの圃場では根こぶ病が発生している例がみられる。また，コマツナを連作していると，アブラナ科作物に病原性を示す萎黄病，根こぶ病などの被害が大きくなってくるので，ホウレンソウ（アカザ科），レタス（キク科）など異なったタイプの作物との輪作を行なうように心がける。

コマツナは浅根性で表層土の乾燥が生育に影響を及ぼすので，保水性，排水性のよい圃場がよく，収穫する際の抜き取りを容易にするため土が軟らかい圃場を選ぶ。

コマツナの生育を均一にするには，よく腐熟して塊のない堆肥を施用し，砕土をよくして圃場表面を均平にする。耕盤の深さに凹凸があると水分が低地に溜まり生育ムラが生じやすいので耕深を一定にする。有機質肥料は播種直前に施用すると発芽障害や立枯れ症状が出ることがあるので，播種2週間前までには施用しておく。また，有機物が乾くと，水をはじくようになる。

堆肥は生育診断により適度な腐植が含有されている場合は，年1回2t/10a程度を施用する。堆肥を施用したらロータリなどで土とよく攪拌する。有機質肥料を施用後もう一度ロータリで耕うんし土を細かくし肥料をよく土になじませておく。有機の栽培事例では，播種床はトラクタのロータリで耕うん・整地したままの平床が多いが，排水が悪い圃場では高ウネにする。施設栽培などで圃場が乾燥ぎみの場合には，播種前の灌水によって土を落ち着かせると播種精度を上げる効果がある。

②播種の方法

近年は種子の発芽が良好となり，精度の高い播種機やシードテープが利用されるようになって少量播種の傾向にある。また，生育揃いなど品質が重視されるため，以前は手まきによる散播が多かったが，熟練を要することや間引き作業が生じることから，近年は有機栽培において

第5表　10a当たり施肥量（東京都の例　単位：kg）

土　壌	作付け	チッソ	リン酸	カ　リ
黒ボク土	露地	14	16	12
	ハウス	7	7	5
灰色低地土	露地	14	12	12
	ハウス	7	5	5

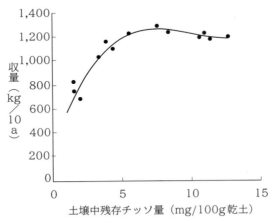

第4図　コマツナ播種前の残存チッソ量と収量

資料：岡山県農業試験場

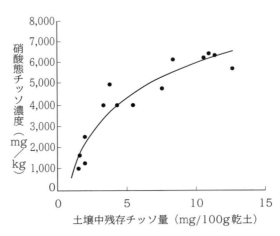

第5図　コマツナ葉中硝酸態チッソ濃度と土壌中チッソ残量

資料：岡山県農業試験場

も播種機の利用が多くなっている。

なお，播種のしかたや播種機の利用，播種後の灌水のポイントなどは慣行栽培と同様である。

(4) 中間管理・雑草対策

生育期のおもな管理は，灌水，雑草管理である。播種時期によっては低温や高温対策も必要である。

①灌　水

灌水はムラなく行なう。灌水の頻度は生育中期以降についてはひかえめにする。収穫近くの灌水は葉が軟弱になり，日持ちが悪くなる。また，収穫期近くの灌水は根に土が残りやすく，調製作業がやりにくくなる。

灌水方式や灌水の頻度などについては慣行栽培と同様である。

②雑草対策

コマツナは立性の野菜で生育が速いので，ホウレンソウのように葉が横に寝るタイプの葉菜類と比べ雑草害を受けにくい。コマツナの栽植密度をやや高め，雑草への日陰が多くなるようにすると雑草害は低下する。また，耕起を行なって雑草の発芽を促したあと，浅くロータリをかけ雑草を枯死させる方法も有効である（第6図）。

雑草の発生が多い圃場では，播種前に太陽熱利用による雑草防除やハウス内で太陽熱による土壌消毒を行なうと，雑草の発芽が大幅に減少する。

コマツナの場合，多少の雑草は生育に害を与えないが，宿根性，塊茎性の雑草は適宜手取り除草を行なう。

③被覆栽培管理

コマツナの有機栽培においても，露地栽培およびハウス栽培ともに，低温期の発芽・生育の促進と高温期の土壌水分保持などの目的で被覆栽培が行なわれている。

ここでは低温期と高温期の利用のポイントを述べる。

低温期の被覆資材の利用　低温期にべたがけ資材を使用する際は，以下のような点に留意する。

1）冬期の日射量が十分あり，ハウス内の温度もある程度確保される地域では，コマツナの軟弱化を招きやすいので，発芽時や生育調整などの一時的使用に留める。

2）べたがけの効果は昼間の日射量の多少に影響されるので，日射量が少ない地域では保温効果が劣る。また，日陰部など日射量が十分確保されない場所でべたがけ被覆をすると，資材内の結露が凍結し凍害を受けることがある。とくに，長繊維不織布は被覆内で結露しやすいので注意する。

3）日射量が少ない冬期のべたがけ被覆は，コマツナが受ける日射がさらに少なくなり，あわせて昼間の高温条件や多湿条件によって軟弱徒長ぎみになりやすい。地域の気象状況にもよるが，生育初期または中期以降にはべたがけ資材を除去したほうがよい。

高温期の被覆資材の利用　高温期の栽培では，播種後に黒寒冷紗などを用いてべたがけ被覆を行なうことがある。この場合，これら資材を発芽直後に除去しないと下胚軸が伸び，徒長するので注意する。遮光資材を利用する目的は，高温期での土壌水分保持による発芽安定，地温・気温の昇温防止などである。

(5) 病害虫対策

コマツナの有機栽培において病害虫で問題と

第6図　播種前ロータリ2回がけの有機栽培コマツナ圃場
雑草発生密度が低く，コマツナは雑草被害に遭っていない

野　菜

第6表　コマツナ有機栽培での病害虫対応策

	病害虫名	発生しやすい時期	対　策
病　気	萎黄病	夏の高温期	耐病性品種の作付け。夏期に太陽熱消毒や熱水土壌消毒。多発時の作付け回避や輪作 根ごと抜き取り残渣を残さない
	白さび病	6〜7月の梅雨期 露地栽培	多湿時期での雨よけ栽培や施設栽培。排水対策の徹底で過湿を避ける
	炭疽病	7〜9月 冷夏で降雨が連続する気象条件下	雨よけ栽培や施設栽培。排水対策を行ない過湿を避ける
	根こぶ病		発病圃場では5〜6年間はアブラナ科作物を栽培しない。石灰を施用しpH7.0程度にする。低湿地では排水をよくする。おとり作物を導入する
害　虫	コナガ	厳寒期の1〜2月を除いてほぼ周年発生 露地栽培では5〜7月，10〜11月，ハウス栽培では4〜7月，10〜12月に多発	1mm目合いの防虫ネットを作物が触れないように設置する。発生初期にBT剤の利用。フェロモン剤の活用
	アブラムシ類	春と秋の2回発生のピーク	0.8mm目合いの防虫ネット被覆。カットフィルムの利用。チッソ過多の施肥をしない
	キスジノミハムシ	4〜11月中旬に発生 とくに5月中旬〜9月にかけて多発	0.8mm目合いの防虫ネットの活用。太陽熱土壌消毒。アブラナ科の連作を避ける
	アオムシ	盛夏期を除く4〜12月に発生，とくに5〜7月，10〜11月中旬に多発	2〜4mmの網目の防虫ネット被覆。捕殺
	ヨトウガ	春と秋の2回発生	2〜4mmの網目の防虫ネット被覆。捕殺

なるのは，病害では萎黄病，白さび病，炭疽病，根こぶ病など，虫害ではコナガ，キスジノミハムシ，アブラムシ類，ヨトウガなどである。

主要な病害虫と，その発生しやすい時期と対策を第6表に示した。

(6) 収穫・調製

収穫・調製・予冷・出荷において留意する点などについては，慣行栽培と同様である。

執筆　自然農法国際研究開発センター

（日本土壌協会『有機栽培技術の手引（葉菜類等編）』より抜粋，一部改編）

品目別技術　春の菜っ葉

農家の葉物栽培

コマツナ、ミズナ、チンゲンサイなど秋から春の菜っ葉類

執筆　東山広幸（福島県いわき市）

虫害と肥切れをどうするか

コマツナなどの菜っ葉は家庭菜園では初心者向けの定番野菜である。それゆえ、栽培はいとも簡単な野菜のように思われるが、販売目的で有機栽培しようと思うと意外とむずかしい。

無農薬とはいえ、虫食いだらけの野菜を売るわけにもいかない。洗うと傷がつくし傷みやすくもなる。なるだけよけいな手間もかけたくない。

涼しい時期になれば虫害は減るが、生育期間が長くなって肥切れする可能性が大きくなる。アブラナ科の野菜は肥切れすると葉が硬くなるし耐寒性も下がり、病気も入りやすくなって歩留まりも極端に落ちる。ある程度のコヤシが継続して効いてもらわなくては困るのだが、有機栽培では追肥が困難だ。最初から多めに施肥すれば肥切れも起こしにくいのだが、過剰な施肥は有機栽培にとっては禁忌。身体によいものを供給するためできる限り少肥といきたい。

育苗して定植すべし

菜っ葉はふつう直まきだが、私はコマツナやホウレンソウまでペーパーポットにまいて、穴あきマルチに定植する（第1図）。直まきよりはるかに手間も経費もかかるが、それでもお釣りがくるくらいのメリットがある。

まず、苗のうちは虫よけネットの中で管理できるので、虫食いの心配が少ない。小さいころの虫害は致命的なので、これは大きい。ハウスの中でタネまきすれば悪天候でも関係なく予定の期日に播種できる。さらに穴あきマルチに定植するので、雑草害は避けられるし、肥え持ちもいい。地温も上がるので、生育が進む。ひと株ひと株が肉厚で大きな株に揃うので、収量が多く、調製の手間も大幅に省ける。

逆にデメリットとしては、ペーパーポットや床土の用意などに経費がかかり、定植の時間がかかることだろう。

苗の管理は虫よけネットの中で

私は220穴のペーパーポット（「ミニポット220」）を使っている。ペーパーポットを使うのは苗取りがラクで植付けが速いことが第一の理由だ。ポットが独立していないぶん、苗のときに乾燥しにくいのもありがたい。

もちろんプラグトレイの育苗でもいいのだが、苗を取り出すのに手間がかかる。だが何度も使えて安上がりなので、プラグトレイの達人はプラグトレイを使うべき。土の量も少なくてすむ。

苗の管理は必ず虫よけネット（サンサンネット）のトンネルの中で行なう。定植数日前まではハウス内で管理すれば、苗の肥切れや過湿の心配がない。秋は10月になれば定植後の虫よけネットは不要になる。定植数日前からは外気に慣らす。このときもできれば虫よけネットの中で管理すべきだ。

米ヌカと魚粉で肥切れなし

コヤシは即効性の魚粉が中心となる（第2図）。ただ、魚粉だけでは長期にわたる真冬どりの作型ではコヤシが切れてくる。このため、真冬どりの菜っ葉をつくるには、夏に米ヌカを1a当たり100kg程度まいてロータリをかけておく。チッソ成分で20kgほどになるが、即効性は皆無である。だから、この場合も作付けの際、魚粉を1a当たり10kg以上必ず振ってから植える。

677

野菜

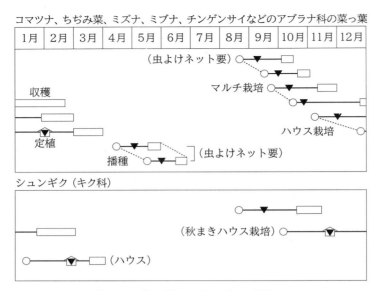

第1図　菜っ葉類（夏以外）の栽培暦

　12月までに収穫の終わる作型ではこの「米ヌカの予肥」は不要で、モミガラ堆肥1a当たり100kgと魚粉を同15kgだけで十分である。
　ちなみに、米ヌカを入れてある畑はコヤシが翌夏まで残るから、後作に果菜類などをつくるとちょうどいい。

マルチの選び方と犬猫対策

　肥料をすき込んだらタネバエ対策のため、すぐにウネを立ててマルチをかける。
　マルチは通常9515（幅95cm5条、株間15cm）か3715（135cm幅で7条、株間15cm）を使う。やや大株にしたいミズナやミブナは9415（95cm幅で4条、株間15cm）や3615（135cm幅で6条、株間15cm）、大株にしたくないコマツナなどは3812（130cm幅で8条、株間12cm）が便利。
　魚粉を使った場合、犬猫にマルチを破かれることがある。とくに何も植えてないマルチは好んで破かれる。
　対策としては、地面ぎりぎりの低めに電気柵を張ってやるか、マルチを張ってから植付けまで防風ネットなどを上にべたがけしておき、植付け後再びネットをかけてやる。後者の方法はカラスのいたずらも防止できる。防虫ネットや防風ネットのべたがけは葉が傷みそうに思うが、実際にやってみると不織布よりも傷まない。風でバタつくことが少ないからだろう。

植え穴を棒であけて定植

　植付けは穴あけ棒で穴をあけ、そこに苗を押し込んでいくだけである。穴あけ棒は折れたスコップの柄などでつくっているが、棒の先をナタで適当に削っただけのものでもいい。
　苗と土との隙間ができると乾くので、指で土を少し寄せる。220株1箱植えるのにかかる時間はだいたい20～30分である。

定植後の虫よけネットの使い方

　春や初秋の虫のつきやすい時期は、定植後すぐに虫よけネットをかける。やや幅の広めのネットを使い、両端を土で留めておくと虫の侵入がほぼシャットアウトできる。
　ただ、収穫数日前から土から剥がして、固定用のクシで留めるようにしないと、ネットを開けるときに菜っ葉に土がかかって汚れる。私の

品目別技術　春の菜っ葉

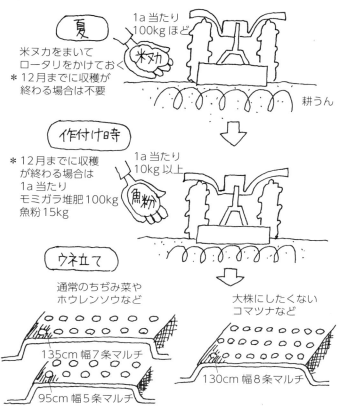

第2図　菜っ葉類（夏以外）のウネと施肥

マルチの規格の見方

穴あきマルチの規格は4桁の数字で表わされる。たとえば、3715という数字は、左から1桁目がマルチの幅（ただし、1m以上の幅は省略していて、数字は10cm単位の数字）、2桁目は条数、3、4桁目は株間ということになる。つまり、この場合、135cm幅（130cm幅のときもある）で、株間15cmの7条マルチということになる。9415なら、95cm幅の株間15cmの4条ということだ。

ちなみに、この数字にはマルチの種類（黒とかグリーンとか銀ネズとか）や穴径の情報は入っていないから、マルチに書かれている表示をちゃんと確認のこと。

ところでは10月後半以降の定植の場合、虫よけはしなくても大きな被害はほとんど出ない。残暑が厳しく虫害の激しい年は、11月まで虫よけネットをかけていたほうが無難だ。

冬どり用の菜っ葉は遅くとも10月中に植え終わるようにしている。寒いところではもう少し早く、温暖な地域ではそれより遅くてもいいだろう。

生育が遅れている場合は12月になったら不織布のべたがけをする。できれば北や西のほうだけでも土で留めると、隙間風が入りにくく保温性が格段にアップする。冬の強風対策には不織布の上に防風ネットや防虫ネットを上がけする。これだけで不織布は何倍も長持ちする。

べたがけやネットはヒヨドリの食害を防ぐのにも卓効がある。

以下、作目ごとの勘所を記しておく。

（1）コマツナ——4〜6粒まきで小さく

コマツナは生育が早いので直まきでもいけるが、苗を植えたほうがやはり虫食いが少なく株ぞろいもいい。ただしあまり大株にしたくないので、1ポットに4〜6粒まきとする。ちぢみ菜やミズナなどを含め、アブラナ科の菜っ葉は9月下旬から10月半ばまでの播種なら虫害が少なく防虫ネットは不要だ。

私は根こぶ病抵抗性品種の'大河'（渡辺採種場）を愛用している。

（2）ミズナ（水菜）とミブナ（壬生菜）——2粒まきで大きく

私が百姓をはじめたころ、ミズナは東日本で

野菜

は見向きもされなかったのに、今ではどこのスーパーでも置いている。これほど出世した菜っ葉も珍しい。

ミズナは生育が早いわりにとう立ちはそれほど早くない。ミブナはまだまだマイナーだが、私の客の評価は悪くない。生育が早くとう立ちも遅いので、重宝する菜っ葉。ともに2粒まきでほかの菜っ葉より大きく育てる。

（3）ちぢみ菜——間引き収穫で菜の花をとる

じぷしい農園イチオシの菜っ葉。こんなにうまい菜っ葉が市場にあまり流通しないのが不思議だ。青臭さがなくて歯切れよく、濃緑で見た目もいいから、お客さんに大人気の菜っ葉である。味のよさが理解されれば、ミズナ以上にブレイクする可能性がある。

生育は緩慢だが、葉数で重さを稼ぐ菜っ葉なので収穫適期が長いのもありがたい。大きくすれば収穫調製もラク。しかもタネ代も節約できる。

欠点を挙げれば、とう立ちが早くて早春につくりにくいこと、根こぶ病抵抗性（CR）品種がないことぐらいか。

ただし、とう立ちしても菜の花で売れる。ちぢみ菜は菜の花としても絶品なのだ。色が濃く火を通してもきれいで、蕾が締まって見栄えもいい。甘くて歯切れも良好だ。アブラナ科の菜の花でも一番うまいと思う。

とくに側枝の質がいいので、間引き収穫して菜の花専用に大株を残しておくといい。ほかの菜っ葉類（コマツナ、チンゲンサイ、未結球ハクサイなど）も、秋に売り切れなければ菜の花で売ればいい。

株張りがいいので2粒まきにして、間引き収穫で1本立ちにする。交配種では'みそめ'（タキイ）、'広瀬ちぢみ菜'（渡辺採種場）があり、前者はタネが安く、後者はやや晩抽性だ。

（4）ホウレンソウ——低温伸長性品種はダメ

晩秋から初冬にかけて収穫する作型がもっともつくりやすいが、圧倒的に甘いのは真冬のホウレンソウである。

わが家では9月後半から10月上旬にタネをまき、10月中に定植する。1ポット3粒ぐらいがいい。秋まきの品種は'強力オーライ'（タキイ）を使っている。味がよいのが特徴で、最近の品種のようにべと病の多レース抵抗性はないが、わが家ではホウレンソウのべと病を見たことがないから、まったく問題ない。

低温伸長性の高い品種は、直売には絶対に使わないこと。同化養分がほとんど生長に使われるためか、甘みもへったくれもないホウレンソウになる。

長日植物のため、春は晩抽性の品種を使わないとあっという間にとう立ちする。ただし、どんな品種を使っても味がイマイチだから、あまりつくらないほうがいい。

なお、ホウレンソウは新しいタネの発芽が揃わないことがある。だから、秋にまくタネは前年か春のうちに買っておいたほうがいい。

（5）シュンギク——無加温ハウスで栽培

シュンギクの品種は、西日本は株張り系、東日本は摘み取り系と、すみ分けができているようだ。味がよいおすすめは、茎のない株張り系である（タキイの'菊次郎'など）。

いちばん簡単な作型は、ハクサイと同じころにまいて晩秋にとる作型だが、最近はハモグリバエの被害で売れなくなることが多くなった。秋まきの無加温ハウス栽培なら、ハモグリバエもつかない。

（6）チンゲンサイ——いちばん大きくなる菜っ葉

チンゲンサイは基本的に1穴1本植えである。1本ずつ植えるため、ペーパーポットでもプラグトレイに1粒ずつまいても、苗箱にすじまき、バラまきのいずれでもよい。間隔15cm角の穴あきマルチでも袋詰めに難儀するほど巨大化することがあるから、ちょうどいい大きさで収穫すること。

ルッコラを間引き菜から花芽まで長〜く収穫

執筆　桐島正一（高知県四万十町）

秋から春まで6〜7回まいて長期収穫

私はルッコラを9月初めごろから翌年4月ごろまで、6〜7回まいている（第1図）。まず9月初めにまくときは、まだ温度が高くすぐ大きくなるので、狭くまかないようにする。また薄まきにして、立枯れや黒腐れなどに強くする。

次に、10月から11月いっぱいまでに2〜3回まく。この分は、タネ採りまで育てていく。また4月の花芽まで長く収穫していくので、広くまく。ただし、9月まきよりは量を多くまいて、わき菜（間引き菜）から収穫していく。

次は2月ごろに1回まく。このころになると、11月まきの分は大きくなって花芽の収穫に入って少し硬くなるので、2月まきで3月下旬から軟らかいものをとっていく。この時期はすぐとうが立ってしまうので、少なめにまく。

最後は4月まきで、5月下旬〜6月どり。温度が高く病気になりやすいので粗めにまく。また大きくなるのも早いので、少しの面積にする。

播種時期によってウネの高さを調節

まき方はどの時期も同じで、ウネは幅1.8〜2mで、2条まきにする。ウネの高さは、春まきと9月まきはなるべく高く、30cmくらいにして水はけをよくする。10〜11月まきは、草引きのとき土をけずり落とすので、少し高くするが、春まきほどにはしない。ただし、水はけの悪い畑や日陰になりやすい畑は、高いウネにする。

播種量の基準は、すじまき50m当たり一握りくらいで、まき時期によって密度を調節する。

長期どりは元肥、追肥を十分に

肥料は、播種時期によって入れ方を変える。9月まきは温度が高いため肥料の効きがよく、収穫期間も短いので、元肥を少し（鶏糞300kg/10a）入れるか、追肥のみ（鶏糞150kg/10a）でもよく育つ。また、この時期はあまり肥料分が多いと病害虫が多くなるので注意する。

10〜11月まきは寒くなってくるし、春の花芽まで長期に収穫できるよう、元肥と追肥を組み合わせていく。元肥は、畑がある程度肥えた土なら、鶏糞450〜600kg/10aを、播種の4、5日前に入れて耕うんする。やせた土なら、播種の1か月前に500〜550kg/10a入れて耕うんしておき、さらに播種の4〜5日前に300〜400kg/10aを少し浅めに入れて土に混ぜる。

追肥は様子をみながら、2〜3回入れる。1回目は間引き菜収穫が終わる時期、播種後40〜50日に100〜150kg/10aを、あいた

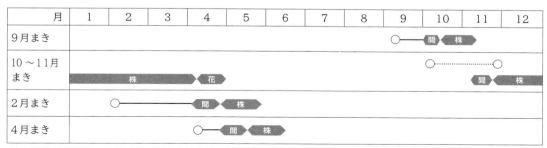

第1図　ルッコラの栽培暦

野菜

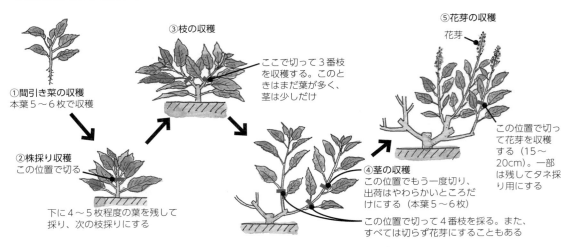

第2図　ルッコラの収穫、出荷のすすめ方

ところへ置き肥する。2回目は2月下旬に約100kg/10aやる。新芽が動くころで、株が急に大きくなる。その導入肥料として施すが、やりすぎると味が落ちたり、病害虫がつきやすくなったりする。

草引きは本葉2枚ころから、しっかりと

除草（草引き）は早めに行なう。9月まきはルッコラが本葉2枚ころに1回、三角ホーか「けずっ太郎」で引いて終わりである。

10～11月まきは、同じく本葉2枚ころに1回と、引き残した草をルッコラの本葉4～5枚のとき（間引き菜の収穫のとき）に手か手鍬で除ける。その後、2月中下旬になるとまた草が大きくなってくるので、三角ホーなどを使ってけずる。それでもまだ草が残るようなら、収穫のときなどに、手で引き抜く。

2月まきは、同じく本葉2枚ころに草をけずり、残ったものは本葉4～5枚のとき手鍬などを使って除ける。この時期はルッコラも大きくなりやすいが、草の生長も早くなるので、もし草が多く残っているようなら、もう1回除けると収穫作業がラクになる。

4月まきは、気温がかなり高く雑草がすぐ生えてくるので、まいて2～3日後に「けずっ太郎」などでけずり、あとは生えてきたらこまめに引くようにしないと草だらけになってしまう。

間引き菜から株、枝、茎、花芽まで

私は、本葉5～6枚と小さいときから間引き菜として収穫している。初めは調製に手間がかかるが、大きくなるにつれてラクになってくる。

9月まきは10月初めから間引き菜、続いて株どりの出荷をして1か月ぐらいで終わるが、この時期はダイコンサルハムシが多いので、虫がついたら終わりだ。また、疫病なども出るので、雨の多い年は早めに終わる。この時期のものは葉が軟らかく、ゴマの香りはあるものの、辛味が少ない傾向があるので、前述のように少なめの肥料管理によってできるだけゆっくり育てていき、辛味、香りのよいものをつくる。

10～11月播種のものは、もっとも長期間にわたって、いろいろな部位を収穫、出荷できる。第2図に示すように、①まず播種後40日ぐらいで間引き菜の収穫が始まる。②次いで株どり収穫。低めのところで、葉を4～5枚残して切って収穫する。③次は残した葉の節から伸びた枝を切って収穫し、④続いて切った下から伸びる茎の収穫となり、⑤最後に花芽の収穫になる。

クウシンサイやモロヘイヤなど盛夏期の菜っ葉

執筆　東山広幸（福島県いわき市）

第1図　ともに強健で旺盛に育つクウシンサイ（左）とモロヘイヤ（右）

過剰作付けしないのが鉄則

ふつう、菜っ葉というと涼しい時期のもので、夏は本来端境期である。店先では夏もコマツナやホウレンソウが売られてはいるが、いくら高原や北海道の生産物でも、冬のものとはまったく別物で、味もそっけも栄養もない代物だ。

おまけにこれらを無農薬でつくろうとすると、病気や虫のオンパレードで、十中八九失敗する。

夏には夏野菜が豊富にあり、菜っ葉を食わなくてはならないこともないのだが、毎日キュウリやナスばかりでは飽きてくる。夏には夏用の菜っ葉があるので、それをつくればいいだけだ。

夏の菜っ葉の多くは摘み取り収穫タイプだ。摘み取り型の野菜は未熟型果菜類と同じで、常に収穫していないといいものがとれない。販売可能な量以上は作付けないのが鉄則である。

高温期に向く夏の菜っ葉類

夏の高温期に向く菜っ葉で、冬に一般的なアブラナ科のものはほとんどない。私がこれまでつくったものは、ヒユナ、オカヒジキ、フダンソウ、オカノリ、ツルムラサキ、モロヘイヤ、クウシンサイ、キンジソウ、青ジソだが、それらの特徴を挙げてみる。

（1）ヒユナ（バイアム）

おもに南アジアで栽培されるヒユ科の菜っ葉。新芽を摘み取って食べる。味はクセがなく淡白。病虫害は少なく栽培は容易。軽いので収穫量は上げにくい

（2）オカヒジキ

アカザ科の菜っ葉だが、菜っ葉というよりマツバボタンの葉のよう。味、食感はいいが、初期生育が遅いので雑草に負けやすく、軽くて、たくさんとっても重さが出ないので収穫にも時間がかかる。

（3）フダンソウ

これもアカザ科の植物で、同じくアカザ科のホウレンソウに姿が似る。ただ、夏でも抽台せず、暑さにも比較的強いので、栽培は簡単。味は冬の菜っ葉に食感が似るが、泥臭さがあるのが難点。

（4）オカノリ

アオイ科で、フキのような葉っぱを摘み取る。お浸しにするとぬめりが出る。味はクセがなく、病虫害も少なく栽培は容易。翌年からはこぼれダネからも発芽して、勝手に雑草化する強健な植物。最初のうちは葉がでかくてそこそこ収量が上がるが、だんだん葉が小さくなってくるので、収穫期間が意外と短い。

（5）ツルムラサキ

ツルムラサキ科のつる性植物。生育は旺盛で収穫量はきわめて多い。つる性のため地這い栽培もできるが、ネット栽培のほうが収穫がラク。ただ、これも泥臭さがあって、私のお客さんにはあまり評判がよくなかった。売れるならきわめて割に合う野菜。

（6）モロヘイヤ

シナノキ科の草本だが、ほとんど木のように育つ（第1図）。味にクセがないので、嫌いなひとが少なく、夏の菜っ葉としては最右翼。栽培も容易で、初期は収量も上がる。

野菜

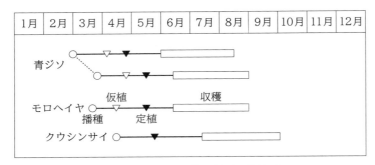

第2図　盛夏期の菜っ葉類の栽培暦

(7) クウシンサイ（空芯菜）

ヒルガオ科のつる性植物。非常に強健で、乾燥にも湿害にも強い。生育も猛烈に旺盛で、ひと株でこれほど広がる植物はほかにないだろう（第1図）。初期収量を気にしないのなら、5m角に1本でもいいぐらい。味もクセがなく炒めると食感もいい。病虫害も少なくて収量はきわめて多い。ただ、炒め物や和え物以外の調理法が少ないので、年配の方には喜ばれないかも。

(8) キンジソウ（金時草）

キク科の草本で、葉が赤いのでこの名がある。石川県など日本海側で多くつくられる。ふつうタネはつけないので、挿し芽で殖やす。病虫害はアブラムシぐらいで、味もいい。ただ、生育が遅いのが問題で、春の挿し芽が遅いと収量が全然上がらない。

(9) 青ジソ

シソ科の植物で、菜っ葉というより薬味だが、誰にでも好かれるので、つくっておいて損はない。穂ジソとしても使える。市販のように1枚ずつとるのではなく、摘み取りシュンギクのように枝先を摘み取ったほうが収穫はラクで、鮮度も下がりにくい。

これらの菜っ葉で私が毎年つくるのは、モロヘイヤとクウシンサイ、青ジソで、どれも味にクセがなく、青ジソ以外は収穫量も上がる。以下、この3種について栽培の要点を紹介する（第2図）。

モロヘイヤ——手で折れるところで収穫

現在売られている品種はどれも在来で似たりよったり。だから100円ショップのタネでも十分。大株になる野菜だから、タネも少しあればいい。タネが余れば翌年も発芽する。

播種は4月初めごろ、タネ箱にすじまきにし、本葉1～2枚で小さなポリポットに鉢上げして、小さな苗のうちに定植する。老化苗にすると花が咲いてくる。花が咲いた苗でも、摘み取り続ければ蕾をつけなくなるが、小さいうちに植えたほうが手間いらずで生育もスムーズ。

なお、青ジソと同様、遅く播種したものほど開花が遅くなるので、収穫期間を延ばすには6月下旬～7月上旬にもう一度タネをまくとよい。

ウネ間は150cm、株間80cm以上は必要。密植すると太いのがとれない。

元肥はモミガラ堆肥とカキガラ石灰に、魚粉をやや多めに入れる。黒マルチを必ず張る。生長し始めたら、早めに収穫を始めると腋芽が伸びて株が張る。収穫が始まる前に、ウネ間に米ヌカを振って、ロータリをかけ、ウネ間に防草シートを敷く。

また、春にヘアリーベッチをつくって、ハンマーナイフモアで細断したあとに不耕起で植えるという手もある。この場合はマルチ不要。収穫が始まる前にウネ間に魚粉をまいて、防草シートを敷く。

あとはひたすら収穫するのみ。病虫害は少ないが、最近問題になっているのがカタツムリ。

品目別技術　夏の菜っ葉

カタツムリは土の中に卵を産み付けて越冬するので、前年にカタツムリの発生の多かった畑には作付けしないほうがいい。

収穫は手で折れるところより上でなくては硬くて食えない。市場出荷では長さが決まっているそうだが、硬くて食えない部分までつけてカネを取るのは忍びない。直売では短くてもいいから食えるところだけ売ろう。

クウシンサイ──ウネ間は最低3m

いたって強健なクウシンサイはタネの寿命も長く、買って3年後でも半分くらい発芽する。

7.5cmポットに2粒まき。5cmぐらいに伸びたら定植。黒マルチを張ると腋芽がマルチの中にもぐるのでマルチは不要。元肥はあってもなくてもよく、私はモミガラ堆肥と魚粉少々をやる。

ウネ間は相当広くとる。株張りが猛烈にいいので、最低3m、できれば5mほしい。初期収量さえ気にしなければ株間も相当広くてもいいが、せめて梅雨明けからはバンバン収穫したいので、株間1mぐらいが適当だろう。

植えたら、通路に米ヌカをドドンと振ってすき込む。長期にわたって摘み取り収穫するので、ケチらず振らないと新芽が伸びない。

米ヌカをすき込んだら通路に防草シートを張る。ワラマルチでもいいが、間から草が生えるし、よほど厚く敷かないと泥ハネで汚くなる。

大事なのは欲張ってつくりすぎないこと。どんどん摘み取らないと蕾がついてくる。蕾がつ

いても食えるが、見た目が悪い。マジメに収穫するとほかのどの菜っ葉よりも収量は多い。

青ジソ──通路に大量の米ヌカ追肥

まず発芽で失敗しやすい菜っ葉。光発芽種子なので、土をかけるとまったく発芽しない。低温でも発芽するので、ハウスでは3月になればまける。ハウスの隅につくっておけば、こぼれダネが勝手に発芽するため育苗は不要になる。

代表的な短日植物なので、早くまくほど収穫期は長いが、遅くまくほうが少しは遅くまで収穫できる。

苗箱に溝をつけてすじまきにし、土をかけずに空の苗箱を逆さまにして載せる。苗箱の穴から漏れる光で発芽には十分で、なおかつ土の表面も乾燥しない。

本葉2枚ぐらいになったら7.5cmポットに鉢上げ。大苗にする必要はないので小さなポットでたくさんだ。

元肥は多くても少なくてもよく、魚粉とモミガラ堆肥を少々やる。

定植はウネ間150cm以上、株間も80cmはほしい。春早くに植える場合は黒マルチ必須。摘み取り野菜の常で、追肥は大量に必要。米ヌカを通路1mに1kg以上か、魚粉を同200g以上すき込む。それでも樹が大きくなると葉はだんだん小さくなるから、常に大きな葉を売りたい場合は何度もまいて、小さな樹のうちに摘み取らなくてはいけない。

野菜

オカヒジキ、ツルムラサキなど夏の菜っ葉類は仕立て方で5倍増収

執筆　桐島正一（高知県四万十町）

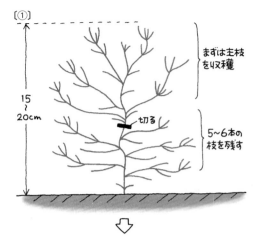

　私は夏の葉物野菜として、オカヒジキ、ツルムラサキ、クウシンサイ、モロヘイヤ、ヒユナ、オカノリなどをつくっている。どの野菜も同じような時期に生育するが、仕立て方で収量が大きく変わってくる。おそらく5倍くらいちがってくると思う。夏中切らさずに葉物野菜をしっかりとるための私なりのやり方をご紹介する。

オカヒジキ

（1）乾燥に強いが、乾くと食感が悪くなる

　私は除草（草引き）の回数を減らすため、移植できる野菜はできるだけ育苗して、畑に植えるようにしている（第1図）。タネまきは3月中旬、4月下旬に4～5cmに育った苗を定植する。収穫は6月初めから8月下旬ごろまでとなる。

　少し日陰の場所を選ぶが、風通しがよく、水のかけられる畑が適している。また、連作すると味が落ち、硬くなるので、避けるようにする。

　オカヒジキは乾燥に強く、砂漠のような砂地でもつくれるが、乾燥が続くとすじばってきて、食感が悪くなり、おいしくなくなる。なるべく水をやるようにすることもコツである。

（2）弱い根を初期にしっかり張らせる有機施肥

　元肥は、鶏糞500～600kg/10aを耕うん時に入れる。さらに定植時に株間に鶏糞を800g

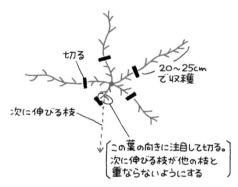

第2図　オカヒジキの収穫の仕方

（二握り）ぐらい置き肥する。オカヒジキは夏の葉物野菜のなかでは根が弱いので、早く根を動かして初期にしっかり張らせるための肥料だ。

　あとは葉の色や大きさなどをみながら7月下旬ごろまでに2～3回追肥をする。鶏糞100

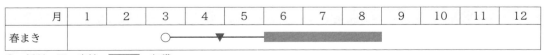

第1図　オカヒジキの栽培暦

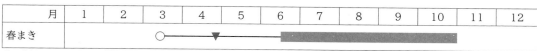

第3図　ツルムラサキの栽培暦

〜150kg/10aを、葉を収穫して空いたところへ置き肥する。できればその上に草やワラなどをのせるとよい。

（3）株間を広くとり、1株から次々に収穫

私の地域では直まきで密植にしてホウレンソウのように株どりする方法が多いようだが、タネ代がかかるし、収穫期間も短くなる。ずらしまきすると手間や時間がかかる。そこで私は、定植するときに株間を25cmくらいと広くとり、収穫＝剪定しては枝を伸ばし、1株から何本も収穫できるように株を仕立てる。

（4）下の枝を5〜6本残して収穫

仕立て方＝収穫の仕方によって収量が大きく変わるので、少し詳しく書いてみたい。

第2図の①のように丈が15cmくらいになったら、まず主枝を収穫する。このとき下の枝を5〜6本残すようにする。

次に枝（腋芽）の収穫。主枝をとると枝が5〜6本勢いよく伸びてくるが、大きくなったものから摘み取っていく。摘むときは枝元に葉を3枚ほど残す。ここで気をつけることは葉の向きで、次に出てくる枝がほかの枝と重ならないような向きの葉を残すこと（第2図の②）。これを繰り返しながら収穫していく。

枝数が増えすぎると、どんどん枝が小さくなって収量も減ってくる。袋詰めするときの調製作業も大変になるし、雨の多い年などは枝が混むと病気の原因にもなる。私の場合は常に枝を5〜6本残すようなイメージで収穫するが、そうすると太いものが安定してずっととれる。

ツルムラサキ

（1）交互追肥で切れ目なくとり続ける

ツルムラサキの栽培はオカヒジキとだいたい同じだが、収穫は6月中旬から10月下旬ぐらいまでと、長く続く（第3図）。また、つる性植物なので、高さ1.3mほどのネットに這わせてつくる。後半はかなり重くなるので、ネットには2m間隔で杭を立てておく。ウネは1.5〜1.6m幅で、株間50〜60cmに植える。

肥料を多く入れすぎるとアクと苦味が出るので注意する。元肥は鶏糞400〜500kg/10aとし、追肥は1〜2回で、150〜200kg/10a施す。

なお、追肥をしたところは、味よくとるために収穫を10日ほど遅らせる。2〜3か所に分けて交互追肥すると、切れ目なく収穫できる。

（2）主枝の伸ばしすぎで側枝が出にくく細くなる

ふつうは主枝をネットの上まで伸ばして摘心し、側枝を収穫していく方法が多い。私も以前はこの方法でやっていたが、初期収量が極端に悪くなる。ツルムラサキは生長点に養分がいきやすいためか、主枝をネットの上まで1m以上グーッと伸ばすと側枝が出るのにものすごい時間がかかるからである。

また、上に伸ばせば伸ばすほど先のほうが細くなってくる。細い枝からは細いものしか出ず、収量も減ってしまう。ツルムラサキはとくにその傾向が強いようである。

（3）主枝を早めに摘んで、初期収量2倍

そこで、私は第4図のように太い側枝を伸ばし、収量も食感も味もよく育てるようにしている。まず、第4図の①のようにネットの高さの半分ぐらいのところで主枝を摘みとる。主枝を早く摘むことで側枝が伸びやすくなり、初期収穫が増える。上まで伸ばすやり方にくらべると最初の1か月間の収量が倍くらいちがってくる。

主枝を摘んだあとは側枝を収穫していくが、

野菜

20〜25cm伸びたらひと芽切り返しで収穫する。このとき外側に向いている葉の上で切るようにする（第4図の②）。これは側枝を外へ伸ばすためである。内側にすると株が混み、軟腐病や疫病が出やすくなり、ナメクジの巣になることもある。

（4）主枝更新で太いものがずっととれる

主枝を摘んだのち、第4図の③のようにいちばん上の側枝だけは収穫せずにネットの上まで伸ばして新しい主枝にする。上の主枝と下の主枝からある程度側枝をとったあと、病気や虫が発生しやすくなる後半（8月中旬ごろ）からは、下の主枝の側枝は元から切除してしまい、上の主枝の側枝だけをひと芽切り返しでとりながら、収穫を続けていく。

前半は下でとり、後半は上でとるという感じである。このように主枝を更新すると病害虫にも強く、太く揃いのいいものが長期間とれる。

クウシンサイ（空芯菜）

（1）太い茎をとり続ける栽培プログラム

クウシンサイは4月初めに播種、育苗して、5月中ごろに定植。収穫は6月初めくらいから始まり、9月下旬までとり続ける（第5図）。

一般の栽培では、放任で伸びてきた先を摘んでいくことが多いようだ。しかし、それだと枝数がどんどん増えて、細くなってきて茎の直径が3mmくらいになってしまう。

しかし、ちゃんと株を仕立ててやると、細いものでも5mm、太いものなら10mmくらいのものがずっととれる。これも、収穫＝剪定による株づくりがポイントである。

（2）畑を二分して交互追肥

畑は少し日陰になる場所がよさそうだ。わりと水を好むので、地下水が動くところなら、水位が高めでもよくできる。ただし肥料のコントロールがむずかしくなるので、排水対策をする。

肥料は生育初期が大切で、初めに大きく育てることで、あとの茎の太さも決まってくる。元肥は鶏糞700〜800kg/10aを耕うん時に施

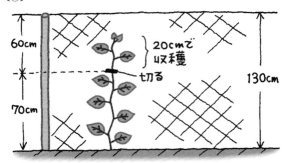

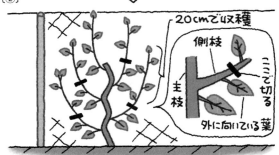

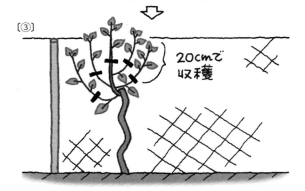

第4図　ツルムラサキの収穫の仕方

月	1	2	3	4	5	6	7	8	9	10	11	12
春まき				○	▼							

○：播種　▼：定植　■：収穫

第5図　クウシンサイの栽培暦

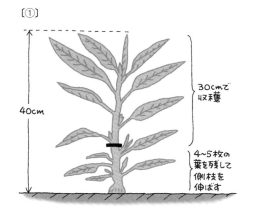

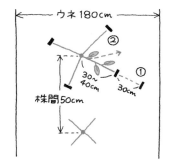

第6図　クウシンサイの収穫の仕方

す。

　追肥の1回目は定植後20～30日ごろ、鶏糞100～150kg/10aを入れる。収穫が始まる2回目からは、畑を2つに分けて時期をずらして追肥する。まず、肥料が切れてきた畑へ鶏糞100～150kg/10a入れて、収穫はもう半分でする。収穫量が減り肥料が切れぎみになってきたら同じように追肥し、先に追肥した畑で収穫する。

　これをだいたい20日交代で繰り返していくことで、最後まで太くおいしいクウシンサイがとれる。ただし、畑の状態をよくみながらやらないと失敗する。追肥は8月初めごろでやめて、あとは株の力でとっていく。

(3) 下葉4～5枚残して主枝をとる

　クウシンサイにはつるになる品種とつるになりにくい品種がある。私はおもに、つるになる品種をつくっているが、それぞれについての仕立て方は次の通り。

　第6図の①のように、最初はどちらも草丈が40cmくらいになったら、下葉を4～5枚残して主枝を収穫する。残した葉のところから側枝を伸ばして次の収穫に備える。

　つるになる品種は、第6図の②のように最大時で直径3mくらいの株に育てるので、ウネ幅1.8m、株間50cmと広く植えておく。主枝の下葉から出た側枝を3～4本残して伸ばして、収穫する。側枝はまず、土の上を30～40cm這わせ、それから伸びた先端部を収穫する（第6図の②の①）。するとやがて土に這わせた部分から側枝が伸びてくるので、30cmくらい伸びたらひと芽切り返しで収穫していく。

　切り返しのときには、外向きの芽を残して切るとよい（株が外に広がる）。

　つるにならない品種はウネ幅1.6～1.7m、株間25～30cmくらいと、狭くして上方向に伸ばす。側枝が4～5本伸びてくるが、30cmくらい伸びたら、やはりひと芽切り返しで収穫していく。この品種は、枝が増えて混み合いやすくなるので、混んだところは伸びてきた側枝の元から切り除き、すっきりさせ風通しをよく

689

野菜

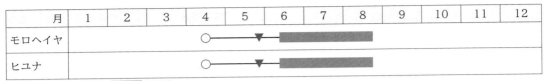

第7図　モロヘイヤ、ヒユナの栽培暦

する。

モロヘイヤ、ヒユナ

(1) 畑選びと有機施肥

モロヘイヤとヒユナは、栽培方法が似ているので、一緒に説明する。どちらも4月中旬に播種、育苗して、5月下旬ごろに、セルトレイだと5cmくらいに育った苗を定植する（第7図）。収穫は6月中旬から8月中旬まで続ける。

畑は、どちらも水はけがよければよく育つ。日陰ぎみだと大きく軟らかい葉になり、日当たりがよいと厚みのあるしっかりした葉になる。輪作は、2年以上あけてつくる。

肥料は少なめで、元肥に鶏糞250～300kg/10a入れる。追肥は、収穫が続いたあと、100～150kg/10aを、2回ほど入れる。

(2) 枝数を増やさず太いものをとり続ける

一般には、クウシンサイと同じように放任で伸びてきた先を収穫することが多いが、枝数が増えすぎると収拾がつかなくなり、枝も細くなってしまい、食べたときのおいしさ、料理での使いやすさが半減する。

私の場合、本数を増やすよりも同じ枝数をキープするように仕立てて、太くてそろいのいいものを収穫するようにしている。

そのために、モロヘイヤは1.8～2mのウネに2条植え、株間15cm、ヒユナは1.8～2mのウネに2条植え、株間30cmと、ふつうより広く植えるようにしている。

(3) 下葉6～7枚残して主枝をとる

太くて軟らかくておいしいものをとり続ける収穫＝剪定＝仕立て方は次のようである。

第8図の①のように第1回の収穫は、草丈35cmほどに伸びたとき、主枝の先20cmくらいを、下葉6～7枚残して収穫する。その後、下葉のところから6～7本の側枝が出てくる。

第8図の②のように伸びてきた側枝を、ひと芽切り返しで20cmほどのものを収穫する。このときツルムラサキと同様に、側枝が外に向かって伸びるよう、外芽で切り返すとよい。だから、枝元についている葉の向きによっては二芽残すこともある。

第8図の③のように枝が混み合ってきたら中心（主枝）を切り下げて、内枝を取り除くように収穫する。これで、風通しがよくなり病気にかかりにくくなる。

また、2条植えする場合は、ウネの内側にある枝を1つか2つ取り除いて条間をあけるようにするとよい。

(4) 日陰が好き？　日向が好き？　水が好き？

同じ夏に育つ葉菜でも、それぞれの野菜によって好む環境が少しずつちがうところがある。

たとえば、モロヘイヤやヒユナは日陰ぎみを好み、オカヒジキ、ツルムラサキは日当たりがよいところを好む。また、クウシンサイは水が多いところ（灌水量を増やす）がよいようである。育ち方がちがうので気をつけたい。

オカノリ

(1) 収穫時期は播種日によって決まる

オカノリは播種した日からの積算温度で大きくなる野菜のようで、収穫時期はタネをまいた日によってほぼ決まる（第9図）。

播種は、葉物の少ない6～8月にできるだけ長くとって出荷できるように、4月中下旬と6

品目別技術　夏の菜っ葉

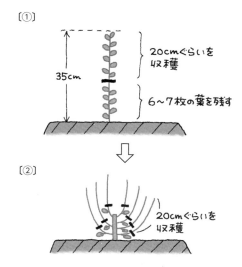

第8図　モロヘイヤ、ヒユナの収穫の仕方

月初めごろの2回に分けて直まきしている。

以前は、トロ箱にまいて苗を育てたこともあるが、トロ箱だと早く大きくなり育苗期間がすごく短いので、畑に直接まいている。直まきしたほうが植えいたみも少なく、早く大きな株になり、また、葉も大きく育つ。

ウネ幅1.6〜1.8mぐらいで、2条とし、バラまきか点まきする。オカノリは株が1.2〜1.3mと大きく育つので、あとで間引きによって30cmぐらいの株間にする。覆土は薄めにするが、乾燥の激しいときは少し厚くかける。

連作はしないが、自然にタネがこぼれて発芽した「己れ生え」でも、きれいでおいしいものがとれるので、わりと連作にも耐えるようだ。

(2) 元肥中心、追肥は葉色を読んで

肥料は元肥として鶏糞で600〜700kg/10aを耕うん前に入れる。そして追肥を1回、播種後1か月ぐらいでやるが、色や大きさを見て、肥料が効いていれば入れないときもある。追肥は鶏糞100〜150kg/10aぐらいと少なめにし、条間へ置き肥する。

肥料の効き加減の見方は、第10図のように、葉の中央部で葉柄に近いところが黄色くなってきたら、追肥をする。

(3) 草引きは初期重点、灌水で乾燥を防ぐ

オカノリはすぐに大きくなるので、生育の初期のうちに上手に草をとっておくと、その後の草引きがラクになる。

1回目は、オカノリが本葉2〜3枚ごろで、草がまだ小さいので三角ホーか「けずっ太郎」でけずり除ける。このとき、できるだけ表面を薄くけずり、下の草のタネを上に上げないようにすることがポイントである。次に4〜5日後に、残った草を手鍬で除けていく。

できるだけていねいにとっておけば、その後は大きくなったものだけを引けばよい。ただし、草の種類がアカザやホトケノザなどオカノリと競合するものや、雨の多い年、草の引き方によっては、また多く生えてくるので、そのときは、もう1回三角ホーなどを使い除けていく。

土が乾燥すると葉が小さくなるので、雨がない時期は5〜6日に1回のペースで灌水する。

(4) 大きい葉をとり続ける収穫のタイミング

オカノリは、播種後45〜50日ぐらいから、大きくなった葉を2〜3枚ずつ摘んで収穫する。収穫開始は、15cm以上の大きい葉が7〜8枚ぐらいついてからにするほうが、あとの葉が大きくなる。大きい葉4〜5枚でとり始めると、残す葉が2枚ぐらいと少なくなり、あとの葉を大きくする力がなくなる。4〜5枚を残し

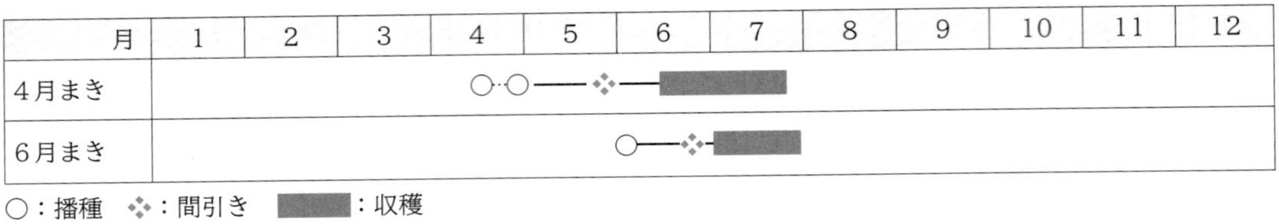

野　菜

月	1	2	3	4	5	6	7	8	9	10	11	12
4月まき				○･○	—	❖	▬▬					
6月まき						○	—❖▬					

○：播種　　❖：間引き　　▬：収穫

第9図　オカノリの栽培暦

て収穫すると、次にも大きい葉が出てくる。
　株が上に伸びていくとだんだん葉が小さくなるが、最初の茎で葉が少なくなってくると、今度は側枝で葉がとれるようになる。小さい葉にはなるが、側枝の葉もとっていく。
　最終的に小さい花が咲いてくるが、葉の収穫は最初の花が散るころまでとする。だんだん葉が硬くなって小さくなってくるので、食べて硬いと感じたら切り上げる。
　播種1回目と2回目の分が重なって、収穫が途切れないようにすると、出荷がやりやすい。

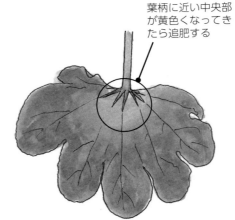

第10図　追肥のサインの見方

品目別技術　レタス類

レタスの有機栽培
——基本技術とポイント

(1) レタスの有機栽培を成功させるポイント

レタスの有機栽培の問題点を踏まえた栽培上の技術的留意点は, 以下のとおりである。

①排水不良に起因する病害の発生防止対策

レタスは通気性がよい圃場を好む。また, レタスの主要病害である軟腐病, 腐敗病, 斑点細菌病などの細菌性病害や, すそ枯病, 菌核病など多くの病害は, 被害残渣や土壌に病原菌が残っていて感染する。これらの病害は, 降雨が多く湿度の高い条件下で発生が多いので, 圃場の表面水を速やかに排水させるため明渠排水などの対策をとり, また, サブソイラなどにより耕盤を破砕し, 圃場の排水性を良好にする必要がある。

②変化する有機質肥料のチッソ発現に留意

有機栽培は地力に依存して栽培を行なっているが, とくに低温期のレタス栽培では有機質肥料の分解が遅れるため, 化学肥料に比べ生育が劣る。また, レタスはアンモニア態チッソと硝酸態チッソを好む。そこで, この低温期の生育をよくするために堆肥などを多めに施用すると, 高温期には地力チッソの発現が多くなり, チッソ過剰による品質低下などの障害が出やすい。したがって, 事前の堆肥施用で硝酸化成を進め, 低温期は速効性のボカシ肥料や液肥を利用するようにする。

③異常気象・病害虫のリスク分散

適切な病害虫対策をとっていても, 異常高温や大雨などにより病害虫が多発し, 壊滅的被害を受けることがある。そこで, 有機栽培面積の拡大を図る際には, リスク分散を図る観点から定植期をずらしたり, 圃場の分散を図るようにするとよい。

④適期・適作業で収量・品質低下の防止

高温期の害虫の発生を気にして, 定植期を遅くする農家があるが, 定植が遅くなりすぎると, 収量・品質が低下する。低温期には地力チッソの発現が低下し, 慣行栽培より生育期間が長くなりがちで, 収量, 品質が低下することがあるので, 適期播種・定植に努める。

また, 定植時の長雨などによって圃場の準備が遅れ, 適期定植ができず苗が老化し, 収量, 品質を低下させることがしばしばあるので, 一部には大苗育苗ができるトレイを使い, 圃場準備などは余裕をもって早めに行なう。

(2) 作型と品種の選択

作型の選択, 品種選択についても慣行栽培と同様に考えてよい。ただ, 有機栽培における品種選択では, 1) 耐病性があること, 2) 食味など品質が平均以上であること, 3) レストランなどとの契約で有機栽培のレタスを供給している場合には, サラダ用として彩りのよいものが選択のポイントになる。

(3) 土つくりと施肥対策

①土つくり対策

有機物施用による地力向上　レタスは地力チッソが生育に与える影響が大きく, 昔から地力のない畑ではレタスはできないといわれてきた。レタスは硝酸化成が進んだ肥沃な畑を好むので, 肥料の施用効果のもっとも大きい野菜であるとされている。そこで, 植付け前（春作では前年秋, そのほかの作型では定植の30日前まで）にできるだけ完熟した堆肥を2～4t程度施用する。

レタスの有機栽培では, 連作を避けるため借地によって規模拡大を図る例も多いが, それらの圃場では地力が低く物理性の悪い圃場も多いので, 完熟堆肥を多めに施用する。また, 土壌の可給態リンは40mg/100g以上が望まれるので, 畜糞堆肥での改良は効果的である。

レタスに対する畜糞堆肥の施用効果をみるために, 鶏糞バーク堆肥2t/10aを用い, 同一のチッソレベルの化学肥料区を設けて栽培比較試験を行なった（第1図）。その結果, ハクサイ以上に「堆肥施用区」と「化学肥料区」との間

693

野菜

で生育および収量の格差が大きく,「化学肥料区」と「堆肥3年施用区」との3作目の1個当たり重量格差は大幅に拡大した。とくに,「化学肥料区」は化学肥料の単用を続けると収量が低下していくのに対し,堆肥施用区は収量増加の傾向がみられた（第1表）。

葉菜類の有機栽培を行なっているある農家の事例では,黒ボク土壌の露地畑を整地して設置したハウス圃場で2年間レタスを栽培したが生育がよくなかったという。当ハウスの土壌は整地の際,リン酸吸収係数の高い赤土が出ていて痩せていたが,5t/10aの豚糞バーク堆肥（乾物全チッソ2.2%）を4年間連用したところ,熟畑化したハウスと同様の収量を上げられるようになったという。このように,レタスの有機栽培を短期間で安定させるには,環境負荷を与えないように留意する必要があるが,初期に畜産堆肥の施用を行なうことが有効である。

土壌物理性の改善 レタスは通気のよい土壌で良品生産ができる。レタスの生育は土壌の種類によっても異なり,壌質,砂質の土壌では生長が速く,球伸びもよくなる。しかし,粘質土壌では生長が遅く,外葉が大きくとも球伸びが悪い傾向がある。

レタス生産にあたっては地下水位が40cm以上となる場合は排水対策を行なうとともに,堆肥など有機質資材を十分施用し,地力の向上と土壌の物理性の改善を行なう必要がある。

静岡県のレタスの主産地で,土壌タイプの異なる地帯でB級品の発生率と土壌の物理性の関係を調査した結果では,レタスのB級品は作土の気相率が低いと発生率が高く,土壌の通気性,排水性が大きく影響していることが明らかであった。

また,前述農家のハウス圃場の土壌硬度を30cmの深さまで5cmごとに調べたところ,4年連続の堆肥の増投によって,10年以上にわたり堆肥を連用しているハウスの土壌と同等になっていた。また,このハウス土壌のリン酸や塩基類などの化学性や腐植含量など地力にかかわる指標も県の土壌診断基準を上回っていた。

②**土壌診断と適正施肥**

土壌養分バランス レタスにおける養分の過不足はチッソに強く現われ,リン酸や石灰では欠乏による生育停滞や生理障害が発生しやすい。

チッソは球の肥大に大きく影響し,土壌中に不足しがちな養分でもあるので,高収量・高品

第1表 堆肥施用区と化学肥料区のレタスの収量の推移

施肥管理	全重（g/個）		
	初年目	2年目	3年目
化学肥料区	205	193	70
堆肥施用区	466	280	750

注　資料:（財）日本土壌協会

第1図　堆肥施用などの相違によるレタスの生育状況（隣のウネはハクサイ）
左:化学肥料区,中:堆肥単年施用区,右:堆肥3年施用区

質のレタスを得るための鍵を握っている。交換性の石灰は200mg/100g以上で、石灰飽和度は50～60％あればよいが、乾燥状態が続いたり、チッソやカリ過剰で石灰吸収が阻害されると、縁腐れや心腐れなどの生理障害が発生し、品質の低下をまねく。

　長年有機物を多く施用してきた圃場では、とくに暑くなる時期のレタスの作型で過剰障害が出ることもある。富栄養化している圃場で気温が上がっていく時期の栽培において、無堆肥で栽培してよい結果を得ている例もみられる。また、低温になる時期で生育の劣る場合には速効性のボカシ肥料や液肥を利用している例もみられる。有機栽培では養分のコントロールがしにくいので、堆肥原料の成分含量を吟味しての施用量や無機化速度に配慮する必要がある（第2図）。

　地力チッソと適正施肥　有機物の連用を続けると年々有機物からのチッソ供給量が増加してくる。レタスは15℃以上の温度にしたがって土壌中の有機物が分解して発現するチッソ（地力チッソ）を好んで吸収するが、その吸収量は、作型によって大きく変わる。長野県で吸収チッソの肥料由来と土壌由来の割合を調べた結果、第3図のように夏どりの作型では、生育初期の吸収チッソのうち土壌由来のものは16％と低く、その後増加し収穫期には74％に達している。一方、秋どりの作型では、地力チッソの割合は生育初期から82％と高く、その後少し減少するものの収穫期には80％に達していた。

　このように、夏どりの作型では生育初期の気温が低いので、地力チッソの発現が少なく、施肥チッソの吸収割合が高くなる。逆に、生育初期が高温の秋どりの作型では、地力チッソが多く発現してその吸収割合が増える。

　このようなチッソの動態を考慮すると、主要生産県の標準的なレタスの10a当たり施肥量は、チッソ15kg、リン酸18kg、カリ20kgとされているが、低温期の作型では多めに、高温期の作型は少なめにする必要がある。

　有機物からのチッソ吸収量を勘案すると2割程度の減肥は可能であり、タケノコ球などのレタスの異常結球を避けるためにも減肥は必要である。また、マルチ栽培では養分の溶脱が少なく肥料の利用効率が高いので20～30％の減肥をする必要がある。

　緑肥の利用と施肥　輪作の一環として緑肥を栽培し、これをすき込む場合には後作への影響を考慮する必要がある。緑肥はその種類にもよるが比較的速く分解が進み、夏どりレタスでは

第2図　生育良好な有機栽培のハウスレタス
堆肥のみでレタスを栽培。10年間、毎年5t/10a程度施用。やや富栄養化、リン酸がやや多めだが、ほかはバランスがとれている

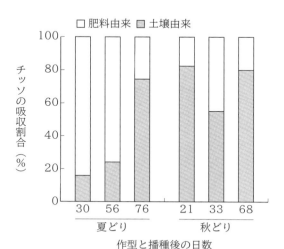

第3図　レタスの吸収チッソの由来別割合
資料：長野県中信農業試験場
無マルチ、施肥チッソ量1.0kg/a、5品種の平均、播種日：夏どり4月28日、秋どり7月29日、差引き法により算定

養分供給量が大きく,秋まで持続するため効果的である。しかし,肥沃な圃場では不安定要素となるので,すき込み時期や有機質肥料の減肥を行なったり,圃場によっては外への持出しを考える必要がある。

4月にライムギをすき込んだ例では,すき込み量は生草重で約1,400kg/10aで,チッソ成分量は9.3kg/10aであった。その後,夏どり,秋どりの2作のレタスを栽培した収量は結球重で2割前後増収した。ライムギは約40日でほぼ60%が分解し,その後の分解は緩慢になるが,130日間でほぼ80%が分解した。ライムギからのチッソ吸収量の増加は無堆肥区との差引き法でみると,夏どりでは1.3kg/10a,秋どりでは0.4kg/10aとなり,収量増につながっている。

(4) 育苗と圃場の準備

①育苗

レタスの有機栽培においても作業の効率化や発芽揃いなどの点からセルトレイによるセル成型苗生産が一般的となっている(第4図)。培土は有機JAS適合の培土も販売されていて,それを利用している農家もいるが,多くは自作している。自作培土の例では,農薬,化学肥料が施用されていない無菌の土と腐葉土やピートモスを1:1から1:2の割合で配合し,それに若干のボカシ肥料などを加えて利用している例

第4図 レタスのセルトレイ育苗

が多い。根張りをよくするためリン酸をやや多めに含むことと,発芽率向上を図るためEC(電気伝導率)は1以下にすることが大切である。

そのほか,育苗時の温度管理や注意点は慣行栽培と同様である。

なお,害虫の多い時期は,寒冷紗などで被覆を行なうとよい。また,育苗中はセルトレイを地面から離して棚上げすることにより,根鉢の形成を促し,ネキリムシやコオロギ,バッタなどの被害を回避できる。

②圃場の準備

圃場の選定 レタスは,長雨や台風などの影響で湿害や病害が発生しやすいので,排水性のよい圃場の選択に留意する。

また,多肥栽培で2~3年連作すると病害虫が増えるので極力連作を避け,同じ結球野菜のアブラナ科野菜など他作物との輪作体系を組むようにする。シュンギクやサラダナは同じキク科の作物なので連作にならないよう注意する。

有機栽培では,病害虫が異常発生することもあるので,リスク分散の意味も含め圃場を分散させることも必要である。

定植の準備 圃場が決まったら,土つくり,施肥,耕起,ウネ立て,マルチがけの順で準備を行なう。

土つくりについては前述したように,利用する圃場の肥沃度を考慮し堆肥の施用や施肥を行なう。

また,酸性が強い圃場ではpH6.5程度を目安に石灰質資材を施用する。

元肥に有機質肥料を施用するにあたっては,土壌診断の結果を考慮して養分バランスのとれた施肥を行なう。とくに,チッソは収量,品質にもっとも影響を与えるので,肥沃な圃場では春まきで暑くなる時期に収穫する作型の場合には施肥量を減らす。また,地温の上がる透明マルチを利用すると地力チッソの発現が多くなるので施肥量を加減する。

ポリマルチを利用すると雑草防除や病害防除の効果が高いので,有機栽培においてもポリマルチを有効に利用したい。低温期の作型では,透明マルチおよびグリーンマルチでおよそ5~

7日ほどの生育促進がみられ，球の肥大が良好で乾燥防止に役立つとともに作期の拡大が可能になる。高温期には白黒ダブルマルチ（白色を表とする）などの地温抑制マルチを利用する。銀黒ダブルマルチ（銀色を表とする）はアブラムシ類忌避にも有効である。

マルチ被覆のおもな効果としては，地温の上昇・低下，土壌養水分の保持，雑草害・病虫害抑制があり，これらによってレタスの生育促進，作期の拡大，労力の軽減，さらに環境負荷の低減などの効果が得られている。

最近ではレタスの全面マルチ栽培が普及し，定植から収穫までの期間は，病害虫防除を除けば多くの管理労力を要しない。全面マルチ栽培は長野県の高冷地で始まった独特の方法であるが，チッソ肥効を高め雑草防除などに利用効果の高い方法である。

定植 有機栽培においても栽植距離はさほど慣行栽培と相違はない。通路は雑草管理機で除草しやすい幅にする。

また，苗はやや大苗が適し，定植時期を遅らせないようにすること，植付けでは深植えにせず，セルの上部が見えかくれする程度の深さにするなど，慣行栽培と同様に注意する。

(5) 中間管理・雑草対策

生育期のおもな管理は，灌水，雑草管理，トンネル被覆とその温度管理などである。

①灌　水

灌水は乾燥時の定植時における効果が大きく，初期生育を促進する。灌水の効果があるのは外葉形成期で，球形成に入ってからの灌水はマイナスの要因となることが多い。このため，極端に乾燥した場合以外は一般に灌水しないほうがよい。

また，高温条件下での灌水は急激な生育を促し，変形球の発生や病害，とくに軟腐病や腐敗病の発生を助長する。

②雑草管理

マルチ栽培を行なっていると，かなり雑草は抑制される。株元やマルチの切れ目から雑草が生えてくる場合には手取り除草を行なう。ウネ間にマルチがけしていない場合はウネ間雑草管理機などで除草する。

③トンネル被覆

トンネル被覆は，秋まき栽培では平均気温が10℃となるころを目安に行なう。被覆当初は昼温が高いのでトンネルを半開のまま放置する。秋まきはトンネル被覆が遅れると生育が遅延するので注意する。とくに，有機質肥料のみを使用する有機栽培では厳寒期の肥効発現が悪いので，保温には十分注意する。

3月どりなどの寒い時期の作型では，不織布のべたがけを加えた二重被覆で最低気温を確保する。密閉状態では高温，多湿条件となり，生育は促進されるが，徒長した生育となりやすく病害も発生しやすい。そのため，定植後2～3週間目からは，最高気温22～25℃になるように徐々に換気を始める。

本葉10～12枚の結球始期前には，18～20℃を目標に換気し，変形球の発生を防ぐ。結球始期から肥大充実期には15～20℃となるよう換気量を多くし，さらに収穫期にかけては日照を考慮して15～16℃を目標にトンネルの裾を大きく開ける。

(6) 病害虫対策

①病害虫対策の留意点

レタスの有機栽培において，病害虫の発生を抑制するための予防または防除の対応策は以下のとおりである。

1) 病害虫の発生が多くなる連作を避け，異なった科の作物による輪作体系を行なう。

2) 病害虫の発生が多くなる時期の作型を止める。

3) 耐病性品種を選択する。

4) 土壌のチッソ過多や塩類集積は，病害虫の発生を助長するので施肥管理に留意する。

5) 土壌の排水性が悪いと病害が発生しやすいので，排水対策に留意する。

6) ポリマルチ栽培を行ない，土壌からの病原菌の感染を防ぐ。

7) トンネル被覆やハウス栽培では，高温，過湿が病害の発生を誘発するので換気に留意する。

野　菜

第2表　レタス有機栽培での病害虫対応策

	病害虫名	発生の特徴	対　策
病　気	軟腐病	土壌伝染性細菌病で降雨・灌水による土壌の跳ね上がりで感染。組織を軟化・腐敗させ，悪臭を発する。高温多湿（多雨）で多発。葉の傷口から侵入。連作圃場は病原菌密度が高まる	チッソ過多，過繁茂を避ける。地表水が停滞しないよう排水対策を行なう。葉に傷を付けない。ある程度抵抗性を有する品種を選択する。連作しない
	菌核病	胞子が飛散し感染。平均気温15～20℃，多湿条件下で発生多く，20℃以上では発生抑制。冬どり，春どりで被害大。被害株，畑に残る胞子からも土壌伝染	被害株を発見したらただちに処分する。全面マルチは胞子飛散を抑える。連作しない
	腐敗病（冬春作）	温暖地の低温期トンネル栽培で発生。傷口から感染，発病に凍霜害が深く関係。トンネル内の過湿，高温が助長	凍霜害を避ける工夫をする。トンネルの換気に留意する。圃場の排水対策を行なう
	腐敗病（夏秋作）	高冷地夏秋作型で発生多い。土壌などから葉上に付着し発病。結球期に病勢の進展速い。高温多湿条件下で多発。降雨が続くと発生しやすい	全面マルチ栽培を行なう。ある程度抵抗性の品種を選択する。圃場の排水対策を行なう
	すそ枯病	気温が比較的高く，降雨が続くと発生しやすい。排水不良圃場で発生多く，おもに結球期以降に地際部から発病	全面マルチ栽培，圃場の排水対策を行なう
害　虫	オオタバコガ，ハスモンヨトウ	広範な野菜を食害。オオタバコガは結球部に潜り込み，内部を食害。外観から被害がわからず出荷されることも。7～9月の高温期に発生多い	防虫ネットの活用（ハウス入口や換気部，露地でのトンネルがけ）。捕殺。BT剤の活用（初期防除が重要）
	アブラムシ類	吸汁被害はさほど大きくない。排泄物による汚れが生じる。レタスモザイクウイルスやキュウリモザイクウイルスを媒介，ウイルス病の発生要因	防虫ネットの活用（ハウス入口や換気部，露地トンネル）。近赤外線除去フィルム（ハウス）。黄色粘着テープ。シルバーマルチ（銀白色を忌避）
	ナモグリバエ	幼虫は葉にせん孔，食痕が白く残り，商品価値低下。多雨時に被害痕から病気感染。平均気温15～20℃で発生増え高温期には激減	防虫ネットの活用（ハウス入口や換気部，成虫の侵入防止，露地トンネル）。天敵寄生蜂の利用

　8）ハスモンヨトウなどの害虫の発生が多い場合には，JASで認められているBT剤を活用する。

②主要病害虫とその対策

　レタスの有機栽培における主要病害虫の発生の特徴と防除対策は，第2表のとおりである。

　なお，防虫ネットは品質が著しく向上しており，精巧なネットの登場により大型チョウ目害虫ばかりでなく，コナジラミ類，アザミウマ類のような微小害虫の侵入抑制も可能になってきた。大型施設の側窓や出入口に張ったネットは穴があくまで利用できるが，雨よけ栽培のパイプハウスのように毎年張り直す場合は注意が必要である。ネットを張るときは，隙間をつくらず，作業や風で目がずれて広がらないようにする必要がある。

（7）収穫・鮮度保持

収穫の適期や注意点は慣行栽培と同様である。

レタスは組織が軟弱であるため，結球野菜のなかでもしおれや腐敗などの症状による品質低下が速く予冷効果の高い品目である。とくに，収穫期が高温になる時期には，収穫後の温度管理が不十分であると，品温上昇によって品質劣化につながるので注意を要する。

また，レタスは鮮度が低下しやすく輸送中に腐敗することもある。収穫後速やかに予冷（3〜5℃）を行ない，フィルム包装と保冷輸送を行なうと鮮度が保持できる。

執筆　自然農法国際研究開発センター

（日本土壌協会『有機栽培技術の手引（葉菜類等編）』より抜粋，一部改編）

野菜

農家のレタス栽培

魚粉栽培でダシの出るレタス

執筆 東山広幸（福島県いわき市）

第1図 レタスは味噌汁に入れると抜群にうまい

火を通して食べるのがおすすめ

　レタスのような誰にでも好まれる野菜は、なるべく長期間販売したい（第1、2図）。寒い時期は生野菜など食いたくないと思われる方もいるかもしれないが、このレタス、味噌汁に入れると抜群のうまさである。「レタスのもっともうまい食べ方は味噌汁の具である」あるいは「味噌汁にもっとも合う野菜はレタスである」といってもよいくらいだ。

　ゴボウと同じキク科だからか、異様に上品なダシが出て、レタス特有の歯切れもそのまま。少しぐらい煮ても、ハクサイやキャベツのようにフニャフニャにはならないのが不思議である。もちろん炒め物でもよい。レタスは火を通してもうまいことを知れば、もっともっと需要を掘り起こせるだろう。

　ちなみにレタスの栽培では、鶏糞は使用しないほうが無難。かなり以前になるが、もらってきたケージ飼いの鶏糞を、米ヌカやモミガラと一緒に堆肥に積んだ。その堆肥だけを使って栽培したところ、立派なレタスがとれたが、お客さんから苦すぎるとクレームが来た。確かに、自分で食べてみても苦いレタスだった。魚粉や米ヌカ堆肥ではまったく問題ないので、おそらく鶏糞が原因だが、その理由は不明である。

もっともつくりやすい春作

　レタスは高温を感じてとう立ちを起こすが、春はまだ気温が低いので、冬から春にかけてまく作型は栽培がもっとも容易だ。しかも気温が徐々に上がっていく時期なので、地力も発現しやすく確実に結球する。

　ただし、大きな弱点がある。それは、結球時期が比較的高温時期にあたるので、収穫適期がきわめて短いことだ。レタスは硬く丸まると、あっという間に腐りだす。初夏では、ちょうどよいころ合いに結球してから1週間も売ることができない。真冬に播種して5月末に収穫すれ

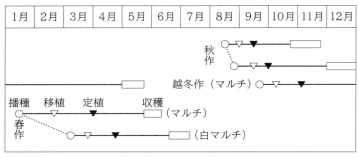

第2図 レタスの栽培暦

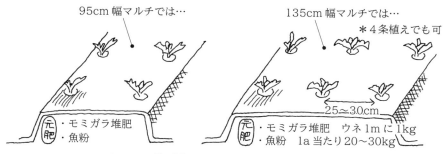

第3図　レタスのウネと施肥

ば収穫適期がもう少し伸びるが、それでも、春は何度もタネまきしなくては、継続的に販売するのは不可能である。

秋作はとう立ちとの戦い

秋作は高温期のタネまきゆえ、とう立ちとの戦いだ。なるべく早くまかないと晩秋の冷え込みで結球しなくなるが、早すぎるととうが立ってハナシにならない。毎年天候が違うので、とう立ちの心配のない時期を決めるのはむずかしい。ムダを覚悟で早い時期から何度かまいておいたほうがいいだろう。

春もっとも早くとれる越冬作

越冬作は、秋にまいて晩秋に定植、越冬して春にとる作型である。真冬に枯れるものも少なくないので、最近私もつくってないが、春もっとも早くとれだす作型なので、うまくつくれば端境期に威力を発揮する。ちなみに、この作型は草姿も特別で、外葉が著しく小さいという特徴がある。ほとんど収穫部分しかない姿だから、超密植が可能かもしれない。

モミガラ堆肥と魚粉の元肥のみ

レタスはアブラナ科の植物のように発芽がそろわないし、1～2粒ずつ落とすのは困難なので、播種にペーパーポットやプラグトレイを使わず、深型の苗箱にすじまきとする。

暑い時期はなるべく涼しい場所で管理すること。本葉2枚ぐらいのときにペーパーポットの10号（72穴）か11号（128穴）に鉢上げする。

早春の定植や越冬作では黒マルチは必須（第3図）。5月以降の定植ではレタスには高温すぎるので、白マルチのほうが球の形が崩れない。

95cm幅のマルチでは2条、135cm幅では3～4条植えとし、条間は25～30cmとする。越冬作では外葉がほとんどなく、結球だけができるような異様な姿になるので、かなり密植できるかもしれない。ただ、枯死するのも少なからずある。

レタスは生育期間が比較的短く、コヤシ食いの野菜でもないので、全量元肥で可。基本的にモミガラ堆肥と魚粉でいいが、越冬作のように栽培期間が長いものでは米ヌカも使える。ただ、チッソ全量の半分は即効性の魚粉や堆肥でやるべきだ。どの作型も魚粉の量は1a当たり20～30kg、春作は少なめでいい。

収穫は硬く丸まらないうちに

定植したら基本的に収穫まで放ったらかし。手で押さえてみて、球がある程度硬くなったら収穫期だ。キャベツやハクサイと違い、硬く結球すると品質が落ち、傷むのも早いので、あまり硬く丸まらないうちに収穫する。重いレタスは内部が傷んでいる可能性が高いから、売らないほうが安心だ。

野菜

レタスとサニーレタス
間引き収穫しながら長く出す

執筆　桐島正一（高知県四万十町）

おいしいレタスとサニーレタス

　レタス、サニーレタスはお客さんによろこばれる野菜の一つで、外葉が炒め物やチャーハンに入れるとおいしいとほしがる人もいる。

　レタスの味、その甘味や苦味は生育日数で変わり、巻き始めてからおよそ25日以上たつと割れ始め、このころから苦味も出てくる。また、寒さに当たると苦味が出るので、私は寒い時期を避けてつくるようにしている。

　おいしいレタスはしっかり巻いて肉厚で、淡い黄緑色で中心は少し黄色くなっているもの（第1図）。同じくサニーレタスは、春は赤みが強く、ところどころに黄緑が混じり、葉に丸みがあり軟らかいもの（第2図）。秋は赤みが強く、中心部は黄色くなっていて、葉には丸みがあり、軟らかく厚みがあるものである。

長期間届けるための栽培プログラム

　レタス、サニーレタスは、できるだけ長期間お客さんに届けたい。そこで私は、春まきと秋まきを行ない、さらに育苗移植栽培を中心に、一部直まき栽培を組み合わせている（第3図）。直まき栽培は、間引き菜から出荷する。

育苗と直まきのメリット

　播種は、基本的にはトロ箱にまいて苗を育てる方法をとっている。畑への直まきは、脇菜（間引き菜）から出荷を始めて成葉の出荷までと、秋なら1か月半ぐらいと長く出荷できる。反面、草引き（除草）を育苗より1〜2回多くしなければならないし、密植になりがちで、赤い色がのりにくいときもある。

　直まきは、160〜180cmのウネに2条のす

第1図　葉が肉厚でよく巻いたレタス
（写真撮影：木村信夫、以下も）

第2図　赤みの出たサニーレタス

じまきにするが、タネが小さいため厚まきになりやすいので気をつける。覆土が厚いと発芽しにくく、また天気によっても発芽しないので、かなりむずかしい。やはり、トロ箱まきのほうが安定しているので多くなる。

　トロ箱育苗は、自家の培土か市販の有機培土を使ってタネをまいている。タネは小さいので、薄まきを心がけ、1トロ箱当たり200〜250本の苗が立つようにしている。それをセルトレイ72穴にとり上げるが、タイミングは本葉が2枚ぐらいのときがよく、大きさをそろえて植えると、定植のとき苗がそろう。

定植はできるだけ大きな苗を

　トロ箱育苗の場合、定植は本葉が5〜6枚ぐらいのときに行なう。ウネ幅は160〜180cm

品目別技術　レタス類

第3図　レタスの栽培暦

で2条植えに、株間は20cmぐらいにする。苗をできるだけ大きくすることで、草引きなしか、軽く1回ですむ。ただし、しっかりして大きい苗をつくるために、水のバランスが大切になる。

ウネはそんなに高くなくてもかまわない（私は15～20cmにしている）。通路の両端を低くして、水が畑の外へ流れ出やすくするなど、排水対策だけはきちっととっておく。

有機施肥のしかた——元肥を少肥で

レタスは短期間で大きくなるので、肥料は少なめでよい。元肥として、鶏糞300～400kg/10aを浅く入れる。

直まきでは草引きをしっかり

畑への直まき栽培では、除草（草引き）が多く必要になる。レタスの本葉が2～3枚のときに小さい雑草を除けて（三角ホー、「けずっ太郎」で）、残った草をレタスの本葉6～7枚ころに手ぐわを使って除けていく。それでも残ったものは、間引きをしながら手で除けていく。

育苗・定植の場合は、大きく育った苗を植えるので、雑草に負けずに生長する。レタスは本葉5～6枚がすぎると極端に大きくなっていくので、草引きをせずに草の中でも収穫できるが、草の多い畑は定植後10～15日ごろに、三角ホーか「けずっ太郎」で軽くけずり除けて、終わりにする。

収穫のタイミング——直まきと育苗

直まき栽培は、前述のように間引き菜から出荷ができる。レタスもサニーレタスも本葉10枚ぐらいから出荷するが、まだ軟らかく、サラダによく使われている。成葉の最終的な収穫は20～30枚になったときで、間引き菜からの出荷期間は、秋まきは1か月半ぐらい、春まきは1か月くらいと長い。

定植した場合は、大きく育てて、サニーレタスは葉数20枚くらいからの出荷となるが、少し近く植えて1株おきに出荷をすることで、早めから出荷できる。

レタスは少し結球したとき、混んでいるところから1株おきに出荷する。畑をよくみると巻きの強いもの、弱いものがあるので、巻きのよいものを選んで、1株おきに近くなるようにとっていく。これで、残した株の結球がよくなる。定植の畑は、秋は1か月ぐらい、春は2～3週間くらいで出荷が終わる。

703

野菜

茎レタス
大きく育てて、甘味とシャキシャキ感を出す

執筆　桐島正一（高知県四万十町）

第1図　出荷用に下30cmほど葉を除けた茎レタス
（写真撮影：木村信夫）

大きくしないと食べるところがない

　茎レタスは少し甘味があり、シャキシャキとした食感がある。炒め物や湯がいて和え物などにしてよろこばれる。これを干したものが山クラゲで、中華料理などに使われる（第1図）。
　茎レタスは、まず大きく育てるようにする。皮を厚く剥いで料理に使うので、大きくしないと食べるところがなくなってしまう。

初夏収穫の栽培プログラム

　茎レタスには春まきと秋まきの2回あるが、私は春まきをしている。収穫は初夏になるので、できるだけ早くとれるように、播種時期を調節している（第2図）。通常、春まきは3月中下旬の播種で、私も以前はそうしており、6月下旬～7月初めごろにとっていた。しかし、いまは播種を早めて2月初めごろにまき、6月初めごろにはとれるようにしている。ただし、茎レタスは多く売れるものではないし、収穫期間も短いので少なめにまいている。
　連作すると茎が割れやすく、また腐りやすくなるので、ほかの作物と輪作する。

大苗で早どりをめざす播種、育苗

　茎レタスはレタスの仲間なので、タネが細長く小さくてまきにくい。また、畑に直接まくこともできるが、株を早く大きくするためには育苗して植えるほうがよい。
　トロ箱へまいてポットへ鉢上げして苗を育てるが、トロ箱へは薄まきに、1箱当たり150～200本ぐらいの幼苗が立てられるようにする。
　移植はセルトレイでなく、ポットへ鉢上げする。ポットだと間隔を広めにできるため、育苗期間を長くして大苗にして植えることで早まき・早植えができる。また、大きな苗で強い苗にして、定植したのちに早く生長することが期待できる。
　ポットへ移すタイミングは本葉2枚ごろと、少し大きめにしている。定植本数の2倍くらいをポット上げする。
　播種量と鉢上げ本数を多めにしているのは、有機、無農薬栽培でとくに重要となる軟腐病などの病気予防対策である。小さいときに病気にかかってしまうと、畑に出て大きくなってから発病することもあるので、ポットへ上げるときや、畑へ移すときに病気のものや小さいものなどをよけて、よいものだけを植える。

畑選び、大苗の定植

(1) 畑選びと輪作
　茎レタスは、排水のよいところを好むが、水がないと小さく育って食べるところが少なくな

○：播種　▼：定植　■：収穫
第2図　茎レタスの栽培暦

品目別技術 レタス類

る。そこで、水かけができる畑で、排水対策を
しっかりすることが望ましい。

連作によって、軟腐病が増えると被害が大き
いので、ほかの作物と輪作する。

（2）定植は株間を広めに

定植は3月下旬ごろで、本葉8枚ぐらいの大
きめの苗、病気のない苗を選んで植える。

ウネ幅は1.7 ～ 1.8mぐらいで2条にする。
株間は35 ～ 40cmと少し広めにとって風通し
をよくしている。収穫が梅雨時になるので、病
気の予防のために風通しをよくすることに心が
ける。また、同じ理由でウネを30cmくらい
と高くつくり、排水をきちっとできるようにす
る。

（3）パオパオがけ

3月末の定植なのでまだ寒く、不織布（パオ
パオ）をかけて防ぐ。4月末ごろまでかけてお
くが、雨が多い年や温度の高い年などは少し早
めに外して、病気にならないようにする。

有機施肥——追肥は大きさと色をみて

元肥は、定植の4 ～ 5日前に鶏糞600 ～
700kg/10aを入れて耕うんしておき、定植時
に株元へ150 ～ 200kg/10a相当を置き肥す
る。

追肥は、定植後25 ～ 30日に鶏糞200 ～
250kg/10aを、茎レタスが草丈20 ～ 25cm
くらいに大きくなっていたら通路に、まだ小さ
いときは条間へ置き肥する。

一本一本の大きさや色をよく見て、色が淡い
ところは少し多めに入れるが、小さくても色が
濃いようだったら少なめにする。また、茎がよ
く太っているところには少し多く入れる。小さ
いからと多く入れると、肥料が効きすぎて病気
になったり、味が落ちたりするので注意する。

草引きと灌水、葉かき

（1）パオパオを剥いで1回目の草引き

1回目の除草（草引き）は、パオパオをかけ
ているので、追肥をする定植後25 ～ 30日ご

ろまで待って行なうのがいちばんである。しか
し、それまで待っていると草が大きくなって
茎レタスを覆ってしまう場合は、定植後15 ～
20日で草を引き、その後またパオパオをかけ
ておく。道具は三角ホーか「けずっ太郎」を使
う。

2回目は前回から10 ～ 15日たったころで、
残った草を手ぐわなどを使って引く。3回目は
様子をみながら、草が大きくなると風通しが悪
くなるのでとり除く。3回で終わると思うが、
大きくなった草があるときは除けていく。

（2）灌水は初期重点

水かけは、始めのころは少し回数を多めにす
る。収穫近くなると少なめの管理をするが、雨
の多い季節なので水かけは少なくてすむ。

（3）葉かきで風通しよく

茎レタスは下葉をかきとって風通しをよくす
る。また、茎の部分を乾かすことで、病気の予
防につながる。かきとる葉は下葉で少し黄色く
なっているもの、病気になっている葉などで、
下から20cmぐらいの高さまで2 ～ 3回でか
いていく。私はいそがしいときは1回だけ、高
さ15 ～ 20cmまでかきとっておく。

収穫のタイミング

収穫スタートは6月初めころで、大きく育っ
たものからとっていく。収穫のタイミングは、
長さと太さで判断し、株元からの長さが45 ～
50cmぐらいがよい。太さは直径5cmくらい
のものが料理に向きおいしい。長くなりすぎる
と茎が細長くなってしまうので、少し早めにと
り始めるようにしている。また、1株おきに収
穫していくと、風通しがよくなってくる。

出荷のための調製は、地際から切りとったも
のを少し切り返して、樹液のついたところを除
く。さらに、下から30cmぐらいのところまで
葉を除ける。なお、とるのが遅くなると、株元
が割れて腐ってくるので、割れなどがないかよ
く見て出荷する。

705

野　菜

品目別技術
根菜類

品目別技術　ダイコン

ダイコンの有機栽培
——基本技術とポイント

(1) 有機栽培を成功させるポイント

①病害虫を回避する作型選びと被害軽減対策

夏まき栽培や春まき栽培では，病害虫の発生が旺盛な時期と重なることが多いので，都道府県の発生予察情報なども参考にして播種時期を決める。

有機栽培では，根の外観に大きな影響を与えるキスジノミハムシやタネバエ，センチュウなどの忌避と土壌中での密度低減をはかる。ニーム油粕などの有機質資材やエンバク，マリーゴールドなどの緑肥の利用が有効である。飛来性の害虫には，不織布のべたがけや防虫ネットで物理的に遮断することも効果がある。

②土壌の膨軟化と排水条件の改善で良品生産

「ダイコン十耕」という言葉が示すように，品質のよいダイコンの生産には土壌を膨軟に保つことが重要である。作土の深さは，根（地下部）の長い品種では30cm以上，宮重系の抽根性青首品種でも20cm以上は必要で，有効根群域を50cm以上は確保したい。

日減水深が1m以上ある透水性のよい圃場が適し，過湿になる，排水条件の悪い圃場での作付けは避ける。

③未熟な堆肥は避け，施用時期・量にも注意

未熟な堆肥を施用すると，根部の生育異常（岐根，裂根）や病害虫発生の原因になるので，熟成の進んだものを播種の1か月前には施用する。

堆肥や有機質肥料の連用土壌は肥沃度が高いので，地上部が過繁茂になったり，病害虫の発生が多くなったら施用量を減らす。強い臭いが残っている未熟なものは，1～2か月熟成して施用する。

④地域・作型に応じた品種選択，播種適期

青首系品種は有機栽培をしやすいが，作型に適応性の高い品種を選ぶ。春どり栽培では晩抽性の高い品種，夏秋どり栽培では耐病性が高く生

理障害に強い品種，秋冬どり栽培では耐病性が高く肥大性のよい品種を選び，播種適期を守る。

有機栽培で発生しやすい，生育初期の虫害による欠株対策には，播種量を慣行栽培（2～3粒）よりも多め（4～5粒）にする。

⑤生理障害を避けるため土壌診断を継続

有機栽培でも施肥管理によっては，微量要素欠乏症を生じる。酸性の砂質土ではホウ素が流亡しやすい。また，炭酸カルシウムや苦土石灰の過剰な施用や，カキガラなどのアルカリ性資材の長期連用で土壌pHがアルカリ側に傾くと，ホウ素が不溶化して欠乏症が出やすくなる。

土壌の養分状態や過不足を判断するために，土壌診断の継続は欠かせない。

⑥収穫適期を逸しないように気をつける

根部の生育が悪いと収穫期を遅らせ，大きくしてから出荷しようと考えがちであるが，在圃場期間が長いとス入りが生じたり，凍害にあって品質が低下するので注意する。

とくに，有機栽培では，地上部の大きさのわりに根部が生育していることが多いので，収穫が遅れないよう気をつける。

(2) 作型・品種の選択

①作付け時期の設定

ダイコンの作型は，秋まき秋冬どり栽培，春まき栽培，夏まき栽培，ハウス・トンネル春どり栽培があり，周年出荷されている。

夏まき栽培は，病害虫の発生が問題になるため，寒冷地や高冷地が主体となる。春まき栽培，ハウス・トンネル栽培は，地温や気温が低い時期なので，地力発現や作物の生育を補うには多肥になるうえ，保温資材などの経費が必要になる。

有機栽培では，気温が生育に適し，病害虫の影響も少なく，資材を多用しなくてもよい，秋まき秋どり栽培が基本作型になる。その他の作型の導入は，地域の気象条件や病害虫の発生状況を考慮し慎重に決めなくてはならない。

②品種の選択

ダイコンの栽培では，春は抽台，夏は病虫害と生理障害，冬は寒害が問題になるので，それらに対応する品種を選ぶ。各作型での品種選択

709

野　菜

の留意点は第1表のとおりである。

早生で根の肥大が早い品種ほどス入りしやすいが，晩生で根の肥大の遅い品種はス入りしにくい。萎黄病には抵抗性品種の導入が有効であるが，効果は絶対的ではないため，病気の出にくい環境づくりや耕種的工夫が必要である。

ダイコンの有機栽培を始めるには，肥大がよく，病害虫にも強い青首系の品種を用い，秋まき秋どり栽培を選択するのがよい。そして，技術の向上にともない，順次ほかの品種，作型を選択していく。

(3) 土つくりと施肥

①土つくり

有機物を用いた地力増進　ダイコンはほかの野菜に比べてチッソ肥沃度が低めでも栽培できる。しかし，有機栽培での土つくりの目標は，初期にチッソの肥効が高く旺盛に生育し，その後は各養分が継続的に吸収され，肥大期に品質が低下しない状態をめざしたい。

堆肥や有機質肥料（以下本項では「堆肥など」という）中の各種養分は，施用した年にすべて発現せず，効果が蓄積することを考慮しなければならない。

地域や作型，輪作体系によってかわるが，転換初期や地力が低い土壌では1～2t/10aの堆肥を施用し，有機質肥料を併用する場合は，堆肥の量を減らしながら様子をみる。また，膨軟な土壌を維持するためにも年に1度は1～2t/10aの堆肥を施用する。施用は，播種の約1か月前には行なう。

前作の残効があるときは，元肥はひかえめのほうが無難である。肥沃な土壌では前作の肥効で十分な場合もある。地上部が過繁茂になったり，病害虫の発生が増えたときは，地力は十分と判断して施用量を減らす。

堆肥などの施用は，ロータリを用いた全層施肥を行なうことが多い。

有機栽培農家の施用資材の種類や量の具体例を次ページに示した。

緑肥の活用　緑肥のすき込みは，ダイコンを播種する1か月前には行なう。センチュウ対抗植物の効果と栽培の留意点は第2表のとおりである。

緑肥のすき込みはロータリ耕で行なうことが多い。最初は浅め（10～15cm）で，徐々に深く（25～30cm）し，3～4回かけて土壌と十分混合させる。地温の低い寒冷地では，分解を促進させるため浅めにすき込む。

エンバクは穂が出る前にすき込まないと，雑

第1表　各作型に対応する品種を選択するための留意点と適応品種例

作　型	品種選択の留意点	適応品種例
秋まき秋どり栽培	気温が下降する晩夏から初秋にかけて播種し，年内に収穫を終えるため，品質のよさ，ス入りの遅さ，斉一性に優れた品種が適している	献夏37号，福天下，秋いち，YRくらま，耐病総太り，など
秋まき冬どり栽培	9月下旬～10月上旬に播種して1～3月に収穫するため，低温肥大性，揃い，茎葉の耐寒性のある品種が適している	冬みね，青さかり，耐病総太り，など
春まき栽培	3～6月に播種して6～8月に収穫するため，早まきには晩抽性の品種が，播種期が遅くなる場合には耐病性や耐暑性のある品種が適している	献夏，献夏37号，T340，晩抽喜太一，YR海洋，など
夏まき栽培	6月下旬～8月中旬に播種して，9～10月に収穫するため，生育期の気温が高く，病虫害や生理障害が多発しやすい。耐暑性や耐病性に優れる品種が適している	献夏37号，YRてんぐ，夏天下，T392，など
ハウス・トンネル春どり栽培	厳寒期に，ハウス，二重トンネル，べたがけ資材などを利用して栽培されるため，晩抽性や低温肥大性に優れた品種が適している	喜太一，T392，春風太，春岬，富美勢，など

品目別技術　ダイコン

〈有機栽培農家の施用資材の例〉

1) ダイコン栽培歴が長い圃場（関東・黒ボク土）：茶ガラ発酵堆肥1t/10a，ニーム油粕50〜60kg/10aを毎作施用し，追肥は播種後30〜40日にニーム油粕30〜40kg/10a施用。

2) ダイコンとエダマメの連輪作圃場（関東・粘質土）：播種20〜30日前に，牛糞堆肥1作おきに1t/10a，養分供給資材として魚粕系の発酵肥料50kg/10a，苦土石灰20〜30kg/10a，微量要素の複合資材20kg/10aを毎作施用。追肥には魚粕系の発酵肥料を通路の表層に100kg/10a施用。

3) 新規造成圃場（東海・粘土質赤黄色土）：当初は牛糞堆肥3t/10aを毎作施用，現在は米ヌカのみ300kg/10aを毎作施用。

4) 河川敷の圃場（四国・沖積土）：豚糞モミガラ堆肥2t/10a，魚粕発酵肥料100〜120kg/10a，カニガラと鶏糞の発酵肥料200kg/10aを毎作施用し，必要に応じてカキガラ60〜80kg/10a，マグネシウム鉱物20kg/10aを施用。

5) キスジノミハムシやタネバエの幼虫に有効な対策がないため，短期間で有機JASを取り止め農薬を使用している特別栽培の圃場（北海道・沖積土）：有機質の単肥施用という感覚で，植物質発酵肥料45kg/10a，家畜糞発酵肥料100kg/10a，熔成りん肥40kg/10a，草木灰30〜40kg/10a，ホウ素資材1kg/10a，硫酸マンガン5kg/10aを毎作施用。

草化するので注意する。エンバクは毎年栽培しなければ効果がないが，マリーゴールドは翌年までセンチュウ抑制効果が持続することがある。

マリーゴールドは，栽培期間中に1〜2回の除草が必要である。また，エンバクより分解が遅いので，1回多めにロータリがけするほうがよい。マリーゴールドをすき込むと，アザミウマなどほかの害虫が増えることもあるので注意する。

第2表　センチュウ対抗植物の各センチュウに対する密度抑制効果と栽培上の留意点

作物名（商品名）	キタネグサレセンチュウ	ミナミネグサレセンチュウ	サツマイモネコブセンチュウ	キタネコブセンチュウ	10a当たり播種量	播種時期	栽培上の注意事項
マリーゴールド（アフリカントール，センドール）	◎	◎	○	○	直播：1〜1.5l　移植：2〜3dl	5月上旬以降	腐熟期間は1か月ほどとる。初期生育が悪いので雑草化に注意する
ギニアグラス（ナッカゼ，ソイルクリーン）	△	○	◎	○	条播：1kg　散播：2〜3kg	5月中旬以降	種子を落とすので雑草化に注意する
ハブソウ（ハブエース）	◎		○	○	条播：4〜5kg　散播：7〜8kg	5月中旬以降	腐熟期間は1か月ほどとる。薄まきすると茎が硬化する
エンバク（ヘイオーツ，オーツツン）	△〜○			○	条播：4〜5kg　散播：8〜10kg	春まき：3〜5月　秋まき：9〜11月	夏期は生育が悪い

注 ◎：密度抑制効果が高い，○：効果あり，△：効果があるが低い

野菜

第1図 関東火山灰土壌での慣行栽培における作型別の播種時期とチッソ施用量の目安

②土壌診断と適正施肥

チッソ 過剰なチッソは岐根や裂根を誘発し，病害虫が増えるので注意する。とくに，高温期には元肥のチッソ量を減らす。

ダイコンは地力チッソへの依存度が高いので，播種前の施肥は季節ごとに発現してくる地力チッソ分を考慮して調整する。とくに，マルチ栽培では地力チッソが増え，チッソの溶脱も減るので，施用量を減らす必要がある。慣行栽培での各作型における施肥チッソ量の目安（第1図）が示されている。

家畜糞堆肥の単年度のチッソ肥効率は，牛糞堆肥30～40％，豚糞堆肥50～60％，鶏糞堆肥60～70％程度と見積もられることが多い。農林水産省や千葉県では，家畜糞堆肥の施用量を決めるパソコンソフトを開発しているので利用するとよい。

リン酸 ダイコンは，ほかの露地野菜よりリン酸に鈍感で，生育には土壌中の可給態リン酸が10mg/100gあれば十分である。

有機栽培では，土壌診断で可給態リン酸含量が10mg/100gを下回り，ダイコンの生育にリン酸の欠乏が疑われた場合に限り，鶏糞堆肥や熔成りん肥などのリン酸資材を利用する。

微量要素 マグネシウム，カルシウム，ホウ素，モリブデンなども，欠乏すると生育に大きな影響を与える。ダイコンは土壌中の水溶性ホウ素濃度が0.3ppm以下になると欠乏症が発生しやすくなるので，酸性土壌の過激なpH矯正によるホウ素の不溶化には注意する。一方，モリブデンはpHが低くなると不溶化して作物に利用されなくなる。

品目別技術　ダイコン

ミネラル類の欠乏症はチッソを過剰に施用すれば有機栽培でも起こるので，土壌診断結果に注意し，酸性が強くなってきたら，カキガラや各種の微量要素資材などで適正に矯正する。

有機JASでの微量要素資材は，硫酸マンガンやボラックス（ホウ素）などが利用可能である。

追肥　有機栽培では，土壌中の余剰な栄養は病害虫の発生を招き，乾燥や肥切れで生育が悪くなっても病害虫が発生しやすくなるので，対策として灌水追肥が有効になる。ただし，気温の高い時期で，葉が繁茂しているときは追肥はしない。

追肥は，有機質肥料をウネ間や条間，通路などの表層に施用する。有機質肥料を2〜3週間ほど発酵させて使用すれば，病害虫発生の危険性が低減したり，分解の遅い米ヌカなどは肥効が向上する。マルチ栽培では，通路の表層以外にも，条間に小穴をあけて施用する。

（4）播種

①播種時期

秋まき栽培では，播種が早いと病害虫が発生しやすく，遅くなると根の肥大抑制や寒害が出やすくなるので，地域の慣行栽培の標準的播種期よりやや遅めにする。

冬春まき栽培では栽培期間が低温になるので，不時抽台（季節外れのとう立ち）の危険性が高い。そのため，トンネルや被覆資材を用い，昼間の温度を20℃以上にして花芽分化を遅らせる。

②圃場の準備

圃場の選定　土つくりが十分行なわれていて地力が高く，排水性・保水性が良好な圃場を選ぶ。有機栽培では，排水性・保水性の改善が見込めない圃場での栽培を避けたほうがよい。

アブラナ科の連作は病虫害が発生しやすくなる。有機栽培では農薬が使えないので，キスジノミハムシやネグサレセンチュウなどの害虫，萎黄病や軟腐病などの病害が多発している圃場では栽培をひかえる。

耕うん　播種前にはていねいな耕起と砕土を行ない，通気性のよい土壌条件を確保する。元肥の堆肥を施用後に30〜50cmの深耕を行なう。

ロータリ耕を続けたり，重機械を継続して利用している圃場では，耕盤が形成されて有効土層が浅くなる。排水不良や通気不足が生じる前に，サブソイラやプラウ耕，輪作体系への深根性緑肥の導入などで，土壌の物理性を改善する。

ウネつくり　ウネ間55〜70cmの単ウネか，幅100〜150cmの平ウネが多い。

播種期が低温の場合，トンネルやポリマルチを利用すると，地力チッソの発現量が増えたり，抽台防止の効果が得られる。

水分管理　発芽の揃いをよくするには，土壌の水分状態を良好に保たなければならない。有機物による土つくりで土壌の保水性を良好に保つとともに，播種時に土壌水分が不足するときは灌水する。灌水が困難な圃場では，降雨の1〜2日後や，天気予報をみながら播種する。

マルチを使用しないときは，高ウネにすると水はけがいいので地温が上がる。平ウネマルチ栽培でも水分が少ないときは地温が上がるが，水分が多いときは地温が下がる。

③トンネル・被覆資材の利用

トンネル　トンネルは，秋冬まき栽培で，抽台防止と抽根部の寒害防止の有効な手段である。花芽分化が起こる低温期（12℃以下）でも，日中に20℃以上の高温にあうと花芽分化が止まるため，トンネルの設置は脱春化処理の効果が大きい。

比較的気温の高い10〜11月上旬まきでは，トンネルの両裾を10cm程度上げて下胚軸が徒長しないようにする。11月下旬〜2月まきは，抽台の危険がもっとも高い作型なので，播種直後からトンネルは密閉する。

トンネルの除去は，外気温が0℃を超える3月下旬〜4月上旬に行なう。

被覆資材　播種後から，寒冷紗や不織布などで覆うと，鳥害や虫害の防止になる。ただし，除去するタイミングが遅れると茎葉が徒長して，根部の肥大不良，病虫害の発生につながるので注意する。

低温期の不織布のべたがけは2〜4℃程度の保温効果があるが，光の透過率が低く内部が多

713

野　菜

湿になりやすい欠点がある。

10〜11月中旬まきの栽培では，抽根部の寒害防止のため1月上中旬にべたがけを行ない，2月下旬〜3月上旬に除去する。11月下旬〜2月まきの栽培では，播種直後からべたがけし，本葉10枚ころから換気を始め，凍害が発生しなくなる2月下旬以降には除去する。

べたがけ資材の除去は，5日ほど前から換気時間を長くとって外気に馴化させ，晴天日の午後か曇天日の日中に行なう。

ポリマルチは，有機栽培で有用な資材である。透明マルチは雑草が生えるので，除草剤が使えない有機栽培では利用しにくい。黒マルチは地面に定着させて，地温上昇の効果を高めるよう留意する。シルバーマルチはアブラムシの忌避効果があるので，ウイルス病の防除効果が期待できる。

④播種の方法と栽植密度

条まきもあるが，点まきのほうがその後の管理が容易である。株間を25cm前後として1か所に3〜5粒ずつ，1.5〜2cmの深さに播種する。平ウネは2条植えとする。ダイコンの種子は発芽時に光を嫌うので，覆土と鎮圧はしっかり行なう。有機栽培では，病害虫が心配な時期はやや多めに播種する。

有機JASでは，コットンリター由来の再生繊維からできたシーダーテープのみ使用可能である。

栽植密度が低いと1本当たり重量が増すが，生育後半にス入りしやすい。収穫が遅くなる圃場や，生育の早い春夏どりでは，栽植密度を高めてス入りを防ぐことも行なわれる。

ダイコンの栽植密度は，一般に5,000〜8,000本/10aほどであるが，ダイコン産地では密植栽培されることが多く，有機栽培でも秋冬どりで8,000〜10,000本/10a，春どりで16,000本/10aのこともある。

(5)　中間管理，雑草対策

①間引き，除草，土寄せ

発芽後，2〜3回間引きする。本葉が1〜2葉期に1回目を行ない，異形株の見分けがつく4〜5葉期に最後の間引きを行なって1本立ち

にする。

除草は間引き時とともに，間引き後も除草を兼ねた土寄せを2回程度行なう。土寄せは，ダイコンの首がかぶるくらいを目安にする。ポリマルチした場合でも，植え穴に生えてきた雑草は適宜抜き取る。

②灌水と水分管理

生育後期に乾燥が激しいと，収量の低下や裂根の発生が多くなるため，灌水が必要になる。乾湿の差が大きいと裂根の原因になるので，著しく乾燥しないうちに灌水する。冬の乾燥期には，1週間から10日ごとに灌水できるとよい。水はけがよすぎる砂質土などでは，定期的に灌水する。

生育後期に土壌水分が多くなると，根部の急激な肥大による裂根，軟腐病や黒斑細菌病などの発生が多くなるので，排水対策が必要である。

③換　気

春どり栽培や春まき栽培では，ハウス栽培やトンネル栽培を行なうが，とくに，トンネル栽培では二酸化炭素の低下が問題になる。生育初期は密閉していてもよいが，生育中期になると葉の光合成量が高まり，二酸化炭素濃度が著しく低下する。それがつづくと，地上部の生育不良や根部が肥大不良になる。

生育中期以降は，朝晩トンネルを開閉し，二重トンネルでは内側に有孔フィルムを使う。

(6)　他作物との輪作・混作

①ダイコンを取り入れた輪作例

トウモロコシなどイネ科作物の後地はセンチュウ密度が低下し，ダイコンの外観がよくなるとされている。しかし，タマネギのあとはタネバエがダイコンに悪影響を与えるので避けたほうがよい。一方，ダイコンは土壌養分をよく吸収するので，後作にはつるぼけしやすいスイカ，メロン，カボチャなどが栽培しやすい。

輪作の具体例としては，東京都での有孔マルチの連続使用によるスイートコーン，ホウレンソウの栽培とその後のダイコン栽培，千葉県でのトンネル・マルチ春どりダイコン栽培とその後のマルチ穴にラッカセイを播種する輪作，奈

714

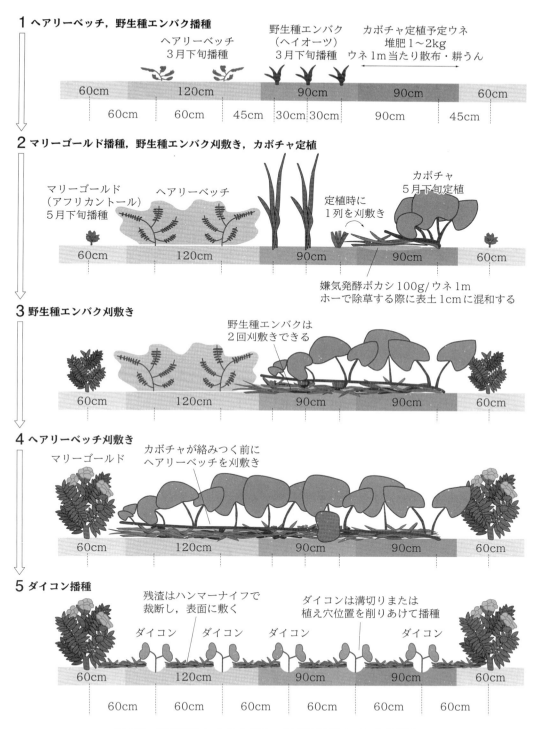

第2図　緑肥草生によるカボチャと不耕起ダイコンの栽植図
資料：(財)自然農法国際研究開発センター試験成績書（2008）

野　菜

第3表　肥大根のおもな異常症状

異常症状	原因と症状
ス入り	チッソ過多，疎植，土壌の多湿，生育中期以降の日照不足，収穫期の遅れ，積算温度が500℃を超えた時期の急激な温度上昇，T/R比（地上部／地下部の重量比）の下降が早い品種などで発生しやすい，生理的な老化現象である。古い葉柄の基部にも現われるため，葉柄の切断面で根部のス入りを判断できる
裂根・岐根	生育前期に土壌が乾燥し，生育中期以降に水分過剰になると裂根が発生しやすい。岐根は，肥料や未熟堆肥が根の先端にあった場合や，ネコブセンチュウの被害を受けた場合，耕土が浅く通気性が悪かった場合，胚軸や子葉の片方が傷んだ場合，古い種子や貯蔵状態の悪い種子を播種した場合には多くなる
病害虫・微量要素欠乏	カブモザイクウイルスによる凸凹症状（がりダイコン），白さび病菌の根部感染によるわっか症，ネグサレセンチュウ被害，ホウ素欠乏によるサメ肌症などがある。また，根部内の空洞症や赤心症などの生理障害も発生する
横縞症	根部の表面に黒褐色のすじ状の縞が形成される。有機物の多施用で被害が増える傾向があるので，有機栽培ではとくに注意する。土壌水分の変化が大きい圃場で多発するので，排水性や保水性をよくする。高ウネ栽培や1条植えなどの耕種的工夫や，発生の少ない品種の選定，適期の収穫なども対策に有効である

良県の中山間地での二重被覆トンネル・マルチ春どりダイコン栽培と雨よけホウレンソウ（4連作）を組み合わせた施設の高度周年利用などがある。

また，長野県の黒ボク土壌での，緑肥草生栽培カボチャと不耕起ダイコンの作型による輪作体系の例を第2図に示した。

②ダイコンの「おとり作物」としての利用

アブラナ科をやむをえず連作しなければならない場合は，作付け体系にダイコンを導入するとよい。宮重系青首ダイコン（'耐病総太り'や'快進総太り'など）や聖護院系ダイコンは，根こぶ病に強い抵抗性を示し，土壌中の病原菌密度を低下させる効果もある。

病原菌密度の低下はダイコンの根に近いほど大きいので，ダイコンを収穫した穴に，ハクサイやキャベツを土壌の攪乱を最小限に抑えて定植したほうが，根こぶ病の抑制効果は高い。

根こぶ病抵抗性の葉ダイコンを用いる場合は，栽培後に圃場にすき込んで十分に分解させるとともに，他科作物を栽培して病原菌密度を低下させてからアブラナ科を栽培する。

(7) 肥大根の異常症

おもな異常症の原因と症状について第3表に示した。

(8) 病虫害対策

おもな病虫害への有機栽培での対応策を第4表に示した。

(9) 収穫・貯蔵

秋まき栽培では，早いものでは10月から収穫できる。最初は太いものから収穫し，小さいものは大きくなるまで待って収穫する。春どり栽培ではス入りが早くなるので，早めに収穫する。春まき栽培の場合，根の肥大が早いので収穫は早めに一斉に行なうとよい。

秋まき栽培では，収穫したダイコンを年末から年明けまでに圃場に埋めれば，3月上旬まで保存できる。深い穴を掘り，3本ずつ隙間を土で埋めながら斜めに寝かせて並べるのを繰り返し，最後にダイコンの葉だけが出るくらいまで土をかぶせる。寒冷地では，穴を深くしたり，イナワラなどを被覆するとよい。

執筆　自然農法国際研究開発センター

（日本土壌協会『有機栽培技術の手引（葉菜類等編）』より抜粋，一部改編）

品目別技術　ダイコン

第4表　ダイコン有機栽培での病虫害対応策

	病害虫名	対応策
病　気	萎黄病	抵抗性品種の栽培，秋まき栽培では播種時期をできるだけ遅くする，発生圃場では栽培せずアブラナ科以外の作物を輪作する，被害株は早急に処分するなど。堆肥の投入により非病原性フザリウム菌が増えるので，発病抑制効果も期待できる
	白さび病	白さび病菌は絶対寄生菌で，圃場に残された被害個体の残渣内で生存している菌糸や卵胞子が感染源になるため，被害個体は圃場外に搬出して処分する。そのほかの対策には，連作を避けアブラナ科以外の作物と輪作する，排水性の悪い圃場では物理性の改善を行なう，地下水位の高い圃場では高ウネ栽培する，過繁茂にならないようチッソの過剰施用は行なわない，密植を避けるなどがある。有機JAS許容農薬として炭酸水素ナトリウム，銅水和剤が利用できる
	軟腐病	高温期の早まきを避ける，チッソの過剰施肥を行なわず株元の通気をはかる，排水の悪い圃場では排水溝や暗渠排水を行なう，罹病株は早めに処分する，発生の多い圃場ではアブラナ科野菜の作付けをやめて，イネ科やマメ科作物を3〜4年栽培するなどである。高温期に地上部が傷つくと発生を助長するので，通路をふさぐくらい茎葉が繁茂していたら，収穫まで圃場に入らないほうがよい。有機JAS許容農薬として銅水和剤が利用できる
	モザイク病	アブラムシの発生の少ない時期に播種したり，飛来防止のため網目の細かい防虫ネットを用いたり，忌避効果のあるシルバーマルチやシルバーテープを利用する。栽培時期では，秋まきで播種期が早い場合に被害が大きいので，地域の慣行栽培の標準播種期よりやや遅く播種するのがよい。ウイルス病抵抗性の品種を栽培したり，アブラナ科以外の作物を輪作する。少肥の有機栽培ではあまり拡大しない傾向があるので，施肥管理を工夫する
	黒斑細菌病	ダイコンの連作やアブラナ科作物との輪作を避け，他科作物と2〜3年の輪作を行なう，圃場の排水性，保水性を改善する，土つくりで肥切れにならない土壌にする，地下水位の高い圃場では高ウネ栽培をするなどがある。有機JAS許容農薬として銅水和剤などがある
害　虫	キスジノミハムシ	幼虫には播種時のニーム油粕の施用や，エンバクなどの緑肥のすき込みが有効である。成虫には目の細かい（0.2×0.4mmや0.6mm）防虫ネットによるトンネル・マルチ栽培や，トンネル・不織布べたがけ栽培で被害が軽減できる。5月ころから発生し始め，9月以降は急速に少なくなるので，早まきを避ける。アブラナ科以外の作物を輪作・混作することが有効である。現在（2011年1月），有機JAS許容の農薬はない
	ハイマダラノメイガ（シンクイムシ）	生長点付近や葉柄部での糞の排出や葉の折れが確認されたら，幼虫をただちに捕殺する。成虫には，キスジノミハムシと同様，防虫ネットの利用が有効である。9月以降は少なくなるので，早まきしない。有機JAS許容農薬としてBT水和剤がある
	キタネグサレセンチュウ	マリーゴールドやエンバクのすき込みが有効である。オカラ，コーヒー粕堆肥には高い殺センチュウ効果があり，キタネグサレセンチュウの被害を減少させることも知られている
	ネキリムシ類	中齢以降の幼虫は，昼間は土の中に潜み夜間に活動するので，日中に被害株の根元を掘って幼虫を捕殺する。性フェロモントラップや予察灯も利用できる。有機物の施用が多くなると発生が多く，灌水をこまめに行なうと発生が少なくなる傾向がある。有機JAS許容農薬としてBT水和剤がある
	タネバエ	作物残渣処理の徹底と，未熟な有機質資材の多用を避ける。不発芽や枯死株，生育不良株の周囲の土を掘り，幼虫または蛹が出てきたら捕殺する

717

野菜

農家のダイコン栽培

もっともつくりやすい根菜類

執筆　東山広幸（福島県いわき市）

ダイコンは根菜類のなかでも生育が早く、栽培がもっとも簡単だ（第1図）。ただ、アブラナ科ゆえ害虫が多く、有機栽培で失敗するとしたら、たいてい虫害が原因である。春作ではトウ立ち（抽台）やセンチュウ害も問題となる。

春ダイコン――2月まきは抽台する

(1) トンネルで5月、べたがけで6月出し

冬から春にかけてタネをまき、春から初夏にかけて収穫する作型である。トンネル栽培で2月ころにまくと、5月の端境期にとれてありがたいが、晩抽性の品種でも常に抽台の危険がつきまとう。収穫開始には大丈夫でも、売っているうちにトウが立ってきたりする。トンネル内を高温にして花芽分化を止める（ディバーナリゼーション）作型なので、春に天候不順だとすべてオシャカになることもある。直売で売るなら、そこそこの量にとどめておくべきだろう。

気温が氷点下にならなくなるころには、黒マルチと不織布のべたがけだけで露地でもまけるし、この作型なら抽台の心配もほとんどない。ただし、収穫は6月にずれ込むし、収穫後半はネグサレセンチュウに悩まされることになる。

もっとも、センチュウ害に関しては、前年にマリーゴールドを栽培しておけば7月になってもきれいなダイコンがとれる。春ダイコンをつくる畑には絶対におすすめだ。

(2) ナガメの被害は無視していい

品種は春作専用の極晩抽性品種を使う。コヤシはモミガラ堆肥を100kg/a程度振ってロータリーをかけておく。とにかく地温が必要なので、黒マルチは必須で、穴あきの3430（135cm幅、4条で株間30cm）を使う（第2図）。

タネは1穴2粒でたくさん。3粒もまくと間引きが面倒だし、2粒なら間引きしなくてもなんとか一人前に育つ。

2月まきのトンネル栽培では、播種後すぐにトンネルをかけるが、まだ雪も積もる時期なので、つぶされないようトンネル枠（支柱）はそうとう密に立てる。なお、トンネル内にべたがけをすると、せっかく出た芽がなぜか消えていくので不可である。

被覆フィルムの留め方にはいろいろあるが、私は両端を土で押さえたあと、上から防風ネットをかぶせ、べたがけ固定用のくしで固定している。一人でもでき、強風にもそうとう強い。

最低気温が5℃以上になったら換気を開始するが、ダイコンにとってはいきなりの「外気デビュー」となるので、しなびないように曇りの日を選んで行なう。最低気温が10℃以上になったらトンネルを完全にはずしていい。

あとは収穫までほぼ放ったらかし。生育後半

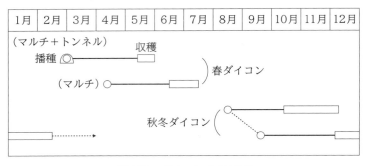

第1図　ダイコンの栽培暦

にはナガメの吸汁害で葉が汚くなるが、根に影響はほとんどない。

秋冬ダイコン——味がよくつくりやすい

(1) 畑を分散してリスクを減らす

夏から初秋にまき、秋から冬に収穫するダイコンの主要作型である。低温期に向かう作型なので、味はもっともよく栽培もラクチンだが、厳冬期には凍害対策が必要だ。生育初期は高温期なので、害虫にも注意。とくにダイコンサルハムシとカブラハバチだが、畑によって被害に大差があるので、いくつかの畑に分散してまいておくと安心だ。

また、どうしても虫害のひどい畑では、播種直後に防虫ネットをトンネルがけし、涼しくなるころまで密閉しておくとキレイなダイコンになる。秋にセンチュウ害の出る畑では、前作にヘイオーツをまいて抑制するとよい。

(2) 肥えた畑なら無肥料栽培もできる

ダイコンはもともと少肥型野菜なので、肥えている畑なら無肥料でも一人前に育つが、やせている畑や遅まきの作型では肥料分が必要だ。また、'聖護院ダイコン'のようなコヤシ食いの品種では、無肥料栽培だとコカブのようになってしまう。

施肥は、夏まきダイコンもモミガラ堆肥でかまわないが、暑いときに堆肥をつくって運ぶのもたいへんなので、一番ラクなのは播種ひと月以上前に米ヌカを50kg/a程度まいて、週一くらいでロータリーをかけておく方法。これで肥切れの心配もないし、少々草のある畑でも種まきするころにはきれいになっている。

(3) 1粒まきで間引き収穫

秋作では、マルチは使わない。マルチを使うと土寄せできないから、真冬に凍害をモロに受けてしまう。

ウネ幅60cmで、10〜15cm間隔に1粒ずつまいていく。ある程度大きくなったら、除草をかねて管理機で土寄せする。

間引きはしない。一人前になったものから間引き収穫すれば、間引きの手間が省け、タネ代

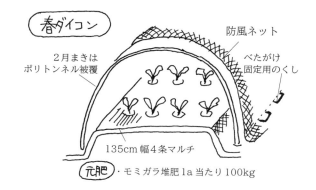

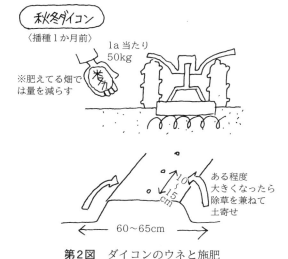

第2図 ダイコンのウネと施肥

も浮く。

本格的な寒さが来る前に、根がほぼ隠れる程度に土を寄せる。寒さの厳しい地域では土の中に埋けて貯蔵するほうがいいかもしれない。

太くなりすぎて売れなくなったものや又根になったダイコンは、切干し大根にして売ればむだがない。寒風の中で干した切干しは、スルメのようにそのままかじってもうまいものだ。

根こぶ病の出る畑でつくりたい

ダイコンはアブラナ科なのに根こぶ病にかからない。栽培すると土中にいる根こぶ病菌の胞子が発芽するものの、ダイコンにはとりつけず、そのまま死んでしまう。ダイコンをつくると根こぶ病の菌密度を下げることができる。

野菜

施肥、間引きで虫に強く、濃い味を出す

執筆　桐島正一（高知県四万十市）

宅配で人気の白首と地ダイコン

ダイコンは5品種ぐらいつくっている。'白首ダイコン''青首ダイコン''時なしダイコン''夏ダイコン'、それと地元で昔からタネ採りをしてきたピンク色の地ダイコン（「十和ダイコン」の名で出荷）だ。多くつくっているのは'白首ダイコン'と地ダイコン。'白首ダイコン'は辛味があり、寒くなると風味が増して、味が濃くなる。'青首ダイコン'は甘味があるが味が薄く、風味が出にくい。

また、地ダイコンは根と葉の一部がきれいなピンク色でサラダや酢の物に最適で、宅配が届くと知らない人はビックリするが、'白首ダイコン'と十和ダイコンの2つは人気がある。

畑選び、ウネ立てと播種のしかた

'白首ダイコン''青首ダイコン'などの一般的品種は、秋に2回、春に1回の播種で、十和ダイコンは秋1回の播種である（第1図）。

'白首ダイコン'は早く育ち、秋まきでは11〜2月までと長く収穫できる。十和ダイコンは秋から冬へゆっくり育っていき、遅くまで（3月）とれる。

畑は、日当たりがよく、水はけのよいところを選び、さらに30cmくらいの高ウネにして排水をよくする。

ウネ幅1.6〜1.8mに2条まきし、播種量は150〜200mに2mlとしている。十和ダイコンは、形質がまだ固定していないため、間引きが多くなるので、タネを多めにまく。

ダイコンをおいしく育てる有機施肥のやり方

（1）初期に効かせると裂根しにくい

ダイコンの播種は、私の場合、だいたい9月初めから10月いっぱいとしている。

施肥のしかたはいろいろあるが、私は元肥を入れる場合と、入れない場合の2つのやり方でつくっている。まだ暖かく肥料（鶏糞）が効きやすい9月中旬までの播種では、元肥を入れないでいいが、10月以降の播種では、寒くなってきて肥料が効きにくくなるから入れたほうがいい。

ダイコンは初期生育が大事で、本葉8〜10枚目までの管理でその後の性質が決まる。この時期までに肥料切れすると、後半に裂根しやすくなる。感覚的なとらえ方であるが、細胞の数が決まるのがこの8〜10葉期までで、最初にちゃんと肥料を効かせて細胞数を多くしてやれば、割れにくくなると思っている（第2図）。

（2）後半効くと風味が少なく味が落ちる

鶏糞の具体的な施用法は、元肥を入れない場合は、播種と同時に覆土の上に鶏糞を少しまく。発芽した双葉を大きくし、根を張らせるための肥料だ。播種したすじの近くへ1mに一握

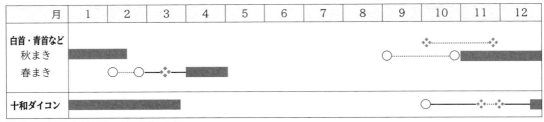

第1図　ダイコンの栽培暦

第2図　初期に肥料を効かせて肥大のもとをつくる　（写真撮影：木村信夫、以下Kも）
葉が光るのは害虫に強く、太るのも早いサイン

第3図　おいしく収穫するサイン（K）
首が細く下が太くなり、心葉が黄色くなる。土の影響か白肌がクリーム色を帯びるとおいしい

りくらいを振る。

2回目は播種から10日くらいして本葉3枚目のころに、株元へ3株当たり一握りほど施す。ダイコンをよく観察していると本葉8枚目ころにちゃんとしたダイコンの葉（ギザギザした大きな葉）を出す。これはちょうど体のもと（細胞）をつくる時期なので、ここへ向けてゆっくりと鶏糞を効かせるための施肥が第3回目である。

4回目は様子をみて、3回目から10～15日後にほんの少しだけ入れる。本葉10枚をすぎると根（地下部）は直径3cmくらいに太り始める。しかし、太り始めてから肥料を多くしすぎると後効きして、風味が少なく、苦味が多くなってしまうので、量はごく抑えぎみにする。

元肥を入れる場合は、30mのウネに鶏糞を2袋（30kg）くらい入れ、播種後は様子をみながら10～15日目ぐらいにパラパラまく程度とする。いずれにしても初期に効かせ、収穫時には肥料が抜けるように気をつけることがたいせつである。

間引きの遅れが、虫や病気の原因に

生育中の作業でおもなものは除草（草引き）と間引きである。草引きは播種後15日目以降に1回すれば、あとは間引きをしながら少しとる程度でよい。

間引きは、1回目を本葉5～6枚目ぐらいのときに株間3～4cmになるようにやり、2回目を1回目から10日ほどたったときに株間20cmぐらいになるように行なう。どの間引きも、間引き菜として出荷する。

間引きが遅れると、肥料切れしやすくなり、体力が衰えてダイコンサルハムシや軟腐病、疫病、菌核病などの病気の発生の原因になる。だから、間引きは早めにするようにしている。

アブラナ科で害虫に強い野菜、弱い野菜

ちなみに、ダイコンとカブで少しちがうところは、カブのほうがアオムシ、ヨトウムシ、ダイコンサルハムシなどの害虫に弱いことである。

無農薬で野菜をつくっていると、虫に強いかどうかは大事な問題になってくるが、いろいろとあるアブラナ科野菜のなかで、虫に弱いのはカブ、ハクサイ、コマツナ、次いでミズナ、タカナ。ダイコンはその次くらい。カラシナは比較的強いほう。今までつくっていちばん強いと思うのはルッコラだ。

収穫のタイミング

間引きダイコンもだんだん大きくなり、本収穫となるが、宅配中心で箱に入れて送るため、肥培管理で小さく育て、直径5cmくらいとふつうに育てた半分の大きさで収穫し出荷する。

野菜

キスジノミハムシに緑肥用エンバク

執筆　中野智彦
(奈良県農業技術センター・高原農業振興センター)

第1図　キスジノミハムシの成虫

エンバクすき込みで40〜70％被害が減る

　キスジノミハムシは、体長5mm程度の小さな甲虫で、黒い背中に黄色いすじが入っているのが特徴です（第1図）。捕まえようとするとノミのように飛び跳ねることからノミハムシと呼ばれます。

　春から秋にかけて発生がみられ、冬は枯れ葉の下や畑に放置された野菜などの株元で成虫が越冬します。

　成虫は、アブラナ科植物をえさとして葉に小さな穴をたくさんあけます。幼虫の時期は、地中で根を食害します。ダイコンでは根に丸い小さな窪みをたくさんつけて商品価値をなくしてしまうので、葉の被害よりも深刻です。ミズナやコマツナで幼虫がたくさん発生すると、根を食害されて株が枯れてしまうこともあります。

　ダイコンのキスジノミハムシに対する慣行の防除は、播種時の粒剤施用が一般的です。ところが発生の有無にかかわらず播種時に処理する必要があるので、抵抗性をもつ害虫の出現を助長する可能性があるとともに、環境負荷も大きくなります。

　そこで環境に配慮しつつ持続的な生産が可能になる耕種的防除方法を検討したところ、ダイコンの播種前に緑肥用エンバク（第2図）をすき込むことで、春秋作のダイコンでは被害を40〜70％減らせることがわかりました。

出穂直前のエンバクを播種20日以上前にすき込む

　緑肥用エンバクは、春まきダイコンの前作には前年10〜11月に、初夏から秋まきダイコンの前作には4〜6月に10a当たり10kg播種します。

　種子は種苗店において入手でき、1kg当たり500〜600円です。圃場を荒起こしした後全面に散播し、軽くロータリ耕などで種子を土壌と混和します。

　耕作圃場では施肥はとくに必要ありません。

　エンバクのすき込み適期は、もっとも生草重が大きい出穂直前です。すき込みが遅れると稈が硬化するとともに倒伏しやすくなり、すき込みにくくなります。

　すき込む直前に草刈り機またはハンマーナイフモアを利用して刈り倒すと、ロータリ耕で混和しやすくなります。刈り倒さなくても混和は可能ですが、ロータリに稈が巻き付き作業性が低下することがあります。プラウ耕ができればさらに深耕が可能で、効率的に混和ができます。

　エンバクのすき込みは、十分に腐熟させるためダイコン播種の約20日以上前に行ないます。すき込み直後に播種すると、土中で腐熟したエンバクが、ダイコンの根に障害を与えることがあるので注意が必要です。

忌避物質を豊富に含む

　エンバクがキスジノミハムシに対する防除効果をもつのは、ヘキサコサノールという忌避物質を豊富に含むからです。これを直接虫に塗布しても死ぬことはなく、摂食量も減少しないので、殺虫成分ではないと考えられます（特許

第2図 すき込む直前の緑肥用エンバクが一面に茂ったダイコン畑

4188893号)。

　ヘキサコサノールは、直鎖脂肪族に属する物質で、おもに植物体表面を保護しているワックス層を形成しています。ワックス成分ですので水溶性・揮散性はなく、雨水などでの流亡は少ないと考えられます。

　ただし食用のエンバク、ライムギなどではヘキサコサノールの含量が低く、十分な効果が得られません。防除に使うエンバクは、緑肥用野生種（アウェナストリゴサの'ニューオーツ''ヘイオーツ'など）が適しています。

ネグサレセンチュウ類の被害軽減効果なども

　ダイコンとエンバクを混作、間作してもあまり効果はありません。忌避物質であるヘキサコサノールに揮散性がないためでしょう。逆にエンバクの草丈が高いため、ダイコンの生育が抑制されてしまいます。

　エンバクをほかの圃場で栽培して刈り取り、持ち込んでも効果は期待できますが、労力がかかるので直まきをおすすめします。ヘキサコサノールはエンバク全体に含まれるので、茎葉および根すべてをすき込むとよいでしょう。

　ただし効果は、粒剤などの処理に比べるとやや不安定です。夏まきダイコンで虫の密度が高いときには、十分な効果が得られないこともあります。

　残念ながらモンシロチョウ、コナガなどのチョウ目害虫には効果がありません。

　また副次的な効果としてネグサレセンチュウ類の被害軽減効果、土壌への有機物の供給、傾斜畑における土壌流亡の抑止、冬期の景観形成などの多面的な効果が期待できます。さらにエンバクの根による深耕効果が得られるので、ダイコンの岐根も減ります。

（『現代農業』2009年6月号「キスジノミハムシ　緑肥用エンバクすき込みで減る」より）

野菜

ダイコンサルハムシはブロワーと網、水田輪作で完璧に防ぐ

執筆　古野隆雄（福岡県桂川町）

手取り、吸引、熱湯……

　私は1978年から有機農業に取り組んでいます。それは雑草と害虫との闘いでした。最悪の害虫はイネのトビイロウンカと野菜のダイコンサルハムシです（第1図）。ウンカはアイガモが解決してくれましたが（「ホウキングとアイガモで有機乾田直播」の項参照）、ダイコンサルハムシは手強い相手です。

　私が有機農業を始めたころ、冬は寒くダイコンサルハムシの被害は軽微でした。ところが温暖化で暖冬になると、彼らは冬も元気。たくさん生き残るためか、ハクサイやダイコンやカブが9～10月に全滅させられたこともあります。

　最初は手で取りましたが、手間暇がかかりました。そこで電気掃除機で吸引してみました。空中の吸引は意外にむずかしく彼らはすぐに地面に落ちます。それを吸引しようとすると、土も吸ってしまいます。

　電気ショックや熱湯スプレーも試しました。幼虫にはそれなりの効果がありましたが、成虫は意外に丈夫でした。

第1図　ダイコンサルハムシの成虫
（写真撮影：八瀬順也）

ブロワーと捕虫網で捕獲

　発想転換。ブロワーで吹き飛ばしてみました。一瞬で見えなくなりましたが、翌日には元に戻っていました。彼らは食性が決まっており、アブラナ科の野菜が大好きだからでしょう。

　そこで、第2図のように捕虫網をダイコンやハクサイの横に斜めに立て、ブロワーで反対側からダイコンサルハムシの幼虫や成虫を吹き込み、適当に揺らして網の底へ落とします。

　この方法はかなりうまくいきました。たくさんの成虫や幼虫が、網の中に吹き込まれ、網の先端のほうに移動し、ほとんど逃げることはありません。ときどき集まったダイコンサルハムシを大きめのナイロン袋に入れかえ、あとでニワトリやアイガモのえさにします。

　ダイコンサルハムシは、ダイコンやハクサイやカブの葉柄などの中に卵を産みつけます。卵はブロワーの風で吹き飛ばないので、ダイコンサルハムシに卵を産ませないよう、早くからブロワーをかけるのがよいでしょう。

水田輪作をうまく回す

　害虫と闘うためには、その生態を学び、観察し、考えることが大切です。

　ダイコンサルハムシは、冬、春、夏の間は畑の中やあぜの草むらの中でひっそりと暮らしているようです。秋の9、10月ごろ、畑のアブラナ科の野菜に移動し、むさぼり、産卵、跳梁跋扈。

　彼らの移動手段は短い足。地面を這っていくことです。モンシロチョウやカメムシのように空を自由に飛び回り、比較的広い範囲をまんべんなく活動し、勢力圏を拡大していくようなことはなく、1枚のアブラナ科の畑に定着（土着）して増殖していくようです。

　私は夏にアイガモ水稲同時作をした水田で秋冬野菜を栽培する水田輪作をしています。3年間、同じ水田でこの輪作を繰り返すとなぜかダイコンサルハムシが目立つようになります。そ

第2図　1人がブロワー、1人が網をもち、2人で仲よく捕獲するのがよいでしょう

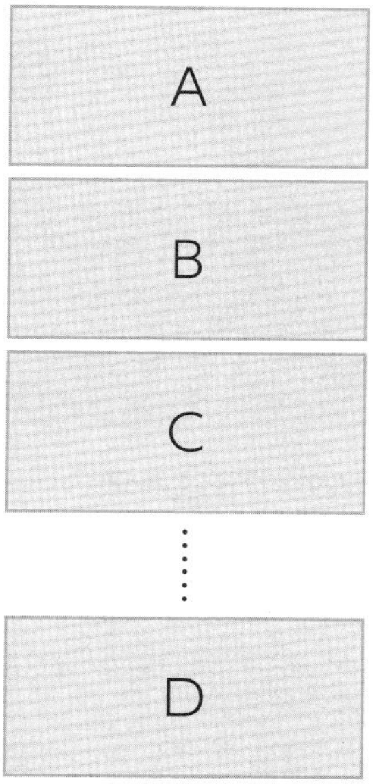

第3図　水田の配置の例

こで3年秋冬野菜を栽培したら、次はコムギとジャガイモを栽培して、別の水田の裏作に秋冬野菜を栽培しています。

たとえば、第3図のAの水田で3年間、裏作でアブラナ科の野菜をつくったら、次は隣接するBの水田は避け、Cの水田で秋冬野菜の栽培をします。ダイコンサルハムシの被害は3年間ほとんどありません。さらに離れたDの水田で栽培すれば、もっと完璧です。

私は7haの水田でアイガモ水稲同時作をしていますが、このような水田輪作で秋冬野菜を栽培するようになって、ダイコンサルハムシの被害はほとんどありません。畑作地でも同様の作付けで秋のアブラナ科野菜をローテーションすればよいと想像しますが、確かめてはいません。

なお、秋冬野菜の苗にはアーチを立て、防虫ネットをかけ、裾に鍬でしっかり土をかけ、鎮圧して、ダイコンサルハムシの被害を防いでいます。今のところ完璧です。

（『現代農業』2023年6月号「ダイコンサルハムシ　ブロワーと網、水田輪作の工夫で完璧に防ぐ」より）

野菜

農家のカブ栽培

乾燥に弱いが雑草に負けない

執筆　東山広幸（福島県いわき市）

短期作物なので元肥一発

　カブは根菜類だが、苗をつくって植えても栽培できる。ただし、もともと生育の早いカブは、直播でも雑草にめったに負けないので、直播のほうが手間要らずだ。
　乾燥に弱いので、乾きやすい土地は御法度だが、湿害にも強くないので、水はけのよい土地を選ぶ。ダイコンより酸性を嫌うので、酸性土では石灰をまいたほうがよい。
　短期作物なので、肥料は元肥一発（第1図）。ふつう根菜類に生の肥料は又根の原因になるので禁忌だが、カブの場合は地上付近が太るので、生の有機肥料でもよい。ただし、タネバエの心配のある時期はマルチ栽培が必須なのでタネまきが面倒。堆肥だけでつくればいちばんラクだ。
　また、無肥料で管理機が通れる程度の条間ですじまきし、土寄せ後にウネ間に魚粉を振って中耕するという手もある（土寄せ前に施肥すると、土寄せ時に魚粉が根の近くに寄ってタネバエ被害が出ることがある）。

3～5cmに1粒まきで間引きなし

　タネまきは3～5cmに1粒落としていく。この間隔なら間引きの必要がない。ただし、かたちが重要な場合はもう少し離したほうがよい。
　丈が5cm程度になったら土寄せする。条間が広い場合は管理機で、狭い場合は三角ホーで寄せていく。カブは生育が早いので、少々の草には負けない。全体としてカブがまさっていれば収穫に支障はない。あとは売れる大きさになったら間引きながら売るだけ。
　これほど栽培に手間のかからない野菜は少ない。すじまきでなくとも穴あきマルチにまいてもよい。この場合は1穴に2粒ずつ落としていく。本葉2枚くらいで1本立ちにする。
　春作ではキスジノミハムシに葉と根に穴をあけられるが、小さい虫ゆえ対策は困難。ほかにカブラハバチやナガメなどいろいろな虫がつくから、気温が高くなる前に収穫を終えよう。
　秋作でもアオムシ、カブラハバチ、ダイコンサルハムシなどいろいろつく。被害のひどい畑は毎年被害を受けるので、タネをまいたらすぐに防虫ネットで覆い、土寄せまでは密閉する。寒さに向かう作型ゆえ、収穫のころには虫害は少なくなる。春とは逆に早くまきすぎなければ、病虫害はほとんど気にせずつくれる。

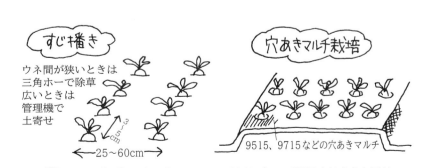

第1図　カブのウネと施肥

大カブ、小カブ、地元品種の持ち味を出す

執筆　桐島正一（高知県四万十町）

よく太るカブを見分けて間引きで残す

大カブから小カブまで5～6種類栽培している。大カブは甘味が強く、丸くて扁平でないもの、小カブは甘味があり葉の緑が大カブより出るようにつくりたい。

地元の品種'十和カブ'は中心部の新葉が紫色か黄色になると甘味が出ておいしいが、肥料が多いとその色が出ない。ピンク色できれい、葉にフカフカの細かい毛が生えるので虫に強くてつくりやすい、真冬になると風味や甘味が増す、寒さに強く1～2月まで畑におきながら出荷できるなど、たくさんの魅力がある。

ただし'十和カブ'は、ちゃんとしたカブになる率がものすごく低く、収穫本数も播種量のわずか5～10％である。だから間引きがたいへんで、太るか太らないかを見分ける目が必要になる。播種して1か月くらいたったときに、株元が少しふくらむもの、葉数が少ないものを残す。

葉が多く出るもの（葉数が多く見える）は、養分を地上部へ送ることを優先するため、葉だけが大きくなり、地下部は太らなくなってしまうので、間引く。この見方は'十和カブ'だけでなく、どの品種にもいえることである。

畑選び、播種と管理——パオパオが必須

大カブは秋2回の播種、小カブは秋に3回くらい、春に1回の播種をしている。'十和カブ'は秋1回だけの播種である（第1図）。

畑は日当たりがよく、水はけのよいところが適している。播種や肥料の入れ方などはダイコンとほぼ同じである。とくに追肥は、葉色が明るくなるのを観察して行なう。

ウネ幅1.6～1.7mに2条まきする。間引きは大カブでは3回する。1回目は播種後20日くらいで1cm間隔に、2回目はその後15日くらいで5～10cm間隔に、3回目はその後15日くらいで15～20cm間隔にする。間引きしたカブは、葉付きでレストランなどに出荷する。

小カブは間引き1回で、播種後20日くらいで1cm間隔にし、あとは大きいものから間引き出荷していく。'十和カブ'は間引き2回で、播種後25日くらいで5～10cm間隔にし、その後20日くらいで30cm間隔に間引く。

カブはダイコンサルハムシなどの害虫が多いので、9～10月初めまでの播種は必ず不織布（パオパオ）をかけ、春まきも4月以降はパオパオをかける。

収穫のタイミングと方法

大カブは、葉の色が全体に黄色味を帯び、下葉が枯れてきたときが収穫適期である。3回目の間引きのころには、それに近づいており、カブは直径10cmくらいになっている。

小カブは、間引きをしたあと10日くらいから収穫している。大きいものから収穫、出荷するので、残した小さいものがだんだんと大きくなって、順々に収穫できる。

'十和カブ'は、寒さに当てて甘味が増してから収穫する。直径30cmになるので、宅配で送るのはむずかしい。レストランで喜ばれている。

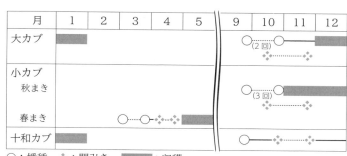

第1図　カブの栽培暦

野菜

農家のニンジン栽培

春作はモミガラ堆肥、秋作は米ヌカのみ

執筆　東山広幸（福島県いわき市）

雑草の多い畑では絶対につくらない

ニンジン畑は水はけが絶対条件で、きれいなものをとるには砂質の軽い土がよい。センチュウ害の出やすい野菜なので、ネコブセンチュウの害の出るところは前年に、ソルゴーやエンバクで抑制効果のある品種を作付けしておくとよい。夏まきニンジンのネグサレセンチュウに対しては春にヘイオーツをまけば対応できる。

なお、ニンジンは初期生育が遅いため、雑草の多い畑には絶対にまかないこと。このためにも緑肥で管理された畑にまくのが望ましい。

春作は彼岸にまいてべたがけ

（1）収穫は遅れるが手間いらず

冬から早春にかけてまき、初夏に収穫する作型（第1図）。野菜の少ない梅雨前に収穫できれば非常にありがたいのだが、冬にまくと生育初期が1年でもっとも季節風の強い時期となり、トンネルをよほど頑丈に張らないと吹き飛ばされる。このため季節風の強い場所ではおすすめできない（うちの圃場がそうだ）。しかも年によっては抽台することもある。

そこで私は、春の彼岸ころにまいて、トンネルはかけず、マルチと不織布のべたがけだけで栽培することにしている（第2図）。収穫はトンネル栽培より半月以上遅くなるが、手間いらずだし、風の心配もなく、抽台もほとんどしない。

（2）元肥は完熟のモミガラ堆肥

コヤシは完熟堆肥に限る。根菜類に生の未熟有機物は御法度だし、タネバエの心配もある。生育期間の前半が寒い時期なので、肥えた土地でも夏の栽培みたいに無肥料ではムリである。

モミガラ堆肥100〜200kg/aを振ってロータリをかけ、9515（幅95cmに5穴、株間15cm）か3715（幅135cmに7穴、株間15cm）のマルチをかける。

（3）ペレット種子を1穴2〜3粒まき

タネはペレット種子がまきやすい。必ず春まき可能な品種を使う（私はタキイの'恋ごころ'）。1穴に2〜3粒まきでたくさん。たくさんまいても間引きがたいへんなだけだ。ネキリムシに食われるときも、たいていはまとめて食われるから、よけいにまいてもあまり意味がない。

まいたら不織布をべたがけして、マルチ押さえと土の両方で押さえる。土だけでは風に弱いし、止め具だけでは風が入って温度が上がらない。

本葉2〜3枚ぐらいになったら間引く。ダイコンと違って、間引きが遅れると隣の株とツイストする（絡まる）ので、1穴2本どりはやめたほうがいい。間引いたあとはべたがけをはがしてもいいし、寒いときはまたかけてもいい。雨が少ないときや暑い年はさっさとはがす。

（4）ネキリムシは捕殺するしかない

病虫害はネキリムシとアブラムシ、キアゲハの幼虫ぐらいだ。ネキリムシは被害が多いよう

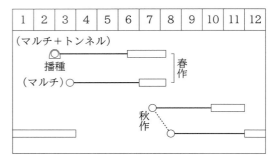

第1図　ニンジンの栽培暦

なら毎朝見回り、被害株の周りをほじくって捕殺するしかない。キアゲハの幼虫の数はたかが知れている。たまに見回って、川にでも流そう。

春作の収穫期は短く、せいぜいお盆くらいまで。梅雨に雨が多いと裂根が多く根の腐敗も増えるので、歩留りは決してよくない。直売ねらいならあまりつくりすぎないのが無難である。

秋作は播種後に遮光ネット

（1）播種ひと月前に米ヌカ散布

盛夏にかけてまき、晩秋から真冬にかけて収穫する主要な作型。質のいいものが長期にわたって収穫可能だが、初期の高温乾燥に泣かされる。本葉2枚ころまで生き残り、雑草対策さえできればほぼ失敗のない作型ともいえる。

肥えている土地なら終生無肥料でも栽培可能だが、やせた畑や砂質土壌では無肥料栽培はムリ。春作のように完熟堆肥でもいいが、暑い時期に堆肥を運ぶのも面倒なので、作付けひと月ほど前に米ヌカを50～100kg/a振って、週一ぐらいでロータリをかけておくと、それだけでほかにコヤシはいらない。

前作にヘイオーツをつくっていたらハンマーナイフで細断後、同量かやや多めの米ヌカとすき込む。ニンジンは酸性に弱いので、酸性土壌では米ヌカと同時にカキガラ石灰もまいておく。爆発的に増殖する微生物にカルシウムが取り込まれて、徐々に効いていいようだ。

（2）遮光率75％のネットでトンネル

播種は私のところでは8月の上旬から下旬。地球高温化で早くまけなくなってきた。基本的に無マルチで、条間20～25cmの2条まきか4条まきとする。タネは3～5cm間隔に1粒落ちるようにまく。最近はタネも高価なので、半数も間引かなくていいようにまく。

播種後、上にモミガラを薄くかけ、トンボの背中で鎮圧して水をかけておく。このあとが重要で、まいた上に遮光ネットのトンネルをかける。遮光率は75％がよい。これだけで灌水の手間を数分の1からゼロにまで減らし、発芽率も上げることができる。遮光ネットは本葉2枚

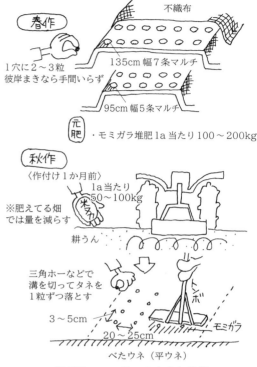

第2図　ニンジンのウネと施肥

くらいになったら曇りの日にはがす。

（3）発芽が揃ったら条間の草を削る

発芽が揃ったら、天気の続くときに条間の草を削り、本葉2枚になったら、条間に三角ホーを通して土寄せをする。これで草引きの手間はほとんどなくなる。

本葉2枚ぐらいの株まではツイストを起こす心配はないので、間引きは少々大きくなって葉ニンジンで食えるぐらいになってからでもいい。天ぷらや炒め物に使えるから、私は宅配に入れている。少し大きくなりすぎたらベビーキャロットとして売ることもできる。このとき株間は7～8cmとやや狭めに残しておき、大きくなったものから売っていけば、収量も上がる。

冬は首が凍みるので、通路の土をネギの土寄せローターで頭からかける。そのため遅く売るぶんには、土をかけやすい2条まきのほうが便利だ。ただ、雪も降らず冬場の気温が著しく下がるところでは、土に埋けたほうが安心できる。

野菜

鶏糞栽培とF₁品種の自家採種

執筆 桐島正一（高知県四万十町）

品種は'金時人参'（第1図）と'ベーターリッチ'（サカタ）をつくっている。'金時人参'は濃い赤で、甘味と独特の香りが強い。肥料が遅くまで効くとエグ味や苦味が出やすいが、うまくできれば香りがあっておいしい。年末出荷に向けてつくる。

'ベーターリッチ'はどちらかというと機能性野菜の部類で、香りや色合いなどが穏やかで、西洋ニンジンのきれいな形をして、肌がなめらかである。栄養分が多く、甘味も強い品種である。

播種を分けて長く売り続ける

(1) 春は3回、秋は2回に分けてまく

私は、宅配で年中送れるように、春と秋の2作つくり、それぞれ何回かに分けて播種し、収穫をずらして長期出荷につないでいる（第2図）。

春まきは2月初めから4月中旬で、2月初め、3月下旬、4月中旬の3回に分けてまいている。2月に多くまき、3月、4月は、2月の発芽状態や生育状態に合わせてまく量を決める。

秋まきは8月下旬～9月下旬で、8月下旬は量を少なく、9月下旬に多くまいている。8月は温度が高く、発芽不良が多くなるからである。また、高温期に育つと茎（葉柄）が長くなる。私は、葉をつけたまま出荷するから、箱や袋詰めができなくなると困る。高温期の生育では根がややいびつになったりもする。

(2) 秋まきを多く、葉ニンジンも出す

秋まき、春まきでは秋のほうがタネを多くまく。春は温度が高くなっていくので、多くまくと間引きが間に合わず、短いニンジンになってしまう。秋まきは温度が下がっていく時期であるが、8月下旬まきの早いものだと9月中に間

第1図 正月用に出荷する甘味と香りが強い金時ニンジン（写真撮影：木村信夫、以下も）

引き収穫が始まる。まだ葉菜類が少ない時期のせいか、葉ニンジンの需要も多い。間引き遅れも少なくなり、きれいなニンジンがとれる。

また、11月まきも試している。3月下旬～4月中旬の国産ニンジンの少ない時期に出荷できるのでおもしろい作型である。ただ、1月下旬の寒さで葉が枯れることもあり、また、とう立ちが早いのでまく量は少なくしている。

(3) 畑選び、播種と間引き

畑は水はけ、日当たりのよいところを選ぶ。とくに、春まきの遅い播種期には、水はけに注意してまいている。

どの作型の場合も、ウネ幅は1.6～1.7mで2条まき。株間は3回くらい間引きをし、最終的に10cm間隔にする。また、春まきは後半に梅雨があるので少し高ウネにする。

味と風味をよくする有機施肥

(1) 発芽後に根を伸ばす発芽直前施肥

肥料は、まず元肥としてウネ立て前に鶏糞（1袋15kg）を10a当たり25～30袋入れ、作土に混ぜ込む。これは一作全体に入れる量の半分くらいである。

1回目の追肥は播種して1～2週間たったころ（発芽直前）。発芽直後の根を伸ばすための肥料として、播種した場所の近くに鶏糞をほんの少しまく（10aに5袋くらい）。ニンジンは発芽が遅いため、播種したあとに少し時間をおいてから入れている。

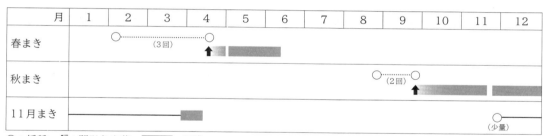

第2図　ニンジンの栽培暦

（2）根長が揃って肥大する時期に追肥

残りの鶏糞20〜25袋は様子をみながら入れるが、だいたい播種後40〜50日目になる。ちょうど本葉3枚くらいで、根の長さが揃う時期である。ニンジンはこのあと肥大していくので、スムーズに太らせるための肥料として施す。ただし、50日目以降は入れないようにする。肥大期に肥料が効きすぎると割れが出やすくなる。

（3）新葉がつねに若竹色になるように

生育前半（播種後50日目くらいまで）は、葉の緑が薄くて肥料の入れ加減がつかみづらいので、株まわりの草の色などを目安に追肥している。ホトケノザやハコベの下葉が黄色になり、節間が短く、葉が小さくなってきたら追肥のサインである。ニンジンの生育が順調であれば追肥をしないときもある。

生育後半は葉の緑がだんだん濃くなってくるが、収穫直前まで新葉の色が若竹色になるようなイメージで栽培している。そうすると味も風味もよくなる。

発芽が揃うまで灌水はこまめに

水やりで気をつけているのは、播種して発芽が揃うまでの間である。天気が続けば、春まきなら2〜3回くらい、秋まきなら5〜6回くらいやる（暑い時期で乾燥しやすいので）。

その後も天気が続けば、1週間に一度くらいは水をやるとよい。播種後50日目以降に多くやると腐れや割れの原因になるので、注意する。

除草は雑草共生の効果も考えて

（1）草との同居でネキリムシを回避

ニンジンは発芽が遅いため、草は早めにとり除く。播種後2週間くらい（発芽したころ）に1回目の草引きをするのがベストだが、手がまわらないこともある。しかし、ある年の春まきニンジンで、草引きが遅れてしまったおかげでネキリムシがみられなかった（第3図）。草を引いたところはかなりやられたのに、雑草と同居したニンジンは少し小さくなったものの、ちゃんととれた。こうした経験をふまえて、草引きのしかたも少し変えていく必要があると思っている。

（2）草引きのコツは地ぎわを削るように

草引きのコツは土を深くおこさないこと。これは2回目の草引きをラクにするためである。土を下から掘りおこすと、土中の草のタネが上に出てきて、また発芽してしまう。だから、地ぎわで土の表面を削るようにして、草の葉と根を切断するようにする。こうすると引いた草の二度つきも抑えられる。草引きには手ぐわや「けずっ太郎」（ドウカン）を使っている。

収穫は間引きニンジンの葉から開始

私は生育ステージごとに間引きをしながら出荷していく。1）はじめはニンジン葉（根長2〜3cmで葉は15cmくらい）。2）次に葉付きの小さなニンジン（根長4〜5cm）。3）次に葉付きの大きなニンジン（根長15cmくらい）。4）そしてニンジン（根長15cm以上）。

野菜

第3図　草引きが間に合わなかったところではネキリムシがみられなかった
（写真撮影：赤松富仁）

第4図　7月、ニンジンの株を残して採種

ニンジン葉は播種後約1か月から出荷となる。秋は間引きニンジンをたくさん出荷するので、早め早めに間引きするように気をつけている。春も間引きニンジンを出荷するが、秋ほどには売れないので薄まきにしている。ニンジンの葉は、かき揚げにするととてもおいしいが、みじん切りにしてスープなどに入れてもおいしい。

ニンジンは自家採種がおもしろい

（1）F₁品種でも2年採れば安定する

私は、10年くらいニンジンは自家採種している（第4、5図）。品種は'ベーターリッチ'。タネ採りを始めた1年目は発芽しなかったり、生育がばらついたりしてたいへんだった。しかし、生育のよかった株のタネを次のタネ採り用にまわして、2年目から本格的に取り組み、だんだんによいタネが採れるようになった。ニンジンは比較的タネが採りやすく、F₁の品種であっても2年くらい自家採種すれば安定して採れる。

（2）1年置くと発芽率が極端に落ちる

「ニンジンには宿を貸すな」という昔からの

第5図　ニンジン（4月上旬の姿）
あと1か月もすれば、花は写真の手の輪くらい大きくなる。F₁の'ベーターリッチ'から選抜したニンジン。1年目に採ったタネはほとんど芽が出ず、生育もバラバラだった。しかし、わずかに育った中から採った2年目のタネは発芽率が抜群に。とう立ちが遅い株からタネを採れば、とう立ちしにくい品種になるので、ほぼ年中切らさずにつくれる

ことわざがある。ニンジンはタネを採ったらすぐにまけという意味で、昔の人はそうしていたようだ。確かにタネ採りしてすぐにまくとキレイに発芽するが、長く置くと発芽が悪くなってくる。冷蔵庫に入れれば1〜2年はもつが、なるべく早く使ったほうがよい。長く使いたい場合は冷凍保存する。

脱ポリマルチ
管理機鎮圧で夏まきニンジンがズラリ発芽

執筆　魚住道郎（茨城県石岡市）

夏まきを成功させる3つのポイント

春作は'アロマレッド'（トーホク）、秋冬作は'陽明五寸'' 陽州五寸'（ともにタキイ）を栽培する。春作は2月下旬～3月にタネをまき、初期はトンネル、不織布をかけて保温し、6～8月に収穫する。

秋冬作は7～8月の異常高温が続き、年々むずかしくなっている。7月下旬～8月中旬にかけて2～3回に分けてタネをまくが、高温乾燥で発芽しないこともある。ニンジンは高温乾燥にきわめて弱く、発芽には適度な土壌水分が欠かせない。夏まきをいかに成功させるか、毎年、緊張するほどだ。

雑草にも負けやすい。雑草対策のために太陽熱処理する人も増えたが、私はポリマルチをなるべく使いたくないので、別の方法を考えた。太陽熱処理を行なうと土が乾く現象が起きるが、以下の方法であれば、それもない。ポイントは大きく3つある。

（1）土壌水分が逃げないうちに播種

関東地方の播種適期は7月下旬～8月中旬。まず、梅雨が明けるか明けないかという時期にまくこと。つまり、土壌中に十分な水分が残っているうちに播種することである。

梅雨が明けて晴天が続くと気温は一気に上昇し、土壌水分は急激に失われてしまう。また、梅雨が明ける前にまいて、その後に大雨に当たってしまうと、ニンジンのタネが土中に沈んだり、土壌表面が硬くなって発芽しにくくなる。

タイミングは天気予報と相談しながら判断する。播種後に適度の夕立などあれば最高である。

（2）管理機の重みでしっかり鎮圧

第二に、播種後にしっかり鎮圧すること。ニンジン播種後に鎮圧する農家は多いが、夏まきの場合はローラー鎮圧ぐらいじゃ足りない。

私は、2条のすじまき後、管理機で踏みつける。1本当たり重さ40～50kgほどにもなるタイヤで、播種した跡を踏んでいく（第1図）。

第1図　管理機で播種跡を踏んで歩く。ハンドルを高く上げて、タイヤに重圧をかける　　（写真撮影：すべて依田賢吾）

野菜

第2図 管理機のタイヤ幅、通路幅に合わせてつくった作条器を引っ張る息子の昌孝。線上に播種機（ごんべえ）を押してタネ（生種）をまく

第3図 播種機にも鎮圧ローラーは付いているが、夏まきの場合、それくらいの鎮圧では足りない

第4図 鎮圧仕様のタイヤ。表面の凸凹を削って、接地面を増やすため空気圧を下げてある

第5図 播種20日後、管理機で鎮圧した列は、毛細管現象で水が上がるのか、うっすら湿っている。発芽もズラリ揃った。隣の列は乾いたまま。発芽もまだ

これぐらいでなければダメなのだ。

　管理機のタイヤには普通、スリップ防止の凹凸が付いていて、そのままでは鎮圧するのに具合が悪い。そこで、その凹凸を包丁で削って、のっぺらぼうの鎮圧用タイヤをこしらえている。

　さらに、タイヤの空気を抜いて、接地面を広げることで、鎮圧ムラも減らせる。

　地下足袋で踏んで歩いてもよいのだが、均一に鎮圧するのはとてもむずかしい。

　土壌水分が十分あるうちに播種し、その後しっかり鎮圧することで、耕盤層から作土層まで水分が上がるようになり（毛細管現象）、発芽がしっかり揃う。

　もちろん、土壌水分量によっては、足で鎮圧してすませたり、なにもしない場合もある。

（3）危険分散のために2〜3回播種

　以上の方法で発芽揃いは格段によくなるが、それでもニンジンは2〜3回に分けてまく。

　関東なら7月下旬に1回目。8月上旬に2回目。3回目は8月中旬（土が乾きにくい夕方に播種するなど、土壌水分に注意）にまく。

　早まきしすぎると、ニンジンがひょろ長くなり、首は太く、肩が焼けるなど品質が悪くなる。また、3回目は遅くとも8月15〜20日まで。それ以降になると、冬が早い年は生育がにぶり、ニンジンの発色が悪くなる。

発芽が揃えば除草も簡単

　発芽すれば、あとは株間が10cm前後になるように間引く。発芽さえ揃えば、条間の中耕除草も速やかに行なえ、除草剤やポリマルチに頼らず秋冬ニンジンがつくれるようになる。なお、除草には自作の農具を使っている（「有機農業による小規模有畜複合経営」の項参照）。

　10月中旬から細ニンジンを収穫し始め、翌年3月初めまでに掘り上げ、その後は0〜1℃の温度で冷蔵貯蔵する。6月ごろまでの貯蔵が十分に可能だ。

2024年記

第6図　無事に収穫できたニンジン

野菜

緑肥＆品種選びで肥大よし、給食規格の有機ニンジン

執筆　牛久保二三男（長野県松川町）

もっと大きなニンジンをとりたい

定年後、化学肥料や農薬に頼らない野菜づくりを行ない、学校給食用と直売所へ出荷しています（第1図）。定年前から自家用に野菜をつくっていましたが、そのころは化学肥料も農薬も使っていました。17年前、たまたま知人に無農薬・無化学肥料のニンジンを育ててほしいと頼まれたのを機に、栽培方法を変えていきました。

2020年、松川町で遊休農地解消のために野菜やお米を有機栽培して学校給食に提供しようとの話がありました。そこで、賛同するメンバー5人で「ゆうき給食とどけ隊」を結成（共通技術編「有休農地活用から生まれた『ゆうき給食とどけ隊』」の項参照）。私はニンジン担当になりました。

給食向けに有機野菜を提供するための課題は、栽培を安定させて一定量を出すことと、皮むきなど加工しやすい大きさにすることです。当時は家で使いやすいサイズのニンジンを直売所出荷していたので、給食用には小さすぎました。

松川町が自然農法国際研究開発センターから講師を招いて、有機栽培を基礎から学び、私はそこで提案された「緑肥」に目覚めて、おかげで太いニンジンがつくれるようになりました。

緑肥のエンバクはタネごと浅く耕す

ニンジンは8月に播種して11～4月に収穫します。3～4月に10a当たり4～5kgのエンバクを播種してチッソ成分で5kgほどの有機肥料（発酵鶏糞など）を散布し、5～7cmの深さで浅く耕します。タネが土と混ざったほうがよく発芽し、鳥害にも遭いません。2～3か月経ってエンバクの穂が出るころ、ハンマーナイフモアで粉砕。微生物のえさとして播種時と同量の肥料をまき、5～10cmの深さですき込みます。10日間隔で徐々に深くしながら3回耕せば、エンバクは十分分解します。

その後、緑肥をさらに土化させ抑草のために太陽熱処理をします。降雨後2日目くらいの湿り気のあるときに透明マルチを敷き、真夏の高温でサウナ状態をつくり3週間以上維持します（第2図）。

大きくなる品種を使う

8月はじめ、ニンジンをまく3～7日前に透明マルチを剥がし、ウネの地温を下げます。ニンジンの発芽には十分な水分が必要なので、天気予報とにらめっこし、雨が降る前日から前々日に播種します。晴天続きなら灌水します。

給食用では大きく調理しやすいサイズが好まれるため、品種は大型系の'紅奏'（ナント種苗）を使っています。コート種子は高いので、裸種子を少し厚め（株間約4cm）にまきます。間引いたほうが太さの揃ったニンジンを収穫できるのは重々承知ですが、私はあえて行ないません。ニンジンは混んでいるほうが競って生長するので生育もよくなります。

以前は生育初期だけ除草剤を使っていました。でも今は太陽熱処理のおかげで、発芽して草丈20～30cmになるまでは雑草が出ず、それ以後はニンジンの葉がこんもり生い茂るの

第1図　筆者と3月にまいたエンバク。7月にすき込む　　（写真撮影：尾崎たまき）

で、通路を管理機などで1回耕うんしておけば雑草も心配いりません。除草が大変ラクになりました。

株元に覆土して凍害対策

これは寒い地域ならではだと思いますが、ニンジンの肩の緑化防止と凍傷防止の対策が必要です。冬はマイナス6～10℃になり、肩が出たままだとニンジンが凍みて、葉の根元部分が割れて傷んでしまいます。北信地域では雪が積もるので、雪が凍み対策になりますが、松川町は雪が降っても少し積もる程度。周りは果樹農家ばかりで、冬越しの仕方がわかりませんでした。

17年間栽培するなかで独自にあみ出したのが、12月中旬にウネ間に溝掘り機を入れて、株元に10cmくらい覆土するやり方です。この程度覆土すれば土の下は低温になりすぎず、ニンジンが凍みません。また、以前は土が凍って引き抜けないこともありましたが、覆土すると真冬でも午後になれば凍った土が溶けて収穫できます。寒さで糖度10～12度のニンジンができるので、学校でも直売所でも好評です。

間引かずとも3～4割は給食規格に

松川町では給食用規格として葉の付け根の太さが3cm以上でまっすぐなニンジンが求められます。間引かなくても収穫したニンジンの約3～4割が給食用になり、それ以下の太さや曲がってしまったものはサイズを分けて7か所の直売所へ出荷しています。

あえて間引かない理由としては、作業する手間がないのと、サイズが小さくとも多少曲がっていようとも（消費者の方には申しわけありませんが）直売所でほとんど完売してしまうからです。小さいニンジンが欲しいとの要望もあります。また、妻が栽培するダイコンと一緒に紅白の切り干しをつくっています。売り物にならないようなニンジンやダイコンも無駄なく商品化でき、経営にも寄与しています。

第2図 エンバクをすき込み、乗用マルチャーでウネに透明マルチを張り、太陽熱処理をする。マルチ内は60℃以上になる

給食用サイズの収量が増えてきた

給食用野菜を安定してつくるために緑肥と太陽熱処理を始めて以来、堆肥を大量に入れなくても、土は年を重ねるごとにフワフワになり、団粒ができてきました。ニンジンの根は素直に伸び、穏やかにチッソを吸収するので葉の色は淡い薄緑になり講師からも「健全な色」といわれています。また緑肥を棲みかにしてカエルやクモなども増えました。害虫を食べてくれるのか病害虫も少なくなってきていると思います。

ニンジンの収量は直売所や直接販売、加工などはっきり把握できないところもありますが、約30aで4～5tくらいかと思います。2020年度は224kgだった給食用有機ニンジンの提供量が2021年度は1,270kg、2022年度は1,686kgと順調に増えています。

2022年には小学校1年生90人を収穫体験に招いて、1本ずつ持ち帰ってもらいました。自宅でお母さんとニンジンを料理して、メニューや食べた感想、有機給食についての感想などを後日いただきました。大変好評でした。

先生や調理員さんたちと、全国に自慢できる、おいしく栄養いっぱいな旬の有機野菜を生かした給食づくりを目指したいと思います。

（『現代農業』2024年1月号「ニンジン 緑肥＆品種選びで肥大よし、給食規格が1.6t出せた」より）

野菜

秋冬ニンジンのセンチュウと雑草は夏期湛水で抑える

執筆　森　清文
(鹿児島県農業開発総合センター大隅支場)

古くて新しい「湛水防除」

休閑期の畑に人為的に長期間水を溜めて有害センチュウを防除する。この「湛水防除」は、古くから行なわれてきた病害虫対策技術です。また、土壌に固定された難溶性リン酸が、湛水条件下で有効態になるとの報告もあります。

私たちは、大規模な畑地灌漑が可能な鹿児島県大隅半島の笠野原台地の黒ボク土畑で、夏期湛水を実施。その処理後のニンジン栽培での収量性およびリン酸減肥の可能性について、また雑草抑制や有害センチュウの防除について検討したので結果をご紹介します。

湛水期間は7～8月の1か月

比較的湛水処理が容易な10～20a規模での方法について述べます。あぜ波などで間仕切りをすれば、圃場を再造成せずに湛水が可能です。

湛水期間は7～8月の約1か月間で、湛水処理に要する時間は約6時間/10a、湛水処理時の代かき用水量は約180m³/10aになります。日減水深は、湛水開始直後は6cmと大きいですが、徐々に安定し、期間中の平均は3cm以下と安定します。なお、湛水期間を通じて必要な総水量は約1,200m³/10aになります。

また、水量の調整をする「フロート式止水弁」や、台風など大雨時に水を逃がしあぜの崩壊を防止する「オーバーフロー用ドレンパイプ」の設置が必要です。

30日間の夏期湛水期間が過ぎたら止水弁を閉じて水を止め、自然落水させます。天候にもよりますが、おおむね3～5日で落水を完了します。落水後も圃場がぬかるんでいるため、さらに5～7日間の乾燥が必要で、圃場が乾燥したら耕うんし、次作の秋冬作の栽培に備えます。

リン酸の少ない畑で収量増、品質も向上

湛水実施の有無とリン酸減肥の有無がニンジンの生育収量に及ぼす影響を2か年にわたり調査しました。その結果、ニンジンの初期生育は、夏期湛水を行なった場合に旺盛になりました。

また、リン酸肥沃度が小さい圃場では夏期湛水により収量が増加、リン酸を3割減肥しても標準施肥と同等の収量が得られました（第1図）。

リン酸肥沃度が中程度の圃場では、前述ほどの顕著な生育改善効果はみられませんでしたが、慣行栽培（無湛水標準施肥区）と同等の安定した収量が得られました。また、夏期湛水した圃場では、収穫したニンジンの皮色が鮮やかとなり、外観品質の向上も認められました。

抑草効果は絶大

夏期が休閑期間となる作付け体系（秋作物の栽培体系）では、圃場の雑草管理が課題です。とくにヒユ科の帰化雑草であるハリビユは、九州で大発生し問題となっています（第2図）。草姿は直立し、草丈は40～80cm、最大2mにもなります。葉腋および花軸に細く鋭いトゲをもち、一株の種子数は数百万から数千万程度と繁殖力が旺盛です。九州では4月ごろ発芽し約3か月で結実します。トゲがあるため人も近

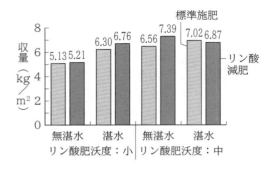

第1図　ニンジン収量の比較
リン酸肥沃度が小さい圃場のほうが湛水による効果が顕著（2011年度）

第2図　難防除畑雑草のハリビユ

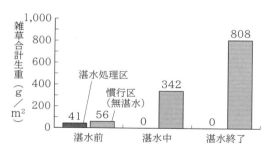
第3図　雑草発生状況の比較
湛水した圃場には雑草の発生が一切ない

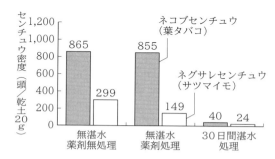
第4図　有害センチュウ密度の比較
ニンジンの後作で葉タバコとサツマイモを作付けした際のセンチュウ密度。湛水圃場では2作目までセンチュウ抑制効果が持続している

づきにくく、生育初期の刈取りや抜き取り、もしくは非選択性除草剤の散布しか防除法はありませんでした。

しかし、落水後の雑草調査では30日間の夏期湛水でハリビユの抑草効果が確認されただけでなく、オヒシバ、メヒシバ、そのほか雑草も含めたすべてに抑草効果がみられました（第3図）。

さらに、翌年作付け時の圃場の状況についても、前年無湛水区は雑草再生による被覆度が100％だったのに対し、夏期湛水区は10％で、抑草効果は長期間持続することがわかりました。

センチュウ抑制効果も絶大

ネコブセンチュウやネグサレセンチュウなどの防除にも、圃場湛水処理の効果が高いことが古くから知られています。第4図はニンジン栽培後に作付けた葉タバコとサツマイモ圃場における有害センチュウの密度の差を示しています。

無湛水区では作物作付け後のセンチュウ密度の回復が、薬剤処理の有無にかかわらず著しいのに対し、湛水処理区では密度回復の程度が低いことがあきらかです。葉タバコおよびサツマイモにおけるセンチュウ被害の程度は湛水処理区で小さく、高い防除効果が長期間にわたり続くことがわかりました。

湛水期間中、とくに湛水終了から完全落水までの間の土壌水分と地温上昇が、センチュウ密度抑制や難防除畑雑草の長期抑制効果の大きな要因と考えられます。

夏期湛水は数年に1回

夏期湛水後の秋冬ニンジン栽培では、土が締まり土壌の保水力が高まるため発芽が良好で初期生育が旺盛になり、リン酸肥料を3割減らしても慣行施肥並みの収量が得られました。夏期湛水は複数の効用をもつ農業技術といえます。

留意点として、畑地灌漑水の利用には水利権を設定する必要があり、地元土地改良区の使用基準を遵守することが求められます。

土壌条件については、黒ボク土壌では比較的容易に湛水が可能ですが、漏水しやすい土壌では、湛水すること自体がむずかしく夏期湛水処理の十分な効果が得られないことも考えられます。

また、夏期湛水を毎年した場合、作土の浅層化や排水不良を招くおそれがあることから、数年に1回程度とすることが重要です。

（『現代農業』2017年7月号「秋冬ニンジン栽培における夏期湛水の効果」より）

野菜

農家のジャガイモ栽培

「個数型」と「個重型」に分けてつくりこなす

執筆　東山広幸（福島県いわき市）

ジャガイモは誰でもつくれる入門者向けの野菜だ。生育期間は短いし、雑草害にも強くて有機栽培でも収穫は容易だ（第1図）。

ただ、販売用につくるとなるとちょうどよい大きさに揃えなくてはならず、形のよいM〜L級を中心にとろうとすると意外とむずかしい。また、貯蔵中の腐敗も問題となる。品種の選び方とそれに合わせた栽培のコツがある。

品種は「個数型」と「個重型」

日本人の多くは粉質のジャガイモが好みである。これは世界的に見れば少数派らしく、聞いた話によると、粉質のジャガイモを好むのは日本以外ではアイルランドくらいしかないとか。飢餓民族の特性なのかもしれない。

料理用には昔から'メークイン'という粘質の品種もメジャーだが、販売してみるとやはり煮崩れしやすい粉質の'キタアカリ'が圧倒的に人気なのだ。

この'キタアカリ'、栽培当初にほかのイモと同じようにつくったところ、小さなクズイモばかりが大量にとれた。ほかの品種よりも芽の数が立ちやすく、茎1本当たりのイモ数も多いのが原因だった。

これが'ワセシロ'や'シンシア''きたかむい'などの品種だと、'キタアカリ'と同数の芽がつくように切って植えても、茎立ちが少なく、イモの数も'キタアカリ'の数分の1しかない（第2図）。そしてふつうにつくると巨大イモが少数だけとれるといった結果になる。

同じジャガイモでも性質がずいぶん違うので、私は'キタアカリ'などを「個数型」の品種、'ワセシロ'や'きたかむい'などを「個重型」と区別して、栽培方法を微妙に変えている。

種イモの選び方と「浴光催芽」

植付け時期にもよるが、種イモの購入は厳冬期を過ぎてからのほうがいい。厳冬期の前に種イモを購入すると、保管中に凍みて発芽能力がなくなる場合がある。「個数型」の品種はなるべく大きなL級以上の大イモを買い、「個重型」はMやS級の小さな種イモを選ぶ（後述）。

種イモは植付け2週間ほど前から「浴光催芽」を行なう。言葉はむずかしいが、丈夫な太い芽を出させるために種イモに光を当てる方法で、同時に発芽能力の有無も確認できる。

種イモは頂芽部、つまり芽が集まっている部分を上にして、イネの苗箱に隙間なく並べる。これを日の当たるところ（パイプハウスの中など）に並べる。ネズミ害が心配なところでは、サンサンネットなどでくるんでおけば守れる。

私の地域では植付けは春の彼岸ころだが、ハウスの中でもまだ氷点下になるので、寒い夜は上に保温シートなどをかけて凍結を防ぐ。

施肥から定植まで

（1）「個数型」と「個重型」の切り分け方

ジャガイモを植え付ける畑は水はけのよいことが必須条件である。肥えすぎの畑はできれば

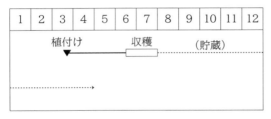

第1図　ジャガイモの栽培暦

避けたほうがよい。二次生長して形の悪いイモが出やすく、味も落ちやすい。コヤシは即効性肥料である魚粉を、肥え具合に応じて50〜150kg/10a振ってすき込んでおく。

イモは乾くと発芽勢が落ちるので、必ず植付けの直前に切ること。

さて、ここからが「個数型」と「個重型」の違いである。個数型はイモの芽が2個ぐらいあればたくさん。芽さえあれば何個に切ってもよいが、ある程度、貯蔵養分があったほうが発芽勢は確保できるので、大きな種イモが必要なわけだ（第3図）。ちなみに'キタアカリ'などは、芽を2つに揃えたつもりでも3〜4本の芽が出てきたりする。

逆に個重型は芽が多くてもいいから、頂芽部からストロン（ジャガイモのへそ）にかけて2つ割にする。芽はたくさんあるはずなのに、地上にはどういうわけか1〜3本しか出てこないから不思議だ。2つにしか切らないので、大きなイモを買っていたらなんぼも植えられない。だから小さなイモを選ぶ。

(2) 「個数型」は疎植、「個重型」は密植

栽植密度も異なる。'キタアカリ'のような

第2図 ワセシロなどは小さい種イモ（上）を選んで2つ切り、キタアカリなどは大きな種イモ（下）を選んで多数に切ると、少ない種イモで揃ったイモがとれる

個数型品種は疎植にする。私の場合、ウネ間105cm、株間40cm。個重型の品種はイモが大きくなりやすいので、ウネ間は同じだが、株間は20〜25cmの密植とする（第4図）。

どちらの場合もべたウネに種イモを並べて、

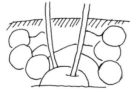
ワセシロ、シンシア、
きたかむい、とうやなど

芽立ちが少なく大きなイモに
なりやすい個重型

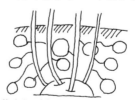
キタアカリやベニアカリなど

芽立ちが多くて小さなイモに
なりやすい個数型

小さな種イモを2つ切りにする

密植で
イモ数を確保

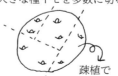
大きな種イモを多数に切る

疎植で
小イモにさせない

＊十勝こがね、メークイン、男爵は中間タイプ

第3図 ジャガイモの種イモの切り方

その上にモミガラ堆肥をかけてから、両側より土をさくり上げて高ウネにする。

植付け後、雨が降ってからマルチをかける。マルチはウネ間よりも広い135cm幅。新品の必要はなく、私はサツマイモに使ったマルチや、前年のジャガイモに使ったマルチを再利用することが多い。なお、傷みの激しいマルチは、初期生育が速い、すなわち雑草害に強い品種に使っている。

途中から全面マルチで雑草対策

発芽が始まったら、マルチの下から盛り上がってくる。3日に一度くらい見回り、その部分に指で穴を開け、芽を出してやる。芽が出揃うまで何度か見回らないといけないので、ジャガイモ栽培ではこれが一番面倒な作業かもしれない。

芽の数で調整して種イモを切り分けているので、芽かき作業は不要だ。

ある程度大きくなって、マルチが風で飛ばされる心配がなくなったら、マルチの裾を剥がして「全面マルチ」とする。隣の裾と裾を重ね合わせて、マルチ押さえで留め、草を覆い隠す。これで雑草対策もすべて完了。雑草の根でマルチの裾が傷まないので、翌年も再利用できる（第5〜8図）。

収穫と貯蔵

(1) 地上部が枯れたら収穫

地上部が枯れ始めたら収穫ができる。完全に枯れるまで置いたほうが収量、味ともに優れるが、私のところでは梅雨明け前後に重なるので、さっさとマルチを剥がさないとイモがゆで上がってしまう。

地上部が枯れたら、すぐに掘り取れないときでもマルチを剥がし、表面に出ているイモだけはさっさと拾う。日に当たると緑化して、商品価値がまったくなくなるからだ。

雨が降ったあとは土が流れ、また新たなジャ

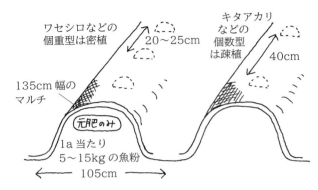

第4図　ジャガイモのウネと施肥

ガイモが顔を出す。雨のたびにイモ拾いをしなくてはならないから、さっさとすべて掘ってしまったほうがラクである。

収穫はなるべく涼しい日に行なう。これはイモの温度を上げないためで、できれば曇りの日がベスト。専用の掘取り機でもあれば世話ないが、私はもっていないので、耕うん機に「松山すき」（ニプロ）をつけて掘り起こしている。すべてのイモが表に出てくるわけではないが、再び埋まったイモも手や足だけで簡単に掘り起こすことができる。

収穫したイモは乾かす必要がないので、さっさとコンテナに入れて運び、日の当たらない涼しいところにとりあえず数日置いておく。暑いと傷を修復できずに腐るイモが増える。腐るイモはこの数日の間にほとんど腐るから、それから本貯蔵すればいい。

(2) 貯蔵に適した品種もある

温度、湿度の管理された蔵ならコンテナ貯蔵で十分かもしれないが、そうでないところでは段ボール貯蔵が、品質がもっとも落ちない。

リンゴを一緒に入れておくと発芽抑制されるとかいわれているが、私は試してみたことがない。遅い時期まで売ろうとしたら、休眠の長い品種を使うのがなにより一番だろう。

休眠の長い代表品種は'ベニアカリ'や'十勝こがね''男爵'だが、'十勝こがね'は貯蔵中に皮が汚くなりやすいし、'男爵'は水っぽくなって味の劣化が激しい。

品目別技術　ジャガイモ

ジャガイモの全面マルチ栽培

第5図　定植後、40日もたてばウネ間の雑草も青々
放っておけば、根が張ってマルチに穴をどんどんあける

第6図　マルチの裾に手を突っ込んで剥がしていく
大変そうに見えるが、「雑草の根が引っかからないので、収穫の時に剥がすのとは雲泥の差」

第7図　両隣のマルチの裾を重ね、ピンで固定して、全面マルチのできあがり
ちなみに、定植時から全面マルチ化しようとすると、風で飛ばされてしまう。裾を剥がすのは、ジャガイモが十分に育ったこのタイミング。まさに、「今でしょ」

第8図　マルチは持ち上げるだけで簡単に剥がれる
これなら、来年もまた使える

　私は貯蔵用に、肉色は真っ白だが食感が'キタアカリ'に似ている'ベニアカリ'をつくっている。この品種は自家採種が可能なのもありがたい。品種に関しては、次から次へと新しい品種が出てくるから、いろいろ試してお気に入りの品種を探すといい。

743

野菜

回数多く植えて、おいしいタイミングで収穫

執筆　桐島正一（高知県四万十町）

　私は春植えと秋植えの年2回つくっている（第1図）。春植えは数が多くとれて、ホクホクしたイモになる。秋植えは数が少なく、一つひとつは大きくなる。収穫時期が寒くなり、早めに葉が枯れてしまうからか、しっとりしたイモになる。できれば、秋植えもホクホクにしたいと思い、少しずつ早めに植えている。
　品種は'キタアカリ'と'アンデスレッド'。'キタアカリ'は春植え専用で、アンデスは春も秋もつくることができる。

春植え、秋植えの作付け時期

　春は2月中旬ごろから植えるが、年によっては遅霜にあって芽が枯れてしまい、小さいイモしかとれないことがある。そこで、寒さから守るために二つの対策をしている。一つは、植える時期をずらして2月中旬から4月初めごろまでの間に4回植えること。1回目は寒さで枯れてまったくとれないこともあり、また2回以上霜にあたると収量はガクンと落ちる。そこで、必要とする面積の1.3～1.5倍植えている。雨の多い年は4回も植えると、耕うんなどの作業が間に合わなくなる。そこで、前もって耕しておいて、雑草を引きながら植えるようにしている。
　もう一つは、パオパオ（不織布）をかけて寒さから守ること。直接かぶせるよりも、浮かせるほうが防寒効果があるので、ボードか竹を使ってトンネルにしている。
　秋植えは、9月初めごろにしている。もう少し早いほうがいいが、ちょうど忙しい時期でもあるし、畑の乾燥が強いこともあって、9月初めにしている。

畑選びと植付け

　あいた畑に植えるが、秋植えはとくに水はけ、日当たりのよい畑を選ぶ。
　連作はせず、ジャガイモのあとには、同じナス科（ナス、ピーマン、シシトウなど）は植えない。後作にはネギ、ニラ、クウシンサイ、カボチャなどを植えている。
　春植えの植付けは、ウネ幅1.8～2mに2条植えで、株間30cmくらいにする。ウネは20cmくらいと高めにし、雑草をとるとき下にけずり落とす場所を確保している。
　植え方は第2図のように、土を掘って山谷をつくり、谷間へ植えると寒い風から守ることができる。種イモは80～100gのものを出荷せずに残しておき、切らずに植える。
　植える向きは、芽がウネの通路側へ伸びるようにする。これは、土寄せで条間に管理機を入れる際の、スペースを確保するためである。
　秋植えも春とだいたい同じ植え方であるが、株が小さく、枝数も2～3本と少なく育つので、株間を25cm程度と近めにしている。また、種イモに春とったものを使うと、発芽が遅いので、前年秋にとったものを植えるとよい。秋のイモはもう芽が3cmくらい伸びているが、3個以上出ているイモは2個にかいて植えると、あとの芽かきが少なくてすむ。

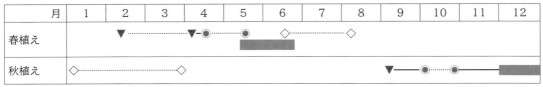

第1図　ジャガイモの栽培暦

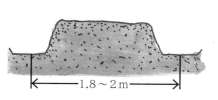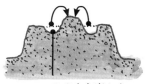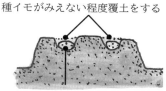

第2図 種イモの植え方

有機施肥のしかた——元肥中心で

 肥料は、鶏糞500～600kg/10aを元肥として、植付けの4～5日前に入れて耕うんしておく。追肥はあまりしないが、春植えで、元肥の効きが悪いときや、雨の多い年、逆に乾燥が激しい年などには、土寄せのあと少し入れる。その場合は、鶏糞100～150kg/10aぐらいを条間に施す。

 元肥だけでつくる理由は、短い期間で大きく育ちのよいイモがとれるからである。

 灌水はほとんどしないが、秋の植付け後は気温が高く、乾燥しやすいので、注意して水かけをする。移動式のプラスチック製のスプリンクラーを使っている。このスプリンクラーは水道水の圧力で回り、半径4～5mの範囲にかけることができる。

草引き、土寄せ、芽かきをセットで

 春植えは寒い時期の植付けなので、雑草も大きくなりにくいし、4月中旬ごろパオパオを除いたときに一気に草引きする。このころには草も大きくなっているので、三角ホーかジョレンを使ってけずり落とす。

 とり残した草は、4～5日後に手鍬で除ける。このときに、芽かき（茎を2～3本に整理）し、土寄せしておくと、大きく太ってよいイモがとれる。

 秋植えはパオパオをかけないので、草をそのつど除く。できれば、植付け10～15日後に1回目の草引きを、三角ホーか、「けずっ太郎」などでけずり落とす。2回目はそれから10日後くらいに、手鍬で除く。さらに10日後くらいに、土寄せしてイモを大きくする。秋は、芽の数が少ないので、芽かきをしないで育てる。

葉が黄化したら収穫のタイミング

 ジャガイモの葉が養分をイモへ順調に送って太らせたときには、地上部は熟れて緑から黄色に変わる。このときがおいしく太った収穫適期のサインである。葉が茶色や黒っぽくなるのは、十分に働かずに枯れた状態である。

 春植えの収穫時期は気温が上がっていくためにどんどん熟れてくるので、早めに5月初めごろから収穫、出荷をする。このころには畑の肥料分もなくなり、黄色の葉が出てくる。畑全体をながめて、黄色くなったところで大きいものからとっていく。

 そして、梅雨に入ると腐ったものが出てくるし、乾燥しにくくて貯蔵中に腐りやすいので、入梅前に掘り終える。

 秋まきは、12月初めころに掘り上げ、少し乾かしてから貯蔵する。ジャガイモは寒さ、暑さにはかなり強いので、常温で置けるが、夏場は日陰になり通風のある軒下がよい。また、光に当たると青くなってしまうので、私は紙の米袋（30kg入り）に入れることで、きれいに貯蔵できている。このとき、腐りや傷のあるイモを入れると、袋の中で腐ってしまうので、除くようにする。

野菜

有機物マルチ&逆さ植えで、手間なく反収2.5t

執筆　松岡尚孝（つくば有機農業技術研究所）

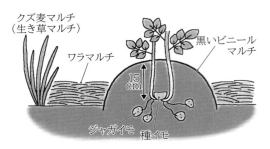

第1図　JA常陸アグリサポートのジャガイモの作型
梅雨前に収穫できると病気のリスクが下がる

芽が浅く調理しやすい'とうや'

茨城県常陸大宮市では、市長とJA組合長が有機農業の推進を宣言。JAの生産子会社・アグリサポートでは、2022年から学校給食用に野菜を栽培しています。

ジャガイモの品種は早生の'とうや'。形は丸く芽（発芽する部分）が浅いため皮がむきやすく、肉質は粉質でも粘質でもないのでどんな料理にも向きます。芽があまり偏っていないので種イモをカットしやすいのもよい。芽も3本程度しか出ないので、芽かきもほとんどしません。

苦土石灰でpHを急激に上げない

2022年作では、前作に慣行栽培でサツマイモをつくったあと、コムギが播種されていました。土壌診断の結果は、pH5.3で苦土とリン酸が欠乏ぎみ、カリは過剰というものでした。

まずは牛糞堆肥を1t/10a散布し、リン酸不足を補うためにリンサングアノ、pH調整と苦土不足にはク溶性と水溶性のマグネシウム資材を投入しました。それでも、目標のpH5.5～6に届かないおそれがありましたが、pHが上がりすぎるとそうか病などのリスクがあるので矯正力の強いカルシウム資材はひかえて、苦土石灰を使いました。

土つくりで注意したいのが発酵鶏糞の使用です。鶏糞にはチッソ、リン酸、カリのほかにカルシウムが多く含まれています。鶏糞だけに頼っていると、いつしかカルシウム過剰でpHが上がりすぎたり、土壌が硬くなったりします。

第2図　除草・土寄せいらずのジャガイモづくり
種イモの切り口を上にすると、芽が下から回り込んで伸びるので深い位置にイモができる。芽が地上に出るのも遅れるので遅霜対策にもなる

逆さ植えで遅霜&青イモ防止

ジャガイモ栽培で怖いのが、春先の冷え込みです。福島県にもほど近い茨城県北部は5月初旬まで霜が降りる可能性が高いので、植付けには気をつかいます（第1図）。

カマボコ型の高ウネに黒マルチを張り、株間30cm、深さ15cmに植え付けますが、種イモは、切り口を上にします。

切り口を下にする人もいますが、私は遅霜対策で芽が地上に早く出ないように、また、できたイモが地上に顔を出さないように（日焼け防止）、上向きを推奨しています（第2図）。植付けは3月上旬、収穫は5月下旬から6月初旬。収穫時期は、できれば梅雨入り前だと安心です。

3月も終わりに近づくと、芽が出揃ってきます。1年目は、なんと春の雪が舞いました。手元に寒冷紗がなかったので、株の上からウネ間に敷いてあったイナワラをかけたり、土を被せ

たりして、凍害から守りました。2年目の春も降雪予報が出ましたが、JA常陸アグリサポートの社員が寒冷紗をかけて凍害を防ぎました。

クズ麦障壁で害虫が来なかった

畑の外周には病害虫の防波堤のために、クズ麦をまいています（第3図）。ウネ間は防草のためにイナワラやムギワラを施しました。

4月、春の日差しに誘われて、ジャガイモの葉茎はグングンと伸び始めます。そうなると、心配なのが害虫です。ジャガイモの害虫としては、まずジャガイモヒゲナガアブラムシが挙げられます。これまでこの虫による大きな害は見たことがありませんが、ヒゲナガはアブラムシの天敵寄生バチ（とくにコレマンアブラバチ）が寄生できません。出た場合はその株を廃棄するか、最悪JAS有機の許容資材であるサンクリスタル乳剤の散布が考えられます。被害が拡大しないように注意して観察してください。

もう一つの害虫は、ニジュウヤホシテントウです。幼虫も成虫も葉を食害しますが、これもよほど大量発生しなければ、収穫量に影響することはありません。成虫は飛び回るので、殺虫剤なども効きめが薄く、大量発生したらテデトール（手で取る）以外ありません。

こういった害虫が集まるのは、茎が細くヒョロヒョロしていたり、葉色が薄すぎて生育状態が悪いところが多い。土つくりをしっかりして、生物多様性を創出することが大事です。

土寄せなし、追肥や防除なしで反収2.5t

作付けた畑の周りで、前年にニジュウヤホシテントウがたくさん発生したと聞いていたので、それなりにビビっていました。ところが実際につくってみるとナナホシテントウやナミテントウ、ヒメカメノコテントウなど害虫の天敵

第3図　ジャガイモ畑の通路にクズ麦のワラマルチとリビングマルチを実施

となる虫が飛来していました。また、サツマイモの葉を食害するジンガサハムシも散見されましたが、ジャガイモへの害は見られませんでした。

土寄せや追肥、除草、防除作業なしで、2022年は10a弱の圃場で約2.5tの収量があり、まずは成功という評価をいただきました。茨城県の慣行栽培の平均反収が2.7tなので、有機でこの量がとれれば満足です。玉揃いもよく、給食野菜として調理しやすい大きさ。1株当たりM、L、2Lの玉が10個程度とれました。

（『現代農業』2024年4月号「ジャガイモ　有機物マルチ＆逆さ植えで、手間なく反収2.5t」より）

品目別技術　ジャガイモ

北海道幕別町　（株）折笠農場（折笠　健）

さやあかねなどで自然栽培, 大規模経営

コムギ＋クローバの混播, マメ類を基幹とする輪作

1. 地域と経営のあらまし

（1）地域の特徴

　十勝地域のほぼ中央にある幕別町（東経143度，北緯42度）は，帯広市の東部と隣接している。中北部に十勝川が流れ，流域は平野となっており，その他の地域は丘陵地帯である。

　亜寒帯に属する内陸性気候で，夏は30℃を超える真夏日が多く猛暑日が観測されることもあるが，冬の最低気温は低く－20℃以下に達することもあり，年平均気温は約7℃で年間の寒暖差が大きい。日照時間は年間約2,000時間と全国的にも多く，特に晩秋から春にかけての晴天日数が多い。年間降水量は900mm前後と全国平均の約1,700mmに比べ少ない。降雪量は北海道内で比較的少ない地域であり最深積雪は70cm前後となるが，低気圧の発生により突発的な豪雪となることも多い。風は比較的弱いが，5月下旬ごろに発生しやすい異常乾燥が農作物に害をもたらすことがある。

　おもな土壌は，火山性土である。支笏カルデラ周辺，東大雪，雌阿寒岳などの火山から噴出した火山灰が十勝一円に降り積もり，10万年にわたり形成された火山灰層を母材として生成した土壌が火山性土（黒ボク土）である。降灰後に繁茂した植生が枯死分解し生成した腐植と火山灰とが強く結合し，真っ黒な腐植層を形成している。腐植層は微生物によってしだいに分解され褐色となるが，集水地形や下層堅密で排水が悪いような条件では分解が進まず腐植層が厚いまま残されている。こうして十勝には，褐色（乾性）と黒色（湿性）の2種類の火山性土が混在し，特に排水不良な条件では多湿黒ボク土となる。火山性土は，リン酸を吸着固定しやすい性質があり，また養分が少なく風害も生じやすい特徴がある。さらに十勝川流域では，川が運んできた粘土や砂を母材にした土壌が生成し，排水の善し悪しで褐色低地土，灰色低地土，グライ土に区分され分布している。

　1869（明治2）年に開拓使が置かれ，蝦夷を北海道とあらため行政区画を11国86郡とし，このとき十勝国が設置され幕別町の母体であるヤムワッカ村やマウンベツ村などが定められた。1883（明治16）年，静岡県の依田勉三を中心とする「晩成社」が帯広に入植し，十勝の開拓が始まった。その後，1896（明治29）年の植民区画地の開放で府県から移住して来た人たちによって本格的な開拓が行なわれた。以来，寒冷な気象条件にありながらも近代技術の導入，排水改良などの土地基盤整備を進め，十勝は日本最大の食料供給基地として発展した。

　幕別町は農業と酪農が盛んな地域であり，2万921haの経営耕地面積で農家1戸当たりの平均耕地面積は38.6haである（2015年農林業センサス）。中・北部にあたる幕別地区で畑作物や野菜生産を主体とし，テンサイ，コムギ，ジャガイモ，マメ類などを輪作作物の基幹として大規模農業が行なわれている（第1図）。近年

野菜

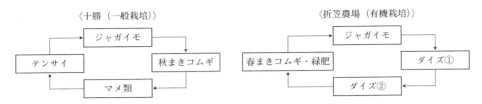

第1図 4年輪作の基本パターン

はナガイモ，レタス，ユリ根などが有名となり，特にナガイモは作付け面積，生産量が全国一となった。南部の中山間地である忠類地区では大規模酪農専業経営を主体とし，幕別地区では中小規模酪農経営や黒毛和種繁殖経営さらに重種馬（ばんば）繁殖経営が，耕種と複合して行なわれている。

十勝は日本有数の農業地帯として発展し，豊かな大地のもとで先人たちが築いた基盤をもとに，日本中の消費者に安全で高品質な食料を安定的に供給し，豊かな農村環境を維持していくための取組みが進められている。

(2) 折笠農場の歩み

1909（明治42）年，福島県相馬市から初代が入植して以来，折笠健さん（以下，折笠さん）で5代目である。北海道十勝の開拓農家として，折笠さんの先祖が幕別町軍岡の丘陵地帯を切り拓いたのは約110年前である（第2図）。

①テンサイをやめ，緑肥導入，ジャガイモ栽培

馬耕の時代からこの地に根をおろし農業を続けてきた折笠農場が，大きな転換を図ったのは1970年代中半のころであった。

当時増産増収を目指し拡大の一途をたどっていた農業は，折笠農場も例外ではなく，1960年代後半には十勝の黒色火山性土で2年連続テンサイの生産量1位を獲得したこともあった。しかし，肥料や農薬の量を増やし続けても，同じ分だけ収穫量が増えていかず，その原因は地

第2図 折笠農場の全景（空撮）
施設と圃場，長辺は300間（約546m）

力の低下にあると折笠さんの父である4代目の秀勝さん（故人）が気付いた。入植時は十分な肥料も農薬もなかったが，それでも農作物がとれていたのは土地自体に養分に富む力があったからと考えた。

そこで土地そのものを見直すことから始め，農薬や化学肥料に頼らない有機農産物栽培に取り組むようになった。

近代化が進み化学肥料と化学農薬を駆使し生産性を高め続けた時代に，地力の衰えに気付いた秀勝さんは，肥料を大量に必要とするテンサイの栽培をやめ，当時では珍しい緑肥を導入し，安定した収穫が見込まれるジャガイモを生産する農場へと転向させ，環境負荷の少ない農業へと舵を切った。当時の経営面積43haの半分をデントコーンやソルゴーなどの緑肥栽培に切り替え，周囲の生産者からは「何をやっているんだ？」と怪訝なようすで見られていた。

②省力機械化体系と自然栽培の導入

秀勝さんは営農方針の転向と同時に1975年ころから自ら販路開拓を始め，現在では関西・

第3図 ジャガイモ栽培における耕起から培土までの作業工程

第4図 ソイルコンディショニングによる植付け用の播種床造成
左：ベッドフォーマー。2うね分の土を寄せる
右：セパレーター。砕土と同時に石礫を除く

東海・関東・四国の生活協同組合，スーパー，自然食品販売店，レストランなどに販売し，のちに加工品の製造・販売にも取り組んだ。

さらに，ジャガイモ栽培面積の拡大と生産コストの削減を目指し，2000年初頭にソイルコンディショニングと大型オフセット収穫機による栽培体系をヨーロッパから十勝へ導入した先駆者の一人でもあった（第3〜6図）。それまで1戸当たりのジャガイモ栽培面積の限界が10ha程度であったが，植付けから収穫までの栽培体系を組み直すことにより，従来の何倍ものジャガイモ栽培を可能にした。

1998年に自然栽培によるリンゴ生産に成功した青森県の木村秋則さんが農場を訪問し，折笠親子と意気投合したことを切っ掛けとして，折笠さんは2003年から無肥料自然栽培に取り組み始めた。2011年に有機JAS認証を，2018年にはJGAP認証をそれぞれ取得し，有機農産物の生産に力を入れている。折笠農場が耕作する圃場のうち有機JAS認証は3割を超え，農薬と肥料を一切使わない農法で，ジャガイモ，ダイズ，コムギ，リンゴ，マスタードなどを栽培し，それを原料にした醤油や味噌，豆腐，納豆を委託製造している。

(3) 経営の概要

圃場総面積95haのうち，農薬と化学肥料を使用しない有機JAS認証圃場が33.5haである。緑肥作物を使用するのみの無肥料自然栽培（有機栽培）を実施し品目内訳は，白ダイズ8ha，アズキ2ha，春まきコムギ6.6ha，ジャガイモ6.2ha，黒ダイズ1.7ha，黒千石ダイズ3ha，マスタード5ha，リンゴ1haの面積である。

野　菜

　残りの61.5haでは農薬と肥料の使用を制限した特別栽培を実施し，ジャガイモ29ha，ダイズなど32.5haである。ビニールハウス910m^{2}では，ミニトマトの特別栽培を行なっている。

　広大な農地を耕作するために，倉庫4棟，ビニールハウス4棟，食品加工場などの施設を保有し，トラクター10台をはじめとしてさまざまな農業用車両と作業機を保有している（第1表）。

第5図　播種床へ専用プランターで種いもを植付け（5月中旬）
植付けと同時に培土を行なう

第6図　トラクターとジャガイモ収穫機（オフセット2うね掘り）

第1表　資本装備

資本装備名		用途・能力など	面積・台数など
建物・施設	事務所		198m^2
	倉　庫	ジャガイモ貯蔵用	450m^2
	倉　庫	ジャガイモ貯蔵用	450m^2
	倉　庫	有機栽培用（収穫物，資材）	450m^2
	倉　庫	トラクター，農機具，肥料など	450m^2
	ビニールハウス	ミニトマト栽培	350m^2
	ビニールハウス	ミニトマト栽培	350m^2
	ビニールハウス	ミニトマト栽培	210m^2
	ビニールハウス	ジャガイモ浴光育芽など	210m^2
	食品加工場	有機農産物加工	198m^2
機械装備	トラクター	280ps：1台，150ps：4台，100ps以下：5台	10台
	ショベル	90ps	3台
	フォークリフト	3.5t，2.5t	2台
	トラック	4t	1台
	自動車	移動用	1台
	汎用コンバイン	大型（外国製），中型（国産）	2台
	収穫機（けん引）	大型（外国製）ジャガイモ用	1台
	自走式防除機	大型（外国製），中型（国産）	2台
	作業機[1]	整地，植付け・播種，中耕など	一式

注　1）サブソイラー，4連プラウ，パワーハロー，セパレーター，ポテトプランター，ドリルシーダー，ロータリヒラー，カルチベーターなど

2. 技術の特色

(1) コムギ＋クローバ混播など緑肥による地力維持

秀勝さんは、農業が近代化していくなかで土地が痩せていくのを感じ、化学肥料ではなく緑肥をすき込み地力維持を考えた。青刈りした植物を緑肥として土壌にすき込めば有機物として土が肥えると単純に考えたが、うまく分解しなかった。背丈が高く伸びるデントコーンやソルゴーなどの緑肥作物をそのまますき込んだのでは、冷涼で乾燥気味の亜寒帯気候の条件では温暖地のようにうまく分解しなかった。疑問に思っていたときに、自然栽培の木村さんから教えを受けた。「山の自然な姿を見よ。落ち葉や枯れ枝はそのまま土に入るのではなく、土の上で朽ち果ててから土に戻る」と。そこで緑肥作物を刈り取ったあとは地表に置いておき、その後にすき込むことによりうまく分解するようになった。その後、機械で細かく粉砕するチョッパーを導入し、乾燥と分解が早く進んでからすき込むようになり問題は解決された。

もう一つ、「つくりたい作物の原産地の気候を見ろ」との木村さんの教えがある。作物のもつ本来の特性を知りそれに合わせて栽培環境を整えて栽培するようにとの意で、緑肥を含む栽培品目の選定には常にこの教えが意識されている。

2010年以降の緑肥栽培の基本パターンは、春まきコムギにクローバを混播してリビングマルチとし、収穫後に麦稈とともにすき込む。さらにすぐにエンバク・ダイズ・コムギを混播して緑肥とし晩秋にすき込む。ここで播種するダイズとコムギは自家収穫物のくず（規格外）を利用している（第7図）。

(2) マメ類を基幹とする輪作

輪作とは同じ土地に種類の異なる作物を複数年にわたり、一定の順序で繰り返して栽培する作付けのことである。

作物には根張りの深浅や収穫後残渣の多少などいろいろなタイプがあり、作物ごとに土壌微生物の種類と量も増減する。同じ作物をつくり続けると土壌中で特定の病原菌やセンチュウが増え、特定の成分要素が減少して土壌成分のバランスが崩れることになる。そこでタイプの異なる作物を組み合わせて土壌の生物多様性を保全し、養分利用効率を高め、土壌病害を減少させるために輪作を行なう。

折笠農場における2010年以降の有機栽培は、1年目：ジャガイモ、2年目と3年目：ダイズ、4年目：春まきコムギ・緑肥の輪作が基本パターンとして実施されている（第1図、第2表）。無農薬に加え無肥料栽培であるため、マメ類は必須の品目である。窒素は植物の生育に必須な養分だが、大気中に大量に存在する窒素を植物が直接利用することはできない。根粒菌はマメ科植物の根に住みつく土壌細菌で、空気中の窒素を植物が利用できるアンモニアに変え、マメ科植物に供給する（共生窒素固定）。土壌中に残った窒素成分がコムギやジャガイモ栽培で利用され、無肥料栽培であっても地域の基準収量に比べ、ジャガイモで6割弱、ダイズで6〜7割、春まきコム

第7図　春まきコムギの収穫（8月）と後作の緑肥（10月）
左：クローバー混播によるリビングマルチで雑草を抑制
右：コムギ後作での緑肥栽培

野　菜

第2表　無農薬・無肥料による有機栽培の輪作基本パターンと収量性

年　度	1年目	2年目	3年目	4年目	
作　目	ジャガイモ さやあかね 疫病圃場抵抗性品種	ダイズ① 大袖の舞 普通品種	ダイズ② 黒千石ダイズ 極小粒黒豆品種	春まきコムギ はるきらり もしくはスペルトコムギ	コムギ後作緑肥ダイズ・エンバク・コムギを混播，ダイズとコムギはくず（規格外）を使用
播　種	5月中旬	5月下旬	5月下旬	4月下旬	8月下旬
収　穫	9〜10月	10月上中旬	10月上中旬	8月中旬	11月上旬
平均収量（kg/10a）	2,000	180	180	200	—
基準収量（kg/10a）[1]	3,400〜3,600	240〜320	240〜320	420	—
特徴的な技術・体系	ソイルコンディショニング（播種床造成—植付け・培土）[2]	カルチベーターによる除草		クローバー混播のリビングマルチ	チョッパー粉砕後にすき込み

注　1）北海道施肥ガイド2020（北海道農政部編）による。比較的良好な気象・土壌条件において，適切な栽培管理を行なえば達成可能な収量水準とし，設定にあたっては各地帯区分の統計収量を参考にした
　　2）2022年からは整地・植付け・培土の同時作業体系に一部切り替え

ギで5割弱の収量が得られている（第2表）。

（3）無農薬栽培に向いた品種選定

①疫病の初発が遅いホッカイコガネ

当初は‘メークイン’や‘男爵薯’など，一般によく知られる品種で無農薬栽培を行なったが，十分な収量と満足ゆく品質を得られなかった。しばらくして1990年ころに秀勝さんは，ジャガイモの育種家である故梅村芳樹氏（当時，農林水産省北海道農業試験場）と知り合った。この梅村氏から無農薬栽培に向いた品種を選ぶようにとの助言を受け，晩生効果により疫病の初発が遅い‘ホッカイコガネ’の作付けを始めた。

ジャガイモだけでなくすべての作目にいえることだが，無農薬・無肥料の農法に対し品種の適否がある。化学肥料を多施用し，病害は化学農薬で抑えなければ収穫できない品種が多いなか，無農薬・無肥料で栽培してもほどほどの収量と品質が得られる品種も存在する。

②根域が広く深い花標津

次に注目した品種は‘花標津’である。開花期ごろから発生し葉や茎を侵す重要病害の疫病に対し圃場抵抗性が強く，加えてジャガイモシストセンチュウ抵抗性をもつ品種である。

しかし‘花標津’は極晩生で，栽培するうえでの一般的な実用性は劣っている。通常の施肥栽培では極晩生で地上部が大きくなりすぎ管理が難しいが，無肥料栽培では地上部の生育が抑制され管理しやすくなった。また一般品種よりも根が広く深く広がる特性のため，少ない土壌窒素分を効率的に吸収できる特性がある。

③食味が優れるさやあかね

‘花標津’を育成した北海道立農業試験場から，実用性を改良した後続育成系統の評価協力依頼を受け，‘さやあかね’の育成に大きく貢献した（第8図）。折笠農場において「北育8号」の系統名で3年間試験栽培を行ない，疫病の初発と進行が遅くなる圃場抵抗性を有することから無農薬栽培でも十分栽培可能と実証した。

あわせて，消費者ニーズに合致しているかの検討において，全国にある折笠さんの取引先販売店の協力を得て大規模アンケートを実施し，食味が非常によいとの好評を得た。これら努力の結果，2009年に品種登録され，折笠農場の主力品種の一つとなっている。

品目別技術　ジャガイモ

第8図　ジャガイモ（品種：さやあかね）の有機栽培圃場（6月下旬）

第10図　ジャガイモ用に改良したうね間除草用カルチベーター

第9図　ダイズの有機栽培圃場における除草カルチベーターの使用（6月下旬）
右側は有機栽培ジャガイモのさやあかね

(4) 大型機械の利用で大規模栽培

①カルチベーターなどによる機械除草

十勝の畑は1辺300間（約546m）区画を基本とし、これを適宜に区分し使用している（第2図）。

折笠農場では、この広大な畑でRTK-GPS付の大型トラクターがまっすぐなうねを引き、最新技術を駆使した大規模畑作農業を実践している。広大な畑に人影はなく、作業機を付けたトラクターがときどき管理作業を行なうのみである。物理的に除草を行なうカルチベーターが、作目に応じて使い分け駆使されている（第9図）。ダイズでは出芽後から植物体がうね間を覆うまで5回程度、ジャガイモでも1～2回は機械除草を行なっている。

通常のジャガイモ栽培では、除草剤を使用し、培土後に除草作業は行なわない。しかし無農薬栽培では、培土の形に改良したカルチベーターなどにより機械除草を行ない、雑草と闘っている（第10図）。雑草繁茂を防ぐことにより、病虫害が発生しにくい圃場環境をつくり出す効果も大きい。

②ソイルコンディショニングによる整地・植付け培土同時作業

また、積極的に新技術を導入し、可能な限り農作業を機械化し、作業効率の向上により生産コストと単位時間当たり労働時間を削減している。徹底的な機械化でコストを下げることができる大規模農業こそ、有機農業発展の鍵であると折笠さんは考える。

4代目の秀勝さんがヨーロッパから導入したソイルコンディショニングは、植付けから収穫までの栽培体系を組み直すことにより、従来の何倍ものジャガイモ栽培を可能にし、特に石礫の多い畑での効果は絶大であった。5代目の折笠さんは常に技術革新を進めており、2022年からはジャガイモの栽培体系をさらに効率化し、整地（ロータリーハロー）・植付け（ポテトプランター）・培土（ロータリーヒラー）の同時作業の導入を開始した（第3図）。これにより2段階整地と植付け・培土の3工程を、1工程に減らすことができた。この後は除草作業を行なうだけで、収穫まで機械作業はない。同様にジャガイモ以外のコムギやダイズなどの作目も大型機械による作業効率を高めた体系を組み上げ、大規模農業を進めている。

野　菜

3. 完全無肥料栽培での土壌成分の変化

完全無肥料栽培を始める前年の2009年と，変化の途中がわかる5年後の2014年，12年後の2021年それぞれの土壌分析結果を示した（第3表）。土壌診断は当年の耕作が終了した晩秋に土壌を採取し，翌年の4月上旬までに土壌分析を行なっている。なお分析を実施した十勝農協連は，全国の公的な試験研究機関からの依頼分析を実施しており，分析結果の信頼性が高く評価されている。

12年間で数値の変化が大きな項目について，経緯を以下に検討する。

有効態リン酸　49.5mg/100gから10.5mg/100gまで4分の1以下に減少した。当初は過剰であった数値が，年を経るごとに減少して基準値の下限に達し，数年後には不足すると推察される。

交換性苦土　44.7mg/100gから26.3mg/100gまで2分の1強に減少し，基準値の下限に近づいている。

交換性石灰　当初から基準値の下限を下回っており，ジャガイモでは不足すると収穫時に打撲痕が付きやすくなり，貯蔵中の糖化が早くなることが知られている。

石灰飽和度，塩基飽和度　当初は基準値内であったが，基準値より低くなった。

リン酸吸収係数　791から1,655まで2倍以上に増加した。肥料による補給がなく，緑肥のすき込み時に下層土が順次補給され，値が高くなっていると推察される。

腐食含量　3.5%から9.2%まで増加し，判定が「含む」から「富む」に向上した。地力を開拓当時の豊かさに復元する親子2代にわたる思

第3表　2009年から2021年まで13年間の土壌分析結果の変化

分析項目	2009年	2014年	2021年	基準値
pH（H₂O）	5.6	5.4	5.7	5.5～6.0
有効態リン酸（mg/100g）	49.5	37.3	10.5	10～30
交換性カリ（mg/100g）	22.8	33.5	22.4	15～30
交換性苦土（mg/100g）	44.7	36.4	26.3	25～45
交換性石灰（mg/100g）	297.2	288.5	307.6	341～521
苦土・カリ比（当量比）	4.6	2.5	2.7	2以上
石灰・苦土比（当量比）	4.8	5.7	8.4	6以下
石灰飽和度（%）	47.2	31.3	29.7	40～60
塩基飽和度（%）	59.2	33.9	34.5	60～80
可溶性銅（ppm）	0.61	0.68	0.26	0.5～8
可溶性亜鉛（ppm）	2.2	3.09	2.17	2～40
易還元性マンガン（ppm）	43.21	70.89	91.46	50～500
熱水可溶性ホウ素（ppm）	0.93	1.2	0.34	0.5～1
熱水抽出性窒素（mg/100g）	5.25	6.53	5.02	5～7
全窒素（%）	0.23	0.33	0.36	
リン酸吸収係数	791	1,224	1,655	
CEC（me/100g）	22.5	32.9	36.9	
仮比重	0.8	0.86	0.81	
腐食含量（判定）	含む	富む	富む	
腐食含量（%）	3.5	7.3	9.2	
EC（mS/cm）	0.05	0.07	0.05	
土壌採取前の作目	ジャガイモ	ダイズⅠ	ジャガイモ	

注　分析：十勝農業協同組合連合会農産化学研究所（十勝農協連）
　　土性・土壌の種類：壌土・黒色火山性土
　　土壌採取：耕作が終了した晩秋に土壌を採取し，翌年の4月上旬までに分析
　　圃場管理：2010年から完全無農薬・無肥料での栽培

いが数字となって現われた。

これから直面する問題は，有効態リン酸と交換性苦土の減少である。作物や緑肥の根が地中深くの土壌母材から吸い上げ，植物体をすき込むことにより地上付近の作土に補給するだけでは養分量不足が顕在化すると予測される。家畜糞尿や堆肥を投入すれば問題は解決するが，十勝地域内に本当の意味で有機による家畜糞尿や堆肥はまだ存在しない。そこで当面は，畑のより深くにある土壌母材からの吸い上げを対策として考えている。現在，ヘンプ（産業用大麻）がもつ北海道内での新たな農作物としての可能性について調査検討が進められており，地上部が3m近くまで生長し根域が3～5mまで達することから緑肥として注目している。

第11図　ジャガイモの低温貯蔵施設
収穫物を貯蔵し，順次選別して春まで出荷

第12図　有機ジャガイモさやあかねの選別・出荷（4月中旬）

4. 経営状況

　全社的な売上は，2021年度実績で約9600万円あり，有機生産物の売上は全体の25％を占めている。

　品目別では，ジャガイモ73％，マメ類10％，コムギ2％，加工品10％，その他5％である。有機ジャガイモ'さやあかね'を自前で低温貯蔵し春まで選別・出荷することにより，単独で1800万円近くの売上げを確保した（第11，12図）。

　無農薬かつ無肥料での有機栽培では，収量がかなり低いと想像されるが，地域の基準収量に比べ5〜7割と，ほどほどとれている。それでも市場流通では採算が合わないが，生産物を直接もしくは原料利用して加工品を，独自のルート販売するならそこそこの収益となる。加えて，有機栽培33.5haでは農薬や肥料の資材費は必要とせず，大型機械栽培体系による生産コスト低減も収益向上のプラス要因となっている。

5. 有機栽培農作物を大規模生産

　折笠さんは，化学肥料や農薬，除草剤などを使わず，畑の土を開拓当時の自然な状態に近づけ，農作物本来の能力を引き出すことを目指している。有機栽培で大切なことは，化学物質過敏症やアレルギーで困っている消費者をイメージして作物を栽培し，安心して安全な食べ物が手に入るよう自分のこととして考えることである。地元の有志と協力し，幕別町の学校給食を有機農産物に換えることを目指し，月に1回の提供から始めた。さらに有機栽培だからおいしいのではなく，なぜおいしいのかを，取引先や研究機関などと連携してデータを収集・分析し，食べ方の提案も行なっている。折笠さんが自ら加工品の開発と製造にかかわるのも，消費者の目線に立ってのことである。

　農業王国の十勝でも，有機栽培に対する取組みは途上にある。消費社会のなかで有機栽培による生産物を必要とする人が増えるなら，十勝での作付け面積も同じ割合だけ増やす必要がある。それが圧倒的な産地である十勝の責任と考える。産地間競争は激しさを増し，自由貿易が進んで農業を取り巻く環境は変化していくが，先を見越して必要とされる農作物をつくっていくことが地域の発展につながる。有機農作物というと，手間暇かけて小規模栽培をするため生産コストが高く，健康リスクは少ないが価格は高いとのイメージがつきまとう。しかし十勝で必要なことは，健康リスクを少なくした農作物

野菜

第13図　有機農産物の加工施設（左：外観，右：内部）

の生産を行ない，これを適正な価格で供給することである。このため生産コストを低く抑え大規模な有機栽培をいかにして体系化するか，そして有機栽培の仲間を増やすことが重要と考える。十勝で世界に求められる有機栽培農作物を生産する，との大きな目標を掲げている。

6. 今後の計画と技術革新への提言

これまで生産した有機農産物は，醤油，味噌，豆腐，納豆など日本の基礎食品を製造しているメーカーに供給していた。2020年に六次産業化を目指す補助事業（50％補助）を利用し，有機生産物専用の加工工場を新設（総工費1億6000万円）した（第13図）。これにより有機農産物を自前で加工し，小麦粉，きな粉，マスタード，ジャガイモ酢，ダイズのマヨネーズ，ドレッシング，蒸し豆，ミニトマトジュースなど，有機農産物の製品加工・販売を行ない（第14図），経営全体に占める売上げの50％を目指す。

さらに折笠さんは，有機栽培を進めるために必要な革新点を次のように提言している。

有機栽培が可能な病虫害抵抗性の強い品種の開発　現状は無農薬・低農薬で栽培可能な品種が少なすぎる。有機栽培可能な品種は，環境負荷が低くSDGsにも合致している。

機械的な除草技術体系の開発　かつて除草剤の開発は，除草時間を飛躍的に短縮し，手取り

第14図　有機農産物と有機原料加工品
左から，トマトジュース，醤油，マスタード，きな粉，小麦粉，小麦，大豆（白，黒），ジャガイモ各種

除草の重労働から農民を解放した。同様な革新を，AI搭載の除草ロボットの開発に期待する。自律的に作物と雑草を見分け24時間稼働し，コスト削減と除草剤の不使用を実現する。

安全な有機物確保の支援　地域内にある有機物資源を有効に利用するために，地域内での有機物循環システムを構築する。

《住所など》北海道中川郡幕別町軍岡393番地
　　　株式会社折笠農場（折笠健）
執筆　森　元幸（カルビーポテト株式会社馬鈴薯研究所）

2022年記

品目別技術　ジャガイモ

参　考　文　献

幕別町ホームページ．https://www.town.makubetsu.
　lg.jp/
公益社団法人北海道農業改良普及協会．2020．北海
　道施肥ガイド2020．p.47，p.56，p.59．
公益財団法人幕別町農業振興公社ホームページ．
　https://www.makubetsu-nsk.com/index.html
北海道十勝総合振興局産業振興部農務課ホームペー
　ジ．2021．十勝の農業．https://www.tokachi.pref.
　hokkaido.lg.jp/ss/num/100890.html
北海道産業用大麻可能性検討会ホームページ．
　https://www.pref.hokkaido.lg.jp/ns/nsk/tokuyou/
　taima.html
財団法人いも類振興会．2012．品種．ジャガイモ事
　典．財団法人いも類振興会．p.144．p.156．p.159．
　p.196．p.216．p.223．

759

野菜

米ヌカ散布でそうか病を抑えられるしくみ

(1) 伝染経路は土壌と種イモ

①乾燥，高pH，短期輪作などで増える

ジャガイモそうか病（以下，そうか病）は放線菌（ストレプトマイセス属菌の一種）によって引き起こされ，感染すると，かさぶた状の病斑が塊茎表面に形成される（第1図）。そうか病の発生条件は，塊茎形成期の乾燥や高い土壌pH，短期輪作など多様である。また，そうか病菌は生育初期に感染し，茎葉の見た目は正常なまま感染拡大するので，掘り起こすまで被害に気づきにくい。

そうか病は難防除土壌病害であり，一度でも発生した圃場では予防的な栽培管理が大変重要となる。筆者らの研究グループは，有機物を活用したそうか病の抑制技術の開発と，その微生物学的なしくみの解明を行なった。

②酸性土壌で増殖するそうか病菌も出現

そうか病の伝染経路としては「土壌伝染」と「種イモ伝染」の二つがある。

土壌伝染については，土壌殺菌以外では土壌pHの酸性化や生育初期の灌水，輪作，緑肥などで抑制できることが知られ，おもに土壌pHの酸性化による対策が推奨されてきた。しかしジャガイモの収量や品質の低下，輪作作物が生育不良になるなどの問題があった。さらに，酸性土壌でも増殖するそうか病菌の出現により，pH矯正だけで抑えるという方法は無効化しつつある。

(2) 土壌伝染予防に米ヌカ

①種イモの播種直前に散布

そこで以前から農家の実践として行なわれていた「米ヌカを散布してそうか病を抑える技術」に注目し，その効果としくみを検証した。その結果，種イモの作付け直前に生米ヌカ200～300kg/10aを全層散布することにより，そうか病を抑制できることが明らかとなった（第1表）。また，脱脂米ヌカも同様の効果をもつことがわかった（第2図）。

散布上の注意点としては，米ヌカはできるだけ種イモの播種直前に散布することが望ましい。散布時期が早いと，種イモが発芽するまでに米ヌカの分解が終わり，効果が減少する。いっぽう，排水性が悪く分解が遅い圃場では，発生するガスにより発芽率が下がるため，少し早めに散布する必要がある。また，米ヌカを散布すると収量増加や土つくりなどの多面的効果もある。

そうか病の発生程度は天候の影響を強く受けるため，年次により大きく変わる。したがって，

第1図　健全なイモとそうか病に感染したイモ（品種はどちらも男爵）

被害がない年の化学農薬の散布は労力もコストもむだになるが、米ヌカ散布は土壌の理化学性や生物性の改善、収量増加などが期待でき、むだにはならない。

②有用微生物も乾燥に強い！？

米ヌカがそうか病を抑制するしくみとしては、1）米ヌカが土壌中で有用微生物を殖やし、そうか病菌の増殖を抑制する、2）米ヌカが直接そうか病菌の増殖を抑制する、3）米ヌカがジャガイモの病虫害抵抗性を強化する、などが考えられる（第3図）。

このうち、1）の可能性について検討した。その結果、米ヌカ散布はバチルス属菌やストレプトマイセス属菌のような、そうか病菌の増殖を抑制する有用微生物群（以下、有用菌）を殖やすことが明らかになった。

米ヌカにはフィチン酸（有機態リンの一つ）が多く含まれ、有用菌は土壌中でこれを栄養にして殖えた可能性がある。そうか病は生育初期の乾燥した土壌で殖えるが、これらの有用菌も乾燥に強い。したがって、米ヌカ散布により乾燥に強い有用菌が殖えれば効果的にそうか病を抑制できると考えられる。そうか病菌もストレプトマイセス属菌の一種に分類されるが、米ヌカで殖えるストレプトマイセス属菌はそうか病を抑制する有用菌である。

③イモには無害な形で表面に共生

そうか病菌も有用菌もジャガイモに感染したり共生したりするために、表皮や細胞壁中に含

第1表　土壌中の放線菌数とそうか病の発病度合い

	2013年秋作		2014年秋作	
米ヌカ	無	有	無	有
発病度	12.4 >	4.1	28.8 >	15.9
放線菌数	1万 <	100万	10万 <	100万

注　鹿児島県にて秋作で生米ヌカを作付け直前に散布。散布区は無散布区より発病度合いが抑えられ、放線菌数（土壌1g当たり）は多かった

まれるセルロースやペクチン、スベリンなどの化学成分を分解する能力をもっている。ただし、有用菌はそうか病菌よりもこの能力が弱いといわれている。

つまり、有用菌はイモの表面で植物成分を少し分解・利用してジャガイモには無害な形で共生し、そうか病菌からイモを守っていることが考えられる。

（3）種イモ伝染予防に大麦発酵液

①種イモを浸漬処理

種イモ伝染を防止するには、健全な種イモを購入し使用することである。しかし、外見上は健全でも汚染されている可能性があり、目視による選別は不可能である。したがって、一般的に種イモは植付け前に農薬で消毒されている。

化学農薬を使わない方法として、大麦発酵濃縮液（ソイルサプリエキス、以下SSE）を土壌に灌注・混和すると、そうか病の発生が抑制

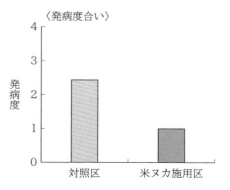

第2図　北海道にて脱脂米ヌカ 300kg/10aを散布
散布区のほうが、そうか病の発病率と発病度合いが低かった

野菜

できることが先行研究で報告されている。そこでわれわれも汚染種イモをSSE（5倍希釈液）で浸漬処理して発病を調査した（第4図）。その結果，SSE浸漬処理は，農薬での処理と同等の抑制効果があることが明らかとなった（第5図）。

SSE処理にかかる経費は農薬消毒に比べて半分以下ですみ，廃液は24時間程度静置したら液内のそうか病菌がほぼ殺菌されるため，害のない液体肥料として散布することもできる。

②酸性溶液で増殖を抑える

そうか病菌は酸性に弱く，SSEが強い酸性溶液（pH4前後）であることから菌の生育が抑制されたとも考えられる。また，SSEには細菌類に抗菌性を示すクエン酸や乳酸などの有機酸が比較的大量に含まれていること，肥料成分やアミノ酸，腐植酸などの機能性成分も豊富であることから，それらの化学成分が直接そうか病菌の増殖を抑制している可能性がある。SSE溶液自体に，そうか病菌に対する高い殺菌力があることも明らかになっている。

③種イモ消毒は有用菌も減らす

米ヌカと同様に，SSEの散布も種イモ表皮で共生する微生物の多様性にも大きく影響し，病虫害抑制効果をもつバチルス属菌（有用細菌）がイモの表皮で殖えることが鹿児島大学の研究グループによりわかっている。また，このバチルス菌はそうか病菌の増殖も抑える。

いっぽう，殺菌剤で種イモ浸漬処理をすると，病原菌だけでなくイモ上で共生するバチルス菌などの増殖を抑制することがわかった。殺菌剤による処理は有用微生物を減らし，それをそうか病の発生リスクが高い圃場で使うと，被害を増やしてしまうことを示唆している。

④有機物で乾燥しにくい土つくり

そうか病菌は，乾燥した天気が続くと感染拡大しやすくなり，逆に湿潤な天気が続くと少なくなる傾向がある。また，種イモ作付け直後に早期培土をすると土壌の乾燥化が助長される可能性もある。米ヌカなどの有機物を散布することで，土壌の保水性がよくなり，多様な土壌微生物が活性化し，間接的にそうか病を抑制できる。

除草剤の使用は土壌微生物の多様性を減少させ，有機物の速やかな分解を阻害し，土壌や有機物がもつ静菌作用（そうか病抑制効果）を低

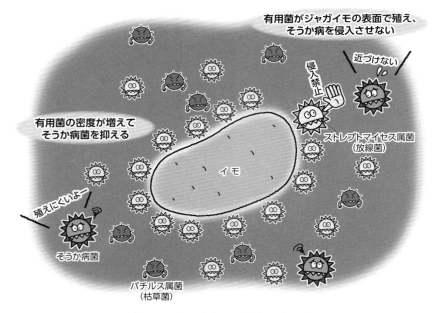

第3図　米ヌカをまいた土の中では

第4図 大麦発酵濃縮液「ソイルサプリエキス（SSE）」（片倉コープアグリ）で種イモを浸漬処理している様子

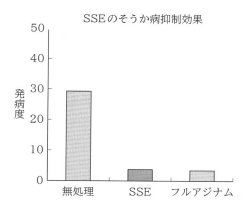

第5図 無処理，SSE，殺菌剤のフルアジナムの3区に分けて浸漬処理
土壌消毒した圃場に植え付け，そうか病の発病率を調べた。SSEはフルアジナムと同等の効果があることがわかった

下させ，そうか病の被害を拡大させる可能性が考えられる。土壌微生物だけではなく，人や動植物の共生微生物の多様性を攪乱するものもあるため，取扱いや利用は慎重に行なう必要がある。

執筆　池田成志（農研機構北海道農業研究センター）

（『現代農業』2022年10月号「米ヌカ散布でそうか病を抑えられるしくみ」より）

野菜

ジャガイモ有機栽培の施肥と品種選び

(1) 有機農業とジャガイモ栽培

　ジャガイモは冷涼な地域で栽培されることが多いが，全世界の温帯地方で栽培され，日本でも九州から北海道まで広く作付けされている。さらに，土壌に対する適応性が高く，極端な酸性・アルカリ性土壌を除けば，火山性土や泥炭地でもよく生育する。

　このように比較的栽培が容易なジャガイモは，有機農業でも広く取り入れられており，高収量を望まなければ，たいていの品種は栽培が可能である。収量が気象条件によって左右されるのはどの作物でもいえることだが，ジャガイモの有機栽培では疫病の発生が収量に大きく影響するので，開花期以降1か月間の天候次第（比較的高温で降水量が少ない）では慣行栽培と同等の収量が得られる場合もある。

(2) ジャガイモの養分吸収

　ジャガイモが外部から養分の吸収を開始するのは，萌芽したあとに葉を展開するころからである。根の発生は地中で芽が伸び始めると同時に始まり，茎の生長と併行して根も伸長するが，まだ大部分は種いもの養分に依存している。

　ジャガイモの生育に伴う養分吸収の推移は，おおむね地上部および地下部（塊茎）の総乾物重の推移に従う。生育の初期にはおもに茎葉が養分を吸収し，第1花房が終花期を迎えるころに地上部乾物重は最大となる。一方，地下部は萌芽後まもなく発生したストロンの先端が肥大を始め，開花期ころから急激にその重量を増し，茎葉黄変期まで乾物重の増加が続く。

　各要素の吸収例を示すと，窒素はほかの要素と比較して生育の初期から速やかに吸収され，カリに次いで吸収量が多い。地上部の窒素吸収量は乾物重が最大となるころにもっとも多く，葉と茎では葉のほうが窒素含有量が多い。地下部の窒素吸収量は，塊茎の肥大に伴って増加する。

　リン酸の吸収量は窒素やカリより少なく，茎葉よりも塊茎のほうがリン酸含有量が多い。窒素がおもに茎葉の構成成分として同化器官を形成し，さらにその濃度が光合成量と密接な関係にあるのに対し，リン酸は細胞核の構成成分で，エネルギー代謝と深くかかわっている。

　カリは窒素と同様に生育の初期から多量に吸収され，茎葉，塊茎ともに含有量が多い。カリは窒素と異なり作物体の構成成分としては存在せず，養分が移動する器官に多く含有され，とくに地下部への乾物分配に密接な関係がある。カリ濃度は窒素濃度とともに光合成に関与し，カリ濃度が低いと乾物生産量が少なくなる。さらに，カリ濃度が低く，窒素濃度が高い場合は光合成産物が茎葉の増大に向けられる割合が増し，塊茎への蓄積が少なくなって低収となる。

(3) 有機栽培ジャガイモの施肥

①肥料の種類と収量

無機化速度と生育への影響　有機農業では多くの生産者が堆肥やボカシ肥など，自家製の肥料を使用している。それらは調製が容易ではなく，新たに有機農業に取り組もうとする生産者には大きな問題となる。その場合，だれでも入手できる市販の有機質資材を利用してもジャガイモの有機栽培は十分可能である。ペレット状のものは非常に扱いやすく便利である。

　ジャガイモの生育にとって最も重要な養分である窒素は，生育の初期から旺盛に吸収される。したがって，使用する有機質肥料は施用後すみやかに分解（無機化）するものが望ましい。有機農業でもよく利用される魚かすや油かす類は分解が速く，ジャガイモの栽培に適している。

　市販されている有機質肥料のうち，魚かすペレットと粒状菜種かすでジャガイモの生育や収量の比較を行なうと，早生の品種では菜種かすのほうがやや収量が高く，熟期がおそい品種では差がない（第1図）。なお，ここでは肥料の効き方だけを比較するために，化学農薬による

病害虫防除を行なっている。

一般に、魚かすと菜種油かすでは前者のほうが分解が速いとされているので、この結果は逆のように思われるが、室内で培養試験を行なうと理解できる。すなわち、魚かす自体は実際に分解が速いが、有機質肥料として販売されている魚かすペレットの場合、粒状菜種かすより若干無機化がおそくなる（第1表）。

この無機化速度のわずかな違いがジャガイモの生育にどの程度影響しているのか、十分な解析は行なわれていないが、北海道内で栽培されているいくつかの品種で栽培試験を行なうと、いずれも粒状菜種かすのほうが魚かすペレットより生育が良好である（第2表）。ただし、早生の品種では収穫間近の7月下旬でも塊茎重に差があるが、中生や中晩生の品種では収穫30～40日前には差がなくなる。これは、生育期間が長いことで、無機化がややおそい魚かすペレットの窒素成分（あるいは他の成分）を吸収利用できるためと推測される。

疫病発生との関係 次に、化学農薬を使用しない「有機栽培」で同様に二つの肥料を比較すると、早生の品種ではやはり粒状菜種かすのほうが魚かすペレットより収量が高いが、熟期がおそい'ホッカイコガネ'でも菜種かすが優る。しかし、同じく熟期がおそい'さやあかね'では二つの肥料で差がない（第2図）。

後述するが、ジャガイモの有機栽培で最も問題になるのが疫病の発生である。ジャガイモ疫病は北海道内では7月上～中旬に発生し、条件によっては2週間程度で茎葉の大半が枯れてしまう（第3図）。したがって、疫病に対する抵抗性が弱い品種では、7月中～下旬までに生育量を確保できるかどうかで収量が決まってくる。このことから、無機化が速くジャガイモの初期生育に対して有利に働く粒状菜種かすのほうが有効である。

一方、'さやあかね'は疫病抵抗性の品種であり、疫病による茎葉の被害は非常に少ない。そのため、有機栽培でも化学農薬で防除を行なった場合とほぼ同等の養分吸収が可能となり、無機化がややおそい魚かすペレットでも生

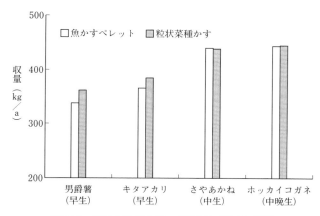

第1図 肥料と熟期の違いが収量に及ぼす影響
化学農薬による病害虫防除を実施

第1表 有機質肥料の窒素無機化推移
(道立中央農試, 2003)

肥料	窒素無機化率（％）			
	7日後	14日後	28日後	42日後
魚かすペレット	31.3	48.0	61.2	64.6
粒状菜種かす	45.5	63.2	62.6	69.1
魚かす	52.0	53.7	70.6	64.7

注 培養温度：20℃、水分率：30%

第2表 有機質肥料の違いと塊茎重の推移 （単位：kg/a）

施用資材	男爵薯		キタアカリ		さやあかね		ホッカイコガネ	
	7月11日	7月28日	7月11日	7月26日	7月14日	8月7日	7月14日	8月11日
魚かすペレット	43 (100)	150 (100)	60 (100)	161 (100)	37 (100)	161 (100)	39 (100)	258 (100)
粒状菜種かす	49 (114)	185 (123)	68 (113)	191 (119)	52 (141)	163 (101)	43 (110)	261 (101)

注 （ ）内は魚かすペレットを100としたときの指数
化学農薬による防除を行なった

育後半まで利用できると推測される。

このように，ジャガイモの有機栽培ではできるだけ分解が速い有機質肥料を利用することが重要である。疫病の発生が少ない場合にはそれほど大きな問題にはならないが，初期生育が良好なことは種々の減収要因に対しての備えとなり，少しでも多くの収量を得るためには非常に有効な手段である。

なお，ここで用いた魚かすペレットや粒状菜種かすはリン酸含量が低く，カリは保証成分としては含まれていない。圃場のリン酸およびカリ含量が，各地域で定められている「土壌診断基準値」に達している場合は大きな問題にならないが，長期的な養分の収支を考えた場合，ジャガイモはとくにカリの収奪が大きいので，堆肥などによるカリの供給が必要である。また，リン酸肥沃度が低い圃場では低温年の初期生育低下が懸念されるので，リン酸資材を併用して土壌のリン酸肥沃度を高めておくとよい。

②施肥量と収量

有機栽培，慣行栽培にかかわらず，肥料の施用量は過不足がないことが大切である。環境に優しいといわれる有機農業でも，堆肥や有機質肥料などを大量に施用すれば，作物の品質や病害への抵抗性を低下させたり，過剰な養分の流出によって逆に環境を汚染してしまうことになる。一方，施肥量が不足すれば作物の生育が抑制され，十分な収量が得られない。ここでは，ジャガイモの有機栽培での望ましい施肥量を示す。

北海道では，作付けする地帯および土壌の違いによってジャガイモの施肥量を変え，その地域で一般的に達成可能な収量を得るための施肥量を「施肥標準」と定めている。有機農業で栽培するような「食用ジャガイモ」の窒素施肥標準は道内では0.5～1.0kg/aと，作付けする場所によって異なる。ここでは肥料に粒状菜種かすを用い，窒素0.8kg/aを標準量として窒素量

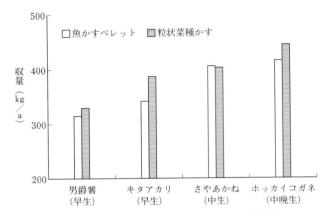

第2図　肥料と熟期の違いが収量に及ぼす影響
病害虫防除を行なわない条件

第3図　疫病による茎葉の枯死

を増減させ，収量がどのように変化するか述べる。

化学農薬による病害虫防除を行なわない「有機栽培」条件で窒素施用量を1.2kg/aに増加させた場合，萌芽や初期生育に対する影響は見られないが，茎葉が繁茂する7月中旬には地上部の生育量は増加する。しかし，最終的な収量はそれほど高まらず，平均で2％程度の増収にとどまる（第3表）。前述のように，ジャガイモの有機栽培では7月中旬以降，疫病の発生により大部分の茎葉が枯死してしまうため，窒素の増肥によって生育量が増加しても，その養分を塊茎に転流できない。

疫病の発生が少ない場合はどうであろうか。

窒素を0.8kgから1.2kg, 1.6kg/aと増やして化学農薬による防除を行ないながら'男爵薯'を栽培すると, 収量は大きく高まり一個重も増加するが, デンプン価は明らかに低下する（第4表）。品質の低下もさることながら, 窒素の収支を考えた場合, 環境への負荷が懸念される。窒素吸収量の推移を見ると, 塊茎として圃場から持ち出される窒素量はそれぞれ0.75kg, 0.95kg, 1.2kg/aと増加するが（第4図）, 残余は0.05kg, 0.25kg, 0.4kg/aと, 増肥に伴って環境への負荷が高まることになる。したがって, 窒素の増肥は望ましくない。

一方, 窒素施用量を0.5kg/aに低下させた場合, 萌芽には影響はないが, 初期から生育が劣り, 7月中～下旬までの生育量も確保できないため, 最終的な収量も10%程度減収する（第3表）。以上のことから, ジャガイモの生育にとって必要量である「施肥標準」の窒素量を施肥することが, 作物にとっても環境に対しても望ましい。各地域で定められている慣行栽培用の「標準の施肥量」を, 有機栽培にも適用することが重要である。

③施肥方法

有機農業では有機質資材の施用を「全面全層施肥」で行なうことが一般的である。有機農業は野菜の栽培が多くを占めるので, 濃度障害を回避するうえでも望ましい施肥法であるが, ジャガイモの場合は「条施肥」や「うね内施肥」のほうが有効である。

早生と晩生の品種で全面施肥と条施肥を比較すると, 早生の品種では条施肥のほうが収量が高く, 晩生の品種では差がない（第5図）。ここでは化学農薬による防除を実施しており, 両品種とも養分吸収が十分行なわれる条件である。その場合, 条施肥のほうが生育初期から効率的に養分を吸収できるため, 熟期の短い早生の品種には有利である。一方, 晩生の品種は生

第3表　有機質肥料の窒素成分増減が収量に及ぼす影響

品　種	N0.5	N0.8	N1.2
男爵薯	92	100	103
キタアカリ	91	100	101
メークイン	89	100	102
さやあかね	93	100	102
ホッカイコガネ	92	100	99

注　数値は「N0.8」を100とした指数

第4表　窒素施用量と収量性の関係

処理区	塊茎重 (kg/a)	平均一個重 (g)	デンプン価 (%)
有機N0.8	301	81	15.9
有機N1.2	367	94	15.6
有機N1.6	433	104	15.0

注　資材は粒状菜種かす。病害虫防除を実施
　　品種：男爵薯

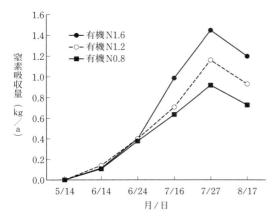

第4図　窒素施用量と吸収量の違い
品種：男爵薯, 病害虫防除を実施

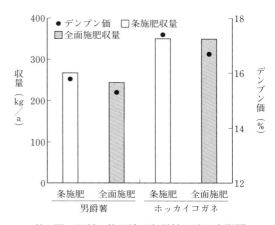

第5図　肥料の施用法が収量性に及ぼす影響
化学農薬による病害虫防除を実施

野菜

育期間が長いので，全面に施用された肥料でも時間をかけて吸収利用したと考えられる。ジャガイモの有機栽培では，疫病の発生により晩生の品種でも生育期間が短くなるので，利用効率が高い「条施肥」や「うね内施肥」が望ましい。

(4) 疫病の発生と収量

ジャガイモの有機栽培で，疫病の発生が大きな問題になることはすでに述べたが，ここでは疫病の伸展に伴う茎葉および塊茎の変化と，品種による発生程度の違いについて述べる。

北海道の疫病発生状況の一例を示すと，7月初めに有機栽培の'男爵薯'で初発が確認されたあと，3週間程度ですべての株に広がり（第6図），発生が早かった株から次々に地上部が枯死してゆく。そのため塊茎への養分転流が行なわれなくなり，茎葉の枯死とともに塊茎の肥大も停止してしまう（第7図）。

一方，化学農薬による疫病の防除を行なう「慣行栽培」では，7月下旬まで疫病の発生が認められず，その後もほとんど広がらないため，茎葉は自然枯凋で徐々に枯れてゆくが，養分の転流は着実に行なわれて塊茎の肥大も進む（第6，7図）。なお，慣行栽培は化学肥料を施肥しているため，地上部の生育は有機栽培より優る。

'男爵薯'は疫病に対する抵抗性が非常に弱く，その伸展もきわめて速い。しかし，品種によって疫病抵抗性は異なり，北海道の有機農業生産者が比較的多く栽培する'ホッカイコガネ'は'男爵薯'より疫病の発生や広がりが若干おそい（第8図）。さらに，近年作付けが広がっている'さやあかね'は疫病抵抗性が強いため，有機栽培でも疫病の被害はきわめて少なく（第9図），安定的な収量を得ることができる。

(5) 品種と収量，品質

上記の3品種について実際に「慣行栽培」と「有機栽培」の収量性を比較すると，'男爵薯'と'ホッカイコガネ'は有機栽培で著しく減収

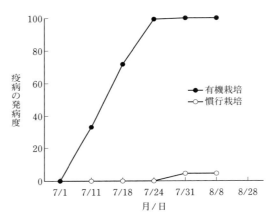

第6図　病害虫防除の有無と疫病の伸展
品種：男爵薯，発病度：数値が大きいほど被害が多い

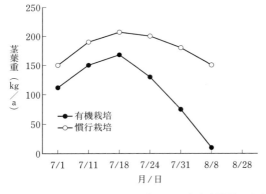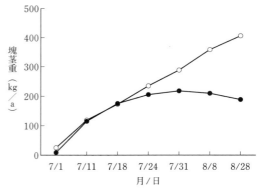

第7図　病害虫防除の有無とジャガイモの生育状況
品種：男爵薯，左図は茎葉，右図は塊茎重の推移

品目別技術　ジャガイモ

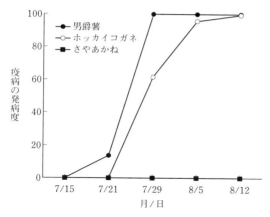

第8図　品種による疫病抵抗性の違い

第9図　疫病抵抗性の違いと被害の差
手前は抵抗性「弱」のメークイン，奥はさやあかね

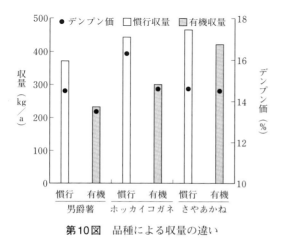

第10図　品種による収量の違い

し，品質の指標となる「デンプン価」も大きく低下する（第10図）。一方，疫病抵抗性品種の'さやあかね'は有機栽培でも若干の減収にとどまり，デンプン価の低下は認められない。

有機栽培ジャガイモの品質では，上記3品種を用いた官能検査による食味試験も実施している。水煮（水から煮て，沸騰後12分間加熱）した塊茎について，慣行栽培と有機栽培のものを比較すると，'男爵薯'では有機栽培のほうが煮くずれが少ないが，甘味が弱く，ホクホク感（粉質感）も明らかに劣り，総合評価（おいしさ）は有機栽培のほうが慣行栽培より劣る。また，'ホッカイコガネ'では慣行栽培のほうが甘味やホクホク感がやや強く，総合評価は有機栽培のほうが慣行栽培より若干劣る。一方，'さやあかね'は有機栽培のほうが煮くずれがやや少なく，その他の評価項目は両者ほぼ同じで，総合評価でも有機栽培と慣行栽培は同等である。

疫病の発生は塊茎のビタミンC含量にも影響を及ぼす。疫病抵抗性が弱い品種では無防除栽培でビタミンC含量が低下するのに対し，疫病抵抗性品種ではその低下が非常に少ない（北海道農政部，1997）。このように，ジャガイモ疫病の発生は収量ばかりでなくジャガイモの品質も著しく低下させる。

北海道内で一般的に作付けされている'キタアカリ'や'メークイン'（いずれも疫病抵抗性：弱）および，有機農業生産者を中心に一部で作付けされている'花標津'（疫病抵抗性：強）の3品種を加えて疫病抵抗性の強弱と収量性の関係を見ると，「弱」および「弱～中」の4品種では有機栽培で平均約4割の減収，デンプン価も約1%低下する（第5表）。一方，抵抗性が「強」の2品種では，有機栽培でも1割程度の減収にとどまり，デンプン価の低下も少ない。

(6) 安定生産のための基本技術

生食用ジャガイモ生産高の6割を占める'男爵薯'は，有機農業でも比較的多く作付けされる品種であるが，安定的に収量を得ることがむ

769

野　菜

第5表　疫病抵抗性の違いによる収量性と慣行比

品　種	疫病抵抗性	収量（kg/a）			デンプン価（%）		
		慣行栽培	有機栽培	左　比	慣行栽培	有機栽培	左　比
男爵薯	弱	402	235	58	14.4	13.0	90
キタアカリ	弱	434	294	68	14.7	14.2	97
メークイン	弱	357	108	30	13.5	13.2	98
ホッカイコガネ	弱～中	465	321	69	15.9	13.8	87
平　均		414	240	58	14.6	13.5	92
さやあかね	強	454	396	87	14.6	14.6	100
花標津	強	519	460	89	14.1	13.7	97
平　均		487	428	88	14.3	14.1	99

注　「左比」は慣行栽培を100とした指数

ずかしい品種である。疫病に非常に弱いことに加え，早生の品種なので有機質肥料の養分吸収に不利である。'男爵薯'を親にもつ'キタアカリ'も同様の特徴をもつが，疫病に対しては'男爵薯'より若干強い。'メークイン'も疫病に非常に弱く，収量性はきわめて不安定である。'ホッカイコガネ'は疫病抵抗性がやや強く，その発生や伸展が'男爵薯'よりおそいため，比較的収量が確保しやすい品種である。中晩生の品種なので養分吸収にも有利であり，北海道の有機栽培でも多くの生産者が作付けしているが，疫病の発生状況により収量が激減する場合もある。

疫病抵抗性品種の'さやあかね'や'花標津'は疫病の被害をほとんど受けないため，収量が安定し，デンプン価や食味も慣行栽培のものと変わらない。熟期がおそいので有機質肥料の養分吸収にも適し，収量も高い。したがって，ジャガイモの有機栽培で収量，品質を安定させるには，疫病抵抗性の品種を作付けすることが最も有効な方法である。疫病抵抗性が弱い品種を

栽培する場合，肥料は窒素無機化が速い資材を用いて生育を早めることが望ましい。また，窒素の施肥量を増やしても，疫病被害によって養分の吸収・転流が阻害されるため増収効果は低い。疫病の発生が少ない場合や，疫病抵抗性品種を作付けする場合も，吸収しきれずに残った養分による環境の汚染が懸念されるので，地域で定められた「基準施肥量」を遵守することが大切である。

執筆　田村　元（地方独立行政法人北海道立総合
研究機構十勝農業試験場）

2013年記

参　考　文　献

北海道農政部. 1997. 有機栽培等農産物の品質事例と問題点—ばれいしょ（追補）. 平成9年普及奨励ならびに指導参考事項. 253—255.

北海道農政部. 2003. 露地野菜に対する有機質肥料重点の窒素施肥指針. 平成15年普及奨励ならびに指導参考事項. 249—250.

品目別技術　サツマイモ

農家のサツマイモ栽培

肥料代もタネ代も無料、黒マルチだけ栽培

執筆　東山広幸（福島県いわき市）

もっとも割のいい野菜

サツマイモほど栽培にカネも手間もかからない野菜はほかにない。販売用に自家貯蔵したイモを種イモにするからタネ代無料。コヤシも要らないから肥料代無料。いるのは黒マルチだけ。収穫にもさほど時間をとられないし、貯蔵して好きなときに売れるのもありがたい。本当に直売生産者思いの野菜である（第1図）。

種イモは温湯消毒

サツマイモ栽培で面倒なのは苗の用意だけである。もちろん有機栽培の苗は自分でつくる。種イモは前年に自分で栽培したものを貯蔵したのがもっとも発芽がいいが、なければ普通の店に販売しているものでも使える（登録品種以外）。最近はいろんな品種の種イモが売られているから、自分の好みのものを栽培すればいい。私は4月の初めに伏せ込むと決めている。

種イモはそのままでも使えないことはないが、黒斑病予防のために温湯消毒を行なう。47～48℃のお湯に40分ほど浸けて、内部までこの温度にして病原菌を死滅させる。ほとんどの病原菌は45℃以上の温度で死滅するから、ほかの作物でもこうした方法がとられる。

実際のやり方としては、まず種イモを種モミ用の網袋に入れておく（第2図）。風呂は47～48℃に沸かしておき、まず漬物樽などで40℃ほどのお湯に5分ほど浸けてから、風呂に入れる。こうすれば、風呂の温度が急激に下がらないので、温度管理がしやすい。

ちなみに、温度測定は外部センサーのついたデジタル式のものを使うと便利だ。

温湯消毒中は、網袋をこまめに揺らしてイモの内部まで熱が均一に通るように心がける。温度が下がったら追い焚きするか、熱湯を加える。温度が上がりすぎるとゆで上がって発芽しなくなるので、温度の上がりすぎにはとくに注意しなくてはいけない。

温湯消毒が終わったら、20～30℃の水に浸け、温度を下げたら伏せ込み準備完了である。

発酵熱を利用した踏み込み温床

話の順序が逆だが、種イモ伏せ込みの2～3日前に温床の準備をしておく。現在では電熱温床が普通だが、有機栽培ならこだわって昔ながらの踏み込み温床でいきたい（第3、4図）。

踏み込み温床は堆肥の発酵と原理的には同じだが、あまり高温になりすぎないよう通気性を悪くしたものだ。発酵が一気に進まないぶん、発熱期間も長くなる。教科書的には、落ち葉などを使うことが書かれているが、私は集めるのがたいへんなので、百姓なら誰でも簡単に手に入るワラとモミガラと米ヌカだけで積む。

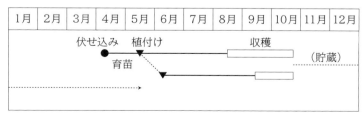

第1図　サツマイモの栽培暦

野菜

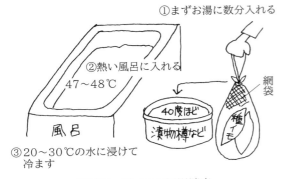

第2図　種イモの温湯消毒

第4図　踏み込み温床
10日～2週間ほど温度が保てる。育苗が終わったら米ヌカを足して堆肥にする

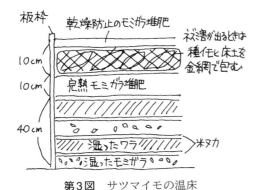

第3図　サツマイモの温床

米ヌカを振ったあとに水をかけると、米ヌカが水に流されて不均一になるので、米ヌカを振る前に水をかけるようにする。水をノズルでかけながらワラやモミガラを踏み込んでいく。これにより、材料が水を吸い、通気性も悪くなる。これが「踏み込み温床」の由来である。

温床の上に伏せ込む

温床の温度が上がってきてから種イモを伏せ込む。温床の上に完熟モミガラ堆肥を置き、その上に土をのせて種イモを伏せ込む。私のところでは野ネズミに種イモをかじられたりするので、金網の中に種イモを入れている。芽は網の目から萌芽するから問題ない。ただ、金網まで食い破られることもあるが。

伏せ込んだあとは萌芽まで水かけぐらいしかやることはない。萌芽までしばらくかかるか

ら、ナスやトマトの苗を上にのせて温床代わりにしてもよいが、サツマイモの萌芽が始まったらさっさとどける。

暖かい日に短苗を直立挿し

定植は前年サツマイモ以外のものをつくった畑に行なう。前年もサツマイモだとさすがにコヤシが足らなくなる可能性があるし、基本的に連作は避けたい。

土質は砂質がおすすめ。粘土質だと残り肥が効きすぎる心配があるし、砂質のほうがきれいなイモがとれる。センチュウ害でイモの形が悪いときは、'ヘイオーツ'（キタネグサレセンチュウ抑制）やソルゴーの'つちたろう'（サツマイモネコブセンチュウ抑制）などの緑肥を前作に取り入れる。

前作に何かつくっていれば、肥料は何にもいらない。いるのは水分だけだから、雨のあとにウネ立て、マルチがけしたほうがいい。私の場合、105cm幅のウネに135cm幅のマルチを使う（第5図）。こんな幅広のマルチを使うのは、あとから全面マルチにするためである（「雑草と害虫対策は「なんでも育苗」とマルチ活用、米ヌカ利用」参照）。最初から全面マルチだと風で飛ばされる。マルチの裾は畳んで土をかけておき、つるがウネを覆うようになってからマルチを広げて全面マルチにする。

サツマイモは地温が低いほどイモ数が少ない

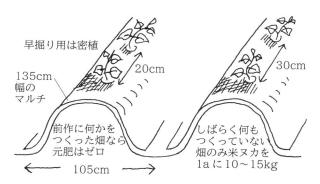

第5図　サツマイモのウネと施肥

第6図　葉が黒マルチに直接触れると枯れるため、植えたらすぐにモミガラを敷く

ので、早掘り用の早植えでは株間20cmの密植とする。普通栽培では30cm。

　定植は暖かく風のない日に行なう。雨の前に植える人が多いが、雨が3日も続くのならいざ知らず、雨のときは気温が下がるし、太平洋側など雨のあと急激に晴れてフェーンの熱風が吹いたりするから、あまりおすすめできない。それなら晴天続きのときのほうが、地温が高いので、よほど早く活着する。

　ただし、植付け直後に株元にモミガラを置かないと、マルチに密着した葉が枯れるし、最初の2日ぐらいは日に何度か水をかけたほうがいい（第6図）。

　採苗は太いものから切る。直立挿しなので、あまり長いものはいらない。短い苗ほどそろったイモがつくが、枯れる可能性も大きい。

　採苗したらなるだけ早く植え付ける。私は所定の間隔に5寸釘を刺した垂木を用意しておいて、それで植付け穴の目印をつけ、べたがけの固定ぐしの折れたもので植え穴を開けている。

　定植後、株元にモミガラを置き、じょうろで水をかける。天候にもよるが、定植後2日ほど、日中2回も水をかければだいたい活着する。

全面マルチで草引きも虫害もなし

　ひと月あまりでつるが伸び、ウネ間も草が生えてくるから、マルチの裾をはがして全面マルチにする（第7図）。

　隣のマルチとの重なり部分はマルチ押さえで留める。あとは収穫までやることなし。草引き

も必要ないし、全面マルチでコガネムシも卵を産めないからコガネムシ被害もほとんどなくなる。イノシシの出るところでは、サツマイモは大好物だからしっかり電気柵を張らないといけないが、できればイノシシの出没するところにはつくらないのがいちばんだ。

収穫後の熟成で味がのる

　ジャガイモは未熟だと水っぽいが、サツマイモは小さくとも味は一人前である。割に合う大きさになったら売り始める。収穫後しばらく置いたほうが味の乗る場合が多いが、面倒なので、できれば購入者に熟成してもらう。冬に貯蔵ものを売る場合には、すでに熟成しているから問題ない。

モミガラ貯蔵で5月までもつ

　サツマイモは熱帯原産の野菜なので、耐寒性は弱い。貯蔵には10℃以上が必要だ。専用の貯蔵穴があればいいが、専業でない限りなかなか用意できないので、モミガラで貯蔵する。

　丈夫なプラスチックケースを用意し（私はRVボックスという車載用の箱を使う）、隙間に乾燥したモミガラをぎっしり充填しながらサツマイモを詰める。湿ったモミガラでは根が伸びやすい（第8、9図）。

　これを地面に並べて（2段までなら重ねてもいい）、モミガラの山で完全に埋める（第

野菜

第7図 全面マルチにすれば雑草が生えず、コガネムシも卵を産まない

第8図 コンテナ内にサツマイモを並べ、隙間にモミガラを詰める
モミガラをイモの上までぎっちり詰めてからフタをする

第9図 愛用のコンテナボックス(アイリスオーヤマのRVボックス)
縦615×横375×高さ330mm。1個1,000円くらいの特売日にまとめ買い

第10図 コンテナは南向きの土手を利用したモミガラ山の中に埋めている
私のところでは箱の上にモミガラを30cmかぶせれば保温には十分だが、福島県いわき市より寒い地方ではやや高く積んだほうが安心

10図)。私のところでは、モミガラが箱の上30cmもあれば腐らないが、寒地では50cm以上載せたほうがいいかもしれない。

モミガラ山は雨ざらしで結構。微弱な発酵熱でサツマイモに適した温度を保ち続ける。初期にはサツマイモの呼吸熱で勝手にキュアリング(傷口を治してくれる)してくれるようだ。

貯蔵したサツマイモは冬の暖かい日や春の端境期にモミガラ山から掘り起こして売る。5月までならラクラク貯蔵できる。売るものが少ないときに活躍するのが貯蔵もののサツマイモである。

土に合った品種できれいな甘いイモをとる

執筆　桐島正一（高知県四万十町）

第1図　つくっている2品種
（写真撮影：木村信夫、以下Kも）
鳴門金時（左）と寿

鳴門金時と寿の2品種で輪作

　サツマイモはこの土地でつくりやすくおいしいもの、自分がつくりたいものを2品種つくっている（第1図）。

　一つは'鳴門金時'で、ゴツゴツした感じがあるが、私のところの土（赤土）でつくると色がきれいで甘味があり、すごくおいしくできる。晩生で貯蔵がきくので、冬の間中出荷している。

　もう一つも晩生で、甘味が強く、長い形の'寿'。愛媛県でつくられた品種で、やせ地では細長くなるので、少し肥えた土でつくる。鶏糞を少し入れてやると、きれいに丸くできる。

　サツマイモは基本的にやせ地でつくるため、ほかの野菜との輪作には向かないが、'寿'と'鳴門金時'を交互につくる輪作が可能である。3回転くらいしてほかの畑に変えるときは、初年は肥えている畑を好む'寿'からスタートする。

育苗──畑に直に種イモを伏せ込む

　サツマイモの栽培は2月初めの育苗（種イモの伏せ込み）から始まる（第2図）。挿し苗の定植が5月下旬ごろからで、8月下旬から間引き収穫、出荷をしていって、掘り上げ収穫は9月中旬から1か月半くらいかけて行なう。そし

て貯蔵したイモを春まで宅配や業者向けに直送していくので、出荷期間は長い。

　挿し苗づくりの種イモの伏せ方にはいろいろな方法があるが、私は畑に直に種イモを植えている。この土地で昔から行なわれてきたいちばん簡単なやり方である。

　2月初めに植え、できるだけ早く苗をつくりたいので、ビニールや不織布（パオパオ）で保温する。

　種イモを伏せる苗畑は、本畑とは逆に肥えた土のところを選び、肥料は鶏糞を800kg/10aと多めに入れて耕うんしておく（イモをつくる本畑はやせ地で、つるを育てる苗畑は肥料分を多くする）。伏せ込みの2週間くらい前に入れるのが理想だ。

　幅1.8～2mのウネを立て、2条植えで、株間は40～45cmとする。第3図のように、種イモから芽が出る頭の部分をウネの外側へ向けて斜め植えする。植えたあと、すぐにパオパオをかけ、その上にビニールをかけて保温する。竹かボードを使ってトンネルにして、冷気が当たりにくくする。

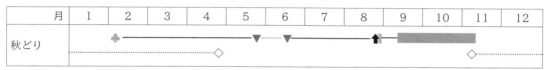

第2図　サツマイモの栽培暦

野菜

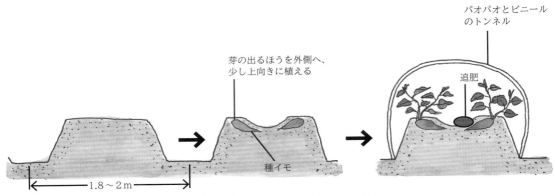

第3図　種イモの伏せ込みと保温、追肥

　3月中下旬になると、伸びた芽が大きくなり、気温が高くなってくるので、芽が焼けないようにビニールは外してしまう。パオパオはつるが長く伸びて曲がり出すまでかけておくと、大きく育ちやすいが、あまり遅くまでかけておくと苗が軟弱に育ち活着が悪くなる。だいたい4月中旬でよける。

　追肥は、種イモからつるが伸び始めたころ（3月下旬）、第3図のように条間へ、鶏糞250～300kg/10aを置き肥する（第4図）。苗を遅くまでとる（6月下旬ごろまで植える）場合には、5月初めごろにもう1回追肥すると、最後まで大きい苗がとれる。

本畑選びと定植——葉4～5枚の斜め挿し

　畑はやせぎみの赤土がよく、肥えた畑だとつるぼけになりやすい。なお、サツマイモは私がつくるなかで唯一連作ができる野菜で、はじめに述べたように、2品種交互作付けの連作で、3年くらい同じ畑に植えている。

　定植は、まず種イモから出たつるを切りとって挿し木苗にする。第5図のようにつるが50～60cmになったものを切るが、次の芽を伸ばすために、種イモに葉を2～3枚残して切る。切ったつるを葉4～5枚ずつに切り分けて苗にする。

　植え方は、以前は葉7～8枚の苗を船底植えにしていたが、現在は斜め挿しにしている（第6図）。このほうがそろったイモがつくようだ。ウネ幅70～80cmで、1条植え、株間はつるの先から次の苗のつるの元までの間隔を15cmくらいに植える。

有機施肥のしかた——ほとんど無肥料で

　肥料はほとんど入れないが、2品種のうち'寿'は少し入れたほうがイモは大きくなりやすいので、鶏糞200～300kg/10aを元肥に入れる。時期は定植の4～5日前で、浅くうない込んでおく。

草引きとつる返しを同時に

　草引きは3回くらい、6～8月まで各月1回のペースで行なう。

　そして草引きのつどつる返しをする。つる返しは、つるの新しく伸びたところを土につけたままにしておくと、そこの節から根が伸びて小さいイモができてしまうので、それを防ぐためにつるを上げてしまう作業である。マルチを張って根が下りないようにする方法もある。

　草引きはつる返しをしながらの作業となるので、手ぐわを使って雑草をよける。

収穫——間引きイモから貯蔵イモまで長く出荷

　収穫は、早く大きくなりやすい'鳴門金時'

品目別技術　サツマイモ

第4図　サツマイモ2品種のつるの伸び方（K）
左：鳴門金時はふつう節間が長い。無肥料で栽培、右：寿は短かめ。肥料を少し入れるとイモが大きく形よくできる

から、8月下旬以降に間引き収穫していく。間引きすることで、残った株の環境がよくなりイモが大きくなる。
　間引き収穫のしかたは、まず大きい株を探し、そのなかでも土が大きく割れている株をみつける。イモは土を押し割って太るので、大きなイモが育っているサインだ。次に、そこの土を少し掘ってみて、大きかったらつるから切り離して掘りとる。
　9月中旬以降は、最初に植えた畑から掘り上げ収穫をしていく。このころから、'寿'もいっしょに収穫していく。すべてを掘り上げるのは、10月下旬か11月初めになる。年によってちがうが、このころには霜がおりやすくなるので、その前に収穫を終える。霜に当たると、イモはきれいでも貯蔵中に腐ることがある。
　貯蔵して春にかけて順番に出荷していく。貯蔵は、私はショウガ貯蔵用の壺（横穴）があるので、それに入れている（第7〜9図）。ほかに、イモをコンテナに入れて毛布や段ボールなどを

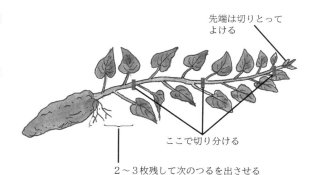

第5図　挿し苗の調製

厚くかけて雨よけハウスに入れて保存する人もいる。ハウスのない場合は、温かく風の当たらないところに穴を掘り、ワラなどで包むようにイモを入れて、上にモミガラをかけて土をかぶせ、その上に使い古したパオパオや毛布などを多めにかけておく。

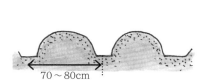

第6図　サツマイモ苗の植え方

777

野　菜

第7図　穴の中
（写真撮影：赤松富仁）
野菜はコンテナに入れたりビニールに包んで保存する

第9図　削岩機で穴を掘る
穴の長さは現在30ｍ。コンテナが400個ほど入る

第8図　ショウガなどの野菜を入れる壺（横穴）の前に立つ筆者
手に持っている削岩機があれば一人でも穴を掘れる

ダイコンとサツマイモの
ウネ連続利用有機栽培

執筆 新美 洋（九州沖縄農業研究センター）

冬のダイコンと夏のサツマイモを同じウネで

　南九州でダイコンとサツマイモはともに主役と呼ぶにふさわしい作物です。いずれもシラス台地上の水はけがよく膨軟な火山灰土の畑に適します。両作物とも根の伸長と肥大を促すため、ダイコンは深耕して、サツマイモは高ウネで栽培します。また、やや低い土壌pHと少肥が適するなど共通点があります。南九州は、焼酎廃液など食品加工由来の有機質資材も豊富です。

　これらの特徴を生かして秋に施肥と耕うんをまとめて行ない、その後、冬のダイコンと夏のサツマイモを同じウネで続けて栽培できないかと考えました。10年近く試行錯誤を繰り返し、慣行栽培と同等の生産性を上げる「ウネ連続利用有機栽培」がようやく完成しつつあるのでご紹介します。

サツマイモのセンチュウ害が無防除で減る

　ウネ連続利用栽培のよさは、一作分の手間、資材、機械で、畑の東西両横綱ともいうべき二作を収穫できることです。収量も慣行と遜色ありません。病虫害、センチュウ害もほとんど問題になりませんでした。サツマイモのセンチュウ害が無防除で軽減することも確認しています。また、高ウネにしているためダイコンは片手で簡単に抜くことができ、収穫作業もラクになります。

ダイコンは端境期に高値出荷

　宮崎県都城市内の農業生産法人にもこの栽培体系を実践していただいたところ、有機ダイコンを端境期に高値で出荷できたと喜ばれました。しかもサツマイモの収量は、つくっているサツマイモ畑のなかでもっとも高くなりました。肥料も農薬も使わず、耕うんもせず、ただ植えるだけのほうが好成績という結果に大変驚

〈慣行のダイコン収穫－サツマイモ挿し苗工程〉

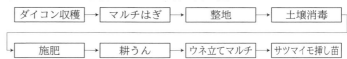

〈ダイコン－サツマイモウネ連続使用栽培〉

第1図　慣行栽培とウネ連続使用栽培の工程

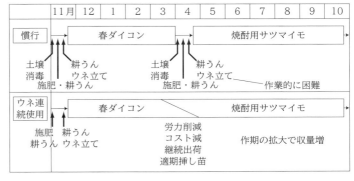

第2図　ダイコン－サツマイモウネ連続使用栽培の作期

野菜

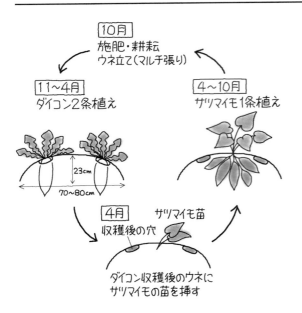

① 10～11月に有機質肥料（芋焼酎廃液の濃縮液を全チッソ量で30kg/10aほど）を施用。年間の施肥はこの1回のみ
② 施肥の3週間後、サブソイラで深耕し、ロータリでよく砕土したあと、マルチャーで裾幅70～80cm、高さは23cmの平高ウネを立てる。中央部の高い中高平高ウネのほうがイモの形状が揃う。ウネ立て後、マルチに2条でそれぞれ株間20cmのダイコンの播種穴をあける
③ 11月にダイコン（晩抽性の'春風太'）を播種。不織布でべたがけ、浮きがけの二重に被覆する。その後は2月中旬にべたがけを外し、収穫前に浮きがけを外すだけ
④ 3月にダイコンを収穫する。抜く際にマルチ穴が広がったり、切れたりしても問題ない。ただ、ウネを踏まないように気を付ける
⑤ サツマイモ（'コガネセンガン'）は苗の準備ができしだい（4月ころ）、ウネの頂部（ダイコンの条間）に1条で挿し苗する。ダイコンの収穫が済む前に挿し苗しても構わない。挿し苗後、収穫まで作業はない

第3図　ダイコンとサツマイモのウネ連続利用栽培の方法

かれています。
　特殊な機械や資材を必要としないので、ぜひ、わずかな面積でも試してください。
（『現代農業』2013年4月号「ダイコンとサツマイモがラクにとれる　平高ウネ連続使用」より）

緑肥を活用したサツマイモの高品質生産技術

(1) 茨城県におけるサツマイモ栽培

茨城県の園芸作物のなかでサツマイモは生産額1位の品目で、栽培面積は7,500haで全国2位（2022年）、産出額は331億円で青果用として全国1位（2021年）となり、市場からも高い評価を得ている重要な品目である。2019年から「茨城かんしょトップランナー産地拡大事業」を推進し、生産の拡大を支援している。

(2) サツマイモのA品率低下要因

① A品率低下の一因に土壌全炭素含量と可給態チッソの減少

2014年ごろから、茨城県内のサツマイモ主要産地では、とくに'ベニアズマ'において、A品率（形状のよいものの割合、秀品率）が低下し、主要産地では品種の転換を迫られるほどの大きな問題となっていた（第1図）。

そこで、2015〜2017年度に主要産地を対象に、サツマイモ栽培圃場の土壌の化学性や物理性とA品率との関係を調査した結果、土壌全炭素含量と可給態チッソの減少が、A品率低下の一因であることがわかった（第1表）。

土壌全炭素含量は土壌中の有機物の量のこと、可給態チッソは土壌から作物に供給される有機態チッソのことで、いずれも土壌の地力を評価するための指標である。つまり、これらの量が多いほど作物生産力が高く（第2図）、地力が高いといえることから、主要産地において地力の低下が危惧された。

② 連作によって可給態チッソが低下

地力低下の要因として、サツマイモの栽培面積の拡大による連作化、また近年の資材価格の高騰により、土つくりに手がかけられなくなっていることが考えられた。さらに、一般的にサツマイモ栽培においては「つるぼけ」（塊根よりも茎葉の生長が優先される現象、過剰なチッソ供給などが原因）しないよう、チッソ施肥量を抑えた栽培が行なわれてきたことも要因の一つと考えられた。

茨城県内での一般的な栽培方法の場合、サツマイモ（品種：'ベニアズマ'）は茎葉も含めると11kg/10a程度のチッソを吸収する。茎葉が土壌へすき込まれることにより、吸収されたチッソの一部は土壌に戻るが、塊根として持ち出されるチッソは補給する必要がある。そして、すき込んだ茎葉が次作までに十分に分解されない場合、茎葉由来の成分を再び吸収することができなくなる。実際にサツマイモを連作すると、土壌中の可給態チッソが低下した（第3図）。

第1図　サツマイモ掘取り調査状況（品種：ベニアズマ）
上：A品率が高いサツマイモ（84％）
下：A品率が低いサツマイモ（15％）

野菜

第1表　A品率と各土壌化学性成分の相関関係（2015～2017年の3か年のデータ）

	無機態チッソ (mg/100g)	可給態チッソ (mg/100g)	全炭素含量 (%)	可給態リン酸 (mg/100g)	交換性石灰 (mg/100g)	交換性苦土 (mg/100g)	交換性カリ (mg/100g)
A品率	－0.14	0.50	0.65	0.10	0.18	0.28	－0.11

注　数値は相関係数を示す。1または－1に近づくほど，相関関係が深い

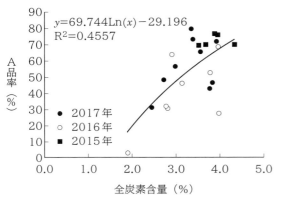

第2図　全炭素含量とA品率の関係

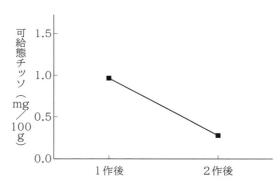

第3図　サツマイモ連作による可給態チッソの変化

（3）緑肥作物の利用方法

①すき込むことで地力維持効果がある緑肥

地力を維持するためには有機物の投入が有効で，その方法の一つとして緑肥の効果を検証した。

緑肥とは，土壌を肥沃にする目的で栽培され，植物を堆肥化などの処理をせず，直接土壌にすき込んで肥料として利用するものを指す。今回の調査ではソルガム，クロタラリア，エンバクを供試した。

②夏緑肥はサツマイモを1年休む

ソルガム，クロタラリアの茨城県における播種適期は5月下旬～7月中旬で，これらを作付けする圃場は，サツマイモを1年休作する必要があるが，サツマイモの挿苗時期から早掘りサツマイモの掘取り前の比較的作業が空く時期に播種することができる。すき込み時期は播種後60日程度となるので，早い時期に播種することによって早掘りサツマイモの掘取り開始前にすき込みを行なうことができる（第4図A）。

③秋冬緑肥は早掘りサツマイモ収穫後に播く

また，本調査に供試したエンバクは，晩夏に播いて年内にすき込むことにより，サツマイモ

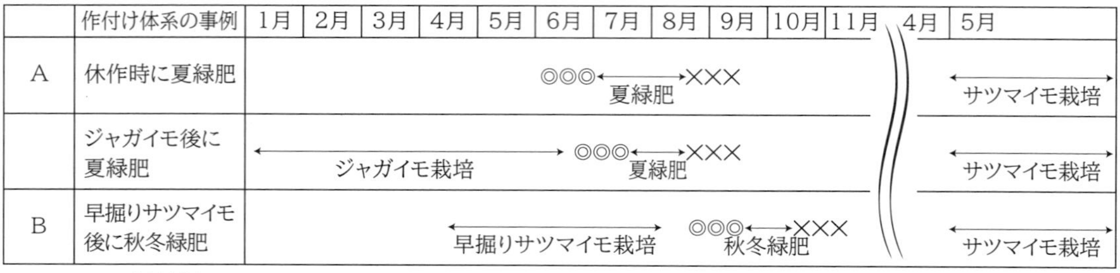

	作付け体系の事例	1月	2月	3月	4月	5月	6月	7月	8月	9月	10月	11月	4月	5月
A	休作時に夏緑肥						◎◎◎→ 夏緑肥 ×××						←サツマイモ栽培→
	ジャガイモ後に夏緑肥		←ジャガイモ栽培→					◎◎◎→ 夏緑肥 ×××					←サツマイモ栽培→
B	早掘りサツマイモ後に秋冬緑肥				←早掘りサツマイモ栽培→				◎◎◎→ 秋冬緑肥 ×××			←サツマイモ栽培→

◎◎◎ 播種期　××× すき込み時期

第4図　緑肥を導入したサツマイモの栽培体系

品目別技術　サツマイモ

ネコブセンチュウの増殖を抑える効果が期待できる。茨城県における播種適期は8月下旬～9月中旬で，普通掘りサツマイモの掘取り時期と重なってしまうため，早掘りサツマイモの収穫後，同一圃場に続けて播種すること（第4図B）を想定した調査を行なった。

　緑肥のすき込みは，土壌に有機物を補給し，可給態チッソを高めて，地力を維持・向上するなど土の化学性の改善が期待できる。さらに，土の物理性を改善して排水性・保水性をよくしたり，養分の保持力を高めたりすることにも有効である。とくにサツマイモにおいて，膨軟な土壌は塊根の形状改善につながるとされている。

（4）緑肥作物の効果

①生育が旺盛で有機物生産量が多いのはソルガム

　緑肥作物の圃場へのすき込みが，その後のサツマイモ栽培での収量・品質に及ぼす効果を検証した。

　緑肥作物の種類は夏緑肥と秋冬緑肥に分けられるが，この試験では，夏緑肥としてソルガム（播種：6月中旬，すき込み：8月中旬，第5図）とクロタラリア（播種：7月上旬，すき込み：8月下旬，第6図），秋冬緑肥はエンバク（播種：9月上旬，すき込み：11月上旬，第7図）を供試した。

　ソルガムは高温を好み，生育が旺盛で，有機物の生産量が多い点が特徴である。クロタラリアはマメ科の植物で，根粒菌によるチッソ固定をする。また，炭素率（植物体中の炭素とチッソの割合）が低いことから，より速効的にチッソを供給することができる。夏緑肥はサツマイモの栽培期間と重なるため，サツマイモを一作休作する必要があるのに対し，秋冬緑肥のエンバクは早掘りサツマイモの収穫後に播種し，次作のサツマイモ作付け前にすき込むことができる。

②ソルガム区で可給態チッソもA品収量も大幅増

　3か所の異なる地域の圃場（圃場A～C）で

第5図　ソルガム

第6図　クロタラリア

第7図　エンバク

の試験の結果，いずれの圃場においても，緑肥なし区よりも，緑肥すき込み区のほうが，収量（上いも重），A品収量ともに向上し，また可給態チッソも同様に高まった（第8図）。とくに圃場Aのソルガム区では，同一圃場の緑肥なし

783

野菜

の区と比べると，可給態チッソは0.96mg/100gから1.67mg/100gと約1.7倍に，A品収量は1,677kg/10aから3,519kg/10aと約2.1倍に，それぞれ増加した。

このように，緑肥をすき込むことで地力が高まり，サツマイモの収量・品質が向上することがわかった。

(5) サツマイモネコブセンチュウに対する防除効果

①センチュウが緑肥の根に侵入しても発育できない

ソルガムやクロタラリア，エンバクなどの緑肥は，センチュウ類の増殖を抑制する効果がある。その理由は，センチュウがこれらの根に侵入するものの，寄主として不適なために成虫まで発育できず，生活サイクルが回らないためだと考えられている。

そこで，2017〜2018年にサツマイモ栽培における緑肥の種類がセンチュウの防除効果に与える影響を調査した。

②夏緑肥でセンチュウ被害低減，収量増

その結果，夏緑肥であるソルガムまたはクロタラリアを栽培し，翌年にサツマイモを栽培すると，センチュウ防除を行なわなかったサツマイモ連作と比較してネコブセンチュウによる被害が低減し，収量が増加した（第2表）。一方，秋冬緑肥であ

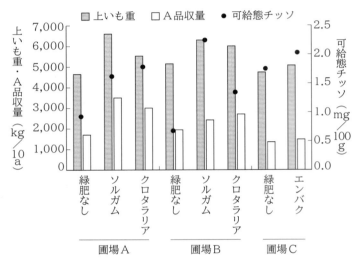

第8図　緑肥すき込みによるサツマイモの収量・品質および可給態チッソへの効果

第2表　緑肥栽培によるサツマイモのネコブセンチュウ被害低減効果

	2017年の作物		2018年サツマイモ		
	殺センチュウ剤の有無	夏　作	殺センチュウ剤の有無	被害指数[1]	収　量[2] (kg/10a)
緑肥導入	—	ソルガム	—	3.3	4,756
緑肥導入	—	クロタラリア	—	4.0	5,311
サツマイモ連作 （慣行）	○	サツマイモ	○	2.1	4,067
サツマイモ連作 （無防除）	—	サツマイモ	—	25.8	3,111

注　1）被害指数＝（被害程度"甚"の塊根数×4＋同"多"×3＋同"中"×2＋同"少"）÷（調査塊根数×4）×100
　　2）収量は80g以上の塊根の重量
　　3）サツマイモの品種はすべてセンチュウ抵抗性が「中」程度のベニアズマ

品目別技術　サツマイモ

るエンバクは，夏緑肥と比較するとネコブセンチュウ被害低減効果が劣ることがわかった。これは，緑肥を栽培する期間が秋冬であるため，センチュウの活動が鈍かったためだと考えられる。

以上のことにより，緑肥の種類によって防除効果が異なることから，土壌中のセンチュウ密度やサツマイモの被害を考慮して適切な緑肥を選択する必要がある。

(6) 連作圃場，有機物含量の少ない圃場などに

緑肥作物を栽培してすき込むことで，可給態チッソを向上させることができ，さらに有機物の供給による土つくり効果や，病害虫への防除効果などにより，高品質なサツマイモ生産につながることが期待できる。とくにサツマイモを連作している圃場や，有機物が少ない「赤ノッポ」と呼ばれる淡色の土，または堆肥などの有機物が施用されてこなかった圃場では，効果が表われやすい可能性がある。

地力向上による生産性向上効果はほかの品目でも期待できることから，今後さまざまな品目への普及が進み，土壌生産力の維持・向上につながれば，と考えている。

執筆　菅谷俊之（茨城県県西農林事務所結城地域農業改良普及センター）

2024年記

野菜

農家のサトイモ栽培

多収がもっとも簡単なイモ

執筆　東山広幸（福島県いわき市）

生育期間中にいかに大柄にするか

近所の農家を見ていると、サトイモはジャガイモやサツマイモほど収穫が多くないように見える。しかし、ジャガイモやサツマイモは飛躍的な増収はむずかしいが、サトイモの増収は至極簡単だ。収量倍増ぐらいならどの農家もできると思ってよい。

サトイモの収量を上げるのには、生育期間中に目いっぱい大柄のサトイモに仕立てることだ。そのためには育苗して早植え、疎植、多肥、灌水が重要だ（第1図）。さらに、土寄せの手間を減らし、イモの太る空間を広げるために深植えにする。これで天候さえよければ東北南部でも1株1貫目（約4kg）がねらえる。育苗は面倒だが、寒い地方ほど増収効果が大きいので、関東以北の方はぜひ試してみてほしい。

ウネ間は120cm以上ほしい

まず、疎植。見ているとウネ間をジャガイモ並みの70〜80cm程度にしているところがほとんど。これでは、サトイモには必須の土寄せさえおぼつかない。サトイモやショウガでは、地下茎が日に当たるとほとんど肥大しない。

ただしサトイモの地上部分は日当たりがきわめて重要だ。サトイモは乾燥が苦手なので、半日陰を好む植物のように思っている人もいるが大間違い。端っこの日当たりのいいウネほどイモが肥大するのを見れば、日当たりの重要性がわかる。

だからサトイモでは最低でもウネ間1m、できれば120cm以上ほしい。ウネ間が広いと通路に草が繁茂しそうだが、サトイモを大きく育てれば、通路は日陰になって、草引きも敷ワラもしなくてもきれいなもんだ。

コヤシと水をたっぷりと

次にコヤシである。ほかの野菜は施肥に適量というものがあって、少ないと収量が落ち、多いと病気の原因となったり味や質の低下につながる。また、多すぎても少なすぎても病虫害の抵抗力を下げる。ところが、サトイモの場合は相当のコヤシをやっても、まるで味に影響しない。

私はほとんどの肥料分を生の米ヌカという形でやるが、チッソ成分で50kg（米ヌカで1a当たり250kg）という有機栽培としてはとんでもない量をやっても、サトイモはまったく動じない。逆にそれぐらい多肥じゃないと、サトイモの多収はムリかもしれない。

水もきわめて重要だ。サトイモほど乾燥で収量の落ちる野菜はほかにない（あるとしたら着果不良で莢の太らない晩生のエダマメぐらいだろうか）。サトイモは水かけのできない畑ではつくらないほうがいいと断言できる。「サトイモはウネ間にドジョウを飼え」と古来いわれているらしいが、日当たりがよく、水かけをバカスカできる水はけのいい畑というのがサトイモ

第1図　サトイモの栽培暦

品目別技術　サトイモ

第2図　種イモは底に排水穴をあけた衣装ケースの中に湿ったモミガラを入れ、モミガラの山の中（なるべく上のほうが暖まる）にケースごと埋めて芽出しをする

第3図　定植直前のサトイモ苗
なるべく大きな苗を植える

の理想の畑である。

草丈15〜20cmの苗に

　種イモの品種は地域の好みに合わせる。当地なら'土垂'や'唐芋'（赤柄）が好まれる。まだ一般的とはいえないが、'改良石川早生'もでっかい丸いイモが見栄えするし、調製もラクだ。

　前年に埋めてあった種イモは3月10日ごろ掘り起こし、プラスチックのケースに湿ったくん炭か湿ったモミガラとともに並べて、モミガラの山のほうに埋め込んで芽出しする（第2図）。

　10日から半月で芽が1cm前後に伸びてくるので、直径10.5〜12cmのポリポットに鉢上げし、ハウスの中に並べる。芽が白いうちは黒ラブシート（不織布）で直射光を避け、イネ用の保温シートかべたがけシートのトンネルをかけて生育を促す。霜の心配がほぼなくなったころ（当地では5月の連休明け）、定植できる大きさ（草丈15〜20cm）になっているのが理想である（第3図）。定植3日前ぐらいから外気に慣らしておくと活着がよい。

植え溝にモミガラ堆肥と魚粉

　前述のように、日当たりがよく、水がかけられ、かつ水はけのよい畑を選ぶ。水はけの悪い畑でもできないことはないが、追肥や土寄せ作業を適期にできない場合があるし、深植えすると植え溝に水がたまって土が温まらず生育が遅れる。

　私の場合、ウネ間は125cm、株間60cm（第4図）。鍬で深めに溝を切り、そこにモミガラ堆肥と魚粉を振り、さらに60cmおきにスコップで穴を掘り、そこに苗を植えていく（第5、6図）。

　翌日が雨の予報でないときは、定植後通路にたっぷり灌水する。できれば定植後に不織布のべたがけをかけてやると生育が進む。私の畑ではカラスに苗を突かれることがあって、それでべたがけをかけることもある。

通路に米ヌカで追肥と抑草

　活着したころに通路に米ヌカを振って中耕しておく。この米ヌカは追肥と抑草の役割がある。ロータリをかけて植え溝にこぼれない程度なら景気よく振ってけっこう。通路1m当たり2kgぐらいほしい。3週間ぐらいして米ヌカの姿がわからなくなったら軽く土寄せして植え溝を埋める。その後すぐに再び米ヌカを同じぐらい振ってロータリ。この米ヌカが分解したら本格的に土寄せを開始する。

　土寄せは2〜3回行なうが、梅雨明け前に最終土寄せを終わらせる。あとは乾燥時に通路に

787

野菜

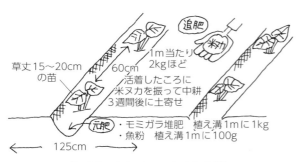

第4図 サトイモのウネと施肥

第5図 定植後の乾燥は生育を著しく遅らせるので、しっかり水をかけてから定植

灌水するだけ。私は用水からサイフォンの原理を使って水をかけている。通路に少々草が生えてもサトイモが巨大化すると日陰になって消える。

　害虫はアブラムシとハスモンヨトウとセスジスズメの幼虫がつく。アブラムシはたいして問題にならない。ハスモンヨトウは見つけしだいつぶさないとサトイモだけでなく、近くの野菜も食い散らかす。ただ、田んぼの近くだとほとんどをカエルが捕食してくれているようだ。

　7月中に背丈近くになっていれば順調。最終的に草丈は2m近くまで大きくなる。

収穫と売り方

　天候がよければ9月の上旬には孫イモが太っている。孫イモが売れるようになったころから販売できる。

　子イモに関しては孫イモより火がとおりにくいので、本来一緒に売るべきではないと考えているが、私の場合なるだけ孫子をバラさず売るようにして、火のとおりにくい子イモから先にゆでるよう説明している。

　ちなみに、子イモは寒くなるほど火がとおりやすくなる。これは気温の低下とともに呼吸作用が低下してデンプンを蓄積しやすくなるためだろう。氷点下になるころには一緒に売っても問題ないかもしれない。

畑貯蔵で1月までもつ

　サトイモはサツマイモよりはるかに寒さには強く、凍みさえしなければ凍害は受けにくい。

第6図　植え穴を深く掘って苗を植える
地上部は埋めずに根鉢だけ埋める

種イモ用に埋けるのも、氷点下の最低気温が続くようになってからでよい。私は年末に埋けることも多いが、寒さで種イモがダメになったことはない。

　販売用のイモは、地中30cm以下に埋ければ春まで大丈夫だが、大量に埋けるのは大仕事だ。このため私は、1月までに売るサトイモは掘らずにウネの上にモミガラを分厚くかけ、その上にマルチを張って保温している。ただ、この貯蔵法は1月いっぱいが限界。2月以降に売りたければ、やはり深い穴を掘るか、サツマイモのようにモミガラの中に貯蔵するしかなさそうだ（「農家のサツマイモ栽培」の項参照）。

追肥のタイミングは雑草の顔色で見極める

執筆　桐島正一（高知県四万十町）

たくさんの品種の味を楽しむ

　私の地域では昔から種イモを交換したり、分けたりして古い品種が残っている。私も古い品種から新しい品種まで数多くつくっており、種イモはほぼ100％自家採種している。

　早生の'石川早生'や'赤芽子芋''土だれ'をはじめ、それ以降の'セレベス''白どう芋''たけのこ芋''八つ頭''赤芽えび芋''赤芽芋'などなど。それぞれ味もちがうので、出荷先や時期に応じて作付けしている（第1図）。

水の多い畑で高ウネ栽培

　植付け時期は、基本的にはどの品種も同じ。収穫開始は、早生イモが最初で、次に'セレベス''赤芽えび芋''赤芽芋''たけのこ芋''白どう芋''八つ頭'の順になるが、とり終わるのは同じくらいになる。

　サトイモは水を多く必要とする野菜なので、ほかの野菜がつくりにくい水の多い（地下水が高い）畑が適している。ただし、ウネを立てるのは春先の乾燥したとき。水分が多いときに耕うんすると、土を練ってしまうからだ。

　少し高ウネにし、植え穴を深くしてその中へ

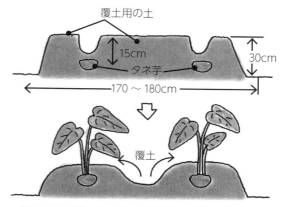

地下水位の高いところでは高ウネにして植え穴を深く掘って種イモを植える。その後、条間の土を覆土する

第2図　サトイモのウネのつくり方、植え方

植えるようにする。高ウネにするのは、水の多いところでも、常に空気と水がほどよくある環境にするためである（第2～4図）。

　また、排水のよい畑では、ウネをつくらずに植え、覆土のときにウネをつくるようにしていくと、水が保たれて吸水しやすくてよい。

　植付け時期は4～5月である。ウネ幅1.7～1.8mに、早生イモは2条植え、そのほかの品種は1条植えとする。株間は'たけのこ芋''白どう芋''赤芽えび芋'など株が大きくなる品種は60～70cm、'赤芽芋''セレベス'など中間的な品種は50～60cm、'八つ頭'など株の小さい品種は40～50cmくらいとする。

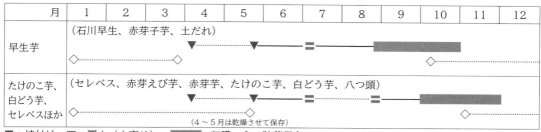

▼：植付け　＝：覆土（土寄せ）　■：収穫　◇：貯蔵保存

第1図　サトイモの栽培暦

野菜

第3図 水の多い畑で高ウネ栽培
（写真撮影：木村信夫、以下Kも）

第4図 植え穴を深くして植える（K）

第5図 株ごとの大きさにあわせて鶏糞を施す
（写真撮影：赤松富仁、以下Aも）

大きく、味よく育てる有機施肥のやり方

(1) 初期はポイント施肥で根を伸ばす

次に、「初期の肥料」と追肥について。初期の肥料とは、植える前後の1～2回の肥料のこと。前作で残った肥料分が少ない場合には、植える前にウネの上だけに少し肥料を入れる。量は鶏糞を10aで20袋（1袋15kg）ほどである。

植えたあとに肥料をやる場合は、植えてすぐ、寝かせ植えした種イモの芽の反対側に、根を出すための肥料をちょっと施す。

その後10日くらいしたら2回目の肥料を少し離れた場所（条間）へ入れ、根を伸ばすようにする。品種によるちがいはあまりないが、栽植密度のちがいで肥効をコントロールできる。

(2) 追肥は株ごとに葉色、雑草の色を見て

追肥は1～2回、サトイモの株の大きさを見て行なう（第5図）。品種の標準的な大きさから見て、株が大きければ肥料は多く、小さければ少なくやる。株が小さいからと肥料を多くやると、株やイモは大きくなるが、収穫後にイモが軟らかくなったり、エグ味が出たりする。

1回の追肥の鶏糞施用量は、多い場合で200～300kg/10a、少ない場合で150kg/10aくらいとしている。

追肥は8月初旬にはやめるようにする。とくに早生の品種は7月下旬ごろまでにやめる。遅くなると肥料があと効きして必ずエグ味が出る。

追肥の目安は、葉色が薄くなる前。肥料が切れると外葉から緑が薄くなってくるが、株全体が薄くなってからでは遅く、イモがいびつな形になる。株元の雑草を見て、色がさめてきたときに株の大きさにあわせて肥料を入れる（第6図）。

茎が軟らかくなる前に灌水を

サトイモは水が多くいるので、日照りが4～5日続いて、乾いてくれば水をかける。水不足になった株は、新芽の色が濃く、外葉が薄くな

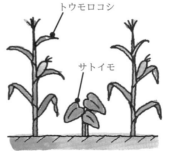
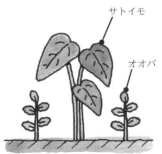

初期はトウモロコシの日陰になって葉焼けしない。トウモロコシは収穫後、残渣をマルチに

オオバ（青ジソ）はちょうどよい日陰になってきれいなものが長くとれる

第7図　サトイモの混植の例

第6図　7月上旬のサトイモ（A）
雑草の色がさめてきたときに追肥する

ってくる。また、地際から30cmくらいの高さのところをギュッと握ると、茎（葉柄）がスポンジのように軟らかくなってくる。このように乾燥させると、肥料切れと同じようにイモの形がいびつになり、硬くなったり、ゲジイモ（ガシガシした食感）が多くなるので注意する。

収量は覆土（土寄せ）で決まる

　土の中にできる野菜の多くは、覆土をしないとイモに光が当たって青くなり、小さなイモがたくさんついてしまう。覆土することで一つひとつが大きく丸いきれいなイモになる。
　サトイモも覆土のしかたで収量が決まる。時期はだいたい7月ぐらい。ウネの条間に管理機を入れて行なう。覆土はイモに3cm以上かぶるようにすればよい。その後、イモが土から出てくれば、その場所だけ手で軽く土を盛る。

サトイモは混植がおもしろい

（1）トウモロコシやエダマメとの混植

　サトイモはいろいろな野菜と混植できる野菜だ（第7図）。植付けは4～5月だが、株が大きくなるまでの2か月間はウネ肩部分にトウモロコシやエダマメなど早く収穫できる野菜を植えることができる。
　サトイモは初期にあまり光が強いと葉が焼けてしまうので、日陰になるくらいがちょうどよく、混植することで、その後の生育もよくなる。また、トウモロコシやエダマメは7月ごろに収穫するが、収穫残渣を株元へマルチしてやると、真夏の乾燥防止にもなり一石二鳥である。

（2）きれいな青ジソが1か月長くとれる

　オオバ（青ジソ）をサトイモの定植と同時に株元にまくと、きれいな葉がふつうより1か月近く長くとれる（9月初めまで）。サトイモの葉っぱでちょうどよい日陰ができ、さらに短日植物の青ジソを初期から半日陰で育てることで、花芽分化を遅らせることができるからだ。

収穫のタイミングと貯蔵

　早生イモは8月下旬から、そのほかの品種は10月初めから少しずつ掘って収穫していく。最後は霜が降りる前で、11月中下旬には掘り上げる。サトイモはわりと寒さに強いので、コンテナに入れてビニールをかけて、ショウガ貯蔵用の壺で保存する。

野菜

第8図 わが家で育てているおもなサトイモ
種イモはほとんど自家採種している

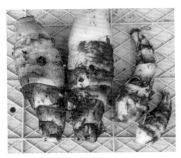

第9図 たけのこ芋（K）

わが家のサトイモ9品種

サトイモは大きく分けるとしっとり系とホクホク系があり、地域によって好まれるタイプはちがい、関東ではしっとりした軟らかいイモ、関西ではホクホクしたイモが好まれるようだ。

この二つのタイプは、栽培面でも異なるところがある。サトイモは基本的に水が好きで乾燥に弱い野菜だが、ホクホク系は比較的乾燥に強く、しっとり系は弱い傾向がある。

以下、私がつくっている9品種について、順に特徴を述べてみる（第8図）。

（1）ホクホク系で寒さや乾燥に強い'芽赤芋'

'芽赤芋'（本当の名前は不明）は昔からある品種で親イモと子イモの両方食べられる。子イモの形が三角形に近い比較的小さなイモで、味はホクホクしていておいしい。ただ年によっては親イモが「ゲジイモ」（ガシガシして硬い）になりやすいことがある。

株はそれほど大きくならないので株間は50～60cm。収穫時期は10月初めからの中生で、寒さや乾燥にわりと強くつくりやすい。

（2）ホクホク系で直売で人気'たけのこ芋'

京芋のひとつで親イモと子イモの両方食べられ、どちらも大きくなるので多収できる。大きいものは長さが40cmを超えるイモができる。味はホクホク系で独特の風味があり、おいしく、肉質が緻密で煮くずれしにくいので煮物に向いている。宅配では人気の高い品種だ（第9図）。

株が大きくなるので株間は60～70cm。後半肥料が切れるとイモが大きくならないので、元肥を多めに入れておく。乾燥にも強くつくりやすい。

（3）しっとり系で子イモが多くつく'赤芽子芋'

'赤芽子芋'も昔からの品種（本当の名前は不明）で、名前のように赤い芽をしている。親イモは食べられないが、子イモが多くつく。粘り気があり、軟らかくてツルツルした食感で食べやすくておいしい。

イモが小さくなりやすいので元肥を少し多めに入れる。ただし、早生で収穫時期が9月初めと早いので、肥料が残るとエグ味が出る。またイモのつき方にもムラが出やすい品種である。株間は50～60cm。乾燥には若干弱いと思う。

（4）中間タイプで味はいちばん'白どう芋'

子イモが極端に少ないので親イモを食べる。独特の風味で、肉質がきめ細やかで口当たりがよく、私のいちばん好きな味である。ホクホク系としっとり系のちょうど中間タイプだと思う（第10図）。

白芽で大きな株になるので株間は60～70cm。イモが生育後半に肥大する晩生で収穫時期は11月初め。乾燥には少し弱いので、

品目別技術　サトイモ

第10図
白どう芋（K）

なるべく地下水の高い畑に植えている。

（5）ホクホク系で葉もきれい'八つ頭'

すごくホクホクしていて親イモと子イモ両方食べられる。葉がとてもきれいなので高知県では切り花としてつくる人もいるほどだ。

株が小さいため株間は40〜50cmと狭く、乾燥にも比較的強くつくりやすい品種である。ただ10月後半になると硬くなるので9月中旬〜10月中旬ごろまでに掘るようにする。

（6）ホクホク系で高知県で人気の'セレベス'

ホクホクしていて軟らかく、独特の風味がありおいしい。イモから出る根がとりやすいので調製作業もラクにでき、また、手もかゆくならないので料理もしやすい。高知県では人気があり、栽培の80％くらいがこの品種だと思う。

親イモも子イモも食べられるので比較的多収でき、乾燥にも強いのでつくりやすい。株は中間的な大きさなので、株間は50〜60cm。収穫は9月中旬から。

（7）ホクホク系で直売いちばん人気'赤芽えび芋'

京芋のひとつで赤い芽をしている。葉だけでなく根まで赤く、切ると赤い液が出てくる。すごく強健で大きく育ち、乾燥にも強くつくりやすい。株は丈が3m近くなることもあるので株間は70〜80cmと広くする。早掘りすると細長い小さなイモになるので収穫は11月にはいってから。肥料を多めに入れ

第11図
大きな株になる赤芽えび芋の収穫（K）

ると大きくなるので多収できる（第11図）。

ホクホク系だが、そのなかでは比較的しっとりしていて食べやすく、風味がある。親イモより子イモのほうが味がよく、直売ではもっとも人気がある。ただ根が強くイモの上から下までビッシリ生えるので収穫や調製作業がしにくい。

（8）ホクホク系で調製作業がラク'赤芽芋'

名前のとおり'芽赤芋'に似ている。親イモも子イモも食べられるが、子イモの数が少ない赤芽の品種だ。イモから出る根がとりやすいので調製作業はラクである。

株間は50〜60cmで、収穫は10月初めから。味はホクホクとして軟らかく、おいしい。ホクホク系だが、やや乾燥に弱いと思う。

（9）しっとり系で収穫期間が長い'石川早生'

親イモは食べられないが、きれいな子イモがたくさんつく。株が小柄で株間は40〜50cm。早生なので、うまくいけば8月中旬から収穫できる。この品種のおもしろいところは、早生なのに11月まで待つと大きな味のよいイモがとれるところ。遅掘りで多収をねらう場合は株間を60cmくらいに広げておく。ただ乾燥には少し弱いと思う。味はしっとり系で粘り気があり、軟らかくツルツルしておいしい。

野菜

サトイモの湛水ウネ立て栽培
——収量倍増で乾腐病も抑えられる

執筆　池澤和広（鹿児島県農業開発総合センター）

第1図　湛水ウネ立て栽培
湛水1か月後の様子

サトイモの湛水ウネ立て栽培

私どもの研究グループでは、優良種イモの生産技術の確立を目指して「サトイモの湛水ウネ立て栽培法」を開発しました（第1図）。

葉数が4枚程度に生長した6月上旬から約3か月間、サトイモのウネ間に水を少しずつかけ流しながら湛水する簡単な方法です。

生産面では、サトイモが湿潤条件下にあることで根量が増え、無機養分の吸収も促進されます（第2図）。さらに、蒸散量も増加して葉温上昇が抑えられ、光合成速度が高まり（第3図）、イモの個数や重量が増加します（第4、5図）。

孫イモまで広がる感染力

湛水ウネ立て栽培法ではさらに、乾腐病の被害を軽減できる可能性があきらかになりました。

サトイモは連作障害の影響を受けやすい作物の一つであり、これにより生育不良となり収量も大きく減少してしまいます。おもな要因はセンチュウや乾腐病などの影響が大きいといわれます。

乾腐病を引き起こす病原菌はカビの一種であるフザリウム属の菌、フザリウム・オキシスポラムで、病害の被害残渣を含む土壌では複数年生存します。ですからサトイモは畑地では4〜5年、水田でも3〜4年の輪作で生産されています。

そのほか、罹病した種イモも伝染源となります。生育中に種イモから親イモへと感染して、発病すると、さらに子イモ、孫イモへ感染が拡大します。

病状はイモの表面が赤変して腐敗し、地上部が生育不良となります。イモの中心部に赤い小斑点が発生し、激しい場合は中心部がスポンジのようになり、ついには空洞化します。

収穫時に親イモから子イモ、孫イモを分離した傷口から病原菌が侵入し、出荷後、高温多湿条件下で腐敗が発生する場合もあります。

湛水栽培法と乾腐病の発生状況

2017年度の湛水ウネ立て栽培法の試験では、乾腐病が発生したイモの割合は、'石川早生丸'では慣行栽培で3.9％、湛水栽培で0.1％。'大吉'では慣行栽培で4.7％、湛水栽培で0.2％となり、両品種ともに乾腐病の発生が抑制されています（第6、7図）。

湛水で病原菌が酸欠に？

鹿児島大学農学部の研究では、土壌中に乾腐病原菌を混和し、慣行の畑作状態と湛水状態を設けてサトイモを植え付け、定量PCR法（分子生物学的解析）により病原菌の増殖推移を調査しました。

結果、畑作では病原菌が100倍以上増殖したのに対し、湛水すると10倍以下の増殖に留まりました（第8図）。湛水栽培による病原菌の殺菌効果はないものの、増殖を抑制する効果が認められます。

湛水すると、土壌中の酸素が減少して還元（酸欠）状態となり、乾腐病の病原菌が増殖で

第2図　根の断面
（写真撮影：赤松富仁）
湛水栽培すると通気組織が発達。品種は大吉

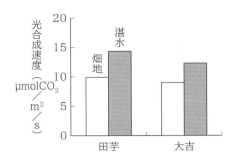

第3図　湛水処理が光合成速度に及ぼす影響（2012年10月7日）

きない環境となっていると考えられます。

芽つぶれや裂開症も出ない

湛水栽培では、乾腐病やセンチュウなどの被害を抑制するだけでなく、カルシウム欠乏による芽つぶれ症や、イモの肥大期に乾燥と湿潤を繰り返すと生じる裂開症などの障害もほとんどありません。

無病の種イモ利用が重要

乾腐病は種イモから伝染するので、農薬による種イモ消毒がされています。しかしながら、イモの表面に付着した病原菌には効果が期待できますが、イモの内部に侵入した菌には効きません。安定生産には無病の種イモを用いることが重要です。本栽培法によって乾腐病の被害を受けにくい健全な種イモ生産も可能になります。

ある程度の地下浸透は必要

しかし、水さえ溜められればどんな条件の水田でもよいわけではありません。

湛水条件下でも、サトイモは根に破生通気組織が形成されるので酸素が行き届き、湿害は発生しません。しかし水がまったく地下浸透しない圃場では、還元状態が強くなり、根が呼吸できなくなります。ま

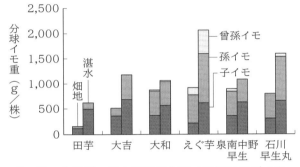

第4図　各品種で湛水処理が分球イモ重に及ぼす影響（2011〜2013年における4試験の平均）

第5図　湛水栽培すると生育が旺盛になる
湛水処理開始後112日目（2012年9月29日）。背景の横線の間隔は20cm

795

野菜

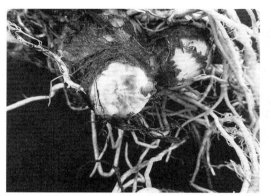

第6図　湛水栽培のイモ
病原菌に汚染されずきれいな白色

第7図　畑作のイモ
子イモの基部が乾腐病で褐変している

た収穫時に土壌水分が多すぎると作業性が劣ります。ある程度、減水深が大きい、水が地下浸透する圃場が適しています。

水田の多面的機能を活用した栽培法は、これからの農業に大きく貢献できるものと期待されています。

(『現代農業』2015年7月号「サトイモの水田栽培で収量2倍」、2018年6月号「サトイモの乾腐病　ウネ間湛水で抑えられる」より)

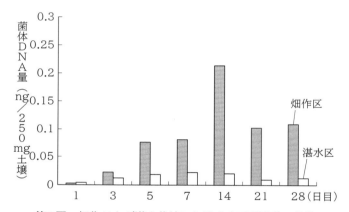

第8図　畑作および湛水栽培における病原菌増殖の推移
湛水区は湛水開始から1か月後でも病原菌の増殖がわずか。畑作区より大幅に低い（鹿児島大学、中村、2017）

品目別技術 サトイモ

サトイモの水田栽培をもっとラクに

執筆　安野博健
（（公財）自然農法国際研究開発センター）

高温少雨に強く、多収できた

自然農法国際研究開発センターの知多草木農場（愛知県）は、粘土質の灰色台地土で泥炭層が発達し、サブソイラでの心土破砕もままならない水田地帯です。水稲栽培は比較的容易ですが、自然農法を普及するには、透水性の低い水田地帯での田畑転換栽培の技術も求められます。

そこで、当地域の土壌条件を活かした田畑転換方法を模索。「サトイモの水田栽培」に着目し、2016～2018年の3年間、検証しました。

湛水栽培（水田栽培）では、サトイモの葉身が2～3枚出たころからウネ間に水を張り、梅雨が明けたら生長に応じて最大で水深15cmほどで管理しました（第1図）。

当地域では、例年7月中旬～9月上旬に最高気温が30℃を超える日も多くあります。さらに8月の降水量が少ないと、地域用水は取水制限されます。2018年はまさに夏場が高温と少雨の年でした。対照区として従来の畑地栽培をしたサトイモは、頻繁には灌水できず、葉がしおれぎみで、湛水栽培よりも収量が減りました（第1表、第2図）。

植付けと収穫を大幅に改善

湛水栽培を試行錯誤して、おもに改善したのは第2表の（1）～（5）です。

（1）耕うんと有機物の施用は、気温が上がって土が乾く時期を見計らう

粘土質なので、湿った状態で耕うんすると、土を練り固めてしまいます。すると、物理性が悪くなり、有機物の分解も進みません。

（2）水はけをよくするために高ウネが必須で、種イモはやや深植え

水を張ると土寄せができないので、深植えにしました（第3図）。

（3）マルチ裾でウネ間を覆って、除草の省力

マルチの上に水を張ると、隙間から染み込みます。

（4）植付け時期を早める

サトイモの発芽とイモの肥大には14℃以上必要です。当地域の平均気温でこの温度を確保できるのは、4月10日ころから10月末までなので、2018年は植付け時期を適温内の早限（4月中旬）に早めました。秋口のイモの肥大期を確保するためです。

（5）収穫時は油圧ショベルを利用して省力

2016年はイモ掘り器の「掘ったろう」（鍬）で収穫し、60株（ウネ長30m）掘り起こすのに約1.5時間もかかりましたが、借りてきたバックホーを使うと8分ですみました（第4図）。

第1表　2018年の収量

品　種	栽培法	可販収量 (g/m²)	重さごとの割合（%）				
			規格外 (20g以下)	21～30 g	31～40 g	41～60 g	61g 以上
愛知早生	湛水栽培	806	37	15	9	20	18
	畑地栽培	670	35	21	22	18	4
品　種	栽培法	可販収量 (g/m²)	規格外 (40g以下)	41～80 g	81g 以上		
セレベス	湛水栽培	1,146	33	40	27		
	畑地栽培	636	34	54	13		

注　湛水栽培は収量が多く、大きな（重い）イモがたくさんとれる

野菜

第1図　2018年の湛水栽培
ウネ間に水を張ったおかげで、順調に生育

第2図　2018年の畑地栽培
気温が高く、雨が少ないので、葉がしおれぎみ

第2表　湛水栽培の改善

作　業	2018年（改善内容）		2016年	
	実施日	方　法	実施日	方　法
全面耕うん	2/26	トラクタ（26PS）で耕深10cm	前年11月	同左
(1) 有機物の施用		―		草質堆肥を耕うんの前に300kg/a全面散布
	2/27	ウネ立て部分に草質堆肥を300kg/a帯状に施用し、すき込まない	3/30	EM発酵堆肥（米ヌカ、魚粉、油粕を2か月以上嫌気発酵）を10kg/a全面施用し、トラクタで深さ7～8cmに耕うん
(2) ウネ立て	2/27	管理機に跳ね上げローターと培土板を装着して、堆肥と堆肥の間（ウネ間）を土上げ	3/30	管理機に跳ね上げローターと培土板を装着して土上げ
		ベッド幅60cm・ウネ高30cm		ベッド幅150cm・ウネ高15cm
(3) マルチ張り	3/7	黒マルチでウネとウネ間を覆う	4/5	黒マルチでウネを被覆して裾は埋めない
(4) 植付け	早生種4/10晩生種4/17	1条、株間50cm、深さ15cmの穴をあけて定植	4/25	2条、株間50cm、深さ10cmの穴をあけて定植
ウネ間湛水	5/22～10/4	葉身が2～3枚出たころに水深5cm程度に。生長に応じて、最大で水深15cmほどで管理	5/20～9/30	同左
追　肥	5/22	EM発酵堆肥を10kg/a株元に施用	―	―
追　肥	7/20	マルチの裾をウネ肩までめくり上げ、EM発酵堆肥を10kg/a地表面に施用	7/21	同左
除　草		2週間に1回ほど、株元のみ草を抜く		株元とウネ間の草を抜く
中干し	7/20～26	マルチの裾をめくり上げ、田面に亀裂が入るまで干す	7/21～29	同左
落　水	10/5	マルチの裾をめくり上げ、水尻を切って排水	10/1	同左
(5) 収穫	早生種11/1晩生種12/13	バックホーで掘り上げ、手作業で子イモを分離	12/15	イモ掘り器「掘ったろう」で掘り上げ、手作業で子イモを分離

品目別技術　サトイモ

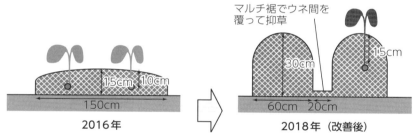

第3図　湛水栽培の作付けの改善

2016年も2018年もマルチの上に漁網をべたがけし、裾をペグで留める。これでマルチは飛ばない

*

以上の点を改善したことで、1a当たりの労働時間は2016年の7割減となりました（第3表）。子イモの分離は3年間とも手作業で、60株に3時間も費やしましたが、鹿児島県農業開発総合センターで子イモ分離機が開発されたので、さらなる省力が期待できます。

（『現代農業』2020年7月号「水田栽培をもっとラクに」より）

第4図　バックホーでイモを掘り起こすことで、収穫時間が大幅に減った

第3表　労力1人・1a当たりの労働時間（単位：hr）

作　業	2018年	2016年
有機物の施用	1.7	0.4
ウネ立て	6.7	15.4
植付け	4	15
株元とウネ間の除草	2.8	24.6
追　肥	0.8	0.8
収穫（掘起こし）	0.4	5
子イモの分離	10	10
イモの洗浄	—	21.3
合　計	26.4	92.5

注　2018年は、土が乾く時期に耕うんしたのでウネ立ての時間が短縮。ウネの状態がよく、1ウネ2条植えから1条植えにしたので、植付けの作業効率が上がった。高ウネで乾きやすく、イモに泥がつかないので洗浄しないですむ

野　菜

農家のショウガ栽培

育苗して収量倍増

執筆　東山広幸（福島県いわき市）

第2図　育苗栽培で収量が倍増したショウガ

なるべく早く植え、初期生育を促す

　熱帯原産のショウガは、とにかく発芽に時間がかかる。塊茎や球根類のなかではおそらくダントツで出芽が遅く、かつ温度も必要な野菜である。寒地ではサトイモ同様、生育期間を伸ばすことが収量増加につながる（第1図）。

　これまで「ショウガまで苗をつくって植える気はしない」と思って、芽出しした種ショウガをなるだけ早くマルチに植え、初期生育を促すことが重要だと、さまざまな方法を試行錯誤してきた。しかし、やはり決定打といえる方法はなく、結局、育苗にいき着いた。その結果、育苗に手間は食うものの、収量がいきなり倍以上となって、育苗栽培の威力を思い知らされた。以下、育苗の方法と移植後の管理について解説する。

芽出し種ショウガを無マルチ栽培

　多くの根菜類は、地上部と地下部の大きさが比例しない。ただ、ショウガだけは地上の茎が太くて長いほどショウガの1かけが大きく、茎数が多いほどショウガの分節が多くなる（第2図）。

　種ショウガは植付け時の大きさに割って芽出しをする。私のところでは4月の上旬ころだ。大きな塊で芽出しをしても、1株に1〜2本の芽しか伸びないので、そのままではタネとして使えない。

　割った種ショウガは、湿気ったくん炭かモミガラを入れたプラスチックケースの中に何段かに並べ、それをモミガラ山の上に埋（い）けておく（第3図）。たまにフタを開けて芽の伸び具合を確認する。サトイモに比べるとかなり芽の伸びが遅いが、伸びすぎると鉢上げに支障があるし、その後の管理にも苦労する。

　芽は1〜2cm、根が2〜3cmに伸びたころが鉢上げ適期である。鉢上げ時に土から上に出た芽は、正常に伸びないものが多い。

　ポットは9〜12cmの間で、種ショウガ片の大きさに合わせて決める。鉢上げしたポットはハウス内に並べ、日中は気温が上がり過ぎないよう、夜間は冷えないよう管理する（第4図）。

　イネ用の保温シートのトンネルの上に遮光ネットをかけるなどして工夫する。

　発芽（出芽）は5月下旬から6月ころになる。発芽してきたポットは保温シートから出し、ハウス内で20cmほどになるまで管理する。6月中に定植できれば、直植えよりもはるかに多収できる。

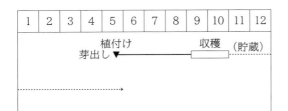

第1図　ショウガの栽培暦

品目別技術　ショウガ

第3図　種ショウガは湿ったくん炭を入れて排水用の穴を底にあけたプラスチックケースに入れ、モミガラ山の中に埋けて芽出しする

第4図　ハウス内で育苗中のショウガ苗

モミガラ堆肥を振ってウネ立て

苗は定植の数日前から外気に慣らす。定植は早くても6月になるので、前作に'ヘイオーツ'やヘアリーベッチなどの緑肥を取り入れてもいいが、1週間以上前にハンマーナイフをかけ、ロータリできれいにしておく。

肥料は植え溝に魚粉とモミガラ堆肥を適当に（堆肥は100kg/aほど）。のちのち追肥、土寄せするので、ウネ間は80cm。種ショウガの大きさにもよるが、株間は30～40cm。定植が6月前半にできる場合は、大株になるので、株間40cm以上必要だろう。

定植後はなるだけ早くウネ間に米ヌカ（1m当たり1kg前後）を振って管理機ですき込む。これが1度目の追肥と草よけになる。

米ヌカが分解したころ、中耕・土寄せをする、土寄せは2回くらい行ない、2回目は魚粉を振って2度目の追肥とする（1mに200～300g）。このあとウネ間に75cm幅の防草シートを敷き、長めの留めくしでシートを固定する。土寄せした軟らかな土に刺すので20cm以上の長さが必要だ。私は折れたパオパオ押さえくしを使っているが、ない場合はタケの節を残した状態で割れば、容易に固定用のくしがつくれる。

防草シートを張ったあとは、土の部分にモミガラを厚く敷いて雑草よけとする。あとは乾燥したときに防草シート上に水を走らせて灌水する。

ショウガの株が大きくなってきて防草シートにかかるようになってきたら、株張りの邪魔にならないようシートをずらす。

収穫と貯蔵

葉ショウガは8月から収穫できるが、根ショウガは9月からとなる。ショウガの塊茎は地上部の大きさにほぼ比例する。霜が降りるまでは、畑に置いてなるだけ太らせてから順次売っていく。

弱い霜程度では傷まないが、初霜が降りたら、貯蔵したほうがいい。収穫後、葉を切り落として土を落とし、湿気ったモミガラを敷いたコンテナに並べ、モミガラと数段にサンドする。このとき、乾いたモミガラではショウガがカビるので、かならず古い湿ったモミガラを使うのがミソである。

びっしりコンテナに詰めたら、日当たりのよい場所に並べ、湿ったモミガラで埋め、さらに新しいモミガラを断熱材としてたっぷりかける。寒い地域では発熱材として新しいモミガラを数十cm敷いてからコンテナを並べたほうがよいかもしれない。

野菜

ウネ土の管理と追肥判断で太らせる

執筆　桐島正一（高知県四万十町）

大きすぎず地際部が赤いショウガ

ショウガは、栽培期間が4～11月までと長いが、一度掘れば貯蔵して一年通して出荷できる。宅配や業者直送に欠かせない野菜だ（第1図）。

2こぶで重さが100～120gになるようにつくっている。宅配のお客さんには、薬味に使う人が多いので、2～3回で使い切れる大きさがよいようだ。大きすぎると残りを腐らせてしまう。

ジンジャーシロップなどの加工に使う場合には、大きいほど作業がラクになるが、きめが粗くなり、また水分の多いものになる。

収穫したときに、茎が濃い緑色で、地際の部分が赤く、ショウガ本体は少し黄色がかった白になるようにしたい。とくに地際部分の赤みがくっきりと出ているのは、アントシアン色素で、寒さから身を守るために体を濃くしている現われで、味が濃い。

有機栽培では根茎腐敗病は少なく、雑草とヨトウムシが問題

ショウガでこわいのは根茎腐敗病である。普通栽培では土壌消毒をしても発病することがあり、収量が大きく左右される。しかし、有機栽培では、この病害の影響はあまりないようだ。土壌中の微生物のバランスがよいからだと思う。

それよりも、雑草とヨトウムシの害が心配である。後述のように、草とりは7月までこまめに行ない、ヨトウムシ対策には大きい種ショウガを使うことにより、芽が2～3本出て、食害にあっても一次茎が確保できるようにしている。

畑選びと輪作、ウネ、通路の排水対策

畑は、水はけのよいところが適している。また、私はショウガを3か所以上、別々のところに植えるようにしている。これは病気や害虫の影響を分散するためである。

ショウガは連作を嫌うので、同じ畑は5年以上あけて栽培する。ショウガを10aつくるには、50aでほかの作物と輪作していく必要がある。

ウネ立てで大事なことは排水である。その際に私は、ウネの高さよりも通路を重視している。通路の両端を鍬で軽くけずり、中央部より少し低くしている。こうすることで、雨が降っても通路に水が溜まらず、早く畑の外へ流れ出させることができる。溜まり水が残ると根腐れや根茎腐敗病が出やすくなる。なお、管理機を使って除草しているので、ウネ幅を少し広げている（1.8～1.9m）。

大きな種ショウガを土寄せで肥大させる

ショウガの植付け時期は4月中下旬である。種ショウガの大きさは、普通栽培では100g前後であるが、私は150g前後にしている。無農薬・有機栽培では土壌消毒ができないので、1芽がヨトウムシなどにやられても、もう1芽が生き残るように、平均で2芽出るような大きさにしているためである。

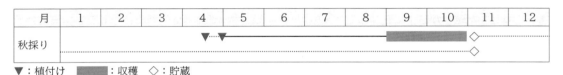

第1図　ショウガの栽培暦

植えるときは種ショウガを少し立てるようにする。これは、芽が出る位置がそろうようにするため。また、種ショウガを割ったのち、常温で1週間くらいおいておき、芽出しをしてから植えている。そうするとそろいがよくなる。

植え方は第2図のとおりで、植えたのち、ウネの真ん中を高くする。ショウガは大きくなると、根茎が上へ上へと出てきて、地表面に出てしまうと肥大が極端に悪くなり、青く変色したり、小さなこぶだらけになってしまう。「ショウガは土で太らせる」といわれるが、ウネの真ん中を高くするのは根茎が表面に出ないように、そのつど覆土していく土を確保するためである。

新葉の緑が薄くなる前に追肥

以前は鶏糞を株間に置き肥する方法だったが、ショウガが大きくなって鶏糞に近づくと、鶏糞の色がつくのか表皮が少し黒くなって洗うのが大変だった。そこで今は、種ショウガを植える部分に土と混ざるように鶏糞を入れている。ウネ立て後に、鶏糞をすじまきし、小型管理機で軽く混ぜる方法だ。ウネの全面全層にまくと10a当たり70袋（1袋15kg）もの鶏糞が必要となるが、この方法なら20袋ですむ。

追肥は植付け後1か月半くらいたったら、1回目を2条植えの条間に入れる。次はショウガの様子をみて通路に入れていく。

追肥のタイミングは、葉色などをみるが、ショウガはそれほど大きな変化がない。ただ、肥料切れすると生長点から4〜5枚目までの葉色が薄くなってくる。このとき畑全体を見渡すと、下葉の色が濃くみえるようになるが、こうなってからの追肥では遅すぎて、根茎が肥大しにくくなってしまう。新葉の緑色がつねに抜けないように、観察し追肥することがたいせつだ（第3図）。

4日以上雨が降らないときに灌水

灌水は真夏に4日以上雨が降らないときに行なう。乾燥が続いてもショウガはほかの野菜

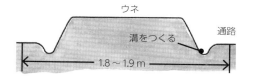
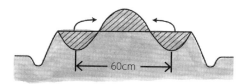

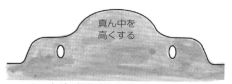

ショウガの根茎は地表面に出てくるのでウネの真ん中の土を覆土していく

第2図　ショウガの植え方と植える位置

第3図　生育のよしあしの見方
（写真撮影：木村信夫、以下Kも）

左：茎が太く長く、新芽がずんぐりしている株は根も大きく育つ
右：新芽が細く葉が下から出ているものは根の育ちが劣る

野菜

のように葉が極端にしおれることはないが、晴天が1週間も続くと、新葉が巻いてくる。こうなって葉が弱ると根茎の肥大が悪くなってしまう。私は水道水の圧力でまわる移動可能なスプリンクラーを使っているが、臨機応変に手軽に灌水できて、とても便利である。

　草引きはおもに7月ごろまでこまめに行ない、通路と条間に管理機を入れて除草する。7月以降はショウガが大きくなるので草もそれほど生えてこない。7月になったら管理機に25cmのウネ上げ刃をつけて、条間の土を株元に寄せて、小さい芽を覆土で隠す。

早掘り、本掘り、貯蔵で長期出荷

　9月中旬ごろから少しずつ掘って出荷していくが、本掘りは10月下旬がよいと思う。大きいものをとろうと11月に入ってから掘りとると、冷害を受けることもある。掘りとったときはきれいでも、貯蔵中に腐りが出る。

　貯蔵方法は作業場の山に横穴を25mくらい掘り、その中へ入れている（第4図）。一年中温度が13℃くらいで変わらないのでショウガには最適である。ここに置けば、1年以上鮮度を保って出荷できる。3月ごろから新芽が出るが、これも甘酢漬けなどにしておいしく食べている。

シロップやお菓子など加工の楽しみも

　なお、これからの農家は野菜をつくって売るだけではなく、加工も取り入れたほうがよいと思う。とくにショウガは加工するのにおもしろい野菜だ。わが家ではショウガを水で煮出した液に砂糖を加えた「ジンジャーシロップ」をつくり販売している（第5図）。

　また、シロップをしぼったあとのショウガを使い、砂糖を加えて加熱、乾燥させてピール状にしたものを「黒生姜」とネーミングして販売している。ショウガは煮出したくらいでは辛さが残るので、甘味と辛味の楽しめるショウガのチップスとしてよろこばれている。

第4図　山に横穴を掘った貯蔵庫「壺」
（写真撮影：赤松富仁）
小型削岩機を使えば2週間くらいで掘れる

第5図　ジンジャーシロップ（K）

種子の温湯消毒で根茎腐敗病対策

ショウガの根茎腐敗病は、発病すると大きな被害をもたらすやっかいな病気で、土壌消毒、種子消毒、生育期の薬剤防除を組み合わせた総合的な対策がとられている。このうち種子消毒について、農薬を使わず温湯処理する技術を長崎県農林技術開発センターが確立した。

くわしいやり方をまとめた『ショウガ根茎腐敗病に対する種ショウガの温湯消毒マニュアル』(長崎県農林技術開発センター)より内容を抜粋してご紹介する。

今回の研究では、温度設定0.1℃単位で温度管理できる専用の温湯消毒機(湯芽工房マルチタイプ、タイガーカワシマ社製、第1図、共通技術編「高温処理・ヒートショック」の項参照)を利用。その結果、50℃10分間の処理で高い防除効果が期待できることが明らかになった。処理温度と処理時間を適正に保ち、温湯処理後に冷却すれば、生育に影響が出ることもない(第2図)。

1回に処理できる種子量は30kgで、処理した種子を温湯消毒機から取り出したら、2分後には次の種子を投入可能。1時間で4回作業することができ、より実用的な技術となっている。

ショウガの根茎腐敗病対策として種子消毒に使える農薬(オーソサイド水和剤80)と、温湯処理との防除効果を比較した結果が第3図だ。無処理区はもちろん、農薬による防除以上に温湯処理の防除効果が高いことがわかる。

また、オーソサイド水和剤で処理した種子は食用には使えないが、温湯処理なら問題ない。

さらに、1時間4サイクルで1日8時間作業した場合、960kgの種子を消毒できるが、この時の水道料金や電気料金などのランニングコストの試算は、1kg当たり1.64円。格安だ。

執筆　編集部
(『現代農業』2018年6月号「ショウガの根茎腐敗病　種子の温湯消毒、農薬以上の効果あり」より)

第1図　温湯消毒機(湯芽工房マルチタイプ)イネの温湯消毒技術を応用
(写真提供:長崎県農林技術開発センター)

種子の準備	30kgの種子を15kgコンテナ2つに分けて入れる
↓	
お湯に浸漬	温湯処理機のお湯(51.5℃、400ℓ)にコンテナごと10分間浸漬 ※種子を入れると多少温度が下がることを見込んで51.5℃にする
↓	
流水で冷却	冷却用に別に用意した水槽にコンテナごと移し、流水で5分間冷却 ※冷却しないと種子が乾燥しやすくなる。余熱を早めに取り除くことで種子への影響を小さくする
↓	
水切り・梱包	水槽からコンテナを取り出し静置。乾燥しない程度に水を切ったら、ビニール袋に入れ替える
↓	
保管	定温庫(13〜15℃)などで植付けまで保管する

第2図　温湯処理の手順

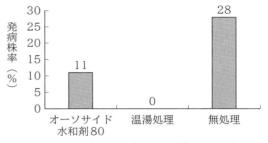

第3図　根茎腐敗病の農薬防除との効果の比較

花

花

バラの周年土耕栽培
1回の天敵放飼で何年も定着　もうハダニは怖くなくなった

熊本県阿蘇市・村上健次さん

花の病害虫防除、大転換！

　花は見た目が命だから、葉っぱを白くするハダニなどの害虫は大敵。農薬散布を徹底し、1匹たりともハウスに入れない——そんな花農家にとっての「当たり前」が、今や変わりつつある。

　農薬は散布を徹底するほど抵抗性がつきやすく、花農家のあいだでは薬剤抵抗性が大きな問題になっている。薬だけの防除ではもう限界というなか、突破口となっているのが天敵防除だ。

　熊本県阿蘇市のバラ農家・村上健次さんは「いろんな作物のなかでもバラが一番、天敵との相性がいいんだよ。おかげでもうハダニは怖い虫じゃなくなったね」と得意げに笑う。

ハダニに使える農薬が1つしかなかった

　村上さんは、バラの周年土耕栽培を始めてもうじき40年。熊本県の花き品評会でも受賞経験が多いベテランだ。作業所には、茎のしっかりしたみごとなバラが並んでいた。

　そんな村上さんも、15年前は薬剤抵抗性をもったハダニに困り果てていたそうだ。

　「どんな薬もすぐ効かなくなって、結局1つしか使えなくなった。これじゃローテーション防除なんてできないから、ひどい時には1日2回使ってたよ」

　そんな折、視察先の宮崎県のバラ農家がやっていた天敵防除に出会ったのだった。

改植後1回の放飼だけで15年働いてくれる

　天敵を使い始めて3〜4か月たったとき、あることに驚いたという。

　「農薬の効力は長くても60日程度なのに、天敵は1回放飼するだけで、絶えず増え続けて働いてくれるんだ」

　村上さんが使用している天敵は、ミヤコカブリダニ（スパイカルEX）、チリカブリダニ（スパイデックスバイタル）、スワルスキーカブリ

第1図　村上健次さん（67歳）。450坪と380坪のハウス計2棟で、13品種のバラを周年栽培
（写真撮影：すべて赤松富仁）

第2図　チリカブリダニ（体長0.5mmほど）。足が速く、放飼後すぐにハダニを食べてくれる

第3図　ハダニに襲いかかるチリカブリダニ（中央）

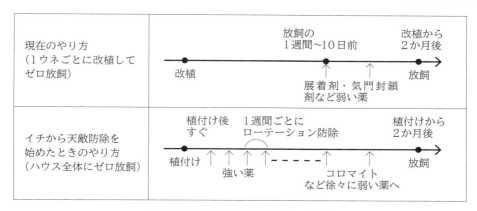

第4図 村上さんのゼロ放飼のやり方

第5図 放飼の様子を再現してもらった。3mごとにひとふりずつ、3種の天敵ダニをふりかけていく。毎年改植の1～2ウネ分しか放飼しない

第6図 カヤを株元や通路に敷き詰めている。黄色い粘着シートも支柱ごとに吊り下げてスリップスなどを捕殺している

ダニの3種。ミヤコとチリはハダニ、スワルスキーはアザミウマやコナジラミを捕食してくれる。これらの天敵をウネ3mごとに葉の上にひとふりしながら歩くというやり方だ。これをバラの植付け（改植）後にやるのだが（くわしくは後述）、1回放飼しただけで、あとは追加放飼しなくても次の改植まで増殖を繰り返してくれるという。

現在、村上さんは基本的に改植から2か月たって、株がある程度繁茂したころに放飼している。バラの改植期間は品種によって違い、村上さんの場合はだいたい5年から8年。赤系の品種'ホットブラッド'では株が15年もつので、15年に一度だけの放飼でいいというのだから驚きだ。

809

花

第7図　ハイラック仕立て。折り曲げた枝（矢印）で光合成をさせる。スポット防除が遅れて、ハダニ被害が拡大した株も一部あった。葉が白くなり、伸びてくる花の本数が激減する

バラの栽培環境が、天敵も生き延びやすい環境だった？

こんなに長いあいだ天敵が増え続ける原因は3つあると村上さんは考えている。

1つは、バラにとっての適温が天敵にも働きやすい環境であること。村上さんは阿蘇山の地熱を利用した暖房を使用し、冬でも最低気温を16〜20℃に設定している。これが低温期には活動が鈍るといわれるカブリダニに最適だというのだ。

2つ目は、周年栽培をしているためバラの花が一年中咲いていて、ミヤコやスワルスキーのえさとなる花粉がずっとあること。ミヤコやスワルスキーはハダニが少ないときにはバラの花粉を食べて生き延びることができるため、一年中えさが尽きないのだ。

3つ目は、阿蘇の草原に生えるカヤを乾燥させて土にすき込んだり、有機物マルチとしてウネに敷き詰めていること。もともとは根頭がんしゅ病を抑える目的と土つくりのために入れたものだが、自然界では草むらにすむという天敵ダニにとって生き延びやすい環境になったのではないかと村上さんは考えている。

改植したウネだけ「ゼロ放飼」

天敵の放飼にあたっては、農薬の使い方がとても大事だ。

放飼する前には害虫を極力減らす「ゼロ放飼（害虫ゼロでの放飼）」が必要となる。ふつう、ほかの品目ではハウスにいっせいに植え付けるのでハウス全体で毎年防除をするのだが、村上さんは別だ。1つのハウスの中でウネごとに違う品種を育てて、改植もウネごとなので、ゼロ放飼のための防除も改植ウネだけということになる。

農薬を散布する前にはほかの害虫が入らないよう、防虫ネットや寒冷紗を張っておく。

防除開始は天敵放飼の1週間から10日前。ほかのウネにすでにすみついている天敵を殺さないよう、コロマイト6など天敵に影響の少ない薬や、展着剤・気門封鎖剤を計2回散布する。

「放飼したウネの天敵が増える前に、隣のウネから天敵がやってくるから、弱い薬での防除でも十分なんだ」

ハウスの中心に置かれた暖房機に貼られている農薬一覧表には、天敵に影響を及ぼす日数が書かれている。村上さんはこの数字をもとに農薬を選んで、ゼロ放飼の計画を立てている。

作業時間は9割減、防除費用は半分以下に

農薬の使用量は、天敵防除を始める前に比べて劇的に減ったという。

「うどんこ病とアザミウマ類の薬以外、ハダニやコナジラミ、アブラムシなどはスポット防除（虫や病気が出たところだけの農薬散布）でよくなった。農薬散布にかかる時間も9割減だよ」

ハダニ以外の虫もスポット防除でよくなったのは、天敵にやさしい選択性農薬を使うように

なったことでスワルスキーや土着の天敵が増えたからなのだろう。

また、以前はハダニが出ると一気に株枯れが広がっていたが、天敵を入れたことで被害が広がるスピードが遅くなり、部分的な防除でも間に合うようになったという。

加えて、防除にかかる費用も安くなった。以前は年間100万円以上かかっていた農薬代が、今では30～40万円。天敵代の4～5万円を加えても従来の半分以下だ。

村上さんは光合成のための枝を折り曲げて密集させるハイラック方式という仕立て方を取り入れている。周年収穫できるのがメリットだが、株元に農薬がかかりにくくハダニ防除に苦労していた。だが天敵は、薬がかかりにくい葉裏にまでハダニを追いかけて行ってくれる。

こうした村上さんの評判を聞き、今では地域のバラ農家4軒すべてが天敵を入れたという。

植物のバランスを整えれば病気に強くなる

天敵を入れたことで村上さんの考え方も変わった。病害虫は農薬だけでなく、作物の栽培方法でも防げると思うようになったという。

現在はバラにとって適切な施肥量を見直しているほか、光合成量を上げるためにCO_2発生装置や細霧冷房、ナノバブル発生装置を導入し、効果のほどを確かめている最中だ。

「人間と同じで、植物のバランスがつねに整っていれば収量も上がるし、病害虫にだって強くなる。肥料や水のやり方、環境のつくり方次第で、病気にも虫にも負けないバラが育つ。今ではそう考えているよ」

そんな考え方が花農家の新たな「当たり前」になる日は、そう遠くないのかもしれない。

執筆　編集部

（『現代農業』2024年6月号「バラ　1回の放飼で何年も定着　もうハダニは怖くなくなった」より）

花

筆者と妻の澄子

長野県佐久市　池田　浩久

カーネーションの5～12月出荷　元肥ゼロ，土壌消毒ゼロ，農薬は粒剤だけ

カーネーションの超低コスト減肥減農薬栽培

1. 経営と技術の特徴

(1) 産地の状況と課題

長野県佐久市は，標高650～1,000m。北に浅間山，南に八ヶ岳，西には北アルプス連峰を望み，避暑地軽井沢までは車で30分くらいの場所にある。もともと冬は寒く夏も涼しい気候だったが，近年は地球温暖化の影響か冬は寒く夏は暑い地域となった。冬は－15℃くらいまで下がり，夏は37～38℃まで上がることもあり農家は苦戦している。

土壌はおもに火山灰土，褐色森林土，灰色低地土。農作物は水稲がおもで，ほかに野菜や果樹，畜産，養魚，花卉など，どの業種も小規模面積の産地となっている。

カーネーションは現在25名が栽培している。高齢化が進み，後継者や新規就農者も少ないため，私が就農した30年前の3分の1まで減ってしまった。1戸当たりの栽培面積は，平均約500坪（約1,650m²）である。

佐久市では連作障害や夏場の高温対策，苗の品質不良対策，害虫対策が品目の垣根を越えた問題であり，農家は日々奮闘している。

(2) わが家の経営

約60年前，父親が水田転換で露地ギク80aを始めたのが花卉栽培の始まりだった。その後，約40年前に，栽培が雨天に左右されない高単価品目としてハウスカーネーションに転換。私

経営の概要

経営　水稲1ha，カーネーション20a
圃場施設　鉄骨ハウス150坪（約500m²）2棟，パイプハウス90坪（約300m²）3棟
品目　スプレーカーネーション品種：約20種
作型　5月中旬～12月中旬出荷
出荷本数　約12万本
苗の調達法　各種苗メーカーより根付き苗を購入
労力　家族2人（本人，妻）

は栽培を手伝いながら県の農業大学校に通い，卒業後はすぐ就農せずに10年間別の職についていた。就農したあとは父親と肥培管理などの意見が合わず，喧嘩ばかりだった。

あるとき，父との喧嘩の最中に市場の部長がタイミングよく来場し「そんなに意見が合わないなら，同じ条件で栽培して，より優れた花をつくることができたほうがこの農場をやりなよ」と提案してくれた。

私はその当時，日本一のカーネーション栽培家といわれたわが師匠，小西専一氏（長野県御代田町）と提携していた種苗会社および農場に5年ほど置いてもらったこともあり，技術には自信があった。

その結果，水はけの悪い重粘土質の土地でも育つよう，深耕と土に合わせた肥培管理を徹底することで，枯れにくいカーネーション栽培にある程度成功し，父親に代わって農場を経営することになった。

しかし，その後も重粘土質の土壌に悩まされ

第1図　筆者が使用しているフォークローター
土とモミガラを混ぜることができる

続けた。土壌にあった灌水量がわからなかったため，12月に定植して5月くらいまでは問題ないが，それ以降は土がカチカチになり，枯れる株も出始めた。投入した生ワラの分解が想像よりも早く進み，土が再び硬くなってしまったことも原因かもしれない。

土壌は沖積土，灰色低地土，重粘土。地下水位も高く，表層の土の仮比重は1.5ほどあった。

30年前当時の土壌診断結果は，先代が栽培をしていたときの肥料が残っていたためか，たとえばリン酸の値が500mg/100gと非常に高かった。

また，連作障害がひどく，土壌消毒でクロルピクリン99.5％を1ベッド当たり10l1缶打ったこともあったが，重粘土のため薬が広域に浸透せず，土壌病害を減らすことはできなかった。

物理性，生物性，化学性の概念も頭になく，腐植に関しても考えていなかった。師匠の小西氏から教わった技術も頭から飛んでしまい，とにかく本数を切ることばかり考えていた。それでも枯れた。

(3) 現在の栽培のきっかけ

精神的に疲れ果ててコンテナに座り込み，山を見ていると，ふと頭によぎった。

「山の木って肥料もやらないのになんで育つんだろう」

そんな疑問から，現在の栽培法への検討が始まった。仕事終わりに本屋へ行き，土壌に関する専門書を買って勉強したり，山の木や草の根元を掘って根の張り方や土を観察したり，一から勉強しなおした。

2. 栽培体系と栽培管理の基本

(1) 土つくりと施肥管理

土壌は消毒せず，土壌にいろいろな微生物がすみつき，化学肥料や農薬にあまり頼らない農業がしたかったので，自分で考案した方法で土つくりに挑戦した。

現在実施している方法は，以下のとおりである。

1) 定植の約40日前，圃場にモミガラを10a当たり1.5t入れ，フォークローター（ミラクルローターでも可能，第1図）で表層30cmほど耕うんする。

2) ピート「フショペレ（信州生化研株式会社）」を10a当たり100kg散布し，15～20cmの深さに耕うん。その後整地する。

3) 1ハウス当たり光合成細菌2l，えひめAI（乳酸菌，酵母菌，納豆菌の混合液。培養方法は共通技術編「えひめAI」の項参照）2lを灌水タンク100lの水に混ぜて，ベッドの両サイドから約7分間灌水する。

4) 透明ポリをかけ，内張りカーテンおよびハウスを閉めて1か月放置する。

5) 定植10日くらい前から地表15～20cmを管理機でゆっくり耕し，整地する。

6) ベッド幅を1mとし，フラワーネット（目合い11cm×6目）を3段張り，6条植えで定植する。

栽培を改めた当初は，有機物として，モミガラの代わりに生ワラを1坪に1束（バインダー結束24束分）使用していた。これは，湛水して除塩ができなかったためである。現在の栽培方法で，有機物を生ワラからモミガラに替えたのは，生ワラよりも分解がゆっくり進むためである。

また，土壌改良のために米ヌカとダルマ菌を投入していたが，現在はある程度土壌ができあ

花

がったため，土つくりには使用していない。

　土壌検査を毎年実施し，その結果を参考に使用する資材を毎年少しずつ替えている。数値が極端に高く出た肥料分は入れず，低く出たものを補うようにして均衡をはかるようにしている。しかし，使用している水にはカルシウム・マグネシウム・鉄が多く，それらの値はどうしても下がらない。

　現在では，水に由来するものを除き，リン酸をはじめほとんどの値が正常になり，腕が肘近くまで埋まるほど軟らかな土をつくることができた（第2，3図）。

第2図　ハウス内の通路の土（左）と，ベッド内の土（右）
（写真撮影：赤松富仁）
同じハウス内の土とは思えないほどフカフカになった

(2) 自作菌液の培養法

　えひめAIと光合成細菌は自分で培養している。光合成細菌は土つくりに，えひめAIは土つくりに加えて病害虫対策にも使用する。

　菌を培養するえさおよび種菌と容器（ポリタンク，衣装ケース），35℃まで設定できる熱帯魚用サーモスタットおよびヒーターが必要となる。初期の投資は少々かかるが，両菌ともにメジャーで参考書が豊富にあり，効果的な使い方を手軽に勉強することができた。

　それぞれの培養法は以下のとおり。

　えひめAI（20lタンク当たり）

　　材料：

　　　納豆　1パック（洗い水のみを使用）

　　　飲むヨーグルト（プレーン）　1パック

　　　ドライイースト　200g

　　　砂糖　1kg

　材料を混ぜたあと，10lの水を入れたポリタンクへ入れる。その後，ポリタンクに水を7割になるまで入れ（計14l），35℃で1週間培養する。

第3図　土が軟らかいため腕が肘まで埋まってしまう
（写真撮影：赤松富仁）
現在はマルチで被覆せずに栽培している

ポリタンクは20lの白濁横型を使用している。

光合成細菌（60l衣装ケース当たり）

材料：

重曹　200g

クエン酸　150g

ほんだし　200g

ケルパック　100cc

元菌2l（ペットショップで購入したもの。継代培養するときは，上澄み液10l）

半透明の衣装ケースに水30lを入れたあと材料を溶かし，ケースいっぱいに水を満たし（計約60l），35℃で1週間培養する。

（3）定植・出荷時期

定植時期は，12月上旬から3月上旬としている。それぞれの品種と本数は以下のとおり。

1）12月上旬定植，早生種，6,000本

2）1月上旬定植，中生種，5,000本

3）2月中旬定植，中生種，6,000本

4）3月上旬定植，中生種，3,000本

今まで栽培してきた経験上，この組合わせなら作業効率がよく，良質なカーネーションができると考えている。

出荷時期は，5月上旬から12月下旬までとしている。定植時期と出荷時期の関係は以下のとおり。

1）12月上旬定植したものは，5月上旬～7月中旬ごろまで出荷

2）1月上旬定植したものは，6月上旬～8月中旬ごろまで出荷

3）2月上旬定植したものは，6月中旬～10月中旬ごろまで出荷

4）3月上旬定植したものは，6月下旬～12月下旬ごろまで出荷

（4）品　種

カーネーションは品種が多く，1年で200種以上のスプレー品種を種苗メーカーから紹介される。私は以下に挙げたなかから年間20種を栽培し，毎年2～3割の品種を入れ替えている。以前は年間30品種ほど栽培していたが，地域や作型に合った品種をある程度絞ることができ

たため現在の品種数としている。

おもにピンク系：'ウエストダイヤモンド''シプレ''ヒメ''ピモ''ベビードール'など

黄色系：'クレーヌ''ソニア''レスカ''パイナップル'など

白系：'ラマヤ''バウンティー''リコッタ''ジゼル''ミルキーウェイ'など

グリーン系：'ラスカルグリーン''グリーンシャワー''クラシオン''ジェネーバ'など

赤系：'レッドダイヤモンズ''チカス''ビラブド'など

オレンジ系：'アイラ''オレンジレンジ''デリカード''オレンジウェイブ'など

品種を選ぶときは，メーカー営業担当者の説明やカタログの表示を参考にしている。その際に重視する点は，土壌消毒しない栽培に合うフザリウム耐性，各作型に合わせるための早晩性，3番花まで採花できるかの3つである。

（5）栽培管理のポイント

温度・水・肥料を意識している。

具体的には「水が多いと枯れるか折れる」「高温で管理すると主幹が徒長して倒れる」「元肥が多いと繁茂して生育が止まるので，元肥ゼロ，追肥で調整する」と考えている。

3.　栽培管理の実際

（1）定植とその後の管理

以下のように管理をしている。

1）ベッド幅1m，株間15cm，フラワーネット（目合い11cm）を3段，ベッドの両サイドに灌水パイプを設置したら定植。基本6条植えで定植している。

2）定植後1週間くらい無灌水でももつようたっぷり灌水する。灌水には，えひめAIを水で500倍に薄めたものを使用する。

3）小トンネルおよび保温マットをかける。この地区は冬でも雪が少なめで晴れる日が多いが，気温は下がって−15℃くらいになる。5月上旬まで最低気温が氷点下の日があるため，すべての作型で保温マットを使用している。−10

815

花

℃以下になった場合は暖房を1～2℃に設定する。

4) 7～10日して小トンネルを撤去する。苗の活着の様子を見ながら，土壌水分の状態を土壌水分計で計り，次の灌水時期を決める。

5) 元肥を基本入れないので，生長点の色が薄くなったら株元または葉面散布で追肥する。

(2) 水管理

目盛りが10段階の水分計（単位はない）で土壌水分を計測し，それをもとに灌水のタイミングを決めている（第4図）。地表から15cmが5，20cmが6～7で正常値である。地表15cmくらいのところが2～3になったら灌水している。この灌水方法だと冬で約1週間に1回，夏でも3日に1回30秒くらいである。

(3) 病害虫防除

①斑点病，黒点病

苗を1本約60円でメーカーより購入しているが，近年は不良品が多く苦労している。斑点病のほか，いちばん問題なのが黒点病で，低温多湿多肥料で多発する。

対策として市販の菌液「ダルマ菌（タキイ種苗）」「アンナプルナα（大興貿易）」「えひめAI（自作）」を使用している。まず病斑のある枝を取り除き，そのあとにそれぞれ300倍で複数回葉面散布すればおさまる。

②立枯病（フザリウム）

多湿多肥料栽培で多発しやすいため，乾燥気味の水分管理と減肥で抑える。土壌検査，水分計などを利用し，水分と肥料分がともに適正になるようつとめる。

③アブラムシ，アザミウマ類

乾燥気味に管理しているなかで灌水量を突然多めにすると，土の中で微生物が有機物や肥料を分解して生じたチッソがカーネーションに一気に吸い上げられ，アブラムシやアザミウマ類

第4図　筆者が使用している水分計

が繁殖する。オンコル粒剤を年間10a当たり3～4kg散布する。散布時期は，定植1か月後，1番花収穫後および8月初頭の3回としている。よい土のためには無農薬栽培が最適だと考えているが，ほかに防ぐ手立てがないためオンコル粒剤だけは使用している。

④ハダニ

灌水量が多すぎたり少なすぎると根毛が傷み，気が付くと繁殖している。どちらかというと灌水量が少ないほうが出にくいと感じているため，乾燥気味に管理している。

⑤タバコガ，ヨトウムシ，シロイチモジヨトウ

成虫がハウス内に入ると産卵して幼虫の食害は免れない。ハウスサイドに2mm目合いの防虫ネットを下から1mくらい張り，成虫の侵入を防いでいる。成虫の飛来を防ぐため，月1回

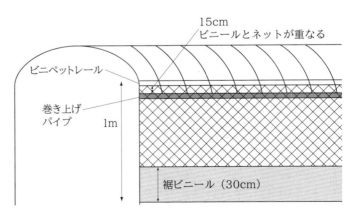

第5図　防虫ネットの張り方（作業時以外）

第6図　ピンチしていない1番花
（写真撮影：赤松富仁）
株元からわき芽（2番花）が6本伸びている。菌が活発に働いて地温が上がっているためだと考えている

第7図　収穫したカーネーション（品種はサルサ）
（写真撮影：赤松富仁）
横にしても水平を保つほど茎が硬い

くらいニームか木酢液を200～300倍くらいでかけている。

　作業後にハウスを閉める際は、ビニールをネットの上から15cmほど重ねてかける（第5図）。

　また、えひめAIをカーネーションに週1回葉面散布している。虫害がない場合は1,000倍、ある場合は500倍に希釈して全面散布する。えひめAIは納豆菌を含む菌液なので、BT剤のような効果を期待して使用している。忌避効果や殺虫効果がある程度あると実感しており、散布を続ければ大型チョウ目による食害はほとんどなくなる。

(4) 仕立て方

　一般的な栽培では、初期に頂芽をピンチして、わき芽を4～5本伸ばし1番花とする。それらを収穫すると次のわき芽が伸び始め、2番花となる。

　しかし私の圃場では、頂芽を摘心せずとも1番花の収穫前にわき芽が伸びてくるため、頂芽をピンチせずに仕立てている（第6図）。1番花を収穫する前に、主幹が9～10節生育したところで、上から3～4本のわき芽を取り6本仕立てにする。頂花を収穫したあと、株が折れやすくなるのでケイ酸（シリカ上澄液）あるいは酢酸カルシウムを葉面散布することで幹をしっかりさせる（第7図）。

　この仕立て方は20年ほど前から実施している。当時、夏の高温下で2番花となるわき芽が伸びてこないことが多々あった。遮光資材を使って温度を下げる方法も試したが、光合成量が不足したためか、こちらもわき芽が十分に伸びず2番花が小さくなってしまった。そこでピンチをせず1番花を1本のみにする現在の仕立て方になった。

　頂芽をピンチする従来の方法に比べて、収穫本数は少なくなるが、高温下で2番花の花姿がよくなり単価が上がる。わき芽かきの作業も1本分ですむため、省力技術でもある。

(5) 収穫・出荷

　頂芽をピンチしないため、最初は主幹の1本だけが1番花となる。1節残すよう収穫し、下芽は随時収穫する。いらないわき芽は選花場で調製する。

　出荷する際は、1束25本とし、4束100本を1箱に入れている。個人出荷なので運送会社の

花

チャーターで農場より運搬してもらい，新潟市場へ出荷している。

年間出荷量は12万本，1,200箱。年間平均手取単価は1本65円である。

(6) 今後の課題

メーカーからの購入苗は近年，質のよくないものが多いほか，資材の高騰や気候変動など，カーネーション栽培ではネガティブな話題を多く耳にする。

30年間栽培してきたなかでいちばん変化したのは土である。腐植や微生物を増やすことに集中してきたことで，使う農薬や肥料も減り，仕立て作業を含め楽になり良品が収穫できるようになった。生産コストも10分の1くらいに減り，結果として収入も増えた。

私の栽培法は作業的には簡単だが，このやり方がすべてではなく，また新しい方法が見つかれば研究したい。今悩んでいる方にとって，何かの役に立てれば幸いだ。

執筆　池田浩久（長野県実際家）

2024年記

長野県佐久市　Suki Flower Farm（鈴木義啓）

自然栽培の切り花とエディブルフラワー

(1) 農薬被害から自然栽培へ転換

　Suki Flower Farmは現在，施設栽培面積200m²，露地栽培面積1,500m²で，年間20品目程度の切り花やエディブルフラワー（食用花）を栽培している。少量多品目栽培で，年間に約3万本の切り花や，10万輪ほどのエディブルフラワーを出荷し，またエディブルフラワーを使った加工食品の研究開発，製造，販売をしている。花はすべて無農薬・無肥料による自然栽培をしている。

　栽培圃場は長野県佐久市平野部のほぼ中央に位置し，標高650mほどのところにある。佐久地域は日本でも有数の晴天率を誇り，昼夜の寒暖差も大きいことから，花卉栽培には比較的好条件の地域といえる。

　当農園が自然栽培をするきっかけになったのは，農園設立前の研修時に園主自らが土壌消毒中に薬害を被り，自身の体が強い農薬を受け付けなくなったためである。それまで花の高品質栽培には農薬の使用が不可欠だと考えていたが，自らが薬害を被ったことでその考えを改めるところから始めることにした。

　高品質な花を栽培するには，植物を健全に育成することが条件となる。そのための準備として，まずは圃場の土壌について知る必要がある。農園開設当初は，土壌の化学性を知るため

■ 経営の概要
設立年　2004年
経営規模　施設栽培面積200m²，露地栽培面積1,500m²
年間出荷本数　切り花3万本，エディブルフラワー10万輪，ほかにエディブルフラワーを使った加工食品の製造と販売
出荷先　花市場，オーガニック商品専門店，各種料理人，土産物店など
栽培品目　年間20品目程度
　夏花：ジニア（ヒャクニチソウ）とコスモスが主体。ほかにヒマワリ，ダリア，ケイトウ，フロックス，マリーゴールド，ミント，セントーレア（ヤグルマギク），ナデシコなど
　冬花：カレンジュラ（キンセンカ）とビオラが主体
労力　従業員　2名

第1表　経営の特徴

1．切り花とエディブルフラワーの少量多品目栽培
2．無農薬・無肥料の自然栽培
3．土壌分析の徹底活用による土つくり
4．緑肥，輪作，草生栽培の導入
5．栽培している花の80％が自家採種
6．季節の気象に合った品目で環境配慮型農業
7．植物にストレスを与えない環境と自然生態系の維持
8．エディブルフラワーを使った加工食品の製造・販売

に土壌診断を徹底的に活用し，圃場の特徴を把握し，必要な改良を施している。

　当農園は，過去15年にわたってカーネーションを連作してきた圃場を引き継ぐかたちで，2004年に開設している。カーネーションの連作圃場では，毎年クロルピクリンによる土壌消毒が行なわれてきた。また毎年連用した肥料の蓄積もあり，土壌は有用微生物の少ない，塩類の過剰集積もある厳しい環境下に置かれていた。そこで手始めに，苦土・石灰・カリのバランスを整えて化学性の改良に取り組んだ。また

第1図　筆者

花

過剰な塩類集積には，無施肥による栽培や，緑肥栽培により，除塩する（塩類を減らしていく）方策をとっている。

カーネーションを連作してきた土壌の生物性の改良については，クロルピクリンなどの土壌消毒に頼らず，目や科の異なる作物の導入による輪作体系を組み込むことで，2024年現在まで大きな病気を出すことなく栽培を続けている。なお，この作物の次に植えるのはこの作物といった決まった輪作体系はなく，可能な限り植物の目や科の異なる花を次作に選択している。そのため実証的データはもち合わせていない。

また土壌の物理性の改良は，緑肥の導入や直根型の営利作物（ヒマワリやケイトウなど）の栽培，また草生栽培による有機物のすき込みなどで腐植の増加を目指した。

(2) 土壌診断と無施肥栽培

土壌診断で大事なのは，一度の診断結果に一喜一憂するのではなく，継続して診断することで圃場の状態の傾向を知ることにある。土壌の傾向を知ることで，次の一手を考えることができる。

苦土・石灰・カリ・リン酸の傾向は，2004年の開設時に土壌改良して以降，現在もほぼ同様の数値となっている。またチッソについては，とくに施設土壌では，硝酸態チッソの数値が土壌の水分状態によって上がり下がりを繰り返している。施設栽培では，雨水の影響が出にくい（地下に流れない）ことと，有機物の還元による影響かと推測している。施設圃場では，完全無施肥栽培に移行して14年ほどになるが，生育不良の傾向はいまだ見られない。

ケイトウやマリーゴールド，ヒマワリのように，チッソがあればあるだけ吸収してしまうような作物を栽培すると，おおよその土壌の状態を把握することができる。実際の栽培過程で，茎が太くなりすぎる，葉が大きく茂りすぎる，葉色が濃すぎる，雑草が繁茂するなどの観察で判断できることがある。土壌のデータと栽培作物の生育状況を比較し続けることで，作物の容姿からおおよその土壌状況を判断できるようになる。

(3) 種採りと育苗

当農園で育てる花の約80％は，自家採種した種から育てている（第3図）。種の遺伝子と畑との関連についてはよくわからないが，食用の花として収穫，提供するさいには，安全安心の担保につながるかもしれない。播種し，苗を育て，畑に植え，収穫して，種を採る。この一連のサイクルを当農園で完結できる品目を増やしてきた。

(4) 栽培品目の選定

①季節の気象と土壌環境に合った品目の選定

当農園では，四季折々の花を栽培している。

第2図　ヒマワリ（左）とマリーゴールド（右）の栽培

第3図　自家採種した種子（品目：カレンジュラ）

長期出荷を目指し，暑さに耐えられる品種を選抜している

季節の花を栽培する＝その季節の気象に合った花を栽培することである。夏には暑さに強い花（耐暑性の高い花）を栽培し，冬には寒さに強い花（耐寒性の高い花）を栽培することは，過剰なエネルギーの使用を抑制し，自然環境に委ねる領域を増やすことにつながる。環境配慮型農業の一つの取組みではなかろうか。

当農園では，夏秋収穫の花（夏花）と冬春収穫の花（冬花）と大きく二つに分類し，栽培を管理している。耐暑性作物と耐寒性作物の境目は，当地ではおおよそ5月と11月ころとなる。そのころが端境期となる。

また，品目ごとの植物生理に応じて露地栽培するか施設栽培するかを決めている。施設は防虫のためでなく，雨よけと温湿度管理を目的として使用している。

②夏花の品目

夏花の代表品目はジニア（ヒャクニチソウ；第4図）とコスモスである。ジニアは施設を中心に栽培し，コスモスは露地畑で栽培する。3月から5月にかけて順に播種し，6月から11月上旬まで収穫する。そのほかには，ヒマワリ，ダリア，ケイトウ，フロックス，マリーゴールド，ミント，セントーレア（ヤグルマギク），ナデシコなどを栽培する。

③冬花の品目

冬花の代表品目はカレンジュラ（キンセンカ）とビオラである。晩夏に播種し，育苗管理してから植え付ける。冬花はすべて施設で栽培し，12月下旬から2月にかけての厳冬期は，保温シートを被覆して寒さ対策を施している。収穫は2月下旬から5月中ごろまでである。

(5) 無マルチ・草生栽培

当農園では，年間に約20品目の花々を栽培しており，頻繁に植替えを行なうため，畑にポリマルチの類を使用しない。

定植後の管理でもっとも作業負担を強いられるのは除草作業である。とはいえ，すべて除草していては労力がとてもたりないため，雑草対策として草生栽培をしている。苗の定植の直前にウネをならし，定植直後の苗と雑草とが競合しないように気をつける。栽培する作物がそのウネの「王者」となれば，後追いで生育する雑草に負けない。かりに生育競争で雑草に後れをとりそうなときは，株間の雑草を鎌で切って勢いを止める。栽培作物の収穫後，再びウネをならし，次の作物の植付け準備とする。

当園の代表的な雑草はスギナだが，スギナのような丈の低い草は，そのまま生やすことで天然のマルチング効果が高い（第5図）。雑草だからといって一概に敵視する必要はない。

第4図　収穫したジニア

第5図　雑草（スギナ）をマルチングしたカレンジュラ

花

(6) 病害虫の考え方

自然栽培の花とはいえ，収穫した花が病害虫に侵されていれば，当然ながら商品価値はない。その点は，慣行栽培の花と何ら変わらない。そのため，病害虫に侵されにくい，健全に花を栽培することに技術を集約する必要がある。土壌微生物相や小動物相を豊かにし，腐植をはじめとする土壌の物理環境を高め，植物に可能な限りストレスを与えない環境を準備する必要がある。

また自然栽培の花づくりでは，100点満点を追求しない心の寛容さも同時に求められる。病害虫は，栽培する生産者にとっては憎き敵だが，一方で自然生態系では必要とされる存在である。花を食害するタバコガ類の幼虫は危険な害虫だが，カエルやカマキリの格好のえさとなる。奇形花の原因となるアザミウマ類もまた憎き害虫だが，天敵のヒメハナカメムシが自然発生してくる。100％完璧な花を出荷することはできないが，自然生態系が機能していれば極端な被害を受けることもない。

施設には0.6mm×0.6mmの防虫ネットを張っているが，破れた箇所の修繕などはしていない。とくに大きな影響はなく，ハウス内の温度を下げるために防虫ネットを外すことも考えている。

花も，病害虫も，生産者も，少しずつ犠牲を払いつつ，高度に成り立つバランスがある。花の健全育成を第一に考えつつ，生産者が過剰に自然生態系に介入しないことが重要だと考える。

したがって，どの病害虫についても特別な対策をとっていない。栽培体系のなかで，一部の病害虫の一人勝ちにならないように気を配っている。

(7) 栽培中の管理

①水分管理

当農園の圃場はすべて水田の転作畑である。水田特有の耕盤があり，過剰な灌水は根腐れの原因になる。本来であれば，深耕をして耕盤を破砕したいところだが，諸事情により断念している。そのため，耕盤を活用した水分管理が求められる。

草丈の伸びと，根の伸びとは関係している。耕盤は水が抜けないため，根の伸びとともに水分を切らせるというイメージで灌水する必要がある。過湿は根腐れの原因になるため，過灌水には気をつける。また当農園の土壌は比較的保水力があるため，乾燥気味に水分管理することができる。

おおよそのイメージとして，苗の定植後2週間は少量多灌水とし，土の表層を乾かさないように管理する。その後は徐々に灌水ペースを落とし，草丈30cmを超えるあたりから土を乾燥気味に管理する。

②温度管理

夏には暑さに強い花を，冬には寒さに強い花を栽培する。夏の施設内の温度は40℃以上に上昇するが，耐暑性の高い作物であれば問題ない。当地の夜間は夏場でも20℃まで下がるため，冷房の必要はない。

冬は高冷地独特の厳しい寒さとなる。夜間の冷え込みは厳しく，氷点下15℃まで下がる日

第6図　夏のエディブルフラワーのミニブーケ
品目：ダリア，フロックス，セントーレア，アップルミント

第7図　エディブルフラワーの収穫

がある。耐寒性の高い作物であっても，厳冬期の寒さを耐え忍ぶのはむずかしいため，保温シートをかけて管理する。徐々に地温が高まってくる2月中旬から根が動き始め，3月には開花・収穫するようなイメージで管理する。日中は天窓の開け閉めで，温度を20℃前後に保つ。

（8）エディブルフラワーの可能性

①土耕でつくるエディブルフラワー

夏花はエディブルフラワーとして，コスモス，ダリア，ヒマワリ，フレンチマリーゴールドなどを中心に栽培している。冬花は，ビオラ，パンジー，カレンジュラ，セントーレア，スイートアリッサムなどを栽培している。

全国的にエディブルフラワーの生産者は増えており，生産スタイルは二つのタイプに分類できる。一つは，当園のような土耕栽培による生産スタイルであり，もう一つは，鉢花栽培による生産スタイルである。どちらのスタイルにも一長一短あり，優劣はないが，一般的には栽培管理や生産性は鉢花スタイルが優位であり，コスト的には土耕栽培が優位かと思う。それぞれの農園の規模や，志向によってスタイルが異なってくるのかと思う。

②エディブルフラワーの利用

当園のエディブルフラワーを購買するのは，ホテル，レストランなどの料理人が大半である。フレンチ，イタリアンのみならず，最近は日本料理人からの問合わせも増えている。また当地の近郊に軽井沢があり，日本でも屈指の欧風リゾートのため，地産地消としての需要が大きい。

さらに当園では，エディブルフラワーを使った加工食品の研究開発，製造・販売に力を入れている。2017年に「悠木農花（ゆうきのうか）」というエディブルフラワーを活用した研究開発チームを結成し，カレンジュラの花びらを使った「エディブルフラワードレッシング」を製造し，軽井沢から八ヶ岳にかけての土産屋などで販売している。母の日には，全国の花屋でも販売をする。またドライエディブルフラワーを活用した研究開発に力を注ぎ，とくにフラワーパウダーを使用した製品を多くの企業と共同しながら開発

第8図 カレンジュラのエディブルフラワードレッシング
手作業で切り離した花びらが入っている

第9図 エディブルフラワードレッシングを展示販売する筆者（都内百貨店）

してきた。近年の悠木農花の活動の多くは，この研究開発の部門に最大の力を注いでいる。花の効能に関する調査を，大学などの研究機関とともに実施している。新しい食の素材としての可能性を追い求めつつある。なおSuki Flower Farmでは，近年の研究開発中心の活動に伴い，圃場の見学などはすべてお断りさせてもらっている。他社との秘匿契約のためご了承願いたい。

　執筆　鈴木義啓（長野県佐久市・Suki Flower Farm）　　　　　　　　　　2024年記

花

海外での花卉の天敵利用

(1) ヨーロッパの花卉生産での天敵利用拡大の要因

①利用状況

ヨーロッパで天敵利用が実用化している花卉類は，バラ（鉢および切り花用），ガーベラ（切り花），アンスリウム（切り花），鉢もの（ポインセチア，ハイビスカス，カランコエ，フィカス類などの観葉植物）などである。キクでもゆるやかにではあるが使用面積が増えている。

1990年代は花卉類での天敵利用はごくわずかであったが，2000年以降北米での成功（とくにカリフォルニア州でのバラ）に刺激されたこと，化学農薬での防除に比べて経済性に優れること，生産者からの要望，天敵に影響の少ない薬剤の開発などの技術進歩により増加傾向にある。

②薬剤抵抗性の発達と高性能の天敵

基本的に花卉類では防除回数と散布濃度が高いなどの理由から，化学農薬への抵抗性発現が早く，効果の低下による問題が継続的に存在していた。

一方で，天敵類は1990年代に順次ミヤコカブリダニ（第1図），サバクツヤコバチ（第2図），アンブリセイウスカブリダニ（第3図）など高性能の種類が増えていき，また野菜類での成功例が花卉類での利用を促した。しかし，現在の利用レベルに至るには何十年もの歳月が流れている。

③ゼロトレランスの要求の低下

1990年ごろの報告によれば，花卉に付着する天敵類が輸入の障害となり，ゼロトレランス（天敵昆虫の付着率ゼロ）を求める国もあった。しかし，現在はゼロトレランスを要求する国はほとんどなくなっている。

さらに天敵資材の放飼技術がレベルアップ。栽培初期から天敵の放飼が開始されている。予防的な放飼となるため，放飼量も少なく，植物

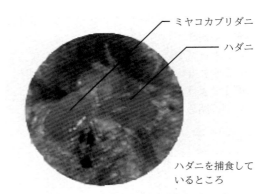

第1図 ハダニの天敵のミヤコカブリダニ
チリカブリダニより絶食に強く利用適期幅が広い

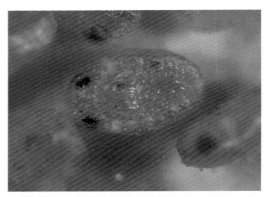

第2図 コナジラミ類の天敵サバクツヤコバチのマミー
シルバーリーフコナジラミにも効果が高い。マミーとは，天敵が害虫の幼虫に卵を産み付け，それが蛹になったもの

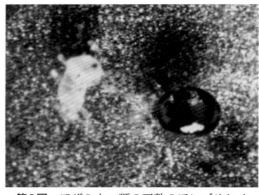

第3図 アザミウマ類の天敵のアンブリセイウスカブリダニ
ククメリスカブリダニより使い方に幅がある。化学農薬に強く利用適期幅が広い

体への残存数もきわめて低くなっている。

④優れた経済性

ヨーロッパのみならず，生産者はあえて高価な防除法を選ぶことはない。現在オランダの花卉栽培で天敵が利用されているのは，それまでの防除法に比べて経済性が良いからである。実際，薬剤の散布回数が激減することは，すでに日本でも野菜類で経験しているところである。高知県のナスやピーマンでは天敵主体の防除に変更したところ，全体の防除費用は下がったという例がある。

(2) オランダでの天敵利用の実際

オランダでは，ガーベラ，キク，バラ，アンスリウムなどのハウスの80％で天敵が使用されている。

花卉の種類ごとの利用法を第1～5表に示した。放飼のタイミングおよび量は天敵ごとに異なる。このため示した放飼量は一つの目安であり，タイミングによって増減させるものである。

(3) オランダ以外での天敵利用の実際

オランダでは，1990年ごろから天敵昆虫の利用が進んできたが，2024年現在，欧州各国や北米でも利用が拡大している。天敵のほか，微生物農薬の利用も欧米では広がっている。

アフリカのケニヤやエチオピアでは，2000年ごろからバラ栽培のハダニ対策でチリカブリダニの利用が盛んになり，現在に至るまで継続している。イギリスやオランダからの投資により，天敵生産会社が現地で資材の生産を始めたからである。天敵利用が進んだのは，化学農薬に比べ防除コストが低いからで，農薬残留を減らすために広がったわけではない。

ただし，アフリカでは近年化学農薬がさらに安価になったことなどが原因で，天敵利用は減少傾向にあるともいわれている。また，同様の理由でインドではほとんど天敵が利用されておらず，いまだ化学農薬に頼っているのが現状である。

第1表 オランダのバラでの天敵利用法（放飼量はm²当たり）

害　虫	天敵資材と使用法
アザミウマ類	ククメリス　ボトル50頭×1回 ＋ ククメリスバッグシステム（日本未発売）400バッグ/10a
コナジラミ	ツヤコバチ3頭，3回以上
ハダニ	ミヤコカブリダニ 　　ハウス内周縁部に4頭×2～3回放飼 チリカブリダニ 　　ハウス内周縁部以外に8頭×2～3回放飼 ハダニタマバエ（日本未発売）0.25頭×3回以上
アブラムシ	コレマンアブラバチ0.25頭×4回放飼 アフィデンド10頭×3回放飼，アフィバンク（ムギクビレアブラムシのついたムギ）

注　バラで天敵利用が成功したのはミヤコカブリダニの開発が貢献していると考えられる
　　ククメリスバッグシステムは紙袋の中にバーミキュライトとククメリス1,000頭およびえさであるコナダニを封入し，袋の中での増殖をはかるもの。ボトルより長期間にわたりククメリスが供給される
　　チリカブリダニはハウスの内部に，ミヤコカブリダニは周縁部に放飼する。ミヤコカブリダニは外部からの侵入ハダニに対応

第2表 オランダのガーベラでの天敵利用法（放飼量はm²当たり）

害　虫	天敵資材と使用法
コナジラミ類	サバクツヤコバチ2頭×3回以上 オンシツツヤコバチ2頭×5回以上 スワルスキーカブリダニ500ml/10a
アザミウマ類	ククメリスバッグシステム（日本未発売）
ハモグリバエ類	イサエアヒメコバチ，ハモグリコマユバチ各0.25頭×3回以上
ハダニ	チリカブリダニ周縁部以外に8頭×2～3回 ハダニタマバエ（日本未発売）0.25頭×3回以上 ミヤコカブリダニ周縁部に4頭×3回以上
アブラムシ	コレマンアブラバチ0.25頭×4回 エルビアブラバチ（日本未発売）0.5頭×3回以上

注　以前はヒメハナカメムシ類が利用されていた

花

海外の花卉栽培では近年，後記のような天敵が使われている。

①バラ

病害が多く，生物的防除は比較的むずかしい品目であるが，使用されている天敵資材は多い。

アザミウマ類とコナジラミの防除には，スワルスキーカブリダニのほか，アンブリセイウス・モンドレンシス（学名：*Transeius montdorensis*，第4図）という日本では未登録のカブリダニが使われている。このカブリダニはスワルスキーカブリダニに比べて活動できる温度の幅が広く，アザミウマ類とコナジラミのほかサビダニも捕食する。害虫のいない場合には花粉を食べるため，花粉の多いキュウリやナス，パプリカ，ピーマン，イチゴ，花卉類での防除に適している。

リモニカスカブリダニも効果の高い天敵昆虫だが，高価なので前述の2種よりは使用が広がっていない。ただし，近年は高密度にパッキングできる技術が生まれたため，コストは下がっており，利用が広がる可能性がある。

アブラムシ類の防除には，天敵寄生バチであるコレマンアブラバチ（商品名：アフィパール）と捕食天敵であるショクガタマバエの利用が進んでいる。コレマンアブラバチを増殖させるため，バンカープラントであるコムギと，えさとなるムギクビレアブラムシをセットにした商品「アフィバンク」も用いられている（第5図）。ショクガタマバエは1998年に日本でも農薬登録されたが，現在は失効

している販売されていない。

②ガーベラ

利用が比較的容易である。

アブラムシの天敵にはアブラバチが，コナジラミの天敵にはオンシツツヤコバチが，アザミウマ類などの天敵にはスワルスキーカブリダニとタイリクヒメハナカメムシが使われている。このほか，キノコバエやアザミウマ類などの天敵としてアスィータ・コリアリア（*Atheta*

第3表 オランダのアンスリウムでの天敵利用法
（放飼量はm²当たり）

害　虫	天敵資材と使用法
アザミウマ類	ククメリスカブリダニ50頭 ハイポアスピス100頭（副次的にキノコバエも捕食）
アブラムシ	コレマンアブラバチ エルビアブラバチ クサカゲロウ10頭，1回 ショクガタマバエ バンカープラント（日本ではムギクビレアブラムシのみついたものがある） エルビバンク（天敵がエルビアブラムシ用バンカー） （日本未発売）

注　アブラムシだけに4種の天敵を投入する必要があることを示している。つまりアブラムシには種類も多く，1種の天敵だけでは防除できないことがある

第4表 オランダの鉢ものでの天敵利用法（放飼量はm²当たり）

害　虫	天敵資材と使用法
アザミウマ類	ククメリスカブリダニ50頭×1回 ハイポアスピス100頭×2回 マイコタール（糸状菌製剤） スワルスキーカブリダニ500ml/10a
ハダニ	チリカブリダニ周縁部以外に8頭×2〜3回以上 ハダニタマバエ（日本未発売）0.25頭×3回以上 ミヤコカブリダニ周縁部に4頭×2〜3回以上
コナジラミ類	サバクツヤコバチ2頭×2回以上 オンシツツヤコバチ2頭×4回以上 ムンディスツヤコバチ3頭×6回 マイコタール
アブラムシ	コレマンアブラバチ1頭×4回以上 エルビアブラバチ（日本未発売）0.5頭×3回以上 クサカゲロウ10頭×1回 ショクガタマバエ10頭×3回

第5表 欧米での一般的な花卉栽培（キクを含む）での天敵利用法（放飼量はm²当たり）

害　虫	天敵資材と使用法
アザミウマ類	ククメリスバッグシステム200バッグ/10a，黄色トラップ100枚/10a，スワルスキーカブリダニ500ml/10aまたは200パック/10a，リモニカスカブリダニ2l/10a
ハモグリバエ類	マイネックス
アザミウマ類	マイコタール
コナジラミ類	オンシツツヤコバチ2頭×3回
ハダニ	チリカブリダニ2頭×2〜3回，ミヤコカブリダニ2頭×3回
アザミウマ類	タイリクヒメハナカメムシ0.5頭×2回 ククメリスカブリダニ50頭×2回 アンブリセイウスカブリダニ2頭×2回
ワタアブラムシ，モモアカアブラムシ	コレマンアブラバチ0.15頭×1〜2回 アフィバンク2箱/10a
その他のアブラムシ類	ショクガタマバエ2頭×1回
ハモグリバエ	ハモグリコマユバチ・イサエアヒメコバチ0.5頭×1回
チョウ目害虫（コナガ，ヨトウガ，タバコガなど）	タマゴヤドリコバチ5頭×8回，BT剤など

第4図　アンブリセイウス・モンドレンシス
（コパート社提供）

第5図　バンカープラント商品「アフィバンク」
コムギとともにイネ科植物にのみ寄生するムギクビレアブラムシが入っている。ムギクビレアブラムシをえさとしてアブラムシ類の天敵昆虫コレマンアブラバチを増殖させる

coriaria）というハネカクシが使われている（第6図）。和名をナメシヒメハネカクシといい，これも日本では未登録の天敵である。ハネカクシは以前から天敵昆虫として期待され，30年以上前から研究されてきたが，近年になってようやく商品化された。

③キク

天敵利用の歴史は長い。前述したカブリダニの一種であるアンブリセイウス属のカブリダニのほか，キノコバエやハモグリバエ，ゾウムシなどを捕食するスタイナーネマなどの天敵センチュウ類（日本では未登録のものが多い），ハモグリバエの天敵であるイサエアヒメコバチとハモグリコマユバチが使われているが，日本ではいずれのハチも利用が少なく登録は失効している。

*

花

このように，日本ではまだ農薬登録されていない天敵が海外では使われている。日本国内での新たな天敵利用を広げるためには，新規登録が必要である。ただし，日本の場合は市場の大きさに比べて農薬登録取得のハードルが高く，それが生物農薬の利用拡大を阻んでいる。生物農薬の登録が進み，利用を広げるためには，農水省の登録要件の緩和が望まれる。

(4) 天敵利用の注意点

花卉生産で生物防除を始めることは容易ではない。しかし，新しく栽培を始める場合や新たな作型から始める場合は，栽培の途中から開始するよりも容易である。

花の種類によって生物防除の方法が大きく変わるわけではない。むしろ苗の段階から注意が必要である。これまで慣行の方法で害虫を防除してきた施設では，苗の段階で使用する農薬の残留による天敵昆虫への影響を最小限にする必要がある。また，残効性のある殺虫剤は前作にも使用してはならない。

天敵を使う前の注意点を列挙すると次のとおりである。

1) 天敵の効果に影響が出て，成功，失敗の判断が困難になるため，定植前後の化学殺虫剤の散布は原則として止める。
2) 苗の段階から殺虫剤を散布しないこと。
3) バンカープラント法を活用する。バンカープラント法とは，天敵とその寄生またはえさとなる害虫（対象作物には被害を与えないもの）を寄生植物とともに持ち込む方法である。
4) 黄色粘着板（ホリバーなど）を10a当たり10枚以上吊るし，害虫のモニタリングを常時行なう。粘着板は毎週交換する。
5) 物理的な防除手段をできるかぎり併用する。たとえば，サイドネットや天窓ネットなど。

第6図 アスィータ・コリアリア
(コパート社提供)

6) 害虫の種類および密度を記録する。
7) 化学農薬は天敵への影響が少ないことを基準に選択する。
8) ハウス内の植物残渣を完全に撤去する。これは前作からの害虫の残留がないようにするため。
9) ハウス内の雑草に移動している害虫を雑草とともに除去する。
10) ほかの作物，あるいはステージの違う作物を同じハウスで栽培しない。

これらはあくまで標準であり，現場の害虫の密度に応じて使い分けられている。

天敵を使用する際，国内外では必要に応じて天敵アドバイザーが黄色粘着板で害虫密度の推移をみながら現場の状況を的確に判断している。彼らは農場に雇用されている場合と，天敵会社や販売会社のスタッフである場合とがある。専任であり，化学農薬の知識もある。通常2〜3年の経験が必須になっている。

執筆　和田哲夫（ジャパンアイピーエムシステム株式会社代表）

2024年記

果　樹

果　樹

農家の技術と
経営事例

農家の技術と経営事例

愛媛県八幡浜市　菊池　正晴
〈温州ミカン，甘平ほか〉

半樹別交互結実栽培

土壌微生物を意識した発酵鶏糞＋魚肥施肥で，省力安定の有機栽培

〈地域の概況とミカン産地の動向〉

1. 岬十三里と銘柄産地

　西宇和地域（JAにしうわ管内）は，愛媛県の西南部に位置し，九州に突出した45kmの長さを有する佐田岬半島（岬十三里）とその基部の八幡浜市・伊方町・西予市三瓶町の二市一町からなる。地形は起伏の多い傾斜地が連なり，平野部は少なく，そこには住宅地が密集している。
　このエリアは宇和海と瀬戸内海に囲まれ，温暖で日照量が多いという自然条件に恵まれており，また典型的なリアス式海岸沿いにミカン産地が展開している。
　当地域の年間平均気温は17.0℃，年間降水量は1,550mmと，カンキツ栽培に適した条件となっている。また耕して天に至ると形容された石垣階段畑が特徴であり，全国有数の「西宇和みかん」の産地が形成されている。
　総面積26km²のうち，耕作率は約20％，このうち95.8％で果樹が栽培されている。
　西宇和地域は温州ミカンの生産量4万t，100億円，中晩カン類と合わせると150億円の販売額を誇る全国屈指の産地であり，8つの共同選果部会が競い合い，「千両」「ひなの里」「味ピカ」「蜜る」「濱ノ姫」「みなの」などのブランド品を産出している。
　この中で八幡浜市の海岸部を中心としたカンキツ地帯は，「日の丸」「真穴」「川上」の銘柄温州ミカン専作地帯が全国的に有名であり，

経営の概要

立地条件	八幡浜市の海岸部より2kmほど入った標高約80～250mの山間部。12～20度の傾斜地にあり，西南西向き。土質は緑泥古世層で地力は高い。作土は約30cm，土層深は1m　年間平均気温17.0℃，年間降水量1,550mm
カンキツ	温州ミカン：200a，15～30年，2.5t/10a 不知火（デコポン）：30a，30年，2.5t/10a 愛媛果試第28号（紅まどんな）：60a，13年，3.0t/10a 甘平：20a，6年，2.5t/10a はるか：70a，20年，2.5t/10a 甘夏：20a，20年，5.0t/10a ポンカン：10a，15年，3.0t/10a 愛媛果試第48号（紅プリンセス）：18a，3年，— 雑柑（媛小春ほか）：32a，10～20年，2.5t/10a
他の作物	キウイフルーツ：40a，35年，3.0t/10a
労働力	家族：2人（本人180日，妻200日），雇用：3人（延べ150人役，収穫11～5月）

そのほかの地域では，温州ミカンと中晩カン類の複合経営が多く，また一部で'せとか''甘平''愛媛果試第28号'（紅まどんなとも以下表記）などの施設栽培にも力を入れている。また，中山間地帯では昭和30年代から富士柿の共同出荷が始まり，現在では65haの産地が形成され

833

果　樹

ている。また三崎地区の'清見タンゴール'，西予市三瓶地区の'日向夏'（ニューサマーオレンジ）は無霜の条件を活かし特産品となっている。

2. 耕して天に至る段々畑とスプリンクラー営農

西宇和地域の温州ミカンの栽培は明治20年代，県内吉田地区より温州ミカンの苗木200本が導入されたことに起因する。当時の農家はわずかの田畑をもち，サツマイモとムギを主体とした貧しい生活であり，新しく導入されたミカンと養蚕が注目された時代である。当初は未収益期間のあるミカンより養蚕が隆盛を極めたが，絹糸価格の下落や不眠不休の過剰労力などにより，養蚕からミカン栽培へと徐々にシフトしていった。太平洋戦争中はサツマイモが栽培されたが，戦後ふたたびミカン栽培に着手し，先々代は山を耕し，そこから出る石を積み上げて段々畑をつくり上げ，増産して産地が確立した。

一世紀の中でもっとも苦難の歴史は，1967（昭和42）年の大干ばつである。干ばつは109日間も続き，農家による必死の灌水作業にもかかわらず，多くの樹が枯死し，実収量は58％，売上高は前年の61％と大きく減収した。この大干ばつを契機に，国・県の補助事業を最大限活用して，ダムを造成してパイプラインで水を運ぶ国営南予用水事業がスタートし，多目的利用のスプリンクラー設備が1999（平成11）年に完工した。施設は2,966ha（整備率75％）で活用されている。

3. 地域の生産動向・環境条件

①五つの太陽とミカン産地

先人たちは天まで延びる急斜面を切り開き，そこに石垣を築き（第1図），カンキツ産地をつくり上げた。この石垣階段畑によって秋季の園地の乾燥が促進され，高品質栽培の大きな要因となっている。またさらにミカンを生産するうえで，当地は以下の五つの太陽の恩恵を受けている。すなわち，1）太陽の光（直達光），2）海から反射する光，3）段々畑の石垣から反射する光，4）高品質栽培のためのマルチシートから反射する光，5）軽労働化のため設置された園内道から反射する光である。

②スプリンクラー営農と高品質化

当管内のカンキツ生産は，家族経営が中心で，約2.0～3.0haの面積を栽培している。南予用水事業によりスプリンクラーが導入され（第2図），干ばつ時の灌水だけでなく，年間の定期防除（地域での一斉防除）や高品質・安定生産のための液肥の散布，台風襲来時の除塩対策などに威力を発揮している。これにより夏場の過酷な農薬散布から解放され，また発生予察にもとづくスピーディーな散布が可能と

第1図　急斜面を切り開き，石垣を積み上げ築かれた段々畑

第2図　南予用水事業で導入されたスプリンクラー。多目的に活躍している

なり，当地域の営農に不可欠な施設となっている。1991（平成3）年に来襲した台風19号では，果実品質の向上しやすい南向きの園地で潮風害が発生し，一部地域で大きく生産量が減少したが，現在ではスプリンクラーを利用し，台風来襲直後に除塩を実施している。

またスプリンクラーとともに農道の整備，園地への園内作業道の設置が行なわれ，急傾斜でありながら作業は軽労働化が図られている。

③品種のデパート

管内のミカンの出荷は，さながらデパートのような品種の品揃えである。9月の極早生から始まり，中晩カン類の紅まどんな，'不知火'（デコポンとも以下表記）'清見''甘平''せとか'など，低温貯蔵まで含めると8月まで出荷が続き，ほぼ周年出荷体系が確立されている。

〈経営の特徴〉

1. 有機栽培を始めるまでの歩み

菊池さんは専業農家の父の跡を継ぐべく，東京農業大学（専門は農業経営）を卒業後すぐに就農した。それから15年間は慣行栽培（農薬散布，化学肥料使用）で農協出荷を行なっていたが，父が亡くなったため経営を引き継ぎ，自分のやりたかった有機農業を始めることにした。

当地域はスプリンクラーを利用した栽培が海岸地帯を中心とした地域の約70％の園で実施されており，そうした園ではスプリンクラーを使った農薬散布が通常行なわれるため，有機栽培に取り組むことは困難であった。幸いにして菊池さんの園地は海から約2～3km離れており，また隣接する園地も少ないため，共同スプリンクラーは導入されてなく，有機栽培に取り組むことが可能であった。菊池さんはもともと学生時代から環境問題や有機栽培（糖度表示に現われないまろやかなミカンの味）について興味があったため，化学農薬を少しずつ減らし，また肥料は近隣の漁協が製造した魚肥を利用して，しばらくは減農薬栽培も行なっていたが，1989（平成元）年に生協との農薬2原体のみによる有機栽培に踏み切った。

有機JAS認証は，2006（平成18）年に自然農法国際研究開発センターから新植園，農薬ドリフト懸念のある沿岸部40aの園地を除き取得している。現在は県内のNPO法人愛媛県有機農業研究会の認証を受けている。

販売は，父親の代は全量農協出荷だったが，自分の代から生協や有機農産物や自然食品などを扱うスーパーとの取引を始めており，1989（平成元）年には県内南予地区の環境保全型農業に取り組む15人（うち有機農業取組者4名）で「保内生産者グループ」を結成し，リーダーとして生産・販売面で組織をまとめ活躍している。はじめは取引量も少なかったが，口コミでしだいに広がっていった。キウイフルーツについては，東一のフルーツネットなどを利用して販売している。

2. 現在の経営・販売状況

①園地状況と栽培品目

菊池氏がおもに栽培する園地は，海岸から2kmほど内陸部に入った標高約80～250mの山間部に位置している（第3図）。園の多くが12～20度の傾斜地にあり，西南西向きで，園地の一部からは遠く海を見下ろすことができる。土質は緑泥古世層で地力は高い。作土は約30cm，土層深は1mと，カンキツの栽培に適した地形，地質となっている。

栽培品目は近年の温暖化の影響もあり，従来

第3図　海岸から約2km内陸に入った標高80～250mにある菊池氏の園地

果樹

からの温州ミカン，'イヨカン''甘夏'などに加え，高糖系の'不知火''清見'や愛媛県が育成した地域奨励品種の'愛媛果試第28号'（紅まどんな），'甘平''愛媛果試第48号'（紅プリンセス）などの中晩カン類を増やし，柑橘経営の安定化を図っている。全体では80％が生食での出荷，20％がジュースなどの加工向けとなっている。

労働力は夫婦2名と，臨時雇用が年間延べ約150人である。

装備として，パワーショベル3台を保有しており，園地整備や苗木の植栽に利用，また最近大型冷蔵庫を更新し，キウイフルーツなどの出荷の延長化に取り組んでいる。

②生協，学校給食会，宅配大手などに販売，ジュース加工も

最近の出荷量は，温州ミカンが約20t，中晩カンを含めて約70tであり，おもな取引先は関東，東海，北海道の生協や関東給食会，ならびに有機栽培の強みを活かしマルタ，オイシックス・ラ・大地，ナチュラルハウスなど有機食材を扱う業者，さらに近年は加工品のジュースの販売も伸ばし，再生産可能な価格を前提とした取引を行なっている。

ジュースは，県内の搾汁工場に委託して生産している。また2018年より実施されている愛媛県産カンキツを使用し果汁100％ジュースのおいしさを競う「えひめ愛顔セレクションみかんジュースコンクール」（主催：愛媛県）に温州ミカン，デコポン，紅まどんな，'甘平''はるか''ポンカン'ジュースを応募し，金賞・銀賞・銅賞を取るなど，5年間連続で入賞している。有機栽培のカンキツは，糖度以上にアミノ酸などの旨味成分が多く入っていると感じており，それが受賞の一因であるのではないかと考えている。

〈技術の特徴（連年安定生産，省力・軽労働化作戦）〉

1. 愛媛4品種の導入——高付加価値栽培

菊池さんの果樹園約500aの品種構成は，温

第4図　愛媛県育成の戦略品種「紅まどんな」

州ミカン200a，'はるか'70a，紅まどんな60a，'不知火'30a，'甘平'20a，'甘夏'20a，'ポンカン'10aのほか，落葉果樹がキウイフルーツ40aなどである。当地域は'清見'の全国一の産地であり，当初は'清見'も導入していたが，黒点病に弱く，有機栽培には不向きであると判断し，'せとか'とともにすべて伐採した。

この中で'愛媛果試第28号'（基準を合格したものは紅まどんな，第4図），'甘平''愛媛果試第48号'（基準を合格したものは紅プリンセス），'媛小春'の4品種，いわゆる「愛媛4兄弟」に菊池さんはいち早く取り組み，愛媛の特徴を前面に出して販売戦略を立てている。この4品種については，東京の市場においても評価が高く，高級ブランド品として認知されているが，愛媛県が囲い込みをしている品種で，県内でしか栽培できなくなっている。そのうえ有機栽培については事例がなく独占品となっており，引き合いが多く，主力品種として確立している。

2. 新植・改植園地への植栽

新植地の幼木は，以前は成木までの3年間農薬を使用し，除草剤を利用して樹を大きく育てていたが，その後病害虫が出やすく，カイガラムシ類が発生し，問題となっていた。そこで，

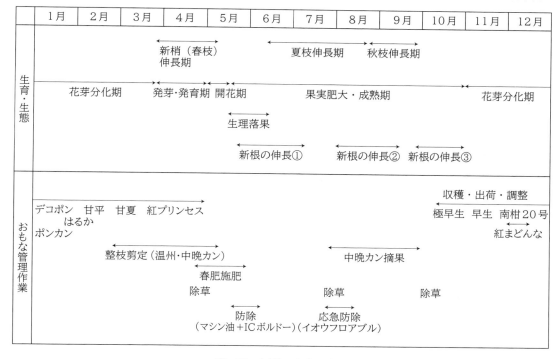

第5図　年間の生育と作業

1年生苗を購入後，植付け1年目から1年間は除草剤や，有機JAS認証許容農薬を使い育てている。こうして夏芽が出れば順調に育つため，2年目に有機栽培に移行し3年目で結実させ，有機JASの転換期間中農産物にできる育成方式に変えた。

3. 半樹別交互結実方式（夏枝利用型）の導入

①どのような栽培か

菊池さんは隔年結果防止と病害虫の発生を抑えるため，温州ミカンを独自に編み出した「半樹別交互結実方式（夏枝利用型）」で栽培している（第6図）。この方法は，樹を半分に分け，今年成らせる生産部と，剪定して翌年成らせる遊休部とを設け，年ごと交互に果実を成らせる栽培法である。生産部は摘果作業を全然しないため，果実を精一杯成らせている。慣行の栽培では，春枝に直花をいっぱい着生させるため生産量は多くなるが，SからMサイズの高品質果

第6図　半樹別交互結実方式（夏枝利用型）で栽培している温州ミカン

実を生産するため，摘果で葉果比10以下から20～25まで果実を落とし仕上げていかなければならない。そのため6月下旬から炎天下での過酷な作業が収穫直前まで続き，農家の一番厄介な仕事となっている。

②結果母枝が夏枝主体

半樹別交互結実方式への取組みは，カイガラ

果樹

第7図 左側半分は今年成らせる部分，右側半分（青シートがある側）は剪定後の状態。第1亜主枝はコンパクトにして母枝を少なくする

ムシ類などの病害虫の寄生した枝の除去・更新から始まった。従来の交互結実は，樹単位での園地別交互結実や，樹の半分ずつ交互に結実させる方式でも春枝の発生を主体に，剪定して残す母枝を多く取る方式がおもに取られていた。この春枝利用型は，植木の剪定時に使われる刈込バサミを利用して，前年に発生した母枝の先を少し水平に刈る方法で，そこからは春枝が多く発生し，直花中心の結実となる。この方式では，生産量は多くなるが芽が多く出て，枝と枝の間隔が狭く密植状態となり，剪定後も葉がある程度残るためカイガラムシ類などの発生も多く，着色・食味も悪くなっていた。

菊池さんの方式は，弱い芽の出る1〜2年生枝は取り除き，以前のやり方よりさらに強く枝を刈り込む。そうすることで，春枝の発生後に夏枝が多く発生し，これに翌年は着果するようになる。結果母枝が30cm以上の強勢な夏枝主体となると有葉花が多くなり，果実肥大が促進され，春枝よりやや扁平で，浮皮の少ない高品質な果実が生産できるようになる。

③省力・高品質生産が魅力

半樹別交互結実方式の利点は，着果部位が半分となるため，

1）収穫時の移動が少なくてすみ，収穫時間が短縮され，

2）隔年で枝の半分を切り葉も除去するため，カイガラムシなどの病害虫に罹患した枝も一掃され，また新鮮な枝となるため樹が若返る。また，

3）枝は有葉果が多く着生して垂れて高品質な果実となる。着果過多ではあるが，有葉果が多いため干ばつ時でも比較的肥大が旺盛で，浮皮果が少なく，果皮や中のじょうのうも薄くなる。翌年成らすところが決定しているため，着果などのストレスをかけやすくなり，さらに高品質化が狙える。そして何より，

4）夏季の過酷な摘果作業から解放される，ことなどに魅力がある。

ただ，夏枝が主体となるため，1樹当たりでいえば，春枝主体の慣行栽培と比べてやや収量は少なくなる傾向である。これに対し菊池さんは，1樹当たりでは少なくなるが栽培面積でカバーできるとし，むしろ半樹別交互結実のほうが連年安定生産で，省力・軽労働化につながっていると話す。

農水省の統計によると，温州ミカンの1年間の10a当たり労働時間254時間のうち，慣行栽培では整枝・剪定に6％，摘果に17％，収穫・調整に32％かかっている。しかし菊池さんの方式は，剪定で翌年の母枝を確保しているので摘果はまったく行なわず，また収穫も10％ほどの削減が期待されるため，全体で20％ほどの労働時間の短縮につながる。

④樹を半分ずつ剪定

実際の剪定方法は，樹冠の中で主枝・亜主枝をうまく分けて，今年成らせる部分と翌年成らせる部分を左右半分ずつとる（第7図）。下垂枝や内向枝はあらかじめ取り除き，側枝以上の大きな枝は少なくし，また第1亜主枝は長くせずコンパクトに追い込む。こうすることで，その後に発生する母枝の立ち上がりが強くなる。

⑤母枝は5芽で切り返し，春枝＋夏枝を発生させる

結果部は次のようにつくる。

側枝の一番上に着生している一番強い母枝（前年の春枝＋夏枝）を1本だけ残し，5芽ぐらい（5〜10cm程度）で切り返す（第8図）。その周りの2年生枝（前年の強い春枝）も，同様

に3～5芽で切る。そうすると，残した母枝の先端から1～2本の強い春枝＋夏枝が発生し（第9図），その枝の下からは短い春枝がたくさん発生する。立ち上がった夏枝に翌年有葉花が，周りの春枝には直花が中心で着果する。

剪定時には強い母枝しか切らないため1年生の春枝が残るが，これに着花しても，母枝から発生する春枝・夏枝が旺盛で，こちらに養分が優先して流れるため，ほとんど（生理）落果する。

注意点としては，一番強い母枝を5芽でなく，2～3芽

第8図　一番上に着生している強い母枝を1本だけ残し，5芽ぐらいで切る

第9図　残した一番上の母枝の先端から強い春枝＋夏枝が1～2本発生し，下から春枝が発生する

で短く切るとさらに強い春枝＋夏枝が2～3本発生し，その下からの春枝の発生は少なくなり，着花も少なくなる。また，母枝の切返しを毎年同じように繰り返すと，枝の発生位置が少しずつ高くなり，結果部が外に行ってしまう。そこで，数年したら弱い春枝が発生している箇所まで切り落とすようにする。こうすることで樹齢が進んでも，樹の半分は毎年新しい枝で構成されるようになり，樹勢が強く，いつまでも若く保つことができる。

このような剪定をしていると，果実が大きくなる9月に立っていた枝がしだいに垂れて，8月まで枝の一番高いところに着いていた果実が一番下側にくる（第10図）。そしてこの樹の下側に着生している果実ほど着色がよく，高品質な果実になっている。

またこの方式では，翌年着果させる部分が初めから決まっているため，当年着果する部分の摘果はいっさい行なわない。たくさん成らせることで着果負担を目いっぱいかけることができ，糖度の上昇も促される。

⑥剪定労力は3～5分/樹，1人で10a/日

この剪定方法は，一度確立すると次からは誰にでも比較的簡単に実施でき，外国人を含めた研修生たちに任せられるようになった。剪定に

第10図　立っていた枝が果実の重みで垂れ，高いところに成っていた果実が下になる

係る労働力は3～5分/樹で，1人が10a/日実施できる。また，剪除するのがほとんど1～2年生枝なので，後から刈払い機で行なう除草時に細断され，分解が早く，土に戻ることになる。

ただ，初めは省力化のために電動ハサミを利用していたが，強く切りすぎることで強大な夏枝が発生し，着花が不安定となる問題が発生した。そこで，菊池さん以外が剪定をする場合は，剪定ハサミを使わせている。

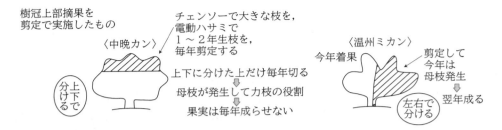

第11図　中晩カン類は立ち上がった母枝を丸坊主にする上部剪定を実施

第12図　中晩カン類には上部剪定を導入し、開花時に春芽、夏芽を確保している

4. 中晩カン類には上部剪定を導入

デコポンや紅まどんななどの中晩カン類は、樹勢強化のために3～4月に樹高を切り下げる要領で、チェンソーや電動ハサミで樹冠上部の立ち上がった母枝を丸坊主にする剪定をしている（第11図）。開花時点でここから春枝や夏枝を発生させ、毎年着果させないためである。中晩カン類は大玉生産が基本で、この上部剪定で果実は初期肥大が良好になると推察される（第12図）。

なお、摘果は慣行の方法でやっている。

5. 土つくりと除草対策、鳥獣害対策

①土壌微生物の餌として発酵鶏糞と魚肥を施用

改植園地では、最初に土壌団粒化と肥効向上を狙い、2年間は完熟発酵鶏糞と魚肥を入れ、あとは入れない。園地は改造時に天地返しをしているので、有効土層は深く、灌水はそれほど必要なくなる。近ごろ使っている発酵鶏糞はチッソ成分の少ないもので、微生物の放線菌の入ったタイプのため、施用後は土壌表面が白くなる。施用量は10a当たり400～450kgで、これにチッソ成分の補給と品質アップを考え400kgのボカシ肥料を混ぜ、5月に施用している（第1表）。散布にはクローラー型の散布機を利用し、片側2列の4列を一度に走行散布し、省力化を図っている。これには基盤整備がすでになされていることが役立っている。

これら有機質資材は、土壌微生物の餌という考え方で施用しており、光合成細菌や放線菌の増殖を目的としている。菊池さんは土つくりがカンキツの有機栽培を実施するうえで重要な要素だと捉えており、これらの資材を施用することで病害虫の発生が抑えられ、また慣行栽培と比較して干ばつなどのストレスに強く、隔年結果も少なくなったと栽培をとおして感じている。他地域の有機栽培園を見ると、樹勢が弱った園地が多く、問題となっている。しかし菊池さんの園地では、これらの肥培体系をとることで問題を解決している。

②白クローバー草生と電気柵

除草については、ハンマーナイフモアで地上

第1表　施肥設計

時　期	肥　料	成　分 (N—P—K)	施肥量 (kg/10a)	使用方法
4/下～5/下	イセグリーン（鶏糞）	3—4—3	400～450	混用施肥
	ナチュラルぼかし	4—4—1	400	

第2表　病害虫の防除暦

時　期	使用農薬と倍率	対象病害虫
5/下～6/上	97％マシン油乳剤（100倍）＋ICボルドー（60倍）混用散布	カイガラムシ類，ハダニ類，ミカンサビダニ，かいよう病，黒点病，そうか病
応急防除 8/上	イオウフロアブル（400倍）	ミカンサビダニ，チャノホコリダニ

　10cm程度に抑えるため，年間4～5回除草する。高く刈るのは，地際を刈るより分げつが多くなり，草丈が低くなるためである。園地には白クローバーを播種していて，雑草があまり生えない。全面が白クローバーで被覆されると，通路以外は消えてなくなり，土が膨軟になる。

　鳥獣害の対策については，当地域はイノシシと鳥の被害が多く，国・県などの補助でワイヤーメッシュの防護柵を設置した園地が多いが，菊池さんは除草作業に支障がないよう，電気柵を設置している。

6. 年1回散布で慣行栽培並みの外観に

①ミカンサビダニ発生園にイオウフロアブルの補正散布

　有機栽培に取り組むようになり，化学農薬を少しずつ減らしていき，ジマンダイセンを最後に無農薬栽培に取り組んだが，ミカンサビダニの発生が多くなり，問題となった。対策として当初は7月にミカンサビダニの発生を確認してからイオウフロアブルで対応していたが，なかなか効果が見られなかった。そこで，6月上旬の発生初期に防除（マシン油＋ICボルドー）を早めたところ，次に発生するミカンサビダニの世代が揃うようになり，効果が安定するようになった。現在ではミカンサビダニの発生園だけ，追加で8月にイオウフロアブル散布で対応している（第2表）。

第13図　菊池さんの園地にはクモなどの天敵も多い

②通常はボルドー＋マシン油混用散布1回のみ

　また約30年前から，毎年6月上旬にボルドー剤と97％マシン油乳剤の混用散布を行なっており，カイガラムシ類や黒点病の発生をある程度抑えることに成功している。慣行栽培でボルドー剤とマシン油乳剤の混用散布はあり得ないことで，とくに夏場の高温時には薬害の発生が懸念されるが，菊池さんは散布時期と処理濃度について何年も試験を行ない，現在では5月下旬～6月上旬に97％マシン油100倍＋ICボルドー60倍を10a当たり500l以上たっぷり散布

841

果樹

するようにしている。

ほとんどの園地はこの年1回散布のみだが、出荷した果実は慣行栽培の果実と比較して、やや黒点病はつくものの2級果（通常の共選出荷品）以上となり、ほとんど差はない。また最近問題となっている害虫については、有機JAS登録のあるスピノエースをボルドー＋マシン油の混用散布にプラスして、有効な防除体系を確立している。防除は、以前はSSで実施していたが薬液が一律にかかり、病害虫の発生した箇所にたっぷりかけることができないため、現在ではすべて手散布で実施している。

菊池さんの園では防除も年1回と少ないぶん天敵も多く、収穫前は園地の至るところでクモの巣が見られる（第13図）。

7. 省力・軽労働化のために機械化へ

菊池さんはパワーショベルを3台保有するなど、省力化・軽労働化のために機械を最大限利用し、園地を自分で改造している。全園、植栽段階では200本/10a植えで、成木時にはその半分の100本/10aにしている。

栽植方式は、九州や静岡県などのミカン産地で実施されている等高線に平行に列植えをする方法に変え、その1列ごとに園内道を整備している（第14図）。改造に取り組んだ当初、樹の植栽位置は、法面の一番上に苗木を植栽していたが、樹が大きくなるにつれて高いところの収穫がむずかしくなった。そこで、現在では平坦な部分に立って、自分のヘソの高さの法面に植栽するようにしている（第15図）。こうした植栽方式をとることで施肥散布機や草刈り機（ハ

第14図　1列ごとに整備している園内道

第16図　園内に設置している簡易トイレ

第15図　菊池さんは通路に立ってヘソの高さの法面に植栽している

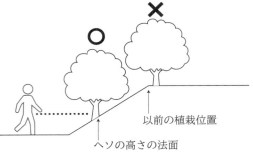

ンマーナイフモア）の作業，軽トラックでの収穫・運搬作業などに利用でき，作業時間が大幅に軽減できている。また，園内道を1列ごとに設置したことと法面に植栽したことで，通風，排水，日当たりが良好になり，圃場が乾燥しやすく，病害虫の発生を抑制することにつながっている。さらに乾燥ストレスを与えやすいため，高品質化にもつながっている。

菊池さんの栽培面積は約5haと広く，収穫以外の作業はほとんど一人で行なっているため，省力・軽労働化の基盤整備は必須となっている。また，前述の施肥機，除草機（ハンマーナイフモア），電動ハサミ，空調服などをいち早く取り入れ，省力化・軽労働化に利用している。力仕事はほとんど機械化でカバーし，労働力の軽減に寄与している。

収穫時は近隣の女性を中心に雇用しているが，問題となるのは園地にトイレがないことである。当地域の取組みとして園地に補助金などを利用して簡易トイレを設置しているが，菊池さんもトイレを設置している（第16図）。

〈今後の課題〉

1. タイミングを見る目と観察力・栽培のマニュアル化

有機栽培をするうえでとくに重要なポイントは，カンキツの生育過程におけるタイミングを見る目であると考える。病害虫の防除，施肥などを決定するときは，樹をよく観察することから始まる。

省力化・軽労働化を進めるうえでは，すべての栽培管理はマニュアル化が必要であると考える。菊池さんは全国から有機栽培を学ぶ研修生を受け入れ（宿泊所を最近完備した），作業を手伝ってもらっているが，後継者がいないため研修生にいずれ経営を譲りたいと検討してい

る。そのときに重要なことは，栽培のマニュアル化である。新しく開園するにあたっての園地の整備（園内道の造成など），半樹別交互結実の剪定方法，施肥・病害虫防除のポイントなど，マニュアルがあれば経営を引き継ぎやすいし，新しく栽培を始めることができる。特殊な技術を後世に残すためにもマニュアル化が急がれる。

菊池さんはまたよりいっそう機械化を進め，栽培時間の短縮化を図って，趣味の船釣りにも時間をかけたいと考えている。

2. キウイフルーツも有機栽培

菊池さんの有機栽培はカンキツだけでなく，すでに30年以上キウイフルーツでも取り組んでいる。キウイフルーツは，温州ミカンで取り入れている半樹別交互結実と同様に，剪定時に翌年の母枝を予備枝として残す方法を取り入れており，連年安定生産が可能となっている。やはり無農薬で栽培しているが，病害虫で問題となるクワシロカイガラムシもほとんど付かない。また，キウイフルーツは夏場の灌水で肥大を促進させるが，ほとんど灌水をしなくても肥大する。菊池さんはキウイフルーツのほうがむしろ有機栽培との相性はよいと語っている。

　　執筆　菊池泰志（元愛媛県南予地方局八幡浜支局
　　　　　地域農業育成室）

2024年記

参 考 文 献

熊代克巳・鈴木鐵男. 1994. 図集果樹栽培の基礎知識. 農文協. 201—213.

日本土壌協会. 2013. 有機栽培技術の手引〔果樹・茶編〕. 146—149.

果樹

和歌山県海南市　岩本　治

〈温州ミカンほか〉

露地栽培

自然に生える草とタネ・苗を植える草による草生で省力高品質ミカンづくり

〈土壌・施肥をめぐる課題〉

1. 地域の概況

①歴史の古い貯蔵ミカン産地

　和歌山県北西部に位置する海南市下津町は，西は紀伊水道に面し，北は旧海南市，南は有田市に接していて，ミカン栽培の歴史も古く，室町末期ごろから400年の歴史を有している地域である（第1図）。町内にはミカンの祖といわれる田道間守命を祀る橘本神社があり，ミカンやお菓子の神様として，みかん祭りや全国から150社ほどの菓子業者が訪れる菓子祭りが行なわれている。また，ミカンを江戸に届けた紀伊国屋文左衛門の船出の地とされて碑文も建っている。江戸時代から明治時代中期までは，小ミカン（紀州ミカン）が代表品種で，その後，現在のような温州ミカンが主となり，有田・下津地域が主産地となって発展してきた。

　とくに下津地域は，晩生ミカンの貯蔵産地としての歴史も古く，今は晩生だけでなく早期出荷の早生ミカンや和歌山生まれのミカンである'ゆら早生'などの栽培面積も増えてきている。2019年には，草生栽培を含めた自然循環型の環境での貯蔵ミカンシステムとして，日本農業遺産にも認定された。

②母岩は秩父古生層の結晶片岩系

　地形的には下津地域は海岸から東西に16km，南北に5kmと東西に長く，北と南に東西に連なる山脈があり，間を流れる小さな加茂川を挟んで山の急傾斜地にミカンの段々畑が連なる形と

経営の概要

立　　地	母岩は秩父古生層の結晶片岩系　腐植が少なく砂礫混じりの壌土および埴壌土の褐色森林土
経　　営	樹園地　　　200a 早生ミカン　70a 晩生ミカン　80a 不知火　　　20a レモン　　　10a 春鋒　　　　5a はるか　　　5a 他カンキツ類　10a
家　　族	3人

日本雑草学会・日本土壌肥料学会所属
2018年度和歌山県農林水産業賞
現　指導農業士

第1図　筆者のマルヨ農園から見た地形

農家の技術と経営事例

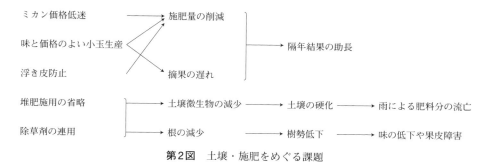

第2図　土壌・施肥をめぐる課題

なっている。ゆえに平地が少なく，傾斜地も日表と日裏があり，山間地から海岸地域まで標高差のある地域である。

母岩は秩父古生層の結晶片岩系に属するものが多く，土壌は腐植が少なく砂礫混じりの壌土および埴壌土の褐色森林土である。

気象的には，瀬戸内型気候区と南海型気候区の接点にあたり，年平均気温は16.7℃，年間降水量は1,300〜1,400mmと比較的少ない地域である。さらに，近年は気温も上昇傾向が続き，短時間強雨もあれば干ばつになるという極端な気候となってきた。

③隔年結果がひどくなっている

産地における土壌と施肥をめぐる問題点をあげると第2図のようになる。

ミカンの貯蔵産地ゆえ，3月まで出荷作業が続き（4月の地域もある），そのあとに'清見''不知火''八朔''夏ミカン'の収穫に出荷作業も重なり，ここに冬場の基本作業であるヤノネカイガラムシ類のマシン油防除，剪定作業，春先の施肥作業と続く。このため，堆肥施用などといった土つくりまでできる農家はごくわずかとなっているのが現状である。

肥料は，JAによる地区配合やJA独自の有機配合肥料，民間の肥料商店が力を入れる有機配合肥料など，ミカンの味がよくなるといわれる魚を主とした有機配合肥料が主体となっている。

ただ，ミカン価格の低迷から，経費節減のために肥料の削減が進んでいる。また，窒素肥料分が多いとミカンが浮き皮になるとか，少肥で味がよくなるといったことが昔からいわれてきたことも施肥量減少につながっている。果実の

第3図　除草剤を連用している園地

第1表　経営と土壌管理の変遷

年	経　営	栽培と土壌管理
1984	就農	
1989	不知火を和歌山県で最初に導入	無肥料無農薬（ミカン5本）の試験を始める（2010年まで継続）
1995		除草剤を使わない試験を始める
2000		全園で草生栽培にする
2002	エコファーマー認定	
2005	特別栽培スタート	
2006	市場出荷に加えてネットなど直接販売スタート	全園で除草剤を使わない栽培にする
2013		ヒメイワダレソウを導入，現在に至る

果　樹

大きさも，大玉より浮き皮になりにくく味や価格もいい小玉をめざすようになってきたことから，摘果をおそくするとともに施肥量を少なくする農家が増えてきた。こうして経費節減や品質向上のため施肥を少なくして小玉生産をめざした結果，適宜摘果の遅れ，樹体への負担が増えるなどの要因で，隔年結果がひどくなってきている。

また，土つくりができていない土壌に対して，草に肥料分が取られる，作業性が悪くなるという理由もあり，除草剤散布の回数も昔より増えて，土壌の劣化が起こっているという問題点も出てきている（第3図）。これは農家の高齢化による労働力低下だけでなく，若い農家も傾斜地の環境ゆえに土つくりもおろそかになっていることが原因である。

2. 私の栽培法と土壌管理

①新品種の導入と除草剤を使わない栽培

私のミカン園地（マルヨ農園）は，下津町の海に突き出た半島部の小高い山の中腹付近（標高50〜70m）におもな傾斜畑があり，東から東南向きで石積みの段々畑である。私の栽培法と土壌管理の変遷を以下にまとめた（第1表）。

会社員から転職，1984年に就農してから36年になる。地元や県のカンキツ栽培研究グループに属し，最初はJA指導の慣行栽培で，最大400a栽培してきた（現在200a）。当時の品種は，‘宮川早生’‘向山中生’，在来種の晩生ミカン，‘伊予柑’という構成だった。だが，ミカン価格の暴落が就農時期と重なり，栽培方法から品種構成まで考え直すきっかけとなった。徐々に高糖系品種や極早生品種，多様なカンキツ品種を試し，‘不知火’も1989年に和歌山県では最初に導入および販売した。

1988年のころは物の量から質への転換期であったこともあり，より品質（糖度）の高いカンキツ，ミカンを求められるようになり，価格差も生まれてきた。現在は，消費者の嗜好からさらに個性化，多様化が求められ，同時に市場からはある程度の量もほしいといった要求が出てきたことから，技術とともに品種の選択が重要になっている。

現在のマルヨ農園のおもな品種構成は，‘日南’‘YN26’‘ゆら早生’‘田口早生’‘木村’‘丹生系’‘今村’などの温州ミカンに加え，‘不知火’‘はるか’‘春峰’，レモンなどのカンキツ類で，まわりのほかの園地にある昔ながらの在来系，尾張系などの普通ミカンはない。

こういった新品種が持っている品質の力は絶対的で，品種に勝る技術はないといわれる。だが，この個性的なカンキツ品種にはそれぞれの栽培しにくさがあり，その特性によって隔年結果をより引き起こすこともある。具体的には，細根など根の減少による樹勢低下，病害虫に対する弱さ，分岐角度の狭さや接ぎ木部の親和性の不確実性による台風などでの枝の折れやすさなど。この問題を緩和するために，慣行の有機肥料だけでなく，微量要素を補うための肥料や液肥の葉面散布，海岸で採れた海藻の施用，品種の特性に応じた剪定などの栽培技術も行なってきた。だが，除草剤連用散布の影響による土壌劣化が進み，ミカン樹の根が減り，味の面での品質低下が起こったため，なるべく除草剤を使用しない方向での栽培を25年ほど前（1995年ごろ）から始めた。

2002年にエコファーマーに認定され，2005年から農薬6割減以上の特別栽培（特別栽培条件は5割減以上）を行ない，いまでは7割から8割減の特別栽培となっている。レモンなどは無農薬で栽培している。栽培方法を活かすために販売面を多様化し，個人や農家共同での市場出荷に加えて，2006年からSNSなども利用したネット通販（委託），個人直接販売，店舗への直接販売，露天商などへの直接販売などをしている。

②傾斜地の土つくりを草生栽培で補う

土壌管理ではバーク堆肥を施用したり，親族の田んぼからいただいた敷きわらを施用したり，若木の株元へ自然に土に戻るタイプの防草シートや，ココアかすによるマルチなども行なってきた。だが，草生栽培がミカンの品質向上に加えて生物環境にもよい相乗効果があり，農薬も減らせるなど費用対効果の面でも優れてい

第4図　雑草草生のミカン園

ることがわかり，徐々に土壌管理の方法を変えてきた。

慣行栽培で堆肥施用などの土つくりをしなければ，除草剤の連用により土が硬くなり，肥料分が雨で流亡する。硬くなった土壌では，干ばつ時に直接太陽光が差し，表面温度はもちろん，土中温度（深さ10〜20cm）も非常に高くなる。こうした土壌で育つミカンの樹は葉色も薄くなってダニ類や黒点病など病害虫にも弱くなった。生えてくる草にも除草剤への抵抗性がつき，今まですぐ枯れていたエノキグサでさえ枯れない状況となった。

土つくりをしたくても急傾斜地が多い園地では作業がつらく，地域での出荷時期とも重なるためなかなかできない。そこで2000年ごろから，草生栽培をほかの農家にも広めるべく，とくに高齢者にも楽に作業できる草とミカンの樹との相性のよい草（品質低下にならないもの），普及できる草を探してきた。

これまでに試した草の種類は，自然に生える草（イヌムギ，ヤエムグラ，ハコベ，ゴウシュウヒカゲミズ，エノコログサ，カラスノエンドウ類など）と，タネや苗で人為的に増やす草（ナギナタガヤ，フルーツグラス，ヘアリーベッチ，アークトセカ，ヒメツルソバ，クリーピングタイム，クローバ（シロツメクサ），ダイカンドラ，ヒメイワダレソウ，ツボクサなど）の両方あり，私のミカン園地が全園草生栽培になって20年となっている（第4図）。

③同じ糖度でもうま味のあるミカン

草の特性，結果はあとで記述するとして，草生栽培とほかの慣行栽培で得た品質調査の結果が第2表である。マルヨ農園（岩本）の分析結果もいい結果となった。草生栽培と慣行栽培で品質に差が出たのは，後述する土壌水分が原因だと思われる。

私のミカンの外観は農薬を抑えているために慣行よりは落ちるが，市場出荷でも問題ない外観であり，平均キロ単価で慣行より50〜150円高い相場となっている。ネットなどの直接販売では最大キロ単価1,300円と，市場出荷の2〜4倍の価格となっている。

収量に関しても栽培年数が経過しても問題な

第2表　草生栽培と慣行栽培での果実成分（和歌山県農産物加工研究所調べ）

品　種		糖度計(Brix%)	糖含量 (g/100g)			滴定酸度(g/100g)	有機酸含量 (g/100g)	
			果糖	ブドウ糖	ショ糖		クエン酸	リンゴ酸
ゆ　ら	草生	15.45	3.62	3.31	5.17	1.16	1.369	0.036
	マルチ	14.48	3.88	3.02	4.05	1.23	1.436	0.047
	マルチ	13.22	3.63	2.36	5.39	0.96	1.193	0.048
	8/7フィガロン	11.79	2.73	2.54	4.22	0.88	1.130	0.026
	慣行	9.81	2.00	1.82	3.94	0.60	0.787	0.042
日　南	草生	13.78	3.37	3.01	5.12	0.84	1.029	0.021
	慣行	10.76	2.23	1.99	4.40	0.61	0.799	0.023
	8/7フィガロン	10.31	2.16	1.91	3.97	0.60	0.769	0.032
	慣行	9.85	1.97	1.70	3.94	0.62	0.813	0.036
	慣行	9.08	1.60	1.41	3.74	0.51	0.691	0.044

注　品種はゆら早生と日南1号。網掛けが筆者

果樹

く推移している。小売店や購入者からは「マルヨのミカンを食べたら，ほかのミカンは食べたくない」「ほかで買ったミカンよりも傷みが少ない」「味が濃い」といった評価をたくさん得ている。これは内容成分の糖度が高いということだけではないようで，同じ糖度でもうま味を感じるという評価があった。県内の篤農家の土壌を調べた結果では，こういったことは土壌中の微量要素が関係しているという当時の試験場の専門家からの意見もあった。

〈私の土壌診断〉

1. 生育観察による診断

①ミカンには肥料が必要

施肥が増えた場合，優れた剪定技術などを含めた高度な栽培技術がなければ，数量は増えても糖度などの果実品質が低下するということはこれまでの栽培でわかっていた。では反対に施肥分が少なくなった場合の樹の変化，果実品質はどうなのかをみるために，あえて無肥料無農薬の畑（ミカン5本）を1990年から2010年までの20年間観察したことがある。

樹の変化をわかりやすくするために，あえて樹勢の弱い極早生の‘徳森’を選び，無肥料無農薬で病害は剪定で除去，害虫のカミキリは捕殺，草は雑草草生とした。2，3年は糖度も上昇して問題なかったが，4年たつと幹に緑色の苔が生え，若木なのに生長もほぼ止まり，収量も極端に少なくなった。根は細根が少なくなり，春芽の長さも短くなり，葉の厚みもなくなった。酸が増え糖はとくに増えず，いわゆる酸っぱいミカンとなった（採取時期を遅らせたのち，採ったあとコンテナでしばらく置いておくことで通常のおいしさはあった）。ミカンには肥料分がいかに必要かわかった実験だった。

②樹勢の強い品種の草生では窒素が欠乏

主要な園地では有機肥料，もしくは有機配合肥料での草生栽培（除草剤は使用しない）をして，草にも肥料分が取られるが品質の低下もない結果ではあった。そのなかで，‘今村’などの高糖系といわれる樹勢が強い品種でナギナタガヤ草生栽培したときには，ナギナタガヤに肥料分が取られ，ミカンの樹にいく窒素養分が少なくなった。‘今村’は普通種よりも樹体での窒素肥料分の消費が激しく，開花から新葉展開期には草に養分が取られ，葉色がすごく薄くなって窒素が欠乏している葉色となった。草生栽培も導入初期の段階ではとくに，通常よりも窒素肥料分を補わなければいけない場合もある。

スギナも肥料養分が少ない土壌では，最初にツクシが出てからスギナに変わり，肥料養分が多い土壌ではツクシが出てこずに（なのでツクシは見ないが）スギナだけが出てくるので土壌環境も草によってわかる。

草生栽培を続けていくと，土壌がやわらかく，土壌生物だけでなく，そこに生息する生き物も増えてきた。このころになると，施肥量も

第5図　7月のヒメイワダレソウ草生園地のミカン

第6図　干ばつ時の慣行栽培園地のミカン

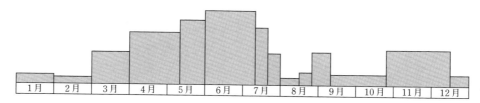

第7図　ミカン樹の年間水分要求度（和歌山県果樹試験場：宮本）
もっとも水分を必要とする6月ごろでもヒメイワダレソウはミカンより根が深いため，ミカンと水分競合することはない

慣行と変わらず，少なめでも生育には問題なかった。

③草生で水分ストレスが軽減できる

近年は異常気象といわれるように，夏に35℃以上の酷暑日がカンキツ産地でも連日続き，干ばつがあって豪雨もある。台風の大型化や勢いも強くなっている傾向がある。ゆえに，雨に対しては肥料分や土壌の流亡から土壌を保護するために草生で対応し，干ばつ時に起こる栽培樹体維持，根の保護，果実への水分不足による酸高・小玉・日焼け果・病害への耐性などの低下に対しても草生で対応，暴風に対する防風樹の見直し（これはチャノキイロアザミウマの被害果多発防止の意味でも）を行なうようにした。

干ばつ年に新たにわかったことがある。慣行栽培園や私の多くの草生園でもミカンの葉が巻いたり黄色くなったりしていたなか，ヒメイワダレソウの草生園のミカンは葉につやがなく色も薄くなったものの，果実はそれなりに肥大し味もおいしく，あきらかに違いがあった（第5，6図）。これはヒメイワダレソウの根の深さによるものだと考えている。おもなミカンの根の分布は深さ30cmぐらいまでに多いが，ヒメイワダレソウはそれより深く根を下ろすからである。そのため夏の乾燥時にほとんどの草が弱っていても，ヒメイワダレソウは深いところからの水分補給ができて元気なのである。このことが第2表でみた果実品質の差に出たと思われる。ミカンの果実品質向上のためにはマルチシートなどによる水分ストレスが必要といわれるが，乾燥しすぎると光合成能力が落ちて糖度は上がらない。むしろ光合成には水分が必要なのである（第7図）。草種によって水分ストレスは軽減できる。

2．圃場の違いによる診断と対策

①生える草で土の状態がわかる

慣行栽培と有機栽培とでは生える草も変わる。とくに除草剤の使用頻度によって変わる。つまり，土のやわらかさ，肥料分，pHによって生える草が変わるからである。土壌状態もおおよその理解ができる。

ミカン園のなかでも場所で草の生え方は変わる。樹が大きくなり日陰が多くなると，樹の下に生える草は少なくなり，ほとんど草が生えない場合もある。草に悩まされることはなくなるが，草が枯れて土に還ることによる堆肥分，肥料分はほとんどなくなる。高品質なミカンのためにも草が生えるような樹幹間隔が必要で，樹幹内へも日が差し光合成もできてこそおいしい果実ができる。ゆえに，たとえ除草剤を使用しても草が生えるような畑でなくてはいけない。

②やわらかい畑の草，除草剤連用畑の草

除草剤の年間連用頻度が多い畑と，手入れがされた草生栽培の畑とでは，おもな草種は次のように違うことがわかってきた。

肥料や有機物のあるやわらかく健全な土壌の畑に生えるおもな草は，カラスノエンドウなどのマメ科やハコベ，ヤエムグラ，オオイヌノフグリ，ヒメオドリコソウ，ホトケノザ，ヤブチョロギ，ナズナやタネツケバナ，各フウロソウなどやイヌムギやカラスムギ，エノコログサにカモジグサ，メヒシバなどのイネ科雑草などが

果樹

主である。除草剤を連用した畑ではヒメムカシヨモギやオオアレチノギクなどのおもに除草剤に抵抗性のついた草や，エノキグサ，スギナ，ノボロギク，コニシキソウ，スベリヒユなどの草種が増える。

③ 見つけたら早めの対策が必要な草

もちろん人間にとっては邪魔な草も生えてくる。タネがたくさんできて増えすぎてしまうセンダン草やノゲシ，地下茎が残るヒルガオやアサガオ類，ヤブガラシ，ヘクソカズラやノブドウなどはミカンの樹に絡みつく。ヒルガオ類は，イノシシをおびき寄せて掘り起こされてしまい，その中で小さくちぎれた地下茎はそれぞれから発芽してさらに増殖するので，見つけたら早めの対策が必要である。

除草剤連用の畑に共通する草種が増えてきたときには，わざと草を生やして草の根による土壌改良を行なうか，バーク堆肥（バークミン）や牛糞堆肥（鶏糞堆肥はミカンの場合は土壌改良にならず，果実品質面での低下もみられた）などを投入する。こうすることにより土がやわらかくなる。このときに気をつけないといけないのは，未熟な堆肥はかえって作物の根を傷めることはもちろん，ミミズが増え，それをえさとするモグラも増え，カンキツの根の部分に大きなすき間ができて若木では弱って枯れる場合もあることである。ゴマダラカミキリの根への侵入も起こる。さらに，イノシシも来て掘り起こすということにつながり樹が傷んでしまうことになる。

3. 草生栽培導入前と後の土壌診断

第8図は，当農園の以前の慣行栽培時の土壌診断結果である。このときの除草剤は年2回

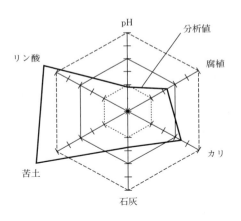

分析項目	単位	分析値	基準値 下限	基準値 上限
pH (H₂O)		4.3	5.5	6.5
EC	mS/cm	0.42	0.0	0.5
腐植	%	2.2	3.0	5.0
リン酸	mg/100g	109	30	80
石灰	mg/100g	192	239	304
苦土	mg/100g	60	31	46
カリ	mg/100g	25	21	43
塩基飽和度	%	56.9	55.3	68.0
石灰/苦土	mg/100g	2.3	3.0	6.0
苦土/カリ	mg/100g	5.7	2.0	4.0

第8図　草生導入前の慣行栽培の園地

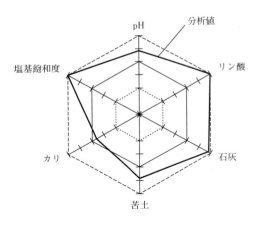

分析項目	単位	分析値	基準値 下限	基準値 上限
pH (H₂O)		6.4	5.0	6.0
EC	mS/cm	0.2	—	—
腐植	%	2.2	3.0	
リン酸	mg/100g	340	10	50
石灰	mg/100g	545	278	417
苦土	mg/100g	76	40	65
カリ	mg/100g	60	12	70
塩基飽和度	%	99	50	70
石灰/苦土	mg/100g	5.2	4.0	8.0
苦土/カリ	mg/100g	3.0	2.0	6.0

第9図　草生栽培10年の園地

（うち1回は土壌処理剤）で，土つくりもカキがら石灰を数年おきに施用する程度だった。土壌の劣化が起こり硬くなってきていたので，苗木を植えるために掘るときも力がいって大変だった。特段，土つくりもしなかったので，リン酸，石灰，苦土などのバランスの悪い状態であった。その後，草を生やして年数が経過すると土壌環境がよくなった。団粒構造という土の塊ができ，そのすき間を空気や水が通り，余分な水は流れて，必要なときには水分の保持もしてくれる。ほどよい空気も保持でき，根や微生物に酸素も与えてくれる。草生栽培をすることによってカンキツ園の根腐れということも解消された。

第9図が，除草剤を使わなくなって10年の雑草草生園地での土壌分析の結果である（深さ15〜20cm土壌）。石灰資材（このときは貝がら化石）の効きもよくなり，深さ15〜20cmの土壌pHもよくなった。ミネラル分の効果も上がったのか，農薬を年1回使用に変えても耐病性が上がって，市場出荷でも品質低下にならなかった。

土の硬さも改善されてやわらかくなった。少し雨が降った後の乾いていない土壌の表面ではあるが，山中式土壌硬度計による計測で，慣行園が18〜22の数値に対して，草生栽培園では14〜16の数値であった（数値が大きいほど硬い）。

畑の土壌生物をみても，さらには草や木に生息する生物をみても，あきらかな差を感じ取れる結果となった。

〈草生栽培による土をよくするしくみ〉

1. 草種による土の団粒化促進

草生栽培では，枯れた草の根の部分に空気が入り，自然に耕した状態となることもわかった。自然に生えるイネ科雑草であるイヌムギやカラスムギ，エノコログサ，メヒシバなどは肥料分が少なめで硬い土に生え，草丈が高くなり，園地での作業性は落ちるが畑を耕してくれる。これらの草はひげ根なので，直根を出す草

よりも浅根であるが，根の広がりが大きく，ちょうどカンキツの細根が多い深さの部分をくまなく耕してくれるイメージである。イネ科雑草はケイ素も豊富で，草量も多く敷き草状態ができる。枯れたあとは10a当たり少なくても1t以上の堆肥を労せずして入れた状態となり，ナギナタガヤだと0.7〜1tになるという結果も報告されている。

年間をとおしてみると，春先はヤエムグラなどの草も主となって堆肥化が進み，夏にはイネ科雑草も生えて，土壌微生物，土壌生物，虫やクモも増え，徐々に土壌の団粒化ができて，畑を歩くとそのやわらかさもすぐわかるようになる。

ただし，雑草草生では，歩きにくいなど作業性や，草丈が伸びて果実の外観を損ねる（傷ができる）などの問題もある。したがって理想の草の条件は，草丈が低く樹に巻きつかないこと。果実への傷もつかないこと，養分競合をなるべく起こさないこと。できれば長い期間生育して，ほかの草を抑えること。一度生やすとあとの管理の手間がほとんどいらないことである。そのうえ，ミカンの味がおいしくなれば最高である。

こうした条件にかなうミカン園で利用できる草の種類を拾い出し，園芸種も野生種も関係なく植えてみてミカンの生育と果実品質をみた結果を以下に記す。

ヘアリーベッチ（クサフジ） 春と秋によく伸びて花を咲かせる草で，とくに春は畑一面を覆ってしまうほど広がって夏に枯れ，秋にまた伸びてくる。空気中の窒素を固定する根粒菌と共生するマメ科なので，肥料分を削減するにはこれが一番であり（枯れて土に還ることによる窒素供給量は10a当たり10kg近い），カンキツの樹とも相性はよかった。タネをまけば生やすことができ，肥料を与えることもなく勝手に増えていく。欠点として，樹に絡みつく量が半端ではなく，樹から引き下ろす作業が必要となり，とくに繁殖期の春は草の量が多く畑内を歩くのにも苦労した。ほかの草を抑えるアレロパシー成分があるが，夏場に枯れたあとにはほか

果　樹

第10図　ナギナタガヤ草生の日南ミカン園

第11図　12月のアークトセカ草生園地

の雑草が生えてくることがある。

　クローバ（シロツメクサ，アカツメクサ）
こちらもマメ科でよく使われるもので，タネも安く手に入る。しかし，ナギナタガヤやフルーツグラス，ヘアリーベッチと違い，ただタネをまいただけでは生えてくる量はごくわずかで，生えてこない場合もある。タネをまく前に荒い目のふるいにかけたバーク堆肥（バークミン）とタネを混ぜ合わせ，レーキなどですじを付けてから30cm間隔ぐらいですじまきし，土を軽くかぶせるとしっかり生え，一面がクローバになる。一年中緑のクローバーが生え，ほふく性があるので石垣のすき間にも根を張り段差を下って広がっていく。ただ，堆肥化する量が少なく，土壌表面はやわらかくならなかった。

　ナギナタガヤ　ナギナタガヤはすでに一大ブームとなったので，試した農家も多く，今もナギナタガヤ草生をしている農家も多い草種である（第10図）。イネ科の冬草で，春から草が一気に伸び始めて5月に最大となり，6月には倒れ，敷き草状態で枯れる。夏場は地表を覆ってほかの草が出てくるのを抑え，秋からまた芽が出てくる。欠点として，傾斜地ではとにかく滑って転倒することが多い。高齢になってくるとケガも怖いのでこれが大きなデメリットとなる。また定着するまでの3年間ほどはタネを何度かまく必要があり，肥料分も多めに施用しないと高糖系品種などでは肥料不足になる。タネがたくさんできて靴に入るとチクチクして痛

第12図　12月のヒメツルソバ草生園地

い。極早生ミカンでは果実の着色もよく，糖度もいい数値が出た。ナギナタガヤと同じイネ科のフルーツグラスも似た結果であった。

　アークトセカ　キク科で南アメリカ原産である（第11図）。カンキツ園での相性も悪くなく，ランナー（ほふく茎）で広がり，途中で根を下ろしながら増えていく。タンポポのような花がよく咲き，踏圧にも強いので丈夫ではあるが，タネはできないので苗を買って増やすか，茎を切り取って移植して自家増殖することが必要である。この草は，ほぼ一年中緑のままでほかの草が生えてくるのを抑えるが，すき間に生えてくる雑草はクローバより多い。冬の低温や干ばつ状態が続くと表面は枯れることもあるが，すぐ復活して生えて一面を覆う。

　ヒメツルソバ　タデ科でヒマラヤ原産。道路

農家の技術と経営事例

第13図 7月下旬のヒメイワダレソウ草生園地

や公園などでも野生化したこの草をよく目にする。それくらい，どこでも生えてくる草で強い。広がる速度はそれほど早くなく，じんわりと広がる。日向より日陰でよく生えるのでミカンの樹の下にもよい。花がピンク色で景観上もよい（第12図）。春と秋に繁殖し，夏場は日向では少なくなる。

　ダイカンドラ（ダイコンドラ）　タネを購入してまく。ヘアリーベッチのようにそのままタネをまくと発芽率がかなり低い。レーキで土を少し掘ってからタネをまき，土を軽くかぶせるとよく生える。ほぼ一年中緑のまま覆う。その後，3，4年たつと草の根の層が厚くなって，ミカンの樹との養分競合を起こす度合いが強いので，苗木・若木園地には不向き。傾斜地の土手，法面などの樹が植わっていない場所での利用がよい。

　斑入りカキドウシ（グレコマ）　シソ科で園芸種のグランドカバーとしても苗で売られている草種。ハーブの香りがして一部の害虫忌避効果も見受けられる。耐暑，耐寒性も強く，ほぼ一年中生えているが，干ばつがひどい年には日差しが強い部分は枯れる。花も春から秋まで緑のじゅうたんのように広がり花も咲いて，ランナーで広がっていく速度もかなり早い。畑に植えて8年目に突入したが，好成績である。

　ヒメイワダレソウ（リピア，リッピア）　今，植わっている草種のなかで，栽培園で実証してみて一番に有望な草種である（第13図）。クマツヅラ科で南アメリカ原産の多年草で，グランドカバーとして利用されているので，苗の価格も安く手に入る。タネはできないので，タネで増やすことはできないが，一度植えてしまえば毎年の植付けは不要。ランナーを伸ばして広がり，その節々で根を出すので，途中で切り取って挿し芽で簡単に増殖できる。春から秋まで生えて，寒い冬は上部が枯れることも多いが地下部は残り，春先に新芽が出て広がり覆いつくす。冬草や春草の雑草は一部生えてくる。

　ヒメイワダレソウ（クラピアK7）　日本在来種のイワダレソウの選抜系統で，S1，S2，K5などの兄弟もある。ただ，これらすべてが種苗登録されているので，無断での譲渡や販売，増殖は禁止。苗代も高価である。草丈が低く，外来種のヒメイワダレソウよりも花が少なく耐寒性に優れているのが特徴である。同園地で外来種のヒメイワダレソウは冬に茶色や黄色の葉っぱで地上部が枯れているときでも，このK7は緑のままであった。

　なお近年，和歌山県で自然に広がっているゴウシュウヒカゲミズもよい。ふつう樹冠下など日陰は草が生えないが，この草はよく生える。問題なく果樹園で有用である。

2. 草種による土壌微生物多様性の変化

　草生栽培をすると草の根のまわりに微生物が増える。なかでもアーバスキュラー菌という菌根菌はミカンの根と共生して，土壌中のリン酸や微量要素をミカンの根に供給してくれるので，肥料効果が高まる。ただし，土壌中にリン酸分が多い場合には共生はしない。微生物の種類と栽培作物とのあいだには，相利共生，片利共生，寄生というさまざまな関係があるようだ。どの微生物がよくて，どの微生物が悪いといったこともなかなかいえないので，DGCテクノロジーという研究所に依頼して，土壌の生物性を客観的に評価する方法である「土壌微生物多様性・活性値」をみることにした。

　これは95種類の異なった有機物（微生物のえさ）が入った試験用プレートに，サンプル土壌を薄めたものを入れて，一定温度条件15分

果　樹

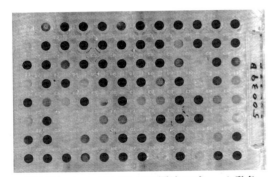

第14図　ヒメイワダレソウ園地のプレート発色
　　　　状態
　　　土壌微生物多様性・活性値　1,602,901

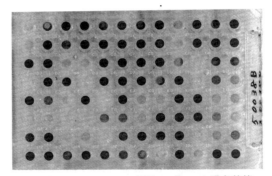

第15図　アークトセカ園地のプレート発色状態
　　　土壌微生物多様性・活性値　1,362,884

間隔で48時間連続的に測定し，サンプルに生息する微生物によって各有機物が分解される速度を調べたものである。たくさんの種類の有機物が分解できたということは，たくさんの種類の微生物がいるということになる。また，有機物の分解速度が早いということは，それだけ微生物が活発に働いているということになる。

　この試験の結果，ヒメイワダレソウ草生園地は160万，アークトセカ草生園地は136万となった（第14，15図）。土壌微生物多様性・活性値は大きければ大きいほど有機物を分解する能力が高く，そのぶん植物に栄養を与える能力も高い（第3表）。どちらの園地も活性値が高く，草生栽培により微生物が多様化し活性化されたことがわかった。アークトセカとヒメイワダレソウの数値に違いがあったのは，同じ草が一年中あるアークトセカ園地と季節によって草種が変わるヒメイワダレソウ園地の違いだと考えている。ミカンの樹には違いが今のところないが，生息する生き物の数や種類がヒメイワダレソウ園地のほうが多いことに気づいた。ヒメイワダレソウは春から晩秋まで地上部が元気で夏の高温から土壌やミカンの樹を守ってくれる。そして冬から春までは勢いがなくなり，そのあいだは自然の草が適度に生えてくる。こうした自然の環境が出現することで，土壌中の微生物を多様化させ，団粒化を進めてくれるのではないだろうか。

第3表　土壌微生物多様性・活性数値の目安

数　値（万）	土壌状態
30～50	農薬や化学肥料が過剰
50～70	ごく平均的
70～100	土つくりが比較的うまくいっている
100～130	豊か
130～150	大変豊か
150～200	きわめて豊か

〈草生管理の実際〉

1．冬草や春草は刈らずに倒す

　一般的な雑草草生の場合，年間4，5回，多い人は7回ほど刈り払い機で草刈りをする。マルヨ農園での雑草草生は，基本的に草刈りはせずホーレー（三角ホー）で倒して枯らし，自然に生える草とタネや苗を植える草の両方で草生栽培をしている（第16図）。

　冬草や春草は花が咲いて5月ごろから6月には枯れるものが多いが，この枯れる前の春に草刈りをすると根は枯れずに残り，枯れる時期があとにずれてミカンの樹と養分競合するため，基本は刈り取らず自然に枯らす（第17図）。草丈が長く伸びたものはホーレーなどで横に寝かし，樹に巻き付くヤエムグラなどは樹から下ろして寝かす作業をしている。夏の草も同じように寝かすのが基本である。ただ，苗木など小さ

854

農家の技術と経営事例

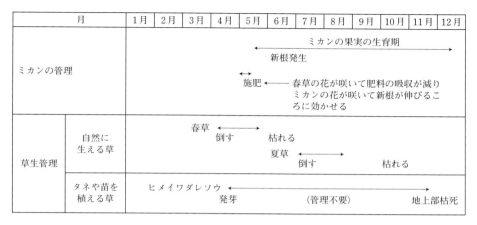

第16図　ミカンの生育と草生管理

第17図　4～5月に倒した春草が6月には枯れ始めている

な幼木園の場合は，日当たりがよいので草がよく育ち，草との養分競合に負けるので，少なくとも苗木の株元40cmぐらいの草は引き抜く。

2013年から増やしているヒメイワダレソウ草生の場合は，春の時点であいだに生えてくる雑草の量は少ないので一般の雑草草生よりも手間が少なくてすみ，ヒメイワダレソウ以外の草生園の草を倒す作業ができて楽である。6月からミカン収穫の冬まではほとんどヒメイワダレソウで覆われるので，夏の草に対する作業は不要である。また，幼木との養分競合も少なく，夏場のミカン樹との水分競合も少ない。これは前に述べたようにヒメイワダレソウの根がミカン樹の根より深いところに伸びることと関係があると推察している。

これまでの草生栽培では，夏場などミカンの果実がなっているときの草は養分競合して果実品質が落ちるとされ，除草剤をかけるかもしくは刈り取られていたが，ヒメイワダレソウやアークトセカなどの草を生やしても果実品質の問題はなかった。夏場も緑色の草が生えていることにより，ミカンの生育期の害虫に対する益虫，天敵のすみかが提供され，土壌を含めた生物環境がよくなっている。こうした環境になると，アブラムシ類，チャノキイロアザミウマ，ハダニの被害もほとんどなくなり，果実が熟してきたときに雨のしぶきで跳ね上がった病原菌が果実について起こる褐色腐敗病も，土が草で隠れるために起こりにくくなることもわかった。

2．春の施肥は5月初旬

施肥は草生だからといって大きく変わらない。肥料分を増やすこともなく，また草の部分に施肥することもなく，ミカンの樹へ通常の量を施肥するだけである。そこから雨によって流れた肥料分だけで，園内に植えた草は元気である。むしろ，草生栽培で土壌状態がよくなると，肥料分の流亡も少なく分解も早いように感じる。

855

果　樹

　ミカンの施肥は通常，春3月と秋11月ごろの2回で，品種や土壌・栽培条件によって夏肥（5月下旬～6月初旬）も施す。しかし，草生栽培では，春の早い時期に施用すると，肥料分が土壌の浅い部分にある草にばかり吸収され，果樹の吸収分が少なくなる。春草や冬草は花が咲くと肥料の吸収が減るので，その頃合いである5月初旬に肥料が効いてくるようにする。このころに有機肥料やボカシ肥料を施肥すると，ミカンの葉が緑化して新根が出てくる6月に分解されて吸収されるので，果実の品質にもよい。

　秋肥は収穫後のミカンの樹の回復や，春の新葉と花のためにも必要であり，地温が下がって根の活性が落ちないうちの10月下旬から11月上旬までのあいだに施用するようにしている。

　いくつか試した有機肥料のなかでは，魚主体のものがミカンの味の向上にはよかったが，ミネラル補給目的で海藻もよい。土壌のpH調整には貝化石の施用がよかった。

3.　今後の課題

　除草剤の年間使用回数が多くなっている園地をよく見かけるが，そういった園地の土壌は硬くて天候の変化にも弱くなっている。そこでまずは，除草剤は園地全体にかけるのではなく，作業の邪魔にならず土壌環境もよくしてくれる草丈の低い草は見つけてもあえて除草剤をかけずに放任したい。その草とはハコベ類やオオイヌノフグリ，ヒメオドリコソウ，ホトケノザ，ヤブチョロギ，フウロソウやカタバミ類，カラスノエンドウ，カキドウシなど。こうした草丈が低く，邪魔にならない草を活かすことで，土壌も土壌生物も活かし，害虫のリサージェンスも起きにくい畑の環境になる。

　近年は草生・除草剤使用にかかわらず，つる性の草木ノブドウ，ヤブカラシ，ヘクソカズラなどが増えてきている。草生栽培ではとくに，有用な草がこのつる性植物によって枯れてしまうことも起こっている。見つけたら早い段階で，根こそぎ取るのが有効ではあるが，栽培面積が広くなるとむずかしい。そうなると頼るのは除草剤の部分的使用ではあるが，なかなかすぐに減らせないという課題があり，困っている農家も多い。手間はかかるが，覆いかぶさったつるを下ろしてまとめておくと，しだいに枯れた経験もある。

　現在，ヒメイワダレソウと混植してさらに有用になる草の実証もいくつか行なっている。草刈りのいらない，土壌環境もよくなる草生栽培を広めていくことが，農家の高齢化に対応するために重要だと感じている。

　　執筆　岩本　治（マルヨ農園）

2020年記

農家の技術と経営事例

愛知県豊橋市　河合果樹園

＜ハウスレモン＞

ボックス栽培

各種の土着天敵の活用とボカシ肥料で無農薬栽培

＜地域の概況と私の目標＞

1. 地域の概要

豊橋市は愛知県の南東部に位置し、東は静岡県に接し、西には渥美半島が張り出しており、半島両岸沿いで三河湾と太平洋に面している。人口は38万人、面積は261km²で、うち経営耕作地面積は66km²と4分の1を占めている。

気候は比較的温暖で、年平均気温は約16℃、年間日照時間は約2,200時間、降水量は1,400mm前後である。

交通の便はよく、名古屋はもちろん京浜および京阪神などへのアクセスに恵まれている。

1968年の豊川用水の通水は畑作の発展に大いに寄与した。作物は野菜、果樹、花卉、稲作など多様で、施設園芸の先進地でもある。畜産の生産額は県下1位である。このように恵まれた立地条件を生かして多様な経営が行なわれ、70品目もの農産物を産出している。

私が住んでいる地域は豊橋市の東部にあり、静岡県との県境に接する中原町である。古くからのミカン産地であったが、現在は周囲に上場企業の工場がたくさんあるため、ミカン専業農家は減少の一途をたどっている。ミカン専業農家はハウスミカンと露地ミカンの経営形態をとっている。

経営の概況

立地条件	ミカン園は赤石山系第三古生層と腐植に富んだ平地に分かれている。第三古生層は露地栽培、平地ではハウス栽培が行なわれている。昔からおいしいミカンができる地帯として市内では有名である
カンキツ	宮川（加温）10a、収量 5t/10a（以下同） 宮川（加温）10a、収量 5.5t 興津（加温）7.5a、収量 5.5t 宮川（加温）7.5a、収量 6t 宮川、興津（露地）52a、収量 3.5t 青島（露地）46a、収量 3.5t 寿太郎（露地）20a、収量 2t その他（露地）2a レモン（補助加温）9a、収量 2.5t レモン（補助加温）10a、ハウスミカンから改植中
家族労力	本人、妻、雇用労働力（周年パート2名）

第1表　私の経営の歩み（単位：a）

年度	ハウスレモン	露地ミカン	ハウスミカン	水稲
1985		240	10	250
1986		230	20	250
1988		190	30	190
1990		155	37	170
1995	2	130	37	170
1997	2	100	45	170
2000	9	100	45	170
2002	9	110	45	170
2004	9	120	45	170
2006	19	120	35	170

注　1985年に就農
　　2006年のハウスレモン19aのうち10aは改植中

857

2. 私の目標

①経営の推移

1985年3月に静岡大学農学部を卒業し，すぐに就農した。就農以前は露地ミカン250a，水稲250a，米のオペレーターの経営であった。学生時代の恩師の薦めもあって，その年の12月からハウスミカン栽培に取り組んだ。その後ハウスミカン栽培を徐々に増やし，露地ミカンは借地の返却と非効率な園地での栽培をやめて面積を減らした。水稲もオペレーターと米の調整に力を入れるために，170aまで面積を減らした。1992年度からは周年雇用をはじめ，果樹部門と水稲部門に経営を分離して私が果樹部門を受け持った。

1995年度から開発部門として，ハウスレモンの無農薬栽培試験（2a）をはじめた。1997年度から露地ミカンの防除に歩行型SSを導入して，防除時間を短縮，また翌年から露地ミカンを無化学肥料栽培にして，8月のダニ剤の省略を開始した。2000年にハウスレモンの無農薬栽培に自信がついたので7aを新規増設し，愛知経済連の「いきいき愛知」（特別栽培農産物）の認証（当時）を取得した。

第1図　ボックス栽培のレモン

2001年度にはホームページを開設して情報の発信をはじめ，露地ミカンも「いきいき愛知」の認証を取得した。2003年にハウスミカンでのチリカブリダニの放虫を開始し，マーケティングを重視した経営への転換をはじめ，2004年度から露地ミカンのオーナー制度を導入した。

とにかく1年に何かひとつ改善することを目標に，22回目のミカンの栽培に向かって進んでいるところである。

②今後の経営展開

2005年に，愛知県で行なわれた愛知万博のテーマである「自然の叡知」，この言葉が農業の世界でもキーワードになると感じている。自然からの情報を正しく読み取って，必要以上の農薬や化学肥料を使わず，循環型の生産体系にしていこうと考えている。同時に，情報発信をすることで得られるマーケティング知識を用いて，顧客管理型農業へと大幅に転換していこうと考えている。

2005年度からの重油の高騰と環境配慮の面から，中長期的にはハウスミカンの一部を無加温または少加温で，直接販売や契約販売できるものに転換していく。環境への配慮が農業界でも必至であることがその理由である。環境負荷が少ない品目は高単価販売できないという考えは，自分で消費者とふれあってみると必ずしもそうではないことがわかる。今までのように，品質のよいものをつくれば売れるという時代ではなく，つくり方の努力をいかに納得して買っていただくかを考えている。そのための消費者に対する情報発信や園地の見学や質問への返信などの時間は，極力惜しまない方針である。

〈目標の樹相と技術の特徴〉

1. 目標としている樹相

私はレモンにボックス栽培を採用しているが，樹相にはまったく気をつかっていない。とにかく着花が安定するまでは伸ばし放題伸ばしていき，安定して着花するようになったら果梗枝や新芽の吹いているところまで切り戻す。その繰り返しである。ボックスに植わっているレモン

の木を1本の木と考えず，1本の枝と考えて，数ボックスで1本の木と考えている。

2. 技術と経営の特徴

①技術的特徴

22年前に私が就農したころは大手産地を手本に，たくさんの農薬を散布して，吸えるだけたくさんの肥料をまいていた。ところが無農薬レモンにチャレンジしたことがきっかけで，どうしたら農薬を減らして栽培できるかということを考えるようになった。現在重視している，農薬を減らすための管理を第2表にまとめた。

ハウス栽培では土壌条件がよくないと着花が少なくて品質の悪いレモンになってしまうため，収量を犠牲にしても連年結果できるボックス栽培を選択した。ボックス栽培の利点は，着花が安定する，レモンの品質がよくなる，発育段階が進むなどが上げられる。欠点は樹勢の維持が大変，果実肥大が遅い，水やりが大変などである。

②経営の特徴

1992年度から周年雇用をはじめ，現在2名のパートを雇用している。出荷時期が，ハウスミカンは6月下旬〜9月下旬，露地ミカンは11〜2月中旬，ハウスレモンは9月下旬〜4月上旬というように，1年中仕事があるようにしている。

現在，わが家の経営はパソコンがなければ仕事にならないほどの状況になっている。一般流通では採算が合わないレモンの販売のため，2001年3月にホームページを立ち上げたのがそのきっかけである。立ち上げて3年目から徐々に販売が増えだした。そのためパソコンでの情報管理，メール管理，顧客管理，入出金管理などの仕事が重要になってきている。

〈ハウスの概要〉

1. ハウス本体の設置と構造

レモンの栽培ハウスは第3表のように，3つに分かれている。

1号園は試験用に立てた間口5.4mの2連棟ハウスである。野菜用のハウスのため柱の高さが2m

第2表 レモンの農薬を減らすために重視している管理

管理内容	効　果
ボカシ肥料の使用	アミノ酸や抗酸化物質の吸収でストレスの軽減
EM菌と光合成細菌の葉面散布・土壌施用	善玉菌の占有割合を増やして，灰色かび病などを軽減
土着天敵の利用	アブラムシ，イセリアカイガラムシなどの被害の軽減
軽めの剪定	病害虫の発生を軽減
軽めの施肥	

第3表 レモンの栽培ハウス

園地番号	面積(a)	植栽本数	備　考
1号園	2	100	パイプハウス
2号園	7	420	合掌つきパイプハウス
3号園	10	ハウスミカンから改植中	合掌つきパイプハウス

第2図　レモン専用に建てた3連棟ハウス

と低く，冬場の温度をため込みにくい。また，レモンの徒長枝が天井に着いてしまうので，柱の高さは最低3mほしい。

2号園（第2図）はレモン専用に建てた，間口6.5mの3連棟ハウスである。柱の高さは3mで，屋根のパイプ部分に3m間隔で合掌が入っている。換気方法は肩換気で，自動的に巻き上がる方式である。側面と妻面は手動式の巻き上げを1段または2段つけている。1棟に4列のボックスを1m間隔で並べているため作業条件は少々悪いが，単位面積当たりの収量を多くするためには

果　樹

仕方がないと考えている。

3号園はハウスミカンから改植中のものである。

2.　ビニール被覆

1991年からハウスミカンで農ポリオレフェンの長期展張を開始した。その後6〜8年にわたって長期展張の効果を確認したため，レモンでも農ポリオレフェンの長期展張を取り入れている。基本的には厚さ0.15mmの農ポリオレフェンを長期展張することでの，資材費と張替え労力の軽減効果はとても大きいと考えている。

妻部分と側面と屋根の肩部分は巻き上げて開放できるようになっているため，その部分の農ポリオレフェンは独立した専用のものを張っている。巻き上げ部分は開放したときにゴマダラカミキリの侵入を防ぐため4mm目の網を農ポリオレフェンの内側に張っている。農ポリオレフェンはマイカー取りとマイカー線を使っておさえている。

屋根部分は肩の換気部分以外を1枚の農ポリオレフェンで張っており，6mごとにアーチパイプにそってさびに強い被覆スプリングでとめている。マイカー線は基本的には使用していない。

3.　温・湿度管理

樹勢を見ながらの管理であるが，ハウスミカンのような細かい温度管理は必要ない。

4〜6月中旬は日中最高25℃，夜温は自然温度としている。積算温度をなるべく稼ぎたいので，夜は締め切って最低温度を高くもっていくようにしている。湿度は自然放任である。

6月中旬〜11月中旬は日中最高30℃，夜温は自然温度としている。この時期は日中の温度は30℃以下にしたいが，実際はそれ以上の温度になってしまう。サイドを大きく開放して熱を逃がすように努める。夜温も20℃以下になるほうが生育はよいが，熱帯夜も多いため夜もサイドは開放したままである。湿度は自然放任である。

11月中旬〜3月下旬は日中最高35℃，夜温は−2℃以下にならないように暖房をしている。寒い時期であるため日中の温度は実際にはそこまで上がらないことが多い。しかしこの時期に積算温度を稼いでおきたいので，日中に熱をため込む。その熱で最低気温になる時間をなるべく短くしたいと考えている。締め切っているため，換気をしているとき以外は高湿度になっている。

〈栽培技術〉

1.　作　型

私のハウスレモンは9月下旬〜3月下旬まで収穫を続けるため，作型は今のところ1つである。加温すればもう少し前進することも可能だが，なるべく環境負荷をかけない作型としている。ハウス内でのボックス栽培の特徴は四季咲き性が非常に強くなることである。開花期は3月から5月にかけてと，6月，9月，11月である。9月と11月は条件により咲かない年もある。天候にも左右されるが，開花がばらつくため長期収穫の作型になるといえる。

2.　発芽から開花期までの管理

①剪　定

発芽と出蕾は早ければ2月中から始まり，5月まで切れ間なく続く。剪定は3月下旬または4月上旬に収穫を終了してから，すぐに開始する。果梗枝までの切戻しと花芽を見ながらの軽い剪定である。剪定によって強い芽を吹かそうとすると病害虫の被害が増えるので，強く切っても生殖生長型の芽が出るように，切る角度に十分注意する。

②施　肥

収穫終了後1週間間隔で魚の溶解液，海草エキス，光合成細菌などを溶かした液を1ボックス当たり2〜3l，3回ほど動噴で樹勢を見ながら灌水・施肥する。その後ボカシ肥料を1ボックス当たり300〜400g施肥する。また，肥料を効かせるためとボックスごとの水分ムラ調整の意味で，ホース灌水を数回行なう。この作業は収穫と開花で弱った樹勢を一気に回復させるのにとても重要な作業である。

③葉面散布

ハウスレモン栽培では，花が咲いても激しい生理落花（果）のため収穫量が極端に減ることがある。実を止めるのと新芽の緑化促進の目的で魚の溶解液，海草エキス，EMストチュウ，木酢液などを1週間に1〜2回，花びらを落としながら葉面散布する。連年結果のためにはかなりの回数をやるのが望ましい。

栽培をはじめたころは灰色かび病で，レモンが茶色になってしまったことがあった。しかし，EMストチュウを定期的に散布することで灰色かび病以外のかびが花びらを占有するようになり，灰色かび病はほとんど出なくなった。

3. 幼果期の管理

樹体の栄養状態が悪かったり，気温が急激に上がったりすると生理落果が激しくなる。そのためこの時期も開花期同様に，施肥と葉面散布をようすを見ながら行なう。幼果の横径で2cmぐらいまでは注意が必要であるが，新芽が緑化してくれば葉面散布の間隔は比較的開けてもよくなる。

また，温度管理もその日の天候に合わせて，こまめに行なうとよい。日中の最高温度は25℃設定とし，サイドなど手動での換気部分でこまめに調整する。

水分不足も生理落果を助長するため，定期灌水とホースでの補正灌水で適正な水分量にすることを心がける。

4. 果実肥大成熟期と品質向上期の管理

レモンのボックス栽培では生殖生長と栄養生長が混在しているため，果実肥大成熟期と品質向上期のきちんとした境はないと考えている。品質の向上は低温遭遇（目安として最低気温が5℃になる時期）までの積算温度の確保と，その後の低温遭遇によってもたらされる。ボックスを用いたハウスレモン栽培では，品質向上期までの積算温度は十分に足りていると考えている。日中の最高温度は30℃設定とし，開放できる部分はすべて開放してハウス内の温度を極力逃がす。

生理落果が収まったら，極力果実の肥大を促進するために樹上灌水を併用する。とくに日中が高温だったときは，夕方の樹上灌水による葉水は果実肥大と夜温の低下に有効である。果実の肥大を見ながら，玉肥として6月中にボカシ肥料を適量追肥する。またハウスミカンと同様の方法で枝つりを行ない，果実の肥大を促す。

5. 収穫期の管理

9月下旬にはグリーンレモンとして収穫を開始するが，この時期のレモンは開花期が3月のものである。通常の露地栽培に比べて収穫基準横径に達するまでの，積算温度は十分である。この時期に肥大が緩慢なようであれば，魚の溶解液と光合成細菌の溶液を動噴で，個々の樹勢を見ながら灌水・施肥する。

11月中旬〜12月上旬になると温度もだいぶ下がってくるため，日中の最高温度を35℃にして，最低気温を極力高くなるようにする。ボックスの地温が15℃前後のほうが果実の肥大がよいので，ハウスを閉め切って肥大によい条件の時期を長くするようにしている。

〈施肥と土壌管理〉

1. 施肥の考え方

樹勢衰弱時のモリブデン酸アンモンと尿素の葉面散布以外は，100％有機質のボカシ肥料を使っている。ボカシ肥料を使うのは病気と害虫の被害を少なくするためである。ボカシ肥料に変えてから土壌中の抗酸化物質や酵素が多くなったためか，微生物層が安定した環境となり，被害がハウス全体にでることはなくなった。また，少ない窒素成分でも安定した果実の肥大と樹勢を維持できるのも，ボカシ肥料の特徴である。

2. 施肥と土つくりの方法

①施肥の方法

施肥は動噴による液肥の散布とボカシ肥料の散布，それに葉面散布の3つの方法で行なっている。

動噴による散布は散布用のさおのノズルをは

果　樹

ずして，ボックスごとにまいていく。圧力を20kg/cm²に落として，1ボックス当たり2～3lを樹勢を見ながらまいていく。外周部が乾燥しやすいため，なるべくボックスの外周部分にまくほうが効果が上がる。

ボカシ肥料の散布はひしゃくで行なっている。ボカシ肥料を散布用のバケツに入れて，それをひしゃくでまいていく。ひしゃくには散布量（300～400g）の目安としてマジックで印をつけておき，その部分まですくって1ボックスごとに入れていく。散布後速やかに効かせたい場合は，ホースで勢いよく灌水していくと土とよく混ざり効果的である。

葉面散布は動噴でピストル噴口を用いてなるべく葉裏にかかるように散布していく。そのときの発育段階によっても違うが，10a当たり300～500lをしっかりとかける。樹勢を見ながら肥料の効きが悪い個体は，ボックスの中にも散布することで個体差を調整していく。またていねいに葉裏にかけることで，新芽の時期は害虫を吹き飛ばして地面に落としていくといった効果もある。

②土つくりの方法

土壌診断と樹相によって，年1回有機JASで認められた改良材を少しだけ与えるようにしている。毎年同じものを連用すると数年後によい面より弊害が出てくるのではという考え方から，毎年違うものを与えている。

ボックス栽培は土壌の種類や成分の違いがあっても，生産した果実の品質の差が少ないのが特徴である。このことからも土つくりは，ボカシ肥料を長年散布していけばあまり重要視しなくてもよいのではと考えている。

ただ，樹勢が弱ってくるとボックス内の土の水分量が多くなりすぎたり，樹勢が強い場合はボックス内の水分が樹体の蒸散により乾燥したりしてしまう。それをそろえるためのホース灌水も一種の土つくりといえる。また水分量が多くて多湿になっているボックスは，充電ドライバーに木工用の20mmのドリルをつけてボックス内の土を掘り起こす。そうすることによって，土からの蒸散量と土の気相率を上げることができる。こういった土の物理性の改善がボックス栽培の土つくりである。

〈病害虫防除〉

1. 葉面散布

樹勢の弱いボックス栽培では病気の予防，害虫の忌避，タンパク合成の促進などに，葉面散布の技術は必要不可欠である。目的によっていろいろなものを選択して散布しているが，基本的には発酵させたものを使っている。相乗的に働いている部分も大きいが，柱になるものを目的別に第4表にまとめた。

2. 土着天敵の利用

無農薬で栽培しはじめた当初は，3分の1をイセリアカイガラムシにやられて苦労した。耕種的防除で対応した時期もあったが，現在は土着天敵の利用で低密度に抑えることが可能になった。私のハウス内で活躍してくれている土着天敵とその対象害虫を第5表にまとめた。専門家ではないため，私の経験によるものと考えていただきたい。

ちなみに抵抗性のつきやすいダニの発生とアザミウマ類の被害は，この栽培法では果実にほとんど影響のない程度である。防ぎきれない害虫は夏場のミカンハモグリガである。

第4表　葉面散布の目的と資材

目　的	散布資材	備　考
病気の予防	EM菌 EMストチュウ 光合成細菌	善玉菌の占有率を上げて悪玉菌を働かなくする 抗酸化物質による病気の予防
害虫の忌避	EMストチュウ EMセラミックス 海草エキス	忌避というよりは寄りつかない体質をつくったり，余分な窒素の吸収を抑えたり，未消化窒素を消化したりする
タンパク合成の促進	魚の溶解液 糖　蜜 海草エキス 木酢液	アミノ酸の形で吸わせて，植物にストレスのないようにする

①ナナホシテントウ

3月の後半になると草むらのカラスノエンドウの上にいる成虫と幼虫を捕まえてハウス内に放している。この時期には大量に捕まえることができるので，捕まえやすさの面ではナミテントウより優れている。働く期間が3月下旬～5月までと短いのと，ハウス内に定着しないのが欠点である。

②ナミテントウ

ナミトップという商品名で販売されているが，私のところではナナホシテントウに比べて採集能率が悪いのと働く時期に他の天敵もいるため，あまり重要視していないのが現状である。

③ヒメカメノコテントウ

年により発生量が違うため捕まえるのは大変だが，ハウス内に長いこと定着してくれる。アブラムシを食べるのと露地ミカンのヤノネカイガラムシのいる枝にいることから，ヤノネカイガラムシも食べていると推測している。

④コクロヒメテントウ

コクロヒメテントウの幼虫はアブラムシの天敵としてはかなり期待できる。働く期間が4～9月中旬までと長く，また幼虫はアブラムシをかなりの勢いで食べてくれる。ヒメカメノコテントウと同様に，ヤノネカイガラムシの発生しているところでも見つけることができる。9月にヤノネカイガラムシがいるレモンの木にコクロヒメテントウの幼虫がいるのを確認しているが，捕食しているところを確認できていないのが残念である。

⑤ヒラタアブ類

ヒラタアブは大小いろいろな種類のものが，ハウス内に4mm目の網を通り抜けて進入してくる。幼虫はかなりの大食漢でアブラムシの防除効果は高いと考える。ハウスを閉め切っている3月から成虫が飛んでいるのを確認できる。また温かくなってくると菜の花の回りにたくさん飛んでいるため，網を使って簡単に捕まえること

第5表　私が利用している天敵

天　敵	対象害虫	効果の評価
ナナホシテントウ	アブラムシ	C
ナミテントウ	アブラムシ	C
ヒメカメノコテントウ	アブラムシ，ヤノネカイガラムシ	B
コクロヒメテントウ	アブラムシ，ヤノネカイガラムシ	A
ヒラタアブ類	アブラムシ	A
アブラバチ	アブラムシ	B
ショクガタマバエ	アブラムシ	C
クサカゲロウ	アブラムシ，コナカイガラムシ	C
ベダリアテントウ	イセリアカイガラムシ	A
カマキリ	全　般	A
キリギリス類	全　般	B
アマガエル	全　般	C
ダンゴムシ	全　般	A
アオムシコバチ	アゲハチョウのさなぎ	C
サシガメ類	全　般	A
クモ類	全　般	A

注　効果の評価はA＞B＞Cである

ができるので取り組みやすい天敵である。

⑥アブラバチ

緑化前にレモンの葉の裏側にアブラバチのマミー（アブラバチに卵を産みつけられたアブラムシの卵）を見つけることができる。成虫や幼虫は確認できないが，卵を産みつけられたアブラムシは堅くなって膨らんで死んでしまう。すべてのアブラムシに卵を産むのではないことと，産卵の時期が決まっているため防除期間は短い。

⑦ショクガタマバエ

秋芽発生の時期に，ショクガタマバエの幼虫がアブラムシを食べているところを確認している。あまり多くは見かけないことと，アブラムシの発生の少ない時期のため，現在の期待度は低い。アフィデントという天敵農薬として販売されている。

⑧クサカゲロウ

私のハウスの中ではクサカゲロウの卵を産む時期とアブラムシの発生がずれているため，期待度は低い。しかしコナカイガラムシがまったく発生しないことと，加齢幼虫がコナカイガラムシのカラをつけているのを見つけたことがあるため，コナカイガラムシ類を捕食しているのではと推測している。

⑨ベダリアテントウ

レモンの栽培をはじめた初期には，イセリア

果　樹

カイガラムシにやられて3分の1を収穫できなかったこともあった。しかし農薬を散布しないでつくっているとベダリアテントウはハウス内で世代交代を繰り返すようになる。3月になるとベダリアテントウの幼虫がイセリアカイガラムシを捕食しはじめる。春先から8月ぐらいまでイセリアカイガラムシの密度が低いことから，この時期に働いているのではと推測している。成虫，幼虫とも働いてくれるため，私にとってはとてもありがたい天敵である。

⑩カマキリ

レモンの栽培をはじめた初期から中期にかけてハマキムシの発生に悩まされた。レモンの葉と果実に寄生して少なからず被害がでた。カマキリが昆虫の中の食物連鎖の上にいることは知っていたため，ハウス内にカマキリが定着しないかと考え，秋にはおなかの大きなメスを，冬から春にかけては卵を，初夏には幼虫を投入した。一部はハウス内に定着して世代交代を繰り返すようになった。そして，ハウス外にはハマキムシがいるのに，ハウス内ではまったく被害が出なくなった。私の推測であるが，ハマキムシの親は自分の子孫を残そうとするところに，カマキリがいるため卵を産みに来なくなったのではないかと考えている。そのほかにカマキリが捕食しているのを確認したものは，アブラムシ，アゲハチョウの成虫と幼虫，キリギリス類，クモ類である。

⑪キリギリス類（何種類かいる）

無農薬栽培を続けていると，キリギリス類がハウス内に定着するようになった。春先の幼虫の時期から秋口の成虫の時期まで順調に成長するため，何らかの虫を捕食していると考えている。雑食性のため何を食べているのかわからないが，カマキリと同じような働きをしているのではと推測している。キリギリス類の一部はレモンの小枝に産卵するのが難点である。

⑫アマガエル

昆虫ではないが，レモンの葉の上でいろいろな虫を捕食している。実際に捕食を確認できていないが，ハウス内に定着している。

⑬ダンゴムシ

4～9月ぐらいまでハウス内で活発に活動して，卵がかえると足の踏み場がないぐらいの密度になる。ダンゴムシは通常，木の葉などの有機物や昆虫の死骸を食べて分解している。このダンゴムシの活発な活動時期とダニの発生の極端な低密度での推移とがぴったりと一致することから，何らかの関係があると推測している。またダンゴムシの体内での有機物の消化に，定期散布しているEM菌などの善玉菌が関係して夏場に抗酸化物質を生成しているのではとも推測している。

⑭アオムシコバチ

アゲハチョウの幼虫はレモンの葉をものすごい勢いで食べる害虫であるため，一度進入すると人間の手で捕殺するしかなかった。大量発生したときに蛹にアオムシコバチが寄生して，蛹が死んでいるのを確認できるようになった。この場合すべての蛹に寄生するわけではなく，2割ほどの確率でしか寄生しないのが残念である。

⑮サシガメ類

個体の同定がむずかしいためサシガメ類ということにしておく。無農薬栽培や低農薬栽培をしているハウスに，夏から秋にかけて活動している。ハウス内の害虫発生が少なくなると増えてくるため，何らかの効果があると考えている。コウチュウを食べているのは確認済みである。

⑯クモ類

ハウス内には数種類のクモを確認することができる。大きく分けると，地面にいるクモとクモの巣を張るもの，待ち伏せをするものになる。すべての昆虫を食べているのだが，最近ではクモの種類の多様性を安全の指標ととらえる考え方があることからも，重要な天敵のひとつである。オニグモやジョロウグモは，ハウスの天井付近の昆虫を捕獲している。年によって発生するクモの種類や量が違うのがおもしろい。

3.　天敵を利用するための注意事項

天敵の利用に関係するいろいろな外部要因がある。イセリアカイガラムシに困っていたときにハウス内の一部の場所に多く発生することや，

アザミウマ類が太陽光を背に飛ぶことが考察の発端になった。

①ハウス内の空気の流れ

時期や対象天敵によって多少の違いがあると思われるが，5～10月までは南北の空気の流れが重要であると考えている。私のところでは南北に風が入るようにしてから，イセリアカイガラムシの発生が極端に減った。これは，天敵のベダリアテントウが南に移動するためではないかと推測している。ハウスの周りの植物層の違いによって空気の流れが変わることも頭に入れておくとよい。

②雑草の管理

無農薬栽培のため雑草は手で取っている。天敵のことを一番に考えての除草管理である。時期によってであるが，取った草はすぐにはハウス外に出さないようにしている。環境が安定しているときは天敵の卵などを持ち出すのを防ごうという考えからである。また天敵の発生に合わせて，ある種類（カタバミ，コニシキソウ）の草は取らずに残しておく。

〈ITを利用した経営〉

1．ホームページを立ち上げたきっかけ

無農薬栽培かつ高品質のレモンをつくっても，既存の流通では再生産価格を維持することができなかった。私自身，以前から流通関係者と販売交渉をする機会を幾度となくもっていたが，短い時間ではこちらの思っていることを伝えきれずにいた。そこで四六時中情報を発信できるホームページをつくって，こちらの商品や栽培技術や自分自身などを理解してもらおうと考えたのがきっかけである。

当時の目的は情報発信で，ターゲットは流通関係者であった。現在の目的はインターネット販売と情報発信で，ターゲットは消費者である。目的とターゲットも日々少しずつ変化してきた。立ち上げて5年を経過した今，その間に大きく自立した経営に移行できたことは，消費に対する地の利の悪さとターゲットのずれを一部は克服できたと考えている。

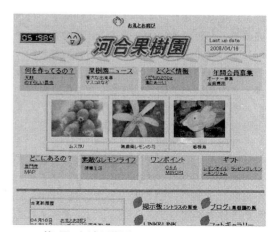

第3図 河合果樹園のホームページの画面

2．ホームページの効果

ホームページを立ち上げ，日々更新していくなかでいろいろな効果が現われた。更新作業や消費者との交流は面倒くさいと考えると取り組みにくいが，現在の経営をよくしたいと考えれば少なからず取り組まなくてはいけない部分である。以下，私のところであった主な効果を，今現在の順序で紹介する。初期のころの順序とは違うことを理解しておいてもらいたい。

①インターネット販売の増加

私はホームページを開設したことが元で，新しく顧客になっていただいた方々の売上げをインターネット販売と考えている。注文には，ホームページの直接検索，ホームページが元での第三者広告，注文された方の口コミなど，いろいろな形態がある。ターゲットとする顧客が全員インターネットができなくても，幅広い販売につながっていくものである。

②マーケティング知識の修得

一般の市場流通ではどこの誰が買ったのか，買って食べた感想はどうなのか，どのような情報を付加すれば喜んでもらえるのかといった，消費者を対象としたマーケティングはほとんどできなかった。しかし，自身の地域を越えたメールや電話でのやりとりで，品質，味，機能性

成分，生産情報などをどのように伝えていけば売れるのかという知識を得ることができるようになった。また，伝えるために自分自身のつくっているものをいっそう深く勉強するようになり，その知識も付加して販売できるようになった。消費者との交流が，農を学び伝えていくことの重要さを教えてくれたのは大きい。

③宣伝，広告効果

私の商品を広めるためのものではなく，私の果樹園名や私自身の活動が多くの方に知らされた意味は大きい。消費者以外で，農業関係者，流通関係者に知ってもらうことは，その人たちに会ったときに話や交渉が格段にはかどる。相手に与える予備情報の重要性を認識させられた。

④関連情報がやってくる

ホームページをもっていると農薬，肥料，農業資材，農業機械，その他関連商品などの紹介のメールや手紙が送られてきたり，訪ねてきたりするようになる。既存の取引先以外の新製品情報や価格情報は，いろいろな意味で有効に活用できる。

また加工業者，料理屋やレストラン経営者，お菓子屋などの方が訪ねてくるため，レモンの使い方やふだん仕入れているレモンの情報などを得ることができるようになった。

⑤自分自身が常に学ぶ

ホームページの立ち上げにあたっては，パソコン，ソフトウェア，周辺機器などを最低限使いこなせなくてはならない。またホームページにのせる情報は何を選べばよいか，構成はどうしたらよいか，表現はどうしたらわかりやすいかといったことなども考えなくてはいけない。それを少しずつ解決していくと，自分自身が常に学ぶようになってくる。この，常に学ぶということは少しむずかしいと感じるかもしれないが，ふだん天候を味方につけて粘り強く農産物を栽培している農家にとっては，取り組んでみ

れば意外と簡単なのではと考えている。

〈経営についての考え方〉

私が就農したころは，農業を取り巻く環境を判断して行動する場合の視点は長期と短期，ミクロとマクロと学んだのを覚えている。しかし当時より複雑かつ個性化した動きの速い社会のなかで，新たにデジタルとアナログという視点が加わった。自分のつくっているものをいかに消費者の方々へアピールするかを，仮想空間のなかと直接人とふれあう2本立てで考えていけば，もっと早く農業がわかりやすくなる。経営を中長期的に安定的に行なうために，この伝えるという作業は大事にしていかなければならない。そうすれば農業を，農産物を買い支えることで応援してくれる消費者が増えてくれるはずである。

私のブログは『目指せ，楽しむ農業，楽しませる農業』という題名である。家族やパートさんも農業の楽しい部分を見つめ，消費者の方も農産物の安い価格ではなく情報で楽しんでもらえればという気持ちからである。今後は再生産価格を維持しながら地域農業が存続していくことが課題になってくるが，そういったことを楽しみながら取り組んでいくことも経営の一部として考えている。問題意識をもったいろいろな職業の人が集まることを期待している。変化をおそれない多くの農業経営者が育つことが，感性豊かで持続的な地域の発展につながり，人口減少時代に新しい農業文化を生んでいくであろう。

《住所など》愛知県豊橋市中原町字南37-1

　　　　　河合浩樹（44歳）

　　　　　TEL.0532-41-2033

　　　　　URL.http://www5.ocn.ne.jp/~kawaikje/

執筆　本　人

　　　　　　　　　　　　　　2006年記

農家の技術と経営事例

広島県呉市豊浜町　道法　正徳

〈レモン〉

無肥料・無農薬の自然栽培

芽かきで充実の苗を育成，無病体質に仕上げる

〈地域の概況と私の課題〉

1．地域の概況

①産地の概況

　私は以前の勤務の関係で，竹原市に住みながら，週末を実家のあった豊浜町豊島（現在呉市に編入）の農園に通い，カンキツ，レモン栽培に従事してきた。その後，勤めを辞め，独自に始めた技術コンサルタントの仕事と両立させながら農業を続けている。

　広島県のレモン栽培の歴史は古く，100年以上前からつくられている。ときの情勢により，外国産のレモンに押され栽培面積を大きく減らしたり，逆に食の安全・安心の関心から国産レモンの需要が高まったりしてきたが，近年はまたレモンの過剰生産による単価安（1kg80～120円）から，生産が伸び悩んでいる。

　加えて，カンキツ総体の単価安による栽培放棄園地の増大，後継者不足の問題は深刻で，これらは地域の大きな課題となっている。

　ただ，ことレモンに関していえば私のみるところ，その困難はこれまでただつくれば国産として売れる，アピールできると考えてきた甘さがあると思っている。国産＝安全によりかかった安易な販売，またこだわりのレモン栽培ができていない点が問題である。

　私は農薬，肥料を使わない自然栽培，また，ほとんど国産のレモンが消える5月以降の販売を，自家で育成した品種とかいよう病を発生させない栽培管理で実現し，単価が自分で決定で

経営の概要

早生ミカン	5a
レモン	30a
アボカド	3a
その他	15a

その他，レモン30a，早生10aを友人に栽培依頼。またレモン12aを2011年の寒波で全園枯死
現在は上記経営のほか，農業技術コンサルタントとしても活動している

きるのが強みである，こだわりのレモンづくりを行なっている。

②地域の概要

　豊島は，瀬戸内海のほぼ中央，無数の島からなる芸予諸島のなか，大崎上島の南，大崎下島の西に位置する。他の島々と同様，平地はわずかに海岸線にあるばかりで多くは急傾斜地からなり，畑も，そうした傾斜地を拓いたところにある。

　いっぽう，気象条件は温暖で典型的な瀬戸内海式気候に属し，年平均気温は15.5℃，年間雨量は約1,200mm（JA広島ゆたかホームページより），耕作地の大半が無霜地帯である。こうした条件を活かし，古くからカンキツ栽培が行なわれ，中でも豊町大長地区のミカンは「大長みかん」のブランドでよく知られている。

2．経営の概要

　レモンはミカンと違い糖度を高める心配もいらないし，かいよう病を発生させないように気

果　樹

をつけるだけでいい。またずっと収穫できて，それが労力配分にもなる。どんな料理とも組み合わせられ，このごろは国産レモンの価格も高めで安定している。

わが家では，年内出荷できてほとんどトゲもない大玉と中玉の二つの品種を自家育成し，1996年から本格的に苗木をつくつくり，レモン栽培を始めた。1998年からは農薬，肥料を使わない自然栽培を始め，全量をナチュラルハーモニーという自然栽培（肥料・農薬不使用）の販売会社に出荷している。

冒頭にも記したがレモンは，かいよう病さえ出さなければそんなに栽培は難しくない。結実期に入る前年まで肥料は使わないが，植付け後3年間は農薬を使い防除して，できるだけ生長させて発根を促すことが安定生産につながるが，それ以降は除草剤も含め，いっさい農薬を使用しない。そのために重要なのは植付け時からしっかり樹勢をつけることだが，ポイントは樹の呼吸作用を高めることだと考えている。植え付けてから新梢の先端をつねに上向かせるとともに芽かきを徹底することに注意して，管理している。

〈栽培の実際〉

1. 園地の選択

レモンでの問題点は「かいよう病」が広がらないことと「寒さ」に影響のない園地を選ぶことが第一である。そのためには，風の当たりにくい園地が理想であるが，風の当たるところでは防風林で対応する。

傾斜地は乾燥するため果実が大きくならないので，できるだけ平坦地を選ぶ。また，樹高が高くなるため，収穫労力を軽減するためにも平坦地を選ぶのが有利である。

着果したレモンは10月から収穫を始め，翌年の8月10日まで樹上において越冬させるため，できるだけ海岸線に近い園地に集約して寒さ対策としている。

しかし2011年の寒波では豊島でも，標高35mの園地では樹ごと枯れてしまった。収穫を

10月から始めていればこれほどの被害にはならなかったろうが，5月以降に出荷するほうが，単価をこちらで決定できる有利性があるため，2月の寒波まで1個も収穫していなかった。そのため樹体に着果負担がかかり，この負担がとくに影響したと思われる。

2. 品種の考え方

自然栽培では肥料を施さないことが原則なので，花のつきやすい品種は選ばないことが前提である。アレンユーレカ，クックユーレカ，リスボン系などは花がつきやすいので，ビラフランカの系統を選ぶとよい。

一般流通している品種では，広島県豊浜町大浜で選抜された道谷系がよい。私は，ビラフランカの系統である道法レモン1号（旧ホンキートンクレモン1号）を選んでいる。とげがほとんどない大玉の品種である。さらに，リレー販売を考えて道法レモン2号（旧ホンキートンクレモン2号）を選んでいる。こちらはとげが少なく，中玉〜やや大玉の品種である。1号は4月すぎには大玉になりすぎて販売に苦慮するが，2号は樹上で越冬させて8月までおけるからである。

3. 苗木の準備と定植

①苗木の準備

私は，自分の穂木を苗木屋さんに送って育苗してもらっているが，どうしても苗床に堆肥と肥料が入ってしまうため，幼木時にエカキムシやアゲハの幼虫にやられてしまう。今後は，肥料を施していない園地にカラタチの種子を播種して，自分で接ぎ木し，はじめから肥料の入っていない苗木をつくる方向にもっていきたい。これは，樹体内に窒素が入ると害虫の被害を受けて生育が遅れるが，自然栽培では農薬を使用しないため防除ができず，収穫時期が1〜2年程度遅れてしまうからである。

今後の課題として，自分で播種して苗木の養成に取り組む準備をする必要がある。野菜でいう，自家採種と同じ考えである。よい品種と窒素の入っていない苗木を選ぶことが最も大切な

のである。

②植栽距離

最終的には6m×6mとするが，未収益期間を短縮したい場合はその間に千鳥植えする（第1図）。私の場合は，手間がないためはじめから6m×6mで植えている。

レモンは生育が早いため，1年生苗木を定植してから3年目には収穫が始まるため，中間育苗は考えないほうがよい。

③植付け方法

枝と根の剪除　苗木が届いたら，勢いのよい発芽を促すために接ぎ木部から60～70cmのところで剪除する（一般的には30～40cm）。

根は，掘取り時に先端部分がいたんでいるためきれいに剪除する。私の場合は，第2図のように省力の植付け方なので穴の深さに合わせて強めに剪除している。

植え穴　植え穴を，掘って植えるとなると大変な労力がかかるため，スコップを突き刺して前に動かし，V字の空間をつくって苗を突っ込むようにしている。これなら楽に植えることができる。

苗木の生長には植付け後の管理のほうが影響するので，根をていねいに広げて植えるよりもいかに楽をするかを考えてのことである。もちろん，ていねいに植えたほうがよいのはいうまでもない。

一般的には，植え穴に堆肥，苦土石灰，熔リンなどを入れるが，私の場合は「何も入れない」のが原則である。窒素肥料を入れると，後々病気や虫が発生するので窒素肥料は絶対に入れないことである。

灌水　植付け直後に必ずたっぷり灌水して，根と土をなじませる。この作業がいちばん大切である。雨天時に植える場合でも，たっぷりと灌水し根と土をなじませることである。どしゃ降りの雨ならいざ知らず，一般的な雨では根と土の空間を埋めることはできにくい。

4．植付け直後の管理

①水分保持と雑草対策

水分保持の目的で70％，雑草抑えの目的で

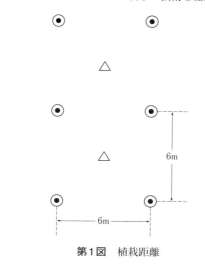

第1図　植栽距離

第2図　スコップを突き刺し，前に動かしてできたV字のすき間に苗を突っ込んで植える

30％の考え方で黒ポリシートのマルチをする。植付け後，雨が降るのを待って厚さ0.03mm×幅1.8～2.0mの黒ポリシートを苗木の上から被覆していく。上からの被覆でなくサイドから2枚のシートでもよいのだが，抑えの労力が増えるのでできるだけ1枚ですむように上からかぶせる（第3図）。

②苗木の固定

苗木は支柱に固定しないと風に揺さぶられて生育が遅れてしまう。そのため，黒ポリシートマルチの後で直径19mm×2.75mの鉄パイプを支柱として立てる。黒ポリシートは苗木の上からかぶせていくため，支柱があるとかぶせる

果　樹

ことができないので，マルチの後で支柱を立てる。

苗木は支柱に最低2～3か所を麻ひもで固定する。接ぎ木部と中～先端部分を固定する。

5．1年目の管理

苗木の植付け後2年目に花が咲くと生長が著しく悪くなるので，2年目に花がつかないようにすることが最も重要である。

そのためには，枝は太く，できるだけ長く伸ばすことである。反対に，枝を短く，細くすれば必ず花が咲いてしまう。そのため，次の管理が大切になる。

前述したように，60～70cmに剪除した苗木の上から5～8cm間隔で新芽を5本選んで，残りは芽かきをする。地際の接ぎ木部から15～20cmの部分に発生した新芽は，すべて芽かきでかき取ってしまう。果樹でも野菜の果菜類でも，地際から発生した枝ほど強くなり，樹が伸びるだけでなかなか結実しない（第4図）。

新芽が15cmになったら，麻ひもで結束して垂直に伸ばす。このときのポイントは，つねに先端を上に向けて支柱にくっつけるようにして結束することである。はじめは「風通しがよくないと病気が発生しやすくなる，また枝や葉が交差すると光合成が劣る」ということで空間をあけていたが，このようにすることがかえって樹の呼吸作用を高め，生長につながることがわかったので，5本くっつけて結束している。枝が曲がると生育が劣るため，曲がる前に結束することがポイントである（第5図）。そこを乗り切ると，2年目で2.5m以上は生長する（第6図）。

6．2年目の管理

結束した枝は，寒さの影響がなくなる4月上旬に麻ひもを外す。そして，5本のうち，中くらいの枝をもう一度軽く結束し上に向ける。残った3本はそのままとする。

第3図　植付け後，黒ポリシートを苗木の上からかぶせ，被覆する

第4図　地際から伸びた枝ほど強くなり（右）なかなか結実しない

4月上旬にこのような作業を行なうのは、3月に低温に遭遇して被害に遭ったことがあるためである。枝が倒れて寒さに遭遇すると、枝の上側が枯れることがある。だから、あまり早く外さないことである。上に向けたままだと先端に多く発芽するが、おそくとも6月ころになれば枝は曲がってきて、枝の途中から夏芽以降の枝が発生するためちょうどよい（第7図）。

 1年目から防除しないで栽培している私の場合は、農薬を散布した場合と比べると生育が劣るため、2年目ももう一度結束して生育を促す（第8図）。

 夏場以降は、主だった枝は芽かきをして先端を1本にする（第9図）。つまり、夏芽以降は秋芽まで1本にして枝の充実をはかる。こうすれば、結実期になってから大きいレモンが成ると

第5図　新芽を束ねて支柱に結束

第6図　2年目で2.5m以上生育した苗

第7図　6月には枝が曲がり、夏芽以降の枝が発生してくる

果樹

第8図　2年目もまた結束して生育を促す

第9図　夏場以降，主だった枝は芽かきをして先端を1本にする

ともに，かいよう病が少なくなる。そのまま残すと，翌年花が増えて発芽が減り，発根が抑えられるからだ。

この芽かきは非常に大切な作業であり，私の自然栽培では絶対に欠かせない最大のポイントである。

その他の作業として雑草退治があるが，年に4～5回刈るとつねにきれいな状態であるが，園相を気にしないのなら3回程度で十分である。私は周りにも気をつかうので5回は草刈りをしている。

7. 3年目の管理

2年間，農薬を散布した園地の場合は少し結実するため成らしてよいが，夏芽以降は2年目と同じように芽かきで1本にする。一般的な剪定はまだ必要ない。

除草は2年目と同じ要領で，草刈り機で行なう。徹底しておそくするか，ある程度になったらすぐに刈るかは考え方ひとつである。伸ばしすぎると草刈りが大変なので，私の場合はある程度伸びたら刈るようにしている。ただし，後述する悪い草だけである。

10月になれば，Mサイズである横径が5.5cmになったものから収穫するが，私の場合はできるだけ翌年の5月以降から収穫するようにしている。

なぜなら，5月以降は日本中のレモンが樹上から一掃されるからである。これは，レモンにはかいよう病という難敵がいるため，ボルドー液を散布するからである。ボルドー液には生石灰が入っているため，散布後に果実に白く付着して販売できなくなるからすべてそれまでに収穫するのである（第11図）。

人が出荷できなくなってからだと，単価が自分で決定できるのが強みである。

8. 4年目の管理

本格的な結実期になるので，夏場の干ばつに備えて灌水設備が必要になる。日照り時に灌水しないと，発根が抑えられて冬場の寒波に耐えられなくなることと，6月以降に落果しやすくなるためである。自然栽培での栄養分は水であるため，絶対に乾燥させてはならない。

水源が豊富にある場合は，塩ビのパイプに，水量が調整できるピンノズルがよい。水源が少ない場合は点滴ノズルで対応する。

私の場合は過去にミカンで点滴ノズルを使っていたが，樹によって水が必要であったりなかったりする場合があったため利用頻度が少なかった。その点，レモンはつねに水があっても問題がないため使いやすい。海岸の園地では隣に河原があるため，そこから塩ビのパイプで水を引き，かけ流しの方法をとっている。

いずれにせよ，4年目からはどんな方法でもよいので灌水できる態勢をとることが大切である。

その他の管理は基本的には3年目と同じであ

農家の技術と経営事例

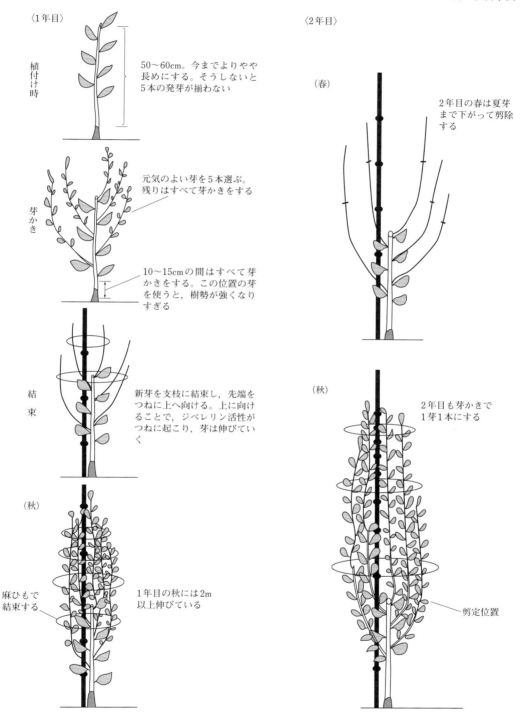

第10図　苗木育成の手順

果樹

第11図　自然栽培のレモンだがかいよう病はない

第12図　5年目の結実状況

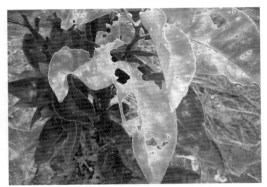

第13図　かいよう病とアゲハの幼虫の被害にあったグレープフルーツ
1年目はしっかりかいよう病を防除するのはレモンも同じ

る。本格的な結実期になるが、枝の先端の芽かきは絶対におろそかにしない。これを間違えると、樹勢を弱めてしまうからである。肥料を施さないので、いったん樹勢を弱めるとますます樹がいたみ、負の連鎖につながっていく。

「芽かきくらいと思うなかれ、ここが大きなポイントである」ということを肝に銘じていただきたい（第12図）。

〈防除の考え方〉

1. 病害虫防除

私は自然栽培なので農薬は使用しないが、ここでは農薬も使用するものとして人に指導する場合を想定して記す。

肥料ははじめから施用しないが、農薬とアミノ酸は3年目まで積極的に使用する。なぜなら、苗木屋さんですでに肥料が使われているため、植付け後にアゲハの幼虫、エカキムシ、ネキリムシが発生する。また、九州のように風が強く雨の多いところではかいよう病も発生する。そのため、結実期に入る前年まで、つまり植付け後3年間は防除して、できるだけ生長させて発根を促すことが安定生産につながる。

私の出荷先は肥料や農薬を使わない自然栽培の販売をしている「ナチュラルハーモニー」という会社なので植付け時から農薬や除草剤も散布しないが、一般的には収穫年に入ってから無農薬にするほうが得策である。

理想と現実は、うまくいかないものである。私が指導している鹿児島県出水市におけるグレープフルーツの事例では、1年目は農薬を散布してすばらしく生長したが、2年目にかいよう病にやられてしまった（第13図）。「こんなことなら、1年目からかいよう病の防除をしておくんだった」と悔やんでももうおそい。1年を棒に振ったことになる。

農薬を散布する場合は、1～2年目までは発芽が始まったら、アドマイヤーやモスピランなどを10～15日おきに散布する。このときに、アミノ酸のみ混用すると生育がよく発根が促進されるため、結実期に入ってから病気が少なくなる。結実期の3年目からは農薬は絶対に散布しない。

植付け1～2年目で失敗すると、結実期になってからうまくいかなくなり「自然栽培」に挫

折することがあるので，「防除をどうするか」は真剣に検討する必要がある。

2. 除草剤

　私は除草剤を使わないが，初心者が耕作放棄地などを利用して栽培を始めると，難雑草が多いため後から苦労する。そのため，私はラウンドアップなどの吸収移行型の除草剤をスポット処理するよう勧めている。

　雑草の種類を変えるには時間を要するため，「つる性や背丈の高い雑草」は3年間徹底してスポット処理をして草種を変えることが大切である（第14図）。ここでいう「難雑草」とは，レモンの生育を邪魔する草であったり，作業性が悪くなるような草である。

　例を挙げると，つる性の草はすべてがそうである。さらに，背丈の高くなるセイタカアワダチソウ，ヒメムカシヨモギ，種子が衣服につくアメリカセンダングサ，ヤブジラミ，株が太くなるイヌムギ，リュウノヒゲなどである。

　自然栽培での有益雑草は，ナギナタガヤ，ハコベ，ホトケノザ，イヌノフグリ，カラスノエンドウ，ヤエムグラ，スズメノカタビラなどである。

第14図 つる性や背丈の高い雑草は3年間徹底してラウンドアップなどをスポット処理して草種を変える

《住所など》広島県竹原市中央2丁目19—14
　　　道法正徳（60歳）
　　　TEL. 0846-22-5480
執筆　道法正徳（広島県実際家，農業技術コンサルタント）

2013年記

果樹

山梨県山梨市　フルーツグロアー澤登

有機ブドウとキウイフルーツの安定生産

独自の雨よけハウス，オリジナル品種，雑草草生・不耕起栽培

〈地域の概況〉

山梨市は，山梨県の北東部，甲府盆地の東部に位置し，平成の大合併により2005年3月に，旧山梨市と牧丘町，三富村が合併して誕生した。本市は，東は甲州市，北は埼玉県秩父市および長野県川上村に接しており，甲府盆地の一部から山間地まで多様な地域である（第1図）。森林が市の面積の8割以上を占めているが，ブドウ，モモ，スモモなど果樹栽培が盛んで，甲州市と笛吹市と本市からなる峡東地域の果樹生産システムは，2022年FAOの世界農業遺産に認定された。

フルーツグロアー澤登はその山梨市の北部，旧牧丘町にあり，標高600〜800mの南面傾斜の扇状地上，'巨峰'の生産地として日本一を誇る旧中牧村の中心部に位置する。この地域は，江戸から昭和の中ごろまでは全国屈指のコンニャク産地として，また長くてよい絹糸がとれる県下有数の養蚕地帯として繁栄を極めた。そのため，同じ山梨県の勝沼のようにブドウ栽培数百年の歴史を有する地域とは異なり，果樹栽培の歴史は比較的浅い。この地域に1955年，初めて'巨峰'を導入し，民間主導でその栽培を定着させたのが，フルーツグロアー澤登の先代で，筆者の父でもある澤登芳らである。1959年生まれの筆者は，いわばここで'巨峰'とともに育った。その後，牧丘町（当時）の農業粗生産の49％（1970年）を占めていた養蚕は，1988年には1％に減少，果樹（おもにブド

ウ）の割合は53％（1980年）から84％（1988年）に増加して，日本一の「巨峰の里　牧丘」が誕生した。

近年は，'シャインマスカット'人気の影響で，'巨峰'から他品種への更新も進行しているが，一方で，標高，土壌，気象条件など，ブドウ栽培に適した環境が認識され，生食用だけでなく醸造用ブドウの栽培も盛んに行なわれるようになり，域外からの新規就農者やワイナリーの参入も増えている。ブドウの有機栽培については新規就農者を中心に関心が高まりつつあり，当園に対する問合わせも増えている。また，2022年には，山梨県，県内大学，企業などにより山梨オーガニックワイン推進コンソーシアムという団体が設立され，醸造用ブドウの有機栽培に向けた取組みも開始されている。

第1図　小楢山とその麓に広がる扇状地（山梨市牧丘町）

876

〈フルーツグロアー澤登とブドウ・キウイフルーツの有機栽培〉

1. サイドレスハウスで無農薬栽培を確立

当園では，1970年代初めから今日まで50年以上にわたって農薬をまったく使用しない有機栽培を実践している。その背景には，先代の澤登芳が'巨峰'栽培に取り組むなかで直面した「農薬から農家を解放しない限り農民の健康は保たれないし，将来農業をする人がいなくなってしまうのではないか」という強い不安があった。これを決定的にしたのが，芳の妻（筆者の母），綾子が農薬中毒で九死に一生を得る事故であった。「使用基準を守っていれば農薬は安全」という言葉を信じ，必要最低限の農薬散布は行なっていた父にとって，妻の農薬中毒は大きな衝撃であり，農薬に対する感受性（抵抗力）には大きな個人差があることを改めて思い知らされた。

1970年代初頭，芳は約7年かけて，独自の簡易雨よけ施設（正式名称は「KS式サイドレスハウス」，以下サイドレスハウス）を完成させ，農薬を一切使用せず，高級ブドウ品種を安定的に栽培することに成功した。父は，ブドウの原生地である中央アジアの生育環境は，乾燥地帯で雨が降らない，それでいてブドウの生育に高温障害は出ていないことをヒントに，施設開発を考えたという。日本ではしかし，ブドウをビニールハウス内で栽培すると湿度が高くなり病害が増える。これをどうしたら避けられるかを課題に，筆者が子どものころ，父はハウスの幅や高さを変えながら試験を繰り返し，その結果，屋根部分だけ被覆して雨を防ぎ，サイドを開ける現在の構造に落ち着いた。これなら気温の上昇とともに被覆部分の空気が上昇して両サイドの矢切りから抜け，側面から空気が流入することで棚面の空気の対流が促され，樹冠部分の湿度が下がる。

以来，当園では，農薬は一切使用していない。品種や天候によって病気が発生することはあるが，それが畑全体に広がることもなく，ブドウ

の栽培を続けることができている。このサイドレスハウスを用いて農畜産物を栽培飼育する方法は1982年に特許を取得している。

2. 並行してオリジナル品種も積極導入

当園で農薬を使用しない有機栽培が可能になったもう一つの理由は，日本の気候風土に適した品種を選定・選抜し，栽培してきたからである。父の長兄，澤登晴雄は，東京国立市に研究所を構え，ブドウの民間育種を行なっていた。父はそこで育成された品種を多数試作し，晴雄の呼びかけで1961年に設立された日本葡萄愛好会の会員として，全国の生産者とともに研究交流を続けてきた。

現在栽培しているブドウ品種は，生食用と加工用合わせて20種以上，生食用は高級品種の'オリンピア''ブラックオリンピア'（第2図），'マスカット東京'を始め，'ピアレス''国立シードレス'など，醸造用は'小公子''ブラック・ペガール''ワイングランド'などで，その大半が晴雄が作出したものである。

3. 販売先も独自開拓から

前述のように，この地域に初めて'巨峰'が植えられたのは1955年，芳は東京国立市を拠点に活動していた晴雄に代わり，大学卒業後すぐに家に入り，栽培に専念した。その後，仲間らとともに「㊥（マルナカ）高級葡萄栽培組合」を設立し，1963年には「共選所」を建設，先頭に立って卸売市場に'巨峰'を売り込み，日本一の'巨峰'産地の礎を築いてきた。しかし，農薬を使用しない有機栽培技術が完成したことで新たな販路開拓が必要となった。当時の卸売市場は，農薬を使用しないブドウに対する評価が低かったからである。東京中央卸売市場で「無農薬栽培」と表示し，責任と誇りをもって販売していた芳の思いとは裏腹に，市場の担当者から，適正に評価されるところを探して販売すべきとアドバイスを受けたのである。

新たな販路開拓は，けっして楽なことではなかったが，時代は，有機農業運動が各地で広がり，都市部の消費者によって設立された共同購

果　樹

入会などとの交流を通じて，消費者と直につながり始めたころであった。安全な農産物を欲している消費者に直接自分のブドウを届ける方法がある。暗中模索のなかで農薬を使用しないブドウづくりに長年取り組んできた父にとって，このことは大きな救いであった。その一方で，有機農業の提携10か条で謳われている農産物の全量取引は，消費者団体からの提案はあったものの，最終的には実現できず，有機農業の生産・販売のむずかしさを痛感した。

4. 自家製日本ワインの開発と販売

当園は，生食用のブドウだけでなく，日本の気候風土に適した醸造用品種の選定・選抜，それを用いたオリジナルの無添加ワイン，自然派ワインの開発・販売にも早くから取り組んできた（第3図）。1980年代から委託醸造による無添加ワインの販売を開始し，1993年からはジュースの製造・販売も始めた。2016年からは酵母添加も行なわない，ブドウだけでつくるビオワインの委託醸造も可能となったことで，オリジナルワインの種類も増えた。2023年初めて開催された「日本山ぶどうワインコンクール」では，そのうちの2種類が空（シルバー）賞と茜（ブロンズ）賞を受賞した。

今日，ヤマブドウ系醸造用品種として'小公子'（澤登晴雄育成）が高い注目を集めているが，これは，当園で20年以上にわたり試作を続け，安定生産に漕ぎつけたブドウを委託醸造し，赤ワインとして高いポテンシャルがあることを発掘したものである。東京農大で試験醸造を行なってもらったのは1980年代半ば，国産ブドウで無補糖ワインがつくれるとは誰も想像しなかった時代である。試験醸造を担当した筆者の妹から，「とんでもないワインができそう」と，父のところに連絡があった日のことを今でもはっきり覚えている。

第2図　収穫期のブラックオリンピア（巨峰から育成された品種）

第3図　醸造用ブドウの収穫
この場面は援農によるもので，30年以上前から続いている

農薬を一切使用しないで栽培した日本生まれの醸造用ブドウで，何も加えずに自然のワインをつくり，漬物を肴に，自宅で和やかに飲む（和飲＝わいん）。これはブドウ栽培家として父が目指していた到達点である。この想いは次世代に継承され，夫芳英と息子芳秋が中心となり，よりよいブドウとワインの醸造，それをより多くの人に愉しんでもらうための仕組みづくりを進めている。

5. キウイフルーツも無農薬で栽培

当園では1974年からキウイフルーツの栽培を始めた。すでに導入から50年、化学肥料も農薬類も一切使用したことがない。

乾燥地帯生まれのブドウと異なり、キウイフルーツの原生地は中国揚子江流域、日本と同じ温帯湿潤気候のアジアモンスーン地域である。しかし、そのキウイフルーツとて、当時は新果樹として日本に広まり始めたばかりで、栽培方法は確立されていなかった。父は日本ブドウ愛好会の有志とともに設立された日本キウイフルーツ協会に入会し、ニュージーランドや中国へ何度も視察に出かけたり、定期的に開催される研修会などで研鑽を重ね、日本に適した栽培技術の確立に努めた。

6. 自然循環をもとにした栽培体系を構築

現在、当園の全耕地面積は170a、そのうち158aが果樹（ブドウ72a、キウイフルーツ86a）で、残りが自家菜園である。

果樹園の土つくりの基本は、先代から行なわれている自然循環機能を生かした雑草草生・不耕起栽培で、雑草の力で土を耕し、刈敷きした草を介して有機物や養分を供給する。外部からの投入物は最低限とし、投入する場合もブドウは米ヌカのみ、キウイフルーツではこれに刈り草・庭の剪定枝と焼成有機石灰（5年に1回程度）が加わるのみである。剪定枝は、ブドウもキウイフルーツも幹などの太いものは、持ち出して、自宅の薪ストーブの燃料とし、できた木灰はふたたび園地に還す。それ以外の剪定枝は、草刈り機の運行に邪魔にならないように端に寄せておき、翌シーズンある程度ボロボロになったところで、畑全体に広げ、土に還す。地力が著しく落ちていると思われる場合は、補助的に「BM活性堆肥」を利用することもあるが、栽培の全体は至ってシンプルである。

BM活性堆肥とは、BMW技術をもとに生産されたもので、本品は、鶏糞と茶葉を原材料に、一切の化学素材を用いていない。

※

父の時代、キウイフルーツの開園時などには堆肥を用いていたときもあった。しかし、自然循環による生態系が安定的に確立されていると思われる現在は、よけいなものを入れる必要はない。畑から持ち出すものは収穫物だけとし、それ以外のものはすべて畑に還し、雑草を育ててそれを利用する。

ブドウは、すべて前述のサイドレスハウスと改良マンソン式ハウスによる簡易雨よけ施設内で、キウイフルーツは露地で栽培している。また全圃場に畑地灌水施設を整備し、必要に応じて灌水ができるようになっている。ブドウ園は点滴灌水を、キウイフルーツは樹上スプリングクラーで灌水を行なう。しかし近年、ブドウでは苗を植え付ける場所を工夫し、できるだけ灌水をせずにすむような保水管理にも取り組んでいる。

7. 2001年に有機JAS認証を取得

2001年4月有機農産物の表示規制が始まったことを機に、有機JAS認証を取得し、今日に至っている。有機栽培を行なっているうえでの最大の課題は、近隣園地からの農薬などの禁止物質の飛散防止である。慣行ブドウ園などと隣接しているところが多いため、緩衝地帯や飛散防止カーテンの設置、ネットの使用、袋かけなどにより、汚染防止には細心の注意を払っている。

〈ブドウ栽培の特徴と実際〉

1. サイドレスと改良マンソン式、2つの雨よけ方式

ブドウ園は、標高600m前後、650m前後、720m前後の3か所にあり、いずれも南向きの緩やかな傾斜地である。土壌特性は圃場によって異なるが、黒ボク土と褐色森林土で、耕土は浅く、下層は強粘土質である。排水性も圃場により異なるが排水不良園では暗渠を設置するなど改善を図っている。

サイドレスハウスの開発・導入は、農薬を一切使用せずに栽培できるだけでなく、開花期の

果　樹

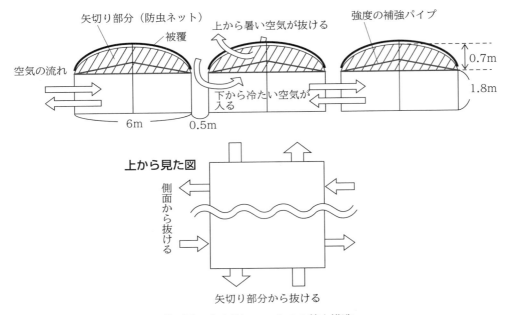

第4図　サイドレスハウスの基本構造
連棟とせず，矢切りの部分および側面は被覆せず開放し，一般のハウスより屋根の高さを低くして棚面との空間を少なくすることで，高温になるほど空気が動きやすい構造となっている。被覆をしない側面や矢切りの部分については，細かいメッシュの防虫ネットを張り，鳥や大型害虫の侵入を防いでいる

天候不順による花振るいの防止，雨天時も作業が快適にできることによるに労力面での利点など，経営安定に大きな効果をもたらしている（第4,5図）。改良マンソン式の雨よけ栽培も導入している。これは立体棚仕立てによる機械化や作業性の向上によるブドウの省力栽培を目指して，日本葡萄愛好会を中心に開発・普及されたものであり，当園にはその第1号園がある。サイドレスハウスに比べ，開設費が安価という利点があるが，被覆面がサイドレスハウスより狭いため，雨が降ると作業ができず，生食用品種のように梅雨の時期に重要な栽培管理を行なう必要がある品種にはあまり適さない（第6図）。

樹形は自然開心型で，四倍体品種は長梢剪定とし，芽数は品種によって判断している。ヤマブドウ系品種や二倍体品種では，短梢剪定やそれに準ずる剪定を行なっている。冬季剪定は，

第5図　萌芽時のサイドレスハウス内の様子

凍害による枯込みや遅霜のリスクなども考慮して，芽を多めに残し，萌芽してから最終調整を行なっている。四倍体品種は強剪定にならないように注意している。

2. 雑草草生・不耕起栽培

土つくりの基本は雑草草生・不耕起栽培で，春先に伸びる草の活用と米ヌカの使用がカギと

第6図　萌芽時の改良マンソン式仕立ての畑（1回目の除草直後）

第7図　冬のブドウ園の様子
一般の清耕園と異なり，春を待ちわびる二年生の雑草が地面を覆っている

なる。父の代には補助的に「BM活性堆肥」を施用していたこともあるが，近年は使用していない。米ヌカの施用量は収穫量や樹の生育状況を見ながら判断する。50年近く，外部投入ゼロで栽培を行なっている主要品種もある。生育期間中も定期的に雑草を刈ることで有機物が補給

され，耕うんを一切行なわなくても，雑草が土を耕し，団粒構造が維持されている（第7図）。

草生管理は，乗用の草刈機で草を刈り，圃場の周辺部などには刈払い機も使用する。天敵の棲み処を確保するために，つねに一部を刈り残すトラ刈りとする。樹の根元には雑草がないように気をつけ，ヤブガラシなどのつる性の雑草は適時除去する。私たちにとって雑草は，敵視して防除する存在ではなく，管理して有効活用する重要な資源である。

3. 収量目標は少なめに，樹に過重負担をかけない

結実・果実管理は，慣行栽培に準ずるが，四倍体品種は慣行栽培よりも房を1〜2割小さくし，目標収量も少なめにしている（通常のタネあり'巨峰'の場合の7〜8割）。大半の生食用品種では，1新梢1房になるように摘房を行なうが，摘粒は一切行なわない。適切な剪定で樹勢を適正に維持し，過重負担にならないように収量調整をして，確実に着色し，完熟するように調整している。生食用品種には，袋か傘紙をかけるが，加工用品種はかけない。鳥害が著しい品種では周囲をネットで囲んでいる。

4. 病害虫は出ても被害は少ない

サイドレスハウス，改良マンソン式ハウスともに病気が問題になることはほとんどない。しかし，品種によっては，うどんこ病が発生して最終的に収穫皆無になるものもある。父の時代に，耐病性が低い欧州系品種に病害防除のために醸造酢や天恵緑汁などの化学合成農薬以外の資材を用いて対処を試みたこともあったが，克服することは困難であった。「品種に勝る技術なし」を，栽培を通して再確認した貴重な経験である。

梅雨時には，サイドレスハウスの棟と棟の間の雨落ち部分に米ヌカを散布する。これを始

881

てから，病害の発生が以前より少なくなったように感じる。露地で農薬を使用しないで栽培できる品種の育成にも取り組んでいるが，数年間は栽培できても，最終的に病気によって樹が弱ったり，収穫不可となってしまう場合が多い。

害虫による深刻な被害はほとんどないが，スリップスは毎年発生し，被害が認められる。なお，標高が高い圃場では発生被害は認められていない。また，品種によりスリップスの被害が顕著（果柄の褐変）なものと，そうでないものがある。軽微の食害ならば，果柄が多少黒くなっていても食味などの品質への直接的な影響は認められないため，消費者にはそのように説明し，理解してもらうこともある。近年，ミノムシが発生する場合があり，その除去（すべて手で除去）に苦慮している。

害虫防除の基本は，雑草をトラ刈りにして天敵など棲み処を確保することにあり，園内の生物多様性を高めることが間接的に害虫被害を軽減しているものと考えられる。

5. 収穫・出荷，委託醸造

生食用品種の出荷は，8月中下旬の‘国立シードレス’‘ピアレス’に始まり，9月に入ると‘ブラックオリンピア’‘オリンピア’‘サフォルクレッド’‘アイドル’‘マスカット東京’‘ワイングランド’（生食用としても販売），‘京秀’‘ゴーマス・ミルズ’，当園の選抜品種（仮称）‘牧3号’‘牧5号’‘牧8号’など種類が増える。

加工用品種でもっとも生産量が多い‘小公子’は，最初はほぼ全量を委託醸造し，自ら販売していた。しかし，その特性が認知されるようになった現在は，その大半を契約で特定のワイナリーに販売している。近年は希望数量に応えるため，生産拡大を図る必要も出てきた。

加工用品種の収穫時期は，‘小公子’が9月半ば（糖度25％以上）である。‘ワイングランド’‘ブラック・ペガール’，当園の選抜品種（仮称）‘かおる’‘国豊3号’は，10月に一斉収穫し，冷凍保存し，翌春，ワインを仕込む。‘セイベル13053’‘山ソービニオン’は，9～10月に収穫し，加工用として出荷したり，自家製造のジュース原料としている。このほか，ジュース原料には，食味はよいが着色不良などで販売に向かないものや収穫当日に発送できなかったものを使用している。

自家製ぶどうジュースは数量限定の予約注文制とし，9月末までに予約受付け，10～12月に製造，12月20日ころ発送を基本とし，在庫に余裕がある場合はその後も注文に応じている。

〈キウイフルーツ栽培の特徴と実際〉

1. 約20種を栽培

キウイフルーツは，軟毛種系品種（*Actinidia chinensis*）と硬毛種系品種（*Actinidia deliciosa*）を合わせて約20種類を栽培してい

第8図　当園で栽培しているブドウ
左2枚が生食用の品種（左がブラックオリンピア，中央がオリンピア），右は醸造用品種の小公子

る。このなかには、父が30年以上前に中国から持ち帰ったタネから育成・選抜したオリジナルの軟毛種系品種や、自園で選抜したものもある。生産量が多いのは、'ヘイワード''グレイシー''グリンシル''モンティ'などの硬毛種系品種であるが、オリジナルの軟毛種系品種のなかには、食味や肉質など果実品質が優れるものがあり人気が高まっている。

整枝法は、パイプハウスを利用した立体仕立てで、春先の強風による新梢の傷みを少なくする効果を狙ってハウスの谷の部分に樹を植えている。そのため、特別な防風対策は行なっていない。植栽距離は5m×6m、一文字仕立てを基本としている。

2. 優良系統の花粉を入手し、人工受粉

栽培を始めた当初は、雌木と雄木を6〜8対1の割合で植え、開花期にはミツバチの巣箱を置いて受粉を行なっていた。しかし、1980年代後半にニュージーランドの研究者と生産者に協力を仰ぎ、優良系統の花粉を日本に輸入して利用する可能性について共同研究を行なった。その結果、安定的に花粉を入手する仕組みを構築できたため、以来今日に至るまで輸入花粉による人工受粉を行なっている。花粉採種に要する労力、雄木の優良系統の導入、雌木の栽培面積の確保などなどを総合的に考えると、購入花粉を用いたほうが利点は大きい。

花粉は石松子で10倍程度に希釈し、電池式の受粉機「花風」を使って受粉している。ニュージーランドで液体受粉が行なわれるようになったのを知り、道具を輸入して、乾燥花粉による人工受粉と比べてみたこともあるが、花粉溶液の懸濁や受粉可能時間の制限など扱いが煩雑であったことから、導入しなかった。また、有機農産物の農林規格が改定される際、石松子の着色料が問題になった。そのときは業者に働きかけて、JAS規格に準拠した着色料を使った石松子を開発してもらった。

近年、開花期に低温と高温が交互にくる異常気象が繰り返される傾向があり、低温時には受精率が低くなることから気温が一定以上である

ことを確認して、受粉作業を行なっている。受粉後1か月以上経過し、果実の大小が明確に判断できるようになったら、変形果や明らかに小さいものを摘果する。摘果はできるだけ7月末までに終了するように努めている。

3. 結果母枝は3年を目途に切り返して更新

剪定は夏季と冬季に行なうが、冬季剪定が基本となる。

萌芽後、主幹部分や結果母枝の直上面に発生する不定芽は芽かきする。夏季剪定では無着枝は原則的にすべて、また巻きづる状となった部分から先もすべて除去する。結果母枝として翌年用いる枝は着果部位から葉を5、6枚残し、そうでない場合は2、3枚残して剪定する。剪定の目安は、太陽光が30%ほど地面に注ぐ程度とし、雑草があまり生えない明るさとしている。これ以上暗くなると、生育後期に樹冠内部まで陽が入らず、下葉は黄化して落葉を始める。このような状態になると、果実の貯蔵性や食味が悪くなるだけでなく、翌年の花芽の着生が悪くなる。

冬季剪定は、負け枝となっている場所や結果母枝の更新を中心に行なう。結果母枝は、原則3年程度で切り返して更新する。こうすることで、着果部が樹冠周辺に移動して、ドーナツ状になるのを防ぐことができる。春先、遅霜や強風によって新梢が折れるなどの被害が生じる心配があることから、少し多めに芽を残しておき、開花直前にもう一度先端を詰めるようにしている。

環状剥皮は一切行なっていない。むしろ樹の健全な生長を考えると、行なうべきではないと考えている。

4. 土つくりはチッソ過多に注意

土つくりはブドウと同様、雑草草生・不耕起栽培を基本としている。キウイフルーツはブドウに比べて収量が多いため、より肥沃な土壌を必要とするが、チッソ分が多くなると、かいよう病、花腐細菌病、軟腐病の発生が多くなる。チッソ過多を招かないため、堆肥を使用する

果樹

場合は成分を吟味する必要がある。現在，毎年使用している投入資材は米ヌカと刈り草で，樹の状態を見ながら毎年あるいは1年おきに施用している。そのほかミネラル分の補給のため，5，6年に一度，焼成有機石灰（カキガラを焼いて粉状にしたもの）を施用している。

とくに緑肥を播種することはしていない。草刈りは，1年に3～4回，乗用草刈機と刈払い機で行ない，秋から春にかけての落葉時に育つ二年生の草を5月の受粉作業の直前まで伸ばし，刈敷きする。生育期間中は枝葉が茂り，棚下にあまり光が入らないため，雑草の生育は抑えられ，除草の必要性はあまりなくなる。

5. チッソ過多と過繁茂を防ぐことで病害虫を出さない

春先，かいよう病の症状が出ることもあるが，剪定時にその部分を取り除くことで大きな問題にはなっていない。かいよう病の発生は，排水不良，枝を広げすぎた場所など，樹勢が弱っている場所で見られるため，切返しを行なうなどして樹勢の回復に努めている。花腐細菌病や果実軟腐病の発生は，ほとんど認められない。キウイフルーツで病害虫の発生が深刻になる最大の原因は，チッソ過多の土壌と過繁茂であると考えている。そのため，チッソ過多にならないよう有機物と腐植が豊富な土つくりと，適切な芽かきと剪定で過繁茂にならないように注意している。

なお，以前はいなかったキウイフルーツヒメヨコバイが園内で確認されるようになったが，今のところ深刻な被害はない。

6. 自然後熟させて出荷

追熟処理は一切せずに出荷している。収穫

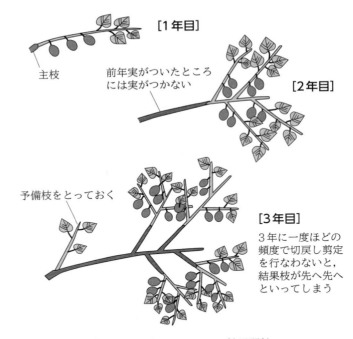

第9図　キウイフルーツの結果習性
結果母枝は3年を目途に切り返して更新する（3年目の図の予備枝の位置まで戻る）

後，可食状態になるまでの後熟期間が，品種によって異なる特性を生かし，もっともおいしくなる時期に出荷している。以前は，10月から5月末まで出荷していたが，収穫期の気温が高くなるにつれて貯蔵中の傷みが増えていることから，最近は収穫終了時期を1か月以上早くしている。また，近年は収穫後，いったん大型冷蔵庫に入れて予冷してから選果し，再度，冷蔵貯蔵するようにしている。

出荷時期は軟毛種系品種が10月下旬～1月，硬毛種系品種の'グレーシー''グリンシル'が11月下旬～2月，'モンティ'が2月，'ヘイワード'が2～3月で，販売先は専門の流通業者と自然食品店が約9割，残りが個人と共同購入会で，市場出荷はまったくない。

荷造り時点で適熟状態にあるものは，輸送中に荷傷みしてロスとなる場合が多いため，加工原料としている。ジャムに委託加工してもらい，有機加工品として販売している。

7. 新たな有機栽培の道も模索

近年，夏の異常高温と乾燥の影響なのか樹齢の関係なのか，衰弱したり，枯死する樹が増えており，樹園面積，総生産量ともに減少している。このような傾向は，当園だけでなく古くからの産地でも見られる。このような園地では，土の状態も悪くなっている。当園でその原因として考えられるのは，外部からの資材の投入を行なっていないうえに，労力不足で剪定など基本的な管理が十分にできていないために，園内に十分に日光が入らず，土つくりに不可欠な雑草からの有機物の供給量が年々減少していることである。その結果，土壌中の腐植含量が減少し，土の状態が悪くなり，それがキウイフルーツの生育に深刻な影響を及ぼしているのではないかと推察される。一方，毎年，近くの土手からススキを刈り，敷込みを行なっている圃場では，このような問題は見られず，樹は健全に育っている。そこで昨年（2023年）から刈ったススキの投入試験を開始したところである。

日本にキウイフルーツが導入されてから半世紀，有機栽培による健全な栽培方法について，今あらためて研究をし直す必要性を痛感している。

執筆　澤登早苗（フルーツグロアー澤登）

2024年記

果樹

青森県三戸郡五戸町　北上　俊博

雑草草生＋植物エキス定期散布による,有機JASリンゴ栽培

マルバ台普通栽培,微生物豊かな土壌に深く根を張らせる

〈経営の概要〉

1. 雑草が育たないほどの土壌だった

　家族4人でリンゴを4ha栽培しています。そのうち1.7haが有機栽培で,5年ほど前に有機JAS認証を取得（第1表）。リンゴの納品先はおもにネット販売業者や関東・関西方面のスーパー,卸売業者などで,すべて直接取引きしています。

　青森県南部に位置する五戸町は山林が多く,昔から傾斜地でのリンゴ栽培が盛んな地域です。当農園のなかでもっとも広い2haほどのリンゴ園も,40年前に標高180mの山林を開墾し,わい化栽培を始めた圃場です。

　天気のいい日には八甲田連峰を見渡せる気持ちのよい圃場ですが,傾斜地ということとサラサラした砂壌土なので,開墾当初は大雨が降っても翌日にはすっかり乾いてしまうほど保水力がありませんでした。また,表土が浅くて栄養分のない土壌だったこともあり,樹の生育は悪く,要素欠乏症（とくに苦土欠）も多発していました。

　当初から土壌改良のために大量の有機物を投入したり,県の基準どおりに化学肥料も与えていました（当時は慣行栽培）。その結果,リンゴの幼木はそれなりに生長しましたが,通路にまいた牧草はもとより雑草すらなかなか生長できず,夏に干ばつ状態が続くと枯れてしまうほどでした。雑草が死ぬなんて普通はありえませ

■経営の概要

立地条件	標高　150～180m（有機JASリンゴ園3圃場　計1.7ha） 標高　60～180m（特別栽培同等未申請リンゴ園5圃場　計2ha） ※上記の面積のうち,幼木が50a前後で未結果樹。周辺は山林（針葉樹）が多く7割以上を占めている
樹齢	10～35年生が8割,ほとんどが普通樹（わい性樹が1割） ※少数ではあるが,密植わい化栽培を取り入れた無農薬栽培を実施中
品種	極早生～晩生種の10数種類
機材	防除用に,共立製1,000lスピードスプレーヤ2台(1台はキャビン付き)その他,軽トラック1台（運搬用）,乗用草刈機1台
労働力	家族4人（後継者あり）,時期によっては雇用あり（100人以下） ※将来的には法人化を考えている

第1表　私の有機JAS認証取得までの経緯

2005（平成17）年	青森県エコ・ファーマー取得
2009（平成21）年	青森県特別栽培（農薬・化学肥料5割削減）取得
2010（平成22）年	青森県特別栽培（農薬・化学肥料不使用）取得
2019（平成31）年より現在に至る	有機JAS認証取得

んが，そんな状況が5年以上は続いたと思います。

2. 開墾20年で雑草が生き残るように

開墾して10年ほど経ったころ，大型の台風がやってきました。開墾当初に設置した防風林はまだ樹高が低かったので，強風を防げずに多くのリンゴの樹が被害を受けることに。これを機にウメなどに改植しました。

しかし，標高が高いので収穫時期が遅くなり，市場に出しても安かったので，再度リンゴに改植。開墾して20年前後のことで，その際は土壌の深い層にまで根が張るマルバ台による普通栽培を選びました。また，このころには少しずつ雑草も生き残るようになっていました。

〈雑草草生〉

1. 雑草草生で付加価値を高める

開墾して30年近くになると土壌もだいぶ変わり，雑草も普通に生え揃うようになりました。ちょうどそのころ，食の安全・安心が問われるようになっていたこともあり，「付加価値の高い栽培に挑戦したい」と，無農薬栽培を実施することにしました。

また，土壌をより豊かにする必要もあると考え，雑草による草生栽培（以下，雑草草生）を取り入れたのもこのころです。慣行栽培のころは樹冠下の雑草は定期的に除草剤で枯らしていましたが，通路も含めて草を刈って管理するようにしました。併せて，肥料を与えると脚立が置けなくなるほど樹冠下の雑草が伸び，作業性が悪かったので，思い切って無肥料にしました。それでも，リンゴの樹勢が極端に落ちることはありませんでした（第1図）。

2. 微生物が豊かな土壌になった

現在，雑草草生での無肥料栽培に取り組んで10年以上が経ちました。慣行栽培のころと比べるといくらか収量は落ちましたが，雑草草生にはさまざまな利点を感じています（第2図）。そのなかでも注目しているのは微生物の数です。

第2表は，開墾してから40年経った土壌をSOFIXで測った結果です。SOFIXは土壌の生物性に着目した土壌診断法で，樹園地の場合，総細菌数（微生物の数）は6.0億個/g以上が理想とされています。測ったところ，総細菌数は推奨値を超えて7.6億個。同じ栽培条件の別圃場では19.5億個という数値も出ました。草生栽培を取り入れる前の数値はわかりませんが，開墾当初は雑草すら生育できなかった土壌が，こんなにも微生物が豊かな状態に変わっていたことに驚きました。

第1図　雑草草生で管理する無農薬栽培圃場に立つ筆者

- 直射日光が地表に当たらないので土壌が乾燥しにくく，微生物やミミズなどの生き物が活動しやすくなる
- 雑草が枯れると微生物のえさになり，分解されたあとはリンゴの栄養源になる
- 雑草の根が土中深くまで張るので，土壌が軟らかくなる
- 張った根が土壌流亡を防ぎ，栄養分も流れないからか，苦土欠乏症が発生しなくなる
- 多様な雑草がダニやカメムシのすみかになり，それらを樹の下に留まらせる

第2図　雑草草生栽培の利点

果　樹

3. 樹冠下の草刈りはタイミングが重要

　雑草草生は定期的な草刈りが必要で，樹間は通路を確保するため3週間に1回は刈るようにしています。一方，樹冠下に生えた雑草は刈る時期が重要で，むやみに刈ると雑草をすみかにしていたハダニとカメムシがリンゴの樹に登ってしまいます。

　当農園は無農薬栽培なので，樹冠下の雑草を刈るのは作業に合わせて年2回だけ。1回目は6月5〜15日の間（摘果作業前）で，2回目は9月上旬以後（葉摘み作業前）。経験上，このタイミングなら生育期間中，ハダニもカメムシも樹の下に留まらせることがわかりました（第3図）。

第2表　SOFIXの分析結果（実施は2019年）

	測定項目	実測値	推奨値（樹園地）	評価
生物性（抜粋）	総細菌数（億個/g）	7.6	≧6.0	○
	全炭素量（mg/kg）	14万3,700	≧2万5,000	○
	全チッソ量（mg/kg）	1万2,311	≧1,500	○
	C/N比	12	15〜30	↓
物理性（抜粋）	含水率（％）	39	≧20	○
	最大保水容量（ml/kg）	1,890	≧400	○

注　総細菌数は7.6億個。C/N比は推奨値より少し低いものの，微生物が活動するのに必要な炭素とチッソの量は推奨値を超えている。物理性は，保水力を示す最大保水容量も推奨値を超えていた

〈病害虫防除〉

1. 有機JAS栽培を支える植物エキス

　一方，無農薬栽培での課題はなんといっても，病害虫防除です。

　私は20歳のころに出会ったある医学書をきっかけに漢方に関心をもち，いろいろ参考書などを読み，リンゴの無農薬栽培に植物のエキスを利用した防除法が応用できないかと試行錯誤するうちに，その効果をはっきりと感じるようになりました。人間に効果のある漢方薬のような力は，リンゴの樹にも同じように働くことを確信できたわけです。

　これまで当農園で使用し効果があったのは，次のとおりです。

　1）病気には，ササ，スギナ（第4図），タケの葉，オオバコのエキスを使います。なかでもスギナはかなり効きます。当農園では黒星病がほとんど出ないし，出てもすぐ止まるのは，これを常用しているからと思います。一定の静菌効果です。またこれらのエキスには生長ホルモンが多く含まれ，その力がリンゴの耐病性を高めているとも考えています。

第3図　樹冠下の雑草草生の様子
イネ科や広葉雑草など多種多様の草が微生物を増やすカギであり，ダニやカメムシを樹の下に留まらせる役割ももつ

　2）害虫に対しては，サンショウの葉，ヨモギ，ヒノキの葉，クサノオウ（第5図），タケニグサ，トウガラシ，ニンニク，ネギが有効で，病気にも一定程度効きます。

　におい，香りによる忌避効果と，クサノオウ，タケニグサなどはその含まれる成分による効果を活用します。それはもともと植物が自らを外敵から守るために獲得したもので，においなどの忌避効果はとくに生育の初期でより強くて濃いので，利用する場合は，植物体が若い時期に採取するのがコツです。サンショウの葉は，香りの強い5月から使います。

　3）ダニは忌避効果だけでは対応がむずかしい害虫で，クサノオウ，タケニグサのエキスを使います。このエキスはハマキムシにも抜群に

農家の技術と経営事例

第4図　スギナのエキスは病気にはかなり有効
常用することで黒星病もあまり出ない

第5図　クサノオウ　ケシ科の一年生（越年草）植物
害虫，とくにハダニ，ハマキムシなどに効果的

第6図　この大鍋で2週間に1回くらいのペースでエキスをつくり，散布している

効きます。

2. 生草を煮出してエキスを抽出

エキスをとる植物はそれぞれ旬の，生育が一番盛んな時期に集めます。採取時間は早朝から午前10時まで。朝どりが，やはりいいようです。採取したら新鮮なうちに煮てエキスを抽出しますが，スギナ，オオバコ（種子を含む），クサノオウ，熟したトウガラシは乾燥させて保存してからも使用できます。

抽出のやり方は，大鍋に8分目ほどの水を入れ，沸騰したらその半分量（以上でも可）の植物を入れ，40分ほど煮出します（第6図）。忌避効果を目的とする香りを利用する植物は5〜6分程度です。それぞれの植物ごと別々に煮出し，使うときに混合します。煮出した液はプラスチック製などの容器に入れて保管し，フタはゆるめに閉じて，夏場は2週間以内で使用します。

エキスの抽出は，一部を除いて植物が新鮮なうちにやると述べましたが，木酢液（原液）に直接漬け込んで長期間保存することも可能です。3か月ほど漬け込んで，2，3年はとっておけます。木酢液の有機JASでの使用は，土壌散布（根の生長促進）に加え，樹上散布も可能ですが，認証機関の確認も必要です。

なお，この抽出作業について，慌ただしく採取し作業している印象があるかもしれません。しかし，私は2週間に1回，2，3種の植物を煮出す程度で，とくに忙しいわけではありません。

3. 7〜10日間隔の定期散布

エキスの使用は，病気と害虫対策用に一つずつ，夏場はダニ対策も加えて，2ないし4種を混用しています。スギナとサンショウ，クサノオウが基本のセットで，あれば安心の，手放せない組合わせです。クサノオウがないときや，害虫対策をより強くしたいときはトウガラシの

889

果　樹

辛味成分を加え，4種混合で使ったりします。またスギの葉，マツの葉は煮込むと油分が出て展着効果が期待でき，ほかのエキスと混用しています。

　使用する際は，エキスをそれぞれ300〜1,000倍に水で薄め，7〜10日間隔で散布します。倍率の変化は，散布初年度は300倍くらいから始めて，効果を見ながら2年目，3年目には500倍，1,000倍と薄めていきます。また量は，春の枝葉がまだ少ない時期は10a当たり200l，夏の繁茂した時期には500lくらい用意し，定期的に散布することで徐々に効果が見えてきます。

　エキスの散布は開花期間中でも可能です。ミツバチへの影響はありません。ただ，クサノオウとタケニグサの散布時はマスクが必要です。また，人によってはアレルギーが影響する可能性も考えられるので，キャビンタイプのスプレーヤで散布するか，なければ雨ガッパ，メガネ，マスクなどの利用を厳守します。収穫予定の3日前には散布を中止します。

4. 防除困難な病害虫もある

　リンゴで問題となる病害虫は，ダニを含めると50種以上存在します。植物エキスだけでこれらすべてを対象にすることは，どう頑張ってもできません。園地の立地条件，周辺の環境もあります。植物エキスだけでは対応が困難な病害虫とその対策を表にまとめました（第3表）。有機JASで使用可能な石灰硫黄合剤やICボルドー，交信攪乱剤（フェロモン剤）も駆使して対応しています。私のところは周辺が山林なので，特定の病害虫（シンクイムシ，ゾウムシなど）については対応が不十分なものもあります。

　病気については，無農薬である以上，消費者も多少の見た目の悪さは受け入れてくれ，値段を少し安く販売することで対応は可能です。問題はやはり害虫被害で，消費者も敏感です。とはいえ，より毒性の強い植物エキスを利用する方法もありますが，私は受け入れる気になりません。現在使用しているエキスは，忌避効果としては弱いほうですが，そのぶん散布する側に

第3表　植物エキスだけでは対応が困難な病害虫とその対策

病害虫	対象範囲	被害率	防除可能な農薬（有機JAS可）と資材など
モモチョッキリゾウムシ	一部の園地のみ	A	前年発生した樹に対して有袋栽培に切り替える（ただし防菌袋は使用できない）
カメムシ	一部の園地のみ	B	できるだけ雑草は刈り取らない（6月上旬と9月上旬からの年2回以内）（＊）
モモシンクイガ	全園的に	B	交信攪乱剤（コンフューザーR）の利用。リンゴ，ナシ，モモ，プラムなどのバラ科植物が対象。周辺には無防除園を存在させない
ハダニ	全園的に	C	カメムシの（＊）を併用しながら，クサノオウ，タケニグサのエキスを6月より定期散布することで発生密度を減らすことが可能。7月下旬ころにコロマイト乳剤1,000倍で防除可能
モニリア病	日当たりの悪い園地の一部	B	発生しやすい園地では毎年発生が見られるので無農薬栽培は行なわない。または，石灰硫黄合剤やICボルドーを発芽期から2〜3回の連続散布が必要
黒点病	一部の品種	B	地域または品種によって発生が多いため，落花日から30日後まではエキスの散布が必要（落花30日後と45日後のICボルドーの散布は必須。同時に褐斑病対策も可能）
すす点病	全園的に	B	ICボルドーの定期散布（クレフノン混用必須）

　注　被害率　A：多，B：少，C：微

とっても安全なのです。交信攪乱剤や周辺の放任園の処置など，当面は別の方法で対応できればと考えています。

＊

植物エキスなど防除用資材は，有機JASの認証を受けての販売を考えた場合，事前に確認が必要です。まず栽培に取り組む段階で，指定されている認証機関に問い合わせ，研修会を受講します。そこで使用可能な資材を確認し，けっして自己判断で取り組んではいけません。

資材が決まったら使用方法も確認しておきます。経験者からの情報入手，防除機械の整備も確実に行なっておくことが大事です。

執筆　北上俊博（青森県五戸町・北上農園）

2024年記

果樹

井上さん夫妻

岩手県滝沢市　井上　美津男
〈ふじ，つがるなど〉

わい化栽培・無袋

JM7台，樹高2m，37〜56本植え

自家養成苗とポット大苗で低樹高化，日本ミツバチでの受粉，交信攪乱剤を利用した殺虫剤削減でコスト削減

〈地域の概要と果樹農業〉

1. 地域の概要

　岩手県滝沢市は，北西部に奥羽山脈の秀峰岩手山（標高2,038m）を擁してその南東麓に広がり，東西14km，南北20km，総面積182.32km²のやや縦長の市域を形成している。東部を北上川，南部を雫石川に囲まれ，県都盛岡市に隣接していることもあり，ベッドタウンとして住宅団地開発が進み，1975年ころから人口が急増，2013年までは5万4,000人を超える「人口日本一の村」としてPRを図っていた（2014年1月から市制に移行）。水田，園芸，畜産がバランスよく営農されており，土壌条件は，黒ボク土を中心とした肥沃な土地柄となっている。

　気候は，気温の日較差，年較差がともに大きく，内陸型の気候を示す。積雪は12月から4月に見られ，積雪量は最深で60cm程度と岩手県内では少ないほうである。降霜期間は例年，10月中旬から5月初旬であるが，6月中旬に霜害を受けることがあり，霜対策が必須の地域である。年間平均気温は10.2℃，年間の降水量は1,266mm（盛岡地方気象台データより）であり，リンゴ栽培に適した地域である。

2. 地域の果樹農業

　滝沢市の農家戸数1,072戸のうち果樹農家は

経営の概要

立地条件	北上川上流域の地力に富む黒ボク土。最大積雪深約60cm
リンゴ	わい化栽培（2014年度）

	植栽面積(a)	生産量(t)
ふじ	80	20.0
つがる	30	8.0
きおう	20	5.5
王林	18	3.4
ジョナゴールド	10	2.7
きたろう	10	2.5
はるか	10	2.2
その他	22	5.8

その他	水稲56a，野菜
労働力	家族労力：5人，雇用：年間100人

78戸で，1割弱を占めている。そのほとんどが専業でリンゴを栽培しており，若干，複合品目としてブルーベリー，西洋ナシ，モモ，ブドウなどを栽培している。市の標高150m前後の緩傾斜地にリンゴが分散して栽培されており，74haの面積（2006年産果樹統計より）がある。

　滝沢市ではリンゴ生産組織として，1951年に「滝沢果樹協会」が設立され，剪定など技術の練磨が図られてきた。1962年には地域がまとまり県内各地に先立って共同防除組織が発足し，大型スピードスプレヤーの導入，防除作業の共同化，効率化が図られた。現在では5つの共同防除組織が結成されている。

農家の技術と経営事例

滝沢市は県都盛岡市に近いことから，販売方法のほとんどが産地直売所，贈答販売によるものとなっている。1981年には県内初となる生産者自らの農産物直売共同店舗「ふれあい」が整備され，この運営を通じて消費の拡大と消費者との直接の交流が始まり，好評を得ている。現在，滝沢市内に17の産直施設があるが，2008年には，地元農協が運営する産直施設「チャグチャグ」がオープンし，それぞれの特徴を生かした販売が行なわれている。

〈直接販売と多品種導入〉

1. 経営の状況

わが家は，約2haのリンゴ栽培を中心とした稲作，野菜の複合経営である。労働力は家族労働力が5人，年間雇用は約100人となっている。家族経営のなかで，私が営農活動全般の調整，妻がパソコン簿記などの経営管理を担い，役割分担を明確にしている。また，休日や家族旅行について取り決めており，ゆとりのある経営を実践している。

販売は，全体の2割に相当する早生リンゴのほとんどを農協へ出荷し，ほかの8割が贈答や産直での個人販売となっており，そのうちとく

第1表 総労働時間（10a当たり）

作業内容	作業時間（うち雇用）
生産関係	
整枝・剪定	32.0　(0.0)
施　肥	1.0　(0.0)
中耕・除草	2.5　(0.0)
薬剤散布	5.0　(0.0)
薬散以外の防除	1.0　(0.0)
摘　果	48.0　(32.0)
袋かけ	0.0　(0.0)
収穫・調製	24.0　(16.0)
生産管理労働	0.5　(0.0)
（小　計）	114.0　(48.0)
出荷・販売関係	
選別・包装・荷づくり	27.5　(0.0)
搬出・出荷	4.0　(0.0)
販　売	20.0　(0.0)
（小　計）	51.5　(0.0)
合　計	165.5　(48.0)

に地域で早くから整備された産直店舗「ふれあい」での販売が半分以上を占めている。

個人販売が多いため，さまざまな品種を植栽している。また，新品種への更新を早くするため，ポット苗による大苗養成に取り組み，効率的に改植を進めている。

2. 経営の特色

消費者への直接販売がほとんどを占めるため，20品種以上を植栽し，消費者を飽きさせない工夫をしている。全国的に‘ふじ’の植栽割合がふえる傾向にあるなか，‘ふじ’の植栽割合は35％としている。ほかの品種割合は，早生種が‘きおう’10％，‘つがる’17％，中生種が‘ジョナゴールド’6％，‘きたろう’5％，晩生種が‘ふじ’のほかに‘王林’10％，‘はるか’5％となっている。その他の品種割合は12％で，‘シナノゴールド’‘トキ’‘ぐんま名月’‘黄香’‘さんさ’などを植栽している。また，黄色品種は葉摘み作業が不要で，着色作業の軽減を図ることができるため，黄色品種割合を30％程度としている。

さらに，すばやい品種導入に対応するため，苗木を自ら増殖し，ポットによる大苗移植にも取り組んでいる。これにより，植付けした次年度には収穫が可能となり，改植による収益の減少を最小限に抑え，加えて老木の改植により収益が漸増している。

改植した園地では，低樹高化により着色管理，薬剤散布，収穫作業などの効率化を図っている。とくに収穫作業の軽減に成功し，10a当たり同規模生産者の65時間に対して，24時間と少なく，全体の労働時間も岩手県果樹農業振興計画の指標値213時間に対して，165時間と少なくなっている（第1表）。

販売の大きなウエイトを占めている産直施設「ふれあい」（組合員数30名）では，組合員のほとんどが果樹栽培農家である。園地近郊に大きな住宅団地があるため，産直利用者は農薬散布など園地環境に対する関心が高い傾向がある。また，産直施設が増加するなか，差別化を図るため，産直施設としてはいち早く（2002

果　樹

年），リンゴを栽培する組合員全員で「エコファーマー」を取得し，エコファーマー認定をPRしている。

〈わい性樹の低樹高化〉

1. 高樹高化したわい性樹の低樹高化

樹齢が進んだことにより高樹高化し，作業性が低下したわい化樹の低樹高化に取り組んだ。

一般的に，高樹高化した樹を剪定により低樹高にすることは非常にむずかしい。私の保有する園地土壌は肥沃であるため樹勢が強くなりやすく，枝の伸長が旺盛であることから，低樹高化には困難をきわめた。

通常，岩手県では骨格となる枝を斜め上方へ誘引し，徒長枝の発生を抑制させながら太めの骨格枝を数本程度配置することで樹高を抑制することが一般的である。しかし，独自の技術により，骨格となる枝を下へ切り下げることにより枝の伸長を抑えることに成功した。

具体的には，樹の伸長する勢いを弱めるために，上方に伸びる枝をすべて切除せず，樹勢をコントロールするために利用した。また，新梢の先端を先刈りし短中果枝を多く発生させることによって，樹勢をコントロールしている（第1図）。

これらの技術により樹高は2m程度（一般的には3～3.5m）に抑えられ，60cm程度の高さの踏み台を利用すれば，ほとんどの作業ができるほどに低樹高化できた。

2. 新植した樹の低樹高仕立て

①ポット苗の養成

新植する若樹は，ポットを利用した大苗を使用している。苗木の養成畑を事前に準備し，苗木（私はJM7台を利用した自家生産苗を育成している）と不織布ポットを用意する。土と完熟堆肥を8：2程度の割合で混ぜてポットのなかに入れ，苗木を植える。

養成畑は小型のバックホーなどで幅30cm，深さ30cm程度の溝状に掘っていき，苗木の入ったポットを約60cm間隔で置き，土を埋め戻す。そのとき，ポットの上縁が数cm地上に出るくらいの深さに埋める（第2図）。ポットを完全に埋めてしまうと，ポット上方からも根が発生してしまうことがある。植え付けた苗木の主幹延長枝を地上約60cmで切り返し，新梢が多く出るよう促す。

②ポット苗の定植・管理

3年間養成し，圃場に定植する。私の園地は，樹勢が強くなりやすい火山灰土壌であるため，ポットはそのままにして定植している。樹勢が落ち着きやすい園地では，ポットに縦に数か所，切れ目を入れて定植するか，ポットをはずすことが必要だと思われる。

発生した枝には早くから結実させることで伸長を穏やかに保ち，樹高を低く保つ。また，前述の低樹高化技術同様，結果母枝背面から出た上向き枝を活用することにより，枝の縦横への伸長を抑えている。改植した樹は地上からほとんどの作業ができる樹高を実現している（第3図）。

また，ポットを利用することで，太めの根より細かい根が発生しやすく，樹勢が落ち着きやすい。定植時には，ポットから突き出た根が切れることで，さらに樹勢が落ち着きやすくなる。

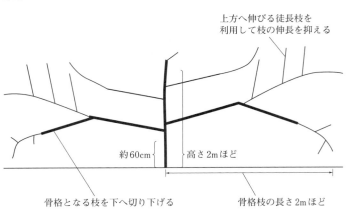

第1図　高樹高化したわい性樹の剪定イメージ

農家の技術と経営事例

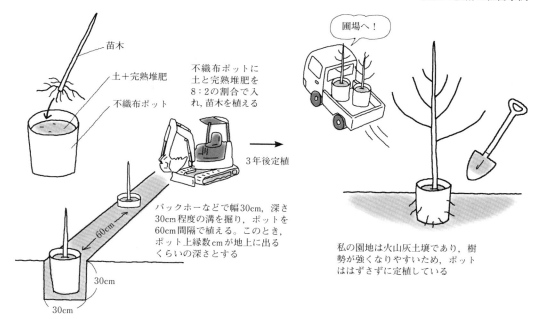

第2図 ポット苗の養成方法

第3図 小さく仕立てたわい化樹

〈日本ミツバチ導入による受粉の効率化〉

1. 導入の経緯

　私の地域ではリンゴ受粉の効率化のために以前は西洋ミツバチ，マメコバチを導入してきた。しかし，それぞれに問題があり，西洋ミツバチは養蜂業者から借り入れるために，賃貸料（10年ほど前の6,000円から12,000円程度に高騰）がかかるほかに放飼期間中は摘花剤などの農薬の散布ができず，マメコバチは増殖がうまくいかなかった。

　そこで，日本に自生している「日本ミツバチ」の増殖に独自に取り組んだ。日本ミツバチは，病気，寒さに強く，11℃前後の低温でも十分な受粉が期待できる（西洋ミツバチは気温が16℃以上ないと活動が鈍い）。一方で，非常に神経質な昆虫であるため，定着がむずかしいとされている。地域周辺では飼育事例が少なかったため，独学で増殖に取り組んだ。

　日本ミツバチが増殖しやすい巣箱の作成，分蜂のタイミングと蜂群の採集方法，リンゴ園で散布している農薬に対する反応など独自に工夫し増殖に成功した。現在では地域全体で50群（地域全体36haをカバー）まで増殖し，地域の受粉が「日本ミツバチ」のみでまかなえるまでになった。

895

果樹

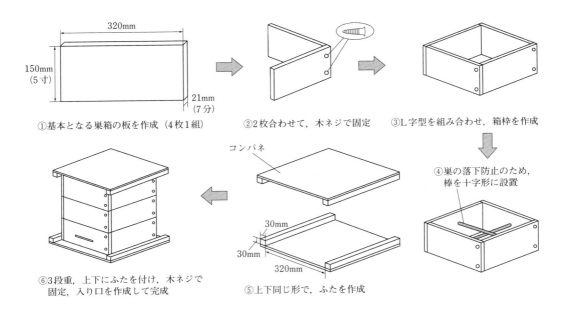

第4図 日本ミツバチの巣箱作成例

2. 飼育方法

①巣箱の作成

各業者から日本ミツバチ用の巣箱が市販されているが、高価であり、西洋ミツバチ用のものを若干アレンジした程度のものも多いことから、独自に巣箱を作成している（第4図）。

基本となる巣箱の板（厚さ21mm、横320mm、縦150mmほど）を4枚作成する。その板を2枚合わせて、木ネジで固定する。L字型になった板2組を組み合わせ、箱枠を作成する。ミツバチが巣箱内に定着し、蜜を多く集めるようになるとその重みで巣が落下することがある。落下を防ぐために巣箱内に棒を十字形に設置する。棒は箱枠に穴をあけて固定する。コンパネを利用し、上下同じ大きさでふたを作成する。ふたの両端には、幅、厚みとも30mm程度の角材を取り付け、巣箱に隙間ができないような大きさとする。基本的に3段重とし、上下に前述のふたを付け、それぞれ木ネジで固定し、ミツバチが出入りする入り口を作成して完成である。

入り口は最大の天敵であるスズメバチの侵入を防ぐために高さ7mm、幅10cm程度とする。これで、日本ミツバチの出入りは問題ないが、スズメバチの侵入を阻止することができる。入り口は糸鋸などでくりぬいて作成する。

②日本ミツバチの採集

ミツバチの採集は春先（滝沢市では5月中旬から7月中旬）の分蜂（ぶんぽう）をねらうのが、いちばん効率がよい。分蜂は、ミツバチが繁殖するときに発生する。既存の巣群のなかで次の女王蜂が羽化しそうになると、群の約半分の働き蜂が一斉に巣から飛び立ち、いったん近くに集合し、次の新しい巣へ移動する行動習性をもつ。分蜂時に巣から飛び立ったミツバチは、太い枝に大量に集合するため、効率的にミツバチを採集することができる。

巣箱（トラップ）の設置 ミツバチが分蜂群をつくりやすい、大木の日陰、開花の早いウメの樹付近、6月以降に開花するクリの樹付近などに巣箱を設置すると自然に巣箱内にミツバチが侵入する。巣箱の内部には、蜜ロウ（ミツバチが巣を形づくるときに産出するロウ物質。市販もされている）を溶かして塗ると回収率も向

上する。

以前は，独自に網に金ざるを取り付けた回収器具を作成し，分蜂群を採集していたが，上記のようにミツバチが分蜂群をつくりやすい場所が把握できるようになると，巣箱を設置しただけで採集できるようになった。

キンリョウヘンの利用 分蜂群をさらに効率的に採集する方法の一つにキンリョウヘンの利用がある。キンリョウヘンは東洋ランの一種であり，人には感じられない独特の香り成分によって日本ミツバチを誘引する花である。インターネットなどでも市販されている。

キンリョウヘンを4月にビニールハウス内など温度の高い場所に移し，5月中旬ころから始まる分蜂に合わせて開花するよう，調整する。開花したときには，採集用の巣箱付近にキンリョウヘンを設置することで分蜂群が誘引されて，採集することができる。このとき，キンリョウヘンはネットなどで囲むと回収効率がいいようである（第5図）。キンリョウヘンの開花期間は1か月ほどあるが，私は開花時期の違う3品種を活用して，7月まで続く，ミツバチの分蜂期間に備えている。

③夏季管理

巣箱の設置場所 巣箱はリンゴ園内に設置してかまわない。ただし，リンゴの開花期から落花期にかけての農薬散布は，ミツバチの活動する前の早朝に実施する。農薬が直接ミツバチにかからなければ，ほとんど影響がないようすである。

また，保有している巣箱のうち，数群は山林に設置している。リンゴ園の環境は蜜源となる植物が限られるうえ（とくに夏），近年，私たちの地域では，日本ミツバチの群数が増加したことでミツバチのえさが不足しがちとなっていた。山林周辺なら季節を通じて蜜源が確保され，丈夫な群を育成しやすい。

巣箱の清掃 日本ミツバチの天敵としてスムシ（ハチノスツヅリガ）がある。スムシは，ミツバチの巣箱の下部に好んで生息することが多く，多発するとハチの巣を食害し（幼虫が加害する），場合によっては群が自らの巣から逃亡することもある。群が巣に入ったばかりで未熟な場合には，月に1回は巣箱の下部を清掃する必要がある。

しかし，巣箱内部が巣で満たされ，蜜が豊富な充実した巣箱では，働き蜂も多いため，スムシの成虫が巣内に侵入しても追い払い，幼虫が発生しても巣の外へハチ自らが排出してしまう。このため，群の状態が充実すると巣箱の清掃もほとんど必要がなくなる。

採蜜作業は極力，行なわないほうが群の充実につながるようである。

白クローバーの播種と下草管理 夏季はミツバチの蜜源が不足しがちなため，白クローバーの播種を行なっている。10a当たり1kg程度播種するが，播種前後にハローにより耕起することで出芽率が向上する。出芽後は，生育

第5図 キンリョウヘン（矢印）の利用事例

第6図 園地内に繁茂したクローバー

果　樹

に応じて硫安を施肥する。また，転作田に播種する場合には排水対策が必要である。

クローバーが園地で繁茂するようになると（第6図），ほかの雑草はほとんど生育しなくなる。草刈りは年に数回実施するが，高さ15cm程度の高刈りを実施している。こうすることで，花を中心に刈り取ることができ，クローバーの開花が促される。高刈りには，乗用トラクターに接続するモアーを活用している。

また，オオバコも夏季の貴重な蜜源となっている。

④冬季の巣箱管理

日本ミツバチは寒さに強いものの，非常に強い寒波がある年には越冬できないことがある。

越冬中も巣箱に蓄えた蜜を食べて過ごすため，巣箱が軽く十分に越冬用の蜜が採集できていない群（巣箱の重さが20kg以下）には，砂糖と水を1：1で溶かしたものを与えるとよい。ただし，白クローバーを播種するようになってからは，砂糖水の補給は必要なくなった。

巣箱を毛布で包み，巣箱内の温度の上昇を防ぐため，上部にトタン板を置くなどの対策をとると越冬する群が多くなる。

⑤飼育上の注意

巣箱にショックを与えない　日本ミツバチは非常にデリケートなミツバチである。巣箱内のえさが不足したり，急激な環境の変化によって逃亡することがあるため，管理には注意が必要である。

近年は，地域の群数の増加に伴って，クマ，キツツキなどによる巣箱の破壊，内部の巣の食害などが問題となってきており，電気柵やネット設置などの対策が必要になっている。

飼育の登録を行なう　日本ミツバチは，取扱い上，家畜にあたるため，蜂蜜の採集は行なわず受粉用のみの使用でも，登録が必要である。飼育の前に市町村窓口での相談をお奨めする。

〈交信攪乱剤を利用した環境保全型農業への取組み〉

1. 交信攪乱剤の導入と予察活動

滝沢地区では岩手県でもっとも早い1996年に交信攪乱剤の試作品試験に取り組み，1999～2001年には10haで交信攪乱剤の試験圃場を設置し，夏季の殺虫剤の削減に取り組んだ。導入当初は殺虫剤の削減時期と削減回数が明らかとなっておらず，害虫の被害が多発するなどしたが，予察活動に基づく防除対策などにより，生産上問題とならない程度まで殺虫剤を削減することに成功した。

滝沢地区では導入当初から病害虫の予察と防除対策に取り組んでいる。予察活動では，ハダニ類の発生状況，フェロモントラップによる害虫の発生状況などの調査を，防除を実施する数日前に行ない，防除時期・防除薬剤の決定などに活用している。このような活動内容は，岩手県内でも先駆けて取り組んだものであり，県内各地で交信攪乱剤を導入するさいに活用された。

2. 下草保護によるダニ剤散布の削減

日本ミツバチの蜜源確保のために活用している白クローバーは，リンゴを加害するハダニ類などの天敵の保護にも役立っているようである。白クローバー増殖に伴い，それに寄生するアザミウマ類などを求めて，ヒメハナカメムシ類などのハダニ類の天敵が園地へ飛来するのが多く確認できるようになった。また生態は不明であるが，下草を保護するようになってから，樹上でカブリダニ類を多く確認するようになってきている。地元の農業改良普及センター，試験研究機関の協力により，フツウカブリダニやケナガカブリダニなどを確認しており，ハダニ類の発生抑制に寄与していると思われる。

クローバーの播種をしていない区画では，ハルジオン，イネ科雑草（牧草類），ギシギシなどの草丈の高い雑草を引き抜くか，ラウンドアップなどの除草剤の高濃度スポット散布によ

り駆除することで，草丈の低いクローバーなどが増殖してくる。草刈りは年3回ほど，草丈15cm程度の高刈りを行なうことで下草を保護している。ただし，樹幹下は極力，清耕としている。当園ではネズミの被害にあいやすいJM7台木を利用しているため，その被害を防ぐためと，ヨトウガなどのさまざまな植物に寄生する虫のリンゴ樹への被害を防ぐためである。

第2表は地域の2014年度の防除実績であるが，殺ダニ剤（表中の＊）を2回使用している。私の園地では，下草保護によりダニ剤の使用が2013年は1回，2014年は0回に止まっている。ダニ剤を年間2回使用すると，ものによっては10a当たり10,000円の出費となるため，経費削減に大いに貢献している。

下草を保護することで，今のところ生育への影響はみられていないが，他県ではリンゴ樹とクローバーとの水分競合を古くから注意喚起してきた産地がある。近年，本県でも降水量の少ない年が増加しており，その影響について試験研究機関の研究成果を待ちたいところである。

〈年間の管理〉

年間の管理状況を第7図に示した。

施肥 雪解け後に牛糞由来の堆厩肥を800kg/10aほど施肥している。化成肥料は使用していない。ビターピットなどの防止のために，カルシウム剤の葉面散布を落花10日後ころから10日間隔で3回程度実施している。使用しているカルシウム剤は使用時期がさび果の発生しやすい時期であるため，散布後の乾きが比較的速い液体タイプのものを利用している。

人工授粉 日本ミツバチを導入しているため，人工授粉は基本的に実施していない。ただし，霜害を受けた年には実施することもある。

摘花・摘果 基本的には，人手での摘果を実施しているが，‘ふじ’を対象に摘果剤を使用している。毎年，凍霜害が懸念される地域であるため，摘花は，新梢についた花を対象に実施するに止めている。

夏季剪定 冬季剪定時に上方に伸びる枝を適宜残し樹勢をコントロールしているため，夏季の徒長枝の除去などの作業はほとんど実施していない。

着色管理 黄色品種を多く導入して省力化を図っている。葉摘み作業の開始時期は，早生種は収穫10日前ころ，中生種は収穫30日前ころ，晩生種は収穫40日前ころからとし，必要最低限の葉摘み量にしている。反射資材は早生・中生種には使用しないが，‘ふじ’には利用している。

収穫 直接販売がほとんどを

第2表　地域共同防除組織の2014年度リンゴ防除実績

回数	防除時期	防除実施月日	散布薬剤	希釈倍数
1	展葉期	4月24日	ダイアジノン水和剤34 ベフラン液剤25	1,000 1,000
2	開花直前	5月5日	オンリーワンフロアブル	2,000
3	落花期	5月17日	ジマンダイセン水和剤 ダーズバンDF	600 3,000
4	落花10日後	5月28日	アントラコール顆粒水和剤	500
	5月下旬ころ　コンフューザーR設置　100本/10a			
5	落花20日後	6月8日	ジマンダイセン水和剤	600
6	6月下旬	6月21日	ナリアWDG モスピラン顆粒水溶剤	2,000 4,000
7	7月上旬	7月2日	オキシラン水和剤 カネマイトフロアブル＊	500 1,000
8	7月中旬	7月15日	キノンドー水和剤80 ダーズバンDF	1,200 3,000
9	7月下旬	7月28日	ダイパワー水和剤	1,000
10	8月上旬	8月8日	フリントフロアブル25 スタークル顆粒水溶剤 ダニゲッターフロアブル＊	2,000 2,000 2,000
11	8月下旬	8月19日	サムコルフロアブル10 ベフラン液剤25	5,000 2,000
特	9月上旬	9月2日	トップジンM水和剤 フェニックスフロアブル	1,500 4,000
特	9月中旬	9月15日	ストライド顆粒水和剤	1,500

果樹

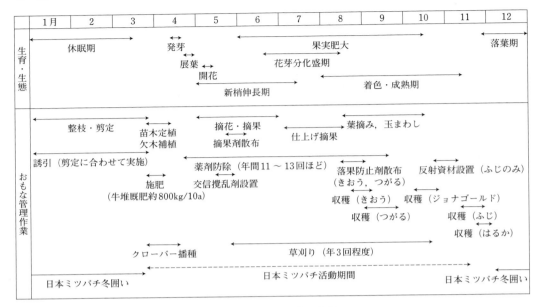

第7図　年間の生育と作業

占めるため，完熟した状態のものを収穫している。湿度を高く保つことのできる冷蔵庫を利用し，越年販売も実施している。

〈今後の経営展開〉

　私は，数年ごとに技術テーマを決めて営農活動にあたっている。1994年からの低樹高化への挑戦，1998年前後の交信攪乱剤による殺虫剤の削減とエコファーマーの産直組織全体での取得，2003年ころからは日本ミツバチの増殖に取り組んできた。近年では，草生栽培がハダニ増殖に及ぼす影響について自ら研究しており，改植した園地にハダニ類が好む草種を播種し，天敵が増加することで樹への寄生を減少させる取組みを殺虫剤の使用方法と併せて検討している。

　ベッドタウンである滝沢市は消費者の生の声を生産に反映しやすい地域であるため，今後の消費者ニーズに応じた品種の選定，環境にやさしい生産技術の導入も検討している。

　地域には40歳以下の比較的若い果樹栽培者が多く，技術の継承を進め，産地の維持・発展に努めていきたい。

　私の経営の目標は，「いかにしてコストをかけないで環境にやさしい農業を実践し，安全で安心な農産物をつくれるか」であり，常にそのことを考え作業している。交信攪乱剤（コンフューザーR）を利用し，殺虫剤の使用削減に取り組んで10年以上になるが，今後も継続して取り組み，安全性の高い農産物をつくる。家族を含め，雇用の高齢化が進むなか，作業の安全性を高めるため，脚立を使用しない超低樹高の樹をつくることで，作業の効率化と生産コストを下げることにつながった。これは，わい化栽培を導入した当時の考え方が成し遂げられたものと考えている。今後はこれらの技術を後継者に継承し，生産技術の向上に役立てられればと考えている。

《住所など》岩手県滝沢市木賊川496—2
　　　　　　井上美津男（61歳）
　　　　　　TEL. 019-688-3316
　執筆　井上美津男（岩手県実際家）
　執筆協力　岩手県中央農業改良普及センター
　　　　　　　　　　　　　　　　2015年記

果　樹

草生栽培

果　樹

雑草を活かした草生栽培

執筆　横田　清（岩手大学）

　草生栽培は果樹園独特の土壌管理法であり，土壌の流亡防止，有機物の補給，大型機械による踏圧防止の有力な手段である。

　しかし，実際に行なっているのは一部のリンゴ園だけで，他のほとんどの果樹園では清耕あるいはこれに近い土壌管理を行なっている。また，実際に草生栽培を行なっている園地も，牧草で整然と管理されている例は少なく，ほとんどが牧草と雑草が混生したいわゆる雑草草生となっている。このような状態は，栽培者に後ろめたさを感じさせ，普及を遅らせる原因の一つになっている。したがって，雑草でも草生の役割を十分果たすことが認識されれば，草生栽培はもっと広く普及すると思われる。

（1）果樹園雑草の実態

　草生栽培が始まった当初，イネ科牧草のオーチャードグラスとクローバーの混播が推奨された。しかし，実際に混播してみると，少なくとも2週間間隔で刈取りを行なわないとオーチャードグラスの草丈を抑えることができず，またクローバーはイネ科雑草に抑えられていつしか姿を消してしまった。

　やがて，オーチャードグラスもしだいに少なくなり，替わってナガハグサ（ケンタッキーブルーグラス）が全園を覆うようになった。見た目には洋芝で覆われた美しい果樹園になったが，やがて「貧乏草」といわれ嫌われるようになった。肥料や石灰を施してもほとんど土壌に入らず，少々の降雨があっても浸透せず，樹勢がしだいに低下したからであった。イネ科雑草に効果の高かったパラコート剤が好んで使われた一因は，このナガハグサを完全枯死できたことであった。

　その後，新しい除草剤がいくつも出現し，ロータリー耕や乗用草刈機も加わって，果樹園の土壌管理法も多様化した。それに伴って雑草の種類も変化したと考えられる。現在，果樹園にどんな草種がどの程度分布しているのか，詳しい調査結果はないが，全国大学付属農場協議会が1997年から2年間にわたって調査した結果から，おおよその実態が推定できると思われる。リンゴ園については，北は弘前大学から南は広島県立大学までの7大学で調査された。その概要は以下のようであった。

　調査した園はいずれも雑草草生の状態になっていて，観察された草種は合計で73種であった。地域による草種の違いは意外に少なく，67種の雑草が地域に関係なく発生していた。とくに，オオイヌノフグリ，カタバミ，スズメノカタビラ，シロツメクサ，セイヨウタンポポ，ナズナ，ハコベ，メヒシバの8種は発生程度も多く，地域を問わず普遍的に分布していることがわかった。

　地域による特性を見ると，寒冷地ではエゾノギシギシ，イヌビエ，ナガハグサが，また温暖地ではイヌムギ，ノボロギク，ハナイバナが主要雑草になっていた。

　岩手大学では，草刈機で刈取り管理を行なっているリンゴ園樹間部とナシ・クリ園，除草剤で管理しているリンゴ園樹列下部，樹園地周辺部に分けて調査している（第1表）。その結果，樹間部とナシ・クリ園では年間を通してシロツメクサとナガハグサが多く，リンゴ園樹列下部では春にハコベ，ナズナ，スズメノカタビラが，夏にメヒシバ，イヌビエ，イヌタデが，さらに年間通してエゾノギシギシ，シロツメクサ，ハルジオンが多い状態であった。

　また，樹園地周辺部にはさまざまな雑草が混生しているが，これまで東北地方にはないと思われていたイチビやワルナスビが観察され，近い将来これら外来雑草が樹園地に入ってくる可能性が示唆された。

（2）雑草草生園のタイプ

　以上のように，一口に雑草草生園といっても生育している草種や生育程度が異なるが，類別すると次の3タイプに分けられる。

　一つは1年生雑草が優占している園で，春に

草生栽培

第1表　果樹園での雑草の分布状況（岩手大学附属農場の例）

草　種	リンゴ園樹列下			リンゴ園樹間			ナシ・クリ園全園			樹園地周辺部		
	春	夏	秋	春	夏	秋	春	夏	秋	春	夏	秋
ハコベ	+++		++	++		+	++		+	+		
ナズナ	++		+	++		+	++			+		
イヌナズナ		+		+						+		
オオイヌノフグリ	++			+		+	++			+		
タチイヌノフグリ				+			+			+		
オランダミミナグサ				+			+					
スズメノカタビラ	++	+	+	+		+	+			+		
ヒメオドリコソウ							+			+		
カキドオシ							+					
タネツケバナ				+								
ヒメジョオン										+	+	
ハルジョオン	++	+	++	+		++	+			++	+	+
イヌガラシ	++	+	+				+					
シロツメクサ	++	++	++	++	++	++	++	++	++		+	+
アカザ	+	+					+	+				
ナガハグサ	+	+	+	++	+++	+++	++	++	+++	++	++	++
カモガヤ				+	+	+	+	+	+	++	++	++
エゾノギシギシ	++	++	++	+	+	+	+	+	+			+
セイヨウタンポポ	+			+			+					
スギナ		+									+	
ヨモギ									+	++	+	
ウシノシッペイ							+			+	++	+
ワラビ										+	++	
ススキ										+	++	++
コヒルガオ											+	
ガガイモ											+	
イチビ											+	
ワルナスビ											+	
オオバコ	+	++	+									
ヒメムカシヨモギ										+	++	
メヒシバ		+++			++		++				+	
イヌビエ		++			+		+					
イヌタデ		++			+		+					
ツユクサ		+					+				+	
エノキグサ		+			+		+					
スベリヒユ		+										
ヤエムグラ										+	++	
ミチヤナギ		+									+	

注　+++：優占あるいはそれに近い状態，++：かなり目につく状態，+：存在する

はハコベ，ナズナなどの冬雑草が，夏にはメヒシバなどの夏雑草が交互に覆う場合で，中耕を行なったり，除草剤をうまく使っている園でよく見られる。二つはケンタッキーブルーグラス，レッドトップ，クローバー類などの野生化した牧草が優占している場合で，年間数回の刈取りを長年行なっている園でよく見られる。三つは刈取り回数が少なかったり，除草剤を偏って使用したりしたためエゾノギシギシなど特定の宿根草が優占している場合である。

管理法が異なる場合の雑草群落の変遷を調べた一例が第2表である。これからもわかるように，除草剤を適切に使えば2年目から雑草の発生が目立って少なくなり，春はナズナ，オオイヌノフグリ，夏にはメヒシバ，イヌタデの存在が認められる程度になり，さらに年間5回の刈

果樹

第2表　草生管理法のタイプと雑草植生の変化（岩手大学農場果樹園）

区	調査時期	優占雑草	多く混在する雑草	その他の存在する雑草
春処理を スタート とする除 草剤区	1991年5月 1991年8月 1992年5月 1992年8月	ハコベ イヌビエ なし なし	エゾノギシギシ，クローバー類 メヒシバ なし なし	ナガハグサ，ナズナ，オオイヌノフグリ イヌタデ，シロザ ナズナ，ノボロギク，オオイヌノフグリ メヒシバ，イヌタデ，スベリヒユ，イヌビエ
年間5回 刈取り区	1991年5月 1991年8月 1992年5月 1992年8月	ナズナ クローバー類 ナズナ レッドトップ	ハコベ，ナガハグサ，クローバー類 イヌビエ，メヒシバ，エゾノギシギシ ハコベ，レッドトップ，クローバー類 ナガハグサ，クローバー類，エゾノギシギシ	エゾノギシギシ，オオイヌノフグリ レッドトップ，イヌタデ，ヘラオオバコ エゾノギシギシ，イヌナズナ，ハルジョオン イヌビエ，イヌタデ，ヘラオオバコ
年間2回 刈取り区	1991年5月 1991年8月 1992年5月 1992年8月	ハコベ エゾノギシギシ エゾノギシギシ エゾノギシギシ	クローバー類，ナズナ，エゾノギシギシ イヌタデ，シロザ ハコベ なし	オオイヌノフグリ，ハルジョオン イヌビエ，メヒシバ，クローバー類 ナズナ，クローバー，オオイヌノフグリ イヌタデ，スズメノカタビラ，クローバー類

注　わい性樹の樹列下に処理

取りを行なうとしだいに多年生の牧草に替わってくる。これらに対して年間2回の刈取りでは，エゾノギシギシの優占化を招き，管理が難しい状態になってしまう。

(3) 雑草草生の問題点

①乾物生産量，管理上の問題

雑草草生が問題視される第一の点は，乾物生産量が少なく，有機物還元の面で牧草草生に劣ることである。しかし，確かに個々の雑草の乾物生産量は少ないが，冬草が枯れ始めると夏草が発生し，夏草が枯れ始めるころから再び冬草が発生するので，面積当たりの年間乾物生産量は問題になるほど低いことはない。筆者らがエゾノギシギシ優占園で調査した例でも，年間に生草重で3～4t，乾物重で360～500kg（いずれも10a当たり）が得られていて，地力維持に必要な有機物の還元が行なわれていた。

もう一つの大きな問題点は，発生の時期と生育程度がばらばらであるため，牧草のように画一的な管理がしにくいことである。たとえば時期によって草種が異なるし，エゾノギシギシやイヌビエのように草丈が高くなる草種が混じっていると他のほとんどの雑草がその時期でなくても刈り取らなくてはならなくなる。これは実際上，前者の問題点よりはるかに大きい。

②養水分の競合，病害虫の発生

果樹と草が同一圃場に存在するため，さまざまな競合関係が生じることは確かであり，このことが果樹の生長を阻害したり，病害虫の発生を助長するおそれがある。これが雑草草生の基本的問題といえる。

もっとも明らかに現われるのは水分の競合で，幼木やわい性樹の生育に及ぼす影響が大きい。第1図はリンゴ幼木園で草生管理法と樹の生長との関係を見た試験の結果である。清耕区や草の生長を強く抑えたグリホサート区で生長量が

2年生ふじ樹の生長　（単位：cm）

処理区	本年の樹高 －前年の樹高	幹間	1樹当たり 総伸長
グリホサート	96.1	7.1	376.6
パラコート	70.5	6.0	261.4
刈取り	62.0	6.1	272.5
清耕	89.7	6.5	478.4

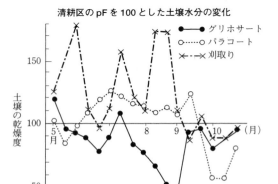

第1図　草生管理法と2年生ふじ樹の生長

大きく，ほぼ常時草が存在した刈取り区とパラコート区で生長が劣っている。図中の表はこれらの園で土壌水分の推移を測定した結果である。草の少ない区で水分レベルが高く，草の多い区で乾燥状態の日が多くなっており，このことがリンゴ幼木の生長に影響していることがわかる。

　施肥養分の競合関係では，草が常に優位な立場に立つ危険がある。すなわち，施肥された養分は地表近くの草の根によってほとんど吸収され，残りのわずかな量が果樹の根域に到達する。草を刈ったり枯らした場合はやがて分解されて養分を放出するが，これら養分の大半は再び草に吸収されてしまう。いわば，園地に草が存在していれば施肥された養分のほとんどが草の間で循環していることになる。

　園地に草があれば環境が不衛生になりやすく，病害虫の発生を助長する危険性もある。とくにナミハダニは草と樹の間を行き来しているので，草が存在すると完全防除が困難となる。

(4) 草生栽培の問題点を解消する方法

　草生栽培の問題点を最小に抑え，効果を引き出すためには，草生の形態を工夫するとともに，適切な管理が必要である。

　草生の形態としては全園くまなく草を生やす全園草生と，樹冠下を清耕に樹間を草生にする部分草生がある。土壌流亡防止や有機物補給の観点から見れば全園草生が優れているが，一方で競合の問題も大きい。養分の草間での循環を断って競合を抑え，園内を清潔に保つためには，樹列下清耕，樹間部草生の部分草生のほうが問題点が少なく有利である。

　草生管理法としては刈取りと除草剤散布が主になる。部分草生の場合は，樹冠下を除草剤で枯らし，樹間を機械で刈り取る方法が有機物の還元量，労力，経費，外観上ともに優れている。

(5) 除草剤による雑草草生園の管理

　乗用草刈機が普及している現在，刈取りのかわりに除草剤を全園に散布することは少なくなっている。したがって，除草剤を樹列下や樹冠下の雑草管理に利用することを前提に述べるこ

とにする。これらの部分は理想的には年間通して清耕状態を維持していることが望ましく，残効のある土壌処理剤の有効利用が考えられる。しかし，降雨量の多い日本では時として薬害の危険があり，茎葉処理剤の利用が中心となる。

①除草剤の種類と使い分け

　現在，果樹園で最もよく使われるのは1）グリホサート，2）ビアラホス，3）グルホシネート，4）パラコート・ジクワット剤の4剤である。

　グリホサート（ラウンドアップ，タッチダウンなど）は最も殺草力が強く，濃厚・少量散布も可能で，ギシギシ類など宿根草も容易に完全枯殺することができる。問題は果樹の葉やヒコバエにかかると被害が出る点で，前もって下枝を上げておいたりヒコバエを切っておく必要がある。

　ビアラホス（ハービー）とグルホシネート（バスタ）は強い接触効果と中位の茎葉移行効果をもち，1年生雑草優占園では薬害を気にせず安心して散布できる。このうちビアラホスは放線菌の生産物であり，殺ダニ効果をあわせもっている。そのため，除草と同時に草むらのナミハダニを防除することが可能で，じょうずに使用すれば殺ダニ剤の散布回数を減らすこともできる。

　パラコート・ジクワット剤（プリグロックスL）は非常に即効性で，イネ科雑草に対して強い殺草効果を示す。ただし，連用すると広葉雑草が多くなる。

　以上のようにそれぞれの除草剤は特徴をもっているので，適切に使い分けなくてはならない。使い分けの一応の目安は，枯れにくい宿根性雑草が目立つ場合にはグリホサート剤，各種の1年生雑草が混在する場合はグルホシネート剤やビアラホス剤，またイネ科雑草が主体で早く枯らしたい場合にはパラコート・ジクワット剤となる。

　ただし，同じ系統の除草剤を連用するとその除草剤で枯れにくい雑草が繁茂するようになるので，ローテーションを組んで使い分ける必要がある。たとえば，エゾノギシギシとタデ類やツユクサが混在する園でグリホサート剤を使う

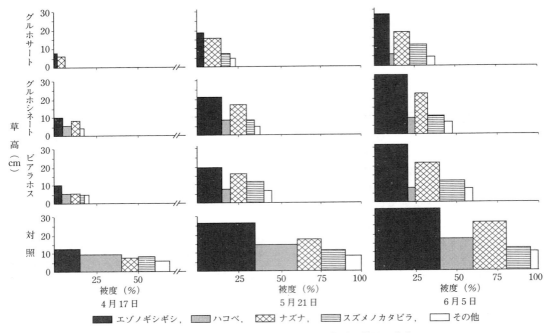

第2図　1987年秋処理園における翌春の草種，草量の変化

と，エゾノギシギシはなくなるが，タデ類やツユクサが生き残って繁茂するようになる。このような場合，次に使う除草剤をグルホシネート剤やビアラホス剤にすれば，タデ類やツユクサなど特定雑草の優占化を防ぐことができる。

②除草剤の撒布開始時期

除草剤の使用回数を抑えて樹冠下の清耕状態を長期間維持する場合，薬剤の選択と同時に問題になるのは除草剤の散布開始期である。通常は草が生え始めた春にその年の散布がスタートするが，その場合には草に養分が吸収されてしまうし，時期を失して最も労力が集中する摘果時期に散布せざるを得ない状況になることが多い。

このような問題を回避する有力な方法は，冬雑草が生えそろった前年の秋冬期を散布のスタートにすることである。春によく繁茂する1年生の冬雑草はここでほぼ完全に枯らすことがで

きるし，エゾノギシギシなどの宿根草もこの時期の散布で容易に完全枯殺することができ，摘果終了時まで次の除草剤散布を遅らせることができる。その後は，夏草の生長が旺盛になる7月上～中旬と夏草末期の8月中～下旬の散布で年間の防除体系をつくることができる。

第2図はエゾノギシギシの優占する園で秋処理を行なった結果である。グリホサート処理の場合，翌年の6月5日でも草丈は30cm以下に，被度も50％以下に抑えられている。一方，グルホシネート，ビアラホス処理区では再びエゾノギシギシ優占化の兆候が見られている。これは，枯れ残ったエゾノギシギシが，競合する1年生雑草が少なくなった分，優位な状態になったためである。この例は，除草剤の処理に当たって草種やその分布を正しく把握することの重要性も示している。

2000年記

果樹園の雑草植生と園地条件

執筆　安部　充（福島県果樹試験場）

隣接している果樹園でも，園主が異なると，雑草の種類や草高など植生に大きな違いがみられることがある。これは，競争，共存，季節的消長など複雑な関係にある雑草の植生が，肥料の種類や量，施肥時期，除草剤使用の有無，中耕カルチ，草刈り方法やその回数，園内の受光環境など，さまざまな要因に左右されるためと考えられる。

雑草のこのような植生の違いを，果樹園の土壌管理や栽培管理の改善に利用できれば，雑草はいわば'指標植物'として，手軽に得られる情報源となる。雑草には草生栽培としての価値もあるが，このような付加価値もある。

(1) 果樹園における雑草分布の特徴

雑草の繁殖には，草の生えている周囲に種子が落下して発芽し，しだいに大きな集団を形成するものや，地下茎や匍匐（ほふく）茎などで広がって集団を形成するものなどがある。これらの場合，時間が十分に経過すれば，集中的な分散からランダム分散へ移行するといわれているが（第1図），果樹園では集中的な分散に近い形で留まることが多い。これは，果樹園は地表面管理や日当たり条件など，一般の作物畑とは異なる環境下にあるためと推定される。

リンゴ草生（オーチャードグラス）園に侵入した雑草の分布を調査した（第1表）。これをみても，雑草の種類や場所によっては一部ランダム分散がみられたが，比較的多いのが集中的な分散であった。日当たりの良い場所がほとんどの4月中旬は，0N区はラジノクローバーやオオイヌノフグリが，4N区はスズメノカタビラやハコベが多くみられた。7月下旬になると，日当たりの良い場所では0N，1N区はラジノクローバーが多く，4N区はメヒシバが目立ったが，日当たりの悪い場所では0N区はスズメノカタビラが，4N区はスズメノカタビラやハコベが目立った。

このような侵入雑草のイネ科，マメ科などへの変化から，窒素施肥量や日当たり条件の相違が雑草の分布に大きな影響を与えることがわかる。

(2) 雑草植生に影響を及ぼす要因

①施　肥

圃場の日当たりの良い一角を4m²ずつ仕切り，施肥の有無による雑草の侵入状況を調査した（第2図）。

雑草の遷移を観察するため，耕うん後そのまま放置した無播種区をみると，1年目は，施肥区では5月よりイヌムギ（多年生イネ科）などが，7月と9月はメヒシバ（一年生イネ科）などが多くみられ，イネ科の比率が高い傾向を示した。無施肥区では，5月はスギナ，オランダミミナグサなど，7月はスギナ，ヒメムカシヨモギなど，イネ科以外が多くみられた。しかし，9月にはメヒシバが増加し，イネ科の比率が高まった。これら草の乾物重の合計は，施肥区，無施肥区とも同程度であった。

2年目になると，施肥区では，5月は多年生のイネ科が大半を占め，しかも乾物量は1年目よりかなり多く，7月と9月も同様に多年生イネ科が優占した。無施肥区では，5月は1年目に引き続きカラスノエンドウ，スギナなどが多くみられ，多年生イネ科は約5割の占有率であった。7

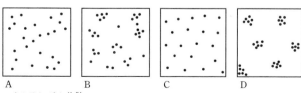

A：ランダム分散
B：集中的な分散
C：規則的分散（特殊的，動物のなわばりがこれに近い）
D：コロニーが規則的に分布する分散

第1図　個体群の個体がとりうる4種類の分布の模式図
（ホイッタカー，1979）

果　樹

第1表 リンゴ草生園での窒素施肥と受光環境の違いによるオーチャードグラス，雑草の生重量割合

(1) 調査日　4月16日

(安部ら，2000)

調査地点		生重 (g/m²)	オーチャードグラス，雑草重量割合（％）						
			オーチャードグラス	オランダミミナグサ	スズメノカタビラ	ラジノクローバー	ハコベ	オオイヌノフグリ	その他
受光条件良	0N	282	43.6	0.3	0.4	35.0	0.0	20.2	0.5
	1N	362	80.5	3.0	0.5	9.5	0.3	3.4	2.8
	2N	613	82.7	5.2	3.4	2.1	1.9	4.0	0.7
	4N	511	88.0	1.3	6.9	0.0	2.5	0.4	0.9

(2) 調査日　7月27日

調査地点		生重 (g/m²)	オーチャードグラス，雑草重量割合（％）					
			オーチャードグラス	メヒシバ	スズメノカタビラ	ラジノクローバー	ハコベ	その他
受光条件良	0N	671	25.1	7.2	7.2	59.8	0.0	0.8
	1N	548	26.8	7.8	0.2	61.0	0.0	4.3
	2N	492	92.7	6.3	0.0	0.0	0.0	1.0
	4N	1,329	8.2	91.2	0.1	0.0	0.0	0.5
受光条件不良	0N	190	48.0	0.6	48.7	0.0	1.3	1.4
	1N	242	83.1	0.0	13.6	0.0	0.0	3.4
	2N	257	85.3	0.9	13.9	0.0	0.0	0.0
	4N	253	14.1	0.0	37.8	0.0	47.0	1.1

注　施肥時期：3月中旬，窒素は硝安，リン酸は苦土重焼リン，カリは硫酸カリ
　　0N区：窒素0kg/10a, 1N区：5kg/10a, 2N区：10kg/10a, 4N区：20kg/10a
　　リン酸（5kg/10a）およびカリ（10kg/10a）は共通
　　草刈り：年6回（今回調査は1回目，4回目）

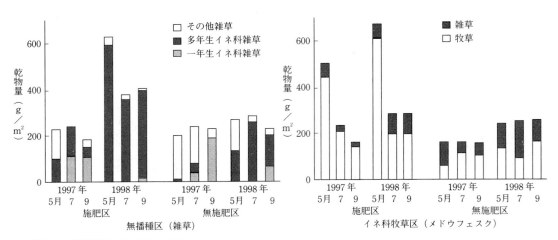

耕うん・牧草播種：1996年9〜10月
草刈り：年3回
施肥区：3月中旬，化成肥料（10a当たり）窒素：リン酸：カリ＝10kg：5kg：10kg
無施肥区：いずれの肥料も無施用
調査：1997年5月〜1998年9月

第2図　雑草区および牧草（メドウフェスク）区での雑草の侵入

（福島果試，1999．未発表）

月には多年生イネ科が優占したが，9月は多年生イネ科が減少し，代わってメヒシバが増加した。

施肥区ではこのようにイネ科雑草が早くから侵入したが，これは施肥成分の窒素の影響と考えられる。また，イネ科の侵入雑草は，1年目は一年生，2年目は多年生のものが多くみられたが，この間，耕うんや除草剤散布はしなかったため，多年生イネ科の定着に有利に働いたと考えられる。

一方，イネ科牧草（メドウフェスク）を播種した区をみると，施肥区では1〜2年目とも牧草の乾物量が多く，時期ではとくに5月が多かった。雑草の侵入はわずかで，2年目に多年生イネ科のものがやや増加した程度であった。これに対し，無施肥区では牧草の乾物量は少なく，施肥区より雑草の割合は高かった。侵入雑草は，1年目は一年生と多年生のイネ科がみられたが，2年目は多年生イネ科が優占した。

イネ科牧草区ではこのように，窒素施肥により牧草の生育が旺盛になり，光，水，養分などの競合に有利となるためか，雑草の侵入量は少なかった。

リンゴ園でも窒素施肥量が多いと（第1表），イネ科の草は雑草も含めて生長が促進され，マメ科の草は逆に，窒素施肥量が増加するにつれ，生育が抑制された。

マメ科の草は，リン酸のかなり少ないところでは生育が低下し，リン酸施肥の影響をみると，10〜15kg/10aまでは多いほど生育が旺盛になる。しかし，それ以上ではほぼ一定となり，また，カリ施肥量の増加とともに生長が促進されるとしている（山神）。

さらに，草地ではリン酸が少ない場所にレッドトップが，カリが少ない場所にケンタッキーブルーグラスが多く観察されるとし（西・三木），雑草では，リン酸が多い場所にスズメノカタビラが，カリが多い場所にヨモギが多くみられるといわれている。

②土壌pH

スギナは酸性土壌でよくみかけ，酸性土壌の指標植物といわれるほどであるが，各器官の生育は酸性ではなく中性で良好である。また，窒素施肥試験によると，生育は無施肥区より施肥区のほうが優るとされる。つまり，スギナは他の植物と比較し，不良な土壌条件でも生育し，増殖能力が高いため，酸性土壌や低肥沃度土壌を好むわけではないが，結果としてスギナが目立つということである（中谷，1990）。

マメ科は土壌pHが低いと生育が抑制され，pH5.5以下になると維持がむずかしいとされる。一方，草地でレッドトップやヒメスイバが多い場合，また桑園でヤエムグラがみられる場合はいずれも土壌pHが低いとされている。

③日当たり条件

リンゴ成木園（遅延開心形）で地上部70cm付近の相対照度を調べると，幹から半径1m以上離れ3m前後までの場所が最も低く，開花期の4月下旬でも0N区57％，4N区33％と低く，葉が繁茂した7月上旬は0N区22％，4N区16％とさらに低下した。園平均では，4月下旬から6月下旬にかけて，0N区では59％から29％に，4N区では40％から26％に低下し，それ以降は横ばい状態で推移した。

このような日当たり条件の違いは，スズメノカタビラ，クローバー，ハコベなどの生育に影響を及ぼし（第1表），クローバーは日当たりの悪い場所にはみられなかったが，坂本ら（1952）も相対照度15％では生育がかなり抑えられるとしている（第2表）。

ナシ幼木園（7年生までの樹）の樹間に設けた草生部では，相対照度が4月上旬で83〜96％，5月下旬と7月上旬でも約85％であり，いずれの時期も日当たりが良かった。しかし，樹冠占有面積が80％以上の成木園では，4月上旬でも75

第2表 遮光状態でのクローバーの生育

(坂本ら，1952)

	生草重 (g)	草高 (cm)	草丈 (cm)	生根重 (g)
対照	77	4	33	30
相対照度 30％	76	10	58	26
相対照度 15％	21	10	44	5

注　ポット試験
草高：自然の状態での垂直方向の高さ。草丈：地極部から先端までの長さ

果樹

～81％と低く，5月下旬は約27％，7月上旬には約10％まで低下し，生育が進んで日当たり条件が悪くなるにつれて，生える草量も少なくなったとしている（北口ら，1988）。

このような傾向は当場のナシ園やブドウ園でもみられ，日当たりの悪い棚下では雑草の種類，生育量とも少なく，イネ科イチゴツナギ属（スズメノカタビラ他）や，草高の低い雑草が数種類確認された程度であった。

日当たりの良い場所ではオヒシバ，ヒメジョオン，ヒメムカシヨモギ，エノコログサ，イヌタデ，イヌビエなどが，日当たりの悪い場所ではクワクサ，ツユクサなどが観察されるとしている（高木，1952）。また，日当たりの良い場所でも，下繁草であるクローバーは上繁草であるイネ科の下では生育しにくい。このように雑草同士で光に対する競合がみられる場合は，草刈りの頻度や刈取りの高さなどが雑草の植生に影響を及ぼすと考えられる。

④土壌の踏みつけ度（硬度）

果樹園のなかで，土壌に圧密層が生じやすいスピードスプレヤーの通路などでは，雑草の種類が異なったり生育量が少なくなる場合がある。これは，雑草により生育型（第3図）が異なるからである。

イネ科の生育型では，メヒシバの仲間は叢生（そうせい）型と匍匐型の両方の性質をもつが，大半は叢生型である。マメ科では，匍匐型のラジノクローバー，分枝型とつる型の両方の性質をもつカラスノエンドウ，直立型のアカクローバーなどに分かれる。

一般に踏みつけ度の強い場所は叢生型やロゼット型が，それが弱い場所は直立型やつる型が多いので（第4図），雑草の種類から土壌の硬度の大体の見当をつけることができる（第3表）。

⑤耕うん，除草剤散布

一般に一年生雑草は，根の分布が深さ10～20cm程度なので（第5図），耕うんや除草剤散布により容易に除草できる（鈴木）。

しかし，根茎（地下茎）を形成する雑草のなかには，耕うんにより伝播したり，除草剤を散布してもあまり効果のない場合がある。

スギナがその例で，防除しにくいのは，強大な地下部繁殖器官（根茎，根塊）があり，特に水平に走る根茎が30～40cmの深度に存在するからである。栄養茎（地上部）がまだ小さいうちは除草剤散布の効果は高いが，最大となる6月には根茎が総量の7割を占めるほど大きくなる。このようになると，地下茎だけで養分のやりとりをするので，除草剤の効果は低くなる。また，中耕カルチで根茎を切断すると，わずか1cmの長さのものでも容易に萌芽できるので，別の場

第3図　雑草の代表的な生育型　　　　　（『日本原色雑草図鑑』より）

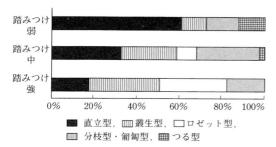

第4図　踏みつけ度と生育型　（片野，1995）

第3表　踏みつけの強弱と指標雑草
（片野，1995）

踏みつけの強いところに多い種類	オオバコ，スズメノカタビラ，シバ，（セイヨウタンポポ），（タチイヌノフグリ）
踏みつけの中位のところに多い種類	シロクローバー，ヨモギ，ヒメジョオン，アオカモジグサ，コヌカグサ，カモジグサ，タンポポ，ナギナタガヤ，オニウシノケグサ，タチイヌノフグリ，イチゴツナギ，カラスノエンドウ，ススキ，カモガヤ，ギシギシ，ミノボロスゲ，イヌガラシ，マメグンバイナズナ
踏みつけの弱いところに多い種類	スギナ，アズマネザサ，ノコンギク，ヒメムカシヨモギ，ネコハギ，ハリエンジュ，ジシバリ，ツユクサ，トボシガラ，ニガイチゴ，ノイバラ，ノハラアザミ，ヘクソカズラ，ホタルブクロ，アキノキリンソウ，アズマザサ，オオアワダチソウ，オニタビラコ，カキドオシ，カタバミ，カニツリグサ，キウリグサ，スイカズラ，ニガナ，ハコベ，ミゾソバ，ヤブガラシ

注　（ ）は，場所により異なる

所に伝播したりする（伊藤ら，1994）。

多年生雑草のこのような地下部栄養器官からの萌芽能力は，セイヨウヒルガオの横走根（伏見，1998），西洋タンポポの直根，エゾノギシギシの直根（梨木，1995），コヌカグサ（レッドトップと同属），ケンタッキーブルーグラスなど数多くあり，これらの草はいずれも耕うんにより伝播する可能性がある。

これに類似するものとして，一年生雑草も含めて，草刈りなどすると種子が機械に付いて移動し，伝播することがある。

⑥アレロパシー（他感作用）

雑草の遷移は主に，生長期における光，水，養分の競合などで起こるとみられてきたが，アレロパシーの関与も知られている。たとえば，ある草と別の草が隣接してあると，相互またはどちらか一方に，生育促進や生育阻害がみられることがある。アレロパシーとはこのように，植物が生成し環境に放出する物質が他の植物（微生物を含む）に何らかの反応を起こす作用を呼んでいる。この作用は，不特定多数の種類に反応する場合もあるが，一般に限られた種類にのみ反応する場合が多い。

雑草遷移の主要因がアレロパシーであるという明確な証拠は捉えにくいが（根本，1989），アレロパシー現象が発現しやすい条件としては，1)地下器官の発達した多年生あるいは大型雑草か，あるいはその遺体の蓄積が多い場合，2)土壌がやせていて乾燥しがちな場合，3)耕うんなどの栽培管理の操作が少なく，粗放な場合，などとされている（伊藤，1985）。

アレロパシー作用のある雑草は，単子葉植物

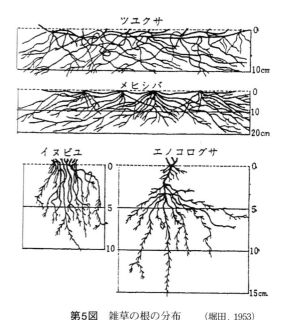

第5図　雑草の根の分布　（堀田，1953）

ではアキノエノコログサ，ハルガヤ，ギョウギシバ，メヒシバ，チガヤ，ハマスゲ，ペレニアルライグラス，ナガハグサなど，双子葉植物ではヒメジョオン，ヒメムカシヨモギ，オオアレ

果　樹

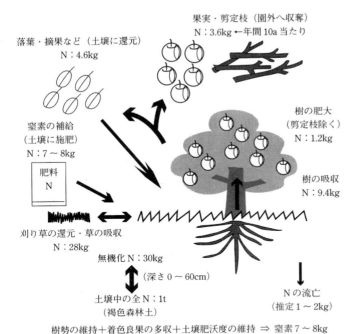

第6図　草生リンゴ園での窒素の動態および適量（模式図）
(指定試験，1997)

チノギク，ハルジョオン，ミチヤナギ，オオケタデ，シロザ，オオツメクサ，チドメグサ，ヤエムグラ，セイダカアワダチソウ，コニシキソウ，ヒマワリ，ハルタデ，スベリヒユ，イヌタデ，イヌビエ，ヨモギ，クズ，ブタクサなど，多数が知られている。

また，エゾノギシギシの根に含まれるシュウ酸やマロン酸，チガヤの根に含まれるバニリン酸などのアレロパシー物質は，分解されにくい成分とされている（山本，1989）。

アレロパシー作用のある雑草やアレロパシー物質に関する報告は多いが，今後の課題は，雑草のコントロールや病害虫防除への応用と考えられる。

(3) 雑草の植生と肥培管理

クローバー類は，窒素施肥量が10kg/10aを超えたり，日当たりの悪い場所では生えず（第1表），また酸性土壌でも生えない傾向にある。これに対し，スギナは酸性でやせた土壌などに生える傾向がある。

草生リンゴ園で着色良果を多年にわたり高い比率で生産し，しかも土壌悪化を軽減できる窒素施肥量は，年間7～8kg/10a前後が妥当であり（第6図），10kgを超すと石灰などの溶脱量を増やし，土壌悪化が促進されるとしている（加藤ら，1999）。この施肥量で判断すると，クローバー類がいくらか生育している程度の園地は，窒素の多肥条件にはなく，日当たりや土壌pHなども適正な範囲にある可能性が高い。また，クローバー類の生育が多くなるほど，土壌の窒素肥沃度は低いが，養分の地下への溶脱は少なく，環境保全にはよいと考えられる。

一方，スギナが生えている園は，土壌の酸性化が進んでいる可能性がある。

雑草の植生から肥培管理を知る一例をあげたが，これ以外にも，土壌条件や園内の光環境などを知る目安はあると考えられる。このような方法で園地条件を把握し，改善に役立てようとする方策は，手軽でもあり，今後，土壌調査などの方法と組み合わせることにより，汎用性は高まると思われる。

2000年記

参　考　文　献

ホイッタカー（宝月欣二訳）．1979．生態学概説　生物群集と生態系（第2版）．58―65．

安部充・加藤公道・星保宜．2000．窒素施肥量の異なる草生リンゴ園における雑草の侵入状況．雑草研究．45別号，162―163．

山神正弘．草地の土壌管理．草種構成と土壌管理．農業技術大系・土壌施肥編．28―30．

西宗昭・三木直倫．草地の土壌管理．経年草地の草勢回復と更新．農業技術大系・土壌施肥編．35―44．

中谷敬子．1990．スギナの繁殖特性と防除．農業技術．45 (10)，455―458．

伊藤操子・渡辺靖洋．1994．多年生畑雑草スギナ地下

部の季節変化．京大農場報告4，9—16．

日本原色雑草図鑑．日本植物調節剤研究協会．全農教．

片野伸雄．1995．校庭雑草．環境・人間・教育．**9**，22—63．

鈴木邦彦（共著）．雑草管理ハンドブック．樹園地の雑草管理，320—340．

坂本寿夫・丸岡詮・玉置磐彦．1952．遮光状態に於ける果樹園被覆作物の生育．農業及び園芸．**27**（11），1253—1254．

北口美代子・吉岡四郎．1988．ナシ園への草生栽培の導入に関する研究．千葉農試研究報告．**29**，81—92．

高木一三．1952．栽桑学．305—307．

堀田貞吉．1953．農業及び園芸．**28**（10），1231—1232．

伏見昭秀．1998．ヒルガオの栄養繁殖特性．雑草研究．**43**（4），312—316．

梨木守．1995．新播草地におけるエゾノギシギシの生態と初期防除．東北農試研究報告．**90**，93—153．

堀江秀樹．1989．アレロパシーを持つ雑草．植物間相互作用に関する化学物質（文献解題）．農環研．45—54．

根本正之．1989．野草とその他の陸上植物におけるアレロパシー．植物間相互作用に関する化学物質（文献解題）．農環研．62—71．

山本嘉人．1989．草地におけるアレロパシー．植物間相互作用に関する化学物質（文献解題）．農環研．55—61．

伊藤操子．1985．第7回雑草学会シンポジウム講演要旨．雑草学会．17—35．

加藤公道・寿松木章・福元将志・駒村研三・佐藤雄夫・鈴木継明・小松喜代松・松本登．1999．リンゴ園における窒素施肥に関する研究．第1報　窒素施肥量．福島果樹試研報**17**，33—67．

指定試験（土壌肥料）32．1997．冷涼地における落葉果樹の合理的な施肥法の確立に関する研究．農林水産技術会議事務局・福島県果樹試験場．1—56．

果樹

草種とアレロパシー

(1) 果樹の下草管理と草生栽培

果樹園での草生栽培は，除草剤を利用した清耕栽培が普及する前はごくふつうの栽培法であった。150年前に活躍したフランスの画家J. F. ミレーの絵画を見ると，果樹園の下には草が密生している。

日本でも，かつては草生栽培が行なわれていたという。昭和30年代に，愛媛県果樹試験場の薬師寺清司場長によるミカンの草生栽培，青森県りんご試験場の渋川潤一技師によるリンゴの草生栽培の優れた総説がある。薬師寺は，化学肥料を連用する裸地中耕法では有害副成分が累積して土壌が劣化し，原因不明の奇病が起こるので草生栽培を勧めている（薬師寺，1958）。渋川も，リンゴでは清耕法よりも草生栽培によって土壌が肥沃化し，増収すると報告している（渋川，1958）。

しかし，草生栽培では，作業効率の低下，地温の低下，ヘビやナメクジの増加などの欠点があり，また，清潔な農地を好む勤勉な日本の果樹農家の性格のためか，現在に至るまで，主流とはなっていないようだ。

草生栽培にはこのような欠点もあるが，近年，植物のもつアレロパシー（他感作用）を利用した草生栽培で欠点を克服し，除草剤に替えようとする試みがある。そこで，本稿では，最も有望と考えられ，これまで筆者らが研究してきたヘアリーベッチと，最近普及しつつあるナギナタガヤについて解説する。また，果樹園周辺に土止めなどのために古くから栽培されてきたリュウノヒゲにも強いアレロパシーが検出され，筆者らの研究室で最近他感物質としてサリチル酸を同定したので紹介する。

(2) 植物のアレロパシー

アレロパシーは，「植物が生産し，体外に放出する天然化学物質が，他の生物に阻害的あるいは促進的な何らかの作用を及ぼす現象」を意味する（藤井，2000）。茶のカフェイン，タバコのニコチン，ワサビやカラシの辛味成分など，特定の植物にのみ存在する二次代謝物質の存在意義は，植物が病害虫や他の植物から身を守るために獲得した防御物質であるとする「アレロパシー仮説」が有力となっている。すなわち，動くことができない植物は，このような化学物質による武器をもつことによって，病害虫や他の植物から身を守ってきたのではないかと考えられている。仮説であるが，一属一種の古い植物に有毒植物や，アレロパシー活性の強いものが多いのもこの原理で，偶然獲得した二次代謝物質によって現在まで生き延びてきたと考えられる。

ただし，植物間の競争では，光や養分競合の寄与のほうが大きく，他感作用の寄与率は1～2割程度と見積もられている。しかし，物理的な競合に，アレロパシーのような化学的競争を併用することで抑制効果が完璧になる。したがって，被覆する速度が速く，物理的にも他の植物を抑制する力の強い被覆植物の利用が，現場での利用には最も有効であると考えられる。ヘアリーベッチは，アレロパシー活性が強く，被覆力にも優れるため，最も実用性が高いと考えられる。

(3) ヘアリーベッチ

①ヘアリーベッチとは

ヘアリーベッチ（*Vicia villosa* Roth）は，ソラマメやカラスノエンドウの仲間で，明治時代に牧草として導入された。花がフジに似ているのでシラゲクサフジ，あるいはナヨクサフジの和名がある。秋まきで，春先から初夏に圃場を全面被覆して雑草をほぼ完璧に抑制し，開花後は一斉に枯れて敷わら状になること，窒素固定をして緑肥効果も高いことから，果樹園や休耕地の雑草管理に最適と考えている（藤井，1995）。

ヘアリーベッチは，暖地では通常秋まきし，翌年の春5～6月頃に開花する。開花後，最高気温が30℃になると一斉に枯れて敷わら状態になるので，通常は刈取りの手間が不要であ

草生栽培

る。ヘアリーベッチのアレロパシー活性は特に
キク科やナデシコ科などの多くの広葉雑草に対
して抑制作用が強いが，イネ科植物は阻害しに
くいので，圃場にメヒシバなどのイネ科雑草が
残ることがある。また，ギシギシなどの多年生
雑草では根が残り，根絶しにくいことがある。
そのため，完全にメンテナンス不要とはいえな
いが，除草剤の使用を削減することは十分可能
であり，耕うんなどの物理的・生態的な除草と
組み合わせることによって除草剤を使わない栽
培も可能との事例がある。

②果樹園管理にヘアリーベッチ

ヘアリーベッチは，特に冬に落葉する果樹の
下草管理に最適である。年1回の播種で雑草を
ほぼ抑制し，緑肥としての効果も，窒素を乾燥
重量当たり4％も含むので抜群である。ヘアリ
ーベッチの被覆は，裸地に比べ，夏季・昼間の
地温上昇を2〜5℃抑え，冬季・夜間の低温を
緩和する傾向にある。温度変化を緩和すること
ができるが，ナシなどでは，春先の果樹の開花
を遅らせることもあるので注意が必要である。
一方，降雨後の土壌水分を保持する能力がある。

ヘアリーベッチは，特にカキのような落葉果
樹の下草管理に適しており，岐阜県本巣地方の
富有ガキ産地では全体の9割の600haに普及し
ている。また，キウイフルーツ，ミカン，ナシ，
ウメなどでも利用が広がりつつある。愛媛県の
有機栽培ミカン農家の越智章太郎さんは，10
年ほど前にヘアリーベッチを導入した結果，除
草回数を従来の年4回から1回に減らすことが
でき，経費が3分の1になったと報告している。
そして，無農薬栽培のミカン農家としてブラン
ド化され，全国に販売している。また，神奈川
県小田原市のキウイフルーツ農家石綿さんも，
筆者が農業団体の集まりで講演したのを聞き，
ご自分の果樹園に導入した後10年を経過して，
年々樹勢が良くなり，それまで年間6〜7回行
なっていた除草作業も，ベッチの種子をまく前
の1回のみに軽減することができるようになっ
たと報告している。石綿さんの果樹園では，キ
ウイの大敵とされる「かいよう病」の発生も抑
制され，樹自身の抵抗力が高まっていると推定

している。この作用機構は不詳であるが，後述
するシアナミドによる土壌や樹の消毒効果で説
明できるかもしれない。

③ヘアリーベッチの栽培方法

標準播種量は10a当たり3〜4kgで，それ以
上まいても最終的な草の量や雑草抑制効果はあ
まり変わらない。種子代金は，早生タイプ（まめ助，まめっこ，まめ太郎などの名前で大手種
苗会社から販売されている）が1kg当たり600
円程度で，10a当たりの標準播種量は4kgで，約
2,500円程度のコストである。晩生のタイプは，
「ヘアリーベッチ」の名前で，各大手種苗会社か
ら販売されているが，早生種よりも高価で，1kg
当たり1,000円程度するが，早生種よりも小粒な
ので10a当たり3kgでよく，約3,000円程度と早
生種とコストはそれほど変わらない。早生タイ
プは約1か月開花が早く，4〜5月に開花するが，
雑草抑制能は晩生タイプのヘアリーベッチのほ
うが強いので，用途に応じた利用が望ましい。

品種的に見れば，15年以上前にタキイ種苗
から販売されていたヘアリーベッチは，白い毛
がびっしり生えて，遠くから見ると白く見える
本来の毛深い「ヘアリー」ベッチであり，雑草
抑制能もきわめて強かったが，晩生であり，種
子が高価で入手しにくいことから，現在では販
売されていない。その後，各種苗会社とも，ア
メリカ合衆国で「スムースベッチ」と呼ばれ
る，毛が薄いタイプのヘアリーベッチに切り替
えた。しかし，これらもヘアリーベッチの品種
とされ，日本ではヘアリーベッチの名前で販売
された。最近，多くの種苗会社から，早生種の
ヘアリーベッチが，「まめ助」「まめっこ」「ま
め太郎」などの名前で販売され，値段が安いの
で人気となっている。これらの品種は，早生で，
春先早く枯れることが望ましい場合には適して
いるが，雑草抑制効果は従来の品種に比べて劣
り，アレロパシー活性もやや弱い。また，雪の
下でも越冬できないことがあるので，日本海側
や山間部では注意が必要である。太平洋側の温
暖な地域や西日本では越冬できるので問題はな
い。ただ，これらの地方でも，播種時期が遅れ
ると雑草抑制力が低下する傾向があるので，東

915

日本では9月下旬〜10月，西日本では11月頃までに播種することが推薦される。

ヘアリーベッチは，マメ科で最高の窒素固定能力があり，通常10a当たり10〜25kgの窒素固定を行なう。四国農試で測定した記録では，40kgも固定した記録がある。

④ヘアリーベッチの他感物質の同定

ヘアリーベッチのアレロパシーについては，特異的なバイオアッセイ手法であるプラントボックス法（第1表），サンドイッチ法により検出していたが，その作用物質に関する研究は遅れていた。作用成分は確かに存在するのであるが，精製するにつれてわからなくなってしまうことが多かった。8年近くの失敗の後，2002年に，国の重点研究支援制度に選ばれて5年間の研究の結果，ついに作用成分の同定に成功した（藤井，2003）。

物質の同定は，思い切って発想を転換し，従来の比活性法ではなく，全活性の強い物質を追う方針とした。通常，天然生理活性物質の研究は，比活性が強い成分を探すことを目的とするのであるが，アレロパシーの場合は，活性がやや弱くても，大量に植物体内に存在しており，活性と存在量のかけ算で最も寄与している成分をとる方針に切り替えた。そして，ヘアリーベッチの茎葉部より得た粗抽出液から，レタス伸長阻害活性を指標として，各種カラムクロマトグラフィーにより植物生育阻害物質を単離・精製し，核磁気共鳴法（NMR），質量分析法（MS），赤外分光分析法（IR）などによりその化学構造を解析した。その結果，雑草抑制作用の主成分は，シアナミド（Cyanamide，第1図）であることが判明した。シアナミドは分子量が42と，炭酸ガスよりも小さく，通常のガスクロマトグラフィーや液体クロマトグラフィーでは分析しにくい。また，NMRやマススペクトルでもピークが1本しか出ないので，通常の同定では化学物質とは考えにくく，これまで見落とされて同定することができなかった化合物であると考えられる。

ヘアリーベッチ粗抽出液に含まれるレタス下胚軸伸長阻害活性は，シアナミドによりほぼ完全に説明できた。ヘアリーベッチのアレロパシーにはシアナミド以外の阻害物質も寄与している可能性が残されているが，その大部分はシアナミドで説明できると考えている。

シアナミドは，じつは，合成化学肥料である石灰窒素の成分として，100年以上前にドイツで合成された物質である。そのため，施肥した石灰窒素からの混入が懸念されたので，シアナミドが実際に植物体内で合成されるのか否かを慎重に調べた。その結果，種子にはほとんど含まれておらず，発芽の過程で急に増加し，無肥料で9日間栽培したヘアリーベッチの茎葉部に含まれるシアナミド含量は，急激に増加することがわかった。この事実から，シアナミドはヘアリーベッチにより生合成されていることが確認され，肥料成分の混入ではないことが明らかとなった。

シアナミドには，種子休眠覚醒効果，除草効果，殺虫・抗菌効果，および肥料としての効果が知られている。石灰窒素の成分として有名である。しかし，これまで生物の体内成分として天然に存在することはまったく知られていなかった。しかし，土壌微生物には，シアナミドを特異的に分解する活性をもつものが10年くらい前に報告されており，その論文には，合成物を特異的に分解する酵素が自然界にあるのは不思議であると記載されているが，天然物であれば不思議ではない。この物質は自然界では，尿素を経てアンモニアに容易に分解され（第2図），あるいは土壌微生物によっても速やかに分解されるものと推定される。

以上のように，ヘアリーベッチの作用成分がシアナミドであることが解明されたことによって，これまでに知られているヘアリーベッチの雑草抑制作用や，耐虫・耐菌性を，今後，本研究で明らかにしたシアナミド合成と関連して解明する大きな手がかりとなると考えられる。

現在，マメ科を中心に，いろいろな植物を対象に，シアナミドの存在と分布について検索・精査しているが，現在のところ，ヘアリーベッチの近縁のソラマメ属植物に多量に含まれているようである。これまで知られているアンモニ

草生栽培

第1表 被覆植物のアレロパシー活性のプラントボックス法による検定結果

学　名	植物名	活性	学　名	植物名	活性
Hedera helix	ヘデラ・ヘリックス	97	*Oxalis corniculata*	カタバミ	41
Nemophila menjue	ネモフィラ・メンジュー	93	*Festuca elatior*	メドウフェスク	43
Lampranthus spectabilis	マツバギク	92	*Lotus corniculatus* var.	ミヤコグサ	40
Vicia villosa	**ヘアリーベッチ**	**85**	*japonicus*		
Trifolium dubium	コメツブツメクサ	82	*Alyssum maritimum*	ニワナズナ	40
Medicago polymorapha	ウマゴヤシ	79	*Circium japonicum*	ノアザミ	39
Dianthus barbatus	ビジョナデシコ	79	*Medicago sativa*	アルファルファ	40
Cheiranthus cheiri	ニオイアラセイトウ	78	*Phleum pratense*	チモシー	40
Festuca megalura	**オオナギナタガヤ**	**77**	*Echinacea purpurea*	ムラサキバレンギク	38
Nepeta catarina	キャットニップ	75	*Agastache rugosa*	カワミドリ	36
Thymus serphyllum subsp.	イブキジャコウソウ	75	*Lathyrus odoratus*	スイートピー	35
quinquecostatus			*Archillea millefolium*	セイヨウノコギリソウ	35
Brachiaria humidicola	ブラキアリア	75	*Centaurea cyanus*	ヤグルマソウ	35
Linum grandiflorum	ベニバナアマ	74	*Cleome spinosa*	クレオメ	34
Linum usitatissimum	ブルーフラックス	74	*Zinnia elegans*	ヒャクニチソウ	34
Festuca myuros	**ナギナタガヤ**	**73**	*Chrysanthemum carinatum*	ハナワギク	33
Digitalis purpurea	ジキタリス	72	*Rudbeckia hirta*	ルドベキア	32
Dianthus plumarlus	タツタナデシコ	72	*Arctotheca calendula*	アークトセカ	32
Ophiopogon japonicus	リュウノヒゲ	71	*Lupinus polyphyllus*	宿根ルピナス	30
Lychnis chalcedonica	リクニス	71	*Erigeron thunbergii?*	エリゲロン	30
Dianthus japonicus	ハマナデシコ	70	*Patrinia scabiosaefolia*	オミナエシ	28
Silene pendula	フクロナデシコ	68	*Oenothera speciosa*	ヒルザキツキミソウ	28
Nemophila maculata	ネモフィラマクラータ	67	*Torenia fournieri*	トレニア	28
Dianthus deltoides	ヒメナデシコ	67	*Coreopsis tinctoria*	ハルシャギク	27
Gypsophylla elegans	カスミソウ	67	*Salvia officinalis*	セージ	25
Salvia farinacea	ブルーサルビア	65	*Bellis perennis*	ヒナギク	25
Agrostemma githago	ムギナデシコ	65	*Cosmos bipinnatus*	矮性コスモス	24
Dianthus japonicus	フジナデシコ	65	*Trifolium repens*	シロクローバ	23
Platycodon grandiflorum	キキョウ	64	*Linaria bipartita*	ヒメキンギョソウ	23
Saponaria officinalis	サポナリア	63	*Chyrysnthemum paludosum*	ノースポール	21
Stenotaphrum secundatum	セントオーガスチングラス	62	*Chamaemelum nobilis*	ローマンカモミール	19
Vinca minor	ビンカ	61	*Oenothera tetraptera*	矮性ツキミソウ	19
Iberis sempervirens	イベリス	59	*Euphorbia esula*	ハギクソウ	18
Petunia hybrida	ペチュニア	57	*Ocimum basilicum*	バジル	17
Salvia splendens	宿根サルビア	56	*Dichondra repens*	ダイコンドラ	16
Stellaria media	ハコベ	56	*Borago officinalis*	ボリジ	15
Papaver nudicaule	アイスランドポピー	54	*Lythrum saricaria*	エゾミソハギ	12
Sanguisorba officinalis	ワレモコウ	54	*Mentha spicata*	スペアミント	9
Trifolium pratense	アカクローバ	53	*Satureja hortensis*	キダチハッカ	7
Zinnia linearis	ジニア・リネアリス	53	*Physostegia virginiana*	カクトラノオ	7
Artemisia monogyna	シロヨモギ	53	*Brachycome iberidifolia*	ヒメコスモス	7
Thymus vulgaris	タイム	50	*Coreopsis tinctoria*	オオキンケイギク	7
Verbena tenuisecta	バーベナ・テヌイセクタ	49	*Achillea filipendulina*	キバナノコギリソウ	7
Monarda fistulosa	モナルダ	47	*Melissa officinalis*	レモンバーム	5
Godetia amoena	ゴデチャ	45	*Mentha × piperita*	ペパーミント	4

注　活性は阻害率（％）で示してあり，値が大きいほど根の生長阻害率が大（雑草抑制能が大）を示す

917

果　樹

第1図　シアナミド

第2図　シアナミドの土壌中での変化（1）

第3図　シアナミドの土壌中での変化（2）

ア態窒素と硝酸態窒素に対して，新たにシアナミド態窒素という窒素栄養形態が存在することは意義深いものと考えている。また，シアナミドは土壌中で容易に二量体のジシアンジアミド（第3図）に変換するが，この化合物には硝酸化成抑制作用があり，土壌からの窒素の流亡を防ぐ作用も期待できる。このような作用の詳細についてはさらに研究が必要である。

⑤ヘアリーベッチのその他の効用

アメリカ合衆国農務省の研究では，ヘアリーベッチはテントウムシなどの生物相を多様にして害虫密度を下げることが知られている。すなわち，ヘアリーベッチには花外蜜腺（葉の付け根からも蜜を出す）があり，マメアブラムシを呼び寄せる。すると，これを食べるテントウムシが発生する。この肉食のテントウムシが他の害虫密度を下げることが報告されている。このため，アメリカ合衆国農務省は，果樹園の下草としてヘアリーベッチを利用するように勧めているが，これは害虫密度を下げる植物としての奨励である。

ヘアリーベッチを栽培すると，根の働きによって土壌構造が膨軟化する傾向にあり，畑の土壌物理性の改善に適している。しかし，この性質のため，法面の植生に利用すると，土壌が軟らかくなり崩れるおそれもあるので，利用しないほうが無難と考えている。ヘアリーベッチは伸ばした蔓から根を下ろすことがないので，平面に播種して，蔓が法面を這い上がったり，下りたりするのはさしつかえない。

ヘアリーベッチは，休耕田や遊休農地を管理する植物としても優れており，従来用いられてきたレンゲでは，アレロパシー活性が弱いのに対し，強いアレロパシー活性を示し，圃場でも雑草抑制力が強く，耐虫性に優れるので，全国各地で徐々に普及しはじめている。特に，中国・四国地方や関東地方の地方自治体やJAでも指導され，徐々に普及しはじめている。

⑥ヘアリーベッチの根に共生するペニシリウム属菌とオカラミンの発見

農薬を使わない果樹園や畑作栽培でヘアリーベッチが病害虫を顕著に減らす現象が，現場の農家や農業試験場の観察で報告されるようになった。小田原の果樹農家のIさんは，1991年に筆者が有機農業の団体でヘアリーベッチの利用を勧める講演をしたのを聴いて，すぐにキウイフルーツの果樹園にヘアリーベッチを導入し，以来30年，無農薬無肥料で高品質のキウイフルーツを生産している。ヘアリーベッチを下草とした園では，かいよう病が発生せず，害虫被害もほとんどないという。また，愛媛県のミカン農家のOさんも7haのミカン園にヘアリーベッチを播種し，1994年以来，無農薬無肥料のミカンを栽培している。ただ，これらの成果は前述のシアナミドでは説明できず，アレロケミカルのような物質によるというより，土壌の状態がよくなることによる生態的な理由であろうと推定されていた。

ところが，2017年秋から採択されたJST-CREST（戦略的創造研究推進事業）の研究プロジェクトに参画し，根圏環境を健全にする技術の開発を目的とした「根圏ケミカルワールドの解明と作物頑健性制御への応用」に取り組む

918

なかで，ヘアリーベッチの新たな現象を見つけることができた。

まず，ヘアリーベッチを栽培した根圏土壌にのみオカラミンB（第4図）という強力な殺虫物質が見つかった（Sakurai *et al.*, 2020）。オカラミンBとその関連化合物は，1986年に大阪府立大学（当時）の林英雄らによって青カビがついたオカラから発見された物質だが，これが土壌中に存在していることを見つけたのは新たな発見といえる（東京農工大学プレスリリース，2020）。

オカラミンBをつくる菌としてはペニシリウム属の菌が知られているが，私たちのグループはヘアリーベッチの根圏および根圏土壌からこの菌類を単離し（Taheri *et al.*, 2022；Yamazaki *et al.*, 2021），ペニシリウム hvef18 株と名付けた。また，この菌がオカラミンなどの抗菌殺虫成分を合成することを明らかにした。さらに，圃場試験でこの菌株の胞子を植物体あるいは根圏土壌に施用することによって，トマト，ダイズ，ジャガイモ，トウモロコシなど作物の生育を有意に促進し，その品質を高めることも確認している。

単離したペニシリウム属の菌 hvef18 株の全ゲノムも解読しており，これらの成果をまとめ，私たちはこの菌を用いて根圏土壌を頑健に維持し，後作の作物の収量と品質を向上させる方法について2021年12月に特許を申請中である（藤井ら，2021）。

（4）ミカン園で普及しているナギナタガヤ

ナギナタガヤは，熱心な果樹農家に見出され

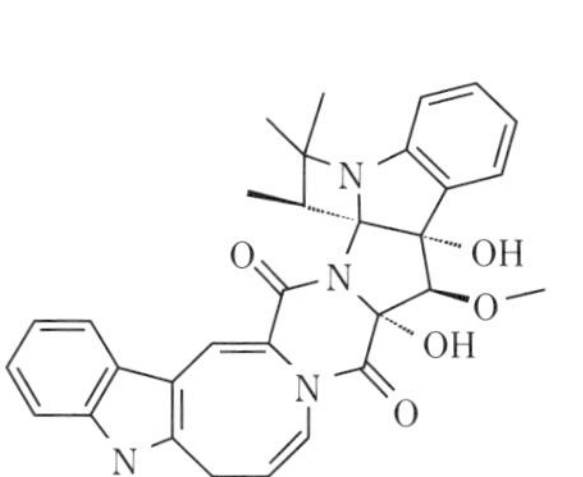

第4図　オカラミンBの構造式

てミカン園を中心に関西地方で広がっている有望な被覆植物である。学名はふつうのナギナタガヤが *Festuca myuros* L. であり，オオナギナタガヤが *Festuca megalura* Nattal である。これらは，優秀な牧草であるトールフェスク（オニウシノケグサ）*Festuca elatior* L. subsp. *arundinacea* Hackel やメドウフェスク（ヒロハウシノケグサ）*Festuca elatior* L. の仲間である。

ナギナタガヤはイネ科植物であり，草丈があまり高くならないこと，うまく倒れてきれいな敷わら状になり，雑草抑制能が高いことから，広島県や愛媛県の果樹農家に好まれているようである。筆者らは，アレロパシー活性を検定する手法を開発しているが，その手法で測定してみると，かなり強い活性をもっている（第1表）。トールフェスクのアレロパシーはアメリカ合衆国でよく研究されており，特に‘ケンタッキー31フェスク’という優良品種のアレロパシー活性が強いことが報告されている。ただし，作用物質は明らかではない。

ナギナタガヤは，アレロパシー活性も強く，物理的な被覆能力にも優れているため，果樹園の下草として優秀な草と考えられるが，種子は自然にこぼれて再生も容易である。そのため，果樹園から周辺に逸脱して，雑草化するおそれがある。筆者らは5年前に前記の検定試験を行なったときにガラス室でポット栽培したのみであるが，そのときにこぼれた種子から，ガラス室の周辺に広がっている。ナギナタガヤは外来植物であり，種子生産能も高く，アレロパシー活性も強いので，逸脱して雑草化したときに，日本の植生に影響を与えることが懸念される。果樹園周辺で雑草化しないか十分に注意する必要がある。

（5）日本在来の被覆植物リュウノヒゲのアレロパシーと作用成分

日本在来の被覆植物リュウノヒゲのアレロパシーは，外来植物に比べて強く，土地表面を被覆すると雑草抑制効果が高い。植物生育阻害物質として，リュウノヒゲから β ‐シトステロー

果　樹

ル，ρ-ヒドロキシ安息香酸，サリチル酸が同定され，含有量と比活性から，サリチル酸の寄与が大きいことを最近見出した（Iqbal et al., 2004a；Iqbal et al., 2004b）。

　雑草抑制作用の大きな被覆植物を活用すれば，省力的な植生管理が可能となる。しかし，特定外来生物被害防止法の2005年6月からの施行に伴い，外来植物の取扱いには十分な配慮が不可欠となる。そこで，日本在来の植物に着目し，それらの雑草抑制作用を外来の被覆植物と比較したりするとともに，有望な在来の被覆植物の実用性について評価した。

　まず，葉から出る物質による作用を検定するサンドイッチ法と，根から出る物質による作用を検定するプラントボックス法により，多年生の被覆植物20種の他感作用活性を検定した（第2表）。その結果，在来植物で阻害活性の強いものは，リュウノヒゲ，キチジョウソウ，コグマザサであり，外来植物で活性の強いのはマツバギク，ベニシタン，ムカデシバ，ギンロバイなどであった。第2表から，生育速度・被覆力を考慮して，実用的な7種（評価の項に＊＊＊で表示したもの）を選抜し，現地での雑草発生を調査した。リュウノヒゲは，1年目は生育が緩慢なため，雑草抑制効果が顕著ではないが，土地表面を完全に被覆する2年目以降，雑草発生量はギンロバイ，キチジョウソウと並んで最も少なかった。

　リュウノヒゲは日本在来の植物であり，現地の果樹園でも雑草抑制能が高い（第5図）。筆

第2表　果樹園周辺の被覆植物として利用可能な植物のアレロパシー活性の検定結果

植物名	学　名	SW[1]	PB[1]	在来[3]	外来	評価[2]	科　名	原産地
リュウノヒゲ	*Ophiopogon japonicus*	93	70	●		＊＊＊	ユリ科	日本
マツバギク	*Lampranthus spectabilis*	93	67		●	＊＊	ツルナ科	南アフリカ
キチジョウソウ	*Reineckea carnea*	82	62	●		＊＊＊	ユリ科	日本・中国
ベニシタン（コトネアスター）	*Cotoneaster horizontalis*	81	—	○	●	＊＊＊	バラ科	中国西部
ムカデシバ（センチピードグラス）	*Eremocholoa ophiuroides*	78	72		●	＊＊＊	イネ科	中国南部
ギンロバイ（ポテンティラ）	*Potentilla fruticosa*	69	23	○		＊＊＊	バラ科	ヨーロッパ
コグマザサ	*Sasa veitchii* f. *minor*	67	98	●		＊＊	イネ科	日本
アジュガ	*Ajuga reptans*	66	19		●	＊＊	シソ科	ヨーロッパ
シバザクラ	*Phlox subulata*	63	67		●	＊＊＊	ハナシノブ科	北アメリカ
イワダレソウ	*Lippia canescens*	63	26		●	＊＊	クマツヅラ科	ペルー
セイヨウキヅタ	*Hedera helix*	59	73		●	＊	キヅタ科	北半球
ヒペリカム・カリシナム	*Hypericum calycinum*	57	20		●	＊	オトギリソウ科	ヨーロッパ
セダム（コーラルカーペット）	*Sedum album*	56	55		●	＊＊	ベンケイソウ科	北半球
メキシコマンネングサ	*Sedum mexicanum*	56	33		●	＊＊	ベンケイソウ科	メキシコ
オオイタビ	*Ficus pumila*	49	46	●		＊	クワ科	日本
ニシキテイカカズラ	*Trachelospermum asiaticum*	37	34	●		＊	キョウチクトウ科	日本
イブキジャコウソウ	*Thymus quinquecostatus*	36	63	●		＊＊	シソ科	日本・中国
ビンカ・ミノール	*Vinca minor*	35	76		●	＊＊	キョウチクトウ科	ヨーロッパ中部
ツルマンネングサ	*Sedum sarmentosum*	32	58		●	＊	ベンケイソウ科	北半球
アークトセカ	*Arctotheca calendula*	27	32		●	＊＊＊	キク科	南アフリカ
ルブス・カリシノイデス	*Rubus calycinoides*	−2	57		●	＊	バラ科	台湾

　注　1）PBはプラントボックス法，SWはサンドイッチ法による結果。—は未検定。数値は生育阻害活性（％）。検定植物はレタス
　　　2）評価の欄の＊はアレロパシーに生育速度・被覆力の強さを加味した実用性の高さを示した
　　　3）在来の欄の○は古い時代に渡来したと推定されるもの。イブキジャコウソウも古い時代の渡来植物かもしれない

者が最初に果樹園での利用実態を教わったのは，愛知県農業試験場の今川正広技師で，現地のミカン園の周辺に昔からリュウノヒゲを栽培する習慣があることを教わった。このような事例は全国に見られるようである。一方，リュウノヒゲは生薬としても利用されヒガンバナのような強い毒性がないことから，総合的に判断して最も実用的な被覆植物と考えられる。

リュウノヒゲに含まれる他感物質として，β-シトステロールとその誘導体，p-ヒドロキシ安息香酸およびサリチル酸を同定した（第6図）。それぞれの化合物は，EC_{50}（植物の生長を50％阻害する濃度）が120 μM，43 μM，18 μMであり，生葉1g中に0.02 μmol，0.65 μmol，1.44 μmol含まれる（サリチル酸含有率は，乾重当たり0.1〜0.2％）。これらのことから，アレロパシーの全活性（含有量/比活性）はサリチル酸が他よりも高く，他感物質として最も寄与していると推定される。

サリチル酸はシモツケなどバラ科植物などに含まれる二次代謝物質で強い植物生理活性をもつが，リュウノヒゲに多量に含まれることが明らかにされたのはこれが初めてである。

リュウノヒゲは，日本各地にさまざまな品種があり，アレロパシー活性の品種間差を調べる必要がある。また，リュウノヒゲの根は，麦門冬（バクモンドウ）という名で，国産生薬として利用されている。今回見出したサリチル酸は，解熱鎮痛薬として知られており，薬理効果の一部を説明できる可能性がある。

以上のように，ヘアリーベッチやナギナタガヤは，除草剤や殺虫剤などの合成農薬を削減した農業に役立てることができる有望な下草植物と考えられる。特にヘアリーベッチは，古くて新しい果樹園管理植物であり，その利用は戦前から行なわれていたが，最近の雑草防除を期待した全国的な普及は，筆者らの農業環境技術研究所と四国農業試験場での研究が端緒である。最近になってようやく発見したアレロパシーの本体のシアナミドは，除草活性，殺虫・殺菌活性をもつうえ，最終的には尿素態を経て窒素肥料となって果樹に役立つ肥料成分となり，すべて吸収されて有害物質を残さない。ヘアリーベッチは，すでに日本に導入されて100年以上経過し，各地で導入され，雑草化のおそれも少ないので，今後，草生栽培としてさらに利用してほしい植物である。

このほかにセンチピードグラスなども有望で，筆者らの研究室ではアレロパシー成分の分析を行なっている。しかし，このような外来植物の導入にあたっては周辺に逸脱して雑草化しないように十分な注意が必要である。

これに対し，リュウノヒゲのような在来の被覆植物の見直しも期待される。リュウノヒゲは果樹園の周辺や水田畦畔や庭園での土地被覆な

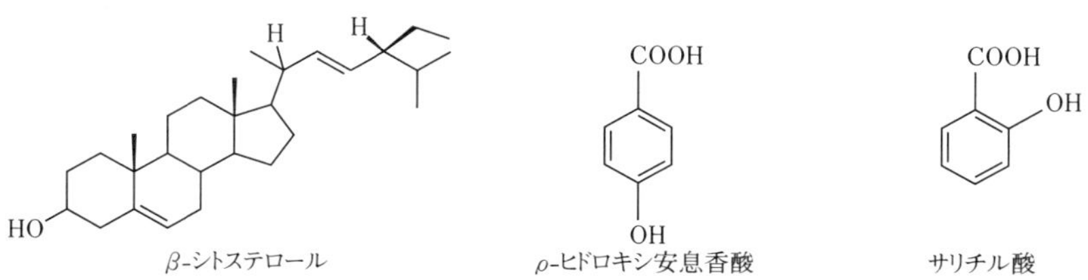

第5図　ミカン園のリュウノヒゲ

第6図　リュウノヒゲから単離したアレロパシー物質

果　樹

どの利用が主であるが，このようなアレロパシー活性の強い伝統的な被覆植物がさらに明らかにされ普及されることが期待される。

執筆　藤井義晴（鯉淵学園農業栄養専門学校／東京農工大学名誉教授）

2024年記

参 考 文 献

有田博・藤井義晴編著．1998．畦畔と圃場に生かすグラウンドカバープランツ．農文協．

藤井義晴．1995．ヘアリーベッチの他感作用による雑草の制御―休耕地・耕作放置地や果樹園への利用―．農業技術．**50**（5），199―204.

藤井義晴．2000．アレロパシー―他感物質の作用と利用―．農文協．

藤井義晴．2003．ヘアリーベッチの他感作用と農業への利用および作用成分シアナミドの発見．農業および園芸．**78**（9），958―966.

藤井義晴．2004．草生栽培で雑草を抑えるアレロパシー効果―ヘアリーベッチによる草生栽培―．フルーツひろしま．**24**，10―14.

藤井義晴・岡崎伸・桂圭佑・本林隆・パリサ タヘリ・マルダニ ホサイン・海田るみ・杉山暁史・中安大・青木裕一・山崎真一・櫻井望・松田一彦．2021．新規な微生物，当該微生物を用いた微生物資材，当該微生物を利用した植物の栽培方法．日本国特許特願2021-199569．2021年12月8日出願．

Iqbal, Z., A. Furubayashi and Y. Fujii. 2004a. Allelopathic efect of leaf debris, leaf aqueous extract and rhizosphere soil of *Ophiopogon japonics* Ker-Gawler on the growth of plants. Weed Biol. Manage. 4 (1), 43―48.

Iqbal, Z., S. Hiradate, H. Araya, and Y. Fujii. 2004b. Plant growth inhibitory activity of *Ophiopogon japonicus* Ker-Gawler and role of phenolic acids and their analogues: a comparative study. Plant Growth Regul. **43** (3), 245―250.

Kamo, T., S. Hiradate and Y. Fujii. 2003. First isolation of natural cyanamide as a possible allelochemical from hairy vetch *Vicia villosa*. Journal of Chemical Ecology. **29** (2), 275―283.

ライス，E. L. 著．八巻敏雄・安田環・藤井義晴訳．1991．アレロパシー．pp.488．学会出版センター．

Sakurai, N., H. Mardani-Korrani, M. Nakayasu, K. Matsuda, K. Ochiai, M. Kobayashi, Y. Tahara, T. Onodera, Y. Aoki, T. Motobayashi, M. Komatsuzaki, M. Ihara, D. Shibata, Y. Fujii and A. Sugiyama. 2020. Metabolome Analysis Identified Okaramines in the Soybean Rhizosphere as a Legacy of *Hairy vetch. Frontiers in Genetics.* **11**, 114.

渋川潤一．1958．リンゴの草生栽培．農業および園芸．**33**，265―269.

Taheri, P, R. Kaida, K. M. G. Dastogeer, K. S. Appiah, M. Yasuda, K. Tanaka, H. Mardani-Korrani, M. Azizi and S. Okazaki. 2022. Isolation and Functional Characterization of Culture-Dependent Endophytes Associated with *Vicia villosa* Roth. Agronomy. 12 (10), 2417―2436.

東京農工大学プレスリリース．2020．ダイズ根圏に殺虫活性物質オカラミンを発見―土の中の遺産「根圏ケミカル」をメタボローム解析で明らかに―．https://www.tuat.ac.jp/outline/disclosure/pressrelease/2019/20200219_02.html

薬師寺清司．1958．ミカンの草生栽培．農業および園芸．**33**，261―264.

Yamazaki S., H. Mardani-Korrani, R. Kaida, K. Ochiai, M. Kobayashi, A. J. Nagano, Y. Fujii, A. Sugiyama and Y. Aoki. 2021. Field multi-omics analysis reveals a close association between bacterial communities and mineral properties in the soybean rhizosphere. *Scientific reports.* **11** (1), 8878.

草生栽培と土壌微生物相

果樹園内に見られる草には，樹の生育に悪影響を及ぼす草だけでなく，直接的あるいは間接的に樹の生育を助ける草も生育している。つまり，樹と相性の良い草を見つけだし，土壌の保全を考えることは，今後の低投入持続型果樹栽培体系を構築するうえで非常に重要なことである。

このような栽培体系の構築に大いに貢献するのがアーバスキュラー菌根（arbuscular mycorrhizal fungi, AM）菌である。なお，AM菌のすべては根内に樹枝状体（arbuscule）を形成するが，一部のAM菌（Gigaspora属および Scutellospora属）ではのう状体（vesicle）を形成しないことから，最近はVA菌根菌よりもアーバスキュラー菌根菌と呼ばれ始めている。この共生微生物を有効活用するためには，樹園地の草生化がきわめて有効であることを筆者らは明らかにしている。その草生化において，ナギナタガヤのような土着の草は非常に有望な草種である。

ここでは，草生園の草種として広く使用され始めているナギナタガヤなどを用いた樹園地の草生化とAM菌との関係，白紋羽病菌，フザリウム菌およびピシウム菌のような土壌病原菌に対する拮抗微生物との関係，ならびに難溶性あるいは，く溶性のリンを溶解する微生物との関係など，草生栽培と土壌微生物相との関係を調査した結果を示すともに，今後，ナギナタガヤを普及するうえでの注意点などについても述べる。

(1) 草生栽培の長所と短所

草生栽培は，果樹園の土壌管理法の一つとして古くから先人によって検討されてきた技術である。この技術の短所として，1) 樹と草との養水分の競合が起こる，2) 病害虫の潜伏場所を与えて防除が困難となる，3) 凍害を受けやすい地帯では草生によって被害がやや大きくなる傾向がある，などがあげられる。そのためか，除草剤による清耕法が土壌侵食や土壌の悪化を助長し，また不安で，危険な技術であるという大きな問題が投げられているにもかかわらず，最近でもこの清耕法が樹園地の主要な土壌管理法になっている。

しかし，草生栽培には，1) 雨滴の衝撃を軽減して，土壌侵食を防止し，養分の溶脱を防ぐ，2) 腐植源としての有機物が補給できる，3) 草の根による土壌の物理性の改善が期待できる，4) 地温の激変を防止する，5) センチュウなどの害を軽減する，6) 菌根菌のような有用微生物が増殖するので，化学肥料の削減あるいは低減が図れる（Ishii・Kadoya, 1996；Ishii et al., 1996），7) マメ科植物を利用すれば根粒細菌の働きで空気中の窒素を固定できるので，窒素肥料の削減あるいは低減が図れる，8) ナギナタガヤ草生では除草剤の削減あるいは低減が図れる（Ishii et al., 2000b），9) ナギナタガヤおよびバヒアグラスの茎葉や根には土壌病原菌の生長を阻害する揮発性物質が存在し，拮抗微生物も生息している（安田ら，2005；2006），10) ナギナタガヤおよびバヒアグラスの葉や根には難溶性あるいはく溶性のリンを溶解する微生物が生息している（石井ら，2006），などの長所がある。

(2) 共生微生物という自然の恵み

自然はときに生物に試練を与えるが，一方では，その試練に対していろいろな方策を提供してくれている。その自然の恵みの一つが「共生」という営みである。人間社会においてお互いが助け合いながら，さまざまの試練を乗り越えているように，植物も土壌に生息する微生物と共生関係を築き，自然環境の変化に耐えうる力を得ている。このような微生物として，現在のところ，窒素固定に働く根粒細菌（マメ科植物に感染し，根粒を形成）およびフランキア属の放線菌（ヤマモモ属，ハンノキ属などの非マメ科植物に感染）や，ほとんどすべての陸生植物と共生関係を結ぶAM菌のような菌根菌があげられる。

なぜ植物はこれらの菌が根に侵入するのを受け入れるのだろうか。それは植物の生育にとっ

果　樹

て必要な無機元素を効率よく獲得できる仕組み
がこれらの菌に与えられているからである。植
物の主要無機三要素の内，カリは長石などの岩
石の風化で土壌中に比較的多く存在するが，窒
素，とくに硝酸態窒素は土壌から流亡しやす
く，またリンは土壌中に大量に存在するアルミ
ニウムや鉄と結合して不溶化するため，植物は
これらの要素を容易に得られず飢餓状態に陥り
やすい。そこで，植物は，これらの菌に糖など
の光合成産物を分配する見返りとして，窒素固
定菌からは空気中から固定した窒素を獲得し，
菌根菌からは養水分，とくにリンを効果的に得
て樹体生長に役立てているだけでなく，病害抵
抗性や環境ストレス抵抗性を強めて，果実品質
を向上させる（Shrestha et al., 1996）という
共生関係を築いている。

　人は，この自然の恵みに長い間気づかず，化
学肥料の問題点が指摘されながらも相変わらず
それを大量に使用している。「現状の化学肥料
の施用量でなければ作物の生産性を維持できな
い」という呪縛から一日も早く解き放され，自
然の恵みを活用した安心・安全で環境にやさし
い果樹栽培体系を積極的に構築していくことが
望まれる。筆者らが二十数年間取り組んできた
菌根研究は，共生菌という自然の恵みを活用す
ることによって，化学肥料を削減あるいは著し
く低減しても樹勢を低下させることなく，高品
質の果実が生産できることを示唆している。

（3）　AM菌の増殖と活性化

　化石調査によれば，AM菌はすでに4億年前
のAglaophyton majorという植物と共生関係
を築いていたという報告がある（Remy et al.,
1994）。この時期は，植物が陸地に侵入し始め
たと考えられているデボン紀初期であり，AM
菌の助けをかりて，植物が劣悪な陸地にいかに
侵入してきたかを想像してみると，興味・関心
を非常に引かれる。この菌は，ほとんどすべて
の陸生植物と共生関係を結ぶといわれており，
この菌の活用によって，現状の化学肥料の大量
施用を改善し，限りある資源の有効利用を図り
ながら，かつ環境に優しい栽培体系を確立して

いくことも可能と考えられる。ちなみに，AM
菌が感染した植物では，1）養水分吸収が促進
される，2）樹体生長が旺盛になる，3）環境，
たとえば水ストレスに対する抵抗力が増す，4）
病害抵抗性が賦与される，5）果実の品質が良
好となる，などの好影響が出てくる。

　そこで，筆者らはAM菌を活用した果樹栽培
体系を構築する一方策として，この菌の増殖を
助ける草，たとえばバヒアグラス，ナギナタ
ガヤなどの利用を検討してきた。バヒアグラ
ス（Paspalum notatum Flügge.）は南米を原
生とする暖地型の多年草で，春先の生育は緩慢
であるが，夏場には旺盛な生育を示し，園内を
覆うようになる。冬季は地上部が枯れる特性が
ある。幼植物体のとき，他の雑草に負けやすい
ので，播種法よりも株分けなどで定植してい
くほうがよい。一方，ナギナタガヤ（Vulpia
myuros（L.）C. C. Gmel. あるいはFestuca
myuros L.）は，ヨーロッパから西アジア原産
のイネ科の1年生帰化植物であり，道路端や荒
れ地などで身近に見かけられる草である。愛媛
県では9～10月に発芽し，翌年3月から4月に
かけて生長が旺盛になる。6月ごろになると枯
れ始め，株元から自然に倒れ，地表面を覆う特
性を持っている。このことは，他の草の繁茂を
抑え，水分の保持，有機物の補給などに好影響
を及ぼすものと考えられた。また，筆者らはこ
の草がアレロパシー（他感作用）能を有して
おり，他の草の生長を抑制する力を持ってい
ることを明らかにしている（Tominaga et al.,
2003）。ここでは，カンキツ園におけるナギナ
タガヤ草生栽培の導入とその利用，とくにAM
菌との関係について述べたい。

　愛媛県温泉郡中島青果農協管内のナギナタ
ガヤ草生カンキツ園（第1図左上）4園を選
び，1997年7月2日から定期的に各園4か所の
地表下5～10cmからナギナタガヤ根，カンキ
ツ根ならびに根周辺の土壌を採取した。根は
FAAで固定後，根の先端から2cmまでのとこ
ろをPhillips・Hayman（1970）の方法で染色
し，光学顕微鏡下でAM菌の感染状態（Ishii・
Kadoya, 1994）を観察した。土壌中のAM

草生栽培

第1図 ナギナタガヤ草生園
左上：カンキツ園，左下：ブドウ園，右上：ウメ園，右下：クリ園
ナギナタガヤは夏場に枯れ，稲わらを敷き詰めたように，地表面を覆う特性をもっている

菌胞子数はIshii et al. (1996)の方法で調査するとともに，土壌中のpH, ECおよびリン酸含量も分析した。

その結果，いずれのナギナタガヤ草生園においても，ナギナタガヤ根，カンキツ根ともに，AM形成が観察された（第1表，第2図）。とくに，BおよびC園におけるナギナタガヤ根やカンキツ根の菌根感染率は非常に高かった。しかし，D園ではナギナタガヤ根の菌根形成が大であるにもかかわらず，カンキツ根におけるその形成はきわめて悪かった。この原因は，施肥量，とくに土壌中のリン酸含量がほかの園地と比べて高

第1表 ナギナタガヤ草生園におけるカンキツおよびナギナタガヤ根のAM形成

年/月/日	菌根感染率（％）[Y]						
	ナギナタガヤ根			カンキツ根		
調査園	1997/7/2	1998/3/10	1998/6/4	1997/7/2	1998/3/10	1998/6/4
A	—	86.8±3.2[Z]	15.8±6.0	11.7±2.4	24.5±3.2	81.8±8.1
B	64.5±2.0	89.2±3.5	89.5±4.9	15.9±3.2	81.9±6.4	96.8±2.1
C	—	93.4±1.2	77.5±3.1	—	77.6±4.5	80.7±6.8
D	57.9±4.1	85.1±4.6	67.4±6.6	12.3±1.1	4.6±3.2	3.8±1.6

注　Z：平均値±標準誤差
　　Y：菌根感染率（％）＝（感染した根の長さ／観察した根の長さ）×100

い（第2表）ことが関与していると思われ，ナギナタガヤ草生栽培においても施肥量の改善を今後検討する必要がある。ちなみに，リン酸イオンが50ppmを超えるとAM形成が著しく悪くなることを，筆者らはすでに報告している。また，A園におけるナギナタガヤ根の菌根感染率

果樹

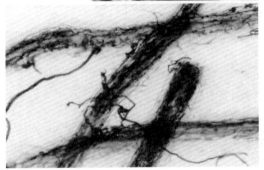

第2図　ナギナタガヤ草生園のAM菌
上：カンキツ（カラタチ）根，下：ナギナタガヤ根　トリパンブルーという染色液で菌根菌は青く染まる

が6月で急激に低下した原因は，グリホサートという除草剤の使用による影響と考えられた。一方，土壌中のAM菌胞子数は，いずれの園地でもナギナタガヤの生育が緩慢となる6月に高まる傾向がみられた（第3表）。なお，いずれの園地でも土壌pHが4前後なので，pHの改善が望まれる（第2表）。AM菌の菌糸生長はほぼ中性のところで最も大であるからである。

このように，ナギナタガヤ草生法はAM菌の増殖やカンキツ根のAM形成を向上させるうえで非常に有効であると考えられた。ほぼ同様な

第2表　ナギナタガヤ草生園における土壌pH，ECおよびリン酸含量

年/月/日	pH（水）		EC（mS/cm）		PO_4^{3-}（ppm）	
調査園	1998/3/10	1998/6/4	1998/3/10	1998/6/4	1998/3/10	1998/6/4
A	4.0±0.1[Z]	3.9±0.1	0.75±0.04	0.59±0.12	38.5±3.3	19.8±3.5
B	4.4±0.1	4.6±0.2	0.42±0.06	0.33±0.05	5.6±1.7	5.9±0.9
C	4.3±0.1	3.9±0.1	0.35±0.07	0.29±0.05	10.4±4.7	8.2±2.2
D	4.1±0.1	3.9±0.1	0.73±0.14	0.31±0.03	54.0±9.2	27.7±7.0

注　Z：平均値±標準誤差

第3表　ナギナタガヤ草生園における土壌中のAM菌胞子数

年/月/日	AM菌胞子数（個/25g土壌）		
調査園	1997/7/2	1998/3/10	1998/6/4
A	1,456±101[Z]	3,733±549	4,390±787
B	1,720±215	4,471±283	4,904±227
C	—	1,994±296	2,391±258
D	1,344±122	2,413±311	3,384±297

注　Z：平均値±標準誤差

結果が，ウメ，モモ，日本ナシ，ブドウなどにおいても得られた。しかし，いずれの果樹においても多肥栽培園では菌根形成が悪かったので，減肥が望まれる。

さらに，外生菌根（ECM）を形成するクリ園でナギナタガヤ草生が菌根形成に及ぼす影響を1年間調査したところ，AM形成はクリ根にECMが形成される前の4月や5月ごろ，草生区においてわずかに観察されたが，除草剤による裸地区ではほとんどみられなかった。その後，クリの花が落下し始める6月ごろから，ECM（第3図）の発達が急激に旺盛になった（第4図）。とくに，この傾向は草生区において顕著であり，感染率は約80％であった。この高感染率は9月下旬まで維持され，その後徐々に減少し，冬季には菌根がほとんどみられなくなった。これらの結果は，6月ごろのクリ根における急激なECM感染率の高まりが，草生の導入およびちょうどその時期に起こる落花と密接な関係があることを示唆している。

このように，樹園地でのナギナタガヤによる草生栽培の導入は，AM菌の活性を高め，この菌の菌糸によって，あたかもインターネットの光ファイバーケーブルのように，果樹と草，さらにはその周辺の植物の根にも菌糸ネットワークを広げることに役立っており，その巨大な根圏の菌糸ネットワークで養水分の吸収や移動が行なわれていることを物語っている。

つまり，このような巨大な菌糸ネットワークが

草生栽培

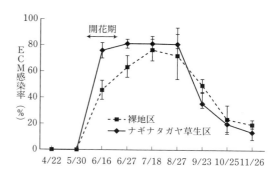

第4図 ナギナタガヤ草生および裸地のクリ園におけるECM形成の季節的変化
図中の垂線は標準誤差

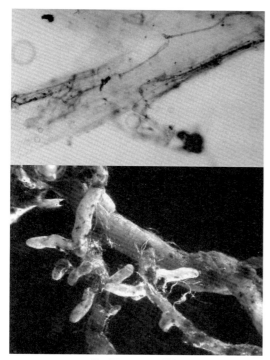

第3図 クリの菌根
上：AM，×60，下：ECM，×20

形成されるのであれば，従来からいわれているような草と果樹との間の養水分の競合はきわめて小さくなるものと考えられ，減肥も可能となる。ちなみに，筆者らは勝山イヨカン園においてリン施肥量を徐々に減らし，AM形成を高めたところ，樹体生長には悪影響がみられず，むしろ果汁の糖酸比が高まったり，果色が赤みを増すなど，果実品質が良好となる傾向がみられた（Ishii et al., 1999）。

（4）土壌病原菌の生長を阻害する拮抗微生物

興味深いこととして，筆者らはナギナタガヤやバヒアグラスが果樹の重大土壌病原菌である白紋羽病菌の生長を阻害することを発見した（安田ら，2005）。すなわち，供試植物（ナギナタガヤ，バヒアグラスおよびハーブ類）の茎葉や根を用い，白紋羽病菌の生長に及ぼす影響を調査したところ，この菌の生長を最も阻害した植物はナギナタガヤおよびバヒアグラスであり，茎葉，根ともに阻害効果が大であった（第5，6図）。この原因として，1）培養中に葉面および根面微生物の働きによって発生したガス，2）微生物自身による阻害効果，3）植物自身，つまり茎葉部から発生するガス，または根内物質あるいは根滲出物が阻害効果に関与していることが考えられた。

現在，1）および3）の阻害物質を探索中であるが，2）の拮抗微生物についてはナギナタガヤおよびバヒアグラスの茎葉および根から分離した123種類の微生物の中から，4

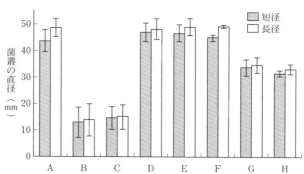

第5図 草本植物の茎葉から発生する揮発性成分が白紋羽病菌の生長に及ぼす影響
図中の垂線は標準誤差
A：対照区　B：ナギナタガヤ区　C：バヒアグラス区　D：カキドウシ区　E：バジル区　F：オレガノ　G：ペパーミント区　H：ローズマリー区

果樹

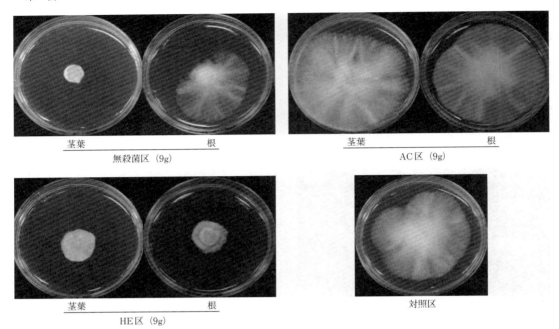

第6図 ナギナタガヤからの揮発性成分が白紋羽病菌の生長に及ぼす影響（培養4日後）
AC：オートクレーブ処理，HE：次亜塩素酸ナトリウム＋エタノール処理

第4表 ナギナタガヤおよびバヒアグラスに生息し，白紋羽病菌の生長を阻害する微生物の性状

拮抗微生物（菌番号）	性　状
Bacillus subtilis (KYI001～007)	納豆菌の一種。筆者らはFusarium oxysporumの生長も阻害することを明らかにした
Pseudomonas stutzeri (KYI031～034)	脱窒菌の一種であり，リン溶解能を有している。また，筆者らはPythium ultimumの生長も阻害することを明らかにした
Burkholderia cepacia (KYI061)	この菌はリン溶解能を有している。また，筆者らはこの菌をGigaspora margaritaというAM菌胞子内から分離した
Paenibacillus polymyxa (KYI091)	筆者らはFusarium oxysporumおよびPythium ultimumの生長も阻害することを明らかにした。また，この菌はGigaspora margaritaというAM菌胞子内にも存在していた

属の拮抗微生物，Bacillus subtilis KYI001～007，Pseudomonas stutzeri KYI031～034，Burkholderia cepacia KYI061およびPaenibacillus polymyxa KYI091を見出した（第4表，第7図）（安田ら，2006）。これらの微生物はいずれも細菌である。また，これらの菌は白紋羽病菌以外の主要な土壌病原菌，たとえばFusarium oxysporumおよびPythium ultimumに対しても生長阻害効果が大であった。すなわち，Bacillus subtilisおよびPaenibacillus polymyxaはFusarium oxysporumに，Pseudomonas stutzeriおよびPaenibacillus polymyxaはPythium ultimumに対して強力な生長阻害効果を示した（第4表，第8図）。なお，Pythium菌による被害はわが国では深刻な状況にないが，海外のカンキツなどの苗木圃場では本菌による苗立枯病が問題になっている。

(5) リン溶解菌の発見

わが国の土壌には，多肥栽培のため，リンが多量に含まれているが，その多くは鉄やアルミニウムと結合した難溶性のリン，あるいはカルシウムと結合した，く溶性のリンの形態で存在

草生栽培

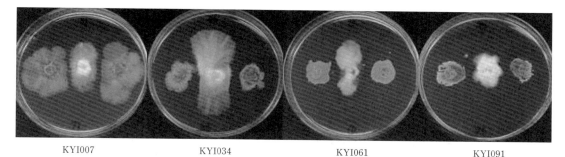

| KYI007 | KYI034 | KYI061 | KYI091 |

第7図　ナギナタガヤおよびバヒアグラスから分離した白紋羽病菌に対する拮抗微生物
中央に白紋羽病菌を，その左右に拮抗微生物を置床した（培養4日後）

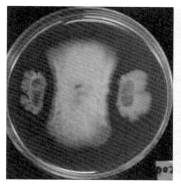 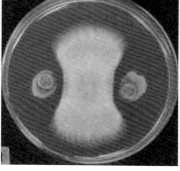 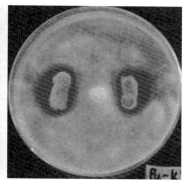

　　F. oxysporum − Ba. subtilis　　　　F. oxysporum − Pa. polymyxa　　　　Py. ultimum − Ps. stutzeri

第8図　白紋羽病菌拮抗微生物が*Fusarium oxysporum*および*Pythium ultimum*の生長に及ぼす影響

しているので，植物はそれらのリンを容易に利用できない。そのため，これらのリンをいかに有効に利用できるかは，リンの施肥量を減らすうえできわめて重要な課題である。

　そこで，筆者らは，前述で分離した微生物のなかから，難溶性のリンを溶解する能力を有しているリン溶解菌を見出した。とくに，*Pseudomonas stutzeri*および*Burkholderia cepacia*は強いリン溶解能を持っていた（第4表，第9図）。また興味深いこととして，*Burkholderia*属および*Paenibacillus polymyxa*は，*Gigaspora margarita*というAM菌胞子内にも生息していることを明らかにした（石井ら，2006）。このことは，これらの微生物がAM菌と共同して，土壌病原菌に対する拮抗作用や，リン溶解作用に働いていることを示唆している。

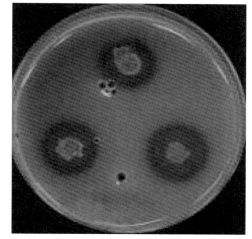

Ps. stutzeri

第9図　白紋羽病菌拮抗微生物のリン溶解能

929

果　樹

(6) 草生栽培の導入のメリットと課題

　ナギナタガヤやバヒアグラスによる草生は
AM菌の増殖を助けるとともに，白紋羽病菌，
Fusarium oxysporum，*Pythium ultimum* の
ような土壌病原菌に対する拮抗微生物の生息環
境をも提供していることが明らかとなった。ま
た，これらの拮抗微生物は土壌中の難溶性のリ
ンを溶解する能力を有しているリン溶解菌でも
あった。興味深いことに，これらの拮抗微生物
のいくらかはAM菌胞子内にも存在していた。

　このように，果樹と相性の良い草を用いた草
生栽培は土壌微生物相を改善し，果樹の養水分
吸収を促進するだけでなく，土壌病原菌の生
長を阻害することが考えられた。また，AM菌
胞子の有無やAM感染率の良否は草生栽培技術
の有効性や土壌微生物相の健全性のバロメータ
ーとして大いに有効であることも明らかとなっ
た。現在，AM菌の胞子数や感染率を簡便に測
定できる手法を開発しているところである。

　なお，ナギナタガヤ草生園などでは土壌微生
物相の改善だけなく，ミミズのような小動物の
繁殖および活動も活発化することや，バヒアグ
ラス根の抽出物や滲出物中には殺サツマイモネ
コブセンチュウ物質が存在することを突き止め
ている（松村ら，2004）。

　最近，筆者らが普及を図ったナギナタガヤを
利用した草生栽培が広がりをみせている。ナギ
ナタガヤ草生法の長所と短所は以下に示すとお
りである。

　［長所］

　1）除草作業の不要あるいは軽減が期待され，
除草剤投入量を著しく低減できるので，農作業
の省力化や除草剤の削減を図ることが可能であ
る。

　2）ナギナタガヤ草生の導入は，土壌に生息
する共生微生物，つまりAM菌やリン溶解菌の
増殖を助けるので，化学肥料の使用量を低減し
ても，樹勢が低下せず，果実品質が向上する。
また紋羽病菌などの土壌病害菌の生長を阻害す
る拮抗微生物の増殖にも貢献する。それゆえ，
導入後十数年経過しているが，果樹の生育や果

実品質などに悪影響が出たという報告はない。

　3）クローバーなどのマメ科牧草を，ナギナ
タガヤと混まきして，樹園地にわずかに散在す
る程度に生育させると，根粒細菌の働きによっ
て窒素固定が行なわれ，窒素肥料の削減が図れ
る。このことは，石油などの化石燃料を大量に
使用して窒素固定を行ない，窒素肥料を生産し
ている実状を改善することができる。ただし，
マメ科植物の一つであるヘアリーベッチは旺盛
に生育し，土壌中の窒素含量を過剰にさせるた
め，果実品質を劣化させるなどの問題が発生し
やすく，かつ樹に巻きつくという欠点があるの
で，草生栽培の草種としては適さない。

　4）傾斜地園では，ナギナタガヤだけでなく，
バヒアグラス，リュウノヒゲなどの草をところ
どころ列状に植えて，土壌流亡を防止する方法
も有効である。

　［短所］

　1）ナギナタガヤとして，一部の業者から販
売されているオオナギナタガヤは北米種であ
り，わが国ではまれにしかみられないので，わ
が国の生態系に悪影響を及ぼす可能性がある。
それゆえ，ナギナタガヤの普及にあたっては，
古くからわが国に自生していたナギナタガヤの
種子生産体制を早急につくり上げることが望ま
れる。

　2）草生を導入した傾斜地園では滑りやすい。
しかし，この問題に対してはスパイク靴などの
使用によって容易に解消できる。

　3）ナギナタガヤ草生は土壌流亡を防止する
効果があるが，この草の根系は浅いので，深根
性のバヒアグラスのような草と比べると土壌流
亡防止効果は劣る傾向にある。そのため，暖地
では，根が深くまで伸び，かつAM菌の増殖に
も有効なバヒアグラスや，リュウノヒゲのよう
な草を園地内のところどころ列状に植え付けて
みることも今後検討する必要がある。なお，リ
ュウノヒゲ根にもAM形成が観察された。

　以上の研究成果はわが国に自生するナギナタ
ガヤを主に用いて得られたものである。現在，
市販されているオオナギナタガヤでも，ナギナ
タガヤとほぼ同様の効果が得られているが，生

理・生態特性がかなり異なっており，十分な検討が必要である。たとえば，オオナギナタガヤは，ナギナタガヤと比べて，出穂時期が早い傾向にあり，背丈が十分な高さ（およそ60cm）にならないうちに倒伏が始まる傾向があるので，被覆効果が低下することや，寒冷地では適さないことが考えられる。ちなみに，ナギナタガヤはわが国に広く自生しているので，北海道南部の果樹園などにも利用が可能であろう。また，オオナギナタガヤの種子は脱粒しやすい傾向にあるので，作業時の不快感も発生するかもしれない。このように，今後，ナギナタガヤの研究成果を公表するときは，ナギナタガヤとオオナギナタガヤの区別を明確にすることが望まれる。なお，わが国におけるイネ科ナギナタガヤ属の形態的・生態的特徴を示す（参考：長田武正．1989．日本イネ科植物図譜．平凡社．）。

1） 花序は柄が短く，最上部の葉鞘よりほとんど抜け出さない。

ナギナタガヤ Vulpia myuros（L.）C. C. Gmel.：ヨーロッパ〜西アジアの原産といわれ，各地に広く帰化する1年草で，高さ10〜70cmになる。花期は5〜7月で，6月中旬から倒伏する。オオナギナタガヤとの形態的違いを第10図に示す。

オオナギナタガヤ Vulpia myuros（L.）C. C. Gmel. var. megalura（Nutt.）Rydb.：北米の原産といわれ，日本では本州西部，四国，九州にまれにみられる1年草で，高さ30〜60cmになる。最近，種苗会社で，「ナギナタガヤ」として売られているものはオオナギナタガヤである。花期は5〜6月で，ナギナタガヤと比べて，早く倒伏する。

2） 花序は長柄を持ち，最上部の葉鞘より高く抜け出す。

ムラサキナギナタガヤ Vulpia octoflora（Walt.）Rydb.：北米の原産で，日本にもまれにみられる1・2年草で，高さ30〜60cmになる。芒は護穎より短く，一般に紫色を帯びる。販売されているオオナギナタガヤ種子の中にわずかに混在している。花期は5〜6月で，オオナギナタガヤとほぼ同時期に倒伏する。

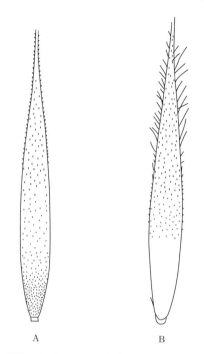

第10図　ナギナタガヤ（A）とオオナギナタガヤ（B）の護穎（×10）

イヌナギナタガヤ Vulpia bromoides（L.）S. F. Gray：ヨーロッパ，小アジア，アフリカの原産で，日本にもまれにみられる1・2年草で，高さ10〜50cmになる。芒は護穎と同長またはより長く淡緑色である。花期は5〜7月で，ナギナタガヤとほぼ同時期に倒伏する。

(7) ナギナタガヤ草生法のポイント

ナギナタガヤ草生を始めるにあたっては，播種前には除草剤などで樹園地を裸地状態にしておくことが望まれる。

播種時期は9〜10月ごろで，播種量は10a当たりナギナタガヤ種子1〜3kgとする。約1か月後には発芽し，幼植物体が観察されるが，この状態で越冬する。

翌年3月ごろから旺盛に生育し始めのとき，10a当たり窒素5kg（尿素で約10kg，硫安で約20kg）程度を必ず施す必要がある。ナギナタガヤの生育は窒素施肥によって著しく良好となり，倒伏による土壌の被覆効果が高まるからで

果 樹

ある。ただし、この草生法が定着してくると、窒素の施用量を徐々に減らしていくことを考慮する。

5〜7月にかけて出穂・開花・結実し、6月中旬ごろから倒伏する。なお、オオナギナタガヤではナギナタガヤと比べて、倒伏が2〜3週間早まる。

倒伏後、種子を採取し、次年度の播種に用いる。なお、採種後、陰干しを行ない、冷暗所に保存する。夏季の間、樹園地を敷きわら状に被覆し、雑草を抑制する。7月下旬ごろから、いくらかのこぼれ種子が発芽し、幼植物体が観察される。9〜10月ごろ、再び播種する。このときは自家採種したものを用いる。

また、省力化のためにはスプリンクラーによる施肥を考えてみる必要がある。清耕裸地で、現在の施肥基準量をスプリンクラー施用で与えるとなると、その回数を多くしなければならないという問題がある。しかし、草生栽培導入園では養分の溶脱も少なく、かつAM菌による効用があるため、スプリンクラー施肥方法でも十分対応できる。現在、筆者らはAM菌の生育に悪影響を与えない濃度で、かつカンキツジュースかす（Ishii et al., 2000a）や海藻（桑田ら、1999；Kuwada et al., 2006）のような安心・安全な食品残さから抽出した菌根菌生長促進物質を含む液肥を開発し、実用化を進めている。この液肥の使用は草生園でのAM形成を早期に高めたいときにきわめて有効となるに違いない。

以上、草生栽培技術を導入することで、菌根菌、土壌病原菌に対する拮抗微生物、リン溶解菌のような有益な土壌微生物相を改善し、それらの菌の働きを活用することによって、化学肥料や農薬、とくに除草剤の削減を図り、環境にやさしく、安心で安全な果実の生産体系をつくり上げることが実施可能な段階にきているといえる。そのためにも、今こそ、ナギナタガヤのような果樹と相性の良い草の生育特性を学び、化学肥料や農薬の使用量を減らす工夫をそれぞれの地域で考えていくことが望まれる。

(8) 膨大な CO_2 固定量が期待

①菌根植物の光合成活性

菌根菌が植物の根に共生すると、その植物の養水分吸収が促されて光合成活性が高まり、生長が旺盛になることがあきらかになっている（Shrestha et al., 1995；Wu and Xia., 2006）。とくに、夏場の高温期、乾期などにおけるストレス下では非菌根植物の光合成活性が低下するが、菌根植物ではその低下がきわめて小さくなる。また、安定同位元素である ^{13}C を用いた調査では高温ストレス下における菌根植物の ^{13}C 同化量は、非菌根植物の場合と比べておよそ3倍増加した（Shrestha et al., 1995）。

こうしたことから、菌根菌の働きを生かした有機栽培、および化学合成農薬は不使用で化学肥料を慣行栽培における施肥量の1/3〜1/5に削減させた農薬不使用栽培では、化学合成農薬や化学肥料の生産に使われている化石エネルギーを大幅に削減できるとともに、化学合成農薬や大量の化学肥料の使用によって菌根菌という大切な存在を失った慣行栽培と比べて、大気中の CO_2 の削減に大きく貢献している。

②ナギナタガヤ、バヒアグラスの CO_2 固定量

一方、樹園地をナギナタガヤやバヒアグラス（第11図）で草生化すると、さらに大気中の CO_2 が著しく低下する。

たとえば、Ishii et al.（2011）は、CO_2 センサーを用いてナギナタガヤおよびバヒアグラスの CO_2 固定量を計測し、報告している。それによるとナギナタガヤは3か月間の生育期間で $25.114tCO_2/ha$、バヒアグラスでは4か月の生育期間で $63.228tCO_2/ha$ になる（これを炭素量に換算すると、ナギナタガヤで $6.854tC/ha・3$ か月、バヒアグラスでは $17.256tC/ha・4$ か月になる）。ちなみに、スギ人工林（36〜40年生）1haの1年間の CO_2 固定量は、約8.8tと推定されている（炭素量換算で約2.4t、林野庁HP）。これからわかるように、樹園地へのナギナタガヤおよびバヒアグラスによる草生栽培の導入は、大気中の CO_2 の減少に大きく貢献する。

第11図　バヒアグラス（*Paspalum notatum* Flügge.）
花茎がV字型に伸びるのが特徴

第12図　バヒアグラス草生カンキツ園

また、バヒアグラスは多年生のイネ科植物で、C4植物である。C3植物の1年生イネ科植物であるナギナタガヤと異なり、光合成能がきわめて大であり、夏場におけるCO_2固定量は著しく多い。そこで、樹園地でナギナタガヤおよびバヒアグラスによる草生栽培を導入するときは、平面ではナギナタガヤ草生を、法面ではバヒアグラス草生を検討していただきたい。ただ、第12図に示すように、急傾斜地園ではバヒアグラスを園全面に植栽することが望ましい。バヒアグラスの根は地中深く入り、土砂崩れや土壌流亡を顕著に防止するからである。なお、バヒアグラスは初期生育が緩慢であるので、あらかじめトレイなどに播種して育て、草丈が10cm以上になったときに園地に移植する方法が好ましい。

③果樹プラス草生、さらに菌根菌農法を

このように、樹園地においてナギナタガヤおよびバヒアグラスによる草生栽培を導入すると、果樹によるCO_2固定だけでなく（筆者が5年生のマカダミア菌根樹において計測した調査では39.3tCO_2/ha・年であった）、ナギナタガヤ草生樹園地ではそのCO_2固定量59.1tCO_2/ha・年以上を加えて、98.4t以上のCO_2/ha・年となる。この草生園の法面にバヒアグラスを植栽すると、さらにCO_2固定量は増加する。

また、樹園地にナギナタガヤやバヒアグラスを用いた草生栽培の導入によって、膨大なCO_2固定量が期待されるので、今後、カーボンクレジット取引が行なわれることを踏まえて、果樹だけの植栽を考えないことが望まれる。さらには、菌根菌と菌根菌胞子内やその周辺に生息するパートナー細菌を活用した、安心・安全で持続可能な有機あるいは化学合成農薬不使用栽培法、つまり「菌根菌農法」は、大量の化石エネルギーを使って生産されている化学合成農薬の不使用や化学肥料の削減を図ることができるので、大気中のCO_2削減に多大な貢献をする。

現在、わが国では「みどりの食料システム戦略」（目標：1）化学農薬の使用量（リスク換算）を50％低減、2）化学肥料の使用量を30％低減および、3）有機農業の取組み面積を25％まで拡大）の実現を図るとともに、2015年に採択された「パリ協定」にもとづいて、世界各国は温室効果ガスの削減に取り組んでおり、今後10年で、25〜45％の削減が必要とされている。これを果樹園で実現できる非常に有効な栽培技術は、前述した「菌根菌農法」を活用した、樹園地のナギナタガヤ草生やバヒアグラス草生栽培技術しかないといっても過言ではない。早急に、かつ挑戦的に本栽培技術の普及に取り組んでいく必要がある。

果　樹

(9) AM菌の純粋培養に成功

　最近，筆者らは宿主根を用いなければ，菌糸の増殖や胞子形成が不可能といわれていたAM菌の純粋培養を世界に先駆けて成功した（石井ら，1995；石井・堀井，2007；石井，2012）。この画期的な培養技術は，宿主根を用いなくても胞子を短期間で安定的に生産できるという新技術であるだけでなく，植物と菌根菌との共生メカニズムの解明に多大に貢献できるだろう。この「共生」という自然の巧妙なメカニズムを謙虚に学ぶことこそ，環境にやさしく，安心・安全で，持続可能な果樹栽培体系を構築するうえで肝要であると思えてならない。

　　執筆　石井孝昭（一般財団法人日本菌根菌財団）
　　　　　　　　　　　　　　　2007年・2024年記

参 考 文 献

石井孝昭・松本勲・Y. H. Shrestha・村田博和・門屋一臣. 1995. 園学雑. **64**（別1），190—191.

Ishii, T. and K. Kadoya. 1994. J. Japan. Soc. Hort. Sci. **63**, 529—535.

Ishii, T. and K. Kadoya. 1996. Proc. Int. Soc. Citriculture. p.777—780.

Ishii, T., Y. H. Shrestha and K. Kadoya. 1996. Proc. Int. Soc. Citriculture. p.822—824.

Ishii, T., S. Kirino, M. Zeng, S. Kurihara, J. Aikawa, I. Matsumoto and K. Kadoya. 1999. J. Japan. Soc. Hort. Sci. **68** (Suppl. 1), 174.

Ishii, T., J. Aikawa, N. Nakamura, K, Sano, I. Matsumoto and K. Kadoya. 2000a. J. Japan. Soc. Hort. Sci. **69**, 9—14.

Ishii, T., S. Kirino and K. Kadoya. 2000b. Proc. Int. Soc. Citriculture. p.1026—1029.

石井孝昭・安田篤志・落合彩織・堀井幸江・クルスアンドレ フレイリ. 2006. 園学雑. **75**（別2），110.

石井孝昭・堀井幸江. 2007. 特許第4979551号. 日本国特許庁.

Ishii, T., M. Aota and A. F. Cruz. 2011. Acta Hort. **922**, 361—367.

石井孝昭. 2012. 特許第6030908号. 日本国特許庁.

桑田光作・石井孝昭・松下至・松本勲・門屋一臣. 1999. 園学雑. **68**, 321—326.

Kuwada, K., M. Kuramoto, M. Utamura, I. Matsushita and T. Ishii. 2006. J. Appl. Phycol. **18**, 795—800.

松村篤・谷村仁・堀井幸江・森田裕貴・中野幹夫・石井孝昭. 2004. 園学雑. **73**（別2），324.

Phillips, J. M. and D. S. Hayman. 1970. Trans. Br. Mycol. Soc. **55**, 158—161.

Remy, W., T. N. Taylor, H. Hass and H. Kerp. 1994. Proc. Natl. Acad. Sci. USA. **91**, 11841—11843.

Shrestha, Y. H., T. Ishii and K. Kadoya. 1995. J. Japan. Soc. Hort. Sci. **64**, 517—525.

Shrestha, Y. H., T. Ishii, I. Matsumoto and K. Kadoya. 1996. J. Japan. Soc. Hort. Sci. **64**, 801—807.

Tominaga T., H. Akio, H. Motosugi and T. Ishii. 2003. Proc. 19th Asian-Pacific Weed Sci. Soc. Conf. p.745—750.

Wu, Q. and R. Xia. 2006. J. Plant Physiol. **163**, 417—425.

安田篤志・小林紀彦・石井孝昭. 2005. 園学雑. **74**（別2），368.

安田篤志・落合彩織・小林紀彦・石井孝昭. 2006. 園学雑. **75**（別1），104.

草生栽培

ナギナタガヤの利用

執筆　道法正徳（広島県実際家）

(1) ナギナタガヤの生育

ナギナタガヤはヨーロッパから西アジアの原産といわれ，日本にはすでに明治初年に入り，本州，四国，九州に広く帰化して，もっともふつうの雑草となっている。

花期は5～7月である。

ヨーロッパでは春の牧草として栽培されることもある。葉は糸状に巻いて細く，花期以外の花序は一見カモジグサを思い出させる形だが，カモジグサ類でないことは，下方で短い枝をわけ，枝上にも小穂をつけることでわかる。

平年では9月上旬が発芽期である。雨が多く，土壌水分の多い年には8月下旬に発芽するが，干ばつ年には9月中旬に発芽する。平成10年の干ばつ年では，9月20日に発芽した。

発芽適温は，単年度の発芽試験なので断定できないが，10℃で少し発芽し，12℃で一斉に発芽したため，最低12℃以上は必要と思われる。

発芽すると，3～5cmくらいに伸びて冬を越す。

3月になると少しずつ伸び始め，4月になると一気に伸びる。

4月になると少しずつ倒れるが，5月になると一斉に倒れる。6月になると茶色になって枯れ始め，7月には完全に枯れて茶色になり，土壌を被覆する。ちょうど敷わらを敷いたようになる。

そのときに穂から種が落ちて，秋になると，また発芽してくる。これをずっと繰り返して自分自身で種の保存を行なっている。

カンキツ栽培に利用すると次のような効果がある。

4月下旬の状況

5月中旬の状況

6月中旬の状況

第1図　ナギナタガヤの生育

果樹

(2) 除草作業の省力化

カンキツに限らず，農業は雑草との闘いである。雑草対策に多くの労力と手間をかけている。ナギナタガヤを草生栽培に利用すれば，伸びた草は自然に倒れて枯れるので，春草の除草作業が省ける。

また，ナギナタガヤが倒れて土壌を被覆するので夏草が生えにくく，生えても草量は少なくなる。

(3) 手間いらずの土つくり

ナギナタガヤはイネ科植物なので，草の繊維がそのまま翌年まで残る。繊維のあるうちにまた生えてくるので，5～6年もすれば薄い堆肥の層ができ，20年もたてばすばらしい堆肥の層ができる(第2図)。

これだけの完熟堆肥を投入しようと思えば，10a当たり40万円かかる。1.5ha栽培すると堆肥だけで600万円になり，カンキツの売上げほどの金額になる。

その点，ナギナタガヤの草生栽培なら自然と土つくりができ，カンキツの生育もよくなる。

(4) 生育促進効果

①VA菌根菌の着生

愛媛大学の石井教授を中心とした調査により，ナギナタガヤにはVA菌根菌が多くつくことがわかった。

愛媛大学農学部の門屋先生グループの説によ

第2図 ナギナタガヤが堆積してできた堆肥の層
　　　その下の土壌は適度の湿りがあり，発根がよくなる

ると「VA菌根菌がカラタチの根に感染すると，菌がカラタチと共生し，樹の生育促進，水分ストレスや病害に対する抵抗性の増大，果実品質の向上につながる」とされ，ナギナタガヤによる生育促進効果が証明されている。

このVA菌根菌は，春草ではスイバ，カモジグサ，ハコベ，クサフジ，ウマゴヤシ，ホトケノザなどの根に感染率が高く，逆に，スズメノカタビラ，ヨモギ，ヤブカラシ，ヒルガオなどは感染率が低い。

②根域孔隙の生成

さらに，元岩手大学の徳永教授によると，雑草は枯れるとなくなるが，根があった穴はつぶれずにそのまま残る。耕すとその穴はつぶれるが，なにもしないとずっと残り，調査では20万年前の穴が確認されている。徳永教授はこれを根域孔隙と名づけている。

その穴は，次に育つ植物のために酸素を送りこむパイプの役目となり，お互いで自然を守るような仕組みができている。

(5) 土壌の乾燥防止と地温の上昇防止

一番早く現われる効果が，夏場の乾燥防止である。7月にもなれば一面敷わらを敷いたようになるので，乾燥防止には最適である。

さらに，地温の上昇を防止する効果もある。夏場の高温は地温を高め，カラタチの根の生育を阻害する。カラタチの根の生育適温は26℃前後で，30℃を超えると生育はストップする。

夏場のカンキツ園では，裸地状態だと40℃くらいに地温が上がって細根が弱り光合成を阻害する。乾燥と地温の上昇が重なれば，細根が枯れることはよくある。

(6) 糖度の上昇

①土壌の乾燥と糖度推移の目標

カンキツで糖度を上げ酸を下げるためには，土壌水分のコントロールが必要となる。広島県の早生ミカンでは例年5月の20日頃に満開となるが，この場合を例にすると，7月下旬～8月の上旬が液胞発達期にあたり，果汁が溜まって果実の横径が30～35mmになるころである。

収穫時点で糖度12度を求めるなら，このときの糖度は8度になっていなければならない。そのためには，7月下旬〜8月上旬が第1回目の乾燥期間となる。ここで糖度を上げておきたい。

しっかり乾燥させて糖度を10度にもっていくと，秋の糖度は14度まで上がりやすいが，そうすると果実肥大が劣る。収量の増大を考え7度にもっていくと，秋の糖度が低くなる。やはり露地栽培なら9度くらいがちょうどよい。

この時期を過ぎたら，果実も肥大させなければならないので適度に水分を与える。

次のポイントは，秋季の乾燥である。

9月以降は，雨が降らないと糖度は10日で1度上がる。10mmの雨が降れば10日で0.5度，20mmの雨では横ばい，30mm以上の雨が降れば下がってしまう。この時期は秋雨があり，どうしても糖度が上がったり下がったりする。

②片面タイベックマルチ栽培との組合わせ

ハウスミカンでは，糖度を上げるために水切りを行なう。しかし，過度の水切りは樹勢を弱らせるので，最近では10日に10mmの灌水を行なう「節水型栽培」で樹勢を保っている。

露地栽培でこの方法を応用したのが，片面タイベックマルチ栽培である。タイベックを6月下旬から7月上旬に敷いて，液胞発達期の8月上旬には9度にもっていく。8月下旬に少し乾けばすぐに10度になる。そうすれば，9〜10月の60日間で2度のプラスとなる。こうして楽に12度のミカンができあがる。

③水分変化が少ないナギナタガヤ草生

こうして考えると，無理やり乾燥させて糖度を上げるよりこのほうが自然である。むりに乾燥させると酸が高くなり，いくら糖度が13度でもすっぱいミカンとなる。また，樹勢が弱り隔年結果するようになる。

ナギナタガヤを20〜30年育てると，2〜3cmの堆肥の層ができ，堆肥がスポンジの役目をして自然に水分をコントロールしてくれる。たとえば，50mmの雨が降った後，堆肥の下の土を手で握って開いてみると，かたまりが少し崩れ

第1表　春草の有無と地温（深さ10cm）（単位：℃）（渡辺）

		4月		5月					
	半旬	5	6	1	2	3	4	5	6
最高地温	ナギナタガヤ	12.2	14.3	14.6	16.3	18.6	17.8	18.0	22.7
	裸　地	14.3	16.4	17.3	18.4	20.6	19.2	19.8	21.6
最低地温	ナギナタガヤ	10.9	13.0	14.6	14.9	16.9	15.8	15.8	17.5
	裸　地	9.9	13.8	15.8	15.3	17.9	16.5	16.6	19.6

第2表　春草の有無と樹冠内温度（単位：℃）

（昭和57年，渡辺）

	地上		4月		5月					
		半旬	5	6	1	2	3	4	5	6
最高温度（℃）	25(cm)	草生	22.1	24.4	22.9	25.9	28.8	27.7	29.0	27.7
		裸地	25.7	27.4	24.5	29.1	30.0	31.1	34.8	32.8
	50(cm)	草生	23.3	25.7	23.3	27.0	27.7	27.7	28.4	28.8
		裸地	25.1	26.2	24.4	27.2	27.7	30.5	34.4	31.5
	100(cm)	草生	23.4	25.4	23.8	27.7	27.3	28.8	33.4	31.7
		裸地	23.2	25.8	23.7	26.4	29.4	28.7	31.6	30.1
最低温度（℃）	25(cm)	草生	6.6	11.6	12.5	10.0	12.8	10.6	9.4	15.2
		裸地	7.1	12.5	12.8	13.3	13.4	10.8	9.8	15.5
	50(cm)	草生	6.9	12.3	13.0	10.3	13.4	10.9	10.1	15.6
		裸地	7.0	12.6	13.3	11.3	14.1	11.4	9.8	15.6
	100(cm)	草生	7.1	12.9	12.9	11.1	13.5	11.3	9.5	15.5
		裸地	7.0	12.4	12.6	11.2	13.9	11.2	9.4	15.5

第3表　土壌管理とミカンの発育

（渡辺）

調査項目 区名	萌芽期 （月.日）	開花始期 （月.日）	開花盛期 （月.日）	2分着色期 （月.日）	8分着色期 （月.日）	果実中（％）		
						糖	クエン酸	甘味比
ナギナタガヤ草　生　区	4.11	5.13	5.17	10.12	10.27	11.7	1.05	11.1
裸　地　区	4.11	5.12	5.17	10.11	10.26	11.6	1.03	11.3

注　「広島の果樹」より抜粋

果　樹

る程度でベタベタしていない。昔，接ぎ木用の
穂木を貯蔵したときのマサ土と同じ湿り具合だ。
雨水は，堆肥の層により遮断された格好になる。

乾燥が続いたときは，今度は逆に，堆肥によ
り蒸散を防いでくれる。水分変化が少なく，カ
ラタチの根の生育に適する状態が自然にできて
いることになる。だから，ナギナタガヤのある
園では12度，13度のミカンは簡単にできてしま
う。

(7) 採種法，増殖法

①広がるナギナタガヤ利用

最近，デコポンの酸高防止にナギナタガヤを
植えようとの機運が高まっている。やはり，デ
コポンは夏場の乾燥が酸高に一番影響するとの
ことで，的を射ている方法だと思う。

そのほかには，レモンで「除草剤を使ってな
い」とアピールするために導入されている。

落葉果樹のリンゴ，ナシ，カキなどはもとも
と草生栽培なので，ナギナタガヤの利用がどん
どん広がっている。今では，ブドウ，モモ，イ
チジクにも広がり全国1,000人の人が取り組んで
いる。ブラジルや韓国など海外にも広まってい
る。

このナギナタガヤを効率的に増やしていくた
めには，種子を取り，播種し，管理していくこ
とが求められる。その方法を紹介する。

②採取法

全体が倒伏し，緑色に茶色が混ざるころが，
穂を刈り取る適期である。早く伸びたのが枯れ
て茶色くなり，遅いものがまだ若く，緑色を残
しているという状態である。過去に完全に枯れ
てから種を取ったがほとんど発芽しなかった。

刈取りには刈払機を使用したいが，倒伏して
いるのでイネを刈り取るノコ鎌を使っている。

刈り取った穂は運びやすいようにミカンの収
穫に使うコンテナを利用している（コンテナ1
杯で300gぐらいの種が取れる）。

種がこぼれて落ちないようにと思い，底にポ
リシートを敷いたことがあるが，1週間たって見
てみるとカビが生えていた。コンテナの底には
くれぐれも何も敷かない。まだ乾いてないとき

だから，それほど種子は落ちるものではない。

穂は乾燥させないと腐るので，ポリシートの
上に広げるとよい。場所があれば，青いポリシー
トを敷いてそこに広げればよいが，私の場合
はミカンの倉庫を利用している。ミカンの倉庫
は棚になっているので，乾燥しやすい。

刈り取った穂を棚に載せる。1か月もするとき
れいに乾くが，2か月くらいそのままにしておく
ほうが，穂から種を取りだしやすい。できるだ
け長くおくほうが分離しやすいので，可能なら
播種直前の8月下旬まで放置する。

作業時には，サマーセーターはもちろん軍手や
トレーナーは，種が付着するので身につけない。
素手で穂をもち，ポリシートの上でふるうと種が
落ちてくる。また，多く処理する場合は洗濯板の
上でこすると，種がよく取れる。どうしても茎や
穂が混ざるので，そのあと篩にかける。

取った種は厚さ0.02～0.03mm，号数でNo.10
～12くらいのポリ袋に50gずつ小分けしておく
と便利である。残った穂や茎にも種はついてい
て，そのまま畑にまけば発芽してくるので，大
事にしておく。

③播種方法

播種は，9月上旬～10月下旬が適期だが，で
きるだけ早いほうが翌年種子が多く取れる。9月
上旬播種がよい。もちろん，水分の多い畑や8
月に雨が多ければ8月下旬に，また暖かいとこ
ろでは11月上旬の播種でもよい。

できるだけナギナタガヤ一色にするほうが
後々除草剤を使わなくてすむので，播種前は裸
地状態にしておく。除草剤を使う場合は，ラウ
ンドアップなど接触型がよい。土壌処理型（ゾ
ーバーなど）ではナギナタガヤが生えてこなく
なる。

播種は素手でまいたほうが均一になる。量は
1a当たり100gくらいあるとよく，150～200gま
くとなおよい。

発芽を確かなものとするには，雨が降る前日
に播種するとよい。乾燥していると，やはり発
芽はもう一つよくない。ただし，9月上旬の播種
なら，いずれ雨が降る。そのあとの発芽でも間
に合うので，そう，神経質にならなくてよい。

2000年記

ライムギ・ベッチ混播・雑草の輪作（ブドウ）

執筆　小川孝郎（東山梨農業改良普及センター）

（1）ブドウ園の輪作化

①注目されるライムギ草生

ブドウ園での草生栽培は，他の落葉果樹ほど進んでいない。

その理由は，

1）ブドウは根が浅く，草との養水分の競合を起こしやすい。

2）栄養生長と生殖生長のバランスが崩れると，結実や品質，樹勢への影響が出やすい。

3）平棚栽培が多く，夏の棚下への光線が少ない。

4）傾斜地が多いうえに，平杭や支柱が多く，草刈り作業が大変。

などである。これらの理由により，草生栽培への取組みが遅れた。

しかし最近，ブドウのライムギ草生が注目されている。その理由として，

1）草の管理がしやすく，養水分の競合や樹勢のバランスの問題を調整しやすい。

2）スプリンクラーや乗用草刈り機の普及で，水分調整や作業管理が容易となった。

3）高齢，兼業化で，堆肥の確保や深耕による堆肥の投入が困難になった。

4）SSが普及し，根域部分の土を固め，土の物理性を悪くしている。

5）根による深耕が園全体に平均に行なえ，土壌流亡防止の効果や緑肥の確保，土壌微生物の繁殖により土壌が改善される。

6）ブドウの剪定作業などで靴に土がつかず，作業もしやすい。

7）ダニやアブラムシの被害も，C/N率の低い時期にライムギを刈り取れば（青刈り），ブドウへの影響はほとんど問題にならない。

8）冬季の棚下が緑に覆われ，景観上もうるお

いがある。

9）持続型（循環）のブドウ栽培をするのには，草生栽培のほうが精耕栽培より理にかなっている。

などがあげられる。

②ライムギ・ベッチ・雑草草生の体系

こうした点を背景に，私はライムギ・ベッチと雑草を組み合わせた草生栽培を，第1図の体系で行なっている。

私のブドウ栽培は新短梢栽培（10a当たり33本，1樹約33m²，結果枝長1mを基準）であるため，樹勢のコントロールがX型栽培より重要である。したがって，細根量をいかに多くするかが大事であり，そのためには土壌の構造を総合的に改善し，循環型システムをつくりあげることが，必要になる。土壌の構造を改善するためには，この組合わせが適している。組み合わせたそれぞれは，次のような役割を果たす。

ライムギ：地上部の丈と同じだけ根が深く伸び（第2図），土中にたくさんの空気穴と有機物を供給する。また，カリの蓄積により施用がいらなくなる。

ベッチ：ライムギより，浅い部分での根量が多くなり，根粒菌による窒素の供給ができる（第3図）。

雑草：棚下の光線不足でも繁茂しやすい。ライムギ，ベッチを含めて多種類の雑草が茂ることで，ブドウを含めた果樹園地の輪作体系ができることになる。そのことで土壌中に多くの微生物や小動物が繁殖する。

（2）草生栽培の実際

①播種の手順

播種量は10a当たりライムギ5kg，ベッチ2kgである。このときライムギの量を多くすると根張りが悪くて再生力が弱くなり，刈取り回数が減る。また，ライムギの日陰になってベッチの生長が悪くなる。

播種は，中耕除草をせずに雑草の茂っている中にばらまきにする（第5図）。雑草の丈が20cm以上伸びているときは，草刈りをしてから播種する。

果　樹

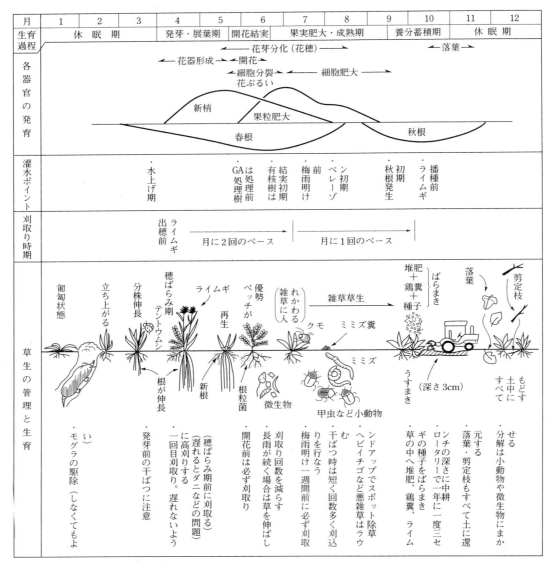

第1図　ブドウの生育ステージとライムギ草生の管理作業　　　（小川）

播種の方法には手まきと機械まきがある。

手まきではポリバケツにライムギ，ベッチを入れ，よく撹拌する（増量材は育苗土や顆粒肥料）。8割くらいを杭通しを目安に全体にまき，残り2割で調整する。

機械まきでは散粒機やライムソワーなどを使用する。散粒機を使うときは一定の速さで回して飛散幅を確認すること，ライムソワーを使うときは肥料とよく撹拌して平均に種を混ぜることがポイントである（特にベッチの場合）。

播種時期は中部以北で9月下旬～10月下旬，西南暖地で10月中旬～11月中旬になる。播種が遅れると雑草に負けて，特にベッチは発芽や初期生育が悪いので，遅れないようにすること。

②中　耕

中耕といっても，発芽を揃えることをねらっ

て，種子に覆土するために行なうので，深くしない。深さは3cm程度でよく，トラクター（ロータリー）の刃の先の曲がった部分が潜る程度に調整して中耕する。また，除草機（カゴシャ）を用いてもよい。

深く中耕すると，ブドウの根をいためるとともにライムギなどの発芽が不揃いとなり，発根力も弱くなる。

③灌　水

園が干ばつになって土が固い状況であれば，播種する前に十分に灌水を行なう。なお，第1図に示したように，萌芽前，果粒肥大期，果実の軟化期に灌水する。また，ピオーネなどの種なし栽培ではジベ処理5日くらい前に十分灌水し，ジベ処理の効果を高める。

④施　肥

施肥の考え方としては，従来の元肥は施さずに，お礼肥として行なう。したがって，播種前に雑草の茂っている中へ，園全体にばらまくように施肥する。施肥量は堆肥を1〜2t，配合肥料を窒素成分で2〜3kg程度とする。

草生栽培では，始めてから3年間の肥培管理が大切である。この期間はまだ土壌構造が改善されていないため，養水分の競合を起こしやすく，樹勢を弱めやすい。そのため，ブドウの生育を観察しながら，追肥や葉面散布での調整が必要となる。

⑤刈取り時期

養水分の競合やブドウの生理などを考慮しながら，次のポイントに留意して刈り取る。

1回目の刈取りはライムギの穂の出

第2図　ライムギの根
5年経過すると土中深く入る

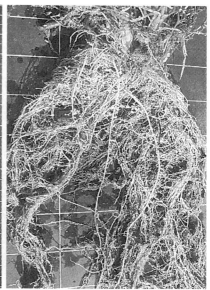

第3図　ベッチの根と根粒菌

第4図　ブドウ収穫前の棚下の雑草（8月下旬）

第5図　ライムギ・ベッチの播種（9月下旬）
雑草の中に施肥，播種してトラクターで覆土。ブドウがまだ残っている

果樹

第6図　ライムギ・ベッチ混播での1回目刈取り適期

第7図　1回目刈取り後のライムギ・ベッチの再生
ロータリーモアによる刈取りで，ライムギの稈が残っている

第8図　ブドウ誘引作業前の2回目の刈取り
草の生気がよく，ゴーカート気分で草刈り

第9図　2回目刈取り後のブドウの芽かき・誘引作業
足元がきれいで作業が楽

る前。このときのポイントはライムギの根を深く張らせることと緑肥の量を確保することであり，早すぎても遅すぎてもいけない。

早すぎると，草丈が40cm以下で根が浅く，茎も柔らかいため，茎を機械でいため，再生力も落ち，緑肥量も少なくなる。遅すぎると，穂が出て開花した後，根は深く入るが茎が硬化（老化）するため，再生力が弱くなる。刈取りが遅くなって穂が進むほどカリの蓄積が多くなるため，年々続けるとカリ過剰になりやすい。また，ダニやうどんこ病などの発生が多くなる。

ブドウの開花直前には刈らないこと。刈り取った緑肥がロータリーモアなら7日，ハンマーモアなら3日くらいで肥効として現われ，ブドウの結実に影響するため，満開後に刈るようにする。

ブドウの幼果期には草を伸ばさないこと。満開から幼果期（ダイズ大まで）に，草との養水分競合を起こすと果実の肥大が悪くなるため，この時期には草を伸ばさないようにしたい。

梅雨期（中後期）には刈り取らないこと。雨の多い年は，梅雨期に土中が水で飽和状態となり，ブドウの葉も軟弱で徒長しやすい。そのため，草を茂らせ，草の葉の蒸散を多くして，土中水分を減らす。

梅雨明け前に刈り取ること。梅雨中のブドウ

の根は水分過多のなかにあるため、地表面に発根し、毛根が少ない。また、ブドウの葉の蒸散量も少ないため、根の養水分吸収も弱まっている。一方、梅雨明け後は、高温乾燥で葉からの蒸散量が多く、根からの水分吸収が対応しきれなくなり、葉焼け（脱水）や宿果症が現われやすい。そのため、梅雨明け1週間前に刈取りを行ない、地面を乾かしてブドウの毛根を多く出させ、根の活動を活発化させる。

乾燥期には草を伸ばさないこと。梅雨期以後ブドウは、ベレーゾン（軟化期）に入り、草との養水分競合が起こると果実の肥大・着色や裂果に影響するため、ベレーゾンから収穫期には刈り取る。

第10図　湛水した清耕栽培での降雨後の圃場のようす
草生栽培では水がまったくたまらないので降雨後すぐ畑にはいれる

⑥刈取りにあたっての注意事項

草を高めに刈ること。4月の1回目の刈取りから6月まで、2週間に1回のペースで4～6回は刈り取りたい。そのため、高さ5cmくらいの高刈りにすると、株元の節からの再生が多くなる。

ベッチのダニ発生に注意すること。ベッチはライムギよりダニがつきやすい。特にブドウの開花頃から急にダニが多くなり、杭や支線などを伝わって棚に移動し、ブドウに被害を生ずる。したがって草は開花前に刈り取りたい（種を残して翌年も繁殖させるには、発生初期に殺ダニ剤を散布する）。

(3) ブドウ園草生の留意事項

①杭通し下の草生

杭通し下では乗用草刈機が使いにくく、ロープカッターでは時間がかかる。そのため、イネ科ではトールフェスク、マメ科では白クローバー、景観作物ではヒガンバナ、カンゾウなど、手のかからない草種を選ぶ。

②カリ過剰になってきたら

草生栽培も長くなると、土壌中の養分バランスがよくなり、緩衝力も高まるため、土壌分析の結果ではカリ過剰の数値になっても、清耕栽培ほどブドウへの影響が出てこない。しかしカリ過剰になってきたら景観も兼ねてキカラシ、アンジェリア、ナタネなどのイネ科以外の作物を用いる。

③強勢雑草が目立ってきたら

ヨモギ、ギシギシ、ヘビイチゴ、タンポポなどは繁殖力が旺盛で、種やトラクターの刃による切断で、たちまち広がる。そのため、少ないうちに掘り上げるかラウンドアップ、タッチダウンでのスポット処理を行なう。この剤は茎葉からの吸収量で効果を発揮するため、雑草の生育中期（葉枚数確保）に高濃度（30～50倍）を肩掛け散布機で散布する。

④ヘアリーベッチに代わるもの

ヘアリーベッチは、開花、結実の時期がおそくなるため、ライムギ混播で一緒に刈取っていくと、結実が行なわれない。そのため、毎年播種が必要となる。また、結実期まで残すとダニの発生が多くなりブドウに移り問題となる。そ

第11図　園地のカリ過剰を軽減するためのキカラシ（アブラナ科）による草生（刈取り前）

果　樹

こで，開花，結実期の早い日本のベッチである
カラスノエンドウやスズメノエンドウを使うと
良い。そうすると毎年自生し，ダニの心配も少
なくなる。両種は，開花期が4〜5月と早いので
（ヘアリーベッチは5〜6月），結実を見て刈取り
ができ，翌年の再生も多い。また，ダニもこの
時期では，ブドウへの影響が少ない。これらの
草は秋の発芽が早いので，ライムギの播種は，
地域によるカラスノエンドウやスズメノエンド
ウの発芽時期を確認してその前に行なうように
したい。

⑤刈取機の機種の選定

　草生栽培で一番時間を要するのが刈取り作業
である。しかも根の量や緑肥量を多くするには，
刈取り回数が多いほどよく，ブドウとの養水分
競合も少なくてすむ。そのため，草生を始める
前に，園地の条件（傾斜）や自分の年齢などを
考慮して機械の選定を行ないたい。

　刈取り機としてはロータリーモアとハンマー
モアがある。ロータリーモアを使う場合，能率
がよい，草の再生力が高い，緑肥の肥効が遅い，
草丈が高いと刈りにくい，燃費が少なくてすむ，
機械の操作がしやすい（停止ですぐ止まる），と
いった特徴がある。一方ハンマーモアは，能率
が悪い，草の再生力が低い，緑肥の肥効が早い，
草丈が高くても刈れる，燃費が多くかかる，操
作がやや難しい（停止にしても動いているので
危険性がある），といった特徴をもつ。

*

　このように両機種を比較すると，ブドウで使
用する場合にはロータリーモアのほうが適して
いるといえる。

　ライムギ・ベッチ混播・雑草の輪作は，土の
力を高めるひとつの方法である。農業は，土の
栄養を農作物の生産によって奪うことであり，
土つくりをしなければ土地はやせて荒廃につな
がることを忘れてはならない。

2000年記

モモ園の長期的な雑草草生栽培の効果

　果樹園の地表面に雑草やイネ科牧草などを生やして管理する草生栽培は，自園内での有機物の生産・供給，土壌の物理性や化学性の改善，圃場からの土壌や養分の流亡防止，降雨後の作業性向上などを目的として取り組まれ，土つくりに有効な技術の1つである。

　近年では農林水産省が2021年に策定した「みどりの食料システム戦略」により，堆肥・緑肥などの有機物施用による土つくりの推進が掲げられ，草生栽培による土つくり効果は注目を集めている。

　山梨県内のモモ園では，土つくり効果を期待して，低コストで比較的管理が容易な雑草草生栽培が広く行なわれている。しかし，長期的な草生栽培の継続が，モモ園の土壌や樹体生育に与える影響はあきらかでない部分も多い。そこで，モモ園で18年間にわたり雑草草生栽培を行ない，土壌，樹体生育および果実生産に及ぼす影響を調査したので紹介する。

(1) 草生栽培の調査方法

　調査は，山梨県果樹試験場の場内圃場（褐色森林土，土性：埴壌土）で1997年から2014年までの18年間実施した。供試品種は'白鳳'（台木：'おはつもも'）とし，1997年に2年生苗を定植した。

　試験区は，地表面を草生栽培で管理する草生区と清耕栽培で管理する清耕区を設置した（第1，2図）。草生区の地表面管理は，イネ科雑草を中心とした全面雑草草生栽培とした。草刈りは，草丈30cmを目安に年間4～6回行ない，刈り取った草はそのまま試験区内の地表面に静置した。清耕区の地表面管理は，定期的に除草剤を散布して清耕状態で管理した。

　施肥資材は，草生区と清耕区ともに，山梨県で一般的に施用されている有機入り配合肥料とした。チッソの施用量は，山梨県農作物施肥指導基準に従い，両試験区とも同量となるように

第1図　草生栽培

第2図　清耕栽培

第1表　試験区とチッソ施用量

試験区	地表面管理	チッソ施用量（kg/10a）			
		1～2年生	3～5年生	6～8年生	9～18年生
草生区	雑草草生（イネ科雑草中心）	4.8	6.5	9.5	12
清耕区	清耕				

果樹

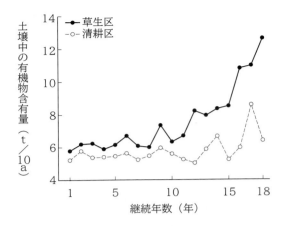

第3図 雑草草生栽培と清耕栽培における土壌中有機物含有量の推移（深さ0～30cm）

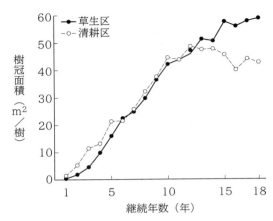

第4図 雑草草生栽培と清耕栽培におけるモモ樹の樹冠面積の推移

施用し，樹齢に応じて施用量を増加させた（第1表）。

(2) 長期草生栽培の影響

①土壌中の有機物含有量

草生区と清耕区における土壌中の有機物含有量の推移を第3図に示す。土壌の表層0～30cm部分に含まれている有機物量について，草生区は雑草草生栽培を18年間継続したところ定植時の5.7t/10aから調査終了時は12.6t/10aと大きく増加した。清耕区は定植時の5.2t/10aから調査終了時は6.3t/10aと微増であった。とくに，草生栽培の継続期間が10年を超えると土壌中の有機物含有量が大きく増加する傾向を示した。

草生区と清耕区で土壌に投入される炭素量を第2表に示す。草生区は309.3kg/10a/年，清耕区は155.6kg/10a/年と推定され，草生区で多かった。これは，刈り草から多量の炭素が園地に投入されるためである。なお，摘果果実，落葉，施肥資材（有機入り配合肥料）から土壌に投入される炭素量に大きな差は認められなかった。

以上から，長期的な雑草草生栽培により生じる土壌中の有機物含有量の増加は，刈り草由来の有機物が土壌中に蓄積された影響が大きいと考えられる。また，清耕区においても有機物含有量が若干増加するが，これは摘果果実や落葉由来の有機物が土壌に蓄積されるためと推測される。

②樹体生育

草生区と清耕区の樹冠面積の推移を第4図に示す。草生区は清耕区と比較し，樹齢5年生まで樹冠の拡大はやや劣った。樹齢6年生を経過した時期から清耕区と同等となり，樹齢を経ても樹冠面積が拡大し，樹勢を維持する傾向を示した。清耕区の樹冠面積は樹齢10年生から12年生時にもっとも広くなるが，その後は縮小し，樹勢が低下する傾向を示した。

一方，樹齢18年生時における草生区と清耕区の細根発生状況を比較したところ，草生区で細根の発生が旺盛な傾向であることが観察された（第5, 6図）。

③収量と果実品質

草生区と清耕区の収量の推移

第2表 土壌に投入される炭素量

試験区	刈り草	摘果果実	落葉	配合肥料	合計
草生区	154.1	64.4	51.5	39.3	309.3
清耕区	—	55.4	60.8	39.3	155.5

注　単位は，kg/10a/年，2012～2014年の平均値

を第7図に示す。収量は、草生区と清耕区ともに樹齢10年生前後は3t/10aの収穫が可能であった。草生区は、樹齢を経ても収量を維持する傾向を示した。一方、清耕区は樹齢を経ると収量が減少する傾向を示した。なお、樹齢15年生時の収量減少は、樹勢回復のために着果調整を行なったためである。

試験期間を通した18年間の累計収量は、草生区は29.0t/10a、清耕区は27.4t/10aであり、草生区で多くなった。

次に、草生区と清耕区における樹齢別の果実重と果実糖度を第3表に示す。果実重と果実糖度は、樹齢3～6年生、樹齢7～12年生、樹齢13～18年生の各期間において、試験区間に大きな差は認められなかった。

草生区で、樹齢を経ても収量や樹勢が維持された理由として、草生栽培で発生する刈り草を園地に還元することで土壌の改良がはかられ、樹体生育や樹勢が健全になりやすくなる。その結果、モモ樹の果実生産能力が維持されたため果実生産期間が延長し、累計収量が増加したと推測される。

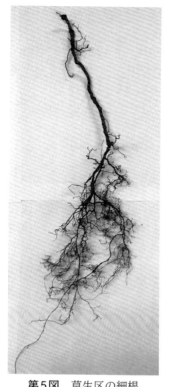

第5図　草生区の細根

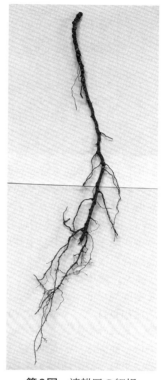

第6図　清耕区の細根

(3) 草生栽培の管理のポイント

①養水分競合対策

草生栽培を行なう際は、モモ樹と草の間に生じる養水分の競合に注意する必要がある。樹

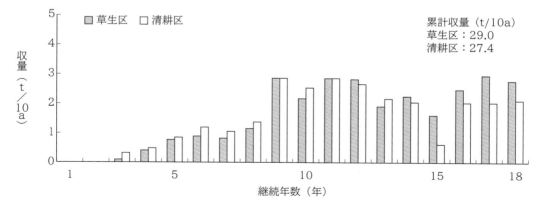

第7図　雑草草生栽培と清耕栽培におけるモモ樹の収量の推移と累計収量

果　樹

第3表　雑草草生栽培と清耕栽培におけるモモの果実重と果実糖度

試験区	3 〜 6 年生		7 〜 12 年生		13 〜 18 年生	
	果実重 (g)	糖　度 (Brix%)	果実重 (g)	糖　度 (Brix%)	果実重 (g)	糖　度 (Brix%)
草生区	225.0	13.2	309.6	11.9	333.1	13.2
清耕区	249.0	12.8	313.5	12.2	338.4	14.0

注　値は，平均値を示す

齢6年生以下の幼木時は，根域が浅いため養水分の競合が発生しやすくなり，樹勢や果実品質が低下する可能性がある。そのため，樹冠周辺（半径1.5 〜 2.0m）を清耕栽培にするかマルチを敷くなどして部分草生栽培にすると，養水分の競合が緩和されやすくなる。

また，新規造成園や新しく草生栽培を導入する樹園地では，チッソ欠乏を避けるため，元肥の施用量はチッソ成分で20 〜 30％を目安に増やしたほうがよい。さらに，砂質土壌など地力の低い樹園地は，有機物の施用などで地力を高めてから，草生栽培を導入したほうがよい。

草生栽培を継続し，刈り草の分解により養分が還元され，樹園地内で養分が循環するようになれば，徐々に施肥量を減らすことが可能になる。

なお，生育期間中に葉の黄化や新梢伸長の抑制などチッソ欠乏の症状が現われた場合は，早めに尿素などの葉面散布で対応する。ただし，施肥時期が遅くなると十分な回復効果が得られないだけでなく，チッソの遅効きにより，新梢の徒長や果実品質の低下を生じる場合があるので注意する。

水分は，盛夏期に競合が発生しやすい。園地の乾燥が激しいときや乾燥が予想される場合は，早めに草刈りを行ない，刈り草を樹幹周辺に敷設することで土壌水分の大きな減少を防ぐことができる。

②適切な草刈り

草刈りの時期は，草種にもよるが，雑草草生栽培では草丈30 〜 50cmを目安に年4 〜 6回程度行なう。とくに4 〜 6月はモモ樹と草による養分競合により，葉の黄化や樹勢の低下を引き起こしやすいため，刈り遅れに注意する。また，雑草草生栽培では，スギナなどの難防除雑草の優占にも注意を払う。

③耕起・中耕

永年作物である果樹は，一度定植すると簡単に改植ができないため，モモ樹が本来もっている果実生産能力を最大限発揮できるような土壌環境をつくることが重要になる。

雑草草生栽培による土壌の改善効果は，雑草の根の伸長や刈り草の還元が少なくなる土壌の深い部分ほど低下すると考えられる。そのため，雑草草生栽培の効果をよりいっそう高めるため，基本的には2 〜 3年に一度は中耕や耕起を実施して，下層部への有機物の供給を行ない，根域全体の土壌改良を促す。

④施肥設計

チッソ量をはじめとした施肥量の決定には，草生栽培導入からの年数，樹勢，地力などを考慮する。また，指導機関が行なう土壌分析の結果や樹勢を確認するとともに，各県の施肥指導基準に応じた自園の状況に適する施肥管理を行なうことが望ましい。

＊

雑草草生栽培の効果は，短期的には目に見えて現われにくい。しかし，長期的な視点でみると，土壌中有機物含有量の増加，収量や樹勢の維持，果実生産期間の延長など，モモ樹の健全な生育や果実生産に有効と考えられる。高品質かつ安定的な果実生産を行なう一助として，雑草草生などの草生栽培を効果的に活用していきたい。

執筆　加藤　治（山梨県果樹試験場）

2024年記

果　樹

天敵を利用した
防除技術

果　樹

天敵を主体とした果樹のハダニ防除

1. 求められるハダニ防除の見直しと天敵活用

　果樹の生産において病害虫防除全体を見直すとき，「天敵を主体としたハダニ防除」は，そのよい入口となる。

　農林水産省は，生産性向上と持続性の両立を理念とする「みどりの食料システム戦略」を2021年5月に策定し，「2050年までに化学農薬使用量（リスク換算）の50％低減を目指す」という高い目標を掲げた（農林水産省，2021）。これまでも環境負荷に配慮した環境保全型農業の重要性は広く認識されてきたところだが，世界的潮流とともに，いよいよ規範としての実行性が問われるところとなった。

　その土台となるのが「総合的病害虫・雑草管理（IPM）」であり，果樹の生産においても，改めて病害虫防除のあり方に見直しが求められている。

　問題は，「どう見直すか」である。防除すべき病害虫が多い果樹の生産現場では，環境負荷の低減といわれてもピンとこないだろう。環境や生物多様性への配慮という長期的視点を，短期の病害虫防除や栽培管理に矛盾なく落とし込んでいくプロセスが必要である。

　そこで入口となるのが，ハダニ防除の見直しである。

　ハダニ類は非常に薬剤抵抗性を発達させやすい害虫である。防除はもっぱら化学合成殺ダニ剤（以下，殺ダニ剤）に依存してきたが，上市されてから数年で効力を失う剤も珍しくないなど，長らく新剤開発に頼る状況が続いている。

　しかしながら，このいたちごっこも限界である。

　新剤の開発には多額の費用と長い年月を要す。化学農薬に対する規制もきびしさを増すな

か，上市速度は鈍りつつあり，抵抗性管理の観点からも十分な剤の確保がむずかしくなってきた。温暖化の影響も懸念される。気温の上昇はハダニ類の増殖を速め，長引く秋は発生期間を延ばす。こうした傾向は薬剤抵抗性の発達に拍車をかけかねない。また，増加する農産物の輸出では登録農薬や残留農薬基準値の違いも問題となる。新規の剤をはじめとする比較的新しい殺ダニ剤は輸出相手国に基準値がないことも多く，剤の利用や選択を制限する理由となる。持続的な管理に向けた，問題の抜本的な解決が求められる。

　その主役を担うのは「天敵」である。開発・改良が進められている現在進行形の技術だが，実用化という第一目標を達成し，普及活動も活発になってきた。天敵の利用を模索する過程は，生産性の維持と環境負荷低減の両立を探る過程でもある。病害虫防除全体を見直すうえでもキーとなる技術だ。

　ここでは，ハダニ類とその天敵のカブリダニ類の紹介に始まり，"〈w天〉防除体系"（注）として体系化された「天敵を主体とした果樹ハダニ防除」の基本戦略，そしてそれを構築するための技術と手順を概説し，果樹のハダニ防除における天敵利用の現在地を示したい。

　（注）イノベーション創出強化研究推進事業「土着天敵と天敵製剤〈w天敵〉を用いた果樹の持続的ハダニ防除体系の確立」により提案された体系。

2. ハダニ類とカブリダニ類

（1）ハダニ類の生態と薬剤抵抗性

　ハダニ類は体長0.5mmほどの小さな害虫だが（第1図），増殖がきわめて速く，しばしば大発生に至り，早期落葉を引き起こすなど樹全体に

950

天敵を利用した防除技術

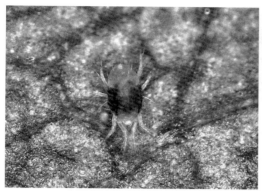

第1図　ナミハダニ（左）とミカンハダニ（右）

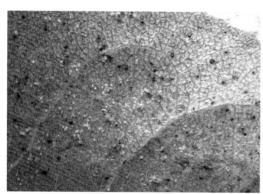

第2図　ナシの葉で増えたナミハダニ（左）とナシでの早期落葉被害（右）

被害を及ぼす（第2図）。

　加害は葉の表面の吸汁により，吸汁された葉は葉緑素が抜け，かすり状の症状を呈する。高温乾燥条件でよく増え，梅雨明け以降の盛夏期，雨よけ栽培期間，施設栽培ではとくに発生動向に注意が必要となる。発生量や増え方・時期などの傾向は気象条件などに左右され，年により大きく異なる点にも注意を要する。

①おもに問題となるのは6種

　果樹で問題となるのはおもに6種で，種によって防除対策も異なるため主要加害種の把握は重要である（第1表）。Tetranychus 属のナミハダニ Tetranychus urticae やカンザワハダニ Tetranychus kanzawai がリンゴ，ナシ，オウトウ，モモ，ブドウなどで，Panonychus 属のミカンハダニ Panonychus citri やリンゴハダニ Panonychus ulmi がそれぞれカンキツとリンゴで問題となる。また，クワオオハダニ Panonychus mori がナシやモモで，オウトウハダニ Amphitetranychus viennensis がバラ科果樹で問題となることがある。いずれも大きさや形態に大差はないが，加害する樹種をはじめ，網を張るかどうか，越冬の方法など生態面に違いが見られる。優占する種は，樹種のほか地域，栽培管理でも異なる。

　室内試験によれば，ナミハダニは，25℃条件下なら2週間で約70倍に，30℃なら約400倍に増える。ミカンハダニは，ナミハダニにはおとるが，25℃2週間で約20倍に増える。増殖が進んだ後では防除がむずかしく，発見の遅れは致命的になりかねないため，殺ダニ剤を定期的に散布するか，発生を認めたらただちに散布す

果樹

第1表　果樹におけるハダニ類の害虫としての位置づけ

	リンゴ	ナシ	オウトウ	モモ	ブドウ（施設）	カンキツ
ナミハダニ	○	○	○	○		
カンザワハダニ	○	○	△	○	○	△
ミカンハダニ	▲	△		△		○
リンゴハダニ	○	▲	▲	▲		
クワオオハダニ	▲	△		△		
オウトウハダニ	△	△	△			

注　○：主要害虫，△：ときおり被害あり，▲：加害記録あり
「新 果樹のハダニ防除マニュアル（第三版）」より改変

②深刻な薬剤抵抗性の発達

一方で，こうした化学農薬に強く依存した慣行防除で問題となるのが，薬剤抵抗性の発達である。世代交代が速いハダニ類は非常に薬剤抵抗性を発達させやすい。殺虫剤抵抗性データベースによる抵抗性発達化合物数のランキングでは，ナミハダニが1位，リンゴハダニが8位である。日本国内では，ミカンハダニの薬剤抵抗性も深刻で，カンキツでは毎年多くの薬剤検定試験が実施されている。

薬剤抵抗性の制御としては，薬剤のローテーション散布が基本的な対策となる（山本・土井，2021）。詳細については他稿を参照願いたいが，その本質は1剤への依存をできるだけ小さくすることであり，ローテーションで使用するための剤の十分な確保と，全体としての薬剤の使用頻度を減らすことが管理の持続性において重要な鍵となる。

（2）天敵防除のかなめのカブリダニ類

ハダニ類にはさまざまな天敵がいるが（第2表），防除においてもっとも重要な役割を担うのは，カブリダニ類である（第3図）。体長0.4mmほどの小さな捕食性のダニだが，ハダニ密度が低いうちから活動が見られ，増殖もハダニ並みに速いなど，生産現場で求められる低密度での防除に力を発揮する。

第2表　果樹園におけるハダニ類の主要な土着天敵

カブリダニ類	ケナガカブリダニ（Type II） ミヤコカブリダニ（Type II） フツウカブリダニ（Type III） ニセラーゴカブリダニ（Type III） ミチノクカブリダニ（Type III） コウズケカブリダニ（Type IV）
天敵昆虫類	ヒメハナカメムシ類 ダニヒメテントウ類 ケシハネカクシ類 ハダニタマバエ ハダニアザミウマ

注　（　）内は，4つに大別された生活様式のタイプを示す（本文参照）

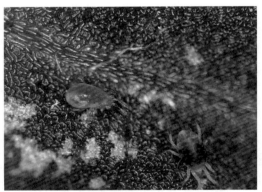

第3図　ナミハダニ（右）を捕食するミヤコカブリダニ（左）

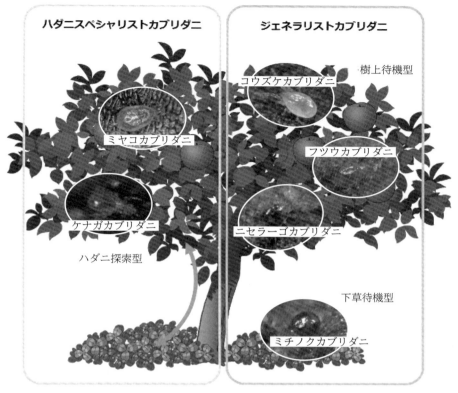

第4図 果樹園に生息する土着カブリダニ相のイメージ
(農研機構技法No.9より改図)

①スペシャリスト種とジェネラリスト種

　カブリダニ類は食生活を中心とした生活様式の違いから，大きく4つのタイプ（Type I～IV）に分類される（McMurtry and Croft, 1997）。Type IやIIに分類される種は，立体的な網を形成する*Tetranychus*属のハダニ類をとくに好んで捕食し，"ハダニスペシャリスト"と呼ばれる。これに対し，Type IIIやIVに分類される種は，ハダニ類のほかフシダニ類，アザミウマ類などの微小昆虫類から花粉まで幅広く餌とし，"ジェネラリスト"と呼ばれる。

　その餌利用特性から，ハダニスペシャリスト種は移動性が強く，ジェネラリスト種は定着性が強い傾向がある。こうした生活様式の違いにより，ハダニ類の天敵としてもそれぞれが異なる特性を示す。

②土着天敵による密度抑制

　その地にもとから生息する自然の天敵を称して"土着天敵"と呼ぶ。果樹園にもさまざまな土着天敵が生息し，果樹園の生態系の一部を成す。カブリダニ類についても複数の種が見られる（第4図）のがふつうで，ハダニ類の密度抑制では，それぞれが特性に応じた役割を果たすことが知られている。

　国内の果樹園に多く生息する種では，ニセラーゴカブリダニ*Amblyseius eharai*，ミチノクカブリダニ*Amblyseius tsugawai*，コウズケカブリダニ*Euseius sojaensis*，およびフツウカブリダニ*Typhlodromus vulgaris*がジェネラリスト（Type III，IV）に分類される。それぞれで生息場所に対する選好が異なり，ニセラーゴカブリダニは樹上でも下草でも観察されるが，フツウカブリダニやコウズケカブリダニは樹上，

果 樹

ミチノクカブリダニは下草に多い。一方，ケナガカブリダニ Neoseiulus womersleyi やミヤコカブリダニ Neoseiulus californicus はハダニスペシャリスト（Type II）に分類される。いずれも，ナミハダニやカンザワハダニなどの立体的な網を張る種をとくに好んで捕食し，それらハダニ類の動態を追う発生が見られる。

ハダニ類の密度抑制においては，ジェネラリスト種とハダニスペシャリスト種が相互補完的に働くと考えられる。さまざまな餌を利用するジェネラリスト種は，ハダニ類がごく低密度なときから植物上に常駐し，侵入してくるハダニ類を捕食することで，それらの初期の定着を妨げる（第5図）。ただし，ナミハダニやカンザワハダニに対しては，その網を苦手とし，増殖が進みコロニー化したような場所では十分な働きを期待できない。これに対し，ハダニスペシャリスト種は，そうした場所でこそ力を発揮する。ハダニ類の動態を追うため，その発生はハダニ密度の上昇に遅れる傾向にあるが，網をまったく苦にしない。ジェネラリスト種では手に負えなくなったコロニー形成が進む場所に集まり，高くなったハダニ密度を一気に下げる（第6図）。

ハダニ類の発生は，圃場全体，下草と樹上，さらには1本の樹の中でも均一ではない。初期の動態はとても局所的で多様な状況が入り交じる。ジェネラリスト種とハダニスペシャリスト種のそれぞれが得意とする場所や場面で機能することで，結果として連携が生じ，果樹園という系全体でハダニ類が多発生しにくい環境が形成される。「天敵を主体とした果樹ハダニ類の防除体系」では，まず果樹園内に生息している土着

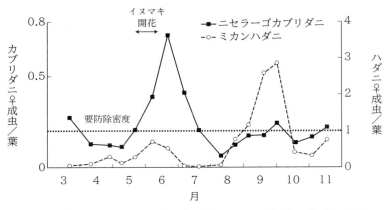

第5図 ジェネラリストカブリダニ（ニセラーゴカブリダニ）の発生パターン例（「天敵を主体とした果樹のハダニ類防除体系」より転載）
2007年長崎県カンキツ園での調査事例

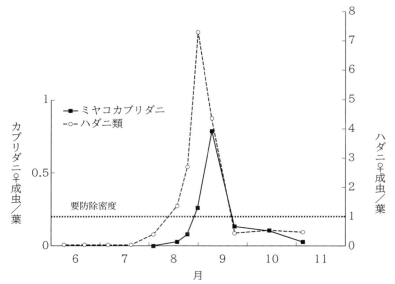

第6図 ハダニスペシャリストカブリダニ（ミヤコカブリダニ）の発生パターン例　　　　　　　　　　　　　　（Kishimoto, 2002）
1999年茨城県ナシ園での調査事例

カブリダニ類を保全し，ハダニ密度抑制能力を最大限に引き出すことが基本となる。

③天敵製剤の活用

人工的に増やし農薬として販売されている天敵を称して"天敵製剤"と呼ぶ。果樹では，網を張るナミハダニやカンザワハダニにハダニスペシャリストのミヤコカブリダニとチリカブリダニ，網を張らないミカンハダニにジェネラリストのスワルスキーカブリダニの登録がある（第3表）。

天敵としての特徴は，ミヤコカブリダニが探索型，スワルスキーカブリダニが定着型になる。チリカブリダニは，ハダニスペシャリストの中でもとくに足が速く，高い探索能力と捕食能力を誇る一方で，ハダニ密度が低い状況下では定着が悪くなる。また，本種の使用は施設栽培に限られる。それに対し，ミヤコカブリダニは防除への利用からみれば探索型と考えたほうがよいが，花粉なども餌として利用できることから，チリカブリダニに比べれば定着性が高い。スワルスキーカブリダニはハダニ類のほか，アザミウマ類，コナジラミ類，チャノホコリダニ，花粉まで幅広い食性を有し，マンゴー（施設栽培）ではチャノキイロアザミウマに対しても登録がある。

果樹での利用はミヤコカブリダニとスワルスキーカブリダニが多く，おもにパック化された製品「パック製剤」が使用されている（第7図）。

第3表 果樹で使用できるカブリダニ天敵製剤（2024年3月時点）

商品名（カブリダニ種）	形　態	適用害虫	対象作目
スパイデックス[1] （チリカブリダニ）	ボトル製剤	ハダニ類	果樹類（施設）
スパイデックスバイタル[1] （チリカブリダニ）	ボトル製剤	ハダニ類	果樹類（施設）
スパイカルEX[1] （ミヤコカブリダニ）	ボトル製剤	ハダニ類	果樹類
スパイカルプラス[1] （ミヤコカブリダニ）	パック製剤	ハダニ類	果樹類
スワルスキー[1] （スワルスキーカブリダニ）	ボトル製剤	チャノキイロアザミウマ	マンゴー（施設）
		ミカンハダニ	果樹類（施設）
スワルスキープラスUM[1] （スワルスキーカブリダニ）	パック製剤	チャノキイロアザミウマ	マンゴー（施設）
		ミカンハダニ	果樹類（施設）
		ニセナシサビダニ	なし（露地）
システムミヤコくん[2] （ミヤコカブリダニ）	パック製剤	ハダニ類	果樹類（施設） りんご（露地） 日本なし（露地） おうとう（露地）
システムスワルくん[2] システムスワルくんロング[2] （スワルスキーカブリダニ）	ボトル製剤	ミカンハダニ	かんきつ（施設）
		チャノキイロアザミウマ	マンゴー（施設）
		ミカンハダニ	びわ（施設）

注　1）アリスタ ライフサイエンス株式会社
　　2）石原バイオサイエンス株式会社（システムスワルくん，システムスワルくんロング，システムミヤコくんは，それぞれスワルバンカー，スワルバンカーロング，ミヤコバンカーとして販売）

果樹

パック製剤はカブリダニ類と一緒に餌とふすまが小袋に入れられており，放飼のしやすさに加え，風雨や農薬散布の影響を受けにくい長所がある。主幹や枝に設置し，そこを起点にカブリダニ類の樹全体への拡散を狙う（第8図）。外因からの保護については，パック製剤をさらに外装する「バンカーシート®」（第7図右）と名付けられた資材を提供する商品もある。同資材にパック製剤を入れることで，雨や農薬散布はもとより，ネズミやナメクジなどの被害からも製剤を守る。また，製剤とともに中に入れる保湿材の効果もあり，内部を繁殖に好適な温湿度条件に維持し，カブリダニの放出量を増加する。組立てには一手間かかるものの，果樹では風雨や農薬散布の影響をより考慮しなければならない場面も多く，相応の効果を期待できる。

3. 天敵を主体とした果樹ハダニ防除体系

新たな果樹のハダニ防除戦略として，「豊かな土着天敵相をベースに，足りない部分を天敵製剤で重点的にカバー，そして殺ダニ剤で防除効果を安定化」することを提案する。これまでの殺ダニ剤一辺倒の防除から，その中心を天敵利用に移し，殺ダニ剤には切り札として，ここぞという場面で働いてもらう。まずはカブリダニ類が有すハダニ密度抑制能力を最大限に活用し，殺ダニ剤の使用機会を最小限に抑えることで，手もちの剤の薬効を維持しながら持続的なハダニ管理を目指す。

体系のフレームワークは次の4つのステップにより構成される。

(1) 天敵に配慮した薬剤の選択
(2) 天敵にやさしい草生管理
(3) 補完的な天敵製剤の利用
(4) 協働的な殺ダニ剤の利用

樹種や栽培形態により，それぞれの比重は異なるが，(1) から順を追う検討の手順はいずれのケースでも共通した基本ルールとなる。各検討を通しながら，自らの地域や園の環境，栽培様式や管理にフィットした最適な形を探る。以

第7図　カブリダニパック製剤
左：スワルスキープラスUM（旧パッケージ），右：スワルバンカー（システムスワルくんとバンカーシートとのセット）

第8図　ミカンに設置されたスワルスキーカブリダニ製剤

下，それぞれのステップについて概説する。

(1) 天敵に配慮した薬剤の選択

「天敵を主体としたハダニ防除体系」の検討は，まずカブリダニ類をはじめとする土着天敵が十分に活躍できるよう，園内環境を整えることから始まる。微小で翅をもたないカブリダニ類は移動性に乏しく，園内環境の影響を強く受ける。とくに薬剤散布の影響は大きく，各種病害虫の防除ではカブリダニ類に対する影響に配慮が必要となる。

カブリダニ類に対する各種農薬の影響につ

いては，「新・果樹のハダニ防除マニュアルー<w天>天敵が主役の防除体系ー【第三版】」や，農研機構が公開している「天敵を主体とした果樹のハダニ類防除体系　標準作業手順書シリーズ」，日本生物防除協議会が公開している「天敵等への殺虫・殺ダニ剤の影響／天敵等への殺菌剤・除草剤の影響」にリストがある。マニュアルや標準作業手順書には，土着のカブリダニ類についても果樹栽培でよく使われる薬剤を中心にリストがある。また，製剤については，カブリダニ製剤を販売するメーカーもweb上で最新の情報を公開している。

　これらリストに掲載がない薬剤については，作用機構を示すIRAC（Insecticide Resistance Action Committee）コードやFRAC（Fungicide Resistance Action Committee）コードが参考になる（Sparks *et al.*, 2020）。同じコードに属す剤を参照することで，おおむねその影響を推定できる。両RACコードは農薬工業会のHPより翻訳版を確認することができる（https://www.jcpa.or.jp/labo/mechanism.html）。

　傾向としては，殺虫剤では，有機リン系殺虫剤，合成ピレスロイド系殺虫剤，スピノシン系殺虫剤がカブリダニ類に悪影響が大きい。一方，選択性殺虫剤のIGR剤，ジアミド剤，BT剤は悪影響が小さい。ネオニコチノイド系殺虫剤は種類により各種カブリダニに対する影響が異なるが，中ではジノテフランやチアクロプリドは比較的悪影響が小さい。一方，殺菌剤については，その多くが併用に問題はないが，無機・有機硫黄系，ベンゾイミダゾール系は悪影響が大きい。これら剤の使用については配慮が必要となる。

　見直しにあたっては，カブリダニ類に悪影響が小さい薬剤を選択するとともに，交信攪乱などの化学農薬に代わる技術（耕種的防除法，物理的防除法，生物的防除法）も積極的に取り入れる。また，ハダニ防除の要所，つまりそれぞれの時期のハダニ多発生リスクと防除上の重要度を明確にし，薬剤の選択にもメリハリをつけることも，病害虫防除全体のバランスを考えるうえで重要である。

(2) 天敵にやさしい草生管理

①高刈り，もしくは株元除草を

　果樹園の下草は，カブリダニ類にとって生息場所や薬剤散布時の避難場所や，餌である花粉の供給源になるなど，その保全に重要な役割を担う。また，除草という作業自体が微小な生き物にとっては劇的な環境攪乱であり，およぶ影響も小さくない。このため天敵保全の観点からは除草をひかえ，できるだけ下草を残すことが望ましい。

　一方，完全な無除草ではムカシヒメヨモギやギシギシなどの背が高い草種も繁茂する。作業の障害となるばかりでなく，景観上の問題に加え，ほかの病害虫類の発生源となるリスクもある。

　そこで，両側面のバランスをとる管理方法として，「高刈り」や「株元草生」（第9図）が提案されている。

　高刈りは，文字通り草を刈る高さを高めに設定する方法である。除草による攪乱を緩和し，下草に生息するジェネラリストカブリダニ類の密度低下を抑える。第10図は，刈り高を10mmや40mmで除草した場合と80mmで除草した場合とで，カブリダニ密度を比較したものである。80mmという高さは，あくまで一般的な除草機械で設定できる最高値にすぎないが（維持目標ではない），管理方法やスケジュールはそのままに，刈る高さを少し上げるだけでも天敵保全に有効であることを示している。

　株元草生は，樹の周りだけ除草をひかえ，下草を残す管理方法である。もともと株元は機械での除草が困難で，慣行では改めて除草剤が散布されることも多い（「部分草生」と呼ばれる管理）。そうであれば，刈りにくいところは無理せずそのまま残せばよく，省力の観点からも評価される管理方法である。刈り残す範囲としては株周り半径50cm程度が一つの目安とされるが，小さなカブリダニ類にしてみれば，これだけでも保全に一定の効果がある。また除草によっておこるとされるハダニ類の樹上への移動を抑える緩衝帯としての働きも期待できる。

果樹

②カバープランツも選択肢

草生がハダニ防除に有効となれば，どのような植生（草種の構成）が有用かという関心もあるかもしれない。ハダニ類の寄主としての好みに加え，花粉の餌としての適性などカブリダニ類の保全に対する効果も草種により異なることが考えられる。具体的にはオオバコやカタバミなどでカブリダニ類の保全に対する有用性が報告されている。ただし，地域性，周辺環境，日照や雨量，土壌条件や耕起の有無など多様な要因に影響を受ける植生を誘導し，維持するのはそれほど容易なことではない。これに対し，「抑草」という栽培管理からのアプローチとして，カバープランツの導入も考えられる。コスト（経費，維持管理）の検討も必要だが，除草の回数が減ることによる間接的な効果を期待できる。

いずれにしても，省力化・省コストと矛盾しない，ハダニ管理における下草植生の評価や管理技術の開発は今後の課題となる。まずは無理のない自然草生を基本とし，除草の影響（急激な環境攪乱）を減らすという観点から現状管理を見直す。除草の影響を減らすだけでも安定化の効果は大きい。これまで果樹園の下草は「雑草」として扱われてきたが，「天敵の生息環境」としてポジティブにとらえ直すことから始めたい。

(3) 補完的な天敵製剤の利用

もとより土着天敵の潜在性が高い環境では，前記ステップにより土着カブリダニ類の働きを最大限に引き出すことで，十分な防除効果を期待できる。しかしながら，土着天敵の生息が限られる施設栽培では，それらに任せた防除はむずかしくなる。また露地栽培においても，カブリダニ類の発生が少ない環境や時期，マルチングなど栽培管理上の制約，ほかの病害虫防除で悪影響が大きい薬剤を使わざるを得ない状況もある。

このように土着カブリダニ類によるハダニ防除効果が十分に見込めない場合には，市販のカブリダニ製剤の「補完的な利用」を検討する。

第9図　ナシ園における株元草生の例
主幹に設置されているのはミヤコカブリダニ製剤

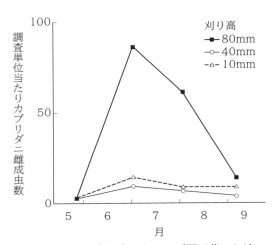

第10図　刈り高を変えたリンゴ園下草におけるミチノクカブリダニの捕獲数の比較
（岸本ら，2020より作成）

2018年岩手県盛岡市での試験事例。草刈り直前に各刈り高区のシロツメクサ群落3か所を掃除機で1分間吸引（草刈り実施日：5月29日，7月6日，8月6日，9月11日）

①ミヤコカブリダニ製剤

ミヤコカブリダニ製剤はナミハダニ，カンザワハダニに有効である。樹種では，オウトウ，ナシ，施設ブドウ，施設ミカンなどが対象となる。

ハダニ類の急増を抑えることを目標に，ハダニ密度が低いうちに放飼する。パック製剤の場合，設置後すぐにカブリダニが放出されるわけ

ではく，たとえば露地でハダニ類が増え始める初夏なら，ピークに至るまでに2週間ほどを要する。また，樹全体への拡散にも時間がかかるため，防除効果を期待する時期に先んじての設置が必要となる。

設置数は利用場面や設置回数にもよると考えられるが，100個/10aを目安とした樹当たり2〜5個を基本とし，樹幹や枝に設置する。カブリダニ類の移動には，上に向かうなど方向性があるため，枝に設置する場合は全体に行き渡るよう，なるべく均等に配置する。

②スワルスキーカブリダニ製剤

スワルスキーカブリダニ製剤はミカンハダニに有効である。樹種では，ミカンをはじめとする施設カンキツが対象となる。

本剤もハダニ密度が低い状態で設置する。すでに設置前からハダニが見られる場合には，十分に密度を下げてから設置する必要がある。ミヤコカブリダニに比べると設置後早いうちから放出が見られるが，ピークに達するには2週間ほどを要する。1回の設置は樹当たり1〜5個（100個/10a目安）を基本とし，樹全体をカバーするように枝に設置する。設置回数については，防除期間やハダニ類の発生状況を踏まえて検討する。

③設置タイミングや環境にも配慮

設置にあたっては，注文から納品までに一定期間を要するので，事前の準備が必要となる。現状ではハダニ類の発生に応じた臨機応変な放飼はむずかしく，基本的にスケジュールで管理する。その際，放飼時期の検討においては効果を狙う時期および期間を明確に定める。なるべく長く効果を期待したいところだが，効率を考えればもっとも放飼密度が高くなる時期をもっとも防除上重要な時期にあわせたい。

施設での放飼においては，環境制御も一つのポイントとなる。ハダニ類は乾燥に強いが，カブリダニ類は乾燥に弱い。存分に働いてもらうためには，湿度を高く保つ必要がある。多湿を避けたい病害管理とのかね合いもあるが，結露が生じないところで高湿度な環境を維持したい。とくに，加温にヒートポンプが用いられて

いる場合は乾燥が進みやすいので，温度のみならず湿度管理にも十分注意する。湿度指標としては飽差も有用である。光合成管理で目標とされる範囲は天敵管理とも矛盾しない。また，カブリダニ類への給水は乾燥による影響を緩和する。このため成若幼虫の生存については葉水灌水なども効果があると考えられる。ただし，乾燥がすぎると卵の孵化率も大きく下がるので，個体群維持の観点からすると乾燥が長く続くような状況は避けたい。

（4）協働的な殺ダニ剤の利用

①4つの使い方

これまでの基幹的な防除手段から殺ダニ剤の位置づけを見直す。ハダニ多発生年や多発生環境において天敵類の足りない部分を補うという観点から効果的・効率的な使用を考える。天敵のカブリダニ類は餌のハダニ類に遅れて増えるため，ハダニ類の増殖が速い状況では捕食・繁殖が追いつかず，ハダニ類の密度抑制が不安定になる場合がある。このような場合には，防除を安定させる手段として即効性に優れる殺ダニ剤の併用が有効である。

殺ダニ剤の使い方を用途と使用場面で大別すると，カブリダニ製剤を放飼する前にハダニ類の先行的な増殖を抑える放飼前防除，ハダニ類の急増が予測される時期にスケジュール的に散布する補完防除，ハダニ密度が一定の目安を超えた場合に天敵を保護しつつ実施するレスキュー防除，ハダニ類の一掃を最優先の目標とするリセット防除がある（第4表）。

②放飼前防除

放飼前防除は，カブリダニ類が十分に働き始めるまでには設置・放飼から時間差があることから，その間にハダニ類の急増が予想されるような場面で実施する。おもにハダニ類の侵入が限られる施設栽培で，すでにハダニ類の発生が見られるような場合に有効である。散布にあたってはカブリダニ類に悪影響が小さい剤を用いる。

③補完防除

補完防除は，ハダニ類の急増が予想される時

果　樹

第4表　カブリダニ類に対する影響からみた殺ダニ剤の分類と「天敵を主体とした防除体系」における使用方法

カブリダニ類に対する影響	殺ダニ剤（IRACコード）	使用方法[4]
小	アシノナピル水和剤（33） アセキノシル水和剤（20B）[2] シエノピラフェン水和剤（25A） シフルメトフェン水和剤（25A） テトラジホン乳剤（12D） ピフルブミド水和剤（25B） ヘキシチアゾクス水和剤（10A） 気門封鎖剤類[3]	放飼前防除 補完防除 レスキュー防除 リセット防除
ややあり[1]	スピロメシフェン水和剤（23） スピロジクロフェン水和剤（23） ビフェナゼート水和剤（20D） フェンピロキシメート水和剤（21A）	放飼前防除 リセット防除
大	クロルフェナピル水和剤（13） ミルベメクチン乳剤（6） BPPS水和剤（12C）	リセット防除

注　1）使用にあたり注意が必要
　　2）一部の土着カブリダニ類には影響があるため場面によっては注意を要する
　　3）種類によってはカブリダニ類への影響や薬害に配慮が必要
　　4）樹種や製剤利用の有無や種類により検討

期に天敵類の働きを補う目的で実施する。保険的な散布として多発年を想定して散布時期を決め，カブリダニ類に対して悪影響が小さい剤をスケジュールで散布する。少発生での散布になる可能性もあるが，モニタリングの負担を減らせるメリットがある。

④レスキュー防除

レスキュー防除は，ハダニ密度が任意の水準を超えた場合に，適宜で殺ダニ剤を散布する防除になる。臨機応変にハダニ類の増加と天敵の発生の時間差を埋める散布であり，完全な防除を狙う必要はない。ハダニ密度や被害様相など殺ダニ剤散布の判断目安を前もって決めておき，天敵類に対して悪影響の小さい剤を使用する。剤の選択では，②，③とともに，気門封鎖剤も選択肢の一つとなる。

⑤リセット防除

リセット防除は，ハダニ類の確実な防除を優先したい場合に実施する。ハダニ類の増加に対しカブリダニ類の発生が見られない場合や，感受性の低下などでレスキュー防除がうまくいかなかった場合などがこれにあたる。カブリダニ類への影響は考慮せず防除効果の高い剤を使用する。

⑥カブリダニ類の働きを待つ意識も大事

いずれの防除も実施目的を明確にすることが重要である。殺ダニ剤はカブリダニ類の効果を安定化する，あるいは維持するための使用を基本とし，安易な使用はひかえる。とくにレスキュー防除においては，天敵の属性として反応の遅れが存在することを理解し，ハダニ類の増殖リスクが低いと考えられるときは，できるだけカブリダニ類の働きを待つことを意識する。従来の要防除水準は，天敵が働かずハダニ類が指数関数的に増えることを前提にしているため，先ゆきを見こしてかなり低い設定となっている。現状，天敵利用を考えるときの適正水準に明確な答えはないが，まずは推移を見るところ

から始めたい。

なお，薬剤の選定にあたっては，ハダニ類の感受性が低下している場合もあるので，試験場，普及センターなど指導機関などが提供する情報も参考にする。

4. 体系の導入手順

(1) まず実態の把握

ハダニ類に限らず病害虫を効果的かつ効率的に防除しようとするのであれば，その検討には対象病害虫の発生実態に即した戦略的なアプローチが求められる。それぞれの環境や栽培管理にフィットした"最適化"が目標となる。とくに，先にも述べたようにハダニ類は地域，ときには園によってもその発生が大きく異なる。「主要な種は？」「初発はいつごろ？」「増殖が盛んになる時期は？」「年次変動は？」「増えやすい場所は？」など，発生に関する特徴の把握が体系構築・導入の成否を左右する。

もちろん，すべてが事前に求められるものではない。情報の不足を実践の足かせにするのではなく，実際に体系の導入に取り組む中で，ハダニ類に関するデータの充実も進めながら適宜調整をはかりたい。

(2) モデルを参照に体系の構築

リンゴ（露地），オウトウ（露地），ナシ（露地），ミカン（露地），施設ブドウ，施設ミカンで主産地が作成したモデル体系が公開されている。体系の構築にあたっては，まずこれらモデルを土台にするとよい。それぞれの細部は地域や作型と紐付いているが，体系構築のポイントが示されており，自らのケースとの比較，改良が可能である。防除体系の基本的な戦略はそのままに，それぞれの状況に照らした調整を加え最初の体系案をつくる。

一方で，モデルは唯一の正解ではないことも強調しておきたい。あくまで，ある地域の，ある条件下での一つの構築事例である。モデルの提案後も現在進行形で天敵利用の研究は進んで

いる。自らの体系を構築する一助として活用しよう。

(3) 調整・改良のサイクルを大切に

構築した体系案は，試行のプロセスでさらに最適化のための調整をはかる。この過程では，モニタリングが重要となる。ハダニ類の発生状況に加え，カブリダニ類をはじめとした天敵類やほかの病害虫の発生状況についても注意を払う。

ハダニ類には増えやすい時期や条件がある（第5表）。こうした状況では，できるだけ調査間隔を短くし動向のフォローをよりていねいに行なう。

カブリダニ類については，「土着か製剤か」「どのような土着種が発生しているか」，できるだけ種まで同定したい。簡単な作業ではないが，主要種は限られる。

体系の構築から導入，さらに調整・改良まで，体系の安定には数年を要するのが一般的である。ハダニ類やカブリダニ類の発生状況は，年によっても，園の環境条件や栽培様式などによっても大きく異なる。また，土着天敵の保全効果は漸進的である点にも注意したい。保全の努力が十分な効果を発揮し，土着のカブリダニ類が安定的に働くまでには，対策を講じてから数年かかる場合もある。腰を据えた取組みが必要である。調整・改良のサイクル，そして経験の蓄積を大切にする。

(4) 実施体制

体系の導入にあたっては，実施体制の整備，とりわけ技術面での支援の充実が必要である。

病害虫防除全体の見直しにおいては，薬剤の選定と散布時期の調整，代替技術の検討に始まり，実施後複数年にわたる経過の観察，想定外の病害虫への対応まで専門的なサポートが欠かせない。

試行の過程では，ハダニ類やカブリダニ類のモニタリングが重要であることは前述したところだが，微小なそれらの観察は容易なことではない。データの質を確保するとなればなおさら

果　樹

だろう。さらに，経過を見守りながらの殺ダニ剤散布の要否判断にはより経験が必要となる。

天敵利用はすぐに満点をとれるような技術ではない。過程には相応の時間と努力が必要であり，防除方法の変更にはリスクも伴う。組織的に，計画的に，そして知識と経験を共有しながら取り組むことが重要である（第11図）。

（5）手引き・マニュアル

体系の導入の手引きとして，農研機構から「天敵を主体とした果樹のハダニ類防除体系 標準作業手順書」5編（基礎・資料編，リンゴ編，オウトウ編，ナシ編，施設編）が公開されている。病害虫の専門家に限らず，生産現場で使ってもらうことを目的に平易な文章で樹種別にまとめられている。web上の掲載はサンプル版に限られるが，IPP-Koho@naro.affrc.go.jpに連絡すれば全編を入手できる。

「新・果樹のハダニ防除マニュアル－<w天>天敵が主役の防除体系－【第三版】」は病害虫防除の専門家向けで，重要ポイントがコンパクトにまとめられている。

露地ミカンについては，「土着天敵を活用する害虫管理最新技術集（2016年版）」がある。

（6）残る課題

果樹のハダニ防除における天敵利用は，現在進行形で研究が進む開発途上の技術である。そ

第5表　ハダニ類が多発生しやすい条件

分類	条件
環境	・周囲でハダニ類が多発生している ・施設栽培園に隣接している ・前年にハダニ類が多発生している
気象条件	・高温乾燥状態にある ・空梅雨 ・晴天が続いている
栽培条件	・開園後，改植後など幼木が多い ・枝数が多く薬液がかかりにくい樹形をしている
ハダニの性質	・薬剤抵抗性が発達している（殺ダニ剤を散布してもハダニ類が減少しない）

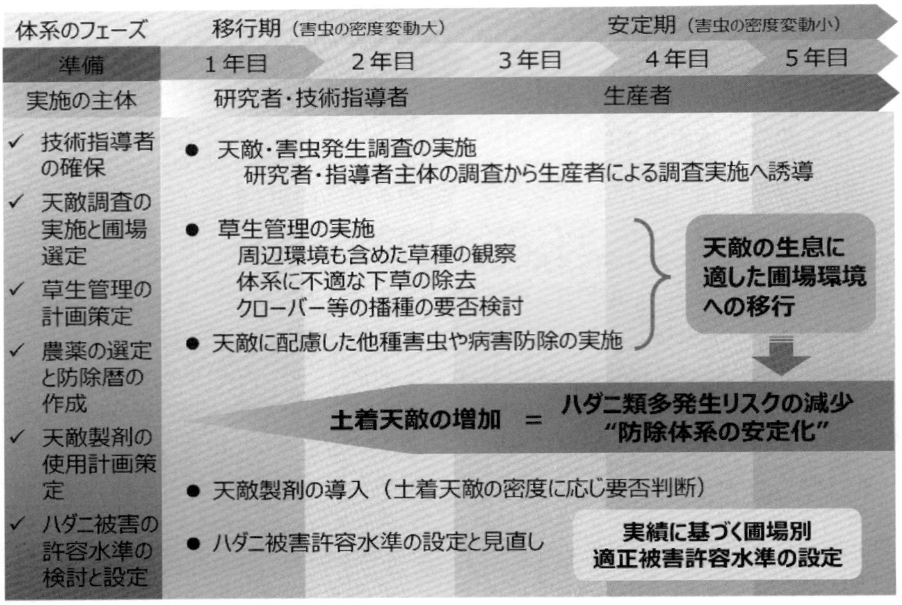

第11図　「天敵を主体とするハダニ防除体系」構築のタイムスケジュール
（「天敵を主体とした果樹のハダニ類防除体系」より改図）

こでは，防除の「効果」「効率」に加え，一般化に向けた技術の「簡便化」「省力化」も課題となる。たとえば，体系構築は病害虫の専門家でもむずかしい作業である。デジタル技術の活用など支援面での研究開発が望まれる。天敵にやさしい草生管理については，ロボット草刈機を活用した省力とカブリダニ保全の両立を狙った技術の検討もあるだろう。カブリダニ製剤の開発も大きな課題である。現状はほとんどすべてを輸入に頼るが，利便性や今後の発展性を考えれば国産に対する期待は大きい。また，殺ダニ剤の協動的利用については，レスキュー防除やリセット防除の判断基準に，簡便なモニタリング方法の開発とともに，検討の余地が残されている。

天敵利用はIPM，減農薬の基幹となる技術である。技術の一般化「誰でも」に向けた，今後の研究の展開が期待される。

*

果樹のハダニ問題は，慣行防除による環境負荷の表出として，園の生物相の貧困化，農業生態系のバランスの崩れという側面をもつ。本来ハダニ類には多くの天敵が存在する。生産環境におけるハダニ類の多発生は，これら天敵相の脆弱化による機能不全によるところが大きい。ハダニ問題の根本的解決とは，病害虫防除の環境への影響を見直し，こうした自然の機能を回復（施設栽培であれば創出）することにほかならない。そしてその過程は，環境や生物多様性への配慮という長期的視点を，作期における病害虫防除や栽培管理に矛盾することなく一つの体系に落とし込んでいく試みである。できるところからでも構わない。目の前のハダニの問題を，生産性の維持と環境負荷低減の両立を探る契機としたい。

執筆　外山晶敏（農研機構植物防疫研究部門）

2024年記

参 考 文 献

岸本秀成・柳沼勝彦・降幡駿介・外山晶敏．2020．草刈りの高さがリンゴ園下草でのカブリダニ類の発生に及ぼす影響．日本ダニ学会誌．**29**（2），47—58．

McMurtry, J. A. and B. A. Croft. 1997. Life-styles of Phytoseiid mites and their roles in biological control. Annu. Rev. Entomol. **42**, 291—321.

日本生物防除協議会．2022．天敵等への殺虫・殺ダニ剤の影響の目安　第28版．

日本生物防除協議会．2023．天敵等への殺菌剤・除草剤の影響の目安　第30版．

農研機構．2016．土着天敵を活用する害虫管理最新技術集（2016年版）．42—49．https://www.naro.go.jp/publicity_report/publication/pamphlet/tech-pamph/069415.html

農研機構．2021．新・果樹のハダニ防除マニュアル－天敵が主役の防除体系－【第三版】－<w天>防除体系－．https://www.naro.go.jp/publicity_report/publication/pamphlet/tech-pamph/130513.html

農研機構．2021．天敵を主体とした果樹のハダニ類防除体系標準作業手順書　基礎・資料編．サンプル版：https://www.naro.go.jp/publicity_report/publication/laboratory/naro/sop/142626.html

農研機構．2021．天敵を主体とした果樹のハダニ類防除体系標準作業手順書　リンゴ編．サンプル版：https://www.naro.go.jp/publicity_report/publication/laboratory/naro/sop/142625.html

農研機構．2021．天敵を主体とした果樹のハダニ類防除体系標準作業手順書　ナシ編．サンプル版：https://www.naro.go.jp/publicity_report/publication/laboratory/naro/sop/142623.html

農研機構．2022．天敵を主体とした果樹のハダニ類防除体系標準作業手順書　施設編　ブドウ/ミカン．サンプル版：https://www.naro.go.jp/publicity_report/publication/laboratory/naro/sop/154557.html

農研機構．2024．天敵を主体とした果樹のハダニ類防除体系標準作業手順書　オウトウ編．サンプル版：近日掲載

農林水産省．2021．みどりの食料システム戦略

山本敦司・土井誠．2021．殺虫剤抵抗性リスク評価表－抵抗性リスクを見える化して対策へつなげる．植物防疫．**75**，16—24．

果樹

リンゴ

(1) ハダニ類のw天敵防除体系

①リンゴのハダニ類

ハダニ類は雌成虫でも体長は1mmに満たない微小害虫で，リンゴに発生するおもな種はナミハダニとリンゴハダニであり，ナミハダニの優占園が多い。リンゴ葉でリンゴハダニは表裏の両面に，ナミハダニは裏面に寄生して吸汁加害し，被害葉は褐変する。

リンゴハダニは2～5年枝の分岐部などに卵で越冬する。孵化は展葉期ごろから始まり，開花中に終了する。孵化幼虫は，初めは花そう基部葉に集中的に寄生し，6月中旬ごろから樹全体に分散し，発生盛期は7～8月である。ナミハダニは雌成虫が樹幹の粗皮下や地表の落葉などにコロニーをつくって越冬する。越冬成虫はリンゴの発芽期ごろから離脱し，初めは地表の下草や樹の徒長枝葉などに寄生する。発生盛期は7～8月で，9月中旬ごろから越冬成虫が出現する。両種とも複数の殺ダニ剤に対して抵抗性を発達させており，とくにナミハダニには高い防除効果を期待できる殺ダニ剤が少なく，薬剤防除が困難になっている。

②土着カブリダニ類

カブリダニ類は古くから重要なハダニ類の天敵類として注目されている。リンゴに発生するおもな種はフツウカブリダニ，ミチノクカブリダニ，ケナガカブリダニ（第1図）である。フツウカブリダニとミチノクカブリダニは広範な属のハダニ類やフシダニ類，花粉などを餌とする広食性である。ケナガカブリダニはテトラニカス属または巣網を形成するハダニ類を好んで捕食する。フツウカブリダニは樹に，ミチノクカブリダニは下草に多く生息し，ケナガカブリダニはハダニ類の発生部分で観察される。食性タイプと生息場所の異なる複数種のカブリダニ類の働きでハダニ類の発生が抑制される。

③防除体系構築のポイント

本体系構築のポイントは，1）土着カブリダニ類に影響の小さい殺虫剤を使用する，2）下草を維持し，土着カブリダニ類を保護する，3）殺ダニ剤はハダニ類の増加が著しい場合やハダニ類の越冬密度を低く抑える場合に使用することである。

(2) w天敵防除体系の内容

①カブリダニ類保護に配慮した薬剤選択

一般に，カブリダニ類を含む天敵類は多くの殺虫剤に対して感受性が高く，農薬散布との併用がむずかしいという欠点がある。リンゴ栽培において農薬散布は不可欠な管理技術ではあるが，カブリダニ類保護利用にはこの点の改善が重要になる。リンゴ園では，5～9月まで農薬（殺菌剤や殺虫剤など）を約2週間の間隔で散布している。一般に，殺菌剤は昆虫類への影響が小さいが，殺虫剤には天敵類などの対象外の生物に対する影響が強い薬剤も多い。カブリダニ類の保護利用には使用する薬剤の"質"に十分配慮する必要がある（第2図）。

本体系では，殺虫スペクトル（効果を示す害虫種）が広い非選択性殺虫剤（合成ピレスロイド剤や有機リン剤など）の使用は避け，天敵類に影響が小さい選択性殺虫剤（IGR剤やジアミド剤など）を主体に害虫防除体系を組み立てる。主要チョウ目害虫（モモシンクイガ，キンモンホソガ，ハマキムシ類）には，ジフルベンズロン水和剤やテフルベンズロン乳剤などの

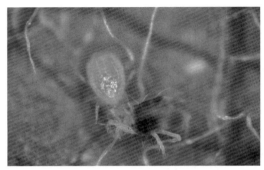

第1図 ナミハダニ（右）を捕食するケナガカブリダニ

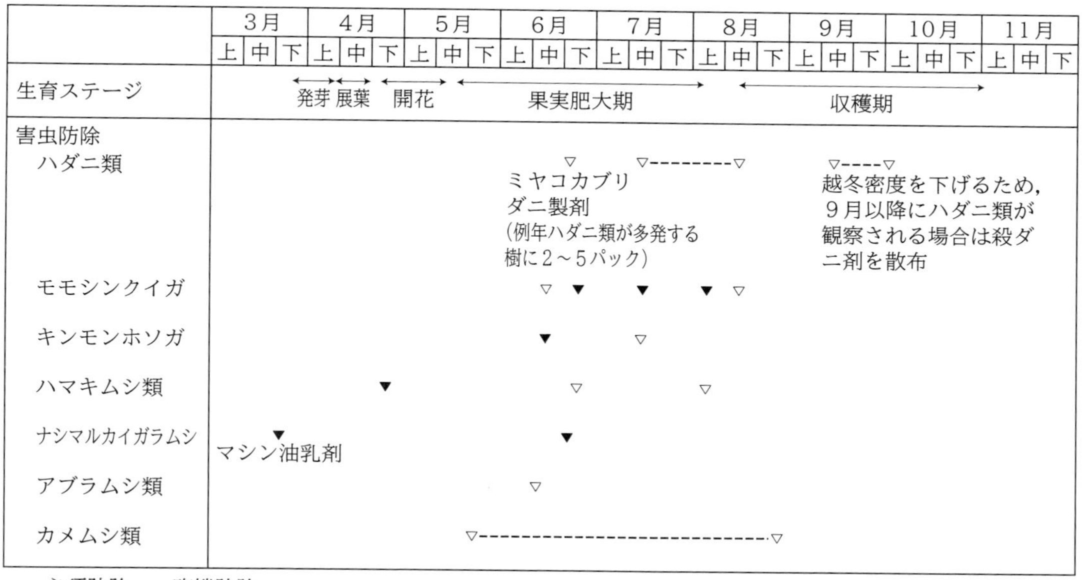

天敵を利用した防除技術

第2図 リンゴのw天敵防除体系事例

	3月	4月	5月	6月	7月	8月	9月	10月	11月
	上中下	上中下	上中下	上中下	上中下	上中下	上中下	上中下	上中下
生育ステージ		発芽 展葉	開花	←——— 果実肥大期 ———→		←——— 収穫期 ———→			

害虫防除

- ハダニ類：ミヤコカブリダニ製剤（例年ハダニ類が多発する樹に2〜5パック）（6月ごろ） ▽--------▽（7月） ▽----▽（9月）／越冬密度を下げるため，9月以降にハダニ類が観察される場合は殺ダニ剤を散布
- モモシンクイガ：▽ ▼ ▼ ▼ ▽（6〜8月）
- キンモンホソガ：▼（6月） ▽（7月）
- ハマキムシ類：▼（4月下） ▽（7月） ▽（8月）
- ナシマルカイガラムシ：マシン油乳剤（3月） ▼（7月上）
- アブラムシ類：▽（6月）
- カメムシ類：▽----------------------------▽（5月〜8月）

▼必須防除　▽臨機防除

「新・果樹のハダニ防除マニュアル―<w天>防除体系―【第三版】」（農研機構，2021）を一部改編

IGR剤，クロラントラニリプロール水和剤やフルベンジアミド水和剤などのジアミド剤，BT剤などを使用する。アブラムシ類にはフロニカミド水和剤やピリフルキナゾン水和剤を使用する。カメムシ類は，これら殺虫剤で防除できないことから，チアクロプリド水和剤などのネオニコチノイド剤を使用する。ただし，ネオニコチノイド剤はカブリダニ類以外の天敵類に悪影響があるので多用しない。殺菌剤もカブリダニ類に影響が大きいプロピネブ水和剤やチオファネートメチル水和剤などの使用は避ける。DMI剤耐性黒星病対策の殺菌剤は，SDHI剤やAP剤を使用する（第1表）。

②潜在害虫の被害防止対策

選択性殺虫剤を主体とした防除体系では，潜在害虫が増加する可能性がある。ナシマルカイガラムシ（第3図）の防除には休眠期にマシン油乳剤を散布する。また，前年，ナシマルカイガラムシが多発生した園は6月下旬〜7月上旬にIGR剤のブプロフェジン水和剤を散布する。

③カブリダニ類保護に配慮した草生管理

下草はカブリダニ類に温湿度の安定した生息環境を形成する。広葉の下草は紫外線や農薬散布からのカブリダニ類の隠れ家となる。また，オオバコなどの下草の花粉はカブリダニ類の生存と繁殖に好適な餌資源になる。

下草のカブリダニ類を温存するためには，できるだけ除草はひかえたほうがよい。しかし，無除草のリンゴ園では多種類の雑草が観察され，草丈の高い下草が繁茂すると作業の障害になり，リンゴ園の景観が損なわれる。この場合には，多年生で草丈が低く，耐寒性や耐踏圧性に優れるシロクローバを活用すると管理しやすくなる（第4図）。前年，頻繁に機械除草を行なうとほかの下草よりも生育が速いシロクローバがしだいに優占する。また，市販のシロクローバ種子を4月（雪解け後）に種子・肥料散布器などを用いて播種する方法もある。なお，生育旺盛な下草が見られる場合は肩掛け草刈機で刈り取るか，適宜抜き取る。また，部分的に繁茂したギシギシなどには除草剤をスポット処理

果樹

第1表 カブリダニ類保護の害虫防除体系の一例

散布時期	薬剤名	対象害虫
芽出し前	マシン油乳剤	ナシマルカイガラムシ
開花直前	フルフェノクスロン乳剤	ハマキムシ類，ケムシ類
落花直後	クロラントラニリプロール水和剤	ハマキムシ類，ケムシ類，キンモンホソガ
落花25日後	チアクロプリド水和剤	キンモンホソガ，モモシンクイガ，アブラムシ類，カメムシ類
6月下旬	ジフルベンズロン水和剤	モモシンクイガ，キンモンホソガ
	ブプロフェジン水和剤	ナシマルカイガラムシ
7月上旬[1]	チアクロプリド水和剤	モモシンクイガ，キンモンホソガ，カメムシ類
7月下旬	テフルベンズロン乳剤	モモシンクイガ，キンモンホソガ
8月上旬	テフルベンズロン乳剤	モモシンクイガ，キンモンホソガ
8月下旬[2]	フルベンジアミド水和剤	モモシンクイガ，ハマキムシ類

注 1) ナシマルカイガラムシが多い場合は7月上旬にもブプロフェジン水和剤を散布する
   2) 8月下旬の散布はモモシンクイガの発生が多い園では実施する

第3図 ナシマルカイガラムシによる被害果実

第4図 シロクローバが優占したリンゴ園

するなどして極力多くの下草を保持する。

④殺ダニ剤によるレスキュー防除

 ハダニ密度が一定の目安を超えた場合に殺ダニ剤によるレスキュー防除を行なう。ハダニ類とカブリダニ類の発生は，3樹の各30葉（5～6月は果そう葉，7～9月は新梢葉）をルーペなどでよく観察する。ハダニ類が増加した場合（1葉に成若幼虫10～15頭程度）でも，カブリダニ類が同時に観察される場合は，その後2週間程度，2～3日間隔でハダニ類の増減を観察する。その間，ハダニ類の増加が著しく，葉の褐変で実害が懸念される場合は殺ダニ剤を散布する。8月まで殺ダニ剤を散布しなかった場合でも，9月以降にハダニ類が観察される場合は越冬密度低下のため殺ダニ剤を散布する。

 ハダニ類の殺ダニ剤感受性は，園地間で異なる。殺ダニ剤はこれまでの使用経験を参考に，その年未使用の剤から選択する。散布後にハダニ類の密度が低下せず，とくに幼若虫が多数確認される剤は，効力が低下している可能性が高いので使用しない。

⑤補完的なカブリダニ製剤の利用

 例年，いち早くハダニ類の多発が観察される樹には，ミヤコカブリダニ製剤（ミヤコバンカー®）の使用も有効である。その場合は，ハダニ類が増加する前（例年は6月下旬ごろ）に，地上高1.5～2mの枝に2～5パックを設置する（第5図）。

(3) w 天敵防除体系の実践事例

慣行管理園（非選択性殺虫剤散布と5〜9月まで約1か月ごとに乗用草刈機で除草）ではカブリダニ類の発生がきわめて少なく，ハダニ類は6月下旬から増加して，発生の抑制には殺ダニ剤散布が複数回必要である。一方，w天敵防除体系の実践園では，フツウカブリダニが継続して発生し，8月以降はケナガカブリダニも観察される。ハダニ類の発生は少なく，殺ダニ剤散布は1回ですんでいる（第6図）。下草はシロクローバが優占し，草種は年次で変化する。

執筆　舟山　健（秋田県果樹試験場）

2024年記

第5図　リンゴ樹に取り付けたミヤコカブリダニ製剤

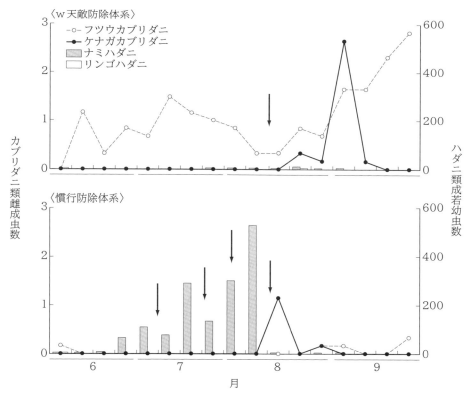

第6図　w天敵防除体系と慣行防除体系のリンゴ圃場におけるカブリダニ類とハダニ類の発生消長（2018年，秋田県果樹試験場内圃場）
6樹から20葉ずつ採集した20葉当たり平均寄生数。矢印は殺ダニ剤散布

果樹

ナシ

(1) 土着天敵を保護するハダニ対策へ

ナシ栽培においてハダニ類（おもにナミハダニやカンザワハダニ）が多発生した場合，早期落葉や秋期開花を引き起こすなど，翌年の収量にまで影響する問題となることがある（第1図）。これまで，試験研究機関や普及などの指導機関が提示してきた病害虫防除暦におけるハダニ類の対策は，殺ダニ剤を中心とした化学的防除に大きく依存してきたが，とくにナミハダニにおいては各種殺ダニ剤への感受性低下事例が増加するなど，殺ダニ剤に頼らない防除技術の重要性が高まっている。環境負荷低減の観点からも，生物多様性を活用した防除にも関心が集まっている。

昨今の研究成果から，ナシ栽培におけるハダニ防除は，園内にハダニ類をまったく発生させないことを目指すのではなく，総合的な対策をとることによってハダニ類の天敵カブリダニ類など土着天敵の活動を保護しつつ，ハダニ類が多発生に至らないような環境をつくることを目指すとよいことがわかってきた。IPM（総合防除，第2図）の観点から，w天敵（土着天敵と天敵製剤）を活用したハダニ類防除について，それぞれの要素技術を紹介する。

(2) w天敵防除の技術要素

①多目的防災網で殺虫剤の使用を減らす（物理的防除）

ナシ栽培では，果実における雹害や風害を抑

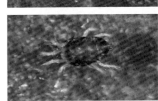

第1図 ナシで問題となるハダニ類と早期落葉被害
上：ナミハダニ，下：カンザワハダニ

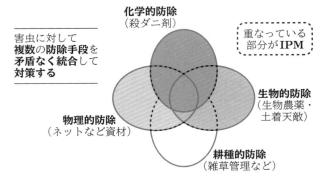

第2図 IPM（総合防除）の概念図

えるために多目的防災網の展張が推奨されている。これには同時に，カメムシ類や吸蛾類などの大型害虫がナシ園内へ侵入するのを抑制する物理的防除の効果も期待される。さらに，これらの害虫に対して使用する必要があった非選択性殺虫剤（有機リン系や合成ピレスロイド系など）の使用が減らせることにより，ハダニ類に対する天敵カブリダニ類が園内に定着しやすくなるというメリットがある。

防災網を展張することにより園内環境が高温乾燥化し，ハダニ類が発生しやすくなることも懸念されるが，この影響は天敵類の定着促進により相殺されると考えてよく，ナシのw天敵防除体系における重要な要素技術である。

②株元草生栽培による天敵カブリダニ類の温存（耕種的防除）

従来，ナシ園内の下草は害虫の温床になるため，少なくとも樹の株元は除草して清耕に管理することがよいとされ，除草作業こそがハダニ類に対する耕種的防除だと考えられていた。しかし最近，樹の株元の下草は天敵カブリダニ類のすみかや隠れ場所となり，さらにこれらが樹上へ上る際のはしごとなることがあきらかになっている。葉が展開する4月から9月までの期間，樹の株元（半径50cm程度）には雑草を残した株元草生栽培を取り入れる（第3図）。また，園内のそれ以外の場所では，こまめに機械除草（草丈10cm程度）することによって，雑草上でハダニ類を増やさないよう，また，それらがナシ樹上へといっせいに移動しないように管理することが重要である。

一方で，黒星病対策として，秋から冬にかけては一次伝染源となる罹病落葉を除去する必要があるため，この作業に支障が出ることのないよう，自然落葉以後は園内を清耕に管理するとよい。

③天敵カブリダニ類に優しい殺虫剤選択（化学的防除）

ナシ栽培では，農薬散布作業の回数が限られるなか，一度の散布によって複数の害虫種に対して効果が期待できる非選択性殺虫剤の使用が欠かせない。しかし，これらをシーズン通して使用した場合，天敵カブリダニ類に悪影響があり，結果としてハダニ類の多発生を許すことにつながる危険性がある。そこで，非選択性殺虫剤を使用するのは5月末までとし，6～7月にかけては選択性の高い殺虫剤だけを使用することにより，ハダニ類が増殖を開始する梅雨明けごろに，天敵カブリダニ類が活動しやすい環境を準備しておく。また，8月中旬以降には非選択性殺虫剤を使用しても，さほどの悪影響は出ない。殺虫剤選択の詳細な情報については「新・果樹のハダニ防除マニュアル【第三版】」（農研機構，2021年3月発行）などを参照されたい。また，ナシで使用される主要な殺菌剤は，ほとんど天敵カブリダニ類に対して悪影響を及ぼさず，病害防除とw天敵ハダニ防除体系とは相性がよい関係にあるといえる。

第3図 株元清耕（左）と，株元草生（右）のナシ園
ハダニ類の天敵温存，樹上へのはしごとなるよう樹の株元半径50cmの範囲は草生栽培にするとよい

果　樹

		3月			4月			5月			6月			7月			8月			9月			10月		
		上	中	下	上	中	下	上	中	下	上	中	下	上	中	下	上	中	下	上	中	下	上	中	下
生育ステージ				←催芽→ りん片脱落	←開花→				←摘果→		←果実肥大期→						←収穫→							←落葉期→	
必ずやるべき	化学的防除	●マシン油乳剤 （3月上旬）ハダニ類, ニセナシサビダニ, カイガラムシ類			●チアクロプリド水和剤 （4月中〜下旬）アブラムシ類, チョウ目 ●スピロテトラマト水和剤 （4月下旬）ニセナシサビダニ, アブラムシ類			●クロルフェナピル水和剤 （5月中旬）チャノキイロアザミウマ ほか ●アセタミプリド水溶剤 （5月下旬）カイガラムシ類			●スルホキサフロル水和剤 （6月上旬）カイガラムシ類			●（梅雨明け後）アセキノシル水和剤 ハダニ類			●合成ピレスロイド系剤 （8月中旬）チョウ目								
	物理的防除	●粗皮削り （1〜2月）			←──多目的防災網の設置・展張──→																				
	耕種的防除	カイガラムシ類			←──株元草生または全面草生──→																				
やってはいけない					←──除草剤による除草・草を一斉に枯らす管理──→ 雑草に寄生しているハダニ類を樹上に誘導しない ←殺ダニ剤の予防的散布→ ←6〜7月の非選択性剤使用→ ナミハダニを優占させない　この時期はとくに散布をひかえる																				

第4図　土着天敵カブリダニ類を温存したIPM（害虫）防除暦の一例
「ニホンナシにおける天敵ガブリダニ類を主体としたハダニ類のIPM防除マニュアル」千葉県（2020）より改変

　ここまであげた物理的防除，耕種的防除，化学的防除が，ナシのハダニ類に対して天敵カブリダニ類を主体とした生物的防除を成功させるための前提となる環境整備となる（第4図）。
　④ w天敵の活用による早期落葉に至らせないハダニ管理（生物的防除）
　多くのナシ園では，複数種の土着カブリダニ類が発生する。これらは，ハダニ類を積極的に食べるハダニ専門（スペシャリスト）カブリダニ種（ミヤコカブリダニなど）と，ハダニ類以外にも微小昆虫類や花粉などを餌として食べる広食性（ジェネラリスト）カブリダニ種（ニセラーゴカブリダニなど）に分類される（第5図）。IPM防除体系に取り組んだナシ園では，ハダニ類は梅雨明け以前に高密度になることは少なく，毎年，梅雨明け10日後から2週間後に発生のピークを迎える（第6図）。
　ナシ園内の環境が好適な場合，ナシの樹上で

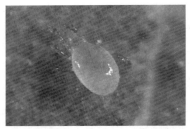

第5図　土着天敵カブリダニ類
ハダニ類専門に食べるミヤコカブリダニ（下）と，広食性のニセラーゴカブリダニ（上）雌成虫

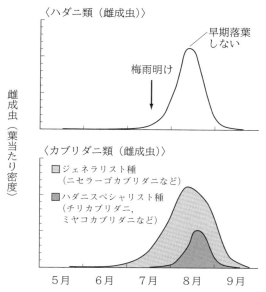

第6図　ハダニ類と土着天敵カブリダニ類の発生消長の模式図

第7図　ミヤコバンカー®の設置例

はジェネラリストカブリダニがシーズンを通して発生し，ハダニ類の発生に合わせてスペシャリストカブリダニが発生するようになる。これにより，ハダニ類の発生が見られたとしても，早期落葉には至らず収束する。土着天敵の働きを補完するため，天敵製剤ミヤコバンカー®などを活用してミヤコカブリダニの発生を促す方法も有効である（第7図）。

(3) ハダニ類以外も安定防除に

多くの生産者にとってカブリダニ類を肉眼で確認することはむずかしいが，これらを利用したIPM防除を実践するには，ナシ園にカブリダニ類がいる前提で，それを減らさないよう，各種技術を組み合わせて実施することが重要となる。IPM防除に取り組んだナシ園では，数年のうちにはハダニ類に対して天敵の機能を十分に利用した防除が可能となる。

ハダニ類以外の重要害虫（ニセナシサビダニ，チャノキイロアザミウマ，カイガラムシ類，チョウ目害虫類など）についても，天敵カブリダニ類の利用技術と矛盾することなく防除する必要があるが，第4図に例示した防除体系によって，いずれの害虫に対しても安定した防除が可能となり，ナシ栽培を完了できる現地実証事例が蓄積されつつある。

執筆　清水　健（千葉県農林水産部担い手支援課）
2024年記

果樹

オウトウ

(1) 新しいハダニ類防除法の確立

　一般的なオウトウ栽培は，果実肥大期にあたる5月下旬から収穫終了の7月上旬まで雨よけ被覆を行なう（第1図）。このため，梅雨期の雨が当たらず，晩生種では6月下旬の収穫間際にハダニ類の多発が問題となる。また，収穫後には雨よけ被覆資材は撤去されるが，盛夏期にハダニ類の増殖力が高まるため，これらの加害により早期落葉がおこる場合がある。

　オウトウを加害する主要種はナミハダニ（*Tetranychus urticae*）で，対策は化学合成殺ダニ剤による防除が主体である。しかしこれらの殺ダニ剤に対するナミハダニの感受性低下が近年問題となりつつあり，その対策として2016～2018年に山形県農業総合研究センター園芸農業研究所では，自然発生する土着のカブリダニ類とミヤコカブリダニ（*Neoseiulus californicus*）製剤を併用した新しいハダニ類の防除法の確立に取り組んだ。

　ここではそこで得られた知見をもとに，オウトウのナミハダニを対象とした天敵利用技術の概要を紹介する。なお，記載薬剤は2024年3月1日現在の農薬登録内容にもとづいている。

(2) ナミハダニの生態と土着カブリダニ類の種類

　粗皮下などで越冬したナミハダニの雌成虫は，早春に下草類へ移動して増殖し，5月中旬に樹のひこばえや主幹部の徒長枝葉に移動する。その後，葉上で増殖し，雨よけの被覆後1か月程度を経たころから多発する場合が多い。ナミハダニによる被害葉は，葉脈間が白く抜け，ひどいものは黄化して落葉する（第2図）。

　オウトウ葉上に見られる土着カブリダニ類では，ニセラーゴカブリダニ（*Amblyseius eharai*），フツウカブリダニ（*Typhlodromus vulgaris*），トウヨウカブリダニ（*Amblyseius orientalis*），ケナガカブリダニ（*Neoseiulus womersleyi*）の確認頻度が高い。園地や調査時期でカブリダニ類の発生密度は異なるが，オウトウ園では一般的にニセラーゴカブリダニの生息が多く，ケナガカブリダニはナミハダニの多発後に増える傾向がある（第3図；伊藤，2022）。

　葉上の土着カブリダニ類の密度は，使用する殺虫剤の影響を強く受ける。天敵を利用する防除体系ではこれら土着カブリダニ類に対して影響の小さい薬剤を使用することが前提となる。

(3) ミヤコカブリダニ製剤の利用と殺ダニ剤の使い方

　オウトウでは果実肥大期の雨よけ被覆と果実着色期以降の着色促進用反射シートの敷設（第

第1図　オウトウの雨よけ被覆栽培

第2図　要防除水準に達したナミハダニの被害葉

天敵を利用した防除技術

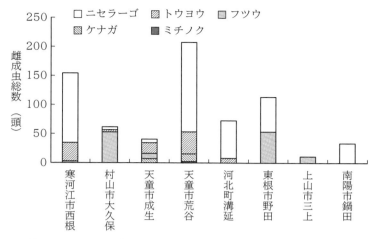

第3図 オウトウ葉上から採取した土着カブリダニ類の種構成
（2016年）
種名はカブリダニを省略して記載

第4図 収穫期の反射シートの敷設

第5図 システムミヤコくん®の設置

4図）により，下草がなくなるため乾燥しやすく，湿度の高い環境を好む土着カブリダニ類の生息には不適な環境となりやすい。そのため，ナミハダニの増殖期と重なる6～7月の天敵利用は，ミヤコカブリダニ製剤の放飼が必要となる。

2024年3月現在のオウトウで使用できるミヤコカブリダニ製剤には，ボトル製剤とパック製剤があるが，ここではパック製剤（商品名：システムミヤコくん®やスパイカル®プラス）と製剤利用時の殺ダニ剤の使い方を紹介する。

①設置法

パック製剤は，カブリダニの放出量が最盛期に達するまで2～3週間程度かかるため，ナミハダニの発生前（雨よけ被覆前の5月中～下旬，満開15～25日後ごろ）に設置する。「システムミヤコくん®」は，主幹部の地上高60～80cm程度の位置に2～5パック（200～500頭）/樹で，枝幹に密着させて幹に巻き付けるように取り付ける（第5図）。一方，「スパイカル®プラス」は厚紙部分の穴を枝に通し，スピードスプレーヤーの風圧などで外れないように厚紙部をホッチキスで固定する。また，パック製剤に水がかからないように果実袋などで包むと効

973

果樹

果がより安定する（第6，7図）。

②ナミハダニ防除の考え方

　効果の安定には，ナミハダニの発生動向の把握が重要である。例年ハダニ類が早くから見られる樹の目通りにある新梢10本についてそれぞれ中位葉2枚（計20枚）を観察し，被害葉（葉表の3分の2以上が白くかすれる，第2図）が5枚以上見られる場合や，ナミハダニ成若幼虫の寄生が1葉当たり6頭以上認められる場合には，殺ダニ剤を使用する。被害痕は一度発生するとその後も残るため，葉裏の虫の寄生状況もよく観察して薬剤防除の要否を判断する。

　化学合成殺ダニ剤の使用は，散布後もカブリダニをそのまま維持活用できる「レスキュー防除」と，カブリダニ類の維持を考えない「リセット防除」の2通りの考え方がある。原則としてミヤコカブリダニ放飼40日後までは，レスキュー防除を優先する。

　レスキュー防除に使える薬剤には，気門封鎖剤（プロピレングリコールモノ脂肪酸エステル乳剤など）やアセキノシル水和剤，アシノナピル水和剤などがあげられる。ただし，気門封鎖剤は果実黄化期や黄色品種（'月山錦'など）の果面に焼け症状を呈する薬害を生じたり（第8図），カブリダニ類に対して影響の大きいものもあるため，薬剤の選択には注意する。

　ハダニ類が激発し，レスキュー防除後でも1葉当たりナミハダニ成若幼虫6頭以上の寄生が認められ，カブリダニによる十分な効果が期待できないような場合はリセット防除に切り替え，ミルベメクチン乳剤やクロルフェナピル水和剤などを使用する。

③そのほかの病害虫防除

　ウメシロカイガラムシ対策は，発芽前のマシン油乳剤や雨よけ被覆前のIGR剤（ブプロフェジン水和剤）を使用し，オウトウショウジョウバエにはIBR剤（ピリフルキナゾン水和剤）やジアミド系剤（シアントラニリプロール水和剤など），カブリダニ類に影響の小さいネオニコチノイド系剤（ジノテフラン水溶剤など）を使用する（伊藤，2023）。果樹カメムシ類にはネオニコチノイド系剤が有効であるが，この系統

第6図　スパイカル®プラスの設置

第7図　スパイカル®プラスに果実袋を被せて設置

第8図　果実黄化期の気門封鎖剤の薬害症状

天敵を利用した防除技術

第1表　ミヤコカブリダニパック製剤利用時の虫害対策事例（ナミハダニ対策以外の殺虫剤）

散布時期	薬剤名（殺虫剤）	対象害虫
①発芽前	マシン油乳剤	ウメシロカイガラムシ
②開花期	ジアミド系剤またはBT剤	ハマキムシ類
③5月下旬ごろ	IGR剤	ウメシロカイガラムシ
	ネオニコチノイド系剤の一部	果樹カメムシ類（状況に応じて）
④収穫期	IBR剤，ジアミド系剤，ネオニコチノイド系剤の一部	オウトウショウジョウバエ
⑤雨よけ撤去後	レスキュー防除薬剤	ナミハダニ
⑥7月下旬ごろ	ジアミド系剤	コスカシバ

第2表　ミヤコカブリダニパック製剤利用の病害対策事例（殺菌剤）

散布時期	薬剤名（殺菌剤）	対象病害
①開花直前[1]	チウラム水和剤	灰星病，炭疽病
②満開3日後	DMI剤またはSDHI剤	灰星病，炭疽病
③満開15〜25日後	キャプタン水和剤	灰星病，炭疽病，褐色せん孔病
④満開25日後	キャプタン水和剤	灰星病，炭疽病，褐色せん孔病
⑤収穫期	QoI剤またはDMI剤	灰星病，炭疽病，褐色せん孔病
⑥雨よけ撤去後	銅水和剤または有機銅キャプタン水和剤	褐色せん孔病

注　1）マンゼブ水和剤やベノミル水和剤はカブリダニ類に対して悪影響が大きいので使用を避ける

の薬剤はカブリダニ以外の天敵類に対して悪影響が高いので，多用は避ける（第1表；農研機構，2021）。

　なお，病害対策はカブリダニ類に対して悪影響の大きいマンゼブ水和剤やベノミル水和剤の使用を避け，開花直前の灰星病にはチウラム水和剤を使用する。生育期間中の灰星病，炭疽病，褐色せん孔病などには，DMI剤（テブコナゾール水和剤やオキスポコナゾールフマル酸塩水和剤など）やSDHI剤（ペンチオピラド水和剤やピラジフルミド水和剤など），キャプタン水和剤やQoI剤（ピリベンカルブ水和剤やアゾキシストロビン水和剤など）を選択して使用する（第2表；後藤，2022）。

④観察と臨機応変な対応も

　天敵に優しい防除体系を3〜4年継続することにより，土着カブリダニ類の発生が安定してくる。一方でオウトウハダニ（*Amphitetranychus viennensis*）が多発することがあるので注意し，レスキュー防除に準じて防除する。

　また，パック製剤の設置時期によっては防除効果が不安定になる場合もある。ハダニ類の天敵にはハダニアザミウマやヒメハナカメムシ類，クロヒメテントウなどの多くの種があり，これらに影響を与える殺虫剤は多岐にわたる。これらの土着天敵の上手な活用には，カブリダニ類以外の天敵の種類や発生時期を把握し，特性を理解することも大切である。

　執筆　伊藤慎一（山形県病害虫防除所）

2024年記

参 考 文 献

後藤新一．2022．オウトウに発生する病害の生態と防除．植物防疫．76（9），42—46.

伊藤慎一．2022．オウトウのハダニ防除における天敵利用．植物防疫．76（1），30—36.

伊藤慎一．2023．オウトウに発生する主要な害虫の生態と防除．植物防疫．77（6），49—57.

農研機構果樹茶業研究部門．2021．新・果樹のハダニ防除マニュアル—<w天>防除体系—．2021年第三版．20—23．https://www.naro.go.jp/publicity_report/publication/pamphlet/tech-pamph/130513.html

果樹

施設ブドウ

(1) ハダニの発生と土着天敵

①カンザワハダニとナミハダニ

施設ブドウ栽培で天井ビニールを周年被覆するとカンザワハダニやナミハダニの越冬密度が高まり，初期から被害が発生し，収穫期には葉焼けや落葉などの被害が問題となる（第1図）。とくにナミハダニは近年薬剤感受性の低下により問題となりやすい。

施設栽培では雨があたらず，気温も高くなるためハダニが増殖しやすい環境にある。早期発見することが防除にとって重要だが，ハダニに吸汁された部分は黄色くなるため，天気の良い日に棚下から透かすように葉を見ると被害がわかりやすい（第2図）。

②土着カブリダニなど天敵

同じ施設ブドウ栽培でも，裸地栽培の圃場では土着カブリダニの発生を確認することはむずかしいが，草生栽培管理圃場では葉上，下草でニセラーゴカブリダニを主体とした土着カブリダニを確認することができる。一方，特定のハダニを餌とするケナガカブリダニのようなハダニスペシャリストは確認されない。そのため，カブリダニによる防除を行なう場合はミヤコカブリダニ製剤の放飼が必要となる。

気温が上昇し，ハダニの密度が上昇するとハダニアザミウマなどのカブリダニ以外の天敵が発生し，ハダニの密度を抑制する。

(2) w（土着＋製剤）天敵防除の体系

①ミヤコカブリダニ製剤の放飼

ハダニが発生し始める栽培初期は施設内が乾燥しやすく，カブリダニの定着が悪くなる。そこで，施設内の湿度が高く（80％程度）保たれるジベレリン前期処理期に，ミヤコカブリダニ製剤を放飼する（第3図）。パック製剤を使用する場合は直射日光を避け，葉下にかけるとよい。点滴灌水を行なっている施設ではスプリンクラーよりも乾燥しやすくなるので，湿度管理には注意する。

また，雑草や病害の発生を抑制するためのビニールマルチは，製剤から放出されたカブリダニへの影響を少なくするため，ジベレリン後期処理までの使用とする。

②殺ダニ剤の使用

ハダニが増加し，被害が散見され始めたときは，カブリダニに影響が少ない薬剤を散布する。無袋栽培では果実汚損が問題となるおそれがあるためピフルブミド水和剤，アシノナピル水和剤などを2,000倍以上の濃度で使用する。一方，有袋栽培ではアセキノシル水和剤，ビフェナゼート水和剤なども使用可能である。

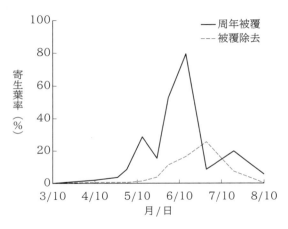

第1図　周年被覆した施設では栽培初期からハダニ被害が発生する

第2図　ハダニ被害葉。棚下から透かすように見ると見つけやすい

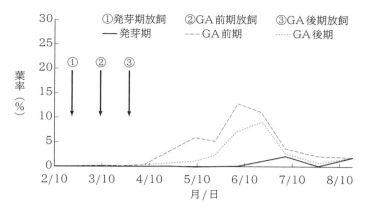

第3図　各放飼時期におけるカブリダニの定着

第4図　葉や新梢基部へ寄生するコナカイガラムシ類

③草生管理

草生栽培は，下草がカブリダニの温存場所となるほか，圃場内の湿度が保たれ定着しやすい環境となる。このため除草剤の使用は避け，できる限り高刈りを行なう。裸地栽培ではブドウ樹の株元に，バミューダグラスなどのイネ科牧草やカタバミなどを配置し，下草を維持するとよい。

④そのほかの害虫防除

ミヤコカブリダニ製剤を利用した防除体系では，ハダニ以外の害虫は耕種的防除などで侵入を防止するほか，なるべくカブリダニに影響が少ない薬剤を使用する。

チャノキイロアザミウマ　天井ビニールにUVカットフィルムを使用したり，タイベック交織ネットをサイドに使用したりすると，ハウス内への飛び込み量を少なくすることができる。薬剤による防除は開花期前後にピリフルキナゾン水和剤を使用し，その後，新梢先端などに被害が見られる場合は，ネオニコチノイド剤を使用する。被害が収まらない場合は合成ピレスロイド剤やフルキサメタミド剤を使用する。ただし，カブリダニに影響が大きいため乱用は避ける。

コナカイガラムシ類（クワコナカイガラムシ，フジコナカイガラムシ）　クワコナカイガラムシは卵で，フジコナカイガラムシは幼虫で，主枝の粗皮下や芽座で越冬し，発芽期ころから動き出し，展葉するころには葉や新梢基部へ寄生する（第4図）。展葉5枚目ころに，ネオニコチノイド剤，スルホキサフロル水和剤などで防除する。クワコナカイガラムシには樹幹塗布も有効である。

ハマキムシ類　幼虫で越冬し，早い場合は発芽期ころから被害が見られる。カブリダニに影響が少ないジアミド剤，BT剤，IGR剤で防除する。加温栽培などで施設が密閉される条件下では性フェロモン剤による交信攪乱も有効である。

ハスモンヨトウ　加温栽培では圃場内で越冬し，葉や果実に被害を及ぼす。夏期以降は飛来虫により被害が増加する。ジアミド剤，BT剤，IGR剤で防除する。加温栽培などで施設が密閉される条件下では性フェロモン剤による交信攪乱も有効である。

コガネムシ類　ネオニコチノイド剤，シアントラニリプロール水和剤，テトラニリプロール水和剤，シクラニリプロール液剤で防除する。

べと病　ジチオカーバメート剤（マンゼブ剤）などカブリダニに影響が大きい薬剤は使用時期に注意する。

⑤実践事例

第5図にw天敵防除の事例を示した。ここで

果樹

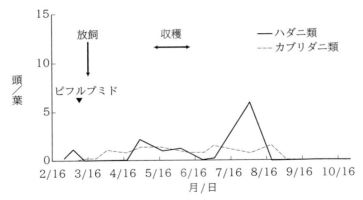

第5図 ブドウ（デラウェア）圃場におけるミヤコカブリダニ製剤放飼によるカブリダニ類とハダニ類の発生消長

	1月 上 中 下	2月 上 中 下	3月 上 中 下	4月 上 中 下	5月 上 中 下	6月 上 中 下	7月 上 中 下	8月 上 中 下	9～12月 上 中 下
生育ステージ		発芽 加温開始		開花 GA前期 GA後期	果実肥大	収穫			落葉
下草管理			←―――――――― 無除草（草丈が高くなれば機械除草） ――――――――→						
害虫防除 ハダニ類				▼ミヤコカブリダニ製剤（ミヤコバンカー®）設置2～5パック/樹 ▽ピフルブミド水和剤					
チャノキイロアザミウマ カイガラムシ類 ハマキムシ類 その他			▽ジノテフラン顆粒水溶剤① ▼トートリルア剤②	▼ピリフルキナゾン水和剤 ▼スルホキサフロル水和剤 ▼ジプロジニル・フルジオキソニル水和剤	▽ブプロフェジン水和剤 ▽マンゼブ水和剤③				▼10月アセタミプリド水溶剤④

第6図 施設ブドウw天敵防除体系「島根モデル」（デラウェア，普通加温栽培）
（新果樹のハダニ防除マニュアル第三版を一部改変）

図中の薬剤，▼は必須，▽は臨機に使用。①クワコナカイガラムシ発生圃場では樹幹塗布を行なう。②加温栽培ではハマキムシ類に対して効果が高い。③カブリダニ類に影響があるため周年被覆栽培ではなるべく散布しない。④ブドウトラカミキリには有機リン剤の登録もあるが，できるだけ使用しない
殺ダニ剤は，ハダニ類による被害を確認，もしくはハダニ類の密度が1頭/葉を超えたら行なう。また，GA後期処理後は果実汚損の心配があるため，ピフルブミド水和剤，アシノナピル水和剤などのフロアブル剤を2,000倍以上で散布する

は，展葉初期からハダニが発生しており，ミヤコカブリダニ製剤放飼前に密度が高くなったためピフルブミド水和剤を散布した。放飼後はカブリダニ類の発生が認められ収穫までハダニ密度も低く推移した。収穫後にハダニの密度が高くなったが，ハダニアザミウマが発生し密度は抑制された。

なお，年間の防除モデルは第6図のとおりである。参考にしてほしい。

執筆　澤村信生（島根県農業技術センター）

2024年記

天敵の住処の白クローバを残すリンゴ園の高刈り

青森県板柳町・福士忍顕さん

地際で刈るとイネ科が増える、高刈りすると広葉が増える

リンゴの農薬使用回数を慣行の半分以下に抑えている福士忍顕さん。草刈りのことを話すときでも、頭の中は病害虫一色。

「雑草を剥ぎ取るようにきれいに刈ると、そのあとの草の層が変わってしまう。どうもイネ科ばかりが増えるようで、よくないね。とにかく肥料を食うでしょ。地上部が上へ上へと伸びて、作業の邪魔になるし、害虫がそこを伝って樹にやってくる。

やっぱり果樹園には、白クローバやハコベなど、横へ横へと広がる草が理想的。とくに白クローバはハダニの天敵を温存するので、大切にしたいですね。

高刈りなら、これらの草を守れます。白クローバの白い花を残すようにして刈るわけです。高さはそうですね、5cmくらいかな。

地際で刈る場合と比べて、刃の摩耗も遅いし、機械にムリがかからないし、油にいたっては半分ですみます」

草刈り機のエンジン音でムクドリが集まってくる

それから、こんな興味深い話も教えてくれた。

「草を刈ると、そこにいた虫が出てくるでしょ。ムクドリもそれをわかっているんでしょうね、草刈り機の音を聞きつけて、すぐに集まってきます。そして、草にいた虫を食べると同時に、リンゴの樹にいるシャクトリムシも食べてくれるんです。本当です。シャクトリムシはあっという間にいなくなりますからね。わざわざ農薬を使わなくてもすむわけです」

執筆　編集部

(『現代農業』2012年9月号「天敵の住処になるクローバを残したいから高刈り」より)

第1図　福士忍顕さん
リンゴ2.7haを減農薬栽培

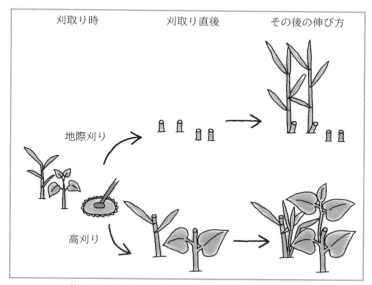

第2図　草刈りの高さで優占する草種が変わる
静岡県農林技術研究所、稲垣栄洋先生の調査によれば、草を地際で刈ると、広葉雑草が枯れ、イネ科雑草だけが生き残る。広葉雑草の生長点は高い位置にあり、イネ科雑草の生長点は低い位置にあるため。高刈りなら、広葉雑草は摘心されたことになり、生き残る。イネ科雑草を抑えられる

果樹

夏場の無除草で土着カブリダニを守ってリンゴのダニ剤ゼロ

執筆　田中正博（秋田県横手市）

第1図　筆者（50歳）

使えるダニ剤がなくなりそう

　秋田県南部の横手市平鹿町で果樹園を営んでいます。現在、約2haで'ふじ'を主体として、'秋田紅あかり''やたか''ぐんま名月'など、10品種以上を栽培しています。

　リンゴの害虫ナミハダニは、体長0.5mmほどと小さく、毎年夏に急激に増えます。葉を吸汁するため、多発すると葉裏が赤くなり、光合成能力が落ちます。秋に多発すると、オレンジ色に変化した成虫がリンゴの萼あ部（尻）に溜まり、品質低下を招きます。

　多くのリンゴ園がハダニ防除に頭を抱える一番の理由は、ダニ剤を散布しても、すぐに薬剤抵抗性がついて効かなくなってしまうことです。

　わが家でも今までに、いろいろな種類のダニ剤を使ってきましたが、ひどい場合は2回目の使用で抵抗性がつき、まったく効かなくなったダニ剤もありました。第1表は、私のリンゴ園におけるダニ剤の効果について、私の実感で使えるかどうかを示したものです。もう使えるダニ剤がなくなってしまうのではという不安も強く感じています。

タダで使える防除アイテム

　そこで、ダニ剤に代わる「安く、簡単で、誰でもできるハダニ防除法」を検討したところ、やはり「天敵活用」だと思いました。

　その理由は、ハダニの有力な天敵であるカブリダニ類もリンゴ園の中に棲んでいるからです。「タダで使える防除アイテム」が園内に転がっているようなものだと考えました。

　ちょうどそのころ、秋田県果樹試験場から

第1表　私のリンゴ園のナミハダニに対する殺ダニ剤の防除効果

薬剤名	防除効果
ピラニカ	×
サンマイト	×
コロマイト	○
バロック	×
カネマイト	×
マイトコーネ	×
コテツ	×
ダニサラバ	×
ダニゲッター	△
スターマイト	×
ダニコング	×

注　○：効果がある、△：効果を期待したい、×：効力低下を感じている

「一緒にカブリダニを活用したハダニ防除技術をやってみないか」との誘いがあり、その話に乗ることにしました。

日常の予防と暴発時の切り札

　秋田県のリンゴ園で観察されるおもなカブリダニは「フツウカブリダニ」「ミチノクカブリダニ」「ケナガカブリダニ」の3種類です。カブリダニは種類によってえさが違い、フツウカブリダニとミチノクカブリダニは、ハダニだけでなく花粉などさまざまなものを食べます。一方、ケナガカブリダニはハダニを好んで食べる種類です（第2図）。

これらカブリダニの棲みかは大きく違い、フツウカブリダニはリンゴ樹で、ミチノクカブリダニは下草で多く観察され、コツコツと予防的にハダニを捕食します。いっぽうケナガカブリダニはハダニの暴発時にどこからともなく姿を現わす、切り札的存在です。

有機リンと合ピレをやめた

そこで、「農薬散布」と「頻繁な草刈り」を改善し、「カブリダニに影響が小さい殺虫剤の使用」と「除草の回数を減らした下草管理」に切り替えて、ダニ剤ゼロでもハダニを防除できるかどうかに挑戦してみました。10aほどの試験区で、2012～2015年の4年間実施しました。

まずは、カブリダニへの影響を抑えるために、有機リン剤や合ピレ剤の殺虫剤をやめて、モモシンクイガやキンモンホソガなどの防除を主体にIGR剤やジアミド系殺虫剤を使用しました。また、年によってはカメムシなどの飛来性害虫が来ますが、その場合IGR剤やジアミド系剤は効かないので、カブリダニに比較的影響が小さいネオニコチノイド系剤を使います。

4月に白クローバ播種、8月まで無除草

次に「下草管理」について、カブリダニの保護には無除草が最適でしょうが、草丈の高い草が生い茂って作業の邪魔になり、景観も損なわれて世間体もよくありません。

そこで、雪解け後の4月に市販の白クローバ種子をまいて雑草の生育を抑え、生育旺盛な草は適宜抜き取るか除草剤を部分的に処理し、8月までは無除草で管理しました。9月以降は着色管理で反射シートを敷く必要があり、機械で刈りました。

初年度は白クローバを播種する前に除草剤をまいたため比較的きれいに覆われましたが、2年目以降はほかの下草もやや混じって生えました。景観はさほど乱れず、カブリダニ保護には

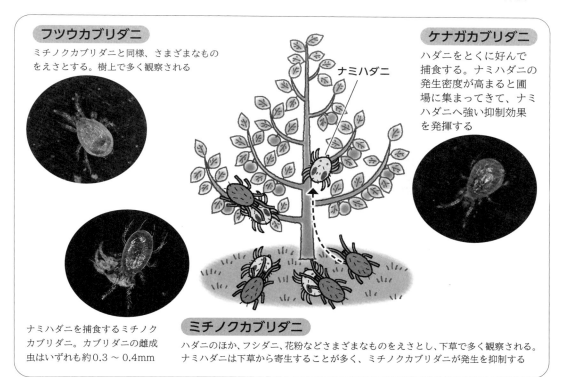

第2図 土着カブリダニによるナミハダニ抑制のイメージ

果樹

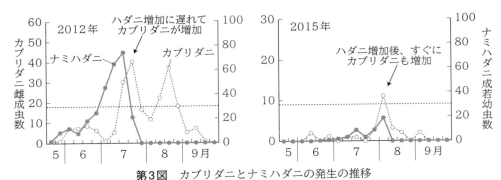

第3図　カブリダニとナミハダニの発生の推移
カブリダニは100葉、ナミハダニは10葉当たりの生息数。破線は秋田県のナミハダニ要防除水準（1葉当たり3頭）

第2表　土着カブリダニ類を保護した殺虫剤散布体系

散布時期	薬剤名	対象害虫
芽出し前	トモノールS	ナシマルカイガラムシ
開花直前	カスケード乳剤	ハマキムシ類、ケムシ類
落花直後	サムコルフロアブル	ハマキムシ類、ケムシ類
6月上旬	ダントツ水溶剤	カメムシ類、モモシンクイガ
6月中旬	バリアード顆粒水和剤	モモシンクイガ、キンモンホソガ
6月下旬	デミリン水和剤	モモシンクイガ
	アプロードフロアブル	ナシマルカイガラムシ
7月上旬	モスピラン顆粒水溶剤	コガネムシ、モモシンクイガ
7月下旬	ノーモルト乳剤	モモシンクイガ、キンモンホソガ
8月上旬	フェニックスフロアブル	ハマキムシ類、モモシンクイガ

注　アブラムシ多発時はウララDF、カメムシ多発時はスタークル顆粒水溶剤散布

第4図　白クローバを播種して2年目
草の生育旺盛な部分は除草剤で部分的に処理した

棲みかとえさのバリエーションに富んでよいと考えています。ただ、家族からは「足元が邪魔になる」「ヘビが出そう」「気持ち悪い」などと文句が出ました。

ダニ剤ゼロ、3年目に成功！

こうして「ハダニはいずれカブリダニが食ってくれるので、たとえ増えてもダニ剤はいっさい使わない」という信念で、4年間一度も使いませんでした。初年と2年目は、ナミハダニが6月中旬から緩やかに増えて、7月上旬に急増。リンゴの葉がやや褐変しましたが、7月下旬にはカブリダニが増加してハダニが減少し、7月末はほとんど観察されなくなりました（第

3図)。

　ナミハダニをうまく防除することはできませんでしたが、カブリダニも多く観察されたことから、この保護管理の効果は出ていると感じました。

　そして、3、4年目。それまでとはかなり違ってナミハダニが6月から観察され、7～8月上旬に少しだけ増えたものの、すぐにカブリダニが発生して急増することなく減少し、被害はほとんど確認されなくなりました。

　1、2年目と違い、秋田県のハダニの要防除密度である1葉平均3頭を、ダニ剤を散布せずとも、超えることなく推移しました。ほかのリンゴ園では、「3回ダニ剤を使ってもハダニの発生が収まらない」と騒いでいる状況にあるなかで、私だけでなく、家族も本当に驚いていました。

　ただ、試験が終了後の5年目は、前年ほどうまく抑えられませんでした。その後の傾向を見ると、ハダニをしっかり抑えた翌年は注意が必要です。えさが減った分、カブリダニも減ってしまうのだと思います。

ハダニが発生しても我慢

　現在、わが家では土着天敵によるハダニ防除の面積を増やし、50aでダニ剤無散布、1haで天敵に影響の少ないダニ剤のみ使用しています。

　これまでの経験から、ハダニ防除にカブリダニを利用するうえで、二つのことが重要と考えます。

　一つは、カブリダニの効果はすぐには現われないので、保護管理を根気よく続けること。もう一つは、えさとなるハダニの発生も必要であり、ハダニが発生してもある程度の我慢が必要なことです。

　ハダニに大事なリンゴを傷つけられたくない気持ちはよくわかりますが、実際のところ、一時的に葉っぱに小さなハダニが10頭ほどついた程度で、実害は出るでしょうか？

3枚の葉にカブリダニが1頭いれば大丈夫

　私がハダニの増加を我慢できたのは、たぶんこの挑戦を始めたころに、カブリダニによってナミハダニが食いつくされていく経過を観察した経験があったからです。ハダニに混じってケナガカブリダニがいれば、その先どうなるのかをある程度想像できたのです。

　重要なのはハダニを絶滅させるのではなく、カブリダニとも、ハダニとも共存していく意識だと思います。現在の私の園での感覚では、たとえハダニが暴発して1枚の葉に20、30頭いても、3枚の葉を観察してカブリダニが1頭走っていれば大丈夫。1週間後にはハダニがいなくなります。

　興味をもたれた方は、まずは、散布ムラなどで生じたナミハダニの発生部位をルーペでじっくり観察してみてはどうでしょう？　カブリダニによるハダニ抑制パワーに出会えるかもしれません。

（『現代農業』2020年6月号「リンゴ　ダニ剤ゼロ＆夏場の無除草　土着カブリダニの定着には我慢が必要」より）

第5図　筆者のリンゴ園
（写真提供：舟山　健）
白クローバの草生栽培でカブリダニの棲みかを確保する

果樹

ナシ産地に広がるミヤコカブリダニ導入

東京都稲城市のナシ農家の皆さん

第1図 ナミハダニの被害を受けたナシ
（写真撮影：新井眞一）

多発生すると葉が褐変する

今、開放系の露地ナシ園で、ハダニに対する天敵防除が広がり始めている。

元禄時代から続くナシ産地である東京都稲城市。100人近くいるナシ農家のうち、すでに3分の1近くがハダニ対策の天敵ミヤコカブリダニ（以下、ミヤコ）を導入したそうだ。

ハダニのプレッシャーから解放――ミヤコカブリダニ、よいみたい
嘉山紘子さん

女手一つで露地ナシとブドウ園20aを切り盛りする嘉山紘子さん（46歳）。

「ハダニはプレッシャーでしたよねー。多発すると葉が白くなって、果実もつやが落ちて味が落ちちゃう。ハダニが出る時期になると、近所の人と『出てるよ』『気を付けてね』と声をかけ合って注意してました。農薬をまくとダニはいなくなるんですけど、また同じ場所に出るんですよ。よく効く殺ダニ剤はなるべく使わずに温存しておいて、収穫まで農薬をやりくりして、なんとか抑えていました」

探してもハダニがいない！

天敵製剤を使い始めたのは2年前。「スパイカルプラス」という紙パックに入ったミヤコを枝に吊り下げるタイプの資材で、近所の人から勧められたのがきっかけだった。はじめはそれほど期待してなかったが、樹1本につき数パック設置してみると、ハダニが増える時期にいつも出やすい場所で探してみても、なかなか見つからない。

「まったくゼロ、ではなかったんですが、ハダニが広がっていかないんです。ハダニが増え

第2図 ナシの樹に設置した「スパイカルプラス」
（写真提供：アリスタライフサイエンス）

ミヤコカブリダニが入ったフック付きの紙パックを枝に引っかけて設置（1樹当たり1～5パック）。雨に濡れて効果が落ちないように写真のような防水カバーをつける

ても、天敵も増えていくんでしょうね。これはいいなーと思いました」

嘉山さんは毎年、防除履歴に反省点を手書きでメモしているが、その年は「スパイカルプラス、ダニが見えないくらい。来年もつける」と書き込んだ。

シンクイムシの被害に困った

ただし困るのは、天敵ダニに影響を及ぼす農薬の使用をひかえなければならないことだ。第

1表はメーカーからもらったもので、殺ダニ剤だけでなく、殺虫剤、殺菌剤も制限される。

とくに困ったのはシンクイムシの防除だった。嘉山さんはその前の年は7月にダイアジノンをまいて防いだが、去年はそれができず、被害が増えてしまったそうだ。

けれども、やり方次第でもっとうまくいったのではないかと、嘉山さんはプラスに考えている。まず第1表の（×）の農薬も、ミヤコ放飼前なら使っても問題ない。その際、第1表の「影響日数」に注意する。ダイアジノンは30日。ハダニは梅雨明けに多発するので、前もって6月半ばにスパイカルプラスを設置するなら、30日前の5月半ばまでなら散布してよいということだ。8月の収穫まで逃げ切るために、なるべくギリギリにまくのがよいだろう。

また放飼後も、メーカーの話ではハダニのピークがすぎた8月上旬なら（△）のスタークルを使ってもよいそうだ。放飼直前のダイアジノンと、8月のスタークルで今年こそはシンクイムシを抑えようと嘉山さんは意気込んでいる。

殺ダニ剤は使えるし、減らせる

さらに殺ダニ剤はミヤコに影響があるから使えないと思いきや、（◎）の農薬はけっこうある。草食のハダニと肉食のミヤコでは農薬の効き方が違うのだ。ハダニが抑えきれないなら、これらの剤をまけばいい。

去年、嘉山さんが使った殺ダニ剤は、天敵製剤を除いて4剤。以前は防除基準に応じて7剤使っていたので、3剤減らせたことになる。天敵製剤は10a当たり2万円ほどかかり、コスト的にはトントンということ。今年は殺ダニ剤をもう1剤減らしてみようと思っている。

夏の防除がラクになったし、葉が健康になったからかナシの味もムラが減ってよくなったと嘉山さんは感じている。ダニに苦しむ周りの農家にも勧め、喜ばれているそうだ。

天敵の力は自動追尾機能——抵抗性もつかない

原嶋清一さん

全園にミヤコを設置

続いてうかがったのは、稲城市でも早くから天敵製剤を使っていたという原嶋清一さん（77歳）。5年前、ハダニに困っていた隣の市の農家から教えてもらって使い始め、現在はナシ55aすべてにミヤコを導入している。気に入った理由について、こう語る。

「今まで、ハダニを退治するには農薬をびしゃびしゃかけて、園地にいられないようにするしかないと思ってたんです。ところが現実にそうやっても退治できない。今思うと、農薬をまいてもハダニは樹の幹のひだや、まるまった葉に隠れて、届いてなかったのかもしれない。ミヤコはそういった隙間にもぐってハダニを食べてくれるんです」

殺ダニ剤の多くには浸透移行性がないため、隠れたハダニには効きにくい。対して天敵はハダニを探してくれるので「自動追尾機能」が備わっていると原嶋さんは考えているのである。

効く農薬が減っている

なお、ハダニに農薬が効きづらいのは、抵抗性の問題もあるかもしれない。『ハダニ防除ハンドブック』（國本佳範編、農文協）によると、ハダニは繁殖力が高く、たった10日で世代交代する。次々に新しい個体を生み出すので、農薬に対して抵抗性を獲得しやすいそうだ。とくにハダニの一種、ナミハダニは抵抗性が発達していて、ある調査によると登録がある農薬のうち、効果があるのは20％以下しかなかったという（品目や地域による）。

ミヤコなら、どんなに抵抗性がついたハダニでも食べておしまい。10年先も効果が落ちることはない。

果　樹

第1表　スパイカルプラスに対する影響表（ナシ）

殺虫剤
×：天敵に対して強く影響。使用しない

農薬名	系統 (記号はRACコード)	影響日数
ダイアジノン、トクチオン	有機リン 1B	30日
エルサン、サイアノックス、スミチオン、マラソン		60日
アーデント、アグロスリン、アディオン、サイハロン、スカウト、テルスター、トレボン、バイスロイド、マブリック、ロディー	合ピレ 3A	60日
オリオン、ミクロデナポン	1A	
アニキ	6	7日
コテツ	13	14日
ハチハチ	21A	40日以上
モベント	23	45日

△：天敵に対する影響あり。なるべく使用しない

農薬名	系統	影響日数
アクタラ、アドマイヤー、スタークル／アルバリン、ダントツ、バリアード、ベストガード、モスピラン	ネオニコチノイド 4A	7〜14日
ディアナ	5	14日

○：天敵に対して多少影響あり

コルト	9B	7日
カスケード	15	7日
アタブロン	15	14日

◎：天敵に対する影響が少ない

農薬名	系統	影響日数
トランスフォーム		4C	
アプロード		16	
デミリン、ノーモルト	IGR剤	15	
ファルコン、マトリック、ロムダン		18	
ウララ	フロニカミド 29	0日
エクシレル、サムコル、フェニックス	ジアミド 28	
チェス	9B	
BT剤（ジャックポット顆粒水和剤など）	11A	

殺ダニ剤
×：天敵に対して強く影響。使用しない

農薬名	系統 (記号はRACコード)	影響日数
コロマイト	6	7日
デュアルサイド	気門封鎖剤	約14〜21日
ダニトロン		約14日
サンマイト、ピラニカ、マイトクリーン	21A	約30日
ダニカット	19	約21日
ダニゲッター	23	約30日
バロック	10B	

◎：天敵に対して多少影響あり

ダニゲッター	23	？

◎：天敵に対する影響が少ない

農薬名	系統	影響日数
カネマイト	アセキノシル 20B	
スターマイト	25A	
ダニサラバ		
ダニコング	25B	0日
テデオン	12D	
ニッソラン	10A	
マイトコーネ	20D	
ダニオーテ	33	

アリスタライフサイエンス（株）が作成した表をもとに改変。殺菌剤、気門封鎖剤、展着剤は省略

天敵を利用した防除技術

第3図　原嶋さんは背丈が低く邪魔にならない草として、クローバを園地に播種して増やそうとしている

草と生け垣で土着天敵保護
──コストゼロのハダニ退治

川島　實さん

自然と棲みついた天敵

最後にうかがったのは、原嶋さんの同級生にして、原嶋さんがナシづくりの先生と呼ぶ川島實さん（77歳）だ。「ダニで困ることはないんだよ」という川島さんの防除でも、天敵は重要な位置を占めている。ただし、天敵製剤を買って放飼することはしない。果樹園にもともと棲んでいる土着天敵を守って活かすのが川島さんのやり方だ。

「うちにはテントウムシがケタ違いにいるんだよ。黒いのや黄色いのや、ちっちゃいのもいる。カゲロウの卵が葉に産み付けられているのもよく見る。なにがなにを食っているか調べてないけど、ハダニも食っているんだろう」

調べてみると、確かにテントウムシの仲間にはハダニを食べるものがいるし、クサカゲロウの幼虫はハダニやアブラムシ、カイガラムシなどを食べるようだ。カブリダニの仲間もいるのだろう。もともと園地にいる土着天敵なので買う必要がなく、コストはゼロだ。

草は膝丈まで伸ばす

土着天敵をナシ園に定着させるために、川島さんがこだわっている技術の一つは草生栽培だ。農業高校を卒業してすぐ始め、続けることじつに60年。草は自然に生える雑草で種類はさまざまだが、丈は最低でも膝の高さ（40cm）までは伸ばす。根が深く張って土を耕してくれるし、長い草は天敵の隠れ家にもなるという。

川島さんの去年の防除履歴を見せてもらうと、'稲城'という品種については殺虫剤は8剤、殺ダニ剤は2剤のみ。地域ではかなり少ないほうだ。一方でサビダニ対策のハチハチなど、天敵に影響がある農薬も使っている。それでも天敵が生き残れるのは、草が避難場所にな

放飼のタイミングが重要

原嶋さんはミヤコを使うようになって、殺ダニ剤を年間7回から1〜3回まで減らせたそうだ。製剤を設置してからミヤコが動き出すまで時間がかかるので、放飼直前に殺ダニ剤を必ず1回まいて、ハダニの密度を減らしておく。放飼後の殺ダニ剤は0回ですむこともあれば、2回まくこともある。これをなるだけ減らしたい。

だんだんわかってきたことは、放飼する時期は早すぎても遅すぎてもダメということ。早いと収穫まで農薬が制限される期間が延び、シンクイムシやカメムシの危険が増える。遅いとミヤコの動きが遅れて、ハダニが蔓延しやすくなる。気候にもよるが、原嶋さんの園地では6月10日がベストではないかというのが今のところの結論だ。シンクイムシなどの害虫対策も、天敵に対する影響が強くない農薬を使えばなんとかいけそうだ。

「夏場の農薬散布は暑くて、ダニが死ぬか人間が死ぬかという仕事でしょう。昔はそれだけ苦労して散布しても、2〜3日するとまたダニがいっぱいいて疲れが倍増。ガクっときちゃう。それが今は、袋かけしたら仕事がなんにもない。最高だね」

果樹

第4図　川島さんの園のテントウムシ
ほかにもいろいろな種類がいる

第5図　産卵中のクサカゲロウ
（写真撮影：佐藤信治）

第6図　ボイセンベリーの生け垣
冬に乾燥して枯れることがあるので、木工用ボンドを8倍に薄めて散布し保護する

第7図　ボイセンベリーの果実
ベリー類にしては大きく、1時間で5～7kg収穫できる

っているからだという。

ナシを守るボイセンベリー

もう一つ、園地の周囲を囲うボイセンベリーの生け垣、これもハダニ対策として欠かせない役割を果たしている。川島さんは次のように説明する。

稲城市は市街地にナシ園が点在しているため、アスファルトの舗装道路に面しているナシ園が多い。夏、太陽光線で温度が上がったアスファルトは、電子レンジのように周囲に熱を放射する（輻射熱）。これによってナシ園は高温乾燥になり、ハダニが好む環境になってしまう。

そこで川島さんは、園地の周りに生け垣を植え、輻射熱を遮断する。生け垣はもちろん天敵の棲みかにもなる。ソルゴーを植えてもいい

が、ボイセンベリーは景観がよいし、果実は機能性が高く、よい売り物になるそうだ。

川島さんは防除の際、農薬がSSの上方向にのみ出るようノズルを調節している。草やボイセンベリーになるべく農薬をかけず、天敵を温存するためだ（ボイセンベリーはカメムシの防除のみ）。

土着天敵は地域性があり、人の手で簡単には制御できないので、誰もがマネできる技術ではないかもしれない。天敵製剤を使うもよし、農薬を使うもよし。少なくとも、選択肢が農薬しかない時代は終わったのではないか。

執筆　編集部
（『現代農業』2019年6月号「ハダニに天敵　ナシの都でミヤコカブリダニが大流行」より）

イヨカンのヤノネカイガラムシ対策
――土着天敵のキムネタマキスイを活かす

執筆　和泉康平（愛媛県松山市）

　祖父母が農業をしていた影響で、幼いころから農家になることを目指し、愛媛大学農学部に進学しました。卒業後に2年間、徳島県の若葉農園で自然栽培のノウハウを学んだのち、2020年に地元へ戻り独立。現在、肥料や農薬を使わない自然栽培で、'宮内伊予柑'をメインに1.5haでカンキツを栽培しています。

自然栽培で土着天敵が定着

　数あるカイガラムシのなかでも、カンキツ類だけに寄生するのがヤノネカイガラムシ（以下、ヤノネ）です。枝、葉、果実にまで寄生して養水分を吸い、大量発生すると樹を枯らしてしまうことから、ミカンの大害虫といわれています。

　自然栽培を始めて4年目になった今、ヤノネの発生はゼロではないですが、大量発生による被害は起きていません。農薬を使わないことで、ヤノネの土着天敵であるキムネタマキスイ（以下、キムネ）が、畑に定着しているからだと思います。

キムネタマキスイって？

　話は前後しますが、私は大学時代、学内の図書館で自然栽培を知りました。実家の畑でも実践するなかで、農薬を使わずに農業をするうえで重要なのは、自然界の摂理を知ることだと考えるようになりました。なかでも昆虫の食べる食べられる関係に注目して、環境昆虫学研究室に入り、そこでキムネに出会いました。

　キムネは体長1mmほどの甲虫で、国内では本州全土、四国、九州、奄美と幅広く分布しています。ヤノネの寄生蜂であるヤノネキイロコバチやヤノネツヤコバチに比べると馴染みのない昆虫ですが、古くからカイガラムシ類の天敵として知られています。

　大学時代の研究と実際の畑での観察を通して、わかったことを紹介します。

(1) ヤノネとともに生きる

　第3図がおもな生態で、ヤノネをえさにするだけでなく、成長の過程でも上手に利用したライフサイクルを送っています。実際の畑では、冬場になると'宮内伊予柑'の樹の割れ目などで越冬している姿も確認できます。

(2) ヤノネの雄幼虫をよく食べる

　キムネの放虫区と無処理区を設けて、ヤノネの発生密度の違いを試験したところ、放虫区は密度抑制効果がみられました（第4図）。なか

第1図　筆者（28歳）
カンキツのほか、70aで野菜もつくる

第2図　果実に寄生したヤノネの雌成虫
茶褐色で矢じり状のカイガラで覆われ、ゴマ状になる

果樹

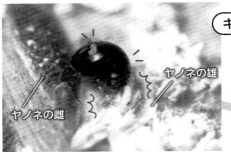

キムネの成虫（雌）

ヤノネの雄（白いワタ状の2齢幼虫）などをバクバク食べる。ヤノネの雌成虫は硬いので食べないが……

キムネの蛹

ヤノネの雄（2齢幼虫）のカイガラ（ロウ物質）を身にまとって蛹になり、成虫へ

キムネの卵

生きているヤノネの雌成虫をひっくり返すと、カイガラの横に卵を産み付けていた！

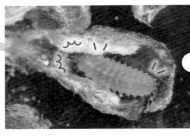

キムネの幼虫

孵化したら、カイガラの中に入ってヤノネの雌成虫の体を食べ尽くす。その後、雄も食べながら成長する

ヤノネ、大好物でっす！

左からキムネの雄と雌。タマキスイ科の甲虫で、雄はその名のとおり胸（前胸背板）と頭部が黄色。雌は全身真っ黒

第3図　ヤノネと生きるキムネの知られざる生態を見た

でも雄の2齢幼虫以降は、雌よりも体が軟らかくて食べやすいからか、頭数の増加をかなり抑えることができました。

（3）薬剤散布には弱い

私自身は無農薬での栽培ですが、ヤノネに登録のある薬剤の、キムネへの影響も試験しました（第5図）。寄生蜂と同じく薬剤散布には弱いので、実際の畑では影響の少ない薬剤を選択すれば、天敵類の寄生率・生存率の向上が期待できます。

カイガラに覆われた雌成虫を中から食べる

ヤノネの第1世代の発生はおおむね5月ころで、その後、第3世代まで発生したのち、雌の成虫と未成熟虫が枝葉上で越冬します。

一般に生育期間中の防除では、第1世代の初齢または2齢幼虫（雌がカイガラをつくる前）をターゲットに薬剤を散布します。5月の初発から30日たったころに幼虫の密度がピークになるので、そこを狙っての薬剤散布が重要とされています。しかし、雌成虫は第2図のように自らがつくる硬いカイガラに覆われているので、薬剤が効きません。冬場に高濃度で散布するマシン油で窒息させる以外に方法はなく、生育期間中の防除はむずかしい……。

一方でキムネは第3図のように、雌成虫のカイガラの横に産卵し、孵化した幼虫が中身を捕食するので、年間をとおして薬剤の効かない雌成虫に影響を与えつつ、雄の密度抑制にも貢献してくれます。併せて寄生蜂も雌成虫のカイガラの隙間から産卵管を入れて産卵、寄生することで雌成虫の密度を抑えてくれます。

農薬を使う場合、キムネや寄生蜂を活かせるような薬剤を選ぶことが総合的な防除につながり、よりヤノネの密度を抑えることができると思います。

*

自然栽培をしていると、キムネとヤノネのように食べる食べられる関係があり、自然界のバランスはとれていると実感します。近所のカンキツ農家の方も、手が回らなくて薬剤散布できていない園地のほうが、不思議とヤノネが少ないとおっしゃっています。

（『現代農業』2023年6月号「伊予柑のヤノネ　土着天敵のキムネタマキスイを生かす」より）

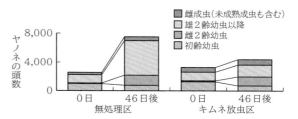

第4図　キムネがいるとヤノネの密度が下がる
愛媛県果樹研究センター（2018）より、編集部で一部改変（第5図も）
宮内伊予柑の枝にキムネを3、4頭放ち、46日後にヤノネの頭数を数えた。放虫区はヤノネの雄（2齢幼虫以降）の増加率が大幅に減っていた。なお、無処理区と放虫区の処理前のヤノネの頭数には誤差がある

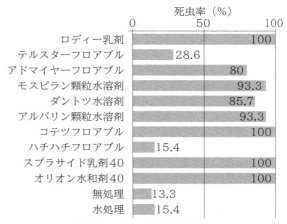

第5図　キムネは薬剤に弱い
ヤノネに登録のある薬剤に10秒間浸漬してから、2日後にキムネの生死の数を数えた

茶

茶

土壌診断と菌液散布で健全茶づくり
—「稼ぎっ葉」を生む施肥、灌水、整枝

静岡県静岡市・斉藤勝弥さん

お茶の「稼ぎっ葉」を見た

斉藤さんの住む集落は、安倍川流域の上流部に位置する、「本山（ほんやま）茶」と呼ばれる銘茶の産地にある（第1、2図）。

現在でこそ、有機無農薬、チッソ施用量15〜25kgという超減肥栽培だが、20代のころの斉藤さんは仲間と競い合いながら、品評会に出すためのお茶づくりを「ひたすらに、環境のことなどまったく考えずに」がんばっていた（当時のチッソ量は70〜80kg）。30代に入り、夏にふと川をのぞく。川の中の苔が茶色く汚れ、子ども時代に遊んでいた川とは変わり果てた姿がそこにはあった。「人より前にでることばかり考えていた自分が情けなくなった」という。

考えを180度転換して有機栽培を行なうにあたり、植物生理学や土壌学の本などを買いあさり、講演会などにも進んで出かけた。年に2回、（株）ジャパンバイオファームの小祝政明さん（共通技術編「BLOF理論」の項参照）を講師に招いて仲間とともに勉強会を実施。土壌分析にもとづいて、科学的に根拠のある有機栽培を実践してきた。

（1）冬に備え、秋に働く「稼ぎっ葉」

「私のお茶は、六煎（せん）、七煎入れてもおいしいですよ」と斉藤さん。一般に、無農薬栽培のお茶は一煎目はおいしくても、二煎、三煎目になると、さっぱりとして、（悪く言えば）味が薄くておいしくなくなる、というのが世間

第1図 標高約400mにある山の上の茶園から斉藤さんの集落をのぞむ
（写真撮影：すべて赤松富仁）

第2図 斉藤勝弥さん
2.7haで有機無農薬のお茶づくり

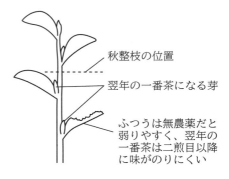

第3図 秋の「稼ぎっ葉」

◆斉藤さんの「稼ぎっ葉」◆

第4図　秋整枝前の茶の葉
集落内にある北西向きの畑で、チッソ施用量は15kg

第5図　秋整枝前の一番上の葉を、近くの無農薬・化成肥料使用の茶園の葉と比べてみた
斉藤さんの茶園の葉は、縁のギザギザが鋭く、葉が内側に向いてキュッとしまっている

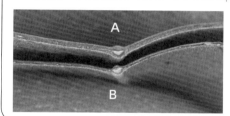

第6図　葉の厚さを比較
指先の感触ではなんとなく違いを感じる程度だったが、マクロレンズで撮影すると一目瞭然

の評だ。しかし、斉藤さんのお茶は独特の風味と甘味が残って、二煎目以降も味わい深い。

その秘密は秋に働く「稼ぎっ葉」（翌春に刈る一番茶の親葉）にあるという。お茶の根がもっともよく動く時期は、春3月と秋9月。前者は新芽を伸ばすためだが、後者は活発に光合成を行ない、来たるべき冬に備えるためだ。

二番茶を刈ったあと、6月中旬から7月20日ごろにかけて整枝をし（三番茶は刈らない）、その後に芽を出す葉。これがお茶の「稼ぎっ葉」である（第3図）。10月に成葉となったときには、3〜4枚の葉が開き、冬が来るまで同化した養分を樹の枝や葉に送り続ける。枝葉の糖度が高まることで、樹全体が寒さに強くなる。

「薄い布団で冬を過ごすか、羽毛布団で過ごすかの違いですね」。糖分を蓄えた羽毛布団で過ごせば体力が温存され、春には糖度の高い新芽が伸びるというわけだ。

（2）小さくて厚みのある葉がいい

「稼ぎっ葉」は、お茶の葉のなかでもっとも長きにわたって働く葉でもある。10月に秋整枝（秋冬番茶として出荷）をするから、上から3枚目、4枚目の葉が翌年の一番茶の親葉となるのだが、一般に無農薬の茶園では病気や虫にやられて、この葉が弱ってしまうことが多い。結果、十分な糖を貯められずに、味の薄いお茶となる。

一方、斉藤さんは、夏の間せっせと納豆菌をふりかけて雑菌の繁殖を防ぎ、「稼ぎっ葉」を弱らせない。また、大きな葉でなく、小さくて厚みのある葉をよしとする。なぜか？

お茶はもともと中国の岩場に自生していた植物で、肥料や光をそれほど必要としない。南向きよりも北向きで、日照時間も平均5時間ほど

の土地を好む。だから、小さくて厚みのある葉っぱがいい。大きい葉よりも、体力の消耗（葉からの蒸散）が少なく、健やかに生育するというのだ。

斉藤さんの茶園の葉を、別の茶園（無農薬・化成肥料使用）の葉と比べてみた。確かに小ぶりで、葉の縁のギザギザが鋭い。マクロレンズで写すと2倍近くもの厚みが判別できた（第4～6図）。

斉藤さんにとって、これが理想的なお茶の「稼ぎっ葉」なのである。

ドクターソイルで土壌分析

チッソ施用量15～25kgの超減肥栽培を実践する斉藤さん。いついかなるときも、土の状態、根の動きに気を配る。そこで、25年ほど前から愛用しているのが、簡易土壌分析キット、Dr.ソイルだ（現在は後継機種の「農家のお医者さん」（富士平工業（株））。8つの圃場の数値を、毎年5～10回も測っている（第7図）。1回測るのに、5時間くらいかかる作業だが、「土の状態が数値でわかるのが、おもしろいんだよねぇ」と手間や時間は気にもとめない。

（1）適正pHは、5.0～5.5

一般にお茶は酸性植物といわれ、最近ではpH3の前半くらいの茶園も少なくない。一方、斉藤さんの茶園は4.2～5.5。お茶といえども、

5.0～5.5が適正値と考える。もともと中国の岩場に自生していた植物だ。強力な根酸を出して岩を溶かし、ミネラルを獲得して生き延びてきたという。

「以前、スウェーデンの人に茶のタネを贈ったことがあるだよ。あっちの水はカルシウムとマグネシウムの多いアルカリ性の硬水でしょ。メールで写真を送ってきたけど、茶の樹はちゃんと育つよねぇ」

酸性土壌だけでなく、アルカリ性土壌でも育ってしまう。それほど適応範囲が広い、平たくいえば、「鈍感な根」をもつ植物なのだ。斉藤さんとしては、「ふった肥料は効率よく吸収してほしい」と思う。だから、お茶といえど、微量要素も含めてバランスよく養分が溶け出るpH5.5を目標とする。

それに、化成肥料を使わない斉藤さんにとって、チッソとは微生物の排泄物である。微生物が活発に活動してタンパク質を取り込み、より低分子のアミノ酸やアンモニア態チッソとして放出してくれないと始まらない。強酸性の土壌にして、微生物のご機嫌を損なうのは、ご法度である。

（2）根の動く春と秋にチッソを与える

斉藤さんの施肥をまとめたのが第1表だ。基本は、お茶の根っこが動く春と秋に必要な量のチッソを与えること。光が少なく体力を消耗しにくい北向きの茶園には合計15kg、南向きには25kgが目安だ。

まず、2月上旬にドクターソイルで土壌分析を行ない、その後、自家製の発酵肥料（第8図）を与えて中耕する。チッソ成分で10a当たり5～6kgが目安だ（南向きの茶園、以下同）。その後、地温が上がって雨が降ると、水に溶けたアミノ酸を根っこが吸収し、一番茶となる新芽が動き出す。

一番茶摘採後、もう一度土壌分析をする。硝酸態チッソ、アンモニア態チッソがそれぞれの規定値より低い場合は、チッソ成分で4kgを目安に追肥。茶の樹は一番茶摘採後の傷口を癒すのに相当な体力を消耗する。それを助けるため

第7図　ドクターソイルを使って土壌分析
8つの圃場の数値を毎年5～10回測っている

第1表　斉藤さんのおもな施肥と土壌分析

時　期	作　業	施肥（10a当たり）	備　考
2月上旬	【土壌分析】		
	ミネラル補給	硫酸マグネシウム（分量は分析値をもとに計算、以下同）	マグネシウム45mg以下の場合（硫黄による香りづけが目的）
2月下旬～3月上旬	春肥	発酵肥料（チッソ5～6kg分）	
4月	【土壌分析】		
5月末	【土壌分析】		
	春肥	発酵肥料（チッソ4kg分）	硝酸態チッソ2mg、アンモニア態チッソ5mg以下の場合
7月初旬	【土壌分析】		pHを重視
	ミネラル補給	ミネカル	
	ミネラル補給	硫酸マグネシウム、硫酸カルシウム	葉をしっかりさせたいのでカルシウムの値を重視
8月末	秋肥	発酵肥料（チッソ5kg分）	
9月末～10月	秋肥	発酵肥料（チッソ5kg分）	
	ミネラル補給	硫酸カルシウム、クワトロミネラーレ	
	【土壌分析】		
11月初旬	秋肥	発酵肥料（チッソ5kg分）	

第8図　自家製発酵肥料
写真のスコップで、オカラ2、菜種粕1、魚ソリューブル1、醤油粕2、クワトロミネラーレ1[1)]と、バケツ（15l）分の海藻を配合して発酵させる（成分はチッソ2%、リン酸2%、カリ1%）
1) 水溶性のミネラル肥料（鉄10%、マンガン10%、亜鉛2%、銅2%）。販売元はジャパンバイオファーム

の肥料だ。

（3）夏は酸性に傾かないよう注意

根の動きがにぶくなる夏場のチッソはゼロが基本だ。

そこで、7月初旬の土壌分析では、チッソではなくpHやカルシウム、マグネシウムを重視する。夏は土が酸性に傾き、微生物の活動が滞りやすい。すると、ウネ間に落とされた刈り枝などの有機物が分解されず、嫌気的な環境のなかで土が腐敗に傾いてしまう。そこで、pHが各畑の基準より低い場合は、ミネカル（転炉スラグ）を入れて、土を中和する。

また、病害虫にやられやすいこの時期、無農薬栽培の斉藤さんは、ひたすら納豆菌を散布して防除に励む。アルカリ好きな納豆菌の活躍を期待するためにも、酸性に傾かないよう注意するのだ。

その後、8月末～10月にかけ、秋雨とともに動き出した根に、チッソ成分で合計10kgを2回に分けて与え、11月にも5kg与える。こ

れは「稼ぎっ葉」に働いてもらうためだ。来るべき冬に備え、枝葉の同化養分を蓄える、もっとも重要な肥料である。

一年中、菌液づくり

（1）葉の色が薄くても甘いお茶はアミノ酸で

斉藤さんの茶園の一角に、葉の色が薄い茶の樹が並んでいた。そこは当時使っていたチッソ成分の高い飼料用の魚粉（10-6）を使わずに、米ヌカと大豆粕、菜種粕、カヤ堆肥のみで5年ほど栽培していた場所だった。翌春、一番茶を収穫後、お茶仲間と一緒にほかの圃場のお茶と飲み比べた。「まずいか？」と斉藤さん。「まずかねーよ」と仲間。「甘いよ、渋くもねー」と言葉を続けた。

民間の研究所に分析してもらうと、やはり硝酸態チッソがかなり少なかった。普通の煎茶なら1,000〜1,500ppmほどあるそうだが、380ppm。また、お茶の甘味や旨味のもととなるテアニンや遊離アミノ酸はわずかに多いくらいだった。

つまり、チッソ分はアミノ酸の形で根から吸われ、ムダなエネルギーを使わずにラクに効率よくタンパク質がつくられていた。葉の色が淡くても十分に栄養価の高い茶葉ができたのは、そのためではないか？

これで、分解スピードの遅い植物性タンパク主体の肥料でもって、できるだけチッソが無機化される前の、アミノ酸や水溶性のタンパクを吸わせる方針へ踏み切りがついた（現在は寒い時期のみ、動物性タンパクの魚ソリューブルをボカシ肥の原料に入れている）。

チッソの量は減るので収量は1割程度落ちるが、土中の養分の流亡が少なく、根にストレスのかからない低燃費型のお茶の樹を理想とする。同時に微生物環境を整えることで、アミノ酸だけでなく各種のミネラルもたっぷりと供給されるような茶園をつくるのだ。

（2）こうじ菌で地温が2℃上昇

こうしてアミノ酸肥料を効かせるべく、「も

第9図　物置小屋が微生物培養施設
奥のコンパネでできた箱が、自作の「こたつ培養器」

う一年中、狂ったように微生物を培養しているよ」という斉藤さん（第9、10図）。冬はこうじ菌、春は乳酸菌、夏は納豆菌、秋は酵母菌と、それぞれの菌が得意な季節に、「土から、葉っぱから、やたらめったに散布している」のだ。

低温に強いこうじ菌は、冬季の地温を温める。2月に晴れ間が2〜3日続くと、ウネ間は真っ白なじゅうたんを敷いたようにこうじ菌が繁殖するという。おかげで周囲の茶園よりも2℃ほど地温が高く、根が動きだすのも早い。4月初旬に始まる萌芽も、周囲より2〜3日早くなるそうだ（ただし、チッソ量が少ないので収穫開始は3〜5日ほど遅くなる）。

春〜夏にかけて使う乳酸菌は、弱酸性の乳酸を分泌し、病原菌の繁殖を抑えてくれる。斉藤さんが使っているのは、ヤクルトのカゼイ・シロタ株。梅雨時期に日陰の圃場で発生していたもち病が、これで出なくなったそうだ。

（3）雨が降ったら納豆菌

高温に強い納豆菌は夏に散布し、防除効果を

春　乳酸菌液づくり

散布時期
3月、6月（2〜3回）

〈培養〉
・カゼイ・シロタ株粉末小さじ1/2（ヤクルト1本程度でも可）、牛乳3l、水6l、黒砂糖2片を混ぜ、常温で1週間置くとトロッと固まってくる

〈散布〉
・1,000lのタンクに培養液をすべて混ぜ（約100倍）、反当2,000lほど散布

夏　納豆菌液づくり

散布時期
6〜8月（4〜5回）

〈培養〉
①米ヌカ2kgを40lの水に入れ、寸胴で煮て、上澄み液をとる
②8lの上澄み液につき、市販の納豆2パック、黒砂糖2〜3片を入れ、浄化槽用のポンプで曝気
③1週間続けると、わずかに納豆臭とアンモニア臭がする

〈散布〉
・1,000lタンクに混ぜ（120〜130倍）、反当2,000lほど散布

冬　こうじ菌液づくり

散布時期
12〜2月（約4〜5回）

〈1次培養〉
①米ヌカ100kgに種こうじ菌[2] 100gを混ぜ、水分60％ほどに保つ
②発酵すると温度が上昇。40〜43℃を目安に1週間ほど毎日切り返す
③冷めてボロボロの塊ができたら、清潔な袋に入れてとっておく

〈2次培養〉
①1次培養したこうじ菌ボカシ2握りを網に入れ、10lバケツの水に浸す
②こたつ培養器に入れ、35℃で3〜4日培養

〈散布〉
・1,000lタンクの水にバケツ2杯ほど入れて薄め（約500倍）、反当2,000l散布

2)（株）ビオックなどで購入

こたつ培養器（扉を開いたところ）。こたつのスイッチで温度調整

秋　酵母菌液づくり

散布時期
9月末〜12月中旬
（5〜8回）

〈培養〉
①水30lに、黒砂糖20kg、生酵母[1] 200ccを入れ、浄化槽用ポンプで曝気する
②大きな泡が出て、だんだん泡が小さくなる。3日ほどで甘酸っぱい香りに変わる

〈散布〉
・1,000lタンクに混ぜ（200〜300倍）、反当1,000lほど散布

1) イースター（ジャパンバイオファーム）を使用

第10図　斉藤さんの年間の菌液づくり

期待する。夏に萌芽する「稼ぎっ葉」は、季節柄、病害虫に侵されやすい。

とくに雨降り後には、葉の表面にいる微生物やそのえさが流れ落ちてしまうので、すかさず散布するよう心掛ける。日陰で、露切れが悪く、風通しも悪い圃場から順に行なう。葉に残った水分から雑菌が侵入しやすいからだ。

秋に散布する酵母菌は、糖を食べてアルコールをつくる。すると酢酸菌がやってきて、アルコールをえさに酢酸を分泌する。強力な酸でもって土中のミネラルを溶かし、根からの吸収を助けてくれるはず……。

茶

生き物にとって、秋は食欲の季節だ。冬に備えて食いだめをする季節。茶の樹も休眠期に入る前に、しっかり食べて栄養を蓄えねばならない。酵母菌がそのお膳立てをするのだ。

それに、酵母菌は糖からアルコールをつくる過程で、炭酸ガスを発生させる。目には見えないが、地中からボコボコと出ているであろう炭酸ガスは、葉の裏の気孔に届いて光合成の材料となる。炭酸ガスの通った穴は、根に酸素を供給する通気孔となる。

「そうなっているんじゃないかなって、想像（妄想？）しているだけだけどね」と斉藤さん。

マイクロスプリンクラーで積極灌水

超減肥栽培、高いpH、微生物の大量補給といった茶栽培を実践する斉藤さん。「ほかの人と何が違う？」と問われれば、迷わず「灌水」と答えるそうだ。

軽トラの中にpFメーター（土壌水分計）を入れているので、乾燥ぎみかなと思えば、すぐ計測。「pF値が自分の基準にしている1.9よりも高い（乾燥する）と、すぐに水を撒くだよ。1.9に近づくまでは2日でも3日でも撒き続ける。真冬だって撒く」という。これは、土壌中の溶液濃度を常に同じに保ちたいから。根が居心地のよい状態を保ちたいからである。

（1）冬でも灌水、夏は乾燥ぎみに

とくに灌水に気を配るのは、お茶の根が動きだす、春と秋だ。ともに、茶の樹が何か行動を起こすための段取りを行なう時期で、春は体を大きくするために、秋は来たるべき冬に備えて食いだめをし、自分の体を保護するために、根を伸ばす。

冬は休眠しているから土が乾燥しても問題はないと思いがちだが、常緑樹のお茶は冬も光合成を続けている。乾燥したら、やはり灌水。

逆に、暑い夏は乾燥ぎみのほうがよいと考える。この時期、水分量が多いと雑菌が繁殖しやすくなるからだ。幸い、8月の根切りで、根は一休み。夏に肥料は与えないので、多少水分が減っても土壌の養液濃度は高くなりすぎないと

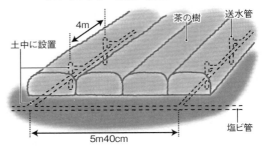

十数年かけて、自ら埋設したというスプリンクラー設備の構造

土中に塩ビ管を配管し、3ウネごとに散水できるように設置した

第11図　マイクロスプリンクラー設備

考える（もちろん、過乾燥時はやる）。

（2）樹液が濃いから虫がこない

積極灌水といっても、水をドバッと与え、チッソを効かせて徒長させることとは違う。土壌中のアミノ酸やミネラルの濃度を常に一定に保つことで、植物体に安定して水と養分を供給し、光合成を活性化させることだ。よって、体内では炭水化物が活発につくられ、樹液濃度（糖度）が高くなる。

「うちの茶園は『虫食いのないキレイな葉っぱだね。ホントに無農薬？』ってよく聞かれるだ。一番の理由は樹液が濃いからだと思うよ」と斉藤さんはいう。

「土壌が乾くと植物は水を吸えなくなっちまうよな。そこに雨が降ると一気に水を吸い上げる。その土壌に硝酸態チッソが多かったなら、葉っぱや枝が徒長して、樹液は薄くなってしまう。そうすると、アブラムシやウンカ（チャノミドリヒメヨコバイ）が寄ってきて吸汁する。ところが、虫の体液よりも樹液濃度が濃い樹なら、虫に吸われないだよ」

人が糖分の濃いハチミツや梅酒をストレートで容易に飲めないのと同じで、樹液濃度の濃い斉藤農園のお茶の樹は虫が吸えない、というのである。嘘か真か、真相は虫に聞かねばわからぬが、「樹液濃度説」以外にも、理由は考えられそうだ。たとえば、繊維質の材料となる炭水

◆斉藤さんの「稼ぎっ葉」◆

第14図 地面に灌水
好気性菌のこうじ菌や納豆菌を土の表面に、四方向へ一気に灌水できる

第15図 土中に灌注
嫌気性菌の乳酸菌や酵母菌を土中に灌注できる

第12図 13mm径の送水管で菌液を灌水
動噴のホースも一般の8.5mmより太い13mmに付け替え、短時間で大量散布できるようにしている

第13図
葉裏に灌水
下から葉裏に散布できる。一輪車のタイヤを取り付け、ラクラク作業

◆菌液の灌水ノズルいろいろ◆

化物が盛んに生産されることで、細胞膜や細胞壁も厚くなり、病害虫への抵抗力も高まっているとか……。

いずれにせよ、土壌水分を一定に保つ、お茶の積極灌水は、病害虫防除にもつながる、ということらしい。

(3) 微生物にやさしいマイクロスプリンクラー

実際の装置はというと、2.7haある茶園すべてに、十数年かけて設置した自作のスプリンクラーである。業者に頼めば反当70万～80万円かかるが、材料費のみで38万円。しかも、ミスト状の水が出るマイクロスプリンクラーだ（第11図）。

一般的な回転式のものだと水圧が強すぎて、葉っぱの表面にいる微生物やそのえさが流れ落ちてしまう。せっかく菌液をコツコツ散布しても、自ら水で洗い流してしまっては元の木阿弥と、細かなミストでじっくり灌水する作戦をとる。

また、微生物を培養した菌液も動噴を使って大量に散布する。一般的な上からの葉面散布用ノズルのほか、さまざまな形のものを自作している（第12～15図）。

「稼ぎっ葉」から出た一番茶

(1) 葉肉が盛り上がり、軸が太い

収穫最盛期、八十八夜の前日となる5月1日に、斉藤さんの一番茶を見せていただいた（第16図）。斉藤さんのいう「稼ぎっ葉」から出た今年の一番茶は、すごく出来がいいという。斉藤さんは一番茶のどこを見て、判断しているのだろう？

「葉肉が盛り上がってるでしょ。マグネシウムとカリがちゃんと効いてる。養分バランスがとれて、チッソも効いてる。製茶するとよくわ

かるだよ。淡い黄緑で粘り気もある。チッソだけだと黒くなっちゃう」

また、葉は小さいのに軸が太いのも「出来がよい」証拠だ。小さい葉っぱながらも、厚みがあるので、光合成をして炭水化物をつくる能力が高い。篩管を太くしてたっぷりと養分を配送するのだ。

逆に、土の養分バランスが悪いと、軸が細くて葉が大きくなる。光合成能力が低く歩留りが悪いから、葉っぱの面積を広げようとするのである。すると倒れやすくなり、早い段階で木質化が始まり、品質は低下。出開きも早くなる（「出来がいい」茶葉は、出葉数が増えても木質化せずに、「みるい」芽の状態を保つ）。

（2）発芽前の芽の糖度を測ると……

斉藤さんは、糖度計を使って茶の樹の栄養状態や品質の判定を行なう（第17図）。堆肥づくり・肥料設計コンサルタントの武田健氏が提唱する方法だ。親葉の腋にある発芽前の芽の糖度を測れば、何枚葉が出て出開きとなるかが予測できる。

発芽前の芽の養分濃度は、秋から冬にかけて蓄積した養分によって8〜12度まで高まっている。それが、新芽が伸びるにつれて消費され、葉っぱが1枚出るごとに糖度が1度ずつ下がる。5度まで落ちれば出開きとなるから、逆算すれば何枚出るかがわかるのだ。

たとえば、発芽前の糖度が8度なら、一番茶は〈8－5〉の3枚しか摘めない。12度あれば〈12－5〉の7枚まで伸ばして摘むことが可能だ。あるいは4〜5枚で摘採して濃度の高い新茶を収穫しつつ、樹の養分に余力を残して二番茶の生長に回すこともできる。

親葉は7月の整枝後に出芽し、冬が来るまで同化養分をせっせと枝葉や貯蔵根に送り続ける。茶樹全体の糖度（＝耐寒性）が高まることで、ラクに冬を乗り越え、翌春に栄養価の高い一番茶芽を出す。

第18図は、斉藤さんの「稼ぎっ葉」から出た一番茶と、近所の無農薬・化成肥料使用の茶園の一番茶。前者の出葉数は3枚で、生長点付近の糖度は9.5度。後者は3枚で出開きとなり、生長点の糖度は5.8度だった。葉の色や軸の太さもあきらかに違っていた。

第16図　斉藤さんの一番茶
葉肉がプリッと盛り上がって軸も太い

第17図　新芽の糖度を測る斉藤さん

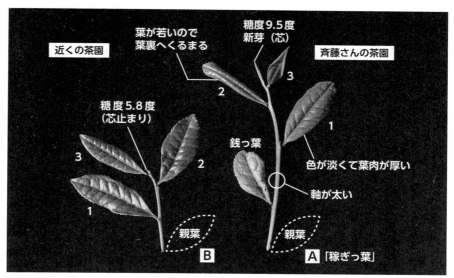

第18図　2015年5月1日の一番茶
ともに3枚の新葉が展開（Aは1週間後に4.5葉で摘採）。微生物の活動で地温の高いAの茶園では3月末に「銭っ葉」（魚葉、不定形な葉）が萌芽（直後の寒波で傷んでいる）。Bの葉は数日遅れて1葉が出て、3葉で開いている

栄養価の高い一番茶のスタートは6～7月の整枝から

(1)「稼ぎっ葉」と「秋芽」

整枝後に出てくる新芽が、茶栽培にとって一番大切な葉、「稼ぎっ葉」である。一般には「三番茶」と呼ばれるのだが、新芽は摘採せずにそのまま伸ばす。すると、9月初旬までに3～4枚の葉を出し成葉となり、硬くなった茎に同化養分を蓄える。その後、先端から再び「秋芽」を伸ばし、10月中旬までに、やはり3枚ほどの葉を広げる。秋芽は硬くならない（同化養分を蓄積しない）が、その間、土壌中の養分を吸い上げる、ポンプの役割を果たしてくれる（第19図）。

こうして、「稼ぎっ葉」と秋芽がともに働きながら、来たるべき冬に備えて同化養分を枝や葉に蓄える。すると、樹全体の糖度が高まり、寒さに強くなる。体力を温存しながら春を迎えることで、栄養価の高い新芽（一番茶）を伸ばすことができるのだ。

まさに、そのスタートが7月初めの整枝作業なのである（第20、21図）。

(2)「葉層」よりも「強い芽を揃える」こと

斉藤さんが考える整枝のポイントは、ズバリ、「強い芽を揃える」ことだ。一般には、冬を越すこととなる秋整枝後の葉層を8～10cmほど確保するのが目標とされる。初夏に行なう整枝は、それに向けての時機と深さの調整が求められる。しかし、斉藤さんは葉層をあまり重視しない。5cmもあれば十分で、それよりも「強い芽を揃える」ことのほうが大事だと考える。

そのために、1) 芽数80（整枝時の枝の数は約30）程度の芽重型とし、2) 3年サイクルで浅刈り、浅刈り、深刈りを繰り返す。そして、3) 稼ぎっ葉の萌芽が梅雨明けとなるよう、整枝のタイミングを図るよう心掛ける。

(3) 一番茶の下葉は縁の下の力持ち

稲作に密植と疎植があるように、茶の樹にも芽の数を多めに確保する芽数型と、数を減らして1本ずつを大柄にする芽重型とがある。ともに一芯三葉で刈るとしたら、芽数型（芽数150～200）の収量は生葉で500～600kg、芽重

1003

茶

型（芽数80〜100）は300kgほどと予想できる。

農家のフトコロ事情を考えると、芽重型でも一芯四葉か五葉で刈れば、収量は上げられるが、「俺はそうはしない」と斉藤さん。あくまで「栄養価の高い一番茶」を育てるのが目的で、「収量や（収穫の）早さ、水色は二の次、三の次」なのだ。

だから、収穫は一芯五葉時に、下葉2枚を残して摘採する。残った2枚の葉が、摘採で受けたダメージからの回復を早め、ひいては三番茶の芽を強くする「縁の下の力持ち」となる。

(4) 樹高を毎年一定にしない

2番目のポイントは、「浅刈り、浅刈り、深刈り」を3年サイクルで繰り返すこと。そのねらいは、整枝の位置（＝樹高）を絶えず変えていくことにある。第20図は、斉藤さんが整枝時に切り戻す深さの目安を示したものだ。

①は二番茶を摘採してそのまま放置し、残った下葉から出た芽をそのまま「稼ぎっ葉」とするパターン（ここでは、二番茶の摘採も浅刈りの1つと考える）。②は二番茶を収穫せず（収穫してもよいが、採算が合わない）、前年の秋整枝の高さより1〜2cm上で切り戻す浅刈り。③は前年の秋整枝より1〜2cm下に切り戻す浅刈り（刈ったあとにうっすら葉が残る程度）。④は前年の秋整枝より3〜4cm深く切り戻す浅刈り（刈ったあとの姿は丸裸）。そして、⑤が前年の秋整枝の位置よりさらに30〜50cmほど下がった深刈り。

天候、樹勢、土壌条件などを見極めながら、①〜④の適切な位置での浅刈りを2年続け（結果、樹高は15cm前後高くなる）、翌年は深刈りして切り戻す（樹高は20cm前後低くなる）。

こうして樹高を一定にせず、毎年新しい場所に刃を入れる。同じ高さで切り戻していると、切り口にコブができ、葉層は確保できたとしても、芽の勢いは弱まってしまうからだ。

(5) 梅雨明けに萌芽させる

3つ目のポイントである整枝作業のタイミングは、無農薬栽培ではとくに重要だ。まず、6

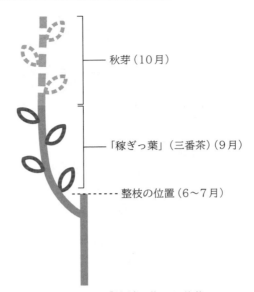

第19図 「稼ぎっ葉」と秋芽
「稼ぎっ葉」は活発に光合成を行ない、同化養分を葉や茎に蓄える。秋芽は水を吸い上げるポンプの役割

月中旬に整枝を開始するときは、深刈りをする茶園から始める。こちらは、新芽が出るのに1か月ほどかかる。以降、④〜①の浅刈りを適宜行なうことで、「稼ぎっ葉」の芽が出るタイミングを7月下旬にもってくる。

すると、どの茶園も梅雨明け時期の1週間ほどで一斉に芽吹くわけだが、これが病害虫防除にもつながるという。

じめじめとした天気が続けば、せっかく出た新芽も、病害虫の格好のえさとなる。梅雨が明ければ吸汁害虫も少なくなるし、30℃を超す高温と紫外線によって、病原菌の活動も弱まる。耕種的防除法である。

もちろん、整枝直後は間髪入れずに自前の納豆菌液を散布し、切り口に雑菌が繁殖するより先に、納豆菌の占有率を高めることも忘れない。

執筆　編集部
（『現代農業』2015年1〜9月号「お茶の健全栽培」連載より）

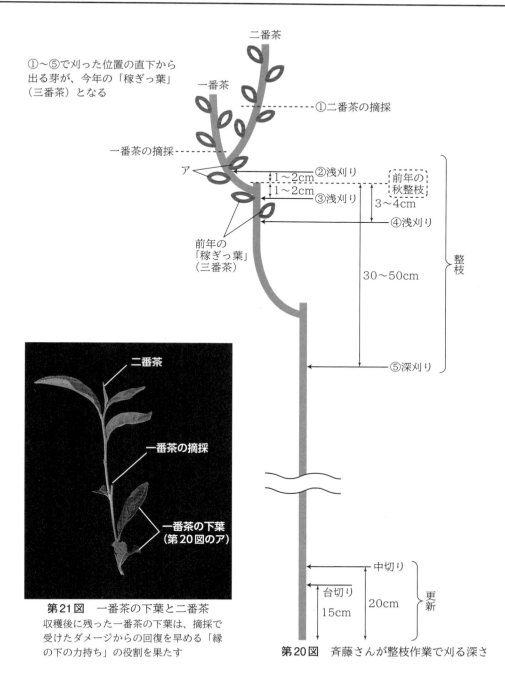

第21図　一番茶の下葉と二番茶
収穫後に残った一番茶の下葉は、摘採で受けたダメージからの回復を早める「縁の下の力持ち」の役割を果たす

第20図　斉藤さんが整枝作業で刈る深さ

茶

ドクダミ、ニラ、スギナ液と食酢などで病害虫予防

執筆　北村　誠（長崎県佐々町）

最初は収量7割減

　北村製茶は先代・北村親二が1954年に19歳のとき、単独で牟田原（むたばる）開拓地に鍬を入れたのが始まりです。数年後母と結婚。2人で茶畑をつくっていきました。粘土質の赤土で水はけが悪いので樹の生長も遅く、有名な産地でもなかったので市場でも低価格でしか売れず生活が厳しかったそうです。私と弟も毎日町中でお茶を売り歩きました。

　そんななか、1969年に地元の生協から「無農薬のお茶がほしい」との要望があり、しっかりとした取引先が欲しくて、無農薬有機栽培を始めました。

　しかし、その当時は有機やオーガニックという言葉も、お客さんの関心もありません。ましてや有機栽培の技術などあるはずもない時代です。背水の陣の心構えで全面有機に切り替えたのですが、開始から8年ほどは収穫量が3割まで落ち込み、味も香りもせず、今までのお客さんも離れていきました。

　そこで思い切って門を開き、お客さんだけでなく、行政やマスコミ、生産者と交流し、たくさんのアドバイスをいただきながら技術を確立してきました。私があとを継いだ今でも年間6,000人の見学者を受け入れています。

チッソは減らして確実に効かせる

　無農薬有機栽培を始めた当初は、病害虫に悩まされました。まずは化学肥料をやめた代わりに施す堆肥づくりから始めました。牛糞や雑草をうまく発酵させられずにガスで樹を枯らしたこともありました。当時、農業用の微生物資材もなく、健康食品の「大高酵素」を添加して堆肥の発酵をサポート。好気性微生物の有用性を学びました。

　今では発酵鶏糞と、刈ったカヤや雑草を土に

第1図　筆者（64歳）
8.3haの全園で茶を有機栽培

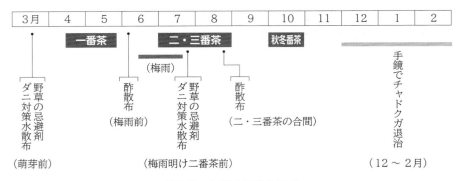

第2図　年間の防除作業表

第3図 ドクダミ、ニラ、スギナなどを臼ですりつぶして忌避剤をつくる

第4図 3月と7月、畑の外周に害虫予防用の忌避剤を散布

第5図 冬の間は毎日手鏡を使って葉の裏のチャドクガやケムシの卵を探索して取り除く
自撮り棒を付けるアイデアは従業員が発案

伏せておくと2〜3か月で分解するまで土着菌が殖え、酵素はいらなくなりました。カルチをしっかりすることで、土壌中に酸素と水を送ってあげることがポイントです。

また、前述の鶏糞雑草堆肥や油粕などの肥料を与える量とタイミングも重要。病害虫予防のためチッソの量は減らしますが、確実に効かせるために、季節ごとに大量に与えるのではなく毎月少量与えています。人間が1日3食ご飯を食べるのと同じです。10a当たり合計1〜1.2tの堆肥や肥料を年に10回に分けて施肥。10a当たりのチッソ分は25kg弱で通常の約半分だと思います。

忌避剤にはニラと野草の煮汁

昔はダニやケムシ対策に茶園周りにニラやニンニク、除虫菊を栽培していたと聞き、忌避効果のある植物を煮出して忌避剤をつくることを思いつきました。

ドクダミ、ニラ、スギナを合わせて10kgほどすりつぶし、麻袋に入れ、20lの水で約1時間煮出します。その液を500〜1,000倍に薄めて、800lに10kgの黒糖を展着剤として添加しています。散布時期は新芽が出る前の3月初旬と二番茶が出る前の梅雨明け7月。葉に負担がかからないように、散布は園の周辺のみ。お茶の樹にはかけません。

炭疽病には酢、ダニは水圧で落とす

炭疽病予防には殺菌効果がある食酢を散布しています。1,000倍に薄めて10a当たり500lを葉面散布します。病原菌が発生しやすい梅雨前などに予防的に散布。梅雨前は一番茶後、二番茶前でもあるので、収穫後の切り口を殺菌す

茶

る意味でもこの時期に散布しています。

　ダニには酢も効きますが、乗用の防除機で井戸水を散布し、その強い水圧でも対応。ダニは新芽をめがけて上がってきますが、水圧で地面に落ちると登ってこられないようです。これも忌避剤をまくタイミングと同じ3月と梅雨明け7月に行ないます。

　冬には100円ショップの手鏡に自撮り棒を取り付けた自作の探索鏡でチャドクガなどの卵を毎日手作業で探し、駆除します。非効率と思われるかもしれませんが、これをやっておけばチャドクガは確実に抑えられます。

こまめな剪枝で病気を減らす

　当初は'やぶきた'がほとんどでしたが、'めいりょく'や'おくゆたか'など病気に強い品種、香り、味、色の違いを考えながら、7品種に改植しました。

　摘採期はあえて遅くずらしています。摘採期を遅らせると問屋さんの買い取り価格は安くなりますが、二番茶の新芽が出る時期が病気の出やすい梅雨時期にかからないので病気の発生を抑えられ、収量が上がります。また、一番茶のすぐ後に1～2cmだけ枝先を落とします。こ

れで病害虫に弱い新芽を梅雨時期にかからないように調整し、二番茶の芽の動きも揃います。茶摘み機2台を一緒に畑に入れて、1台目で一番茶、2台目で剪枝をします。剪枝で刈り取ったものもほうじ茶に加工し、むだにしません。

＊

　これらの技術を組み合わせることで、安定した生産ができるようになりました。今では輸出を始めて5年、香港とニューヨークに収量の約5％を輸出しています。

　55年間有機農業を続けてみて感じたことは、農産物や環境は15年程度でいろいろなことに順応していくということです。とくに最初の7～8年は苦労しましたが、今では長年続けた土つくりで土着菌がよく働いて、樹も健康に育つようになりました。

　現在では有機資材の開発、害虫のトラップや天敵の研究が進み、お客さんの理解も深まっています。有機農業は可能か、不可能かの時代ではなく、やるかやらないかの時代です。みんなで情報を交換し、効率のよい方法を考えていきたいものです。

（『現代農業』2024年6月号「ドクダミ・ニラ・スギナ液と食酢で病害虫予防」より）

自家製忌避剤
──ヨモギ・ドクダミ発酵液

執筆　北野孝一（佐賀県嬉野市）

薬草のニオイで予防

嬉野市の土地や気候にもっとも合っていると感じてお茶栽培を始めました。お茶は薬として中国から入ってきたと知り、薬になるお茶づくりを決心。4haで有機無農薬茶をつくっています。35年前から有機無農薬栽培を始め、その約10年後、有機の認証制度が始まった2001年からは認証を取り続けています。

きたの茶園では虫よけに自作の忌避剤「北酵液（ほっこうえき）」を使っています。ヨモギ、ドクダミなどの薬草を発酵させてつくります。薬草が人間の身体によいように、植物にもよい効果があるかもしれないと思ったことがきっかけです。忌避効果があり、樹が元気になりよく育ちます。

北酵液に使う基本の薬草はヨモギとドクダミですが、サンショウやスギの実などでもつくり、ブレンドしながら使っています。とくにサンショウでつくった北酵液はカイガラムシを「眠らせる」効果があると感じています。かけてすぐにはわかりませんが、2回ほど散布すると灰色カビのような見た目になってそのうち消えて、一度消えると3年くらいは出なくなります。

土つくりにも

散布の時期は、一番茶の前。3月20日あたりから散布を始め、3月中に2回、4月に入ってからはバロン（遮光ネット）を被せる4月10日ごろまでに2回。1,000倍に薄めて10a当たり100～150lをスプリンクラーや動噴で散布します。

虫は薬草や木の実のニオイを嫌がるようですが、植物のエキスを発酵させてつくる北酵液は、植物のミネラルたっぷりで微生物も含むので、土にもよいのだと思います。

注意点は、発酵に使っている微生物資材「ハイクリーンΣ」に入っているΣ菌の分解能力と繁殖力がとても強いことです。土壌の有機物が短期間で分解されすぎてしまう感覚があるので、一緒に施しているボカシ肥を少し未熟なまま入れるようにしています。

（『現代農業』2024年6月号「自家製忌避剤　ヨモギ・ドクダミ発酵液」より）

北酵液のつくり方

材料

- 薬草（ヨモギ、ドクダミなど）
　……8lバケツ1杯
- ハイクリーンΣ……茶碗1杯
- 糖蜜……20l
- 水……20l

※薬草や木の実は手に入るものを足してもよい

すべての材料を合わせ、軽く蓋を閉めて保管。初めの2～3か月は1日3回（朝昼晩）撹拌する（その後は1日1回）。半年以上置いて完成。
ざるなどで濾して焼酎のボトルなどに小分けして保管すると使いやすい。
減ってきたら材料を継ぎ足しながらつくると発酵が速いのでおすすめ。

茶

無農薬茶栽培の成立条件

(1) 無農薬栽培の広がり

①本稿で述べる無農薬栽培について

本稿で述べる無農薬栽培は，化学合成農薬（化学農薬）を使用しない栽培だけでなく，有機JAS認証で使用可能な天然物や天敵，性フェロモンなどを利用した栽培を含む。さらに，有機JAS認証では使用可能ではないが，地方自治体単位で行なわれている特別栽培農産物で，化学農薬としてカウントしない薬剤を利用した栽培も含めるものとする。

したがって，本稿で述べる無農薬栽培の技術などは，有機JAS認証などに必ずしも適合するものとは限らない点に注意されたい。

また，「特別栽培農産物表示ガイドライン」には，有機JAS規格で使用可能な化学農薬も含まれていて，これらを除いた化学農薬を「節減対象農薬」と規定している。節減対象農薬をなるべく使用しないことは，環境負荷低減につながるため，本稿で述べる無農薬栽培は，節減対象農薬を使用しない栽培方法ともいえる。

②環境保全型農業に対する意識

茶生産者の関心は高い　農林水産省は，「平成13年度持続的生産環境に関する実態調査」を実施した（農林水産省統計情報部，2002）。これによると，環境保全型農業の取組み形態として，1）地域の慣行を基準とした化学肥料チッソ成分の投入量縮減，2）地域の慣行を基準とした化学農薬の投入回数縮減，3）堆肥による土づくり，の3手法をあげている。そして，このいずれかに取り組んだ圃場を環境保全型農業取組み面積とし，作付け延べ面積に対する割合は，全作目合計が16.1％と報告されている。なお，環境保全型農業取組み面積のなかで，茶を含む工芸農作物は32.0％を占め，取組み割合の高い作目であった。

工芸農作物には，薬用植物なども含まれており，茶のみのデータではないものの，環境保全型農業への茶生産者の意識が高いことの表われといえる。しかも，今後もこうした「生産を拡大したい」とする割合が，環境保全型農業取組み農家で20.7％，有機JAS生産工程管理者で58.7％と，ほかの作目に比べて高い結果になっていた。

農林水産省も推進　農林水産省は，2021（令和3）年5月に，食料・農林水産業の生産力向上と持続性の両立をイノベーションで実現する，「みどりの食料システム戦略」を策定。2025年までに全耕地面積に占める有機栽培面積を25％に引き上げると方針を打ち出している。

現在，国内の有機JAS茶園の面積は，約10％の割合で推移している（第1表）。しかし，鹿児島，静岡，宮崎，京都の府県では，近年著しい増加がみられ，2022年の有機JAS茶園面積は2018年対比で16％も増加している。

輸出農産物としても問われる　近年，茶は重要な海外輸出農産物として，欧米を中心に積極的な輸出が展開されてきた。輸出時には，相手国の残留農薬基準をクリアする必要があると同時に，有機JAS認証の有無を問われることも多い。こうしたことから，輸出量の多い茶産地を中心に，有機JAS認証圃場の面積が増加していると考えられる。

海外輸出戦略上，必要最小限の農薬使用であることは，相手国の残留農薬基準をクリアする点で有利である。

国の大きな施策（みどり戦略）が始まり，有機農業をはじめ環境負荷低減の取組みが推進され始めたなかで，茶でも有機JASなど無農薬栽培のより積極的な取組みが期待される。

(2) 埼玉県の減農薬栽培と認証制度

各地方自治体で，農産物の安全・安心を保証する認証制度が整備されるようになってきた。これに呼応して減農薬栽培，さらに無農薬栽培に取り組む茶農家が増えてきている。以下，埼玉県での農産物認証制度によるチャの減農薬栽培，無農薬栽培の広がりについて述べる。

第1表　府県別茶畑の有機JAS圃場の面積（単位：a）

年	2018	2019	2020	2021	2022
群馬県	148	0	0	0	0
埼玉県	85	85	85	59	50
山梨県	0	0	14	14	14
岐阜県	334	318	316	316	798
静岡県	21,865	24,323	24,509	23,273	23,676
愛知県	3,478	3,489	3,522	3,054	2,711
三重県	6,408	6,510	6,594	6,920	6,761
滋賀県	143	143	313	290	347
京都府	5,295	5,563	5,525	5,614	7,645
兵庫県	89	82	82	82	82
奈良県	2,686	2,950	3,202	4,126	4,088
鳥取県	269	269	300	370	398
島根県	1,747	508	508	621	646
徳島県	16	16	16	16	20
愛媛県	25	25	22	22	22
高知県	550	550	550	547	547
福岡県	2,067	2,655	2,904	2,795	2,704
佐賀県	1,010	1,128	1,043	1,082	1,064
長崎県	11,348	11,348	4,280	3,287	3,287
熊本県	2,443	2,301	2,307	2,696	2,715
大分県	896	1,337	1,637	1,643	1,632
宮崎県	14,823	15,357	16,123	18,299	16,713
鹿児島県	49,277	55,778	63,092	67,130	69,120
沖縄県	460	460	460	460	0
合計	125,464	135,194	137,405	142,717	145,041
国内の茶園面積における割合（％）	11.6	12.3	11.4	10.1	9.5

注　有機JAS認証の圃場面積が2018年に対して増加傾向のある府県に網がけした

　　小数点以下は四捨五入。合計と内訳が一致しない場合あり

　　農水省Webサイト「有機食品等の認定事業者，格付実績，ほ場面積」よりhttps：//www.maff.go.jp/j/jas/jas_kikaku/yuuki_old_jigyosya_jisseki_hojyo.html

①「有機100倍運動」から「エコ農業推進戦略」

　埼玉県では，環境の保全と創造をすべての施策の基本とする「環境優先」を基調とし，水と緑を活かした豊かな彩の国づくりを進めてきた。

　「有機100倍運動」は，新たな埼玉県農業の振興方策として，有機農業の推進と化学肥料，農薬の使用量削減を柱に，環境に優しい農業の実現に向け，1997年から県民運動として全県的に取り組まれた。2010年の化学肥料，農薬の使用削減量を，1997年に対してそれぞれ50％削減することを目標に，特別栽培農産物の認証制度を推進し，2012年3月まで行なわれた。

　2012年4月から2015年3月までは「埼玉農業エコひいき推進事業」，2015年4月からは「埼玉県エコ農業推進戦略」として，農薬や化学肥

料の削減など，地球温暖化防止に効果の高いエコ農業に取り組む産地の育成を推進している。「埼玉県エコ農業（以下，「エコ農業」）」とは，埼玉県で実施される，環境負荷軽減を図った，環境保全型農業全般のことと定義している。

なお，有機100倍運動の展開時は，作目別の減農薬栽培，無農薬栽培の生産者数の推移などが示されていたが，農水省の「特別栽培農産物表示ガイドライン」の2004年改訂以降は示されなくなり，無農薬栽培に取り組む生産者の実態はつかめなくなった。

②特別栽培農産物の認証要件

埼玉県では，チャの農薬使用回数と化学肥料施用量を5割削減したものを，それぞれ減農薬，減化学肥料とし，無農薬，無化学肥料と組み合わせて，4つの栽培形態を認証し，それぞれ表示していた。しかし，改正JAS法による認証方法に対応し，2004年からは特別栽培農産物の表示に一本化された。

認証を受けた農産物については，認証マークのシールを貼ることができ，県の認証を受けた特別な農産物であることがPRできる（第1図）。

なお，埼玉県の特別栽培農産物ガイドラインの基準（2023年現在）は，チャ栽培については，農薬の慣行的使用回数（有効成分の延べ使用回数）16回に対して5割減の8回，化学肥料の慣行的施用量（チッソ成分量）39kg/10aに対し

第1図　埼玉県特別栽培農産物の認証シール

て5割減の19.5kg/10aとなっている。

③特別栽培の認証数と無農薬栽培農家数

埼玉県における有機100倍運動の減農薬・減化学肥料栽培は，全農作物では，2003年度で82市町村，163事例，約1,315haに及ぶ。そのうち，特別栽培の認証を受けた茶農家は83戸，38.75haで，全作目面積の2.9%であった。これは埼玉県内の茶農家戸数の1.9%，摘採面積の3.8%である（第2表）。

このうち，無農薬栽培を行なっている農家は，無化学肥料栽培，減化学肥料栽培の合計で8戸，3.51haであり，県内茶農家戸数の0.18%，茶摘採面積の0.34%であった。また，特別農産物認証面積に占める無農薬栽培面積は9%で，農林水産省の実態調査による，工芸農作物の環境保全型農業取組み面積に対する化学農薬無使用面積の割合3.9%と同様に一桁台であった。

第2表　2003年度特別栽培認証を受けた埼玉県の茶農家戸数と栽培面積

種類	栽培戸数 戸	% [1]	栽培面積 ha	% [1]
無農薬・無化学肥料栽培	7	0.16	3.21	0.31
無農薬・減化学肥料栽培	1	0.02	0.3	0.03
小　計	8	0.18	3.51	0.34
減農薬・無化学肥料栽培	6	0.13	4.91	0.48
減農薬・減化学肥料栽培	69	1.54	30.33	2.94
小　計	75	1.68	35.24	3.42
合　計	83	1.86	38.75	3.76
茶栽培　埼玉県全体	4,470		1,030	

注　1）埼玉県全体の茶栽培戸数，栽培面積（摘採面積）に対する割合

2003年以降，無農薬栽培農家戸数は横ばいとなり，2006年からは生産面積の減少がみられた。また，認証されている無農薬栽培農家の内訳は頻繁に入れ替わっている。これは，改正JAS法に対応して無農薬，減農薬の区別がなくなり，特別栽培農産物の表示に一本化したため，無農薬としてのPR効果の半減が一因と考えられる。

なお，2022年度の認証面積は1,125haで，そのうち「茶・その他」は54ha，全体の5％となっていることから，2003年当時の状況とあまり大きな変化はないものと考えられる。

埼玉県では，自宅などに直売店をもち，生産から販売まで一戸の生産者が行なう「自園・自製・自販」の経営形態が特徴である。消費者の顔が見える環境で生産を行なっており，消費者に無農薬であることを自らPRすれば，わざわざ認証を受ける必要はないとの考えや，認証に要する経費（シール代）や製品にシールを貼る労力を考慮して，認証を受けない生産者もいる。

したがって，もともと認証を受けていなかったり，一度認証を受けたあとに認証を受けるのを止めた農家を含めると，無農薬栽培農家数と栽培面積は微増していると考えられる。

④茶園共進会も環境保全型栽培重視へ

埼玉県では毎年，各地域で茶園共進会が行なわれている。従来の，病害虫がなるべくみられない茶園ほど評価の高い採点方式から，病害虫の評価点数を軽減するとともに，農薬散布回数も評価項目に加え，散布回数の少ないほど高い得点を与える形式に移行した。さらに，チッソ投入量なども評価に加えた，環境保全型栽培重視の茶園共進会になっている。

これを受けて，普及指導員によるIPM管理技術の推進も伴い，年間防除回数が1回程度の茶園が，共進会の上位にランクするなどの事例も出てきた。

さらに，「自園・自製・自販」の経営なので，安全・安心を消費者へ直接PRできるということで，無農薬栽培に取り組むケースもある。加えて，海外輸出の増加から，自ら生産した茶を海外輸出する「自園・自製・自販・自輸出」ともいうべき形態も出現。さまざまな相手国の残留農薬基準をクリアできるように，年1回程度の薬剤防除で管理する生産者も現われてきた。

このような機運を背景に，いくつかの技術的課題をクリアしていけば，今後，無農薬栽培に移行する生産者が徐々に増加すると考えられる。

(3) 無農薬栽培の成立条件と防除法の検討

①植物相が豊かな立地条件ほど向く

一般に，中山間地の山林に囲まれた小規模茶園や，平坦地でも周囲が雑木林で広大な茶園が近くにない孤立した茶園では，病害虫の発生が少なく，無農薬栽培に向いているといわれる。

1999年に筆者は，沖縄県農業試験場名護支場の玻名城氏の協力を得て，沖縄県で茶園のハダニ調査を行なった。広大な茶園が集積されたため，茶園周辺の植物相が比較的単調になっている名護市嵐山の呉我地域では，ハダニの生息密度が高かった（第2図上）。一方，茶園がヤンバルの森林などの間に造成され，周辺植物の種類も多様な国頭村の奥などの地域では，ハダニが比較的少なかった（小俣，2000）。

周囲が森林に囲まれた国頭村では，周辺植物と茶園との天敵の行き来があるため，ハダニ生息密度が低かったと考えられる（第2図下）。したがって，無農薬栽培に求められる重要なポイントは，まず病害虫が発生しにくい環境に茶園を造成することである。

②病害虫抵抗性品種の選定

品種利用と抵抗性品種の動向 チャの品種は，色，味，香気が総合的に優れている 'やぶきた' が，全国の作付け面積の62.2％を占め第1位であるが，病害虫に弱い欠点がある。

収穫期の集中を防ぐ目的で，早生，中生，晩生と摘採期の異なる品種を，バランスよく組み入れるとともに，病害虫抵抗性を考慮した品種を採用していくことは，防除コストの削減につながる。

病害虫に強い品種の利用は，無農薬栽培にと

茶

って重要であるが，すべての病害虫に対して強い品種は知られていない。しかし，炭疽病に感染しにくい'ほくめい'や'むさしかおり'，クワシロカイガラムシに対して強い抵抗性をもっている'さやまかおり'や'さいのみどり'などが知られている。

また，カンザワハダニは'やぶきた'でもっとも寄生が多く（河合，1998；小俣，2000），アッサム系の品種・系統で寄生が少ない（河合，1998）ので，'さやまみどり'や'こまかげ'などを選択することも推奨される。

近年，クワシロカイガラムシの被害の増加に伴い，'さやまかおり'の抵抗性が注目され，虫害抵抗性についても考慮した品種開発が行なわれてきている。

以下，病害虫抵抗性が確認されている代表的な品種を簡単に紹介する（詳しくは「抵抗性品種の利用」の項参照）。

さやまかおり 埼玉県茶業試験場で選抜され，1971年に品種登録された耐寒性の強い品種で，摘採期は'やぶきた'と同じで，山間冷涼地では1〜2日早い。1990年代以降，全国の茶産地でクワシロカイガラムシの発生が相次ぎ，株が枯死するなど大きな問題になったなかで，高い抵抗性があることで注目されている。輪斑病にも強いが，炭疽病にはきわめて弱いとされる。圃場の立地条件や産地の特性によっては，整剪枝による防除対策などを組み合わせる必要がある。

かなえまる 農研機構金谷茶業研究拠点で育成された，病害虫複合抵抗性の緑茶用品種である。摘採時期は'やぶきた'とほぼ同等で，クワシロカイガラムシ，炭疽病，輪斑病，もち病に強い抵抗性がある。

みなみさやか 宮崎県で育成された，温暖地向きの品種である。摘採期は'やぶきた'より1〜3日遅い。クワシロカイガラムシ，炭疽病，輪斑病に強い抵抗性がある。

せいめい，さえあかり 農研機構枕崎茶業研究拠点で育成された，抹茶や粉末茶に適した品種である。摘採期は，'やぶきた'より'せいめい'は4日程度，'さえあかり'は3〜4日

第2図　沖縄の茶園
上：ハダニが多かった名護市嵐山の呉我地域
下：ハダニが少なかった国頭村の奥地域

早い。炭疽病，輪斑病，赤焼病に対して複合抵抗性をもち，化学合成殺菌剤の使用を削減できる。

③**天然物由来の農薬や天敵昆虫の利用**

　天然物由来の農薬や天敵利用の動向　有機JAS認証で使用が認められている，BT剤，顆粒病ウイルス，性フェロモン剤（ハマキコン−N），また，地方自治体の農産物認証制度では，これらに加えてデンプン液剤，かつてのミルベメクチン乳剤など，天然物由来の農薬を農薬使用回数にカウントしない場合がある（現在，ミルベノック乳剤は有機JASで使用可能）。

　化学農薬を散布しない天然物利用型の無農薬栽培では，慣行栽培で使用していた薬剤を，これら天然物などに置き換えることで取り組める。しかし，すべての主要な病害虫に対して，天然物由来の農薬や天敵農薬などが開発されているわけではないので，耕種的手法などでカバ

ーする必要がある。

カンザワハダニに対する捕食天敵として，合成ピレスロイド耐性ケナガカブリダニ（望月，2003）などの利用の試みがあったが，まだ生物農薬としては製剤化されていない。しかし，ミヤコカブリダニは製剤化されている。

これらカブリダニ類は，茶園でも土着天敵として生息しているため，バンカー法を用いた生息環境の形成も大切である（詳しくは「整剪枝など各種耕種的防除技術」の項参照）。

銅水和剤　炭疽病などの病害対策として，有機栽培で使用可能。塩基性硫酸銅や水酸化第二銅を成分とする無機銅剤である。

グリセリン酢酸脂肪酸エステル　植物由来の食品添加物を有効成分とし，有用生物への影響も少なく，IPM（総合的病害虫防除）にも適している。チャのチャノミドリヒメヨコバイに登録があり，防除効果がある。飼育実験では，定着阻害の忌避効果があることも示唆されている（萬屋，2024）。

マシン油乳剤　害虫の気門を物理的に封鎖することで，殺虫効果を示す剤。ハダニ類やクワシロカイガラムシ，チャトゲコナジラミに効果がある。銘柄により，登録内容が若干異なるので注意する。

カブリダニ製剤（スパイカルEX）　カンザワハダニを捕食するミヤコカブリダニ製剤である。ミヤコカブリダニ雌成虫の体長は約0.3mm，体は透明色で，背中にオレンジ色のX字模様がある。ハダニ発生初期に200ml/10a（約4,000頭）を散布して防除する。

ハマキコン−N　ハマキガ類（チャハマキ，チャノコカクモンハマキ）の発生を抑制するために，合成した雌の性フェロモンを成分とする性フェロモン剤である。フェロモンを含ませたディスペンサーを，10a当たり150〜250本茶園内に設置する。

ロープ状製剤もあり，この場合は10a当たり30〜50m設置する。茶園のウネ方向に沿った両サイドと中心部に，支柱を立ててチャ株より上部に張り渡す。ディスペンサーをチャ株に一つひとつ設置しないので，省力化できるとともに使用後の回収もしやすい。

ハマキ天敵（顆粒病ウイルス）　天敵ウイルス製剤で，チャハマキ顆粒病ウイルスとリンゴコカクモンハマキ顆粒病ウイルスを成分とする，微生物農薬である。チャハマキ，チャノコカクモンハマキに登録がある。

本剤を摂食した幼虫は，老齢幼虫期に白くなって死亡するため，次世代の幼虫密度が低下する。散布には，展着剤が必要である。

BT剤　*Bacillus thuringiensis* Berliner（バチルス・チューリンゲンシス，略称：Bt，BT）という細菌が，胞子形成末期に菌体内に生産する，結晶性タンパク毒素を有効成分とする殺虫剤。芽胞の殺滅処理を行なっているもの（死菌剤）と，行なっていないもの（生菌剤）がある。

消化管内がアルカリ性の昆虫にこの毒素が入ると，酵素分解を受けて毒性物質に変化する。

デンプン液剤　有効成分ヒドロキシプロピル化リン酸架橋デンプン5.0％含有の，食品にも使用可能な加工デンプンを有効成分とする殺虫剤（商品名：粘着くん液剤）。粘着作用などによる運動阻害や窒息によって殺ダニ効果を示す。散布液が直接ハダニにかからないと効果がないため，葉裏によくかかるよう散布する。

類似薬剤のデンプン水和剤は，有機JAS認証で使用可能であるが，チャでの登録は現在（2024年4月）のところない。

ミルベメクチン乳剤　土壌放線菌が産生する，ミルベメクチンを有効成分とする殺ダニ剤（商品名：ミルベノック乳剤，ミルベメクチン2.0％含有）。カンザワハダニ対象の代表的な殺ダニ剤であるが，チャノホコリダニ，チャノナガサビダニのほか，チャノホソガ，チャトゲコナジラミ，コミカンアブラムシにも登録がある。

カンザワハダニ以外にも，一番茶摘採前の防除で対象になる害虫にも登録がある重宝する薬剤で，有機JASで使用可能である。ただし，地方自治体の農薬基準によっては，化学農薬としてカウントされる場合があるので注意したい。

チャドクガ核多角体病ウイルス　チャドクガに感染する，土着天敵ウイルスである。このウイルスに罹病したチャドクガ幼虫は，チャ樹の

茶

梢から垂れ下がるようにして死亡するのが特徴である（第3図）。

チャドクガ罹病虫100頭/10a相当量を独自に作成し，潰して300l/10aの水に混ぜて幼虫に散布すると，チャドクガコロニーの約50％の幼虫が死亡するなどの効果が確認されてきた。しかし，改訂農薬取締法により，このような農薬的な使用はできなくなった。

感染力の強いウイルスなので，自園内のチャドクガ幼虫コロニーで感染幼虫をみつけたら，ほかのコロニーへ置いておくことで，茶園内の流行を促進してチャドクガ幼虫を抑制し，次世代の発生を少なくできる可能性がある。

除虫菊乳剤3　シロバナムシヨケギクの花由来の天然ピレトリン（3％）が有効成分。チャノホソガ，シャクトリムシ類に登録があり，2023年4月にチャドクガに対しても登録がとれた。有機JAS，輸出向け栽培で利用可能である。

注意点は，「除虫菊乳剤」と表示されていても，防除用医薬部外品などには添加剤の化学物質（ピペロニルブトキサイド）が含まれていて，有機JASでは使用できないので，混同しないようにする。

スピノエースフロアブル　殺虫成分のスピノサド（20.0％）は，土壌放線菌（*Saccharopolyspora spinosa*）が産生するもので，有機JASで利用可能である。ただし，地方自治体の農薬基準によっては，化学農薬としてカウントされる場合があるので注意が必要である。

当初，チャノキイロアザミウマに対する有効薬剤として使用されたが，その後チャハマキ，チャノコカクモンハマキ，チャノホソガはもとより，ヨモギエダシャクにも登録がとれ，2024年4月にはチャドクガ，マダラカサハラハムシにも登録がとれた。無農薬栽培で問題になるチャドクガに対して，除虫菊乳剤3と並び，有機栽培でも使用可能な二大薬剤の一つである。

米ヌカの利用　クワシロカイガラムシの寄生したチャ樹の幹や枝条に，米ヌカを付着（40kg/10a）させると，抑制につながることがわかっている（小俣，2023）。

ニームによる茶園環境改善　有機質肥料にニ

第3図　チャドクガ核多角体病ウイルスで死亡したチャドクガ幼虫

ーム葉の抽出液を加えて，株元に散布した茶園での病害虫の発生を調査したところ，チャノミドリヒメヨコバイ，チャドクガの発生が少なかったという事例（日本茶普及協会，2022）がある。

④耕種的防除手段

詳しくは「茶の耕種的防除技術－光・選剪枝・バンカー植物」の項参照。以下，技術項目と対象病害虫を列挙しておく。

近紫外線反射フィルム　チャノミドリヒメヨコバイ，チャノキイロアザミウマ。

一番茶摘採後の遅れ芽除去　チャノホソガ。

整剪枝　クワシロカイガラムシ発生抑制。

一番茶後浅刈り整枝　炭疽病，チャノミドリヒメヨコバイ。

8月上旬の上位3葉整枝　炭疽病，チャノミドリヒメヨコバイ。

10月中旬の摘採面上5cmの整枝　チャドクガ。

バンカー植物，アレロパシー植物の導入　害虫＝カンザワハダニ，ツマグロアオカスミカメ，チャドクガ，カイガラムシ類，チャトゲコナジラミ。

雑草＝ゴウシュウアリタソウなどの茶園雑草。

執筆　小俣良介（埼玉県茶業研究所）

2024年記

参 考 文 献

河合章. 2000. カンザワハダニの寄生におけるチャの品種間差. 茶研報. **88**, 67—77.

望月雅俊. 2003. チャ害虫総合管理のための薬剤抵抗性ケナガカブリダニ*Amblyseius womersleyi*の利用に関する研究. 野菜茶業研究所研究報告. **a**, 93—138.

日本茶普及協会. 2022. オーガニック茶生産技術開発事業実績報告書. 日本茶普及協会. 81.

農林水産省統計情報部. 2002. 平成13年度持続的生産環境に関する実態調査. 農林水産省. 東京. 46.

小俣良介. 2000. 沖縄の茶園とハダニと天敵の調査. 茶業技術. **43**, 41—55；plate, 1.

小俣良介. 2023. 米ヌカを使ったカイガラムシの防除法～米ぬかによる防除効果の検証～. iPlant. 2023年1巻9号. https://www.iplant-j.jp/journal/vol-1_no-9/scale-insect-control_rice-bran_part2/

萬屋宏. 2024. アセチル化グリセリドによるチャノミドリヒメヨコバイの行動制御. 日本昆虫学会第84回大会・第68回日本応用動物昆虫学会大会　合同大会講演要旨集. A-04.

茶

病害虫抵抗性品種の利用

(1) 病害虫抵抗性品種の育成・利用の背景

①品種の単一化と病害虫の多発

日本におけるチャの栽培の歴史は，種子を植えて茶園をつくる実生茶園から始まったので，一つの茶畑の中に特性が異なる茶樹が混植された。このため，萌芽時期，品質，栽培形質，病虫害抵抗性も多様であり，霜害や病害虫のリスク分散が可能であった。

大量増殖された挿し木由来の品種茶園が，茶園面積の50％以上になるのは1978年以降である。当時，実生由来の在来種や他品種に比較して，'やぶきた'は挿し木活着率，収量・品質，地域適応性が優れていた。そのため，1980年代には全国の品種茶園の80％以上で'やぶきた'が栽培された。

一方，'やぶきた'単一栽培の弊害として，病害虫の多発がみられるようになった。現在，チャの病害は50種類，害虫は100種類ほど確認されている。そのなかで被害が大きく，積極的な防除が必要とされるのは，病害では炭疽病，輪斑病，赤焼病，もち病であり，虫害ではチャノミドリヒメヨコバイ，クワシロカイガラムシ，ハマキガ類，チャノホソガ，カンザワハダニなど10種類程度である。

②国内外での有機栽培茶需要の高まり

近年，食の安全に対する消費者の意識が高まったことから，有機栽培の日本茶の需要が国内外で高まっている。とくにEUでその傾向が強く，2022年にEU向けに輸出された茶の78.3％が有機栽培茶である（農林水産省調べ，2023年）。

農林水産省は，持続可能な食料システムの構築に向け，2021年5月12日に「みどりの食料システム戦略」を策定した。このなかで，耕地面積に占める有機農業の取組み面積を，25％に拡大する方針が示された。

一方，2001年4月1日に有機JAS認証制度が始まる前から，チャでは生産者の主体的な取組みにより，有機栽培が行なわれてきた。このため，2021年の作物別の総生産量に対する有機JASの割合は，チャがもっとも高く5.54％に達している。

チャは生育途上の新芽を，病害虫発生の少ない4～5月に収穫する。このため，病害虫が多発する'やぶきた'でも，一番茶の収穫は有機栽培でも可能である。しかし，二番茶以降は病害虫の発生が多いため，病害虫抵抗性品種を導入することが安定生産に必要となる。

2008年に刊行された『茶大百科Ⅱ』（農文協）のなかで，筆者は抵抗性品種の利用の今後の課題として，製茶品質・香気などに改善の余地が残されていると書いた。その後の研究の進捗により，製茶品質に優れていて，複合病害抵抗性およびクワシロカイガラムシに抵抗性のある病害虫抵抗性品種が育成された。

本稿では，年間を通して病害の発生が少ない病害抵抗性品種を，有機栽培適性の高い品種として紹介する。

(2) 病害抵抗性の新品種

有機栽培では，炭疽病と輪斑病の防除が困難とされる。有機JASでは，殺菌剤は銅水和剤しか使用できないため，病害に弱い品種は，二番茶以降の炭疽病などの防除は困難である。また，無農薬栽培では，整剪枝などによる耕種的手法しか病害防除の手段がない。そのため，病害抵抗性品種を導入し，減収リスクの軽減をはかることが重要と考える。

そこで，チャ品種の育成論文や抵抗性検定論文などから得られた公開情報をもとに，チャ品種の病害抵抗性を第1表にまとめた。第1表の太線から上が炭疽病抵抗性「中」以上の有機栽培に適した品種である。なお，二重罫線から上の品種は育成者権が残っている新品種であり，許可のない国外への持ち出しは禁止されている。

①せいめい

国立研究開発法人農業・食品産業技術総合研

第1表 チャ品種の病害虫抵抗性

品種名	早晩性	炭疽病	輪斑病	赤焼病	もち病	クワシロカイガラムシ
せいめい	やや早生	△	○	○	○	×
さえあかり	やや早生	○	○	○	×	×
かなえまる	中生	○	○	×	○	○
暖心37	中生	○	○	×	×	○
なんめい	早生	△	○	×	×	○
はるのなごり	やや晩生	○	○	×	△	△
つゆひかり	やや早生	○	△	×	○	×
べにふうき	中生	○	○	○	×	×
べにひかり	極晩生	○	○	○	—	△
みなみさやか	やや晩生	○	○	△	○	×
あさのか	中生	○	○	×	*	×
かなやみどり	やや晩生	△	○	×	×	×
めいりょく	中生	△	○	×	△	×
ゆたかみどり	早生	△	△	×	△	×
さえみどり	早生	△	×	×	○	×
はると34	極早生	×	○	×	×	×
きらり31	早生	×	○	×	×	×
ゆめかおり	やや早生	×	○	×	×	○
さやまかおり	中生	×	△	○	×	○
おくみどり	晩生	×	△	○	×	×
やぶきた	中生	×	×	×	×	×

注 1）表中の太線より上の品種が有機栽培適性がある品種。また，二重罫線より上の品種および‘はると34’，
　　‘きらり31’，‘ゆめかおり’は育成者権が残る新品種で，2024年現在，海外への持ち出しは禁止
　　2）図中の記号は病害抵抗性の程度を示す。強～やや強：○，中：△，やや弱～弱：×，—：データなし
　　3）＊：あさのかは網もち病に極弱であり，発生地域では銅水和剤ないしは耕種的防除が必須

究機構（以下，農研機構）が‘ふうしゅん’と‘さえみどり’を交配して育成した品種で，炭疽病，輪斑病，赤焼病，もち病に中以上の抵抗性があり，2020年に品種登録された（第1図）。

樹姿がやや直立なので，幼木のときから分枝を促す栽培管理が必要である。

アミノ酸含量，とくにテアニン含量が多く，渋味の強いエステル型カテキン含量が少ないことから，‘さえみどり’より製茶品質が優れる。煎茶，かぶせ茶，玉露，碾茶への加工適性がある。

②さえあかり

農研機構が‘Z1’と‘さえみどり’を交配して育成したやや早生の品種で，2012年に品種登録された（第2図）。炭疽病，輪斑病，赤焼病に抵抗性があり，樹勢が強く，多収である。

穀物系の香味は‘やぶきた’とは異なるが，アミノ酸含量は‘さえみどり’並みに高く，渋味の強いエステル型カテキン含量が少なく，夏茶の品質も優れる。煎茶，深蒸し茶，かぶせ茶，玉露，碾茶の加工適性がある。

③かなえまる

農研機構が，‘ゆたかみどり’‘さやまかおり’‘かなやみどり’から育成された系統同士を交配して育成した中生品種で，2022年に品種登録された（第3図）。炭疽病，輪斑病，もち病，クワシロカイガラムシに抵抗性がある。耐寒性があり，全国の茶産地で栽培できる。

香味は温和でクセがなく，多収かつ煎茶としての品質に優れ，アミノ酸含量が多く，エステル型カテキン含量が少ないため，かぶせ茶や玉露への加工適性も優れる。碾茶適性は，執筆時

茶

第1図　せいめい有機栽培，自然仕立ての玉露園（2021年10月撮影，農研機構提供）

第2図　さえあかり有機栽培茶園（2016年10月撮影，農研機構提供）

第3図　かなえまる慣行栽培，一番茶園相（2022年4月撮影，農研機構提供）

第4図　なんめい有機栽培茶園（2018年3月撮影，農研機構提供）

点で事例がない。

　④暖心37

　'さえみどり'と'ゆめかおり'を宮崎県が交配して育成した，炭疽病，輪斑病，クワシロカイガラムシに抵抗性があり，2021年に品種登録された中生品種である。

　煎茶の品質は'やぶきた'より優れ，煎茶や釜炒り茶への加工適性がある。

　⑤なんめい

　'さやまかおり'にアッサム変種の交雑後代である'枕崎13号'を，農研機構が交配して育成した早生品種である（第4図）。炭疽病抵抗性は中，輪斑病，クワシロカイガラムシに抵抗性がある。

　樹姿が直立なので，幼木のときから分枝を促す栽培管理が必要である。早生で耐寒性に劣るため，暖地での有機栽培の煎茶，かぶせ茶，碾茶の栽培・加工に適する。

　⑥はるのなごり

　埼玉県と宮崎県がそれぞれ育成した系統を，宮崎県が交配して育成したやや晩性の品種であり，2012年に品種登録された。炭疽病，輪斑病に抵抗性があり，もち病とクワシロカイガラムシ抵抗性は中である。

　煎茶の品質は'やぶきた'と同程度だが，萎凋すると強い萎凋香を発揚することから，半発酵茶や紅茶として実需者の評価が高い。

　なお，本品種は裂傷型凍害抵抗性が弱いので，幼木期の栽培管理に注意する。

　⑦つゆひかり

　'やぶきた'実生の'静7132'と'あさつゆ'を交配して，静岡県で選抜されたやや早生の多収品種で，2003年に品種登録された。

　静岡県育成品種のなかで炭疽病にもっとも強く，多収かつ被覆適性もあることから，有機栽培のかぶせ茶，碾茶，半発酵茶用の品種として期待されている。

　ただし，'つゆひかり'は，2021年4月以降，静岡県外における増殖と新規栽培が禁止されている。

　　　　　　　　　＊

　前述したなかで，'せいめい''さえあかり'

‘かなえまる’は，農林水産省のWebサイト「みどりの食料システム戦略」技術カタログに掲載されている。これらは，21世紀の日本茶業を担う有望品種として活用が期待される。

（3）病害抵抗性の既存品種

①べにふうき，べにひかり

紅茶・半発酵茶品種の‘べにふうき’は，高品質な紅茶の有機栽培・加工に適しており，国内外の紅茶コンテストで高く評価されている。

また，伸ばし摘みして加工した緑茶には，メチル化カテキンが多く含まれることから，成分分析や消費者庁への届け出などの正規の手続きを行なうことで，メチル化カテキンの機能性表示食品をつくることができる。

紅茶品種の‘べにひかり’は，‘べにふうき’同様に病害抵抗性が強く，‘べにふうき’よりマイルドな風味で，日本人好みの紅茶の栽培・加工が可能である。

②みなみさやか

病害抵抗性は中以上で，クワシロカイガラムシ抵抗性の品種であり，煎茶，釜炒り茶の加工に適する。直立型の樹姿であるため，幼木期から分枝を促す栽培管理に心がける。

萎凋することで強い萎凋香を発揚するため，半発酵茶や紅茶の栽培・加工に適しており，「日本茶AWARD」などで高く評価されている。

③あさのか

鹿児島県が育成した中生品種で，炭疽病と輪斑病に強く，アミノ酸含量が高い特性を活かし，有機栽培の煎茶，かぶせ茶，碾茶に適する品種として活用されている。

ただし，網もち病に「極弱」であり，感染時期の8月下旬～9月上旬（鹿児島県）に茶葉を硬化させ，感染を防ぐ整剪枝管理が必須である。なお，有機JAS栽培では，感染時期に銅水和剤を，間隔をあけて2回散布する方法で防除できる。

④かなやみどり，めいりょく，ゆたかみどり，さえみどり

‘かなやみどり’はミルク様の香気と渋味があるため，慣行栽培の煎茶では評価が低い。しかし，やや晩生かつ多収で，炭疽病の発生が少ない特性があるため，有機栽培ではかぶせ茶や碾茶用として再注目されている。

‘めいりょく’は中生品種だが，‘やぶきた’より樹勢が強く，多収で病害に強い利点があり，煎茶，蒸し製玉緑茶，かぶせ茶，紅茶用として活用されている。

‘ゆたかみどり’は鹿児島県で実用化された早生で多収の品種で，虫害のダメージが‘やぶきた’より相対的に軽い。被覆すると色合いと滋味が向上するため，かぶせ茶（深蒸し茶）や碾茶用として活用されるとともに，半発酵茶や紅茶用としても利用される。

‘さえみどり’は有機栽培で炭疽病発生が少なく，‘ゆたかみどり’より滋味が優れるため，煎茶，かぶせ茶，碾茶用として活用されている。

⑤炭疽病抵抗性「中」以下の品種

第1表の太線より下に掲載した，‘はると34’‘きらり31’‘ゆめかおり’は育成者権が残る新品種で，慣行栽培であれば，高品質で収量も多く，評価が高い。しかし，炭疽病に弱く，無農薬や有機JASの栽培には不適である。

‘さやまかおり’は多収でクワシロカイガラムシと赤焼病に強いが，炭疽病にきわめて弱く，有機栽培での安定生産には不適である。

‘おくみどり’は，有機栽培の碾茶として需要がある。ただし，二番茶以降は炭疽病のリスクが大きく，安定生産が困難である。

‘やぶきた’は，その品種特性を最大に活かせるのは，一番茶煎茶であり，有機栽培で一定の需要がある。しかし，それ以外の用途では，ほかの品種が収量・品質ともに優れているため，有機栽培で積極的に利用するメリットはない。

（4）虫害抵抗性品種の育成と有機栽培での虫害防除の展望

①クワシロカイガラムシ

チャを加害する害虫やダニ類が多いなかで，ただ一つ，クワシロカイガラムシに対しては，DNAマーカーを利用した抵抗性品種の選抜が可能であり，前述の‘かなえまる’‘暖心37’‘なんめい’が育成されている。現在，晩生品

茶

種の育成も進められている。

　農薬を使用しないクワシロカイガラムシ防除法として，宮崎県が開発した，スプリンクラー散水による防除法が実用化されている。また，生産者発の防除法として，米ヌカを活用する方法が『現代農業』2010年6月号（p.140 ～ 147）で紹介された。さらに，この方法を応用して，乗用型茶園管理機に散水装置と米ヌカ散布装置を組み込み，大規模有機栽培茶園でのクワシロカイガラムシ防除法が，生産者により開発・実用化された。

　なお，無農薬栽培では，天敵相が慣行栽培園より充実するため，慣行栽培ほどクワシロカイガラムシ抵抗性品種の利点は大きくない。

②チャノミドリヒメヨコバイ

　有機茶栽培で発生頻度が高く，収量・品質にもっとも悪影響をあたえる害虫は，チャノミドリヒメヨコバイ（以下，ヨコバイ）である。有機栽培では，整剪枝による耕種的防除，送風式捕虫器やサイクロン式吸引洗浄装置のような物理的手段しか防除方法がない。

　ヨコバイに対する抵抗性品種開発のニーズは高いが，ヨコバイ抵抗性の育種素材しか見つかっておらず，抵抗性品種育成は今後の課題である。なお，2024年現在，有機JAS認証資材の登録拡大に資する試験が進められており，これを用いた防除法の開発が期待される。

③ハダニ類，チョウ目害虫

　ハダニ類やチョウ目害虫に対しては，抵抗性品種育成のめどは立っていない。

　ハダニ類については，天敵の有効活用のほか，有機JASではミルベメクチン乳剤やマシン油乳剤など，作用機作の異なる防除資材がいくつか認証されており，ある程度防除が可能である。

　チョウ目害虫に対しては，有機JASでは微生物由来製剤であるスピノサド水和剤，BT剤，顆粒病ウイルス製剤，ハマキガ類では性フェロモンを利用した交信撹乱剤を使用できる。

　現在，有機JAS認証された薬剤について，防除対象の害虫の種類を増やすために，登録拡大の取組みが進んでおり，今後，有機JASでは被害を軽減できる害虫が増える見込みである。

（5）結びにかえて

　2008年に『茶大百科』に抵抗性品種の利用について執筆して16年経過したが，その間，高品質で有機栽培にも適した病害抵抗性品種が育成された。ただし，虫害に対する抵抗性品種はクワシロカイガラムシのみ対応可能で，多くの課題が残されている。

　現在，農研機構では，さまざまな育種材料をもとに，新たな病害虫抵抗性のチャ品種育成を進めており，今後の研究の進展にご期待いただきたい。

執筆　吉田克志（農研機構果樹茶業研究部門）

2024年記

参　考　文　献

農研機構. 2024. 茶品種ハンドブック 第6版 Version2. https://www.naro.go.jp/publicity_report/publication/pamphlet/kind-pamph/078757.html

農林水産省. 2023. 「みどりの食料システム戦略」技術カタログ. https://www.maff.go.jp/j/kanbo/kankyo/seisaku/midori/attach/pdf/midori_catalog_tea.pdf

有機茶園の病害虫防除

(1) 茶園のおもな害虫と病気

わが国でチャに発生する病害虫として，これまでに害虫は120種以上，病害は50種類以上が記録されている。このうち，農業上問題となり防除が必要とされる害虫は15〜20種，病害は5〜10種類程度である。

チャの主産地である静岡県の病害虫防除基準には，害虫としてカイガラムシ類，カンザワハダニ，クワシロカイガラムシ，コミカンアブラムシ，シャクトリムシ類，センチュウ類，チャドクガ（第1図），チャトゲコナジラミ，チャノキイロアザミウマ，チャノコカクモンハマキ，チャノナガサビダニ，チャノホコリダニ，チャノホソガ，チャノミドリヒメヨコバイ（第2〜4図），チャハマキ，ツマグロアオカスミカメ，ナガチャコガネ，マダラカサハラハムシの18種類，病害として灰色かび病，褐色円星病，黒葉腐病，新梢枯死症，赤焼病，炭疽病（第5図），白紋羽病，苗根腐病，網もち病，輪斑病の10種類が掲載されている。

チャにおける病害虫の防除は化学合成農薬（化学農薬）の使用が中心となっており，一般的に年間10〜20回以上の薬剤散布が行なわれている。有機茶園では，基本的に化学農薬は使用できないことから，一般茶園に比べて防除圧が大きく低下する。

これにより，通常の防除対象となっている主要病害虫が増加するとともに，これらの主要病害虫と同時防除されていたマイナー病害虫の顕在化が起こる。とくにチョウ目害虫がよく発生するようになり，チャドクガ，ミノガ類，シャクガ類などがしばしば多発して問題化する。

(2) 有機茶園で活躍する土着天敵

一方，有機転換後数年が経過すると，土着天敵の増加によって害虫の発生がある程度沈静化するとされる。茶園に生息する多様な土着天敵のなかで，害虫密度を強く抑制する主要な天敵は寄生蜂類である。チャノコカクモンハマキおよびチャハマキに対してはそれぞれ複数種の寄生蜂が茶園に生息しており，天敵が保護された条件下では高い密度抑制効果を示す（石島ら，2009）。チャトゲコナジラミには寄生蜂のシルベストリコバチがきわめて効果的に働いている（小澤ら，2015）。

クワシロカイガラムシに対しては複数の寄生蜂に加えて捕食性のタマバエ類など多数の天敵昆虫，さらに寄生菌の猩紅病菌やこうやく病菌も存在し，これらの天敵による密度抑制効果がきわめて高い（小澤，2009）。

このほか，カンザワハダニに対する主要天敵であるカブリダニ類，さまざまな害虫を捕食するクモ類やテントウムシ類など，茶園には多くの土着天敵が生息している。土着天敵による密度抑制効果が大きいクワシロカイガラムシやチャトゲコナジラミは，有機茶園では発生が大きく減少して問題とはならないことが多い。

有力な天敵が存在せず，有機栽培において発生がさらに増加して甚大な被害をもたらす害虫がチャノミドリヒメヨコバイである。二番茶生育期以降に多く発生し，新梢の葉や茎を吸汁加害する。被害葉は褪色，変形し，葉先から褐変・枯死する。萌芽から開葉期に加害されると芽が萎縮し，ひどいときには芽の生育が停止してしまう。有機茶園ではしばしば激発し，収穫が皆無となるほどの大きな被害を受ける。

第1図　チャドクガの幼虫
（写真提供：須藤正彬）

茶

第2図　チャノミドリヒメヨコバイの成虫
　　　　　　　　　（写真提供：萬屋　宏）

第4図　チャノミドリヒメヨコバイによる吸
　　　汁被害　　　　（写真提供：萬屋　宏）
新葉の葉先から褐変して枯死する

第3図　チャノミドリヒメヨコバイによる吸
　　　汁被害　　　　（写真提供：萬屋　宏）
葉が褪色し，波打つように変形する

第5図　炭疽病

（3）重要病害は炭疽病

　病害は一般的に有機茶園でも発生様相に大きな変化は見られない。このため，一般茶園で発生する病害が有機茶園でも同じように問題となる。

　一般茶園で全国的に広く発生し，もっとも重要な病害である炭疽病は，有機茶園でも同様に最重要病害となっている。二番茶以降に発生が多く，新芽生育期に降雨が多ければ必ずといってよいほど多発する。開葉期の新葉に感染してから発病するまでの潜伏期間が2～4週間と長いため，発病前に摘採できれば直接的な被害は少ないが，感染葉は激しく落葉して樹勢が低下する。摘採前に発病すると落葉による収量の減少や発病葉の混入による品質，とくに色沢の低下を招き，被害が大きい。

（4）耕種的防除技術

　有機栽培における病害虫防除の基本となるのは，栽培管理によって病害虫が発生しにくい圃場環境を整えることである。チャでは樹形を機械摘採に適した弧状仕立てにするために，整剪枝が頻繁に行なわれる。整剪枝の時期や位置を変えることによって，病害虫の発生時期を回避したり，枝条とともに病害虫を刈り取って除去することで密度を抑制することができる。

　また，病害に対しては，三大病害とされる炭疽病，輪斑病（新梢枯死症）および赤焼病をはじめとする多くの病害で，チャの品種によって感受性に差異があることから，抵抗性品種の利用がきわめて有効である。

　その地域で問題となるすべての病害に対して抵抗性のある複合病害抵抗性品種を選んで栽培

すれば，病害防除は不要となる。これらの耕種的防除技術については別項を参照されたい。

(5) 物理的防除技術

熱，光，風力などを利用する物理的防除技術で，チャの病害虫に対して効果があると報告されているものとして散水，光照射・反射，防虫ネット，送風または吸引式の捕虫機・洗浄装置がある。

①散　水

散水防除はスプリンクラーで間断散水することで，害虫密度を低下させる防除技術である。害虫の多くは干ばつ条件で発生が増加し，強い降雨や長期間の降雨のあとは減少することが知られている。そこで，人為的に降雨状態をつくることでも害虫密度は低下することが期待される。チャではクワシロカイガラムシ，カンザワハダニ，チャノホソガなどに対する密度抑制効果が報告されている。

とくにクワシロカイガラムシに対して効果が高い。これは，散水によって高湿度または湿潤条件になると，雌成虫の介殻内の卵同士が粘着して孵化できなくなり，やがて死滅することによるものである。幼虫孵化初期から2週間程度，間断散水してチャの枝条が濡れた状態を維持することで，化学農薬と同等の防除効果を得ることができる（佐藤，2007）。

1日当たり10t/10a以上の散水を必要とするため，導入できるのは十分な水量を確保できる茶園に限られるが，畑地灌漑設備が整備されている地域などではきわめて有効な防除技術である。

②光照射・反射

さまざまな波長の光のなかで，黄色光はチョウ目害虫に対する行動抑制作用があり，夜間に圃場に照射することで農作物の被害を軽減することができるとされている。

チャではチャノホソガなどに対して密度抑制効果があることが報告されており（吉岡，2012），そのメカニズムは忌避効果によるものと推定されている。

光源として高圧ナトリウムランプが使用され

てきたが，より低い消費電力で高い光量を得ることができるLED灯でも同様の効果があることが報告されている（谷河ら，2022）。

一方，チャノコカクモンハマキに対しては青色光が交尾行動を阻害し，発生密度を抑制することが報告されている（佐藤，2018）。

また，近紫外線反射フィルムや光反射テープの設置によるチャノキイロアザミウマやチャノミドリヒメヨコバイの密度抑制・被害軽減効果が報告されている。これは反射光によって害虫の飛翔行動が撹乱されるためと考えられている（小俣，1998；望月・本間，2001）。

今後，チャ害虫の行動へ与える光の影響の解析や，光照射・反射資材とその利用技術の開発がさらに進めば，光を利用した防除技術の確立につながるものと考えられる。

③防虫ネット

害虫の侵入を遮断する防虫ネットの茶園での利用法として，茶樹を直接被覆する方法が試みられている。中切りや浅刈り後の茶樹を目合い1mmの防虫ネットで直接被覆し，さらに伸長した茶芽がネットを突き抜けないように定期的にネットを持ち上げることで，チャノミドリヒメヨコバイやチャノキイロアザミウマ，チャノホソガ，ツマグロアオカスミカメの被害抑制効果が認められている（吉岡，2012）。

一方で，逆に被害が助長される害虫もあり，これらの害虫に対する対策やネットの設置と持ち上げ処理の省力化の必要性が指摘されている。

④送風・吸引式の捕虫機，洗浄装置

茶園の病害虫を送風または吸引によって物理的に除去する捕虫機・洗浄装置として最初に開発された送風式捕虫機は，強制風をチャの樹冠面に吹き付けることで害虫を吹き飛ばし，袋に捕獲するか圧死させるものである。

風に少量の水を含ませて衝撃力を高めることで防除効果の向上をはかっており，カンザワハダニやチャノミドリヒメヨコバイに対する被害抑制効果が確認されている（宮崎・武田，2004）。

その後，開発されたサイクロン式吸引洗浄装

茶

置は，機体前方に設置したブラシで害虫などを摘採面から剥離して吸引し，さらに機体後方の送風式散水装置で残った害虫などを吹き飛ばして除去する。チャノミドリヒメヨコバイ（萬屋・谷口，2012）やカンザワハダニ，チャノナガサビダニ，炭疽病に対する効果が報告されている。

茶園クリーナーは樹冠内部に挿入したノズルから送風することにより，炭疽病の伝染源となる落葉した罹病葉を回収し，炭疽病の感染拡大を防ぐものである。

捕虫機・洗浄装置による病害虫防除は化学農薬のような残効性がなく，十分な防除効果を得るためには頻繁な処理が必要となることなど課題はあるものの，有機茶園でとくに問題となるチャノミドリヒメヨコバイや炭疽病に対して有効な数少ない防除手段の一つであることから，今後，有機栽培における効果的な利用法の確立が望まれる。

(6) 生物的防除技術

①土着天敵

茶園には前述のとおり，多くの土着天敵が生息している。慣行栽培では天敵への影響が少ない選択性薬剤を中心とした防除体系を構築することで，土着天敵を増加させて害虫密度の抑制をはかることが推奨されているが，化学殺虫剤を使用しない有機栽培は，それ自体が土着天敵を活かす生物的防除技術の一つといえる。

土着天敵が少ない茶園では，人工的に天敵を放飼することで天敵の定着を促進することができる。チャトゲコナジラミは2004年に国内で初めて発生が確認された侵入害虫で，新たに侵入した地域では土着天敵が存在しないため，爆発的に増殖して大きな被害をもたらす。これに対し，有力な天敵のシルベストリコバチがすでに多く発生している茶園から寄生枝を採取し，侵入地域の茶園に設置することで天敵密度を早期に増加させて，チャトゲコナジラミの増殖を抑制することができる（鹿児島県農業開発総合センター，2022）。

ただし農薬取締法上，土着天敵の採取と放飼ができるのは同一都道府県・島内に限られていることに注意が必要である。

②微生物農薬

チャで有機栽培に使用できる生物農薬には，BT水和剤，チャハマキ顆粒病ウイルス・リンゴコカクモンハマキ顆粒病ウイルス水和剤，ボーベリア バシアーナ乳剤，ミヤコカブリダニ剤がある（第1表）。

BT水和剤は，昆虫病原細菌バチルス チューリンゲンシス（*Bacillus thuringiensis*）が芽胞内に産生する結晶性タンパク毒素を有効成分とする殺虫剤である。茶に対して複数の製品の登録があり，適用害虫は製品によって異なるが，チャノコカクモンハマキやチャハマキ，チャノホソガ，ヨモギエダシャクに有効である。

顆粒病ウイルス水和剤は，チャハマキおよびチャノコカクモンハマキに対してそれぞれ病原性を有する顆粒病ウイルス2種を有効成分とする殺虫剤である。卵および若齢幼虫が感染しやすく老齢幼虫は感染しにくいので，適切な時期に散布する必要がある。一方で，虫体内で増殖したウイルスが次世代の感染源となって，効果が長期間持続する。

BT水和剤および顆粒病ウイルス水和剤は適用範囲が狭いことを除けば，一般的な化学農薬と同様に使用することができる。一般茶園での使用実績が豊富で防除技術として確立しており，有機茶園においても有力な防除技術として利用できる。

(7) 化学的防除技術

有機栽培における病害虫防除は耕種的防除，物理的防除，生物的防除およびこれらを組み合わせた方法のみで行なうこととなっている。しかし，それらの方法だけでは効果的に防除できない場合には，定められた農薬に限り使用することができる。有機栽培で使用できる農薬には前述の生物農薬のほか，天然物に由来する化学農薬などがある（第1表）。

①天然物由来の殺虫剤

ミルベメクチン乳剤とスピノサド水和剤の有効成分はいずれも土壌放線菌が産生する天然物

第1表 有機JAS規格で使用可能な農薬（2024年6月現在）

種　類	適用病害虫
BT水和剤[1]	チャノコカクモンハマキ，チャノホソガ，チャハマキ，ヨモギエダシャク
スピノサド水和剤	チャドクガ，チャノキイロアザミウマ，チャノコカクモンハマキ，チャノホソガ，チャハマキ，マダラカサハラハムシ，ヨモギエダシャク
チャハマキ顆粒病ウイルス・リンゴコカクモンハマキ顆粒病ウイルス水和剤	チャノコカクモンハマキ，チャハマキ
トートリルア剤	チャノコカクモンハマキ，チャハマキ
ボーベリア バシアーナ乳剤	クワシロカイガラムシ
マシン油乳剤[1]	クワシロカイガラムシ，チャトゲコナジラミ，チャノナガサビダニ，ハダニ類
ミヤコカブリダニ剤	カンザワハダニ
ミルベメクチン乳剤	カンザワハダニ，コミカンアブラムシ，チャトゲコナジラミ，チャノナガサビダニ，チャノホコリダニ，チャノホソガ
脂肪酸グリセリド乳剤	カンザワハダニ，チャノナガサビダニ，チャノホソガ
除虫菊乳剤	シャクトリムシ類，チャドクガ，チャノホソガ
ボルドー剤[2]	赤葉枯病，白星病，炭疽病，もち病
石灰硫黄合剤	サビダニ類，ハダニ類
銅水和剤[1]	赤焼病，網もち病，褐色円星病，新梢枯死症，炭疽病，もち病

注　1）同じ種類の農薬でも製品によって適用病害虫が異なるため個別に確認が必要
　　2）生石灰と硫酸銅を混合して調製

で，農薬原体の生産も発酵法によって行なわれている。ミルベメクチン乳剤はダニ類，スピノサド水和剤はチョウ目害虫を中心に広い範囲の害虫に対して高い効果を示す。慣行栽培でも使用頻度が高く，一般的な化学殺虫剤と同様に利用することができる。

除虫菊乳剤は除虫菊の花から抽出された天然ピレトリンを有効成分とする殺虫剤である。適用範囲はやや狭いが，有機栽培で顕在化して問題となることが多いチャドクガ，シャクトリムシ類とチャノホソガに対して登録がある。

②気門封鎖剤

マシン油乳剤は天然鉱物油を有効成分とする防除薬剤で，物理的な気門封鎖によって殺虫効果を示す。クワシロカイガラムシ，チャトゲコナジラミ，カンザワハダニなどに効果があり，とくにチャトゲコナジラミに対する基幹防除薬剤として慣行栽培でも広く使用されている。

脂肪酸グリセリド乳剤の有効成分はヤシ油より精製された食用油脂である。マシン乳剤と同じ気門封鎖剤だが適用害虫がカンザワハダニ以外異なり，チャノナガサビダニ，カンザワハダニとチャノホソガに対して登録がある。

③性フェロモン剤

トートリルア剤はハマキガ類の交信攪乱用性フェロモン剤で，性フェロモン成分を含有するプラスチック製チューブを枝にかけるか，ロープ状製剤を圃場に張り渡して使用する。大面積で処理することにより安定した効果が得られる。害虫密度が高いときなどは効果が低いこともあるため，その場合には補完防除も必要である。

④銅　剤

病害に対して有機茶園でも使える殺菌剤は，銅を有効成分とする銅水和剤とボルドー剤のみである。銅水和剤は複数の製品の登録があり，

茶

それぞれ適用範囲が異なるが，一般的にもち病に対して防除効果が高く，慣行栽培でも基幹防除薬剤として使用されている。

しかし，炭疽病に対する効果はやや劣るため，多発が予想されるときにはほかの防除法と組み合わせる必要がある。

なお，有機栽培で使用できる農薬であっても，生物農薬も含めて，一般の農薬と同様に定められた使用方法にしたがって適正に使わなければならない。同じ種類の農薬でも製品によって使用方法や適用病害虫が異なるため，それぞれ個別に確認する必要がある。残留基準値が定められている薬剤もあるため，日本と基準が異なる国・地域へ輸出する場合には注意が必要である。

また，近年の有機栽培の拡大に伴って，有機栽培で使用できる農薬の適用病害虫の拡大の動きも見られることから，最新の情報に注意する必要がある。

*

有機栽培における防除技術の多くは化学農薬と比較すると防除効果が不十分で，また対象病害虫の範囲が狭い。このため，有機茶園の病害虫防除では，複数の防除技術を矛盾なく組み合わせて防除体系を構築することが不可欠である。また，各防除技術の特性と病害虫の発生予察情報や茶園の状態，気象予報などにもとづいて防除の要否とタイミングを適切に判断して実施する必要がある。すなわち，総合的病害虫管理（Integrated Pest Management, IPM）が，これまで以上に重要である。

執筆　山田憲吾（農研機構植物防疫研究部門）

2024 年記

参 考 文 献

鹿児島県農業開発総合センター．2022．チャトゲコナジラミの天敵シルベストリコバチの早期定着を図る放飼地点間隔．有機農業の技術マニュアル．110．

石島力・佐藤安志・大泰司誠．2009．静岡県の無農薬栽培茶園におけるハマキガ類とその天敵寄生蜂類の発生状況．茶研報．108，7—18．

宮崎昌宏・武田光能．2004．新規物理的茶害虫防除機「乗用型送風式捕虫機」の開発．農業技術．59，410—413．

望月雅俊・本間健平．2001．近紫外線反射フィルムマルチを利用した幼木茶園におけるチャノキイロアザミウマの被害軽減．茶研報．91，13—19．

小俣良介．1998．近紫外線反射フィルムおよび光反射テープによるチャノミドリヒメヨコバイの物理的防除．関東病虫研．45，215—218．

小澤朗人．2009．茶園におけるクワシロカイガラムシの土着天敵の発生実態．植物防疫．63，158—162．

小澤朗人・内山徹・小杉由紀夫・芳賀一．2015．静岡県の茶園におけるチャトゲコナジラミの天敵寄生蜂シルベストリコバチの分布実態．茶研報．119，1—6．

佐藤邦彦．2007．高湿度と湛水条件がクワシロカイガラムシ卵のふ化に与える影響と茶園でのスプリンクラー散水による防除．茶研報．104，33—42．

佐藤安志．2018．青色光を用いたチャノコカクモンハマキの防除技術．植物防疫．72，92—97．

谷河明日香・飯田宰・瀬川賢正．2022．茶園における黄色LED灯夜間照射によるチャノホソガの防除効果．奈良農研セ研報．53，69—78．

萬屋宏・谷口郁也．2012．サイクロン式吸引洗浄装置によるチャノミドリヒメヨコバイの被害軽減効果．茶研報．114，13—20．

吉岡哲也．2012．チャの減農薬栽培に関する研究．福岡農総試特別報告．36，1—75．

茶の耕種的防除技術——
光・整剪枝・バンカー植物

(1) 耕種的防除技術開発の背景

①消費者や生産者による農薬削減への期待

チャの栽培では，過剰な農薬依存に対する反省や，健康飲料としてのイメージから，農薬をなるべく使わない手法への高い期待が消費者側にある。また，茶園の周辺に民家が隣接している都市近郊では，音にも敏感で，摘採作業ですら「うるさい」と苦情が寄せられ，病害虫の薬剤散布の実施自体がむずかしい場合もある。

このような社会的趨勢のなかで消費者から，安心して飲める茶，すなわち，農薬の使用をできるだけ減らした病害虫抑制技術が求められる。

生産者の立場からは，労力・経費節減のための防除の削減，周辺住民とのトラブル回避のため，薬剤散布によらない病害虫の防除対策が必要とされている。

こうした課題に応えて，農薬散布ほど高い効果が期待できない場合もあるが，耕種的な病害虫防除技術が開発されてきている。

②薬剤抵抗性の回避

また，チャノキイロアザミウマやチャノミドリヒメヨコバイなど，薬剤の殺虫効果の低下が懸念される害虫も出てきている。こうした薬剤抵抗性の発達を回避し，有効薬剤を長期に安定的に使用できるようにするためにも，耕種的防除技術の利用価値は高い。

③輸出対策

さらに近年，茶の海外輸出が盛んに行なわれるようになっており，輸出先国の残留農薬基準をクリアする必要がある。輸出先国であまり使用されていない農薬は，ポジティブリストによる一律基準（0.01ppm）が適用される。そのため慣行の防除体系では，国内基準をクリアし安全性を担保できても，相手先国で基準値オーバーとなり，輸出できないことがある。

そもそも農薬を散布せず，周辺圃場からのドリフトに注意すれば，相手国先の残留農薬基準値をクリアしやすくなる。薬剤散布に代わる防除手段として，耕種的防除技術が注目される背景には，輸出対策もある。

(2) 光による害虫の行動抑制・忌避作用

①幼木園の近紫外線反射フィルムのマルチ

光による昆虫の行動抑制，忌避作用を利用した近紫外線反射フィルムや光反射シートは，アザミウマ類による被害を軽減することが露地野菜や果樹などで報告されている。

2年生の苗を定植する場合，ポリフィルムでマルチするが，近紫外線反射フィルム（住友化学工業製，商品名ミラネスク）を使用すると（被覆面積率72％），チャノキイロアザミウマの被害軽減に効果がある（望月・本間，2001）。チャノミドリヒメヨコバイの密度抑制効果もある（小俣，1998）が，被害抑制効果については検討の余地があった。

第1図に2年生苗の定植時に，近紫外線反射フィルム（ミラネスク）をマルチとして使用したときの，チャノミドリヒメヨコバイの発生と被害抑制効果を示した。対照の白色マルチ区や無処理区を含め，防除は通常どおり実施し，秋芽伸育期にチャノミドリヒメヨコバイの成虫と幼虫数を計数した。その結果，近紫外線反射フ

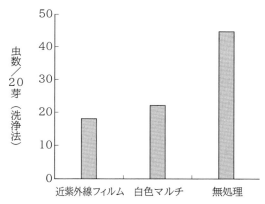

第1図 幼木園での近紫外線反射フィルム（ミラネスク）のマルチ使用によるチャノミドリヒメヨコバイ抑制効果

（小俣，1998）

ィルムのマルチ使用区では，ほかの区と比較して虫数が少なかった。

②成木園の光反射テープの利用

成木園では樹冠が広がり，ウネ間が60cm程度と狭く，マルチの使用はむずかしい。そこで，アブラムシ類の防除資材として市販されている光反射テープ（商品名：防虫テープ，銀色のアブラムシ防除用に用いる資材，オグラ印，幅5cm）を使う方法がある（第2図）。

チャの樹冠面である摘採面上に，光反射テープをウネに平行になるように各6本設置する（小俣，1998）。光反射テープ使用区は，チャノミドリヒメヨコバイの虫数が少ない（第3図）。光反射テープは丈夫で，長期間の使用に耐えるので，生息密度抑制に効果があると考えられる。

なお，テープの設置前には薬剤散布を行ない，生息密度を下げておくとよい。

③黄色高圧ナトリウムランプの利用

ヤガ類などの害虫が好む光の波長を抑えた黄色の光を，夜間点灯すると害虫が集まりにくくなり，夜間の活動が物理的に抑制される。そこで，茶園に黄色高圧ナトリウムランプを設置し，夜間交尾活動を行なう，チャハマキ，チャノコカクモンハマキ，チャノホソガを抑制する取組みがある。

照射範囲では，チャハマキ，チャノコカクモンハマキ，チャノホソガの発生が抑制される（村上・小野，2003）。しかし，ランプ照射外では交尾活動が行なわれるので，実際の抑制効果は未解明である。また，チャノミドリヒメヨコバイ，チャノキイロアザミウマが誘引され，多発生するなどの問題点もある。

④赤色防虫ネットによるチャノキイロアザミウマとチャノミドリヒメヨコバイの防除

赤色防虫ネットによる防除効果は，キャベツ，ネギ，キュウリの各アザミウマ類に対して確認されている。

縦糸，横糸とも赤で平織にしたポリエチレン製の防虫ネット（赤赤ネット，目合い0.8mm）を，チャ樹の樹冠部に設置すると，チャノキイロアザミウマによる被害芽率が有意に少なくなった。チャノミドリヒメヨコバイについては，有意差はなかったものの，被害芽率が非常に少なくなったと報告されている（徳丸，2021）。

チャへの生育や製茶品質についての影響は未検討であり，課題ではあるものの，こうした赤色防虫ネットの利用は，両種への農薬によらない防除技術として，今後有効な手法になると考えられる。

(3) 整剪枝による病虫害の発生抑制

①「一番茶摘採後の遅れ芽除去」によるチャノホソガの抑制

チャノホソガの二番茶芽に及ぼす被害を防ぐ

第2図　成木園における光反射テープの利用状況

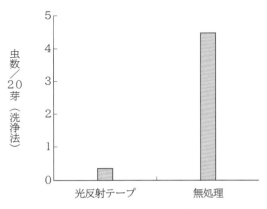

第3図　成木園での光反射テープによるチャノミドリヒメヨコバイ抑制効果
（小俣，1998）

虫数は簡易捕虫機（小型電気掃除機を改良したもの）による

ため，一番茶摘採後の遅れ芽を除去することにより，産卵部位を除去して抑制する方法がある（淵之江・淵之江，1999）。

② 「一番茶後浅刈り＋8月整枝」「二番茶後浅刈り」による炭疽病とチャノミドリヒメヨコバイの発生抑制

整剪枝で病害虫を抑制 一番茶摘採後に，摘採面下10cm弱程度（古葉の残っている状態まで）を除去する浅刈りを実施し，その後に伸長した新梢を，8月上旬に上位3葉程度まで整枝する（以下，「一番茶後浅刈り＋8月整枝」）と，越冬前の炭疽病とチャノミドリヒメヨコバイの発生を抑制することができる。

また，「一番茶後浅刈り＋8月整枝」では二番茶の収穫ができなくなるため，一番茶摘採後に浅刈りをせず，二番茶まで収穫した後，8月上旬までに浅刈りすること（以下，「二番茶後浅刈り」）でも同様の効果がある。

そのほか，整剪枝による病害防除法には，二番茶摘採直後に浅刈り更新程度（摘採面から5〜10cm）の深さに剪枝する炭疽病発生抑制（後藤ら，1996）や，二番茶後の整剪枝による三番茶芽の炭疽病発生抑制（磯部ら，1997），海外輸出対策を意図した剪枝利用の炭疽病防除（谷河，2021）などもある。

「一番茶後浅刈り＋8月整枝」「二番茶後浅刈り」の効果 本2手法の効果は，いずれも実施前後の薬剤散布を一切行なわない条件で確認しており，物理的防除法として利用できると考えられる（小俣，1997；小俣，2004a）。

「一番茶後浅刈り＋8月整枝」または「二番茶後浅刈り」を実施し，実施年の10月に炭疽病葉数を調査すると，新芽に炭疽病が感染する8月上旬に殺菌剤を使用した慣行区と比較して，炭疽病の発生が少なくなる（第4図）。また，翌年6月の炭疽病の発生が，殺菌剤を2回使用した慣行区とほぼ同程度となる（第5図）。

10月の越冬前のチャノミドリヒメヨコバイ生息密度は，8月に殺虫剤を散布し9月に殺ダニ剤や殺虫剤を散布した慣行区に比べ，「二番茶後浅刈り」では同じであり，「一番茶後浅刈り＋8月整枝」では低くなる（第6図）。

「一番茶後浅刈り＋8月整枝」，「二番茶後浅刈り」の収量・品質 この2手法による整剪枝処理をすると，収量がやや減少するが，芽重型の茶園になり，品質向上にも役立つものと考えられる。

「一番茶後浅刈り」すると，その年の二番茶はほとんど収穫できないが，品種や気象経過によ

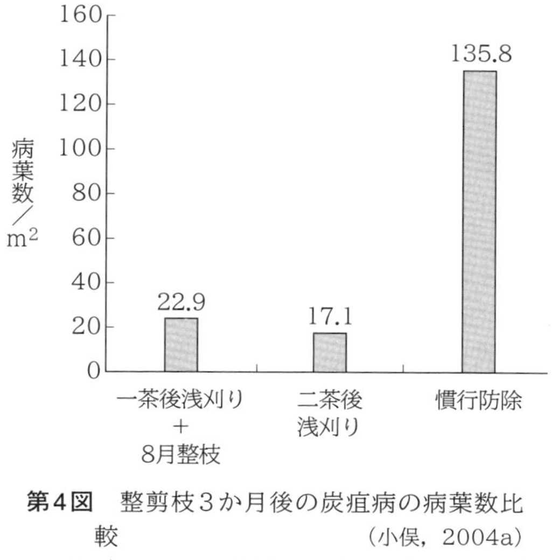

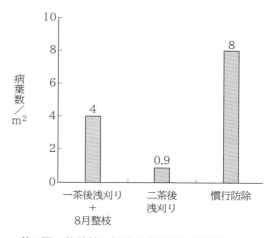

第4図 整剪枝3か月後の炭疽病の病葉数比較 （小俣，2004a）
2001年10月11日調査，品種はふくみどり，慣行区は2001年8月9日にTPN水和剤を散布

第5図 整剪枝1年後の炭疽病の病葉数比較 （小俣，2004a）
2001年6月20日調査，品種はふくみどり，慣行区は2000年7月14日にダコニール1000，8月7日にベフドー水和剤を散布

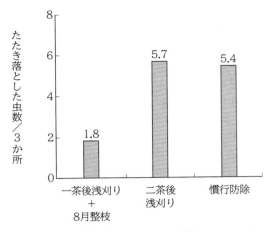

第6図 整剪枝後のチャノミドリヒメヨコバイ数の比較　　（小俣，2004a）
2001年10月12日調査，品種はふくみどり，慣行防除区は2001年8月9日にパダン水溶剤，9月6日にスミチオン乳剤70，ミルベノック乳剤を散布

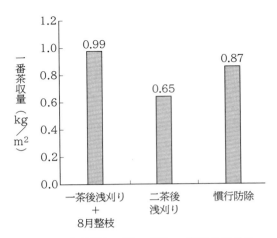

第7図 整剪枝処理後の翌年一番茶の収量比較　　（小俣，2004a）
2002年5月10日調査，品種はふくみどり，各区の出開き度は「一茶後浅刈り＋8月整枝」36.3％，「二茶後浅刈り」53.3％，慣行防除区41.6％

っては，収量は低下するものの収穫できる場合もある。しかし，「一茶後浅刈り」した1年後の一番茶1m²当たり収量は，慣行区と差はない。ただし，2年連続して「一茶後浅刈り」すると，翌年の一番茶収量は20％減となる。

また，「二茶後浅刈り」した場合は25％減となる（第7図）。

整剪枝法実施の留意点　整剪枝処理による収量などへの影響は，茶園の状況や気象条件などで大きく異なるので，急に大規模に導入しないように注意する。とくに，「一茶後浅刈り」後にほとんど薬剤散布しない場合は，予期しない病害虫の発生に留意し，チャドクガなどの病害虫が多発生した場合は，すみやかに防除対策を実施する。

また，「二茶後浅刈り」すると，秋が高温になって葉の硬化が遅れた場合，ハマキムシ類の幼虫やハダニ類の発生が多くなることがある。埼玉県では，「二茶後浅刈り」時期の限界は8月上旬までと考えられている。「二茶後浅刈り」の導入には，樹勢の強い茶園などで実施することが大切である。

③「10月中旬の摘採面上5cmの整枝」によるチャドクガ発生抑制効果の検討

チャドクガ成虫は7月と10月の年2回発生し，卵で越冬する。したがって，越冬卵が少なければ，一番茶期に発生するチャドクガ幼虫密度は少なくなるはずである。

そこで，産卵期に相当する10月中旬に，翌年の摘採面から上約5cmを整枝し，卵塊が産み付けられた枝条を落としたところ，翌年のチャドクガ幼虫の発生が少なくなることがわかった（第8図）（小俣，2004b）。

しかし，秋にチャドクガが多発生した場合は，樹高約78cmのチャ株に対して，株元から樹高約20～46cm（中央値30cm）に卵塊が分布しているので，秋の整枝では限界がある（小俣，2022）。

こうした場合は，コロニーを形成している幼虫発生時期に，アクリル樹脂と有機溶剤を主成分とするチャドクガ毒針毛固着剤（大日本除虫菊株式会社）で固着して，その後，枝ごと切り取って除去する方法がある。本剤は幼虫の固着が前提のため（殺虫成分は含まれていない），メーカーによると農薬登録は不要とのことであ

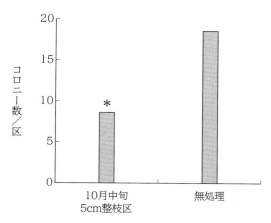

第8図 秋整枝による翌年のチャドクガ幼虫
抑制効果　　　　　　　　（小俣, 2004b）
チャドクガ成虫発生期の2002年10月23日に翌
年の摘採面上約5cmを整枝, 品種はやぶきた, 1
区4.6m×1.8m, 3反復, 越冬世代幼虫発生期
の2003年5月20日に幼虫コロニー数を計数
幼虫が観察されないが, 糞が集積している被害部
分もコロニーとして計数

るが, 各認証栽培などでの利用は認証機関に確認する。

なお, 耕種的手法で手に負えない場合は, シロバナムショケギクから抽出された天然ピレトリン (3%) を有効成分とする, 除虫菊乳剤3で対処できる (小俣, 2024)。本剤は有機JAS栽培などの条件下でも利用できる。

④クワシロカイガラムシの発生抑制

クワシロカイガラムシの第1世代幼虫の孵化期に, 摘採面から30cm程度を剪枝することで, クワシロカイガラムシの発生を抑制できる (米山・神谷, 2003)。

また, 通常樹高の50～70%の深さで剪枝すると, クワシロカイガラムシ雌成虫が60～80%除去される (小澤, 2006)。

⑤中切り, 浅刈り直後の防虫ネット被覆による主要害虫の物理防除

防虫ネット (目合い0.1mm, チッソ (株) 製のライトネット (透明) を使用) を中切りや浅刈り後すぐに直掛けする。防虫ネットは, 樹幹面だけでなく茶樹をすっぽり包むよう直掛けし, 両端および裾部を茶枝条に固定する。

なお, 防虫ネットの間隙から再生芽が突き抜けないように, 防虫ネットを定期的に持ち上げるような処理が必要である。

この処理により, チャノミドリヒメヨコバイやチャノホソガ, ツマグロアオカスミカメに対して高い防除効果が認められる (吉岡ら, 2005)。

(4) 土着天敵を生かすバンカー法による防除

①バンカー法とは

茶園の周辺に, 土着天敵が温存できるような環境を整えて, 害虫を抑制する方法がある。これは, 天敵が捕食する昆虫 (えさ, 対象作物の害虫にならない昆虫) が増殖できる植物を植えて, 天敵を維持し, 害虫の発生を抑制する方法である (和田, 2003; 長坂・大矢, 2003)。バンカー法と呼ばれ, 天敵のえさ確保のために植える植物をバンカー植物 (バンカープラント) と呼ぶ。バンカー植物は, 対象作物の害虫を増加させない植物でなければならない。

茶園では, 屋外でバンカー植物を利用することになるので, 周辺環境の土着天敵の分布によって, 効果が大きく異なることが想定される。したがって, 生産現場での実施には, まずは小規模で検討するなど, 慎重に導入していく必要がある。また, 施設園芸などに比べて, 技術的に後れをとっている面もあり, 今後の研究の進展が期待される。

以下, チャ害虫に対する, バンカー植物の利用についての検討事例ごとに紹介する。

②バンカー植物で増える天敵

ペパーミント　茶園の側面に, 幅1m程度のペパーミントの草地帯を設置すると (第9図), ジャガイモヒゲナガアブラムシやナミハダニが発生して, 土着天敵のえさになる。捕食性天敵として, ハエトリグモ類などのクモ類, ハモリダニ, カゲロウ類 (小俣ら, 2010) がみられる。また, カブリダニ類, ハダニアザミウマ, テントウムシ類も観察される。

さらに, 開花していない時期のペパーミント葉上に, チャハマキヒメウスバチ, キアシブ

茶

第9図　チャのウネの側面に設置したペパーミントの草地帯

第10図　チャのウネの側面に設置したヘアリーベッチの草地帯

トコバチ，フシヒメバチの1種など（小俣ら，2010），ハマキムシ類の寄生蜂が観察される。なお，ペパーミントの植栽による，寄生蜂の増強とハマキムシ類の抑制の関係は未検討である。

ペパーミントを草地帯として植栽すると，ランナーがチャ株内に伸びてくるのが，適宜，茶園の外側へ折り返すようにすることで，チャ株内に広がるのを防ぐことができる。

アップルミント　茶園の横にアップルミントの草地帯を植栽したところ，カイガラムシ類を捕食するヒメアカホシテントウの成虫が多くみられ，次いでナミテントウ，ナナホシテントウ，ヒメカメノコテントウの順で多く観察されている（小俣，2009）。

また，畦畔部にアップルミントを栽培すると，茶園でササグモが多く認められる（稲森ら，2010）。アップルミントは前述のペパーミントと異なり，チャ株の樹高（約80cm程度）よりも高くなる。そのため，チャのウネから30〜50cm程度離して草地帯を設置するよう注意する。

ヘアリーベッチ　茶園の側面に，幅40cm程度のマメ科植物であるヘアリーベッチの草地帯を設置すると，エンドウヒゲナガアブラムシなどが発生する（第10図）。天敵は，クモ類，ハモリダニ，テントウムシ類，ヒメハナカメムシ類，タカラダニ類の発生がみられる（小俣ら，2010）。

③バンカー植物植栽による害虫抑制効果

チトニアやペパーミントによるカンザワハダニの抑制　茶園の端に，バンカー植物としてキク科のチトニアを植栽し，ナミハダニを放飼すると，ケナガカブリダニが増殖してカンザワハダニが抑制される（富所・磯部，2005）。

また，茶園の側面に幅1m程度のペパーミントの草地帯を設置すると，ペパーミント葉上に，ナミハダニの捕食天敵であるカブリダニ類やハダニアザミウマが観察され，カンザワハダニが抑制される（小俣，2005；小俣ら，2010）。

ペパーミントによるツマグロアオカスミカメ，コミカンアブラムシ，チャドクガの発生抑制　茶園のウネ間にペパーミントを定植すると，二番茶芽のツマグロアオカスミカメとコミカンアブラムシの被害芽数が有意に少なくなることが認められた（小俣，2005；小俣ら，2010）。

また，茶園の側面に幅1m程度のペパーミントの草地帯を設置すると，ツマグロアオカスミカメの被害芽数は有意に少なくなった（t検定，$P<0.01$）。室内試験で，ハエトリグモ類によるツマグロアオカスミカメの捕食が確認されている。

また，ペパーミントの草地帯へチャドクガ幼虫を放飼した試験では，チャドクガ幼虫数，食害葉数の低下が確認された。ペパーミントにより，クサグモなどクモ類の密度が高まり，

第11図　チャのウネの側面に設置したアップルミントの草地帯

第12図　チャのウネの側面に設置したナギナタガヤの草地帯

チャドクガが抑制された可能性がある（小俣，2004b；小俣，2006；小俣ら，2010）。

アップルミントによるクワシロカイガラムシの天敵ヒメアカホシテントウの誘引　茶園横にアップルミントの草地帯（第11図）を設置すると，カイガラムシ類を捕食するヒメアカホシテントウ成虫が多くみられた（小俣，2009；中坪ら，2015）。

中坪（2017）は，チャのウネの両側にアップルミントを植栽した区と，植栽していない区を4反復ずつ設置し，ヒメアカホシテントウの発生動態を調査した。その結果，アップルミント区で有意にヒメアカホシテントウ成虫が多く，有意な差は認められなかったがクワシロカイガラムシが少なくなることを確認した（中坪，2017）。

さらに，オルファクトメーター（嗅覚検査キット）による室内実験では，ヒメアカホシテントウが，アップルミントの香気に誘引されている可能性が見出された（中坪，2017）。

アップルミントをバンカー植物として利用することで，クワシロカイガラムシを抑制できる可能性がある。

ナギナタガヤによるカイガラムシ類とチャトゲコナジラミの発生抑制　茶園の周辺に，バンカー植物としてナギナタガヤの草地帯を設置すると（第12図），ミント類やヘアリーベッチの草地帯と同様の天敵類がみられるが，特徴的なのはナナホシテントウの発生が目立つことである。

室内試験で，ナナホシテントウ成虫による，チャトゲコナジラミ成虫の捕食が確認されている。また圃場でも，ナギナタガヤを植栽することで天敵類が増強され，ナナホシテントウ成虫による捕食活動を中心に，越冬世代のチャトゲコナジラミの抑制が確認されている（小俣，2013；小俣，2023）。

こうした結果にもとづき，クワシロカイガラムシなどのカイガラムシ類を減らす目的で，ナギナタガヤの草地帯の設置が，普及現場で実践されている（埼玉県茶業研究所，2015）。

④**アレロパシー植物の利用**

除草剤を使用しない除草対策として，雑草抑制効果が知られているアレロパシー植物を利用する方法がある。アレロパシー植物としては，ヘアリーベッチ，ナギナタガヤなどがある。

筆者らは茶園で検討を行なったところ，外来雑草であるゴウシュウアリタソウなどの抑制や，各種天敵類の発生を確認している（小俣ら，2010）。

執筆　小俣良介（埼玉県茶業研究所）

2024年記

茶

参 考 文 献

淵之上康元・淵之上弘子. 1999. 日本茶全書―生産から賞味まで―. 農山漁村文化協会. 東京. 355.

後藤昇一・鈴木康孝・小林栄人. 1996. 無農薬栽培茶園における病害防除としてのせん枝処理. 静岡茶試研報. 20, 25―29.

稲森菜奈・松崎俊・末永博・津田勝男・坂巻祥孝. 2010. 茶園畦畔部でのアップルミント栽培が茶園の天敵類に与える影響. 九州病害虫研究会報. 56, 123.

磯部宏治・松ヶ谷祐二・池田敏久・北上達・大谷一哉. 1997. 天敵・天然物資材を利用した茶病害虫の総合防除体系. 平成8年度 関東東海農業 研究成果情報 果樹・野菜・花き・茶業・蚕糸. 167―168.

望月雅俊・本間健平. 2001. 近紫外線反射フィルムマルチを利用した幼木茶園におけるチャノキイロアザミウマの被害軽減. 茶研報. 91, 13―19.

長坂光吉・大矢愼吾. 2003. バンカー植物の利用. 植物防疫. 57, 505―509.

中坪美祐・小俣良介・本林隆. 2015.茶園におけるクワシロカイガラムシの捕食天敵ヒメアカホシテントウの発生生態. 茶研報. 120 (別), 23.

中坪美祐. 2017. 茶園におけるヒメアカホシテントウによるクワシロカイガラムシ防除の可能性. 東京農工大学大学院農学府生物生産学専攻修士論文. 66pp.

村上公朗・小野亮太郎. 2003. 茶園における黄色高圧ナトリウムランプがハマキムシ類及びチャノホソガの発生消長に及ぼす影響. 茶研報. 96 (別), 78―79.

小俣良介. 1997. 整枝による炭そ病の発生抑制. 茶研報. 85 (別冊), 120―121.

小俣良介. 1998. 近紫外線反射フィルム及び光反射テープによるチャノミドリヒメヨコバイの物理的防除. 関東病虫研報. 45, 215―218.

小俣良介. 2004a. 整せん枝による炭疽病とチャノミドリヒメヨコバイの発生抑制効果. 平成15年度関東東海北陸農業研究成果情報II. 170―171.

小俣良介. 2004b. 耕種的方法によるチャドクガの発生抑制について. 平成15年度埼玉県農林総合研究センター茶業特産研究所成果発表会資料. 1―3.

小俣良介. 2005. バンカー植物・アレロパシー植物利用による茶園の害虫・雑草対策研究について. 平成16年度埼玉県農林総合研究センター茶業特産研究所成果発表会資料. 1―3.

小俣良介. 2006. ハーブを使った害虫抑制の試み. 月刊「茶」. (12), 12―15.

小俣良介・石川巌・内野博司・小林明. 2010. バンカープラントとアレロパシー植物による茶害虫及び雑草抑制技術の開発. 生物機能を活用した環境負荷低減技術の開発. 農林水産省農林水産技術会議事務局. 450―460.

小俣良介. 2009. アップルミントを植栽した茶園におけるヒメアカホシテントウの発生分布. 茶業研究報告. 108 (別), 30―31.

小俣良介. 2013. 茶のチャトゲコナジラミ, クワシロとの同時防除, 深刈り, ナギナタガヤが有効. 現代農業. 2013年6月号, 221―225.

小俣良介. 2022. 茶園におけるチャドクガ *Euproctis pseudoconspersa* の産卵位置. 第66回日本応用動物昆虫学会大会講演要旨集. 31.

小俣良介. 2023. チャを加害するコナジラミ類の効果的な防除法. iPlant. 2023年1巻2号. https://www.iplant-j.jp/journal/vol-1_no-2/tea_whitefly/

小俣良介. 2024. 有機JASや輸出用栽培で使用できるチャドクガ防除対策. 茶業技術. 第65号, 10―13.

小澤朗人. 2006. チャ樹におけるクワシロカイガラムシの樹内分布. 関東病虫研報. 53, 149―152.

谷河明日香. 2021. 剪枝を利用した茶の炭疽病防除について. 奈良県農業技術開発センターニュース. 161, 4.

徳丸晋虫. 2021. チャ栽培における赤色防虫ネットのチャノキイロアザミウマおよびチャノミドリヒメヨコバイに対する防除効果. 植物防疫. 第75号第6巻, 18―21.

富所康広・磯部宏治. 2005. キク科植物を利用したバンカー法の検討. 茶研報. 100 (別), 80―81.

埼玉県茶業研究所. 2015. ナギナタガヤを活用した狭山茶の安定生産 (埼玉県). 都道府県におけるIPM実践優良事例 関東地区, 農林水産省. https://www.maff.go.jp/j/syouan/syokubo/gaicyu/g_zirei/H27_jirei.html

和田哲夫. 2003. 天敵戦争への誘い 小さな作物防衛隊の素顔とは?. 誠文堂新光社. 東京. 134pp.

米山誠一・神谷直人. 2003. 茶樹のせん枝等によるクワシロカイガラムシの防除効果. 茶研報. 96 (別), 58―59.

吉岡哲也・松田和也・中村晋一郎・堺田輝貴・森山弘信・久保田朗. 2005. 防虫ネットの直がけによる茶の主要害虫防除. 福岡県農業総合試験場研究報告, 24, 121―125.

慣行栽培からの転換モデル

（1）慣行栽培からの転換モデル

①急激な無農薬栽培への転換は危険

慣行防除栽培から無農薬栽培へ急激に転換すると，各種害虫が多発することがある。とくにチャドクガが多発し，チャの古葉がすっかりなくなることもある。転換1年目は順調にみえても，2～3年目にこのような事態になり，無農薬栽培を断念せざるを得ない場合も少なくない。

原因は，茶園内の天敵類の生息が十分でないことや，管理者の技術不足などが考えられる。そこで，慣行防除栽培から少しずつ農薬散布を減らした減農薬栽培に移行し，その過程でチャ

株内の天敵類を増加させていくことが望ましい。

埼玉県の例として，IPM（総合的病害虫管理）推進のため農薬使用回数を慣行の76％削減したAモデル，慣行の92％削減したBモデルの2体系を第1表に示した。なお，2007年時点のモデルであり，現在は失効した農薬も含まれているので注意する。

②減農薬Aモデル

慣行防除体系から，減農薬に移行する場合に利用できる防除モデルである。

4月中旬の一番茶萌芽期前に実施する，カンザワハダニ要防除水準判定は，埼玉県で設定したものである。一番茶の萌芽期に古葉のカンザワハダニ寄生葉率を調査し，寄生葉率（成虫，幼若虫）が20％以下のときは防除を実施しなくてもよい（埼玉県農林部，1996）が，20％以上のときは薬剤防除を実施する。

第1表 IPMの考え方を取り入れた減農薬モデル（2007年）

月	旬	減農薬Aモデル	減農薬Bモデル	慣行防除
4	上		◎ハマキコン-N設置 ・ハマキガ類：性フェロモン剤，カウントゼロ	
	中	◎カンザワハダニ要防除水準判定 ・一番茶萌芽期：カンザワハダニ古葉寄生葉率調査 ・寄生葉率（成虫・幼若虫）20％以下：防除せず ・寄生葉率＞20％：防除 ◎マイトコーネフロアブルまたはバロックフロアブル ・カンザワハダニ：ハダニ天敵の影響少	◎カンザワハダニ要防除水準判定 ・一番茶萌芽期：カンザワハダニ古葉寄生葉率調査 ・寄生葉率（成虫・幼若虫）20％以下：防除せず ・寄生葉率＞20％：防除 ◎ミルベノック乳剤 ・カンザワハダニ：ハダニ天敵の影響少，カウントゼロ	◎防除：アニバース乳剤（失効）[1] ・カンザワハダニ
	下			
5	上	※多発時防除：ニッソランV乳剤（失効） ・カンザワハダニ	※多発時防除：粘着くん液剤 ・カンザワハダニ：ハダニ天敵の影響少，カウントゼロ	※多発時防除：ニッソランV乳剤（失効）またはDDVP乳剤（失効） ・カンザワハダニ
	中	一番茶収穫		
	下			

（次ページへつづく）

茶

月	旬	減農薬Aモデル	減農薬Bモデル	慣行防除
6	上	◎防除：ハマキ天敵（顆粒病ウイルス） ・ハマキガ類：微生物系，カウントゼロ	◎一番茶後浅刈り（整枝摘採面10cm） ・炭疽病，チャノミドリヒメヨコバイ	◎防除：ロムダンフロアブル ・ハマキガ類 ◎防除：ミルベノック乳剤 ・カンザワハダニ：カウントゼロ ※多発時防除：サンマイトフロアブル ・カンザワハダニ
6	中	◎防除：パダン水溶剤 ・チャノミドリヒメヨコバイ，チャノキイロアザミウマ ※多発時防除：サンマイトフロアブル ・チャノナガサビダニ，チャノホコリダニ		◎防除：スプラサイド乳剤（失効） ・チャノホソガ，ツマグロアオカスミカメ
6	下			
7	上	二番茶収穫		
7	中	◎防除：ハマキ天敵（顆粒病ウイルス） ・ハマキガ類：微生物製剤，カウントゼロ		◎防除：ラービンフロアブル（失効） ・ハマキガ類
7	下	◎防虫テープ設置 ・チャノミドリヒメヨコバイ，チャノキイロアザミウマ		
8	上	◎防除：ダコニール1000 ・炭疽病	◎新芽上位3葉整枝 ・炭疽病，チャノミドリヒメヨコバイ	◎防除：ダコニール1000 ・炭疽病 ◎防除：アドマイヤー水和剤（失効） ※多発時防除：サンマイトフロアブル ・チャノミドリヒメヨコバイ，チャノキイロアザミウマ
8	中			
8	下	◎防除：銅水和剤 ・炭疽病：天然物，カウントゼロ ◎防除：ハマキ天敵（顆粒病ウイルス） ・ハマキガ類：微生物製剤，カウントゼロ ◎防除：カーラフロアブル ・カンザワハダニ：天敵の影響少	※多発時防除：MR.ジョーカー水和剤（失効） ・チャノミドリヒメヨコバイ，チャノキイロアザミウマ：天敵の影響少 ・多発時防除を実施の場合，9月防除削減	◎防除：フロンサイド水和剤 ・炭疽病 ◎防除：カスケード乳剤 ・ハマキガ類 ◎防除：ピラニカEW ・チャノミドリヒメヨコバイ，カンザワハダニ

月	旬	減農薬Aモデル	減農薬Bモデル	慣行防除
9	上	◎防除：銅水和剤 ・炭疽病：天然物，カウントゼロ ◎防虫テープ継続	◎防除：MR.ジョーカー水和剤（失効） ・チャノミドリヒメヨコバイ，チャノキイロアザミウマ：天敵の影響少	◎防除：オルトラン水和剤 ・チャノミドリヒメヨコバイ，チャノキイロアザミウマ ◎防除：アタブロン乳剤 ・ハマキガ類
	中			
	下	※多発時防除：MR.ジョーカー水和剤（失効） ・チャノミドリヒメヨコバイ，チャノキイロアザミウマ：天敵の影響少		
10	上		◎摘採面5cm整枝 ・チャドクガ	◎防除：トクチオン乳剤 ・ハマキガ類，カンザワハダニ
	中	◎防虫テープ撤去 ◎防除：ハマキ天敵（顆粒病ウイルス） ・ハマキガ類：微生物製剤，カウントゼロ		※多発時防除：ランネート水和剤またはマトリックフロアブル ・ハマキガ類 ※多発時防除：オサダンフロアブル（失効） ・カンザワハダニ
	下			
化学合成農薬使用回数		3～7 削減率76%	1 削減率：92%	13～18

注　1）2024年現在，登録の失効している薬剤については農薬名の後ろに（失効）と表記

　この時期，埼玉県での主要なハダニの天敵はハダニアザミウマで，本天敵に影響の少ない薬剤を選択する。また，同じく天敵のカブリダニ類の立ち上がりが早いと考えられる温暖な地域では，それらに影響の少ない薬剤を選択する。

　7月下旬に設置する防虫テープは，チャノミドリヒメヨコバイ，チャノキイロアザミウマを抑制する目的で，アブラムシの防除資材として市販されている光反射テープ（防虫テープ，銀色のアブラムシ防除用に用いる資材，オグラ印，幅5cm）を，摘採面上に1ウネにつき6本使う。設置期間は7月下旬～10月中旬とする（小俣，1998）。

　設置前には，チャノミドリヒメヨコバイ，チャノキイロアザミウマに対する農薬を散布し，初期密度を低下させておくことが大切である。

　また，秋の降雨が多いと，炭疽病の発生を助長することがあるので注意する。

　防虫テープの代わりに，一番茶後に浅刈り整枝を実施したり，ハマキ天敵の代わりにデルフィン顆粒水和剤などのBT剤を散布するなど，圃場の状況に応じてアレンジする。

③減農薬Bモデル

　このモデルは，減農薬の経験が十分あり，予期せぬ病害虫の発生に対して，迅速かつ適切に対処できるという条件で実施する必要がある。普及・試験研究などによる，技術指導が十分受けられるような状況での実施が望ましい。

　Bモデルではチャドクガの発生が心配されるため，10月中旬に摘採面上5cmを整枝する。ハマキコン-Nの代わりにハマキ天敵の散布とするなど，アレンジも可能である。

茶

使用農薬数は1～2剤なので，減農薬での病害虫管理に慣れ，天敵相が安定してきたら，無農薬栽培への移行が可能であると考えられる。

④両モデルの共通事項

減農薬A・Bモデルともに，夏のチャノミドリヒメヨコバイ，チャノキイロアザミウマ，ハマキムシ類などが多発した場合，同時期に発生が増加するカブリダニ類（ハダニの天敵）やクモ類（ヨコバイなどの天敵）に対する影響が少ない薬剤の使用を組み込んでいる。

ただし，ここで紹介したMR.ジョーカー水和剤はすでに登録が失効している。また，作成当時は発生していなかった，新害虫クワシロカイガラムシやチャトゲコナジラミも対策に含め，慣行防除で使用する農薬など再検討した新たな転換モデルを第2表に示す。

(2) 転換モデルの実証例

前述の減農薬A・Bモデルは，埼玉県で行なった以下の実証例にもとづいており（整剪枝による害虫発生抑制などを組み入れて修正したもの），慣行栽培と比較して収量が劣らないことも確認されている（小俣，2004）。

第2表　IPMの考え方を取り入れた減農薬モデル（2024年）

月	旬	減農薬A	減農薬B	慣行防除
3	上	○[1]防除：ラビサンスプレー ・クワシロ[3]：天然物，カウントゼロ	◎防除：プルートMC[2]（一部地域除く） ・クワシロ	◎防除：プルートMC（一部地域除く） ・クワシロ
4	上	◎ハマキコン-N設置（ロープ状製剤推奨） ・ハマキガ類[3]：性フェロモン剤，カウントゼロ		
4	中	◎カンザワハダニ要防除水準判定 ・一番茶萌芽期：カンザワハダニ古葉寄生率調査 ・寄生葉率（成虫・幼若虫）20％以下：防除せず ・寄生葉率＞20％：防除 ◎ミルベノック乳剤 ・カンザワハダニ：ハダニ天敵の影響少，カウントゼロ	◎カンザワハダニ要防除水準判定 ・一番茶萌芽期：カンザワハダニ古葉寄生率調査 ・寄生葉率（成虫・幼若虫）20％以下：防除せず ・寄生葉率＞20％以上：防除 ◎マイトコーネフロアブルまたはバロックフロアブル ・カンザワハダニ：ハダニ天敵の影響少	◎防除：アグメリック ・カンザワハダニ，チャトゲ[3]，チャノホソガ
4	下	※多発時防除：除虫菊乳剤3 ・チャドクガ幼虫：天然物，カウントゼロ	※多発時防除：除虫菊乳剤3 ・チャドクガ幼虫：天然物，カウントゼロ	
5	上	※多発時防除：粘着くん液剤 ・カンザワハダニ：ハダニ天敵の影響少，カウントゼロ	※多発時防除：ダニサラバフロアブル ・カンザワハダニ	※多発時防除：スターマイトフロアブル ・カンザワハダニ
5	中	一番茶収穫		
5	下	○米ヌカチャ株内処理 ・クワシロ，チャトゲ	○防除：アプロードエースフロアブル ・クワシロ，チャトゲ	○防除：アプロードエースフロアブル ・クワシロ，チャトゲ

月	旬	減農薬A	減農薬B	慣行防除
6	上	◎一番茶後浅刈り（整枝摘採面10cm） ・炭疽病，ヨコバイ[3]	◎防除：ハマキ天敵（顆粒病ウイルス） ・ハマキガ類：微生物系，カウントゼロ ※多発時防除：トクチオン乳剤 ・ハマキガ類，カンザワハダニ	◎防除：フェニックスフロアブル ・ハマキガ類，チャドクガ ◎防除：ミルベノック乳剤 ・カンザワハダニ ※多発時防除：サンマイトフロアブル ・カンザワハダニ
	中		◎防除：パダンSG水溶剤 ・ヨコバイ，スリップス[3] ※多発時防除：サンマイトフロアブル ・チャノナガサビダニ，チャノホコリダニ	◎防除：キラップフロアブル ・チャノホソガ，ツマグロアオカスミカメ
	下			
7	上	二番茶収穫		
	中		◎防除：ハマキ天敵（顆粒病ウイルス） ・ハマキガ類：微生物製剤，カウントゼロ	◎防除：ディアナSC ・ハマキガ類，チャトゲ，ヨコバイ，スリップス
	下		○防除：アルバリン粒剤 ・クワシロ ◎防虫テープ設置 ・ヨコバイ，スリップス	○防除：コルト顆粒水和剤 ・クワシロ
8	上	◎新芽上位3葉整枝 ・炭疽病，ヨコバイ	◎防除：ダコニール1000 ・炭疽病	◎防除：ダコニール1000 ・炭疽病 ◎防除：アクタラ顆粒水溶剤 ※多発時防除：サンマイトフロアブル ・ヨコバイ，スリップス
	中			
	下	※多発時防除：ウララDF ・ヨコバイ，スリップス：天敵の影響少 ・多発時防除を実施の場合，9月防除削減	◎防除：ハマキ天敵（顆粒病ウイルス） ・ハマキガ類：微生物製剤，カウントゼロ ◎防除：銅水和剤 ・炭疽病：天然物，カウントゼロ ◎防除：カーラフロアブル ・カンザワハダニ：天敵の影響少	◎防除：フロンサイド水和剤 ・炭疽病 ◎防除：カスケード乳剤 ・ハマキガ類 ◎防除：ピラニカEW ・ヨコバイ，カンザワハダニ

（次ページへつづく）

茶

月	旬	減農薬A	減農薬B	慣行防除
9	上	◎防除：ウララDF ・ヨコバイ，スリップス：天敵の影響少	◎防除：銅水和剤 ・炭疽病：天然物，カウントゼロ ◎防虫テープ継続 ※多発時防除：ウララDF ・ヨコバイ，スリップス：天敵の影響少	◎防除：グレーシア乳剤 ・ハマキガ類，ヨコバイ，スリップス，チャトゲ
	中		○防除：アルバリン粒剤 ・クワシロ	○防除：ダーズバン乳剤40 ・クワシロ
	下			
10	上	◎ハマキコン-N撤去 ◎摘採面5cm整枝 ・チャドクガ	◎防虫テープ撤去 ◎防除：ハマキ天敵（顆粒病ウイルス） ・ハマキガ類：微生物製剤，カウントゼロ	◎防除：トクチオン乳剤 ・ハマキガ類，カンザワハダニ，チャドクガ
	中			※多発時防除：ランネート水和剤またはマトリックフロアブル ・ハマキガ類 ※多発時防除：カーラロアブル ・カンザワハダニ
	下			
化学合成 農薬使用回数		1 削減率：90%	4～8 削減率：60%	12～20

注　1）○：必要時に実施，2）プルートMC使用時は，基本的にそれ以降のクワシロカイガラムシの防除は不要
　　3）「クワシロ」：クワシロカイガラムシ。「ハマキガ類」：チャハマキ，チャノコカクモンハマキ。「チャトゲ」：チャトゲコナジラミ。「ヨコバイ」：チャノミドリヒメヨコバイ。「スリップス」：チャノキイロアザミウマ

①減農薬実証例1（減農薬Aモデル）

　寒冷地茶園でのモデルとして，1996年の減農薬実証例（減農薬実証例1）を第3表に示した。

　土着天敵に優しい農薬の選択や顆粒病ウイルスの活用と，防虫テープなどを組み合わせて，化学農薬を61～80％削減した総合制御体系で，その収量が，慣行栽培区と比較して劣ることはなかった（高橋ら，1997a）。

②減農薬実証例2（減農薬Bモデル）

　埼玉県の「有機100倍運動」で実施した，減農薬・減肥実証試験モデルを，実証例2として第4表に示した。供試品種は‘さやまかおり’

（定植後30年），試験区は実証区と慣行区とし，1区5a（反復なし）とした。

　実証区は硝酸化性抑制剤入り肥料（ジシアン燐加安）を用い，20％減肥し（年間施肥量：N36kg，P$_2$O$_5$16kg，K$_2$O18kg/10a），慣行区は県の施肥基準（年間施肥量：N45kg，P$_2$O$_5$22.5kg，K$_2$O22.5kg/10a）とした。各区とも堆肥を年間870kg/10a施用した（堆肥の成分量は施肥量に含めていない）。

　実証区は2分割して，顆粒病ウイルス（GV）区とBT剤区を設置し，チャハマキを対象に各世代の幼虫発生期に散布した。実証区の化学薬剤使用回数は，慣行区の10％程度とした。

第3表 減農薬実証例1──寒冷地茶園での病害虫総合制御体系モデル（1996年改変）

月	旬	総合制御区（実証区）	慣行栽培区
4	上	防除要否判定（要防除：ミルベノック乳剤）	防除：マイトサイジンB乳剤（失効）[1]
	中		
	下		防除：ニッソランV乳剤（失効），DDVP乳剤（失効）
5	上		
	中	一番茶収穫	一番茶収穫
	下		
6	上	防除：チャハマキ顆粒病ウイルス	防除：ラービンフロアブル（失効），ミルベノック乳剤，（多発時：サンマイトフロアブル）
	中		防除：スプラサイド乳剤
	下	防除：パダン水溶剤，サンマイトフロアブル	
7	上	二番茶収穫	二番茶収穫
	中	防除：チャハマキ顆粒病ウイルス，オルトラン水和剤	
	下	防虫テープ設置	防除：アディオン乳剤
8	上	防虫テープ継続 防除：ダコニール1000	防除：ダコニール1000，アドマイヤー水和剤，（多発時：サンマイトフロアブル）
	中		
	下	防虫テープ継続	
		防除：銅水和剤，カーラフロアブル，チャハマキ顆粒病ウイルス	防除：フロンサイドSC，ピラニカEW，カスケード乳剤
9	上	防虫テープ継続 防除：銅水和剤	防除：アタブロン乳剤，オルトラン水和剤
	中	防除（多発時）：MR.ジョーカー水和剤（失効）	
	下	防虫テープ継続	防除：アニバース乳剤
10	上	防虫テープ継続	防除：ランネート水和剤
	中	防虫テープ撤去 防除：チャハマキ顆粒病ウイルス	防除：ケルセン乳剤（失効），トクチオン乳剤
	下		
化学合成農薬使用回数		5～7	15～18
一番茶収量（kg/10a）		410.5	324.1
二番茶収量（kg/10a）		240.7	233.3

注 1）2024年現在，登録の失効している薬剤については農薬名の後ろに（失効）と表記
（1994～1996年 地域重要新技術開発促進事業「環境にやさしい茶病害虫抑制技術の開発」の成果の一部）

茶

第4表 減農薬実証例2——有機100倍運動で実施した減農薬・減肥実証試験モデル（2002～2003年）

時　期	実証区	対照区
3月	3/6　春肥：緩効性肥料ジシアン （N：18，P2O5：8，K2O：9（kg/10a））	3/6　春肥：狭山1号 （N：18，P2O5：9，K2O：9（kg/10a））
4月	カンザワハダニ防除要否判定調査[1]	4/18　防除：ニッソランV乳剤（失効）
5月	5/14一番茶摘採，製茶	5/14　一番茶摘採，製茶
	5/31　防除：GV[2]またはBT[3]	5/30　防除：ボルテージ乳剤，ミルベノック乳剤
6月		6/5　夏肥：化成肥料 （N：9，P2O5：4.5，K2O：4.5（kg/10a））
	6/18　防除：パダンSG水溶剤	6/13　防除：スプラサイド乳剤（失効）
	6/29　二番茶摘採，製茶	6/29　二番茶摘採，製茶
7月	7/17　防除：GVまたはBT	7/17　防除：ダコニール1000，カスケード乳剤
8月	8/20　防除：GVまたはBT	8/9　防除：ダコニール1000，パダンSG
	8/23　秋肥：緩効性肥料ジシアン （N：18kg，P2O5：8，K2O：9（kg/10a））	8/23　秋肥：狭山1号 （N：18kg，P2O5：9，K2O：9（kg/10a））
9月	9/6　堆肥	9/6　堆肥
10月	10/4　防除：GVまたはBT	10/17　防除：トクチオン乳剤
化学合成農薬 使用回数	1	9
一番茶収量 （kg/10a）	GV区494 BT区413	501
二番茶収量 （kg/10a）	GV区397 BT区327	512

注　1）萌芽期に寄生葉率を調査し，20％以下のため防除を省略した
　　2）GV：チャハマキ顆粒病ウイルス，所内で自家増殖したものを使用
　　3）BT：BT剤
　　（1998～2002年　有機100倍運動　環境保全型茶園管理技術の確立の成果の一部）

　一番茶の生葉収量は，GV区で慣行区と同等ないしやや増収し，BT剤区は同等ないし減収した。二番茶収量は，実証区では慣行区より減収した。実証区の一，二番茶の製茶品質は，慣行区と同等程度だった。

　なお，第1表の減農薬モデルBでは，本実証例2をモデルに，ハマキコン-Nの利用，浅刈りなどの整枝，ヨコバイ多発時の天敵に優しい農薬使用などを加えた。

　また，第3表の実証例1で使用した防虫テープは，設置労力などの問題から，減農薬モデルBでは，炭疽病やチャノミドリヒメヨコバイの対策として，一番茶後の浅刈り整枝にしている（第1表）。

③無農薬・無化学肥料栽培の実証例

　最後に，無農薬・無化学肥料栽培の実証例を第5表に示す。

　品種は炭疽病などにやや抵抗性のある‘さやまみどり’を使用したため，病害はほとんどみられなかった。チャハマキに対して，年2回チャハマキ顆粒病ウイルスを散布。チャドクガが大発生した2002年は，チャドクガ核多角体病

第5表　無農薬・無化学肥料栽培の実証モデル（2002 ～ 2003年）

月日	無農薬・無化学肥料栽培区	対照区
2002年 3月11日	春肥（kg/10a） （N：14.4, P_2O_5：7.2, K_2O：7.2）	春肥（kg/10a） （N：18.0, P_2O_5：9.0, K_2O：9.0）
4月15日	要防除水準判定：防除せず	防除：ミルベノック乳剤
5月15日	一番茶収穫，製茶	一番茶収穫，製茶
6月10日	防除：チャハマキ顆粒病ウイルス[1]	防除：ボルテージ乳剤，ノーモルト水和剤
13日	夏肥（kg/10a） （N：7.2, P_2O_5：3.6, K_2O：3.6）	夏肥（kg/10a） （N：9.0, P_2O_5：4.5, K_2O：4.5）
7月 9日	二番茶収穫，製茶	二番茶収穫，製茶
30日	防除：チャハマキ顆粒病ウイルス[1]	防除：アドマイヤー水和剤，ダコニール1000
8月26日	防除：チャドクガ核多角体ウイルス[1]	防除：トクチオン散布
9月 5日	秋肥（kg/10a） （N：14.4, P_2O_5：7.2, K_2O：7.2）	秋肥（kg/10a） （N：18.0, P_2O_5：9.0, K_2O：9.0）
11日	堆肥施用：家畜糞尿堆肥 1t/10a	堆肥施用：家畜糞尿堆肥 1t/10a
化学合成農薬使用回数	0	6
2002年 一番茶収量（kg/10a） 二番茶収量（kg/10a）	327 331	218 423
2003年[2] 一番茶収量（kg/10a） 二番茶収量（kg/10a）	482 776	507 717

注　1）埼玉県茶業研究所内で自家増殖したものを使用
　　2）2003年の防除・施肥などは2002年とほぼ同様とし，チャドクガ核多角体病ウイルスは使用せず
　（2001 ～ 2003年「茶のJAS対応有機栽培技術の開発」の成果の一部）

ウイルスを使用した。2003年は，チャドクガの発生はほとんどみられなかった。

実証区では，天敵であるクモの発生が多くみられ，2002 ～ 2003年で対照区の6 ～ 15倍の巣網が確認され，害虫の発生抑制に大きく貢献したと考えられる。

実証区では施肥量を基準の2割減としたが，一番茶の収量は対照区よりやや少ない程度だった。また，二番茶は実証区が対照区を上まわった。

(3) 無農薬栽培に取り組む生産者のタイプ

慣行防除体系から無農薬栽培に移行するにあ

たって，各地域で実践する生産者のプロフィールなどを，各生産者のWebサイトから拝見すると（2003年調べ），チャ栽培に対して独特のこだわりをもっている様子がうかがえる。

生産者の環境に対する問題意識や，過度の農薬使用の反省から，安全・安心の追求が無農薬栽培への動機づけとなっている。

①生産者のタイプ

十分に完成された技術のない無農薬栽培を実施するにあたって，病害虫の多発生，生産の不安定など，生じるであろう問題に対して自ら意欲的に取り組んでいくという姿勢や，技術的な問題を気軽に相談できる人脈をもっている，な

茶

どの特徴がある。

また，新しい資材を使用したり，状況に応じて工夫することに抵抗がなく，有機農業研究会や民間農法の技術グループなどに所属するなどして，必要な情報を得たり意見交換できる場をもっているという特徴がある。

②多様な管理方針と資材利用

実施する無農薬栽培の方法にも特徴がみられる。有機JAS認証で使用が認められているものや，地方自治体の農産物認証制度で農薬使用とカウントされない，天然物や微生物由来の農薬やフェロモン剤などを使用して病害虫の発生を抑制する天然物利用型，経済的価値の高い一番茶芽に対しては，天然物も含めて何も散布しない収穫芽無散布型，また，病害虫抑制のための散布資材などをまったく使用しない完全無農薬型，無農薬のみならず肥料さえもまったく使用しない無農薬無肥料栽培型など，各生産者の理念に応じた無農薬栽培の管理方針がある。

さらに，地上部の病害虫の管理だけでなく，有機物投入や土壌微生物の有効利用による土つくりに努力し，気象災害はもとより病害虫に強くなるように，チャ樹そのものを丈夫にしようとする事例もある。

ニンニクなどの混合液を自作したり，木酢液，ニームを利用したりするケースがあるほか，光合成細菌，空中チッソ固定細菌，根粒菌など，有効微生物群からなる各種微生物資材や，広葉樹皮炭などの土壌改良資材の利用もみられる。

（4）開発が望まれる技術や研究分野

チャの無農薬栽培の実態には不明な点が多く，各地で実践されている管理技術の科学的評価や経済性の評価など，情報収集・調査研究が今後必要であろう。

一般的に，無農薬栽培の実践で問題となるのが，チャドクガ，ツマグロアオカスミカメ，チャノミドリヒメヨコバイ，ムラサキイラガ，ゴマフボクトウなどのマイナー害虫の台頭である。これらを対象とした，農薬を使わない抑制技術の確立が望まれる。

無農薬栽培生産者のなかには，有機物投入や土壌微生物の有効利用による，土つくりに努力している例がある。しかし，これらの土つくりが，病害虫の発生にどのように関係しているかは，施肥方法とカンザワハダニの発生との関係（高橋ら，1997b）など，断片的な報告はあるもののまだまだ未解明である。

さらに，土壌微生物がチャ樹の生育にどのような影響をもたらすかについては，VAM菌（アーバスキュラー菌根菌）によるチャ樹生育への効果（宮沢，1992）などの研究が一部あるが，実用化については未解明の分野が多い。それだけ，大きな可能性も秘めているとも考えられ，今後の進展，新たな技術の開発が望まれる。

①天然物由来の害虫抑制資材の利用

無農薬栽培の現場では，木酢液やニームオイルなどの天然物や，そのエキスの利用例がみられるが，効果など不明な点が多いのも事実である。今後は有機栽培で使用可能な，植物抽出物など天然物由来の資材の増加が期待される。

とくにニームは，海外の有機栽培などで使用例があるが，日本では検討された経緯があるものの（2006年6月），特定農薬にはなっていない。現在のところ，土壌改良資材や環境保全資材としての目的で使用されている。また，茶園でニームを使用したときの病害虫への影響は不明な点が多く，今後，農薬登録の検討など防除資材としての評価が必要である。

なお，タイ北部のチェンライにある緑茶の生産茶園（園主Kamchorn氏）では，化学農薬を使わず，もっぱらニームオイルと大量に設置した黄色粘着板による吸汁加害害虫の抑制により，病害虫管理を行なっていた（2001年12月現在）（第1図）。ニームオイルと黄色粘着板の大量設置が，病害虫をどの程度抑制するか詳細は不明だが，一つの事例として紹介しておく。

②天敵昆虫などの実用化

チャ樹の難防除害虫クワシロカイガラムシを捕食する有力な天敵である，ハレヤヒメテントウの増殖・利用方法などを静岡県が開発し，特許を出願した（「静岡新聞」2006年11月10日）経緯がある。生物農薬としての実用化にはまだ

1046

第1図　タイ北部チェンライの無農薬茶園

いたっていないが，大量の薬液散布を必要とするクワシロカイガラムシ対策に，天敵昆虫が生物農薬として利用できれば，無農薬栽培をより実施しやすくなると考えられる。

また，チャノホソガ，ツマグロアオカスミカメ，チャドクガ，チャノミドリヒメヨコバイ，ナガチャコガネなどに有効な，捕食性・寄生性天敵などの利用が実用化されれば，環境によりやさしい害虫管理ができる。

③虫害抵抗性品種の開発

チャの虫害抵抗性品種には，'さやまみどり'のクワシロカイガラムシ抵抗性が有名である。また，チャノミドリヒメヨコバイ（小俣・内野，2001）やカンザワハダニに対して，抵抗性のある品種・系統も報告されている。

これらに加えて，無農薬栽培で問題になりやすい，ツマグロアオカスミカメやチャドクガに対して抵抗性のある品種があれば，無農薬栽培により取り組みやすいと考えられる。

④雑草防除対策の開発

無農薬での茶園管理は，雑草対策に相当な覚悟が必要になる。樹幹面を覆うつる性の雑草（ヘクソカズラ，ヤマノイモ）は，手取り除草に大きく依存する。

茶園周縁部では，細かい種子がこぼれ落ちて除去しにくいゴウシュウアリタソウなど外来雑草の脅威や，グリホサート抵抗性オヒシバなどが問題になり，除草剤が使用できない有機茶園では，その労力も加わる。

ウネ間の除草は，耕うん機の利用などがあるものの，多くの手作業を強いられる。茶園に適合した除草ロボットの開発，つる性の雑草を対象とした生物農薬などの早急な開発が待たれる。

執筆　小俣良介（埼玉県茶業研究所）

2024年記

参　考　文　献

宮沢登．1992．*Glomus mosseae*とDCIP粒剤の施用が茶樹生育と土壌中のVAM菌動態に及ぼす影響．茶研報．**76**（別），64—65．

村井保．1997．天敵のいろいろ．農薬ガイド．**83**，18—21．

農林水産省統計情報部．2002．平成13年度持続的生産環境に関する実態調査．農林水産省．東京．46．

小俣良介．1998．近紫外線反射フィルム及び光反射テープによるチャノミドリヒメヨコバイの物理的防除．関東病虫研報．**45**，215—218．

小俣良介．2000．沖縄の茶園とハダニと天敵の調査．茶業技術．**43**，41—55．plate，1．

小俣良介．2004．埼玉県における茶減農薬栽培の現状と問題点．平成16年度関東東海北陸農業試験研究推進会議茶業部会現地検討会資料．18—28．

小俣良介・内野博司．2001．チャノミドリヒメヨコバイの茶樹嗜好性，抵抗性品種系統の検討．埼玉農総研研報．（1）．107—112．

小俣良介．2023．米ヌカを使ったカイガラムシの防除法〜米ヌカによる防除効果の検証〜．iPlant．2023年1巻9号．https://www.iplant-j.jp/journal/vol-1_no-9/scale-insect-control_rice-bran_part2/

埼玉県農林部．1996．カンザワハダニの一番茶期における防除要否判定方法　茶業試験場．新技術情報．埼玉県農林部．茶96—01．

高橋史樹．1997．捕食者（天敵）と被食者（害虫）—それらの相互関係—．農薬ガイド．**83**，10—13．

高橋淳・小俣良介・石川巖．1997a．天敵・耕種的防除法を組み合わせた茶病害虫総合制御体系．平成8年度　関東東海農業　研究成果情報　果樹・野菜・花き・茶業・蚕糸．151—152．

高橋淳・小俣良介・石川巖．1997b．有機質肥料施用と茶病害虫の発生との関係．関東病虫研報．**44**，271—273．

萬屋宏．2024．アセチル化グリセリドによるチャノミドリヒメヨコバイの行動制御．日本昆虫学会第84回大会・第68回日本応用動物昆虫学会大会　合同大会講演要旨集．A-04．

茶

米ヌカでカイガラムシ類を発生抑制

クワシロカイガラムシ（以下，クワシロ）の薬剤による防除は，通常10a当たり1,000lという多量の化学農薬の希釈液を，年3～4回（プルートMCは1回で例外）散布する必要がある。このため，生産者の労力負担が大きく，環境への負荷も高くなる。

生産者からの観察報告をきっかけに開発した「米ヌカの株内処理によるカイガラムシ類の発生抑制技術」は，化学農薬に頼らないカイガラムシ類対策の一つである。生産者の目にもみえる主要な天敵，ヒメアカホシテントウ（第1図）に対しては影響が少ないと考えられ，有機栽培でも採用可能な方法である。以下，その経緯や技術内容について紹介する。

（1）チャのカイガラムシ類に対する米ヌカ利用の経緯

①チャを加害するカイガラムシ類と防除

チャには，ツノロウムシ，チャノマルカイガラムシ，ルビーロウムシ，ワタカイガラムシ数種などの，カイガラムシ類が寄生することが知られている。とくにクワシロは，地上部が枯死に至る重大な被害（第2図）をもたらすため，大問題になる（水田，2005）。

カイガラムシ類の防除は，株内部の枝幹に寄生するカイガラムシ類に薬液を届かせるため，10a当たり1,000lという多量の化学合成農薬の希釈液を散布する必要がある。

また，クワシロの場合は，介殻で覆われていない孵化幼虫期の，約4日間程度の短い期間中に薬剤を散布する必要がある（第3図）。しかも，被害は地上部の枯死など影響が大きいうえ，年に3～4回発生するため，生産者の防除労力の負担は非常に大きく，同時に環境への負荷も高まる。

2007年に登録された，昆虫成長制御剤のプルートMC（ピリプロキシフェンマイクロカプ

第1図 クワシロカイガラムシを捕食する天敵ヒメアカホシテントウの成虫

第2図 クワシロカイガラムシの雌成虫（上）と完全に落葉したチャ樹（下）

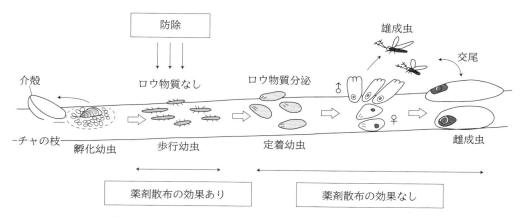

第3図 クワシロカイガラムシの生活史と防除のタイミング　（小俣，2023a）

セル剤）は，孵化幼虫の成育停止などで効果を発揮する薬剤で，雌成虫を対象に1～3月に1回散布するだけ全世代をカバーできる。しかし，蚕毒性が高く，桑園がある地域では使えず，当時，埼玉県ではどこのチャ栽培地域でも使用できなかった（現在では，一部の地域を除き使用できるようになっている）。そのため，環境への負担が少なく，しかも手軽にできるクワシロ対策が，IPM推進のために求められていた。

②クワシロに対する米ヌカ利用の経緯

埼玉県で1999年にクワシロが茶園で初めて発生したとき，その園主から，雑誌『現代農業』（農山漁村文化協会，2000）の米ヌカを防除に利用した記事を参考に，クワシロ寄生枝に米ヌカを付着させたらクワシロが減るようだ，と埼玉県茶業研究所に情報提供していただいた。

これを受けて，2005年に埼玉県内2件目の発生になった園主にこの話をしたところ，園主はスポット的に米ヌカ処理を実施した。まず，幹枝が白くクワシロが寄生している株に，スプラサイド乳剤（DMTP40.0％。現在は失効）を噴霧，次いで幹枝が湿ったところで米ヌカを付着させたとのことであった。

実施後に現場へ行ってみると，チャ樹の幹の表面が黒く変化してクワシロが死滅しており，初発生園の園主の報告のとおりであった。スプラサイド乳剤を噴霧した条件での，米ヌカによるクワシロ抑制事例の公的研究機関としての初確認になった（小俣，2011）。

その後，研究所では米ヌカの施用による，クワシロ，ツノロウムシの抑制効果を検討し，「米ヌカの株内処理によるカイガラムシ類の発生抑制技術」として開発することができた。

（2）施用方法とカイガラムシ類の抑制

①米ヌカの施用方法

米ヌカを10a当たり40kg相当量，チャ株内の幹枝に付着させることで，カイガラムシ類の抑制対策になる（小俣，2011）。

とくに降雨後や，事前にチャ株内に水を散布した後に米ヌカを施用すると，付着しやすくなり，効果が高まると考えられる。米ヌカの施用方法は，株の樹幹面を手で広げて株内がみえるようにし，米ヌカを幹枝に付着させる。労力がかかるため，省力的方法として，カイガラムシ類が発生している場所にスポット的に処理してもよい。

次に，米ヌカ施用の簡易化のために開発された，散布機や乗用型の施用機について述べる。

②米ヌカを水に溶いて散布する噴霧機の開発

2010年当時，埼玉県の茶生産現場では，米ヌカ利用がおおいに普及し（農山漁村文化協会，2010），米ヌカを扱う地元商店の在庫が枯渇するほどになった。

米ヌカ散布の労力軽減のために，地域の農業資材などを扱う（株）坂宗が農業機械メーカー

の（株）丸山製作所に協力を依頼して、米ヌカ散布機を試作・開発した（第4図）。これは、米ヌカを水に溶いて散布する装置で、米ヌカがノズルに詰まらないよう工夫されている。

③乗用型米ヌカ散布機の開発

鹿児島県霧島市の西利実氏は、乗用型防除機を改造し、散水ノズルを使用してしっかりチャ株を濡らしたあと、米ヌカを水に溶かずに噴射する装置を開発し、クワシロ防除を効果的に実施している（農山漁村文化協会、2018）。鹿児島堀口製茶有限会社（2019）ではこの機械を「ブランジェット」と名付けて、試験の様子をYouTubeで紹介している（第5図）。こうした乗用型防除機の利用は、米ヌカ処理の労力問題の解決になる。

本機では、散水ノズルによってチャ株を濡らしたあとに、米ヌカを噴霧する手順になっているので、濡れたチャ株内に米ヌカを手で噴霧したのに近い状態で施用される。そのため、カビ類が生えやすく、歩行幼虫の定着阻害効果も向上すると推察され、高い効果が期待できると考えられる。

今後の研究で、乗用型防除機を利用した米ヌカ処理による、クワシロの抑制効果について解明が進むことを期待したい。

④クワシロに対する効果

米ヌカの防除効果について検討したところ、スプラサイド乳剤散布後に米ヌカの追加処理を行なうと、クワシロの発生がもっとも少なくなった。また、米ヌカ単独処理、スプラサイド乳剤単独散布とも、同程度のクワシロ抑制効果を示した（第6図）。

したがって米ヌカは、化学農薬を使用しない単独施用でも十分利用できる技術であり、クワシロの抑制におおいに役立つものと考えられる。後述する気門封鎖作用などを考慮すると、歩行幼虫期だけでなく、防除適期から遅れた時期や、成虫発生時期でも効果的と考えられる。

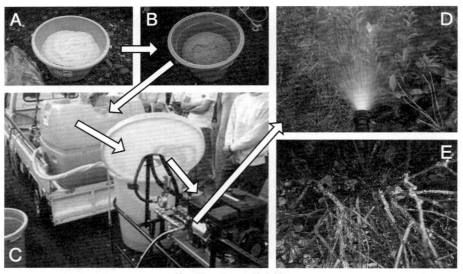

第4図　米ヌカ散布機　　　　　　　　（小俣、2023b）

米ヌカを溶かして動力噴霧器で散布すると、通常は目詰まりを起こすため、ポンプやノズルなどを改良してある
A, B:米ヌカを水で溶く
B, C:ポンプで中央のタンクに移す
C:専用動力噴霧器（右）
D:噴口が詰まらない特殊ノズルによる噴霧
E:処理後の株内の様子

第5図　乗用型米ヌカ散布機「ブランジェット」
(写真提供：堀口製茶(有))

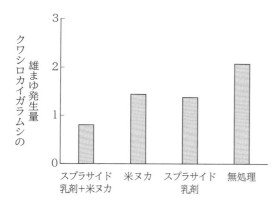

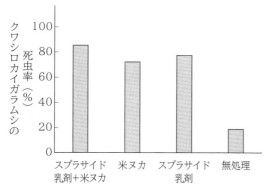

第6図　米ヌカによるクワシロカイガラムシ
　　　　抑制効果　　　　　　　(小俣, 2011)
米ヌカ散布機（丸山製作所製）を使用。1調査区
10×1.8m、3反復。6月9日に処理、6月24日
に死虫率調査（幼虫200頭）、6月25日に雄まゆ
発生量調査（10か所/調査区）

薬剤と併用する場合は、登録が失効したスプラサイド乳剤のかわりに、ほかの登録薬剤を散布後に処理しても同様の効果が期待される。なお、ほかの薬剤と米ヌカとの併用については、現段階では十分な知見がないので、実施については専門家や関係機関との連携のもとで行なうことが望ましい。

また、プルートMCを散布した場合は、クワシロに対して十分な防除効果が期待できるため、米ヌカ処理は不要である。

⑤ツノロウムシに対する効果

ツノロウムシの孵化幼虫期に、米ヌカによる抑制効果を検討した。その結果、スプラサイド乳剤散布後の米ヌカの追加処理区で、ツノロウムシの発生がもっとも少なくなった。また、米ヌカ単独処理区は無処理区の約半分、スプラサイド乳剤単独散布区は無処理区の約5分の1の虫数となり、米ヌカ処理はツノロウムシに対しても一定の抑制効果があることが確認できた（第7図）。

米ヌカは、単独処理でも、特定農薬と同等の効果が期待できる。

(3) クワシロ抑制の作用メカニズム

カイガラムシ類に対する米ヌカの作用メカニズムは不明な点が多く、今後の研究課題であるが、クワシロに対しては、おもに次のような作用が推定される。

①こうやく病菌様作用

クワシロの天敵にはもともと微生物として、チャ灰色こうやく病菌やチャ褐色こうやく病菌、カイガラムシ猩紅（しょうこう）病菌など、クワシロの介殻を利用して繁殖し、クワシロを抑制するカビ類の存在が知られている（第8図、小俣、2023a）。

初発生当時の埼玉県では、クワシロに寄生するこうやく病菌は生息していなかったか、生息密度はきわめて低かったと考えられる。したが

1051

茶

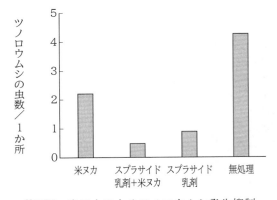

第7図 米ヌカによるツノロウムシ発生抑制
　　　効果　　　　　　　　（小俣，2011）
　1区6×1.8m，3反復，7月2日（幼虫孵化期）
　に処理，12月3日（成虫期）に虫数調査（10か
　所/調査区）

第8図 クワシロカイガラムシ多発生茶園に
　　　発生したチャ灰色こうやく病
　　　　　　　　　　　　（小俣，2023a）

って，当時，米ヌカの付着によってこうやく病菌が繁殖したとは考えにくい。

しかし，米ヌカをクワシロの寄生部位に付着させることで，チャ株内に自生するカビ類が米ヌカを培地として増殖し，こうやく病菌に類似した抑制作用をもたらしたと考えられる。

②歩行幼虫の定着阻害

クワシロは卵から孵化した後，4日間程度は介殻がない状態で歩行する（第3図）。定着する場所を求めて移動する時期であり，化学農薬による防除適期となる。

幼虫の歩行時期に米ヌカをチャの枝条に付着させることで，歩行幼虫の移動や定着場所の確保を阻害することも考えられる。

③気門封鎖作用

クワシロの防除対策に，気門封鎖によって殺虫効果をねらう，マシン油乳剤による防除法がある。幼虫，成虫を問わず，クワシロの虫体に米ヌカが付着することにより，米ヌカに含まれる豊富な油分が，気門封鎖の作用をもたらすことも十分に考えられる。

（4）害虫対策への米ヌカの利用の応用

①ナタネ粕の利用

米ヌカは吸湿すると固まりやすく，処理時にチャ株内の幹枝に十分付着しない場合がある。

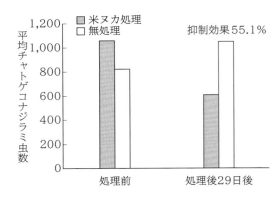

第9図 米ヌカのチャ株内処理によるチャト
　　　ゲコナジラミ幼虫の抑制効果
　　　　　　　　　　　　（Omata, 2013）
　44年生のやぶきたチャ樹に10月処理。米ヌカ
　80kg/10a相当量を米ヌカ噴霧機でたたき散布。
　1区24×1.8m²，3反復

そこで，砂状で固まりにくいナタネ粕を，12月下旬の雌成虫発生期に，120kg/10a相当量を枝幹に施用した。処理77日後の死虫率が63.8％となり，雌成虫の抑制効果があった（小俣，2022）。米ヌカ処理より，省力的な方法としての可能性がある。

②チャの各種害虫に対する応用

水に溶いた米ヌカ（米ヌカ80kg/10a）を散布機で処理すると，葉裏にも付着し，チャトゲ

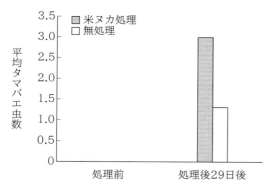

第10図 米ヌカのチャ株内処理によるタマバエ幼虫の発生 （小俣，未発表）
44年生のやぶきたチャ樹に10月処理。米ヌカ80kg/10a相当量を米ヌカ噴霧機でたたき散布。1区24×1.8m^2，3反復

第11図 米ヌカの茶株内処理後に発生したタマバエの幼虫 （小俣，未発表）

コナジラミを抑制（抑制効果：55.1％）することがわかった（第9図，Omata，2013）。米ヌカ処理区では，あきらかにチャトゲコナジラミを捕食して腹部内が黒くなったタマバエ幼虫が多くみられた（小俣，未発表，第10，11図）。

　米ヌカ処理によるほかのチャ害虫の抑制については未検討であり，検討の余地がある。さらに，チャ樹以外の果樹や植木などでのカイガラムシ類の対策としても，本技術が応用できる可能性がある。今後の進展に期待したい。

　執筆　小俣良介（埼玉県茶業研究所）

2024年記

参 考 文 献

鹿児島堀口製茶．2019．米ヌカ噴射で害虫一掃！ 堀口製茶のブランジェット．https://youtu.be/Cc6n9CIRJZk?si=mwwx_3VgJgvwI52M（2024年5月受信）

水田隆史．2005．チャの重要害虫クワシロカイガラムシ *Pseudaulacaspis pentagona* (Targioni) (Hemiptera: Diaspididae) における抵抗性品種の実用化と抵抗性発現機構に関する研究．宮崎総農試報．**40**，1—54．

農山漁村文化協会．2000．2000年（平成12年）防除大特集　米ヌカ防除　菌で防除する時代が始まった．現代農業．2000年6月号，56—81．

農山漁村文化協会．2010．茶のクワシロカイガラシにも米ヌカ防除が大流行．現代農業．2010年6月号，140—147．

農山漁村文化協会．2018．自作防除機，大活躍20aの茶園に一気にまける米ヌカ散布機．現代農業．2018年6月号，236—238．

小俣良介．2011．米ヌカの茶株内処理によるカイガラムシ類の発生抑制．茶業技術．**54**，3—7．

Omata, R. . 2013. Repression of white peach scale *Pseudaulacaspis pentagona* (Targioni) and camellia spiny whitefly *Aleurocanthus camelliae* Kanmiya & Kasai by spreading rice bran on tea bush. Proceedings of the 5th International Conference on O-Cha (TEA) Culture and Science (ICOS2013). CD-ROM.

小俣良介．2022．ナタネ粕によるクワシロカイガラムシの抑制効果．関東東山病害虫研究会．**69**，107．

小俣良介．2023a．米ヌカを使ったカイガラムシの防除法　～チャのクワシロカイガラムシを中心に～．iPlant．2023年1巻9号．https://www.iplant-j.jp/journal/vol-1_no-9/scale-insect-control_rice-bran_part1/（2024年5月受信）

小俣良介．2023b．米ヌカを使ったカイガラムシの防除法　～米ヌカによる防除効果の検証～．iPlant．2023年1巻9号．https://www.iplant-j.jp/journal/vol-1_no-9/scale-insect-control_rice-bran_part2/（2024年5月受信）

茶

有機茶園のチャドクガ対策

(1) チャドクガが有機栽培の障壁に

茶生産で有機栽培や無農薬栽培に取り組もうとするとき，障壁となるのがチャドクガの多発生（第1，2図）である。

チャドクガは，チャの害虫であるとともに，ヒトに対する衛生害虫でもある。ドクガ類は毒針毛による毒蛾・毛虫皮膚炎を起こす（荒瀬，2001）。このため，作業者はもとより，茶園周辺の住宅地への被害や苦情をおそれて，有機栽培や無農薬栽培を簡単には始められないという現状がある。

有機栽培茶の需要が高まっているが，多発生しやすいチャドクガの手軽な防除技術はなく，有機栽培導入の大きな障壁となっていた。

除虫菊乳剤3（ピレトリン3％）は，除虫菊の花から抽出した，天然のピレトリンを有効成分とし，共力剤（ピレトリンの効果を高める働きをする補助剤）であるピペロニルブトキサイドを含まない。そのため，有機JAS栽培で使用可能であり，自治体などで取り組まれる特別栽培農産物認証などでは，化学合成農薬の使用回数のカウントにはならない。

筆者は2021年に，メーカーの大日本除虫菊株式会社に協力を依頼し，室内・野外試験を実施して効果を確認した。2023年4月に登録拡大となり，有機JAS栽培条件で「茶」のチャドクガに対して使用できる初めての薬剤になり，手軽に有機栽培条件でもチャドクガ対策ができるようになった。その背景や経緯，除虫菊乳剤3の使用方法を紹介する。

(2) チャドクガ発生の現状と有機栽培

①周期的に多発生する可能性

埼玉県では，2020年にチャドクガが多発生し，通常の慣行防除茶園でも発生・被害がみられた。埼玉県茶業研究所では，1961年から蛍光灯トラップによるチャドクガ成虫の捕獲消長について調査しており，60年以上のデータが保存されている。

これによると，2020年は，チャドクガ多発生がふつうであった1960～1980年代に匹敵する発生であった（第3図）。

1980年以降のチャドクガ成虫の捕獲数をみると，40年間の年間捕獲数の平均値が23.3頭である。この1.4倍の32.6頭を「平年より多」とした場合，1980年からは6±1年間隔で多発生する周期性がみられる（第4図，小俣，2021）。今後も，このように周期的に多発生する可能性がある。

②「みどり戦略」とチャの有機栽培

農林水産省は，食料・農林水産業の生産力向上と持続性の両立を，イノベーションで実現す

第1図　チャドクガ（成虫）

第2図　2020年（秋）の埼玉県茶業研究所内圃場でのチャドクガ被害の様子

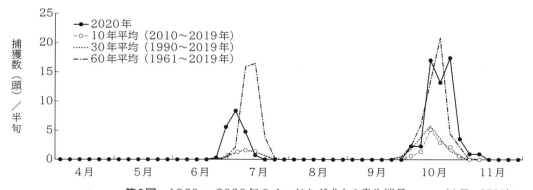

第3図 1960～2020年のチャドクガ成虫の発生消長　　（小俣，2021）

蛍光灯トラップによる，10年（2010～2019年），30年（1990～2019年），60年（1961～2020年）の各平均捕獲数。60年平均の発生数が非常に多く，1990年以降の40年間は発生が少ないので，1961～1980年代の発生が多かったことがわかる（4.1半旬は4月1～5日，4.3半旬は4月11～15日のこと）

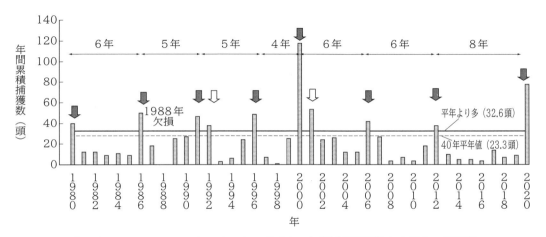

第4図 1980～2020年のチャドクガ成虫の年間累積捕獲数と多発生の周期性

（小俣，2021）

蛍光灯トラップによる捕獲数。ほぼ6年ごとの周期（黒矢印）で多発している

る「みどりの食料システム戦略」（以下，みどり戦略）を策定した。

　欧州のFarm to Fork戦略や，アメリカの農業イノベーションアジェンダ政策に足並みをそろえたもので，2030年には化学農薬使用量（リスク換算）10％低減，化学肥料使用量20％低減を目標に，有機農業の取組み面積の拡大という方針を強力に打ち出している（農林水産省，ウェブサイト）。

　ところが，チャの有機栽培導入は，チャドクガ多発の懸念があり課題であった。

③茶の海外輸出戦略上の問題点

　茶の海外輸出に取り組む生産者が増加している。各国の残留農薬基準をクリアする必要から，輸出時の残留農薬対策として，農薬散布そのものを削減することがある。しかしそれによって，チャドクガの発生を増加させる可能性がある。

　フランスをはじめEU諸国などは，取引時に有機JAS認証がある製品を好むため，茶の輸出でも有機栽培は大きなアドバンテージとなっている。輸出面でも，チャドクガの問題が障壁になっていた。

茶

(3) 有機JAS栽培で除虫菊乳剤3が使用可に

①既存の登録農薬

チャのチャドクガに使用できる薬剤は、これまで、エルサン乳剤（または粉剤）、トクチオン乳剤、フェニックスフロアブルしかなかった（2023年3月時点）。

このうち、フェニックスフロアブルは、アメリカやEUをはじめ多くの国々では、日本の基準（50ppm）と同等になった（2023年12月現在）。しかし、ほかの国々（たとえば中国や韓国）では前述3剤とも、日本の基準値よりもはるかに低く設定されており、国内ではこうした基準値以下にするため（輸出するため）の農薬使用法に関する十分な知見がない。

もちろん、いずれの薬剤も有機JAS栽培では使用できない。

②除虫菊乳剤3は有機JAS栽培で「茶」のチャドクガに使用できる初めての薬剤

これまで、有機JAS規格の「別表2」に掲載されている「茶」の薬剤で、チャドクガに使用できるものはなかった。しかし、除虫菊乳剤3（ピレトリン3％）は、別表2に掲載されていて、「茶」のチャノホソガとシャクトリムシ類に登録があった。本剤の主成分は、除虫菊（シロバナムシヨケギク）の花から抽出した、天然のピレトリンである（第5図）。

そこで、本剤をチャドクガ対策に使用できないか、室内検討を行なったところ、高い効果が認められた（小俣、2021）。製造元である大日本除虫菊株式会社（KINCHO）に協力していただき、野外試験を埼玉県茶業研究所と日本植物防疫協会牛久研究所で実施した。その結果、野外でも室内と同様の効果が確認できたので、2023年4月にチャドクガへの登録拡大になった。こうして、除虫菊乳剤3は、有機JAS栽培条件で、「茶」のチャドクガで使用できる初めての薬剤になった。

登録までの道のりでは、大日本除虫菊株式会社の半田誠氏をはじめ、関係機関や生産者の方々にご協力をいただいた。この場をお借りして深謝する。

(4) 除虫菊乳剤3の特性とチャドクガへの使用法

①除虫菊乳剤3の特性

・有効成分（普通物）：天然の除虫菊から抽出されたピレトリン
・IRAC分類：3A、ピレスロイド
・使用時期：摘採10日前まで
・使用回数：3回
・散布量：200～400l/10a相当量
・対象害虫と希釈倍数：チャドクガ500～1,000倍、シャクトリムシ類500～1,000倍、チャノホソガ1,000倍

②チャドクガに対する除虫菊乳剤3の使用法

除虫菊乳剤3の500～1,000倍希釈液を、10a当たり200～400l相当量散布することで、チャドクガ幼虫に対する防除対策ができる。

③若～中齢幼虫期への使用方法

チャドクガ幼虫は孵化後、卵塊があった葉裏周辺に集合して生息し、若～中齢幼虫期までは葉裏に潜んでいる（第6図）。

食害が進んだ葉は、葉表からみると網目状に透けてみえるようになり、チャドクガ幼虫の発生に気づくことがある。この時期は、薬液が葉裏にも届く必要があるので、葉裏に生息するハダニ類の防除と同じ量の、10a当たり400lの散布がよい。

第5図 除虫菊乳剤3（ピレトリン3％が主成分）

第6図　チャドクガ若齢幼虫
若～中齢幼虫期までは葉裏に潜んでいる

虫体に薬剤が直接かからない場合でも，薬液がかかった摘採面から株の内部や裾部へ回避する個体もおり，これらも薬剤の効果として計算したときの補正防除率は約70％（希釈倍率1,000倍液）であった（小俣ら，2023）。

④中～老齢幼虫期への使用方法

中～老齢幼虫が，チャ株面を坪状に食害をしていて，発生に気づくことがある（第7図）。この場合は，薬液を虫体に直接散布できるため，散布量は10a当たり200l程度でよい。

虫体に直接薬剤が散布された場合は，即効性があり，登録のあるほかの農薬とほぼ同等の高い防除効果が期待できる（希釈倍率1,000倍液の補正防除率はほぼ100％）（第8図，小俣ら，2023）。

第7図　チャドクガ老齢幼虫

（5）輸出用栽培での除虫菊乳剤3の利用

①有効成分の残留基準が外国とは異なる

除虫菊乳剤3が「茶」のチャドクガに登録され，国内向け慣行栽培での薬剤選択肢が増えた。同時に，有機JAS栽培や特別認証栽培では，化学農薬の使用としてカウントされないため，「みどり戦略」の有力なツールとなりうる。

しかし，有効成分である天然ピレトリンは残留農薬基準が設定されており，輸出する場合は，輸出先国の基準をクリアする必要がある。

有効成分のピレトリンについて，国内の農薬残留基準は3ppmであるが，EUは0.5ppm，アメリカや台湾は不検出となっている。しかも，国内の安全使用基準では収穫の10日前まで使用可能なので，この基準で使用したのでは，輸出先国の残留基準値を超える心配があった。

輸出には，チャドクガに登録のあるフェニックスフロアブルが，アメリカ，EUを含めた多くの国で，日本と同様の農薬残留基準値（「茶」で50ppm，EUでは2022年〜）になったため，輸出向けの茶園管理でもチャドクガ対策で使用可能になった。しかし，フェニックスフロアブルは，有機JASなどの栽培には使用できない。

②輸出用栽培での除虫菊乳剤3の使用方法

埼玉県茶業研究所で除虫菊乳剤3（1,000倍希

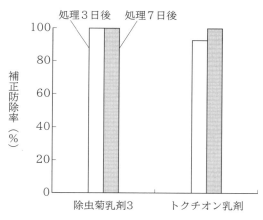

第8図　除虫菊乳剤3によるチャドクガの防除効果
既存の登録農薬と同等の効果がある

茶

釈液，200l/10a相当量，収穫10日前までに1回）を散布し，残留農薬分析のためのGLP基準の製茶手順でサンプルを作成して，Phytocontrol AGRIFOOD社（フランス）に農薬残留量の分析を依頼した。その結果は，「不検出」であった（小俣・宮田，未発表）。

したがって，国内の農薬使用基準どおり，収穫10日前までで，1回のみの散布であれば，EUやアメリカで残留農薬が問題にされる心配はないと考えられる。

(6) 除虫菊乳剤3の利用の注意点と課題

①ほかの除虫菊乳剤の製品に注意

除虫菊乳剤であれば，どれでもよいというわけではない。除虫菊乳剤と表示されている薬剤には，防除用医薬部外品がある。これは，ヒトまたは動物の保護のため，ネズミ，ハエ，蚊，ノミ，その他これらに類する生物の防除を目的に使用される医薬部外品であり，農薬ではなく有機JAS栽培でも使用できないので注意する。

また，除虫菊乳剤といってもさまざまな製品があり，ピレトリンの殺虫力を増強するために用いられる，共力剤ピペロニルブトキサイドを含み，有機JAS栽培で使用できないものがある。

除虫菊乳剤3は，ピペロニルブトキサイドを含まず，有機JAS栽培で使用できる。

②一番茶生育期の利用に可能性

狭山茶の栽培では，4月の一番茶萌芽期から5月の摘採期にかけて，チャノホソガ，ツマグロアオカスミカメに対する防除に，これまでスプラサイド乳剤が用いられてきたが，2023年11月1日に登録失効となった。

一方この時期，キラップフロアブルが両害虫に登録のあることからよく利用される。しかし，本剤は欧州での残留農薬基準値が0.01ppmと厳しく，本剤を使用した茶葉は欧州に輸出することはできない。さらに，本剤を使用した茶園に隣接する茶園でも，十分な距離をあけて摘採しないと，ドリフトで欧州の基準値超過となる事例もある（柴田ら，2023）。

一番茶生育初期に防除対象となるチャノホソガと，一番茶生育期に中齢幼虫期となるチャド

クガに登録のある除虫菊乳剤3が，ツマグロアオカスミカメに対しても有効であれば，前述の問題を解決しつつ，有機栽培や欧州への輸出向け栽培を行なうことができる。

さらに，吸汁性害虫である，チャノミドリヒメヨコバイやチャノキイロアザミウマに対する効果もあきらかになれば，いっそう効果的に有機栽培や輸出対策を進めることができる。今後の研究に期待したい。

③新たにスピノエースフロアブルが有機JAS栽培で「茶」のチャドクガに使用が可能に

2024年4月に，有機JAS規格の別表2に掲載されている「茶」の薬剤で，スピノエースフロアブルが新たにチャドクガに登録となり，有機JAS栽培でチャドクガに使用できる2番目の薬剤になった。

本剤は「茶」では，ハマキムシ類やチャノキイロアザミウマにも登録がある。薬剤ローテーションを行なうなど，どちらの薬剤も有効に使用したい。

執筆　小俣良介（埼玉県茶業研究所）

2024年記

参 考 文 献

荒瀬誠治. 2001. スピロヘータ・原虫・動物性皮膚疾患. 標準皮膚科学（池田重雄　監）. 医学書院. 東京都. 428—434.

小俣良介. 2021. 埼玉県におけるチャドクガ *Euproctis pseudoconspersa*の多発生と60年間の発生推移. 第65回日本応用動物昆虫学会大会令和3年度日本農学会大会分科会講演要旨集. 64.

小俣良介・宮田穂波・田中江里. 2023. 茶園における除虫菊乳剤のチャドクガ*Euproctis pseudoconspersa*の防除効果. 第67回日本応用動物昆虫学会大会講演要旨集. 85—86.

柴田貴子・成田伊都美・小俣良介. 2023. 茶園における農薬散布時のドリフト対策〜EUへの輸出を見据えて〜. iPlant. 2023年1巻12号. https://www.iplant-j.jp/journal/vol-1_no-12/tea-plantation_drift/

農林水産省，みどりの食料システム戦略トップページ. https://www.maff.go.jp/j/kanbo/kankyo/seisaku/midori/#Midorisennryaku

耕作放棄園の茶樹を枝ごと刈って三年晩茶

執筆　伊川健一（奈良県大和郡山市）

4年サイクルで収穫

　耕作放棄で大きく育ってしまった茶の樹をひざ丈あたりで刈り取って、三年晩茶（商品名、以下も）にして販売する。収穫後の樹は、さらに、地面ぎりぎりまで切り返す。初めて見たら、こんなに刈り込んで枯れないかと心配に思うかもしれないが、すぐに切り株の脇から勢いよく新芽が生えてくる。茶の樹がもつこの生命力に、いつも驚かされる。

　切り株から生えた新芽は、1年で約30〜40cm、2年で80〜120cm、3年で150〜180cmと生長し、個体差はあるが、3〜4年で再び三年晩茶を収穫できるまでに育つ。つまり、茶園で4分の1ずつ収穫していけば、継続した栽培が可能となる。

お茶摘み体験で消費者と交流

　三年晩茶の樹からは、刈取りから3年もすると、美しい芽重型の新芽が収穫できる。きちんと整枝されてはいないから、収穫は手摘みするしかないが、すでに三年晩茶で収益の出た樹だ。私は、この新芽はいわばボーナスのようなものと考えている。ただ、これを手摘みで販売したのでは、さすがに採算が合わない。そこで、これをお茶摘み体験で消費者に収穫してもらう。

　おもしろいことに、整枝をしないで樹形が複雑になると、霜に当たりにくくなり、樹ごとの生育差も大きくなる。そのため、収穫期間が長くなり、収穫体験にはたいへん都合がよい。

　現在は、この三年晩茶の茶園に、そのほかの茶園の二番茶や三番茶を組み合わせて、4〜10月の6か月間、お茶摘み体験イベントを行なっている。消費者のほか、企業、専門学校、大学から参加者があり、平均すると週1回程度開催している。

　消費者には、自分が摘んだ葉は最後まで自分でお茶にしてもらう。手摘みの新芽でつくるお茶は格別だ。こうした収穫体験を通じて、消費者との信頼関係が深まり、末永くお客様としてご縁がつながる場合が多い。

課題は雑草対策

　放っておくだけで三年晩茶も新茶も利用でき

第1図　筆者と三年晩茶用の茶園
三年晩茶用の茶園は2ha。茶工場も借り受けて自園自製の経営

茶

るのなら、さぞかしラクと思われるかもしれないが、もともと何年も手つかずだった茶園である。課題はもちろんあって、一番は雑草だ。

長期間の放置で、さまざまな雑草のタネが入り込み、つる性の宿根草だらけという茶園が多い。もしも、刈り込んだあとに伸び始めた新芽につる性の雑草が巻き付いたら、その後の作業はじつにたいへんになる。そのため、こまめな初期除草が必須だが、この負担が大きい。

第2図　完成した三年晩茶
枝7：葉3の割合で調製し、「三年晩茶」の名称で販売

薪利用で地域の山仕事と連携

三年晩茶に使用する焙煎機の燃料は薪だ。使っている薪は、すべて近隣地域で間伐などされた木からつくられたもので、林家から直接購入している。

10kgの三年晩茶をつくるのに必要な薪の量は3.5束（長さ40cmの薪を直径20cmくらいに束ねたものを1束）と、とても多いというわけではないが、地域での山仕事にはぴったりである。

三年晩茶は、薪を利用することで、地域の山仕事の創出や山林や環境を守る取組みにもつながる。

第3図　伐採後の三年晩茶用の茶園
放置されて育ち過ぎた茶樹を枝ごと利用する

年間を通じて葉を収穫し、茶をつくる

一般的な茶園経営と三年晩茶を組み合わせることで、私のお茶づくりは年間を通じた経営になっている。

まず、一般的な方法で管理している茶園では、春に、一番茶の収穫前の刈りならしをかねて葉を収穫する。これを蒸し製法で製茶して番茶にする。カフェインが少なく、多糖類たっぷりで甘味のある「赤ちゃん番茶」である。

その後、一番茶を収穫。さらに、一番茶の収穫後にも、刈りならしで葉が収穫できる。これ

第4図　大学生らのお茶摘み体験
三年晩茶の収穫後の樹からは、3年もするととてもよい新芽が収穫できる

も蒸して番茶にする。硬くなった葉を含む「柳番茶」で、水出しで飲むとおいしい。

7月以降は、あえて一番茶を刈り取らずにいた別の茶園で、大きく育った新芽も含んだ「親子番茶」の収穫を行なう。ほうじ茶にしてもよく、カフェインが少なめで渋くならないので、万人向けのお茶になる。

秋になると、1年以上育てた樹でつくる「秋番茶」を収穫する。秋番茶の製法は三年晩茶とほぼ同様だが、飲むときにヤカンで煮出さなくても抽出でき、体の冷えを感じる方などに、ほうじ茶の代わりにと薦めている。

そして、12月からは三年晩茶の収穫が始まる。おかげで、私の茶工場は、ほぼ一年を通じて稼働している。

(『現代農業』2017年8月号「耕作放棄の茶園はスゴイ宝の山だった(下)三年晩茶の茶園でお茶摘み体験・トウキ栽培」より)

◆三年晩茶のつくり方◆

第5図　伐採の様子
剪定用のバリカンでどんどん刈っていく

第6図　伐採した枝はトラックで工場に運ぶ

伐採
12月から伐採を行なう。剪定用のバリカンで枝ごと刈り取っていく。三年晩茶には直径2cmくらいまでの枝が利用できる。伐採は3月まで行なう。

調製
伐採した樹をトラックに積んで工場に持ち帰り、調製を行なう。放置状態が続いた樹には、クモの巣やほかの木の枯れ葉などよけいなものがけっこう多くついている。これらを手作業で取り除く。

細断
調製が終わったら、枝の部分を厚さ約1cm、長さ約1〜2cmにチッパーで細断する。チッパーは硬い枝が切れるものでないといけないが、工業用のチッパーだと枝にオイルが付着してしまうことがある。現在は飼料製造用のチッパーを使っている。

焙煎
細断した原料を焙煎機に入れ、1〜1.5時間ほど焙じる。焙煎機の燃料は薪。ナラ、クヌギ、スギ、ヒノキなどさまざまな樹種を用意し、火加減の細かな調整を工夫している。

熟成
焙煎が終わったら、山積みにして置いておき、熟成させる。熟成によってまろやかな風味に変わる。熟成期間は長いほどよいとされていて、最低でも半年以上は置く。

仕上げ焙煎
熟成後2度目の焙煎を行なったら完成。2度目の焙煎は1度目より短時間でよい。

できあがった三年晩茶は、ヤカンで水から煮出して飲む。タンニン、カフェインがなく、さわやかな後味が特徴で、大人にも子どもにも飲みやすい。反当たり2〜2.5tの葉や枝を収穫でき、その場合、完成した三年晩茶の量は約1tになる。

畜　産

産卵率80%超えの牧草養鶏

執筆　宇治田一俊（茨城県石岡市）

一年通して新鮮な牧草を与える

(1) 牧草を主体にした平飼い養鶏

茨城県石岡市で有畜複合の有機農業をしています。畑1ha、田んぼ20aと養鶏700羽規模（ボリスブラウン）の小規模経営です。

ニワトリは新鮮な牧草（青草）を主体とした飼い方です。消費者と提携する「たまごの会八郷農場」で明峯哲夫氏（故人）よりご教示いただいたやり方で、山岸式養鶏の一種と伝えられました。もともとは専業養鶏の技術でしたが、それを有畜複合に組み入れた形です。

産卵率は年間平均で8割を超えています。また、卵の品質に関しては、有機農業運動草創期からの歴史をもつ複数の消費者団体の方たちから「非常にレベルの高い卵」との評価をいただいています。ただ産卵率も卵質も結果であって、目的にしているわけではありません。草を食べるニワトリの魅力といいますか、ニワトリと草の不思議な魅力に惹かれてこの養鶏法にこだわっています。

(2) スーダンとイタリアンを栽培

草は一年通じて確保できるよう、7～10月はスーダングラス、11～6月はイタリアンライグラス（以下、イタリアン）を、合わせて約56aで栽培しています。

スーダングラスの播種は4月下旬に1回目（3a）、6月中旬に2回目（3a）、7月下旬に3回目（10a）を行なっています。収穫すると再生してくるので、なるべく軟らかいところを刈り取って使い、穂が出て硬くなったところはモアで粉砕して土に返します。

イタリアンの播種は9月1週目に1回目（20a）、3週目に2回目（20a）を行ないます。近年は温暖化で夏の雑草と競合するようになったので、それぞれ1週間遅らせたほうがいいかもしれません。冬場は再生しないので40aの面積が必要ですが、4月からは再生してくるので40aを維持する必要はなく、順次減らして野菜栽培に回しています。

(3) ひなのときから草に慣れさせる

草は、ひなの時期から旺盛に食べるように育てています（詳しくは後述します）。畑の野菜くずやハコベは与えません。軟らかい栄養価の高い草に慣れると、硬くて栄養価の低いものを食べなくなってしまうからです。

ひなには最初、土手に生えている自生のイタリアンを与えます（入雛は春と秋）。食べる量が増えてきて草の確保に時間がかかるようになったら牧草に切り替えます。このときも、あえて穂が出て硬くなったところを選ぶようにしています。

成鶏には、軟らかい栄養価の高い牧草をたっぷり与えています。雑草は使いません。雑草はすぐ硬くなってしまい少ししか食べませんし、冬場は枯れて手に入らないからです。牧草を栽培することで、栄養のある青草

第1図　一年中、毎日、生の牧草をたっぷり与える

（ニワトリがえさ箱に入らないように付けた。上に乗ってもくるりと回って止まれないように、釘を中心からずらして打ってある）

（嘴でえさをはね飛ばすので返しを付けた）

畜　産

第1表　自家飼料（粉えさ）の配合（単位：%）

	ひな用		成鶏用
	～40日齢	40～120日齢（若雌）	
小　麦	60（30日齢までは粉砕）	50	
米ヌカ	24	46	34
魚　粉	12	50日齢から徐々に減らし、120日齢で0に	9
炭カル	2.7		
リンカル・貝化石	リンカル1		貝化石2
塩	0.3		
カキガラ	―		2
備　考	40日齢ころまでは高カロリー・高タンパク。その後は小麦と魚粉を減らして、低カロリー・低タンパクを意識する。130日齢以降は米ヌカを減らし魚粉を3%与える		このえさとは別にカキガラとグリットを自由摂取させている

を一年中食べさせることができます。この養鶏法は昭和30年代に生まれた古いものですが、いまも有効だと実感しています。

（4）トウモロコシは不使用

青草を与えつつ、産卵率をキープするには、穀物などを自家配合した粉えさも大切です。

穀物は小麦です。以前は輸入トウモロコシを与えていましたが、アメリカ産トウモロコシに遺伝子組換えのもの（スターリンク）が混じる不安があり、1996年から茨城県産の規格外小麦に切り替えました。脱脂大豆も使っていましたが、同じ理由で止めました。なるべく危険なものを入れないようにしようとして、現在の配合に至っています（第1表）。配合割合は年間通じてほとんど変えていません。

穀物は大麦でも飼料米でも問題ありません。大切なことは、やはりひなをその穀物によって育てることです。

魚粉については、最高級といわれる北洋産の白身魚を使ったホワイトフィッシュミールを使っています。この魚粉は育雛するうえで間違いなく、卵質にも大きく影響します。

ニワトリの食べたものはすぐ卵に表われるので、いろいろな養鶏家がいろいろなものを食べさせています。海藻くずだとかゴマ粕だとか食

品廃棄物の類も多いようです。私は逆に引き算していく考えで、怪しいものは入れないようにしています。

（5）草の消化にはグリットが必須

成鶏にはグリット（小石）を、粉えさとは別のえさ箱で自由摂取させています。成鶏の場合、砂ではなく1cm程度の角張った石を好みます。

ニワトリは歯がなく食べものを丸飲みします。そして筋胃（砂肝）が収縮を繰り返し、取り込んだ小石によって穀粒や硬い繊維質が摩砕されるのです。小石は徐々に角がとれ丸くなってくると自然に排泄されるので、また小石を欲することとなります。

ニワトリを外に放す飼い方だと勝手に食べるので必要ありませんが、舎飼いの場合は必要です。草を大量に与える場合はとくに必須です。このグリットは採石業者から購入しています（7号の採石を指定）。

（6）空腹時間をつくる

成鶏のえさやり（牧草と粉えさ）は1日1回行なっています。牧草を十分に与えることで、粉えさを1割ほど減らせます。ただし牧草も粉えさも、1日の中で一定時間（たとえば1～3月はえさやり前の4時間程度）、えさ箱からな

1066

くなるようにしています。このえさのない時間をつくることで、ニワトリがえさを欲するリズムができます。えさやり時の動きもよくなります。

えさの量が多いと残し始めてえさ箱が空にならないし、少ないとしだいに飢えてきます。ニワトリが残さず飢えてしまわずのちょうどいいポイントを見つけていきます。

私のニワトリ小屋の1部屋は間口2間（約3.6m）、奥行き4間半（8.2m）で、成鶏70～80羽を入れています。羽数や鶏齢、季節によってもニワトリが食べる量は変わるので、毎日の採卵時にニワトリの様子をチェックして、えさを増減しています。

1回目の採卵時に見ること　一般的に赤玉鶏の場合、卵の8割ほどを午前中に産みます。私は1日4回採卵しますが、1回目の採卵時（夏は7時半、冬は8時ころ）、部屋全体にまき餌をします（1部屋当たり0.5～1kgの小麦）。こうすることでニワトリの関心をそらせるので驚かさないですみますし、健康チェックも簡単にできます。また床を足でかき回して小麦をついばむので、床の切返しと運動にもなります。

もしこの時点でえさ箱に前日のえさが残っていれば、その日、給餌する分を減らす判断をします。

2回目の採卵時に見ること　2回目の採卵時（夏は9時、冬は10時ころ）、畑で出る野菜くずを、コンテナ半分弱程度まきます。その食べ具合で、とくに牧草が足りているか、足りないかの判断をします。

3回目の採卵時にえさやり　その後、畑の作業をこなしながら牧草を刈り（合計で現物重50～70kg）、機械で切断します。粉えさは計量しておきます。

3回目の採卵時（11時半ころ）に、えさと水を与えます。牧草は1部屋当たり、コンテナの8分目～1.2杯程度で調整します。

その後は、夕方に4回目の採卵をして終わりです。

牛のように草を食べるための育雛管理

(1) ひなの時期から鍛える

入雛は秋（11月上旬）と春（3月上旬）の年2回、170羽ずつ、年間340羽を導入しています。育雛期間は4～5か月です。

青草を多給するこの養鶏法の、もっとも大切で肝になるのが育雛です。気候の変化に負けないたくましいニワトリ、牛のように草を旺盛に食べるニワトリに育てます。虚弱に育ってしまったニワトリというのは、たとえば秋びなで説明すると、生まれた翌年3月ころから小さい卵を機関銃のように産みますが、6月あたりの本格的な夏前にくたびれてしまい、休産したり換

第2図　イタリアンライグラスの圃場（2月下旬に撮影）
刈払い機で収穫する

第3図　イタリアンを細断機にかけてコンテナに分ける

畜産

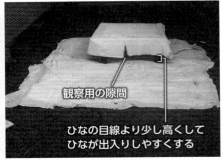

第4図　育雛用の部屋の準備の様子

第5図　コタツを置いてネル布を垂らした様子

羽したり巣について産まなくなったりして、十分な力を発揮できないニワトリのことです。

(2) 部屋環境と日齢ごとの管理

育雛は成鶏の部屋を掃除して使います。特定の育雛室は設けていません。育雛室を専用にすると結局掃除が行き届かなくなりがちですし、たいてい部屋が狭くひなが十分走り回れなくなります。ひなを丈夫に育てるためには、草を与えるとともに、初期のころの運動が重要です。

入雛1か月前から準備　まず入雛1か月前、空いた1部屋の鶏糞を取り出し、金網のほこりを竹ぼうきで払います。そして竹ぼうきで土間を奥から掃きながら、ほこりと鶏糞を取り除きます。その後、およそ1か月間天日干しします。これで病菌の心配はほとんどなくなります。

止まり木や水箱周りには防腐剤を塗り、入雛1週間前に木材チップを1部屋（9坪）に1.5t（乾物換算）入れます（厚さ20cmの敷料になる）。

2、3日前に、コタツや給水器、チックガードなどを天日に干します。

入雛前日——ネル布を垂らす　保温用のコタツを置く床の中心部が少しだけ高くなるように土饅頭形に整えます。ひなは高いところを好みます。その中心部のチップを一度取り除き、5lほどのポリ袋を口を開けたまま入れ、チップを戻します（入雛直前に、ここにヤカン1杯の熱湯を注いで湿度を確保するため）。床に銀マットや古いシーツなどを敷いてコタツを置きます。コタツの足が沈むときは板切れなどをかませます。

コタツの上に古いタオルケットなど保温のための布を載せ、それにネル生地の布（ネル布）を縫い付けて周りに垂らします。垂らした端をひなの目線より低くすると中に入れなくなるので高さに注意します。ネル布が母鶏の羽の感触に一番近いといわれています。またネル布の一部に1～2cm隙間をつくることで中を観察しやすいようにしています。

入雛当日——温湿度を管理　コタツ中心部に埋めたポリ袋に入るように熱湯を注ぎ、コタツの温度を最強にします。給水器は半分がコタツに入る場所に置き、チックガードをコタツの辺り（ふち）から30cmほど離してぐるりと回し、コタツの外にくず米（砕米）をまいておきます。くず米につられて出入りするようになります。

チックガードの上に保温のためのビニールを

1068

被せ、正面の南側は少し開けておきます（換気のため）。ひなが到着したら落ち着かせるため少し時間をおいてから放します。大きさを確かめながら羽数を数えます。ひなが入ってコタツ中心部の温度が36〜38℃になるよう調整します。初日の作業はこれで終わりですがときどき見回ります。

　2〜3日齢——くず米のみ　少しずつチックガードを広げます（とくに南側）。給水器もコタツから離していきます。環境を変えるのは晴れた日の午前中を基本とします。曇りや雨の日は動きが鈍く、適応できないひなが出る危険性があるからです。給水器の水を取り替えくず米を補充してやります。

　ひなは卵の黄身をお弁当として体内にもって生まれてきます。この黄身を消化して養分にできるのが48時間ぐらいといわれ、この間は飲まず食わずでも大丈夫です。孵化場で孵化したひなが当日運ばれてくる場合、2日齢まで大丈夫ということになりますが、3日目は空腹になってきます。

　この空腹の時間をつくり、体が欲するようになってから給餌します。そのため少量のくず米のみの期間を3日間とっているのです。ひなが持っている生命力、生きようとする力を引き出し、それを高めるやり方として飢える時間を取っているのです。

　4〜5日齢——給餌開始　えさ箱を入れるためチックガードの南側を大きく広げます。給水器はえさ箱より遠いところ、成鶏の給水用水箱の位置に近づけていきます。弱くてコタツに入りがちなひなも水は飲まざるを得ないのでなるべく遠くまで行くことになります。4日齢から毎日まき餌をして、えさ箱で自家配合飼料（粉

第6図　1日齢のひなを入れた様子

第8図　自家配合飼料（粉えさ）と硬い青草（自生イタリアンや雑草）の給餌を開始

第7図　チックガードを徐々に広げて運動させる

第9図　チックガードを開放して、部屋全体を動き回れるようにする

第10図　部屋の壁際に設置してある成鶏用の給水器

えさ）と青草の給与が始まります。

6日齢〜——走り回らせる　6日齢あたりで部屋の前面半分を開放し、10日齢ころに全面開放します。止まり木も設置し部屋全体を走り回れるようにします。このころから40日齢ころまで猛烈に走り回り、動き回ります。中雛用の羽が伸びてきてこの羽を使うことで動きがまるで違ってくるのです。飛び上がったり、飛び降りたり。急停止したり、急旋回したり。1羽が走り出すとほかのひなもつられて走り出す、まるで水面の波紋のように動き回ります。この時期に十分動き回ることが、草で鍛えることとあいまって丈夫なニワトリに育ちます。

コタツの温度は天気を見ながら徐々に下げ、4週目で廃温します（スイッチを切る）。40年前は7日齢で廃温していましたが、最近のひなは弱くなっているように感じます。

15日齢を過ぎたら給水器を成鶏用の水箱にします。これは深いので高さの中間に金網を入れ溺れないようにしておきます。また、アプローチしやすいように斜めの台を手前に置きます。

110日齢ころになったら、止まり木で寝る習慣をつける時期なので、ひな追いをします。母鶏がいれば母鶏がやってくれますが、いないので飼い主の仕事です。日没後薄暗くなったら、竹ぼうきで止まり木より前に来ないよう軽く追います。あまりストレスを与えないよう、止まったひなを驚かさないよう静かにやります。

（3）従来の給餌が通用しない

40年前は40日齢まで不断給餌（1日2時間程度えさを切らす）、60日齢から制限給餌（1日飽食させたときの8割程度の量にする）、130日齢から産み始めまでは飽食に近い制限給餌、と細かく行なっていました。しかし、現在のニワトリはそのやり方では望む大きさにならないため、産み始めまでほとんどえさを切らさず飽食させています。

たとえば秋びなは日長が伸びてくる春に性成熟を迎えるため、産み始めも130日齢と早く、魚粉の増量を早めます。いっぽう春びなは日が短くなる時期に性成熟するため、産み始めが遅く、魚粉ゼロの期間が長めでした。ところが近年は、このやり方だと羽食いが起こるようになりました。ここも過去のニワトリと違ってきています。今は130日齢になったら、産卵していなくても魚粉を粉えさ全体の3％を与えるように変えましたが、この部分はまだ改良の余地があるかもしれません。

（4）草の細断長を徐々に長く

ひなのうちは軟らかいハコベや野菜くずや栽培している牧草は与えず、土手に生えている硬いイタリアンを与えます。軟らかい草に慣れると硬い草を食べなくなってしまうからです。また、種類を変えると食べる量の把握が難しくなるので1種類にしています。

与え始めは菜切り包丁で草を1mmの長さに小さく切って、おちょこ1杯程度粉えさの上に振りかけます。15分ほどでなくなる量が目安です。30分経っても残る場合は多いということです。

日齢とともに徐々に量を増やし、細断長も長くしていきます。食べ残したときは1日休んで食べ切っていた量に戻しやり直します。ひと月経つと1cmの長さでも食べられるようになるので、押し切り包丁に替えます。50日齢近く経って食い込みが上がり、少々長いものでも食べられるようになると、専用の機械（成鶏に使うカッター）に切り替えます。

ここまでくれば、牧草は潤沢にありますし機械を使うので手間はかかりません。成鶏と同じ時間に給餌します。草の量（現物量）は、粉え

さ×日齢％を目標に増やしていきます。たとえば80日齢で1部屋当たり10kgの粉えさを与えている場合の牧草の量は10×80％、100日齢で同重量の牧草、120日齢で1.2倍重です。

*

最後に、明峯さんから聞いた話を二つお伝えして終わりにします。

かつて明峯さんはひなの育成率（産卵開始時の羽数／入雛時の羽数）が97％だったので、明峯さんの師匠であった植松義一氏に「（この数字は成績として）まあまあですよね」といっ

たところ、植松氏は「育雛は100羽、100成だよ」（成功率100％をめざすべき）といわれたそうです。またあるとき植松氏は「日々地道にやっていると、ときに養鶏の神様が降り立つことがある。自分の場合、産卵率90％を半年続けたニワトリがいた」と話されたそうです。

いずれも40年以上前に聞いた、さらにそれ以上前の話です。

（『現代農業』2024年5、7月号「産卵率80％超の牧草養鶏」より）

畜産

地域循環型の放牧養豚

執筆　坂本耕太郎（広島県三原市）

えさも燃料も地元で賄う

（1）地域と農場と暮らしがつながっている

広島県三原市で、地域循環の豚飼いと銘打った養豚と、無農薬でのお米づくりと自分たちが食べるための季節の野菜やムギ、ダイズをつくって生活しています。豚はいつ聞かれてもだいたい60頭と言っています。田んぼは1.2haほどで、小さな有畜複合経営の有機農家です。

私の農場で特徴的なのは、農場で必要とするさまざまなエネルギーを地域からいただいて賄っている点です。それは、豚のえさであったり車の燃料にするための天ぷら油だったりします。世の畜産は購入したえさを与えて肉や卵や牛乳を生産しますが、わが家ではえさを買うことなく、えさを集める燃料代もかけることなく畜産を営んでいます。お米と野菜は副産物の豚糞堆肥のみで生産しています。つまり、わが家の経営ではえさ代や燃料代、肥料代などといった本来かかるコストをかけることなく、農産物を生産することができています。

豚肉、お米、野菜、ムギ、ダイズなど自分たちの食べ物も自給することで、生きていくための暮らしのコストも大幅に削減できるようになりました。経費を極力かけない農場と暮らしを築くことで、小さな経営でも家族9人でとても豊かに暮らしてゆけています。

申し遅れましたが、わが家は7人の子どもと暮らす大家族でもあります。このたびは、わが家の豚飼いがつなぐ地域循環と農場内循環、そこからつくられた自給的な暮らしをご紹介させ

第1図　繁殖肥育一貫
写真は2010年撮影。現在は子豚のみ放牧

第2図　筆者（42歳）と家族
子どもたちも農作業をよく手伝ってくれる

ていただきます。

（2）高校時代からの夢だった

　私が小さな豚飼いを志したのは17歳のころでした。三重県にある有機農業を教えてくれる愛農学園農業高等学校に入学し、2年生のときに将来の夢として「小規模で豚を飼い、ハムやソーセージをつくって単価を上げることで経営を回す」と、みんなの前で発表したのでした。早いうちに目標をもてたことはとても幸運だったと思います。学校が長期休みに入るたびに、各地の魅力的な農家の方やハム加工の工房で勉強させていただきました。

　卒業後は愛農高校の研修制度を利用して、2年半ほど和歌山県で理想的な養豚をされている農場で本格的に学ばせていただきました。その後、北海道のチーズ牧場や日本各地の農場を巡り、25歳で結婚と同時に実家のある広島にて夢の豚飼いへの一歩をスタートさせました。

　新規で養豚を始めるにあたり、何点かこだわりがありました。一つはえさです。国産の肉です、卵です、といっても、一般的にえさはほとんど海外から輸入している穀物です。世界を見渡したときに、貧しい国では毎日の食事を十分とることができない人が大勢いるなかで、家畜に輸入飼料を買い与える今の日本の畜産の形に違和感を覚え、えさを買わない形で豚を飼いたいと模索しました。

　そしてもう一つ、育てた豚は家庭の食卓で当たり前のように食べてもらえる価格で提供したいと思っていました。安心、安全、こだわりのお肉が、高級料理店でしか食べられないとしたら世知辛い話です。自分たちのような子育て世代の普段の食卓にこそ、安心と安全、そしておいしさを届けたいと思っていました。

（3）自給こそが平和活動

　まずは豚小屋をつくることから始めました。祖父が植えたヒノキやスギを山から引っ張り出してきて皮を剥き、丸太をカットし、山を整地して基礎を置き、丸太を組み上げていきました。とにかくなるべく身の回りにあるものを使って、極力お金をかけずにつくることを心がけ

第3図　祖父が植えたヒノキやスギを切り、豚小屋を一から手づくりした

ました。というのも私は新規で豚を始めるときに利用できる補助金などが該当しなかったため、週に3日ほどアルバイトをしながら、お給料から生活費を除いた残りのお金で、豚小屋をつくったり家をリフォームしたりしていたからです。バイト代が入ったのでえさをつくる場所にコンクリートを打ったら、生活費まで全部消えた、なんてこともありました。いくら絞ってもお金は出てこないけれど、知恵は絞れば絞るほど出てくる、なんて言っていた当時の経験が、今の暮らしにすごく生きていると思います。

　そんなときに「平和について考えるとエネルギーにたどり着く」という言葉に出会い、争いはエネルギーの奪い合いなんだと感銘を受けました。戦争や紛争は、石油、石炭、天然ガス、水、それらを運ぶパイプライン上で起きていることが多いのです。私がえさを買わない豚飼いがしたかったことも、まさにその理屈と相通じ、食べる物や暮らしに必要なエネルギーの自給こそが、日々のなかで自分たちにできる平和活動なんだと確信しました。

（4）放牧とお産の課題

　豚小屋の完成を待たずして和歌山の師匠より3頭の母豚を譲ってもらい、自然分娩をこなせるための足腰を鍛えるために放牧して育てました。

畜産

第4図　現在は舎内で分娩
子豚は豚熱のワクチンを打ったら放牧する

そして初めての出産。人工授精で種付けした3頭は、みごとに放牧場で自然分娩してくれました。朝、放牧場で授乳している姿を見つけたときは本当に感動しました。豚を家畜としてではなく同じ生き物として見ることができた経験であり、それまで感じることのできなかった豚の生きる力を見せつけられたように思います。

ですが、このあとから今に至るまで、種付けと出産は本当に成功と失敗の繰り返しです。キツネやカラスなどに襲われるようになり、放牧場での自然分娩がむずかしくなりました。そこで出産時は専用の部屋に連れてきて分娩させるようにしましたが、何産かするうちになぜか圧死が多くなってきました。ほかにも、母豚の更新のタイミングのむずかしさがあったり、子育てに上手・下手があって母豚の個性が出たり……。

わが家では、母豚が3頭でもちゃんと生んでくれたら年間の必要頭数は確保できるはずなのですが、4〜5頭の母豚が頑張ってくれているにもかかわらず出産時のトラブルなどがあり、いつも毎月の宅配や直接配達用の定期出荷にぎりぎり間に合う状況です。小さな豚飼いではよく聞く話ですが、1回のお産トラブルが経営に与える影響がとても大きいのです。このあたりはいまだに試行錯誤しています。

(5) フードロスのみでつくる発酵飼料

えさは最初、パン屋さんのパンの耳や豆腐屋

第5図　えさの材料となる昆布くず、鰹節くずなどをトラックで回収

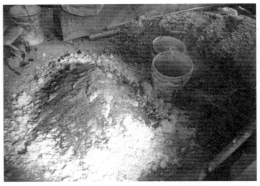

第6図　週に3回、材料を電動管理機で撹拌して混ぜ合わせ、発酵飼料をつくる

第7図 自宅の屋根に自分でソーラーパネルを設置
発電して暮らしとEV車に使う

第8図 豚糞堆肥を田畑に投入
このダンプも地域で回収した天ぷら油が燃料

さんのおから、醤油工場の醤油粕を混ぜて与えていましたが、量の確保がむずかしく、そもそもえさとして成立しているのだろうかと常に悩んでいました。

3頭から始まった豚飼いですが、豚は1年で2.5産するので当初は調子よく増えていきました。そうするといよいよ困ったのがえさでした。本当に食べさせるものが足りなくて、1か月間だけえさ屋さんからトウモロコシを購入したこともあります。アルバイトと無農薬のお米の販売で生計を立てていた暮らしに金銭的な余裕はほとんどなく、豚を食べるのが先か豚に食べられるのが先か……なんて冗談をこぼしながらも、初めて出荷したのが今から14年前（2010年）です。

その後、製麺工場に突撃営業して製品ロスをいただけるようになったり、サツマイモの煮物をつくる工場からも製品ロスと製品にできないサツマイモをいただけるようになったりして、フードロスのみで質、量ともにえさが完全に安定するようになりました。

現在では週に3回ほど、夕方1〜2時間ほどえさの材料の回収をして、翌朝1〜2時間かけて仕込むサイクルで発酵飼料をつくっています。そのほかに、月に1回ほど、醤油組合から醤油粕と麦くずを、鰹節屋さんと昆布工場からそれぞれ生産時に出るくずをいただいています。これらのえさの材料はすべて無料でいただいています。こういった材料をえさに使うことについては豚熱発生以来とてもシビアになりましたが、家畜保健所と連携しながら今の形となっています。

（6）材料を集める車の燃料も地元産

そして、えさの材料を回収するための車は、天ぷら油を燃料とする1tトラックか、自宅のソーラー発電でつくった電気で走るEV軽トラで走っています。天ぷら油の廃油は地域の飲食店や保育所からいただいています。ソーラーパネルは2018年7月の西日本豪雨で被災した近くのソーラー発電所より譲っていただいたものです。つまり豚を育てるえさも、えさの回収や豚を出荷する運搬エネルギーも、地域からいただいたもので賄っているのです。

ゴミにするくらいならぜひ有効活用してほしいと、すべての排出元も喜んでくれています。年間で何十tもの生ゴミを減らすことに貢献できているので、可燃ゴミ処理工場を運営する三原市にとってもよいアクションになっていると思います。もちろん、こうして育てた豚肉は届け先でもおいしいお肉だと喜ばれています。

みんなにとってウィンウィンなこの循環は、豚という生き物を中心につくり出すことがで

畜産

きています。豚飼いという生き方のおもしろさ
は、このような関係性をつくることができると
いうところが、とても大きいと思っています。

長期肥育の豚肉を全量自家販売

（1）年間40頭の豚肉を全量自家販売

　わが家では、年間約40頭の豚肉を全量自家
販売しています。商品は、家庭用にパック包装
した生肉のみです。当初はハムやソーセージ
へ加工して販売することを目標としていました
が、豚の生産頭数が少ないうえ、加工施設の認
可や、必要な資格の取得がとても困難であり、
断念し、ウチの規模でも投資を回収できるよ
う、商品は包装済みの生肉のみの販売としまし
た。生肉の加工施設ももたず、屠畜からパック
詰めまでは委託することにしました。ウチの経
営で、数少ない経費がここで発生しています。
　肥育を終えた豚は、屠畜場で枝肉になったあ
と、カットセンターで脱骨・成形され、市内の
お肉屋さんでスライスやミンチの形に加工して
もらい、ミンチ、ロース、肩ロース、バラ、ウ
デ、モモの部位ごとに250gずつパック詰めし
てもらいます。それを農場に持ち帰り、それぞ
れの部位から4パック入り1kgのセットに組ん
で、豚1頭を丸ごと食べていただくという思い
で「豚肉セット」の名前で販売。毎月の農場の
お便りを添え、29日（ニクノヒ）の前後に宅
配、または直接配達でお届けしています。価格
は送料別月々3,000円です（単発購入の場合
は3,500円）。
　お肉は衛生的に扱い、販売しないといけない
ため、わが家でパックに入ったお肉を保管する
場所も、保健所の許可をとった専用施設でなけ
ればいけません。また、カットセンターやお肉
屋さんからの引取りや配達のために冷凍車を購
入しました。

（2）子どもも味の違いに気づく

　こうして製品になったわが家の豚肉は毎月約
200軒のご家庭にお届けするほか、セットから
少し余る部位を地域や広島市内の飲食店さんに
も使ってもらっています。わが家のお肉を食べ

第9図　豚肉セット
ミンチ、ロース、肩ロース、バ
ラ、ウデ、モモのなかから4
パックを毎月29日（ニクノ
ヒ）前後にお届け

てもらった家庭からは、「子どもや食べ物に興
味のない旦那に黙って出してもすぐに気づくん
だ」とか、「全然違ってビックリした」などの
お声をいただきます。飲食店さんからの評判も
とてもよいです。
　どうして評価される豚肉に育ったのか考え、
三つのことが味に大きな影響を与えていると仮
説を立てています。
　一つ目はえさです。普通の豚はトウモロコシ
とダイズ主体のえさで育て、良質の脂をつくる
ために肥育の最終段階で仕上げにムギを与えて
います。対して、ウチの豚の主食は最初から製
麺くずや醤油工場の麦くずと、ムギを主体に組
んでいます。それが豚肉の脂質をつくるにあた
り、よい影響を与えていると思います。また、
冬場にはサツマイモもたくさん給餌していま
す。ムギだけで育てるよりも、多様な炭水化物
でつくられた脂質のほうが複雑でおいしい味に
なると考えています。
　二つ目は肥育期間です。普通に飼育されてい
る豚は半年に満たない期間で出荷されるのに対
して、わが家の豚は1日1回の制限給餌のため、
1年かけてゆっくりと大きくなっています。二

第10図　放牧中の「バークデュロック」
わが家の豚の7割はこの品種。ほかに黒豚（純粋バークシャー）やルイビ豚も育てている

第11図　豚肉セットには坂本家の日々の暮らしやおいしい食べ方などを書いたお便りを同封している

ワトリのお肉も廃鶏とブロイラー（約2か月で出荷）では同じ鶏肉でも食感、味の深さなどまったく違います。つまり、家畜の生きた時間とお肉の味の深みは大きく影響しているということです。長期肥育しているウチの豚のお肉は、それだけで大きな味の違いになるのだと思います。

最後に三つ目の要因として、抗生物質を使用していないことが大きいのではと感じています。ウチの豚を食べた人が「臭くない」と口を揃えておっしゃいます。病気になってしまった豚への投与のみでなく、予防のためにえさに入れて慢性的に使われていると聞く抗生物質。あれが豚の肉の臭みをつくり出しているのではと思い至りました。これはあくまで仮説ですが、抗生物質を投与してない母校（愛農学園）や和歌山の師匠の豚も、同じように豚特有の臭みがなくおいしいと評判です。

以上のことから慣行養豚とわが家の豚肉の味の違いが生まれているのではと考えています。

（3）豚を育てていてよかった

私は農家として生きていくなかで一番むずかしいのは、農産物をつくることよりも価値を伝えて適切な価格で届け続けるという販売のほうだと感じています。しかし、ここでも豚農家という特異な職種は大きな力を発揮します。

無農薬のお米や野菜をつくっている農家は各町に1〜2軒はいらっしゃる時代になりましたが、こだわりの豚を飼っていて、そのお肉を直接買える農場はというと、日本中を見渡しても多くはいらっしゃいません。こだわりの豚肉生産者という分母がそもそも小さいので、初めは知人から広まったわが家の豚肉販売も、今では営業活動をしていなくても多くの方から求めていただけています。経営の面で販売が容易というのは大きな特徴ですので、新規に農業を始めたい方にはぜひ、豚飼いという道があることをお伝えしたいです。

同じ文脈になりますが、お米や野菜を自給している人は多いと思いますが、家畜を飼育してお肉を自給している人は少ないです。食の自給という意味でも、豚を育てていてよかったと常々思います。わが家の食卓では、お米も野菜も、味噌や醤油といった調味料も自家産です。これらを自給できているということは、7人の子どもを育てるわが家としてはとても幸せなことです。

この食料自給を可能にしているのは田畑と家畜のバランスであり、頭数は地域でいただける未利用資源（えさ）とのバランスです。わが家の農場の規模はいろんな意味で「ちょうどいい」のだと思います。

1077

（4）理想の暮らしを豚飼いで表現する

　私は早くに農への道を志すに至りましたが、これだけ食べ物が輸入され、あふれ、捨てられている国で隣人のために食べ物をつくる農業者としての生き方に迷うことがありました。農業の労働環境は決してラクではないうえに、海外からやってくる農産物との価格競争もあり、日本社会では労働と対価のバランスが非常に取りにくい職業の一つであると思います。

　そう考えていたなかで「いや、生産者としてだけではなく、表現者として生きていってもいい時代なんじゃないだろうか」と思うようになりました。私たちのような小さな農家一軒の生産量は、日本の食料自給的な視点から見るととても小さな存在です。でも、私たちの生き方や日々届ける農産物が、農産物を生産するために巻き起こしたアクションが、誰かの生き方に影響を与えることはあるのではと思っています。

　「平和について考えるとエネルギーにたどり着く」。この言葉に導かれて、地域のフードロスで豚を育て、副産物の堆肥で米、野菜、ムギ、ダイズを育て、暮らしのエネルギー全般も自給できるようになりました。私たちの思いをアートにして表現する場が暮らしであり、農場であり、表現を届ける手段が農産物だと定義したとき、農業者ほどおもしろい生き方はないと思いました。

　私は自分が生きたい社会を表現するためにこれからも農場をデザインし、自分自身も理想の暮らしを生きて表現し、届けたいです。それが自分にできる平和活動であり、地域循環型の豚飼いなのです。

（『現代農業』2024年5、7月号「地域循環型の放牧養豚を実現」より）

牛の健康第一の循環型酪農
草地の除草剤と化学肥料ゼロ、良質な堆肥で甘い牧草

執筆　鈴木敏文（北海道広尾郡広尾町）

わが家の酪農経営のあゆみ

（1）酪農は祖父の代から

　鈴木牧場の歴史は、曽祖父が秋田県から入植、酪農は祖父の敏郎の代から始めた。父（故・文男）の代では、借金が多かったため育成舎や乾乳舎、哺育舎、倉庫、車庫などを手づくりし、経費を削減しながら牛の飼養管理技術を向上させて酪農の基盤を構築。デコボコで、形もいびつだった牧草地をなだらかに整え、農作業がしやすいように整備してくれたおかげで今の牧場がある。

　父は共進会も好きだったので、現在も体型が整った牛が多く、足腰が強く、乳房がしっかりとした血統が受け継がれている。

（2）アメリカで1年半の実習

　私は曽祖父の代から数えて鈴木牧場の4代目になる。小学生から高校生まで剣道三昧の人生で、帯広畜産大学草地畜産専修別科に入学して

から専門的に酪農を勉強し始めた。

　大学卒業後は両親から実習に行けと勧められたが、小さいころから地図が大好きだった私はアメリカに憧れがあったため、いきなりアメリカに行くことにした。実習先はバーモント州のミルボーンファームで1年半お世話になった。

　酪農の知識や技術よりも、英語が通じず笑顔とジェスチャーでホストファミリーとコミュニケーションを取り、左ハンドルの車を運転したり、一人でニューヨークやグランドキャニオンを訪れた経験のほうが正直とてもいい勉強になった。もしかしたら剣道で鍛えた心身と、挑戦する勇気やさまざまな感性を培ったアメリカでの経験が今に活かされているのかもしれないと感じている。

（3）サルモネラ症で大打撃

　2006年に帰国後、両親はまだまだ元気だったこともあり、私が牛の飼い方のことについてあれこれいっても受け入れてくれることはなかった。

　当時、鈴木牧場の経営は黒字だったものの、とても気になることがあった。とにかく牛の疾病やトラブルが多かったのだ。

　「経営は黒字だから、病気はしゃーない。調子悪くなれば獣医さんに診てもらって治してもらえばいい」という両親のスタンスで、ほぼ毎日獣医（2009年に私の妻になる"なつき"）が来る日々。今思えば異常な毎日だった。

　そして2008年と2010年に、家畜伝染病のサルモネラ症が発生。とくに2回目の2010年のときには搾乳牛の半数以上がサルモネラ症陽

筆者と妻のなつき、右からチモシーをもった息子の聡太、啓太、陽太

■経営の概要

立　　地	低温多雨、火山灰土壌の平坦地
土地面積	草地面積66.4ha、うち放牧地20ha、採草地46.4ha
飼養頭数	乳用牛110頭、うち搾乳牛50頭
	肉用牛10頭
	鶏30羽
家族構成	7人（本人、妻、母、祖父、長男、次男、三男）、従業員1人
酪農歴	2006年から経営に参加、17年

畜産

性で、生乳の廃棄と何十頭もの牛を淘汰しなければならず、経営的に大打撃を受けた。

畜舎を消毒する毎日で疲労困憊だったが、それよりも罪もない牛たちに可哀そうなことをしてしまった気持ちで無念だった。

（4）予防が最大の治療

その後も病気の対応に追われる毎日で、これから40年続く酪農人生、こんな状況が続くの

は嫌だと本気で思った。

獣医でもある妻のなつきに相談すると、私の生涯の信条となる「治療じゃなくて予防だよ。予防が最大の治療だよ。病気にならないように、牛を健康に飼うべきだよ」というアドバイスを受けた。

そのアドバイスで本腰が入り、毎晩徹夜して、獣医師の文献や酪農雑誌を読み漁り勉強した。そこから両親に相談、理解してもらって、乾乳管理の見直しやカウコンフォート（快適性）の向上、良質な粗飼料生産といった基本的な飼養方法の改善に取り組んだ（第1図、第1表）。

（5）飼養方法改善の3つの柱

改善策について簡単に記す。

①乾乳牛管理の見直し

乾乳牛が太りすぎの傾向があった。泌乳後期からの過肥を回避するためにボディコンディションスコア3.25で乾乳に入るようにした。そして乾乳前期は粗飼料を食い込めるルーメンづくりを念頭にラップロールを飽食させ、運動するための放牧地の整備、骨を丈夫にするための炭カル給与を始めた。乾乳後期にはラップロール給与を継続し、配合飼料の供給、ミネラル、糖蜜の給与を行なった。

また分娩房の敷料を増やして安全に分娩できるようにした。

②カウコンフォートの実践

乳牛のストレスを少なくするために次のような対策をとった。

スタンチョンのチェーンを延ばし、寝起きしやすいようにした。カウトレーラーを個体ごとに位置を調整した。

給水配管を太くしてウォータ

第1図　搾乳牛は草地の一部で昼間放牧

草地はチモシー主体で白クローバ、赤クローバ、アルファルファを混播している

第1表　有機酪農移行前後の経営収支（単位：万円）

(荒木、2022)

費　目		経営全体		経産牛1頭当たり	
		2015年	2021年	2015年	2021年
農業粗収入		10,621	7,328	148	124
農業経営費	租税公課	111	313	2	5
	肥料費	689	2	10	0
	飼料費	3,394	1,601	47	27
	農薬衛生費	410	111	6	2
	修繕費	822	135	11	2
	動力光熱費	373	323	5	5
	農業共済費	110	167	2	3
	減価償却費	909	1,724	13	29
	荷造運賃手数料	456	881	6	15
	経営費計	8,007	5,319	112	90
農業所得		2,614	2,009	36	34
飼養頭数（頭）		71.7	58.9	—	—

注　資料：「所得税青色申告決算書」

ーカップを更新、十分に水が飲めるようにした。その結果、以前は首の皮にしわが寄っていたのがなくなり張りがよくなった。

牛床マットを更新、敷料を増やした。また乳房炎対策として牛床に石灰を散布した。

また、配合飼料をサイレージと混合し、1日6回の多回数給与を行ない、ルーメンが安定するようにした（第2図）。

③良質粗飼料の生産

牧草の刈取り時期と予乾について学習し、改善の取組みを行なった。サイレージ調製では私が踏圧を担当し、徹底的に踏むようにした。

またバンカーサイロを自家施工で増設し、乳酸菌の添加剤を使用するようにした。

さらに乾草ラップを計画的に確保するようにした。

（6）改善の効果

飼養方法改善の結果、分娩前の乳房の張りがよくなり、改善前は分娩介助が半分ほどだったのが看視する程度ですむようになった。難産もほぼなくなり、乳房炎、蹄病が減り、第四胃変位やケトージス、後産停滞も3分の1程度になった。

日乳量は30kgから38kgにアップ。空胎日数も150日から130日に短縮するなど大きな成果を出すことができた。

*

これらの改善をまとめ、2015年の全国青年農業者会議畜産経営部門で発表し、最優秀賞（農林水産大臣賞）を受賞した。発表の様子はYouTubeで「全国青年農業者会議鈴木敏文」と検索すると見られる。

牛の健康を第一に考えた有機酪農へ

（1）「健康な牛」とは何かが違う？

飼養方法を改善したことで成果は出たものの、牛の毛づやが悪く目の輝きもよくなくて、

第2図　カウコンフォートの一環で、敷料をこまめに整理するようにしたら、横になって反芻する時間が増えた

牛がすごく疲れているように見えた。私がイメージしていた「健康」とは何かが違うと思った。

当時、堆肥はデントコーン畑に1年分投入し、草地は化学肥料だけで育てていた。そうしてつくったサイレージを牛は好まず、配合飼料を混ぜ合わせないと食べてくれない状況だった。

とくにピーク乳量の牛には配合飼料を1日15kgも給与していた。それに加えてビタミン剤やミネラル剤、強肝剤、炭カル、マグネシウムなど牛用サプリメント類を約10種類くらい与えないと健康管理ができない栄養設計だった。ルーメンなどへの負担も大きく、牛がすごく疲れているのは必然的なことだった。

（2）土つくりで循環型の酪農経営へ

自然の力で牛を健康にしようと考えて取り組んだのが、土つくりである。

牛の飲み水とサイレージにミネラルと腐植を含んだ「活性誘導水」を添加し、牛の腸内バランスを整え、いい糞尿を出させることから始めた。そして草地には化学肥料を施用せず、いい糞尿でいい堆肥づくり、いい液肥づくりを行ない、草地に還元し、牧草を育てる。循環型の酪農経営を実践しようと考えた。

具体的には化学肥料を1年間に3分の1ずつ減らし、3年間でゼロにする目標を立て、並行して良質な堆肥づくりと液肥づくりに励むこと

にした。

　これらを達成したとき、えぐ味があった牧草は甘い牧草に変わり、粗飼料の採食量が増え、1日最大15kgを与えていた配合飼料を、3kg以下に減らすことができた。同時に牛の毛づやや目の輝きがよくなった。

　循環型酪農に切り替えた結果、分娩トラブルや疾病が減り、それらに費やす時間が少なくなった。

　同時に牛乳の質も大きく変化した。正直にいうと、私は牛乳があまり好きではなかったのだが、牛が健康だと実感してから牛乳を飲んだとき、「うちの牛乳、めっちゃおいしい」と驚いた。すっきりと雑味がなく、のどごしがよい。とにかく甘くておいしかった。そんな牛乳を飲んでほしいと思い2022年12月にオーガニック牛乳の商品化に向けて新牛舎と乳加工施設が完成した。

有機酪農への具体的取組み

　鈴木牧場では2021年に生乳、牛肉、鶏卵でJASオーガニック認証を取得した（第3図）。一つの牧場が3項目で認証を取得するのは国内初。牛の健康を第一に考え、持続可能な循環型酪農に取り組んでいる。以下、有機酪農を実現できたポイントについて述べる。

（1）牛の口に入るものから変えていく

　有機酪農へのヒントとなったのは、牛を健康的に飼うための勉強会で教えてもらった野生のシカの存在だ。彼らは山の草木しか食べていないのに毛づやは美しく、筋肉も脂肪もしっかりあって健康的という。野生動物のように「自然に近い環境で飼育をしよう、自然を先生にしよう」と方針を定めることにした。

　それにはまず牛の口に入るものを変えて、ルーメンや腸内環境を整えること。そうすればいい糞尿が出て、いい堆肥づくりができるし、いい土つくり、いい草づくりへとつながっていく。

（2）腸内細菌が活性化されているか？

　「牛飼いは虫飼い」とよくいわれる。牛のお腹の中にはたくさんの虫（微生物）が働いていて、その虫が活躍できる環境をいかにつくるか。とくに大切なのは腸内細菌が活性化されているかどうかだ。牛にとって腸は最大の免疫器官であり、もっとも重要な機能をもっているからである。

　2012年に酪農雑誌で道内の酪農家の記事を読んだ。穀類を与えると生産性が上がり売上げも上がったが、乳牛は淘汰率が高く短命だったこと、牧草サイレージこそ宝であり、「活性誘導水」を使って調製したらサイレージの質が改善した、という話だった。

（3）活性誘導水の活用と効果

　活性誘導水は腐植質抽出液で、BMW技術をもとに開発された水である（製造販売：（株）チクテック）。菌は入っていないが、抗酸化作用や土着菌を活性化する働きがある。

①水道水に活性誘導水0.1％混ぜて曝気して飲み水に

　ちょうど、わが家も配合飼料を多給していた時期だったので、私はこの活性誘導水を牛の飲み水に0.1％混ぜてみた。さらに500lタンクに軽石、貝化石、花崗岩を入れ、そこへいったん活性誘導水を0.1％混ぜた水道水をため、曝気してから牛に飲ませるようにした。水道水の

第3図　生乳、グラスフェッドの牛肉、平飼い卵でJASオーガニック認証を取得した

塩素を少しでも除去することで、牛のお腹の菌が働きやすくなるようにと考えたからだ。

すると個体差はあったものの、1か月ほどで糞尿のにおいが弱まり、食欲が上がってくるのがわかった。同時に乳房炎の発生も少なくなった（第4、5図）。

②青草のような牧草サイレージができた

牛が食べる牧草の栄養価や嗜好性では、青草に勝るものはない。しかし、北海道のような採草できる時期や回数に限りがある地域では、保存食が必要になる。乾草もあるが、基本的な保存食は牧草サイレージになる。

ところが鈴木牧場がある広尾町は、一番草の収穫期である6、7月に雨が多いため、どうしても高水分でのサイレージ調製が避けられず、高品質のサイレージづくりには苦労する。品質が悪いと牛があまり食べず、乳房炎なども増えてしまうことが悩みの種となっていた。当時わが家では、牧草を化学肥料のみで栽培していたのでえぐ味もあったと思う（後述）。とにかく配合飼料を1日約15kgもサイレージと混ぜ合わせないと牛は食べず、約10種類のサプリメント類を牛に与えないと健康管理ができない栄養設計だった。

牛の本来の食性では牧草が一番。牛がよく食べる牧草サイレージ、例えるなら栄養豊富な青草に近いサイレージがつくれないか試行錯誤してきた。

そこで牧草1tに対して活性誘導水1lを、乳酸菌やギ酸を添加する要領で加えてサイレージ化してみた。すると抗酸化作用でゆっくり発酵が進むからか、栄養ロスが減り、オリーブ色のサイレージになった。従来の酸化した濃い茶色のサイレージと比べると、葉緑素がたくさん含まれているかのような状態で、栄養価も高くなった。比較的高水分でも腐敗菌が勝ることなく、においも野菜のような香りに変わり、嗜好性がものすごくよくなった（第6図）。

③糞が締まって量も減った

これらのおかげで、糞の状態は明らかに変わった。以前の糞は水っぽく、全体的に黄色でデントコーンの粒も丸ごと出てきていた。改善後は糞が締まって黒っぽくなり、未消化のコーン

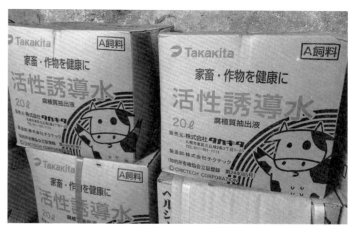

第4図 腐植質抽出液の「活性誘導水」（20l、1万2,100円）
有用微生物の力を最大限に引き出してくれる
問合わせ先：（有）ニューエイジ　TEL. 0153-79-0211、（株）タカキタ（北海道の営業所のみ）

第5図 自動添加装置ドサトロンで活性誘導水を0.1％（1,000倍）飲み水に混ぜている（1頭1日当たり70ml）

1083

が出てくることはなくなった。また消化吸収がよくなったからか、糞の量が1～2割減った。そして健全な糞が生み出されると、堆肥のできもガラリと変わると実感できた（第7図）。

もちろん活性誘導水一つですべてが変わったわけではない。数年かけて好循環が生まれて土や草が改善したおかげで、いまでは牛は配合飼料を振りかけなくてもサイレージをどんどん食べるので、足りなくなるほどである。

2022年は牧草のほかには、1日当たりビートパルプ2kgと圧扁コムギ1kg（いずれも北海道産の非遺伝子組換え飼料）のみを給与している。配合飼料を多給していたころより乳量は減ったものの、配合飼料代、化学肥料代、治療代などのコストが減って分娩成績が上がったので、利益が下がっていない（第2表）。

（4）糞尿を宝にする
①どす黒い緑色の草

鈴木牧場では昼間は放牧、それ以外の時間はつなぎ牛舎で飼養している（2022年12月まで）。牛舎で出た糞尿は、バーンクリーナーによって糞と尿に分けている。

尿は80t溜められる尿溜めに入り、3、4か月で満杯になる。そのたびに、以前はそのままデントコーン畑や牧草地に散布していた。尿を利用するというより、どうしようもないからまいちゃえという感じだった。まいたところの牧草はチッソをすごく吸ってどす黒い緑色になる。食べたら相当まずいのではないかと思う。そういう草を食べると牛の調子も悪くなるので、尿はなるべく一番草を収穫してから散布し、二番草以降の草はえさではなく敷料に使っていた。

②尿の液肥化でマメ科牧草が増えた

2015年からは、この尿溜めで簡易曝気処理をして尿の液肥化に取り組んでいる。

まず軽石、貝化石、花崗岩（いずれもなるべく近場の良質なものを使用）をタマネギネットに入れ、尿溜めに吊るす。その下から曝気して空気を送る。すると好気性菌が活性化し、尿の肥料成分を分解してくれる。岩石のミネラルも溶解しやすくなるともいわれている。

できあがった自家製液肥は、4月（春）、7月（一番草収穫後）、8月（二番草収穫後）、10月（三

第6図 オリーブ色のサイレージができ、嗜好性もすごくよくなった

第7図 搾乳牛（昼間放牧）の糞
締まりのよい状態に変わった

第2表 鈴木牧場の成績

	2014年	2017年	2020年	2020年度北海道平均
体細胞数（個/ml）	17万	10万2,000	10万9,000	20万3,000
空胎日数（日）	140	128	133	149
平均産次数（回）	3.1	3.7	4	2.5
乳飼比（%）	33.9	13.9	9.2	19
搾乳頭数	61	55	52	—

注　北海道平均は（公社）北海道酪農検定検査協会資料より
　　乳中の体細胞数が減って改善。ほかの項目も年々改善した。頭数は適正規模を目指して徐々に縮小している

番草収穫後)、12月(積雪前)の年5回、毎回80tを牧草地66haに還元している。

以前の牧草地はイネ科が主体で、マメ科は衰退していた。それがおもしろいことに、この液肥を散布するようになってからは、種子を追播してなくても白クローバなどが自然と復活して増えてきたのである。

これは尿を曝気することで肥料成分が薄まり、以前はまいていた化学肥料も減らしたため、土壌に必要な量のチッソ成分が少なくなり、マメ科植物の空気中のチッソを固定する能力が高まったからではないかと考えている。人間もそうだと思うが、食べ物がなくて命の危険を感じると、必死に食べ物を探すと思う。牧草も同じで養分を求めて微生物と共生して生きようとするのではないか。おかげでいまは一番、二番、三番牧草の収穫は、いずれもクローバなどのマメ科牧草でいっぱいになっている。

③ミツバチがやってくる堆肥に変わった

糞は堆肥舎に積んだあと、畑に移して秋に全体に散布している(第8図)。

以前の糞はとにかくアンモニア臭がきつく、手につくと洗ってもなかなかにおいがとれなかった。水分も多く、長靴を洗ってもベタベタして汚れが落ちにくい。そんな糞は積んでおいてもうまく堆肥化せず、秋にまいたものが春になっても塊のまま残っている状態だった。

活性誘導水を使って飲み水やサイレージ調製を改善した結果、ルーメンや腸内細菌が活性化し、においの少ない締まりのよい糞になった。

さらに、その糞に邪魔者扱いされていた地域の豆のくずや残渣、ソバガラを混ぜて発酵させるようにした。これらは地元の選別・調製業者へ、毎月合計4t無料で引き取りに行っている。

堆肥は積んでおくだけで、バケットで残渣などを堆肥に投入するときに、少し切り返す程度だが、堆肥の水分調整になり、空気も入りやすくなるので発酵が促進される。堆肥の山から湯気が出るようになり、土を肥やしてくれる微生物の塊のようなものができるようになった。

いまの堆肥はにおいが少なく、発酵が進んだ

第8図 真冬に堆肥舎で撮影
堆肥が発酵して湯気が出ている。表面は凍って白い

部分にはミミズがいっぱい。以前はカラスが未消化のえさを食べに来るし、ハエやウジのような虫ばかりいたが、もうカラスやハエは寄ってこない。その代わり、ふつうにミツバチが来るようになった。

堆肥の状態も分解が進んでいてサラサラなのでマニュアスプレッダで散布するときも均一に広がってくれる(第9図)。

十勝は日本最大の農業王国で、食料自給率は1,100%超である。その反面、廃棄物(くず、ガラ、規格外品)の排出量が莫大なものになっている。業者はお金を払って廃棄しており、処分にとても困っているのが現状だ。私が堆肥づくりに使いたいと声をかけると、二つ返事で引取りに合意してくれた。

地域の岩石、廃棄物や食品残渣物なども利用することで、パワーのある液肥や堆肥をつくることができる。液肥や堆肥は循環型農業を可能にする大切な資源だと考えている。

(5) 牧草地の改良
①牧草がまずい

牛の健康を第一に考えた酪農経営に取り組み始めたとき、「うちの牛はどんな牧草を食べているんだろう」と思い、採草地のイネ科牧草を食べてみた。

それは衝撃的な味で、牧草は苦味とえぐ味があり、とても食べられるものではなかった。配合飼料をたくさん振りかけても、牛が好んで食べてくれないわけが、実際に牧草を食べてみてわかった。

次の瞬間、自生のイネ科植物と食べ比べてみたいと、我を忘れて採草地の外の林に向かっている自分がいた。手に取り、躊躇なく口に入れて食べてみると、「甘い……」。不思議だった。5m先のも、さらにその先のも、どのイネ科植物を食べても自然のものは甘かった。おいしい青汁を味わっているかのようだった。

②堆肥の投入がゼロだった

採草地の牧草はまずいのに、自然に生えているイネ科植物は甘い。この違いは何だろう？答えはすぐわかった。

その当時、父は地域でも除草剤と化学肥料使いの名手で、採草地にはどちらもかなりの量を散布していた。しかも堆肥はまったく散布していなかった。1年分の堆肥はすべてデントコーン畑に散布していたため、無機物だけで牧草を育てていた。

第9図　10月、マニュアスプレッダで堆肥を牧草地に散布
発酵が進んでいるので均一にまきやすい

甘い牧草づくりのために除草剤をやめ、化学肥料を3分の1減らしたいと父に提案したものの、「そんなの無理」と即、却下された。それでも、自分はこのやり方で取り組んでみたいと想いを伝え続けた。言い合いからケンカになり、ケンカから大ゲンカにもなった。父には30年の経験と実績があり、自分にはただただ想いしかなかったため、父に理解してもらうには相当苦労した。

最終的に父は、「雑草が増えて牧草の収量が減ったら元に戻す」という条件で、除草剤をやめて化学肥料を3分の1減らすことを許してくれた。そして2015年の秋から堆肥を採草地に還元し始めた。

③採草地の変化

翌2016年、採草地の雑草は増えることがなく、牧草の収量にも影響は出なかった。そこで化学肥料をさらに3分の1減らし、その年の秋も堆肥を還元。並行して自家製液肥を随時散布

第10図　8月上旬、二番草の収穫
衰退していた赤クローバが自然と復活した

するようにした。すると採草地では、衰退していた白クローバや赤クローバなどのマメ科牧草が自然と復活し、どんどん増えてきた（第10図）。

さらに、おもしろいことが起こり始めた。5月になると、牛も食わないキングオブ雑草ともいえるギシギシに、コガタルリハムシという甲虫の幼虫が集中してつくようになった（第11、12図）。

この幼虫は、ギシギシを本当によく食べ尽くしてくれる。するとギシギシが枯れてなくなり、そこの部分が裸地になり、数週間後には白クローバが再生してきた。

この採草地の変化を見ていると、ギシギシ＝悪ではなくて、硝酸態チッソという有害物質を多く含んだ植物を、虫が食べて分解して土に戻そうとしてくれているような、自然循環の力が強く働いたのではないかと感じる。

④草地更新する必要なし

以前は5〜8年ごとに草地更新して牧草を播種しなければ、収量を維持できなかった。現在は更新していないし、今後もする予定はない。というか、する必要がない。草地更新しないほうが土の団粒構造が促進され、マメ科植物によるチッソ固定も進むのではと考えている。

じつは一番うれしいのが、畑のトラクタ作業が激減したこと。トラクタに負荷をかけなくてすむし、燃料の軽油の使用も最小限に抑えられる。

⑤**甘い牧草ができ、配合が必要なくなった**

3年かけて、除草剤と化学肥料ゼロを達成し、良質な堆肥を還元し続けた結果、えぐ味があった牧草は甘い牧草に変わった。

牧草そのものの採食量が増えたので、多い牛で1日に15kgも与えていた配合飼料が必要なくなった。現在は、北海道産の非遺伝子組換えの圧扁コムギ1kgとビートパルプ1kgにとどめている。

第11図　ギシギシ（タデ科）の葉をコガタルリハムシの黒い幼虫が食べ尽くしていた

第12図　すっかり食べ尽くされた葉

乳量は、1日1頭当たり36kg平均だったのが20kgに減ったが、牛の毛づやや目の輝きが格段によくなった。加えて、分娩トラブルや乳房炎や蹄病が減り、それらに費やす時間やコストが少なくなったことが経営的にとても大きく、うれしいことである。

北海道のような採草時期や回数が限られる地域では、牛のための保存食＝サイレージが必要である。よい発酵状態のものをつくり、牛の健康を保つには、いい牧草がすべて。そのための堆肥づくり、土つくりであり、腸内細菌をよく

していい糞尿を出させて発酵させることは、酪農家が一生をかけてやっていくことだと思う。

(6) 鉱塩の代わりに手づくりの塩

牛の健康を第一に考える経営へ転換したあと、えさは配合飼料主体から、農薬や化学肥料不使用の牧草中心に変えた。牛が飲む水も、水道水を浄化・曝気処理するようにした。時間をかけていろいろ変えてきたなかで、最後に残ったのが鉱塩だった。

① 1日50gの塩が必要

人間に塩が必要なように、牛にも生きていくために塩が不可欠である。

肉食動物なら仕留めた動物の血肉から摂取できるが、草食動物の牛はそうはいかない。本来、牛は塩分を含んだ土や岩を舐めたり、植物の根や土（ミネラル）がついた草を食べたりして生きてきた。

現代の飼育されている牛は、鉱塩を舐めたり、塩を混ぜたTMRを食べたりして欠乏を防いでいる。牛は1頭1日当たり約50gの塩を摂取するので、年間で18kgほど鉱塩が必要になる。

② 海水から塩をつくろう

広尾町は海に面している街だから、牛のために自分で塩をつくろうと7年前のある日、突然ひらめいた。

塩づくりのスタートは自宅のキッチン。最初にできた塩は塩化ナトリウムそのもののような尖った強烈な味だった。独学で試作を続けながら、塩づくりが盛んな能登半島や伊豆半島などを訪れて塩づくりの先輩につくり方を教えてもらった。

塩づくりを始めたころ、祖母が自身の小さいときのことをポツリと話してくれた。男性は畑仕事、女性は近くにある海に行って海水を汲み、煮詰めて塩をつくっていた。煮詰めている間は川で洗濯をしていたとのこと。当時、塩は食べ物の味付けや保存に使い、なくてはならない貴重な存在だったという。

よく調べてみると、戦前は広尾町内に製塩工場が何社もあり、神社には塩の神様が祀られていることもわかった。

③ 満月の日に汲む

つくり始めてから5年が経ち、やっと「十勝の塩」が完成した。

塩をつくるときに大切にしていることは、海水のおいしさをそのまま塩に生かすこと。海水を汲むのは満月の日と決めている。太陽、地球、月が一直線に重なり、太陽と月の引力で海の潮の流れが速くなるので、海底に多くあるミネラルがうまく攪拌される。エネルギーや栄養分も高くなるのでは、と考えているからだ。

第13図　海水を釜で焚く筆者
約1週間かけて結晶化した状態

第14図　この状態でほぼ完成した塩
この後はタマネギネットに入れて脱水機にかけ、にがりと分離する

海水の入手場所は、牧場から20kmほど離れた音調津（おしらべつ）地区にある、広尾漁協のウニ種苗センター。ここへ1～2か月おきに満月の日を狙って2.5t分のタンクをもち込み、ごみを取り除いた状態の海水を無料で提供してもらっている。音調津の海はほかと比べて海藻や魚介類が多いことが特徴。十勝の山や森の養分が太平洋に流れ込むため、プランクトンが豊富で、海水自体が味わい深い。

④海水1tから塩20kg

塩づくりの作業では、海水を約1tずつ焚いている（第13図）。塩が完成するまでは、1週間くらい時間がかかる。まず3～4日にわたって強火にかけて海水の塩分を濃くしたあと、弱火で1～2日ほど焚き続けて結晶化させる。その後1日寝かせて、脱水機で塩とにがりを分けて完成。1tの海水から20kgほどの塩ができる（第14図）。

焚く燃料は、家の解体で出る廃材。私が火の番をしなければならないが、それでもずっと見続ける必要がないため、牛の世話の間に塩づくりができる。酪農の仕事と塩づくりはとても相性がいいのである。

つくり始めたころはIHコンロで、最後まで強火で水を飛ばしていた。火力を変えたり薪で焚くことで塩のできが変わったように感じている。

⑤牛が奪い合う塩ができた

こうしてできあがった塩を牛に食べさせてみると、鉱塩とはまるで食いつきが違い、奪い合いになるほどだ（第15図）。鉱塩を自由に舐められるように設置してあるにもかかわらず、天然の塩を好むのは、牛は本能で本物がわかるし、自分の体に本当に必要なものがわかっているからだと思う。このことに気づいてから、牛が能力を発揮できるように普段から環境を整えることが大事だと考えるようになった。

牛が自由にのびのびと放牧され、甘い牧草中心で育った牛の乳は本当においしい。牧草・水・塩を変えてからは、すっきりと雑味がなく、のどごしがいい牛乳になった。

手づくりの塩は、鉱塩と置き換えられるほどの量にはまだまだ届いていない。これも今後はもう少し量産して牛に喜んでもらえるように計画しているところである。

第15図　鉱塩には見向きもせずに、海水から手づくりした塩を奪い合いように舐める牛

第16図　ノンホモ・低温殺菌（63℃、30分）牛乳の「十勝オーガニック牛乳」をもつ筆者

オーガニック牛乳の販売

(1) 牛乳を自分で売りたい

わが家のおいしい牛乳をみんなに飲んでほしいと思い、2020年に生乳のほか、牛肉と鶏卵の3項目でJASオーガニック認証を受けた（第16図）。

といっても牛乳はそれまでどおり集乳に来てもらい出荷しており、直販はしていなかった。そこで自分でオーガニック牛乳を商品化しようと考えた。

そして、ついに2022年12月、乳加工施設（生乳の低温殺菌、ボトリングなど）が完成。乳処理業、乳製品製造業の営業許可を取得。同12月には有機農産物、有機飼料、有機畜産物、有機加工食品（牛乳）のJASオーガニック認証も受けることができた（第17図）。

(2) 循環が見えてオーガニックを意識

自分が大切にしているのは、身土不二（土と身体は切り離せない）という考え方である。私たちの身体は地域の土がもつ生命力や栄養、ミネラルでつくられている。土が汚染されれば身体や精神が汚染され、健康は維持できなくなる。ミミズや昆虫、小動物、微生物など、さまざまな生物を豊かに育む生命力あふれる土があるからこそ、牛も人間も健康を維持できる。そんな想いから、十勝の地域資源を活用した循環型酪農に取り組むようになった。

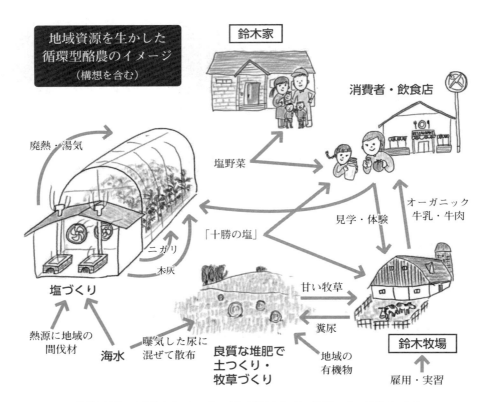

牧場や地域の有機物を生かして土つくりを徹底すれば、嗜好性のよい牧草ができる。病気が減り、おいしい牛乳やグラスフェッドビーフができる。地域の海水からつくった塩は鉱塩よりも牛は大好き。今後は塩づくりの副産物を活用して野菜を育てたい。雇用にも取り組みたい（イラストは筆者の妹マナ作）

第17図　地域資源を生かした循環型酪農のイメージ

まさに循環が見えたそのときにオーガニックを意識し始め、オーガニック牛乳として世に出したい気持ちが強くなったのである（第18図）。

（3）命をつなぐ牛乳で次世代の命を育む

自分が約20年酪農をやってきて今思うのは、「続ける」ことの大切さだ。命も事業も社会も、「続ける」「残していく」「つなげる」ことが一番大事だと思う。そのことが地域資源を活用して循環型酪農を実践し、オーガニックに取り組んでいる理由の一つでもある。

自分にとってオーガニックは、目的ではない。人、動物、植物すべてが続いていくための仕組みづくり（プロセス）で、最低限の手段だと確信している。

十勝の水と塩と牧草を与えた牛から搾った、命をつなぐ牛乳「十勝オーガニック牛乳」を通じて食卓を豊かにし、次の世代の命を育んでいきたいと考えている。　　　　　　2024年記

第18図　ノンホモジナイズ、低温殺菌の「十勝オーガニック牛乳」

樹脂ボトルを採用。小ロット（1,000本）で印字してくれるメーカーを探した。2023年12月に発売開始

参 考 文 献

荒木和秋．2022．化肥の施用やめ堆厩肥を全量還元、「おいしい草」で牛を健康に．デーリィマン．2022年12月号、103．

有機農業は普通の農業だ
―農業論としての有機農業

1. 有機農業とはどんな農業なのか

　私の有機農業技術論は，世間で通常語られている有機農業技術論とはかなり異なっている。その違いはおそらく，私が有機農業技術論を特殊農法の技術論だとは捉えておらず，それは農業技術論の本筋の考察の中軸におかれるべき理論だと考えてきた点にあるのだと思う。

　有機農業技術論は当然に有機農業論と対をなしている。とすれば上述の技術論についての私と世間の常識との違いは，「有機農業とはどんな農業なのか」という問いへの私の回答の独自性がその裏側にはあるということだろう。私は有機農業を農業の特殊なあるいは特別なあり方としてではなく，農業の一般的なあり方と展望のなかに位置づけるべきだと考えている。有機農業は農業論として語るべきだというのが私の基本的な立場なのだ。

　そこで，これから解説する私の有機農業技術論の理解のために，その前提にある私の有機農業論について2つの拙著で述べたことを引いておきたい。

　「有機農業は自然共生を求める農業のあり方であり，JAS規格等の特別な基準を満たすための特殊農法ではないというのが私の立場である。こうした視点に立ったときに有機農業の展開の多様性や未来を拓く可能性が見えてくる。

　ところで，農業とは何だろうか。それは自然と人為のバランスの上に成立する営みである。農業を発見し獲得したことで人類は食べ物の安定した確保が可能となり，それを踏まえて現在につながる人類史が作られてきた。

　有機農業では，こうした農業における自然と人為のバランスの取り方に関して，自然を基礎として位置づけ，そこでの土と作物のいのちの営みに，適切な人為が『手入れ』という形で加わるというあり方が追求されてきた。地域の自然を基盤として，営みの主役として田畑と作物の生命力，生態的力があり，それに人の労働と技術が寄り添うというあり方が有機農業の実践として積み重ねられてきた。そして，そうした農業の取り組みを軸として，地域に食と環境と文化とコミュニティの連鎖が作られていくというあり方が有機農業を通して構想されてきた地域社会像だった。考えてみれば，こうしたあり方は農業の本来のあり方にほかならない。そこで構想されてきた社会像は地球温暖化対策の言い方でいえば『低炭素化社会』にほかならない」

　（中島紀一・金子美登・西村和雄編『有機農業の技術と考え方』コモンズ，2010年）

　「有機農業が自らの独自性を主張し，ほかの近代農業との区別を求めるのは，規格基準等の個々の点にあるのではなく，農業のあり方を自然との共生の線上に追究し，その線上で農を基盤として食と自然のよい関係を創っていこうとする方向性に関してである。有機農業が，自然と人間が共生し，持続的な豊かさを実現していく展望を掲げ，その道を拓きつつあるという点こそが，公的支援論との関連で求められる有機農業の定義の内容ということになる。こうした視点からすれば，農業は基本的には民間の営みであるということを踏まえて，そこでの公的支援は，基本的にはそうした方向への転換への積極的支持と転換にかかわる困難を和らげるための支援ということになる。

農業はもともと自然に依拠して，その恩恵を安定して得ていく，すなわち自然共生の人類史的営みとしてあった。ところが近代農業では，科学技術の名の下に，農業を自然との共生から自然離脱の人工の世界に移行させ，工業的技術とその製品を導入することで生産力を向上させることが目指されてきてしまった。こうした近代農業は，地域の環境を壊し，食べものの安全性を損ね，農業の持続性を危うくしてしまった。こうした時代的状況のなかで有機農業は，近代農業のそうしたあり方を強く批判し，農業と自然との関係を修復し，自然の条件と力を農業に活かし，自然との共生関係回復の線上に生産力展開を目指そうとする営みであった。

こうした視点から有機農業の展開方向を考えた場合には，その技術展開の基本方向は農業における『自然共生』の追求であり，具体的には低投入，内部循環の高度化，活性化という技術のあり方が追求され，そうしたことを踏まえて農業と農村地域社会の持続性の確保が目指されることになる」

（中島紀一『有機農業政策と農の再生』コモンズ，2011年）

すでに繰り返し述べたように，私の考えは，有機農業を特定の技術基準に基づいて実施される特殊農法とは位置づけない，有機農業の意味とあり方を農業一般論のなかで捉えていこうという方向である。それは，有機農業を農業の本来のあり方の回復をめざす公共性のある社会的取り組みであると位置づけていくという考え方の整理でもあった。2006年12月に奇跡のような出来事として有機農業推進法が制定されたが，国や自治体が有機農業を法的責務として推進するというあり方の前提には，有機農業にはそれにふさわしい公共的価値があることが社会のなかで明確になっていくことがぜひ必要だという認識ともつながっていた。

ここでは，農業は本来，自然と人間の共生的あり方の追求としてあったが，近代農業では，自然離脱，人為優先が基本とされてしまい，長い時代のなかで先祖の人々の営みが築いてきた基本的あり方が大きく歪められてしまったという認識が基礎となっている。

有機農業論は近代農業批判から組み立てられてきたものなのだが，私の立場は，その批判を農業の外側から，外在的に行なうのではなく，農業の内側から，内在的に，すなわち農業の自己変革の展望として考えるべきだというものなのだ。だから，私の近代農業批判は，厳しい言葉は使っているが，その批判には，農業を共に担う仲間として，その農業は本来，このように考えていったほうがよいのではないかと語りかけたいとする気持ちが込められている。

最近は新規参入で有機農業に参加する若者たちが増えている。農業全体の担い手の急減のなかで，農業後継者はわずかしかいなくなるなかで，有機農業者は増加し，その主な給源は農業にも農村にもあまり縁がなかった都市の若者たちだというのが今日の状況となっている。おそらくこれからもこうした傾向は強まるのだろう。私はこうした状況を一面では嬉しく，しかし，内面的にはとても悲しく受け止めている。

有機農業に新規参入してくる都市出身の若者たちの心には，自然と共に生きたいという志があり，そうした価値観への目覚めが，彼ら，彼女らの決断を促していることは明らかである。有機農業の主張や実践には，それだけの社会的力があるのだろう。もし農業全体が有機農業的に再編されれば，それは社会全体のあり方を変えていくことになるという，新しい農本主義への展望を確信することもできる。

しかし，やはり農業は農業であり，田舎は田舎なのだ。それは理念や価値観である前に，風土であり，伝統的な暮らし方であり，その地で生きてきた生業なのだ。有機農業についてもその主な担い手はまず誰よりも従来からの農家であってほしい，田舎のむらびとたちこそがその担い手となっていってほしいという気持ちが私には強くある。私はあくまでもその道をこそ追求したいと考えている。

すこし脇道に逸れてしまったが，私は，こうした考えと思いを土台として，これからの農業の発展は，農業が本来の大道に戻るなかから展望されていくと主張している。そして「有機農業の技術

的到達点調査」（日本有機農業学会）やそれに引き続く共同研究の研究結果として析出された「成熟期有機農業」群の存在は，有機農業の先端的実態が，農業が本来立ち戻るべき地点に到達しつつあることを示しているように考えているのである。

2. 有機農業技術の骨格—「低投入・内部循環・自然共生」の技術形成

　有機農業は自発的意志に基づく，在野の自由な農業運動であるから，その取り組みは当然個別的なものであり，そこには公認の理論があるわけではない。だから，その技術的動向を的確に把握することもたいへんむずかしい。しかし，有機農業学会における共同研究や有機農業者らとの集団的検討を踏まえて「有機農業は，自然の摂理を活かし，作物の生きる力を引き出し，健康な食べものを生産し，日本の風土に根ざした生活文化を創り出す，農業本来のあり方を再建しようとする営みだ」という有機農業の技術動向についての共通認識が得られ，その技術の特質は，自然の摂理を活かし，作物の生きる力を引き出そうとする点にあり，それをキィワードで示せば「低投入・内部循環・自然共生」と総括されるという認識にまとめられるに至ったのである。以下では，私たちの共同研究，共同検討の成果を踏まえて「低投入・内部循環・自然共生」としての有機農業技術の骨格について解説したい。

(1) 近代農業の技術開発の基本線

　近代農業は，産業革命によって農村と切り離されて急成長する都市の食料需要に対応するものとして再編，構築されてきた。
　成長拡大する都市の食料需要に対応するなかで，自給的農業生産体制は崩され，都市に向けての商品生産の追求のなかで，農業生産現場は大混乱に陥っていった。求められる食料増産に対応することは短期的には可能なのだが，中長期的には問題点が続出し，安定した生産体制がなかなかつくれないのだ。そこでの最大の問題は地力問題で，増産の一方的追求は地力の減耗を生んでしまうのである。
　近代農学はこうした問題への処方箋を示す学問として誕生した。その最初の理論的リーダーがテーア（1752〜1829）とチューネン（1782〜1850）だった。彼らは合理的な堆肥施用による地力均衡論（これを当時は「農業重学」と呼称していた）を提起し，さらにそもそも農業には一方的増産はできない特質があるのだとして「収穫逓減の法則」を定式化した。
　伝統的農業から近代農業に移行する初めのころに，農業の基本原理とされてきたのが「収穫逓減

〈伝統的農業における物質循環モデル〉
大地（M）→（養分吸収　M−m）→作物（m）→食料消費（m）┐
　　　　　└─人糞・作物残滓の農地還元（＋m）←┘

〈都市・農村分離時代の物質循環破綻モデル〉
大地（M）→（養分吸収　M−m）→作物（m）→食料消費（m）→海への流出（m）

〈人造肥料の外部補給による物質循環回復モデル〉
大地（M）→（養分吸収　M−m）→作物（m）→食料消費（m）→海への流出（m）
　　　　　└─人造肥料による養分補給（＋m'）（ただしm'≒m）

第1図　リービヒの物質循環モデル——地域循環から外部補給へ

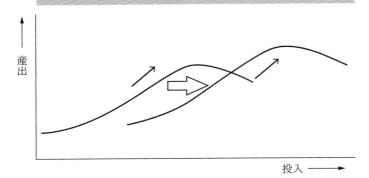

第2図 農業における収穫逓減の法則と生産力発展の一般モデル　　(中島, 2007)

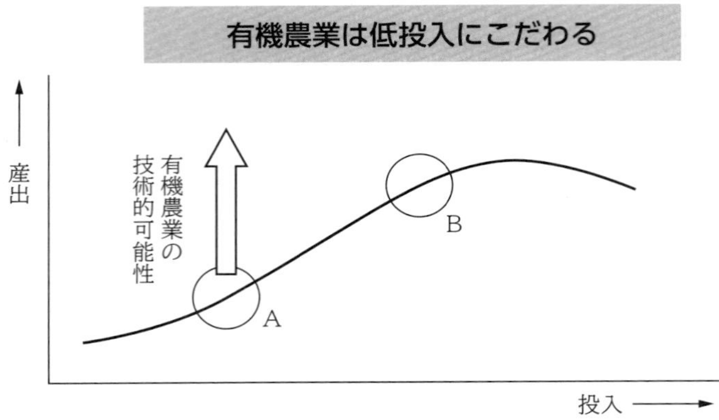

第3図 農業における投入・産出の一般モデル（収穫逓減の法則）と有機農業の技術的可能性　　(中島, 2007)

の法則」だった。増産のためには地力補給のために堆肥の増投が必要とされるがそれにも限界があり、過度な堆肥投入は必ず減収を招いてしまう。農業においては資材投入などによる生産性向上の努力はどこかで必ず行き詰まり、かえって逆効果を生んでしまうという経験則がこの法則で厳しく説かれてきた。別言すれば、この法則は農業の持続可能性はほどほどの調和点維持への自覚を踏まえて実現されるのだという教えであった。この理論が踏まえられていた限りでは、農業の持続性は構造的に保障されていたと考えられる。

それに対して、こうした近代農学の最初のあり方の批判者としてリービヒ（1803〜1873）が登場した。彼は、成長する大都市（遠隔地）への食料供給への対応として再編、構築されつつあった商品生産的農業の技術的限界は物質循環の破綻にあると見抜き、地力均衡論は現実を直視しない謬論だとした。そうした事態への対策として、食べものとともに大都市へ流出していくミネラル資源を外部から補給するという技術的処方箋を書き、そのための人造肥料の開発などの技術研究に取り組んだ。そのときリービヒが想定した農業にかかわる物質循環フローは第1図のようであった。

現実の農業は、テーアらが定式化したように収穫逓減の法則に支配されており、外部からの投入の拡大は、堆肥であっても、人造肥料であっても、産出拡大には必ずしも結果せず、持続性のある農業のためには、ほどほどに投入を抑え、ほどほどの産出でよしとすることが事実上の基本原則となってきた。農業のなかにこうした現実的な枠組みが残されている限りでは、リービヒの外部資材の投入による循環修復の技術理論も、農業の性格を大きく変えるものとはならなかった。

だが、科学技術の進展とさまざまな投入資材を開発する工業生産力の展開のなかで、肥料の改善、耕転機械の改善、土地条件の改善、品種の改良などによって、つぎつぎに新しい収穫曲線が開発され、第2図に示したように、より効率的な収穫曲線が次々と開発され、農業生産の展開はそれらの収穫曲線を次々に乗り換えるプロセスとして進み、結局は、投入の拡大で産出の増加を追求する生

産関数的世界に農業もはまりこんでいってしまった。このような技術路線の下では、生産追求の農家の営農努力は、結果として、農業を環境負荷拡大を必然とする工業的生産論理に組み込んでいってしまうことになってしまった。

これが近代農業の生産力拡大の実情であり、投入増大の累積のなかで、近代農業は間もなく環境容量的限界を超えることになってしまった。ここにメドウズらが端的に指摘した、工業の川下産業としての農業というあり方を必然としてしまう技術論的根拠があった。

(2) 圃場内外の生態系に依拠する有機農業の技術形成

しかし、有機農業ではそれとは違った路線上に自らの発展論理を求めようとしてきた。すなわち第3図のように、低投入のA地点から多投入のB地点に移行することで産出拡大を図ろうとするのではなく（近代農業はその道を突き進んだ）、低投入のA地点に止まったままで、生産拡大を図ろうとしてきたのである。それは簡単なことではなかったが、土づくりなどの有機農業の技術的取り組みと、その時間的蓄積のなかでこのことは徐々にではあるが実現されてきた。

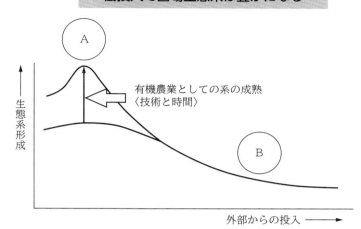

第4図　農業における内部循環的生態系形成と外部からの資材投入の相互関係モデル　　　（中島, 2007）

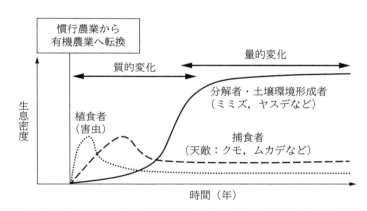

第5図　有機農業圃場における動物群集の変化（多くの調査をもとに作図）　　　　　　（藤田, 2007に加筆）

量的変化から質的変化への移行は、土壌の状態や転換後の管理方法によって異なる。2〜3年でみられる場合もあるが、10年以上かかる場合もある

有機農業においてなぜ、低投入で生産を高めていくことができたのか。その技術論メカニズムは第4図のように理解されている。

有機農業の生産力形成は、基本的には外部からの投入に依存するのではなく、圃場内外の生態系形成とその活力に依存しようとしてきたのである。ここに近代農業と有機農業を分ける技術論としての基本点があった。

化学肥料や農薬などの工業製品外部投入と圃場の生態系形成は第4図のようにおおむね逆相関の関係にあり、多投入は生態系の貧弱化を必然化させることになる。化学肥料や農薬の多投で土壌の微生物生態系や圃場の昆虫などが極端に劣化してしまう。

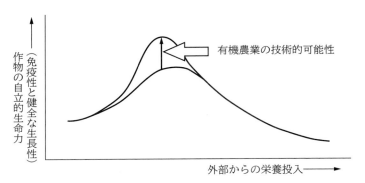

第6図　低投入で作物の自立的生命力は高まる
（中島，2007）

人為優先の近代農業においては，圃場の生態系形成への配慮が欠落しており，そのことが圃場生態系の貧弱化を加速させ，そのことがまた資材多投を加速させてしまってきた。

しかし有機農業においては，多投入の道には進まず，穏やかな低投入にこだわり，生態系の形成を多面的に追求しようとする。そこに土づくりなどの有機農業らしい技術的工夫の積み上げと生態系形成への時間的蓄積が加わることによって，通常以上の生産的成果を生み出してきているのである。有機農業では，圃場にはいのちの営みがあると考えており，近代農業とは違って生態系形成のための時間的蓄積が重要な概念と位置づけられてきた。

圃場生態系形成の時間的経過に関して，土壌生物の組成の構造的変化という視点から藤田正雄氏は第5図のように解説している。すなわち，化学肥料や農薬によって，土壌生物の多様性が否定され土壌病害多発のメカニズムのなかにある近代農業において，農薬の使用だけが中止されれば土壌病害虫は異常発生していく。しかし，害虫等の異常発生は，続いて天敵の生息を増大させ，結局は天敵の拡大が害虫の生息を押さえ込み，害虫も天敵も生息数が縮減していく。しかし，しばらくするとその代わりに害虫でも天敵でもない，ただの虫たち，ただの生きものたちの複雑で安定した生態系が形成され，作物の生育環境は良好な状態で安定化していくというのである。

(3) 作物の自立的生命力を育てる有機農業の技術形成

有機農業技術形成のもう1つの柱は，作物の自立的生命力を育てるという点にある。これも圃場生態系形成と同じように，人為優先の世界ではなく，作物自身のいのちの世界のことである。作物の自身の自立的生命力の内容としては，免疫性，健全な生長性，環境適応力などが挙げられる。茨城大学の成澤才彦氏や北海道農業研究センターの池田成志氏らの研究によれば，この場面で菌根菌などのエンドファイトや根圏で作物との関係で形成されるエピファイトなど，体内，体表，その周辺における微生物共生系の多面的形成が，なかでも根圏におけるそれが，とくに重要な意味をもってくる。作物は，微生物との共生関係をつくることによって，またそのほかの環境に能動的に適応するなかで自立的に生きる力を獲得していく。そこでは自家採種，品種選抜などによる作物の遺伝的力も働くだろうが，これらは主として栽培過程における後天的な獲得形質だということも重要だと思われる。

このような自立的生命力の育成は，外部からの栄養投入との関係でいえば，低投入と内部循環の高度化の条件下でより大きな成果が得られることが経験則として明確になっている。逆に多投入の条件下では，作物の生育は投入資材に依存するようになってしまい，自立性は損なわれていく。第6図に示したように，有機農業においては，より低投入の条件下で，作物自身の力を引き出し，自立的に生長するように誘導することが意識的に追求され，ある程度その技術化に成功している。「苗半作」というように，作物が肥料依存型の生育に進むか，根の張りがよく，地力依存型の生育に進む

かは，発芽，発根，そして幼植物時の栽培環境によって方向づけられるところが大きい。低投入，低栄養の環境条件とそこでの微生物共生系の形成が，その生育パターン決定に大きく関与しているのである。

また，有機農業の実践のなかでは，このような作物の自立的生命力の向上が，病害虫への作物の抵抗力や抑止力を増大させていくことも確かめられている（第7図）。健全に育った作物の体内には，病気や害虫を引き寄せるような生理的状態は作られにくく，また罹病し，加害されたとしても，治癒し，その被害に負けない，代償的生育なども含めた，多面的な生育力が備わっていくのである。病気や害虫の大発生は，環境と作物の異常状態のなかに出現する現象であり，健全な環境と生育の下ではそれほど頻繁には起こらないという認識がそこにはある。

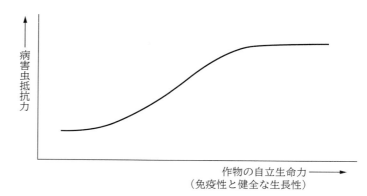

第7図　作物の自立的生命力が病虫害を抑える
（中島，2007）

さらに，こうした作物の自立的生命力の向上は，作物の環境適応力の向上にもつながっているようである。作物の環境適応力の内容としては，土づくりなどで形成される圃場生態系と積極的に応答しつつ①健全な生育を果たしていく能力と②さまざまな天候異変等への適応力の2つが考えられるが，低投入と内部循環の高度化という技術的取り組みとその蓄積によってこの2つの環境適応力がともに向上することも有機農業の実践のなかで確かめられつつある。冷害，日照り，湿害などに有機農業の作物は強いのである。

（4）自然共生型地域社会形成をめざす有機農業技術の展開方向

このような圃場内外の生態系に依拠する有機農業の技術形成は，農業経営において多様な部門が構築され，多種の作物が栽培され，それらが相互に循環的に関係し合い，その循環的な関係が家畜飼養によって能動的に加速され，土地利用も土地条件に見合って輪換的に複合化されていくことによってよりよく推進される。近代化農業においては，経営部門の単純化と規模拡大だけが奨励されてきたが，有機農業の長い経験は，循環型の有畜複合経営の合理性，優位性を教えている。

自然は地域的広がりのなかにある。有機農業技術は，圃場における生態系形成の線上に構築される。

そして，そのような生態系は当たり前のこととして地域的広がりの生態系の一部をなしている。有機農業普及の経験からすると，面的に広がった有機農業の団地的展開と小地片ごとの孤立した取り組みを比較すると，団地的展開の場合ははるかに容易だという経験則がある。端的にいえば団地的展開の場合は病害虫が出にくいのである。これなどは藤田氏による第5図の世界が地域的広がりのなかで形成されていくことの証左といえるだろう。

だが，付言すると，かといって小地片ごとの有機農業ができないとか意義が小さいということではない。孤立した小地片での取り組みであっても，有機農業転換の1年目から，圃場における生物種多様性は回復していく。孤立した小地片であっても，希少生物等の回復が確認されるのである。この事実は，シードバンク（埋土種子）等による植生の回復というだけでなく，地域内にわずかに生き残っていた農村生物の逃げ込み場として有機農業圃場が機能していることも示唆している。別

言すれば孤立した小地片の圃場であっても，地域的な生態系の支援を受けながら圃場生態系の回復，形成は進んでいくということになる。

　圃場と里地里山などとの生態的関係も重要である。地域の安定した生態系の拠点は里地里山にある。手入れがされた里山も大切だが，手入れのされていない藪地もまた大切な意味をもっている。そうした多様な里地里山が圃場の周辺に配置され，その資源が農業と暮らしに循環的に活かされていく仕組み作りがとくに重要なのである。農業も暮らしも地域の生態系の一部として生きており，その恵みを活かそうとする取り組みとして有機農業はあるのだろう。

　こうした認識を基に，地域農業再生戦略，地域生態系回復戦略をより積極的に構想していくとすれば，既存の散在する有機農業圃場を，それぞれ戦略拠点として位置づけ，里地里山も含めて，それらを相互に連携するネットワークとして結び合わせ，地域生態系形成を図っていくという構図が見えてくる。有機農業圃場は団地化されるだけでなく，地域的ネットワークのなかに積極的に位置づけられるべきだという考え方である。

3. 有機農業技術展開の基本原則

　上述のことの繰り返しにもなるが，有機農業技術展開の基本原則を箇条書きにすれはおおよそ次の15カ条に整理できる。

　まず，有機農業において基本的前提となる事項としては，農薬や化学肥料，遺伝子組み換え技術を使わないという3点が挙げられる。さらに成熟した有機農業に向かう取り組みにおいて共通して確認できる方向性として以下の諸点が挙げられる。

　①工業製品などの外部からの投入資材にはできるだけ依存しない。農場や農場周辺の自然や社会の範囲内での資材活用，できれば循環的活用を志向する。

　②農業の基本を総合的な土づくり，すなわち圃場の安定的でかつ生産的にも活力ある生態系形成におく。圃場の生態系はできるだけ壊さず，時間をかけて育てていくことをめざす。生態系は基本的には生態系自体の運動と力によって自己形成されていくという認識を基本とし，人為の役割を生態系の自己形成を助け，適切に誘導していくことにおく。作物栽培自体も生態系形成にできるだけ資するように組み立てていく。

　③そのためにも適切な低投入，土壌—作物栄養論的には適切な低栄養を基本としていく。施肥だけに頼ることをせず，施肥においても土づくりを主眼として，それへの循環促進的な補助剤としての位置づけをしていく。堆肥づくりとその施用では，里地里山資源の活用，イネ・ムギなどの禾本科（イネ科）のワラの活用，などを重視し，土に有機物を還元し，豊かな微生物共生系の育成を主眼とする技術として位置づけていく。

　④作物の生理生態的特質を適切に把握しつつ，作物のもつ本来の性質を活かし，作物の生命力を引き出していくことを栽培技術の基本におく。そのためには，低投入，低栄養は基本的な条件となっていく。一般論としては，根の張りのよい作物生育，疎植によるゆとりある生育環境の確保が重要な意味をもつ。作物の生育においては，セルロース生産（体の骨格づくり），タンパク生産（体の中身づくり），デンプン生産（エネルギーの蓄積）が生育ステージに応じてバランスのとれた展開をしていくことに留意する。

　⑤病虫害対策は，健康な作物生育の確保，安定した圃場生態系の確保によって病虫害多発の原因を除去することを基本におき，ある程度の発生があったとしても，圃場における天敵や作物自体の治癒力に依存して問題解決を図る。また，病虫害の発生等を単年度の事象として捉えず，長期的な安定生態系形成の視点で見ていく。

1100

⑥雑草対策については，現状ではまだ多くの問題を残しているが，雑草の生育力は圃場の生物的活力を示すものと理解し，雑草生育自体を敵視しない。雑草は多種の野生植物の群集であり，そのあり方は生態的な変化のなかにあることを適切に認識していくことが必要だろう。その上で，雑草と作物との競合を回避し，作物生産と雑草生態がともによりよい圃場生態系を形成していくような技術方策の構築をめざす。

⑦圃場および圃場周辺の生きものの多様性に配慮し，生物多様性の保全に支えられた安定した生態系とその活力によって農業生産が安定的に展開していくという方向性のある技術方策の構築をめざす。そのためにも敷きワラなどによる土壌被覆を重視する。

⑧日本はすばらしい四季の変化がある国で，1年生の農作物はその四季の変化にさまざまに適応しながら生育の型をつくっている。農の営みでは，季節の変化の予兆を的確に把握し，それに適応しようとする作物の生育の動きを捉えそれを適切に誘導していくことが重要である。

⑨作物栽培にあたっては，地域の自然条件，気候条件，伝統的な農耕体系，品種の選択，生産物をおいしく食べる消費者の食のあり方，生産における危険分散等々を多面的に配慮した，その土地に馴染んだ作型の確立を重視する。そのような作型とその経営的組み合わせこそ総合的な農業技術の結晶であると考える。

⑩農業経営のあり方としては，穀物，マメ類，イモ類などを基軸とした複合経営を基本とし，それをより能動的に組み立て，展開していくためにも畜産の包摂，飼料自給型の畜産との適切な連携，すなわち有畜複合農業の構築をめざすことが必要である。

⑪種採り，育種については，農家自身がこの領域の技術を自らの技術として獲得していくことの意義を重視する。これは農がいのちの営みであることを農業者自身がしっかりと捉えていくうえでたいへん重要な課題である。また，品種改良については，単なる生産性や耐病性，あるいはその他の優良形質の導入ということだけでなく，有機農業でつくりやすい品種，根の張りのよい品種の作出，さらには伝統的な文化価値としての在来品種の適切な保全などにも配慮していくことが必要である。

⑫有機農業は豊かな食と結びつくなかで発展，充実していく。有機農業と結びつく食は全体食を志向しており，いのちの産物としての農産物はできるだけそのすべてをおいしく食べていくことを望みたい。食も農も四季の変化のなかでそのあり方を変えていく。有機農業はそのような食のあり方とそれに則した食の技術の高まりと共に展開していくことが望ましい。

⑬有機農業において労働の意味はたいへん大きい。人は農作業（労働）をとおして作物，土，自然と交流していく。農作業は農業者の感性を育て，作物や田畑を丁寧に観察していくプロセスでもある。有機農業においては，労働を単なる負担やコストとは捉えず，そこに積極的な意義をおいている。有機農業においては農作業が喜びと発見と充実のプロセスとして編成され運営されることを願っている。したがって有機農業においては近代農業のような単なる省力技術は追求されない。もちろん多労であることだけに意義をおくものではないが。

⑭農業は本来個々の圃場や経営だけで完結するものではない。とくに日本の場合は，零細分散錯圃制という地域農業体制の下にあり，農業の地域的な展開の意味がたいへん大きい。また，有機農業が依拠する生態系は原理的にも地域生態系として存在している。有機農業圃場自体が地域の農業生態系の一部を構成していると考えるべきだろう。さらに，生物多様性の視点から重要視されている里地里山の保全にとっては，そこでの適切な資源利用と結びつけることが重要であることも明らかにされている。有機農業における里地里山に依存した資源利用はその意味からもたいへん重要な意味をもっている。こうした取り組みを地域的に広げながら，地域の自然，地域の林野とも適切に結び合った地域農法の形成と確立をめざしたい。

⑮有機農業は，そのときの生産だけでなく，5年後10年後，そして100年後の農の豊かな展開を

願って取り組まれている。その取り組みは，過去の数十年，数百年にわたる農人たちの暮らしとしての農の営みを継承したいと考えている。その意味で有機農業は広義の文化形成の活動であるともいえる。したがって有機農業の評価にあたっては，こうした長期の視点，世代をつなぐ農の継承という視点，さらには文化形成の視点も欠かすことはできない。

4. 有機農業技術の特質

以上述べた有機農業の技術論の特質は，別言すれば，投入―産出の生産関数的技術論からの脱却と，土＝作物＝人の関係を自然共生的に組み立てる取り組みにあるということになる。そこでは
　①田畑と作物・家畜は自立的に生きている
　②田畑と作物・家畜は共生的に生きている
　③農業技術（人の労働）は田畑と作物・家畜への働きかけであり
　④そこに新しいいのちの世界を拓くことがめざされる
の4点が基本認識におかれている。人間労働の総和が生産成果として現れるのではなく，生産成果は田畑と作物・家畜の，そしてその土地の自然を踏まえた，そこに人の手も加わって，自立的で共生的ないのちの営みの世界の結果として現れると認識されている。そこでは人間労働や資本の投下などの直接的効果を求める1＋1＝2ではない自然共生的な豊かな世界が現実に拓かれてきている。これらの点が工業技術と農業技術の根本的違いとして認識されてくるのである。

また，現実の取り組みはまだ端緒的な段階ではあるが，今後の展開方向として，これからの有機農業は地域の自然と結び合うという指向性も確認できる。そこでは
　①気候条件・地形条件・林野等の生態条件
　②季節の移ろいへの適合
　③流域・地形連鎖という捉え方
　④地域の生態型という捉え方（照葉樹林・ブナ林等）
　⑤生きもののネットワークと生きものの生命連鎖
　⑥生態系の恵みを農業資材の利用に生かす
　⑦生態系の保全管理・生きものの多様性
などが意識され，自然（風土）と農業の連関の多面的な追求のなかで新しい農と自然を創るという方向がめざされている。

こうした有機農業展開の目標，あるいは方向性は，地域の広がりのなかでの循環型農業の形成，あるいは再建にある。有機農業の技術論的基礎にある生態系形成は地域的循環構造の構築のなかでこそ安定的に実現されるものである。地域循環型農業においては，地域農業の品目的配置，地域の土地の配置と連携などが大きな意味をもってくる。禾本科，マメ科，イモ類などのいわゆる地力形成型作物と野菜類などの地力消耗型作物の年間をとおしたバランスのとれた配置，資源循環を促進させる飼料自給型の畜産の導入，地力形成的な外圃と地力消費的な内圃の適切な配置，里地里山と農地の適切な配置と連携，生態系形成拠点としての藪地の配置等々のことが計画論的に改めて位置づけられてくる。

この段階に至れば，営農活動の集積のなかで地域は複合的な循環的生態系が生きていく場として認識されるようになり，地域を流域として捉えた流域農業論の構築も現実的な課題となっていくだろう。

繰り返し述べてきたように，長い時代の歩みのなかで，農業は地域の自然に支えられ，地域の自然条件を活かした個性ある地域農業が形成され，また，そうした地域農業が展開するなかで，農業と共生する安定感と活力のある地域の自然（二次的自然＝農村的自然）が形成されてきた。有機農

業にはこうした地域の農業の自然共生的な本来のあり方を取り戻していく取り組みにおいて主導的な役割を期待されている。

　有機農業についての一般的な社会的了解は「無化学肥料，無農薬農業」，すなわち合成化学物質を使用しない農業ということになっている。しかし，それは有機農業の入り口についての部分的な認識にすぎず，その先には，外部資材等の投入削減が，圃場生態系の形成や地域自然との良好な関係性形成を促し，自然共生の線上に本来的な生産力形成が図られるという展望が設定されているのである。

　執筆　中島紀一（茨城大学名誉教授）

　（中島紀一，2013年，『有機農業の技術とは何か　土に学び，実践者とともに』第2部第4章「有機農業は普通
　　の農業だ―農業論としての有機農業」より）

索　　　引

　頁表記は，たとえば「共200」は共通技術編の200頁，「作200」は作物別編の200頁を表します。「共口20」「作口15」などはカラー口絵の頁を表します。用語は，たとえば「白クローバ」「シロクローバ」，「ナタネ油粕」「菜種油粕」など同じ読みをするものは，一方を代表させ収録しています。「寄生バチ」「寄生蜂（ほう）」など同一のものを意味する場合は，「寄生バチ（寄生蜂）」のように収録しています。

〈2〜4〉

2回草刈り …………………作27
2回代かき ……… 共241, 作227
3回代かき …………………作14
4パーミル・イニシアチブ
　………………… 共124, 共127

〈B〜W〉

BLOF理論 ……… 共594, 共647,
　　　　　　　　　　　共984
BM活性堆肥………………… 作879
BT剤 ……… 共973, 作282, 作698,
　　作957, 作1015, 作1027, 作1039
CEC（陽イオン交換容量）
　………… 共353, 共748, 共788
CODパックテスト ……… 共612,
　　共619, 共635, 共638, 共643
CSA（地域支援型農業）… 共58,
　　共104, 共108, 共115
CY-2 ……………………… 共420
Dr. ソイル（農家のお医者さん）
　… 共612, 共647, 共987, 作996
EC ………………………… 共652
EM菌…… 共口20, 共716, 共812,
　　共822, 作142, 作258, 作859
EMストチュウ …………… 作861
FAO ………………………… 共98
FRAC……………………… 作957
FTE ……………………… 作526
GAP ……………………… 共243
IBM（総合的生物多様性管理）
　…………………………… 作360
IFOAM（国際有機農業運動連

盟）…… 共20, 共38, 共50, 共113
IPM（総合的病害虫管理）
　… 共84, 共225, 共460, 共478,
　　共483, 作360, 作950, 作968
IRAC ……………………… 作957
JAS認証 …………………… 作1082
JAS法 ……… 共43, 共45, 共53,
　　　　　　　　　　　共1030
J-クレジット制度 … 共68, 共125
MOA自然農法……… 共33, 作194
NSクルナ ………………… 共422
PGS（参加型認証システム）
　……………………………共50
pH ………………………… 共652
R-007 ……… 共375, 共411, 共415,
　　　　　　　　　　　共420
RACコード ……… 共978, 共979,
　　共980, 共1018, 共1022, 作957
SOFIX …………… 共649, 作887
TDN（可消化養分総量）… 共473
VA菌根菌（アーバスキュラー菌
根菌）……… 共口4, 共口7,
　　共128, 共191, 共260, 共360,
　　共391, 共470, 共518, 共522,
　　共527, 作936
W天敵 …… 作950, 作964, 作968,
　　作972, 作976

〈あ〉

アークトセカ…………… 作851
アーバスキュラー菌根菌（VA菌
根菌）……… 共口4, 共口7,
　　共128, 共191, 共260, 共360,
　　共391, 共470, 共518, 共522,

共527, 作923
アイガモ…… 共159, 作31, 作211,
　　　　　　　　　　　作393
アイガモ水稲同時作…………作31
アイガモロボ……………… 作236
アイガモン……… 共274, 作279
アイデア農機具…… 作43, 作227,
　　作229, 作231, 作349, 作597,
　　作605, 作734
アウェナ ストリゴサ（エンバク
野生種）… 共369, 共389, 共418,
　　共424, 共432, 共480, 共1013,
　　作360, 作723
青イモ…………………… 作746
青柿…………………………共口27
青刈りトウモロコシ……… 作314
青枯病…… 共口22, 共553, 共586,
　　共748, 共781, 共963, 作360,
　　作426, 作430, 作459, 作475
青ジソ…………… 作684, 作791
青葉ミレット……………… 共420
アオヒメヒゲナガアブラムシ
　………………………… 作383
アオミドロ………………… 作139
アオムシ…… 共440, 共461, 作346,
　　作613, 作622, 作634, 作646,
　　作648, 作676, 作726
アオムシコバチ…………… 作863
アオムシサムライコマユバチ
　……………… 作346, 作622
アカガエル………………… 共226
赤かび病…………………… 作293
赤クローバ… 共308, 共426, 作324,
　　作482, 作1086

アカザ…… 共口1, 共511, 共870,
　　　　　共930, 作903
赤シソ…………… 共877
アカスジカスミカメ……… 作244
アカツメクサ……… 作851
アカヒゲホソミドリカスミカメ
　　　　　……… 作242, 作244
赤焼病……… 作1023, 作1019
秋落ち……… 共863
秋処理……… 作187
アグリビジネス…………… 共106
アグロエコロジー… 共86, 共104,
　　　　　共110, 共160
アグロフォレストリー…… 共291
アゲハチョウ……… 作863, 作874
アサガオ……… 作850
アザミウマ……… 共口3, 共口15,
　　　　　共459, 共462, 共464, 共476,
　　　　　共482, 共488, 共490, 共497,
　　　　　共500, 共934, 共935, 共938,
　　　　　作423, 作430, 作475, 作816,
　　　　　作825, 作825, 作882, 作955
アジアイトトンボ……… 作口3
アシナガグモ……… 共227
アシナガバチ……… 作326
アジフォルアミノガード… 共949
アズキ……… 共188, 共519, 共534,
　　　　　共537, 共582
アズキ落葉病……… 共374, 共389
アスパラガス……… 共477, 共528,
　　　　　共556, 共672, 共720, 共913
アゼトウガラシ…………… 作218
アゼナ……… 共230, 作133, 作174,
　　　　　作212, 作218
アップルミント… 作口16, 作1033
穴肥……… 共808
アバパール……… 共422
アフィパール……… 共480
アブノメ… 作174, 作212, 作218
油粕……… 共803, 共812, 共830
アブラバチ… 共478, 共545, 作863
アブラムシ……… 共口3, 共口14,
　　　　　共15, 共口17, 共口18, 共口19,
　　　　　共412, 共431, 共456, 共460,
　　　　　共476, 共478, 共490, 共557,

共728, 共844, 共934, 作412,
作430, 作432, 作465, 作475,
作481, 作506, 作527, 作536,
作541, 作558, 作613, 作634,
作641, 作655, 作676, 作698,
作788, 作816, 作825, 作855,
作863, 作965, 作1000, 作1039
アフリカントール… 共371, 共422,
　　　　　作711
アボガド……… 共546
アマガエル… 共口1, 共76, 作863
甘夏……… 共834
アミノ酸… 共口26, 共196, 共204,
　　　　　共214, 共594, 共600, 共735,
　　　　　共812, 共816, 共850, 共851,
　　　　　共856, 共865, 共871, 共888,
　　　　　共925, 共949
アミノ酸吸収……… 共214
アミノ酸肥料……… 共989, 共990
アミノ薬元………作58
アミミドロ……… 作19, 作145
網もち病……… 作1023
アムリ2……… 共424
アメリカセンダングサ…… 作875
アリルイソチアシアネート
　　　　　……… 共400, 作660
アルファルファ……… 共528
アレロパシー……… 共414, 共418,
　　　　　共429, 作911, 作914
アレロパシー植物………作1035
アワノメイガ…… 共口1, 共口2,
　　　　　共441, 作536, 作537, 作539
アワヨトウ……… 作536
アンジェリア……… 共412, 共422,
　　　　　作106
アンスリウム……… 作824
アンブリセイウスカブリダニ
　　　　　……… 作824
アンモニア態チッソ……… 共162,
　　　　　共172, 作356
イアコーン……… 作314
硫黄欠乏……… 作454
萎黄病……… 共561, 作676, 作717
生きもの調査……… 共237, 作口2
育種……… 共877

育苗培土……… 共774, 作67
育苗箱……… 作407
育苗用土……… 作404
石ナス……… 作429
異常気象……… 作365
イセリアカイガラムシ…… 作862
イソチオシアネート……… 共399
イタドリ……… 共557
イタリアンライグラス… 共口8,
　　　　　共口10, 共141, 共284, 共420,
　　　　　共424, 共516, 作106, 作1065
イチゴ…… 共30, 共420, 共455,
　　　　　共464, 共477, 共561, 共682,
　　　　　共834, 共865, 共866, 共907,
　　　　　共934, 共945, 作385
イチゴ萎黄病……… 共263
イチゴうどんこ病……… 共949
イチゴ芽枯病……… 共562
イチビ……… 共467, 作903
萎凋病……… 共441, 共546, 共582,
　　　　　共590, 共746, 共772, 作459,
　　　　　作655, 作660
一樂照雄… 共34, 共37, 共55, 作341
一酸化二チッソ……… 共125
いつでもスーダン……… 共424
遺伝子組み換え作物……… 共40,
　　　　　共272, 共686, 共694, 作1066
イトトンボ……… 共230
イトミミズ… 共89, 共158, 共241,
　　　　　作口4, 作口6, 作44, 作119,
　　　　　作129, 作132, 作136, 作137,
　　　　　作145, 作153, 作180
イナワラ…… 共152, 共155, 共170,
　　　　　共172, 共178, 共196, 共560,
　　　　　共742, 共743, 共790, 共816,
　　　　　共832, 共900, 作口6, 作98,
　　　　　作167, 作184, 作658
イヌガラシ……… 作903
イヌタデ……… 共511, 共569
イヌナズナ……… 作903
イヌノフグリ……… 作875
イヌビエ……… 作33, 作170, 作903
イヌホタルイ……… 作178
イヌムギ……… 作849, 作875
イネ…… 共口2, 共口26, 共口32,

共116, 共134, 共162, 共165,
共172, 共178, 共186, 共203,
共236, 共241, 共325, 共333,
共528, 共643, 共701, 共728,
共737, 共739, 共830, 共839,
共853, 共863, 共913, 共921,
共928, 共934, 共948, 作口1,
作口6, 作47, 作52, 作63,
作77, 作91, 作98
イネ科緑肥…………… 作356
イネツトムシ…………………作25
イネミズゾウムシ… 共165, 共242,
作54, 作211
イノシシ………………… 作850
いぶし菜………………… 共426
易分解性有機物…… 共790, 共795
イボクサ………………… 作132
いもち病…… 共739, 共921, 共934,
共948, 共959, 作27, 作53, 作56
いもち病（苗いもち）………作72
イモムシ………………… 共557
イヨカン………………… 作989
インゲン…… 共188, 共442, 共507,
共528, 共537, 共545, 共697,
共702, 共705, 共765, 作552,
作554
インドール酢酸…… 共820, 共965
ウィードザッパー………… 共274
ウィードマン…………………作27
ウィーラー………………… 共420
ウインドブレイク………… 共480
浮き草………………………作19
ウコン………………… 共682
ウシノシッペイ……………作903
うずら豆………………… 共507
ウド………………… 共682
うどんこ病… 共746, 共785, 共853,
共888, 共912, 共934, 共945,
作360, 作372, 作430, 作475,
作492, 作506, 作508, 作514,
作518, 作527
ウネ立て耕起……………… 作194
ウネ連続利用……………… 作779
ウメ………………… 作925
ウメシロカイガラムシ…… 作974

羽毛根………………………作口7
ウリカワ………… 作142, 作212
ウリキンウワバ…… 作372, 作383
ウリノメイガ……… 作372, 作383
ウリバエ………………… 作497
ウリハムシ… 作411, 作412, 作483,
作493, 作494, 作506, 作508,
作527, 作529
ウンカ……… 共85, 共158, 共227,
共242, 作32
ウンカシヘンチュウ…………共85
ウンカタカラダニ……………共85
温州ミカン……………… 作833
江……… 共225, 共235, 作口2
栄養生長促進……………… 共924
栄養繁殖………… 共673, 共681
エース………………… 共420
エカキムシ………………… 作874
益虫………………………共87
液肥………………… 共759
疫病… 共441, 共546, 共746, 作363,
作459, 作475, 作492
エゾノギシギシ………… 作903
エダマメ…… 共279, 共422, 共441,
共847, 共912, 作546, 作548,
作550, 作791
エディブルフラワー……… 作819
エノキグサ………… 作850, 作903
エノコログサ……… 共523, 作240,
作849
エバーグリーン…………… 共426
エビスグサ………… 共418, 作388
えひめAI … 共850, 共851, 共853,
共854, 共856, 共866, 共888,
共948, 共953, 作813
エラミミズ… 作口5, 作130, 作154
エリシター………………… 作783
エリンギ………………… 共785
塩水選………… 作16, 作74
エンドウ…… 共279, 共507, 共528,
共545, 共551, 作366, 作406,
作560, 作563
エンドウ茎えそ病………… 共565
エンドウヒゲナガアブラムシ
…………………… 作1034

エンドファイト…… 共184, 共260,
共265, 共292, 作642
縁農………………… 共774, 作351
エンバク………… 共口3, 共口3,
共口13, 共141, 共307, 共346,
共352, 共365, 共411, 共418,
共420, 共424, 共440, 共516,
共528, 共537, 共542, 共545,
共551, 作106, 作356, 作388,
作505, 作524, 作711, 作722,
作728, 作736, 作783
エンバク栽培種……… 共382
エンバク野生種（アウェナ スト
リゴサ）……… 共1013, 作360,
共369, 共389, 共418, 共424,
共432, 共480, 作723
塩類除去………………… 共418
黄化えそ病… 共488, 作459, 作475
黄化葉巻病………………… 作459
黄化病………………… 作634
黄色高圧ナトリウムランプ
作1030
オウトウ……… 作951, 作972
オウトウショウジョウバエ
………………… 作975
オウトウハダニ………… 作951
オオアトボシアオゴミムシ
…………………… 共461
オオアレチノギク… 共467, 作850
オオイヌノフグリ… 作849, 作903,
作908
オーガニック給食（有機給食）
…… 共口1, 共70, 共76, 共111
オーガニック牛乳…………作1089
オーガニックビレッジ………共61
オーキシン……… 共819, 共974
大潮防除…… 共970, 共971, 共973
オオタバコガ……… 共491, 作383,
作461, 作465, 作475, 作698
オータムポエム…………… 作646
オーチャードグラス……… 作908
オートモア………………… 共274
大苗……… 共774, 作189, 作575,
作622, 作697, 作702, 作704
オオナギナタガヤ………… 共413,

作919, 作923
オオバコ…… 共523, 作888, 作903
オオムギ… 共口15, 共252, 共346,
　　　　共418, 共420, 共426, 共444,
　　　　共459, 共494, 作356
岡田茂吉……………… 共33, 共55
オカノリ…… 共614, 作683, 作690
オカヒジキ………… 作683, 作686
おから……………… 共525, 共812
オギ………………………… 共742
オクラ…… 共口17, 共口18, 共442,
　　　　共476, 共478, 共486, 共509,
　　　　共690, 共696, 作357, 作423,
　　　　作541, 作542
オサムシ…………………… 共544
遅植え…………………… 作640
遅霜……………………… 作746
おたすけムギ…………… 共426
オタマジャクシ………… 作146
落ち葉…… 共口21, 共439, 共542,
　　　　共543, 共764, 共765, 共768,
　　　　共771, 共774, 共817, 共819,
　　　　共828, 共829, 共831, 共877,
　　　　作341, 作370
落ち葉堆肥…… 共791, 共803, 作16
落ち葉マルチ……… 共544, 共551,
　　　　共764, 共765, 共768
汚泥……………………… 共804
おとりイネ……………… 作251
おとり作物……………… 共426
おとり植物……………… 共407
おとりダイコン………… 作626
己生え…………………… 共509
オヒシバ………………… 作739
オモダカ… 共口32, 共928, 共930,
　　　　作21, 作178, 作212, 作234
オランダミミナグサ……… 作903,
　　　　作908
オリゼメート…………… 共948
温室効果ガス……… 共63, 共122,
　　　　共138, 共172, 共178, 共186,
　　　　共275, 共309, 作933
オンシツコナジラミ……… 作460
オンシツツヤコバチ……… 共477
温床……………………… 共774

温湯消毒……… 作57, 作71, 作771
温湯処理…… 共934, 共945, 作53,
　　　　作77, 作805
オンブバッタ…………… 共464
オンリーワン…………… 作711

〈か〉
カーソン…………………… 共32
カーネーション…… 共888, 作812
ガーベラ………………… 作824
カーボン・クレジット…… 共68
カーボンニュートラル…… 共122
カイガラムシ……… 共844, 作837,
　　　　作971, 作989, 作1009,
　　　　作1023, 作1048
カイガラムシ猩紅病菌……作1051
海産物…………………… 共804
海水………………… 共603, 共1088
海藻エキス……………… 作860
害虫……………………… 共87
回転レーキ……………… 作232
かいよう病………… 作459, 作867,
　　　　作883, 作915
カウコンフォート………… 作1080
カエル…… 共口1, 共156, 共225,
　　　　共242, 共244, 作15, 作251,
　　　　作348, 作411
ガガイモ………………… 作903
化学性…………… 共662, 作355
カキ……………… 共865, 共919
カキガラ………… 共822, 共830
カキ殻…………………… 共842
カキガラ石灰…… 共814, 作561,
　　　　作637
柿渋……………………… 共877
柿酢……………………… 共919
夏期湛水………………… 作738
カキドオシ………… 共510, 作903
可給態チッソ……… 共612, 共618,
　　　　共638, 共643, 作267, 作310, 作358
隔年結果………………… 作833
カゲロウ………………… 作1033
果樹カメムシ…………… 作974
カズラ……………………作44
ガスわき………………… 共165

化石エネルギー…………… 共172
稼ぎっ葉…………… 作口16, 作994
化石燃料………………… 共132
家族農業………………… 作340
肩こけ果………………… 作491
カタバミ………… 作865, 作977
家畜糞堆肥……………… 共794
家畜糞尿………………… 共790
学校給食…… 共口1, 共70, 共76,
　　　　作515, 作736
褐条病…………………………作56
褐色小斑症……………… 作491
褐色せん孔病…………… 作975
褐色根腐病……… 共746, 作459
褐色葉枯病………………作56
褐色腐敗病… 共348, 共426, 作855
褐色円星病…………………作1023
褐斑病…… 共口30, 共907, 共907,
　　　　作492
カドミウム……………… 共527
カニ……………………… 共116
カニガラ………… 共817, 共948
カバークロップ… 共口12, 共口13,
　　　　共138, 共272, 共278, 共294,
　　　　共310, 共411, 共532, 作119,
　　　　作277
カバープランツ………… 作957
カブ…… 共口8, 共口9, 共407,
　　　　共440, 共506, 共516, 共545,
　　　　共557, 作726, 作727
カフェー酸……………… 作625
株腐病…………… 共913, 作655
カブトエビ……………… 作207
株間除草…… 共口32, 作228, 作395
株元草生………… 作957, 作969
カブラハバチ……… 作412, 作646,
　　　　作726
カブリダニ……… 共口16, 共462,
　　　　共500, 作658, 作1023, 作1033
カボチャ…… 共266, 共279, 共416,
　　　　共440, 共442, 共528, 共551,
　　　　共557, 共623, 共696, 共913,
　　　　作口8, 作498, 作508, 作511,
　　　　作514, 作516, 作714
カボチャ果実斑点細菌病… 共416

カボチャ台木……… 作377, 作486	カンザワハダニ…… 作951, 作968,	ギニアグラス……… 共346, 共380,
カボチャミバエ……………… 作506	作976, 作1023, 作1034, 作1037	共420, 作388, 作472, 作711
カマキリ…… 作348, 作822, 作863	完熟型………………………… 作465	キヌサヤエンドウ… 作560, 作563
カマバチ……………………… 共85	完熟堆肥………… 共790, 共793	キノコ……………… 共780, 共783
紙マルチ……………………… 作218	乾燥おから…………………… 作58	キノコ菌…… 共792, 共794, 共1003
カメノコS………………… 共480	乾燥耐性…………………… 共918	キノコバエ………………… 共546
カメムシ… 共242, 共245, 作口12,	乾燥防止………… 作423, 作936	黄花のちから……………… 共426
作口15, 作27, 作548, 作555,	寒太郎…………… 共414, 共422	キバラコモリグモ………作口3
作890, 作965	乾田直播……………………… 作31	忌避剤…………… 作1007, 作1009
カモガヤ……………………… 作903	干ばつ…………… 作281, 作623	ギフアブラバチ…………… 共494
カモジグサ…………………… 作849	乾腐病…………… 作588, 作794	キムネタマキスイ………… 作989
カヤ……… 共22, 共511, 共548,	キアゲハ………… 作口3, 作728	気門封鎖…………………作1052
共742, 共745, 共748, 共751,	キアシブトコバチ…………… 作1033	気門封鎖剤………………作1027
共769, 共816	キイカブリダニ… 共口15, 共462,	キャベツ… 共口15, 共153, 共200,
カヤツリグサ……… 共569, 作174	共477	共247, 共266, 共348, 共407,
カラシナ…… 共399, 共422, 共426,	キウイフルーツ…… 作843, 作876,	共420, 共456, 共460, 共513,
共560, 共675, 共684, 作356,	作915	共528, 共531, 共533, 共700,
作660	帰化アサガオ………………… 作280	共759, 共819, 共853, 共943,
辛神………… 共403, 共422, 作360	キカシグサ… 作174, 作212, 作218	作357, 作366, 作407, 作607,
カラス…………… 作540, 作563	キカシズサ………………… 共230	作616, 作620, 作622, 作624
カラスウリ…………………共口25	キカラシ…… 共404, 共422, 作106	キャベツバーティシリウム萎凋病
カラスノエンドウ… 作33, 作849,	キク…… 共口28, 共口31, 共557,	共374, 共398
作875, 作944	共889, 共910	キャンディミント………… 共464
カラスムギ………………… 作849	キクイモ…………………… 作366	キュアリング……………… 作507
カランコエ………………… 作824	奇形花……………………… 作491	吸引式捕虫機……………作1025
カリ過剰…………………… 作454	岐根………………………… 作723	休閑緑肥…… 共389, 作258, 作293
刈り草…………… 共276, 共543	キザキノナタネ…………… 共426	球根性雑草………………作20
カリ欠乏…………………… 作453	ギシギシ………… 作957, 作1087	九州14号………………… 共424
カリナータ………………… 共672	技術の自給………………… 作394	急性萎凋症………… 作377, 作491
刈り払い機………………… 共290	キスジノミハムシ… 共418, 共424,	牛乳スプレー…… 作411, 作432
カリフラワー……… 共440, 作357	共441, 共446, 共506, 共942,	牛糞………… 共607, 共798, 共803
カリヤス…………………… 共742	作412, 作613, 作634, 作676,	牛糞堆肥…… 共153, 共178, 共791,
顆粒病ウイルス…………作1042	作717, 作722, 作726	作301
カリ溶解菌………………… 共357	寄生蜂（寄生バチ）…… 共口15,	キュウリ… 共口29, 共口30, 共266,
カルシウム欠乏…… 共912, 作453	共口17, 共412, 共462, 共478,	共279, 共420, 共439, 共442,
カルチ……… 共166, 作258, 作314	共494	共507, 共526, 共528, 共549,
カルチベーター……………… 作755	キタネグサレセンチュウ… 共346,	共578, 共587, 共592, 共692,
ガルフ……………………… 共424	共369, 共381, 共411, 共420,	共704, 共761, 共766, 共772,
カンキツ…… 作833, 作857, 作867,	共420, 共569, 作711, 作717,	共784, 共834, 共888, 共897,
作925, 作951, 作989	作772	共907, 共934, 共935, 共938,
環境直接支払………………… 共108	キタネコブセンチュウ…… 作711	作口10, 作357, 作366, 作481,
環境保全型農業……………共97	キチン…………… 共544, 共948	作494, 作496, 作561
間作… 共口15, 共456, 共459, 共462	拮抗菌…… 共口22, 共544, 共748,	キュウリうどんこ病……… 共953
間作緑肥…………………… 共531	作927	キュウリ炭疽病…………… 共959
かんざし症状……… 作505, 作491	キトサン………… 共842, 共845	キュウリつる割病… 共247, 共546,

1108

共562
狭畦密植‥‥‥‥‥‥‥‥‥ 共281
キョウナ‥‥‥‥‥‥‥ 共440, 共675
魚粕‥ 共812, 共814, 共816, 作765
魚粕ペレット‥‥‥‥‥‥ 作765
局所施用‥‥‥‥‥‥‥‥ 共808
魚巣ブロック‥‥‥‥‥‥ 共231
魚道‥ 共225, 共231, 共236, 共242,
　　　　　　　　　　　 作口2
魚粉‥ 共735, 共822, 作416, 作432,
　　　作494, 作529, 作541, 作637,
　　　作646, 作677, 作701, 作742,
　　　　　　　　 作787, 作1066
切返し‥‥‥‥‥‥‥‥‥ 作435
キリギリス‥‥‥‥‥‥‥ 作863
切り戻し‥‥‥‥‥‥ 作429, 作649
キレート化‥ 共171, 共603, 共840,
　　　　　共876, 共880, 共918
菌液‥‥‥‥‥‥‥‥ 作口16, 共998
菌核病‥‥‥‥ 共913, 作634, 作698
キング‥‥‥‥‥‥‥‥‥‥共30
菌根菌‥ 共口4, 共口5, 共口6,
　　　共口7, 共128, 共190, 共260,
　　　共278, 共306, 共360, 共470,
　　　共518, 共522, 共527, 共730,
　　　　　　　　　　　 作936
近紫外線反射フィルム‥ 作1016,
　　　　　　　作1025, 作1029
キンジソウ‥‥‥‥‥‥‥ 作684
菌糸ネットワーク‥‥‥‥ 共口4,
　　　　　　　　　　　 共口7
キンセンカ‥‥‥‥‥‥‥ 作819
近代農業‥‥‥‥‥‥‥‥‥共16
キンポウゲ‥‥‥‥‥‥‥‥作33
キンホンホソガ‥‥‥‥‥ 作965
ギンヤンマ‥‥‥‥‥‥‥ 共230
キンリョウヘン‥‥‥‥‥ 作897
クウシンサイ‥‥‥‥ 作683, 作688
空洞果‥‥‥‥‥‥‥‥‥ 作457
クエン酸‥‥‥‥‥‥‥‥ 共846
クエン酸鉄‥‥‥‥‥‥‥ 共880
茎レタス‥‥‥‥‥‥‥‥ 作704
くくれ果‥‥‥‥‥‥‥‥ 作491
クサカゲロウ‥‥‥‥ 共412, 共478,
　　　　　　　　 作863, 作987

クサグモ‥‥‥‥‥‥‥ 作1034
クサネム‥‥‥‥‥‥‥‥ 作178
クサノオウ‥‥‥‥ 作口13, 作888
草マルチ‥‥‥ 共293, 共438, 共815
九条ネギ‥‥‥‥‥‥‥‥ 作578
クスノキ‥‥‥‥‥‥‥‥ 共773
くず米‥‥‥‥‥‥‥‥ 作1069
くず麦‥‥‥‥‥‥‥ 共442, 作514
苦土石灰‥ 共口30, 共907, 共914,
　　　　　　　　　　　 作746
クマザサ‥‥‥‥‥‥‥‥ 共439
クマリン‥‥‥‥‥‥‥‥ 共771
クモ‥ 共88, 共225, 共242, 共458,
　　　共462, 作348, 作863, 作940,
　　　　　　　　　　　 作1023
グライ層‥‥‥‥‥‥‥‥ 共170
グランデソルゴー‥‥‥‥ 共424
グランドカバープランツ‥ 共542
グランドコントロール‥‥ 共426
クリ‥‥‥‥‥‥‥‥‥‥ 作925
クリーニングクロップ‥‥ 共350,
　　　　　　　　 共412, 作653
クリーピングベントグラス
　　　　‥‥‥‥‥‥‥‥ 共420
クリーン‥‥‥‥‥‥‥‥ 共418
グリーンソルゴー‥‥‥‥ 共420
グリーンピース‥‥‥‥‥ 作560
グリセリン酢酸脂肪酸エステル
　　　　‥‥‥‥‥‥‥‥作1015
グリット‥‥‥‥‥‥‥ 作1066
クリにせ炭疽病‥‥‥‥‥ 共546
クリムソンクローバ‥‥‥ 共141,
　　　共384, 共416, 共418, 共422,
　　　　　　　　 共426, 作106
グルタミン酸‥‥‥ 共口26, 共955,
　　　　　　　　　　　 作463
クレオメ‥ 共口16, 共399, 共476,
　　　共485, 共488, 共491, 共497
くれない‥‥‥ 共384, 共416, 共422
黒あざ果‥‥‥‥‥‥‥‥ 共526
クローバ‥ 共528, 共531, 共835,
　　　　　共930, 作753, 作851
クロガラシ‥‥‥‥‥‥‥ 共399
黒腐病‥‥‥‥‥‥‥‥‥ 作612
クログワイ‥ 作21, 作133, 作142,

作178, 作212
黒澤酉蔵‥‥‥‥‥‥‥‥‥共37
黒酢‥‥‥‥‥‥‥‥‥‥ 共921
クロストリジウム属細菌‥ 共164
黒大豆‥‥‥‥‥‥‥‥‥ 共715
クロタラリア‥‥‥‥ 共365, 共418,
　　　共422, 共426, 共431, 作310,
　　　　　　　作388, 作551, 作783
クロタラリア　ジュンシア
　　　　‥‥‥‥‥‥‥‥ 共383
クロタラリア　スペクタビリス
　　　　‥‥‥‥‥‥‥‥ 共384
黒葉枯病‥‥‥‥‥‥‥ 作1023
クロヒメテントウ‥‥‥‥ 作975
クロヒョウタンカスミカメ
　　　　‥‥‥‥‥‥ 共477, 共500
黒星病‥‥‥ 共785, 作口13, 作888,
　　　　　　　　　　　 作969
黒穂病‥‥‥‥‥‥‥ 共546, 作536
グロマリン‥‥‥‥‥ 共口6, 共278
黒マルチ‥‥‥‥‥‥‥‥ 作409
クワオオハダニ‥‥‥‥‥ 作951
クワコナカイガラムシ‥‥ 作977
クワシロカイガラムシ‥‥ 共902,
　　　作口16, 作1019, 作1023,
　　　　　　 作1040, 作1048
燻蒸作物‥‥‥‥‥‥ 共399, 共426
くん炭‥‥‥‥‥‥‥‥‥ 作404
景観作物‥‥‥‥‥‥‥‥ 共418
ケイトウ‥‥‥‥‥‥‥‥ 作819
畦畔‥‥‥‥‥‥‥‥‥‥ 作240
畦畔2回草刈り‥‥‥‥‥ 作242
鶏糞‥ 共509, 共606, 共666, 共798,
　　　共803, 共830, 作267, 作294,
　　　作467, 作496, 作512, 作531,
　　　作539, 作556, 作563, 作579,
　　　作594, 作601, 作639, 作648,
　　　作656, 作681, 作705, 作720,
　　　作730, 作745, 作790, 作803
鶏糞栽培‥‥‥‥‥‥‥‥‥作91
鶏糞堆肥‥‥‥‥‥‥‥‥ 作343
鶏糞ボカシ‥‥‥‥ 共774, 作344
茎葉処理‥‥‥‥‥‥‥‥ 共537
ケール‥‥‥‥‥‥‥ 共429, 共440
ケシハネカクシ‥‥‥‥‥ 作952

1109

ケナガカブリダニ… 作898, 作952,
　　　　　作964, 作972, 作976,
　　　　　作980, 作1034
ケナガコナダニ…… 共501, 作658
ケナフ……………… 共534
ゲノム編集………… 共694
嫌気性発酵… 共777, 共814, 共819
ゲンゴロウ………………共86
ケンタッキーブルーグラス
………… 共422, 共426
減農薬運動…………………共84
減農薬モデル…………作1037
減肥 ……………… 共350
ケンブリッジローラー…… 共364
コアオハナムグリ……… 作330
コアカザ………………作33
高温乾燥耐性……… 共924, 共930,
　　　　　共998
高温処理…… 共934, 共935, 共938,
　　　　　共939, 共940, 共941, 共942,
　　　　　共943, 共945
高温対策……………… 作515
好気性発酵………… 共774
コウキヤガラ……… 共230
抗菌作用………… 共730
光合成細菌……… 共口26, 共163,
　　　　　共168, 共862, 共863, 共866,
　　　　　共868, 共871, 共873, 共1008,
　　　　　作815, 作859, 作1046
コウサイタイ…………… 作646
交雑……………… 共690
交雑防止…………… 共675
こうじ菌…… 共792, 共812, 共828,
　　　　　共830, 共831
こうじ菌液………………… 作999
こうじ病…………………作56
ゴウシュウアリタソウ…作1035
耕種的防除…… 作1029, 作1059
紅色非硫黄細菌………… 共178
コウズケカブリダニ……… 共477,
　　　　　共500, 作952
酵素……………… 共834
高チッソ鶏糞…………作91
甲虫 ……………… 共546
コウノトリ……… 共240

交配種……………… 共672, 共682
耕盤……… 共352, 共431, 共596,
　　　　　共756, 共1008, 作370
耕盤破砕………………… 共418
酵母……… 共口25, 共口25, 共556,
　　　　　共594, 共601, 共812, 共816,
　　　　　共831, 共850, 共850, 共851,
　　　　　共856, 共857, 共864
酵母菌液…………… 作999
こうやく病菌………作1023
広葉雑草………………共口18
コーデックス委員会… 共40, 共45
コーヒー粕……………… 共542
ゴーヤー……………… 共528
コーラン……………… 共816
コールラビ……………… 共672
コオロギ……………… 作634
コガシラミズムシ………作口3
コガタルリハムシ………作1087
コガネムシ……… 作410, 作977
黒点病……… 作口14, 作816, 作890
黒斑細菌病… 共348, 共418, 共424,
　　　　　作717
黒斑病……… 作573, 作771
コクロヒメテントウ…… 作863
極早生スプリンター……… 共424
コシマゲンゴロウ……作口3
個重型……………… 作740
個数型……………… 作740
コスカシバ……………… 作975
コスモス………… 共422, 作819
骨粉……… 共816, 共816, 共822
固定種……………… 共672
コナガ……… 共440, 共464, 共544,
　　　　　作412, 作613, 作634, 作676
コナカイガラムシ… 作977, 作977
コナギ……… 共口32, 共242, 共928,
　　　　　共930, 作20, 作133, 作142,
　　　　　作145, 作174, 作178, 作212,
　　　　　作218, 作234
コナジラミ… 共464, 共477, 共482,
　　　　　共491, 共497, 共501, 共747,
　　　　　共934, 共938, 作824, 作825,
　　　　　作955
コニシキソウ……… 共569, 作850,

作865, 作910
コヒルガオ……………… 作903
コブタカナ……………… 共509
コブ減り大根………… 共426
ゴボウ……… 共372, 共411, 共508,
　　　　　共509, 共528, 共721
ゴマ……… 共口16, 共476, 共486,
　　　　　共491, 共497
ゴマ油粕…………… 共525, 作26
ゴマ症……………… 作635
ゴマダラカミキリ………… 作850
コマツナ… 共口14, 共353, 共441,
　　　　　共464, 共528, 共545, 共613,
　　　　　共675, 共684, 共691, 共759,
　　　　　共943, 作357, 作624, 作670,
　　　　　作677
ごま葉枯病………………作56
ゴマフガムシ…………作口3
ゴマフボクトウ…………作1046
コミカンアブラムシ…… 作1023,
　　　　　作1034
ゴミムシ… 共口15, 共458, 共460,
　　　　　共462, 共477, 共544, 共557
コムギ……… 共141, 共528, 共533,
　　　　　共537, 共699, 作258, 作293,
　　　　　作308, 作753
コムギ縞萎縮病…………… 共399
コムギ立枯病……… 共403, 共546
コメツキ……………… 共544
米ヌカ…… 共口22, 共口29, 共196,
　　　　　共241, 共501, 共525, 共542,
　　　　　共550, 共552, 共554, 共560,
　　　　　共582, 共600, 共714, 共719,
　　　　　共734, 共735, 共738, 共774,
　　　　　共803, 共812, 共813, 共814,
　　　　　共822, 共830, 共851, 共869,
　　　　　共896, 共897, 共899, 共902,
　　　　　作口4, 作口6, 作132, 作161,
　　　　　作344, 作403, 作416, 作432,
　　　　　作494, 作508, 作541, 作561,
　　　　　作577, 作590, 作618, 作677,
　　　　　作684, 作729, 作761, 作786,
　　　　　作881, 作1048
米ヌカ散布機……………作1050
米ヌカ除草… 共736, 作136, 作136,

作138, 作142, 作144, 作410,
作787
米ヌカペレット………… 作138
米ヌカ防除……… 共口29, 共896,
共897, 共899, 共902
米ヌカボカシ…… 共口23, 作142,
作331
米ヌカ予肥… 作417, 作552, 作646
コモチカンラン………… 共672
コモリグモ……………… 共462
コモンベッチ…………… 共516
コリンキー……………… 作366
コレマンアブラバチ…… 共476,
作475
根茎腐敗病… 共945, 作802, 作805
根圏微生物……………… 共295
混作…… 共口14, 共口15, 共口18,
共442, 共456, 作423
混植……… 共口3, 共口14, 共436,
共440, 共452, 共464, 作791
コンテナ洗浄器………… 作350
コンニャク… 共420, 共439, 共440
混播………… 共口14, 共436, 作753
コンパニオンプランツ…… 共440,
共442, 作423, 作482
根部エンドファイト……… 共260
コンフューザーV ………… 共493
根粒……………………… 共433
根粒菌……… 共128, 共162, 共178,
共184, 共192, 共306, 共414,
共434, 共440, 共522, 共525,
共1003, 作259, 作270, 作284,
作939, 作1046

〈さ〉

細菌…………………… 共525
栽植密度……………… 作190
サイシン……………… 作646
サイトウ（菜豆）……… 共519
サイトカイニン……… 共974
サイドレスハウス…… 作877
サイフォンの原理……… 作788
在来種………………… 作330
サイレージ…………… 作1084
逆さ植え……………… 作746

サギ…………………… 共226
酢酸………… 共172, 共840, 共924
酢酸菌……… 共601, 作999
サクラ…………… 共771, 作375
ササ……………… 共439, 作888
ササグモ……………… 作1034
ササラダニ… 共246, 共255, 共546
サシガメ……………… 作863
雑草……… 共509, 共560, 作14
雑草共生……………… 作731
雑草草生… 作口12, 作879, 作886,
作945
雑草対策……………… 作516
雑草抑制…… 共465, 共545, 共568,
作161, 作178, 作236
雑草緑肥……………… 共522
サツマイモ… 共186, 共420, 共422,
共442, 共509, 共556, 共697,
共701, 共851, 作357, 作407,
作771, 作775, 作779, 作781
サツマイモネコブセンチュウ
… 共381, 共420, 共422, 共424,
共569, 作423, 作711, 作772,
作784
サトイモ…… 共256, 共422, 共438,
共441, 共550, 共554, 共697,
共705, 作366, 作786, 作789,
作794, 作797
サトウキビ…………… 共185
サニーレタス………… 作702
サバクツヤコバチ……… 作824
サビダニ…………… 共746, 共973
さび病………………… 作573
サブタレニアンクローバ… 共141
サムライコマユバチ……作口3
サメ肌症……………… 作716
サヤインゲン…… 共508, 作406,
作552
サヤミドロ…………… 作145
ザリガニ…… 共116, 共158, 作口1
サリチル酸…… 共939, 共948
サルモネラ症…………作1079
サワガニ………………作口1
参加型認証システム（PGS）
………………………共50

酸化鉄………… 共170, 共173
山間地農業…………… 共290
サンクリスタル………… 作514
残渣……………… 共537, 作437
サンショウ……… 作口13, 作888,
作1009
散水防除……………作1025
サンティ……………… 共422
サントウサイ………… 共675
三年晩茶……………作1059
サンマリノ…………… 共422
産卵率………………作1065
シアナミド…… 共414, 作916
シアノバクテリア… 共163, 共169,
共862
シイタケ菌…… 共780, 共785
ジェネラリスト種……… 作953,
作970
塩……………………作1088
自家採種…… 共447, 共672, 共680,
共687, 共690, 共695, 共706,
作口8, 作口10, 作344, 作378,
作531, 作561, 作732, 作820
自家受粉……………… 共682
自家増殖…… 共672, 共680, 共687,
共695
色彩選別機… 作247, 作250, 作251
敷料………………… 共774
地際刈り…………… 作245
敷ワラ…… 共420, 共542, 作506
地グモ……………… 共544
シシトウ…… 共683, 作477
ジシバリ……………… 共510
糸状菌…… 共口25, 共190, 共247,
共518, 共525, 共556, 共601,
共718, 共792, 共792, 共816,
共893, 共900, 共1003
シストセンチュウ……… 共369
シストル……………… 共418
自然塩………………… 作136
自然共生……………… 作1095
自然栽培… 共口5, 共口7, 作28,
作47, 作226, 作819, 作867
自然農……………… 共97, 共272
自然農法……… 共33, 共55, 共272,

共745, 作138
シソ………共口27, 共509, 作407
下草管理…………………作914
湿害回避…………作115, 作271
地床育苗……作569, 作582, 作623
しのぶ冬菜…………………共705
指標植物……………………作907
ジベレリン…………………共974
脂肪酸グリセド乳剤………作1027
シマミミズ…………共249, 共546
ジャーミネーションシールド
………………………共口5
シャインマスカット………共855
ジャガイモ………共口9, 共口26,
共口30, 共522, 共528, 共534,
共537, 共550, 共696, 共702,
共703, 共704, 共706, 共868,
共906, 共1014, 作357, 作366,
作740, 作744, 作746, 作749,
作760, 作764
ジャガイモ疫病……………作765
ジャガイモ黒あざ病………共403
ジャガイモそうか病………共374,
共394, 共403
ジャガイモヒゲナガアブラムシ
…………共494, 作460, 作747
ジャガイモ粉状そうか病…共403
シャクガ……………………作1023
シャクトリムシ……作979, 作1023
ジャスモン酸………共948, 共965,
共998
ジャワネコブセンチュウ…作423
ジャンボタニシ（スクミリンゴガ
イ）…共169, 共966, 作32, 作44,
作203, 作212, 作236
獣害…………………………共439
収穫体験……………………作1059
重曹…………………………共873
樹間農業……………………共532
樹枝状体……………………共口4
種子繁殖………共673, 共682
シュタイナー………………共22
出芽前除草…………………作35
ジュニアスマイル…………共426
種苗交換会…………………共680

種苗法…………………………共686
主要農産物種子法…………共686
循環型酪農…………………作1079
シュンギク…共446, 共528, 共615,
共672, 共697, 作677
ジュンセア…………………共418
ショウガ……共256, 共441, 共682,
共945, 作366, 作800, 作802,
作805
ショウガ腐敗病……………共546
省耕起……共口7, 共259, 共532,
共125, 共306
猩紅病菌……………………作1023
硝酸イオン…………………共1000
硝酸還元菌…………………共164
硝酸態チッソ………共925, 作650
焼成有機石灰………………作879
消石灰……共口30, 共832, 共906,
共912, 共913, 共914
醸造酢………………………共口32
小農…………………………作340
小農権利宣言………………共90
除塩…………………………共574
ショクガタマバエ…共412, 作863
食酢…共746, 共819, 共831, 共834,
共880, 共918, 共924, 共925,
共928, 共930, 作514, 作1006
植物エキス………作口12, 作口13,
作886
植物ホルモン………共185, 共759,
共819, 共834, 共974, 共998
除草…………………………共924
除虫菊乳剤………作1016, 作1027,
作1054
ジョロウグモ………………作口15
白絹病………………共912, 作573
尻腐れ………共747, 作380, 作473
飼料…………………………作314
飼料用コムギ………………共473
飼料用トウモロコシ………共465
シルベストリコバチ………作1023
シロイチモンジヨトウ……作816
シロイヌナズナ……………共528
シロウリ……………………共684
代かき………………作14, 作178

シロカラシ…………共418, 共528
シロガラシ…共352, 共399, 共422
白クローバ………共口15, 共141,
共422, 共426, 共456, 共465,
共476, 作106, 作259, 作840,
作897, 作965, 作979, 作981,
作1087
シロザ………………共569, 共910
白さび病…共口28, 共889, 共910,
作676, 作717
シロツメクサ………作851, 作903
白ナス………………………共696
白ヒエ………………………共426
白ぶくれ症…………………共480
白紋羽病……共247, 共546, 作927,
作1023
真菌…………………………共163
シンクイムシ………作634, 作717,
作984
心腐れ………………………作635
人工交配……………………共675
人工受粉……………………作口8
新梢枯死症…………………作1023
芯摘み菜……………………共700
酢　………………………共998, 作22
スイートアリッサム………共口16,
共485
スイートコーン…共口1, 共466,
共533, 共560, 共623, 作532,
作537, 作539, 作714
スイートピー………………共578
スイカ………共312, 共443, 共452,
共528, 共557, 共582, 共771,
共865, 作714
スイカズラ黒紋病…………共546
水選…………………………共678
水田除草……作178, 作226, 作232,
作236
水田ビオトープ……………共229
水田輪作……………………作724
水稲…………………共152, 共422
水稲育苗…作52, 作56, 作63, 作77
水稲輪作……………………作266
水溶性炭水化物……………共993
ス入り………………………作716

索　引

スーダングラス…… 共377, 共418,
　　　共420, 共424, 作448, 作1065
スカエボラ………共口16, 共485
スカシタゴボウ…………共467
スギ…………………共834, 作1009
スギナ…… 共523, 共口13, 作850,
　　　　作888, 作903, 作1006
すじ腐れ………………作457
酢除草…… 共口32, 共918, 共928,
　　　　　　　　　　共930
ススキ……… 共548, 共742, 共751,
　　　　　　　作885, 共903
すす点病………………作890
スズメノエンドウ…………作944
スズメノカタビラ… 作33, 作244,
　　作297, 作875, 作903, 作908
スズメノテッポウ… 作33, 作244,
　　　　　　　　　作910
スズメバチ………………作326
すそ枯病………………作698
スダックス………………共418
ズッキーニ… 共442, 共557, 共692,
　　　　作357, 作366, 作521,
　　　　　　作529, 作531
ズッキーニ軟腐細菌病…… 作527
スナイパー……… 共382, 共420
スナップエンドウ… 共480, 作560,
　　　　　　　　作563
スノーミックス…………共422
スパイカルプラス………作984
スピノエース…… 作1016, 作1058
スピノサド水和剤…………作1027
スプラサイド乳剤………作1051
スプレーギク……………共578
スペクタビリス…………共418
スペシャリスト種… 作970, 作976
スベリヒユ… 共569, 作850, 作903
酢防除…… 共口32, 共918, 共919,
　　　　共921, 共924, 共925, 共928,
　　　　　　　　　　共930
スマート農業……………共62
炭………………… 共130, 共193
スローフード……………共111
スワルスキーカブリダニ
　　共口16, 共477, 共482, 共491,

作475, 作808, 作955
生育診断…… 作434, 作542, 作673
生育促進…… 共759, 共840, 作665
生育調査………………作115
生育抑制………………共840
静菌作用………………作888
生殖生長促進……………共840
生石灰………………作626
整剪枝…………………作1030
セイタカアワダチソウ…… 共511,
　　　　　　　作875
生長促進剤………………共839
生長ホルモン……………作888
成苗………………共口2
成苗植え…………………作14
性フェロモン剤… 作1015, 作1027
生物性………………共662
生物多様性…… 共18, 共88, 共193,
　　　共224, 共229, 共287, 共450,
　　　共662, 作口1, 作251
生物農薬………………作77
生分解性マルチ…………作538
セイヨウタンポポ………作903
セイヨウミツバチ………作326
ゼオライト………………共812
世界農業遺産……………共235
赤色防虫ネット…………作1030
セジロウンカ……………作212
セスジスズメ……………作788
セスバニア… 共418, 共422, 作472
石灰硫黄合剤……………作1027
石灰チッソ……………共560
石灰追肥………………共口30
石灰防除… 共口30, 共906, 共907,
　　　共910, 共912, 共913, 共914
セリ…………………作212
ゼロ放飼………………作810
セロリ……… 共528, 作366, 作407
セロリー………………作510
せん孔細菌病……………共919
前作効果………………共528
前進…………………共424
センセーションミックス… 共422
漸増追肥農法……………共168
選択除草………………作393

選択性農薬……… 共481, 共1018,
　　　共1022, 作964, 作969, 作981
センダングサ……………作850
センチピードグラス………共422
センチュウ… 共350, 共369, 共418,
　　　共546, 共560, 共568, 共597,
　　　　　　共845, 共995, 作738,
　　　　　　　　作779, 作1023
剪定枝……… 共127, 共130, 共554,
　　　　　　共606, 作879
剪定枝チップ……………共276
セントール……… 共418, 作711
全米有機プログラム…………共42
全面施用………………共808
全面マルチ… 作410, 作414, 作742,
　　　　　　　　　作772
ソイルクリーン…… 共373, 共380,
　　　　　　共420, 作711
ソイルセイバー…………共418
そうか病… 共口30, 共906, 共1014,
　　　　　　　作760
早期湛水………………共241
雑木林…………………共774
総細菌数………………作887
層状沈降………………作179
草生栽培… 共口8, 共口10, 共127,
　　　共284, 共422, 共545, 作821,
　　　作844, 作902, 作914, 作923,
　　　作935, 作939, 作945, 作976
草地…………………作1079
ソーラー発電……………作1075
側枝多本仕立て…………作373
疎植……………… 共口2, 作41
側根誘導………………共964
ソバ…… 共口13, 共口17, 共口18,
　　　共281, 共426, 共476, 共478,
　　　共487, 共511, 共528, 共847,
　　　　　　　　　作326
ソバ殻堆肥………………作624
粗皮削り………………作970
ソラヌム　ペルウィアヌム
　　………………………共384
ソラマメ…… 共528, 作406, 作556,
　　　　　　　作558
ソルガム…… 共186, 共350, 共365,

1113

共365, 共379, 共412, 共420,
　　　　　　共531, 作310, 作783
ソルゴー…………… 共口3, 共口18,
　　　　共口19, 共78, 共346, 共418,
　　　　共424, 共429, 共476, 共478,
　　　　共480, 共482, 共492, 共502,
　　　　作356, 作388, 作448, 作728
ソルゴー障壁…………… 作427
ゾロ……………… 共413, 共420

〈た〉

ダイカンドラ……… 共422, 作852
台木…………………………… 作426
ダイコン… 共口8, 共247, 共371,
　　　　共420, 共426, 共506, 共513,
　　　　共528, 共545, 共615, 共675,
　　　　共691, 共697, 共702, 作口9,
　　　　作口11, 作357, 作630, 作709,
　　　　作718, 作720, 作722, 作724,
　　　　　　　　　　　　　　　作779
ダイコン萎黄病…………… 共546
ダイコンサルハムシ……… 共441,
　　　　作412, 作613, 作634, 作638,
　　　　　　　作648, 作724, 作726
ダイコンバーティシリウム黒点病
　………… 共374, 共398, 共403
ダイコン腐敗病…………… 共546
タイサイ…………………… 共675
ダイジョ…………… 共682, 共696
ダイズ……… 共134, 共162, 共188,
　　　　共215, 共244, 共247, 共281,
　　　　共310, 共422, 共464, 共518,
　　　　共527, 共528, 共534, 共545,
　　　　共693, 共697, 共704, 作258,
　　　　作265, 作267, 作275, 作283,
　　　　作293, 作310, 作406, 作423
大豆粕…………… 共816, 共832
ダイズ茎疫病……………… 共403
ダイズシストセンチュウ… 共308,
　　　　共384, 共390, 共422, 共426,
　　　　　　　　　　　　　　　作550
体積法（容積法）… 作647, 共986
代替農業………………………共40
ダイナマイトG-LS……… 共422
タイヌビエ…………… 作33, 作170

堆肥… 共124, 共258, 共532, 共537,
　　　　共542, 共543, 共552, 共594,
　　　　共613, 共666, 共749, 共790,
　　　　共791, 共794, 共801, 共864,
　　　　　　　　　　　　作98, 作385
堆肥稲作…………… 作84, 作87
堆肥栽培…………………… 共798
堆肥マルチ………………… 共552
耐病性品種………………… 作484
ダイメイチュウ…………… 作539
太陽熱雑草防除…………… 作652
太陽熱処理（太陽熱消毒）
　……… 共口3, 共口23, 共560,
　　　　共561, 共568, 共573, 共580,
　　　　　　　共750, 作583, 作737
太陽熱養生処理…… 共560, 共594,
　　　　　　　　　　　　　　　共996
タイリクヒメハナカメムシ
　………… 共口17, 共477, 作475
タウコギ…………… 作178, 作212
高ウネ栽培………………… 作789
高刈り… 共80, 作244, 作957, 作979
タカキビ…………………… 作330
タカサブロウ……………… 作212
タカナ……………………… 共675
高嶺ルビーNeo………… 共426
耕さない農業……… 共272, 共279
タカラダニ………………作1034
竹…… 共439, 共556, 共754, 作888
竹堆肥……………………… 共760
竹チップ… 共口23, 共754, 共760,
　　　　　　　　　　　　　　　共761
タケニグサ……… 作口13, 作888
タケノコ…………… 共759, 共834
タケノコ球………………… 作695
竹パウダー（竹粉）…… 共口23,
　　　　共556, 共754, 共755, 共758
竹粉砕機…………………… 共758
竹ほうき除草器…………… 作231
ダストボウル……………… 共273
ただの虫……………………共84
タチイヌノフグリ………… 作903
たちいぶき………… 共420, 共424
立枯病……… 共247, 共581, 共839,
　　　　共853, 共913, 作54, 作655,

作816
タチサカエ……………… 共424
ダッシュ………… 共407, 共418
脱炭素…………………… 共122
ダッタンソバ…………… 作324
縦穴暗渠…………………作26
タニシ…………………… 作146
ダニヒメテントウ………… 作952
タネツケバナ…… 作849, 作903
タネ採り………………… 共681
タネバエ…… 作415, 作506, 作588,
　　　　　　　　作717, 作726
種モミ…………………作71
タバコ…………………… 共957
タバコガ………… 作383, 作816
タバコカスミカメ……… 共口16,
　　　　共464, 共477, 共485, 共488,
　　　　　共490, 共497, 共747
タバコココナジラミ……… 共口16,
　　　　共491, 共497, 共934, 作460
タフブロック……………作23
タマガヤツリ…… 共230, 作218
タマナギンウワバ… 共456, 共460,
　　　　　　作347, 作412, 共613
タマネギ… 共口3, 共口15, 共79,
　　　　共440, 共456, 共459, 共509,
　　　　共528, 共534, 共554, 作357,
　　　　作464, 作581, 作590, 作593,
　　　　　　　　　　　　　　　作596
タマネギバエ……… 作573, 作588
タマネギ腐敗病…………… 共459
タマバエ… 作573, 作1023, 作1052
ダミノザイド………………共40
ため池……………… 共231, 共325
多面的機能………………… 共224
タモロコ…………………… 共242
ダリア……………………… 作819
ダンゴムシ………………… 作863
炭酸ガス…… 共122, 共127, 共130,
　　　　　共153, 共552, 共554, 共863
炭酸カルシウム…… 共口31, 共910
短尺ソルゴー…… 共412, 共420
湛水……………… 共562, 共253
炭水化物………… 作23, 作353
湛水栽培………… 作794, 作797

索　引

湛水防除……………………… 作738
炭素…………………………… 共127
炭素クレジット……………… 共145
炭素固定……………………… 作932
炭素循環……………………… 共131
炭素貯留…… 共122, 共127, 共131,
　　　　　共138, 共152, 共314
炭疽病…… 共口30, 共784, 共785,
　　　共866, 共907, 共920, 共934,
　　　作492, 作676, 作975, 作1007,
　　　作1019, 作1023, 作1031
炭素率（C／N比）……… 共544,
　　　共549, 共607, 共652, 共718,
　　　共794, 共802, 作308
タンニン鉄……… 共口27, 共169,
　　　共876, 共877, 共880, 共883
タンパク質…………………… 共214
タンパク様チッソ…………… 共990
タンポポ……………… 共510, 作910
団粒化…… 共口13, 共口20, 共124,
　　　共278, 共283, 共542, 共594,
　　　共607, 共715, 共723, 共782,
　　　共786, 共890, 作270
団粒構造………… 共口3, 共口10,
　　　共口13, 共255, 共278, 共295,
　　　共335, 共350, 共543, 共985,
　　　作851
地域循環………………………作1072
チェーン除草……… 共166, 作226,
　　　作227, 作229, 作229
チガヤ……………… 共549, 共742
地球温暖化… 共63, 共122, 共128,
　　　共153, 共155, 共309
竹酢…………………………… 共840
竹酢液………………………… 共838
竹紛…………………………… 共178
ちぢみ菜…………… 共943, 作677
チッソ過剰………… 作454, 作883
チッソ飢餓………… 共718, 共796
チッソ欠乏…………………… 作453
チッソ固定………… 共口26, 共169,
　　　共172, 共178, 共184, 共257,
　　　共418, 共426, 共862, 共867,
　　　共878, 共1003, 作259
チッソ固定細菌…… 共162, 共172,

　　　　　　　　　　　　　共186
チッソ循環…………………… 共651
チッソ流出…………………… 共533
チッパーシュレッダー… 共口23,
　　　共756, 共760
チップ堆肥…………………… 共803
チトニア………………………作1034
茶………… 共口27, 共412, 共876,
　　　共877, 共902, 共971, 共口16,
　　　作994, 作1006, 作1009, 作1010,
　　　作1018, 作1023, 作1029, 作1037,
　　　作1048, 作1054, 作1059
茶園…………………………… 共420
茶園クリーナー………………作1025
チャ褐色こうやく病菌……作1051
茶ガラ……………… 共542, 共812
チャガラシ…………………… 共426
茶草場農法…………………… 共751
着色果………………………… 作473
チャドクガ……… 作1007, 作1023,
　　　作1034, 作1039, 作1046, 作1054
チャドクガ核多角体病ウイルス
　　　…………………………作1015
チャドクガ核多核体病ウイルス
　　　…………………………作1044
チャトゲコナジラミ…… 作口16,
　　　作1023, 作1035, 作1040
チャノキイロアザミウマ… 作855,
　　　作955, 作971, 作977, 作1023,
　　　作1029, 作1029, 作1039
チャノコカクモンハマキ
　　　…………… 作1023, 作1030
チャノナガサビダニ………作1023
チャノホコリダニ… 共500, 作955,
　　　作1023
チャノホソガ…… 作1023, 作1030
チャノマルカイガラムシ…作1048
チャノミドリヒメヨコバイ
　　　…… 作1000, 作1022, 作1023,
　　　作1029, 作1039, 作1046
チャ灰色こうやく病菌……作1051
チャハマキ……… 作1023, 作1030
チャハマキ顆粒病ウイルス
　　　………………… 作1027, 作1044
チャハマキヒメウスバチ…作1033

中耕除草…………… 共166, 作395
中熟堆肥…………… 共790, 共994
中晩柑………………………… 作833
鳥害対策……………………… 作332
超疎植1本植え……………………作41
チョジタデ…………………… 作218
チリカブリダニ…… 共464, 共477,
　　　作808, 作955
ちりめんカラシナ…………… 共509
地力… 共124, 共131, 共152, 共418,
　　　共523, 作47, 作301, 作356
地力増進……………………… 作119
地力チッソ… 共172, 共612, 共612,
　　　共618, 共622, 共630, 共638,
　　　作84, 作471
鎮圧…………………………… 作733
チンゲンサイ……… 共198, 共215,
　　　共615, 共684, 共698, 共702,
　　　作口11, 作357, 作677
月のリズム… 共970, 共971, 共973,
　　　共974, 作1088
ツグミ……………………………作口3
ツケナ………………………… 共436
土ごと発酵… 共600, 共601, 共606,
　　　共734, 共793
つちたろう………… 共379, 共420
ツノロウムシ…………………作1048
ツバキ………………………… 共772
ツマグロアオカスミカメ
　　　……… 作1023, 作1034, 作1046
ツマグロヨコバイ………… 作212
つやなし果…………………… 作429
ツユクサ…………… 作467, 作903
吊り玉貯蔵…………………… 作598
つる枯病…… 作372, 作492, 作518
つる性雑草…………………… 共290
つるぼけ…………… 作491, 作505
ツルムラサキ……… 作683, 作686
つる割病…… 共582, 作452, 共771,
　　　作492
蹄角骨粉………………………作58
ディクシー…………………… 共426
提携……… 共37, 共45, 共55, 作340
抵抗性………………………… 作985
抵抗性品種……… 作1018, 作1047

1115

抵抗性誘導·················· 共557
ディスクハロー······ 共432, 作519
ディスクモア················ 共466
低投入·····················作1095
低濃度エタノール············ 共587
手植え·····················作41
テーア················ 共23, 共28
手刈り·····················作41
テキサスグリーン··········· 共420
摘心·······················作461
鉄還元菌······ 共159, 共163, 共169,
　　　　　　　　　　共172, 共172
鉄欠乏····················· 作454
鉄ミネラル······· 共口27, 共169,
　　　　　　　　　　共876, 共878
テトラニカス················ 作964
テフグラス·················· 共420
てまいらず·················· 共418
天恵緑汁············· 共745, 共834
テンサイ······ 共401, 共528, 共534,
　　　　　　　　　　共537, 共673
テンサイそう根病··········· 共399
テンサイ苗立枯病··········· 共546
テンサイ根腐病·············· 共401
田助······················· 共422
展着剤··········· 共843, 共845, 作27
天地有機··················· 共814
天敵······· 共口15, 共口18, 共81,
　　　　　　共224, 共458, 共462, 共476,
　　　　　　共478, 共482, 共484, 共488,
　　　　　　共490, 共497, 共500, 共543,
　　　　　　共1018, 共1022, 作622, 作808,
　　　　　　　　作822, 作824, 作950
天敵温存植物····· 共口16, 共478,
　　　　　　　　　　共484, 共497
テントウムシ····· 共口18, 共口19,
　　　　　　共412, 共476, 共478, 共494,
　　　　　　共545, 作918, 作940, 作987,
　　　　　　　　作1023, 作1033
テントウムシダマシ········· 作383,
　　　　　　作411, 作423, 作431, 作465,
　　　　　　　　　　　　作494
デントコーン··············· 共201
田畑輪換··················· 作516
デンプン液剤················ 作1015

糖······················· 共172
凍害······················· 作647
トウガラシ··· 共683, 共696, 共838,
　　　　　　　　共842, 共845, 作888
冬期湛水···· 共225, 共230, 共241,
　　　　　　　　作90, 作126, 作132
銅剤·····················作1015
透水性改善················· 共418
銅水和剤··················作1027
糖度計····················作1002
糖蜜····· 共586, 共721, 作22, 作862
トウミツＡ号ソルゴー ··· 共424
トウモロコシ········· 共76, 共134,
　　　　　　共279, 共307, 共361, 共365,
　　　　　　共441, 共466, 共511, 共518,
　　　　　　共528, 共531, 共537, 共592,
　　　　　　共847, 作314, 作366, 作448,
　　　　　　作532, 作537, 作539, 作791
トウヨウカブリダニ·········· 作972
登録品種··················· 共686
トートリルア剤·············作1027
トールフェスク······ 共422, 共426
トキ················ 共235, 作口1
ドクダミ··· 共838, 共930, 作1006,
　　　　　　　　　　　　作1009
特定農薬··················· 共918
特別栽培············· 共71, 共225
トゲアシクビホソハムシ···作口3
床土······················· 作404
ドジョウ··· 共229, 共242, 共口3,
　　　　　　　　　　　　作146
土壌改良··················· 共516
土壌還元··················· 作660
土壌還元消毒······ 共560, 共582,
　　　　　　　　共586, 共587, 共592,
　　　　　　　　　　共965, 作448
土壌孔隙··················· 共333
土壌消毒······ 共560, 共561, 共568,
　　　　　　共573, 共580, 共582, 共586,
　　　　　　共587, 共592, 共594, 共667
土壌侵食······ 共350, 共362, 共543
土壌診断······ 共612, 共618, 共622,
　　　　　　共630, 共638, 共643, 共647,
　　　　　　共649, 共662, 共口16, 作355,
　　　　　　作449, 作584, 作756, 作994

土壌生態系············· 共95, 共309
土壌生物性················· 共315
土壌炭素······ 共122, 共314, 作280,
　　　　　　　　　　　　作946
土壌団粒··· 共口6, 共192, 共254,
　　　　　　共318, 共993, 共1010, 作280
土壌微生物相··············· 作923
土壌微生物多様性・活性値
　　　　　　　　　　　　共787
土壌有機炭素（SOC）······ 共123,
　　　　　　　　　　　　共153
土壌流亡······ 共138, 共413, 共422,
　　　　　　　　　　　　共434
土台技術····················共19
土着菌······ 共口24, 共口25, 共553,
　　　　　　共745, 共754, 共764, 共775,
　　　　　　共787, 共791, 共812, 共813,
　　　　　　共814, 共819, 共828, 共829,
　　　　　　　　　　　　共831
土着菌根菌··········· 共360, 共527
土着天敵··········· 共口3, 共口15,
　　　　　　共口18, 共257, 共458, 共460,
　　　　　　共476, 共478, 共482, 共490,
　　　　　　共497, 共500, 共542, 作口16,
　　　　　　作383, 作423, 作658, 作747,
　　　　　　作857, 作950, 作964, 作968,
　　　　　　作972, 作979, 作980, 作1026
土中マルチ················· 共771
とちゆたか········· 共411, 共420
徒長防止··················· 共840
突起果····················· 共416
トップガン················· 共420
トノサマガエル············· 共242
トビイロウンカ········· 共88, 作44
トビムシ······ 共86, 共246, 共255,
　　　　　　共546, 共888, 共892, 作口3
トマト··· 共口16, 共口22, 共口25,
　　　　　　共口30, 共262, 共266, 共379,
　　　　　　共420, 共441, 共477, 共497,
　　　　　　共507, 共509, 共528, 共550,
　　　　　　共552, 共557, 共578, 共586,
　　　　　　共587, 共682, 共695, 共700,
　　　　　　共704, 共745, 共748, 共761,
　　　　　　共766, 共781, 共834, 共853,
　　　　　　共888, 共908, 共925, 共963,

作口9，作357，作370，作385，
　作440，作463，作466
トマト青枯病…………… 共402
トマト萎凋病…… 共562，作661
トマトサビダニ………… 作460
トマト白絹病………… 共562
トマト半身萎凋病……… 共398
ドライブハロー……共242，作18
ドラム缶クリンパー…… 共口11，
　共287
ドリフトガード…… 共412，共420
トリプトファン………… 共820
ドリルシーダー… 共口13，共274，
　共295
トレンチャー…………… 作373
土郎丸………………… 作349
ドローン…………………作27
トロトロ層… 共158，共170，共241，
　共600，共601，共734，作口4，
　作口6，作18，作49，作130，
　作132，作136，作137，作141，
　作142，作145，作159，作179，
　作185，作201，作236
豚糞……… 共口23，共798，共803
トンボ……… 共156，共225，共229，
　共243，作251，作348

〈な〉

内部循環…………………作1095
苗いもち…………………作24
苗立枯細菌病………… 作56，作72
苗立枯病…… 共546，共565，共730，
　作56
苗根腐病…………………作1023
苗腐敗症…………………作67
ナガイモ…… 作348，共373，共420，
　共442，共455，共508
ナガコガネグモ…………作口3
ナガチャコガネ…………作1023
ナガハグサ……………… 作903
中干し……………………作90
中干し延期… 共225，共241，作251
中干し延長……………… 共155
ナガメ…… 作412，作718，作726
流れ果…………… 作491，作505

ナギナタガヤ……… 共420，共426，
　共426，作口16，共244，作851，
　作875，作919，作923，作935，
　作1035
ナシ… 共853，作951，作968，作984
ナシマルカイガラムシ…… 作965
ナス… 共266，共312，共441，共442，
　共464，共476，共482，共511，
　共528，共542，共545，共548，
　共557，共692，共761，作357，
　作422，作432，作434，作437，
　作561
ナズナ……… 共467，共510，作33，
　作849，作903
ナス半枯病……………… 共562
ナタネ…… 共口13，共426，共528
ナタネ油粕…… 共197，共525，共813，
　共816，共822，作161，作1052
ナタネ油粕ペレット…………作26
ナツカゼ………… 共420，作711
納豆菌…… 共28，共601，共718，
　共812，共816，共816，共831，
　共850，共856，共858，共864，
　共888，作265，作514，作603
納豆菌液………… 作口16，作999
納豆菌堆肥……………… 共995
納豆防除… 共28，共850，共858，
　共888，共889，共893
ナナホシテントウ……… 共口19，
　共458，作口16，作348，作641，
　作747，作863，作1033
ナバナ……… 共511，作943，作646，
　作647
生ごみ……………… 共803
生ごみ堆肥……………… 共791
ナマズ……………… 共242
ナミテントウ……… 作747，作863，
　作1033
ナミハダニ… 共945，作951，作964，
　作968，作972，作976，作980
ナメクジ……………… 作635
ナモイ……………… 共426
ナモグリバエ……… 共463，作412，
　作698
軟腐病……… 共728，共907，作573，

作580，作588，作612，作634，
　作698，作717，作883
難分解性有機物………… 共795
難溶性リン酸……………… 作738
ニーム……… 作1016，作1046
ニガウリ……… 共528，作482
二価鉄……… 共170，共880，作167
ニカメイガ……… 共158，作253
二酸化炭素……… 共132
ニジュウヤホシテントウ… 作431，
　作747
ニセナシサビダニ… 作955，作971
ニセラーゴカブリダニ…… 共500，
　作952，作970，作972，作976
二段式排水路…………… 共231
日減水深……………… 作185
ニトロゲナーゼ…… 共162，共178，
　共184
ニホンアマガエル… 共244，共458，
　作口3
ニホンミツバチ…………… 作892
日本有機農業研究会… 共34，共37，
　共44，共55，共82，共680，作341
ニューオーツ……… 共418，作723
乳酸菌……… 共556，共594，共601，
　共754，共757，共759，共792，
　共812，共814，共817，共819，
　共831，共834，共850，共856，
　共859，共864，作24，作145
乳酸菌液……………… 作999
ニラ… 共441，共853，共940，共941，
　作1006
ニワトリ…………………作1065
ニワハンミョウ………… 共544
認証制度……………… 共45
ニンジン… 共口3，共口14，共198，
　共372，共411，共420，共436，
　共506，共509，共513，共528，
　共534，共568，共615，共688，
　共691，共697，共700，共703，
　共705，共721，作口11，作357，
　作366，作728，作730，作733，
　作736，作738
ニンニク…… 共509，共528，共555，
　共682，共702，共834，共838，

共842, 共845, 作357, 作464,
　　作600, 作603, 作888, 作1046
ヌーブループラス………… 共422
根穴……………………… 共334
ネオニコチノイド系農薬… 共111,
　　共236, 共243, 共499, 共978,
　　　　　　　　共980, 作250
ネギ…… 共口3, 共口15, 共口20,
　　共口32, 共78, 共354, 共441,
　　共452, 共462, 共506, 共509,
　　共528, 共534, 共697, 共716,
　　共728, 共780, 共912, 共943,
　　作357, 作406, 作423, 作568,
　　　　　作575, 作578, 作888
ネギアザミウマ… 共口15, 共459,
　　共463, 共912, 作573, 作588
ネギアブラムシ…… 作573, 作577,
　　　　　　　　　　　　作588
ネギ根腐萎凋病………… 共582
ネギネクロバネキノコバエ
　　………………………… 共941
ネギハモグリバエ……… 共口15,
　　共412, 共463, 共912, 作573,
　　　　　　　　　　　　作588
ネキリムシ… 作412, 作590, 作717,
　　　作728, 作731, 作874
ネグサレセンチュウ……… 共369,
　　共562, 作388, 作718, 作723,
　　　　　　　　作728, 作739
ネグサレタイジ…………… 共424
根腐病…………………… 共349
ネコブキラー…………… 共426
ネコブセンチュウ… 共369, 共379,
　　共424, 共511, 共573, 共587,
　　共592, 共747, 共764, 作426,
　　作431, 作461, 作493, 作728,
　　　　　　　　　　　　作739
根こぶ病…… 共257, 共348, 共398,
　　共407, 共418, 共420, 共424,
　　共426, 共506, 共546, 共565,
　　共659, 共612, 作624, 作626,
　　作630, 作634, 作636, 作676,
　　　　　　　　　　　　作719
ネダニ…………………… 共940
熱水抽出………… 共612, 共622

ネマクリーン…………… 共418
ネマコロリ……… 共383, 共422
ネマックス……… 共384, 共422
ねまへらそう……… 共373, 共377,
　　　　　　　　　　　　共420
ネマレット… 共373, 共376, 共420
農家のお医者さん（Dr. ソイル）
　… 共612, 共647, 共987, 作996
ノゲシ…………………… 作850
ノチドメ………………… 作910
ノビエ……… 共242, 作33, 作133,
　　作167, 作174, 作234, 作240
ノブドウ………………… 作850
ノボロギク……………… 作850
ノミノフスマ…………… 共569
野焼き……………… 共727, 共751

〈は〉

バーク堆肥……………… 共803
バーティシリウム萎凋病… 作612
バーベナ… 共口16, 共476, 共486,
　　　　　共497, 作423
パールミレット…… 共376, 共420
灰色かび病……… 共口28, 共口29,
　　共743, 共746, 共853, 共893,
　　共896, 共897, 共934, 作459,
　　　　　　　　作861, 作1023
ハイイロゲンゴロウ……… 作口3
灰色腐敗病……………… 作588
バイオダイナミック農業…… 共22
バイオ炭…… 共125, 共130, 共532,
　　共726, 共727, 共730
バイオノ有機…………… 作口4
バイオマスカリウム……… 共358
バイオマスチッソ………… 共356
バイオマスリン…………… 共360
バイオロジカル有機農業…… 共26
廃菌床……… 共780, 共781, 共783,
　　共785, 共794, 共948
排水性改善……… 共口3, 共口20,
　　　　　　共1008, 作286
培土式除草……………… 作260
ハイビスカス…………… 作824
ハイブリッド・バンカー法
　………………………… 共495

灰星病…………………… 作975
ハイマダラノメイガ……… 作613,
　　　　　　　　作634, 作717
廃油……………………… 作1075
ハエ……………………… 作326
ハエトリグモ…………… 作1033
パオパオ（不織布）……… 作497,
　　　　　　　　作549, 作555
ばか苗病……… 共934, 作53, 作56,
　　　　　　　　作71, 作77
葉かび病… 共口30, 共746, 共888,
　　　　　　　共908, 作459
ハキダメギク…………… 共522
ハクサイ… 共口23, 共153, 共265,
　　共348, 共407, 共420, 共440,
　　共513, 共528, 共675, 共755,
　　共759, 共853, 共907, 共943,
　　作628, 作636, 作638, 作640
ハクサイダニ…………… 共943
ハクサイ根くびれ病……… 共565
ハクサイ根こぶ病………… 作642
白色疫病………………… 作588
ハクビシン……………… 作384
ハコベ…… 共467, 共510, 作849,
　　作875, 作903, 作908, 作979
葉先枯れ………………… 共912
バジル…… 共口17, 共487, 作423
ハスモンヨトウ… 共口29, 共244,
　　共464, 共480, 共491, 共900,
　　作282, 作411, 作412, 作461,
　　作465, 作475, 作613, 作622,
　　作634, 作637, 作640, 作646,
　　作698, 作788, 作977
パセリ……… 共441, 共510, 共528,
　　　　　　　　　　作423
ハゼリソウ……… 共口15, 共口17,
　　共412, 共418, 共422, 共462,
　　　　　　　共485, 作524
葉ダイコン……………… 共口13
ハダカムギ……………… 共203
ハタケシメジ…………… 共784
畑地除草………………… 作393
畑苗代…………………… 作42
ハダニ…… 共464, 共477, 共501,
　　共842, 共844, 共945, 作口12,

作口13, 作460, 作493, 作808,
　　作816, 作825, 作855, 作888,
　　作890, 作898, 作950, 作964,
　　作968, 作979, 作984
ハダニアザミウマ… 作952, 作975,
　　作978, 作1033, 作1039
ハダニスペシャリスト種… 作953
ハダニタマバエ………… 作952
葉タマネギ…………… 作592
ハチミツ………………作27
発芽促進…………… 作733
ハツカダイコン… 共446, 共556,
　　作483
発酵液…………………作1009
発酵液肥……………… 共口25
発酵飼料………………作1074
発酵床土…………… 作405
発酵熱…………… 共774
発酵肥料…… 共813, 共816, 作997
ハト…………… 作277
ハナアブ……………… 作326
花腐細菌病…………… 作883
ハナバチ……………… 作326
花豆…………… 共507
葉ニンニク…………… 作600
葉ネギ………………… 作578
バヒアグラス…………… 作923
ハブエース…………… 作711
ハブソウ……………… 作711
馬糞…………… 共788
馬糞堆肥…………… 共791
葉巻き………………… 作457
ハマキコン―N …………作1044
ハマキ天敵……………作1015
ハマキムシ…… 作口13, 作888,
　　作965, 作975, 作977
バミューダグラス… 共422, 作977
ハムシ……………… 作514
ハモグリバエ……… 共462, 共544,
　　共934, 作460, 作565, 作825
葉物………………… 作406
ハモリダニ… 作1033, 作1034
バラ……… 共554, 作808, 作824
ばら色かび病…………… 作372
ハリビユ……………… 作738

春腐病…………………… 作603
ハルジョオン…………… 作903
ハルタデ………………作33
バルフォア……………… 共25
ハレヤヒメテントウ………作1046
パワーディスク………… 共170
ハワード…… 共25, 共28, 作341
バンカークロップ………… 共424
バンカープランツ（バンカー植
　　物）…… 共口16, 共478, 共484,
　　共490, 共497, 共502, 作口16,
　　作388, 作747, 作1016, 作1033
バンカー法…………… 共493
半枯病………… 作423, 作430
ハングビローサ………… 共414
パン酵母………………作23
半樹別交互結実方式…… 作口14,
　　作833
半身萎凋病… 共441, 作426, 作430,
　　作437, 作459
パンダ豆……………… 共507
斑点細菌病…… 共785, 作492, 作518
斑点病………… 作888, 作816
斑点米…………… 共242
斑点米カメムシ…… 共81, 作240,
　　作244, 作247, 作250, 作251
晩播狭畦……………… 作265
半分丸坊主剪定…………作口14
ハンペン… 共口24, 共754, 共813,
　　共828, 共829
ハンマーナイフモア…… 共口3,
　　共287, 共365, 共431, 共549,
　　共606
ビア・カンペシーナ………共84
ヒートショック…… 共934, 共935,
　　共938, 共939, 共940, 共941,
　　共942, 共943, 共945
ピーマン… 共口27, 共266, 共312,
　　共441, 共442, 共476, 共488,
　　共490, 共500, 共508, 共511,
　　共526, 共528, 共550, 共704,
　　共877, 共973, 作357, 作469,
　　作477, 作561
ビール粕…………… 共560
ビール酵母………共口26, 共964

ヒエ… 共242, 共420, 共426, 共467,
　　共737, 作20, 作142, 作178,
　　作218, 作227
ヒエノアブラムシ……… 共口18,
　　共口19, 共479, 共492
ビオトープ……………… 共225
ビオラ………………… 作819
光反射テープ…… 作1025, 作1029,
　　作1039
肥効率………………… 共799
ピシウム菌…………… 共363
比重選………………作52
ビスコ………………… 共595
微生物資材……… 共668, 共802
微生物診断……… 共649, 共662
微生物農薬……………作1026
微生物発酵液………… 共949
ヒダリマキガイ………… 共241
ヒツジ………… 共口13, 共295
ヒットマン…………… 共418
ヒノキ………………… 作888
被覆植物……………… 共532
ヒマワリ… 共口5, 共口13, 共422,
　　共422, 共426, 共518, 共528,
　　共531, 作819
ヒメアカホシテントウ… 作口16,
　　作1033, 作1048
ヒメイワダレソウ… 作848, 作852
ヒメオオメカメムシ……… 共462
ヒメオドリコソウ… 作849, 作903
ヒメカメノコテントウ… 共477,
　　共495, 共502, 作747, 作863,
　　作1033
ヒメシバ……………… 共510
ヒメジョオン……… 作467, 作903
ヒメツルソバ…………… 作851
ヒメハナカメムシ……… 共口16,
　　共17, 共476, 共479, 共480,
　　共482, 共485, 共502, 作822,
　　作952, 作975
ヒメヒラタアブ…………作口3
ヒメミミズ……… 共249, 共547
ヒメムカシヨモギ… 作850, 作875,
　　作903
ヒャクニチソウ…………… 作819

1119

日焼け…………………… 作473
ヒユナ……………… 作683, 作690
病害抵抗性誘導…… 共748, 共783,
　　　　共906, 共934, 共939, 共948,
　　　　　　　　　　共949, 共963, 共964
表層剥離………………… 作228
ヒヨドリ………… 作619, 作647
平飼い養鶏……… 作342, 作1065
ヒラズハナアザミウマ…… 作460
ヒラタアブ……… 共口3, 共口15,
　　　　共口16, 共口17, 共口19, 共80,
　　　　共412, 共458, 共460, 共476,
　　　　共478, 共485, 共485, 共487,
　　　　　　　　　　　　　　作863
ピラミッドⅡ……………… 共422
ヒルガオ………… 作850, 作910
ヒルムシロ………………作21
ビワ……………………… 作955
ファームトゥフォーク戦略（農場
　　から食卓までの戦略）… 共108
ファインソルゴー………… 共418
フィア…………………… 共426
フィールドキーパー……… 共418
フィカス………………… 作824
フィチン酸……………… 作761
斑入りカキドウシ……… 作852
プール育苗…… 作23, 作53, 作56
フウロソウ……………… 作849
フェニル乳酸……… 共812, 共819
フェリハイドライト……… 共172
フェロモン剤…………… 共491
フェロモントラップ……… 作898
フォーク…………… 作38, 作401
フォークローター………… 作813
深水浅代かき…………… 作189
深水管理………… 共241, 作44
深水栽培………………… 作173
フキ……………………… 共682
フキノメイガ…………… 作465
福岡正信………… 共33, 共55
複合汚染…………………共36
複数回代かき……… 作178, 作187
不耕起栽培……… 共口7, 共口8,
　　　共口10, 共口13, 共95, 共125,
　　　共143, 共157, 共248, 共259,

共272, 共276, 共279, 共284,
共294, 共298, 共302, 共306,
共309, 共325, 共333, 共532,
共545, 共545, 共550, 作109,
作126, 作133, 作279, 作879
不耕起播種機……… 共279, 共302
フザリウム… 共402, 共561, 共582,
　　共750, 共865, 共995, 作423,
　　　　　　　　作660, 作794
藤えもん………… 共414, 共422
フジコナカイガラムシ…… 作977
フシダニ………………… 作964
フシヒメバチ……………作1033
伏見トウガラシ………… 共683
腐植… 共25, 共122, 共133, 共328,
　　共523, 共551, 共744, 共770,
　　共774, 共780, 共788, 共839,
　　共846, 共993, 共1010, 作20,
　　　　　　　　　　　作885
ふすま……… 共501, 共560, 共582,
　　　　　　　　　　　共794
フタスジハムシ………… 共245
フダンソウ……………… 作683
縁腐れ…………………… 作635
フツウカブリダニ… 作898, 作952,
　　　　作964, 作972, 作980
フットクリンパー………… 共301
物理性…………… 共662, 作355
ブドウ…… 共口21, 共606, 共743,
　　共768, 共781, 共832, 作876,
　　作925, 作939, 作951, 作976
太茎大穂…………………作84
フトミミズ……… 共口10, 共口13,
　　　　　　共249, 共545
フナ……………… 共242, 作146
腐敗病…………… 作612, 作698
踏み込み温床……… 共764, 共774,
　　　作341, 作407, 作771
フミン酸………………… 共744
冬水田んぼ……………… 共236
腐葉土…… 共543, 共764, 共771,
　　　共776, 共833, 共877
プライミング効果………… 共792
フルーツサポーター……… 共426
ブルーベリー…………… 共703

フルボ酸鉄… 共876, 共877, 共880
フレールモア……… 共280, 共365,
　　　　共774, 作278, 作358
フレンチマリーゴールド… 共426
ブロードキャスター……… 共364
ブロックローテーション… 作271
ブロッコリー……… 共266, 共407,
　　共440, 共456, 共528, 共943,
　　作357, 作366, 作407, 作437,
　　　　作616, 作622, 作626
ブロワー… 共口21, 共口31, 共769,
　　　　共910, 作724
ヘアリーベッチ… 共口7, 共口13,
　　共140, 共352, 共365, 共414,
　　共418, 共422, 共426, 共429,
　　共432, 共466, 共531, 共545,
　　共551, 共1013, 作106, 作114,
　　作119, 作283, 作310, 作388,
　　作471, 作505, 作528, 作568,
　　作576, 作851, 作914, 作939,
　　　　　　　　　　作1034
ヘイオーツ… 共369, 共389, 共415,
　　共420, 共431, 共432, 共480,
　　　　作711, 作723, 作728
平和活動…………………作1073
ベールスーダン………… 共424
ヘキサコサノール………… 作722
ヘクソカズラ…………… 作850
べたがけ………………… 作670
ベダリアテントウ………… 作863
ヘテロ型乳酸菌………… 共594
べと病…… 共口14, 共934, 作492,
　　作573, 作588, 作634, 作655,
　　　　　　　　　　作977
ベニシジミ……………… 作326
への字……… 共798, 作28, 作386
ペパーミント……… 共464, 作1033
ベビーリーフ…………… 共437
ペプチド………………… 共214
ヘヤカブリダニ…… 共477, 共500
ヘリジロコモリグモ………作口3
ペルシアンクローバ……… 共387
変形果………………… 作429
ペンシアンクローバ……… 共422
ボイセンベリー………… 作988

ポインセチア……… 作824
訪花昆虫……… 作383
ホウキング……… 作31, 作393
防砂……… 共420
放飼前防除……… 作960
防除ごよみ……… 共86
放線菌……… 共544, 共602, 共718,
　　　　共750, 共792, 共812, 共866,
　　　　作760
放線菌堆肥……… 共995
防草シート……… 作410
ホウ素欠乏……… 作454, 作716
防虫ネット……… 作1025
防鳥網……… 作330
防風作物…… 共412, 共418, 共420
防風ネット……… 作411, 作616
放牧養豚……… 作1072
ホウレンソウ……… 共196, 共247,
　　　　共400, 共506, 共528, 共613,
　　　　共759, 共853, 共925, 共943,
　　　　作357, 作398, 作407, 作650,
　　　　作656, 作658, 作660
ホウレンソウ萎凋病……… 共400,
　　　　共565, 作661
ホウレンソウ株枯病……… 共562
ホウレンソウケナガコナダニ
　　　　作655
ホオジロ……… 作383
ボーベリア バシアーナ乳剤
　　　　作1027
ホーリーバジル……… 共口17
ボカシ… 共口20, 共口22, 共口24,
　　　　共550, 共716, 共746, 共756,
　　　　共801, 共812, 共813, 共814,
　　　　共816, 共819, 共821, 共829,
　　　　共831, 共948, 作口6, 作54,
　　　　作136, 作385, 作525, 作857
穂枯症……… 作67
補完防除……… 作960
牧草養鶏……… 作1065
ホコリダニ……… 共973
保全農法……… 共97
ホソバヒメミソハギ……… 作178
ホソヒメヒラタアブ……… 共461,
　　　　作326

ホタルイ… 共口32, 共242, 共928,
　　　　作132, 作142, 作174, 作212,
　　　　作234
ホタルハムシ……… 共245
捕虫網……… 作724
捕虫器……… 共503
ポテモン……… 共384
ボトキラー……… 共896, 作475
ホトケノザ… 共510, 共522, 作33,
　　　　作467, 作563, 作849, 作875
ボトリチス葉枯れ病……… 作588
母本選抜…… 共682, 共688, 共695,
　　　　作口9, 作口11
保米缶……… 共726, 共727
ホモプシス根腐病……… 作591
ポリフェノール……… 作324
ポリマルチ……… 共549
ボルドー……… 作841, 作1027
ホワイトパニック……… 共426
ホワイトフィッシュミール
　　　　作1066

〈ま〉

マイクロトマト……… 共695
マグネシウム欠乏……… 作453
マクロ団粒……… 共口6
マクワウリ……… 共684, 作366
マシン油…… 作841, 作965, 作970,
　　　　作974, 作1015, 作1027
マダラカサハラハムシ……作1023
待ち肥……… 共808
マツ……… 共771, 共834, 作890
マツバイ……… 作218
窓あき果……… 作457
間引き菜……… 共437
マメアブラムシ……… 作918
マメコガネ……… 作282
まめ小町……… 共387, 共422
マメシンクイガ……… 作260
まめ助……… 共414, 共422
まめっこ……… 共418
マメハモグリバエ……… 共942
マメハンミョウ……… 作282
まめむぎマルチ2……… 共426
マメ類……… 共507

マリーゴールド… 共口3, 共口17,
　　　　共78, 共371, 共418, 共426,
　　　　共446, 共476, 共482, 共486,
　　　　作423, 作483, 作711, 作718
マルチオオムギ……… 作505
マルチ施用……… 共808
マルチムギ… 共442, 共526, 共542,
　　　　共545, 作388, 作482, 作498,
　　　　作505
マルチムギワイド……… 共460
マルハナバチ……… 作383
マンガン欠乏……… 作652
万願寺トウガラシ… 共683, 作477
マンゴー……… 作955
ミカン…… 共口25, 共761, 共834,
　　　　共842, 共865, 作口14, 作833,
　　　　作844
ミカンキイロアザミウマ… 共935
ミカンサビダニ……… 作841
ミカンハダニ……… 作951
ミカンハモグリガ……… 作862
ミクロ団粒……… 共口6
未熟型……… 作465, 作494
未熟堆肥……… 共790
未熟有機物……… 共793
ミジンコ……… 共241, 作146
水鳥……… 共230
ミズナ…… 共口8, 共441, 共615,
　　　　共943, 作677
溝条施用……… 共808
溝施用……… 作373
ミズハコベ……… 作174, 作212
ミチノクカブリダニ……… 作952,
　　　　作964, 作980
ミチヤナギ……… 作903
ミックス緑肥……… 共口13
蜜源……… 共422
蜜源植物……… 作326
密植……… 共口14, 共437, 作265
ミツバ……… 共441
みどり認定……… 作22
みどりの食料システム戦略
　　…… 共21, 共63, 共70, 共112,
　　　　共154, 共155, 共177, 共237,
　　　　作22, 作264, 作282, 作945,

作950, 作1010, 作1054
みどりの食料システム法……共65
ミナミキイロアザミウマ… 共476
ミナミネグサレセンチュウ
　　………………………… 作711
ミニソルゴー……………… 共418
ミニトマト… 共311, 共526, 共607,
　　共821, 共974
ミニマムバンカー………… 共490
ミネラル…… 共734, 共754, 共801,
　　共925
ミネラル資材……………… 共802
ミネラル循環……………… 共877
ミネラル優先……………… 共985
ミノガ……………………… 作1023
ミブナ……………… 共944, 作677
ミミズ…… 共225, 共246, 共249,
　　共273, 共283, 共292, 共542,
　　共543, 共605, 共606, 共765,
　　共792, 作940
ミミズ堆肥………………… 共258
ミヤコカブリダニ… 共477, 作808,
　　作824, 作952, 作955, 作970,
　　作971, 作972, 作976, 作984,
　　作1027
ミュラー……………………共26
ミルベメクチン乳剤…… 作1015,
　　作1027
民間稲作研究所…………… 共70
無煙炭化器………… 共129, 共130
無加温ハウス……………… 作370
ムカシヒメヨモギ………… 作957
ムカシヨモギ……………… 共510
無灌水……………… 共292, 作370
ムギ… 共口14, 共79, 共152, 共279,
　　共440, 共462, 共476, 共494,
　　共511, 作301
無機栄養説…… 共30, 共196, 共201
ムギ間作…………………… 作481
ムギクビレアブラムシ…… 共476,
　　共480
ムギヒゲナガアブラムシ… 共494
ムギワラ…… 共152, 共155, 共742,
　　作161
ムクドリ…………………… 作979

虫見版……………………… 共84
無施肥……… 共172, 共288, 共1003
無肥料……… 共162, 共165, 共169,
　　共292
無肥料栽培… 共33, 作口12, 作14,
　　作28, 作41, 作259, 作558,
　　作719, 作756, 作820, 作887
ムラサキイラガ…………… 作1046
メートルソルゴー………… 共424
芽キャベツ……… 共684, 共943
めぐみ……………………… 共418
メジウム…………………… 共426
メソコチル…………………作33
メダカ……………………… 共229
メダカハネカクシ…………作口3
メタン……… 共63, 共125, 共133,
　　共148, 共241
メタンガス……… 共155, 共186
メタン酸化細菌…… 共158, 共178
メタン生成菌…… 共156, 共164
メタン分解菌…… 共163
メチルイソチオシアネート
　　………………………… 共400
芽つぶれ…………………… 作795
メドウフェスク…………… 作908
メヒシバ…… 共467, 共511, 共569,
　　作240, 作244, 作739, 作849,
　　作903
メロン……… 共266, 共452, 共573,
　　共684, 共755, 共865, 作370,
　　作714
毛管力……………………… 共336
木材チップ………………… 共277
木酢液……… 共603, 共834, 共838,
　　共839, 共840, 共844, 共880,
　　共918, 共924, 作861, 作889
木質チップ………………… 共1003
木炭………………………… 共840
木灰……………… 共816, 共832
目標茎数……………………作85
モグラ……………………… 作850
モザイク病… 作430, 作459, 作475,
　　作492, 作506, 作527, 作536,
　　作634, 作717
モチアワ…………………… 作330

モチキビ…………………… 作330
もち病……………… 作998, 作1019
モニリア病………………… 作890
モミガラ… 共口20, 共542, 共543,
　　共554, 共555, 共714, 共715,
　　共718, 共719, 共720, 共721,
　　共722, 共726, 共727, 共730,
　　共802, 共822, 共829, 共830,
　　作416, 作800, 作813
モミガラくん炭…… 共714, 共726,
　　共727, 共730, 共776, 共813,
　　作22, 作344
モミガラ堆肥……… 共719, 共720,
　　共1012, 作49, 作404, 作464,
　　作529, 作541, 作547, 作552,
　　作561, 作637, 作646, 作701,
　　作728, 作787
モミガラ貯蔵……… 作418, 作773
モミガラボカシ……………作24
モミガラマルチ…………… 作419
モミガラマルチャー……… 共555
もみ枯細菌病…… 作56, 作67, 作72
モミ酢……………… 共838, 共918
モモ……… 共919, 作945, 作951
モモアカアブラムシ……… 共495,
　　作460
モモシンクイガ…… 作890, 作965
モモせん孔病……………… 共546
モモチョッキリゾウムシ… 作890
モリアオガエル……………作口3
モロヘイヤ……… 作683, 作690
紋枯病………………………作25
モンシロチョウ… 共口15, 共440,
　　共456, 共460, 作346, 作412
紋羽病……………………… 共770

〈や〉

ヤエムグラ… 作849, 作875, 作903,
　　作910
薬剤抵抗性… 共978, 作950, 作968,
　　作972, 作976, 作1029
ヤクルト……………………作24
ヤゴ……………… 共236, 作146
ヤサイゾウムシ…… 作412, 作637
保田ボカシ………………… 共814

野草帯……………………… 作383
野草堆肥……………… 共口22, 共745
ヤチスズ………………………作口3
ヤノネカイガラムシ……… 作863,
　　　　　　　　　　　　作989
ヤブガラシ……………………作850
ヤブジラミ……………………作875
ヤブチョロギ…………………作849
ヤマイモ………………………共682
ヤマカワプログラム……… 共432,
　　　　　　　　　共981, 共1008
山土………………共804, 作16, 作344
ヤマトイモ……………………共444
ヤマトシジミ…………………作口3
やわらか矮性ソルゴー……… 共424
ユウガオ………………………共452
有機……………………………共27
有機JAS転換期間 ………作265
有機ＪＡＳ認証……… 共43, 共47,
　　　　共53, 共56, 共71, 共97, 共1030,
　　　　共1048, 作口12, 作258, 作879,
　　　　　　　　　　作886, 作1054
有機育苗培土…………………作63
有機給食（オーガニック給食）
　　……… 共口１, 共70, 共76, 共111
有機酸……… 共172, 共178, 共601,
　　　　共812, 共840, 共846, 共850,
　　　　　　共863, 共926, 共993
有機態炭素………… 共630, 共638
有機態チッソ……… 共168, 共201,
　　　　共214, 共262, 共355, 共612,
　　　　　　　　　　　　共989
有機農業……… 共16, 共37, 作1093
有機農業規則…………………共41
有機農業公園…………………共82
有機農業推進法……… 共43, 共46,
　　　　　　　　　共686, 共1028
有機農業の慣行化…………共104
有機農業ビジネス…………共113
有機物炭酸ガス……………共553
有機物マルチ……… 共248, 共249,
　　　　共277, 共279, 共542, 共543,
　　　　共545, 共548, 共552, 共554,
　　　　共714, 共743, 共750, 共754,
　　　　　共771, 共900, 作746

有機物連用試験………………作97
有機米…………………………共70
遊休地……………… 共76, 共422
有畜複合経営……… 共284, 作340,
　　　　　　　　作1065, 作1072
雪腐病…………………………作293
雪次郎…………………………共422
ユスリカ……… 共88, 共241, 作145
ユリミミズ……………………作130
葉鞘褐変病……………………作56
容積法（体積法）… 共647, 共986
陽熱プラス……………………共580
葉面散布…… 共901, 共906, 共907,
　　　　　　　　　　　　共910
羊毛……………………………共554
ヨーグルト……………………共819
浴光催芽………………………作740
抑草… 共241, 共744, 共766, 共996,
　　作14, 作31, 作132, 作153, 作184
予肥…………………… 共736, 作417
横縞症…………………………作716
ヨシ………………… 共742, 共816
ヨトウガ… 共口15, 共456, 作613,
　　　　　　　　作634, 作676
ヨトウムシ… 共440, 共557, 共934,
　　　共973, 作383, 作412, 作638,
　　　作648, 作655, 作802, 作816
ヨモギ……… 共834, 作377, 作888,
　　　　　　　　作903, 作1009

〈ら〉

ライコッコ４………………共420
ライコムギ………… 共420, 共473
ライダックスＥ……………共418
ライ太郎………………………共424
ライトール……………………共424
ライムギ… 共口12, 共口13, 共140,
　　　　共303, 共346, 共375, 共407,
　　　　共411, 共415, 共418, 共420,
　　　　共424, 共428, 作106, 作278,
　　　　作356, 作388, 作696, 作939
酪農……………………………作1079
らくらくムギ………………共420
ラジノクローバー…………作908
落下傘葉………………………作491

ラッカセイ… 共440, 作423, 作714
落下蕾…………………………作505
ラッキーソルゴーNeo …… 共424
ラッキョウ………… 共682, 共945
ラブレ…………………………共595
乱形果…………………………作457
ラン藻……………… 共171, 共878
リービッヒ…… 共23, 共28, 共201,
　　　　　　　　　　　作1096
リジェネラティブオーガニック農
　　業…………………… 共95, 共309
リジェネラティブ農業… 共口12,
　　　　　　　　　　　　共297
リセット防除……… 作960, 作974
立体農業………………………共291
リビングマルチ…… 共298, 共416,
　　　　共418, 共420, 共426, 共438,
　　　　共442, 共463, 共465, 共523,
　　　　共542, 共551, 作105, 作259,
　　　　作505, 作514, 作747, 作753
リボーンローラー……………共301
硫酸還元菌……………………共164
粒状菜種粕……………………作765
リュウノヒゲ……… 作875, 作919
緑春Ⅱ…………………………共420
緑藻類…………………………作145
リョクトウ……………………作550
緑肥……… 共口13, 共124, 共275,
　　　　共280, 共298, 共346, 共350,
　　　　共363, 共369, 共389, 共411,
　　　　共418, 共428, 共432, 共465,
　　　　共551, 共560, 共1003, 共1013,
　　　　作105, 作308, 作353, 作385,
　　　　作585, 作736, 作753, 作781
緑肥用ソルゴー………………共424
緑肥用ライ麦…………………共424
リンゴ…… 共130, 共919, 作口12,
　　　　作886, 作892, 作951, 作964,
　　　　　　　　　作979, 作980
リンゴ黒星病…………………共546
リンゴコカクモンハマキ顆粒病ウ
　　イルス……………………作1027
リンゴハダニ……… 作951, 作964
輪作… 共178, 共418, 共473, 共506,
　　　　共509, 共512, 共516, 共522,

1123

共532, 共533, 共537, 共593,
作275, 作293, 作332, 作353,
作423, 作437, 作464, 作466,
作585, 作629, 作674, 作714,
作753, 作802, 作939
リン酸欠乏……………… 作453
リン酸鉄………………… 共880
リン循環………………… 共651
輪紋病……… 作1019, 作1023
リン溶解菌……………… 作928
ルタバカ………………… 共672
ルッコラ…… 共684, 共698, 作681
ルッシュ…………………共26
ルビーロウムシ…………作1048
レスキュー防除…… 作960, 作966,
作974
レタス…… 共口7, 共口15, 共346,
共440, 共528, 共615, 共623,
共729, 共759, 作406, 作693,

作700, 作702
レタスビッグベイン病…… 共565
裂果………………… 作457
裂開症………………… 作795
裂根・岐根……………… 作716
レモン………… 作857, 作867
レンゲ……… 共422, 共422, 共426,
作33, 作106
連作……… 共292, 作267, 作370
ローテーション防除……… 作952
ローラークリンパー…… 共口12,
共99, 共274, 共280, 共294,
共298, 共301, 共302, 作280
ロールキング……………… 共418
ロールベーラー…… 共口21, 共768
ロデイル…………………共31

〈わ〉

若月俊一…………………共34

ワサビ堆肥………………… 共399
ワサビナ………………… 共698
ワセフドウ………………… 共424
ワタアブラムシ… 共口18, 共480,
共495, 作372, 作383, 作460,
作493, 作514
ワタカイガラムシ…………作1048
ワラ……………………共口22
わら一本の革命…………共33
ワラジムシ………………… 共546
ワラビ………………… 作903
ワルナスビ………………… 作903

みんなの有機農業技術大事典　作物別編

2025年3月5日　第1刷発行

農 文 協 編

発行所　一般社団法人　農山漁村文化協会

郵便番号　335-0022　埼玉県戸田市上戸田2-2-2

電話　048(233)9351(営業)　　振替　00120-3-144478
　　　048(233)9355(編集)

ISBN978-4-540-24107-9　　　　印刷／藤原印刷㈱
検印廃止　　　　　　　　　　　製本／㈱渋谷文泉閣
Ⓒ農文協 2025　　　　　　　　【定価は外箱に表示】
PRINTED IN JAPAN　　　　　　（分売不可）